AF821221

Nr. 42
S. 13367–13682

Chemisches Zentralblatt

1959
21. Oktober

Vollständiges Repertorium für alle Zweige der reinen und angewandten Chemie

1830 gegründet. 1897—1945 von der Deutschen Chemischen Gesellschaft fortgeführt. Im Auftrage der Deutschen Akademie der Wissenschaften zu Berlin, der Chemischen Gesellschaft in der DDR, der Akademie der Wissenschaften zu Göttingen und der Gesellschaft Deutscher Chemiker (in der BRD)

herausgegeben von Prof. Dr. **Heinrich Bertsch** und Prof. Dr. Dr. h. c. **Wilhelm Klemm**

130. Jahrgang

1959

Chefredakteure: Dr. Eugen Klever und Dr. Heinz Walter

Akademie-Verlag GmbH., Berlin — Verlag Chemie, GmbH., Weinheim/Bergstr.

Inhalt

Ein vollständiger oder gekürzter Abdruck der Referate ist ohne Genehmigung der Redaktion und des Verlages verboten!

Namenregister

Patentregister

Im Neudruck* liegt vor:

Justus Liebigs Annalen der Chemie

Band 400—542 (1913—1939) Geb. DM 7665,–

Die Jahrgänge sind auch einzeln lieferbar

pro Band broschiert . . . . DM 50,–

* In Zusammenarbeit mit Johnson Reprint Corporation, New York

VERLAG CHEMIE · GMBH · WEINHEIM/BERGSTR.

Abteilung Sortiment und Antiquariat

A. E. MARTELL und M. CALVIN

Die Chemie der Metallchelatverbindungen

Nach der amerikanischen Ausgabe von „Chemistry of the Metal Chelate Compounds" übersetzt von Hermann Specker

1958. VIII, 576 Seiten mit 140 Abbildungen und 81 Tabellen. Ganzleinen DM 47,—

Aus Besprechungen:

„. . . Das Buch ist nicht nur für den Chemiker, sondern auch für den Biologen und Pharmakologen äußerst fesselnd und vermittelt einen lebendigen Einblick in die universelle Bedeutung der Chelatbildung in Chemie und Biochemie." *(Pharmazeutische Industrie)*

„Die Chemie der Metallchelatverbindungen nahm besonders im letzten Jahrzehnt einen gewaltigen Aufschwung und war durch das Eindringen der auf diesem Gebiet gewonnenen Ergebnisse in die verschiedensten Gebiete der reinen und angewandten Chemie gekennzeichnet. Es gibt kaum eines der folgenden Wissensgebiete, sei es nun analytische, präparative oder technische Chemie, Biochemie, Physiologie, Pharmazie oder Lebensmittelchemie, das die Ergebnisse über die Grundlagen der Chelatverbindungen heute entbehren könnte. Besonders in der deutschen Literatur war ein die gemeinsamen Grundlagen dieses Gebietes zusammenfassendes Werk bisher nicht erhältlich, so daß die Übersetzung der amerikanischen Ausgabe hier eine fühlbare Lücke geschlossen hat. Wie die Autoren bei der Abfassung dieses Werkes bereits betonten, wollten sie besonders die grundlegenden Erkenntnisse auf dem Gebiet der Chelate einem breiten Kreis von Wissenschaftlern aller Arbeitsrichtungen nahebringen und sie damit auch zu weiterer Forschung anregen . . ." *(Österr. Chemiker-Zeitung)*

Prospekt mit ausführlicher Inhaltsangabe erhalten Sie auf Wunsch

VERLAG CHEMIE · GMBH · WEINHEIM/BERGSTRASSE

DREI WICHTIGE WERKE AUF DEM GEBIET DER „ORGANISCHEN CHEMIE"

FRIEDRICH ASINGER

Einführung in die Petrolchemie

1959 · XVI, 428 Seiten · 187 Abbildungen, davon 2 als Ausschlagtafeln · 131 Tabellen · gr. 8⁰
Ganzleinen 33,— DM

Der erste Teil des Buches behandelt die Ausgangsmaterialien, auf die sich die auch in Europa in rascher Entwicklung begriffene Industrie der Petrolchemikalien aufbaut, nämlich die aliphatischen Kohlenwasserstoffe (Paraffine, Monoolefine, Diolefine, Acetylen), die alicyclischen und die aromatischen Kohlenwasserstoffe.

Die Gewinnung eines Teiles dieser Kohlenwasserstoffe aus Erdgasen und Erdölen der verschiedensten Herkunft sowie die modernen Verfahren zu ihrer absichtlichen Herstellung aus dem gleichen Rohmaterial werden übersichtlich anhand von vereinfachten Schemata erörtert. Dabei wird auch auf die Zusammensetzung und Verarbeitung des Erdöls kurz eingegangen.

Daran schließt sich eine Schilderung der verschiedenen Möglichkeiten zur Trennung von Kohlenwasserstoffgemischen und zur Reinherstellung einzelner Individuen.
Der zweite Teil beschäftigt sich mit den Verfahren zur chemischen Verarbeitung der im ersten Teil behandelten Kohlenwasserstoffe durch Chlorierung, Nitrierung, Oxydation, Alkylierung, Polymerisation, Hydroformylierung usw., wobei auch die Herstellung von Blausäure, Ruß, Wasserstoff usw. als petrolchemische Produkte erwähnt wird. Ein besonderes Kapitel ist den wichtigsten Verarbeitungsmöglichkeiten des Acetylens, des Butadiens sowie der Aromaten gewidmet, soweit sie in den Bereich der Petrolchemie einzureihen sind. Viele Verfahrens- und Produktionsschemata sowie Tabellen ergänzen den Text.
Das Buch wendet sich in erster Linie an fortgeschrittene Studenten der Chemie und an jüngere Fachgenossen der chemischen Industrie.

Chemie und Technologie der Monoolefine

1957 · XXIV, 973 Seiten · 144 Abbildungen, davon 2 als Ausschlagtafeln · 460 Tabellen · gr. 8⁰
Ganzleinen 67,— DM

Chemie und Technologie der Paraffin-Kohlenwasserstoffe

Unveränderter Nachdruck der 1. Auflage · 1959 · XXIV, 719 Seiten · 108 Abbildungen 1 Tafel · 192 Tabellen · 5 Seiten Umrechnungstabellen · gr. 8⁰ · Ganzleinen DM 42,—

Bestellungen durch eine Buchhandlung erbeten

AKADEMIE-VERLAG · BERLIN

WALTER BRÖTZ

Grundriß der chemischen Reaktionstechnik

1958 · 447 Seiten mit 228 Abbildungen, 46 Tabellen und 2 Ausklapptafeln · Ganzleinen DM 42,—

Aus einer Besprechung:

„... Gewiß stützt sich der Verfasser ebenso auf namhafte Bücher und Zeitschriftenveröffentlichungen wie auf direkte Hilfe anderer Fachleute, aber die Art, wie er aus diesen zahlreichen Unterlagen ein neues, geschlossenes und sich auch an etwas heterogenen Stellen niemals widersprechendes Ganzes geformt hat, ist schlechthin so mustergültig, daß sich der an einschlägigen Erfahrungen nicht gerade arme Referent dankend vor dem hohen Geschick des Verfassers verbeugt. Brötz hat es sehr klug verstanden, den oft spröden Stoff in fleißiger und klarer Darstellung auch dem Nachwuchs näherzubringen und ihn, was weit schwieriger ist, gleichzeitig auch für die ‚alten Hasen' interessant zu machen, ohne etwa in den Fehler zu verfallen, aus dem handlichen Bändchen einen dicken Wälzer werden zu lassen.

Das Vorwort sagt: ‚Ich wünsche mir, dieser Grundriß könne all denen nützlich sein, die sich mit den Problemen der chemischen Reaktionstechnik befassen.' Dieses hohe Ziel ist ohne Zweifel erreicht, was die Praxis gern bestätigen wird. Sie wird aus dem Studium des vorzüglichen Buches unendlich viel an Wissen und Anregung entnehmen können."

Gummi und Asbest

Prospekt mit Inhaltsübersicht vorhanden

VERLAG CHEMIE · GMBH · WEINHEIM / BERGSTRASSE

Chemisches Zentralblatt

1959 Nr. 42 21. Oktober

A. Allgemeine, physikalische und anorganische Chemie.

A_1. Kernphysik und Kernchemie.

S. L. Malurkar, *Sonnenflecken in Beziehung zu Höhenstrahlstößen und nachfolgenden geomagnetischen Stürmen.* 5 große Höhenstrahlstöße in Verb. mit Sonnenflecken wurden beobachtet, 2 davon waren von geomagnet. Stürmen gefolgt. Die Entw. der akt. solaren Regionen wird diskutiert. Die für die Sonnenflecken verantwortlichen Teilchen sind positiv geladen u. gehören der Mitte des Period. Syst. an. (Acta physica Acad. Sci. hung. **8.** 285—300. 1958. Bombay, Colaba Observ.) M. WIEDEMANN. 85

M. A. Pomerantz, S. P. Agarwal und **V. R. Potnis,** *Direkte Beobachtung der periodischen Änderung der primären Höhenstrahlintensität.* (J. Franklin Inst. **265.** 67—68. Jan. 1958. — C. **1958.** 11129.) GERHARD SCHMIDT. 85

H. D. Rathgeber, *Messungen der Richtungen von Luftschauerteilchen mit dem Vielfach-Geiger-Zählerteleskop.* Vf. berichtet über Messungen der Richtungen von Luftschauerteilchen mit einem Vielfach-GEIGER-Zählerteleskop, das ähnlich gebaut war, wie das von SHEN u. SINGER (vgl. C. **1958.** 2) beschriebene Teleskop. Jedes Teleskop bestand aus 2 Zählrohren, die einen Abstand von 14 cm hatten. Die Ansprechzeit betrug 8 μsec, die eine Geschwindigkeit der zufälligen Zählimpulse von 10^{-3} pro Std. für die vierfachen u. sechsfachen Koinzidenzen ergab. Die in 1750 m Höhe durchgeführten Messungen ergaben, daß die Anordnung nicht genügend wirksam zur Auslese von Schauern war, die in bevorzugten Orientierungen einfielen. (Nature [London] **183.** 386—87. 7/2. 1959. Sydney, Univ., School of Phys., F. B. S. Falkiner Nucl. Res. and Adolph Basser Comput. Labor.) C. GOTTFRIED. 85

L. Bertocchi und **A. Minguzzi,** *Die mesonischen Kopplungskonstanten aus Streu- und Photoerzeugungsversuchen.* Aus den Dispersionsbeziehungen für die π-N-Streuung sowie für die Photoerzeugung kann die renormalisierte Meson-Nucleon-Kopplungskonstante definiert werden. Der Unterschied ergibt sich von der Größenordnung $(\mu/M)^2$. (Nuovo Cimento [10] **9.** 1107—09. 16/9. 1958. Bologna, Univ., Ist. Fis., Ist. Naz. di Fis. Nucl.) M. WIEDEMANN. 90

H.-Y. Chiu und **J. Hamilton,** *π^--Streuung und Dispersionsbeziehungen.* (Vgl. C. **1959.** 2.) Weitere Unters zu den l. c. behandelten π^--p-Dispersionsbeziehungen, die die Diskrepanz zwischen Experiment u. Theorie sehr stark reduzieren. (Physic. Rev. Letters **1.** 146—47. 15/8. 1958. Ithaca, N. Y., Cornell Univ., Labor. of Nucl. Stud.; Upton, N. Y., Brookhaven Nat. Labor.) HERBERT WEBER. 90

Kanji Fujii und **Kenzo Iwata,** *Die Spiralität des Zerfallsprodukts.* Vff. zeigen, daß die Spiralitäten der Zerfallsprodd. eine einfache Regelmäßigkeit aufweisen. Das μ^+ des π^+-Zerfalls ist linkshändig, das e^+ rechtshändig. Für die $K^+ \rightarrow \mu^+ \rightarrow e^+$-Kette gilt ein ähnliches Verhalten. Dabei wird für sämtliche schwachen Wechselwrkgg. V-A-Kopplung vorausgesetzt. (Progr. theoret. Physics [Kyoto] **19.** 589—91. Mai 1958. Sapporo, Hokkaido, Univ., Dep. of Phys. [Orig.: engl.]) M. WIEDEMANN. 90

Yukio Taguchi und **Rokuo Kawabe,** *Hyperonenzerfälle und Charakteristika der Wechselwirkungen zwischen Elementarteilchen.* Es wird erwartet, daß sämtliche Zerfallswechselwrkgg., bei denen die Parität nicht erhalten bleibt, in die Kategorie der Wechselwrkgg. zweiter Art gehören, bei denen die Kopplungskonstanten die Dimension einer positiven Potenz der Länge haben. (Progr. theoret. Physics [Kyoto] **19.** 586—89. Mai 1958. Fukuoka, Kyushu Univ., Dep. of Phys. [Orig.: engl.]) M. WIEDEMANN. 90

Kiyoshi Nakayama, *Bemerkung über die Wirkungen fremdartiger Teilchen auf die S-Wellen-Pion-Nucleon-Streuung.* Der Einfl. der fremdartigen Teilchen auf die S-Wellen-Pion-Nucleon-Streuung zeigt die starke Isospinaufspaltung, gibt jedoch keine befriedigende Übereinstimmung mit den experimentellen Daten. (Progr. theoret. Physics [Kyoto] **19.** 581—82. Mai 1958. Sendai, Tohoku Univ., Dep. of Phys. [Orig.: engl.]) M. WIEDEMANN. 90

K. Ladányi, *Zur statistischen Näherung des Mehrteilchenproblems der Wellenmechanik.* 1. Mitt. (Vgl. C. **1958.** 12008.) Die von MACKE ausgearbeitete Approximation des Mehrteilchenproblems durch einen den Einteilchenfunktionen entsprechenden

Näherungsansatz wird für den Fall einer beliebigen Teilchenzahl untersucht. Der Energieausdruck geht nur bei einer sehr großen Teilchenzahl in den bekannten statist. Ausdruck über. (Acta physica Acad. Sci. hung. **7.** 161—66. 1957. Budapest, Ungar. Akad. der Wiss., Forsch.-Gruppe für theoret. Physik.) M. WIEDEMANN. 90

G. F. Chew, *Die Struktur des Nucleons.* (Vortrag.) (Postępy Fizyki **9.** 75—89. 1958.) F. URBAN. 90

N. H. March, *Eine Variationsmethode für die Berechnung von Teilchendichten und Summen von Eigenwerten in der Wellenmechanik.* Quantentheoret. Unters. für den Fall, daß sich die Teilchen entlang der x-Achse eines gegebenen Potentials bewegen (Anwendung auf den linearen harmon. Oscillator mit einfach besetzten ersten 10 Niveaus). (Proc. physic. Soc., Sect. A **70.** 169—75. 1/3. 1957. Sheffield, Univ., Dep. of Phys.) HERBERT WEBER. 90

F. M. Kuni, *Dispersionsbeziehungen für Nucleon–Nucleon-Streuung.* Ausführliche Darst. der C. **1957.** 12355 referierten Arbeit. (Вестник Ленинградского Университета, Серия Физики и Химии [Nachr. Leningrader Univ.] **12.** Nr. 10. [Ser. Physik. Chem.] Nr. 2. 21—36. 1957.) K.-E. SEYB. 90

F. Mandl, *Dispersionsbeziehungen für Vorwärtsstreuung von Teilchen mit Spin Null an einem ausgedehnten Potential.* Bei den abgeleiteten Dispersionsbeziehungen wird der Beitrag von den gebundenen Zuständen in Form der Residuen der Wellenfunktionen der gebundenen Zustände im Impulsraum bei den Resonanzenergien ausgedrückt. (Proc. physic. Soc., Sect. A **70.** 183—87. 1/3. 1957. Harwell, A. E. R. E.) HERBERT WEBER. 90

J. C. Barton, *Das Problem des ersten Durchgangs in der Theorie der Mehrfachstreuung.* Eine neue formale Meth. zur Lsg. des Problems des 1. Durchgangs wird entwickelt u. auf die Mehrfachstreugleichung für die einfachsten Fälle der ein- u. doppelseitigen Begrenzungen angewendet. Das letzte Problem wird ferner nach einer alternativen Meth. behandelt, die eine leichtere Berechnung der Momente der Verteilung ermöglicht. (Proc. physic. Soc., Sect. A **70.** 253—61. 1/4. 1957. West Indies, Univ. Coll.) HERBERT WEBER. 90

J. C. Barton, D. A. Campbell und **R. C. Read,** *Eine Analogmethode zur Untersuchung der Mehrfachstreuung.* (Vgl. vorst. Ref.) Eine Schaltung mit GEIGER-Zähler u. Relais wurde als Quelle zufälliger Bewegung an einen mechan. Differentialanalysator gekoppelt, so daß das Verh. eines energiereichen geladenen Teilchens bei der Mehrfachstreuung nachgeahmt wurde. Eine große Zahl von Bahnanalogen wurde aufgezeichnet, deren statist. Verh. untersucht wurde. Sie lieferten einen experimentellen Test der Theorie für das Problem des ersten Durchganges bei der Mehrfachstreuung. (Proc. physic. Soc., Sect. A **70.** 605—14. 1/8. 1957.) HERBERT WEBER. 90

Fumiaki Iwamoto und **Masami Yamada,** *Methode der Haufenentwicklung in der Quantenmechanik des Vielteilchensystems.* 2. Mitt. *Sättigung der Kernkräfte.* (1. vgl. C. **1959.** 7685.) Die Meth. der Haufenentwicklung wird auf das Problem der Sättigung der Kernkräfte angewandt. Es werden Zweikörperkräfte mit harten Cores des Radius $0{,}6 \cdot 10^{-13}$cm angenommen. Ein- u. Zwei-Nucleonenhaufen ergeben ein Energieminimum je Nucleon von — 5,2 MeV bei $r_0 = 1{,}1 \cdot 10^{-13}$ cm. Der Beitrag der Haufen aus 3 Nucleonen ist an dieser Stelle um eine Größenordnung kleiner. (Progr. theoret. Physics [Kyoto] **18.** 345—56. Okt. 1957. Tokyo, Univ., Dep. of Phys.; Washington, D. C., Nat. Res. Council, Nucl. Data Group. [Orig.: engl.]) M. WIEDEMANN. 90

E. G. Fuller und **Evans Hayward,** *Elastische Streuung von Photonen an Tantal.* Die Ergebnisse von Messungen des differentiellen Wirkungsquerschnittes für elast. Streuung bei 120° zwischen 5,5 u. 27 MeV-γ-Energie werden graph. angegeben u. theoret. diskutiert. (Phys. Rev. Letters **1.** 465—67. 15/12. 1958. Washington, D. C., Nat. Bur. of Stand.) D. GEISSLER. 90

W. I. Kuchtewitsch, Ju. A. Kasanski, Sch. Ss. Nikolaischwili und **Ss. G. Zypin,** *Durchgang gestreuter γ-Strahlung durch Wasser.* Die Abschwächung gestreuter γ-Quanten aus ^{198}Au, ^{60}Co u. ^{24}Na beim Durchgang durch W. wurde in Abhängigkeit vom Abstand zwischen Quelle u. Detektor gemessen. Der Abstand betrug 3—12 freie Weglängen (bis 140 bzw. 200 cm). Der Kollimationswinkel lag bei 30—80°, prim. γ-Strahlung konnte den Detektor nicht erreichen. Die erhaltenen Kurven stimmen mit theoret. Berechnungen überein. (Атомная Энергия [Atomenergie] **4.** 138—43. Febr. 1958.) M. WIEDEMANN. 90

Akira Ueda und **Naofumi Ogita,** *Über die seitliche Verteilung der Elektronenkomponente in den ausgedehnten Luftschauern.* (Vgl. C. **1959.** 1670.) Vff. zeigen, daß die seitliche Verteilung der Elektronenkomponente von dem Wert der Inelastizität u. von der Primärenergie nur unwesentlich beeinflußt wird. (Progr. theoret. Physics

[Kyoto] **19.** 582—85. Mai 1958. Kyoto, Univ., Res. Inst. for Fundament. Phys.; Osaka, Kinki Univ., Dep. of Phys. [Orig.: engl.]) M. WIEDEMANN. 90

M. J. Seaton, *Die Verwendung extrapolierter Quantendefekte als Kontrolle berechneter Phasen für die Streuung von Elektronen an positiven Ionen.* Quantentheoret. Unters. nach den Methoden von HAARTREE-FOCK, HULTHÉN u. KOHN mit Vgl. von theoret. u. empir. Daten für *Na* $6p^6k^2p$ sowie für *He* $1sk^2s$, ^3S u. ^1S. (Proc. physic. Soc., Sect. A **70.** 620—21. 1/8. 1957. London, Univ. Coll., Dep. of Phys.) HERBERT WEBER. 90

K. R. Allen, K. Phillips und **F. Whittaker,** *Die Streuung schneller geladener Teilchen.* 3. Mitt. *Zur Einfachstreuung energiereicher Positronen und Elektronen bei kleinen Winkeln.* (2. vgl. C. **1959.** 3359.) Vff. berechneten für den MOTTschen Wirkungsquerschnitt der COULOMB-Streuung die Koeffizienten der Reihenentwicklungen von F u. G für Θ von 5—30° sowie die Verhältnisse der MOTTschen α^4- u. α^2-Näherung zur RUTHERFORD-Streuung für Elektronen u. Positronen in *Xe.* Die Ergebnisse stimmen überein bis $\Theta \approx 10^0$. Bei größeren Streuwinkeln sind die Werte aus der höheren Approximation sowohl für Positronen als auch für Elektronen größer. (Proc. physic. Soc., Sect. A **70.** 536—39. 1/7. 1957. Manchester, Metropolitan-Vickers Electr. Co. Ltd., Res. Dep.) H. LIEPACK. 90

C. Henderson und **A. Scott,** *Die Vielfachstreuung von Positronen und Elektronen.* Die Vielfachstreuung von Elektronen u. Positronen bei einer Energie von 0,4 MeV wurde mit einem Scintillationszähler gemessen. Die Differenz zwischen den Verteilungsbreiten für Elektronen u. denen für Positronen nach der Streuung an *Al, Ag* u. *Au* wird näherungsweise durch Berechnungen von MOHR wiedergegeben. Weitere Unterss. mit Elektronen an Ag u. ILFORD G5-Emulsionen als Streufolienmaterial zeigten gute Übereinstimmung mit der Theorie von MOLIÈRE. (Proc. physic. Soc., Sect. A **70.** 188—94. 1/3. 1957. London, Univ. Coll., Dep. of Phys.) HERBERT WEBER. 90

J. Goldemberg, *Änderung von Γ'_γ, (E1)/Γ_n mit der Energie.* Vorschlag einer Meth. zum Vgl. von Übergangswahrscheinlichkeiten für γ-Strahlung in hochangeregten Zuständen. Das theoret. Verhältnis von γ- u. Neutronenemission wird mit dem Experiment verglichen. Die Bedeutung der Meth. für das Kernmodell der unabhängigen Teilchen wird diskutiert. (An. Acad. brasil. Ci. **28.** 413—18. 1956. São Paulo, Univ., Fac. de Filos., Ciênc. e Letras, Dep. de Fís.) HERBERT WEBER. 90

Roger Nataf, *β-Neutrino-Korrelation für ausgerichtete Kerne. Fall polarisierter Neutronen.* (Vgl. nachst. Ref.) Durchführung einiger einfacher Berechnungen (u.a. GAMOW-TELLER-Übergang) nach dem Modell der β-Wechselwirkung. (C. R. hebd. Séances Acad. Sci. **246.** 1843—45. 24/3. 1958.) GERHARD SCHMIDT. 90

Roger Nataf, *β-Neutrino-Korrelation für ausgerichtete Kerne. Fall polarisierter Neutronen.* (Vgl. vorst. Ref.) Rechner. Prüfung des Falls der Übergänge $\Delta J = 0$, bes. beim Neutron. (C. R. hebd. Séances Acad. Sci. **246.** 1987—90. 31/3. 1958.) GERHARD SCHMIDT. 90

Borisas Cimbleris, *Theorie des absorbierenden Oscillators im streuenden Medium.* Eine Theorie des schwingenden Absorbers wird unter Benutzung der eindimensionalen Diffusionsgleichung abgeleitet. Es wird ein Ausdruck für den Neutronenfluß erhalten, dessen physikal. Interpretation in Form von Neutronenwellencharakteristiken wiedergegeben wird. (An. Acad. brasil. Ci. **28.** 429—38. 1956. Illinois, Inst. of Technol., Armour Res. Found.) HERBERT WEBER. 90

A. R. Baker, *Eine Messung des Neutron–Proton-Einfangquerschnitts.* Die Neutronendichte in 54 verschied. Abständen von einer Po–Be-Quelle in einem großen H_2O- bzw. H_2BO_3-Behälter wird mit ILFORD C2-Emulsion, die mit B durchsetzt ist, gemessen. Durch Vgl. mit dem Einfangquerschnitt für B ergibt sich für den Neutron-Proton-Einfangquerschnitt der Wert $0{,}327 \pm 0{,}004$ barn bei 2200 m/sec Neutronengeschwindigkeit. (Proc. Roy. Soc. [London], Ser. A **248.** 539—59. 9/12. 1958. Cambridge, Univ., Gonville and Caius Coll.) D. GEISSLER. 90

E. M. Baroody, *Einfluß des Massenverhältnisses auf die Verschiebungskaskaden in zweiatomigen Festkörpern.* Unter der Voraussetzung isotroper Streuung, gleicher Wahrscheinlichkeiten für Stöße verschied. Atompaare u. einer einzigen Schwellenenergie für die Verschiebung wird der Einfl. des Masseverhältnisses auf die Verschiebungskaskade berechnet, die ausgelöst wird, wenn ein Atom eines Festkörpers vom Typ AB hinreichende Energie erhält. Es zeigt sich, daß die Zahl der Verschiebungen nicht stark mit dem Massenverhältnis variiert. Ist die M. des schweren Atoms mehr als ca. 10mal so groß wie die des leichten, dann wächst der Unterschied zwischen den durch ein prim. A-Atom verschobenen Zahlen von A-Atomen u. B-Atomen mit einer gebrochenen Potenz der Primärenergie. Für kleinere Massenverhältnisse nähert sich die Differenz einer Konstanten. Als Anwendung wird der Fall einfallender monoenerget.

Protonen betrachtet. (Physic. Rev. [2] **112.** 1571—76. 1/12. 1958. Columbus, O., Battelle Memorial Inst.) D. Jörchel. 90

F. Senent, E. Villar und **A. Bonet,** *Bestimmung von Paritäten und Kernspins durch Anwendung der Formel von Butler.* Nach der Butler-Theorie des Abstreifprozesses als Modell für die (d, p)-Rkk. wurden die Winkelverteilungen für den Grundzustand u. den 1. angeregten Zustand von ^{13}C berechnet u. mit experimentellen Daten verglichen. Für den Grundzustand von ^{13}C folgt ein Spin von 1/2 oder 3/2 u. ungerade Parität, für den angeregten 2,99 MeV-Zustand Spin 1/2 u. gerade Parität. (An. Real Soc. españ. Física Quím., Ser. A **53.** 109—20. Mai/Juni 1957. Inst. „Daza de Valdés", Secc. de Valencia.) Herbert Weber. 95

W. J. Lehmann und **I. Shapiro,** *Isotopenzusammensetzung von Bor und sein Atomgewicht.* Aus Massenspektren schließen die Vff. auf ein natürliches Verhältnis von $^{11}B/^{10}B = 4{,}00$. Daraus ergibt sich ein Atomgewicht von 10,811. (Nature [London] **183.** 1324. 9/5. 1959. Pasadena, Calif., Olin Mathieson Chem. Corp., Res. Labor.) M. Laser. 95

Ja. Smorodinski, *Der heutige Stand der Probleme des β-Zerfalls.* Zusammenfassende Übersicht. Im einzelnen werden folgende Probleme behandelt: Nichterhaltung der Parität beim β-Zerfall, Verss., die nicht mit der Nichterhaltung der Parität in Zusammenhang stehen; Eigg. des Neutrino; Polarisation der Elektronen; Zerfall polarisierter Kerne; e-Korrelation; γ-Polarisation u. Messung des elektr. Dipolmomentes. — 130 Literaturangaben. (Успехи Физических Наук [Fortschr. physik. Wiss.] **67.** 43—98. Jan. 1959.) E. Klever. 103

W. B. Thompson, *Thermonucleare Reaktionsgeschwindigkeiten.* Vf. zeigt, daß die thermonuclearen Reaktionsgeschwindigkeiten zwischen 2 Gasen im therm. Gleichgewicht u. mit den Dichten n_1 u. n_2 Kernen pro Einheitsvolumen als n_1n_2 (σv) geschrieben werden können, wobei (σv) ein geeigneter Mittelwert des Prod. des Reaktionsquerschnittes u. der relativen Geschwindigkeit ist u. für jede Rk. eine Funktion der Temp. allein darstellt. Diese Funktionen werden für eine Anzahl von exoerg. Rkk. zwischen leichten Kernen (D + D, T, ^{3}He, ^{6,7}Li u. T + T) angegeben. (Proc. physic. Soc., Sect. B **70.** 1—5. 1/1. 1957. Harwell, Berks., A.E.R.E.) Herbert Weber. 103

J. D. Lawson, *Einige Kriterien für einen energieerzeugenden thermonuclearen Reaktor.* Berechnungen für das Energiegleichgewicht in thermonuclearen Reaktoren unter verschied. idealisierten Bedingungen werden wiedergegeben. 2 Klassen von Reaktoren werden betrachtet: 1) sich selbst erhaltende Systeme, in denen die geladenen Reaktionsprodd. eingefangen werden u. 2) gepulste Systeme, bei denen alle Reaktionsprodd. entweichen, so daß Energie kontinuierlich während des Impulses zugeführt werden muß. Vf. findet, daß nicht nur die Temp. genügend hoch sein muß, sondern daß auch die Rk. lang genug aufrechterhalten werden muß, damit ein definierter Bruchteil des Brennstoffes verbrennen kann. (Proc. physic. Soc., Sect. B **70.** 6—10. 1/1. 1957. Harwell, A.E.R.E.) Herbert Weber. 103

D. Magnac-Valette und **P. Cüer,** *Zerfall von ^{6}Li und ^{7}Li durch Tritonen niedriger Energie.* Nach zwei verschied. Methoden (Emulsionstechnik u. statist. Verf.) weisen Vff. echte Differenzen zwischen den beiden Rkk. ^{7}Li(t, 2n) 2α u. ^{6}Li(t, n) 2α nach. Die erste Rk. tritt vorzugsweise bei sehr niedriger Einfallsenergie auf (einige 100 keV) u. verläuft in 10 von 12 Fällen nach der Rk. ^{7}Li(t, α)^{6}He*, ^{6}He wird zu 9,3 MeV angeregt. Die zweite Rk. tritt vorzugsweise bei höheren Energien auf (∼ 2 MeV), die emittierten Neutronen sind wenig energetisch. Es scheint, daß sich die Differenz durch einen besonderen Mechanismus der ersten Rk. erklären läßt. (Physica [Utrecht] **22.** 1156. Nov. 1956. Strasbourg, Labor. de Phys. corpuscul.) Gerhard Schmidt. 103

N. W. Tanner, *Der Abstreifmechanismus bei der Reaktion ^{9}Be(α, n)^{12}C.* Ein ^{9}Be-Target von 60 keV-Dicke für 1 MeV-α-Teilchen wird mit einem He^+-Bündel der Energie 1,15 u. 2,8 MeV beschossen. Die Neutronen aus der Rk. ^{9}Be (α, n)^{12}C werden mit einem fl. Scintillator u. die 4,43 MeV-γ-Strahlen aus dem ersten angeregten Zustand von ^{12}C mit einem NaJ-Kristall nachgewiesen, die Koinzidenzen werden mit einer Auflösungszeit von 0,3 μsec registriert. In Schwerpunktskoordinaten ist der mittlere Winkel zwischen dem Neutronenzähler u. dem ^{9}Be-Impuls ∼ 14°. Zählungen werden unter 5 Winkeln bei 1,15 MeV u. unter 3 Winkeln bei 2,8 MeV durchgeführt. In jedem Falle werden die Maxima u. Nullpunkte der Funktion $\sin^2 (2\,\Theta)$ ausgewählt. Innerhalb der Fehler von 10% wird kein Abweichen von der Isotropie festgestellt. (Proc. physic. Soc. **72.** 457—59. 1/9. 1958. Cambridge, Cavendish Labor.) Gerhard Schmidt. 103

K. G. Steffen und **H. Neuert,** *Die γ-γ-Winkelkorrelation der Reaktion ^{9}Be(α,nγγ)^{12}C und der Spin des zweiten angeregten Zustands von ^{12}C.* Die Winkelkorrelation der γ-γ-Kaskade (3,22/4,43 MeV) beim Zerfall des 2. angeregten Zustandes von ^{12}C wurde an der Rk. ^{9}Be (α, nγγ) ^{12}C mit Po-α-Teilchen u. einer NaJ-Zähler-Koinzidenzapparatur gemessen, um Aussagen über den Spin des 2. Anregungszustandes von ^{12}C zu erhalten. Der starke isotrope Anteil an n–γ-Koinzidenzen wurde durch Messung der Neutronenansprechwahrscheinlichkeit des NaJ-Zählers abgeschätzt u. eliminiert. Es ergab sich eine reine γ–γ-Anisotropie von ca. 100%. Die Diskussion der möglichen Spinfolgen zeigt, daß die gemessene Anisotropie am besten mit dem Wert 0^+ für den 2. Anregungszustand von ^{12}C verträglich ist. (Z. Physik **147.** 125—31. 1957. Hamburg, Physik. Staatsinst.) Herbert Weber. 103

K. G. Steffen, *Über die 208/113 keV-γ-γ-Kaskade des* ^{177}Hf. (Vgl. vorst. Ref.) Die Winkelkorrelation W (Θ) der 208/113 keV–γ–γ-Kaskade des ^{177}Hf wurde mit einem NaJ-Scintillationszähler gemessen. Unter Verwendung des Spins 7/2 für den Grundzustand des ^{177}Hf u. unter Zugrundelegung der Rotationsspinfolge $7/2^-$, $9/2^-$, $11/2^-$ für die untersten 3 Niveaus im Termschema folgen aus den Messungen die Werte $9/2^+$ für den 3. Anregungszustand. Für die 208 keV-Strahlung ergibt sich eine Mischung von ca. 3,4% M1- u. 96,6% E2-Strahlung. (Z. Physik **147.** 132—40. 1957.) Herbert Weber. 103

W. M. Gorbatschew und **L. B. Poretzki,** *Unelastischer Wirkungsquerschnitt einiger leichter Elemente für 14 MeV-Neutronen.* Als Quelle der 14 MeV-Neutronen diente mit ^3H gesätt. Zr, das mit 150 keV-Deuteronen beschossen wurde. Für die unelast. Wechselwrkg. mit leichten Kernen wurden folgende Querschnitte (in barn) gemessen: ^6Li 0,66 ± 0,05, ^7Li 0,52 ± 0,06; ^9Be 0,55 ± 0,04; *B* 0,74 ± 0,07 u. *C* 0,63 ± 0,06. Sie wurden aus der Schwächung der prim. Neutronen ermittelt. Die Schichtdicken lagen bei 2—3 · 10^{23} Kernen/cm^2. Zum Nachw. dienten Scintillationszähler mit Naphthalinkristallen, aktiviert mit Anthracen u. Protonenteleskope. (Атомная Энергия [Atomenergie] **4.** 191—92. Febr. 1958.) M. Wiedemann. 103

M. Roclawski-Conjeaud und **E. Cotton,** *Anregungskurven und Winkelverteilung der Protonen der Reaktion* $^{16}O(d, p)^{17}O^*$ *(Niveau bei 875 keV).* Vff. untersuchen die Anregungskurven der Rk. $^{16}O(d, p)^{17}O^*$ von 1,7—4,6 MeV, bes. unter 135 u. 10^0 (in der Nähe des Maximums der Winkelverteilung von Butler bei 0^0). Die beobachteten Resonanzen haben veränderliche Formen, die einer Interferenzerscheinung zugeschrieben werden können. Die Anregungskurve unter 10^0 stellt 13 Maxima dar, die Niveaus von ^{18}F bei 9,18, 9,35, 9,43, 9,80, 9,95, 10,13, 10,34, 10,52, 10,74, 10,86, 11,04, 11,17 u. 11,4 MeV entsprechen. (Physica [Utrecht] **22.** 1155. Nov. 1956. Saclay, Serv. de Phys. nucl., Centre d'Étud. nucl.) Gerhard Schmidt. 103

B. Hird, J. A. Cookson und **M. S. Bokhari,** *Messung der Polarisationen bei Abstreifreaktionen.* Vff. untersuchen die Polarisation der Protonen aus der Rk. $^{12}C(d, p)^{13}C$ bei E_d = 6,9 MeV u. aus den Rkk. $^9Be(d, p)^{10}Be$, $^{10}B(d, p)^{11}B$ u. $^{40}Ca(d, p)^{41}Ca$ bei E_d = 8,9 MeV unter verschied. Emissionswinkeln zwischen 18 u. 70^0. Das Vorzeichen der Polarisation erweist sich als positiv, wenn $j_n = l_n + 1/2$ u. als negativ, wenn $j_n = l_n - 1/2$ mit Ausnahme der Rk. $^{40}Ca(d, p)^{41}Ca$. Die Ergebnisse der Messungen an $^{12}C(d, p)^{13}C$ lassen vermuten, daß die Polarisation sich nicht sehr schnell mit der Beschußenergie ändert. (Proc. physic. Soc. **72.** 489—93. 1/10. 1958. Liverpool, Univ., Nucl. Phys. Res. Labor.) Gerhard Schmidt. 103

H. Langevin-Joliot und **M. Langevin,** *Streuung der γ-Strahlen von* ^{75}Se *durch Kernfluorescenz. Halbwertszeiten der Niveaus von 265 und 402 keV von* ^{75}As. Unter Verwendung gasförmiger Quellen führen die Messungen über die Kernresonanzfluorescenz an dem 265 keV-Zustand von ^{75}As zu einem Wert von (2,3 ± 0,3) · 10^{-11} sec für die Halbwertszeit dieses Niveaus. An dem 402 keV-Niveau wird keine Kernresonanzfluorescenz beobachtet, die Halbwertszeit dieses Niveaus ist daher $\geqslant 1{,}4 \cdot 10^{-11}$ sec. Die Änderung der Kernresonanzintensität an dem 265 keV-Niveau mit dem Druck der gasförmigen Quelle liefert für die Halbwertszeit des 402 keV-Niveaus den Wert (1,5 ± 0,4) · 10^{-9} sec. Elektroneneinfang-Verzweigungsverhältnisse werden neu bestimmt, ein schwacher (0,04%) Übergang führt zu dem 575 keV-Niveau von ^{75}As. (J. Physique Radium **19.** 765—75. Okt. 1958. Orsay, Coll. de France, Labor. de Phys. Nucl.) Gerhard Schmidt. 103

M. P. Anikina, R. N. Iwanow, G. M. Kukawadse und **B. W. Erschler,** *Halbwertszeit von* ^{90}Sr *und seine Ausbeute bei der Spaltung von* ^{233}U. (Vgl. C. **1958.** 2919.) Eine im Reaktor mit Neutronen aktivierte ^{233}U-Probe wurde 4,25 Jahre nachher, nachdem das ^{89}Sr prakt. verschwunden war, auf ^{88}Sr u. ^{90}Sr untersucht. Hierzu wurde die Isotopenverdünnung im Massenspektrometer benutzt. Vorhanden waren 1,625 · 10^{18} Atome ^{88}Sr u. 1,61 · 10^{18} Atome ^{90}Sr. Aus Messungen der β-Aktivität wurde für ^{90}Sr eine Halbwertszeit von 29,3 ± 1,6 Jahre ermittelt. (Атомная Энергия [Atomenergie] **4.** 198. Febr. 1958.) M. Wiedemann. 103

I. F. Bartschuk, M. W. Passetschnik und **Ju. A. Zybulko,** *γ-Spektren, die bei der unelastischen Streuung schneller Neutronen an Magnesium-, Aluminium-, Eisen-,*

Kupfer-, Zinn- und Antimonkernen angeregt werden. Nach der Rk. D (d, n)^{3}He wurden 2,8 MeV-Neutronen gewonnen u. an verschied. Kernen unelast. gestreut. Die hierbei erzeugten γ-Spektren wurden mittels NaJ(Tl)-Kristallen von 60 mm Durchmesser u. 50 mm Länge als Scintillator, Photomultiplier u. 50 Kanal-Analysator nachgewiesen. Die Auflsg. betrug 6,5—7%. Neben den Spektrallinien wurde eine γ-Strahlung von 0,5 MeV beobachtet, die von der Streuung der Neutronen im NaJ(Tl)-Kristall herrührt. Es wurden γ-Linien folgender Energien u. relativen Intensitäten beobachtet: Mg 0,97 (0,3) 1,41 (1,0), 1,92 (0,2) u. 2,3 MeV; Al 0,84 (0,6), 1,00 (1,0), 1,80 (0,8) u. 2,16 (0,7) MeV; Fe 0,84 (1,0), 1,25 (0,1), 1,46 (0,1) u. 1,70 (0,1) MeV; Cu 0,63 (0,3), 0,78 (0,6), 0,96 (1,0), 1,12 (0,9), 1,38 (0,6), 1,46 (0,5), 1,72 (0,4), 2,03 (0,4); Sn 0,84 (0,6), 1,16 (1,0), 1,50 (0,3), 1,80 (0,4), 2,16 (0,3) u. Sb 1,04 (1,0), 1,50 (0,4), 1,84 (0,4), 2,16 (0,2). (Атомная Энергия [Atomenergie] **4.** 132—37. Febr. 1958.) M. WIEDEMANN. 103

A. P. Baerg, F. Brown und **M. Lounsbury,** *Der Querschnitt für die Reaktion* $^{135}Cs(n, \gamma)^{136}Cs$. Die Neutronenabsorptionsquerschnitte der langlebigen Spaltprodd. sind für die Vorhersage der Reaktivität von Kernreaktoren von ausschlaggebender Bedeutung. ^{135}Cs als ein solches Spaltprod. mit einer Halbwertszeit von ca. $2 \cdot 10^6$ Jahren hat eine Ausbeute von 6,3% bei der Spaltung von ^{235}U. Der Neutroneneinfang führt zu ^{136}Cs, welches durch β^--Emission in stabiles ^{136}Ba zerfällt. Der effektive Querschnitt für die Rk. ^{135}Cs(n, γ)^{136}Cs mit Reaktorneutronen beträgt 10,4 $\pm$ 0,5 barn. Die gemessene Reaktionsrate liefert einen Wert von 61,7 $\pm$ 2,3 barn für das Resonanzintegral von ^{135}Cs. Der therm. Querschnitt wird durch Kombination der Reaktionsraten für unabgedeckte u. mit Cd abgedeckte Proben zu 8,7 $\pm$ 0,5 barn erhalten. (Canad. J. Physics **36.** 863—70. Juli 1958. Chalk River, Ont., AE of Canada Ltd., Res. Chem. Branch.) GERHARD SCHMIDT. 103

W. Ball und **K. H. Lauterjung,** *Energie der Neutronen vom Einfang negativer μ-Mesonen in Bleikerne.* Die bei den Einfangprozessen in Pb entstehenden Neutronen werden durch die von ihnen in Paraffin ausgelösten Rückstoßprotonen in ZnS(Ag)-Leuchtschirmen nachgewiesen. Aus der Differenz der Messungen mit u. ohne Pb-Absorber zwischen 2 Zählrohrgruppen wird die Zahl der in der Zeiteinheit im Absorber abgestoppten μ-Mesonen bestimmt. Die Protonen werden durch Al-Folien absorbiert, die zwischen Paraffin u. Leuchtschirm der Neutronendetektoren eingeschoben worden sind. Der größte Teil aller nach dem Einfang negativer μ-Mesonen in Pb emittierten Neutronen hat Energien $\leqslant$ 3 MeV. (Z. Naturforsch. **14a.** 581—82. Mai/Juni 1959. Heidelberg, MPI für Kernphys.) GERHARD SCHMIDT. 103

R. Stockendal, T. Novakov, B. Johansson und **M. Schmorak,** *Über den Zerfall von* ^{204}*Bi.* (Vgl. C. **1958.** 11715.) Vff. untersuchen die Energieniveaus in ^{204}Pb beim Elektroneneinfangzerfall des 12 Std.-^{204}Bi. 54 Übergänge zwischen 78,54 u. 1210,8 keV werden neben den ca. 20 schwachen nichtzugeordneten Konversionslinien bei diesem sehr komplexen Zerfall beobachtet. Energien u. Intensitäten der Konversionslinien werden mit Spektrometern mit permanentem Magneten u. Doppelfokussierung gemessen. Die relativen γ-Intensitäten werden mit einem Scintillationsspektrometer erhalten. Elektron-γ u. γ–γ-Koinzidenzmessungen werden mit Instrumenten durchgeführt, die einen 100 Kanal-Impulshöhenanalysator einschließen. Ein versuchsweise aufgestelltes Zerfallsschema von ^{204}Pb wird diskutiert. (Ark. Fysik **14.** 65—84. 1958. Stockholm, Nobel Inst. of Phys.) GERHARD SCHMIDT. 103

T. Novakov, R. Stockendal, M. Schmorak und **B. Johansson,** *Über den Zerfall von* ^{203}*Bi.* (Vgl. vorst. Ref.) Im Anschluß an l. c. untersuchen Vff. das Niveauschema von ^{203}Pb beim Zerfall des 12 Std.-^{203}Bi. 20 Übergänge zwischen 60,3 u. 1896 keV werden beobachtet. Die Verss. schließen Energie- u. Intensitätsmessungen an den Konversionslinien, Messungen der relativen γ-Intensitäten sowie e–γ- u. γ–γ-Koinzidenzmessungen mit den l. c. wiedergegebenen Apparaturen ein. Durch Unterss. mit einem Zwischenbild-β-Spektrometer u. einem doppelfokussierendem Spektrometer wird die Positronenemission in 2 Komponenten von 740 $\pm$ 50 u. 1350 $\pm$ 50 keV aufgelöst. Ein versuchsweise aufgestelltes Zerfallsschema von ^{203}Bi wird diskutiert. (Ark. Fysik **14.** 85—99. 1958.) GERHARD SCHMIDT. 103

A. W. Kaljamin, A. N. Murin, B. K. Preobrashenski und **N. Je. Titow,** *Ausbeute an Seltenen Erden bei der Splitterung von Wismut durch 660 MeV-Protonen.* Die chem. Ausbeute wurde chromatograph. ermittelt, ferner wurde die dem K-Einfang folgende Röntgenstrahlung bestimmt. Die Querschnitte für die einzelnen Prodd. werden in Abhängigkeit von A angegeben u. zwar von Fe bis Po. Von ^{134}Ce bis ^{200}Tl gilt angenähert $\log \sigma_A = pA + \text{constant}$ mit $p \approx 0{,}11$. Der partielle Wirkungsquerschnitt $d\sigma/dE$ ist eine linear abnehmende Funktion von E = Anregungsenergie der Compoundkerne. (Атомная Энергия [Atomenergie] **4.** 196—97. Febr. 1958.) M. WIEDEMANN. 103

P. A. Tove, *Die Erzeugung von α-Strahlern kurzer Halbwertszeit durch Protonenbeschuß schwerer Elemente.* Dem Protonenbündel des Synchrocyclotrons wurden schwere Elemente ausgesetzt. Bei *Th* wurden die Isotope ^{224}Th u. ^{223}Th mit Halbwertszeiten 1,05 ± 0,05 bzw. 0,9 ± 0,1 sec gewonnen. Es wurden weitere α-Spitzen im 1 sec-Bereich erhalten. Als mögliche Quellen kommen die ^{224}*Pa* u. ^{225}Pa-Zerfallsreihen in Frage. Der Beschuß von Ra lieferte Kerne mit Halbwertszeiten im Bereich von 0,5 bis 40 sec. *Bi* lieferte nach Beschuß 4 α-Strahler, die den *Po*-Isotopen ^{195}Po bis ^{192}Po nach der α-Systematik zugeordnet werden können. Der Beschuß von U, Th, Au u. Pt ergab keine kurzlebigen α-Strahler. (Ark. Fysik **13.** 549—78. 1958. Uppsala, Gustaf Werner Inst. for Nucl. Chem.) G. Kurdal. 103

Jan Prawitz, *Zusammensetzung der bei der thermischen Spaltung von* ^{235}U *gebildeten Produkte.* 3. Mitt. *Isotopische Zusammensetzung und Atomgewichte der Spaltproduktelemente.* (2. vgl. C. **1959.** 1010.) Vf. gibt eine tabellar. Darst. der isotop. Zus. der Spaltproduktelemente in At.-% für 7 verschied. Bestrahlungszeiten u. 2 verschied. Abkühlungszeiten. Der Fluß der therm. Neutronen ist $\leqslant 10^{14}$ n cm^{-2} sec^{-1}. In den Fällen, in denen der Neutronenfluß die Ergebnisse beeinflußt, werden Werte für die 3 Flüsse von 10^{12}, 10^{13} u. 10^{14} n cm^{-2} sec^{-1} angegeben. Falls die Zuss. nach 3000 Tagen Abkühlungszeit von der Bestrahlungszeit nicht unabhängig sind, werden die Werte für 2 Bestrahlungszeiten angegeben. Einige Spaltproduktelemente weichen von denen in der Natur vorkommenden dadurch ab, daß sie nur aus einem Isotop bestehen. Diese Nuclide sind ^{81}Br, ^{99}Tc, ^{109}Ag, ^{115}In u. ^{139}La. (Acta chem. scand. **13.** 163—73. 1959. Sundbyberg, Res. Inst. of Nat. Defence; Stockholm, Univ., Inst. of Inorgan. and Physic. Chem.)
Gerhard Schmidt. 103

A. N. Protopopow, Ju. A. Sselitzki und **Ss. M. Ssolowjew,** *Spaltquerschnitt von* ^{232}Th *und* ^{237}Np *für 14,6 MeV-Neutronen.* Die schnellen Neutronen wurden nach T (d, n)^{4}He gewonnen. Beschossen wurde eine ThO_2-Schicht von 248 mg u. eine Np-Schicht von 5,57 · 10^{16} Atomen. Die Anzahl der Atome wurde aus Aktivitätsmessungen ermittelt. Die Spaltquerschnitte wurden zu 0,35 ± 0,02 barn für ^{232}Th u. zu 2,4 ± 0,2 barn für ^{237}Np bestimmt. (Атомная Энергия [Atomenergie] **4.** 190—91. Febr. 1958.)
M. Wiedemann. 103

B. D. Kusminow, L. Ss. Kutzajewa und **I. I. Bondarenko,** *Zahl der prompten Neutronen bei der Spaltung von* ^{235}U, ^{238}U, ^{232}Th *und* ^{237}Np *durch schnelle Neutronen.* Die Zahl ν der prompten Neutronen wurde bei der Spaltung mit schnellen Neutronen mit einem Spektr. ähnlich den Spaltungsneutronen bestimmt. Es wurde eine Spaltkammer mit dem zu untersuchenden Isotop benutzt. Der Nachw. der sek. Neutronen erfolgte mit $^{10}BF_3$-Proportionalzählern. Zur Eichung diente eine ^{235}U enthaltende Kammer. Für ν wurden bei ^{235}U 2,59 ± 0,05, bei ^{238}U 2,9 ± 0,1, 2,84 ± 0,15 u. 2,87 ± 0,10, bei ^{232}Th 2,35 ± 0,07 u. bei ^{237}Np 2,72 ± 0,15 gefunden. (Атомная Энергия [Atomenergie] **4.** 187—88. Febr. 1958.) M. Wiedemann. 103

G. N. Smirenkin, I. I. Bondarenko, L. Ss. Kutzajewa, Ch. D. Mischtschenko, L. I. Prochorowa und **B. P. Schemetenko,** *Mittlere Zahl der prompten Neutronen bei der Spaltung von* ^{233}U, ^{235}U *und* ^{239}Pu *durch 4 und 15 MeV-Neutronen.* Die Neutronen mit 4,0 ± 0,3 MeV wurden nach D (d, n)^{3}He, diejenigen mit 15,0 ± 0,5 MeV nach T(d, n)^{4}He gewonnen. Die Zahl der prompten Neutronen wurde mit therm. Neutronen ermittelt. Es galt $\nu(E) = \nu_T + aE$. Die Werte $\nu(E)$ betrugen bei Spaltung mit 4 u. 15 MeV-Neutronen bei ^{233}U 3,06 u. 4,42, bei ^{235}U 3,01 u. 4,51 u. bei ^{239}Pu 3,43 u. 4,71. Der Wert a lag zwischen 0,121 u. 0,136. (Атомная Энергия [Atomenergie] **4.** 188—90. Febr. 1958.) M. Wiedemann. 103

J. G. Cuninghame, *Die Massenausbeutekurve für die Spaltung von* ^{241}Am *durch Reaktorneutronen.* Vf. führt die relativen Spaltausbeuten für 19 Massenketten bei der Spaltung von ^{241}Am mit Reaktorneutronen an. Die relativen Ausbeuten werden für die Massenzahlen 89, 91, 95, 97, 99, 111, 113, 115, 121, 131, 132, 136, 137, 139, 140, 141, 143, 144, 147 u. 153 bestimmt. Das Spitze/Tal-Verhältnis ist ∼ 160 u. $\bar{\nu} = 3 \pm 0,5$. Die leichte Spitze bewegt sich um 2 Masseneinheiten gegen die schwere Spitze im Vgl. zur Massenausbeutekurve von ^{239}Pu für therm. Neutronen. (J. inorg. Nuclear Chem. **4.** 1—7. Febr. 1957. Harwell, Berks., A.E.R.E.) Gerhard Schmidt. 103

A. M. Weinberg, *Die Physik des Kernreaktors.* Der Überblick über die Physik des Kernreaktors umfaßt u.a. wichtige Kernprozesse, die Querschnittstheorie, durch Neutronen induzierte Spaltung, die Theorie der Kettenreaktion, verschied. Reaktoren, nichttherm. Reaktoren, nichteinheitliche Reaktorsysteme u. allg. Bemerkungen zur Reaktorkinetik. (Suppl. del Nuovo Cimento Nr. 3 (zu [10] **4**). 1278—1323. 1956. Oak Ridge, Tenn., Oak Ridge Nat. Labor.) G. Kurdal. 110

T. M. Fry, *Zephyr – Ein schneller Nullenergie-Reaktor.* Der Reaktor besteht aus einem Kern, der zu 50% aus ^{239}Pu gebildet wird. Die Wärmeleistung beträgt ca. 2 W. Der schnelle Neutronenfluß beträgt 10^9 Neutronen/cm^2 sec. Da der Reaktorkern sehr klein ist, kann die Diffusionstheorie nicht angewendet werden. Bei Zugrundelegung der Transporttheorie muß die Änderung des Querschnittes mit der Energie berücksichtigt werden. (Suppl. del Nuovo Cimento Nr. 3 (zu [10] **4**). 1324—28. 1956. Harwell, A. E. R. E.) G. Kurdal. 110

Robert S. Shane, *Core-Materialien für Atomkraftwerke und ihre Herstellung.* Es wird die Verwendung verschied. Metalle u. Verbb. im Reaktorcore als Brennelemente, cans, Kontrollstäbe, Kühlmittel u. Konstruktionsmaterial diskutiert u. die Herst. der betr. Stoffe behandelt. — 27 Literaturhinweise. (J. chem. Educat. **35.** 534—40. Nov. 1958. Buffalo, N. Y., Bell Aircraft Corp., Rockets Div.) W. Karcher. 110

R. M. Tennent, *Eine Methode zur Feststellung einer Voreingenommenheit des Beobachters.* Es wird ein Satz von M-Ablesungen (z B. bei Messungen des Impulshöhenspektr. für Höhenstrahlen) behandelt, von denen N vom Typ x sind. Die zu erwartende Verteilung der Ablesungen ist dann $Mf(1-f)^2 (1 + f + f^2 + f^3...)$, wenn f die Wahrscheinlichkeit, eine Ablesung vom Typ x zu erhalten, ist. (Philos. Mag. [8] **3.** 776—79. Juli 1958. Leeds, Univ., Phys. Dep.) M. Wiedemann. 112

Miroslov Voříšek, *Ein Detektor langsamer Neutronen.* Systemat. Unterss. über Scintillationskristalle für langsame Neutronen aus einer ZnS(Ag)–B_2O_3-Mischung erwiesen Mischungsverhältnisse zwischen 8:1 u. 12:1 als optimal. Das benötigte wasserfreie B_2O_3 wurde durch längeres Glühen von H_3BO_3 bei einer Temp. von 760° gewonnen. Die ZnS(Ag)–B_2O_3-Gemische wurden bei 600—700° geglüht. Als optimale Dicke für die Scintillatoren wurde 0,75 bis 1 mm gefunden. Multiplier war ein RCA 6199. Insgesamt ergab sich ein Wirkungsgrad für langsame Neutronen von ca. 25%. Störende γ-Strahlung kann mit Hilfe des Amplitudendiskriminators unschädlich gemacht werden, bei einer Schwächung der γ-Wirkung auf 10^{-7}% behält man immer noch einen Wirkungsgrad von ca. 6% für die therm. Neutronen. (Czechoslov. J. Physics **6.** 757—66. 1957. Prag, Tschechoslowak. Akad. der Wiss., Inst. für Kernphys.) C. Reuber. 112

M. Bernardini, P. Brovetto, S. Debenedetti und **S. Ferroni,** *Ein Zirkularpolarimeter für γ-Strahlen niedriger Energie.* Eine toroidförmige radioakt. Quelle befindet sich an einem der Polschuhe eines Magneten; die γ-Strahlen werden vom anderen Polschuh zurückgeworfen u. durch einen NaJ-Scintillator im ersten Polschuh nachgewiesen. Das Licht des Scintillators wird durch ein 100 cm langes Rohr einem Photomultiplier zugeführt. Für unpolarisierte γ-Strahlen beträgt die Wrkg. der Feldumkehrung ca. 0,2%. Die Impulshöhenselektion vermindert den Background sehr, der durch Verunreinigungen der Quelle, natürliche Radioaktivität u. dem Dunkelstrom der Photoröhre bewirkt wird. Der Wirkungsbereich des Instruments wird auf der Seite hoher Energie durch Abschirmschwierigkeiten u. nach niedriger Energie hier durch das Vorherrschen des Photoeffekts in Fe begrenzt. Das γ-Zirkularpolarimeter macht von der Maximaldifferenz für die beiden Polarisationsrichtungen Gebrauch u. kann für verhältnismäßig niedrige Energie verwendet werden. (Nuovo Cimento [10] **7.** 416—18. 1/2. 1958. Torino, Univ., Ist. di Fis.) S. Neue. 112

F. P. W. Winteringham, *Radioaktive Indicatormethoden.* 5. Mitt. *Die Herstellung und Prüfung markierter Verbindungen.* (4. vgl. C. **1959.** 8451; 6. vgl. C. **1959.** 9119.) Die Darst. gasförmiger, fl. u. fester radioakt. Präpp. wird beschrieben. Bes. wird auf die Verwendung von ^{14}C in der Biochemie als Indicator eingegangen. Die Unters. von Mischisotopen in festen Proben wird erwähnt. Die Zählmethoden radioakt. Präpp. werden aufgeführt. Die notwendigen Korrekturen, die sich aus der Zählanordnung u. der Beschaffenheit der Präp. ergeben, werden erläutert. (Lab. Pract. **4.** 288—93. Juli 1955. Slough, Bucks., Pest Infest. Labor.) H. Hauser. 112

Peter Weinzierl, Rupert Patzelt und **Hans Warhanek,** *Ein Koinzidenzspektrometer für kernphysikalische Untersuchungen.* Es wird eine vielseitig verwendbare kernphysikal. Meßanordnung beschrieben, die durch Verwendung einer schnellen Koinzidenzstufe u. eines langsamen Dreifach-Koinzidenzkreises zeitliche Auflösungsbreiten bis $1 \cdot 10^{-8}$ sec bei gleichzeitiger Analyse der Impulsgröße gestattet. Durch Einbau von Impulstoren wurde eine Verlängerung des Impulsplateaus erreicht. (S.-B. österr. Akad. Wiss., math.-naturwiss. Kl., Abt. IIa **165.** 169—77. 1956. Wien, Univ., I. Physik. Inst., Inst. für Radiumforsch. u. Kernphys.) W. Karcher. 112

Rupert Patzelt, *Ein schneller, sehr konstanter Impulsverstärker für ein kernphysikalisches Spektrometer.* (Vgl. vorst. Ref.) Es wird die Konstruktion eines Meßverstärkers mit 0,1 μsec Anstiegszeit bei Impulsgrößen bis 100 V beschrieben, dessen Verstärkungsfaktor über lange Zeit auf ± 1% konstant ist. Die Funktion eines negativ rückgekoppelten Verstärkerkreises u. die damit erreichbaren Eigg. wurden untersucht. (S.-B. österr. Akad. Wiss., math.-naturwiss. Kl., Abt. IIa **165.** 179—94. 1956.) W. Karcher. 112

Peter Weinzierl, *Eine neue Koinzidenzanordnung kleiner Auflösungsbreite.* (Vgl. vorst. Reff.) Es wird eine Koinzidenzanordnung mit proportionaler Verstärkung der Ausgangsimpulse beschrieben. Mit Hilfe dieser Anordnung können bei Verwendung von NaJ-Detektoren u. Strahlungsenergien von einigen 100 keV Auflösungsbreiten der Größenordnung 10^{-8} sec erreicht werden. (S.-B. österr. Akad. Wiss., math.-naturwiss. Kl., Abt. IIa **165.** 195—227. 1956.) W. Karcher. 112

Rupert Patzelt, *Eine Schaltung zur Verlängerung elektrischer Impulse samt Impulstor („gate“).* (Vgl. vorst. Reff.) Es wird eine Schaltung besprochen, die zur Umformung elektr. Impulse, wie sie von Strahlungsdetektoren geliefert werden, in Impulse mit einem ebenen Plateau von 1 bis $>$ 100 μsec dient u. die gleichzeitig als Impulstor verwendbar ist. Impulslänge u. Totzeit können einzeln in weiten Grenzen eingestellt werden. (S.-B. österr. Akad. Wiss., math.-naturwiss. Kl., Abt. IIa **165.** 229—35. 1956.) W. Karcher. 112

Hans Warhanek, *Ein Einkanalregistriergerät für kernphysikalische Präzisionsmessungen.* (Vgl. vorst. Reff.) Es wird ein Einkanalregistriergerät mit einem Fensterverstärker u. 2 Diskriminatoren, deren Ausgänge in Antikoinzidenz geschaltet sind, beschrieben. Die Linearität der Kanalposition u. die Konstanz von Kanalbreite u. Kanalposition über mehrere Tage ist besser als 1%. (Impulsgröße 2 — 100 V, Kanalbreite $\geqslant$ 1 V u. Verstärkungsfaktor 10.) (S.-B. österr. Akad. Wiss., math.-naturwiss. Kl., Abt. IIa **165.** 237—44. 1956.) W. Karcher. 112

Gerhard Kainz und **Rupert Patzelt,** *Ein Untersetzer mit einem Auflösungsvermögen von 2,5 · 10^{-7} sec.* (Vgl. vorst. Reff.) Vff. beschreiben einen Untersetzer, der mit Sicherheit noch Impulse untersetzt, die einen Abstand von τ = 2,5 · 10^{-7} sec besitzen u. deren Amplituden zwischen 15 u. 100 V liegen. Nach 8facher Untersetzung ist die Aufeinanderfolge von durchschnittlich 2 · 10^{5} sec statist. verteilt ankommenden Impulsen soweit ausgeglichen, daß anschließend die durchschnittlich 2,5 · 10^{4} Impulse/sec ohne wesentliche Verluste von einem dekad. Philips-ElT-Untersetzer mit einem Auflösungsvermögen von τ = 9 μsec erfaßt werden können. Änderungen der Betriebsspannung zwischen 310 u. 370 V haben keinerlei Einfl. auf die Betriebssicherheit des Gerätes. (S.-B. österr. Akad. Wiss., math.-naturwiss. Kl., Abt. IIa **165.** 245—51. 1956.) W. Karcher. 112

Friedrich Bensch und **Peter Weinzierl,** *Ein stabilisiertes Hochspannungsnetzgerät für kernphysikalische Meßanordnungen.* (Vgl. vorst. Reff.) Für den Betrieb von Photoelektronenvervielfachern wurde ein Hochspannungsgerät konstruiert, das eine kontinuierlich variable Spannung wählbarer Polarität zwischen 500 u 3000 V bei einer Stromentnahme bis 3 mA liefert. Nach einer Aufwärmzeit von einer Std. ändert sich die Ausgangsspannung während eines Arbeitstages um weniger als 0,02%. (S.-B. österr. Akad. Wiss., math.-naturwiss. Kl., Abt. IIa **165.** 253—58. 1956.) W. Karcher. 112

Rupert Patzelt, *Ein stabilisiertes Netzgerät und ein elektronisches Zählgerät für ein kernphysikalisches Energiespektrometer.* (Vgl. vorst. Reff.) Es wird die Konstruktion eines betriebssicheren Netzgerätes für 2 positive u. 1 negative stabilisierte Gleichspannung beschrieben u. der Aufbau eines allg. anwendbaren Zählgeräts für die Verwendung in einem kernphysikal. Spektrometer besprochen. (S.-B. österr. Akad. Wiss., math.-naturwiss. Kl., Abt. IIa **165.** 259—66. 1956.) W. Karcher. 112

J. Sommeria-Klein, *Herstellung einer Beschleunigungsröhre für 700 kV-Ionen. Entwicklung von Ionenquellen mit oscillierenden Elektronen.* 1. Allg. Probleme, die durch Beschleuniger für Ionen hoher Spannung aufgeworfen werden. 2. Entwurf eines neuen Ionenbeschleunigers, Wahl der Ionenquelle. 3. Prinzip der Ionenquelle „Heil-von Ardenne“, Ergebnisse. 4. Experimentelle Unters. einer Ionenquelle nach Heil; erforderliche Modifikation der Ionenoptik. 5. Ein neues allg. Extraktionsprinzip für Ionenquellen („kathod. Linsen“). 6. Eine neue Quelle großer Ionenkonz. (Anwendung des Prinzips nach 5. auf eine Quelle nach Heil-von Ardenne). Maximale Ionenintensität von 1,15 mA bei einer Extraktionsspannung von 15 kV; Druck: 2 · 10^{-3} Torr H, Entladungsstrom 14 mA, Entladungsspannung: 200 V. 7. Anwendung des Extraktionsprinzips auf verschied. Quellen. 8. Eine neue Quelle großer Intensität (Ringförmige Ionenquelle). 9. Beschleunigerröhre für 700 kV. (Ann. Physique [13] **1.** 344—94. März/April 1956. Paris, Univ., Fac. des Sci.) D. Jörchel. 112

P. A. Tove, *Ein vielseitiger 20 Kanal-Zeitverzug- und Impulshöhenanalysator. Anordnung für die Untersuchung von im Cyclotron mit gepulsten Quellen beschossenen kurzlebigen Kernen.* Es wird ein Mehrkanal-Impulsanalysator beschrieben, dessen Zeitauflsg. den Bereich von 1 μsec bis zu einigen Min. überstreicht. Er wird zu Lebensdauermessungen an Isomeren sowie in Verb. mit einer Zusatzeinrichtung für die Unters. kurzlebiger Kerne, die in einem Beschleuniger erzeugt wurden, verwendet. Der Zeitanalysator kann leicht in einen Impulshöhenanalysator umgewandelt werden. Die Zeitmessung

wird mit Zählkanälen ausgeführt, die schrittweise geöffnet u. gesperrt werden. (Ark. Fysik **13.** 579—607. 1958. Uppsala, Gustaf Werner Inst. for Nucl. Chem.)
G. Kurdal. 112

L. Ciuffolotti, G. Luzzatto, G. Tomasini und **G. Cortini,** *Über Massenmessungen in G5- und K5-Emulsionen.* K 5-Platten wurden 150 MeV-Protonen u. 38 MeV-Mesonen ausgesetzt u. durch Ionisationsmessungen die Eigg. der Emulsionen untersucht u. mit denen von G 5 verglichen. In Abhängigkeit von der Restreichweite wurden die Gesamtzahl der Lücken je Zelle, die Gesamtzahl von Lücken über einer bestimmten Größe je Zelle, die Gesamtlänge der Lücken je Zelle u. die mittlere Lückenlänge bestimmt. Der Einfl. der Entw. wurde geprüft. (Nuovo Cimento [10] **9.** 1110—13. 16/9. 1958. Genova, Univ., Ist. di Fis., Ist. Naz. di Fis. Nucl.; Catania, Univ., Ist. di Fis., Centro Siciliano di Fis. Nucl.)
M. Wiedemann. 112

J. Catalá, J. Casanova und **F. Senent,** *Darstellung und Einlagerung von Quecksilbertargets in Kernemulsionen zur Untersuchung der Photozertrümmerung.* Vff. verbesserten das Verf. der Einlagerung von Glascapillaren in Kernemulsionen u. beschreiben die Meth. ihrer Füllung mit Hg. Ergebnisse der Unters. der Rk. Hg(γ, p)Au mit Betatron-Bremsstrahlung werden wiedergegeben. (An. Real Soc. españ. Física Quím., Ser. A **53.** 121—25. Mai/Juni 1957. Inst. de Optica „Daza de Valdés", Secc. de Valencia.)
Herbert Weber. 112

P. C. L. Pfeil, *Metallographische Verfahren für hochaktive Proben.* Beschreibung eines Gerätes zur metallograph. Unters. von Proben mit hoher γ-Aktivität; Montieren, Schleifen, Polieren, mkr. Beobachtung, Fernsehkamera. (J. Inst. Metals **84.** Bull. **3.** Nr. 12. 108—11. Aug. 1956. Harwell, A.E.R.E., Metallurgy Div.) W. Wesly. 112

L. R. Kelman, W. D. Wilkinson, A. B. Shuck und **R. C. Goertz,** *Die Handhabung von α-aktiven pyrophoren Substanzen.* 3. Mitt. *Kontrolle der „glove box"-Atmosphäre.* (2. vgl. C. **1957.** 3718.) Vff. beschreiben die Verwendung von He als Schutzgas in einem Syst. einer größeren Anzahl von glove boxes, in denen mit α-akt. pyrophorem Material (Pu) gearbeitet wird. Verschied. Reinigungsmethoden für das He-Schutzgas wurden untersucht, am geeignetsten erwies sich Adsorption an Aktivkohle unter Druck (6—40 at) bei — 20 bis — 40° F. (Nucleonics **14.** Nr. 5. 77—82. Mai 1956. Lemont, Ill., Argonne Nat. Labor.)
W. Karcher. 112

Günter Kegel, *Messung des weittragenden Fallouts in Rio de Janeiro.* Mitt. über Messungen der aus der Luft stammenden Radioaktivität vom 9. 5. bis 31. 7. 1956 mit Luftfiltern. (An. Acad. brasil. Ci. **28.** 447—53. 1956. Rio de Janeiro, Inst. Nac. de Tecnol., Div. de Eletr. e Med. Eletr.)
Herbert Weber. 112

John Markus Blatt und **Victor Frederick Weißkopf,** Theoretische Kernphysik. 1. Aufl. Leipzig: Teubner, 1959. (XIV + 739 S. m. 128 Abb.) 8°. DM 42.50.

Willem Elbertus Clason, Elsevier's Dictionary of nuclear science and technology. In 6 languages, English/American, French, Spanish, Italian, Dutch and German. Compiled and arranged on an English alphabetical base. Amsterdam: Elsevier. 1958. (914 S.) 8°. hfl. 73.50.

N. N. Ershov and others, Russian-English dictionary of nuclear physics and engineering. London: M. Paterson. 1959. (350 S. m. Tab.) 75 s.

R. C. Extermann, ed., Radioisotopes in scientific research; v. 1: Physics and industry; proceedings of the first (UNESCO) international conference. New York: Pergamon Press. 1958. (761 S. m. Abb.) 8°. $ 22.50.

A_2. Optisches Verhalten der Materie.

Raymond Michard, *Spektroskopische Untersuchung der Feinstrukturen der Chromosphäre.* Mit einem Spektrographen großer Dispersion untersuchte Vf. eine große Anzahl von Spektren der Linie H_α in der Nähe des Sonnenrandes. Hierbei wurden zahlreiche Fackeln bis zum Niveau der Photosphäre festgestellt. Es werden die Profile der H_α-Emission u. Doppler-Effekte ihrer Bldg. beschrieben. (C. R. hebd. Séances Acad. Sci. **246.** 3413—15. 23/6. 1958. Paris-Mendon, Observ.) C. Gottfried. 113

E. G. Bendit, *Das Verhältnis der charakteristischen zur weißen Röntgenstrahlung einer Kupferanode.* An 2 Röntgenröhren mit Cu-Antikathode untersuchte Vf. mit dem Geiger-Zähler das Verhältnis K der gesamten Kα-Strahlung zu der emittierten gesamten weißen Strahlung. Für eine Spitzenspannung von 35 kV u. 3 mA wurde K zu 2 ± 0,5 gemessen. (Brit. J. appl. Physics **9.** 312—17. Aug. 1958. Ryde, New South Wales, C.S.I.R.O., Wool Textile Res. Labor.) C. Gottfried. 116

G. Herzberg, *Ionisationspotentiale und Lamb-Verschiebungen der Grundzustände von ^{4}He und ^{3}He.* Zur Best. der Lamb-Verschiebung des Grundzustands von He ist die Kenntnis des Ionisationspotentials nötig. Dazu bestimmt Vf. die Wellenlänge der fernen UV-Linien 584,3 (1 ^{1}S-2 ^{1}P), 537,0 (1 ^{1}S-3 ^{1}P) u. 591,4 Å (1 ^{1}S-2 ^{3}P) von ^{4}He u. ^{3}He. Folgende Werte für das Ionisationspotential von ^{4}He u. ^{3}He werden erhalten: I.P. (^{4}He) = 198310,8$_2$ ± 0,15 cm^{-1}, I.P. (^{3}He) = 198300,3$_2$ ± 0,15 cm^{-1}. Die damit bestimmte Lamb-Verschiebung beträgt — $0{,}7_9$ u. $0{,}8_2 \pm 0{,}15$ cm^{-1} für ^{4}He bzw. ^{3}He. (Proc. Roy. Soc. [London], Ser. A **248.** 309—32. 25/11. 1958. Ottawa, Can., Nat. Res. Council, Div. of Pure Phys.) D. Hahn. 118

V. G. Krishnamurthy, *Ultraviolette Banden von Quecksilberbromid.* (Vgl. C. **1959.** 2685.) Vf. nimmt die UV-Banden von HgBr auf u. untersucht das Gebiet zwischen $\lambda = 2900$ u. 2700 Å genauer. Er schreibt diese Banden nicht wie Wieland dem dreiatomaren, sondern dem zweiatomaren Mol. zu. Die Banden zwischen 2900 u. 2770 Å können in zwei Systeme aufgeteilt werden, deren Schwingungskonstanten angegeben werden. Beide Systeme können die zwei Komponenten eines $^2\Pi$–$^2\Sigma$-Elektronen-Übergangs bilden. Zwischen 2770 u. 2720 Å wird ein anderes Syst. mit $^2\Sigma$–$^2\Sigma$-Übergang beobachtet. Abschließend wird der Isotopie-Effekt von ^{79}Br u. ^{81}Br diskutiert. (Z. Physik **152.** 242—48. 28/7. 1958. Bangalore, Indian Inst. of Sci., Dep. of Phys.) D. Hahn. 118

John A. Vreeland und **Kiyoshi Murakawa,** *Isotopieverschiebung im Spektrum von W I.* Um die Isotopieverschiebung im Spektr. von W I zu untersuchen, werden Proben, die mit ^{183}W bzw. ^{180}W angereichert sind, und natürliches W ausgemessen. Für das Verhältnis der Verschiebung der geraden Isotopen wird der Wert $\Delta\nu$ (186—184): $\Delta\nu$ (184—182): $\Delta\nu$ (182—180) $= 83 \pm 2:100:66 \pm 5$ bestimmt. (J. physic. Soc. Japan **13.** 663—66. Juli 1958. Meguro-ku, Tokyo, Komaba-machi, Univ. of Tokyo, Inst. of Sci. and Technol. [Orig.: japan.; Auszug: engl.]) D. Hahn. 118

A. E. Grün, *Über die Fluorescenz von Luft, die durch schnelle Elektronen erregt wird. Lichtausbeute als Funktion des Druckes.* Durch Elektronen von 4,2 bis 43,7 keV wird die Luft zur Fluorescenz angeregt u. im folgenden die Intensität I_f gemessen. Ferner wird die Energie, die von den Elektronen zu den Gasmoll. übergeführt wird, sowie die Lichtausbeute experimentell als Funktion der Gasdichte bzw. des Druckes bestimmt. Der gefundene Wert lautet: $1/\Phi + p/p'$ (worin Φ die Lichtausbeute ist) mit $p' = 11{,}5$ mm Hg. (Canad. J. Physics **36.** 858—62. Juli 1958. Frankfurt/Main, Johann Wolfgang Goethe Univ.) D. Hahn. 118

K. Przibram, *Atmosphärischer Staub und Fluorescenz.* Viele Chemikalien u. Minerale zeigen eine bläuliche Fluorescenz, die durch starke Erhitzung zerstört u. nach Einw. von Luft durch schwache Erhitzung wieder hervorgerufen werden kann. Vf. schreibt diesen Effekt – außer dem adsorbierten W. — vor allem Staub organ. Ursprungs zu, der mit der Substanz (z. B. SiO_2, Al_2O_3) in Wechselwrkg. tritt. Die bläuliche Fluorescenz von „reinem“ W. u. von Schnee dürfte den gleichen Ursprung haben. Für die Fluorescenz, die an keine Radiophotoluminescenz aufweisenden magmat. Mineralen, bes. vielen Feldspaten, beobachtet wird u. sich durch Erwärmung zerstören läßt, scheint adsorbiertes W. (Ewles-Effekt) die plausibelste Erklärung zu sein, obwohl auch hier die Ggw. organ. Substanzspuren nicht ausgeschlossen ist. (Nature [London] **183.** 1048. 11/4. 1959. Vienna, Inst. für Radiumforsch.) D. Jörchel. 118

L. R. Ingersoll und **D. H. Liebenberg,** *Faraday-Effekt in Gasen und Dämpfen.* 3. Mitt. (2. vgl. C. **1958.** 4682.) Die Verdet-Konstanten wurden bei 17° bei 3 weiteren Gasen: *Stickoxyd, Ammoniak* u. *Schwefeldioxyd* u. bei 8 Dämpfen (bei 50—70°): *W., D_2O, Äthanol* u. *Methanol, Ae., Chlf., Tetrachlorkohlenstoff* u. *Schwefelkohlenstoff* im Bereich von 3635—9875 Å gemessen, ferner auch bei den entsprechenden Fll. bei 17°. Die Temp.-Koeffizienten waren außer bei NO klein. NO zeigte negative Rotation u. neben CS_2 eine bes. hohe Verdet-Konstante u. Faraday-Dispersion. Die Verdet-Konstanten für D_2O sind ca. 2—3% niedriger als die für H_2O. Der Unterschied zwischen fl. u. gasförmigem Zustand ist bei W. bes. ausgeprägt. Die negative Rotation von NO wird mit dem Paramagnetismus in Beziehung gebracht. (J. opt. Soc. America **48.** 339—43. Mai 1958. Madison, Wis., Univ. of Wisconsin.) M. Wiedemann. 119

A. M. MacSwan, *Die Farben dünner Oxydfilme auf Metallen.* Es werden die Farben, die bei Reflexion von weißem Licht an mit einem dünnen Oxydfilm überzogenen Metallen beobachtet werden können, betrachtet. Eine Theorie der selektiven Transmission des Lichtes in das Metall wird entwickelt. Diese Transmission hängt von den opt. Eigg. sowohl des Oxydfilms u. des Trägermaterials als auch von der Filmdicke ab. Zur Berechnung der Abhängigkeit der Zus. des reflektierten Lichtes von der Filmdicke wird die Smith-Tabelle benutzt. (Proc. physic. Soc. **72.** 742—48. 1/11. 1958. Caswell, Towcester, Northants., Plessey Co. Ltd., Caswell Res. Labor.) H. Lindberg. 119

L. Holland, *Der Gettereinfluß auf die Reflexionsfähigkeit von Aluminiumfilmen.* Zur Unters. der von anderen Seiten gemachten Beobachtung, daß Al-Filme, die auf Glas aufgedampft worden waren, opt. stärker absorbierten, wenn die Aufdampfung unter größeren Einfallwinkeln bei langsamer Aufdampfung oder in einem schlechten Vakuum vorgenommen worden war, bestimmte Vf. die Reflexionsfähigkeit von Al-Spiegeln in Abhängigkeit von dem Gasdruck u. dem Einfallwinkel des Al-Dampfes auf die Glasunterlagen. Bei den Verss. wurden Einfallwinkel von 0—60° u. Drucke von 0,05—1,0 μ Hg benutzt; die Filme wurden außerdem mit 2 verschied. Geschwindigkeiten aufgedampft. Es wurde beobachtet, daß bei steigendem Gasdruck oder bei Erhöhung der Aufdampfzeit die Reflexionsfähigkeit der Spiegel fällt, u. zwar ist diese Abnahme am deutlichsten bei schiefem Dampfeinfall u. Drucken bis zu 0,5 μ Hg. Diese Beobachtungen lassen sich durch die Annahme erklären, daß der Grad der Gasverunreinigung des wachsenden Al-Films zunimmt, wenn der Einfallwinkel größer wird. Diese Annahme ist jedoch nicht auf Gasdrucke $> 1\,\mu$ anwendbar, da die Dampfatome durch Gasmoll. vor Auftreffen auf die Unterlage gestreut werden. (Brit. J. appl. Physics **9.** 336—37. Aug. 1958. Crawley, Edwards High Vacuum Ltd., Res. Labor.) C. GOTTFRIED. 119

Marvin H. Winkler, *Die optische Aktivität von Kupferspiralen.* Bemerkung zu einer Arbeit von TINOCO u. FREEMAN (C. **1958.** 1483). (J. physic. Chem. **62.** 1342. Okt. 1958. Massachusetts, Protein Found., Inc.) HERBERT MÜLLER. 119

Louis Galatry, *Zeichnerische Annäherung des Mechanismus der Einflüsse des Lösungsmittels auf die infraroten Schwingungsspektren.* Theoret. Unters. an Hand einer einfachen Zeichnung. (C. R. hebd. Séances Acad. Sci. **246.** 3442—45. 23/6. 1958. Bellevue, Labor. des Hautes Pressions du C.N.R.S.) C. GOTTFRIED. 120

Earle K. Plyler, Harry C. Allen jr. und **E. D. Tidwell,** *Emissionsspektrum von Kohlenstoffmonoxyd von 2,3 bis 2,5 µ.* Im Gebiet von 4000—4360 cm^{-1} werden erneut die CO-Emissionsbanden gemessen. Aus Messungen der 4–0-, 2–0- u. 1–0-Banden werden die Molekularkonstanten von CO wie folgt berechnet: $B_0 = 1922511 \pm 0{,}000025\ cm^{-1}$, $D_0 = 6{,}13 \pm 0{,}02 \cdot 10^{-6} cm^{-1}$. Die Lichtgeschwindigkeit wird ebenfalls überprüft u. der Wert $c = 299794 \pm 3$ km/sec gefunden. (J. Res. nat. Bur. Standards **61.** 53—56. Juli 1958. Washington, D. C.) E. HAHN. 120

Richard Weber, *Ultrarotspektren von Millons Base und Entwässerungsprodukten.* In einer Tabelle werden die IR-Spektren von Millions Base u. den aus ihr gewonnenen Entwässerungsprodd. angegeben. Ein Vgl. der verschied. Prodd. zeigt, daß sich nach 2 1/4 Jahren das Kristallgitter des $Hg(NH_3)_2O \cdot 3\,H_2O$ ausbildet u. die für Diaminverbb. charakterist. NH_3-Banden vorliegen. Vf. schlägt daher für den Reaktionsverlauf bei der Entwässerung von Millons Base eine Ergänzung vor: $2\,HgNH_2OH \cdot HgO \rightarrow Hg(NH_3)_2O \cdot 3\,H_2O$. (Kolloid-Z. **158.** 161—62. Juni 1958. Wiesbaden, Versuchsstand der Ges. für Lindes Eismaschinen AG.) E. HAHN. 120

H. Block, *Eine Schwingungsuntersuchung am Hexamminkobalt(III)-ion.* Vf. untersucht IR-Spektren von H- u. D-haltigem Hexamminkobalt(III)-chlorid. Einzelheiten für die mathemat. Behandlung der Schwingungen dieses Ions werden unter der Annahme schwacher Pendelschwingungen um die Co–N-Achse angegeben, u. die berechneten Frequenzen werden mit den beobachteten verglichen. An Hand von Tieftemp.-Spektren (— 183°) u. Veränderungen der Absorptionsspektren beim Übergang vom Hexamminkobalt(III)-jodid zum -chlorid wird nachgewiesen, daß die NH_3-Liganden, obgleich in schwachen Pendelschwingungen, sich nicht in freier Rotation befinden können. Die Gleichgewichtskonstante für den Protonen–Deuteronen-Austausch in W. wird unter der Voraussetzung, daß keine Abhängigkeit von der Menge u. der ster. Anordnung der vorhandenen Deuteronen besteht, annähernd bestimmt. (Trans. Faraday Soc. **55.** 867—75. Juni 1959. London, King's Coll., Chem. Dep.) H.-J. HARTMANN. 120

D. Krishnamurti, *Das Raman-Spektrum von Quarz und seine Interpretation.* Vf. führt erneut eine Unters. des RAMAN-Spektr. von α-Quarz durch u. findet weitere 33 Nebenlinien niedriger Intensität in den aufgenommenen Spektrogrammen. Er identifiziert folgende RAMAN-Verschiebungen als Grundfrequenzen: A-Klasse: 206, 356, 466 u. 1082 cm^{-1}, B-Klasse: 145, 509, 780 u. 1046 cm^{-1}, E-Klasse: 128, 265, 394 bis 404, 452, 696, 795—806, 1063 u. 1160 cm^{-1}. Die zahlreichen Nebenlinien werden als zulässige Oberschwingungen u. Kombinationen von oberen Grundfrequenzen erklärt. (Proc. Indian Acad. Sci., Sect. A **47.** 276—91. Mai 1958. Bangalore, Raman Res. Inst.) E. HAHN. 120

W. L. Broude, A. F. Prichotko und **E. I. Raschba,** *Einige Probleme der Luminescenz von Kristallen.* Zusammenfassende Übersicht mit folgenden Abschnitten: Schema der Luminescenz idealer Kristalle; Luminescenz von Beimengungen enthaltenden Kristallen, Luminescenz bei tiefen Tempp. u. die quasistationäre Verteilung in angeregtem Zustand. — 75 Literaturangaben. (Успехи Физических Наук [Fortschr. physik. Wiss.] **67.** 99—117. Jan. 1959.) E. KLEVER. 125

A₃. Elektrizität. Magnetismus. Elektrochemie.

P. C. L. Pfeil und **L. B. Griffiths,** *Einfluß von Kathodeneinschlüssen auf elektrische Entladungen.* Einschlüsse von Oxyden, Nitriden, Carbiden oder Schlackenteilchen in rostfreien Stählen, die gegenüber dem Metall eine schlechte elektr. Leitfähigkeit besitzen, führen bei Verwendung von diesen Stählen als Kathodenmaterial für Gasentladungen zu einer bevorzugten Verdampfung des Metalls um derartige Einschlüsse infolge von Funkenbildung. Der gleiche Effekt tritt auch an Cu-Kathoden auf, die Einschlüsse von Cu_2O besitzen, u. ist für die Unters. von Oberflächeneigg. von Metallen geeignet. (Nature [London] **183.** 1481. 23/5. 1959. Harwell, Berks., AERE, Metallurgy Div.) HERBERT MÜLLER. 131

K. Krishnamurti, *Beziehung zwischen der Polarisierbarkeit von Ionen und anderen wichtigen Eigenschaften.* Zwischen der Polarisierbarkeit eines Ions α u. der Atomnummer des betr. Elementes N besteht die Beziehung $\alpha = k \cdot N^2$. Der Ausdruck ist auf Elemente der gleichen Untergruppe anwendbar, obwohl der Proportionalitätsfaktor k bei den ersten Elementen einer Untergruppe vom Wert für die höheren Glieder abweicht. Außerdem gilt zwischen α u. der magnet. Susceptibilität von Ionen die Beziehung $\alpha = K_0 \cdot \chi$, wobei der Proportionalitätsfaktor K_0 für positive u. negative Ionen verschied. ist. (Nature [London] **183.** 1043. 11/4. 1959. Baghdad, Univ., Coll. of Sci., Phys.-Chem. Labors.) HERBERT MÜLLER. 132

Kazuo Husimi, *Extrem langsame Komponente der spontanen Polarisation im $BaTiO_3$-Einkristall.* Mit Hilfe der US-Meth., die die piezoelektr. Eigg. ferroelektr. Materialien benutzt, wird die spontane Polarisation im $BaTiO_3$-Einkristall beobachtet. Es zeigt sich, daß die spontane Polarisation **44** μ Coul/cm² beträgt u. aus 2 Komponenten besteht: Eine schnelle Komponente mit 26 μ Coul/cm², bei der es sich um die wahre spontane Polarisation handelt, u. eine extrem langsame Komponente mit 18 μCoul/cm². Diese wird nicht in Triglycinsulfat-Kristallen beobachtet u. ist daher auch keine allg. Eig. ferroelektr. Materialien. (J. appl. Physics **29.** 1379—80. Sept. 1958. Tokyo, Nippon Telegraph and Teleph. Publ. Corp., Electr. Communicat. Labor.) W. KLEIN. 132

F. Oehme, *Die Dielektrizitätskonstante als analytische Kennzahl.* Vf. gibt einen Überblick über die Verwendung der DK als Stoffkonstante, zur Kennzeichnung von Reaktionsabläufen, zur Analyse u. zur Best. von Verteilungskoeffizienten. (Angew. Chem. **71.** 401—04. 21/6. 1959. Weilheim/Obb., Inst. zur Entwickl. chem.-physik. Analysenmethoden.) E. DEHMLOW. 132

Ad. Steinemann und **H. Gränicher,** *Dielektrische Eigenschaften von Eiskristallen. 1. Mitt. Dynamische Theorie der Dielektrizitätskonstante.* Die starke DEBYE-Dispersion, welche reine Eiskristalle im Radiofrequenzgebiet zeigen, kann nur mit Hilfe der BJERRUMschen Orientierungsfehler oder der Ionenbildungsfehler durch Protonentranslation erklärt werden. Nach der von FRÖHLICH gegebenen allg. Theorie der DK werden beide Möglichkeiten durchgerechnet. Es zeigt sich, daß die dielektr. Polarisation des Eises prakt. allein durch den erstgenannten Kristallbaufehler erklärt werden kann, d.h., daß sie durch Molekülrotationen (Protonensprünge von einer H-Bindung auf eine benachbarte) verursacht wird. Die Theorie gibt die stat. DK, deren Anisotropie u. Temperaturabhängigkeit für H_2O- u. D_2O-Kristalle auf einige % richtig wieder. Die Theorie wird weiter auf die Substitution von O durch Fremdatome im Gitter, die den Polarisationsmechanismus beeinflussen, ausgedehnt. Im Falle von Mischkristallen aus *H_2O* u. *HF* wird gefunden, daß ein genügend hoher HF-Geh. den Translationsmechanismus überwiegen läßt. Zusätzlich dazu ergibt sich ein Beitrag zur Leitfähigkeit, der mit der Quadratwurzel der F^--Konz. variiert. Dies führt zu einer ausgesprochenen Raumladungsdispersion bei Radiofrequenzmessungen. (Helv. physica Acta **30.** 533–80. 30/12. 1957. Zürich, ETH, Physikal. Inst.) W. MAIER. 132

W. A. Issupow, *Dielektrische Permeabilität von Zusammensetzungen nahe $BaTiO_3$ im System BaO–MgO–TiO_2.* Die Temp.-Abhängigkeit der DK. ε u. des Verlustwinkels (tg δ) in den Systemen $BaTiO_3$ (I)–$MgTiO_3$ u. I-„$BaO \cdot MgO$" (**II**) bzw. Ba_2MgTiO_5 nach 1-std. Glühen bei 1450 bzw. 1350° wird bei 1 kHz in schwachen Feldern untersucht. Mit zunehmendem Geh. an **II** nehmen der CURIE-Punkt (CP) u. ε (bes. an der Spitze) ab. Etwas unterhalb des CP zeigt ε einen anomalen Wendepunkt, tg δ nimmt ab. Bei 5 (Mol-)% **II** tritt die Anomalie von ε nicht mehr auf, die Abnahme von tg δ erfolgt bei derselben Temp. wie bei 2% **II.** Offenbar liegt bei 5% **II** schon ein heterogenes Gemisch vor. Wenn sich feste Lsgg. von **I** mit Ba $MgTiO_5$ bilden, muß das Vol. der Elementarzelle (> CP) zunehmen, weil der Radius von Mg^{2+} etwas größer ist als der von Ti^{4+} u. der effektive Radius der Leerstelle etwas größer sein muß als der des Ions, an dessen Stelle sie entstanden ist. (Журнал Технической Физики [J. techn. Physik] **27.** 1617—19. Juli 1957. Leningrad, Halbleiterinst. der Akad. der Wiss. der UdSSR.) R. K. MÜLLER. 132

Willis Jackson, *Ferroelektrika: Das dielektrische Analogon der Ferromagnetika.* Übersicht über Eigg. u. Anwendung von ferroelektr. Stoffen, bes. Ba-Titanat. (J. Inst. Metals **84.** 455—60. Aug. 1956. Manchester, Metropolitan-Vickers Electr. Co., Ltd.) W. WESLY. 133

Kiyasu Zen'iti, Kazuo Husimi und **Keisuke Kataoka,** *Polarisationsumkehr in Triglycinsulfat-Kristallen.* Die übliche Meth. zur Unters. des Umschaltprozesses ferroelektr. Stoffe, die den Umschaltstrom als Maß für die Umkehr der Polarisation benutzt, kann nicht die absol. Polarisation eines Kristalls bestimmen. Es wird daher die US-Meth. zur Unters. des Umkehrprozesses in Triglycinsulfatkristallen angewandt. Die Ergebnisse werden mit den Resultaten verglichen, die man durch die übliche Impulsmeth. erhält. Die spontane Polarisation beträgt 3,3 μCoul/cm², ist also weit größer als der Wert 2,2 μCoul/cm², der bisher angegeben wurde. Im polarisierten Zustand zeigt der Kristall merkliche piezoelektr. Eigg., die ihn für die US-Meth. geeignet machen. Die Umkehrgeschwindigkeit ist in der Nähe der Sättigung sehr klein. Es zeigt sich, daß die Umschaltcharakteristiken sehr stark von den Kristallisationsbedingungen abhängen. (J. physic. Soc. Japan **13.** 661. Juni 1958. Tokyo, Nippon Telegraph and Telephone Public Corporation, Electr. Comm. Labor.) W. KLEIN. 133

Charles F. Pulvari und **Wolf Kuebler,** *Eine phänomenologische Theorie der Polarisationsumkehr in $BaTiO_3$-Einkristallen.* Es wird eine Theorie wiedergegeben, die die Polarisationsumkehr in $BaTiO_3$-Kristallen mit dem angelegten Feld E u. der Umschaltzeit t in Beziehung setzt. Eine zugrunde gelegte Differentialgleichung erlaubt die Ableitung des Umschaltstromes i, der Umkehrzeit t u. des Schaltwiderstandes R_s bei einer gegebenen Temperatur. Das Aktivierungsfeld α u. die Verschiebungsgeschwindigkeit pro Volt γ sind als physikal. Parameter eingeführt. Es wird gezeigt, daß sie mit dem Koerzitivfeld E_c bzw. der Beweglichkeit μ in Beziehung stehen. Die dynam. Größen der Polarisationsumkehr können unabhängig von der Form des angelegten Feldes aus der Formel $P = f(E, t)$ abgeleitet werden. Das Aktivierungsfeld u. die Verschiebungsgeschwindigkeit hängen von der Temp. u. der Dicke des Kristalls ab u. ändern sich mit dem Störstellengehalt. (J. appl. Physics **29.** 1315—21. Sept. 1958. Washington, D. C., Catholic Univ. of America.) W. KLEIN. 133

E. L. Murphy, *Halbwertsbreiten der Energieverteilung von Feldemissionselektronen.* Von einer aus der FOWLER-NORDHEIM-Theorie der Feldemission folgenden Energie-Verteilung werden die Resultate einer numer. Berechnung der Halbwertsbreiten der Energie-Verteilung der Feldemissionselektronen in Abhängigkeit von Temp., Feldstärke u. Austrittsarbeit gegeben. Sowohl die Maximalenergie als auch die Halbwertsbreite u. die beiden Teilbreiten auf jeder Seite des Maximums bis zum Halbwert lassen sich als Funktion eines Parameters darstellen. Dieser Parameter und die zugehörigen Zahlenwerte sind tabuliert. (J. appl. Physics **29.** 758—59. Mai 1958. University Park, Pa., Pennsylvania, State Univ., Dep. of Phys.) C. REUBER. 134

Lennart Huldt und **Torsten Staflin,** *Struktur des Valenzbandes von Silicium.* Messungen der Cyclotronresonanz durch DRESSELHAUS, KIP u. KITTEL (C. **1956.** 7711) u. DEXTER, ZEIGER u. LAX (C. **1957.** 4890) haben gezeigt, daß es sowohl in Ge als auch Si zwei verschied. effektive Massen für die Defektelektronen gibt. Theoret. Berechnungen von HERMAN (C. **1950/54.** 5136S) ergaben durch Berücksichtigung der Spin–Bahn-Wechselwrkg. eine Aufspaltung des Valenzbandes in 3 Unterbänder, durch die die verschied. effektiven Massen erklärt werden können. Während sich für p-leitendes Ge diese Struktur auch im IR-Absorptionsspektr. zeigte, waren bisher alle Verss., die analoge Struktur im Absorptionsspektr. vom p-leitenden Si zu finden, erfolglos, da in dem interessierenden Gebiet Si ein kompliziertes Spektr. infolge Gitterschwingungen besitzt. Durch sorgfältige Messungen konnte nun eine Struktur im Absorptionsspektr. aufgefunden werden, die den durch Photoeffekt erzeugten freien Ladungsträgern zugeschrieben wird. Obwohl im Prinzip nicht entschieden werden kann, ob es sich um Elektronen oder Defektelektronen handelt, schließt man jedoch aus der starken Ähnlichkeit mit dem Spektr. des Ge, daß es sich um die theoret. vorausgesagten Übergänge zwischen den Valenzunterbändern handelt. Ein Maximum im Absorptionsspektr. bei 400 cm^{-1} wird dem 1-2-Übergang u. ein Maximum bei 690 cm^{-1} wird dem 1-3-Übergang zugeschrieben. Der 2-3-Übergang, der bei 290 cm^{-1} liegen müßte, läßt sich nicht erkennen. (Phys. Rev. Letters **1.** 313—15. 1/11. 1958. Stockholm, Royal Inst. of Technol., Inst. of Optical Res.) W. KLEIN. 135

Gerhard Dorda, *Die Wirkung von α-Bestrahlung auf die Ladungsträgerrekombination bei Germanium.* Inhaltlich im wesentlichen mit der C. **1959.** 11803 referierten Arbeit identisch. (Czechoslov. J. Physics **8.** 181—85. 1958. Prag, Inst. für Techn. Phys. der Tschechoslowak. Akad. der Wiss.) C. REUBER. 135

Kiichi Komatsubara, *Untersuchung über den Zusammenhang zwischen dem Rauschen infolge Löchererzeugung und der Oberflächenrekombinationsgeschwindigkeit bei legierten Ge-Übergängen.* Am Kollektorübergang von legierten p–n–p-Ge-Transistoren wurde der Sättigungs- und der Rauschstrom in Abhängigkeit von der umgebenden Atmosphäre (Vakuum, O_2, N_2, H_2) gemessen. Aus den Ergebnissen wird die Oberflächenrekombinationsgeschwindigkeit berechnet und auf den Zusammenhang von Rauschen u. Löchererzeugung geschlossen. (J. physic. Soc. Japan **13.** 1409—10. Nov. 1958. Kobe Kogyo Corp., Semicond. Dep. [Orig.: engl.]) K. ZÜCKLER. 135

W. G. Melnik, I. G. Melnik und **Ss. Ss. Gutin,** *Über den Elektronen-Löcher-Übergang in punktförmigen festen Gleichrichtern.* Vff. gelang es die Ggw. des p–n-Überganges bei punktförmigen Si- u. Ge-Dioden nachzuweisen, indem sie bei dem Halbleiter einen Nadelkontakt aus einem Metallfaden anbrachten, diesen auf 500—600° erhitzten, so daß eine in den Kristall überschreitende Wärmefront entstand. Bei Ggw. von verschied. Leitfähigkeitstypen änderte sich die Richtung des Stromes (evtl. nach Stromimpulsen von 0,25 sek.). Die Stromänderungen wurden oscillograph. festgehalten. (Доклады Академии Наук СССР [Ber. Akad. Wiss. UdSSR] **121.** 852—54. 11/8. 1958. Nowosibirsk, Elektrotechn. Inst.) H. TŮMA. 135

M. I. Klinger und **P. I. Woronjuk,** *Galvanomagnetische Erscheinungen in n–Ge- oder n–Si-Einkristallen bei starken Magnetfeldern.* (Vgl. C. **1958.** 2639.) Vff. geben Gleichungen für den elektr. Widerstand ϱ_H in einem transversalen Magnetfeld H u. die HALL-Konstante R in starken Magnetfeldern bei n–Ge- u. n–Si-Einkristallen. Das Leitungselektron in Ge u. Si ist ein Quasiteilchen mit anisotroper Masse u. Flächen konstanter Energie in Form von Rotationsellipsoiden (bei Ge 8, bei Si 6). Das Energiespektr. dieser Leitungselektronen sind in einem Magnetfeld gequantelt. Dieser Effekt u. die anisotrope Elektronenmasse werden bei der Berechnung von ϱ_H u. R berücksichtigt. (Журнал Технической Физики [J. techn. Physik] **27.** 1609—13. Juli 1957. Tschernowitz, Univ., Halbleiterinst. der Akad. der Wiss. der UdSSR.) R. K. MÜLLER. 135

Carl Nordling, Evelyn Sokolowski und **Kai Siegbahn,** *Nachweis chemischer Verschiebungen der inneren Elektronenterme eines Metalls in seinen Oxyden* (*Cu*, *Cu_2O*, *CuO*). Analysiert man die unter Röntgenbestrahlung einer dünnen Schicht ausgelösten Photoelektronen magnet., so kann man die Bindungsenergien der inneren Elektronen dieses Metalls untersuchen. Dieses Verf. wurde auf Cu, Cu_2O u. CuO angewendet. Für alle Terme wurde beim Übergang vom Metall zum Oxyd eine Vergrößerung der Bindungsenergie gefunden. Diese Änderung war maximal bei den 1 s und 2 s Termen beim Übergang Cu–CuO mit (4,4 ± 0,5) eV. Für Cu–Cu_2O wurden Werte bei (0,7 ± 0,8)eV gefunden. Außerdem wurden Änderungen der natürlichen Linienbreiten bei der Oxydation festgestellt. Die experimentellen Resultate werden mit theoret. Überlegungen verglichen, wobei eine brauchbare Übereinstimmung gefunden wird. (Ark. Fysik **13.** 483—500. 1958. Uppsala, Univ., Inst. of Phys.) C. REUBER. 136

Werner Köster und **Wolfgang Schüle,** *Leitfähigkeit und Hallkonstante.* 6. Mitt. *Aluminium–Silber-Legierungen.* (5. vgl. C. **1959.** 6370.) Die Unters. des Einfl. einer Nahentmischung auf die HALL-Konstante u. den elektr. Widerstand im Syst. Al–Ag ergab eine Anomalie der HALL-Konstante, die durch die Nahentmischung in umgekehrter Richtung beeinflußt wird, wie durch den Zusatz von Ag. Je stärker der Entmischungsgrad ist, um so größer ist die HALL-Konstante. Die HALL-Konstante einer heterogenen Legierung läßt sich aus den Vol.-Anteilen der homogenen Phasen in ähnlicher Weise wie bei der elektr. Leitfähigkeit berechnen. Kaltverformung erniedrigt, vermutlich wegen der Zerstörung der Nahentmischung, Widerstand u. HALL-Konstante. (Z. Metallkunde **48.** 628—33. Dez. 1957. Stuttgart, MPI für Metallforsch.) F. VIER. 136

Werner Köster und **Wolfgang Schüle,** *Leitfähigkeit und Hallkonstante.* 7. Mitt. *Verformung und Rekristallisation reiner Metalle.* (6. vgl. vorst. Ref.) An reinem *Cu*, *Ag*, *Au*, *Pd*, *Pt*, *Mo*, *W* u. *Al* wird der Einfl. von Verformung u. Rekristallisation auf Leitfähigkeit u. HALL-Konstante untersucht. Der Widerstand nimmt durch Verformung stets zu, die effektive Beweglichkeit dagegen ab. Die Störung der Gitterperiodizität ist die Hauptursache der verminderten Leitfähigkeit. (Z. Metallkunde **48.** 634—36. Dez. 1957.) F. VIER. 136

Werner Köster und **Hans-Eberhard Schmidt,** *Leitfähigkeit und Hallkonstante.* 8. Mitt. *Alpha–Silber–Zink-Legierungen.* (7. vgl. vorst. Ref.) Die Messung des elektr. Widerstandes u. der HALL-Konstante der α-Ag–Zn-Mischkristalle bis 24% Zn in Abhängigkeit von der therm. u. mechan. Vorbehandlung ergab bei rekristallisierten Proben unterhalb 300° eine durch Abnahme des elektr. Widerstandes, der HALL-Konstante u. der effektiven Beweglichkeit u. durch Zunahme der effektiven Ladungsträgerdichte gekennzeichnete Zustandsänderung. Mit wachsendem Zn-Geh. nimmt die HALL-Konstante ab. Die Zustandsänderung ist als Nahordnung anzusprechen. Kaltverformung erhöht den Widerstand u. die HALL-Konstante. Der Anlaßvorgang geht in 2 Stufen vor sich. 1) Erholungsvorgang, 2) Rekristallisation. Die Anteile der Versetzungen u. Fehlstellen an der Wrkg. der Kaltverformung werden abgeschätzt. (Z. Metallkunde **49.** 87—90. Febr. 1958.) F. VIER. 136

B. Ja. Moishess und **Ju. N. Obraszow,** *Zur Theorie des transversalen photomagnetischen Effektes.* Es werden Gleichungen entwickelt, nach denen sich die Feldspannung u. der Kurzschlußstrom bei dem von KIKOIN u. BYKOWSKI (C. **1957.** 9284) beschriebenen transversalen photomagnet. Effekt berechnen lassen. Es wird gezeigt, daß bei einer Entartung der Zonen, wenn 2 Arten von Löchern vorliegen, der Effekt bei Zunahme der Feldspannung sein Vorzeichen ändern kann. (Журнал Технической Физики [J. techn. Physik] **27.** 1446—53. Juli 1957. Leningrad, Akad. der Wiss. der UdSSR, Halbleiterinst.) R. K. MÜLLER. 137

Shigetoshi Katsura, *Schwarm-Summen und verwandte Koeffizienten des Ising-Modells.* Mit Hilfe von theoret. Betrachtungen werden Aussagen über die physikal. Bedeutung der verschied. Koeffizienten des ISING-Modells u. ihrer gegenseitigen Beziehungen erhalten. So gelingt eine Aussage über die Koeffizienten b_{lm} u. $\bar{b}_{lm}$ der Schwarmsummen u. über die Koeffizienten Ω_{nm} der VAN DER WAERDEN-OGUCHI-Entwicklung für den Fall mit Magnetfeld. Ferner wird die Äquivalenz der Susceptibilitätsberechnung im Nullfeld mit dem nichtkreuzenden Kettenproblem bewiesen. (Progr. theoret. Physics [Kyoto] **20.** 192—215. Aug. 1958. Sendai, Tohoku Univ., Dep. of Appl. Sci. [Orig.: engl.]) H. FAHLENBRACH. 137

A. Aharoni, E. H. Frei, S. Shtrikman und **D. Treves,** *Der reversible Susceptibilitätstensor des Stoner-Wohlfarth-Modells.* Das STONER-WOHLFARTH-Modell des magnet. Zusammenspiels einer Anordnung von Teilchen mit je einer einachsigen Anisotropie wird zur Berechnung der reversiblen Susceptibilitäten in Abhängigkeit von der Stärke eines äußeren Magnetfeldes benutzt, wobei eine Berechnung der reversiblen Susceptibilitäten in Feldrichtung und senkrecht dazu vorgenommen wird. Dabei wird der Fall einer positiven Anisotropiekonstanten in allen Einzelheiten durchgerechnet u. auch auf die irreversible Susceptibilität ausgedehnt. Der Fall einer negativen Anisotropiekonstanten wird nur kurz behandelt. Dagegen werden die Fälle behandelt, bei denen ähnliche Erscheinungen wie bei der kub. Anisotropie vorliegen. (Bull. Res. Council Israel, Sect. A **6.** 215—38. April/Mai 1957. Rehovoth, Weizmann Inst. of Sci., Dep. of Electronics.) H. FAHLENBRACH. 137

Kazuhisa Tomita, *Eine allgemeine Theorie der magnetischen Resonanzsättigung.* Es wird eine allg. Theorie zur Beschreibung der Wrkg. eines magnet. Drehfeldes beliebiger Stärke auf eine Spin-Ansammlung, mit der es fast in Resonanz steht, entwickelt. Dabei werden im Hinblick auf die Beziehung der stat. lokalen Feldstärke σ_0 mit der charakterist. Frequenz Φ_0 der Schwankung der Umgebung zwei Fälle unterschieden: 1) $\Phi_0 \gg \sigma_0$. In diesem Falle sind Relaxationszeiten im BLOCHschen Sinne zu definieren in der Weise, daß die Kraft zur Wiederherstellung des alten Zustandes proportional zur Abweichung von der kanon. Verteilgung unter der Wrkg. des magnet. Gesamtfeldes ist. 2) $\Phi \ll \sigma_0$. In diesem Falle hängt die Lebensdauer eines instabilen Zustandes in der Hauptsache von der Stärke des Drehfeldes ab u. kann über die Sättigung hinaus verlängert werden. Dieser Fall führt zu einer allgemeinen u. zufriedenstellenden Erklärung des anomalen Sättigungsverhaltens der Dispersion, die bei der Kernresonanz von Metallen beobachtet worden ist. Dieselbe Unterscheidung ist auch auf den Fall anwendbar, wo zwei in der Wechselwrkg. verschied. Arten von Spins vorliegen. (Progr. theoret. Physics [Kyoto] **19.** 541—80. Kyoto, Univ., Fac. of Sci., Dep. of Phys. [Orig.: engl.]) H. FAHLENBRACH. 137

Motoyuki Tanaka, *Eine Bemerkung zur magnetischen Relaxation in einem kleinen Magnetfeld.* Vf. unterscheidet zwei Relaxationstypen in kleinen Magnetfeldern, die isotrope Relaxation mit nur einer Relaxationszeit u. die Relaxation, die mit mindestens zwei Relaxationszeiten beschrieben werden muß. Ein Versuch, die formale BLOCHsche Theorie auf diesen zweiten Nachwirkungstyp anzuwenden, war nicht sehr erfolgreich. Die BLOCHsche Theorie beschreibt in der Hauptsache isotrope Relaxation. (Progr. theoret. Physics [Kyoto] **20.** 251—52. Aug. 1958. Kyoto, Univ., Dep. of Phys. [Orig.: engl.]) H. FAHLENBRACH. 137

Takasi Huzimura, *Magnetische Nachwirkung.* 2. Mitt. (1. vgl. C. **1959.** 13072.) Die magnet. Nachwrkg. in Gebieten irreversibler Magnetisierungsprozesse wird mit einem Erschöpfungsmodell beschrieben, das folgende Eigg. besitzt. Die Probe besteht aus einer Anzahl von Elementen, die alle eine eigene Aktivierungsenergie besitzen u. durch therm. Schwankungen aktiviert werden. Nach der therm. Aktivierung des Elements tritt ein Energiesprung auf, der die Aktivierungsenergie ∞ werden läßt. Die Energiesprünge in den einzelnen Elementen u. damit auch die Aktivierungsenergien sind unabhängig voneinander. Die mit diesem Modell beschriebene magnet. Nachwrkg. ist die gleiche wie nach der in 1. beschriebenen formalen Theorie. Die Ursache der Nachwrkg., die nach diesem Modell in Verzögerungen von Wandverschiebungen bestehen muß, wird im Aktivierungsprozeß von Gitterfehlstellen gesucht. (Sci. Rep. Res. Inst. Tôhoku Univ., Ser. A **8.** 313—18. Aug. 1956. Res. Inst. for Iron, Steel and Other Metals.[Orig.: engl.]) H. FAHLENBRACH. 137

I. Lovas, *Die Neutralisation polarisierter Positronen in ferromagnetischen Stoffen.* Bei der Neutralisierung der Positronen beim Eintritt in Metallen ist die Frage von Interesse, ob sich die Positronen nur mit den Leitungselektronen unter Erzeugung eines Photonenpaares verbinden oder ob eine solche Bindung auch mit den Kernelektronen vorgenommen wird. Zur Entscheidung dieser Frage schlägt Vf. einen Vers. mit polarisierten Protonen in ferromagnet. Stoffen vor, um zu prüfen, ob die 3d-Elektronen an der Bindung mit den polarisierten Protonen beteiligt sind. Die Gefahr einer Depolarisation im Ferromagnetikum besteht nicht. (Acta physica Acad. Sci. hung. **8.** 441—45. 1958. Budapest, Hungerian Acad. of Sci., Central Res. Inst. for Phys.) H. FAHLENBRACH. 137

Karl Torkar, Othmar Scheikl und **Heinrich Egghart,** *Zusammenhang zwischen Teilchengröße, Tiefe der magnetisch-inhomogenen Oberflächenschicht, Koerzitivkraft und Sättigungsmagnetisierung von Carbonyleisen- und Magnetitpulvern.* An Carbonyleisenpulvern (0,0117—0,1 μ) u. an Magnetitpulvern (1—827 μ) wird gezeigt, daß mit abnehmender Korngröße die Sättigungsmagnetisierung ab- u. die Koerzitivkraft zunimmt. Dieses Ergebnis wird durch die Annahme eines Oberflächenraumes zu erklären versucht, in welchem andere Eigenschaften als im Innern des Kornes herrschen. Eine Auswertung der Ergebnisse führte zu Werten für die mittlere Tiefe für den Oberflächenraum von der ungefähren Größe eines halben WEISSschen Bereiches oder der krit. Korngröße für Einelementarbereiche. Die Höchstwerte der Koerzitivkräfte lassen bei den untersuchten Pulvern vermuten, daß nur die Kristallanisotropie u. nicht die Formanisotropie wirksam ist. In der Diskussion mit BERGMANN, FAHLENBRACH, HEISTER, HOTOP u. OEL wird u.a. der Einfl. von Oberflächenoxydationen auf das Ergebnis der Arbeit besprochen. (Arch. Eisenhüttenwes. **29.** 139—46. Febr. 1958. Graz, TH, Inst. für anorgan. u. physikal. Chem.) H. FAHLENBRACH. 137

E. W. Lee und **R. C. Jackson,** *Eine halbempirische Gleichung für die Anfangssusceptibilität von homogenen ferromagnetischen Legierungen.* Zur Erklärung der Werte der Anfangssusceptibilität χ_0 von *Fe–Ni-Legierungen* mit Ni-Gehh. zwischen 30 u. 100% wird eine halbempir. Theorie entwickelt, die χ_0 einmal aufteilt in die Beträge χ_R, von den Drehprozessen herrührend, u. χ_W, von den Wandverschiebungen herrührend. Der Wandverschiebungsanteil wird als Summe von zwei Gliedern berechnet, die die Abhängigkeit von der Kristallanisotropie u. von der Magnetostriktion enthalten. Oberhalb 75% Ni stimmen die experimentellen Meßwerte sehr gut mit den Rechenwerten von χ_W überein. Der Beitrag χ_R ist in diesem Legierungsbereich also belanglos. (Proc. physic. Soc. **72.** 130—34. 1/7. 1958. Nottingham, Univ., Dep. of Phys.) H. FAHLENBRACH. 137

Hakaru Masumoto und **Yûki Shirakawa,** *Die magnetischen Eigenschaften von Legierungen von Eisen, Wolfram und Molybdän.* 40 Fe–Mo–W-Legierungen mit Mo-Gehh. zwischen 0 u. 40% u. W-Gehh. zwischen 0 u. 40% werden nach verschied. Wärmebehandlung auf Remanenz (Br), Koerzitivkraft (H_c) u. Gütewert $(B \cdot H)_{max}$ hin untersucht. Die Wärmebehandlung bestand in einem Abschrecken von 1300° in Eiswasser und in verschied. Anlaßbehandlungen bei Tempp. zwischen 560 u. 720°. Die günstigsten Dauermagnetwerte wurden mit einer Legierung mit 15% W, 15% Mo, Rest Fe nach dem Abschrecken u. einer Anlaßbehandlung von 3 h bei 660° erhalten. Folgende Werte wurden erreicht: $(B \cdot H)_{max} = 0{,}835 \cdot 10^6$ G · Oe, $B_r = 8600$ Gauß, $H_c = 310$ Oe. Ähnlich gute Werte ergab die Fe–Mo-Legierung mit 30% Mo, nämlich $(B \cdot H)_{max} = 0{,}847 \cdot 10^6$ G · Oe, $B_r = 6700$ G, $H_c = 425$ Oe. (Sci. Rep. Res. Inst. Tôhoku Univ., Ser. A**8.** 319—24. Aug. 1956. Res. Inst. for Iron, Steel and Other Metals [Orig.: engl.]) H. FAHLENBRACH. 137

Erich Scheil, Hansgeorg Specht und **Ernst Wachtel,** *Magnetische Messungen an Gold–Eisen-Legierungen.* An Au–Fe-Legierungen mit Fe-Gehh. von 2,5; 5; 10; 15; 20; 25; 30; 35 u. 40 At.-% Fe wird im Temp.-Bereich zwischen 120 u. 1230° K im Vakuum u. bei einer konstanten äußeren magnet. Feldstärke die Susceptibilität u. in einigen Fällen auch die Sättigungsmagnetisierung in Abhängigkeit von der Wärmebehandlung gemessen. Dabei wurde bei den Au-reichen Mischkristallen des Syst. eine Rk. in homogener Phase nachgewiesen, die in einer Verstärkung der in einem Mischkristall stets vorhandenen statist. Schwankungen besteht. Für jede Auslagerungstemp. erhält man ein homogenes Gleichgewicht. Durch die Zustandsänderung wird im wesentlichen nur die CURIE-Temp. u. nicht das Atommoment (Sättigungsmagnetisierung) geändert. Die Geschwindigkeit der durch die Susceptibilität bestimmten Zustandsänderung ist in hohem Maße von elast. Spannungen abhängig. Neben der Rk. in homogener Phase wird eine Ausscheidung des α–Fe-Mischkristalls durch einen Susceptibilitätsabfall beobachtet. Eine Unterscheidung der beiden Vorgänge wird ermöglicht. Bei den Legierungen wurden die Atommomente u. Curie-Punkte bestimmt. Bei 25 At.-% Fe ergibt sich für das Fe-Atom 2,8 Bohrsche Magnetonen. Bei tiefen Tempp. wird magnet. Nachwirkung beobachtet. (Z. Metallkunde **49.** 590—600. Nov. 1958. Stuttgart, MPI, für Metallforsch.) H. Fahlenbrach. 137

Takao Iwata und **Mikio Yamamoto,** *Ferromagnetische Elementarbereichmuster auf Nickelkristallen.* 2. Mitt. *Elementarbereichbilder auf allgemeinen Oberflächen unmagnetisierter Kristalle.* (1. vgl. C. **1956.** 11338.) Mit Hilfe der in 1 beobachteten Elementarbereichstrukturen auf Ni-Einkristallen mit (110)- u. (211)-Oberflächen werden die recht komplizierten Strukturen auf allg. Oberflächen unmagnetisierter Ni-Kristalle zu deuten versucht. Mit der Bitterschen Streifenmeth. werden halbkugelförmige unmagnetisierte Ni-Kristalle beobachtet. Die erhaltenen Elementarbereichstrukturen sind deswegen so verwickelt, weil Ni im Gegensatz zu Fe mehrere Richtungen leichtester Magnetisierbarkeit, eine geringere Wandenergie u. eine höhere Magnetostriktionsenergie besitzt. (Sci. Rep. Res. Inst. Tôhoku Univ., Ser. A **8.** 293—312. Aug. 1956. Res. Inst. for Iron, Steel and Other Metals. [Orig.: engl.]) H. Fahlenbrach. 137

W. Ruske, *Über die magnetischen Eigenschaften dünner elektrolytisch hergestellter Nickelschichten.* An elektrolyt. hergestellten Ni-Schichten wurden bei Schichtdicken zwischen 20 u. 20000 Å mit einem registrierenden Fluxmeter die Hystereseschleifen vor u. nach dem Tempern (1,5 h 200°) gemessen. Dabei kamen Einfachschichten u. Mehrfachschichten mit Cu-Zwischenlagen zur Untersuchung. Der Einfl. des Temperns im Sinne einer Remanenzzunahme u. Koerzitivkraftabnahme konnte durch einen Abbau von inneren Spannungen, durch Strukturänderungen u. Diffusionen erklärt werden. Bei der Unters. der Schichtdickenabhängigkeit zeichnet sich der Wert von 3000 Å dadurch aus, daß nur bei kleineren Dicken hohe H_c-Werte auftreten, daß also bei dieser Stärke Eindomänenbereiche mit Drehprozessen auftreten. Die höchsten H_c-Werte erreichen Schichten zwischen 100 u. 150 Å in Übereinstimmung mit den Unterss. früherer Autoren. Die gemessene Abhängigkeit der Sättigungsmagnetisierung von der Schichtdicke stimmt mit den Werten anderer Autoren qualitativ überein. Das Verschwinden des Ferromagnetismus erfolgte bei einer Schichtdicke von 23 Å, gegenüber 16—20 Å bei anderen Autoren. (Ann. Physik [7] **2.** 274—86. 1958. Jena, Dtsch. Akad. der Wiss. zu Berlin, Inst. für magnet. Werkstoffe.) H. Fahlenbrach. 137

Jean Uebersfeld, *Spektrometer für paramagnetische Resonanz. Untersuchung freier Radikale in γ-bestrahlten Substanzen und Kohlenarten.* 1. Erscheinung der paramagnet. Resonanz. 2. Eigg. der Resonanzstrahlen. 3. Experimentelle Anordnungen. 4. Unters. einiger Wrkgg. ionisierender γ- u. Neutronenstrahlen auf die Materie (*Gläser, Polyäthylen, Plexiglas, Polystyrol, Rilsan, Nylon,* verschied. *Aminosäuren*). 5. Unters. von Kohlenarten. (Ann. Physique [13] **1.** 395—461. März/April 1956. Paris, Ecole Supér. de Phys. et de Chem.) D. Jörchel. 137

Joseph Cohen, *Beschreibung einer Translationswaage für die Messung von magnetischen Susceptibilitäten bei tiefer Temperatur.* Da die Standardmeth. des beweglichen Wagens von Weiss u. Forrer zur Unters. kleiner Probemengen zu unempfindlich ist u. auch schwer vor atmosphär. Luft zu schützen ist, wird unter Beibehaltung des Translationsprinzips eine Umkonstruktion vorgenommen, wobei die Probe an tetraederförmig angeordneten Fäden im inhomogenen Magnetfeld hängt u. eine Glocke zur Evakuierung die Meßeinrichtung umschließt. Die Empfindlichkeit der Meßeinrichtung ist so groß, daß die Susceptibilität von 1/1000 g H_2O gerade bestimmt werden könnte. Für die Brauchbarkeit der Einrichtung sprechen Susceptibilitätsmessung von *Pd, Cr, Cr-Alaun, Hg* u. *H_2O.* Die Temp.-Abhängigkeit der Susceptibilitätsmessungen wird bei *Hg* im Temp.-Bereich zwischen 80 u. 300° K überprüft. Ferner sind auch Susceptibilitätsmessungen von *Pr-, Nd-* u. *Yb-Gallaten* im Temp.-Intervall zwischen 1,7 u. 273° K in Übereinstimmung mit Messungen älterer Autoren. (C. R. hebd. Séances Acad. Sci. **246.** 3425—27. 23/6. 1958. Grenoble, Inst. Fourier.) H. Fahlenbrach. 137

André Charru, *Untersuchung der paramagnetischen Elektronenresonanz des Lithiums in flüssigem Ammoniak.* Vf. untersuchte die paramagnet. Resonanz von Li-Lsgg. verschied. Konz. in fl. NH_3 zwischen 100 u. 400° K. Bei Unters. des Einfl. der Konz. bei konstanter Temp. wurde gefunden, daß verd. Lsgg. ein nahezu symm. Signal von einer Breite von 0,30 Gauß gaben; der Landé-Faktor ist 2,0007 ± 0,0006. Konzentriertere Lsgg. geben ein komplexes Signal, zuweilen selbst eine Verdopplung. Weiter wurde festgestellt, daß sich die Form der Resonanzkurve mit der Zeit ändert. Die beiden Maxima des Doppelsignals nähern sich, während gleichzeitig die Breite des zentralen Maximums zunimmt. So gibt z.B. eine Lsg. von 0,50 Mol/Liter am ersten Tag ein Doppelsignal, wobei die Breite des zentralen Maximums 0,25 Gauß beträgt; nach 16 Tagen ist das Signal nahezu symm., weniger intensiv u. hat eine Breite von 0,52 Gauß. Der Einfl. der Temp. ist analog dem der Alterung, jedoch reversibel. (C. R. hebd. Séances Acad. Sci. **247.** 195—97. 16/7. 1958.) C. Gottfried. 137

E. H. Rhoderick, *Magnetische Kernresonanz in Indiumantimonid.* 1. Mitt. *Der Einfluß der Störstellen.* Es wird der Einfl. der Störstellen auf die magnet. Kernresonanz von ^{115}In in InSb untersucht. Es zeigt sich, daß die Amplitude u. die Halbwertsbreite in p–u. n-leitenden Proben sehr empfindlich durch den Geh. an Donatoren u. Acceptoren beeinflußt werden können. Eine Konz. von 10^{19} cm^{-3} verringert das Maximum der Ableitung der Absorptionskurve um den Faktor 10. Dies wird der Wechselwrkg. der Kernquadrupolmomente mit dem Coulomb-Feld der ionisierten Störstellen zugeschrieben. Der Effekt ist bei p-leitenden Proben weniger stark als bei n-leitenden Proben. Nimmt man an, daß der Feldgradient durch $\partial^2 V/\partial r^2 = 2\,\beta e/r^3$ gegeben wird, wobei r der Abstand vom Ion ist, so muß $\beta \approx 350$ sein, um die experimentellen Ergebnisse zu befriedigen. Dies entspricht einem anti-shielding-Faktor von ≈ 1000. Es wird angenommen, daß dieser große Wert der geringen Breite der verbotenen Zone zuzuschreiben ist. Die Ersetzung eines geringen Bruchteils von In-Atomen durch Ga in InSb–GaSb-Mischkristallen zeigt qualitativ einen ähnlichen Effekt in der ^{115}In-Resonanz, jedoch muß die Konz. der Ga-Atome 30mal größer sein, als die von Te oder Zn, um die gleiche Verminderung der Resonanzamplitude zu erreichen. (Philos. Mag. [8] **3.** 545—63. Juni 1958. Baldock, Herts., Services Electronics Res. Labor.) W. Klein. 137

M. H. Cohen, *Magnetische Kernresonanz in unreinem Indiumantimonid.* Die Verss. von Rhoderick (vgl. vorst. Ref.) über die magnet. Kernresonanz von ^{115}In in unreinem InSb werden theoret. analysiert. Der Faktor β ergibt sich zu $\sim$ 580 u. der Sternheimersche anti-shielding-Faktor zu $\sim$ 1300 für In in InSb. (Philos. Mag. [8] **3.** 564—66. Juni 1958. Univ. of Cambridge, Cavendish Labor.) W. Klein. 137

E. A. Faulkner, *Kernmagnetische Resonanz in gewalzten Kupferplatten.* Die Messungen wurden an aus Elektrolyt-Cu handelsüblicher Reinheit hergestellten Proben aus 18 gegeneinander durch Reispapier isolierten ^{63}Cu-Platten (0,6 · 0,5 · 0,0045 cm) durchgeführt. Bei durch Walzen stark verformten (bis über 90% Dickenverringerung) u. danach rekristallisierten Proben ändert sich die Linienbreite bei Drehung der Probe um eine in der Plattenebene senkrecht zur Walzrichtung verlaufende Achse bis zu $\pm$ 15% mit Minima bei $\Theta = 0$ u. $\pi/2$ u. einem Maximum bei $\Theta = \pi/4$ (Θ = Winkel zwischen Hauptmagnetfeld u. Plattenebene). Der Effekt läßt sich nach der Van Vleckschen Theorie der Dipolverbreiterung deuten. Tempern einer verformten Probe bewirkt keine beobachtbare Änderung der Resonanzliniengestalt u. -breite, mit Ausnahme bei den am stärksten (90%) zusammengedrückten Proben. Bei stufenweisem Tempern (10^0-weise) steigt die Linienintensität bei 90% Verformung zwischen 200 u. 240°, bei um 50% verformten Proben zwischen 230 u. 270°, ohne daß sich jedoch die Liniengestalt wesentlich ändert. (Nature [London] **183.** 1043—44. 11/4. 1959. Melbourne, Univ., Commonwealth Sci. and Ind. Res. Organizat., Div. of Tribophys.) D. Jörchel. 137

N. N. Greenwood und **A. Thompson,** *Protonenaustausch als ein Mechanismus für die Leitung in wasserfreier Phosphorsäure.* Die anomal hohe elektrolyt. Leitfähigkeit geschmolzener H_3PO_4 kann unter der Annahme eines Protonenaustausches über $2\,H_3PO_4 \rightleftharpoons H_4PO_4^+ + H_2PO_4^-$, wie er analog für W. u. wasserfreie H_2SO_4 nachgewiesen ist, erklärt werden. Wenn für H_3PO_4 vollständige Dissoziation angenommen wird, so reichen die Ionenbeweglichkeiten in der hochviscosen Fl. ($\eta_{25} = 177{,}5$ cp) nicht zur Erklärung der beobachteten Leitfähigkeit ($\varkappa_{25} = 4{,}68 \cdot 10^{-2}$ $Ohm^{-1} \cdot cm^{-1}$) aus; außerdem wird die Leitfähigkeit durch Zusatz von KH_2PO_4 erniedrigt. Die Abwesenheit eines Leitfähigkeitsminimums im Syst. H_2O–P_2O_5 für die Zus. H_3PO_4 deutet an, daß $H_2PO_4^-$ weit mehr zur Leitfähigkeit beiträgt als $H_4PO_4^+$; $P(OH)_4^+$ besitzt kein Dipolmoment u. demnach keine bevorzugte Orientierung im elektr. Feld. Längere Elektrolyse in Lsgg. von KH_2PO_4 in H_3PO_4 verändert die K^+-Konz. in den Elektrodenräumen nur sehr wenig; die Überführungszahl für K^+ beträgt ca. 0,002. Der Stromtransport erfolgt vorwiegend durch $H_2PO_4^-$. Mit BF_3 entsteht ein Komplex der Zus. $BF_3 \cdot H_3PO_4^-$, der eine geringere Leitfähigkeit u. Viscosität als H_3PO_4 besitzt. Offenbar werden in $H_2PO_4^-$ die Protonen der H-Brückenbindung blockiert, die für Viscosität u. Leitfähigkeit verantwortlich sind. D_3PO_4 besitzt eine wesentlich geringere Leitfähigkeit ($\varkappa_{25} = 2{,}82 \cdot 10^{-2}$ $Ohm^{-1} \cdot cm^{-1}$) als H_3PO_4; der Grund ist die geringere Sprungfrequenz für D über D-Brückenbindungen. (Proc. chem. Soc. [London] **1958.** 352—53. Dez. Nottingham, Univ.) Herbert Müller. 138

Vladimir M. Vukanović, *Die Beweglichkeit des Deuterons bei Palladium unter der Einwirkung des elektrischen Feldes.* Übersicht über den Stand des Problems auf Grund neuerer Arbeiten. Im Gegensatz zu Franzini [1936] wird festgestellt, daß die Beweglichkeit von H u. D nach der Kathode von gleicher Größenordnung ist. — 35 Literaturhinweise. (Гласник Хемиског Друштва Београд [Ber. chem. Ges. Belgrad] **22.** 81—86. 1957. Beograd, Naturw.-math. Fak., Physik.-chem. Inst.) R. K. Müller. 138

B. J. Steel, Jean M. Stokes und **R. H. Stokes,** *Individuelle Ionenbeweglichkeiten in Mischungen von Nichtelektrolyten und Wasser.* Vff. bestimmen die Grenzäquivalentleitfähigkeit von KBr, KCl, KJ, KNO_3, NaCl u. $AgNO_3$ in 10%ig. u. 20%ig. wss. Glycerinlsg., die Überführungszahlen von KBr u. NaBr u. die Ionenbeweglichkeiten von H^+, K^+, Na^+, Li^+, Ag^+, Ca^{2+}, Mg^{2+}, La^{3+}, Tetra-n-amylammonium, Cl^-, NO_3^-, Br^-, ClO_4^- u. J^- in 10%ig. u. 20%ig. Zuckerlsg., 10%ig. u. 20%ig. Glycerinlsg. u. 10%ig. Mannitlösung. Die Werte für sehr große Ionen nähern sich denen nach der Waldenschen Regel vorausgesagten. Die Beweglichkeit der kleineren Ionen, vor allem des H^+, werden durch die erhöhte Zähigkeit der Lsg. relativ weniger beeinflußt. Während sehr große Ionen sich entsprechend dem Stokesschen Gesetz bewegen, wandern die kleineren um die Nichtelektrolytmoll. herum. Die Verringerung der Ionenbeweglichkeit beruht daher auf dem weiteren Weg, den diese Ionen beim Umgehen der Hindernisse zurücklegen müssen. (J. physic. Chem. **62.** 1514—16. Dez. 1958. New England, N. S. W., Australia, Univ. of New England, Chem. Dep.) M. Laser. 138

H. R. Hunt und **H. Taube,** *Die relative Acidität von $H_2{}^{18}O$ und $H_2{}^{16}O$, koordiniert an einem 3-fach positiven Ion.* Die Dissoziationskonstanten von an $[Co(NH_3)_5]^{3+}$ (R) koordiniertem $H_2{}^{16}O$ bzw. $H_2{}^{18}O$ lassen sich durch Verfolgung der Rkk. $R^{16}OH_2{}^{3+} + H_2{}^{18}O \rightarrow R^{18}OH_2{}^{3+} + H_2{}^{16}O$ (K_1) u. $R^{16}OH^{2+} + H_2{}^{18}O \rightarrow R^{18}OH^{2+} + H_2{}^{16}O$ (K_2), bes. durch Best. von K_2 ermitteln. Vff. haben diese Unterss. durchgeführt durch Best. des Verhältnisses der ^{18}O-Atome am Kation u. im Lösungsmittel. Für K_1 ergeben sich die Werte 1,0196 (25,2°) bzw. 1,0173 (44,7°), für K_2 1,008 ± 0,001 (25°). Durch die Koordination an das Metallion wird also die relative Acidität von $H_2{}^{16}O/H_2{}^{18}O$ = 1,035 auf 1,008 gesenkt. Die möglichen Gründe für diesen Effekt werden erörtert. (J. physic. Chem. **63.** 124—25. Jan. 1959. Chicago, Ill., Univ., Herbert Jones Labor.) H.-U. Woelk. 139

John A. Ricketts und **Louis W. Tresselt,** *Das Potential der Tellur–Tellurdioxyd-Elektrode als Funktion des p_H.* Vff. best. das Potential von Te/TeO_2-Elektroden in Citronensäure–Na_2HPO_4-Puffer-Lsg. mit unterschiedlichem p_H (2,2—8,0), in denen sich suspendiertes TeO_2 befand. Die Elektroden (3 · 4 cm angelötete Cu-Ableitungen; zur Erzielung sich schnell einstellender, reproduzierbarer Meßwerte vor jeder Messung mit Schmirgelpapier abgerieben) wurden durch Vakuumguß von Elektrolyt-Te hergestellt. Die gegen gesätt. Kalomelelektroden bei 25° gemessene p_H-Abhängigkeit der EMK wird durch $E = 0{,}349 - 0{,}0469\ p_H$ wiedergegeben. Es wird gezeigt, daß die Te-Elektrode als Indicatorelektrode in der Säure–Base-Titrimetrie geeignet ist. (J. Amer. chem. Soc. **81.** 2305—07. 20/5. 1959. Greencastle, Ind., DePauw Univ., Chem. Dep.)
H.-J. Hartmann. 140

Shinzô Okada, Tomota Nishi und **Hiroshi Takahashi,** *Alkalifehler der Glaselektrode.* Der Alkalifehler ΔE der EMK der Glaselektrode wird unter der Annahme, daß die Aktivitätskoeffizienten der Ionen in der Gel-Phase an der Glasoberfläche Funktionen von Ionenkonzz. im Gel sind, theoret. wie folgt abgeleitet: $\Delta E = (RT/F) \ln 1/f_H^g [1 + (f_H^g/f_M^g)(a_M/a_H)]$, wobei F Faradaysche Konstante, f_H^g bzw. f_M^g Aktivitätskonstanten von H^+ bzw. Metallion in der Gel-Phase u. a_H bzw. a_M Aktivitätskoeffizienten von H^+ bzw. Metallionen in der Lsg. sind. Eine Näherungsmeth. zur prakt. Berechnung mit dieser Gleichung wird angeführt. Die mit aus verschied. Lithiumgläsern hergestellten Glaselektroden gemessenen Daten stimmen mit dieser Gleichung quantitativ gut überein. (J. chem. Soc. Japan, ind. Chem. Sect. [Kōgyō Kagaku Zassi] **61.** 931—35. Aug. 1958. Kyôto, Univ., Technol. Inst. [Orig.: japan.]) E. Maekawa. 140

G. N. Malcolm und **H. N. Parton,** *Das Elektrodenpotential von Natrium in Methanol–Wasser-Lösungen.* Vff. messen die EMK der Zelle *Na/NaCl* (0,05 u. 0,1 mol.) in *Methanol*-W./*Ag–AgCl* bei 15, 25 u. 35°. Da eine Potentialmessung für Konzz. < 0,05 mol. ungenau wird, mußte die Ermittlung der entsprechenden E^0-Werte aus der unabhängig davon gemessenen Aktivität von NaCl in Methanol.-W.-Mischungen erfolgen. Unter der Annahme, daß die Abhängigkeit der Aktivität von NaCl bei gleicher Konz. für verschied. Zuss. des Lösungsm. den gleichen Verlauf zeigt wie für *HCl*, werden Potentiale erhalten, die innerhalb der Meßgenauigkeit mit den Meßwerten übereinstimmen. Die von Åkerlöf (J. Amer. chem. Soc. **52.** [1930.] 2353) angegebenen Werte der Aktivität des NaCl sind zur Berechnung der Potentiale unbrauchbar. Die freien Lösungsenergien von NaCl in Methanol–W.-Mischungen werden aus den Potentialen berechnet u. mit den Werten verglichen, die aus Löslichkeitsmessungen erhalten wurden. (J. physic. Chem. **62.** 1319—20. Okt. 1958. Dunedin, New Zealand, Univ. of Otago.) Herbert Müller. 140

Seymour Senderoff und **G. W. Mellors,** *Messungen der elektromotorischen Kraft in flüssigen Systemen Cer–Cerchlorid.* Es werden EMK-Messungen der Zelle

Ce|$CeCl_3$(1 — x)Ce(x)||$CeCl_3$|Cl_2 (Graphit) im Temp.-Bereich 820—940° für ein Molverhältnis Ce/$CeCl_3$ = 0,018 — 0,333 beschrieben. Die Darst. von $CeCl_3$ aus Ce_2S_3 wird beschrieben. Bei 820° (940°) beträgt das Potential der gesätt. Zelle 2,2005 V (2,1225) u. der Temp.-Koeff. im untersuchten Temp.-Bereich — 0,68 mV/Grad. Über einen Konz.-Bereich von 33,3—8,67 Mol-% Ce bleibt die EMK der Zelle konstant, bei geringeren Ce-Konzz. konnte ein Potentialabfall beobachtet werden. Ce liegt in der Lsg. in 2 Oxydationsstufen vor nach der Gleichung 4 $CeCl_3$ + 2 Ce = 3 Ce[$CeCl_4$]. Auch Doppelkomplexe, wie [$CeCl_2$][$CeCl_4$] sind möglich. Die Lsg. zeigt typ. Ionenleitung; Leitfähigkeit 3,76 $\Omega^{-1} \cdot cm^{-1}$ bei 840°. — Eine reversible Chlor-Elektrode wird kurz beschrieben. (J. electrochem. Soc. **105.** 224—28. April 1958. Cleveland, O., Nat. Carbon Co., Nat. Carbon Res. Labors.) FRIEDRICH WOLF/Berlin. 140

Y. Marcus, *Die Oxydations-Reduktionspaare U(IV)–U(VI) und Fe(II)–Fe(III) in phosphorsauren Lösungen.* Vf. mißt die Redoxpotentiale der Systeme U^{4+} - U^{6+} u. Fe^{2+} - Fe^{3+} in 1,2—7,5 mol. H_3PO_4 bei 25°. Die Formalpotentiale in 1 mol. H_3PO_4 sind E_U = —475 ± 10 mV u. E_{Fe} = —555 ± 10 mV gegen die Normalwasserstoffelektrode. E_U u. E_{Fe} sind der Aktivität der H_3PO_4 direkt proportional; die Proportionalitätsfaktoren sind (+ 3,2 ± 0,2) · 0,30 mV bzw. (— 1,3 ± 0,1) · 60 mV. Lsgg. von U^{4+} in H_3PO_4 sind im Gegensatz zu denen von Fe^{2+} gegen Luftoxydation unempfindlich. Das Verh. von U u. Fe, einzeln oder in einer Mischung, in H_3PO_4-Lsg. läßt sich aus den einzelnen Formalpotentialen berechnen. Bei H_3PO_4-Konzz. > 2,4 mol. wird U^{6+} durch Fe^{2+} red., während für Konzz. < 1,2 mol. U^{4+} durch Fe^{3+} oxydiert wird. (J. physic. Chem. **62.** 1314—18. Okt. 1958. Rehovot, Israel, Atomic Energy Comm. Labors.)
HERBERT MÜLLER. 140

Thedford P. Dirkse und **Dale B. de Vries,** *Der Einfluß kontinuierlicher Potentialänderungen auf die Silberelektrode in alkalischen Lösungen.* Zur Klärung der Frage nach der Bldg. von Ag_2O an Ag–Anoden in alkal. Lsg. haben Vff. das Verh. von Ag in KOH als Funktion der Elektrolytkonz. u. des p_H-Wertes untersucht. Ferner wurde auch der Einfl. von Luft bzw. N_2 auf die Potentialbldg. studiert. An die Versuchselektroden wurde ein kontinuierlich steigendes (100 mV/min) Potential angelegt. Entsprechend der Bldg. verschied. Reaktionsprodd. treten in der Strom/Potentialkurve verschied. Maxima auf. Es werden 4 Rkk. beobachtet. Aus der Abhängigkeit der Lage u. Höhe der Maxima von den Versuchsbedingungen schließen Vff. auf die Rkk. 2 Ag + 2 OH^- → 2 AgOH + 2e; 2 Ag + 2 OH^- → Ag_2O + H_2O + 2e; Ag_2O + 2 OH^- → 2 AgO + H_2O + 2e u. 2 OH^- → 1/2 O_2 + H_2O + 2e. Bei hohen p_H-Werten lassen sich die beiden erstgenannten nicht unterscheiden. Für die Bldg. der Ag_2O ist nach den Ergebnissen der Vff. kein O_2 notwendig. Die Bldg. von AgO verläuft ohne Einschluß des HO_2^--Ions. (J. physic. Chem. **63.** 107—10. Jan. 1959. Grand Rapids, Mich., Calvin Coll., Dep. of Chem.)
H.-U. WOELK. 140

W. G. Lewitsch und **W. A. Mjamlin,** *Bewegung von Quecksilbertropfen im Schwerefeld und im magnetischen Feld.* Die Bewegung der Quecksilbertropfen im Elektrolyt unter Einw. des Gravitationsfeldes und senkrecht dazu angelegten Magnetfeldes wird theoret. untersucht. Es wird gezeigt, daß zu der senkrecht wirkenden Gravitationskraft eine weitere, mit der Ladung des Hg-Tropfens zusammenhängende Kraft hinzutritt, die senkrecht zur Richtung des Gravitationsfeldes u. des Magnetfeldes liegt. Es wird eine Formel zur Berechnung der Fallgeschwindigkeit unter diesen Bedingungen angegeben. (Журнал Физической Химии [J. physik. Chem.] **31.** 2453—57. Nov. 1957. Moskau, UdSSR, Ing.-physik. Inst.) G. SCHOFFA. 140

Bernt Berglund, *Nebelbildung bei Schmelzelektrolyse.* Bei der Schmelzelektrolyse verursacht Nebelbldg. eine Verminderung der Stromausbeute durch Oxydation des Nebels an der Anode u. an der Oberfläche der Schmelze. Zur Verhütung der Nebelbldg. kann man ein Diaphragma verwenden oder Salze zusetzen. Zwischen der Nebelbldg. u. dem Dampfdruck des Metalls bestehen Beziehungen. Eine Ursache von Nebelbldg. kann im Auftreten von Subverbb., z. B. CaCl, Cd · nCdCl usw., liegen. Vf. erörtert die Rolle der koll. u. der echten Lsgg. u. als Sonderfall die Nebelbldg. bei der Al-Elektrolyse. — 50 Literaturhinweise. (Svensk kem. Tidskr. **70.** 105—16. 1958. Stockholm, KTH, Inst. för tekn. elektrokemi.) R. K. MÜLLER. 141

Ju. W. Lyslow, T. A. Metschkowskaja und **A. G. Ssamarzew,** *Einfluß von Gelatine auf die Bildung elektrolytischer Kupferniederschläge.* Die Cu-Abscheidung in Ggw. von Gelatine (0,5—1%) aus einem Elektrolyten der Zus. 0,5 Mol $CuSO_4$/Liter u. 0,01 Mol H_2SO_4/Liter wurde an einer Mikrokathode mkr. untersucht. — Es ergab sich, daß zur Aktivierung der Elektrodenoberfläche (Pt-Draht) eine gewisse „krit." Stromstärke vorhanden sein muß; wird diese nicht erreicht, so teilt sich die Elektrode selbst in „passive" u. „akt." Flächen. Die Abscheidung des Metalls ist von rhythm. Natur, u. das Metall wird in laminarer Form abgesondert, während auf den passiven Teilen der Elektrode das Metall nur in individuellen Punkten abgelagert wird. (Журнал Физической Химии [J. physik. Chem.] **31.** 2720—24. Dez. 1957.) H. Tůma. 141

A. M. Ssuchotin und **E. I. Antonowskaja,** *Über die Besonderheiten der anodischen Aktivierung von Chrom und Chromstählen.* Zur Aufklärung des Einfl. der Zus. von Cr-Stählen auf die Kinetik ihrer Auflsg. bei hohem Anodenpotential (AP) u. des Mechanismus der anod. Aktivierung des Cr u. seiner Legierungen werden verschied. Cr- u. Cr–Ni–(Ti)-Stähle in 2n $HClO_4$ mit u. ohne Zusatz von $(NH_4)_2S_2O_8$ oder NaCl verschied. Konz. untersucht. Bei hohem AP (untersucht von 1,44—2,00 V) nimmt der Cr-Geh. der Oberfläche von Cr-Stählen mit 13 u. 25% Cr stärker ab als der Fe-Geh., bei negativem AP geht aus 13%ig. Cr-Stahl nur Fe^{2+} in Lsg., die Oberfläche reichert sich an Cr an, der Stahl wird passiviert. Bei der anod. Aktivierung wird Cr zuerst zu Cr^{3+}, dann zu $Cr_2O_7^{2-}$ oxydiert. (Журнал Физической Химии [J. physik. Chem.] **31.** 1521—31. Juli 1957. Leningrad, Inst. für angew. Chem.) R. K. Müller. 142

Pranjivan Velji Popat und **Norman Hackerman,** *Kapazität der elektrischen Doppelschicht und Adsorption an polarisierten Platinelektroden.* 1. Mitt. *Adsorption von Anionen.* (Vgl. C. **1958.** **4403.**) Vff. messen die Differentialkapazität der elektr. Doppelschicht an polarisierten Pt-Elektroden als Funktion der Art u. der Konz. der Anionen. Bei Verwendung rechteckförmiger Signale werden die Ladekurven registriert. Das Maximum in der Potential–Kapazitäts-Kurve ist für verschied. Anionen charakterist. u. läßt sich durch Adsorptions- oder Desorptionsvorgänge erklären. Die Stärke der Adsorption steigt mit dem kovalenten Charakter der Anionen in der Reihe NO_3^-, F^- $< SO_4^{2-} < Cl^- < Br^- < J^-$. Es sind Anzeichen dafür vorhanden, daß bei J^-, Br^- u. Cl^- eine Dehydratisierung vor der elektr. Entladung stattfindet, während bei F^- u. NO_3^- eine solche Erscheinung auch nicht auf der anod. Seite des Ladungsnullpunktes beobachtet wird. Zwischen dem Verh. der polarisierten Pt-Elektrode u. Hg-Elektroden werden Ähnlichkeiten festgestellt; der Ladungsnullpunkt für Pt wird angegeben. Die H_2-Überspannung an Pt ist eine Funktion des Anions in der Lösung. (J. physic. Chem. **62.** 1198—1203. Okt. 1958. Austin, Tex., Univ. of Texas, Dep. of Chem.)
Herbert Müller. 142

André L. Juliard, *Cyclische Wechselstromvoltametrie mit einer Platinelektrode.* Das cycl. Anlegen einer Wechselspannung an eine Pt (+ 10% Rh)-Elektrode bei polarograph. Unterss. hat zwei wichtige Vorteile: die charakterist. Peaks treten im Polarogramm nur dort auf, wo die Spannung von negativen Werten (— 1,0 V) zu positiven Werten (+ 1,5 V) geändert wird; außerdem wird Lage u. Höhe dieser Peaks vom Ausmaß des mechan. Rührens der Lsg. prakt. nicht beeinflußt. Das Polarogramm von 0,1 mol. $NaClO_4$-Lsg. mit einem Geh. an $2,5 \cdot 10^{-6}$ u. $5 \cdot 10^{-4}$ Mol*KJ*/Liter ist wiedergegeben u. wird mit dem entsprechenden Gleichstrompolarogramm verglichen. Es werden im Wechselspannungspolarogramm zwei Peaks beobachtet, die im Gleichspannungspolarogramm nicht auftreten; sie sind offenbar auf die Oxydation des auf der Elektrode adsorbierten J^- zurückzuführen. Reproduzierbare Polarogramme werden auch mit $[Fe(CN)_6]^{3-}$, *Hydrochinon,* Ag^+ u. Pb^{2+} erhalten. Das Verf. ist zur Unters. von elektrolyt. Vorgängen an festen Elektroden geeignet. (Nature [London] **183.** 1040—41. 11/4. 1959. Linwood, Pa., Houdry Process Co., Analyt. Labor.) Herbert Müller. 142

A. M. Shams El Din, S. E. Khalafalla und **Y. A. El Tantawy,** *Untersuchungen der anodischen und kathodischen Polarisation von Amalgamen.* 1. Mitt. *Quecksilber in Natriumhydroxydlösungen.* Die anod. Polarisation von *Hg* mit Gleichstrom in 0,1n-NaOH führt zur Bldg. eines *HgO*-Filmes auf der Elektrodenoberfläche. Die Dicke des Filmes hängt von der Polarisationsstromdichte ab; sie wird mit steigender Stromdichte kleiner. Die Ergebnisse lassen sich mit der Theorie der Passivität von Müller u. der Gleichung von Sand für die Polarisation bei konstantem Strom interpretieren. Die kathod. Red. des Oxydfilms liefert eine dünne, für Na^+ nicht permeable Schicht, die schwierig zu red. ist. Die Deformation der elektr. Doppelschicht an der Grenzfläche Oxyd-Lsg. verursacht period. Schwingungen des Potentials u. eine starke Schwingungsbewegung an der Grenzfläche. Dieser Vorgang verläuft so lange, bis der Schutzfilm reißt; dann erst fällt das Potential auf den konstanten Wert für die gleichzeitige Abscheidung von Na u. H_2. Bei der anod. Zers. des Na-Amalgams wird eine Rotationsbewegung der Hg-Oberfläche beobachtet, die auf Unterschiede in der Stromdichte an verschied. Stellen der Oberfläche zurückzuführen ist. (J. physic. Chem. **62.** 1307—10. Okt. 1958. Cairo, Univ., Fac. of Sci., Chem. Dep.) Herbert Müller. 142

Jean Besson und **Walter Kunz,** *Das Potential–p_H-Diagramm des Systems Si–H_2O bei 25⁰.* Das von Vff. aufgestellte Potential-p_H-Diagramm basiert auf teilweise ungesicherten Literaturangaben u. muß daher unter Vorbehalt betrachtet werden. Sicher ist jedoch, daß im sauren Medium eine Passivierung des Si durch W. erfolgt, während im alkal. Zers. unter Silicatbldg. eintritt. (Ann. Univ. Saraviensis **7.** 163—68. Okt. 1958. Saarbrücken, Univ., Inst. für anorg. Chem.) HELMUT SCHMIDT. 143

W. Lorenz, *Keimbildung in übersättigter Salzlösung bei der anodischen Passivierung von Cadmium, Zink und Blei.* Es werden Unterss. über die anod. Passivierung von *Cd, Zn, Pb* u. *Cu* nach der galvanostat. Impulsmeth. in wss. Elektrolyt-Lsgg. beschrieben. Unter Passivierung ist die mechan. Behinderung der anod. Metallauflsg. durch eine Salzdeckschicht zu verstehen. Die Metallauflsg. geht häufig ohne stärkere Gasentwicklung weiter. — Bei Cu ist eine Beteiligung von Sauerstoff möglich. — Die Passivierungskonz. liegt weit oberhalb der Salzsättigungsgrenze. Für das Auskristallisieren des Salzes sind Keimbildungsvorgänge in übersätt. Lsg. geschwindigkeitsbestimmend. (Z. physik. Chem. Frankf. Ausg. [N. F.] **20.** 95—102. April 1959. Leipzig, Univ., Phys.-chem. Inst.) FRIEDRICH WOLF/Berlin. 143

Heinz Gerischer und **Mario Käppel,** *Redoxvorgänge an Elektroden in Gegenwart von Chromsäure.* An Platinelektroden reduzierte Chromsäure bildet porenfreie Deckschichten aus niederwertigen Cr-Oxyden, die vermutlich auch OH-Ionen enthalten, für H-Atome u. auch H-Ionen durchlässig sind, aber porenfrei sein müssen, obwohl an ihnen Redox-Rkk. ablaufen können u. H_2 entwickelt werden kann. In Lsgg., die Chromsäure enthielten, wurden Ce^{4+}, Fe^{3+}, Cu^{2+} u. MnO_4^- reduziert. Die Deckschichten sind Halbleiter, deren Struktur u. Oxydationszustand durch das Elektrodenpotential weitgehend beeinflußt wird. (Z. physik. Chem. Frankf. Ausg. [N. F.] **20.** 83—94. April 1959. Stuttgart, MPI für Metallforsch.) FRIEDRICH WOLF/Berlin. 143

A₄. Thermodynamik. Thermochemie.

Z. W. Salsburg, J. D. Jacobson, W. Fickett und **W. W. Wood,** *Anwendung der Monte Carlo-Methode auf das Gittergas-Modell.* 1. Mitt. *Zweidimensionale triangulare Gitter.* Vff. betrachten ein aus N ident. Teilchen bestehendes 2-dimensionales Gitter mit Wechselwrkgg. zwischen den nächsten Nachbarn u. wenden eine modifizierte Form der Monte Carlo-Meth. zur Ermittlung der Verteilungsfunktionen an. Die Ergebnisse werden mit denen numer. Methoden verglichen u. die thermodynam. Funktionen der Systeme in Abhängigkeit von N dargestellt. (J. chem. Physics **30.** 65—72. Jan. 1959. Houston, Tex., Rice Inst.; Los Alamos, N. Mex., Univ. of California, Sci. Labor.) H.-U. WOELK. 146

S. Haussühl und **F. Trost,** *Thermische Ausdehnungskoeffizienten von Einkristallen der Guanidin-aluminium-sulfat-hexahydrat-Gruppe.* Durch akust. Messung der Temperaturkoeffizienten der Eigenfrequenzen geeignet geschnittener Kristallplatten u. der Ausbreitungsgeschwindigkeiten von akust. Wellen, die mit den Eigenschwingungen in Resonanz stehen, bestimmen Vff. den therm. Ausdehnungskoeff. für verschied. Kristallrichtungen an Einkristallen von $[(CH_7N_3)Al](SO_4)_2 \cdot 6\,H_2O$, $[(CH_7N_3)Ga][SO_4)_2 \cdot 6\,H_2O$, $[(CH_7N_3)Al](SeO_4)_2 \cdot 6\,H_2O$ u. $[(CH_7N_3)Ga](SeO_4)_2 \cdot 6\,H_2O$ bei Tempp. zwischen 0 u. 80°. (Z. Naturforsch. **14a.** 437. April 1959. Tübingen, Univ., Mineralog. Inst.) HERBERT MÜLLER. 148

Jean-Pierre Mustelier, *Änderung der spezifischen Masse des Urans nach Kaltbearbeitung und im Verlauf des Anlassens.* An kleinen Zylindern von U wurde die D. vor u. nach der Kaltbearbeitung gemessen. Die Kaltbearbeitung erfolgte durch langsame Steigerung des Drucks in einer 100 t-Presse. Nach einer 45%ig. Kaltbearbeitung wurden die D.-Messungen, wahrscheinlich infolge innerer Sprünge, ungenau. An einer zu 40% kaltbearbeiteten Probe wurden die D.-Änderungen bei einstündigem Anlassen bei Tempp. bis 630° gemessen. Die bei der Kaltbearbeitung beobachtete Dichteabnahme u. beim Anlassen festgestellte Dichtezunahme werden der Bldg. u. dem Verschwinden von Fehlern im Gitter des Metalls zugeschrieben. (C. R. hebd. Séances Acad. Sci. **246.** 3347—50. 16/6. 1958.) C. GOTTFRIED. 148

Hisao Mabuchi, *Untersuchungen über die Flüchtigkeit der Poloniumverbindungen.* 1. Mitt. *Sublimation des Poloniumdithizonats bei niedrigeren Temperaturen.* Bei ca. 120° findet Sublimation des *Poloniumdithizonats* (**I**) statt, wobei höchstwahrscheinlich **I** selbst übergeht (vgl. KIMURA u. MABUCHI, Bull. chem. Soc. Japan **28.** [1955.] 535). (J. chem. Soc. Japan, pure Chem. Sect. [Nippon Kagaku Zassi] **79.** 1259—62. Okt. 1958. Tokio, Univ., Naturwiss. Fak. [Orig.: japan.]) E. MAEKAWA. 150

Hisao Mabuchi, *Untersuchungen über die Flüchtigkeit der Poloniumverbindungen.* 2. Mitt. *Flüchtigkeit der Metalldithizonate und verschiedener Poloniumverbindungen.* (1. vgl. vorst. Ref.) *Te-Dithizonat* sublimiert bei 120—150° relativ leicht, während die *Dithizonate* von *Cu, Ag, Cd, Pb,* u. *Bi* nicht flüchtig sind. Die Po-Verbb., die aus Po u. *8-Hydroxychinolin* bzw. *Na-Diäthylthiocarbaminat, Thenoyltrifluoraceton, Thioharnstoff, symm.-Diphenylthioharnstoff, Thiosemicarbazid, 1-Phenylthiosemicarbazid, Diphenylcarbazon, Diphenylcarbazid, Diphenylthiocarbazon* oder *Di-β-naphthylthiocarbazon* gebildet werden u. in organ. Lösungsmitteln löslich sind, sind mehr oder weniger flüchtig. (J. chem. Soc. Japan, pure Chem. Sect. [Nippon Kagaku Zassi] **79.** 1262—66. Okt. 1958. [Orig.: japan.]) E. MAEKAWA. 150

Rudolph Speiser, P. Blackburn und **H. L. Johnston,** *Dampfdruck von Niob.* Durch Best. der Sublimationsgeschwindigkeit einer Nb-Oberfläche in das Hochvakuum nach LANGMUIR wurde unter Annahme eines Akkomodationskoeff. von 1 der Dampfdruck des Nb ermittelt. Er wird beschrieben durch $\log P_{atm} = -40169/T + 8{,}872$. Die Sublimationswärme am absol. Nullpunkt ΔH_0^0 beträgt 171,80 ± 0,49, $\Delta H_{298,15}^0$ beträgt 172,53 kcal/g-Atom. Die Dampfdrücke liegen ca. 2,8 mal höher als die Werte von REIMANN u. GRANT (Philos. Mag. **22.** [1936.] 34). Diese Differenz entspricht einem Temperaturunterschied von 70°, der auf der pyrometr. Temperaturmessung beruhen kann. (J. electrochem. Soc. **106.** 52—53. Jan. 1959. Columbus, O., Ohio State Univ., Dep. of Metallurgy; Pittsburgh, Pa., Westinghouse Electric Corp., Res. Labor.; Columbus, O., H. L. Johnston Assoc.) M. LASER. 150

Endre Berecz und **István Kiss,** *Einige neue Ergebnisse in der Thermodynamik heterogener Mehrstoffsysteme.* 1. Mitt. *Differentialgleichung des Gleichgewichts von Mehrphasen-Mehrstoff-Systemen.* In der theoret. Unters. der Phasengleichgewichte heterogener Mehrstoff-Systeme gibt die Differentialgleichung von STORONKIN eine vollkommene thermodynam. Charakteristik von Systemen, bestehend aus Phasen beliebiger Anzahl. Vff. geben die Ableitung dieser Gleichung, weisen auf ihre Anwendbarkeit auf bestimmte Systeme hin u. geben den Sinn der in der Gleichung stehenden Faktoren. (Magyar tudományos Akad., kém. Tudományok Osztályának Közleményei [Ung. Akad. Wiss., Ber. Abt. chem. Wiss.] **7.** 251—67. 1956. Budapest, Univ. u. Zentralforsch. Inst. für Chemie der Ung. Akad. der Wiss., Lehrst. für physikal. Chem.) J. PLANK. 150

Klaus Clusius und **Paolo Franzosini,** *Ergebnisse der Tieftemperaturforschung.* 23. Mitt. *Atom- und Elektronenwärme des Molybdäns und Wolframs zwischen 10° K und 273° K.* (22. vgl. C. **1959.** 12773.) Es wurde die Atom- u. Elektronenwärme von Mo u. W (Reinheit 99,99%) an zwei kompakten Versuchskörpern zwischen 10° K u. 273° K gemessen. Die Ergebnisse stimmten gut mit neueren Literaturangaben überein. Die Normalentropien für 25° C wurden aus den Messungen zu 6,83 Cl für Mo u. 7,83 Cl für W berechnet. Der γ-Wert für die T proportionale Elektronenwärme ändert sich vom He-Gebiet bis Zimmertemp. nur wenig. Er beträgt für Mo < 15° K 5,0 ± 0,5 u. > 100° K $6{,}5 \cdot 10^{-4}$ cal/Grad^2, für W entsprechend 2,7 u. $4{,}9 \cdot 10^{-4}$ cal/Grad^2. Die DEBYEschen Θ-Werte zeigen oberhalb von 100° K den für Übergangsmetalle charakterist. Abfall, wenn man zu ihrer Ermittlung von den direkt beobachteten C_v-Werten ausgeht. Konstante Θ_g-Werte für das Gitter werden zwischen 100° K u. Zimmertemp. erst dann erhalten, wenn die Elektronenwärmen abgezogen werden. Diese Θ_g-Werte betragen bei beiden Elementen recht genau 84,3% des im T^3-Gebiet gültigen Θ_g-Wertes. (Z. Naturforsch. **14a.** 99—105. 1959. Zürich, Univ., Phys.-Chem. Inst.) E. KLEVER. 151

Ju. I. Schimanski, *Temperaturabhängigkeit der Verdampfungswärme reiner Flüssigkeiten.* Die Unterss. der Verdampfungswärme von Fll. in einem geschlossenen Gefäß unter Gleichgewicht mit den Dämpfen ergab zur Berechnung der Abhängigkeit von der Temp. die Gleichung $L = (L/L_0)/(T/T_c)$, wo L u. L_0 die Verdampfungswärmen bei T°K u. 0° sind u. T_c die krit. Temp. darstellt. Der Zusammenhang der Bildungswärme mit der D. der Fl. u. des Dampfes kann mit dem Ausdruck $L = -CRT \ln(\varrho_{Dampf}/\varrho_{Fl.})$ festgesetzt werden. — Die mit dieser Formel berechneten Werte für *Methyl-, Äthyl-* u. *Propylalkohol,* CCl_4, $SnCl_4$, C_6H_6, H_2O, N_2O, C_2H_4, *n-Pentan, Ae.,* CO_2, *Methyl-, Äthyl-* u. *Propylacetat* stimmen mit der Wirklichkeit sehr gut überein; Flüssigkeiten mit gleichem molekularem Aufbau bilden enge Gruppen mit ähnlichem Kurvenverlauf. (Журнал Физической Химии [J. physik. Chem.] **32.** 1893—99. Aug. 1958. Kiew, Schewtschenko-Univ.) H. TŮMA. 156

K. A. Ossipow, *Über die Energie der Leerstellenbildung in festen Metallen.* Vf. stellte bereits früher (C. **1958.** 7980) die Gleichung der Abhängigkeit der Aktivierungsenergie der Selbstdiffusion q von der Schmelztemp., -wärme u. -entropie auf u. kommt nun zur Ansicht, daß q zugleich direkt mit der Energie der Leerstellenbldg. in Zusammenhang steht u. beide Größen also vertauscht werden können. Dieser Zusammenhang wird bei *Al, Cu, Ag, Au* u. *Pt* bewiesen. — q ist weiter dem Modul der Gitterebenenverschiebung $\mu a^3 \cong 1{,}5$ q u. nach Umrechnung nach MACKENZIE u. MOTT auch der latenten Schmelzwärme $q \cong 6{,}3$ L proportional. (Доклады Академии Наук СССР [Ber. Akad. Wiss. UdSSR] **121.** 855—57. 11/8. 1958. Akad. der Wiss. der UdSSR, Baikow-Inst. für Metallurgie.) H. TŮMA. 156

K. A. Ossipow, *Berechnung der Grenzweite der Aktivierungsenergie verschiedener Prozesse in Metallen.* In Zusammenhang mit der früher aufgestellten Hypothese über den Grenzwert der Aktivierungsenergie q u. dessen Bezug zu der Schmelzwärme, -Temp. u. -entropie (vgl. vorst. Ref.) berechnet Vf. diesen Wert für eine Reihe von Metallen u. Metalloiden. — Beim Aufzeichnen der berechneten Werte in Abhängigkeit von dem Mol.-Gew. werden period. Maxima erhalten (das niedrigste für Si; dann größere für V, Cr; weiter steigend für Nb, Mo u. das größte für W). (Доклады Академии Наук СССР [Ber. Akad. Wiss. UdSSR] **121.** 637—39. 1/8. 1958. Akad. der Wiss. der UdSSR, Baikow-Inst. für Metallurgie.) H. TŮMA. 156

John N. Blocher jr. und **Elton H. Hall,** *Thermodynamik der Reduktion von Titantetrafluorid durch Quecksilber.* Für den Dampfdruck von TiF_4 als Funktion der Temp. erhalten Vff. die Beziehung $\log P_{atm.} = -5574/T - 1{,}86 \log T + 14{,}62$. Ferner wurden die Werte $\Delta F^{\circ}_{298,2} = 11{,}84$ kcal/Mol, $\Delta H^{\circ}_{298,2} = 24{,}2$ kcal/Mol u. $\Delta S^{\circ}_{298,2} = 42{,}1$ Entropieeinheiten u. $\Delta H^{\circ}_{298,2,TiF_4} - \Delta H^{\circ}_{298,2,TiF_3} = 57{,}3 \pm 3$ kcal/Mol ermittelt. (J. physic. Chem. **63.** 127—28. Jan. 1959. Columbus, O., Battelle Mem. Inst.) H.-U. WOELK. 156

Robert L. Graham und **Loren G. Hepler,** *Bildungswärmen von Molybdänoxychloriden.* Durch calorimetr. Messungen bei der Umsetzung mit wss. Natronlauge wurden die Bildungswärmen von MoO_2Cl_2 (**I**) u. $MoO(OH)_2Cl_2$ (**II**; Struktur vielleicht auch $MoO_3 \cdot 2\,HCl$ oder $MoO_2Cl_2 \cdot H_2O$) bestimmt. Sie betragen für **I**: —169,8; für **II**: —254,2 kcal/Mol. Die Reinigung beider Verbb. wird beschrieben. (J. physic. Chem. **63.** 723—24. Mai 1959. Charlottesville, Va., Univ. of Virginia, Cobb Chem. Labor.) FRIEDRICH WOLF/Berlin. 156

M. B. Panish, F. F. Blankenship, W. R. Grimes und **R. F. Newton,** *Thermodynamische Eigenschaften von geschmolzenen und festen Lösungen aus Silberchlorid und Natriumchlorid.* Aus Messungen der EMK der Zelle *Ag/AgCl/NaCl/Cl₂* (Graphit) bei Tempp. zwischen 300 u. 900° in Quarzgefäßen berechnen Vff. Aktivitäten, Enthalpie- u. Entropiedaten u. die freie Energie für feste u. fl. Lsgg. aus NaCl u. AgCl. Für die fl. Lsgg. werden geringe Abweichungen vom RAOULTschen Gesetz beobachtet. Bei festen Elektrolyten tritt eine Mischungslücke u. die Bldg. metastabiler fester Lsgg. auf. Die obere krit. Mischungstemp. liegt zwischen 400 u. 500°. (J. physic. Chem. **62.** 1325—31. Okt. 1958. Oak Ridge, Tenn., Oak Ridge Nat. Labor., Chem. Div.) HERBERT MÜLLER. 156

F. Albert Cotton, *Bindungsenergien bei Übergangsmetallkomplexen.* Die Möglichkeit der Berechnung der Bildungswärme eines gasförmigen Komplexions der allg. Formel $M\,X^{+m-px}_{p(g)}$ aus $M^{m+}_{(g)}$ u. $pX^{x-}_{(g)}$ u. daraus der Gesamtbindungsenergie wird untersucht. In einigen Fällen kann, entsprechend dem BORN-HABER-Cyclus, die Bildungswärme eines komplexen gasförmigen Ions errechnet werden. Anwendung erfolgt auf Hexammin-komplexionen von Ca, Mn(II), Fe(II), Co(II), Ni(II) u. Zn. (Acta chem. scand. **10.** 1520—25. 1956. Cambridge, Mass., MIT, Dep. of Chem.) FRIEDRICH WOLF/Berlin. 156

F. A. Cotton und **Marilyn C. Verdier,** *Anhang zur Beweisführung.* (Vgl. vorst. Ref.) Die in vorst. Ref. behandelten Berechnungen werden auf die Komplexe $[Co(NH_3)_6]J_2$ (**I**), $[Co(NH_3)_6]J_3$ (**II**) u. $[Cu(NH_3)_6]Br_2$ (**III**) ausgedehnt u. nachst. Werte für die Gesamtbindungsenergie Q ermittelt: **I** 854,7 (kcal/Mol); **II** 843,3; **III** 420,6. (Acta chem. scand. **10.** 1525—56 .1956.) H. HOFMANN. 156

Robert Stumper und **Waldemar Schumacher,** *Hydratationswärme der glasigen und aktivierten Hochofenschlacke.* Zur Feststellung der Reaktionsfähigkeit von granulierter Hochofenschlacke bestimmten Vff. die Hydrationswärme von 4 Typen von Zement u. zwar 100 (%) Klinker (**I**); 70 **I** + 30 Schlacke (**II**); 50 **I** + 50 **II** sowie 30 **I** + 70 **II**. Die Mischungen wurden gemahlen, u. zwar auf eine Feinheit von 2550 cm^2/g u. 5500 cm^2/g. Die chem. Zus. des **I** war SiO_2 20,34 (%); Al_2O_3 5,92; Fe_2O_3 4,19; Mn_2O_3 0,49; CaO 65,96; MgO 1,32; SO_3 0,71; freies CaO 1,50; dies entspricht der mineralog. Zus. $3\,CaO \cdot SiO_2$ 59,7 (%); $2\,CaO \cdot SiO_2$ 13,3; $3\,CaO \cdot Al_2O_3$ 8,0; $4\,CaO \cdot Al_2O_3 \cdot Fe_2O_3$ 13,8 u. $CaSO_4$ 1,34. Die Zus. von **II** war SiO_2 34,38 (%); Al_2O_3 12,64; FeO 1,43; MnO 0,95; CaO 46,03; MgO 2,65; S 0,9; CaO:SiO_2 = 1,34. Ganz allg. wurde festgestellt, daß bei den feiner pulverisierten Gemischen die Hydratationswärme u. infolgedessen auch die Reaktionsfähigkeit sehr viel höher ist als bei den etwas gröberen Pulvern. Die Hydratationswärme der Schlacke mit 2550 cm^2/g betrug im Mittel 32,4 cal/g, mit 5550 cm^2/g dagegen 75 cal/g. (C. R. hebd. Séances Acad. Sci. **247.** 91—94. 7/7. 1958.) C. GOTTFRIED. 156

R. W. Morse, *Eigenschaften der Materie. Festkörper.* Vf. diskutiert die verschied. Anwendungsmöglichkeiten von elast. Wellen zur Unters. der Eigg. von Festkörpern u. kommt hierbei zu dem Ergebnis, daß es wünschenswert wäre, auch akust. Wellen im kHz-Gebiet zu diesem Zweck zu verwenden. (J. acoust. Soc. America **30.** 380—82. Mai 1958. Providence, R. I., Brown Univ., Dep. of Phys.) C. GOTTFRIED. 159

Theodore Litovitz, *Eigenschaften der Materie. Der flüssige Zustand.* Vf. gibt an Hand der Literatur einen kurzen Überblick über die Verwendung akust. Frequenzen zur Unters. des fl. Zustands. (J. acoust. Soc. America **30.** 383—84. Mai 1958. Washington, D. C., Catholic Univ., Phys. Dep.) C. GOTTFRIED. 159

—, Thermodynamic and transport properties of gases, liquids and solids; papers presented at the Symposium on Thermal Properties, Y. S. Towloukian, general chairman, sponsored by Standing Committee on Thermophysical Properties, Heat Transfer Division, the American Society of Mechanical Engineers, February 23—26, 1959, Purdue University, Lafayette, Indiana. New York: McGraw-Hill. 1959. (482 S. m. Abb. u. Diagr.) 4°. $ 12.50.

A_5. Kolloidchemie. Grenzschichtforschung.

George Strauss und **Ulrich P. Strauss,** *Die Bindung von Natriumdodecylsulfat durch Serumalbumin in Abwesenheit von Elektrolytzusätzen.* Vff. verwenden eine elektrolyt. Überführungsmeth. zur Unters. der Wechselwrkg. zwischen *Rinderserumalbumin* (**I**) u. *Na-Dodecylsulfat* (**II**) in Abwesenheit von Elektrolytzusätzen. Bei **I**-Konzz. von $3 \cdot 10^{-5}$ u. $6 \cdot 10^{-5}$ ist die von einem **I**-Mol. gebundene mittlere Zahl von **II**-Anionen unabhängig von der **I**-Konz. u. steigt mit der Konz. an freiem **II**. Bei der krit. Micellkonz. des Netzmittels erreicht sie einen Wert von ca. 160. Der gleiche Wert wird unabhängig davon aus Verschiebungen der scheinbaren krit. Micellkonz. erhalten, wie sie Messungen der spezif. Leitfähigkeit liefern. Sowohl Leitfähigkeits- als auch Viscositätsmessungen zeigen, daß die Wechselwrkg. reversibel ist. Der mittlere Anteil von Na-Ionen, die von dem Komplex abdissoziieren, nimmt ab, je mehr **II** gebunden wird u. erreicht bei der krit. Micellkonz. den Wert 0,4. Die elektrolyt. Beweglichkeit des Komplexes steigt von $31 \cdot 10^{-5}$ auf $34 \cdot 10^{-5}$ $cm^2 \cdot V^{-1} \cdot sec^{-1}$, wenn die Anzahl gebundener **II**-Moll. von 50 auf 160 steigt. Aliphat. KW-stoffe werden durch **I** nicht gebunden; demnach besitzt **I** keine größeren Bereiche, die KW-Stoffreste enthalten. (J. physic. Chem. **62.** 1321—24. Okt. 1958. New Brunswick, N. J., Rutgers Univ., School of Chem., Ralph G. Wright Labor.) HERBERT MÜLLER. 162

M. E. Ginn und **J. C. Harris,** *Der Einfluß der tatsächlichen Zusammensetzung von oberflächenaktiven Substanzen auf die Bestimmung der kritischen Micellkonzentration durch spektrophotometrische Messungen in Gegenwart eines Farbstoffes. Pinacyanolchlorid* schlägt bei steigender Konz. der oberflächenakt. Substanz bei der krit. Micellkonz. (c. m. c.) von rot über purpur nach blau um. Für photometr. Messungen wird eine Farbstoffkonz. von $1 \cdot 10^{-5}$ mol., für visuelle Bestimmungen eine solche von $5 \cdot 10^{-5}$ mol. empfohlen. Die Abhängigkeit der opt. Dichte in Abhängigkeit von der Zeit nach dem Farbstoffzusatz ist bei den einzelnen oberflächenaktiven Substanzen verschieden. In Ggw. von mehreren Substanzen u. neutralen Ölen läßt sich die c. m. c. nur schwer bestimmen. Es ist dann zweckmäßig, die Änderungsgeschwindigkeit der opt. Dichte in Abhängigkeit von der Konz. zu bestimmen. Neutrale Öle beeinflussen die Best. erheblich, während die Messung der Leitfähigkeit u. der Oberflächenspannung nicht dadurch verfälscht wird. Umgekehrt haben Zusätze von Na-Tripolyphosphat oder Lauryldiäthanolamid keinen oder nur einen geringen Einfl. auf die Farbstoffmeth., während Leitfähigkeit u. Oberflächenspannung andere Werte ergeben. (J. physic. Chem. **62.** 1554—57. Dez. 1958. Dayton, O., Monsanto Chem. Comp., Res. and Engng. Div., Res. Dep.) M. LASER. 162

P. W. Rufimski, *Untersuchung des Hydrosols von Aluminiumoxydhydrat.* 2. Mitt. *Einfluß von Natriumchlorid und Äthylalkohol auf das thixotrope Gelieren des Sols.* (Vgl. C. **1959.** 6043.) Konzentrierte Al-Oxydhydrathydrosole (8,8—11,1 g/Liter) wurden qualitativ in ihrem Verh. gegen Altern u. Zusätze an A. u. NaCl untersucht. — Ein 3 Jahre altes thixotropes Sol zeigte im Röntgenbild kristalline Struktur. Ein thixotropes Al_2O_3-Gel konnte durch Zusatz von A. (ohne Elektrolytzusatz) erhalten werden. Bei Zusatz von 0,45 bis 14 Gew.-% NaCl zum Al_2O_3-Sol (0,87—0,14%) bildet sich eine thixotrope Gelatine, die bei 3fachem Umwenden des Reagenzglases sich sofort auflöst, nach einigen Sek. jedoch wieder geliert. Nach einigen Tagen bildet sich eine klare Zone (auch bei A.-Zusatz), deren refraktometr. Unters. auf einen höheren (64,5—79%) A.-Geh. weist, als in der Intermicellar-Fl., u. somit die Bldg. eines A.-W.-Filmes um die Micellen des Al_2O_3 bestätigt, der deutlich beobachtet werden konnte. (Коллоидный Журнал [Kolloid-J.] **18.** 332—36. Mai/Juni 1956. Kasan, Lenin-Univ.) A. v. WILPERT. 163

Fumio Kasahara, *Änderung der Eigenschaften des Alginsäurenatriumsalzes bei teilweiser Substitution des Na durch Ca. Alginsäure* (**I**)-Gel wird in Methanol suspendiert, mit 1n $CaCl_2$ u. dann mit 1n NaOH versetzt. Beim Zusatz von $< 0,02$ Mol-% (bezogen auf **I**) $CaCl_2$ werden ca. 90% des zugesetzten Ca von **I** gebunden, wobei **I** mit höherem Polymerisationsgrad etwas leichter mit Ca reagiert. Beim Zusatz von $> 0,02$% $CaCl_2$

nimmt das Verhältnis (reagiertes Ca)/(zugesetztes Ca) mit steigender Menge zugesetztem Ca rasch ab, wobei I mit höherem Polymerisationsgrad viel schwieriger mit Ca reagiert. Die Viscosität der 1%ig. wss. Lsg. des Prod. ändert sich bei < 0,02% reagiertem Ca unregelmäßig, wird jedoch bei größerer Menge reagiertem Ca mit zunehmender Menge an Ca höher. Ca liegt bei < 0,02% reagiertem Ca hauptsächlich intramol., bei > 0,02% reagiertem Ca zum größten Teil intermol. gebunden vor. (J. chem. Soc. Japan, ind. Chem. Sect. [Kōgyō Kagaku Zassi] **61.** 1282—85. Okt. 1958. Tokyo-Tiyoda, Kimitu-Kagaku. [Orig.: japan.]) E. MAEKAWA. 164

Fumio Kasahara, *Konzentrations- sowie Temperaturabhängigkeit der Viscosität des Alginsäurenatriumsalzes, in dem Na teilweise durch Ca ersetzt ist.* (Vgl. vorst. Ref.) Die Konzentrations- sowie Temperaturabhängigkeit der Viscosität des Alginsäurenatriumsalzes, in dem Na teilweise durch Ca ersetzt ist, wird gemessen u. unter der Annahme, daß Ca bei Zugabe von < 0,02% Ca intramol. u. bei Zugabe von > 0,02% Ca zum größten Teil intermol. gebunden vorliegt, versuchsweise gedeutet. (J. chem. Soc. Japan, ind. Chem. Sect. [Kōgyō Kagaku Zassi] **61.** 1285—88. Okt. 1958. [Orig.: japan.]) E. MAEKAWA. 164

Takeo Takahashi, Fumio Kasahara und **Tatsuo Mizumoto,** *Verteilung des Polymerisationsgrads von Natriumalginat.* Um die Verteilung des Polymerisationsgrads von *Natriumalginat* (I) zu untersuchen, wird es aus seiner Lsg. durch Stehenlassen mit 0,1n Oxalsäurelsg. fraktioniert gefällt. Anderseits wird aus I das Ca-Salz hergestellt, das dann durch Ionenaustausch mit 0,5 n Na_2CO_3 oder 0,5 n NaCl fraktioniert extrahiert wird. Bessere Ergebnisse werden durch das zweite Verf. mit Na_2CO_3 bei hochviscosen Prodd. u. mit NaCl bei niederviscosen Prodd. erhalten. Die Verteilungskurve des Polymerisationsgrads von käuflichem I zeigte kein deutliches Maximum. (J. chem. Soc. Japan, ind. Chem. Sect. [Kōgyō Kagaku Zassi] **61.** 1292—94. Okt. 1958. Tiba, Univ. Tokyo, Seiken. [Orig.: japan.]) E. MAEKAWA. 164

I. Fatt, *Die Porenstruktur von gesintertem Glas durch Diffusions- und Widerstandsmessungen.* Bei Unters. von gesinterten Glasplatten aus Pyrex zeigt sich, daß der Umwegfaktor („tortuosity") aus genauen Diffusionsmessungen den gleichen Wert hat, wie bei Berechnungen aus Messungen des spezif. Widerstandes. Diese Gleichheit zeigt, daß kein „toter Porenraum" vorliegt, durch den keine Diffusion erfolgen kann. (J. physic. Chem. **63.** 751—52. Mai 1959. Berkeley, Calif., Univ. of California, Div. of Mineral Technol.) FRIEDRICH WOLF/Berlin. 165

H. D. Ohlenbusch, *Zur Frage der Zustandsgleichung in monomolekularen ionisierten Oberflächen. Bemerkung zu einer Arbeit von T. A. J. Payens.* Vf. zeigt, daß die für die Zustandsgleichung in monomol. ionisierten Oberflächen häufig angegebene Form $\pi = 2\,\mathrm{RT}\Gamma_s$ mit der von PAYENS (C. **1959.** 11482) abgeleiteten Form $\pi = \mathrm{RT}\Gamma_s + \mathrm{F}\int_0^{\varphi_0} \Gamma_s d\varphi_0$ prakt. ident. ist. (Kolloid-Z. **159.** 32—33. Juli 1958. Kiel, Univ., Inst. für physiol. Chem. u. Physikochem.) D. FORST. 166

Félix Bertaut, *Das elektrostatische Glied der Oberflächenenergie.* Theoret. Untersuchung. (C. R. hebd. Séances Acad. Sci. **246.** 3447—50. 23/6. 1958. Grenoble, Labor. d'Électrostat. et de Phys. du Métal.) C. GOTTFRIED. 166

György Marx und **Géza Szamosi,** *Theoretische Beziehungen des Eötvös-Gesetzes.* Die Einfachheit u. allg. Gültigkeit des EÖTVÖS-Gesetzes veranlaßte bedeutende Forscher zur Ableitung des Gesetzes auf molekular-theoret. Grundlage. Die durch BORN u. COURANT gelöste Frage leiten Vff. dahin ab, wie bei capillaren Wellen auftretende quantenhafte Erscheinungen experimentell nachgewiesen werden könnten. Es wird auch die Oberflächenspannung der Atomkerne u. ihr Zusammenhang mit der Anregungsenergie behandelt u. hieraus das kernphysikal. Analogon des EÖTVÖS-Gesetzes abgeleitet. (Magyar Fizikai Folyóirat [Ung. Z. Physik] **4.** 123—35. 1957. Budapest, Univ., Inst. für theoret. Physik.) J. PLANK. 166

J. J. Bikerman, *Verwendung der Benetzungshysterese zur Messung der Oberflächenspannung.* Infolge der Benetzungshysterese verschiebt sich die 3-Phasengrenze an einer in eine Fl. eintauchenden senkrechten Platte nicht, wenn der Flüssigkeitsspiegel um den Betrag h_2—h_1 gesenkt bzw. gehoben wird. Es ändert sich lediglich der Kontaktwinkel Θ. Es wird gezeigt, daß $h_2 - h_1 = (2\gamma/g\varrho)^{1/2} \cdot (M_2^{1/2} - M_1^{1/2})$, wobei $M_2 = 1 - (1 - F_2^2/L^2\gamma^2)^{1/2}$, $M_1 = 1 - (1 - F_1^2/L^2\gamma^2)^{1/2}$, F_1 bzw. F_2 = Capillarkräfte an der Platte, L = Länge der 3-Phasengrenze, γ = Oberflächenspannung, g = Erdbeschleunigung, ϱ = D. der Flüssigkeit. Die Meth. wurde geprüft für *W.* u. *Hg.* Sie ist bes. für Hg geeignet. (J. physic. Chem. **62.** 1534—36. Dez. 1958. Cambridge, Mass., MIT, Dep. of Civil and Sanitary Engng.) M. LASER. 166

D. A. Haydon und **J. N. Phillips**, *Die Gibbssche Gleichung und die Oberflächenzustandsgleichung für lösliche, ionisierte monomolekulare Schichten in Abwesenheit von hinzugefügtem Elektrolyt an der Öl-Wasser-Grenzfläche.* Es wurde der bei fehlendem Elektrolytzusatz an der Öl-W.-Grenzfläche adsorbierte Anteil einer oberflächenakt. Substanz im Verhältnis zu dem in Lsg. befindlichenAnteil bestimmt, wobei als Öl PAe. u. als oberflächenakt. Substanz sowohl *Dodecyltrimethylammoniumbromid* als auch *Na-Laurylsulfat* verwendet wurde. Die im Falle des quartern. Netzmittels einerseits nach der Gibbsschen Gleichung mit dem Faktor 2 im Zähler u. andererseits an Hand von Oberflächenpotentialmessungen erhaltenen Adsorptionsmengen stimmten in befriedigender Weise überein. Die auf diese Adsorptionsfilme theoret. anwendbare Oberflächenzustandsgleichung ergab eine Abhängigkeit des Grenzflächendruckes von der spezif. Oberfläche, welche mit den experimentell erhaltenen Kurven in Einklang stand. Von wesentlicher Bedeutung zeigte sich, bes. bei der Unters. anion. Netzmittel, die Verwendung sorgfältigst gereinigten W.; die bei Anwendung der Gibbsschen Gleichung durch andere Autoren festgestellten Unterschiede in den Ergebnissen wurden von Vff. im wesentlichen den unterschiedlichen Reinheitsbedingungen zugeschrieben. (Trans. Faraday Soc. **54.** 698—704. Mai 1958. London, Imp. Coll., Chem. Dep.; Canberra, Australia, C.S.I.R.O., Div. of Plant Inst.) D. Forst. 166

June Lomnes Dahl und **Frederick R. Duke**, *Oberflächenspannungen binärer Mischungen von Bleichlorid und den Alkalimetallchloriden.* Die Oberflächenspannung γ binärer Mischungen von $PbCl_2$ u. LiCl, NaCl, KCl, RbCl bzw. CsCl wurde bei verschied. Zuss. u. verschied. Tempp. (461—577°) durch Messung des maximalen Blasendruckes bestimmt. γ nimmt mit steigendem Li-Geh. linear ab. bei NaCl treten geringe Abweichungen vom idealen Verh. auf. bei KCl, RbCl u. CsCl wurden dagegen Minima gefunden, die umso weiter nach höherem Alkaligeh. verschoben sind, je größer das Alkalimetallion ist. Die Farbe der Schmelze (gelb) vertieft sich in der gleichen Reihenfolge. Die gelben Festkörper besitzen perowskitähnliche Struktur. (J. physic. Chem. **62.** 1498—1501. Dez. 1958. Ames, Io., Iowa State Coll., Inst. for Atomic Res. and Dep. of Chem.; Ames Labor. of the U. S. Atomic Energy Commission.) M. Laser. 166

R. W. Schweikina und **Ss. G. Mokruschin**, *Einfluß der Temperatur auf die Kinetik der Kolloidextraktion durch Schaum.* Es wird festgestellt, daß es für jedes Hydrosol eine optimale Temp. der Extraktion der dispersen Phase gibt, oberhalb der die Extraktion verringert wird. Folgende optimale Tempp. wurden festgestellt: Für koll. Sb_2S_3 u. koll. Au 20°, für koll. $Fe(OH)_3$ 40°, für $Ti(OH)_4$ 20—30° (bei ca. 40° wurde die Extraktion geringer). Die Stabilität des gebildeten Schaumes (den koll. Lsgg. wurde 0,01% Gelatine zugefügt) nahm mit steigender Temp. ab. (Журнал Прикладной Химии [J. angew. Chem.] **31.** 1109—11. Juli 1958.) Otto Maier. 166

Hirotarô Kambe, Norio Gonda und **Takayuki Murakami**, *Eindringen von Nadeln in weiche Gele.* Das Eindringen von Nadeln in Seifengele, Gelatine sowie Agar-Agar wird gemessen. Die Form der Kurve des Logarithmus der Eindringtiefe gegen den Logarithmus der Zeitdauer zeigte sowohl zu den rheolog. Eigg. des Gels als auch der Form der Nadeln Beziehungen. (J. chem. Soc. Japan, ind. Chem. Sect. [Kōgyō Kagaku Zassi] **61.** 1425—29. Nov. 1958. Tokyo, Univ., Kôkû-Ken. [Orig.: japan.]) E. Maekawa. 166

M. F. Vaughan, *Ultrafeinfilter als osmotische Membranen.* (Vgl. C. **1959.** 9815.) Obwohl Membranfilter vom Hersteller nur für Unterss. in wss. Lsgg. als geeignet angesehen werden, gelingt ihre Verwendung als osmot. Membranen in verschied. organ. Lösungsmitteln. Vf. zeigt, daß bei 30° eine Verwendung in *Bzl., Toluol, A., W.* u. mit einigen Schwierigkeiten in *Methyläthylketon* möglich ist, während *Chlf.* u. *Dimethylformamid* als Lösungsm. ausgeschieden. Es zeigt sich, daß alle Feinheitsgrade der Membranen in Bzl. selektiver wirken als die entsprechenden Ultracellafilter u. daß mit Allerfeinstfiltern Molgeww. von ca. 2000 bestimmt werden können. Bei Lsgg. von *Pentaerythrittetrastearat* (Molgew. 1200), *Tristearin* (Molgew. 891) u. *Sucroseoctaacetat* (Molgew. 679) in Bzl. ist der gemessene osmot. Druck kleiner als der theoret. zu erwartende Wert. Das Verhältnis des beobachteten zum theoret. osmot. Druck nimmt mit dem Molgew. ab; dieser Effekt scheint ein Beispiel für den von Stavermann (C. **1955.** 11167) vorausgesagten Reflexionskoeff. zu sein. (J. Polymer Sci. **33.** 417—27. Dez. 1958. Teddington, Middlesex, Nat. Chem. Labor., Dep. of Sci. and Ind. Res.) Herbert Müller. 170

Francis H. Ree, Taikyue Ree und **Henry Eyring**, *Eine Relaxationstheorie über Transportprobleme in kondensierten Systemen.* Betrachtungen zu Transportproblemen, z. B. Fließverhalten u. Diffusion, in fl. Systemen an Hand von zahlreichen Meßwerten über Konzentrationsänderungen in wss. oder organ. Phasen. (Ind. Engng. Chem. **50.** 1036—40. Juli 1958. Salt Lake City, Utah, Univ. of Utah, Dep. of Phys. and Chem.) G. Günther. 171

Teruichirô Kubo, Kiichi Shinriki und **Katsuya Kutaka,** *Zusammenziehen der durch Pressen formierten Oxydpulver beim Sintern.* Die Geschwindigkeit des Zusammenziehens der durch Pressen formierten Pulver beim Sintern bei einer bliebigen Temp. wird theoret. abgeleitet u. beträgt $d(\Delta L/L)/dt = k(1/\Delta L/L)$ beim viscosen Fließen des Materials oder $d(\Delta L/L)/dt = k[(1/\Delta L/L)^{3/2} + X(1/\Delta L/L)^{1/2}]$ beim plast. Fließen des Materials, wobei L die Anfangslänge, $\Delta L/L$ linearer Zusammenziehungskoeff., t Zeitdauer u. k u. X vom Durchmesser des Pulvers, von der Viscositätskonstanten des Materials u. der Oberflächenspannung usw. abhängigen Konstanten sind. Die Gleichungen stimmen mit den experimentellen Daten beim Sintern von Glas, Titan- bzw. Nickeloxyd oder Bariumtitanat einigermaßen überein. (J. chem. Soc. Japan, ind. Chem. Sect. [Kōgyō Kagaku Zassi] **61.** 918—22. Aug. 1958. Tokyo-Meguro, TH. [Orig.: japan.]) E. MAEKAWA. 173

W. F. Wolff, *Ein Modell für Aktivkohle.* Ein Strukturmodell für Aktivkohle wird beschrieben. Durch oxydierende Aktivierung, die an Randatomen einer Schicht angreift, werden die Atome dieser Ebene entfernt. Es entstehen in der Breite von 2 oder einigen benachbarten Schichten Mikroporen, die sich von den Makroporen, welche Lücken zwischen Graphitteilchen darstellen, um Größenordnungen unterscheiden. Durch die mathemat. Behandlung wird die Richtigkeit der Modellvorstellung gezeigt. (J. physic. Chem. **63.** 653—59. Mai 1959. Whiting, Ind., Standard Oil Co., Res. Dep.) FRIEDRICH WOLF/Berlin. 176

N. C. Ganguli, K. A. Kini und **A. Lahiri,** *Die Veränderung der Oberfläche von carbonisierten Kohlen bei der Oxydation.* Durch Oxydation von carbonisierten Kohlen nimmt die BET-Oberfläche erheblich zu, u. zwar kann sie, je nach der Art der Kohle, mit steigender Carbonisierungstemp. steigen oder abnehmen. Die Ergebnisse zeigen, daß keine einfache Beziehung zwischen der Größe der Oberfläche u. der Reaktionsfähigkeit besteht. (J. physic. Chem. **62.** 1604—05. Dez. 1958. Jealgora, Biha, India, Fuel Res. Inst.) M. LASER. 176

Yoshio Kawana, *Verhältnis zwischen poröser Struktur und Verkohlungsgrad der Kohlen.* Verschied. Kohlen werden mit Bzl.-CCl_4 ausgezogen, gepulvert (< 100 Maschen), u. das Pulver jeder Kohle wird mit einem Druck von 0,3 Tonnen/cm^2 gepreßt. Von diesen Präpp. werden die Adsorptionsisothermen für Wasserdampf sowie die C-Gehh. bestimmt. Der mittlere Porendurchmesser beträgt bei C-Gehh. < 85% unabhängig vom C-Geh. ca. 15 Å u. nimmt bei C-Gehh. > 85% mit steigendem C-Geh. rasch zu. Mit zunehmendem C-Geh. nimmt die Länge der Poren zuerst zu, erreicht aber bei 70%ig. C-Geh. ein Maximum u. nimmt dann mit steigendem C-Geh. rasch ab. Auch der spezif. Oberflächeninhalt sowie das Gesamt-Vol. der Poren nehmen bis zu einem 70%ig. C-Geh. mit dem C-Geh. zu u. dann rasch ab. (J. chem. Soc. Japan, ind. Chem. Sect. [Kōgyō Kagaku Zassi] **61.** 1275—78. Okt. 1958. [Orig.: japan.]) E. MAEKAWA. 176

Balwant Rai Puri, D. D. Singh und **Lekh Raj Sharma,** *Benetzungswärme von Holzkohle in Abhängigkeit vom chemisorbierten Sauerstoff.* Vff. zeigen am Beispiel von aschefreier Holzkohle aus Kokosnußschale u. Rohrzucker, daß für die bei Holzkohle beobachtete Abhängigkeit der Benetzungswärme von der Sauerstoffbelegung nicht die Gesamtmenge des adsorbierten O_2 verantwortlich ist, sondern allein der in Form von CO_2 gebundene Anteil. (Current Sci. **27.** 53—54. Febr. 1958. Hoshiarpur, Panjab Univ., Dep. of Chem.) D. FORST. 176

Paulette Berthier und **Clément Courty,** *Über eine Massenzunahme von Kohlen beim Trocknen in der Wärme.* In Fortsetzung früherer Unterss. (vgl. C. **1959.** 1693) untersuchten Vff. an *Zuckerkohle, Kokosnußkohle* (aktiviert u. nicht aktiviert) u. leicht aktivierter *Holzkohle,* die auf einen Feuchtigkeitsgrad von 90 gebracht worden waren, mit der CHEVENARDschen Thermowaage das Verh. beim Erhitzen bis zur Entflammung. Beobachtet wurde hierbei ein regelmäßiger Massenverlust, dem kurz vor der Entflammung eine Massenzunahme folgte. (C. R. hebd. Séances Acad. Sci. **246.** 3613—15. 30/6. 1958. Lyon, Fac. des Sci., Labor. de Chim. phys.) C. GOTTFRIED. 176

Daijû Yamada, *Eigenschaften der durch Zinkchlorid aktivierten Kohle.* Die Absorptionsfähigkeiten von Kohlen, die durch $ZnCl_2$ unter verschied. Bedingungen, bes. bei niedrigeren Tempp., aktiviert sind, werden experimentell bestimmt. Bes. die bei 315° aktivierten Kohlen zeigen im feuchten Zustand eine große Aktivität. (J. chem. Soc. Japan, ind. Chem. Sect. [Kōgyō Kagaku Zassi] **61.** 1448—56. Nov. 1958. Yokohama, Kokuritu-Daigaku. [Orig.: japan.]) E. MAEKAWA. 176

George L. Gaines jr. und **C. P. Rutkowski,** *Die Adsorption von Gasen an Glimmer nach vollzogenem Ionenaustausch.* 1. Mitt. *Argon- und Krypton-Isothermen und BET-Oberflächenbestimmungen.* Vff. bestimmen die Adsorption von Ar an K-Muskovit im Bereich von $p/p_0 = 3{,}5 \cdot 10^{-7}$ bis 0,75 bei 77,4° K u. von $p/p_0 = 2 \cdot 10^{-7}$ bis 0,3 bei 90,2° K. An Ba- u. Cs-Glimmern wurden Messungen nur bei > 10 μ Druck durchgeführt.

Es wird angenommen, daß unterhalb 10 μ keine Unterschiede auftreten. Bei 77,4° K verhalten sich bis zur Bldg. einer monomol. Schicht K- u. Cs-Glimmer gleich, Ba-Glimmer adsorbiert dagegen etwas stärker. Nach Vervollständigung der monomol. Schicht werden die Ergebnisse an allen 3 Glimmern durch eine Isotherme beschrieben. Die Form der Kurve entspricht dem Typ II der BRUNAUER-Klassifikation. Einige Unstetigkeiten im Verlauf der Kurve erscheinen jedoch nicht ausgeschlossen. Bei 90,2° K treten im gesamten Druckbereich Unterschiede auf, wobei die Adsorption in der Reihenfolge Ba->K->Cs-Glimmer abnimmt. Die Adsorption von Kr an K-Muskovit bei 77,4 u. 90,2° K zeigt keine Unterschiede zu dem natürlichen Material. In der Gegend der monomol. Schicht ($\Theta = 1$) werden nach der BET-Meth. die „c"-Werte ermittelt [Ar: 30 (K-Glimmer) bzw. 32 (Ba) bzw. 38 (Cs); Kr: 124]. Bei geringer Beladung mit Ar treten erhebliche Abweichungen auf. (J. physic. Chem. **62.** 1521—25. Dez. 1958. Schenectady, N. Y., General Electr. Res. Labor.) M. LASER. 176

George L. Gaines jr., *Die Adsorption von Gasen an Glimmer nach vollzogenem Ionenaustausch.* 2. Mitt. *Thermodynamische Werte der Adsorption von Edelgasen.* (1. vgl. vorst. Ref.) Vf. berechnet aus vorstehenden Werten die Adsorptionswärmen u. -entropien für Ar u. Kr. Einzelheiten der Adsorption werden durch geometr. Betrachtungen erklärt. Durch große polarisierbare Kationen wird die Art der Adsorption verändert. (J. physic. Chem. **62.** 1526—30. Dez. 1958.) M. LASER. 176

George L. Gaines jr., *Adhäsion und Ionenaustausch zwischen Glimmerflächen.* (Vgl. vorst. Reff.) Zwischen zwei Glimmerflächen, von denen eine vorher durch Ionenaustausch mit KCl-Lsg. an ^{42}K angereichert wurde, findet beim Zusammenpressen ein Austausch des ^{42}K statt; u. zwar wird nahezu die Hälfte des aktiven K auf die unbehandelte Glimmerfläche übertragen. (Nature [London] **183.** 1109—10. 18/4. 1959.)
HERBERT MÜLLER. 177

George L. Gaines jr., *Materialübertragung in monomolekularen Schichten eines Grenzflächenschmiermittels.* (Vgl. vorst. Reff.) Vf. untersucht die Übertragung von $C_{17}H_{35}{}^{14}COOH$ (I) aus monomol. Schichten u. die Wanderung von $^{42}K^+$ durch monomol. I-Schichten zwischen Glimmerflächen bei Anwendung von Druck. (Nature [London] **183.** 1110. 18/4. 1959.) HERBERT MÜLLER. 177

S. L. Gupta, *Über den Mechanismus der Ionenadsorption und des Ionenaustausches.* Vf. untersucht im Hinblick auf den Mechanismus von Ionenadsorption u. Ionenaustausch den Verlauf potentiometr. Titrationskurven am Beispiel koll. Säuren u. fordert zur Erklärung dieser Kurven die Annahme dreierlei Verhaltungsweisen der neutralen bzw. ionisierten H-Atome: 1. H^+ in der innermicellaren Lsg., deren Ioneneigg. mit Hilfe einer geeigneten Meßanordnung, ähnlich der einer reversiblen Elektrode, festgestellt werden können, 2. H^+, deren Ioneneigg. nicht in der in 1. genannten Weise festgestellt, die aber durch die Kationen der Titrationsbase ausgetauscht werden können, u. 3. zunächst nicht in Erscheinung tretende H-Atome oder -Ionen, die in der innermicellaren Lsg. in ionisierter Form auftreten, sobald H^+ der erstgenannten Art unter Bindung von OH^- der Titrationsbase zur Bldg. von W. verbraucht werden, die aber selbst nicht austauschbar sind. Die sich aus dieser Annahme ergebende Forderung nach Unterscheidung zwischen einer inneren u. einer äußeren Oberfläche steht in Einklang mit der bereits früher von Vf. geäußerten Ansicht, wonach die Adsorption eine Sache der inneren Oberfläche sei. (Sci. and Cult. **23.** 366—69. Jan. 1958. Calcutta, Univ. Coll. of Sci., Dep. of Chem.)
D. FORST. 177

Kenzi Tamaru, *Verwendung der Gaschromatographie zu Untersuchungen katalytischer Reaktionen.* Übersicht. — 17 Literaturangaben. (Kagaku-no-Ryoiki [J. Jap. Chem.] **12.** 849—53. Nov. 1958. Yokohama, Kokuritu-Daigaku. [Orig.: japan.])
E. MAEKAWA. 177

Murray Eden, Arthur Karmen und **John L. Stephenson**, *Anwendung von Katharometern in der Gaschromatographie.* Die von RAY (C. **1959.** 11012) gezogene Schlußfolgerung, daß Trägergase mit niedriger Wärmeleitfähigkeit größere Empfindlichkeiten geben, ist nur begrenzt gültig. Vielmehr wird ein Maximum an Empfindlichkeit erreicht, wenn die Wärmeleitfähigkeit des Trägergases das Doppelte der des Gases oder Dampfes beträgt. Ferner gilt RAYs Ableitung nur, wenn bei allen Verss. der gleiche Heizstrom fließt. Dagegen steigert man in der Praxis bei hoher Wärmeleitfähigkeit die Stromstärke, so daß die Temperaturdifferenz zwischen Draht u. Wand konstant bleibt. (Nature [London] **183.** 1322. 9/5. 1959. Bethesda, Md., Nat. Heart Inst., Labor. of Technical Developm.) M. LASER. 177

W. A. Wiseman, *Einfluß des Trägergases auf die Katharometerempfindlichkeit.* Die von RAY (C. **1959.** 11012) u. SCHMAUCH u. DINERSTEIN (C. **1959.** 11013) entwickelten Formeln vernachlässigen die Wärmeverluste, die unter den angewandten Bedingungen erhebliche Ausmaße annehmen können. Ferner berücksichtigt RAY nicht, daß die Temp.

des Heizdrahtes bei der Elution der von ihm verwandten Verbb. mit He steigt, mit Ar dagegen fällt. SCHMAUCH u. DINERSTEIN geben nur Empfindlichkeiten für Substanzen an, die in N_2 eine Temperaturerhöhung des Drahtes bewirken. Die Ergebnisse sind daher nicht vergleichbar. (Nature [London] **183.** 1321—22. 9/5. 1959. London, Gas Chromatography Ltd.) M. LASER. 177

B. A. Scott und **A. G. Williamson,** *Einfluß des Trägergases auf die Empfindlichkeit der Wärmeleitfähigkeitszelle in der Gaschromatographie.* Die von RAY (C. **1959.** 11012) gezogene Schlußfolgerung, daß Trägergase mit niedriger Wärmeleitfähigkeit größere Empfindlichkeit geben, ist nur begrenzt gültig, wie an Hand von Beispielen gezeigt wird. Die Empfindlichkeit variiert je nach der Wärmeleitfähigkeit des untersuchten Gases oder Dampfes bei Verwendung von Ar zwischen großer positiver u. großer negativer Empfindlichkeit, kann daher aber auch gleich Null werden. Im Gegensatz dazu sind die Empfindlichkeiten bei Verwendung von He oder H_2 als Trägergas nicht so unterschiedlich. Bei der Analyse unbekannter Gemische ist daher nach wie vor die Verwendung letzterer Gase angebracht. (Nature [London] **183.** 1322—23. 9/5. 1959. Los Angeles, Calif., Univ. of California, Dep. of Chem.) M. LASER. 177

René Audubert and **Serge de Mende**, The principles of electrophoresis. London: Hutchinson Scientific. 1959. (148 S. m. Abb.) 25 s.

A$_6$. Strukturforschung.

László Korecz, *Bemerkungen zur Bestimmung der Orientierung von Einkristallen.* Vf. gibt eine Vereinfachung des Verf. von SCHMIDT (Z. Physik **58.** [1929.] 578), wodurch auf der stereograph. Projektion die Pole nahe zueinander liegen u. die Best. der Orientierung auf 1° genau wurde. (Magyar fizikai Folyóirat [Ung. Z. Physik] **5.** 413—22. 1957. Budapest, Univ., Physikal. Inst.) J. PLANK. 181

Dietrich Meinhardt, *Strukturamplituden für Neutronenbeugung am Zementit.* Die Strukturamplituden für Neutronenbeugung am Zementit Fe_3C werden sowohl ohne als auch mit Berücksichtigung der C-Atome berechnet. Als Ausgangswerte dienen die Ergebnisse einer Strukturunters. des Zementits mit Röntgenstrahlen von LIPSON u. PETCH, die die Lage der C-Atome nur näherungsweise angeben können. Der Einfl. der magnet. Streuung auf die Unterss. wird besprochen. Auf Grund des verhältnismäßig geringen Auflösungsvermögens eines Neutronenspektrometers kann nur eine kleine Anzahl von Linien zur Auswertung herangezogen werden. Sie reicht aus, um zwischen drei möglichen Lagen a, b u. c der C-Atome zu entscheiden. Es zeigt sich, daß die Beiträge der C-Atome zur gesamten Streuintensität zum Teil die gleiche Größenordnung haben wie die der Fe-Atome. Eine Unters. mit Neutronenbeugung mußte daher die Stellung oder die Parameter der C-Atome mit genügender Genauigkeit liefern. (Arch. Eisenhüttenwes. **30.** 51—53. Jan. 1959. Düsseldorf, MPI für Eisenforsch.) H. HOCHSTEIN. 181

N. Kato, *Eine Untersuchung von Gitterverzerrungen mittels einer Röntgenbeugungsmethode.* (Vgl. C. **1959.** 31.) Vf. beschreibt eine Meth. zur Unters. der Mosaikstruktur von Kristallen, bei der es sich um eine Weiterentwicklung der Meth. von LAMBOT u. Mitarbeitern (vgl. C. **1957.** 5488) in der Weise handelt, daß eine punktweise Zuordnung zwischen Probe u. Beugungsbild vorgenommen werden kann. Mit dieser Meth. wurden die Texturen von *Quarz*, *$NaClO_3$*, *KCl* u. *Ge* untersucht. (Acta metallurg. [New York] **6.** 647—52. Okt. 1958. Tokyo, Kobayasi Inst. of Phys. Res.) C. GOTTFRIED. 181

Sergije Beljajev, *Geometrische Beziehungen in der Elektronenhülle.* (Vgl. C. **1958.** 1753.) Die Differenz der Quadrate der Quantenzahlen n u. l ist der Elektronenzahl der Nebengruppen des Periodensyst. proportional; sie kann als Kreisquerschnittfläche einer Kugel vom Radius n im Abstand (l/n) · r vom Kreiszentrum dargestellt werden, wobei auf jedes Elektronenpaar die Fläche π, auf jedes einzelne Elektron $\pi/2$ entfällt. Bei der geometr. Darst. der Summe der Momentprojektionen $(l \pm s)$ geht man zweckmäßig nicht vom Nullpunkt des Koordinatensyst. aus, sondern von einem um $s = 1/2$ entfernten Punkt; die Momentgrößen sind dann Hypotenusen der Dreiecke mit den Katheten j u. $j^{1/2}$. Eine graph. Darst. der Elektronen mit allen 4 Quantenzahlen (n, l, m, s) erfolgt unter Verteilung der Elektronenringe auf verschied. Kugelquerschnitte $m = 0$ bis $m = n - l$ in sphär. Schichten zwischen $(n^2 - l)^{1/2}$ u. $[n^2 - (l + 1)]^{1/2}$ wobei die Kreise $l + s = n - s$ als Nullinie dienen. (Гласник Хемиског Друштва Београд [Ber. chem. Ges. Belgrad] **22.** 65—80. 1957. Sarajewo, Inst. für Ackerbodenkunde.) R. K. MÜLLER. 182

R. T. Sanderson, *Eine schematische Darstellung der Valenz.* Es wird ein neues Modell für die Darst. der Valenz der verschied. Atome des period. Syst. beschrieben, welches das Verständnis der chem. Bindung erleichtert. (J. chem. Educat. **35.** 541—44. Nov. 1958. Iowa City, Io., State Univ. of Iowa, Dep. of Chem.) W. KARCHER. 182

Louis Galatry, *Einfluß von Wechselwirkungen der Dispersion auf die molekularen Eigenschaften.* Theoret. Untersuchung. (C. R. hebd. Séances Acad. Sci. **247.** 65—68. 7/7. 1958. Bellevue, Labor. des Hautes Pression du C.N.R.S.) C. GOTTFRIED. 182

W. A. Weyl, *Neue Theorien über den glasigen Zustand.* (Vgl. C. **1958.** 11051.) Vf. berichtet, nach Besprechung der einschlägigen, grundlegenden Arbeiten, über die die physikal., chem. u. technolog. Eigg. der Gläser maßgeblich beeinflussende atomare Struktur einfacher Alkalisilicatgläser. In dem räumlich angeordneten Netzwerk der SiO_4-Tetraeder im Quarzglas ist jedes O „Brückensauerstoff" zwischen 2 Si. Im Falle des Vorhandenseins von Na_2O werden diese Sauerstoffbrücken zum Teil gebrochen, was eine Deformation der Ionen in Abhängigkeit der Feldstärke u. Zahl der benachbarten Ionen zur Folge hat. Während die „Brückensauerstoffe" auf Grund der höheren Feldstärke schwer polarisierbar sind, wird der „Nichtbrückensauerstoff", wegen des schwächeren Feldes des Na^+, leicht polarisiert. Es zeigt sich, daß der Grad der Polarisierbarkeit (P) einen Maßstab für den Korrosionsgrad (Säure, W., Atmosphäre) darstellt, wobei P maßgeblich von der Feldstärke der Alkaliionen mitbestimmt wird. So konnte in Unterss. nachgewiesen werden, daß ein Cs-Silicatglas unter gleichen Bedingungen erheblich mehr vom W. angegriffen wird als ein Li-Silicatglas. Zur Erzielung korrosionsvermindernder Eigg. ist nach Auffassung des Vf. folgendes erforderlich: a) Hohe Anzahl der dem O benachbarten Kationen, b) hohe Feldstärke dieser Kationen, c) geringer Abstand der Kationen, d) je weniger abgesättigt die äußere Elektronenhülle der Kationen, um so mehr neigen sie zur Polarisation. Wird in einem Na_2O/SiO_2-Glas ein Teil der SiO_2 durch CaO ersetzt, so steigt die Wetterfestigkeit dieses Glases. Hier erfolgt, im Gegensatz zur Alkalizugabe beim Quarzglas, kein Aufbrechen der „Brückensauerstoffbindungen", sondern Rk. mit Na_2O, wobei der „Nichtbrückensauerstoff" von 3 Kationen (Si^{4+}, Ca^{2+}, Na^+) umgeben wird, was gemäß a) zu verminderter P führt. Bei geeigneten Mengenverhältnissen von CaO u. Na_2O kann ein Glas maximaler Wetterbeständigkeit erhalten werden, da die Zahl der „Nichtbrückensauerstoffe" Null ist. Ergänzung der Ausführungen durch schemat. Darstellungen der atomaren Struktur. (Foote Prints **30.** 3—11. 1958. Pennsylvania State Univ., Div. of Mineral Technol.) W. ANIKA. 186

János Nagy und **Imre Tarján,** *Bemerkungen zur künstlichen Herstellung von Quarzkristallen.* Vff. untersuchten den Einfl. von Temp. u. Druck auf das Wachstum von Quarzkristallen. Die besten Ergebnisse wurden bei 370—410° u. 1300—1800 at bei einer Füllung des Autoklaven von 70—80% erhalten. Bei höheren Tempp. wuchs der hängende Kristall wenig oder wurde aufgelöst. (Magyar Fizikai Folyóirat [Ung. Z. Physik] **4.** 301—07. 1956. Budapest, Univ., Med. Physikal. Inst.) J. PLANK. 190

Yoshiaki Hirata, *Einfluß von Alkoholen auf die Kristallisation von feinkörnigem Siliciumdioxyd.* (Vgl. C. **1958.** 10863.) Der Kristallisationsgrad von SiO_2, das im mit verschied. Alkoholen angefeuchtetem Zustand auf 800° erhitzt wurde, ist größer als der von nicht erhitztem SiO_2. Sein Logarithmus gegen die Dauer des Erhitzens aufgetragen, stellt eine Gerade dar, deren Gradient mit steigender C-Zahl der Alkohole kleiner wird. (J. chem. Soc. Japan, ind. Chem. Sect. [Kōgyō Kagaku Zassi] **61.** 1383—84. Okt. 1958. Kôbe, Kôgyôsyôreikan. [Orig.: japan.]) E. MAEKAWA. 190

A. P. Ssisow, *Eigenartige Form kristalliner Kohlenstoffauswüchse.* Zur Aufklärung der Natur der Retortenkohle wird in einem Quarzglasrohr Leuchtgas einer Pyrolyse durch Induktionsheizung mit Hochfrequenzstrom unterworfen. In der heißesten Zone (1600—1650°) scheiden sich an dem von oben in das Rohr bis über die Mitte eingeführten Graphit-Kohle-Kern, der vor dem Vers. auf Tempp. bis 3000° erhitzt wurde, in der Versuchsdauer von 70—90 Min. meist spiralig ausgebildete graue Auswüchse mit starkem öligem Glanz ab, in der Regel in einem Winkel von 35—40° in Richtung der Gasströmung von unten nach oben, oft auch in verzerrten Formen. Röntgenaufnahmen zeigen Textur nach der 002-Linie. Es handelt sich um fast reinen C mit spektroskop. nachweisbaren Beimengungen von Mg, Al, Ca, Si, Fe usw. (10^{-2} bis 10^{-3}%). Die D. wird zu 2,20—2,35 bestimmt (in $CHBr_3$). Die stereomkr. untersuchte Form erinnert an eine aufgewirbelte Sandsäule. Der Aufbau aus spiraligen Ringen wird auf period. Schwankungen der Temp. zurückgeführt. Wird das Gas durch Widerstandserhitzung des Kerns auf 1550° erhitzt, dann treten keine Auswüchse auf. Die Bldg. der Auswüchse wird mit dem Einfl. des elektromagnet. Hochfrequenzfeldes (ca. 600 kHz) auf die Abscheidung des bei der Pyrolyse entstandenen C erklärt. (Журнал Прикладной Химии [J. angew. Chem.] **30.** 1135—41. Aug. 1957.) R. K. MÜLLER. 190

Harry Zeitlin und **Harry Goya,** *Polymorphe Umwandlung von Quecksilber(II)-jodid an Aluminiumoxyd.* Rotes HgJ_2 wird beim Vermischen mit aktiviertem Al_2O_3

sogar bei 0° in die gelbe Modifikation umgewandelt. Die Messung der Reflexionsspektren der Mischung zwischen 215 u. 650 mμ zeigt, daß die Umwandlung sofort nach dem Mischen einsetzt; das Vergleichsspektr. des roten HgJ_2 wurde nur an Mischungen mit inaktivem *NaF* erhalten. Die Ergebnisse sind in Übereinstimmung mit der Theorie, nach der die katalyt. Umwandlung einer stabilen in eine instabile Modifikation durch die Adsorptionswärme bewirkt werden kann. (Nature [London] **183.** 1041—42. 11/4. 1959. Honolulu, Univ. of Hawaii, Chem. Dep.) HERBERT MÜLLER. 190

K. Higuchi, *Das Ätzen von Eiskristallen.* Zur Anätzung von Eiskristallen wurden polierte Eisflächen mit einem Abdruckfilm, bestehend aus einer Lsg. von Polyvinylformal in Äthylendichlorid, überzogen u. in einer Kältekammer bei —24° aufbewahrt. Auf der Eisfläche bildeten sich einzelne geometr. begrenzte Ätzgrübchen. Die Ätzfigur hatte die Form des Schnittes einer hexagonalen Säule mit einer Ebene. Auf einer Eisoberfläche parallel zur Basis des Kristallgitters entstand auf diese Weise die Figur eines regelmäßigen Sechsecks; die Seiten des Sechsecks vertiefen parallel zu den a-Achsen. Im Verlauf der Ätzung wird der Boden des Ätzgrübchens zu einer spiegelglatten Fläche parallel zur Basisebene. Bei Fortsetzung der Ätzung entwickelt sich auf dieser Fläche eine Stufenstruktur, wobei die Stufenhöhe elektronenmkr. im Mittel zu ca. 5 μ bestimmt wurde. Dies kann als Beweis für die Schichtstruktur der Eiskristalle angesehen werden, wobei die Schichten senkrecht zur c-Achse angeordnet sind. (Acta metallurg. [New York] **6.** 636—42. Okt. 1958. Sapporo, Hokkaidô Univ.) C. GOTTFRIED. 190

J. Bohm und **W. Kleber,** *Zur Topochemie der Ätzung von Dolomit-Einkristallen.* Es wurden Ätzverss. an Dolomitspaltflächen mit d- u. l-Weinsäure sowie Aminosäuren durchgeführt. Die Beobachtungen an den entstandenen Ätzfiguren bestätigen die theoret. Erwartungen über den Hypomorphie-Effekt, in dem die mit l-Weinsäure auf einer Linksfläche erzeugten Ätzgruben gegenüber den auf einer Rechtsfläche erzeugten die Tendenz zu einer länglichen Ausbldg. stärker betonen. Theoret. Betrachtungen beschäftigen sich mit der topochem. Adsorptionstheorie der Ätzung u. den Diffusionsvorgängen im Bereich einer Grube. (Neues Jb. Mineralog., Mh. **1958.** 201—10. Okt. Berlin, Humboldt-Univ., Mineral.-Petrogr. Inst. u. Museum.) J.-E. HILLER. 190

J. H. O. Varley, *Strahlungsschäden in ionisierten festen Körpern.* Die durch Bestrahlung von ionisierten festen Körpern auftretenden Schädigungen werden durch Versetzung der Ionen im Gitter hervorgerufen u. im einzelnen beschrieben. (J. Inst. Metals **84.** Bull. 3. Nr. 12. 103—05. Aug. 1956.) W. WESLY. 190

T. M. Fry, *Die Verlagerung von Atomen in Festkörpern unter dem Einfluß der Bestrahlung.* Vf. gibt einige Erklärungen über den Mechanismus der Störstellen, die im Verlauf der Bestrahlung entstehen. Es besteht die Möglichkeit, daß der Festkörper nach einer gewissen Zeit sich in den ursprünglichen Zustand rückverwandelt. Dabei kann die Rückverwandlung auf zwei verschied. Wegen vor sich gehen. Einerseits können die Löcher an den Gitterrand diffundieren, andererseits können sie sich mit den Zwischenräumen kombinieren, wobei die Zwischenräume die Stellen der Löcher einnehmen. (Suppl. del Nuovo Cimento Nr. 3 (zu [10] **4**). 1329—34. Harwell, A.E.R.E.) G. KURDAL. 190

C. T. Tomizuka, *Über die Hartsche Theorie über die Rolle von Versetzungen bei der Volumendiffusion.* An Hand von experimentellen Daten von SONDER u. Mitarbeitern (vgl. C. **1955.** 2376) über die Diffusion von Sb in Ag untersuchte Vf. krit. die Theorie von HART (vgl. C. **1958.** **14245**) über Rolle von Versetzungen bei der Volumendiffusion. (Acta metallurg. [New York] **6.** 660—61. Okt. 1958. Chicago, Ill., Univ., Inst. for the Study of Metals.) C. GOTTFRIED. 190

Ss. I. Futergendler, *Röntgenographische Untersuchung fester Einschlüsse in Diamanten.* (Vgl. C. **1958.** 1223.) Die röntgenograph. Unters. von festen Einschlüssen in Diamant führte zur Identifizierung folgender Mineralien: *Granat, Olivin, Diopsid, Chromspinellide* u. *Diamant.* Letztere unterschieden sich durch ihre Kristallform (stark deformierte Oktaeder). Die eingeschlossenen Mineralien zeigten keine orientierten epitakt. Verwachsungen, d.h. sie wurden in Form von schon vorhandenen Kristallen eingeschlossen. (Кристаллография [Kristallographie] **3.** 494—96. 1958.) E. KLEVER. 195

G. Bergerhoff, W. H. Baur und **W. Nowacki,** *Über die Kristallstruktur des Faujasites.* Die Struktur des Faujasits stellt ein (Si, Al)O_2-Gerüst dar, in dem aus Si u. Al gebildete kubooktaederförmige kleine Käfige mit der Kantenlänge 3,09 Å in Tetraederrichtung durch hexagonale Zylinder der Höhe 3,09 Å verbunden sind, so daß eine gleich große Anzahl großer Käfige entsteht. Alle Si- u. Al-Atome sind Zentralatome regulärer SiO_4-Tetraeder. In dieser Struktur auftretende Kanäle erklären die Molekülsieb- u. Ionenaustauscheigg. von Faujasit. Die Alkaliatome u. das W. liegen z.T. auf der Oberfläche der Kubooktaeder. Der Rest ist auf der inneren Oberfläche der großen Käfige mehr oder weniger regelmäßig verteilt. (Neues Jb. Mineralog., Mh. **1958.** 193—200. Okt. Bern.) J.-E. HILLER. 195

P. J. Rentzeperis, *Die Kristallstruktur von wasserfreiem $MnSO_4$, und Bemerkungen zur Struktur der beiden $CoSO_4$-Modifikationen.* Die Struktur des $MnSO_4$ wurde bestimmt. Raumgruppe D_{2h}^{17}—Cmcm, Gitterkonstanten a = 5,267, b = 8,046, c = 6,848 Å, Z = 4. Die fünf unbekannten Parameter wurden auf Grund der Isotopie mit $MgSO_4$ u. $NiSO_4$ ermittelt. Die S-Atome befinden sich im Mittelpunkte eines nur wenig verzerrten O-Tetraeders, die Mn-Atome im Mittelpunkte eines verzerrten Oktaeders. (Neues Jb. Mineralog., Mh. **1958.** 210—15. Okt. Thessaloniki, Griechenland, Univ., Mineral. Inst.)
J.-E. Hiller. 195

D. Hall und **M. D. Woulfe,** *Die Struktur des β.β'.β''-Triaminotriäthylaminnickelkomplexes.* In dem 1:1-Komplex zwischen Ni^{2+} u. *β.β'.β''-Triaminotriäthylamin* (**I**) scheinen alle 4 N-Atome koordinativ an Ni gebunden zu sein; es ist jedoch ster. unmöglich, daß der Komplex eine ebene, quadrat. Konfiguration besitzt. Vff. bestimmen daher die Kristallstruktur des *Ni(II)-β.β'.β''-Triaminotriäthylaminthiocyanats* (**II**). **II** besitzt die Raumgruppe $P\,2_12_12_1$ mit 2 Moll. **II** pro Elementarzelle; die Zellparameter sind a = 14,69; b = 10,82 u. c = 8,625 Å. Aus den Fourier-Projektionen folgt, daß alle 4 N-Atome des vierzähnigen **I**-Mol. mit demselben Ni-Atom koordinativ verbunden sind. Außerdem ist NCS^- über den N koordinativ an das Ni gebunden, so daß das Ni von 6 N-Atomen umgeben ist, die die Anordnung eines leicht deformierten Oktaeders besitzen. Beide NCS-Ionen sind in cis-Stellung angeordnet, u. jedes Ni–N–C–S-Syst. ist mehr oder weniger linear. Die Bindungslänge Ni–N beträgt für alle 6 Bindungen ca. 2,1 Å. (Proc. chem. Soc. [London] **1958.** 346. Dez. Auckland, Univ. of Auckland, Chem. Dep.)
Herbert Müller. 195

Gérard Wyon und **Paul Lacombe,** *Beziehungen zwischen der Reinigung von Aluminium und seiner Reaktionsfähigkeit gegenüber Korrosionsmitteln.* In Fortsetzung früherer Arbeiten von Wyon u. Marchin (vgl. C. **1955.** 8717 u. früher), bei denen gezeigt worden war, daß die Ggw. von Fe in Al als Verunreinigung einen großen Einfl. auf die Ausbldg. von Korrosionsfiguren hat, beschreiben Vff. zunächst eine einfache Reinigungsmeth., die der der Zonenschmelzmeth. überlegen ist. Al handelsüblicher Reinheit wurde in einem Schiffchen aus Graphit im Vakuum derart zum Schmelzen gebracht, daß bei der Temperatursteigerung der Druck nicht über $5 \cdot 10^{-6}$ mm Hg stieg. In dem kalten Teil der Muffel setzte sich hierbei ein Destillat ab, das neben den flüchtigen Verunreinigungen Al u. Fe enthielt. Da der Dampfdruck des Fe bei der Versuchstemp. zu gering zur Verflüchtigung des Fe war, wird angenommen, daß es durch die flüchtigen Verunreinigungen mitgerissen wird. Das geschmolzene u. entgaste Al wurde hierauf progressiv zum Erstarren gebracht, u. zwar mit einer Geschwindigkeit von 5 mm/Std. von dem einen Ende der Schmelze her. Die Verunreinigungen wandern hierbei nach dem noch fl. anderen Ende der Schmelze zu. Aus 2 auf diese Weise hergestellten Barren wurden die beiden Mittelteile derselben Behandlung unterworfen. Das nach einmaliger Verfestigung erhaltene Metall wurde hierauf bei tiefer Temp. ausgewalzt, längere Zeit bei 630° angelassen u. im Ofen abgekühlt. Nach dem Abkühlen wurden eine geringe Anzahl von Korrosionsfiguren beobachtet, die bes. auf den Subgrenzen lokalisiert waren, entsprechend den Subgrenzen des Makromosaiks. Auf gleiche Weise behandeltes Al nach der zweiten Schmelze zeigte die entlang den Subgrenzen auftretenden Korrosionsfiguren nicht mehr; röntgenograph. zeigte sich jedoch, daß die Kristallitkörner in Subkörner zerfallen waren. Damit wird die l. c. gemachte Feststellung bestätigt, daß man an Hand der Korrosionsfiguren nicht das Auftreten von Subgrenzen feststellen kann. (C. R. hebd. Séances Acad. Sci. **246.** 3625—28. 30/6. 1958. Paris, École des Mines, Centre de Rech. metallurg.)
C. Gottfried. 196

Wilhelm Anton Fischer und **Alfred Hoffmann,** *Der Wüstitzerfall in der Zunderschicht von Eisenproben.* Der Zerfall von Wüstit unterhalb 570° an Luft wurde in Zunderschichten, die durch Oxydation von Proben aus Reinsteisen, C-armem Stahl (Armco-Eisen) u. unlegiertem Stahl mit ca. 0,1% C zwischen 750 u. 1050° hergestellt wurden, durch röntgenograph. u. mkr. Unterss. verfolgt. In den Wüstitschichten ist teilweise voreutektoid. ausgeschiedener Magnetit vorhanden. Die Ausgangswerte der Gitterkonstante des Wüstits nach Oxydation bei 750 u. 1050° betragen 4,287 bis 4,299 Å. Die Endwerte der Gitterkonstante, die sich bei den einzelnen Haltetempp. von 250 u. 550° ergeben, liegen zwischen 4,299 u. 4,328 Å. Die Endwerte sind nur von der Zerfallstemp. u. nicht vom Ausgangswert der Gitterkonstante abhängig. Der Höchstwert der Zerfallsgeschwindigkeit liegt bei ca. 400°. Ein Einfl. von MnO auf den Ablauf des Wüstitzerfalls konnte bei Gehh. von $\leqslant$ 0,001 bis 0,43% MnO nicht festgestellt werden. Das Zerfallsgefüge des Wüstits wird im wesentlichen von der Zerfallstemp. bestimmt; es ist weitgehend unabhängig von der Oxydationstemperatur. Im Temp.-Bereich von 350 bis 550° hat das aus Fe u. Magnetit bestehende Zerfallsgefüge, neben anderen Gefügeanordnungen, nach einer bestimmten, von der Zerfallstemp. u. dem Fe-Geh. des Wüstits

abhängigen Haltezeit eine perlitartig aussehende Ausbildung. Der Wüstitzerfall im Zunder beginnt vorwiegend an der Phasengrenze Magnetit–Wüstit, u. der überwiegende Teil des zerfallenen Wüstits wird durch den an dieser Phasengrenze einsetzenden Zerfallsmechanismus in Magnetit u. Fe umgewandelt. Der Wüstit wird mit steigendem O-Geh. instabiler. Eine Deutung des Wüstitzerfalls gelingt mit einer Rk.-Gleichung für den Gesamtzerfall, $4\ Fe_{1-x}O \rightleftharpoons Fe_3O_4 + (1-4x)\ \alpha\text{-}Fe$, u. den hieraus sich ergebenden verschied. Zerfallsmechanismen. Überwiegend setzt der Zerfall mit einer bevorzugten Magnetitausscheidung ein, die zu einer Erhöhung des Fe-Geh. im Wüstit führt. Der Zerfall läuft also zunächst nach $(1-4x)\ Fe_{1-x}O \rightleftharpoons (1-4x)Fe_{1-y}O + (x-y)Fe_3O_4$ mit $0{,}12 \geqq x > 0{,}08 \geqq y \geqq 0{,}01$ u. anschließend nach $4\ Fe_{1-y}O \rightleftharpoons Fe_3O_4 + (1-4y)$ α-Fe ab. (Arch. Eisenhüttenwes. **30.** 15—22. Jan. 1959. Düsseldorf, MPI für Eisenforsch.)
H. HOCHSTEIN. 196

Eiichi Chiaki, *Reduktion der Erdalkalioxyde durch Nickel, das metallische reduzierende Beimischungen enthält.* 2. Mitt. *Vergleich der Reaktivität des Barium-, Strontium- und Calciumoxyds gegen Nickel.* (1. vgl. C. **1959.** 5050.) Platten aus Ni, das geringe Mengen Mg oder Si enthält, wurden mit BaO, SrO oder CaO bedeckt u. im Vakuum auf 900° erhitzt. Die Änderung des Grenzflächenzustandes zwischen Ni u. den Erdalkalioxydschichten wurde mkr. untersucht. Das Rk.-Vermögen nimmt in der Reihenfolge CaO, SrO, BaO zu. (J. chem. Soc. Japan, pure Chem. Sect. [Nippon Kagaku Zassi] **79.** 1175—78. Okt. 1958. Tibaken-Mobara, Hitati-Seisakusyo. [Orig.: japan.])
E. MAEKAWA. 196

H. J. Lambot, *Unterstrukturbildung in leicht gebogenen Aluminium-Einkristallen.* Unterss. von regulären Al-Einkristallen (99,99% Reinheit) nach dem von Vf. vorgeschlagenen Verf. (C. **1950/54.** 3751 S). Nach Krümmung bei Zimmertemp. um eine ⟨010⟩-Achse wird der (002)-BRAGG-Fleck für verschied. Orientierungen der ⟨001⟩-Achse ermittelt. Bei einem Winkel von 45° zeigt sich eine von einem schwachen Hintergrund begleitete Unterstruktur. Die Wiederherst. der ursprünglichen Eigg. scheint in 3 Stufen vor sich zu gehen, die im einzelnen beschrieben werden. (J. Inst. Metals **84.** 473—74. Aug. 1956. Liège, Inst. de Cristallographie et Centre Nat. de Rech. Métallurg.)
W. WESLY. 197

V. Kondic, *Makrostruktur von gegossenen Metallen.* Ausgehend von der Beobachtung, daß die Korngröße von gegossenen reinen Metallen oder Legierungen progressiv mit sinkender Gießtemp. reduziert wird, goß Vf. handelsüblich reines *Al* von einer den F. um 10° nicht übersteigenden Temp. in eine Form, so daß Erstarrung innerhalb 1 Min. stattfand. Die resultierende Struktur enthielt ca. 800—1000 Kristallkörner pro cm². Mit steigender Gießtemp. wurde die Struktur grobkörniger u. enthielt bei einer Gießtemp., die 40° oberhalb des Fl. lag, nur ca. 10—20 Kristallkörner pro cm², u. zwar ohne merkliche Änderung in der Erstarrungszeit. Wurde jedoch die Form in fl. Metall getaucht, dessen Temp. 10° oberhalb des Fl. lag, dann änderte sich die zuerst erhaltene Feinstruktur in eine grobe Struktur mit 10—20 Kristallkörnern pro cm² um. Der Gießprozeß ist demnach in diesem Fall allein für einen merklichen Kornverfeinerungseffekt verantwortlich zu machen. Es wurden hierauf Verss. angestellt, um diese Kornverfeinerung der groben Struktur künstlich zu erhalten. Zu diesem Zweck wurde die grobe Struktur in einer Form auf 10° oberhalb des F. gebracht u. hierauf auf einen vibrierenden Tisch gebracht oder die Form rotiert; in diesem Fall trat keine Kornverfeinerung auf. Wurde jedoch die Rotation öfters ausgesetzt, dann wurde stets die Feinstruktur erhalten. (Acta metallurg. [New York] **6.** 660. Okt. 1958. Birmingham, Univ.)
C. GOTTFRIED. 197

Harold W. Paxton und **Ewald G. Gondolf,** *Die Geschwindigkeit der Selbstdiffusion in reinem Chrom.* Mittels radioakt. ^{51}Cr, das Röntgen- u. γ-Strahlen abgibt, wurde die Geschwindigkeit der Selbstdiffusion in reinem Cr ermittelt. Das akt. Cr wurde im Hochvakuum auf zylindr. Proben aufgedampft. Die Diffusionsglühung wurde zwischen 950 bis 1250° mit Glühdauern zwischen 30 u. 5 Tagen vorgenommen. Es wurde nach zwei Verss. ausgewertet: 1) Messung der Oberflächenaktivität der Probe vor u. nach dem Vers. u. Berechnung des Selbstdiffusionskoeff. aus der Differenz u. 2) Abtragung von dünnen Schichten von der Probe u. Messung der an der neuen Oberfläche sich ergebenden Aktivität. Aus dem so gewonnenen Schaubild Aktivität–Entfernung können ebenfalls die Selbstdiffusionskoeffizienten berechnet werden. Die nach beiden Verss. gefundenen Werte stimmen innerhalb der Meßgenauigkeit überein. Die Abhängigkeit des Selbstdiffusionskoeff. des reinen Cr von der Temp. kann am besten in der Form dargestellt werden: $D = 0{,}0001 \cdot e^{-52700/RT}$. Die Ergebnisse erscheinen statist. gesichert. Theoret. Überlegungen u. Vgll. lassen auf die Richtigkeit der gemessenen Werte schließen. (Arch. Eisenhüttenwes. **30.** 55—60. Jan. 1959. Pittsburgh, Pa., Carnegie Inst. of Technol.; Völklingen/Saar.)
H. HOCHSTEIN. 197

S. F. Pugh, *Schwankungen der Eigenschaften von Uran während des Abbrennens.* Die beim Abbrennen von U auf ca. 10^{-6} (das Abbrennen bezieht sich auf alle anwesenden, gespaltenen Atome) auftretenden Wrkgg. sind qualitativ nicht verschied. von den Wrkgg., die sich bei der Bestrahlung von nicht spaltbaren Stoffen mit schnellen Neutronen zeigen. Beim Abbrennen auf ca. 10^{-4} treten auf Grund des anisotropen Verh. des U Veränderungen der Form auf. Bei stärkerem Abbrennen verändern sich die physikal. u. mechan. Eigg. der Spaltprodd.; es können Schäden (Risse u. Anschwellen) entstehen. (J. Inst. Metals **84.** Bull. **3.** Nr. 12. 105—08. Aug. 1956.) W. Wesly. 197

Christian-J. Boulanger, *Beitrag zur Untersuchung der Reinigung des Eisens und zur Ermittlung seiner Umwandlungspunkte.* (Vgl. C. **1956.** 13952.) Die Entfernung metalloid. Verunreinigungen des Eisens sowie der Einschlüsse wird durch Reinigungsbehandlungen mit H_2 oder im Vakuum zwischen 1400 u. 1500° erreicht. Im so gereinigten, spektroskop. reinen Fe werden die Umwandlungspunkte mit therm. Differentialanalyse festgestellt. Es werden folgende Umwandlungspunkte angenommen: Curie-Punkt bei 769°, Ac_3 bei 911°, Ac_4 bei 1392° u. F. bei 1536°. (Rev. Métallurgie **53.** 311—19. April 1956.) H. Hochstein. 197

R. Y. Meelheim und **K. R. Lawless,** *Elektronenmikroskopische Beobachtungen von neuen Wachstumsbildungen an einem als Katalysator verwandten Kupfereinkristall.* Ausgehend von elektronenmkr. beobachteten neuen Wachstumsbildungen auf einem Cu-Kristall, der als Katalysator bei der Rk. zwischen H_2 u. O_2 benutzt worden war, erhitzten Vff. sorgfältig hergestellte Einkristalloberflächen bei einer Temp. von 400° in einem Gemisch von H_2 u. O_2, wobei die O_2-Konz. von 2—12% variiert wurde, jedoch für einen gegebenen Vers. konstant war. 3 Typen neuer Wachstumsformen werden beschrieben u. sind bildlich dargestellt. (Acta metallurg. [New York] **6.** 661—63. Okt. 1958. Charlottesville, Va., Univ. of Virginia, Cobb Chem. Labor.) C. Gottfried. 197

R. W. Powers und **Margaret V. Doyle,** *Die Diffusion von Kohlenstoff und Sauerstoff in Vanadin.* Stäbe von V wurden nach Anlassen nahe 850° kalt zu Drähten gezogen u. durch Erhitzen in einem Vakuum um ca. 10^{-7} mm Hg auf nahe 1500° gereinigt. Zur Diffusion von C in das V wurde nach Evakuierung entweder CH_4 zugegeben oder der Draht mit einem Rußbrei überzogen. Die Diffusion von O_2 erfolgte durch die Absorption von mol. O_2. Ganz allg. wurde gefunden, daß der C etwas rascher in V diffundiert als der O. Durch Messen der Dämpfung u. der elast. Nachwrkg. wurden die Diffusionskonstanten dieser Verunreinigungen als Funktion der Temp. gefunden, sie lassen sich durch die folgenden Ausdrücke wiedergeben: $D_{c-v} = 0{,}0047 \cdot \exp(-27300/RT)\ cm^2 \cdot sec$ u. $D_{o-v} = 0{,}019 \cdot \exp(-29300/RT)\ cm^2 \cdot sec$. Aus der Beobachtung, daß das C-V-Dämpfungsmaximum im Laufe der Zeit sinkt, folgt, daß Lsgg. von C in V im Gegensatz zu Lsgg. von O instabil sind. Diese Dämpfungsabnahme kann der Ausscheidung von *Vanadincarbid* zugeschrieben werden. (Acta metallurg. [New York] **6.** 643—46. Okt. 1958. Schenectady, N. Y., General Electric Res. Labor.) C. Gottfried. 197

H. S. Rosenbaum und **D. Turnbull,** *Über die Ausscheidung von Silicium aus einem übersättigten Aluminium-Silicium-Mischkristall.* Die an Al–Si-Legierungen mit 1 Gew.-% Si durchgeführten Unterss. hatten speziell den Zweck, festzustellen, ob die Keimbldg. von Si in der festen Al–Si-Lsg. heterogen ist oder nicht, u. gegebenenfalls die Natur der keimbildenden Diskontinuitäten zu ermitteln. Die Ausscheidung des Si aus den Mischkristallen wurde durch Widerstandsmessungen u. mkr. verfolgt; die Ausscheidungsgeschwindigkeiten wurden zwischen 200 u. 400° gemessen. Gefunden wurde zunächst, daß die Zahl der entstehenden Si-Keime u. die zugehörigen Ausscheidungsgeschwindigkeiten stark von der therm. Vorbehandlung der Proben abhängen. In nicht zu rasch von der Homogenisierungstemp. zu einer tieferen Temp. abgeschreckten Proben bildeten sich während der Ausscheidung höchstens 10^6 Si-Teilchen pro cm^3, was darauf hinweist, daß bei dieser Behandlung eine heterogene Keimbldg. erfolgt. Aus „geimpften" Proben schieden sich mehr als 10^{14} Si-Teilchen pro cm^3 aus, wobei „Impfen" sehr rasches Abschrecken von der Homogenisierungstemp. zu tiefer Temp. u. anschließende Voralterung zwischen — 40° u. + 30° bedeutet. Vor der Ausscheidung zeigten sich zwischen geimpften u. ungeimpften Proben im Widerstand u. im Gefügebild keine Unterschiede. Durch das Impfen nahm dagegen die mechan. Festigkeit etwa um den Faktor 1,6 ab. Die Kaltverformung bei Zimmertemp. hatte bei ungeimpften Proben keinen Einfl. auf die Ausscheidungsgeschwindigkeit; sie erhöht sich aber bei geimpften Proben merklich. Es wird angenommen, daß die „Impfung" durch die Wrkg. von Punktfehlstellen in stark übersättigter Konz. zustande kommt. Diese führt zu einer vorübergehenden raschen Diffusionsbewegung, die während der Abbauperiode der Übersättigung eine beträchtliche homogene Keimbldg. des Si zur Folge hat. Diskutiert wird noch die Beziehung, die zwischen Impfen u. Abschreckverfestigung möglich ist. (Acta metallurg. [New York] **6.** 653—59. Okt. 1958. Schenectady, N. Y., General Electric Res. Labor.) C. GOTTFRIED. 197

J. J. Rausch, F. A. Crossley und **H. D. Kessler,** *Die titanreiche Ecke des Ti–Al–V-Systems mit Diskussion.* Zur Ermittlung der Phasenbeziehungen im Temp.-Bereich von 600—1200° wird die Ti-reiche Ecke des Syst. Ti–Al–V durch metallograph. Prüfung von isotherm. lange geglühten Proben untersucht. Es wurden hierbei isotherm. Schnitte mit 100° Abstand im Bereich von 1200—600° gelegt. Diese Schnitte zeigen, daß ein zunehmender Al-Geh. das α-Feld bei der entsprechenden Temp. aufweitet. Durch Erhöhung des Al-Geh. der Ti–Al–V-Legierungen von 4 auf 7% wird die Löslichkeit von V in der α-Phase von ca. 3,5 auf 4,5% bei 600° erhöht. Vertikalschnitte sowohl bei konstanten Al- als auch konstanten V-Gehh. ergeben, daß der V-Zusatz zu Ti–Al–Legierungen nur einen geringen Einfl. auf die $\beta/\alpha + \beta$-Grenze ausübt. Durch Erhöhung des V-Geh. von 2 auf 8% wird die $\beta/(\alpha + \beta)$-Grenze bei 2% Al um ca. 60° u. bei 8% Al um ca. 40° erniedrigt. Die Härte der von 1000° in W. abgeschreckten Legierungen wurde in Abhängigkeit vom Al-Geh. aufgetragen. Diese Kurven zeigen, daß Minima bei ca. 16% unabhängig vom V-Geh. auftreten. Obschon die meisten Legierungen nach der Abschreckung im $\alpha + \beta$-Feld liegen, tritt doch in der Kurve bei Legierungen mit ca. 2% V ein Knick auf, der als Erweichung der α-Phase ausgelegt wird. Eine 92std. Glühung bei 800° mit nachfolgender W.-Abschreckung einer Legierung mit 16% Al ergab eine Härte von 260 Dph. In diesem Zustand ist die Legierung bei Raumtemp. nicht verformbar. Auch ergaben Kaltpreß- u. Kaltwalz-Verss. unbefriedigende Ergebnisse. Beim Warmwalzen bei Tempp. bis 1050° trat nach 1 bis 2 Stichen Rißbldg. auf. In der Diskussion wird das bei 16% Al in den Härte/Al-Kurven beobachtete Härteminimum auf die α-Phase zurückgeführt, was dem in der α-Phase bei 25 Atom-% (16 Gew.-%) Al auftretenden Ordnungsvorgang des Mg_3Cd-Typus zugeschrieben wird. (J. Metals **8.** Nr. 2. Sect. 2, AIME Trans. **206.** 211—14. Febr. Nr. 10. 1420. Okt. 1956. Chicago, Ill., Armour Res. Foundation; Henderson Titanum Metals Corp. of America.) H. HOCHSTEIN. 197

Yôtaro Murakami und **Toshio Enjyô,** *Untersuchung des Ti-reichen Ti–Fe–Mn-Systems.* 1. Mitt. *Über den $TiMn_2$–Mn-Bereich des binären Ti–Mn-Systems.* Schmelzpunkt-Best., mkr. Beobachtung, Mikro-VICKERS-Härtemessung u. Röntgenanalyse wurden bei der Unters. des $TiMn_2$–Mn-Bereiches angewendet. Dort gibt es eine bin. eutekt. Rk. (Fl. $\rightleftharpoons TiMn_2 + Mn$) im $TiMn_2$–Mn-Bereich, u. die invariante Rk. tritt bei der Zus. von 83,5 Gew.-% Mn bei ca. 1185° auf. Der Bereich der festen Löslichkeit der $TiMn_2$-Phase erweitert sich von 63,7 auf 70,9 Mn bei 1150° u. verengt sich allmählich mit abnehmender Temperatur. Seine Gitterparameter c u. a nehmen mit Zunahme des Mn-Geh. ab, während das Achsenverhältnis c/a etwa bei 1,540 konstant wird. Die maximale Löslichkeit von Ti in Mn liegt bei ca. 10 Ti bei der eutekt. Temp., u. der Löslichkeitsbereich scheint mit abnehmender Temp. schmaler zu werden. (Nippon Kinzoku Gakkai-Si [J. Japan Inst. Metals] **22.** 261—65. Mai 1958. [Orig.: japan., Auszug: engl.]) H. HOCHSTEIN. 197

Yôtaro Murakami, Yasuo Yukawa und **Toshio Enjyô,** *Untersuchung des Ti-reichen Ti–Fe–Mn-Legierungs-Systems.* 2. Mitt. *Über die Liquidus-Fläche des Ti–Fe–Mn-Systems.* (1. vgl. vorst. Ref.) Die Liquidus-Fläche des Ti–Fe–Mn-Systems wurde durch F.-Best., mkr. Beobachtung u. Mikro-VICKERS-Härtemessung bestimmt. Auf Grund der Ergebnisse wird das Liquidus-Flächen-Diagramm aufgestellt. Die *Ti(Fe, Mn)*$_2$-Phase ist eine kontinuierliche feste Lsg., welche in dem weiten Konz.-Bereich zwischen der *TiFe*$_2$-Phase in dem bin. Ti-Fe-System u. der *TiMn*$_2$-Phase in dem bin. Ti–Mn-Syst. existiert. In diesem tern. Syst. bestehen die beiden invarianten Rkk.: Fl. + $Ti(Fe,Mn)_2 \rightleftharpoons TiFe + TiMn$ bei ca. 1100° u. Fl. $\rightleftharpoons$ Ti + TiFe + TiMn bei ca. 1050°. (Nippon Kinzoku Gakkai-Si [J. Japan Inst. Metals] **22.** 265—69. Mai 1958. [Orig.: japan.; Auszug: engl.]) H. HOCHSTEIN. 197

Gerhard Raabe, *Physikalische Reindarstellung von Germanium.* Die physikal. Grundlagen der verschied. Reinigungsverff. (BRIDGEMAN-, Zonenschmelz-, Zonen-floating-CZOCHRALSKI-Verf.) wurden dargestellt u. die entscheidenden Gleichungen hergeleitet. Danach werden die mit den Methoden erreichbaren Ergebnisse diskutiert und die günstigsten Anwendungsbereiche und Ausgestaltungen der Verff. dargestellt (Zonendurchlaufverfahren!). (Chem. Techn. **10.** 203—07. April 1958. Teltow, VEB Werk für Bauelemente der Nachr.-Technik „Carl v. Ossietzki".) K. ZÜCKLER. 197

Chester W. Spencer und **David J. Mack,** *Zersetzung der β-Phase in einer eutektischen Kupfer–Gallium-Legierung.* An einer Legierung mit 74,6 (%) Cu u. 25,4 Ga ausgeführte Unterss. zeigen, daß die eutekt. Zers. der β-Phase in 2 Stufen erfolgt. Zuerst bildet sich die bis zur eutekt. Zus. übersätt. Tieftemp.-ζ-Phase, worauf die andere Tieftemp.-, d. h. die γ-Phase, sich aus der übersätt. ζ-Grundmasse ausscheidet, so daß sich das 2-Phasen-Mischungs-Gleichgewicht einstellt. Ein Zeit–Temp.-Umwandlungsdiagramm wird wiedergegeben. (J. Inst. Metals **84.** 461—66. Aug. 1956. Ithaka, N. Y., Cornell Univ., School of Chem. and Metallurg. Engng.; Madison, Wis., Univ. of Wisconsin, Dep. of Mining and Metallurg. Engng.) W. Wesly. 197

Theo Heumann und **Joseph Große-Wördemann,** *Untersuchungen über das stabile und metastabile Gleichgewicht der Eisen–Kohlenstoff-Legierungen.* Die Angaben des anglo-amerik. u. des deutschen Schrifttums über die eutekt. Tempp. u. die Löslichkeit des C im γ-Mischkristall für das stabile u. metastabile Gleichgewicht im Syst. Fe–C weichen voneinander ab. Um die Lage der entsprechenden Gleichgewichtslinien zu überprüfen, wurden metallkundliche Unterss. an reinen Fe–C-Legierungen mit 0,02—4,52% C u. reinem Zementitpulver durchgeführt. Als Unters.-Verf. dienten therm. Analyse, Röntgenrückstrahlaufnahmen u. mkr. Gefügebeobachtungen. Die Tempp. der eutekt. Erstarrung sind 1152° für das γ-Fe–Graphit-Eutektikum u. 1144° für das γ-Fe–Zementit-Eutektikum. Nach Ergebnissen von Glühverss. an Fe–C-Legierungen u. nach Erwärmkurven der therm. Analyse an reinem Zementitpulver ist der Zementit im gesamten Temp.-Bereich instabil. Röntgenrückstrahlaufnahmen an Proben, die auf stabiles Gefüge geglüht waren, ergaben eine größte Löslichkeit des C im γ-Fe von 1,86 bzw. 1,97% für die beiden Eutektika. ES- u. E'S'-Linien laufen einander fast parallel. Der Zerfall des γ-Mischkristalls in α-Fe u. Graphit erfolgt bei 735° u. einem C-Geh. von 0,77%. (Arch. Eisenhüttenwes. **30.** 35—39. Jan. 1959. Münster, Univ.) H. Hochstein. 197

N. W. Grum-Grshimailo, *Oscillation und Resonanz bei der Kinetik der Martensitbildung.* Bei der Austenitisierung von C-haltigem Stahl polymerisiert Fe_3C nach der Gleichung $6\ Fe_3C \rightleftharpoons Fe_{18}C_6$ u. geht in Lösung; beim Abkühlen zerfällt dieser Komplex entweder in Fe_3C oder Fe + Graphit; die entscheidende Rolle spielt die Abkühlungsgeschwindigkeit. Die Kinetikuntersuchungen des Austenitzerfalls zeigen einen oscillierenden Verlauf, wobei die Oscillationen bei niedriger Temp. eine größere Amplitude zeigen. Mit dieser Erscheinung muß bei der Erklärung der Natur der Martensitumwandlung gerechnet werden. (Доклады Академии Наук СССР [Ber. Akad. Wiss. UdSSR] **121.** 850—51. 11/8. 1958. Akad. der Wiss. der UdSSR, Baikow-Inst. für Metallurgie.) H. Tůma. 197

H. M. Otte und **T. B. Massalski,** *Die Habitusebenen in bestimmten martensitischen und Keimbildungs- und Wachstums-Umwandlungen.* Die phänomenolog. Theorie der *Martensit*bldg. von Wechsler u. a. wird dazu benutzt, um die Indices der Grenzflächen vorauszusagen, welche sich beim Glühen zwischen Körnern von α- u. *β-Messing* bilden. Auch die Habitusebene der Ausscheidung von *Fe_4N* u. *Fe_4P* im *α-Fe* werden auf diese Weise bestimmt. Folgerungen einer möglich erscheinenden Anwendung der Martensittheorie auf Keimbldg.- u. Wachstumsumwandlungen werden erörtert. (Acta metallurg. [New York] **6.** 494—99. Juli 1958. Birmingham, Univ.; Baltimore, Md., Res. Inst. for Advanced Study Inc.) H. Hochstein. 197

Branko I. Božić, Nada Vidojević und **Rada Vukanović,** *Diagramme des isothermen Anlassens reiner Kohlenstoffstähle.* An angelassenen C-Stählen mit 0,1—0,5% C werden Mikrostruktur u. Härte (nach Vickers) in Abhängigkeit von Anlaßtemp. u. -zeit untersucht. Der Anstieg der Härte bei 250°, 350° u. 550° wird auf die Umwandlung des Restaustenits, die Umwandlung von ε-Carbid in Zementit u. die Ausscheidung gelöster Nitride u. Carbide zurückgeführt. Dieselben Beziehungen sind auch in den Mikrostrukturaufnahmen erkennbar. In Diagrammen wird der zeitliche Übergang zwischen den einzelnen Phasen Martensit, Anlaß-Troostit, Anlaß-Sorbit u. körniger Perlit bei Anlaßtempp. bis 723° veranschaulicht. (Гласник Хемиског Друштва Београд [Ber. chem. Ges. Belgrad] **22.** 99—111. 1957. Beograd, Technol. Fak., Metallurg. Inst.) R. K. Müller. 200

Jacques Plusquellec, Pierre Azou und **Paul Bastien,** *Einfluß der Dauer der Beladung und der Zeit des Versuchsbeginns nach der Beladung auf die dem Wasserstoff in Stählen zuzuschreibende Brüchigkeit.* 8 mm dicke u. 90 mm lange Drähte von extra weichem Stahl wurden in 10%ig. HCl kathod. verschied. lange mit H_2 beladen u. hierauf ihre mechan. Eigg., obere u. untere elast. Grenze, Zugfestigkeit, Bruchspannung u. Verlängerung beim Bruch gemessen. Es wurde beobachtet, daß die Verlängerung mit zunehmender Dauer der Beladung mit H_2 abnimmt. Beim Brüchigkeitsmaximum treten bei Beladungszeiten zwischen 8 u. 32 Std. 2 Anomalien auf, die erste bei Versuchsbeginn $<$ 10 Min. nach Ende der Beladung u. die zweite 1 1/2 Std. nach Ende der Beladung. Die Brüchigkeit strebt für sehr lange Beladungsdauern einem Grenzwert zu. Durch Erhöhen der Zeitspanne zwischen Ende der Beladung u. Versuchsbeginn nimmt die Brüchigkeit gleichmäßig ab. Unabhängig von der Dauer zwischen Ende der Beladung u. Versuchsbeginn bleibt die Zugfestigkeit konstant, u. die Bruchspannung folgt streng den

Änderungen in der Verlängerung beim Bruch. (C.R. hebd. Séances Acad. Sci. **246.** 3454—57. 23/6. 1958.) C. GOTTFRIED. 200

Jacques Plusquellec, Pierre Azou und **Paul Bastien,** *Lokalisierung und Diffusion von Wasserstoff in Eisen.* (Vgl. vorst. Ref.) Es wurde zuerst festgestellt, daß sich, in Übereinstimmung mit den experimentellen Beobachtungen, bei der Beladung des Fe mit H_2 dieser auf (112) lokalisiert. Es wurden hierauf neue Beladungsverss. derart durchgeführt, daß die Beladung ein oder einige Male während der gesamten Beladungszeit unterbrochen wurde. Es wurde nach jedem Vers. die aufgenommene Menge H_2 pro 100 g Substanz gemessen. Hierbei wurde festgestellt, daß durch die Unterbrechung der Beladung die Menge aufgenommen H_2 ansteigt. So betrug z.B. die Menge H_2 nach 48 Std. Beladung ohne Unterbrechung 3,5 cm^3 pro 100 g, bei dreimaliger Unterbrechung von je 20 Min. 6,3 cm^3 u. bei viermaliger Unterbrechung von je 15 Min. 9,2 cm^3. (C. R. hebd. Séances Acad. Sci. **246.** 3628—31. 30/6. 1958.) C. GOTTFRIED. 200

C. W. Berghout, *Der Einfluß von elastischen Verformungen auf die Erholung von kaltbearbeitetem Kupfer.* Gezogene u. im Vakuum angelassene Cu-Drähte wurden bei — 195° zu 20% verformt; diese Verformung verursachte eine Zunahme des elektr. Widerstandes um 15%. Hierauf wurden die Drähte verschied. lange bei verschied. Tempp. (— 150 bis — 80°; — 80° bis + 40°; 40° bis 200°; 250°—290°) zur Erholung belassen u. ihr Widerstand gemessen. Es wurde ganz allg. gefunden, daß die Erholung von kaltbearbeitetem Cu durch eine elast. Verformung beschleunigt wird. Für denjenigen Erholungsanteil, der auf der Diffusion u. dem Ausheilen von Leerstellen oder anderen atomaren Fehlstellen beruht, die bei der plast. Verformung erzeugt werden, kann dieser Effekt einer Änderung der Diffusionskonstanten der Fehlstellen zugeschrieben werden. Für die Beeinflussung der Diffusionskonstante von Leerstellen ist die Veränderung der Aktivierungsenergie der Wanderung einer Leerstelle infolge elast. Verformung maßgebend, u. zwar hängt diese Änderung der Aktivierungsenergie linear von der Verformung ab. Es wird ein näherungsweiser Ausdruck für diese Beziehung angegeben. Mit Hilfe der Beziehung zwischen Leerstellendiffusionskonstante u. elast. Verformung wurde der Einfl. des elast. Verzerrungsfeldes einer Stufenversetzung berechnet; es wurde gefunden, daß dieser Einfl. noch in einem Abstand von 100 Å von beträchtlicher Größe ist. Diskutiert wird noch die Auswirkung der vorhandenen Versetzungen auf den Diffusionsprozeß, der der Ausheilung von bei der Kaltbearbeitung entstandenen Leerstellen vorausgeht. (Acta metallurg. [New York] **6.** 613—19. Okt. 1958. Delft, Techn. Phys. Labor.) C. GOTTFRIED. 200

G. B. Greenough und **D. A. Ryder,** *Der Spaltbruch von kupferplattierten Zink-Einkristallen.* Vff. untersuchen den Einfl. einer galvan. erzeugten Cu-Schicht auf die zur Erzeugung eines Spaltbruches von Zn-Einkristallen von verschied. Orientierung bei —196° nötige Zugspannung. Die Spannung für Kristalle mit der Orientierung $20^0 < \chi < 70^0$ ist etwa doppelt so groß wie für unplattierte Kristalle. Die plast. Verformung vor dem Bruch ist in plattierten Kristallen geringer als in nicht plattierten Proben. Vermutlich ist die Ursache der Zunahme der Bruchspannung eine Verankerung der „freien" Enden der FRANK-READ-Versetzungsquellen an der Oberfläche der Zn-Kristalle durch die galvan. Schicht. (J. Inst. Metals **84.** 467—70. Aug. 1956. Sheffield, Univ., Dep. of Metallurgy; Liverpool, Joseph Lucas Gas Turbine Equipment, Ltd., Victors Works.) W. WESLY. 200

F. D. Rosi, F. C. Perkins und **L. L. Seigle,** *Der Mechanismus des plastischen Fließens in Titan bei niedrigen und hohen Temperaturen.* Untersucht wird der Vorgang des plast. Fließens in grobkörnigen Proben von sowohl nach dem Schwamm- als auch dem Jodid-Verf. hergestelltem Ti bei niedrigen (— 196°) u. hohen (500 u. 800°) Temperaturen. Die Verformung durch Gleitung tritt bevorzugt auf einer $\{10\bar{1}0\}$-Fläche u. in Richtung $\langle 11\bar{2}0\rangle$ in diesem gesamten Temp.-Bereich auf, doch ein sekundäres Gleiten auf den $\{10\bar{1}1\}$-Flächen wird mit zunehmender Temp. vorherrschend. Der kristallograph. Habitus des vorherrschenden Zwillingstypus ist temperaturabhängig, u. die Verformung durch Zwillingsbldg. nimmt zu, wenn die Prüftemp. gesenkt wird. Knickstreifen wurden bei — 196° nicht beobachtet u. sind auch bei höheren Tempp. selten. (J. Metals **8.** Nr. 2. Sect. 2, AIME Trans. **206.** 115—22. Febr. 1956. Bayside, N. Y., Sylvania Electric Products Inc.) H. HOCHSTEIN. 200

A. Ss. Borschtschewski, N. A. Gorjunowa und **N. K. Tachtarewa,** *Untersuchung der Mikrohärte einiger Halbleiter mit Zinkblendestruktur.* An vorgeätzten Proben verschied. Halbleiter vom Strukturtyp von Würtzit, Zinkblende u. Diamant werden die Mikrohärten (H kg/mm^2) bestimmt. Mittelwerte von H: CuBr 21,2, ZnSe 137, Ga_2Se_3 316, GaAs 721, Ge ca. 992, CuJ 19,2, ZnTe 82, Ga_2Te_3 u. GaSb 469, AgJ 7,3, CdTe 56, In_2Te_3 166, InSb 225. Die Ergebnisse zeigen, daß in isoelektron. Reihen von Verbb. H mit zunehmender Stärke der Ionenbindung zunimmt, wie dies auch den von Goldschmidt [1929] bestimmten Härtewerten entspricht. (Журнал Технической Физики [J. techn. Physik] **27.** 1408—13. Juli 1957. Leningrad, Akad. der Wiss. der UdSSR, Physik.-techn. Inst.) R. K. Müller. 200

Helmut Rötger, *Neuere Erkenntnisse über das Relaxationsverhalten der Gläser.* Es wird über das Relaxationsverh. von Thermometergläsern berichtet. Die Unterss. an einfachen Monoalkalisilicatgläsern zeigen, daß die Wrkg. bei einer Glasdeformation (therm. oder mechan.) aus einer Anfangs- u. elast. Nachwrkg. besteht, welche stark zeit-, temperatur- u. frequenzabhängig sind. Es werden, in Abhängigkeit der chem. Zus., mit verschied. Lage 2 Nachwirkungsmaxima gefunden, welche auf Grund der Unterss. des Vf. als Folge von Diffusionserscheinungen (R_2O-Gruppen bzw. R^+) erkannt werden. Die atomist. Deutung der Relaxationserscheinung wird durch das Vorhandensein von „Trennstellen" (R_2O) im Kieselsäurenetzwerk der SiO_4-Tetraeder erklärt, wo infolge der Wärmebewegung häufiger Platzwechsel der Alkaliionen erfolgt. Dabei wird im Falle der elektr. oder mechan. Beanspruchung eine Richtung bevorzugt. Es kann sogar, bei mechan. Erregung, die „Trennstelle" den Platz wechseln, was einer gerichteten Wanderung des R_2O gleichkommt. Alkaliionen u. R_2O-Gruppen verhalten sich in einem SiO_2-Netzwerk, bei geeigneten Tempp., wie eine zähe Fl. in einem festen, porösen Stoff, so daß feste u. fl. Phase im Glas nebeneinander bestehen. Außer der quantitativen Berechnung der therm. u. elast. Nachwrkg. gibt Vf. Verff. zur Vorausberechnung des Eispunktsanstiegs für Thermometerglas 16^{III} an. — 25 Literaturangaben; tabellar. u. graph. Zusammenfassung der Ergebnisse. (Wiss. Z. Friedrich-Schiller-Univ. Jena/Thür., math.-naturwiss. Reihe **7.** 237—46. 1957/58. Jena, VEB Jenaer Glaswerke Schott u. Gen.) W. Anika. 200

Nevill Francis Mott and **H. Jones,** The theory of the properties of metals and alloys. New York: Dover pap. 1959. (339 S. m. Diagr.) 8°. $ 1.85.

—, The structure of metals, a modern conception; lectures delivered at the Institution of Metallurgists Refresher Course, 1958. New York: Interscience Publishers. 1959. (VI + 118 S. m. Tab., Diagr. u. 12 Taf.) 25 s.

A$_7$. Gleichgewichte. Kinetik.

Francis Lions und **Kenneth V. Martin,** *Sechszähnige Chelatverbindungen.* 9. Mitt. (8. vgl. C. **1958.** 46.) Durch Kondensation von *1ε.3ε.5ε-Triaminocyclohexan* (**I**) mit Pyridin-2-aldehyd entsteht *1ε.3ε.5ε-Tri-*[*α-pyridylmethylenamino*]*-cyclohexan* (**II**), welches mit Fe(II)-Salzen gegen Oxydation stabile, diamagnet. Komplexe gibt. Die Adamantan-ähnliche Struktur dieser Verbb. wird ausführlich diskutiert. Die Co(II)-Komplexe mit **II** lassen sich ebenfalls schwer oxydieren, doch ließ sich **II**-Co(III)-Perchlorat erhalten. Ebenfalls wurde ein **II**-*Rh*(*III*)*-Komplex* dargestellt. Auch die Kondensationsprodd. von **I** mit Salicylaldehyd u. mit Naphthol-(2)-aldehyd-(1) sind Komplexbildner, deren Co(III)-Salze dargestellt wurden.

V e r s u c h e: *1ε.3ε.5ε-Triaminocyclohexan* (**I**), $Kp_{2,7}$ 110°, aus Phloroglucintrioxim (10 g) in 600 cm³ fl. NH_3, Zugabe von absol. A. u. 25 g Na, nach 15 Min. Zugabe von W.; farbl. Öl; 4 g (Ausbeute). **I**-*Trishydrochlorid* $C_6H_{18}Cl_3N_3 \cdot H_2O$, F. 320°, aus W.-A., Nadeln. — *1ε.3ε.5ε-Tris-*[*salicylidenamino*]*-cyclohexan* (**III**), $C_{27}H_{27}N_3O_3$, F. 167°, aus 3 g **I** u. 9 g Salicylaldehyd in A.; gelbe Nadeln aus A.-Äthylacetat; 7,5 g. — *1a.3a.5a-Tris-*[*salicylidenamino*]*-cyclohexan-Co*(*III*), $C_{27}H_{24}CoN_3O_3$, F. > 360°, aus 1 g **III** u. Co(II)-Acetat in Methanol-Äthylacetat, Zugabe von H_2O_2, 5 Min. kochen u. Extraktion mit Chlf., rotbraune Prismen aus Chlf; 0,4 g. — *1a.3a.5a-Tris-*[*α-pyridylmethylenamino*]*-cyclohexan-Fe*(*II*)*-perchlorat,* $C_{24}H_{24}Cl_2FeN_6O_8$, F. 260° (Zers.), aus 1,15 g **I**, 2,8 g Pyridin-2-aldehyd in A., 5 Min. kochen, Zugabe von $FeSO_4$ in W. u. 10%ig. $HClO_4$; glänzende rote Platten aus W.; diamagnetisch; 3 g. — *1a.3a.5a-Tris-*[*α-pyridylmethylenamino*]*-cyclohexan-Co*(*II*)*-perchlorat,* $C_{24}H_{24}Cl_2CoO_8N_6$, F. 280° (Zers.), analog vorst. Verb. aus Co(II)-Chlorid u. 1 g **I**; bräunlich-rosafarbene Nadeln aus W.; paramagnet.: 4,73 [Bohrsche Magnetonen]; — *1a.3a.5a-Tris-*[*α-pyridylmethylenamino*]*-cyclohexan-Co*(*III*)*-perchlorat,* $C_{24}H_{24}Cl_3CoN_6O_{12}$, F. > 300°, aus 0,3 g vorst. Verb. H_2O_2 u. $HClO_4$, eine Woche bei Raum-Temp., violette Platten aus W., diamagnet.; 0,15 g. — *1ε.3ε.ε5-Tris-*[*2'-hydroxynaphthyl-*(*1'*)*-methylenamino*]*-cyclohexanmonohydrat,* $C_{39}H_{33}N_3O_3 \cdot H_2O$, F. 165°, aus **I** u. *Naphthol-*(*2*)*-aldehyd-*(1) in A.; aus wss. A. gelbes Pulver. — *1a.3a.5aTris-*[*2'-hydroxynaphthyl-*(*1'*)*-methylenamino*]*-cyclohexan-Co*(*III*)*-sesquihydrat,* $C_{39}H_{30}CoN_3O_3 \cdot 1{,}5\,H_2O$, F. 253°, analog der Co-Verb. von **III**; braune Mikrokristalle aus Chlf.-Methanol. — *1a.3a.5a-Tris-*[*α-Pyridylmethylen-amino*]*-cyclohexan-Rh*(*III*)*-perchlorat,* $C_{24}H_{24}Cl_3N_6O_{12}Rh$, aur **I** wie beim Fe-Komplex, Zugabe von $RhCl_3$ bei 95°, nach 20 Min. abkühlen; aus W. graue Mikrokristalle. (J. Amer. chem. Soc. **79.** 1572—75. 5/4. 1957. Sydney, Univ., Dep. of Org. Chem.) G. Brod. 223

Ervin Colton und **Lewis St.Cyr,** *Lösungen von Jod in Phosphor(III)-isocyanat.* Die Lsgg. von J_2 in $P(NCO)_3$ sind rotbraun (λ_{max} = 330 mμ) u. nicht, wie in Analogie zum PCl_3 zu erwarten ist, violett gefärbt. Zusatz von überschüssigem J_2 führt zur Bldg. einer gelben Verb. der Zus. $P(NCO)_3J$, die heftig mit W. reagiert. Cl_2 reagiert mit $P(NCO)_3$ heftig unter Bldg. von $P(NCO)_3Cl_2$, das bei der Hydrolyse lediglich P^{5+} liefert; ein Addukt liegt demnach nicht vor. Der Unterschied in der Reaktionsweise liegt in der Unfähigkeit von $P(NCO)_3$, J_2 koordinativ anzulagern. (Nature [London] **183.** 1042. 11/4. 1959. Atlanta, Ga., Georgia Inst. of Technol., School of Chem.)
HERBERT MÜLLER. 224

Ralph P. Seward, *Die Löslichkeit von Silberchlorid in Nitratschmelzen.* Die Löslichkeit von AgCl wurde untersucht in Schmelzen von $NaNO_3$, KNO_3, ferner in Mischungen aus KNO_3 u. den *Nitraten* von *Ag, Pb, Tl* u. *Ba.* Die Abhängigkeit zwischen log K u. der absol. Temp. ist linear. (J. physic. Chem. **63.** 760—61. Mai 1959. University Park, Pa., Pensylvania State Univ., Coll. of Chem. and Phys.) FRIEDRICH WOLF/Berlin. 224

R. M. Diamond, *Salzeffekte im Verhalten anorganischer Verbindungen bei der Lösungsmittelextraktion.* Vf. untersucht mit Hilfe von ^{114}In Salzeffekte bei Extraktion von $InCl_3$ aus Lsgg., die mit Hilfe von Salzsäure sowie LiCl, NaCl, NH_4Cl, KCl, CsCl $[N(CH_3)_4]Cl$, $[N(C_2H_5)_4]Cl$ verschied. Konzz. an Cl^- sowie H^+ u. a. Kationen aufweisen. Einige Unterss. werden auch an $FeCl_3$ u. $MoCl_4$ durchgeführt. — H_3O^+ ist in erster Schicht durch W.-Moll. hydratisiert u. dann, je nach Lösungsm. in zweiter Schicht mit W. oder organ. Moll. solvatisiert. Bei der Extraktion spielt die Koordinationsfähigkeit des organ. Lösungsm., nicht seine DK, eine Rolle; aber bei großen unsolvatisierten Moll., wie $[N(C_2H_5)_4]^+InCl_4^-$ hängt die Extraktion von der DK ab. Für Lösungsmittel hoher DK nimmt mit der Größe der Ionen ihre Extraktion zu, bei Lösungsmitteln kleiner DK nimmt die Extraktion der hydratisierten Kationen mit zunehmender Größe ab. Der Einfl. der verschied. HCl- u. Chloridkonzz. wird besprochen. Als organ. Lösungsmittel fanden Verwendung: Methylisobutylketon, Diisobutylketon, Methylbenzoat, Methylsalicylat, 2-Äthylhexanol, 2-Octanol, Nitrobenzol, o- u. m-Nitrotoluol, o-Dichlorbenzol, $\beta.\beta'$-Dichlordiäthyläther, Tributylphosphat, Diäthyläther, Butyl-äthyläther, Dibutyläther. (J. physic. Chem. **63.** 659—67. Mai 1959. Ithaca, N. Y., Cornell Univ., Dep. of Chem. and Labor. for Nuclear Studies.) FRIEDRICH WOLF/Berlin. 224

I. L. Roich, *Chemischer Beweis der H_2O_2-Bildung bei der atmosphärischen Korrosion von Metallen.* Mittels der früher beschriebenen photograph. Meth. (vgl. C. **1958.** 3536) sowie 12 direkten mikrochem. Methoden wird die Bldg. von H_2O_2 bei der atmosphär. Korrosion von 18 Metallen (Mg; Al; Zn; Cd; Duralumin; Ni; Pb; Lagermetall; Fe; Gußeisen, 18/8-Stahl; Sb; Bi; Cu; Messing; Ag; Hg; Mo; Au) bewiesen. (Журнал Физической Химии [J. physik. Chem.] **32.** 1136—42. Mai 1958. Odessa, Technol. Inst.)
H. TŮMA. 225

Sol Wexler and **David C. Hess,** *Dissoziation von C_2H_5T und 1.2-$C_2H_4Br^{82}Br$ durch β-Zerfall.* Vff. haben die durch den β-Zerfall der ^{3}H in C_2H_5T bzw. die β-γ-Emission des ^{82}Br in 1.2-$C_2H_4Br^{82}Br$ bedingten Dissoziationsvorgänge mit Hilfe eines speziell hierfür konstruierten Massenspektrometers untersucht. Bes. wurde auch der Einfl. des Drucks auf die Verteilung der Dissoziationsprodd. ermittelt. Die Bindung C–^{3}He zerfällt nach dem Übergang $C_2H_5T \rightarrow (C_2H_5{}^3He)^+$ vollständig. Die positive Ladung verbleibt nach dem Bindungsbruch beim C_2H_5. Es ergeben sich keine Anzeichen für die Bldg. von geladenem ^{3}He. Die C–C-Bindung wird nur in geringem Maße gestört. Für 1.2-$C_2H_4Br^{82}Br$ wird eine starke Bevorzugung der Bldg. von $C_2H_2^+$ als Bruchstück mit steigendem Druck gefunden. Wahrscheinlich wird es durch eine sekundäre Rk. gebildet. Die Bindung C–^{82}Kr wird ebenfalls vollständig gelöst, wobei die positive Ladung auch beim Radikal verbleibt. Vff. diskutieren diese Ergebnisse unter Anwendung des statist. Modells u. unter Berücksichtigung therm. Zersetzungsreaktionen. Es ergibt sich ein möglicher Mechanismus für die Bldg. der beobachteten Bruchstücke beim Zerfall des ^{3}H in C_2H_5T sowie Gleichungen für die Geschwindigkeit der sukzessiv ablaufenden monomol. Zersetzungsreaktionen. (J. physic. Chem. **62.** 1382—89. Nov. 1958. Lemont, Ill., Argonne Nat. Labor., Phys. Div.) H.-U. WOELK. 225

K. M. Gorbunowa und **A. A. Nikiforowa,** *Untersuchung des Mechanismus des Einbaues von Phosphor in Nickelüberzüge mit Hilfe des radioaktiven Isotops ^{32}P.* (Vgl. C. **1950/54.** 3059 S.) Durch Red. von Ni-Salzen mit PO_2^{3-} erhaltene Ni-Überzüge enthalten stets P, der die Härte, Verschleiß- u. Korrosionsfestigkeit bestimmt. Durch Unters. der Red. von Ni-Salzen mit durch ^{32}P markiertem NaH_2PO_2 u. NaH_2PO_3 in CO_2-Atmosphäre in Ggw. von Na_2CO_3 wird gezeigt, daß aus beiden Verbb. radioakt. P (4,5—10,4%) in das Ni gelangt, nicht aber aus NaH_2PO_4. Nach ergänzenden Verss. scheint dem Einbau des P in Ni die Oxydation von PO_2^{3-} zu PO_3^{3-} vorauszugehen u. PO_3^{3-} leichter als PO_2^{3-} zu P red. zu werden. (Журнал Физической Химии [J.

physik. Chem.] **31.** 1687—92. 1 Tafel. Aug. 1957. Moskau, Akad. der Wiss. der UdSSR, Inst. für physik. Chem.) R. K. MÜLLER. 225

Kazuo Fueki, *Bestimmung der radioaktiven Strahlen.* Übersicht über chem. Methoden zur Best. von radioakt. Strahlen. — 27 Literaturangaben. (J. Soc. org. synth. Chem. Japan **16.** 541—46. Okt. 1958. Tokyo, Univ., Techn. Fak. [Orig.: japan.]) E. MAEKAWA. 226

Charles E. McCauley und **Robert H. Schuler,** *Einfluß der Rückstoßenergie auf die chemischen Konsequenzen von Kernaktivierungsprozessen. Aktivierung von Lösungen von Jod in Kohlenwasserstoffen.* Vff. haben die Bldg. von ^{128}J durch (n, γ)-Prozesse u. von ^{126}J durch (n, 2n)-Rkk. in verschied. (*Cyclohexan, Heptan, 2.2.4-Trimethylpentan*) organ. Lösungsmitteln untersucht. Das Jod wurde in der organ. Phase gelöst, die Lsgg. bestrahlt, nach der Bestrahlung in 2 Teile geteilt u. ihre Aktivität direkt bzw. nach vorheriger Extraktion mit $Na_2S_2O_3$ gemessen. Die Abhängigkeit des Verhältnisses Aktivität in der org. Phase/Gesamtaktivität von der Konz. entspricht der bei der Unters. von Alkyljodiden beobachteten. Ein Vgl. der (n, γ)- u. (n, 2n)-Rk. ergibt für die letztere wesentlich höhere Werte der organ. gebundenen Jodaktivität. Dies kann auf die höheren Energien der bei diesen Rkk. gebildeten Rückstoßatome zurückgeführt werden. Vff. diskutieren auch einen möglichen Einfl. der Neutronenenergie. (J. physic. Chem. **62.** 1364—68. Nov. 1958. Upton, N. Y., Brookhaven Nat. Labor.; Jersey City, N. Y., St. Peters Coll.; Pittsburgh, Pa., Mellon Inst.) H.-U. WOELK. 226

C. A. Parker und **C. G. Hatchard,** *Photozersetzung von komplexen Oxalaten. Einige orientierende Experimente mit der Blitzphotolyse.* Vff. haben den Mechanismus der Blitzlichtphotolyse von Lsgg. von *Eisen(III)-oxalat* als Funktion der Konz., der Anwesenheit von O_2 u. der Lichtdosis untersucht. Einige Messungen wurden auch an Co-, Cr- u. Uranyloxalatlsgg. durchgeführt. Fe(III)-Oxalatlsgg. zeigen nach dem Blitz einen zunächst starken, dann schwächeren Abfall der Lichtabsorption (313 bzw. 366 mμ), der auf die Bldg. kurzlebiger Radikale zurückgeführt werden kann. Die Geschwindigkeit, mit der die durch Photolyse gebildeten Verbb. wieder verschwinden, ist nahezu unabhängig von der Fe(III)-Oxalatkonzentration. Vff. entwickeln ein Reaktionsschema unter Berücksichtigung der Bldg. u. Dissoziation metastabiler, angeregter Zustände des Fe^{3+}-Oxalations u. der Dissoziation prim. Reduktionsprodukte. Die Kinetik der Dissoziationsvorgänge entspricht Rkk. erster Ordnung. Die Verss. unter Variation der Lichtdosis zeigen, daß die langsame Reaktionsstufe nicht eine Rk. zwischen Radikal u. Fe(III)-Oxalat ist. Der Einfl. von O_2 auf die Photolyse ist in sauren u. neutralen Lsgg. verschied. u. besteht nicht allein in einer Reoxydation von Fe(II)-Oxalat. Es werden verschied. Zwischenstufen gebildet, wahrscheinlich Ferrat-Komplexe. Die Unters. von Kobaltoxalat ergibt ein Änderung der Absorption in mehreren Stufen. Uranyloxalatlsgg. mit überschüssiger Oxalsäure ergeben reversible Änderungen der Absorption; ohne den Säureüberschuß werden permanente Änderungen beobachtet, die von der Anwesenheit von O_2 abhängig sind. Bei der Photolyse von Chromoxalatlsgg. gebildete Zwischenstufen haben Lebensdauern $< 15\ \mu$sec. (J. physic. Chem. **63.** 22—26. Jan. 1959. Dorset, Poole, Holton Heath, Admiralty Materials Labor.) H.-U. WOELK. 226

Kimio Tarama und **Shôji Watanabe,** *Beschleunigende Wirkung der Alkalien auf die Wasserstoffabsorption durch Raney-Nickel.* (Vgl. C. **1959.** 8805.) Das ζ-Potential von RANEY-Ni wird in bas. bzw. sauren Lsgg. positiver bzw. negativer. In alkal. Lsg. wird durch die elektr. Doppelschicht an der Oberfläche des Ni H_2 vermutlich als H^+ adsorbiert, was die Red. von Ketonen beschleunigt. (J. chem. Soc. Japan, ind. Chem. Sect. [Kōgyō Kagaku Zassi] **61.** 982—83. Aug. 1958. Kyôto, Univ., Techn. Fak. [Orig.: japan.]) E. MAEKAWA. 227

Kazuo Kôno, Hajime Ogoro und **Tetsuya Inaba,** *Entfernung von Carbonylsulfid aus Gasen als Ausgangsprodukt zur Synthese.* COS in H_2 nimmt bei längerem Stehen bei Raumtemp. mit einer der Konz. des COS proportionalen Geschwindigkeit ab, wird bei 250° durch *Oxyde* von *Fe, Ni* oder *Co* absorbiert u. bei 250° durch *Oxyde* von *Cr* sowie *Sulfide* von *Ni* u. *Co* gemäß der Gleichung $COS + H_2 \rightleftharpoons CO + H_2S$ reduziert. Die Red. von COS zu H_2S verläuft reversibel u. ist bes. in Ggw. von CO nicht vollkommen. Auch in Ggw. von CO_2 wird die Entfernung von COS untersucht. (J. chem. Soc. Japan, ind. Chem. Sect. [Kōgyō Kagaku Zassi] **61.** 1461—69. Nov. 1958. Sakai, Ôsakahuritu-Daigaku. [Orig.: japan.]) E. MAEKAWA. 227

A. Ju. Prokoptschik, P. K. Norkuss und **A. M. Lunetzkass,** *Hydroxyd-Mischkatalysatoren.* 1. Mitt. *Zweistoff-Hydroxydkatalysatoren der Zersetzung von Calciumhypochlorit.* Bei der Zers. von $Ca(ClO)_2$ (I) bei 20—80° in wss. Lsg. wirken die bin. Systeme $Co(OH)_3$–$Cu(OH)_2$ u. $Ni(OH)_2$–$Fe(OH)_3$ katalyt. stärker als die einzelnen Komponenten bzw. der additiv berechnete Wert; optimale Werte werden mit Co:Cu = 40:60 u. mit

Ni:Fe = 85:15 erhalten; die minimale Aktivierungsenergie der **I**-Zers. bei diesen Bedingungen beträgt 16430 bzw. 17050 cal/Mol (zwischen 20 u. 60°). Aus den kinet. Unterss. wird gefolgert, daß der Mechanismus der **I**-Zers. in allen Fällen unverändert bleibt u. daß für die katalyt. Aktivität der Mischkatalysatoren nur das stöchiometr. Verhältnis u. die gegenseitige Aktivierung der Komponenten maßgebend ist. (Журнал Физической Химии [J. physik. Chem.] **31.** 1547—54. Juli 1957. Wilna, Akad. der Wiss. der LettSSR, Inst. für Chem. u. chem. Technol.) R. K. Müller. 227

J. Fahrenfort und **H. F. Hazebroek,** *Infrarot-Untersuchung der Adsorption und Zersetzung von Ameisensäure an einem Nickel/Siliciumdioxyd-Katalysator.* (Kurze Mitt.) Durch IR-Unterss. des Zerfalls der *Ameisensäure* (I) an einem Ni/SiO_2-Katalysator konnte gezeigt werden, daß zuerst Formiatbldg durch Adsorption erfolgt u. daß der Zerfall des Formiats der Schritt ist, der die Rk.-Ordnung bestimmt; diese ist nullter Ordnung. An SiO_2 erfolgt teilweise Adsorption des **I** als H_2O, CO_2 u. CO. Durch die Banden 1575 u. 1360 cm^{-1} zeigt sich eine verhältnismäßig große Menge an Carboxylion an. (Z. physik. Chem. Frankf. Ausg. [N. F.] **20.** 105—10. Amsterdam, Koninklijke/Shell-(Labor.) Friedrich Wolf/Berlin. 227

B. N. Tjutjunnikow und **I. S. Koschel,** *Über die Aktivität von binären hydrierenden Katalysatoren.* Es wird gezeigt, daß Co eine sehr geringe katalyt. Aktivität besitzt. Cu hat auf Co keinen aktivierenden Einfluß. Mit einem Gemisch Ni–Co wurden folgende Ergebnisse erzielt: Bei einem Ni-Geh. von 25% ist die katalyt. Leistung wesentlich geringer als die eines reinen Ni-Katalysators, bei 50% u. mehr Ni etwas höher. Nach Vff. ist dies darauf zurückzuführen, daß infolge einer Erhöhung des Dispersionsgrades die spezif. Oberfläche auf Kosten von Co gesteigert wird. (Маслобойно Жировая Промышленность [Öl- u. Fett-Ind.] **25.** Nr. 2. 14—15. 1959. Charkow, Polytechn. Inst.) Otto Maier. 227

A. A. Lopatkin, Sh. W. Strelnikowa und **W. P. Lebedew,** *Kinetik der thermischen Aktivierung und Desaktivierung von Platinkatalysatoren.* (Vgl. C. **1957.** 7871.) Beim Sintern von Pt-Schwarz auf *Silicagel* (**I**) bei 200° werden 2 kinet. Bereiche festgestellt; die Aktivitätsisotherme zeigt einige Maxima u. Minima, die über bzw. unter denjenigen der ursprünglichen Aktivität liegen. Bei 350 u. 450° nimmt die Aktivität (vermutlich nach einer Kinetik 1. Ordnung) stark ab, bleibt aber dann konstant. Bei auf **I** adsorbiertem Pt wird beim Glühen nur ein nichtstationärer Isothermentyp beobachtet (bis zu 12 Std.); bei geringem Bedeckungsgrad (0,1%) bleibt die Ausgangsaktivität unabhängig von der Glühdauer konstant. **I** verhindert die therm. Desaktivierung. Bei langsamem Erhitzen nimmt die Aktivität der Adsorptionskatalysatoren zunächst zu, dann ab u. geht dann auf die Ausgangsaktivität zurück. (Журнал Физической Химии [J. physik. Chem.] **31.** 1820—24. Aug. 1957. Moskau, Lomonossow-Univ.) R. K. Müller. 227

A_8. Präparative anorganische Chemie. Komplexverbindungen. Metallorganische Verbindungen.

F. Seel und **K. Ballreich,** *Weiteres Darstellungsverfahren für Disulfurylfluorid.* $S_2O_5F_2$, Kp.$_{752}$ 50,8°, entsteht bei 110—120° in ca. 50%ig. Ausbeute aus $S_2O_5Cl_2$ u. Benzoylfluorid (Molverhältnis 1:2,5). Daneben bilden sich Cl_2, SO_2 u. SO_2Cl_2. Das Prod. wird durch Fraktionierung gereinigt. Die niedrige Ausbeute beruht auf thermolyt. Zers. des $S_2O_5Cl_2$. Das entstandene Benzoylchlorid wird mit K-Fluorsulfinat leicht zu Benzoylfluorid regeneriert. (Angew. Chem. **71.** 372. 7/6. 1959. Stuttgart, TH, Labor. für anorg. Chem.) A. Blaschette. 253

W. A. Lunenok-Burmakina, *Untersuchung der Reaktionen von Polythionaten mit Hilfe von markiertem Schwefel.* 3. Mitt. *Reaktionen des Hexathionats.* (2. vgl. C. **1957.** 361.) Unter Verwendung von $K_2{}^{35}SSO_3$ wird der Mechanismus der Bldg. von $S_6O_6{}^{2-}$ aus $S_2O_3{}^{2-}$ mit NO_2^- u. HCl oder aus S_2Cl_2 ($^{35}S_2Cl_2$) untersucht. Im ersten Falle ergibt sich als erste Stufe die Bldg. von $S_4O_6{}^{2-}$, an den folgenden Stufen $S_4O_6{}^{2-} \rightarrow S_5O_6{}^{2-} \rightarrow S_6O_6{}^{2-}$ ist NO_2^- nicht mehr beteiligt, nur $S_2O_3{}^{2-}$ u. H^+. Im zweiten Falle erfolgt die Rk. in 2 Stufen: $S_2Cl_2 + 2\,H_2O \rightarrow S_2(OH)_2 + 2\,H^+ + 2\,Cl^-$; $S_2(OH)_2 + 2\,S_2O_3^{2-} \rightarrow S_6O_6{}^{2-}$. Die Zers. von $S_6O_6{}^{2-}$ mit CN^- erfolgt nach $^{35}S_2S_4O_6{}^{2-} + 5\,CN^- + H_2O \rightarrow S_2O_3{}^{2-} + 2\,CN^{35}S^- + CNS^- + SO_4{}^{2-} + 2\,HCN$. Es bleiben in allen Fällen die S_2O_3-Gruppen als Ganzes erhalten u. zwischen diese werden 2, 3 u. 4 S-Atome eingebaut, bzw. bei der Zers. wieder abgegeben. Die Zers. von $S_6O_6{}^{2-}$ mit $SO_3{}^{2-}$ erfolgt nach $S_6O_6{}^{2-} + 3\,SO_3{}^{2-} \rightarrow S_3O_6{}^{2-} + 3\,S_2O_3{}^{2-}$, vermutlich mit $S_5O_6{}^{2-}$ u. $S_4O_6^{2-}$ als stufenweise gebildeten Zwischenprodukten. (Журнал Общей Химии [J. allg. Chem.] **27** (**89**). 311—15. Febr. 1957. Inst. für physik. Chem. der Akad. der Wiss. der UkrainSSR.) R. K. Müller. 253

Ivo Wiesner, *Die Reaktion von Diäthyläther mit Phosphortrichlorid in der Gasphase.* Es wurde die Rk. des PCl_3 mit Ae. oder Äthoxydichlorphosphin untersucht. Die Rk.

wurde in einem Rohrofen durchgeführt. Das Reaktionsrohr war 600 mm lang u. 28 mm im Durchmesser — ohne Füllung. Die entstandenen Gemische wurden durch Dest. getrennt u. die einzelnen Fraktionen durch Best. von Brechungsindex, Kp. u. durch chem. Analyse identifiziert. Die Messung der IR-Spektren der Prodd. bestätigte die Atombindungen u. Atomgruppen der Stoffe, die in dem Prod. nachgewiesen wurden. Die optimale Temp. der Rk. war 450°, Durchflußgeschwindigkeit 0,2—0,4 ml/Min. Bei den beiden Rkk. entsteht eine größere Menge $POCl_3$ u. Stoffe mit der Bindung P–H. In reiner Form wurden *$C_2H_5OPCl_2$*, Kp. 117—118°, n^{20} 1,47175 u. *$(C_2H_5O)_2PCl$*, Kp. 153—155°, n^{20} 1,4350 isoliert. Die entstandenen höhersd. Stoffe sind selbstentzündlich. (Chem. Listy **52.** 1830—32. Sept. 1958. [Orig.: tschech.] Collect. czechoslov. chem. Commun. **24.** 1019—22. März 1959. [Orig.: deutsch.] Brno, Vojenská akad. techn. Antonína Zápotockého.) K. SETINEK/Prag. 264

E. Hayek und **H. Newesely,** *Über die Existenz von Tricalciumphosphat in wäßriger Lösung.* Die Ionen Fe^{2+}, Mn^{2+} u. Mg^{2+} begünstigen in steigendem Ausmaß die Ausfällung des sonst im wss. Syst. nicht stabilen β-Tricalciumphosphates. Dessen Bldg. wird röntgenograph. nachgewiesen, in einfacher Weise auch durch die p_H-Änderung gegenüber den inaktiven Metallionen gezeigt. Die Bldg. des wasserfreien $Ca_3(PO_4)_2$ ist einerseits für die Frage der Existenz des Dihydrates von Bedeutung, andererseits gibt sie eine einfache Erklärung für die Erhaltung der Citratlöslichkeit von Calciumphosphatfällungen, welche ohne diese Zusätze in unlöslichen Hydroxylapatit übergehen. (Mh. Chem. **89.** 88—95. 21/3. 1958. Innsbruck, Univ., Inst. für Anorgan. u. Analyt. Chem.) M. SCHENK. 283

Herbert C. Brown und **Richard F. McFarlin,** *Additionsverbindungen der Alkalimetallhydride.* 10. Mitt. *Die Reaktion von Lithiumaluminiumhydrid mit Alkoholen. Lithium-tri-tert.-butoxyaluminiumhydrid als ein neues selektives Reduktionsmittel.* (9. vgl. J. Amer. chem. Soc. **80.** [1958.] 1552; 8. vgl. C. **1958.** 7402; vgl. auch C. **1959.** 3432.) Durch Umsetzung von *$LiAlH_4$* (**I**) in Ae. mit je 4 Mol Methyl-, Äthyl- u. Isopropylalkohol erhielten die Vff. *$Li[Al(OCH_3)_4]$* (**II**), *$Li[Al(OC_2H_5)_4]$* (**III**) bzw. *$Li[Al(OC_3H_7)_4]$* (**IV**) als weiße, in Ae. unlösl. Verbindungen. **II** schm. unter Zers. bei 270—276°, **III** u. **IV** zers. sich bei 300° ohne zu schmelzen. Als einzige Lösungsmittel für **II** u. **III** wurde Methanol bzw. A. gefunden. Mit tert.-Butylalkohol reagiert **I** nur im Molverhältnis 3:1 unter Entw. von 3 Mol H_2 je Mol **I**. Aus der Lsg. in Ae. fällt *Lithium-tri-tert.-butoxyaluminiumhydrid* (**V**) $Li[AlH(tert.\text{-}OC_4H_9)_3]$ als weiße Substanz aus. **V** ist in Tetrahydrofuran u. *Diäthylenglykoldimethyläther* (**VI**) gut lösl., bis 400° stabil u. bei 280° u. 2 mm Druck sublimierbar. In entsprechender Rk. gibt **I** mit 3 Mol tert.-Amylalkohol *$Li[Al(tert.\text{-}OC_5H_{11})_3$* (**VII**). Bei erhöhter Temp. reagieren **V** u. **VII** mit je einem weiteren Mol tert.-Butanol bzw. tert.-Amylalkohol unter Bldg. von *$Li[Al(tert.\text{-}OC_4H_9)_4]$* bzw. *$Li[Al(tert.\text{-}OC_5H_{11})_4]$*. **V** ist ein milderes Red.-Mittel als **I**. Aceton, Acetophenon, Chloral, Pinakolon u. Benzaldehyd reagieren mit **V** bei 0° angenähert im Molverhältnis 1:1; Benzoylchlorid, p-Nitrobenzoylchlorid, Succinsäureanhydrid u. Phthalsäureanhydrid im Molverhältnis 2:1. Acetonitril, Benzonitril u. Benzoesäureäthylester reagieren mit **V** nicht. Läßt man eine Lsg. von **V** in **VI** bei — 75° langsam zu Säurechloriden, gelöst in **VI**, tropfen, werden letztere nur bis zu den entsprechenden Aldehyden reduziert. Umgesetzt wurden p-Nitrobenzoylchlorid, Benzoylchlorid, Terephthalsäurechlorid, p-Toluylchlorid, m-Chlorbenzoylchlorid, Caprylchlorid u. Pivaloylchlorid. Bei aromat. Säurechloriden betrug die Ausbeute an Aldehyd 60—80°, bei aliphat. Säurechloriden 40—60%. Reaktionstemp. von 0° verschlechterte die Ausbeute. (J. Amer. chem. Soc. **80.** 5372—76. 20/10. 1958. Lafayette, Ind., Purdue Univ., Richard B. Wetherill Labor.) H. J. BECHER. 294

Paul S. Dear, *Gleichgewichte im ternären System $SrO–Al_2O_3–SiO_2$ im festen Zustand.* Die Unters. des Syst. $SrO–Al_2O_3–SiO_2$ zeigt folgende Verbb.: 3 bin. Sr-Silicat-Verbb.; 4 bin. Sr-Aluminat-Verbb.; 1 bin. Al-Silicat-Verb. u. 3 tern. Sr–Al-Silicat-Verbindungen. Es existieren 28 Phasenpaare u. 15 3-phasige Systeme, die in Tabellen angeführt werden. (Bull. Virginia Polytechn. Inst. **50.** Nr. 11. 1—12. Sept. 1957. Virginia Polytechnic Inst., Dep. of Ceramic Engng.) FRIEDRICH WOLF/Berlin. 294

E. Amberger, *Eigenschaften von Ge_4H_{10} und Ge_5H_{12}.* Bei Zers. von Mg-Germanid mit 10%ig. wss. HCl u. Abdestillieren der niederen Germane im Hochvakuum bei maximal — 21° verblieb als Rückstand eine farblose Fl., aus welcher durch Fraktionierung bei 0° bzw. 20° *Ge_4H_{10}* u. *Ge_5H_{12}* gewonnen wurden. — *Ge_4H_{10}*, bei 0° zweimal fraktioniert, farblose, leicht bewegliche Fl. von widerlichem, dumpfem Geruch, etwas lösl. in Bzl., Dampfdruckgleichung: lg p [Torr] = — (1714,6/T) + 6,692, mol. Verdampfungswärme 7842 cal, extrapolierter Kp. 176,9°. Bei — 20° unzers., oberhalb 50° zunächst langsamer, dann schneller werdender Zerfall, bei 100° Disproportionierung in GeH_4 u. ein höheres, fl., gelbes, nicht näher untersuchtes German, bei etwas höheren Tempp. oder rascherem Erhitzen Disproportionierung in GeH_4 u. festes gelbes $(GeH_2)_x$, bei ca. 350° Zers. in Ge u. H_2. — *Ge_5H_{12}*, zweimal fraktioniert, farblose, ölige Fl. von widerlichem, dumpfem Geruch, im Hochvakuum bei 20° u. einem Fremdgasdruck $< 10^{-5}$ Torr destillierbar, Dampfdruckgleichung: lg p [Torr] = —(1805,8/T) + 6,449, mol. Verdampfungswärme 8260 cal, extrapolierter Kp. 234°. Bei — 20° unzers., bei 100° Disproportionierung in GeH_4 u. $(GeH_2)_x$, oberhalb 350° Zerfall in Ge u. H_2. (Angew. Chem. **71.** 372—73. 7/6. 1959. München, Univ., Inst. für Anorg. Chem.) A. BLASCHETTE. 326

James S. Johnson und **Kurt A. Kraus,** *Hydrolytisches Verhalten von Metallionen.* 9. Mitt. *Ultrazentrifugierung von Sn(IV) in sauren Chlorid- und Perchloratlösungen.* (8. vgl. C. **1957.** 5771.) Vff. erweitern ihre Unterss. auf das Syst. Sn(IV)–HCl bzw. Sn(IV)–$HClO_4$. Die $HClO_4$-haltigen Lsgg. wurden durch Auflösen von $SnCl_4 \cdot 5\,H_2O$ in $HClO_4$ u. Fällung des Cl oder durch Zugabe von Na_2SnO_3 zu $HClO_4$ hergestellt. Beide Lsgg. sind instabil. Den Polymerisationsgrad der nach mehrtägigem Zentrifugieren in Lsg. verbleibenden Substanz schätzen Vff. auf > 100. Stabile Sn(IV)-Lsgg. lassen sich in Ggw. von überschüssiger HCl erhalten. In Abhängigkeit von der Konz. an überschüssiger HCl c_{HCl} wurde durch Zentrifugierung der scheinbare Polymerisationsgrad N_e des $SnCl_4$ ermittelt. Bei hohen c_{HCl}-Werten ist $N_e \sim 1$, ein scharfer Anstieg von N_e erfolgt, verbunden mit Trübungen u. Ausfällungen, wenn $c_{HCl} < 0,7$ mol. wird. Vff. vergleichen dieses Ergebnis mit dem Verh. im alkal. Bereich u. dem Ergebnis der Diffusionsmessungen von JANDER (1929). (J. physic. Chem. **63.** 440—41. März 1959. Oak Ridge, Tenn., ORNL, Chem. Div.) H.-U. WOELK. 327

Françoise Chauveau, *Über die Verbindungen von Mo^{VI} mit konzentrierter Salzsäure und Schwefelsäure.* In Fortsetzung einer früheren Arbeit von Vf. u. Mitarbeitern (vgl. C. **1956.** 9117) über Verbb. von Mo^{VI} mit $HClO_4$ untersuchte Vf. durch Messen der opt. Dichte das Verh. von Mo^{VI} in HCl u. H_2SO_4. Bei den Verss. mit HCl lagen die Mo-Konzz. bei 0,01 oder 0,1, die Normalitäten der HCl zwischen 0,06 u. 10,35. Neben dem früher (vgl. l. c.) beobachteten Auftreten von *$H_2Mo_4O_{13}$* u. dem Kation *$HMo_2O_6^+$* wurde als neue Verb. *MoO_2Cl_2* festgestellt, die sich gemäß der Rk. $HMo_2O_6^+ + 3\,H^+ + 4\,Cl^- \rightleftharpoons 2\,MoO_2Cl_2 + 2\,H_2O$ bildet. Es tritt noch eine weitere Verb. auf, deren Bldg. jedoch bei der höchsten HCl-Konz. noch nicht beendet war u. die noch nicht identifiziert werden konnte. Die Unters. des H_2SO_4-Komplexes wurde nach der gleichen Meth. bei einer Mo-Konz. von 0,01 durchgeführt. Die Bldg. des Komplexes beginnt bei einer Konz. von 1,5 Mol/Liter H_2SO_4 u. ist bei 8 Mol/Liter beendet. Unter Verwendung von (H_2SO_4 + $HClO_4$)- u. ($HClO_4$ + H_2SO_4) + $NaClO_4$-Gemischen wurde gefunden, daß es sich bei der Verb. wahrscheinlich um das Kation *$[MoO_3SO_4H_2]H^+$* handelt. (C. R. hebd. Séances Acad. Sci. **242.** 2154—57. 23/4. 1956.) C. GOTTFRIED. 336

A. N. Nessmejanow, K. N. Anissimow, Je. P. Michejew, W. L. Wolkow und **S. P. Walujewa,** *Gewinnung von Wolframcarbonyl durch Umsetzung von Eisenpentacarbonyl mit Wolframhexachlorid.* Die Unters. der Rk. von WCl_6 mit $Fe(CO)_5$ in Ggw. von Ae. ergab, daß im Temp.-Gebiet von 90—130° sich $W(CO)_6$ in 75%ig. Ausbeute gemäß der Gleichung $WCl_6 + 3\,Fe(CO)_5 \rightarrow W(CO)_6 + 3\,FeCl_2 + 9\,CO$ bildet. Der Enddruck im Autoklaven betrug 62—65 at. Bei Anwendung von zusätzlichem H_2-Druck kann die Ausbeute bis zu 81—85 % gesteigert werden. Die Rk. kann in diesem Fall durch $WCl_6 + 2\,Fe(CO)_5 + H_2 \rightarrow W(CO)_6 + 2\,FeCl_2 + 2\,HCl + 4\,CO$ dargestellt werden. Der Ersatz des Ae. durch andere Lösungsmittel, wie 1.4-Dioxan, Dichloräthan, Chlf., CCl_4, CS_2 u. Bzl. führte nicht zu so günstigen Ergebnissen. (Журнал Неорганической Химии [J. anorg. Chem.] **4.** 249—52. Febr. 1959.) E. KLEVER. 337

A. I. Kokorin und **N. A. Polotebnowa,** *Heterotrisäuren.* 6. Mitt. *Einige Eigenschaften der Heterotrisäuren.* (5. vgl. C. **1957.** 370.) Aus der potentiometr. Titration mit KOH unter Verwendung einer Glaselektrode, der Messung der mol. u. der Äquivalentleitfähigkeit u. dem p_H der wss. Lsg. ergeben sich folgende Formeln der V enthaltenden Heterotrisäuren, bei denen an erster Stelle die gegen K austauschbaren H angegeben sind; die F.-Werte sind neu bestimmt: *$H_5H_2[P(Mo_2O_7)_5V_2O_6] \cdot 26\,H_2O$*, (F.) 47,5°; *$H_5H_3[Si(Mo_2O_7)_5V_2O_6] \cdot 32\,H_2O$*, 39°; *$H_6H[P(W_2O_7)_5V_2O_6] \cdot 24\,H_2O$*, 52°; *$H_6H_2[Si(W_2O_7)_5V_2O_6] \cdot 29\,H_2O$*, 39°; *$H_5H_3[Ge(X_2O_7)_5V_2O_6]$*(X = Mo, W). Ferner wird von folgenden Kristallhydraten von Heterotrisäuren der F. angegeben: *$H_7[P(Mo_2O_7)_5W_2O_7] \cdot 26\,H_2O$*, 63°; *$H_7[P(Mo_2O_7)_4(W_2O_7)_2] \cdot 24\,H_2O$*, 70°; *$H_7[P(Mo_2O_7)_3(W_2O_7)_3] \cdot 24\,H_2O$*, 78°; *$H_7[P(Mo_2O_7)_2(W_2O_7)_4] \cdot 22\,H_2O$*, 89°; *$H_7[PMo_2O_7(W_2O_7)_5] \cdot 23\,H_2O$*, 88°; *$H_8[Si(Mo_2O_7)_5W_2O_7] \cdot 25\,H_2O$*, 37°; *$H_8[Si(Mo_2O_7)_4(W_2O_7)_2] \cdot 30\,H_2O$*, 34°; *$H_8[Si(Mo_2O_7)_3(W_2O_7)_3] \cdot 31\,H_2O$*, 34°; *$H_8[Si(Mo_2O_7)_2(W_2O_7)_4] \cdot 30\,H_2O$*, 35°; *$H_8[SiMo_2O_7(W_2O_7)_5] \cdot 28\,H_2O$*, 37°. Die Heterotrisäuren eignen sich als Oxydationsmittel u. als Fällungsmittel bes. für organ. Basen (Anisidin, Benzidin usw.). (Журнал Общей Химии [J. allg. Chem.] **27(89).** 304—10. Febr. 1957. Kischinew, Univ.) R. K. MÜLLER. 337

H. Funk und **W. Hanke,** *Über eine Wolfram-organische Verbindung.* WBr_5 gibt mit LiC_6H_5 in äther. Lsg. unter N_2 $Li_3[W(C_6H_5)_6] \cdot 3\,(C_2H_5)_2O$ als schwarze Kristalle, die in Bzl. u. Ae. mit tiefvioletter Farbe löslich sind u. durch W. u. A. zers. werden. Aus $MoCl_5$ entsteht eine entsprechend schwarze Mo-Verb., deren Lsg. in Bzl. tiefrot ist. (Angew. Chem. **71.** 408. 21/6. 1959. Halle-Wittenberg, Martin-Luther-Univ., Inst. für Anorg. Chem.) E. Dehmlow. 337

J. E. Fergusson und **R. S. Nyholm,** *Neue Oxydationszustände von Technetium.* Bei Verwendung von *1.2-Bis-[dimethylarseno]-benzol* (I) als Komplexbildner gelingt es, Verbb. mit Tc^{2+} u. Tc^{3+} darzustellen. Durch Rk. von K_2TcCl_6 mit I in wss.-alkohol. HCl wird $[Tc(C_{10}H_{16}As_2)_2Cl_2]Cl$ (II) gewonnen, das bei der Umsetzung mit *LiBr* in A. $[Tc(C_{10}H_{16}As_2)_2Br_2]Br$ (III) liefert. Mit *LiJ* wird aus III $[Tc(C_{10}H_{16}As_2)_2J_2]J$ (IV) erhalten, das mit J_2 in $[Tc(C_{10}H_{16}As_2)_2J_2]J_3$ (V) übergeht. IV wird durch A. oder SO_2 zu $[Tc(C_{10}H_{16}As_2)_2J_2]$ (VI) red., das mit J_2 wieder in IV zurückgeführt werden kann. Die Farbe von II ist orange (λ_{max} = 441 mμ), von III rot (λ_{max} = 472 u. 302 mμ), von IV tiefrot bis schwarz (λ_{max} = 574, 359 u. 294 mμ) u. von VI braun (λ_{max} = 514 u. 474 mμ). Die magnet. Momente von II sind 2,7, von III 3,2, von IV 3,4 u. von VI ca. 3,0 Bohrsche Magnetone. Während Lsgg. von II, III u. IV in *Nitromethan* eine Leitfähigkeit zwischen 75 u. 86 Ohm^{-1} besitzen, ist VI ein Nichtelektrolyt. (Nature [London] **183.** 1039—40. 11/4. 1959. London, Univ. Coll., William Ramsay and Ralph Forster Labors.) Herbert Müller. 351

William Freundlich, André Chrétien und **Françoi-André Josien,** *Über die Individualität des Doppelcarbids FeWC und seinen Charakter als Grenzverbindung für den Typ Fe_nW_nC.* Vff. untersuchten die chem. Eigg. des von Chrétien u. Mitarbeitern (vgl. C. **1957.** 3471) dargestellten Doppelcarbids *FeWC* (I). Es wird von 10%ig. HCl bei 100° schwach angegriffen, dagegen durch HF enthaltendes Königswasser bei 20° vollständig gelöst. Beim Erhitzen über 1400° dissoziiert I in Fe u. WC. Bei Ggw. von freiem C beginnt die Dissoziation bereits bei 1000° u. ist bei 1350° nach 2 Std. vollständig. I wird bei Erhitzen mit W, Fe u. WC nicht angegriffen, reagiert jedoch mit W_2C oberhalb 1200° unter Abscheidung von W u. Bldg. einer neuen, noch nicht identifizierten Phase, die jedoch kristallograph. von FeWC verschied. ist. Die Oxydation von I mit freiem O_2 beginnt bei ca. 550° u. ist bei ca. 880° unter Bldg. von WO_3 u. Fe_2O_3 beendet. Die chem. Analyse zeigte, daß I keinen freien C enthält, was auch aus der Oxydationskurve ersichtlich ist, die keinen Gewichtsverlust erkennen läßt, was bei Vorhandensein von freiem C der Fall sein müßte. Das gemäß der Rk. $W_2C + Fe \rightarrow FeWC + W$ bei 1200° erhaltene I ist prakt. frei von WC. Vff. kommen zu dem Ergebnis, daß die in der Literatur aufgeführten Verbb. Fe_6W_6C, Fe_3W_3C u. Fe_2W_2C noch nicht mit C gesättigt sind, u. daß I als Grenzverb. anzusehen ist. I hat auf Grund von Röntgenunterss. ein flächenzentriert kub. Gitter mit a = 11,08 Å; die D. ist 17,5. (C. R. hebd. Séances Acad. Sci. **242.** 2157—59. 23/4. 1956.) C. Gottfried. 354

Ju. D. Kosmanow (unter Mitarbeit von **T. A. Ugolnikowa** und **W. Ssubbotina**), *Röntgenographische Untersuchung der Reaktionen zwischen festen Eisenoxyden und Wolfram- und Molybdänoxyd.* Beim Erhitzen von FeO mit WO_3 wird die Bldg. von $FeWO_4$ durch Röntgenunters. nachgewiesen; aus Fe_2O_3 entsteht Fe_2WO_6 (I). Die anfängliche Beschleunigung der Oxydation von FeO im Kontakt mit WO_3 wird mit der Bldg. von I in der Außenschicht erklärt. Die Umsetzung der Fe-Oxyde mit MoO_3 führt zur Bldg. von $FeMoO_4$ u. MoO_2, daneben entsteht eine Y-Phase (vermutlich analog I Fe_2MoO_6), die auch beim Schmelzen von Rost mit 54% Mo gebildet wird. (Журнал Физической Химии [J. physik. Chem.] **31.** 1861—65. 1 Tafel. Aug. 1957. Swerdlowsk, Ural-Univ.) R. K. Müller. 354

Václav Hovorka und **Milan Král,** *Isostrukturelle isometallische Chelate.* 1. Mitt. *Eisen(II)- und Eisen(III)-Salz von N o-Salicyloyl-o-salicylidenhydrazon.* (Vgl. C. **1959.** 13096.) Als erstes Beispiel der isostrukturellen isometall. Chelate (vgl. l. c.) wurde das Fe(II)- u. Fe(III)-Salz des N-o-Salicyloyl-o-salicylidenhydrazon mit den Formeln $C_{28}H_{22}O_6N_4Fe$ (I), bzw. $C_{28}H_{21}O_6N_4Fe$ (II) untersucht. I wurde aus einem mit Bzn. überschichteten Gemisch von 0,76 g Mohrschem Salz, 0,1 g Weinsäure (III) u. 0,25 g $Na_2S_2O_4$ in 10 ml W. nach Zugabe von 0,55 g N-o-Salicyloyl-o-salicylidenhydrazon in 60 ml konz. NH_3 dargestellt; aus dem rotvioletten Reaktionsgemisch schieden sich nach einiger Zeit dunkle Kristalle ab, die nach 3 Tagen abgesaugt, mit Ae. gewaschen u. im Vakuum getrocknet wurden. — Aus dem Gemisch von nacheinander zugegebenen 0,13 g $FeCl_3 \cdot 6\,H_2O$ in 10 ml W., 0,5 g III in 5 ml W. u. 0,27 g Reagenz in 30 ml konz. NH_3 schied sich sofort ein amorphes braunes Salz aus, das nach 1 Min. in ein mikrokristallines Salz umgewandelt wurde. Im auffallenden Licht ist I rot, II dunkelbraun; im durchfallenden Licht ist I rotbraun u. II dunkelbraun. Beide Salze sind in W. u. NH_3 unlösl., in Pyridin (rotbraune Lsg.) gut löslich. II ist weder in polaren noch in nicht polaren organ. Lösungsmitteln löslich; mit Alkoholen u. einigen Estern liefert **I** rotbraune, allmählich hell werdende Lösungen. — Bei DTA zeigt **I** zwei Zonen der endotherm. Vorgänge (90—180°; 280 bis 380—400°), **II** eine Zone (360—420°). Bei der thermogravimetr. Analyse von **I** im CO_2-Strom hat die pyrolyt. Kurve einen mäßig aufsteigenden Charakter von 0 bis 100° (wahrscheinlich wegen Feuchtigkeitsverluste), das Gebiet bleibt oberhalb 100° bis zur Temp. von 280° unverändert, wo eine heftige, einem Gewichtsverlust von 49,44% entsprechende Zers. anfängt; bei weiterer Temperatursteigerung nimmt das Gewicht mäßig u. linear ab, bei 600° erreicht es erst 56,92%, während die Bldg. von Fe_2O_3 einen Gewichtsverlust von 85,93% voraussetzen müßte. Der Verlauf der Zers. von **II** ist durch die Gewichtsbeständigkeit innerhalb 0 bis 350° charakterisiert; dann tritt heftige Zers. (58,73% Gewichtsverlust bei ca. 420°) ein; anschließend setzt mit der Temp. ein mäßiger, linearer, 66,24% bei 600° erreichender Verlust ein (Theorie für Fe_2O_3 bei **II** beträgt 85,88%). Die ident. Analyse im Luftstrom gibt einen ähnlichen Charakter des Verlaufes, nur mit dem Unterschied, daß **I** innerhalb 0—100° keine Änderung zeigt; im Bereich von 100—220° (ca. bei 150°) liegt die erste Stufe der Gewichtsabnahme (5,4%) u. die zweite Stufe zwischen 220—280° (insgesamt 6,6%), worauf eine heftige Zers. bis zu 380° (71,5%) mit einer anschließenden dauernden u. mäßigen Gewichtsverminderung eintritt. — Bei **II** ist eine heftige Zers. nur in der Nähe von 350° zu bemerken, die bei ca. 420° beendet ist. Das Chelat ist dabei prakt. bis zu Fe_2O_3 (84,97% Gewichtsabnahme) zers., was auch das Aussehen des Prod. bestätigt. Aus den Ergebnissen der thermogravimetr. Analyse folgt, daß die Zers. des **I**-Salzes, obwohl sich **I** bei einer niedrigeren Temp. als **II** zu zersetzen anfängt, beim Erreichen höherer Tempp. langsamer ist als die Zers. des **II**-Salzes, was bei **I** auf die stärkeren Bindungen in der Umgebung des Zentralatoms hinweist. — Die Verbrennungswärme für **I** (— 2962,5 kcal/Mol) ist deutlich kleiner als die für **II** (— 3216,9 kcal/Mol), obgleich es bei der **I**-Verbrennung zu einer exothermen Oxydation Fe(II) → Fe(III) kommt. Ein endothermes, diesen Unterschied bewirkender Vorgang ist wahrscheinlich die Sprengung der Bindungen um das Zentralatom, die im **I**-Salz offensichtlich fester gebunden sind. Dies spiegelt sich auch in den Verbindungswärmen wider: — 521,39 kcal/Mol für **I** u. — 233,04 kcal/Mol für **II**. Aus den beigefügten Tabellen „Auswertung der Pulver-Diffraktionsdiagramme von Fe(II)- u. Fe(III)-Salz" von Bauer folgt, daß die Debyeogramme, obwohl die röntgenoskop. Unters. auf die Verwandschaft beider Chelate hinweist, ihre Identität deutlich 1710—15. Entsprechende Strukturformeln für **I** u. **II** sind angegeben. (Chem. Listy **52**. verneinen. Sept. 1958. Praha, Vys. škola chem.-technol., Kat. analyt. chem.) J. Vaněček/Prag. 354

Heinz W. Sternberg, Julius G. Shukys, Charles Delle Donne, Raymond Markby, Robert A. Friedel und **Irving Wender**, *Addition von Kohlenmonoxyd an Acetylendikobalthexacarbonyl. Ein neuer Komplextyp.* Vff. stellen durch Umsatz von Dikobaltoktacarbonyl mit CO u. Alkinen oder durch Behandeln von Dikobalthexacarbonylacetylenen mit CO einen neuen Typ von Komplexverbb., $Co_2(CO)_9RC\equiv CR'$ (**I**) dar. **I** reagiert mit Jod gelöst in Pyridin unter Entwicklung von 7 CO, mit ^{14}CO unter Austausch von 7 CO, während die beiden verbleibenden CO nicht zur Rk. gebracht werden können. Vff. schlagen daher in Übereinstimmung mit den IR-Spektren 2 Strukturen vor, in denen 2 Moleküle CO fest mit dem C_2H_2 über C–C-Bindungen verbunden sind. Auf die Wahrscheinlichkeit des Auftretens des Verbindungstyp **I** bei der durch $Co_2(CO)_8$ katalysierten Carbonylierung von C_2H_2 wird hingewiesen.

Versuche: *Dikobaltnonacarbonylpentin-(1)* (**II**) $Co_2(CO)_9 \cdot C_3H_7C\equiv CH$, F. 75 bis 77° (im Vakuum); man gibt in einen 500 ml Autoklaven 89,5 g $Co_2(CO)_8$, 80 ml n-Heptan, im Reagenzglas 25 ml Pentin-(1), verhindert Durchmischung bevor 170 atm CO-Druck erreicht, schüttelt 12 Std. bei 70°; rote Kristalle; Zers. an der Luft bei 76°; IR-Spektr. 2,41 (μ); 2,47; 2,76; 2,88; 3,27; 3,39; 3,42; 3,50; 4,03; 4,74; 4,83; 4,87; 4,91; 5,42; 5,68;, 6,05; 6,24; 6,74; 7,24; 7,48; 7,94; 8,29; 8,76; 9,17; 9,53; 9,95; 10,52; 11,11; 11,73; 12,07; 12,36; 15,17; 64% Ausbeute (bezogen auf Pentin-(1)]: **II** zerfällt beim Behandeln mit Überschuß von Pyridin bei Zimmer-Temp. unter Entw. 1,66 Mol CO/Mol **II**, $[Co(CO)_4]^-$ ist in den Lsgg. nachweisbar; mit C_2H_2 CO-Entwicklung; mit Überschuß an Phenylacetylen in Toluol unter He in 4 Std. 0,975 Mol CO/Mol **II**; mit Pentin-(1) CO-Entwicklung, das entstehende Öl zeigt IR-Verschiebung 5,33μ; 5,70. *Dikobaltnonacarbonylacetylen* (**III**) $Co_2(CO)_9C_2H_2$, aus 22,65 g $Co_2(CO)_6C_2H_2$ (**IV**) nach Sternberg u. Mitarbeitern (J. Amer. chem. Soc. **78**. [1956.] 120) mit 20 ml n-Hexan im Schüttelautoklaven unter 210 atm CO(Zimmertemp.) durch ca. 13 Std. Erhitzen auf 70—75°; rote Kristalle; Zers. 113—115° (im evakuierten Rohr, umkrist. aus PAe.); IR-Spektr. 2,40 (μ); 2,46; 2,75; 2,87; 3,21; 3,5; 4,04; 4,74; 4,83; 4,87; 4,91; 5,42; 5,62; 5,75; 6,47; 8,50; 9,20; 9,36; 10,05; 10,30; 11,50; 12,40; 13,80; 14,25; 90,1% Ausbeute (bezogen auf **IV**); beim 26std. Behandeln von **III** mit C_2H_2 Farbvertiefung unter Abgabe von 0,33 Mol CO u. Aufnahme von 1,18 Mol C_2H_2, IR-Verschiebung 4,74; 4,92 μ. —

Dikobaltnonacarbonyldimethylacetylen, $Co_2(CO)_9CH_3C{\equiv}CCH_3$, F. 108,5—109,5 (aus PAe., im evakuierten Rohr); man gibt zu 90 g $Co_2(CO)_8$ unter Rühren (Luftausschluß) in 10 ml Anteilen in 3 Std. 50 ml Dimethylacetylen, dest. nach Stehen über Nacht Überschuß im Vakuum ab (Zwischen-Prod. $Co_2(CO)_6CH_3C{\equiv}CCH_3$, dunkelroter Kristallbrei), überführt in Autoklaven mit 150 ml PAe. (35—45°), füllt mit 290 atm CO, erhitzt unter Schütteln 32 Std. auf 70—75°; weiter analog **III**; orangefarbene Kristalle, IR-Spektr. (in CS_2 u. CCl_4) 2,40; 2,45; 2,76; 2,87; 3,42; 4,03; 4,74; 4,82; 4,87; 4,91; 5,42; 5,67; 6,16; 6,33; 6,95; 7,20; 7,56; 8,19; 9,12; 9,42; 10,2; 10,48; 14,81; 21% Ausbeute, bezogen auf $Co_2(CO)_8$. (J. Amer. chem. Soc. **81.** 2339—42. 20/5. 1959. Pittsburgh, Pa., Bureau of Mines, Centr. Experim. Stat.; Air Reduktion Comp., Centr. Res. Labor.)

H.-J. HARTMANN. 355

Ernst Otto Fischer und **Helmut Werner,** *Di-cyclopentadien-nickel(0).* Dicyclopentadiennickel(0) (**I**) wird durch Umsetzung von Nickeltetracarbonyl mit *Cyclopentadien* (**II**) unter CO-Entwicklung erhalten. Kryoskop. Messungen in Bzl. ergaben monomol. Struktur der Verbindung. Durch Best. der mol. Susceptibilität konnte nachgewiesen werden, daß Ni(0) mit 2 Cyclopentadien-Resten über 4π-Bindungen als Durchdringungskomplex stabilisiert werden kann. Eine sp^3-Hybridisierung des Metalls mit tetraedr. einbezogenen, koordinativen Kovalenzen wird angenommen. In Übereinstimmung mit Messungen des Dipolmomentes wird von Vff. eine entsprechende Strukturformel vorgeschlagen. Die analoge Darst. des Bis-[methylcyclopentadien]-nickel(0) wird erwähnt.

Versuche: *Dicyclopentadiennickel(0)* **I**, $(C_5H_6)_2Ni$, F. 41—42° (in Ampulle unter N_2), man läßt zu 16,5 ml **II** in 100 ml absol. n-Hexan 5,5 ml $Ni(CO)_4$ zutropfen, rührt (gelbe Lsg.) eine Std. bei Zimmertemp. u. 18 Std. bei 70° (Braunfärbung), läßt unter N_2 erkalten, filtriert unter Luftabschluß, engt bei 40° im Vakuum ein, dest. bei 60—70° im Hochvakuum, trocknet 8 Std. bei 10—12° u. 2—3 Torr u. sublimiert im Hochvakuum bei 4—5°; rote Nadeln, Zers. bei 160—180°; mol. Susceptibilität $\chi_{Mol}^{T\to\infty}$(—100 $\pm$ 10) $\cdot 10^{-6}$ [cm^3/Mol] (in Ampulle unter N_2); Dipolmoment μ 1,16 $\pm$ 0,07 [DEBYE] (in Cyclohexan bei 25°); leicht löslich in Bzl., Ae., Hexan, Dioxan, CCl_4, CS_2, Tetrahydrofuran, Toluol, Acetonitril; beständig gegen W., verd. Laugen u. verd. Säuren; Zers. durch konz. Mineralsäuren; durch Luft im festen oder gelösten Zustand rasche Oxydation; an Carbonylwasserstoff erinnernder Geruch: λ_{Max} 570 mμ, IR-Spektr. 2851 (cm^{-1}), 2889, 2915, 2944, 3052, 3111, 887, 911, 1107; 18% Ausbeute (bezogen auf $Ni(CO)_4$); daneben stets $Ni(C_5H_5)_2$, grün. — *Bis-[methylcyclopentadien]-nickel(0)*, $(C_5H_5 \cdot CH_3)_2Ni$ analog **I** aus $Ni(CO)_4$ u. Methylcyclopentadien in n-Hexan; rote, ölige Flüssigkeit. (Chem. Ber. **92.** 1423—27. 1/6. 1959. München, Univ., Inst. für anorg. Chem.)

H.-J. HARTMANN. 356

F. A. Schaufelberger und **T. K. Roy,** *Trennung von Kupfer, Nickel und Kobalt durch selektive Reduktion in wäßriger Lösung.* Diskussion zu der C. **1958.** 5611 referierten Arbeit. (Bull. Instn. Mining Metallurgy Nr. **583.** Trans. **64.** 500—14. Juni 1955.) W. WESLY. 358

A_9. Mineralogische und geologische Chemie.

Ervín Slánský, *Zwei neue Klassifikationen von tonhaltigen Mineralien.* Interpretation der Vorschläge zur Klassifikation von tonhaltigen Mineralen von G. W. BRINDLEY (1955) u. von der engl. Kommission (Clay Minerals Group), geführt von G. BROWN (1955). (Časopis Mineralog. Geol. **3.** 358—62. 1958.) H. TŮMA. 372

Lotte Hein und **Günther Schwab,** *Über Verkieselungserscheinungen in der Braunkohle von Seifhennersdorf/Oberlausitz.* Die in einem geringmächtigen Mattbraunkohlenflöz im Hangenden der kleinen Polierschieferlagerstätte von Seifhennersdorf beobachteten Verkieselungserscheinungen werden beschrieben u. ihre Entstehung diskutiert. Die Kieselsäure gelangte nicht mit zirkulierendem Grundwasser in die schon verfestigte Kohle, sondern war bereits prim. im Bildungsraum der subaquat. Braunkohle vorhanden, wie aus dem Vork. von autochthonem Schwammrasen geschlossen werden kann. Die Verkieselung beschränkt sich auf eine Einkieselung von kleinen Wurzeln u. in geringem Maße von Holzgeweben. (Geologie **7.** 1049—57. 1958. Berlin.)

K. SCHAUERTE. 378

Boris Choubert, *Über die Bildung der Granite von Guayana im Laufe der Zeiten.* Geolog. Untersuchung. (C. R. hebd. Séances Acad. Sci. **247.** 100—03. 7/7. 1958. Gayenne, Inst. Franç. d'Amérique Tropical.) C. GOTTFRIED. 378

Charles Milton, J. M. Axelrod, M. K. Carron, und **F. Stearns,** *Gorceixit von Dale County, Alabama.* Es werden 2 Proben von Gorceixit aus eozänen Mergeln im Südosten Alabamas beschrieben. Ihre Zus. entspricht annähernd den Formeln $RAl_3(PO_4)_2(F,OH)_5$ $(H_2O)_3$ u. $R_{0,8}\ Al_{4,6}(PO_4)_2\ (F,OH)_{10}(H_2O)_{0,3}$, wobei R Erdalkalien u. Seltene Erden bedeutet. Röntgendiagramme zeigen, daß beide Minerale in die *Alunit-Plumbogummit-*

Beudantit-Gruppe gehören. Sie sind isotrop mit n = 1,61 u. D. ca. 3,09. (Amer. Mineralogist **43.** 688—94. Juli/Aug. 1958. Washington, D. C., US Geol. Survey.)
J.-E. Hiller. 380

Vladimír Bouška, *Konzentration von Germanium in Kohlen und deren Aschen.* Kurze Übersicht über den Ge-Geh., dessen Konz. u. Herkunft in verschied. Kohlearten. 17 Literaturangaben. (Časopis Mineralog. Geol. **3.** 330—33. 1958.) H. Tůma. 380

Edward J. Young, *Ein Vorkommen von Gorceixit in Arkansas.* Vf. beschreibt das Vork. von Gorceixit als Inkrustation auf Klüften im Novaculit von Arkansas. Die Lichtbrechung ist 1,61. Eine halbquantitative Spektralanalyse ergibt Al, P als Hauptbestandteile, Ba, Fe 7, Sr 3%. Als Seltene Erden wurden bestimmt Ce, Cr, Cu, Nd 0,03, Dy, Dr, Gd, La, Sc 0,015%. Typ. für das Vork. ist ferner der Geh. an U, der ebenso wie Si, As 0,3% beträgt. (Amer. Mineralogist **43.** 762—65. Juli/Aug. 1958. Denver, Colo., US. Geol. Survey.) J.-E. Hiller. 380

J. Minčeva-Stefanova, *Über die kristallochemischen Beziehungen zwischen Pyrit und Kobaltglanz.* Gesetzmäßige Verdrängungen von Pyrit durch Kobaltglanz werden beschrieben. Dabei wird angenommen, daß die Umwachsung oder Verdrängung des Pyrits durch den Habitus der Pyritkristalle, bes. durch den Charakter der Netzebenen, mit denen die Co–S- u. As-Ionen in Kontakt kommen, kontrolliert wird. Bei den Ebenen (210) sind die Netzmaschen viel größer als bei (100). Daher dringen die Co- u. As-Ionen leichter in das Kristallgitter des Pyrits u. verdrängen gesetzmäßig die Fe- u. einen Teil der S-Atome. (Chem. d. Erde **19.** 386—91. 1958. Sofia, Bulgar. Akad. der Wiss., Geolog. Inst.) J.-E. Hiller. 378

Heinrich D. Holland, George G. Witter jr., William B. Head III und **Ruth W. Petti,** *Der Gebrauch von auslaugbarem Uran in der geochemischen Prospektion auf dem Colorado-Plateau.* 2. Mitt. *Die Verteilung von auslaugbarem Uran in Oberflächenproben aus der Nachbarschaft von Erzkörpern.* (1. vgl. C. **1958.** 11759.) Aus der Nähe von U-Erzkörpern in Utah u. Arizona wurden Bodenproben entnommen u. auf den auslaugbaren Urangeh. untersucht. Dabei konnte das Vork. von U-Erz in beträchtlicher horizontaler Entfernung vom Erzkörper festgestellt werden, während in vertikaler Richtung die Wrkg. 30 Fuß nicht überschritt. Bei Marysvale befindet sich die Erzader im Quarzmonzonit. Hier durchdringt das U das Nebengestein nicht weiter, als Veränderungen sichtbar sind. Es zeigt sich, daß bei geringen Tiefen des Erzkörpers das auslaugbare U als Mittel für die Prospektion benutzt werden kann. (Econ. Geol. **53.** 190—209. März/April 1958. Princeton, N. J., Princeton Univ.) J.-E. Hiller. 380

Th. Hügi, F. De Quervain und **G. Welti,** *Uranvererzungen in Gesteinen des Bernhardkristallins (Kt. Wallis, Schweiz).* Radioakt. Gesteine wurden in den Stollen der Grande Dixence S. A. [Isérable/Rhônetal (I) u. Sarreyer/Val de Bagnes (II)] entdeckt. Röntgenchem. u. chalcograph. Analysen ergaben die Anwesenheit von U in Form von Pechblende. Im Falle von **I** tritt das U-Vorkommen in schieferigen Chloritgneisen in Form eines schwärzlichen Erzes auf; die Pechblende ist an Pyrit, Kupferkies, Bleiglanz u. Hämatit (Staub) gebunden. Bei **II** ist keine Vererzung zu beobachten; es handelt sich bei dem radioakt. Gestein (Aktivität bis 0,8 mr/Std.) um einen carbonatführenden Serizitquarzit, der U enthält. (Experientia [Basel] **14.** 234—35. 15/7. 1958. Bern, Univ., Mineral.-petrograph. Inst.; Zürich, ETH, Mineralog.-petrograph. Inst.; Lausanne, Grande Dixence S. A.) W. Karcher. 380

G. C. Amstutz, *Die Genese der Mississippi-Valley-Lagerstätten (USA).* Die Streitfrage um die Genese der Mississippi-Valley–Pb–Zn-Lagerstätten wird zugunsten einer syngenet. u. hypogenen Entstehung aus hydrothermal-exhalativen, großenteils koll. sedimentierten Erzlsgg. entschieden, die entlang uralten, immer wieder aufgebrochenen rhegmagenen Bruchsystemen aufdrangen. (Experientia [Basel] **14.** 235—37. 15/7. 1958. Rolla, Mo., School of Mines and Metallurgy, Dep. of Geol.) W. Karcher. 380

H. M. E. Schürmann, *Massengesteine aus Ägypten.* 18. Mitt. *Die präkambrischen Gneise und Schiefer im nördlichen Teil der östlichen Wüste.* (17. vgl. C. **1958.** 664.) Nach einer geolog. Übersicht beschreibt Vf. die Ergebnisse von Geländeaufnahmen u. behandelt die Petrographie u. die Stratigraphie der östlichen Wüste u. Arabiens. Vom farsundit., stark sal. Um-Arta-Gneis, vom alkaliaplitgranit., stark sal. Gharib-Riebeckitgranit u. vom aplitgranit., stark sal. Dara-Granit (hell) wurden die chem. Analysen ausgeführt. (Neues Jb. Geol. Paläontol., Abh. **107.** 103—36. Okt. 1958. Den Haag.)
K. Schauerte. 382

Nicole Parjadis de Larivière, *Untersuchung der Tonphase der kretazäischen „verzementierten Schichten" aus der Umgebung von Grenoble (Isère).* Vf. untersuchte die Tonfraktionen der tonigen Kalksteine aus dem Steinbruch des Combes, nordöstlich von

Grenoble u. aus dem Steinbruch von Sassenage am linken Ufer der Isére. Es wird darauf aufmerksam gemacht, daß sich die Tone wegen ihres genügend hohen Al-Geh. sehr gut zur Zementherst. eignen. Die Röntgenanalyse des ersten Tons ergab einen Geh. von ca. 60% *Illit*, 22% *Kaolinit* u. 18% *Quarz*. Der zweite Ton enthält keinen Kaolinit u. besteht zum größten Teil aus Illit. Die chem. Analysen beider Illite sind angegeben. Die Genese wird kurz diskutiert. (C. R. hebd. Séances Acad. Sci. **246.** 3487—90. 23/6. 1958. Grenoble, Fac. des Sci., Labor. de Géol.) C. GOTTFRIED. 385

René Fabre und **Marcel Chaigneau,** *Über die vulkanischen Gase des Mont Pelé (Martinique) und der Grande Soufrière von Basse-Terre (Guadeloupe).* Gasanalyt. untersuchten Vff. das aus einer Fumarole des Mont Pelé (I) sowie das aus 2 Fumarolen des Grande Sufrière (II u. III) austretende Gas. Das durch P_2O_5 getrocknete **I** enthielt 0,55 (%) CO_2, 20,53 O_2 u. 78,92 N_2 + Edelgase. Nicht festgestellt werden konnten H_2, KW-stoffe, CO, SO_2, H_2S u. HCl. Vergleicht man die Zus. des Gases mit der, die MOISSON (1902) kurz nach der Eruption des Mont Pelé erhalten hatte, dann lassen sich große Veränderungen feststellen. Die Analyse von **II** ergab in % H_2S 5,48; SO_2 20,71; CO_2 63,81; O_2 2,15; CH_4 1,18; N_2 + Edelgase 6,67 u. von **III** H_2S 4,17; SO_2 26,32; CO_2 63,20; O_2 0,60; CH_4 0,54; N_2 + Edelgase 5,16; HCl Spuren. Gegenüber Analysen von 1902 bzw. 1904 wurden nur geringe Unterschiede festgestellt. (C. R. hebd. Séances Acad. Sci. **247.** 15—19. 7/7. 1958. Paris, Fac. de Pharmacie, Labor. des Gaz du C.N.R.S.) C. GOTTFRIED. 386

G. B. Mitra und **J. Sen,** *Röntgenuntersuchung von anorganischen Strukturbestandteilen im fossilen Holz.* An silifiziertem Holz der Gattung Dadoxylon wurden mit Röntgenbeugung folgende Minerale festgestellt: *Quarz, Carnegieit, Serpentin, Amesit, Willemit,* ferner wenig *Magnetit, Pyrit, Dickit* u. *Brucit.* Nur Quarz u. Pyrit waren bisher als Versteinerungsmaterial bekannt. (Amer. J. Sci. **254.** 257—59. April 1956. Kharagpur, Indian Inst. of Technol., Dep. of Phys.; Calcutta, Univ. Coll. of Sci., Botanical Labor.) J.-E. HILLER. 390

Marc Schoeller, *Die Veränderung der chemischen Zusammensetzung der Bodenlösungen nach den pedologischen Horizonten.* Unterss. zeigten, daß die chem. Zus. der Bodenlsgg. u. Untergrundwässer in den Böden (im Gebiet von Bordeaux) in verschied. Bodenhorizonten variiert. In Podsolböden ist der Geh. an Ca u. Mg in den oberen Horizonten niedrig, steigt aber mit der Tiefe. Das gleiche bezieht sich auch auf Hydrogencarbonate, soweit durch neu hinzukommende Wassermengen eine Auslaugung einsetzt. Nach längerer Regenperiode findet man jedoch die größten Hydrogencarbonatmengen in A-Horizonten, wo sich die größten CO_2-Mengen auf biolog. Wege bilden. Das Verhältnis SO_4:Cl bleibt während der Infiltrationsperioden etwa gleich, bei der Verdunstung schwankt es in den einzelnen Horizonten. In Braunen Böden ist der Geh. an Ca u. Mg in der Weise differenziert, daß die oberen u. unteren Bodenhorizonte an diesen Elementen reicher als die mittleren sind. Der Geh. an Carbonaten variiert nach den Bodenschichten, an Si steigt er in bestimmten Fällen, in manchen aber sinkt er in der Richtung zum Muttergestein. Im allg. äußert sich die Differenzierung des Salzgeh. in Braunen Böden stärker als in Podsolböden, was sich hauptsächlich durch reichlicheren Tongeh. in den ersteren (langsamere Infiltration) u. Ca in ihrem Muttergestein erklärt. (C. R. hebd. Séances Acad. Sci. **246.** 2276—78. 14/4. 1958.) M. GORDIENKO. 393

T. M. Donahue, *Ursprung von Natrium und Lithium in der oberen Atmosphäre.* Die Ermittlung des Mengenverhältnisses Li:Na aus dem Intensitätsverhältnis der Resonanzstrahlung von Li u. Na im Dämmerungslicht ist sehr fehlerhaft, so daß nicht sicher der Ursprung beider Elemente in der oberen Atmosphäre angegeben werden kann. Wahrscheinlich entstammt Li meteorit. Quellen, obwohl auch Atomexplosionen einen Beitrag zum Li-Geh. liefern können. Na ist dagegen sehr wahrscheinlich marinen Ursprungs. (Nature [London] **183.** 1480—81. 23/5. 1959. Pittsburgh, Pa., Univ. of Pittsburgh, Dep. of Phys.) HERBERT MÜLLER. 396

Philip Hauge Abelson, ed., Researches in geochemistry. New York: Wiley; London: Chapman & Hall. 1959. (X + 511 S. m. Abb., Tab, Diagr. u. Taf.) 88 s.

Carl Hintze, Handbuch der Mineralogie. Erg.-Bd. 2, Lfg. 9. 2: Neue Mineralien und neue Mineralnamen. Mit Nachtr., Richtigstellungen u. Erg. Berlin: de Gruyter. 1959. (79 S.) 8°. DM 26.—.

Günter Möbus, Der „Syenit" von Plowdiw in Bulgarien. Berlin: Akademie-Verl. 1959. (34 S. m. 18 Abb., 1 Taf. u. 4 S. Abb.) 4° = Abhandlungen d. Dt. Akademie d. Wissenschaften zu Berlin. Klasse f. Chemie, Geologie u. Biologie. Jg. 1958, Nr. 7 = Abhandlungen zur Geotektonik. Nr. 17. DM 5.70.

Paul Ramdohr, Weitere Untersuchungen über radioaktive Einwirkungen auf natürliche Mineralien. Berlin: Akademie-Verl. 1958. (9 S. m. 7 Taf.) 4° = Abhandlungen d. Dt. Akademie d. Wissenschaften zu Berlin. Klasse f. Chemie, Geologie u. Biologie. Jg. 1958, Nr. 4. DM 3.70.

Paul Ramdohr, Die Uran- und Goldlagerstätten Witwatersrand, Blind River District, Dominion Reef, Serra de Jacobina: Erzmikroskopische Untersuchungen und ein geologischer Vergleich. Berlin: Akademie-Verl. 1958. (35 S. m. 19 Taf.) 4° = Abhandlungen d. Dt. Akademie d. Wissenschaften zu Berlin. Klasse f. Chemie, Geologie u. Biologie. Jg. 1958, Nr. 3. DM 10.—.

B. Allgemeine und theoretische organische Chemie.

Harden M. McConnell, *Errata: Spindichtematrizen für paramagnetische Moleküle.* (Vgl. C. **1959.** 1389.) Korrektur einer Gleichung sowie der Spindichtematrix für das *Allylradikal.* (J. chem. Physics **30.** 328. Jan. 1959. Pasadena, Calif., Inst. of Technol., Gates and Crellin Labors. of Chem.) K. FRENKLER. B 10

Shoji Shida und **Zen-ichiro Kuri,** *Strukturen und Elektronenzustände von Cyclobutadien.* (Vgl. Bull. chem. Soc. Japan **27.** [1954.] 243.) Die Energiezustände von *Cyclobutadien* werden nach dem ASMO-Verf. als die eines 4π-Elektronensyst. berechnet, einmal für ein quadrat. Modell mit 1,40 Å Seitenlänge *l*, andererseits für ein rechteckiges Modell mit den *l* 1,33 u. 1,54 Å (nach MOFFITT, „Atome in Moll.“). Nach dem ASMO-Verf. ist der Grundzustand $^1A_{1g}$ um 0,7 eV höher als der Zustand $^3A_{2g}$. Nach dem MOFFITT-Verf. ist ersterer um 0,9 eV stabiler als letzterer. Der Energiewert der erlaubten Übergänge $^1A_{1g} \rightarrow {}^1B_{2u}$ des quadrat. Modells ist 10,3 eV (nach ASMO), dagegen nach MOFFITT 8,6 eV. Letzterer gilt als richtigerer Wert. (J. chem. Soc. Japan, pure Chem. Sect. [Nippon Kagaku Zassi] **76.** 322—28. März 1955. [Orig.: japan.]) L. SCHULER. B 10

D. N. Schigorin, *Über das Elektronenmodell der chemischen Struktur von Molekülen.* 2. Mitt. (1. vgl. C. **1959.** 6049.) Die Eigg. konjugierter Verbb. (höherer KW-stoffe, wie *Coronen, Triphenylmethyl, Pyren, Triphenylen, Phenanthren, Anthracen, Naphthalin, Bzl., Chrysen, Benzperylen, Ovalen,* Heterocyclen, wie *Pyridin* u. *Chinolin,* Diphenyl-Derivv.) können durch ein Elektronenmodell, das auf der Quantenchemie u. der Strukturtheorie BUTLEROWs beruht, gedeutet werden. Die Eigg. von Bindungen sind durch die Zahl u. Art der nächsten, übernächsten u. entfernterer Nachbarn bestimmt. Entsprechende Formeln sind angegeben, danach können Grad der Ungesättigtheit, Bindungsgrad der Doppelbindung, Bindungsenergie, Bildungsenergie des Mol. u. β-Integrale in Übereinstimmung mit experimentellen Werten u. den Daten der MO-Meth. berechnet werden. (Журнал Физической Химии [J. physik. Chem.] **32.** 1739—62. Aug. 1958. Physik.-chem. Karpow-Inst.) M. WIEDEMANN. B 10

May N. Inscoe, John H. Gould, Mary E. Corning und **Wallace R. Brode,** *Beziehung zwischen den Absorptionsspektren und der chemischen Konstitution der Farbstoffe.* 29. Mitt. *Wechselwirkung direkter Azofarbstoffe in wässeriger Lösung.* (28. vgl. C. **1957.** 5799.) Wechselwrkg. zwischen Mischungen verschied. Farbstoffe in der wss. Lsg. äußert sich in charakterist. Abweichungen des Spektr. des Gemischs von der Summe ihrer Einzelspektren. Am reaktionsfreudigsten verhielten sich hierbei Azofarbstoffe der Benzidin-, o-Dianisidin- oder o-Toluidinreihe. Der Einfl. funktioneller Gruppen, u. a. auf die Faktoren Wechselwrkg., wurde untersucht. Ggw. von A. oder nichtionogener Reinigungsmittel verhinderte die Wechselwrkg., während anscheinend anorgan. Salze oder erhöhte Konz. der Farbstoffe abschwächend wirkten. Additive Spektren liefern Farbstoffgemische mit gleichen oder sehr ähnlichen Endgruppen oder mit SO_3H-Gruppen im mittleren Teil des Moleküls. Saure Farbstoffe sind in Lsg. allg. zu mol. dispers gelöst u. neigen weniger zu Wechselwrkg.; Monoazofarbstoffe mit NH_2-Gruppen sind weniger akt. bzgl. Wechselwrkg. als solche mit OH-Gruppen, ebenso auch Monoazofarbstoffe in Mischung mit Trisazofarbstoffen. Ähnlich verhalten sich im allg. saure Triphenylmethanfarbstoffe, während opt. Bleichmittel mit direkt ziehenden Azofarbstoffen nichtadditive Spektren lieferten. — Die Ergebnisse der Unterss. bestätigten die Annahme, daß die bei der Wechselwrkg. in Gemischen direkter Azofarbstoffe beteiligten Einfll. auch die Aggregation der einzelnen Farbstoffe u. ihrer Affinität zur Faser bewirken. Folgende Farbstoffe wurden untersucht: *Kongorot, Diaminviolett N, Chrysamin G, Toluylenorange R, Benzopurpurin 4 B, Benzoblau 3 B, Benzopurpurin 10 B, Benzoazurin G, Dianilblau G, Diaminreinblau FF, Brillantgelb, Chrysophenin G, Benzoechtgelb 5 GL* u. *4 GL, Benzoechtrosa 2 BL, Benzoechtrot 8 BL, Diaminechtviolett, Sambesischwarz D, Benzoechtblau FR, Columbiaschwarz FF extra, Diaminbronze G, Direkttiefschwarz EW extra, Chlorazoldunkelgrün, Diamingrün B, Kongobraun B, Erika B, Chloramingelb, Croceinorange G, Orange G-Azoeosin G, Orange II, Amaranth, Cochenillerot A, Eriochromblauschwarz B* u. *R, Sulfonsäureblau B, Naphtholblauschwarz, Tuchrot G, Brillantcrocein M, Ponceau SS extra, Säureschwarz N, Nerol 2 B, Sulfocyaninschwarz B, Naphthylaminschwarz D, Säureanthracenrot 3 B, Guineagrün B, Methylviolett, Methylenblau, Genacrylrosa G, p.p'-Bis-[2-hydroxy-5-methylbenzolazo]-stilben-2.2'-disulfonsäure (Di-Na-Salz), 2-Benzolazo-1-aminonaphthalin-4-sulfonsäure (Na-Salz), 4-Benzolazo-1-aminonaphthalin-8-sulfonsäure (Na-Salz), 2-Benzolazo-1-amino-8-hydroxynaphthalin-3.6-disulfonsäure (Di-Na-Salz), 4-Benzolazo-1-aminonaphthalin-2.2'-disulfonsäure (Di-Na-Salz), 2-Benzolazo-1-aminonaphthalin-3'.5-disulfonsäure, 2-[Naphthalin-(2')-azo]-1-hydroxy-8-aminonaphthalin-3.6.6'-trisulfonsäure (Tri-Na-Salz), 4'-[p-Aminophenyl]-4-hydroxyazobenzol-3-carbonsäure (Na-Salz), 4.4'-Bis-[2.4-d-*

methoxybenzoylamino]-stilben-2.2'-disulfonsäure (Di-Na-Salz), 4.4'-Bis-[4.6-dianilino-1.3.5-triazinyl-(2)]-stilben-2.2'-disulfonsäure (Di-Na-Salz), 4.4'-Bis-[4-(bis-β-hydroxyäthyl)-amino-6-anilino-1.3.5-triazinyl-(2)]-stilben-2-sulfonsäure (Na-Salz). (J. Res. nat. Bur. Standards **60.** 65—83. Jan. 1958.) A. SANDER. B 118

G. W. H. Cheeseman, *Chinoxaline und verwandte Verbindungen.* 4. Mitt. *Die Feinstruktur von 2- und 3-Hydroxychinoxalinen und 2-Amino- und 2-Mercaptochinoxalinen.* (3. vgl. C. **1959.** **3483.**) Auf Grund von UV-spektroskop. Unterss. u. potentiometr. Best. von pK-Werten wird geschlossen, daß die 2- u. 3-Hydroxychinoxaline in Lsg. weitgehend in der Amidform vorliegen. 2-Aminochinoxaline scheinen in Lsg. in der Aminoform u. 2-Mercaptochinoxaline in der Thioamidform vorzuliegen. In einer Tabelle sind die Absorptionsmaxima, die Extinktionswerte sowie die pK-Werte folgender Verbb. angegeben: *Chinoxalin, 2-Methyl-, 2-Chlor-, 2-Hydroxy-* (pK_a 9,12 u. —1,38, in W. bei 25°), *2-Methoxy-* (0,28), *1.2-Dihydro-1-methyl-2-oxo-* (—1,15), *2-Hydroxy-3-methyl-* (9,88, 0,48), *2-Methoxy-3-methyl-* (1,38), *1.2-Dihydro-1.3-dimethyl-2-oxo-* (0,51), *2.3-Dihydroxy-, 2.3-Dimethoxy-* (—1,15), *1.2-Dihydro-3-methoxy-1-methyl-2-oxo-, 1.2.3.4-Tetrahydro-1.4-dimethyl-2.3-dioxo-, 1.2-Dihydro-3-hydroxy-1-methyl-2-oxo* (9,74), *2-Amino-* (3,90), *2-Methylamino-* (4,10), *2-Dimethylamino-* (3,72, in 10%ig. A.), *2-Mercapto-* (7,72, in 50%ig. A., —1,11) u. *2-Methylmercaptochinoxalin* (0,26). (J. chem. Soc. [London] **1958.** 108—13. Jan. London, Queen Elizabeth Coll.) H. J. BESTMANN. B 118

Ch. L. Arwan, *Spektraluntersuchung der Wechselwirkung von zwei Farbstoffen in Lösung.* Wie 2 verschied. Azofarbstoffe bilden auch Thiazin- mit Acridinfarbstoffen in wss. Lsg. Verbb., wie aus den Absorptionsspektren ersichtlich ist. Bei den Thiazinfarbstoffen nimmt die Aktivität zu in der Reihe *Thionin* (I) < *Methylenblau* (II) < *Toluidinblau* (III), bei den Acridinfarbstoffen in der Reihe *Acridin* (IV) < *Trypaflavin* (V) < *Acridingelb* (VI) = *Rhodulinorange* (VII). In wss. Lsg. bilden sich dimere u. andere Komplexe, in organ. Lösungsmitteln entstehen Komplexe erst bei tieferer Temp.; bei höherer Temp. werden die Komplexe zerstört; ihre Entstehung stabilisiert die Absorption in verd. Lsgg., die zur Entfärbung neigen. Die Beständigkeitskonstanten der Komplexe ($k \cdot 10^4$) sind bei **I—VI** 1,2, **II—VI** 0,8, **III—VI** 0,4, **II—IV** 11,8, **II—V** 1,4, **II—VII** 0,8. Die Energie der Komplexbldg. beträgt bei der Verb. **II—VI** ca. 9 kcal/Mol, d. h. das 1,5fache der Energie der homogenen Dimerisation von **II**. Auch bei anderen Farbstoffen wird eine Schwächung der homogenen Aggregation in bin. Systemen festgestellt. (Доклады Академии Наук СССР [Ber. Akad. Wiss. UdSSR] **121.** 123—25. 1/7. 1958.) R. K. MÜLLER. B 118

F. F. Litwin und **A. A. Krassnowski,** *Untersuchung der Fluorescenzspektren von Pflanzenblättern im Gebiet 400—850 mμ.* (Vgl. C. **1959.** 4083.) Die bei —150° aufgenommenen Fluorescenzspektren ätiolierter Blätter (Bohne, Mais, Roggen) zeigen Maxima bei 632, 655 (stärkste Intensität), 690 u. 707 mμ, von denen die bei 655 u. 707 mμ in den ersten Min. der photochem. Biosynth. des *Chlorophylls* (I) rasch verschwinden, das bei 632 mμ langsam, während ein neues Maximum bei 690—684 mμ auftritt. Dieses wird schwächer, ein neues Maximum (672—675 mμ) erscheint u. verschiebt sich nach 680 mμ. In den Spektren der grünen Blätter liegen Maxima bei 686, 730—735 u. 812—815 mμ u. eine schwache, schmale Bande bei ca. 690 mμ vor, die offenbar I (oder einer Form von I) zugehört. Bei 600, 410, 420—425, 435—440, 455—460, 515—520, 535, 555 u. 595 mμ liegen Maxima vor. Zuordnung der Maxima: 633, 707 Proto-I, 655 u. 690—694 Zwischenformen von I-Vorläufern, 440 u. 455—460 vielleicht Pyridinnucleotide, 535, 555, 595 vielleicht Zwischenprodd. der Umwandlung von Flavinen oder Proto-I u. I. (Доклады Академии Наук СССР [Ber. Akad. Wiss. UdSSR] **120.** 764—67. 1/6. 1958. Moskau, Lomonossow-Univ. u. Akad. der Wiss. der UdSSR, Bach-Inst. für Biochem.) R. K. MÜLLER. B 118

R. A. Ford und **F. Parry,** *Elektronen- und Schwingungszustände von Carbonylverbindungen.* 1. Mitt. *Elektronenzustände von Campherchinon.* Vff. untersuchten das Absorptionsspektr. von *Campherchinon* bei Zimmertemp. in n-Hexan, Ae., Methylalkohol u. 50%ig. Essigsäure u. das Emissionsspektr. bei 77° K. Das Absorptionsspektr. in n-Hexan zeigte 3 Absorptionsgebiete: Syst. I, das sich von 29000—40000 cm^{-1} erstreckt, Syst. II von 20000—25000 cm^{-1} u. Syst. III, welches einem sehr schwachen Übergang entspricht u. das sich von 17000—19000 cm^{-1} erstreckt. Der Übergang des Syst. I ist durch eine gut aufgelöste Schwingungsstruktur von 7 Banden charakterisiert; der Übergang ist sehr breit u. die Intensität nimmt nach höheren Energien zu. Die wenig intensive Oscillatorstärke von $6{,}38 \cdot 10^{-4}$ deutet darauf hin, daß der Übergang teilweise verboten ist. Syst. I wird $^1A_1 \rightarrow$ II $^1B_1$-Übergängen zugeordnet, O.O-Bande bei 33000 cm^{-1}. Der Übergang des Syst. II zeigt auch etwas Schwingungsstruktur, läßt sich jedoch nicht genügend genau analysieren. Die Oscillatorstärke mit $4{,}2 \cdot 10^{-4}$ ist ähnlich der von Syst. I. Syst. II wird $^1A_1 \rightarrow$ I $^1B_1$-Übergängen zugeordnet. Der Übergang des Syst. III ist sehr schwach. In dem Syst. I bleibt beim Übergang zu mehr polaren Lösungsmitteln die Schwingungsstruktur zwar erhalten, wird aber diffuser. In Ae. u. Methylalkohol treten schwache Rotverschiebungen mit geringer Intensitätszunahme auf; in 50%ig. Essigsäure ist die Intensitätszunahme sehr deutlich, auch scheint eine geringe Rotverschiebung aufzutreten. Die Schwingungsstruktur des Syst. II tritt in Methylalkohol u. Essigsäure nicht mehr auf, u. außerdem wurden beträchtliche Blauverschiebungen beobachtet. Kristalle zeigten bei 77° K eine sehr scharfe, gelbe Emission, die sich von 16500—18000 cm^{-1} (Zuordnung I$^3B_1 \rightarrow {}^1A_1$ oder I$^3A_2 \rightarrow {}^1A_1$) erstreckte; 5 schmale Schwingungsmaxima zeigten Abstände von 35—40 cm^{-1}. In einem Glas, das aus Methylcyclohexan u. 2.2.4-Trimethylpentan (8:1) bestand, wurde bei 77° K die Lebensdauer der Emission zu $7{,}1 \cdot 10^{-3}$ Sek. gemessen. (Spectrochim. Acta [London] **12.** 78—87. März/April 1958. Pontypool, British Nylon Spinners Ltd., Res. Dep.) C. GOTTFRIED. B 118

Shukichi Yamana, *Molekularrotation von Gluciden in Beziehung zu ihrer Struktur.* 3. Mitt. *Optische Superposition bei Pentosen.* (2. vgl. C. **1959.** 7066.) Die Meth. der Berechnung (l. c.) der opt. Rotationskraft nach der Polarisierbarkeitstheorie von KIRKWOOD wurde vom Vf. auf die Pentosegruppe (*β-L-* u. *α-L-Arabinose, α-D-* u. *β-D-Xylose, α-D-* u. *β-D-Ribose*) angewendet. Vf. kommt zum Schluß, daß das von KIRKWOOD aufgestellte Prinzip der opt. Superposition bei dieser Gruppe zutrifft. (Bull. chem. Soc. Japan **30.** 916—20. Nov. 1957. Fushimi-ku, Kyoto, Kyoto Gakugei Univ., Dep. of Chem. [Orig.: engl.]) G. TALSKY. B 119

Shukichi Yamana, *Molekularrotation von Gluciden in Beziehung zu ihrer Struktur.* 4. Mitt. *Die innere Konfiguration der $C_{(6)}$—O-Bindung der D-Mannopyranose und D-Glucopyranose in wässeriger Lösung.* (3. vgl. vorst. Ref.) Gemäß der Unters. von MCDONALD u. BEEVERS (C. **1953.** 3859) stimmt die innere Konfiguration der $C_{(6)}$—O-Bindung in krist. *α-D-Glucopyranose* (I) fast genau mit der gauche-1-Form überein. Dies konnte mit Hilfe einer neuen Rechenmeth. vom Vf. bestätigt werden. Daraus kann man schließen, daß beim Auflösen von I u. *D-Mannopyranose* (II) in W. die innere Konfiguration der $C_{(6)}$—O-Bindung von gauche I- in die hauptsächlich trans- u. wenig in die gauche II-Form übergeht. Andererseits fanden MIZUSHIMA, MORINO u. SHIMANOUCHI (J. chem. Soc. Japan, pure Chem. Sect. [Nippon Kagakuzassi] **73.** [1952.] 621) ein empir. Gesetz auf, wonach Moll. vom Typ XH_2CCH_2Y in der Lage sind, in einigen rotationsisomeren Formen im fl. oder gasförmigen Zustand aufzutreten, von denen eine mit der Form im festen Zustand ident. ist. Die Befunde des Vf. scheinen von obigem empir. Gesetz abzuweichen, wofür in eingehender Diskussion eine Erklärung gefunden wird. (Bull. chem. Soc. Japan **30.** 920—24. Nov. 1957. [Orig.: engl.]) G. TALSKY. B 119

Yutaka Nishino, Junji Ukida und **Tsugio Kominami,** *Die Infrarotabsorption der sekundären Alkoholgruppe.* (Kurze Mitt.) Die IR-Absorption von *Isopropylalkohol* verschiebt sich durch Verdünnung mit CS_2 von 9,02 nach 9,33 μ. Während des Verdünnen sind beide Banden zu beobachten; die 2. Bande wird der freien sek. OH-Gruppe zugeschrieben. Es wird angenommen, daß die Absorptionsbanden von *Polyvinylalkohol* bei 8,74 u. 9,14 μ der H-gebundenen bzw. der freien sek. OH-Gruppe zuzuordnen sind. (J. chem. Soc. Japan, ind. Chem. Sect. [Kōgyō Kagaku Zassi] **58.** 159—160. Febr. 1955. Toyama, Kurashiki Reyon Co. [Orig.: japan.]) L. SCHULER. B 120

Lucienne Taurel, Claude Delain und **Chantal Guérin,** *Das Raman-Spektrum des Glykokollsulfats $(CH_2NH_2CO_2H)_3SO_4H_2$ bei normaler Temperatur.* Vff. bestimmten das RAMAN-Spektr. eines *Glykokollsulfat*-Einkristalls im polarisierten Licht in Aufstellungen die den Hauptachsen des Brechungsindexellipsoids entsprechen. Die beobachteten Frequenzen u. ihre Intensitäten werden zu den Symmetrieelementen des Kristalls in Beziehung gesetzt. Es ergibt sich, daß die SO_4^{2-}-Ionen nicht als Träger des elektr. Moments auftreten, das parallel zur bin. Achse gerichtet ist. Die Ferroelektrizität des Kristalls muß daher Glykokollmoll. zugeschrieben werden. (C. R. hebd. Séances Acad. Sci. **246.** 3042—44. 28/5. 1958.) M.-L. KLAAR. B 120

Heinrich Kriegsmann, *Spektroskopische Untersuchungen an Siliciumverbindungen.* 3. Mitt. *Die Schwingungsspektren der Derivate $(CH_3)_2SiX_2$.* (2. vgl. C. **1959. 2398.**) Die zum großen Teil erstmalig vermessenen IR- u. RAMAN-Spektren der Verbb. *$(CH_3)_2 \cdot SiX_2$, X = H, F. Cl, Br* werden mitgeteilt u. diskutiert. Die Lagekonstanz der Schwingungen der CH_3-Gruppe sowie der Si—C-Valenz- u. teilweise der Si—C—C-Deformationsschwingungen läßt auf geringe Kopplung mit den anderen Mol.-Schwingungen schließen u. ermöglicht die Zuordnung der Spektren. Die ν(Si—C) liegen für X = Halogen höher als für X = H, die Verstärkung der Si—C-Bindung kann durch den induktiven Effekt oder durch Hyperkonjugation erklärt werden. Die SiX_2-Valenz-, Deformations-, Pendel- u. Drillschwingungen zeigen den erwarteten Gang. Mit einem Dreimassenansatz wurden die Valenz- (f), Wechselwirkungs- (f') u. Deformations- (d)-Kraftkonstanten der SiX_2-Gruppe berechnet (in mdyn/Å). Die effektive M. der $(CH_3)_2Si$-Gruppe wurde zu 38 angesetzt. X = H: [f] 2,68; [f'] −0,04, [d] 0,26; X = F: 5,86, −0,23, 0,42; X = Cl: 2,80, −0,04, 0,17; X = Br: 2,23, −0,02, 0,17. Die Kraftkonstanten für $(CH_3)_2SiCl_2$ wurden außerdem nach WAGNER (Z. phys. Chem., Abt. B **45**. [1939.] 69) berechnet (in mdyn/Å): f Si—C 2,96, f Si—Cl 2,94, f CH_3Cl 0,79, d SiC_2 0,17, d C—Si—Cl 0,21. Die gute Übereinstimmung der Kraftkonstanten mit den nach komplizierteren Potentalansätzen berechneten Konstanten anderer Moll. mit Si-X-Bindungen lehrt, daß die 3-Massen-Näherung brauchbar ist u. daß die Kopplung der SiX_2-Frequenzen mit den übrigen Frequenzen gering ist. Man wird also auch bei den Methylpolysiloxanen die Frequenzen der Gruppen $(CH_3)_2Si$ u. $(CH_3)_3Si$ von denen des Si-O-Si-Gerüstes trennen können.

Versuche: *Dimethylsilan*, $Kp._{760}$ −20°, durch Rk. von $(CH_3)_2SiCl_2$ (**I**) mit $LiAlH_4$ in Isoamyläther. — *Dimethyldifluorsilan*, $Kp._{760}$ 2,9°, aus **I** mit Na_2F_2 u. H_2SO_4. — *Dimethyldibromsilan*, $Kp._{760}$ 112°, aus $(C_6H_5)_2Si(CH_3)_2$ u. Br_2 mit $AlBr_3$. (Z. Elektrochem., Ber. Bunsenges. physik. Chem. **62**. 1033—38. Nov. 1958. Dresden, TH, Inst. für Anorgan. u. Anorg.-Techn. Chemie.) B. SCHRADER. B 120

H. Kriegsmann und **K.-H. Schowtka**, *Spektroskopische Untersuchungen an Siliciumverbindungen*. 4. Mitt. *Die Schwingungsspektren von Phenylsilanen, -halogensilanen und -siloxanen*. (3. vgl. vorst. Ref.) Die RAMAN- u. IR-Spektren der Moleküle $C_6H_5SiX_3$, $(C_6H_5)_2SiX_2$ u. $(C_6H_5)_3SiX$ mit X = *H*, *F* u. *Cl* sowie von $(C_6H_5)_2Si(OH)_2$, $(C_6H_5)_3SiOH$, $(C_6H_5)_3SiOSi(C_6H_5)_3$ u. $[(C_6H_5)_2SiO]_n$ mit n = 2 u. 3 wurden zum großen Teil neu aufgenommen u. die Zuordnungen diskutiert. Die gute Lagekonstanz der Phenylfrequenzen zeigt, daß nur geringe Kopplung zwischen diesen u. den anderen Mol.-Schwingungen besteht. Aus zusätzlichen Phenylfrequenzen lassen sich Schlüsse auf die Zahl der an einem Si-Atom gebundenen Phenylkerne ziehen. Beim Vgl. der Lage der ν (Si—X) bei den analogen Phenyl,- Methyl- u. Wasserstoffverbb. fällt das teilweise Abnehmen der Frequenzen beim Übergang von den Phenyl- zu leichteren Gruppen auf. Die Verstärkung der Phenyl-Si-Bindung kann durch induktive u. mesomere Effekte erklärt werden.

Versuche: *Phenylsilan*, $Kp._{760}$ 119,5°, u. *Diphenylsilan*, $Kp._{16}$ 134,0—134,5°, aus den entsprechenden Phenylchlorsilanen mit $LiAlH_4$. — *Triphenylsilan*, F. 45° (A., Nitromethan), aus Silicochloroform u. Phenyl-MgBr. — *Phenyltrichlorsilan*, $Kp._{21}$ 88,5 bis 89,5° u. *Diphenyldichlorsilan* (**I**), $Kp._{12}$ 160,5—161,5°, durch GRIGNARD-Rk. von Siliciumtetrachlorid u. Fraktionierung. — *Triphenylchlorsilan*, F. 97° (Bzn., Ae.), aus Triphenylsilanol u. HCl. — *Phenyltrifluorsilan*, $Kp._{760}$ 101—102° u. *Diphenyldifluorsilan*, $Kp._{38}$ 149,5°, aus den Phenylchlorsilanen mit ZnF_2. — *Triphenylfluorsilan* (**II**), F. 63° (Nitromethan), durch GRIGNARD-Rk. von Siliciumtetrafluorid. — *Diphenylsilandiol* (**IV**), F. 147—148° (Chlf.-Aceton), durch Verseifen von **I**. — *Triphenylsilanol* (**III**), F. 153° (Chlf.), durch Verseifen von **II**. — *Hexaphenyldisiloxan*, F. 221° (Eisessig), durch Kondensation von **III** in Ggw. von Eisessig u. HCl. — *Hexaphenylcyclotrisiloxan*, F. 186°, u. *Oktaphenylcyclotetrasiloxan*, F. 198°, durch saure bzw. alkal. Kondensation von **IV**. (Z. physik. Chem. **209**. 261—97. Okt. 1958.) B. SCHRADER. B 120

Heinrich Kriegsmann und **Walter Förster**, *Spektroskopische Untersuchungen an Siliciumverbindungen*. 5. Mitt. *Das Schwingungsspektrum des Trisilylamins*. (4. vgl. vorst. Ref.) Die IR-Spektren von gasförmigem u. gelöstem (CCl_4) sowie das RAMAN-Spektr. von fl. *Trisilylamin* (aus SiH_3Cl u. NH_3) werden mitgeteilt. Die Zuordnung der Spektren geschah mit Hilfe der Spektren der Monohalogensilane. Nach ANDERSON u. Mitarbeitern ergaben sich folgende Kraftkonstanten des Si-N-Gerüstes (in mdyn/Å): Si—N-Valenz f $4{,}1_0$, Si—N-Deformations- d $0{,}2_4$, Si_3—N-Deformations- g $0{,}5_5$, Si—N—Si-Wechselwirkungskonstante f' $0{,}4_7$. Aus der Valenzkraftkonstante ergibt sich nach SIEBERT (C. **1953**. 5313) der Bindungsgrad der Si—N-Bindung zu 1,26 u. nach LIPPINCOTT u. SCHRÖDER (C. **1958**. 10862) die Dissoziationsenergie der Si—N-Bindung zu 82 kcal/Mol. Im Vgl. zum Hexamethyldisilazan (vgl. 2. Mitt. C. **1959**. 2398) ist die Si—N-Bindung verstärkt, das freie Elektronenpaar am N-Atom wird also mehr in die Si—N-Bindungen einbezogen. Dieser Befund u. die Tatsache der starken Kopplung der SiH-Frequenzen sind in Übereinstimmung mit Ergebnissen von Elektronenbeugungsmessungen (HEDBERG, C. **1956**. 14271), nach denen das NSi_3-Gerüst eben ist. (Z. anorg. allg. Chem. **298**. 212—22. 1959.)
B. SCHRADER. B 120

Heinrich Kriegsmann, *Spektroskopische Untersuchungen an Siliciumverbindungen*. 6. Mitt. *Schwingungsspektren und Struktur des Hexamethylcyclotrisiloxans und Hexamethylcyclotrisilazans*. (5. vgl. vorst. Ref.) Die RAMAN- u. IR-Spektren von $[(CH_3)_2SiO]_3$ (**I**) u. $[(CH_3)_2SiNH]_3$ (**II**) werden mitgeteilt u. diskutiert. Da die Methylgruppenschwingungen nur wenig mit den Gerüstschwingungen gekoppelt sind, konnten sie durch Vgl. mit den Moll. $(CH_3)_2SiX_2$ zugeordnet werden. Die im RAMAN-Spektr. auftretenden Gerüstfrequenzen finden sich zum größten Teil nicht im IR-Spektr. u. umgekehrt. Aus dieser Tatsache u. der eingehenderen Analyse der Spektren folgt für **I** u. **II** die Symmetrie D_{3h}, die Moll. sind also eben gebaut. Die ebene Lage erfordert, daß der Si—O—Si-Winkel bei **I** kleiner als n. (140—160°) ist. Die antisymm. Si—O—Si-Valenzschwingung (1022 cm^{-1}) liegt niedriger, die totalsymm. höher als bei anderen methylierten Siloxanen. Modellrechnungen mit einem einfachen 3-Massenmodell zeigen, daß die Lage dieser Schwingungen auf einen Valenzwinkel von ca. 130° deutet. — *Hexamethylcyclotrisilazan*, Kp.$_{760}$ 189°, durch Ammonolyse von Dimethyldichlorsilan; D.$^{20}_{4}$ 0,9182; n_D^{20} 1,4427. (Z. anorg. allg. Chem. **298.** 223—31. 1959.) B. SCHRADER. B 120

Heinrich Kriegsmann, *Spektroskopische Untersuchungen an Siliciumverbindungen.* 7. Mitt. *Die Schwingungsspektren der höheren Dimethylpolysiloxanringe und die Struktur des Oktamethylcyclotetrasiloxans.* (6. vgl. vorst. Ref.) Die RAMAN- u. IR-Spektren von $[(CH_3)_2SiO]_n$, $n = 4, 5, 6$ werden diskutiert. Die Spektren zeigen, daß beim *Oktamethylcyclotetrasiloxan* (**I**) kein Alternativverbot besteht, also Strukturen mit Symmetriezentrum ausgeschlossen sind. Am wahrscheinlichsten sind Strukturen der Punktgruppen S_4 u. C_{4v}, bestimmte Strukturen nach C_{2v} u. V_d sind nicht von der Hand zu weisen. Diese Aussagen stehen im Gegensatz zu Röntgenmessungen von STEINFINK u. Mitarbeitern (C. **1956.** 8008), die bei der Tieftemperaturmodifikation eine Sesselform nach C_{2h} fanden. Der Unterschied ist wahrscheinlich auf den verschied. Aggregatzustand bzw. die unterschiedliche Modifikation zurückzuführen. Bei den höheren Ringen müssen auch Strukturen, die zu Verboten führen, vorliegen. Die ν_s(Si—O—Si) steigt in den Ringen mit wachsender Größe an, während sie bei den kettenförmigen Methylpolysiloxanen mit der Kettenlänge abfällt. Die Lage der Frequenz ist beim Hexasiloxanring ungefähr gleich der bei den längeren Ketten. (Z. anorg. allg. Chem. **298.** 232—40. 1959.) B. SCHRADER. B 120

Heinrich Kriegsmann, *Spektroskopische Untersuchungen an Siliciumverbindungen.* 8. Mitt. *Die Schwingungsspektren einiger Tetramethyldisiloxane.* (7. vgl. vorst. Ref.) Die IR- u. RAMAN-Spektren der 4 Verbb. $X(CH_3)_2SiOSi(CH_3)_2X$ (X = H, OH, Cl u. C_6H_5) wurden erstmalig aufgenommen. Die Zuordnung erfolgte durch Vgl. mit den früher diskutierten Spektren. Die CH_3-Schwingungen sowie die Si—C-Valenzschwingungen sind sehr lagekonstant. Beim *Tetramethyldihydroxydisiloxan* (**I**) treten 2 OH-Banden auf, die für das Vorliegen assoziierter u. nicht assoziierter Formen sprechen. Beim Hexamethyldisiloxan (**II**) liegt die ν_s (SiOSi) bei 519, die ν_{as} bei 1055 cm^{-1}. Beim H-Deriv. sollten diese Frequenzen höher, bei den anderen Verbb. niedriger liegen; bei den Verbb. jedoch steigen die Frequenzen trotz der Massenvergrößerung an. Diese Tatsache kann mit erhöhtem Doppelbindungscharakter der Si—O-Bindung u. nicht mit einer Änderung des Valenzwinkels erklärt werden. Nach einem Näherunsansatz ergibt sich für **I** mit den Frequenzen ν_1 554, ν_2 176 u. ν_3 1073 cm^{-1} u. den Massen $m_0 = 16$ u. $m_y = 43$ (scheinbare M. des schwingenden Si): f_{SiO} 4,7$_9$, d_{SiOSi} 0,1$_0$ mdyn/Å, ∢ SiOSi 145°. Die Abnahme des Winkels im Vgl. zu **II** liegt innerhalb der Fehlergrenze. Auch dieSi—C-Frequenzen erhöhen sich durch die elektronegative Substitution, was auch als Folge einer Bindungsverstärkung aufzufassen ist. — *Tetramethyldihydroxydisiloxan*, F. 68° (Hexan), durch Hydrolyse $(CH_3)_2SiCl_2$ unter NH_3-Zugabe. — *Tetramethyldichlordisiloxan*, Kp.$_{760}$ 137°, nach GOUBEAU u. WARNKE (Z. anorg. Chem. **259.** [1949.] 109) durch Hydrolyse in Ae.; n_D^{20} 1,4066. (Z. anorg. allg. Chem. **299.** 78—86. Febr. 1959.) B. SCHRADER. B 120

G. H. Beaven, D. Muriel Hall, Mary S. Lesslie und **E. E. Turner,** *Die Stereochemie von Diphenylen mit 2.2'-Brücken.* In Erwiderung einer Arbeit von BRAUDE u. FORBES (C. **1957.** 12112) betonen Vff., daß sie bei ihren Schlüssen bzgl. der räumlichen Anordnung der über eine Brücke in o:o'-Stellung gekoppelten Diphenyle (Abweichung von der ebenen Form) stets den eigenen Modellen größere Bedeutung als den Modellen vom STUART-Typ beigemessen hätten. (Chem. and Ind.**1955.** 1745. 24/12. London, Bedford Coll.) M. SCHENK. B 123

K. Mislow, *Die absolute Konfiguration der atropisomeren Diarylverbindungen.* Vf. bespricht die Verff. zur Best. der Konfiguration opt.-akt. atropisomerer Diarylverbindungen. 1. Direkte Verff. sind die Best. des opt. Drehungsvermögens u. die Röntgenstrukturanalyse. 2. Die Verknüpfung mit Verbb. mit asymm. C gelingt durch Vgl. von Reaktionsgeschwindigkeiten, deren Unterschied auf Diastereomerie der Übergangszustände beruht. Besprochen werden Rkk., bei den das Diarylgerüst im Übergangszustand erzeugt bzw. zerstört wird u. solche, bei denen das im Edukt enthaltene atropisomere Gerüst während der Rk. erhalten bleibt. 3. Verknüpfung auf chem. Wege von atropisomeren Schlüsselverbb., deren Konfiguration bekannt ist. 4. Heranziehung physikal.-chem. Methoden (therm. Analyse, chromatograph. Trennung an opt.-akt. Adsorptionsmitteln). — 74 Literaturhinweise. (Angew. Chem. **70.** 683—89. 26/11. 1958. New York N. Y., Univ., Dep. of Chem.) R. UNGER. B 123

J. B. Birks und **A. J. W. Cameron,** *Energieübertragung in organischen Systemen.* 1. Mitt. *Photofluorescenz von Terphenyl–Toluol-Lösungen.* Für Lsgg. von *p-Terphenyl* (I) in *Toluol* (II) verschied. Konzz. C wird die Luminescenzintensität als Funktion von C u. der erregenden Wellenlänge λ (2200—3400 Å) gemessen. Aus diesen Anregungsspektren werden unter Berücksichtigung der gleichzeitig gemessenen Absorptionsspektren von I u. II die Übertragungskoeffizienten f für die Energieübertragung von den angeregten I-Moll zu II-Moll. ermittelt. f hängt von λ ab u. ist konstant für das Gebiet λ = 2650—2500 Å, steigt mit abnehmendem λ (bis ca. 2350 Å) an u. ist dann bis 2200 Å wieder konstant. Die λ-Gebiete mit konstantem f entsprechen dem 1. u. 2. Anregungszustand des II. Mit C steigt f an. O_2-freie u. O_2-haltige Lsgg. verhalten sich quantitativ unterschiedlich. Die Ergebnisse werden vom Standpunkt der Photonenübertragungstheorie diskutiert. (Proc. physic. Soc. **72.** 53—64. 1/7. 1958. Rhodes Univ., South Africa, Phys. Dep.) J. RUDOLPH. B 125

Shunji Kato, Koh Kimura und **Masao Koizumi,** *Untersuchungen über die Löschung organischer Phosphore.* 3. Mitt. *Energiezustände organischer Phosphore, abgeleitet aus deren Löschungsphänomenen.* (2. vgl. C. **1950/54.** 3079 S.) Das Abklingen der Phosphorescenz organ. Phosphore (*Silicagel–Trypaflavin* u. *Cellophantrypaflavin*) verläuft nicht logarhythmisch. Dieses Phänomen wird vom Standpunkt der Elektronenübergänge erörtert. (J. chem. Soc. Japan, pure Chem. Sect. [Nippon Kagaku Zassi] **76.** 262—67. März 1955. Osaka, Städt. Univ., [Orig.: japan.]) L. SCHULER. B 125

Barnett Rosenberg, *Nachweis von Triplettzuständen bei der Photoleitung im Anthracen.* Das Auftreten der Photoleitung bei aromat. KW-stoffen wird mit Hilfe eines Potentialkurvenmodells unter der Annahme eines metastabilen Triplettzustandes zu deuten versucht. Aus dem Modell folgt, daß die D. der Triplettzustände unter therm. u. opt. Gleichgewichtsbedingungen durch eine exponentielle Temperaturabhängigkeit mit einer Aktivierungsenergie ε von einem niedrigen Vielfachen (1 oder 2) der Schwingungsenergiedifferenz des erregten Singulettzustandes gek. ist. Messungen von ε für die Photoleitung an *Anthracen* sowie der Vgl. bekannter Messungen an Naphthalin, Stilben, Diphenyl, Terphenyl, β-Methylantracen, Azulen u. Pyren bestätigen die Voraussage des Modells. Monomol. An- u. Abklingen der Photoströme sowie die Größe der Zeitkonstanten sind ebenfalls im Einklang mit den Aussagen des Modells. Die Rolle einer Spinumkehr u. eines zwischenmol. Tunneleffektes bei der Photoleitung werden diskutiert. (J. chem. Physics **29.** 1108—18. Nov. 1958. Bloomfield, N. J., Westinghouse Electr. Corp., Res. Dep.) J. RUDOLPH. B 134

R. C. Nelson, *Organische Photoleiter.* 4. Mitt. *Vorzeichen der Ladungsträger.* (3. vgl. C. **1954.** 10440.) Zur Best. der Polarität der Ladungsträger in organ. Farbstoffen wird eine Meth. benutzt, die auf dem Vgl. der Kontaktpotentialdifferenz u. der Größe u. Richtung der Photospannung zwischen einer Farbstoffschicht auf CdS u. CdS beruht. In *Malachitgrün* u. anderen kation. Farbstoffen (*Pinacyanin, Kristallviolett* u. *3.3'-Diäthylthiacarbocyanin*) sind danach die Ladungsträger Elektronen, in *Erythrosin* Fehlstellen. In Methylchlorophyllid a sind die Ladungsträger wahrscheinlich Elektronen. (J. chem. Physics **29.** 388—90. Aug. 1958. Columbus, Ohio, Ohio State Univ., Dep. of Phys.) C. REUBER. B 134

A. T. Wartanjan und **I. A. Karpowitsch,** *Halbleitereigenschaften von Phthalocyaninen.* 1. Mitt. *Elektrische Leitfähigkeit und Photoleitfähigkeit von Phthalocyaninen im Vakuum und im Sauerstoff.* (Vgl. C. **1958.** 8829.) Durch sorgfältige Vakuumentgasung erhaltene metallfreie sowie *Cu-* u. *Zn-Phthalocyanin* (I)-Schichten sind eigenleitend mit einer therm. Aktivierungsenergie von 1,7—1,8 eV u. einer spezif. Leitfähigkeit (LF) von 10^{-12} bis 10^{-13} $Ohm^{-1} \cdot cm^{-1}$. Sauerstoffadsorption in den I-Metall-Komplexen führt zu Störstellenleitung mit wesentlich geringerer u. von der O-Konz. abhängiger Aktivierungsenergie. Die lichtelektr. LF sauerstofffreier I-Schichten ist fast trägheitsfrei, linear von der Bestrahlungsintensität abhängig u. exponentiell mit der Temp. zunehmend, diejenige sauerstoffhaltiger I-Schichten ist wesentlich größer, träge u. nichtlinear. Die erhaltenen Ergebnisse lassen sich mittels der für anorgan. Halbleiter üblichen Energieschemata u. der Excitonenvorstellung deuten. (Журнал Физической Химии [J. physik. Chem.] **32.** 178—87. Jan. 1958.) R. AMBERGER. B 135

A. T. Wartanjan und **I. A. Karpowitsch,** *Halbleitereigenschaften von Phthalocyaninen.* 2. Mitt. *Spektrale Abhängigkeit der Photoleitfähigkeit und der optischen Aktivierungsenergie der Phthalocyanine.* (1. vgl. vorst. Ref.) Schichtdicke u. Nichtlinearität der Photoleitfähigkeit der *Phthalocyanine* (I) beeinflussen die opt. Aktivierungsenergie u. Form der Spektralkurve der relativen Photoleitfähigkeit, die für dünne Schichten u. Nichtlinearitätskorrektur gut mit den Absorptionskurven übereinstimmt, stark. Sauerstoffeinführung in I-Schichten steigert die allg. lichtelektr. Empfindlichkeit, ohne die Spektralverteilung wesentlich zu beeinflussen. Für dünne Schichten u. Nichtlinearitätskorrektur liefert die $\lambda_{1/2}$-Meth. u. die Meth. der photoelektr. Geraden fast übereinstimmende Ergebnisse. Die opt. Aktivierungsenergien für metallfreie sowie Cu- u. Zn-I-Schichten stimmen mit der in der 1. Mitt. bestimmten therm. Aktivierungsenergie befriedigend überein. Desgleichen lassen sich die früheren Energieschemata unter der Vorstellung einer prim. Excitonenbldg. bei der Lichtabsorption anwenden. (Журнал Физической Химии [J. physik. Chem.] **32.** **274**—81. Febr. 1958.) R. AMBERGER. B 135

N. Ss. Garifjanow und **B. M. Kosyrew,** *Über den Einfluß von Sauerstoff auf die paramagnetische Resonanzabsorption von α.α-Diphenyl-β-pikrylhydrazyl.* (Vgl. C. **1958.** 924.) Die Halbwertsbreite Δ H der Linien der paramagnet. Resonanzabsorption von *α.α-Diphenyl-β-pikrylhydrazyl* (I) nimmt beim Luftdruck $9 \cdot 10^{-4}$ mm Hg (prakt. Abwesenheit von O_2) von 77—395° K wenig ab, bei 760 mm Hg am stärksten zwischen 250 u. 300° K. Mit Zucker verriebenes I ergibt Linien mit einer Breite von ca. 3 (Gauß) bei 295°, ca. 10 bei 77° K. Beim Kontakt von I mit fl. O_2 ändert sich Δ H stark, beim Kontakt mit fl. N_2 etwa wie bei der evakuierten Probe ohne Änderung bei folgendem Kontakt mit fl. O_2. Auch in NO_2-Atmosphäre wird Linienverbreiterung beobachtet. Maßgebend ist der an der I-Oberfläche adsorbierte O_2, der anscheinend bei $<275°$ K eine zweite Mol.-Schicht bildet, wobei die Moll. „einfrieren". Die Adsorption ist das erste Stadium der langsam verlaufenden Oxydation von I. (Доклады Академии Наук СССР [Ber. Akad. Wiss. UdSSR] **118.** 738—39. 1/2. 1958. Kasan, Physikal.-Techn. Inst. der Zweigstelle der Akad. der Wiss. der UdSSR.) R. K. MÜLLER. B 137

Walter Strohmeier und **Richard M. Lemmon,** *Der Unterschied der Protonenresonanzspektren von Cyclopentadienylmetallverbindungen mit Doppelkegel (Sandwich)-Struktur und lokalisierter Metall—Kohlenstoff-Bindung.* Es wurden die Protonenresonanzspektren von *Ferrocen* (I), *1.1'-Dimethylferrocen* (II), *Cyclopentadienylmangantricarbonyl* (III) *Methylcyclopentadienylmangantricarbonyl* (IV), *Dicyclopentadienylquecksilber* (V) u. *Cyclopentadienyltrimethylsilicium* (VI) in Cyclohexan (VII), Bzl. u. CCl_4 mit VII al innerem Standard bei 40 MHz aufgenommen. Vff. erhielten, wie auch PIPER u. WILKINSON (J. inorg. Nuclear Chem. **3.** [1956.] 104), bei I, II, III u. IV nur eine Resonanzlinie. Bei V erhielten sie ebenfalls nur eine, allerdings scharfe Resonanzlinie $\delta_{CH} = +0{,}7$ (p.p.m.). VI gab 2 Resonanzlinien mit den Intensitätsverhältnissen 1 : 4 bei $\delta_{CH} = -2{,}7$ u. $+1{,}3$. Die CH_3-Resonanzlinie ist im Intensitätsverhältnis 2 : 1, Abstand ca. 0,1, aufgespalten. Somit scheint nur bei VI eine lokalisierte Metall—Kohlenstoff-Bindung vorzuliegen. Vff. zeigen an Hand der chem. Verschiebungen bei Cyclopentadienylverbb. 3 Typen der vorwiegend kovalenten Metall—Cyclopentadienylring-Bindung auf: 1. π-Bindung, Doppelkegelstruktur, $\delta_{CH} = -1{,}4$ bis ca. 0; 2. σ-Bindung, $\delta_{CH} = >0$; 3. reine lokalisierte σ-Bindung, $\delta_{CH} = +1{,}3$. Es wird der Schluß gezogen, daß mit zunehmender Aromatisierung des Cyclopentadienylringes die chem. Verschiebungen nach negativeren Werten verschoben werden, während die Verbb. mit positiveren Werten eine höhere Reaktivität gegen Maleinsäureanhydrid besitzen. Die Unterschiede in den chem. Verschiebungen der untersuchten Verbb. ermöglichen eine Analyse der Stoffgemische. (Z. Naturforsch. **14a.** 106—09. 1959. Berkeley, Calif., Univ. of California, Radiat. Labor.) H. G. HENKEL. B 137

Walter Strohmeier, Erminio Lombardi und **Richard M. Lemmon,** *Protonenresonanzspektren von Cyclopentadien, Methylcyclopentadien, Cycloheptatrien und Trimethylsiliciumchlorid.* (Vgl. vorst. Ref.) Von *monomerem* (II), *dimerem Cyclopentadien* (III), *1-Methylcyclopentadien* (IV), *Cycloheptatrien* (V) sowie *Trimethylsiliciumchlorid* (VI) in Cyclohexan (I) wurden die Protonenresonanzspektren aufgenommen. Die chem. Verschiebungen, bezogen auf I als innerem Standard, betragen bei II $\delta_{CH} = +1{,}1$ (p.p.m.) u. $\delta_{CH_2} = -2{,}5$. Die 4 CH-Protonen sind äquivalent. Das Spektr. des IV zeigt 3 Gruppen von Linien, die den CH-, CH_2- u. CH_3-Protonen zugeschrieben werden. Die Schwerpunkte der chem. Verschiebungen liegen für δ_{CH} bei $+1{,}1$, für δ_{CH_2} bei $-2{,}5$. Die Resonanz der CH_3-Protonen liegt bei $\delta_{CH_3} = -3{,}3$. Die Linie zeigt eine gerade noch erkennbare Struktur. Das Spektr. von V zeigt die Resonanz der CH_2-Protonen bei $\delta_{CH_2} = -3{,}2$, während die α-, β- u. γ-Protonen nicht äquivalent sind. Vff. ordnen die 4 Resonanzlinien bei $\delta_{CH} = -0{,}5$ den α-Protonen zu. Für VI wurde nur eine scharfe Resonanzlinie mit $\delta_{CH_3} = -4{,}8$ gefunden. In III wurden für die CH-Protonen 2 scharfe Resonanzlinien mit $\delta_{CH} = +0{,}3$ u. $+0{,}7$ gefunden, die CH_2-Protonen sind ebenfalls nicht identisch. Wie Vff. am Beispiel der zeitlichen Veränderung zeigen, dem die Spektren von II u. IV unterliegen, kann die kernmagnet. Resonanzmeth. mit Vorteil zur Unters. von Dimerisierungen verwendet werden. (Z. Naturforsch. **14a.** 109—12. 1959. Berkeley, Calif., Univ. of California, Radiat. Labor.) H. G. HENKEL. B 137

Jaroslav Horyna, *Die Beziehung zwischen der Dissoziationskonstanten, der Löslichkeit aromatischer Sulfonsäuren in Schwefelsäure–Wasser-Gemischen und den Säurefunktionen H_0 und H_-.* Die Beziehungen zwischen den Dissoziationskonstanten aromat., in einem Schwefelsäure–W.-Gemisch schwer lösl. Sulfonsäuren, deren Löslichkeiten sowie den Säurefunktionen der Lsgg. H_0 u. H_- wurden abgeleitet. Die Anwendung dieser Ausdrücke wird an Hand der Löslichkeiten der *p-Toluolsulfonsäure* sowie der *p-Xylolsulfonsäure* in Schwefelsäure demonstriert. Die vorgeschlagene graph. Berechnungsweise für die Dissoziationskonstanten aus den Löslichkeiten eignet sich bes. für die Best. der Acidität aromat. Sulfonsäuren, bei denen die sonst üblichen spektralanalyt. Methoden nicht zum Ziele führen. (Chem. Listy **52.** 1201—05. Juli 1958. [Orig.: tschech.]; Collect. czechoslov. chem. Commun. **24.** 1596—1601. Mai 1959. [Orig.: deutsch.] Pardubice-Rybitví, Výzkumný Ústav organ. synt., Organ.-technol. labor. I.)
O. Knessl/Prag. B 139

R. Bruce Martin, John T. Edsall, Donald B. Wetlaufer und **Barbara R. Hollingworth,** *Ein vollständiges Ionisationsschema für Tyrosin und die Ionisationskonstanten einiger Tyrosinderivate.* (Vgl. C. **1959.** 13431.) Die 12 Ionisationskonstanten (Mikrokonstanten) von *L-Tyrosin* wurden bei verschied. Ionenstärken μ aus photometr. Messungen bei verschied. p_H-Werten, aus der Unters. der Ionisation verschied. Tyrosinderivv. [*O-Methyl-L-tyrosin* (pK_1^{25} 2,21; pK_2^{25} 9,31), *N.N.O-Trimethyltyrosin, Tyrosinamid* (pK_1^{25} 7,48, Ionisationswärme zwischen 2,5 u. 25° ΔH 10,0 kcal/Mol; pK_2^{25} 9,89, ΔH 5,5), *Tyrosinäthylester* (pK_1^{25} 7,33; pK_2^{25} 9,80), *O-Methyltyrosinäthylester* (pK^{25} 7,31)] sowie aus mathemat. Beziehungen zwischen den Konstanten bestimmt (für $\mu = 0$ u. 25°): (COOH-Gruppe) pK_1 2,21; pK_{21} 2,61; pK_{31} 4,37; pK_{231} 4,77; (OH-Gruppe) pK_2 9,31; pK_{12} 9,71; pK_{32} 9,91; pK_{132} 10,30; (NH_3^+-Gruppe) pK_3 7,19; pK_{13} 9,35; pK_{23} 7,79; pK_{123} 9,95. Aus den Ladungswechsel-Wrkgg. zwischen NH_3^+ u. OH-Gruppen errechnet sich ein Abstand von 7,0 Å zwischen beiden Gruppen u. analog ein Abstand von 7,7 Å zwischen dem Carboxyl- u. dem phenol. Proton. — *N.N.O-Trimethyltyrosin,* $C_{12}H_{17}NO_3$, F. ca. 260° (Zers.), aus Tyrosin in alkal. absol. Methanol mit CH_3J 2 Std. unter schwachem Erwärmen im Dunkeln. (J. biol. Chemistry **233.** 1429—35. Dez. 1958. Cambridge, Mass., Harvard Univ., Biol. Labors.) E. Schwerdtfeger. B 139

K. Okoń, *Chemische Eigenschaften von Pikrylpyridiniumchlorid und seinen Derivaten.* (Vorl. Mitt.) Das *Pikrylpyridiniumchlorid* (**I**) dissoziiert in das Pikrylpyridiniumkation u. dieses weiter in das Pikrylkation u. Pyridin (**III**). Bestätigt wird diese Rk. durch Leitfähigkeitsmessungen in der Schmelze oder in Lsg. u. durch die Löslichkeit in polaren Lösungsmitteln. Die Leitfähigkeit von **I** in der Schmelze bzw. in Methanol steigt mit steigender Temp. an. In W. oder wss.-alkoh. Lsg. erfolgt ein Übergang in Pikrylpyridiniumpikrat (**II**) (30% Ausbeute). Zur Erhöhung der Ausbeute an **II** ist die Zugabe von **III** oder H_2O_2 erforderlich. **I** reagiert leicht mit Alkoholen, organ. Säuren u. anorgan. Sauerstoffsäuren unter Bldg. von Alkylchloriden u. organ. bzw. anorgan. Säurechloriden neben Pyridiniumpikrat. Desgleichen stellte Vf. verschied. andere Pikrylpyridiniumsalze dar.

Versuche: *Pikrylpyridiniumbromid,* F. 180—182°, aus **I** u. HBr. — *Pikrylpyridiniumjodid,* F. 163—165°, analog mit HJ. — *Pikrylpyridiniumnitrat,* F. 103—105°, mit HNO_3. — *Pikrylpyridiniumhydrogensulfat,* F. 190—192°, mit H_2SO_4. — *Pikrylpyridiniumdihydrogenphosphat,* F. 213—215°. (Bull. Acad. polon. Sci., Ser. Sci. chim., géol., géogr. **6.** 325—29. 1958. Warsaw, Techn. Military Coll.) R. Unger. B 139

Paul W. Preisler, Edgar S. Hill, Robert G. Loeffel und **Philip A. Shaffer,** *Oxydations–Reduktions-Potentiale, Ionisationskonstanten und Semichinonbildung von Indigosulfonaten und deren Reduktionsprodukten.* Vff. untersuchen potentiometr. u. spektrophotometr. die Redoxpotentiale u. Ionisationskonstanten der *Di-, Tri-* u. *Tetrasulfonate* des *Indigos.* Bei der Red. der vorst. Verbb. tritt ein Farbwechsel von Blau bzw. Grün (in stark alkal. Lsgg. von Gelb) nach Hellgelb auf. Im p_H-Bereich 11—12,5 wird zusätzlich zwischendurch eine Rotfärbung beobachtet. Die Ergebnisse zeigen, daß diese Rotfärbung weder durch eine Dimerisierung noch durch eine Aufspaltung des Indigomol., sondern durch Bldg. eines Semichinons verursacht wird. Die Einführung von Sulfonsäuregruppen bewirkt bei p_H 9 eine Zunahme von $E_m(E_0)$ um 0,040 V pro Gruppe; die pK′-Werte nehmen dagegen im allg. mit zunehmender Zahl der Sulfonsäuregruppen ab. Die beobachteten Effekte zeigen, daß die Indigosulfonate bei p_H-Werten > 9 nur mit Vorsicht als Redoxindicatoren verwendet werden können. — Ergebnisse: Dissoziationskonstanten des *Monosulfonats,* a) red. Form pK'_{R1} 7,5; pK'_{R1} 12,4. — *Disulfonat,* a) pK'_{R1} 7,5; pK'_{R2} 12,1; b) oxydierte Form pK'_{O1} 12,3; pK'_{O2} 12,8. — *Trisulfonat,* a) 7,3; 12,1; b) 11,7; 12,8. — *Tetrasulfonat,* a) 7,2; 11,8; b) 11,9; 12,9. pK'_S des *Semichinons* für das *Di-* 13,9, *Tri-* 13,3 u. *Tetrasulfonat* 13,6. — Die Verbb. wurden nach

SULLIVAN, COHEN u. CLARK [1923] aus Indigo u. rauchender H_2SO_4 dargestellt. (J. Amer. chem. Soc. **81.** 1991—95. 20/4. 1959. St. Louis, Miss., Washington Univ., School of Med., Dep. of Biol. Chem.) K. FRENKLER. B 140

J. Sancho, P. Salmerón und **J. G. Hurtado,** *Untersuchung reversibler und irreversibler Prozesse an der Quecksilbertropfelektrode.* 6. Mitt. *Riboflavin.* (5. vgl. C. **1959.** 1722.) Die unterhalb 20° u. bei p_H 9,55 (Boratpuffer, BP) in Ggw. von Luft untersuchte photolyt. Rk. von *Riboflavin* (I) führt zur vollständigen Umwandlung des I in Lumichrom, sie verläuft als Rk. 1. Ordnung. — Die polarograph. Reduktionsstufen des I in KCl- u. NaCl-Lsg. sind Diffusionsstufen. Die unteren Grenzen des Auftretens der Stufen sind in 0,1n KCl (NaCl)-Lsg. 4 (3.3)$\cdot 10^{-5}$ (mol. Konz.), bei p_H 9,55 (BP) $1,6\cdot 10^{-5}$ bei Empfindlichkeit 1/50 bzw. $1\cdot 10^{-6}$ bei Empfindlichkeit 1/10 ($2\cdot 10^{-6}$). Aus der Zunahme des Diffusionsstromes bei Erhöhung der Temp. von 4 auf 40° folgt für die Aktivierungsenergie in 0,1n KCl(NaCl)-Lsg. 5,9 (5,2) kcal/Mol. Die Rk. des I ist völlig reversibel. In den Strom-Spannungs-Kurven für die Red. von I in Ggw. von BP sind auch Adsorptionsstufen erkennbar. (An. Real Soc. españ. Física Quím., Ser. B **53.** 597—606. Sept./Okt. 1957. Murcia, Univ., Labor. de Quím. fís. y Electroquím., Inst. A. de G. Rocasolano.) R. K. MÜLLER. B 142

Ulfert Onken, *Die thermodynamischen Funktionen des Systems Wasser/Butylglykol.* Zur Erweiterung der Kenntnisse über die thermodynam. Eigg. bin. Systeme mit geschlossenen Mischungslücken wurden für das Syst. *W.–Butylglykol* [*2-n-Butoxyäthanol-(1)*], das im Bereich des Molenbruches des W. zwischen 0,812 u. 0,984 eine solche Lücke aufweist, die Mischungswärmen, Mol-Wärmen u. Dichten in Abhängigkeit von Temp. u. Konz. gemessen. Unter Verwendung vorliegender Daten über die Löslichkeit u. die Dampf–Fl.-Gleichgewichte wurden eine Reihe thermodynam. Funktionen (Mischungsenthalpien, freie Enthalpien, freie Überschußenthalpien, Überschußentropien, jeweils bei verschied. Tempp.) berechnet. Die Ergebnisse stehen mit den thermodynam. Bedingungen für Systeme mit geschlossenen Mischungslücken im Einklang. (Z. Elektrochem., Ber. Bunsenges. physik. Chem. **63.** 321—27. 1959. Göttingen, Univ., Inst. für physikal. Chem.) W. WAGNER. B 146

Peter Gray und **M. W. T. Pratt,** *Die thermodynamischen Funktionen von Methylnitrit und die Potentialschwelle für freie Rotation. Methylnitrit* (I) besteht aus einer Gleichgewichtsmischung von cis- u. trans-Form, die sich durch Rotation um die NO-Bindung gegenseitig ineinander umlagern. Mit Hilfe bekannter Daten berechnen Vff. für das gasförmige Gleichgewichtsgemisch bei 25° u. 1 at die thermodynam. Funktionen u. daraus die Höhe der Potentialschwelle zwischen beiden Isomeren: Standardbildungsenthalpie $\Delta H_f^0 = 14930$ cal/Mol, GIBBSsche freie Energie der Bldg. $\Delta G_f^0 = -450$ cal/Mol, Bildungsentropie $\Delta S_f^0 = 48,6 \pm 0,9$ cal/Grad·Mol, Standardentropie (bzgl. krist. I bei 0° K) $S_{298}^0 = 71,5 \pm 0,9$ cal/Grad·Mol. Der aus den Schwingungs-, Translations- u. Rotationsentropiebeiträgen (bei ungehinderter, freier Rotation) der beiden Isomeren abgeleitete Wert von S_{298}^0 beträgt $74,1 \pm 0,14$ u. damit das Entropiedefizit infolge behinderter Rotation $2,6 \pm 0,9$. Unter der Annahme einer freien Rotation der CH_3-Gruppe um die C—O-Achse, ergibt sich für die Potentialschwelle der Rotationsbehinderung der N=O-Gruppe ein Wert von 7800 cal/Mol. Dieser hohe Wert wird auf partiellen Doppelbindungscharakter der N—OR-Bindung zurückgeführt. Beim Vgl. von I mit anderen Alkylnitriten ergibt sich, daß tert. u. sek. vorwiegend in der trans-Form vorliegen, während bei prim. von beiden Isomeren die cis-Form bei tiefen Tempp. etwas bevorzugt ist. Die Iomerisationswärme beträgt ca. 130 cal/Mol. Bei I herrscht bei tiefer Temp. die trans-Form vor, bei Zimmertemp. sind beide Isomeren in ungefähr gleichen Mengen am Gleichgewicht beteiligt. (J. chem. Soc. [London] **1958.** 3403—12. Okt. Leeds, Univ., School of Chem.) G. PÖTZSCHER. B 146

I. Brown und **F. Smith,** *Flüssigkeits-Dampfgleichgewichte.* 8. Mitt. *Die Systeme Aceton–Benzol und Aceton–Tetrachlorkohlenstoff bei 45°.* (7. vgl. Austral. J. Chem. **8.** [1955.] 501.) Vff. bestimmen die Dampfdrucke P in den Systemen *Aceton* (I, $Kp._{760}$ 56,06°; $D._4^{25}$ 0,78424; n_D^{25} 1,35598; p bei 45,00° 512,72 mm Hg)–*Bzl.* ($Kp._{760}$ 80,01°; $D._4^{25}$ 0,87371; n_D^{25} 1,49796; p 223,66) u. I–CCl_4 ($Kp._{760}$ 76,65°; $D._4^{25}$ 1,58452; n_D^{25} 1,45736; p 258,84) bei 45°. Aus der Analyse der Zus. der fl. u. gasförmigen Phase wird das Gleichgewicht Dampf–Fl. bestimmt u. der Wert der freien Überschußmischungsenergie G^E berechnet. Die G^E-Werte (cal/Mol) folgen der Gleichung $G^E = x_1 \cdot x_2 [a + b(x_1 - x_2) + c(x_1 - x_2)^2]$ (x = Molenbruch) mit folgenden Konstanten für das Syst. I–Bzl.: a = 280,3, b = —37,3, c = 0, für das Syst. I–CCl_4: a = 523,1, b = —111,5, c = 65,3. Die Konstanten für die ANTOINE-Gleichung log p = A — B/C + t für I betragen: A = 7,19958, B = 1254,51 u. C = 234,42. (Austral. J. Chem. **10.** 423—28. Nov. 1957. Melbourne, C. S. I. R. O., Div. of Ind. Chem.) H. SACKMANN. B 150

Kazimierz Zięborak und **Witold Brzostowski,** *Azeotrope und polyazeotrope Systeme.* 24. Mitt. *Über das positiv-negative azeotrope System n-Octan–Essigsäure–Pyridin.* (23. vgl. KURTYKA, C. **1958.** 4739.) Das Syst. *Essigsäure* (**I**)–*Pyridin* (**II**)–*n-Octan* (**III**) wurde ebulliometr. durch Ermittlung zweier extremer Linien der isobaren Oberfläche der Kpp. untersucht: der „Rückenlinie", die den negativ-azeotropen Punkt im Teilsyst. **I** + **II** mit der gegenüberliegenden Dreieckspitze verbindet, u. der Tallinie, die die 2 niedrigsten Kpp. der isobaren Fläche verbindet. Der Schnittpunkt beider Linien entspricht der Zus. des positiv-negativen azeotropen Syst. (**I** 10,4, **II** 20,1, **III** 69,5%), Kp. 115,7°. Das azeotrope Gemisch wird bei Tempp. $<$ 35,8° zweiphasig. **II** + **III** bilden ein positiv-azeotropes Gemisch mit 56,1% **II**, Kp. 109,50°. (Roczniki Chem. [Ann. Soc. chim. Polonorum] **31.** 213–20. 1957.) F. URBAN. B 150

I. M. Bochowkin und **Je. G. Wesselkowa,** *Physikalisch-chemische Analyse binärer Systeme aus Phenol und Essigsäure oder ihren Chlorderivaten.* (Vgl. C. **1959.** 10847.) Die Isothermen der Oberflächenspannung, der D. u. der Viscosität der Systeme *Phenol* (**I**)–*Essigsäure,* **I**–*Monochloressigsäure* u. **I**–*Trichloressigsäure* (**II**) bei 50, 70 u. 90° werden in Tabellen u. Diagrammen mitgeteilt. Nur im Syst. **I**–**II** ist (auch im F.-Diagramm) die Bldg. einer 1 : 1-Verb. erkennbar. (Журнал Общей Химии [J. allg. Chem.] **28** (**90**). 819–23. März 1958. Archangelsk, Forsttechn. Inst.) R. K. MÜLLER. B 166

Osamu Shimomura, *Untersuchungen über die Papierelektrophorese.* 1. Mitt. *Papierelektrophorese von Anilin- und Phenolderivaten.* Bei der Papierelektrophorese von p-Derivv. von *Anilin* ergibt sich für die Beweglichkeit die Reihenfolge: $NH_2 > CH_3, OCH_3 > OH > Cl > NH(COCH_3) > COOC_2H_5 > COOH > NO_2$. (J. chem. Soc. Japan, pure Chem. Sect. [Nippon Kagaku Zassi] **76.** 277–81. März 1955. Nagasaki, Univ. [Orig.: japan.]) L. SCHULER. B 168

Sankichi Nakamura, *Spezifische Viscosität von wässerigen Aminosäurelösungen. Über die Beziehung zwischen Hydratation (ihrer Temperaturabhängigkeit) und der Ladungsverteilung in den Molekülen.* Aus den bei 25 u. 50° bestimmten Viscositäten der wss. Lsgg. von α- u. *β-Alanin* u. von α- u. *γ-Amino-n-buttersäure* werden die scheinbaren mol. Voll. der gelösten Moll. berechnet. Aus der D. ergeben sich die wahren Mol.-Volumina. Aus den Unterschieden berechnet sich die Anzahl der an die Moll. angelagerten Moll. Hydratwasser, es ergeben sich Werte zwischen 1,5 u. 2,9 H_2O. Der Unterschied in der Zahl der Hydrat-H_2O zwischen α- u. β- bzw. α- u. γ-Aminosäure u. die Temperaturabhängigkeit der Hydratation werden unter Berücksichtigung der Ladungsverteilung in den jeweiligen Aminosäuremoll. erklärt. (J. chem. Soc. Japan, pure Chem. Sect. [Nippon Kagaku Zassi] **76.** 430–34. April 1955. Yokohama, Ind. Versuchsstat., Präf. Kanagawa. [Orig.: japan.]) L. SCHULER. B 172

Kiichi Takemoto, *Beziehung zwischen der Molrefraktion und Radikalaffinität.* Zwischen der nach LEVY u. SZWARC (C. **1955.** 8117) definierten Methylradikalaffinität u. der Mol.-Refr., berechnet aus dem Brechungsindex oder nach einer empir. Formel (vgl. SCHULER u. Mitarbeiter, C. **1955.** 1701) besteht für kondensierte aromat. Moll. eine lineare Beziehung. (Kagaku [Science] **25.** 585–86. 1955. Osaka, Städt. Univ. [Orig.: japan.]) L. SCHULER. B 182

G. W. Bykow, *Beziehung zwischen den Elektronenladungen und den Längen der σ-Bindungen.* (Vgl. C. **1959.** 6751.) Die durch eine konjugierte Mehrfachbindung verursachte Längenzunahme einer C–X-Bindung (X = Halogen, C, H) ist damit zu erklären, daß die Verkürzung einer σ-Bindung um so stärker ist, je größer die σ-Elektronenladung Δ^{σ}_{CH} ist u. umgekehrt. Für die Länge der C–H-Bindung gilt $L_{CH} = 1{,}093 - \Delta^{\sigma}_{CH}\,(A^{\sigma}_{CH} - 2)$ (A^{σ}_{CH} = D. der σ-Elektronen), analog der für die Abhängigkeit von den π-Elektronen gegebenen Gleichung. In einer Tabelle werden experimentell bestimmte L_{CH}-Werte (Literaturdaten) mit berechneten verglichen, die Werte der Elektronegativität des X-Atoms in CH_3X u. Δ^{σ}_{CH} zusammengestellt. Die Beziehung zwischen Δ^{σ}_{CH} u. Elektronegativität erklärt auch die Erscheinung der Hyperkonjugation. (Известия Академии Наук СССР, Отделение Химических Наук [Nachr. Akad. Wiss. UdSSR, Abt. chem. Wiss.] **1958.** 1271–73. Okt. Inst. für Gesch. der Naturwiss. u. Techn. der Akad. der Wiss. der UdSSR.) R. K. MÜLLER. B 182

T. H. Shuttleworth und **M. Camp,** *Elektronenmikroskopie von Natriumlaurat.* Vff. untersuchten elektronenmkr. zuerst Kristalle von Natriumlaurat, die aus einer 0,02%ig. Lsg. auskrist. waren. Es hatten sich gut definierte Nadeln gebildet, die bei starker Vergrößerung keine Substruktur zeigten. Wurde die Konz. auf 30,05% erhöht, dann bildete sich ein Netzwerk bandähnlicher Fasern, wobei die Dicke des Bandes senkrecht zur Unterlage lag. Bei großer Vergrößerung zeigte es sich, daß diese Bänder aus Zylindern oder Kugeln bestanden, die eine Breite von angenähert 30 Å hatten u. entlang der Faserachse lagen; die Periodizität quer zur Faser betrug 50—80 Å. Aus Elektronenbeugungsaufnahmen ergab sich, daß die Struktur der Seifenfasern verschieden war von der der Seifenkristalle u. mit der von BONDI u. Mitarbeitern (vgl. Proc. World Petroleum Congress, Sect. 7, **1951.** 373) vorgeschlagenen Struktur übereinstimmte. Da die Fasern aus Lsgg. gebildet wurden, deren Konz. oberhalb der krit. Micellenkonz. lag, ist es möglich, daß bei der schnellen Trocknung der Lsg. der micellare Charakter in einem gewissen Ausmaß in der Faser erhalten geblieben ist. Die Zylinder u. Kugeln könnten daher Micellen sein. (Nature [London] **183.** 535—36. 21/2. 1959. Port Sunlight, Unilever Ltd., Res. Dep.) C. GOTTFRIED. B 190

Werner Lindenberg, *Über das Mischsystem Phthalsäure/Methylenblau.* Bei der Kristallisation von *Phthalsäure* (I) aus wss. Lsgg. von Methylenblauchlorid (II) entstehen homogen blau gefärbte Kristalle; es wurde bisher angenommen, daß es sich um eine Einlagerungsverb. von II-Tetrahydrat in I handelt. Vf. konnte nun analyt. nachweisen, daß die Mischkristalle kein Cl^- enthalten, dagegen 90% des eingesetzten Cl^- in der Mutterlauge vorlag. Kristallisation von I aus Methylenblaujodid bzw. -phthalat-Lsgg. führten zu qualitativ gleichen, homogen blauen Mischkristallen, die unter analogen Bedingungen prakt. die gleichen Mengen eingebauten Farbstoffs enthielten, wobei wiederum über 90% des eingesetzten J^- aus der Restlsg. nach der Kristallisation isoliert werden konnten. Da Methylenblau aus den vorliegenden sauern Lsgg. nicht als Farbbase in die I eingebaut werden kann, nimmt Vf. an, daß es sich bei der Gastkomponente um ein bisher unbekanntes Phthalat handelt. Bei der Kristallisation von Lsgg. mit einem Mol.-Verhältnis von Methylenblau : I = 1 : 1 bis 1 : 2 erhält Vf. eine Verb. $C_{32}H_{29}N_3O_8S$, der die Konst. einer 1 : 1 Mol-Verb. aus Methylenblaumonophthalat u. I zugeschrieben wird; möglicherweise ist diese Verb. die Gastkomponente im Mischsystem. (Naturwissenschaften **42.** 579. 1. Nov.-H. 1955. Hamburg, Chem. Staatsinst.) M. SCHENK. B 190

F. V. Shallcross und **G. B. Carpenter,** *Die Kristallstruktur von Cyanacetylen.* WEISSENBERG-Aufnahmen an *Cyanacetylen* (F. 5°, Kp. 42°) bei $-25°$ ergaben monokline Symmetrie mit der Elementarzelle $a = 6{,}965 \pm 0{,}009$; $b = 6{,}300 \pm 0{,}010$; $c = 3{,}839 \pm 0{,}004$ Å; $\beta = 110{,}5 \pm 0{,}1°$. Es wurden außerdem Pulveraufnahmen bei -25, -40, -90 u. $-160°$ hergestellt, die keinerlei Polymorphie erkennen lassen. Wahrscheinlichste Raumgruppe ist $P\,2_1/m$; $Z = 2$. Die Struktur wurde nach der trial-and-error-Meth. festgelegt u. hierauf durch FOURIER-Synthesen verfeinert. Die folgenden x- u. z-Parameter wurden bestimmt: N (x =) 0,3990; (z =) 0,2396; $C_{(1)}$: 0,5635; 0,2399; $C_{(2)}$: 0,7637; 0,2537; $C_{(3)}$: 0,9338; 0,2581; H: 0,070; 0,258. In dem Gitter bilden die Moll. parallel zur a-Achse liegende lineare Ketten, die nahezu dichtest gepackt u. durch C—H···N-Bindungen verknüpft sind. Alle Moll. in einer gegebenen Kette sind gleich orientiert; jede Kette ist von 2 parallelen u. 4 antiparallelen nächst benachbarten Ketten umgeben. Die Bindungslängen sind C≡N = 1,14; C—C = 1,38; C≡C = 1,18; C—H = 0,9 u. C—H···N = 3,27 Å. (Acta crystallogr. [Copenhagen] **11.** 490—96. 10/7. 1958. Providence, R. I., Brown Univ., Metcalf Chem. Labor.) C. GOTTFRIED. B 195

B. Craven und **G. A. Jeffrey,** *Struktur von Malvalinsäure und einiger verwandter C_{18}- und C_{19}-Cyclopropanfettsäuren.* Die röntgenograph. Analyse von *Dihydromalvalinsäure* ergab, daß es sich bei der Säure um *DL-cis-8.9-Methylenheptadecansäure* (*DL-cis-7-[2-Octylcyclopropyl]-heptansäure*) handelt. Aus einer FOURIER-Projektion folgt, daß das Mol. im Gitter eine Bumerang-ähnliche Form hat. Für *Malvalinsäure* wird folgende Konst.: $CH_3\cdot(CH_2)_7-C{=}C-(CH_2)_6\cdot COOH$ (C=C überbrückt durch CH_2) angenommen. (Nature [London] **183.** 676—77. 7/3. 1959. Pittsburgh, Pa., Univ., Crystallogr. Labor.) C. GOTTFRIED. B 195

Mario Nardelli und **Giovanna Fava,** *Über die Struktur der α-Selenophencarbonsäure.* Röntgenograph. untersucht wurden *α-Selenophencarbonsäure* (I) u. *α-Thiophencarbonsäure* (II); bestimmt wurde die Struktur von I. Die beiden Säuren erwiesen sich als isostrukturell u. kristallisieren monoklin. Die Elementarzelle von I hat $a = 5{,}80 \pm 0{,}01$; $b = 5{,}05 \pm 0{,}01$; $c = 20{,}05 \pm 0{,}05$ Å; $\beta = 97{,}9°$; II: $a = 5{,}67 \pm 0{,}01$; $b = 5{,}03 \pm 0{,}01$; $c = 19{,}57 \pm 0{,}01$ Å; $\beta = 98{,}2°$; Raumgruppe in beiden Fällen $C_{2h}^5 - P\,2_1/c$ u. $Z = 4$. Die Struktur von I wurde mittels zweidimensionaler Elektronendichteprojektionen aufgeklärt. Die gefundenen Parameter sind: Se (x =) 0,593; (y =) 0,576; (z =) 0,182; $C_{(1)}$: 0,834; 0,804; 0,200; $C_{(2)}$: 0,981; 0,820; 0,157; $C_{(3)}$: 0,907; 0,647; 0,098; $C_{(4)}$: 0,717; 0,478; 0,110; C [der CO_2H am $C_{(4)}$]: 0,623; 0,296; 0,056; $O_{(1)}$: 0,433; 0,178; 0,077; $O_{(2)}$: 0,711; 0,211; 0,009. In dem Gitter tritt die Säure in dimerer Form auf, die sich durch H-Bindung zwischen den COOH-Gruppen zweier Moll. bildet. (Gazz. chim. ital. **88.** 229—34. März 1958. Parma, Univ., Ist. di Chim. gen. ed inorg.) C. GOTTFRIED. B 195

Hideo Watase und **Isamu Nitta,** *Die Struktur der Kainsäure, der aktivsten Komponente von Digenea simplex Ag.* 1. Mitt. *Die Molekular- und Kristallstruktur von Zinkkainatdihydrat. Zinkkainatdihydrat* [$C_{10}H_{13}NO_4Zn \cdot 2H_2O$, F. >300° (Zers.)] krist. in gestreckten farblosen Prismen, ist unlösl. in W. u. den gebräuchlichen organ. Lösungsmitteln. Dreh- u. WEISSENBERG-Aufnahmen ergeben rhomb. Symmetrie mit den Zelldimensionen a = 25,50 ± 0,07; b = 6,93 ± 0,03; c = 7,60 ± 0,03 Å; Raumgruppe ist D_2^4 — $P\,2_1\,2_1\,2_1$; Z = 4. Die von MURAKAMI u. Mitarbeitern (vgl. J. pharmac. Soc. Japan [Yakugakuzasshi] **74.** [1954.] 560) vorgeschlagene Formulierung der freien Säure als *2-Carboxy-3-carboxymethyl-4-isopropenylpyrrolidin* konnte bestätigt werden. Die Struktur wurde mittels der trial-and-error-Meth. u. mittels FOURIER-Synthesen aufgeklärt. Es wurden die folgenden Parameter bestimmt: Zn (x =) 0,2081; (y =) 0,3643; (z =) 0,220; N: $0,162_5$; 0,273; 0,987; $C_{(1)}$: $0,222_3$; 0,533; 0,873; $C_{(2)}$: $0,175_0$; 0,407; 0,840; $C_{(3)}$: $0,127_5$; 0,523; 0,790; $C_{(4)}$: $0,093_4$; 0,497; 0,950; $C_{(5)}$: $0,104_1$; 0,287; 0,007; $C_{(6)}$: $0,099_2$; 0,433; 0,627; $C_{(7)}$: $0,133_3$; 0,450; 0,460; $C_{(8)}$: $0,036_7$; 0,560; 0,933; $C_{(9)}$: $0,025_8$; 0,773; 0,933; $C_{(10)}$: $0,002_5$; 0,073; 0,413; $O_{(1)}$: $0,240_0$; 0,550; 0,020; $O_{(2)}$: $0,240_0$; 0,550; 0,020; $O_{(3)}$: $0,152_5$; 0,300; 0,400; $O_{(4)}$: $0,138_3$; 0,617; 0,390; $O_{(5)}$ (H_2O): $0,245_0$; 0,000; 0,590; $O_{(6)}$ (H_2O): $0,140_8$; 0,957; 0,573. Die Carboxylgruppe am $C_{(2)}$ u. die Essigsäuregruppe am $C_{(3)}$ nehmen relativ zu dem Ring in trans-Konfiguration, die Essigsäuregruppe am $C_{(3)}$ u. die Isopropenylgruppe von $C_{(4)}$ cis-Konfiguration ein. Der Pyrrolidinring ist beträchtlich verzerrt, wahrscheinlich wegen der an den benachbarten C-Atomen $C_{(3)}$ u. $C_{(4)}$ sitzenden Seitenketten. In dem Gitter umgeben das N-Atom, die 4 O-Atome der Carboxylgruppe u. $O_{(5)}$ das Zn oktaedrisch. Alle H-Atome der 2 Wassermoll. bilden O—H···O—H-Bindungen zwischen den 2 Wassermoll. oder den Wassermoll. u. den O-Atomen der Carboxylgruppen. Der an das N gebundene H bildet eine intermol. H-Brücke zwischen dem N-Atom eines Mol. u. einer Carboxylgruppe eines Nachbarmoleküls. Die Struktur kann als eine Schichtstruktur senkrecht zur a-Achse angesehen werden; zwischen den Schichten sind nur schwache VAN DER WAALSsche Kräfte wirksam. (Bull. chem. Soc. Japan **30.** 889—900. Nov. 1957. Osaka, Univ., Fac. of Sci., Dep. of Chem. [Orig.: engl.])
C. GOTTFRIED. B 195

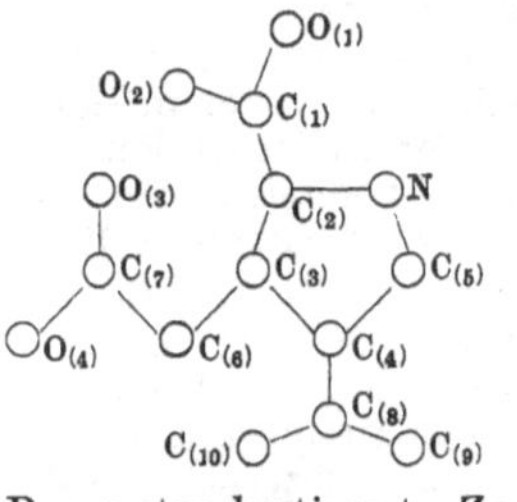

W. N. Koslow und **B. I. Smolenski,** *Verteilung von Essigsäure zwischen zwei nebeneinander existierenden Phasen, einer nichtwässerigen und einer wässerigen.* Wenn bei der Extraktion von *Essigsäure* aus einer wss. Lsg. mit einem nichtwss. Lösungsm. (LM) die Gesamtkonz. in LM mit x_0, in W. mit y (undissoziiert) bezeichnet wird, dann gilt für die Extraktion mit Ae. (für y bis 30,35 Gew.-%) $x_0 = 0{,}39485\,y + 0{,}07360\,y^{1{,}614}$ mit einem maximalen Fehler (bei y = 0,84%) von 2,6% bzw. (bei y = 2,40—30,35%) von 0—1,3%. Bei der Extraktion von *Propionsäure* aus wss. Lsg. mit Toluol ist (bei y bis 1,67%) $x_0 = 0{,}147\,y + 0{,}33\,y^{1{,}99}$; bei höheren Konzz. weichen die hiernach berechneten Werte von den experimentellen ab. Bei der Extraktion von A. aus wss. Lsg. mit Ae. können die Ergebnisse nicht durch eine Gleichung $x_0 = \overline{K}\,y + b\,y^n$ dargestellt werden. (Журнал Прикладной Химии [J. angew. Chem.] **31.** 508—12. März 1958. Forsttechn. Inst. des Urals, Forstchem. Labor.) R. K. MÜLLER. B 221

Masamichi Tsuboi, *Energie der Molekülassoziation von N-Methylacetamid.* In verschied. konz. Lsgg. von *N-Methylacetamid* in CCl_4 u. Chlf. werden die Wellenzahlen u. die mol. Extinktionskoeffizienten der ν(NH)-Absorption (in CCl_4 3472, in $CHCl_3$ 3465 cm für das freie Mol.) bei 30, 45 u. 60° bestimmt. Die Intensität der Banden der freien Moll. steigt mit abnehmender Konz. u. steigender Temp.; die der Absorptionsbanden bei 3371—3303 u. 3092 cm^{-1}, die der ν(NH) H-gebundener N—H-Bindungen in assoziierten Moll. zugeordnet werden, fallen mit abnehmender Konz. u. steigender Temperatur. Aus der Temperaturabhängigkeit des Assoziationsgleichgewichts berechnet sich die Wechselwirkungsenergie pro intermol. H-Bindung zu 3,8 kcal/Mol in CCl_4 bzw. 1,6 kcal/Mol in $CHCl_3$. (J. chem. Soc. Japan, pure Chem. Sect. [Nippon Kagaku Zassi] **76.** 376—79. April 1955. Tokyo, Univ. [Orig.: japan.]) L. SCHULER. B 223

Masamichi Tsuboi, *Energien der intermolekularen und intramolekularen H-Bindungen in Acetyl-DL-norleucin-N-methylamid.* (Vgl. vorst. Ref.) In CCl_4- bzw. Chloroform-Lsgg. verschied. Konzz. von *Acetyl-DL-norleucin-N-methylamid* werden die Wellenzahlen u. mol. Extinktionskoeffizienten der (NH)-Absorption bei 30, 45 u. 60° bestimmt. Die N—H-Frequenz wird durch H-Bindungen beeinflußt. Aus der Änderung der Intensitäten lassen sich folgende Folgerungen ableiten: In CCl_4-Lsgg. liegen bei Konzz. < 0,0001 Mol/Liter prakt. alle Moll. in monomerer Form vor, teils in gestreckter Konfiguration, teils in Ringform infolge intramol. H-Bindungen. Die Energie der ersten Form ist um 1,6 kcal/Mol höher u. die Entropie um 5,4 Einheiten größer als die der zweiten Form. Bei höheren Konzz. beginnt Assoziation durch intermol. H-Bindungen; deren Energie ist 3,9 kcal/Mol. In Chloroform-Lsgg. ist die Energiedifferenz zwischen den beiden monomeren Mol.-Formen 1,4 kcal/Mol u. die Energie für die intermol. H-Bindung 1,7 kcal/Mol. (J. chem. Soc. Japan, pure Chem. Sect. [Nippon Kagaku Zassi] **76.** 380—83. April. 1955. [Orig.: japan.]) L. SCHULER. B 223

Arthur Lüttringhaus, Friedrich Cramer, Horst Prinzbach und **Friedrich Martin Henglein,** *Cyclisationen von langkettigen Dithiolen. Versuche zur Darstellung sich umfassender Ringe mit Hilfe von Einschlußverbindungen.* Es wurden langkettige *α.ω-Dimercaptoalkylhydrochinonäther* des Typs $HS-(CH_2)_n-O-C_6H_4-O-(CH_2)_n-SH$ hergestellt, die sich auch unter erschwerten Bedingungen in A. oder Dioxan durch Dehydrierung zu makrocycl. *Disulfiden* cyclisieren lassen. Da alle untersuchten Dithiole mit α- bzw. β-Cyclodextrinen Einschlußverbb. geben, wurde versucht, die dehydrierende Cyclisierung n a c h dem Einschluß am *Hydrochinon-bis-[10-mercaptodecyl-(1)]-äther* (**I**) durchzuführen, wobei als neues Ringsyst. 2 Ringe, die sich wie Glieder einer Kette umfassen, erwartet wurden. Die Rk. gelang nicht, nach dem Aufarbeiten wurde unverändertes **I** zurückerhalten. Das Cyclodextrin (**II**) verhindert demnach Rkk. selbst in den Seitenketten, die also auch durch **II** umhüllt sein müssen. Diese Reaktionshemmung wurde auch bei früheren Verss. (unveröffentlicht) beobachtet, bei denen langkettige eingeschlossene Dialdehyde mit Hydrazinderivv. umgesetzt werden sollten. — Die grundsätzlichen Möglichkeiten zur Darst. sich umfassender Ringe werden diskutiert.

V e r s u c h e: *Hydrochinon-bis-[6-bromhexyl-(1)]-äther,* $C_{18}H_{28}Br_2O_2$, F. 94—95° (A.), durch Zugabe von KOH in 50%ig. A. bei 50° zu 1.6-Dibromhexan (5facher Überschuß) u. Hydrochinon (**III**) in 95%ig. A. unter N_2 u. Rühren, danach Kochen bis zur neutralen Rk.; 80% (Ausbeute). *Bis-thiuroniumsalz,* $C_{20}H_{36}Br_2N_4O_2S_2$, F. 185—186° (A.), durch 8std. Kochen mit Thioharnstoff in A.; 94%. — *Hydrochinon-bis-[6-mercaptohexyl-(1)]-äther* (**IV**), $C_{18}H_{30}O_2S_2$, F. 68—69° (A.), durch 1std. Kochen vorst. Bis-thiuroniumsalzes mit KOH unter N_2. — Analog: *Hydrochinon-bis-[8-bromoctyl-(1)]-äther,* F. 81 bis 82° (A.), aus 1.8-Dibromoctan (**VII**) u. **III**; 73%. *Bis-thiuroniumsalz,* F. 138—140°; ca. 80%. — *Hydrochinon-bis-[8-mercaptooctyl-(1)]-äther* (**V**), $C_{22}H_{38}O_2S_2$, F. 72—73° (A.); ca. 80%. — *Hydrochinon-bis-[10-bromdecyl-(1)]-äther,* $C_{26}H_{44}Br_2O_2$, F. 82—84° (A.), aus 1.10-Dibromdecan u. **III**; ca. 75%. *Bis-thiuroniumsalz,* F. 166° (A.); 92%. — *Hydrochinon-bis-[10-mercaptodecyl-(1)]-äther* (**I**), $C_{26}H_{46}O_2S_2$, F. 83° (A.); 80%. — *2-Chlorhydrochinon-bis-[10-bromdecyl-(1)]-äther,* $C_{26}H_{43}Br_2ClO_2$, F. 56—61° (A./Methanol), aus 2-Chlorhydrochinon (aus p-Benzochinon u. HCl in Chlf.) u. 1.10-Dibromdecan; wachsartiges Prod.; ca. 80%. *Bis-thiuroniumsalz,* F. 133—136° (A.); ca. 90%. — *2-Chlorhydrochinon-bis-[10-mercaptodecyl-(1)]-äther,* $C_{26}H_{45}ClO_2S_2$, F. 58—59° (A./Methanol); 62%. — *2.5-Dichlorhydrochinon-bis-[10-bromdecyl-(1)]-äther,* $C_{26}H_{42}Br_2Cl_2O_2$, F. 75—76° (A./Methanol), aus 2.5-Dichlorhydrochinon (F. 169°); 73%. *Bis-thiuroniumsalz,* F. 165—166° (A.); ca. 90%. — *2.5-Dichlorhydrochinon-bis-[10-mercaptodecyl-(1)]-äther,* $C_{26}H_{44}Cl_2O_2S_2$, F. 73° (A.); ca. 50%. — *p.p'-Dihydroxybiphenyl-bis-[8-bromoctyl-(1)]-äther,* $C_{28}H_{40}Br_2O_2$, F. 118 bis 120° (Amylalkohol), aus p.p'-Dihydroxybiphenyl u. **VII**; 82%. *Bis-thiuroniumsalz,* F. 216—218° (A.); ca. 84%. — *p-p'-Dihydroxybiphenyl-bis-[10-mercaptooctyl-(1)]-äther,* $C_{28}H_{42}O_2S_2$, F. 115—117° (Amylalkohol); ca. 80%. — *β.β'-Dibromdiäthyläther,* $Kp._{10}$ 93 bis 94°, durch Zutropfen einer Mischung von Diäthylenglykol ($Kp._{760}$ 250°) u. trockenem Pyridin zu PBr_3 unter Eiskühlung u. Umschütteln, nach 12std. Stehen bei Zimmertemp. wird 2—3 Std. bei 14 Torr auf 40—50° (Bad) erhitzt u. anschließend abdest.; 75—85%. — *Hydrochinon-bis-[3-oxa-5-brompentyl-(1)]-äther,* aus vorst. Verb. u. **III**; krist. nicht. *Bis-thiuroniumsalz,* F. 117—121°. — *Hydrochinon-bis-[3-oxa-5-mercaptopentyl-(1)]-äther* (**VI**), $C_{14}H_{22}O_4S_2$, $Kp._{0,03}$ 180—185°, F. 35—36° (A.), durch Verseifung vorst. Bis-thiuroniumsalzes; die Haut reizende Blättchen; ca. 80%. — *1.8-Dibrom-3.6-dioxaoctan,* $C_6H_{12}Br_2O_2$, $Kp._{0,3}$ 95—97°, $Kp._4$ 134°, aus Triäthylenglykol ($Kp._{0,5}$ 154—157°) u. PBr_3; n_D^{20} 1,5030; 60—70%; daneben *Dibrom-3-oxapentan.* — *Hydrochinon-bis-[3.6-dioxa-8-bromoctyl-(1)]-äther,* $C_{18}H_{28}Br_2O_6$, $Kp._{0,01}$ 204—210°, aus vorst. Verb. u. **III**. — *Hydrochinon-bis-[3.6-dioxa-8-mercaptooctyl-(1)]-äther,* $C_{18}H_{30}O_6S_2$, $Kp._{0,01}$ 180—182°, F. 30 bis 31°; über das Bis-thiuroniumsalz vorst. Verb.; 46%. — *Hydrochinon-[7.8-dithiatetradekamethylen]-äther,* $C_{18}H_{28}O_2S_2$, F. 98—99° (A.), durch 12std. Einleiten von Luft in eine Lsg. von **IV** in 98%ig. A. bei 60—70° (Bad) in Ggw. von $CuCl_2 \cdot 2H_2O$; beständig in heißem A., polymerisiert in sd. Bzl.; 10—12%. — *Hydrochinon-[9.10-dithiaoktadekamethylen]-äther,* $C_{22}H_{36}O_2$, F. 95—96°, analog aus **V**; 5—7%. — *Hydrochinon-[11.12-dithiadokosamethylen]-äther,* $C_{26}H_{44}O_2S_2$, F. 110—112° (A.), analog aus **I**; 2—3%. — *Hydrochinon-[3.10-dioxa-6.7-dithiadodekamethylen]-äther,* $C_{14}H_{20}O_4S_2$, F. 115—116° (Isobutanol) durch 12std. Einleiten von Luft in eine Lsg. von **VI** in Dioxan/W. bei 25° in Ggw. von

$CuCl_2 \cdot 2H_2O$; 11—15%. (Liebigs Ann. Chem. **613.** 185—98. 28/5. 1958. Freiburg, Univ., Chem. Inst.; Heidelberg, Univ., Chem. Inst.) W. Schramm. B 223

Ph. Mechelynck und **W. Schietecatte,** *Löslichkeit von Äthylendiamintetraessigsäure als Funktion des* p_H. *Amperometrische Titration von Komplexon.* Durch Titration von Lsgg. von *Äthylendiamintetraessigsäure* (I) mit Zn^{2+} u. amperometr. Endpunktsbest. ist es leicht möglich, die Löslichkeit von I als Funktion des p_H zwischen p_H 1 u. 7, eingestellt mit HCl bzw. NH_4OH, zu bestimmen. I besitzt bei p_H 2 ein Löslichkeitsminimum. Zwischen p_H 2 u. 5 steigt die Löslichkeit auf einen konstanten Wert an. (Analytica chim. Acta [Amsterdam] **19.** 577—79. 1958. Mol, Centre d'Etude de l'Energie Nucl., Sect. de Chim. Anal.) Herbert Müller. B 224

Cheves Walling und **Mahmood F. Mayahi,** *Einige Lösungsmittel- und Struktureffekte bei der Chlorierung mit freien Radikalen.* Die photochem. Chlorierung von *Neopentan* (**I**), *Cyclohexan* (**II**) u. *2.3-Dimethylbutan* (**III**) in CCl_4 bzw. Bzl. wurde bei 68° untersucht, wobei die Produktzus. gaschromatograph. ermittelt wurde. Mit **III** als Bezugsverb. wurden die relativen Reaktivitäten R bestimmt u. aus diesen die partiellen Geschwindigkeitsfaktoren f berechnet. Folgende Daten wurden erhalten: **I** + **III** in CCl_4, R für **I** 0,79 (R für **III** in allen Fällen = 1,00), f für **I** (Substitution am prim. H) 1,38 (für **III** am prim. H-Atom in allen Fällen = 1,00), für **III** (tert.-H-Atom) 3,7; **I** + **III** in Bzl. 0,34, 1,70, 24; **II** + **III** in CCl_4 R für **II** 1,16, (Substitution an den sek. H-Atomen) f = 2,1, für **III** (tert.-H-Atom) f = 4,1; **II** + **III** in Bzl. 1,42, 5,8, 18; **I** + **II** + **III** in Bzl. R für **I** 0,33, für **II** 1,15, (für **I**) f = 1,66, (für **II**) f = 5,8, (für **III**, tert.-H-Atom) f = **24.** Wie schon Russell (C. **1958.** 380 u. früher) fand, zeigt sich auch jetzt, daß das Verhältnis der Substitution des tert. zum prim. H-Atom von **III** stark vom Lösungsm. abhängig ist. Untersucht wurde die Lösungsmittelwrkg. auf die R-Werte (Verhältnis der Substitution des sek. zum prim. H-Atom) bei der Chlorierung von *n-Butan* (**V**) in Nitromethan bei 68° [R] = 2,69, ohne Lösungsm. bei 0° 3,09 bzw. bei —75° 4,00, $\Delta H^{\ddagger}_{prim.} - \Delta H^{\ddagger}_{sek.}$ 400 [cal/Mol]; in Bzl. (9 mol. Lsg.) bei 68° [R] 5,11; in CS_2 (11,1 mol. Lsg.) bei 68° 6,55, bei 34° 7,8, bei 0° 13,2, $\Delta H^{\ddagger}_{prim.} - \Delta H^{\ddagger}_{sek.}$ 1800; in CS_2 (13,3 mol. Lsg.) 68° 8,00, bei 34° 39,6, bei 0° 62,5, $\Delta H^{\ddagger}_{prim.} - \Delta H^{\ddagger}_{sek.}$ 5600; bei der Chlorierung von **III**: ohne Lösungsm. bei 68° [R] 4,04 (Verhältnis der Substitution des tert. zum prim. H-Atom), bei 0° 4,96, bei —75° 11,0, $\Delta H^{\ddagger}_{prim.} - \Delta H^{\ddagger}_{tert.}$ 800; in CS_2 (11,1 mol. Lsg.) bei 68° 34,0, bei 34° 51,4, bei 0° 93,2, $\Delta H^{\ddagger}_{prim.} - \Delta H^{\ddagger}_{tert.}$ 2300. Die Selektivität der Chlorierungen ist in den bes. stark die Selektivität fördernden Lösungsmitteln stark temperaturabhängig. Es zeigt sich also, daß im Vgl. zu der Rk. mit den reinen, fl. KW-stoffen bzw. zur Gasphasenchlorierung (vgl. Pritchard u. Mitarbeiter, C. **1956.** 2108) die Eigg. des Cl-Atoms (Cl·) durch die aromat. Lösungsmittel bzw. CS_2 durchgreifend geändert werden, vermutlich assoziiert Cl· mit solchen Lösungsmitteln unter Bldg. von π-Komplexen. Die Bldg. der Komplexe dürfte exotherm verlaufen (ca. 10 kcal/Mol), dadurch wird aus dem exothermen Angriff von Cl· auf prim. u. sek. H-Atome eine endotherme Rk., die entsprechend eine höhere Aktivierungsenergie u. eine stärkere Selektivität bzgl. der Substitution von Bindungen verschied. Stärke besitzt. Vff. zeigen, daß vermutlich eine Reihe von Komplexen zwischen Cl· u. einem oder mehrerer Lösungsmittelmoll. auftritt, außerdem dürften die Länge der Ketten-Rk. u. die Chlorierungsgeschwindigkeit in komplexbildenden Lösungsmitteln erheblich vermindert sein. — Ermittelt wurden ferner die R-Werte folgender KW-stoffe relativ zu **II**: *Cyclopentan* (**IV**) in CCl_4 (5 mol. Lsg.) bei 68° R 0,75 (pro Mol.), 0,90 (pro C—H-Bindung), 0° 0,78, 0,94, $\Delta H^{\ddagger} - \Delta H^{\ddagger}_{C_6H_{12}}$ —140 [cal/Mol] bzw. in Bzl. (7,3 mol.) 68°, 0,67, 0,81; *Cyclobutan* in CCl_4 (5 mol.) bei 68° 0,57, 0,85, 0° 0,69, 1,03, $\Delta H^{\ddagger} - \Delta H^{\ddagger}_{C_6H_{12}}$ —480, bzw. in Bzl. (7,3 mol.) 68° 0,57, 0,85; *Cyclopropan* (**VII**) in CCl_4 (5 mol.) 68° 0,105, 0,210, 0° 0,157, 0,315, $\Delta H^{\ddagger} - \Delta H^{\ddagger}_{C_6H_{12}}$ —1700, bzw. in Bzl. (7,3 mol.) 68° 0,141, 0,283; **V** in CCl_4 (5 mol.) 68° 0,60, 1,17 (pro sek. H-Atom), 0° 0,567, 1,12 (pro sek. H-Atom), bzw. in Bzl. (7,3 mol.) 68° 0,43, 1,28; *Norcamphan* (**VI**) in CCl_4 (5 mol.) 68° 0,75, 1,04 (für die H-Atome in 2-, 3-, 5- u. 6-Stellung). Die R-Werte nehmen also mit der Ringgröße stetig ab, für einen höheren Wert bei **IV** wurde kein Anzeichen gefunden. Auch für **II** ist die Reaktivität pro H-Atom geringer als für die sek. H-Atome von **V**. Überraschend ist die Abnahme der Selektivität der Chlorsubstitution, wenn die Rkk. bei 0° durchgeführt werden. Daraus ist abzuleiten, daß bei den Rkk. mit den kleineren Ringverbb. eine geringere Aktivierungswärme u. eine stärker negative Aktivierungsentropie zu verzeichnen ist. Vielleicht ist Cl· in der Lage, mit den kleineren Ringverbb. Komplexe zu bilden, wodurch eine Rk. mit geringerer Energie ermöglicht wird. In Einklang damit wurde gefunden, daß bei der Chlorierung eines Gemisches von **III** u. **VII** bei 0° das Verhältnis der Substitution am tert. H-Atom zu der am prim. H-Atom von **III**

34 beträgt im Vgl. zu 5 ohne Ggw. von **VII**. Aus **VI** entsteht fast ausschließlich (93%) exo-2-Chlornorcamphan, die Endomethylengruppe u. das tert. H-Atom am Brückenkopf werden also kaum bzw. nicht angegriffen. Da die Reaktivität von **VI** pro H-Atom etwa gleich der von **II** ist, dürfte anzunehmen sein, daß sowohl exo- als auch endo-H-Atome reagieren. Untersucht wurde schließlich die Chlorierung von *Äthylchlorid* (**VIII**) bei 0° u. die von *n-Butylchlorid* (**IX**) zwischen 0 u. 68° in folgenden Lösungsmitteln: **VIII** in CCl_4 (6,9mol.) [Verhältnis V. an gebildetem 1.1-/1.2-Dichloräthan] 3,22, [R, bezogen auf Neopentan] 0,13; in Bzl. (5,8mol.) —, 0,23; in Bzl. (7,6mol.) 7,20, —; in Chlorbenzol (6,6mol.) 5,56, —; in CS_2 (11,1mol.) 8,20. **IX** ohne Lösungsm. bei 68° [V. 1.1-/1.3-Dichlorbutan] 0,158, [V. 1.2-/1.3-Dichlorbutan] 0,478, [V. 1.4-/1.3-Dichlorbutan] 0,397; bei 34° 0,128, 0,458, 0,358; bei 0° 0,099, 0,436, 0,323; in CS_2 (11,1mol.) bei 68° 0,122, 0,397, 0,208; bei 34° 0,0875, 0,335, 0,163; bei 0° 0,0608, 0,298, 0,124; in CS_2 (7,9mol.) bei 68° 0,138, 0,430, 0,265; in Bzl. (5,7mol.) bei 68° 0,114, 0,443, 0,317; in Bzl. (7,5mol.) 0,120, 0,444, 0,267; folgende $\Delta H^{\ddagger}_{1.1} - \Delta H^{\ddagger}_{1.3}$-, $\Delta H^{\ddagger}_{1.2} - \Delta H^{\ddagger}_{1.3}$- u. $\Delta H^{\ddagger}_{1.4} - \Delta H^{\ddagger}_{1.3}$-Werte wurden berechnet für **IX**: ohne Lösungsm. 1290 [cal/Mol], 270, 600; in CS_2 (11,1mol.) 2040, 840, 1470. Hieraus ergibt sich, daß die Unterschiede in den Aktivierungsenergien zuallererst für die Differenzen in den Reaktivitäten der verschied. C—H-Bindungen in **IX** verantwortlich sind. Es scheint, daß in komplexbildenden Medien die elektronenanziehenden Eigg. des Cl-Atoms eher verstärkt als abgeschwächt werden. Diskutiert wird der mögliche Zusammenhang der Selektivität mit der Chlorierung u. der Änderung der elektronenanziehenden Eigg. von Cl· durch Komplexbldg. mit dem Lösungsm. bzw. mit einem Wechsel der Energetik der Chlorierung. (J. Amer. chem. Soc. **81**. 1485—89. 20/3. 1959. New York, N. Y., Columbia Univ., Dep. of Chem.)

B. GNAUCK. B 225

R. Bruce Martin und **John T. Edsall**, *Glutathion: Ionisation in basischen Lösungen und Molekülumlagerung in stark sauren Lösungen.* Die Dissoziationskonstanten der NH_2- u. SH-Gruppe von *Glutathion* (**I**) in alkal. Lsg. wurden titrimetr. zu $pK_3 = 8,74 \pm 0,01$ u. $pK_4 = 9,65 \pm 0,01$ (bei der Ionenstärke $\mu = 0,16$ u. 25°) bestimmt. Daraus u. aus der Dissoziazionskonstante von *S-Methylglutathion* (**II**, $pK = 9,20 \pm 0,02$, $\mu = 0,16$, 25°) wurden die 4 Mikroionisationskonstanten für $\mu = 0,0$ berechnet: pK_{124} 9,46 ($SHNH_3^+ \longleftrightarrow SHNH_2$), pK_{1243} 9,70 ($SHNH_2 \longleftrightarrow S^-NH_2$), pK_{1234} 9,95 ($S^-NH_2 \longleftrightarrow S^-NH_3^+$) u. pK_{123} 9,21 ($S^-NH_3^+ \longleftrightarrow SHNH_3^+$). Die Zunahme der Absorption von **I** bei 266 mμ, die bei Säurezusatz eintritt u. bei **II** nicht, bei *2-Methylthiazolin* (**III**) jedoch beobachtet wird, wird auf eine Thiazolin (T)-Bldg. zurückgeführt u. die Gleichgewichtskonstante der Rk. $I + H^+ \rightleftharpoons T + H_2O$ zu $K = 2,6 \cdot 10^{-3}$ berechnet. Die T-Bldg. wird durch RAMAN-Unterss. an HCl- u. DCl-sauren Lsgg. von **I** u. **III** bestätigt. — *S-Methylglutathion*, $C_{11}H_{19}N_3O_6S$, F. 189° (Zers.), aus **I** durch Umsetzung mit Ag_2O zu unlösl. Ag-Glutathionat, Rk. (im Dunkeln) in wss. Suspension mit CH_3J, Abtrennen von AgJ, Einengen im Vakuum, Aufnehmen in W. u. Fällen mit Aceton. (Bull. Soc. Chim. biol. **40**. 1763—71. 15/2. 1959. Cambridge, Mass., Harvard Univ., Biol. Labor.) E. SCHWERDTFEGER. B 225

A. H. Wragg, J. S. McFadyen und **T. S. Stevens**, *Die Umlagerung von Sulfinsäureestern.* Sulfinsäureester lagern sich im sauren Medium in Sulfone um. Die Umlagerung läßt sich auf 3 Wegen erreichen: 1. Durch Erhitzen der Sulfinsäure mit einem Alkohol mit HCl in Essigsäure, Nitromethan, Acetonitril, Bzl. oder Toluol; 2. durch Erhitzen des Sulfinsäureesters in HCl in den ersten beiden Lösungsmitteln, in den anderen nur in Ggw. von p-Toluolsulfinsäure (**I**); 3. durch therm. Initiierung des Esters allein oder in einem inerten Lösungsmittel. Die Umlagerung wird durch ionisierende Lösungsmittel begünstigt u. besitzt also ion. Charakter. Sie erfolgt intermol. nach $RSOOR' + H^+ \rightarrow RSO(OH^+)R' \rightarrow RSOH + R^+ \rightarrow H^+ + RSO_2^- + R^+ \rightarrow RSO_2R' + H^+$, denn bei der Rk. von **I**-*Diphenylmethylester* in Ggw. von p-Chlorbenzolsulfinsäure entsteht *p-Chlorphenyldiphenylmethylsulfon*, bei der Rk. des gleichen Esters in Ggw. von p-Chlordiphenylmethanol wird dagegen kein p-Chlordiphenylmethyl-p-tolylsulfon gebildet. Aus der qualitativ untersuchten Abhängigkeit der Umlagerungsgeschwindigkeit von der Konst. folgt, daß der geschwindigkeitsbestimmende Schritt die Ionisation des Esters ist.

Versuche: *Phenyl-p-tolylmethanol*, F. 58°, aus der GRIGNARD-Verb. von 25 g p-Bromtoluol mit 14,7 g Benzaldehyd; 12,5 g (Ausbeute). — **I**-Ester, aus dem Säurechlorid in Ae. durch Zugabe zu dem entsprechenden Alkohol in Pyridin bei 0°: *Methylester*, $C_8H_{10}O_2S$, Kp.$_{14}$ 129—130°; läßt sich nach keiner der 3 Methoden in das Sulfon umlagern. — *Phenylester*, $C_{13}H_{12}O_2S$, F. 51—52°, Nadeln; lagert sich nicht um. — *Benzylester*, $C_{14}H_{14}O_2S$, F. 22—24°, Nadeln; lagert sich nicht um. — *o-Nitrobenzylester*, $C_{14}H_{13}\cdot NO_4S$, F. 58—59°, Nadeln; lagert sich nicht um. — *α.α-Dimethylbenzylester*, $C_{16}H_{18}O_2S$, Öl; gibt *α.α-Dimethylbenzyl-p-tolylsulfon*, $C_{16}H_{18}O_2S$, F. 144—145° (A.), 90% (Meth. 1), 86% (Meth. 2) u. 87% (Meth. 3). — *Diphenylmethylester*, $C_{20}H_{18}O_2S$, F. 84° (A.); gibt

Diphenylmethyl-p-tolylsulfon, $C_{20}H_{18}O_2S$, F. 188—189° (A.); 90%, 93%, 100%. — *Phenyl-o-tolylmethylester*, $C_{21}H_{20}O_2S$, F. 68—70° (A.); gibt [*Phenyl-o-tolylmethyl*]-*p-tolylsulfon*, $C_{21}H_{20}O_2S$, F. 127—128° (A.); 90%, 90%, 95%. — *p-Chlordiphenylmethylester* (**III**), $C_{20}H_{17}ClO_2S$, Öl; gibt *p-Chlordiphenylmethyl-p-tolylsulfon*, $C_{20}H_{17}ClO_2S$, F. 142° (CH_3OH–Aceton); 80%, 89%, 95%. — *Fluorenyl-(9)-ester*, $C_{20}H_{16}O_2S$, F. 107—108° (Ae.); verharzt > 120°. — *Phenyl-p-tolylmethylester*, gibt [*Phenyl-p-tolylmethyl*]-*p-tolylsulfon* (**IV**), $C_{21}H_{20}O_2S$, F. 157° (CH_3OH-Aceton); 80%, 82%, 80%. — *α-Methylbenzylester*, gibt *α-Methylbenzyl-p-tolylsulfon*; 20%, 20%, 20—30%. — p-Chlorbenzolsulfinsäureester, wie die I-Ester: *Diphenylmethylester*, $C_{19}H_{15}ClO_2S$, F. 83—84° (Ae.–PAe.); gibt *Diphenylmethyl-p-chlorphenylsulfon*, F. 177° (CH_3OH–Aceton); 90%, 93%, 100%. — *Phenyl-p-tolylmethylester* (**II**), $C_{20}H_{17}ClO_2S$, Öl; gibt [*Phenyl-p-tolylmethyl*]-*p-chlorphenylsulfon*, $C_{20}H_{17}ClO_2S$, F. 173° (CH_3OH–Aceton). — [*p-Chlordiphenylmethyl*]-*p-chlorphenylsulfon*, $C_{19}H_{14}Cl_2O_2S$, F. 126° (CH_3OH), beim 10 Min.-Erhitzen von **II** mit **III** ohne Lösungsm. auf 160°; daneben **IV**. (J. chem. Soc. [London] **1958**. 3603—05. Okt. Glasgow, Univ.; Sheffield, Univ.) G. PÖTZSCHER. B 225

Edward S. Lewis und **Harald Suhr**, *Spektroskopische Untersuchungen an Diazonium–Diazotat-Gleichgewichten*. Vff. untersuchen UV-spektroskop. die Isomerisierung von Diazoniumsalzen (als Borfluoride, durch Diazotierung der Amine in wss. oder alkoh. Lsg.) zu Diazotaten, wobei die weitere Isomerisierung von den n- zu den Isodiazotaten unter den Versuchsbedingungen nur bei dem *p-Nitrobenzoldiazoniumsalz* sehr schnell erfolgt. Das Diazoniumion reagiert mit 2 Mol OH^--Ionen, die Gleichgewichtskonstante beträgt in Übereinstimmung mit Befunden von WITTWER u. ZOLLINGER (C. **1955**. 2866) $K = [ArN_2O^-]/[ArN_2^+][OH^-]^2$, sie ist abhängig von der Ionenstärke. Aus den ermittelten K-Werten folgt, daß die HAMMETTsche Beziehung erfüllt ist; $\varrho = 6{,}3$. Untersucht wurden: *p-Nitro-* (**II**), $K \cdot 10^{-4} = 130000$; 9,44 (p_H-Wert, an dem 50% der Diazoniumverb. umgewandelt ist). — *p-Cyan-*, 29000; 9,77. — *m-Trifluormethyl-*, 2100; 10,34. — *p-Acetyl-*, 790; 10,55. — *p-Sulfonyl-*, 1100; 10,48. — *m-Chlor-*, 400; 10,70. — *m-Acetyl-*, 380; 10,71. — *p-Jod-*, 38; 11,21. — *p-Brom-* 66; 11,09. — *p-Chlor-*, 38; 11,21. — *p-Carboxy-* (als Carboxylation), 33; 11,24. — *m-Carboxy-* (als Carboxylation), 8,3; 11,54. — *p-Fluor-*, 8,7; 11,53. — *p-Acetylamino-*, —; 11,90. — *m-Methyl-*, 0,36; 12,22. — *p-Methylbenzoldiazoniumfluoborat*, 0,066; 12,59. — *Benzoldiazoniumfluoborat* (**I**), 1,6; 11,90. — *p-Methoxy-*, *p-Hydroxy-* u. *p-Aminobenzoldiazoniumfluoborat* zeigen eine zu langsame Gleichgewichtseinstellung. Die Geschwindigkeitskonstante für die weitere Isomerisierung der n-Diazotate in die Isoverbb. beträgt bei **I** $1{,}7 \cdot 10^{-2}$ (sec^{-1}, bei 80°) u. **II** $5{,}4 \cdot 10^{-2}$ (25°). (Chem. Ber. **91**. 2350—58. 1958. Houston, Texas, Rice Inst., Dep. of Chem.) R. UNGER. B 225

C. W. Bird und **R. C. Cookson**, *Der Mechanismus der von-Auwers-Umlagerung der Derivate von 4-Methyl-4-polyhalogenmethyl-1-methylencyclohexadien-(2.5)*. Die Kinetik der Umlagerung von 4-Methyl-4-dichlormethyl-1-[carboxymethylen]-cyclohexadien-(2.5) (**I**) in *α-[p-Tolyl]-β.β-dichlorpropionsäure* (**II**) wurde spektrophotometr. in 20 Vol.-%ig. wss. A. verfolgt. Die Rk. besitzt eine temperaturabhängige Induktionsperiode, nach deren Ablauf eine Kinetik 1. Ordnung eingehalten wird. Aus der Abhängigkeit der Dauer der Induktionsperiode von der Temp. (zwischen 130 u. 152°) wurde eine Aktivierungsenergie von ca. 40 kcal/Mol für die Start-Rk. ermittelt. Zugabe von Benzoylperoxyd verkürzt die Induktionsperiode. Durochinon verhindert die Umlagerung. Bei UV-Bestrahlung der Lsg. von **I** in PAe. erfolgt die Bldg. von **II** bereits bei n. Temperatur. Vff. schließen, daß die Umlagerung nach einem freie-Radikal-Kettenmechanismus abläuft. Kettenträger ist das $\cdot CHCl_2$-Radikal. Andere „4-Halogenmethylsemibenzole", wie 4-Methyl-4-trichlormethyl-, -4-dibrommethyl- u. -4-tribrommethyl-1-carboxymethylencyclohexadien-(2.5) scheinen eine analoge Umlagerung zu erleiden. Als Zwischenstufe der Rk. wird nebenst. Radikal angenommen, das die gleiche Elektronenverteilung besitzt wie die Zwischenstufe der radikal. aromat. Substitution. (J. org. Chemistry **24**. 441. März 1959. Southampton, Univ.) B. GNAUCK. B 225

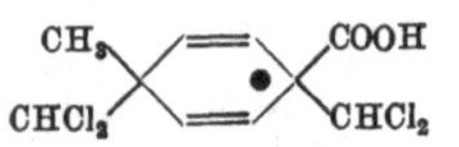

Edmund R. Malinowski und **Leonard S. Levitt**, *Mechanismus organischer Oxydationen in wässeriger Lösung*. 2. Mitt. *Einfluß der Persulfatanfangskonzentration auf die Oxydationsgeschwindigkeit von Isopropylalkohol*. (1. vgl. C. **1956**. 11671.) Die Geschwindigkeitskonstanten (k) der Oxydation von 0,02 mol. Lsgg. von *Isopropylalkohol* (**I**) durch $K_2S_2O_8$ bei 60,0° u. p_H 8,0 u. der Ionenstärke 0,5 (durch Zufügen von K_2SO_4) wurden bestimmt. Für Anfangskonzz. (P_0) des $K_2S_2O_8$ zwischen 0,00125 u. 0,0600 Mol/Liter liegen die k-Werte zwischen 0,46 u. 0,83 $Stunde^{-1}$. Die Selbstzers. des $S_2O_8^{2-}$ wurde berücksichtigt, der k-Wert für die Weiteroxydation des entstandenen *Acetons* ist 0,084 $Stunde^{-1}$. Die größte Anfangsgeschwindigkeit wurde oberhalb von $P_0 \approx 0{,}02$ mol.

beobachtet, bei niedrigeren P_0-Werten wird die Geschwindigkeit dem P_0-Wert proportional. In Übereinstimmung mit den Ergebnissen ist die Gleichung $-dP/dt = [k_{max} A_0 P_0/(b + A_0)(c + P_0)]P$, bei der b u. c empir. Konstanten u. A_0 die Anfangskonz. von **I** bedeuten. Der Mechanismus wird ähnlich wie früher (l. c.) angenommen, wobei jedoch die Annahme der Dissoziation von $S_2O_8^{2-}$ in SO_4^{2-} u. SO_4 verworfen wird. Die Analogie zur Kinetik von Enzym-Rkk. wird besprochen. (J. Amer. chem. Soc. **80.** 5334—37. 20/10. 1958. Hoboken, N. J., Stevens Inst. of Technol., Chem. Dep.)

GERHARD CLEVE. B 225

M. L. Burstall und **M. S. Gibson,** *Die Reduktion von N-Phenylhydroxylamin mit Lithiumaluminiumhydrid.* 3,1 g N-Phenylhydroxylamin (I) geben in sd. Ae. mit $LiAlH_4$ (½ Std. kochen) nach chromatograph. Aufarbeitung 1,33 g *Azobenzol* (**II**, $C_{12}H_{10}N_2$, F. 68°, rote Blättchen aus A.) u. 0,7 g *Anilin* (**III**, als Acetanilid, F. 113—114°, Tafeln aus W.). Unter gleichen Bedingungen werden Nitrobenzol, Nitrosobenzol (**IV**) u. Azoxybenzol (**V**) in 85, 72 bzw. 96%ig. Ausbeute zu **II** red., ohne daß **III** als weiteres Prod. dabei auftritt. Es muß deshalb angenommen werden, daß **I** entweder kein Zwischenprod. der Red. der 3 letzten Verbb. ist, oder es muß ein Mechanismus postuliert werden, bei dem das über **I** gebildete **III** mit durch **IV** unter Bldg. von **V** abgefangen wird. (J. chem. Soc. [London] **1958.** 3745—46. Okt. Newcastle-upon-Tyne, Thomas Hedley & Co., Ltd., Basic Res. Dep.)

G. PÖTZSCHER. B 225

Etsurô Maekawa und **Jiro Mikumo,** *Hydrolyse von Butylacetat durch Salzsäure in Gegenwart von oberflächenaktiven Mitteln und verwandte Reaktionen. n-Butylacetat* wird bei 20° mit n- oder 2n HCl in Ggw. verschied. Mengen *Polyäthylenglykolmonododecyläther* (I, n = 5,2—17,5) unter Rühren verseift u. dabei der Fortschritt der Hydrolyse durch Titration (bis 500 Min.) verfolgt. Die in der Phasenzwischenschicht vorhandene oberflächenakt. Substanz steigert die Verseifungsgeschwindigkeit, maximal bei 0,01% **I.** Ähnlich ist die Wrkg. von I bei der Rk. zwischen *Hexadecylbromid* u. Na_2SO_3. Es scheint sich stets um Oberflächen-Rkk. zu handeln. (J. chem. Soc. Japan, ind. Chem. Sect. [Kōgyō Kagaku Zassi] **58.** 19—21. Jan. 1955. Nagoya, TH. [Orig.: japan.])

L. SCHULER. B 225

O. A. Reutow, *Untersuchung der elektrophilen und homolytischen Substitutionsreaktionen am Kohlenstoffatom nach der Methode des Isotopenaustausches.* Der Isotopenaustausch zwischen *Diphenylquecksilber* (I) u. ^{203}Hg wird durch Cl- u. NO_2-Substituenten in p-Stellung des I verlangsamt, durch CH_3 u. bes. OCH_3 beschleunigt. Im Falle von *Bis-[p-methoxyphenyl]-quecksilber* ist der Austausch bei 20° in Bzl. in 16 Std. vollständig. Die milden Bedingungen sprechen gegen einen Verlauf über freie Radikale. Ein mol. Mechanismus wird auch dadurch bestätigt, daß bei der Rk. zwischen *Phenyl-p-nitrophenylquecksilber* (II) mit ^{203}Hg nur markiertes II, dagegen kein markiertes I oder Bis-[p-nitrophenyl]-quecksilber erhalten wird, wie es im Falle eines radikal. Verlaufs zu erwarten wäre. Wie bei I wird auch bei Arylquecksilberchloriden der Austausch mit ^{203}Hg durch elektropositive Substituenten in p-Stellung beschleunigt, durch elektronegative verlangsamt. Im Falle der α-mercurierten Oxoverbb., die als einzige aliphat. u. alicycl. Verbb. einen raschen Austausch eingehen, sind neben elektr. Faktoren auch ster. für die Geschwindigkeit der Rk. maßgebend. Der homolyt. (mit ^{203}Hg) wie der elektrophile Austausch (mit $^{203}HgCl_2$) verlaufen allg. unter Konfigurationserhaltung am gesätt. C-Atom. Am Beispiel von *cis-* u. *trans-β-Chlorvinylquecksilberchlorid* sowie *Bis-[cis-* u. *Bis-[trans-β-chlorvinyl]-quecksilber* wird gezeigt, daß auch die Konfiguration des olefin. C-Atoms entsprechend der allg. Regel von NESSMEJANOW u. BORISSOW [1948] beim Austausch mit ^{203}Hg u. $^{203}HgCl_2$ erhalten bleibt. (Известия Академии Наук СССР, Отделение Химических Наук [Nachr. Akad. Wiss. UdSSR, Abt. chem. Wiss.] **1958.** 684—92. Juni. Moskau, Lomonossow-Univ.)

H.-E. TOUSSAINT. B 225

Walter E. Conrad und **Stanley M. Dec,** *Konkurrierende reduktive O-Debenzylierung von Äthern und Estern.* Vff. untersuchten die konkurrierende Hydrogenolyse verschied. bin., äquimol. Äther- u. Estergemische bei Hydrierung in Ggw. von 10%ig. Pd-Kohle in Ae.-Lsg. unter 3 At Druck. Es entstanden: aus *Benzylcyclohexyläther* (**I**) u. *p-Phenylbenzylcyclohexyläther* (**II**) nach 2,5 Min. (Hydrierung) 51,2% (Ausbeute) *p-Methylbiphenyl* (**III**), 30,3% *Toluol* (**IV**) u. 68% *Cyclohexanol* (**V**); aus *p-Methylbenzylcyclohexyläther* (**VI**) u. **I** nach 3 Min. 29,1% *p-Xylol* (**VII**) u. 41,3% **IV**; aus **II** u. **VI** nach 8 Min. 50,5% **III** u. 29,1% **VII**; aus *α-Naphthylmethylacetat* (**VIII**) u. *Benzylacetat* (**IX**) nach 154 Min. 84,5% *α-Methylnaphthalin* (**X**) u. 2,2% **IV**; aus *Benzylbenzoat* (**XI**) u. **IX** nach 111 Min. 88,5% *Säure,* davon 41% *Benzoesäure* (**XII**); aus **XI** u. **I** nach 30 Min. 85,5% **XII**; aus **VIII** u. **I** nach 1 Min. 76% **X**; aus *α-Naphthylmethylcyclohexyläther* u. **XI** nach 105 Min. 56,5% **IV** u. 63,8% **XII**; aus **II** u. **IX** nach 3 Min. 34,5% **III**, 45,6% **IV** u. 26% **V**.

V e r s u c h e: *Benzylcyclohexyläther* (**I**), Kp.$_{12}$ 132°, aus **V** u. Benzylchlorid in Ggw. von 55% NaOH u. Triäthylamin; 70% (Ausbeute). — *p-Xylylbromid,* F. 34—35° (A.), aus **VII** durch Photobromierung in CCl_4; 44%. — *p-Methylbenzylcyclohexyläther* (**VI**), $C_{14}H_{20}O$, Kp.$_4$ 114°, durch Zutropfen vorst. Verb. zu einer Lsg. von **V** u. $NaNH_2$ in absol. Ae., 21 std. Rühren bei 70°, Wasserzusatz u. Ausäthern; 44%. — *4-Phenylbenzylalkohol*, durch Grignard-Rk. mit 4-Brombiphenyl. — *4-Chlormethylbiphenyl*, aus vorst. Verb. mit $SOCl_2$. — *p-Phenylbenzylcyclohexyläther* (**II**), F. 84—86° (A.), aus vorst. Verb. u. **V** a) analog **I**; 47%; b) analog **VI**; 41%. — *α-Naphthylmethylacetat* (**VIII**), $C_{13}H_{12}O_2$, Kp.$_4$ 142—143°, aus α-Naphthylmethanol [aus 1-Chlormethylnaphthalin (**XIII**), l. c.] mit Acetylchlorid (nicht Acetanhydrid); 24%. — *α-Naphthylmethylcyclohexyläther*, $C_{17}H_{20}O$, F. 40—41,5° (A.), aus **XIII** u. **V** analog **I**. (J. org. Chemistry **23.** 1700—02. Nov. 1958. Amherst, Mass., Univ. of Massachusetts, Dep. of Chem.) H.-J. Kötzsch. B 225

Hikoji Tada, *Zersetzungsreaktionen von Hexamin und seinen Derivaten.* 14. Mitt. *Untersuchung des Neutralsalzeffekts verschiedener Salze bei der Zersetzung von Hexamethylentetramin durch Säuren.* (13. vgl. J. chem. Soc. Japan, ind. Chem. Sect. [Kōgyō Kagaku Zassi] **57.** [1954.] 369.) Die Geschwindigkeitskonstante k der Zers. von *Hexamethylentetramin* ist proportional der Ionenstärke μ von Neutralsalzen, im Bereich sehr großer μ-Werte sind log k u. μ proportional. Der Anstieg der μ–k-Beziehung zeigt folgenden Gang: $Li^+ > Na^+ > K^+ > M^{2+}$ (M = Erdalkali), $Br^- > Cl^-$, $ClO_4^- > NO_3^-$, $Ca^{2+} \sim Sr^{2+} \sim Ba^{2+}$. Die bisherige Theorie zur Begründung der k-Zunahme durch Neutralsalzzusatz wird danach auf alle untersuchten Salze ausgedehnt. Der Effekt wird auf die Variationen bei der Aktivierungsentropie u. der wirksamen Zahl der Mol.-Zusammenstöße zurückgeführt. (J. chem. Soc. Japan, ind. Chem. Sect. [Kōgyō Kagaku Zassi] **58.** 10—12. Jan. 1955. Tokyo, TH. [Orig.: japan.]) L. Schuler. B 225

Grant Gill Smith und **Frank D. Bagley**, *Der Einfluß der Molekülgröße und -struktur auf die Pyrolyse von Estern.* 2. Mitt. (1. vgl. C. **1957.** 8758.) Folgende Ester mit gleichem Mol.-Gew. werden im Strömungssyst. pyrolysiert, ihre charakterist. Temp. t_a (l. c.) wird bestimmt: *Decansäureäthylester* (Kp.$_{20}$ 114—116°, n_D^{20} 1,4257, $D._{20}^{20}$ 0,8708; 83% Ausbeute) t_a 561°, *Nonansäurepropylester* (Kp.$_{21}$ 127—129°, n_D^{25} 1,4236, $D._{20}^{20}$ 0,8637; 82%) 562°, *Octansäurebutylester* (Kp.$_{20}$ 122—125°, n_D^{25} 1,4229, $D._{20}^{20}$ 0,8646; 93%) 558°, *Heptansäurepentylester* (Kp.$_{20}$ 120—126°, n_D^{25} 1,4233, $D._{20}^{20}$ 0,8632; 87%) 562°, *Hexansäurehexylester* (Kp.$_{20}$ 125—126°, n_D^{20} 1,4249, $D._{20}^{20}$ 0,8630; 93%) 561°, *Pentansäureheptylester* (Kp.$_{20}$ 124—126°, n_D^{20} 1,4248, $D._{20}^{20}$ 0,8610; 91%) 560°, *Butansäureoctylester* (Kp.$_{19}$ 120—123°, n_D^{20} 1,4250, $D._{20}^{20}$ 0,8621; 75%) 560°, *Propansäurenonylester* (Kp.$_{20}$ 126—128°, n_D^{20} 1,4259, $D._{20}^{20}$ 0,8637; 85%) 559°, *Decylacetat* (Kp.$_{20}$ 126 bis 127°, n_D^{20} 1,4272, $D._{20}^{20}$ 0,8654; 88%) 561°. Da alle Ester ungefähr den gleichen t_a-Wert besitzen, schließen Vff., daß die Leichtigkeit der Pyrolyse eine Funktion des Mol.-Gew. u. nicht des Acylrestes allein ist. (J. org. Chemistry **24.** 128—29. Jan. 1959. Pullman, Wash., State Coll. of Washington, Dep. of Chem.) G. Pötzscher. B 225

Takatsugu Azumi, Yukio Okada und **Kanji Tubosaka**, *Reaktion zwischen Dibenzoylperoxyd und Dimethylanilin.* Vff. bestimmen die Zersetzungsgeschwindigkeit (ZG) von *Dibenzoylperoxyd* (**I**) bei 30° in Ggw. von *Dimethylanilin* (**II**). Die ZG ist proportional dem Prod. der Konzz. von **I** u. **II**. Bei Verss. mit Zusätzen von Benzoesäure, Phenol u. R-substituierten Phenolen zeigt sich steigende fördernde Wrkg. in der Reihenfolge $R = NO_2 < Br < CH_3CO < H < CH_3$. (J. chem. Soc. Japan, ind. Chem. Sect. [Kōgyō Kagaku Zassi] **58.** 102—05. Febr. 1955. Himeji, TH. [Orig.: japan.]) L. Schuler. B 225

Makoto Ōkawara, *Untersuchungen über freie Radikale.* 3. Mitt. *Dehydrierender Abbau von Hydrazoverbindungen durch freie Radikale als Kettenreaktion.* In einem dicht verschließbaren, vorher mit N_2 u. CO_2 luftfrei gespülten Kolben werden *2.2'-Hydrazobis-[isobutyronitril]*, die entsprechende *Azoverb.* (**I**) bzw. *Dibenzoylperoxyd* u. Mischungen davon auf 78 ± 0,2° erhitzt u. in Zeitabständen bis 300 Min. der entwickelte N_2 bestimmt. Neben N_2 entsteht Isobutyronitril. Durch Zusatz von 5—200 Mol.-% (von **I**) *Tolyl-*, *Lauryl-* oder *Benzylmercaptan* wird die N_2-Entw. deutlich vermehrt. In gleicher Weise wird die Rk. durch *Hydrochinon* oder *p-Benzochinon* gefördert. Ausführliche Erörterung der Radikalkettenreaktion. (J. chem. Soc. Japan, ind. Chem. Sect. [Kōgyō Kagaku Zassi] **58.** 142—44. Febr. 1955. Naniwa Sakai Univ. [Orig.: japan.]) L. Schuler. B 225

Umberto Belluco, Renato Barbieri und **Gaetano Schiavon**, *Bestrahlung des Ammoniumsalzes der Nicotinsäure mit langsamen Neutronen.* Das *NH_4-Salz* der *Nicotinsäure* (**I**) wurde 4 Wochen mit einem Fluß von $2 \cdot 10^{11}$ Neutronen·cm^{-2}·sec^{-1} bestrahlt. Bei dieser Bestrahlung bilden sich gleichmäßig mit ^{14}C markierte Substanzen, wobei im Mittel 40% **I** zers. wurden. Die einzelnen Reaktionsprodd. wurden chem., papierchromatograph., mittels einer SiO_2- oder Amberlite IRA 410-Säule getrennt. Die folgenden Zersetzungsprodd. wurden identifiziert u. ihre Radioaktivität gemessen: Benzoesäure, Ameisensäure, Essigsäure, Propionsäure (**IV**), Buttersäure, Valeriansäure, Oxalsäure, Malonsäure (**II**), Bernsteinsäure, Glutarsäure (**III**), Phenol, Formaldehyd, Pyridin, Cyanwasserstoff u.

CO_2. Die höchsten Radioaktivitäten zeigten **II, III** u. **IV**. (Gazz. chim. ital. **88.** 78—88. Jan. 1958. Padova, Univ., Ist. di Chim. gen.; Centro di Chim. Nucl. del C.N.R.) C. GOTTFRIED. B 226

John Ernest Anderson, *Untersuchung von Katalysatoren für die Kohlenwasserstoffoxydation.* Eine Reihe von Katalysatoren wurde bzgl. ihrer Wirksamkeit für die Oxydation von *Propan* zu „nützlichen organ. Prodd." getestet. Die Rk. wurde im Schwebebett mit O_2 bei 1 at durchgeführt (Strömungsgeschwindigkeit 3—6,5 Liter/Min., O_2-Geh. 10—30%, Temp. 650—950° F). Als Katalysatoren dienten: Celit; V_2O_5–K_2SO_4–SiO_2 (Gel); SiO_2–Al_2O_3; aktiviertes Al_2O_3; CuO-Celit; La_2O_3-Celit; CeO_2-Celit; MoO_3-Celit; letzterer erwies sich als wirksamster Katalysator: an ihm wurden 6—9,5% des angewandten O_2 umgewandelt, die zu 70—80% Aldehyde u. Ketone, 20—25% Alkohole, 2—6% Säuren waren. In Abwesenheit von Katalysatoren wurden im gleichen Syst. 7,0—13,4% des angewandten O_2 umgewandelt, deren Verteilung der am MoO_3-Celit-Katalysator ähnlich war. Der Gesamtverbrauch an O_2 unter Bldg. irgendwelcher Reaktionsprodd. ist in Ggw. von aktiviertem Al_2O_3 bzw. SiO_2–Al_2O_3 oder CeO_2–Celit größer, in Ggw. der anderen Katalysatoren geringer als in Abwesenheit eines Katalysators. (Iowa State Coll. J. Sci. **29. 364.** 15/2. 1955. Dep. of Chem. Engng.) M. SCHENK. B 227

Ken-ichi Watanabe, *Katalytische Hydrierung von p-Nitrobenzonitril. Untersuchungen über Spaltung von Molekülen durch katalytische Hydrierung.* 7. Mitt. (6. vgl. TANAKA, C. **1950/54. 3127** S.) An einem Ni–Cu (6 : 4)-Katalysator auf Kieselgur wird bei der Hydrierung von *p-Nitrobenzonitril* in Dampfphase als Hauptprod. 35—39% *p-Toluidin* (**I**) neben 16—35% *p-Aminobenzonitril* (**II**) erhalten. Höchstausbeute an **I** bei 280—300°; die Ausbeute an **II** steigt mit der Reaktionstemp. an. Bei 260° wird sehr wenig *p-Aminobenzamid* isoliert; über 300° werden bis 14,2% *Anilin* (**III**) gewonnen. — Die Analyse von **I** u. **III** erfolgt auf Grund der Misch-F.-Kurve ihrer N-Acetylderivate. (J. chem. Soc. Japan, pure Chem. Sect. [Nippon Kagaku Zassi] **76.** 391—95. April 1955. Tokyo, Metr. Univ. [Orig.: japan.]) L. SCHULER. B 227

Ken-ichi Watanabe, *Katalytische Hydrierung von m-Nitrobenzonitril. Untersuchungen über Spaltung von Molekülen durch katalytische Hydrierung.* 8. Mitt. (7. vgl. vorst. Ref.) Bei der Hydrierung analog vorst. werden aus m-Nitrobenzonitril *m-Toluidin* (**I**), *m-Aminobenzonitril* (**II**) u. *Anilin* (**III**) erhalten, stets neben wenig Ausgangsprodukt. **III** wird erst oberhalb > 300° erhalten, bei 350° in 44,5% Ausbeute. **I** u. **III** werden auf Grund der Misch-F.-Kurve der N-Acetylderivv. bestimmt. Höchstausbeute (55,3%) für **I** bei 250°, für **II** (26,7%) bei 300°. (J. chem. Soc. Japan, pure Chem. Sect. [Nippon Kagaku Zassi] **76.** 395—98. April 1955. [Orig.: japan.]) L. SCHULER. B 227

Ken-ichi Watanabe, *Katalytische Hydrierung von o-Nitrobenzonitril. Untersuchungen über Spaltung von Molekülen durch katalytische Hydrierung.* 9. Mitt. (8. vgl. vorst. Ref.) Die katalyt. Hydrierung analog vorst. liefert *Anilin* (maximal 63,6%, bei 330°), *o-Toluidin* (maximal 16,7% bei 300°), *o-Aminobenzonitril* (maximal 20% bei 300°) u. nicht eine identifizierte N-haltige Verb., gelbe Nadeln, F. 234° (20% u. mehr). (J. chem. Soc. Japan, pure Chem. Sect. [Nippon Kagaku Zassi] **76.** 398—402. April 1955. [Orig.: japan.]) L. SCHULER. B 227

A. W. Toptschijew und **W. N. Andronow,** *Alkylierung von Isopentan mit Propylen und Isobutylen in Gegenwart von Fluor und Borfluorid enthaltenden Phosphorsäuren.* (Vgl. C. **1958. 9460.**) Die Alkylierung von *Isopentan* (**I**) mit Propylen liefert in Anwendung von $H_2PO_3F \cdot BF_3$ als Katalysator 35 Vol.-% Alkylat mit 77,9% bei 170°, 16% bis 95° sd. Anteilen; die entsprechenden Zahlen sind bei Verwendung von $HPO_2F_2 \cdot 0{,}5\,BF_3$ 15,8; 70,8; 15,6; $H_3PO_4 \cdot BF_3$ 9,2; 65,4; 12,5. In derselben Reihenfolge der Katalysatoren ist der bis 170° sd. Anteil des Alkylats bei der Umsetzung von **I** mit Isobutylen 71,0, 68,2 u. 65,2%. In beiden Fällen werden die erwarteten prim. Prodd., Isooctan bzw. Isononan, zu niedrigeren Isoparaffinen u. Olefinen entalkyliert u. die Isoparaffine teilweise wieder zu KW-stoffen mit höherem Mol.-Gew. als das Hauptprod., aber niedrigerem Mol.-Gew. als Polyalkylat alkyliert. (Доклады Академии Наук СССР [Ber. Akad. Wiss. UdSSR] **113.** 1076—79. 11/4. 1957. Erdölinst. der Akad. der Wiss. der UdSSR.) R. K. MÜLLER. B 227

Shinjirō Kodama, Shinji Nose, Noboru Tomihisa, Akinobu Tochitani und **Takeshi Yamahara,** *Neue Katalysatoren für die direkte Synthese von Formamid aus Kohlenmonoxyd und Ammoniak.* (Kurze Mitt.) Je 0,23 Mol NH_3 u. *CO* werden in einem Schüttelautoklaven mit einem Anfangsdruck von 120—130 atü bei 90° während 250—1500 Min. in Ggw. von 5,5—6,2 Mol.-% eines der folgenden Katalysatoren umgesetzt u. dabei *Formamid* (Ausbeute-%) erhalten: mit $NaOCH_3$ 88, *Na-Glycerat* 95, $NaOC(C_6H_5)_3$ 59, *Na-Acetessigester* 38, $NaNH_2$ 43 u. *Na* 62. (J. chem. Soc. Japan, ind. Chem. Sect. [Kōgyō Kagaku Zassi] **58.** 157—58. Febr. 1955. Kyoto Univ. [Orig.: japan.]) L. SCHULER. B 227

C. Präparative organische Chemie. Naturstoffe.

Takao Kwan, *Adsorption an Katalysatoren und hydrierender Abbau.* Übersicht über Adsorption an Katalysatoren u. hydrierenden Abbau organ. Substanzen. — 24 Literaturangaben. (J. Soc. org. synth. Chem. Japan **16.** 648—54. Dez. 1958. Hokkaidô-Univ., Syokubai-Ken. [Orig.: japan.]) E. MAEKAWA. 460

Yoshiro Morita, *Cracken von Kohlenwasserstoffen.* Übersicht. — 29 Literaturangaben. (J. Soc. org. synth. Chem. Japan **16.** 661—65. Dez. 1958. Tokyo, Waseda-Univ., Naturwiss.-Techn. Fak. [Orig.: japan.]) E. MAEKAWA. 460

Hideo Marumo, *Umesterung.* Übersicht. — 146 Literaturangaben. (J. Soc. org. synth. Chem. Japan **16.** 723—33. Dez. 1958. [Orig.: japan.]) E. MAEKAWA. 460

Schamchal Mamedow und **G. Mamedow**, *Untersuchung auf dem Gebiet der Glykoläther.* 27. Mitt. *Synthese der β-Alkoxyderivate von Methylenglykoläthern.* (26. vgl. C. **1958.** 5342.) Bei der Einw. von Äthyl-MgBr auf Äthoxyessigester entsteht der Komplex $C_2H_5OCH_2C(C_2H_5)_2OMgBr$, der bei Rk. mit Chlordimethyläther unter Bldg. von *Methylenglykol-[1-äthoxy-2-äthylbutyl-(2)]-methyläther* reagiert. Analog werden durch Verwendung anderer Organomagnesiumverbb. weitere *Methylenglykoläther* dargestellt.

V e r s u c h e: *Methylglykol-[1-äthoxy-2-äthlybutyl-(2)]-methyläther,* $C_{10}H_{22}O_3$, Kp.$_{10}$ 84—85°, zu Äthyl-MgBr (2,5 g Mg, 12 g C_2H_5Br) gibt man unter Kühlung 6 g Äthoxyessigester, läßt 3 Std. bei Zimmertemp. stehen, gibt unter Kühlung 8 g Chlordimethyläther zu, läßt über Nacht stehen u. zers. mit verd. Säure; $D.^{20}_4$ 0,8980; n_D^{20} 1,4200; 50% (Ausbeute). — Analog: *Methylenglykol-[1-äthoxy-2-n-butylhexyl-(2)]-äthyläther,* $C_{15}H_{32}O_3$, Kp.$_8$ 127—130°; $D.^{20}_4$ 0,8850; n_D^{20} 1,4312; 42%. — *Methylenglykol-[1-äthoxy-2-isoamyl-5-methylhexyl-(2)]-äthyläther,* $C_{17}H_{36}O_3$, Kp.$_{10}$ 134—137°; $D.^{20}_4$ 0,8800; n_D^{20} 1,4328; 27%. — *Methylenglykol-[1-äthoxy-2-benzyl-3-phenylpropyl-(2)]-äthyläther,* $C_{21}H_{28}O_3$, Kp.$_8$ 224—225°; $D.^{20}_4$ 1,0520; n_D^{20} 1,5470; 30%. (Журнал Общей Химии [J. allg. chem.] **26**(**88**). 3023—26. Nov. 1956. Chem. Inst. der Akad. der Wiss. der AserbaidshanSSR.) A. v. WILPERT. 570

F. Glaser und **W. Schäfer**, *Umsetzung von Phosgen mit Lithiumkohlenwasserstoffen.* $COCl_2$ reagiert in Ae. mit C_6H_5Li zu *Triphenylcarbinol* (64% Ausbeute), mit n-Butyl-Li zu *n-Dibutyl-* u. *n-Tributylcarbinol* (I) neben *5-Butylnonen* (**II**; 61%); Gesamtausbeute 72%. $COCl_2$ im Überschuß fördert die Dehydratisierung von **I** zu **II**. Die zu erwartenden Zwischenprodd. Benzophenon bzw. n-Dibutylketon konnten nicht isoliert werden. (Angew. Chem. **71.** 372. 7/6. 1959. Aachen, TH, Inst. für Chem.Technol.) H. PAGEL. 880

J. Mayer, *Eine neue Methode zur Darstellung von Succinylcholindijodid.* Zur Darst. von *Succinylcholindijodid* (I), F. 243—245° (Zers.), wurden 100 g Bernsteinsäure (**II**), 400 ml Toluol (**III**), 157 g 97% ig. Dimethylaminoäthanol u. 2 g p-Toluolsulfonsäure (**IV**) auf 165—170° 27 Std. erhitzt (W. kontinuierlich abgetrennt), das Lösungsm. abdest., der Rückstand in einem Gemisch von 1,5 Liter Aceton u. 1,5 Liter A. aufgenommen u. 240 g Methyljodid in 100 ml Aceton zugetropft; 276 g (Rohausbeute) (Umlösen aus W./A.). — Analog wird das *Bis-[2-chloräthyl]-succinat,* Kp.$_{0,6}$ 147—151°, aus 50 g **II**, 68,2 g Chlorhydrin, 180 ml **III** u. 1 g **IV** in 4 std. Erhitzen auf 150° erhalten; 71%. Aus diesem Ester kann mit Dimethylamin *Bis-[2-dimethylaminoäthyl]-succinat* erhalten werden, das mit Methyljodid in 70—80% ig. Ausbeute **I** liefert. (Bull. Acad. polon. Sci., Cl. II **4.** 195—97. 1956. Krakau, Univ., Pharmaceut. Inst.) W. SCHÄFER. 920

Hildegard Baganz und **Horst Baganz**, *Wasserlösliche Sulfonamide.* 2. Mitt. *Sulfanilylcystin- und Sulfanilylglycinderivate.* (1. vgl. C. **1958.** 4455.) Die Arbeit befaßt sich mit der Darst. von Sulfonamiden, die durch Einbau bestimmter Gruppen bei guter Verträglichkeit eine erhöhte Wasserlöslichkeit besitzen. Es wurde versucht, die N^α-Sulfanilyldiäthylamide des Cystins u. Glycins darzustellen. Die Synth. von Bis-[sulfanilyl]-cystinbis-diäthylamid gelang nicht. Die Umsetzung des Bis-[sulfanilyl]-cystindimethylesters mit Dimethyl- bzw. Diäthylamin führte zu einer völligen Spaltung des Cystins. Das aus dem Methylester (**II**) erhaltene *Sulfanilylglycindiäthylamid* zeigte gegenüber dem entsprechenden *Dimethylamid* eine gute Wasserlöslichkeit u. wurde pharmakolog. getestet. Es wird über bakteriolog. Prüfungen sowie Verträglichkeitsprüfungen am Tier berichtet.

V e r s u c h e: *Bis-[acetylsulfanilyl]-cystin,* F. 209°, aus *l*-Cystin u. Acetylsulfanilylchlorid (I) nach SCHOTTEN-BAUMANN unter Zusatz von Chlf.; feinkristalline Blättchen aus W.-A., dann Eisessig; 84,1% (Rohausbeute). — *Bis-[sulfanilyl]-cystindimethylesterhydrochlorid,* F. 188,5°, durch Veresterung vorst. Verb. in absol. Methanol unter Einleiten von trockenem HCl; 72,7%. — *Bis-[sulfanilyl]-cystindimethylester,* $C_{20}H_{26}N_4O_8S_4$, F. 175

bis 176°, durch Kochen vorst. Hydrochlorids in absol. Methanol u. Fällen mit W.; Nadeln; Ausbeute fast quantitativ. — *Acetylsulfanilylglycin*, F. 225° (Zers.; A.), aus Glycin u. I nach SCHOTTEN-BAUMANN unter Zusatz von Chlf.; 95%; mit Aceton statt Chlf. 96,7%. — *Sulfanilylglycinmethylester* (II), F. 88° (Isopropanol), durch Einleiten von trockenem HCl in die absol. methanol. Lsg. vorst. Verb. u. Zers. des *Hydrochlorids* (F. 184°) mit Na-Acetat in wss. Lsg. bei 60°; 81,5%). — *Sulfanilylglycindimethylamid*, $C_{10}H_{15}N_3O_3S$, F. 148° (W.), aus 6 g II u. 5 ml 33%ig. wss. Dimethylamin unter mehrtägigem Stehen bei Zimmertemp.; 40%. — *Sulfanilylglycindiäthylamid*, $C_{12}H_{19}N_3O_3S \cdot H_2O$, F. 155—156°, analog; umkrist. aus Aceton–W., A. oder Isopropanol; 80%. (Arch. Pharmaz. Ber. dtsch. pharmaz. Ges. **290/62.** 567—71. Nov. 1957. Berlin, TU, Organ.-chem. Inst.)

B. FRANKE. 950

Horst Baganz, Hildegard Baganz und **Helga Uhle**, *Wasserlösliche Sulfonamide.* 3. Mitt. *Darstellung von racemischem p-Aminobenzolsulfonylmethionindiäthylamid und seinen optischen Antipoden.* (2. vgl. vorst. Ref.) Es wird die Darst. von *rac. p-Aminobenzolsulfonylmethionindiäthylamid* (rac.-I) aus rac. Methionin über *Acetylsulfanilylmethionin* (II), Veresterung u. Umsetzung des Esters mit Diäthylamin beschrieben. Die bakteriolog. Unters. ergab, daß rac.-I wesentlich weniger auf Bakterien einwirkt als Sulfanilylglycindiäthylamid. Es wurden daher die beiden opt.-akt. I-Formen aus d-(—)- bzw. *l*-(+)-Methionin analog dem rac.-I dargestellt. Die Spaltung des rac. Methionins wurde mit Hilfe des NH_4-α-Brom-d-campher-π-sulfonats (WHEELER u. INGERSOLL, C. **1952.** 4439) durchgeführt. Bei der bakteriolog. Untersuchung zeigten das Racemat u. seine Antipoden nur einen geringen Unterschied in ihrer Wirkung.

Versuche: *Acetylsulfanilylmethionin* (II), $C_{13}H_{18}N_2O_5S_2$, F. 160,5—161° (W.), durch Zugabe von 20,5 g Acetylsulfanilylchlorid zu einer wss. Lsg. von 13 g Methionin u. 7 g NaOH, Ansäuern mit verd. HCl (p_H 2—3) u. 12 std. Stehen; 70% (Ausbeute). — *Sulfanilylmethioninäthylester*, $C_{13}H_{20}N_2O_4S_2$, F. 77,5—78° (W.), in eine Lsg. von II in absol. A. wird unterhalb 5° trockener HCl eingeleitet; das abgetrennte *Esterhydrochlorid* wird mehrmals in A. aufgenommen u. im Vakuum zur Trockene eingedampft, dann in W. suspendiert u. mit NH_4OH zersetzt; 72%. — *Sulfanilylmethioninmethylester*, $C_{12}H_{18}N_2O_4S_2$, F. 113,5—115° (W./Aceton u. W.), wie vorst. Verb., jedoch bei höchstens 38,5° u. Eindampfen im Vakuum bei 30°. — *Sulfanilylmethionindiäthylamid* (rac.-I), $C_{15}H_{25}N_3O_3S_2 \cdot H_2O$, F. 146° (Butanol u. Aceton + Ae.), 90 g des Äthylesters werden mit 400 ml 33%ig. wss. Diäthylamin 20 Std. unter Rühren auf 60° erhitzt; nach Verdünnen mit W. u. Filtrieren wiederholtes Eindampfen des Filtrats unter Zugabe von A. bei 40° im Vakuum; 72,5%. — *l-(+)-Methionin*, aus rac. Methionin über *l-(+)-Methionin-α-brom-α-campher-π-sulfonat* ($[\alpha]_D^{22}$ + 61,27°); $[\alpha]_D^{18}$ +23,39° (n-HCl); 42—45% (bezogen auf rac. Methionin). — *d-(—)-Methionin*, $[\alpha]_D^{18}$ —23,24° (n-HCl); 31% (bezogen auf d-(—)-Methionin). — *Acetylsulfanilyl-l-(+)-methionin*, F. 170,5—171° (W.), analog II; $[\alpha]_D^{20}$ +19,14° (c = 5,172; A.); 76%. — *Acetylsulfanilyl-d-(—)-methionin*, F. 170°, wie die rac. Verb., nur < 25°. — *Sulfanilyl-l-(+)-methioninäthylester*, F. 113—114° (A. + W.) Temp. nicht über 30°; $[\alpha]_D^{21}$ +1,15° (c = 1,740; A.); $[\alpha]_D^{18}$ +1,63° (c = 5,05; Aceton). — *Sulfanilyl-d-(—)-methioninäthylester*, das als klebrige helle Masse anfallende Prod. wurde nicht gereinigt. — *Sulfanilyl-l-(+)-methionindiäthylamid* (*l*-I), $C_{15}H_{25}N_3O_3S_2 \cdot H_2O$, F. 167°, aus 21,5 g vorvorst. Esters, 18,7 g Diäthylamin u. 57 g W. durch 24 std. Erhitzen auf 60° u. Eindampfen der Lsg. unter wiederholter A.-Zugabe; aus Butanol, Methanol u. aus A. glänzende Nadeln; $[\alpha]_D^{18}$ +42,17° (50%ig. A.); 91%. — *Sulfanilyl-d-(—)-methionindiäthylamid* (*d*-I), F. 165—166°, der rohe Ester wird in 33%ig. wss. Diäthylamin suspendiert, 15 Std. auf 40—45° erwärmt u. das Filtrat unter wiederholter A.-Zugabe im Vakuum eingedampft; aus A./Propanol, dann A. Nadeln; $[\alpha]_D^{22}$ —43,41° (50%ig. wss. A.). (Arch. Pharmaz. Ber. dtsch. pharmaz. Ges. **290/62.** 571—77. Nov. 1957.)

B. FRANKE. 950

K. A. Andrianow, Ss. A. Golubzow, T. Ss. Maklaschina und **N. P. Lobussewitsch**, *Alkylierung von Orthokieselsäurechloriden und Methyläthoxychlorsilanen.* (Vgl. C. **1956.** 13383.) Aus $SiCl_4$ u. CH_3SiCl_3 werden durch Rk. mit A. u. Umsetzung der erhaltenen *Äthoxychlorsilane* bzw. *Methyläthoxychlorsilane* mit Mg u. C_2H_5Cl in Toluol u. nachfolgender Hydrolyse fl. *Polydiäthylsiloxan* u. *Polymethyläthylsiloxan* in 80—90%ig. Ausbeute erhalten. — Die Reaktionsbedingungen werden untersucht.

Versuche: *Polydiäthylsiloxan*, $[(C_2H_5)_2SiO]_x$; zu 225 g $SiCl_4$ werden bei 18—20° unter Rühren 103,5 g absol. A. innerhalb von 2—3 Std. zugetropft, nach 12 std. Erhitzen auf 115° 150 g des erhaltenen Reaktionsgemisches [insgesamt 258,5 g = 93,6% (Ausbeute)], 136 g C_2H_5Cl, 327 g Toluol u. 3 ml Ae. während 4—5 Std. bei 45—50° zu 44,5 g mit 3 ml C_2H_5Cl u. 3 ml Ae. bei 50° unter Rühren vorbehandelten Mg-Spänen zugegeben u. das Gemisch nach 2—3 std. Erwärmen auf 100° durch 400 g W. u. 50 g 30%ig. HCl bei 30—40° hydrolysiert. Dann wird die Toluolschicht abgetrennt, Toluol u. flüchtige

Prodd. werden abdest. u. der über 210° sd. Destillationsrückstand wird mit Alumosilicat u. Aktivkohle behandelt; 72% (bezogen auf $SiCl_4$). — *Polymethyläthylsiloxan*, $[CH_3C_2H_5 \cdot SiO]_x$, analog vorst. Verb. durch partielle Veresterung von 897 g CH_3SiCl_3 mit 332 g A. zu einer Mischung von Methyläthoxychlorsilanen, Rk. von 146 g des erhaltenen Gemisches (insgesamt 874 g = 91%) mit 28 g Mg u. 82,2 g C_2H_5Cl u. Hydrolyse der erhaltenen Prodd.; 85,3%. (Журнал Общей Химии [J. allg. Chem.] **27**(**89**). 914—17. April 1957.) S. Painer. 980

Edward J. Rowe, Karl L. Kaufman und **Claude Piantadosi,** *Anwendung von Anionenaustauscherharzen bei der Synthese von Benzyläthern von Phenolen.* Durch Behandlung einer mit einem Phenol präparierten Adsorptionssäule eines stark bas. Anionenaustauscherharzes mit einer alkoh. Lsg. von Benzylchlorid (**I**) werden bei Zimmertemp. *Phenylbenzyläther* gebildet. Diese Meth. ist speziell für die Synth. von Benzyläthern einwertiger Phenole anwendbar. Zweiwertige Phenole wie Hydrochinon u. Resorcin geben ein Gemisch von Mono- u. Dibenzyläther (Hydrochinon) bzw. nur den Dibenzyläther (Resorcin). Die Ausbeute an Benzyläthern ist fast dieselbe wie bei der üblichen Synth. durch Kupplung von Alkaliphenolaten mit **I** in der Hitze.

V e r s u c h e : B e n z y l ä t h e r v o n P h e n o l e n , durch Behandlung von Anionenaustauscherharz Amberlite IRA-400 (**A**) oder Dowex-1-X 4 (**B**) mit 5%ig. wss. NaOH (4- bis 5faches Harzvol.), Auswaschen bis zur neutralen Rk. mit W. u. absol. Methanol, Ausblasen mit CO_2-freier Luft, Beschicken mit einer wss. Lsg. des entsprechenden Phenols, Eluieren mit einer alkoh. Lsg. von **I** u. Nachwaschen mit A.: *Phenylbenzyläther*, F. 39 bis 39,5, Kp. 285—286°; 57% (Ausbeute mit **A**) bzw. 66% (mit **B**). — *Chlorthymolbenzyläther*, $C_{17}H_{19}ClO$, F. 54,5—55°, 74% (**A**). — *Benzylthymyläther*, $Kp._7$ 169—170°, n_D^{20} 1,5553; 90% (**A**). — *Guajacolbenzyläther*, F. 57,5—58,5°, n_D^{20} 1,5737; 66% (**A**) bzw. 63% (**B**). — *4-Bromphenylbenzyläther*, F. 63—64°; 55% (**A**). — *4-Nitrophenylbenzyläther*, F. 106 bis 106,5°; 20% (**A**). — *Benzyl-α-naphthyläther*, F. 77—77,5°; 52% (**A**). — *Benzyl-β-naphthyläther*, F. 99,5—100°; 43% (**A**). — *Hydrochinonmonobenzyläther*, F. 121—121,5°; 9% (**A**). — *Hydrochinondibenzyläther*, $C_{20}H_{18}O_2$, F. 128,5—129°; 10% (**A**). — *Resorcindibenzyläther*, $C_{20}H_{18}O_2$, F. 73—74°, durch Kupplung des Alkaliphenolats mit **I**; 16%. Isolierung nach der Absorptionsmeth. **A** nicht gelungen. (J. org. Chemistry **23**. 1622—24. Nov. 1958. Indianapolis, Ind. Butler Univ., Coll. of Pharm.) S. Preiss. 1050

Giuseppe Leandri und **Maria Pallotti,** *Untersuchungen über Sulfide und Disulfide.* 18. Mitt. *Oxydation der p-Phenylendisulfide.* (17. vgl. Boll. sci. Fac. Chim. ind. Bologna **13**. [1955.] **43**.) Bei der Oxydation von 1.4-Bis-[phenylmercapto]-benzol, 1.4-Bis-[methylmercapto]-benzol, 1-Phenylmercapto-4-methylmercaptobenzol u. 1-Phenylmercapto-4-p-nitrophenylmercaptobenzol mit Perbenzoesäure entstehen die entsprechenden *Disulfoxyde.* Oxydiert man dagegen die Polynitroderivv. 1-Phenylmercapto-4-[2.4-dinitrophenylmercapto]-benzol u. 1-Phenylmercapto-4-[2.4.6-trinitrophenylmercapto]-benzol, so erhält man *Thiosulfone,* in denen die Mercaptogruppe in der Nähe der Nitrogruppen unverändert bleibt.

V e r s u c h e : *1.4-Bis-[phenylmercapto]-benzol*, F. 82° (A.), aus p-Aminodiphenylsulfid durch Diazotierung mit $NaNO_2$ in verd. HCl in der Kälte u. Zers. der Diazoniumsalzlsg. mit einer Lsg. von Thiophenol in 10%ig. NaOH bei 60°; Schuppen. — *p-Mercaptodiphenylsulfid*, $C_{12}H_{10}S_2$, F. 46—47°, $Kp._2$ 150°, aus p-Aminodiphenylsulfid durch Diazotierung mit $NaNO_2$ in verd. HCl in der Kälte, Rk. der Diazoniumlsg. mit einer Lsg. von K-Xanthogenat in W. bei 40° u. Verseifung des Xanthogensäureesters mit alkoh. KOH, 1 Std. unter Rückfluß; bald erstarrendes Öl. — *1-Phenylmercapto-4-methyl mercaptobenzol*, $C_{13}H_{12}S_2$, $Kp._6$ 187°, aus vorst. Verb. u. Dimethylsulfat in 10%ig. NaOH. — *1-Phenylmercapto-4-p-nitrophenylmercaptobenzol*, $C_{18}H_{13}NO_2S_2$, F. 107° (A.), aus p-Mercaptodiphenylsulfid u. p-Chlornitrobenzol in A. in Ggw. von NaOH, 6 Std. unter Rückfluß; gelbe Blättchen. — *1-Phenylmercapto-4-[2.4-dinitrophenylmercapto]-benzol*, $C_{18}H_{12} \cdot N_2O_4S_2$, F. 171—172° (A./Dioxan), aus p-Mercaptodiphenylsulfid u. 2.4-Dinitrochlorbenzol in A. in Ggw. von NaOH, 1 Std. unter Rückfluß; gelbe Nadeln. — *1-Phenylenmercapto-4-[2.4.6-trinitrophenylmercapto]-benzol*, $C_{18}H_{11}N_3O_6S_2$, F. 170° (A./Dioxan), aus p-Mercaptodiphenylsulfid u. Pikrylchlorid in A. in Ggw. von NaOH, 10 Min. auf dem Dampfbad; orangegelbe Nadeln. — Die Oxydation erfolgt durch Zugabe von 2 Mol Perbenzoesäure zu 1 Mol Disulfid in Chlf., einige Std. bei 20—25°, dann bei Zimmertemp.: *1.4-Di-[phenylsulfinyl]-benzol*, $C_{18}H_{14}O_2S_2$, F. 179—180°, aus 1.4-Bis-[phenylmercapto]-benzol; aus A. Blättchen. Daneben eine *Verb.* $C_{18}H_{14}O_2S_2$, F. 145—146°, aus Toluol/Ligroin Nadeln. — *1-Phenylmercapto-4-phenylsulfonylbenzol*, $C_{18}H_{14}O_2S_2$, F. 97°, aus p-Aminodiphenylsulfon durch Diazotierung mit $NaNO_2$ in verd. HCl bei 10° u. Zers. der Diazoniumlsg. mit einer Lsg. von Thiophenol in 10%ig. NaOH, 1 Std. bei 90°; aus PAe. Prismen. — *1-Phenylsulfinyl-4-methylsulfinylbenzol*, $C_{13}H_{12}O_2S_2$, F. 85—86° (Bzl./Ligroin), aus 1-Phenylmercapto-4-methylmercaptobenzol. Daneben eine *Verb.* $C_{13}H_{12}O_2S_2$, F. 70—76°. — *1-Phenylmercapto-4-methylsulfonylbenzol*, $C_{13}H_{12}O_2S_2$, F. 90° (Ligroin), aus p-Aminophenylmethylsulfon analog vorvorst. Verbindung. — *1-Phenylsulfonyl-4-methylmercaptobenzol*, $C_{13}H_{12}O_2S_2$, F. 115°, aus p-Phenylsulfonylthiophenol u. Dimethylsulfat in 10%ig. NaOH; aus A. Lamellen. — *1-Phenylsulfinyl-4-p-nitrophenylsulfinylbenzol*, $C_{18}H_{13}NO_4S_2$, F. 222°, aus 1-Phenylmercapto-4-p-nitrophenylmercaptobenzol; aus A./Dioxan Nadeln. Daneben entsteht eine andere *Verb.* $C_{18}H_{13}NO_4S_2$, F. 162—163° (Essigester). — *1-Phenylsulfonyl-4-p-nitrophenylmercaptobenzol*, F. 122°, aus p-Phenylsulfonylthiophenol u. p-Chlornitrobenzol in A. in Ggw. von NaOH, 4 Std. unter Rückfluß; aus A./Dioxan hellgelbe Nadeln. — *1-Phenylmercapto-4-p-nitrophenylsulfonylbenzol*, $C_{18}H_{13}$·NO_4S_2, F. 133°, aus 4-Nitro-4'-aminodiphenylsulfon durch Diazotierung mit $NaNO_2$ in 10%ig. Nitrosylschwefelsäure u. Zers. der Diazoniumlsg. mit einer Lsg. von Thiophenol in 10%ig. NaOH, 2 Std. auf dem Dampfbad; aus A. hellgelbe Blättchen. — *1-Phenylsulfonyl-4-[2.4-dinitrophenylmercapto]-benzol*, $C_{18}H_{12}N_2O_6S_2$, F. 151°, a) aus 1-Phenylmercapto-4-[2.4-dinitrophenylmercapto]-benzol; aus A./Dioxan gelbe Prismen. Daneben entsteht eine *Verb.* $C_{18}H_{12}N_2O_7S_2$ (s. unten), F. 232°; b) aus p-Phenylsulfonylthiophenol; aus A./Dioxan gelbe Prismen. — *1-Phenylsulfonyl-4-[2.4-dinitrophenylsulfinyl]-benzol*, F. 234° aus 1-Phenylsulfonyl-4-[2.4-dinitrophenylmercapto]-benzol u. Perbenzoesäure in Chlf.; aus A./Dioxan gelbe Prismen. Ident. mit dem Nebenprod. der vorst. Verbindung. — *1-Phenylsulfonyl-4-[2.4.6-trinitrophenylmercapto]-benzol*, $C_{18}H_{11}N_3O_8S_2$, F. 157°, a) aus dem Disulfid durch Oxydation; b) aus p-Phenylsulfonylthiophenol u. Pikrylchlorid in A. in Ggw. von $NaHCO_3$, 1 Std. unter Rückfluß; aus A./Dioxan gelbe Prismen. (Ann. Chimica **46.** 1069—79. Dez. 1956. Bologna, Univ., Ist. Chim. Ind.) WALTER SIMON. 1090

Giuseppe Leandri und **Antonio Tundo**, *Untersuchungen über Sulfide und Disulfide.* 19. Mitt. *Die Thiosulfonsäurestruktur der „Disulfoxyde“*. (18. vgl. vorst. Ref.) Bei der Rk. von Arylsulfinylchloriden mit metall. Ag in einem inerten Medium entstehen nicht Disulfoxyde, sondern vielmehr *Thiolsulfonsäureester* („*Thiosulfone*“).

V e r s u c h e: *Thiol-p-toluolsulfonsäure-p-tolylester*, F. 76—77°, a) aus p-Toluolsulfinsäurechlorid u. Ag in PAe., einige Std. bei Zimmertemp.; b) aus p-Toluolsulfensäurechlorid u. Ag-p-Toluolsulfinat in CCl_4 einige Std. bei 40°; aus A. Prismen. — Analog werden erhalten: *Thiol-p-chlorbenzolsulfonsäure-p-chlorphenylester*, F. 135—136°; aus A. Prismen. — *Thiol-p-brombenzolsulfonsäure-p-bromphenylester*, F. 159°; aus A. Prismen. — *Thiol-naphthalinsulfonsäure-(2)-β-naphthylester*, F. 106—107°; aus A. Prismen. (Ann. Chimica **47.** 575—79. Mai 1957.) WALTER SIMON. 1090

Joachim Goerdeler und **Bernd Redies**, *Über Sulfenylverbindungen organischer Basen.* 2. Mitt. *Zur Darstellung von Sulfenamiden, Sulfenylamidinen und Sulfinsäureamidimiden.* (1. vgl. C. **1958.** 2109.) Umsetzungen folgender Verbb. mit N-Natrium-N-chlor-p-toluolsulfonamid („Chloramin T“, I) verliefen positiv: ArSN=C $(NH_2)NR_2$ (Ar = p-NO_2—C_6H_4), ArSN = $C(NH_2)R$, ArSN = $C(NH_2)SR$, ArSN = $C(NH_2)OR$ u. C_6H_5SNRR'. Die Reaktionsgeschwindigkeit fällt in dieser Reihenfolge. Ausweich-Rkk. erfolgten mit C_6H_5SNHR, ArSN = C(OR)R', $ArSNHSO_2R$ u. ArSNHCOR. Die Sulfenamide wurden aus den Sulfenylchloriden bzw. den Sulfensäuremethylestern dargestellt. N-Benzolsulfenyl-p-dimethylaminoanilin konnte nicht dargestellt werden. p-Nitrobenzolsulfensäuremethylester ließ sich nicht mit N.N'-Dimethylbenzamidin bzw. N.N'.S-Trimethylisothioharnstoff umsetzen. Die mit I erhaltenen Prodd. sind Derivv. von Sulfinsäureamidinen, $RS(NH_2)$ = NH, sie sind gegen Alkali beständig, werden aber beim Erhitzen mit verd. Mineralsäuren hydrolysiert zu p-Toluolsulfonamid, Benzolsulfinsäure u. Aminsalz. Starke Reduktionsmittel red. die Sulfinamidine zu Mercaptanen; Oxydation mit $KMnO_4$ in Aceton ließ sich nicht erzielen.

V e r s u c h e (FF. korr.): *Sulfenamide*, a) durch tropfenweise Zugabe von 1 Äquivalent Sulfenylchlorid in Ae. unter Rühren u. Kühlen mit Eiswasser zu 2 Äquivalenten Amin in Ae.; b) durch Zugeben von 0,01 Mol Sulfenylchlorid in Ae. zu 0,02 Mol $NaOCH_3$ in CH_3OH + Ae. unter Rühren bei —70° (Nd. von NaCl), dann Zusatz von 0,01 Mol Aminhydrohalogenid in CH_3OH u. Erwärmenlassen auf Raumtemp.; c) durch Zugeben der äquivalenten Menge Sulfenylchlorid in Ae. zu äquivalenten Mengen Amin (tropfenweise) u. $NaOCH_3$ in CH_3OH unter Rühren bei —60°; d) durch Zugeben der äquivalenten Menge Kollidin zum Amin in Ae. bzw. Ae.–Dioxan u. Eintropfen der äquivalenten Menge Sulfenylchlorid in Ae. unter Rühren u. Kühlen mit Eiswasser. B e n z o l s u l f e n a m i d e: *N.N-Dipropyl-*, $C_{12}H_{19}NS$, Kp.$_{0,6}$ 83—85°, nach Meth. a); $D._4^{13}$ 0,975, würzig riechende Fl.; 91% (Ausbeute). — *N-Methyl-N-phenyl-*, $C_{13}H_{13}NS$, F. 58° (Ligroin), a); 63%. — *N.N-Diphenyl-*, $C_{18}H_{15}NS$, F. 93° (CH_3OH), a); 36%. — *N-p-Methoxyphenyl-*, $C_{13}H_{13}NOS$, F. 67° (Ligroin), a) 72%. — *N-Methyl-N-p-methoxyphenyl-*, $C_{14}H_{15}NOS$, F. 67° (PAe.), a); 51%. — *N-p-Tolyl-*, $C_{13}H_{13}NS$, F. 52° (PAe.), a); 63%. — *N-p-Nitro-*

phenyl-, $C_{12}H_{10}N_2O_2S$, F. 108°, a); gelbe Nadeln aus CH_3OH; 51%. — *N-Pyridyl-(2)-*, $C_{11}H_{10}N_2S$, F. 96° (Ligroin), a) 75%. — *N-Thiazolyl-(2)-*, $C_9H_8N_2S_2$, F. 120° (Ligroin + Bzl., 1:1), a); 65%. — N-[p-Nitrobenzolsulfenyl]-Verbb.: *-methylbenzylamin*, $C_{14}H_{14}N_2O_2S$, F. 42°. a); blaßgelbe Plättchen aus CH_3OH; 60%. — *-acetiminoäthyläther*, $C_{10}H_{12}N_2O_3S$, F. 98°, c); gelbe Nadeln aus Ligroin; 68%. — *-benziminoäthyläther*, $C_{15}H_{14}N_2O_3S$, F. 112°, a); blaßgelbe Nadeln aus A.; 86%. — *-N-äthylbenzamid*, $C_{15}H_{14}N_2O_3S$, F. 114° (Zers., A.), d); 32%. — *-benzolsulfonamid*, $C_{12}H_{10}N_2O_4S_2$, F. 172—173° (Zers.), d); blaßgelbe Plättchen aus Bzl.; 15%. — *-O-methylisoharnstoff*, $C_8H_9N_3O_3S$, F. 68°, b) gelbe Tafeln aus Bzl.; 69%. — *-O-methyl-N'.N'-dimethylisoharnstoff*, $C_{10}H_{13}N_3O_3S$, F. 94—95° (Zers.), c); orangefarbene Plättchen aus Bzl. + Ligroin (1:10). — *-O-äthylisoharnstoff*, $C_9H_{11}N_3O_3S$, F. 97°, b) tiefrote Kristalle aus Bzl. + Ligroin (1:1); 75%. — *-S-methylisothioharnstoff*, $C_8H_9N_3O_2S_2$, F. 110—112°, b) gelbe Plättchen oder orangefarbene Nadeln aus Bzl. + Ligroin (1:1); 98%. — *-S-methyl-N.'N'-dimethylisothioharnstoff*, $C_{10}H_{13}N_3O_2S_2$, F. 74°, b); orangefarbene Nadeln aus Bzl. + Ligroin (1:2); 98%. — *-S-äthylisothioharnstoff*, $C_9H_{11}N_3O_2S_2$, F. 95°, b); orangerote prismat. Säulen aus Bzl. + Ligroin (1:1); 83%. — *-N'.N'-diphenylguanidin*, $C_{19}H_{16}N_4O_2S$, F. 206—207° (Zers.), c); orangerote Plättchen aus Essigester; 99%. — Durch Kochen der Sulfenamide mit der äquivalenten Menge I in 90%ig. Aceton (½—1 Std.) folgende N'-p-Toluolsulfonylbenzolsulfinamidine: *N.N-Dimethyl-*, $C_{15}H_{18}N_2O_2S_2$, F. 88° (CH_3OH); 69%. — *N.N-Diäthyl-*, $C_{17}H_{22}N_2O_2S_2$, F. 88—89° (Bzl. + PAe.; 1:2); 74% (bei Verwendung von 1,5 Mol I 93%.) — *N.N-Dipropyl-*, $C_{19}H_{26}N_2O_2S_2$, F. 73° (Bzl. + PAe. 1:3); 60%. — *N-Methyl-N-phenyl-*, $C_{20}H_{20}N_2O_2S_2$, F. 120—121° (Zers.; A.); 61%. — Durch Zugabe einer Lsg. von 1 Mol I in wss. Aceton zu 2 Mol Sulfenamid in Aceton u. Aufarbeiten nach 15 Min. folgende N-[α-Aminobenzyliden]-*N'*-[p-toluolsulfonyl]-Verbb.: *-methansulfinamidin*, $C_{15}H_{17}N_3O_2S_2$, F. 164° (A.); 64%. — *-benzolsulfinamidin*, $C_{20}H_{19}N_3O_2S_2$, F. 149—150° (Zers.; 50%ig. A.); 58%. — *-o-nitrobenzolsulfinamidin*, $C_{20}H_{18}N_4O_4S_2$, F. 205—210° (Zers.), schwachgelbe Plättchen aus Aceton, 95%. — Analog aus 1 Mol Sulfenamid u. 1,3 Mol I folgende N'-[p-Toluolsulfonyl]-p-nitrobenzolsulfinamidine: *N-[α-Aminobenzyliden]-*, $C_{20}H_{18}N_4O_4S_2$, F. 168° (Zers.; A.); 90%. — *N-[α-Dimethylaminobenzyliden]-*, $C_{22}H_{22}N_4O_4S_2$, F. 158—160° (Zers.; CH_3OH); 76%. — *N-[α-Amino-α-methoxymethylen]-*, $C_{15}H_{16}N_4O_5S_2$, F. 206—208° (Zers., Aceton); 98%. — *N-[α-Methoxy-α-dimethylaminomethylen]-*, $C_{17}H_{20}N_4O_5S_2$, F. 120° (Zers., CH_3OH); 78%. — *N-[α-Amino-α-äthoxymethylen]-*, $C_{16}H_{18}N_4O_5S_2$, F. 137° (Essigester); 88%. — *N-[α-Amino-α-methylmercaptomethylen]-*, $C_{15}H_{16}N_4O_4S_3$, F. 185—186° (Zers.; CH_3OH); 95%. — *N-[α-Amino-α-äthylmercaptomethylen]-*, $C_{16}H_{18}N_4O_4S_3$, F. 150—151° (Zers.; CH_3OH); 86%. — *N-[α-Amino-α-diphenylaminomethylen]-*, $C_{26}H_{23}N_5O_4S_2$, F. 153—154° (Zers.; CH_3OH); 61%. (Chem. Ber. **92.** 1—9. 1959. Bonn, Univ., Chem. Inst.) GERHARD CLEVE. 1090

A. Je. Kretow und **Je. A. Abrashanowa,** *Über die Reaktion von Arylsulfamiden mit Propylenoxyd.* Propylenoxyd wird an p-Chlorbenzol- (**I**) u. p-Toluolsulfamid (**II**) in Ggw. von NaOH unter Bldg. von *Mono-* u. *N.N-Bis-[β-hydroxyisopropyl]-arylsulfamiden* angelagert, Benzolsulfamid (**III**) reagiert lediglich unter Bldg. des monosubstituierten Sulfamids. Im Gegensatz zu den disubstituierten Sulfamiden sind die monosubstituierten fl. u. nicht unzers. destillierbar; sie werden über die Na-Derivv. abgetrennt. Durch die Einw. von $SOCl_2$ oder PCl_5 auf die N-[β-Hydroxyisopropyl]-arylsulfamide lassen sich die entsprechenden *N-[β-Chlorisopropyl]-sulfamide* darstellen.

Versuche: *N-[β-Hydroxyisopropyl]-benzolsulfamid* (**IV**), 31,4 g **III** u. 17,4 g Propylenoxyd erhitzt man in Ggw. von 0,1 g NaOH in 200 ml Bzl. 2 Std. auf 200—220° (20 at), dest. im Vakuum Bzl. ab, löst den Rückstand in 10%ig. Alkali u. fällt mit HCl aus; Öl; 58% (Ausbeute). *Na-Salz*, $C_9H_{12}NNaO_3S \cdot 5\,H_2O$, F. 54—56°, zu 0,01 Mol **IV** gibt man 5 ml 10%ig. NaOH; geht beim Trocknen bei 120—130° im Vakuum in das wasserfreie Na-Salz über. *N-Acetylderiv.*, 6,9 g **IV** u. 2,4 g Acetylchlorid kocht man 2 Std. auf dem Wasserbad, gießt in W. u. nimmt in Bzl. auf; nicht destillierbare, sirupöse M.; 65%. — *N-[β-Hydroxyisopropyl]-p-toluolsulfamid*, a) analog **IV** aus der Mutterlauge nachst. Verb.; 15%; b) ohne Katalysator; 51%. *Na-Salz*, $C_{10}H_{14}NNaO_3S \cdot 7\,H_2O$, F. 64—66°. — *N.N-Bis-[β-hydroxyisopropyl]-p-toluolsulfamid*, $C_{13}H_{21}NO_4S$, F. 126—128° (W.), 34,8 g **II** 17,4 g Propylenoxyd u. 0,01 g NaOH in 200 ml Bzl. erhitzt man 2 Std. auf 240—260° (25 at), saugt den Nd. ab u. wäscht mit 10%ig. NaOH; 60%. — *N.N-Bis-[β-chlorisopropyl]-p-toluolsulfamid*, $C_{13}H_{19}Cl_2NO_2S$, F. 83—87° (PAe.), man kocht 1,43 g vorst. Verb. 2 Std. in 1,4 g $SOCl_2$ u. extrahiert das Reaktionsprod. mit CCl_4; 38,2%. — *N-[β-Hydroxyisopropyl]-p-chlorbenzolsulfamid*, aus der Mutterlauge nachst. Verb.; 5%. *Na-Salz*, $C_9H_{11}ClNNaO_3S$, F. 60—62°. — *N.N-Bis-[β-hydroxyisopropyl]-p-chlorbenzolsulfamid*, $C_{12}H_{18}ClNO_4S$, F. 107—110° (CCl_4), aus 38,3 g **I** u. 17,4 g Propylenoxyd in Ggw. von 0,01 g NaOH in

200 ml Bzl. durch 2std Erhitzen auf 160—180° (15 at); 48,2%. — *N.N-Bis-[β-chlorisopropyl]-p-chlorbenzolsulfamid*, $C_{12}H_{16}Cl_3NO_2S$, F. 85—88° (Bzn.), aus vorst. Verb. durch Kochen mit $SOCl_2$; 43,5%. — *N-[β-Chlorisopropyl]-benzolsulfamid*, $C_9H_{12}ClNO_2S$, F. 75 bis 77° (PAe.), zu 4,3 g **IV** gibt man 5,2 g PCl_5 u. erhitzt nach dem Abflauen der stürm. Rk. 1½ Std. auf dem Wasserbad, dest. $POCl_3$ im Vakuum ab u. extrahiert den Rückstand mit Ae.; 53,7%. (Журнал Общей Химии [J. allg. Chem.] **28** (**90**). 2779—82. Okt. 1958. Leningrad, chem.-technol. Inst.) H. KÜHNE. 1090

Ss. N. Baranow, F. A. Shoglo und **R. W. Wisgert,** *Synthese einiger Ester aus 4.4'-Dihydroxydiphenylsulfon und Carbonsäuren.* Beim Erhitzen von 4.4'-Dihydroxydiphenylsulfon (I) mit α-Bromisovaleriansäurebromid (II) wird der I-*Bis-[α-bromisovaleriansäureester]* erhalten. Analog werden durch Erhitzen von **I** mit p- u. o-Acetoxybenzoesäure, o-, m- u. p-Acetylaminobenzoesäure, Zimtsäure, m-Nitrozimtsäure, β-Phenylpropionsäure, α.β-Dibrom-β-phenylpropionsäure, Hippursäure, Nicotinsäure u. O.N-Diacetyl-p-aminosalicylsäure (**III**) in Ggw. von $POCl_3$ die entsprechenden Diester von **I** dargestellt. Gegen Staphylokokken erwiesen sich die dargestellten Ester als unwirksam. Gegen Tuberkulosestäbchen zeigte der Diester aus **I** u. **III** geringe Aktivität.

V e r s u c h e: *4.4'-Dihydroxydiphenylsulfon* (I), F. 238—239° (W.); zu 1 Mol p-Hydroxyphenylsulfonsäure gibt man 13 ml 98%ig. H_2SO_4 u. 1 Mol Phenol u. erhitzt je 6 Std. auf 165 u. 195—200°; 80—85% (Ausbeute). — *O.N-Diacetyl-p-aminosalicylsäure* (III), $C_{11}H_{11}NO_5$, F. 286—288° (Bzl.-Dioxan, 5:1); durch 4std. Kochen von 5 g Na-p-Aminosalicylsäure in 250 ml Bzl. mit 20 ml $(CH_3CO)_2O$. — 4.4' - D i h y d r o x y d i p h e n y l s u l f o n d e r i v v.: *O.O-Divaleroyl-*, $C_{22}H_{26}O_6S$, F. 88—89° (A.); zu **I** u. Valeriansäure (1:2 Mol) gibt man bei 120—140° tropfenweise die berechnete Menge $POCl_3$ u. erhitzt bis zur Beendigung der HCl-Entw.; 50—55%. *O.O-Bis-[α-bromisovaleroyl]*-, $C_{22}H_{24}Br_2O_6S$, F. 73—74° (Dioxan); durch 2std. Erhitzen von 1,47 g **I**-*Na*-Salz mit 2,45 g **II** auf 110—130°; 32—35%. *O.O-Bis-[o-acetoxybenzoyl]*-, $C_{30}H_{22}O_{10}S$, F. 288—290° (A.); 87—90%. *O.O-Bis-[p-acetoxybenzoyl]*-, $C_{30}H_{22}O_{10}S$, F. 300° (A.); 85—90%. *O.O-Dicinnamoyl-*, $C_{30}H_{22}O_6S$, F. 270—273° (Dioxan); zu 2,5 g **I** u. 2,96 g Zimtsäure gibt man bei 120—140° 0,8 ml $POCl_3$ u. erhitzt 3—3½ Std.; 85—90%. *O.O-Bis-[m-nitrocinnamoyl]*-, $C_{30}H_{20}N_2O_{10}S$, F. 202—205° (Dioxan); 85—90%. *O.O-Bis-[α.β-dibrom-β-phenylpropionyl]*-, $C_{30}H_{22}Br_4O_6S$, F. 170—172° (A.); 85—90%. *O.O-Bis-[β-phenylpropionyl]*-, $C_{30}H_{26}O_6S$, F. 180—182° (A.); 85—90%. *O.O-Bis-[benzoylaminoacetyl]*-, $C_{30}H_{24}N_2O_8S$, F. 238 bis 240° (Aceton); 85—90%. *O.O-Bis-[o-acetylaminobenzoyl]*-, $C_{30}H_{24}N_2O_8S$, F. 208—210° (Dioxan); gelbes Kristallpulver; 50—55%. *O.O-Bis-[m-acetylaminobenzoyl]*-, $C_{30}H_{24}N_2O_8S$, F. 195—197° (Dioxan); gelbes Kristallpulver; 50—55%. *O.O-Bis-[p-acetylaminobenzoyl]*-, $C_{30}H_{24}N_2O_8S$, F. 216—219° (Dioxan); gelbes Kristallpulver; 50—55%. *O.O-Dinicotinoyl-*, $C_{24}H_{16}N_2O_8S$, F. 203—204° (Aceton); Kristalle; 85—90%. *O.O-Bis-[p-acetylamino-o-acetoxybenzoyl]*-, $C_{34}H_{28}N_2O_{12}S$, F. 155—158° (Dioxan); gelbes Kristallpulver; 51—55%. (Журнал Общей Химии [J. allg. Chem.] **28** (**90**). 1274—76. Mai 1958. Lwow, Med. Inst.) O. POLLAK V. EMHOFEN. 1090

D. Sch. Rosina, L. T. Nessterenko und **Ju. I. Wainstein,** *Über Synthese und Struktur von o-Sulfobenzoesäuredichlorid.* Durch Vgl. der polarograph. Halbstufenpotentiale der beiden o-Sulfobenzoesäuredichloride mit denen des symm. u. asymm. Phthalylchlorides wird dem Isomeren vom F. 40° die offene (I) u. dem Isomeren vom F. 79° die Lactonform (II) zugeschrieben. Das Isomerengemisch läßt sich aus o-Sulfobenzoesäure (III) u. PCl_5 in Ggw. von wenig $POCl_3$ herstellen. Entgegen anderen Befunden ist **II** bei 15—20 mm unzers. destillierbar.

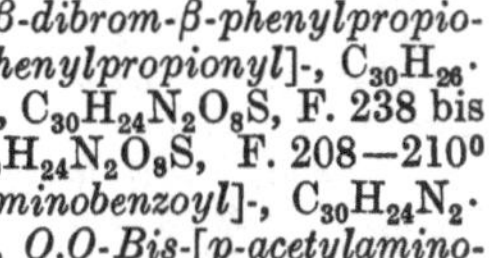

I II

V e r s u c h e: *o-Sulfobenzoesäuredichlorid, Isomerengemisch* (I + II), $C_7H_4Cl_2O_3S$, Kp.$_{20-25}$ 165—170°, man gibt 15 g **III** Di-K-Salz zu dem Gemisch von 51 g $POCl_3$ u. 70 g PCl_5 u. fügt weitere 74 g PCl_5 hinzu (exotherme Rk.); bei 80—90° gibt man in 1 Std. 68,5 g **III**-Di-K-Salz zu, erhitzt 3 Std. auf 115—117°, verrührt bei 50° mit 75 ml Bzl. oder Chlf., filtriert u. fraktioniert; 72,5—75,3% (Ausbeute). *Isomeres* **I**, F. 38—39°, man läßt **I** + **II** mehrere Tage bei 20° stehen, filtriert die Kristalle ab u. wäscht mit Petroläther. *Isomeres* **II**, F. 77—78°, man löst 20 g **I** + **II** in 20 ml Chlf., macht bei 3—5° mit 25%ig. NH_4OH alkal. (Phenolphthalein), neutralisiert mit HCl gegen Kongo, trennt die Chloroformschicht ab u. dest. bei 80—100 mm; 2 g. (Журнал Общей Химии [J. allg. Chem.] **28** (**90**). 2878—83. Okt. 1958. Unions Wiss. Forschungsinst. für chem. Reagentien.) H. KÜHNE. 1090

Siegfried Brandt und **Annemarie Zacharias,** *Halbester der 4-Nitrophthalsäure.* Bei der Addition von Methanol an 4-Nitrophthalsäureanhydrid (I) entsteht ein Gemisch aus ca. 60% *4-Nitrophthalsäure-1-* (II) u. ca. 40% *4-Nitrophthalsäure-2-methylester* (III) u.

nicht, wie von WEGSCHEIDER u. BONDI [1905] angegeben, fast nur **II**. Das Verhältnis der beiden Isomeren ist vom Lösungsm. abhängig, in dem die Rk. erfolgt. Durch Chromatographie an puffergetränkten Papieren u. durch multiplikative Verteilung wurden die beiden Ester getrennt.

Versuche: *4-Nitrophthalsäure-1-methylester* (**II**), F. 129—131,5°, a) durch 2std. Kochen von **I** mit überschüssigem absol. Methanol u. Reinigung durch Papierchromatographie bei p_H 4,4 u. CRAIG-Verteilung; pK_{21} 2,51, K_{21} $3{,}09 \cdot 10^{-3}$; 60% (Ausbeute); daneben 40% *4-Nitrophthalsäure-2-methylester* (**III**), F. 143—144°, pK_{21} 2,36, K_{21} $4{,}36 \cdot 10^{-3}$; b) aus **I** mit absol. Methanol in Pyridin, ½ Std. bei 70°, Reinigung wie bei a); 66%; daneben 33,7% **III**; c) wie b) in Eisessig; 50%; daneben 50% **III**. (Chem. Ber. **92**. 18—21. 1959. Halle, Univ., Inst. für organ. Chem.) CH. SASS. 1220

A. L. Mndshojan und **A. A. Dochikjan**, *Untersuchung auf dem Gebiet der Derivate von p-Alkoxybenzoesäuren. 13. Mitt. α-Methyl-γ-dialkylaminopropylester von p-[β-Alkoxyäthoxy]-benzoesäuren und ihre quartären Salze.* (12. vgl. C. **1958**. 7444.) Zur Unters. der pharmakol. Eigg. werden die nachst. *p-[β-Alkoxyäthoxy]-benzoesäure-α-methyl-γ-dialkylaminopropylester* u. deren *Salze* dargestellt. — p-[β-Alkoxyäthoxy]-benzoesäure-α-methyl-γ-dimethylaminopropylester: *Äthoxy-*, $C_{17}H_{27}NO_4$, $Kp._{12}$ 200—201°; $D.^{20}{}_4$ 1,0320; $n_D{}^{20}$ 1,5025; 85,6% (Ausbeute). *Pikrat*, F. 108—109°. *Methyljodid*, $C_{18}H_{30}JNO_4$, F. 94—95°. *Äthyljodid*, $C_{19}H_{32}JNO_4$, F. 121 bis 122°. — *n-Propoxy-*, $C_{18}H_{29}NO_4$, $Kp._{12}$ 195—196°; $D.^{20}{}_4$ 1,0188; $n_D{}^{20}$ 1,4991; 87,3%. *Pikrat*, F. 102—103°. *Methyljodid*, F. 120—121°. *Äthyljodid*, F. 128—129 . — *Isopropoxy-*, $C_{18}H_{29}NO_4$, $Kp._{13}$ 157—158 ; $D.^{20}{}_4$ 1,0115; $n_D{}^{20}$ 1,5009; 77,2%. *Pikrat*, F. 99—100°. *Methyljodid*, F. 168—169°. *Äthyljodid*, F. 134—135°. — *n-Butoxy-*, $C_{19}H_{31}NO_4$, $Kp._{10}$ 211 bis 212°; $D.^{20}{}_4$ 0,9966; $n_D{}^{20}$ 1,4958; 81,9%. *Pikrat*, F. 89—90°. *Methyljodid*, F. 127—128°. *Äthyljodid*, F. 124—125 . — *Isobutoxy-*, $C_{19}H_{31}NO_4$, $Kp._{12}$ 204—205 ; $D.^{20}{}_4$ 0,9958; $n_D{}^{20}$ 1,4944; 86,7%. *Pikrat*, F. 100—101°. *Methyljodid*, F. 132—133°. *Äthyljodid*, F. 106 bis 107°. — *n-Amyloxy-*, $C_{20}H_{33}NO_4$, $Kp._{12}$ 185—186°; $D.^{20}{}_4$ 0,9978; $n_D{}^{20}$ 1,4980; 80,2%. *Pikrat*, F. 104—105°. *Methyljodid*, F. 132—133°. *Äthyljodid*, F. 111—112°. — *Isoamyloxy-*, $C_{20}H_{33}NO_4$, $Kp._{10}$ 194—195°; $D.^{20}{}_4$ 0,9924; $n_D{}^{20}$ 1,4952; 89,2%. *Methyljodid*, F. 125 bis 126°. *Äthyljodid*, F. 95—96°. — p-[β-Alkoxyäthoxy]-benzoesäure-α-methyl-γ-diäthylaminopropylester: *Äthoxy-*, $C_{19}H_{31}NO_4$, $Kp._{12}$ 211 bis 212°; $D.^{20}{}_4$ 1,0158; $n_D{}^{20}$ 1,4997; 70,4%. *Pikrat*, F. 68—69°. *Methyljodid*, F. 85—86°. *Äthyljodid*, F. 99—100°. — *n-Propoxy-*, $C_{20}H_{33}NO_4$, $Kp._{12}$ 208—209°; $D.^{20}{}_4$ 1,0025; $n_D{}^{20}$ 1,4963; 91%. *Methyljodid*, F. 83—84°. *Äthyljodid*, F. 101—102°. — *Isopropoxy-*, $C_{20}H_{33}NO_4$, $Kp._{13}$ 195—196°; $D.^{20}{}_4$ 0,9971; $n_D{}^{20}$ 1,4973; 70,9%. *Pikrat*, F. 105—106°. *Methyljodid*, F. 103—104°. *Äthyljodid*, F. 131—132°. — *n-Butoxy-*, $C_{21}H_{35}NO_4$. $Kp._{10}$ 223 bis 224°; $D.^{20}{}_4$ 0,9874; $n_D{}^{20}$ 1,4962; 76,3%. *Pikrat*, F. 94—95°. *Methyljodid*, F. 93—94°. *Äthyljodid*, F. 116—117°. — *Isobutoxy-*, $C_{21}H_{35}NO_4$, $Kp._{12}$ 216—217°; $D.^{20}{}_4$ 0,9819; $n_D{}^{20}$ 1,4927; 84,3%. *Pikrat*, F. 82—83°. *Methyljodid*, F. 88—89°. *Äthyljodid*, F. 83—84°. — *n-Amyloxy-*, $C_{22}H_{37}NO_4$, $Kp._{12}$ 199—200°; $D.^{20}{}_4$ 0,9829; $n_D{}^{20}$ 1,4957; 80,2%. *Pikrat*, F. 89—90°. *Methyljodid*, F. 92—93°. *Äthyljodid*, F. 99—100°. — *Isoamyloxy-*, $C_{22}H_{37}NO_4$, $Kp._{10}$ 203—204°; $D.^{20}{}_4$ 0,9804; $n_D{}^{20}$ 1,4938; 80,2%. *Methyljodid*, F. 65—66°. *Äthyljodid*, F. 89—90°. — Die Darstellungsmethoden u. die Ergebnisse der pharmakol. Prüfung werden gesondert veröffentlicht. (Доклады Академии Наук Армянской ССР [Ber. Akad. Wiss. ArmenSSR] **22**. 111—17. 1956. Labor. für pharmazeut. Chem. der Akad. der Wiss. der ArmenSSR.) G. FROELICH. 1250

Roger Ratouis und **Georges Combes**, *Synthesen in der Reihe der 3.4.5-Trimethoxybenzoate von Aminoalkoholen.* Durch Umsetzung von 3.4.5-Trimethoxybenzoylchlorid (**IX**) mit 3 Gruppen von Aminoalkoholen in Bzl. oder Toluol werden die entsprechenden *3.4.5-Trimethoxybenzoate* dargestellt u. als *Hydrochloride* isoliert. In der 1. Gruppe wurden einerseits durch MANNICH-Rk. von Cyclopentanon, Cyclohexanon u. Cycloheptanon mit CH_2O u. $(CH_3)_2NH$, $(C_2H_5)_2NH$, Piperidin bzw. Morpholin u. Red. der gebildeten *2-Aminomethylcyclanone* mit $LiAlH_4$ oder $NaBH_4$ *cis–trans-Gemische* von *2-Aminomethylcyclanolen* dargestellt, andererseits wurde durch Kondensation von 2-Diäthylamino-1-chloräthan (**II**) mit Cyclohexanon-(2)-carbonsäureäthylester (**I**) in Ggw. von Na, nachfolgende decarboxylierende Verseifung u. $LiAlH_4$-Red. ein *cis–trans-Gemisch* von *2-Diäthylaminoäthylcyclohexanol* erhalten. Als 2. Gruppe werden reine *N.N-disubstituierte trans-2-Aminomethylcyclohexanole* durch Rk. von 2-Chlorcyclohexanol (**III**) mit KCN, wobei nur die trans-Form reagiert, Red. des *trans-2-Cyancyclohexanols* u. Dimethylierung bzw. Diäthylierung des *trans-2-Aminomethylcyclohexanols* (**IV**) gewonnen. In der 3. Gruppe werden durch Addition von sek. Aminen an Acrylsäuremethyl- (**VIII**) oder -äthylester (**V**) u. Red. der erhaltenen *3-Aminopropionsäureester* mit Na/A. *3-Diäthylamino-*, *3-[4-Methylpiperazino]-* u. *3-Pyrrolidinopropanol* dargestellt. *3-Pyrrolidinopropionsäuremethylester* (**VI**) wird ferner mit Phenyl-MgBr (**VII**) in *1.1-Diphenyl-3-pyrrolidinopropanol* übergeführt. Letzteres läßt sich in Ggw. von Pt zu *1-Cyclohexyl-1-phenyl-* bzw. *1.1-Dicyclohexyl-3-pyrrolidinopropanol* hydrieren. Versuche: Nachst. MANNICH-*Basen* in 65—75%ig. Ausbeute: *2-Dimethylaminomethylcyclopentanon*, Kp. 86—88°. — *2-Diäthylaminomethylcyclopentanon*, $Kp._{15}$ 106 bis 107°. — *2-Piperidinomethylcyclopentanon*, $Kp._2$ 95—100°. — *2-Morpholinomethylcyclopentanon*, $Kp._2$ 115—118°. — *2-Dimethylaminomethylcyclohexanon*, $Kp._{0,1}$ 55°. — *2-Diäthylaminomethylcyclohexanon*, $Kp._7$ 101°. — *2-Piperidinomethylcyclohexanon*, $Kp._6$ 124°. — *2-Morpholinomethylcyclohexanon*, $Kp._{0,3}$ 112°. — *2-Dimethylaminomethylcycloheptanon*, $Kp._{10}$ 105°. — *2-Diäthylaminoäthyl-2-carbäthoxycyclohexanon-(1)*, $Kp._{0,3}$ 115—120°, durch 1std. Rk. von **I** mit Na in Toluol, 1std. Kochen mit **II** ($Kp._{12}$ 41°), 15std. Stehen u. Hydrolyse mit W.; 70% (Ausbeute). — *2-Diäthylaminoäthylcyclohexanon*, $Kp._{0,1}$ 75—85°, durch 1std. Kochen vorst. Verb. mit wss. $Ba(OH)_2$; 33%. — *trans-2-Cyancyclohexanol*, $Kp._{13}$ 135°, aus **III** u. KCN in wss. A.; 65%. — *trans-2-Aminomethylcyclohexanol* (**IV**), $C_7H_{15}NO$, $Kp._{12}$ 118—119°, aus vorst. Verb. mit Na/A.; 54%. — Durch Red. obiger Aminomethylcyclanone mit $LiAlH_4$ in Ae. in 80%ig. Ausbeute nachst. Cyclopentanole (cis-trans-Gemische): *2-Dimethylaminomethyl-*, $Kp._{15}$ 90—93°. — *2-Diäthylaminomethyl-*, $Kp._{15}$ 117—118°. — *2-Piperidinomethyl-*, $Kp._2$ 107—109°. — *2-Morpholinomethyl-*, $Kp._2$ 125—127°. — Cyclohexanole (cis-trans-Gemische): *2-Dimethylaminomethyl-*, $Kp._8$ 90°. *trans-Verb.*, $C_9H_{19}NO$, $Kp._9$ 90—93°, durch 20std. Kochen von **IV** mit 33%ig. CH_2O u. 98%ig. HCOOH, Einengen, Alkalisieren u. Extrahieren mit Ae. u. Chlf.; 50%. — *2-Diäthylaminomethyl-*, $Kp._6$ 102°. *trans-Verb.*, $C_{11}H_{23}NO$, $Kp._{11}$ 115°, durch 15std. Kochen von 12 g **IV** mit Äthyljodid u. Na_2CO_3 in absol. A., Zugeben von W., Abdest. von A., Extrahieren mit Chlf., Einengen u. Ausäthern; 60%. Daneben 5 g des *trans-Äthojodids*, $C_{13}H_{28}JNO$, F. 151° (Aceton). — *2-Piperidinomethyl-*, $Kp._7$ 129°. — *2-Morpholinomethyl-*, $Kp._{0,2}$ 106°. — *2-Diäthylaminoäthyl-*, $Kp._{13}$ 140°; 60%. — *2-Dimethylaminomethylcycloheptanol*, $Kp._{10}$ 114°, mit $NaBH_4$ in 90%ig. CH_3OH. — *3-[4-Methylpiperazino]-propionsäureäthylester*, $Kp._{12}$ 127—129°, aus N-Methylpiperazin u. **V** bei —5° u. 5std. Stehen bei Raumtemp.; 98%. — *3-[4-Methylpiperazino]-propanol*, $Kp._9$ 120 bis 121°, durch 1std. Kochen vorst. Verb. mit Na in absol. A.; 64%. — *1.1-Diphenyl-3-pyrrolidinopropanol*, F. 171° (Essigester), aus **VII** u. **VI** (aus **VIII** u. Pyrrolidin) in absol. Ae.; 53%. — *1-Cyclohexyl-1-phenyl-3-pyrrolidinopropanol*, F. 86—87° (60%ig. A.), durch Hydrierung vorst. Verb. in 50%ig. Essigsäure in Ggw. von PtO_2 bei n. Druck u. n. Temp.; 72%. — *1.1-Dicyclohexyl-3-pyrrolidinopropanol*, F. 68—69°, durch Hydrierung vorst Verb. in Eisessig in Ggw. von PtO_2 bei n. Temp. u. n. Druck; 91%. *Hydrochlorid*, F. 230°. — Durch mehrstd. Kochen von **IX** mit den Aminoalkanolen in Toluol oder absol. Bzl. u. Umkristallisieren aus Isopropylalkohol–absol. A. die Hydrochloride nachst. 3.4.5-Trimethoxybenzoesäureester: *-2-dimethylaminomethylcyclopentylester* (*cis–trans-Gemisch*), $C_{18}H_{28}ClNO_5$, F. 141°, durch 3std. Kochen in Toluol. — *-2-diäthylaminomethylcyclopentylester* (*cis–trans-Gemisch*), $C_{20}H_{32}\cdot ClNO_5$, F. 165°, durch 3std. Kochen. — *-2-piperidinomethylcyclopentylester* (*cis–trans-Gemisch*), $C_{21}H_{32}ClNO_5$, F. 153°, durch 6std. Kochen. — *-2-morpholinomethylcyclopentylester* (*cis–trans-Gemisch*), $C_{20}H_{30}ClNO_6$, F. 161°, durch 5std. Kochen. — *-2-dimethylaminomethylcyclohexylester* (*cis–trans-Gemisch*), $C_{19}H_{30}ClNO_5$, F. 165°, durch 72std. Kochen in Bzl. über das *Benzolat* (F. 83°); 80%. *trans-Verb.*, F. 160°, in 90 Std. in der Kälte; 30%. — *-2-diäthylaminomethylcyclohexylester* (*cis–trans-Gemisch*), $C_{21}H_{34}ClNO_5$, F. 166°, durch 2std. Kochen; 50%. *trans-Verb.*, F. 166°, 1std. Kochen; 55%. — *-2-piperidinomethylcyclohexylester* (*cis–trans-Gemisch*), $C_{22}H_{34}ClNO_5$, F. 178°, durch 2std. Kochen; 82%. — *-2-morpholinomethylcyclohexylester* (*cis–trans-Gemisch*), $C_{21}H_{32}ClNO_6$, F. 189°, durch 2std. Kochen; 75%. — *-2-dimethylaminomethylcycloheptylester* (*cis–trans-Gemisch*), $C_{20}H_{32}ClNO_5$, F. 177°, in 1 Std. in der Kälte; 85%. — *-trans-2-diäthylaminoäthylcyclohexylester*, $C_{22}H_{36}ClNO_5$, F. 139°, durch 4std. Kochen; 90%. — *-3-[4-methylpiperazino]-propylester*, $C_{18}H_{29}ClN_2O_5$, F. 188° (Methylisobutylketon), durch 20std. Kochen in Toluol; 83%. — *-1.1-diphenyl-3-pyrrolidinopropylester*, $C_{29}H_{34}ClNO_5$, F. 162°, durch 1std. Kochen in Bzl.; 72%. — *-1-cyclohexyl-1-phenyl-3-pyrrolidinopropylester*, $C_{29}H_{40}\cdot ClNO_5$, F. 184°, durch 4std. Kochen über das *Benzolat* (F. 135°); 68%. — *-1.1-dicyclohexyl-3-pyrrolidinopropylester*, $C_{29}H_{46}ClNO_5$, F. 170°, durch 3std. Kochen; 51%. — *-diäthylaminopropylester*, $C_{17}H_{28}ClNO_5$, F. 171°, aus Diäthylaminopropanol in 90 Std. in der Kälte; 90%. (Bull. Soc. chim. France **1959**. 576—80. April. Paris, S. C. R. A. T.; La Plaine-St.-Denis, Seine, S. I. F. A.) R. PASEDAG. 1250

Willy Logemann, Domenico Artini und **Giampaolo Tosolini,** *Über die Einwirkung von N-substituierten Säureamiden auf Isocyanate.* 3. Mitt. (2. vgl. C. **1958**. 10902.) Die Umsetzung von N-Isobutyl- (**III**) bzw. N-sek.-Butylformamid (**II**) mit p-Toluolsulfonylisocyanat (**I**) führt in der Kälte zu *N-[p-Toluolsulfonyl]-N'-isobutyl-* bzw. *-N'-sek.-butyl-*

N'-formylharnstoff, die beim Erhitzen über den F. Zers. erleiden, aber kein Amidin bilden. **II** liefert aber mit **I** beim mehrstd. Kochen in Toluol *N-[p-Toluolsulfonyl]-N'-sek.-butylformamidin*. Mit N-n-Butylformamid bzw. **III** bilden sich hierbei alkaliunlösl. Öle als Gemische verschied. Reaktionsprodd., die sich bei der Hochvakuumdest. zersetzen. N-tert.-Butylformamid (**V**) dagegen gibt mit **I** schon bei tiefer Temp. leicht *N-[p-Toluolsulfonyl]-N'-tert.-butylformamidin*, ohne daß das vermutliche Zwischenprod. N-[p-Toluolsulfonyl]-N'-tert.-butyl-N'-formylharnstoff isoliert werden konnte. Die Isomerisierungsgeschwindigkeit wird also durch zunehmende Verzweigung erhöht. N-Formylpiperidin (**VI**), 10-Formylphenthiazin u. N-Carbäthoxy-N'-formylpiperazin liefern mit **I** nur die *Amidine*. Analog den Formamiden verhalten sich N-monosubstituierte Acetamide. N-Phenylacetamid (**VII**) reagiert mit **I** in Toluol weder in der Kälte noch beim Kochen bzw. liefert nur undefinierte Öle. Ohne Lösungsm. dagegen entsteht bei 50° *N-[p-Toluolsulfonyl]-N'-phenyl-N'-acetylharnstoff* u. bei 120—130° *N-[p-Toluolsulfonyl]-N'-phenylacetamidin*. N-n-Butylacetamid (**VIII**) gibt mit **I** in Toluol bei Raumtemp. den *Harnstoff*, in der Siedehitze das *Amidin*. N-tert.-Butylacetamid (**IX**) liefert auch bei tiefen Tempp. *N-[p-Toluolsulfonyl]-N'-tert.-butylacetamidin*. Beim N-Cyclohexylacetamid konnte N-[p-Toluolsulfonyl]-N'-cyclohexyl-N'-acetylharnstoff nicht als Zwischenstufe der leichten Amidinbldg. gefaßt werden. *N-[p-Toluolsulfonyl]-N.N'-dimethylacetamidin* zeigt im IR-Spektr. die Bande der symm. Valenzschwingung der SO_2-Gruppe bei 1160 (cm^{-1}) u. die der antisymm. Schwingung bei 1350. Im *N-[p-Toluolsulfonyl]-N'.N'-dimethylacetamidin* ist letztere infolge Mesomerie der $-SO_2-N=C$-Gruppe nach 1260—1270 verschoben. Da die obigen Amidine eine entsprechende Frequenzabnahme zeigen, muß ihnen die Konst. mit einer p-Toluolsulfonyliminogruppe zugrunde liegen. *N.N'-Bis-[p-toluolsulfonyl]-acetamidin* absorbiert erwartungsgemäß bei 1154, 1164 u. 1300, 1344 cm^{-1}. Bei den Formamidinen kann die 1344-Bande auch als CH-Deformationsfrequenz zugeordnet werden.

Versuche: N-[p-Toluolsulfonyl]-Verbb.: *-N'-sek.-butyl-N'-formylharnstoff*, $C_{13}H_{18}N_2O_4S$, F. 99—102° (wss. A. u. Bzl./PAe.), durch Zugeben von **II** ($Kp._{18}$ 110—114°, aus sek.-Butylamin u. Ameisensäureäthylester [**IV**]) zu **I** in absol. Toluol unter starker Kühlung, 8std. Stehen bei Raumtemp., Extrahieren mit verd. NH_4OH u. Ausfällen mit verd. HCl; 40% (Ausbeute). — *-N'-sek.-butylharnstoff*, $C_{12}H_{18}$·N_2O_3S, F. 124—126° (Bzl./PAe.), durch 2std. Kochen vorst. Verb. in A. mit wss. NaOH, Verdünnen mit W. u. Ansäuern mit verd. HCl; 75%. — *-N'-sek.-butylformamidin*, $C_{12}H_{18}N_2O_2S$, F. 64—66° (verd. A. u. Bzl./PAe.), durch 3std. Kochen von **I** u. **II** in Toluol; 50%. — *-N'-isobutyl-N'-formylharnstoff*, $C_{13}H_{18}N_2O_4S$, F. 98—101°, aus **III** ($Kp._{12}$ 110—112°, aus Isobutylamin u. **IV**) u. **I** nur in der Kälte; 100%. — *-N'-isobutylharnstoff*, $C_{12}H_{18}N_2O_3S$, F. 168—170° (A.), aus vorst. Verb.; 90%. — *-N'-tert.-butylformamidin*, $C_{12}H_{18}N_2O_2S$, F. 131—133° (wss. A. u. Bzl./PAe.), durch Zugeben von **V** ($Kp._9$ 79—83°, aus tert.-Butylamin u. **IV**) zu **I** in Toluol unter starker Kühlung u. mehrstd. Stehen bei Raumtemp.; 60%. — *-N'.N'-pentamethylenformamidin*, $C_{13}H_{18}N_2O_2S$, F. 146—148° (A.), aus **I** u. **VI** in Toluol unter Kühlung u. 10std. Weiterrühren; 75%. — *10-Formylphenthiazin*, $C_{13}H_9NOS$, F. 145° (A.), durch Kochen von Phenthiazin mit überschüssiger Ameisensäure (D. 1,22); Nadeln; 100%. — *10-[p-Toluolsulfonyliminomethyl]-phenthiazin*, $C_{20}H_{16}N_2O_2S$, F. 200—202° (Toluol), durch 10std. Kochen vorst. Verb. mit **I** in Toluol; 65%. — *N-Carbäthoxy-N'-formylpiperazin*, $C_8H_{14}N_2O_3$, F. 63 bis 66° (Bzl./PAe.), durch 10std. Erhitzen von N-Carbäthoxypiperazin u. **IV** auf 150°; 80%. — *N-Carbäthoxy-N'-[p-toluolsulfonyliminomethyl]-piperazin*, $C_{15}H_{21}N_3O_4S$, F. 167 bis 168° (A.), aus vorst. Verb. u. **I**; 56%. — N-[p-Toluolsulfonyl]-Verbb.: *-N'-phenyl-N-acetylharnstoff*, $C_{16}H_{16}N_2O_4S$, F. 104—106° (A.), durch 2std. Erwärmen von **I** u. **VII** auf 50°, Aufnehmen in Bzl. u. Ausfällen mit PAe.; 60%. — *-N'-phenylharnstoff*, F. 163—164°, durch 1std. Erhitzen vorst. Verb. mit methanol. NaOH. — *-N'-phenylacetamidin*, $C_{15}H_{16}N_2O_2S$, F. 118—120° (verd. A.), a) durch 1½std. Erhitzen von **I** u. **VII** auf 120—130° bis zur Beendigung der Gasentw.; 78%; b) aus vorvorst. Verb. bei 115—120°. — *-N'-n-butyl-N'-acetylharnstoff*, $C_{14}H_{20}N_2O_4S$, F. 98—100° (70%ig. Essigsäure u. CH_3OH), durch 2½tägiges Stehen von **I** u. **VIII** in Toluol bei Raumtemp. u. Ausfällen mit PAe.; 60%. — *-N'-n-butylacetamidin*, $C_{13}H_{20}N_2O_2S$, F. 69—70° (verd. A.), durch 6std. Kochen von **I** u. **VIII** in Toluol; 49%. — *-N'-tert.-butylacetamidin*, $C_{13}H_{20}$·N_2O_2S, F. 108—111° (Bzl./PAe.), aus **I** u. **IX** in der Kälte; 60%. — *-N.N'-dimethylacetamidin*, $C_{11}H_{16}N_2O_2S$, F. 71—72° (Toluol), durch Zugeben von 50%ig. NaOH u. von p-Toluolsulfonylchlorid zu N.N'-Dimethylacetamidinhydrochlorid in Aceton unter Kühlung, 2std. Stehen u. Gießen in Eiswasser; 82%. — *N.N'-Bis-[p-toluolsulfonyl]-acetamidin*, $C_{16}H_{18}N_2O_4S_2$, F. 130—131° (Bzl.), analog aus Acetamidinhydrochlorid; 85%. (Chem. Ber. **91**. 2566—74. 19/12. 1958. Mailand, Ist. „Carlo Erba per Ric. Terapeut."

R. PASEDAG. 1280

Willy Logemann und **Domenico Artini,** *Über die Einwirkung von N-substituierten Säureamiden auf Isocyanate.* 4. Mitt. (3. vgl. vorst. Ref.) N-Phenylformamid (**V**) liefert in Lösungsmitteln bei etwas erhöhter Temp. mit Benzoylisocyanat (**I**) *N-Benzoyl-N'-phenyl-N'-formylharnstoff* (**II**). Aus **I** u. N-Cyclohexylformamid (**VI**) wird bei Raumtemp. *N-Benzoyl-N'-cyclohexyl-N'-formylharnstoff* (**III**) erhalten, während in der Siedehitze (Toluol) nur *N.N'-Dibenzoylharnstoff* entsteht. **II** u. **III** liefern bei saurer Verseifung *N-Benzoyl-N'-phenyl-* (**IV**) bzw. *-N'-cyclohexylharnstoff*. **II** entwickelt beim Erhitzen 45% CO_2 u. 30% *CO*, aus dem Rückstand konnten nur **IV** u. *Benzanilid* isoliert werden. **III** gibt dagegen nur 40% CO_2 u. aus dem Rückstand *Dibenzamid*. Es wird ein Reaktionsmechanismus diskutiert. Phenylisocyanat (**VII**) gibt erst beim Kochen in Toluol mit **V** bzw. **VI** *N.N'-Diphenyl-* bzw. *N-Phenyl-N'-cyclohexyl-N'-formylharnstoff*, die sich alkal. zu *N.N'-Diphenyl-* bzw. *N-Phenyl-N'-cyclohexylharnstoff* verseifen lassen u. beim Erhitzen über die FF. in die Komponenten zerfallen. Aus p-Nitrophenylisocyanat (**VIII**) u. **V** wird *N-[p-Nitrophenyl]-N'-phenyl-N'-formylharnstoff* dargestellt, der beim Erhitzen über den F. *N.N'-Bis-[p-nitrophenyl]-harnstoff* gibt.

Versuche: *N-Benzoyl-N'-phenyl-N'-formylharnstoff* (**II**), $C_{15}H_{12}N_2O_3$, F. 150 bis 152° (Isopropylalkohol), durch ½std. Erwärmen von 9,5 g **I** mit 7,8 g **V** in absol. Toluol auf 80°; 15,1 g (Ausbeute). — *N-Benzoyl-N'-phenylharnstoff* (**IV**), F. 207—208°, a) durch 2std. Erwärmen von **II** mit 5%ig. methanol. HCl auf dem Wasserbad; b) durch Erhitzen von 2,68 g **II** auf 140—160° im N_2-Strom; 0,5 g (daneben wenig *Benzanilid*, F. 162—163°); c) durch Erhitzen von **II** auf 130—160°/0,8 mm unter Abdest. von **I** u. **V**. — *N-Benzoyl-N'-cyclohexyl-N'-formylharnstoff* (**III**), $C_{15}H_{18}N_2O_3$, F. 142—144° (Trichloräthylen), durch 2tägiges Stehen von 31,5 g **I** mit 27 g **VI** in absol. Toluol bei Raumtemp.; 20 g. — *N.N'-Dibenzoylharnstoff*, F. 217—219°, beim Kochen der Mutterlauge von **III**. — *N-Benzoyl-N'-cyclohexylharnstoff*, $C_{14}H_{18}N_2O_2$, F. 162—164° (CH_3OH), aus **III** mit 5%ig. methanol. HCl. — *Dibenzamid*, F. 152—153° (CH_3OH), aus 2,75 g **III** bei 140—160°; 0,3 g. — *N.N'-Diphenyl-N'-formylharnstoff*, $C_{14}H_{12}N_2O_2$, F. 116—118° (Bzl./Ligroin u. A./W.), a) durch 5std. Kochen von **VII** u. 2,42 g **V** in Toluol; 1,2 g; b) durch 4std. Erhitzen von **VII** u. 2,42 g **V** auf 100°; 3,6 g. — *N-Phenyl-N'-cyclohexyl-N'-formylharnstoff*, $C_{14}H_{18}N_2O_2$, F. 105—106° (Trichloräthylen), durch 14std. Kochen von 25,4 g **VI** mit **VII** in Toluol; 26,1 g. — *N-[p-Nitrophenyl]-N'-phenyl-N'-formylharnstoff*, $C_{14}H_{11}N_3O_4$, F. 162—163° (Trichloräthylen), durch 1std. Erwärmen von 4,9 g **VIII** u. 3,63 g **V** in Toluol auf 80°; 5 g. — *N-Phenyl-N'-[p-nitrophenyl]-harnstoff*, $C_{13}H_{11}N_3O_3$, F. 217—218° (A.), aus vorst. Verb. mit 0,5n methanol. KOH. — *N.N'-Bis-[p-nitrophenyl]-harnstoff*, F. 310—312° (A.), durch Erhitzen vorvorst. Verb. auf >270°. (Chem. Ber. **91**. 2574—77. 19/12. 1958.) R. PASEDAG. 1280

Je. M. Ussowa und **Je. M. Woroschin,** *Untersuchung der Konstitution von Hydroxamsäuren und einigen ihrer Derivate durch Infrarotspektroskopie.* Das Benzoylderiv. der Dibenzhydroxamsäure, *Tribenzoylhydroxylamin*, existiert in 2 krist. Modifikationen, der α- (**I**) u. der *β-Form* (**II**). Beim Erhitzen gehen **I** u. **II** nicht ineinander über, unter dem Einfl. N-haltiger Lösungsmittel (Pyridin, Nitrobenzol, Anilin, Chinolin) geht **II** in **I**, aber nie **I** in **II** über. Es handelt sich also nicht um polymorphe Substanzen. Zusatz von **I** zur gesätt. **II**-Lsg. bewirkt eine Depression von 0,033°. Die Dipolmomente betragen bei **I** 3,78 D, bei **II** 4,84 D. Im IR-Spektr. von **II** finden sich 2 starke Banden 1762 u. 1754 (cm^{-1}) u. eine schwache 1624, die einer an N bzw. C gebundenen Acylgruppe u. vielleicht der C=N-Gruppierung zuzuschreiben sind; danach ist **II** als Hydroximform $C_6H_5-C(OCOC_6H_5)=N-O-COC_6H_5$ aufzufassen. Im IR-Spektr. von **I** treten 2 starke Banden 1776 u. 1715 auf, die der CO-Gruppe in der an N gebundenen Acylgruppe bzw. einer Amid-CO-Gruppe entsprechen; **I** ist danach die Hydroxamform $C_6H_5CO-N(COC_6H_5)OCOC_6H_5$. Zum Vgl. werden die IR-Spektren von Mono- u. Dibenzhydroxamsäure angegeben. (Доклады Академии Наук СССР [Ber. Akad. Wiss. UdSSR] **113**. 1306—09. 21/4. 1957. Charkow, Zootechn. Inst.) R. K. MÜLLER. 1320

Š. Bauer, L. Masler, Š. Országh, J. Mokrý und **J. Tomko,** *Beitrag zur Untersuchung von l-Phenylacetylcarbinol.* 6. Mitt. (5. vgl. Chem. Zvesti **11**. [1957.] 651.) $Fe(OH)_3$, $Ni(OH)_2$ u. $Co(OH)_2$ beschleunigen die Hydrierungskondensation von *l*-[Phenyl]-acetylcarbinol (**I**) mit Methylamin in Di-n-butyläther an koll. Pt zu *l-Ephedrin*. Die optimalen Konzz. betragen 0,25, 0,5 u. 1,5‰ (bezogen auf **I**). Oberhalb dieser Konz. tritt deutliche Hemmung der Rk. ein. Vollständige Hemmung bewirken 1‰ $Fe(OH)_3$ oder $Ni(OH)_2$ u. 5‰ $Co(OH)_2$. (Chem. Zvesti **12**. 509—12. Aug. 1958.) F. URBAN. 1320

Wilhelm Kuchen und **Hans Buchwald,** *Zur Kenntnis der Organophosphorverbindungen.* 3. Mitt. *Umsetzungen mit Diphenylphosphinnatrium.* (2. vgl. C. **1959**. 9501.) Tetraphenyldiphosphin (**I**) wird in Ae. oder Tetrahydrofuran durch Na bzw. K zu *Diphenylphosphin-Na* (**II**) bzw. *-K* (**III**) gespalten. **II** gibt mit Alkyl- u. Arylhalogeniden *tert. Phosphine*, die weiter in quartäre *Phosphoniumsalze* bzw. mit H_2O_2 in die *Phosphinoxyde* übergeführt werden können. Arylchloride u. -bromide reagieren mit **II** nur langsam, besser jedoch mit **III**. Jodbenzol reagiert dagegen glatt mit **II**. Die aus Benzylchlorid bzw. Cetylbromid mit **II** gebildeten *tert. Phosphine* gehen schon mit Luftsauerstoff in die *Phosphinoxyde* über. **II** bildet mit Trimethylchlorsilan (**VII**) *Trimethylsilyldiphenylphosphin*, das durch Feuchtigkeit zu *Trimethylsilanol* u. *Diphenylphosphin* (**IV**) zers. wird. Analog wurde *Triäthylstannyldiphenylphosphin* dargestellt. **II** wird mit W. u. Alkoholen momentan zu **IV** zers., während mit CO_2 das *Na-Salz* der *Diphenylphosphincarbonsäure* entsteht, das beim Ansäuern zu **IV** decarboxyliert u. mit W. zu *diphenylphosphoniger Säure* u. *Na-Formiat* hydrolysiert wird, während bei alkal. Oxydation mit H_2O_2 *Diphenylphosphinsäure* u. *HCOOH* entstehen. **II** bzw. **III** können auch aus **IV** mit Na oder K unter H_2-Entw. synthetisiert werden. Zur Darst. größerer Mengen **II** geht man besser von *Diphenylchlorphosphin* (**V**) u. Na aus, wobei **I** nur als Zwischenprod. auftritt.

Versuche: *Diphenylphosphin-Na* (**II**), a) durch 2std. Kochen von **I** mit überschüssigem Na-Draht in absol. Ae. unter N_2; b) durch 4std. Kochen von **V** u. Na in Dibutyläther unter N_2. — *Isopropyldiphenylphosphin*, $C_{15}H_{17}P$, Kp.$_{11}$ 165°, durch Eintropfen von Isopropylbromid in Ae. in die **II**-Suspension, Aufkochen u. Versetzen mit W.; 65,5% (Ausbeute). — *Butyldiphenylphosphin* (**VI**), $C_{16}H_{19}P$, Kp.$_4$ 180—182°, n_D^{20} 1,5931; 61%. — *Cetyldiphenylphosphinoxyd*, $C_{28}H_{43}OP$, F. 80°, beim Ausäthern des entsprechenden Phosphins unter Luftzutritt; Nadeln aus Ligroin. — *Butyldiphenylphosphinoxyd*, $C_{16}H_{19}OP$, F. 95°, durch kurzes Erwärmen von **VI** in Aceton mit 2n NaOH–3%ig. H_2O_2; Nadeln aus Ligroin; 100%. — *Äthylbutyldiphenylphosphoniumjodid*, $C_{18}H_{24}JP$, F. 153°, durch 1std. Erwärmen von **VI** mit C_2H_5J unter N_2; 91%. — *Trimethylsilyldiphenylphosphin*, $C_{15}H_{19}PSi$, Kp.$_1$ 126—127°, durch Eintropfen von **VII** in Ae. in die **II**-Suspension, kurzes Aufkochen u. Zentrifugieren unter Luftausschluß; n_D^{20} 1,6000; 63,5%. — *Triäthylstannyldiphenylphosphin*, $C_{18}H_{25}PSn$, Kp.$_{0,7}$ 170—172°, aus Triäthylbromstannan u. **II**; 44,5%. — *Diphenylphosphincarbonsäure, Na-Salz*, $C_{13}H_{10}NaO_2P$, Zers. bei ca. 240°, durch Versetzen der **II**-Suspension mit festem CO_2 bis zur Entfärbung; 92%. — *Diphenylphosphin* (**IV**), Kp.$_{25}$ 165°, durch Zers. von **II** mit A. unter Eiskühlung u. ½std. Kochen; 72%. — *Diphenylphosphin-K* (**III**), durch 2std. Kochen von **IV** mit K in Äther. (Chem. Ber. **92**. 227—31. 1959. Aachen, TH, Inst. für anorgan. Chem.) E. DEHMLOW. 1380

A. W. Kirssanow und **R. T. Makitra**, *Triaryloxyphosphazosulfonaryle und Arylsulfonamidophosphorsäurediarylester*. Zur Unters. ihrer insekticiden Eigg. wurden *Arylsulfonimidophosphorsäuretriarylester* [„*Triaryloxyphosphazosulfonaryle*", $ArSO_2N{=}P\cdot(OAr')_3$] u. *Arylsulfonamidophosphorsäurediarylester* [$ArSO_2NHPO(OAr')_2$] dargestellt (*Ar* = C_6H_5, *o-* u. *p-Tolyl* u. *Ar'* = *o-* u. *p-*ClC_6H_4 u. *o-* u. *p-*$O_2NC_6H_4$). Die *Arylsulfonimidophosphorsäure-tris-*[*o-* u. *-p-chlorphenylester*] (**I**) reagieren neutral u. werden in alkal. Medium unter Bldg. der *Na-Salze der Arylsulfonamidophosphorsäure-bis-*[*o-* bzw. *-p-chlorphenylester*] (**II**) verseift. Die **II** entstehen in 14—37%ig. Ausbeute immer als Nebenprod. bei Synth. der **I** u. mit 90—95%ig. Ausbeute aus Arylsulfonamidophosphorsäuredichloriden u. dem entsprechenden Na-Chlorphenolat. Die **II** sind starke einbas. Säuren u. bilden gut krist., alkal. schwer verseifbare Salze. Die *Arylsulfonimidophosphorsäure-tris-*[*o-* u. *-p-nitrophenylester*] (**III**) sind hellgelbe, neutrale Substanzen u. werden bedeutend leichter als die **I** zu den *Arylsulfonamidophosphorsäure-bis-nitrophenylestern* (**IV**) verseift. Diese sind hellgelbe, starke, einbas. Säuren u. bilden hell gefärbte, gut krist. Salze.

Versuche: *Arylsulfonimidophosphorsäure-tris-*[*p-chlorphenylester*] (p-**I**) u. *Arylsulfonamidophosphorsäure-bis-*[*p-chlorphenylester*] (p-**II**), aus den entsprechenden Arylsulfonimidophosphorsäuretrichloriden (**V**) u. Na-p-Chlorphenolat in Bzl.; man erhitzt ½ Std. zum Sieden, dest. Bzl. ab, gibt 0,3n NaOH zu, saugt die p-**I** ab, wäscht mit W. u. krist. aus A. um; die p-**II** kristallisieren aus der Wasch-Fl. als Na-Salze aus; Umkristallisieren aus Benzol. — *Arylsulfonimidophosphorsäure-tris-*[*o-chlorphenylester*] (o-**I**) u. *Arylsulfonamidophosphorsäure-bis-*[*o-chlorphenylester*] (o-**II**), aus **V** u. reinem Na-o-Chlorphenolat in Ae.; nach der heftigen Rk. erhitzt man 15—20 Min., wäscht mit n-NaOH u. W. u. dest. den Ae. ab; hellgelbe o-**I**. Die o-**II** kristallisieren aus der Wasch-Fl. nach Ansäuern u. Abdest. des restlichen o-Chlorphenols mit Wasserdampf; Umkristallisieren aus Bzl.–PAe.-Gemisch. — *Hydrolyse* der Arylsulfonimidophosphorsäure-tris-[chlorphenylester] (**I**) mit NaOH in Ae.: man erhitzt ½ Std., dest. A. ab, fügt W. hinzu, säuert an, saugt **II** ab u. krist. aus Bzl. um. — *Phenylsulfonamidophosphorsäure-bis-*[*o-chlorphenylester*], $C_{18}H_{14}Cl_2NO_5PS$, F. 149—151°, aus Phenylsulfonamidophosphorsäuredichlorid u. Na-o-Chlorphenolat in Bzl.; 92,7% (Ausbeute). — *Arylsulfonimidophosphorsäure-tris-*[*nitrophenylester*] (**III**), aus den entsprechenden **V** u. getrocknetem Na-Nitrophenolat in Bzl.; man erhitzt 6 Std., extrahiert mit sd. Bzl. u. krist. aus Bzl. um; die **III** sind hydrolyseempfindlich. — *Arylsulfonamidophosphorsäure-bis-[nitrophenylester]* (**IV**), aus **III** durch 15—20 Min. Kochen mit 95%ig. A. u. Zufügen von W. bis zur Trübung; Umkristallisieren aus A. oder aus wss. Alkohol. — Arylsulfonimidophosphorsäuretriester: *Phenyl-, Tris-[o-chlorphenylester]*, $C_{24}H_{17}Cl_3NO_5PS$, F. 72—73°; 59,3%. — *Phenyl-, Tris-[p-chlorphenylester]*, $C_{24}H_{17}Cl_3NO_5PS$, F. 112 bis 114°; 52,7%. — *o-Tolyl-, Tris-[o-chlorphenylester]*, $C_{25}H_{19}Cl_3NO_5PS$, F. 73—75°; 59,5%. — *o-Tolyl-, Tris-[p-chlorphenylester]*, $C_{25}H_{19}Cl_3NO_5PS$, F. 121—123°; 55,2%. — *p-Tolyl-, Tris-[o-chlorphenylester]*, $C_{25}H_{19}Cl_3NO_5PS$, Fl.; 52,6%. — *p-Tolyl-, Tris-[p-chlorphenylester]*, $C_{25}H_{19}Cl_3NO_5PS$, F. 106—107°; 46,9%. — *Phenyl-, Tris-[o-nitrophenylester]*, F. 94—95°; 78,8%. — *Phenyl-, Tris-[p-nitrophenylester]*, $C_{24}H_{17}$·$N_4O_{11}PS$, F. 123—124°; 62,8%. — *o-Tolyl-, Tris-[o-nitrophenylester]*, F. 151—152°; 74%. — *o-Tolyl-, Tris-[p-nitrophenylester]*, $C_{25}H_{19}N_4O_{11}PS$, F. 180—181°; 60,5%. — *p-Tolyl-, Tris-[o-nitrophenylester]*, $C_{25}H_{19}N_4O_{11}PS$, F. 103—104°; 78,7%. — *p-Tolyl-, Tris-[p-nitrophenylester]*, $C_{25}H_{19}N_4O_{11}PS$, F. 179—181°; 81,4%. — Arylsulfonamidophosphorsäurediester: *Phenyl-, Bis-[p-chlorphenylester]*, $C_{18}H_{14}$·Cl_2NO_5PS, F. 155—157°; 96,5%. — *o-Tolyl-, Bis-[o-chlorphenylester]*, $C_{19}H_{16}Cl_2NO_5PS$, F. 130—132°; 83,4%. — *o-Tolyl-, Bis-[p-chlorphenylester]*, $C_{19}H_{16}Cl_2NO_5PS$, F. 139 bis 140°; 89,6%. — *p-Tolyl-, Bis-[o-chlorphenylester]*, $C_{19}H_{16}Cl_2NO_5PS$, F. 172—174°. — *p-Tolyl-, Bis-[p-chlorphenylester]*, $C_{19}H_{16}Cl_2NO_5PS$, F. 165—167°. — *Phenyl-, Bis-[o-nitrophenylester]*, F. 150—151°; 80,4%. — *Phenyl-, Bis-[p-nitrophenylester]*, $C_{18}H_{14}$·N_3O_9PS, F. 199—200°; 84,4%. — *o-Tolyl-, Bis-[o-nitrophenylester]*, F. 161—162°; 66,2%. — *o-Tolyl-, Bis-[p-nitrophenylester]*, $C_{19}H_{16}N_3O_9PS$, F. 189—192°; 85,2%. — *p-Tolyl-, Bis-[o-nitrophenylester]*, $C_{19}H_{16}N_3O_9PS$, F. 163—164°; 88%. — *p-Tolyl-, Bis-[p-nitrophenylester]*, $C_{19}H_{16}N_3O_9PS$, F. 173—174°; 81,2%. (Журнал Общей Химии [J. allg. Chem.] **27** (**89**). 245—48. Jan. 1957. Inst. für organ. Chem. der Akad. der Wiss. der UkrSSR.) O. DOLD. 1380

Tsutomu Matsuda und **Shigemitsu Tsunawaki**, *Untersuchung über Cyclooctatetraen und dessen Derivate.* 2. Mitt. *Synthese von Cyclooctylacetat aus Cyclooctan.* (1. vgl. J. chem. Soc. Japan, ind. Chem. Sect. [Kōgyō Kagaku Zassi] **57**. [1954.] 467.) Die Synth. verläuft wie folgt: 60 g *Cyclooctan* in 15 g CCl_4 liefern mit 40 g SO_2Cl_2 u. 0,08 g Dibenzoylperoxyd bei ca. 100° 24,8 g *Monochlorcyclooctan* (**I**), Kp.$_{21}$ 85—86°. 30 g **I** in 50%ig. Essigsäure geben durch 32std. Kochen mit 37 g K-Acetat u. Benzolextraktion 11,7 g *Cycloocten* (Kp.$_{80}$ 60—67°) u. 11,3 g *Cyclooctylacetat* (**III**), Kp.$_{21}$ 97—103°. — *Cyclooctanol* (**II**), Kp.$_3$ 71—75°, aus 50 g **III** u. 200 cm³ 15%ig. alkoh. NaOH, 2 Std. bei 80—90°; 36 g (Ausbeute). — *Cyclooctanon*, Kp.$_3$ 70—73,5°, aus 36 g **II** durch Oxydation mit BECKMANNs Reagens; 33,2 g. (J. chem. Soc. Japan, ind. Chem. Sect. [Kōgyō Kagaku Zassi] **58**. 436—37. Juni 1955. Fukuoka, Kyushu Univ. [Orig.: japan.]) L. SCHULER. 1810

Tsutomu Matsuda, Kiyokazu Furuno und **Saburō Akiyoshi**, *Untersuchung über Cyclooctatetraen und dessen Derivate.* 3. Mitt. *Reaktion von Cyclooctatetraen mit Diazoverbindungen.* (2. vgl. vorst. Ref.) Zu 30 g *Cyclooctatetraen* (**I**) u. 0,5 g Cu-Pulver wird eine Mischung von 15 g **I** u. 15 g *Diazoessigester* (**V**) unter lebhaftem Rühren bei 80—85° in 30 Min. zugetropft. Nach 1 weiteren Std. werden 4,5 g eines Rohesters (**II**), Kp.$_1$ 87 bis 89°, erhalten. **II** gibt durch Hydrolyse mit 5%ig. NaOH bei 85° *Bicyclo-[6.1.0]-nonatrien-(2.4.6)-carbonsäure-(9)* (**III**), F. 162—163° (Zers.). **III** gibt durch Hydrierung, n. Druck u. Raumtemp. mit RANEY-Ni *Bicyclo-[6.1.0]-nonancarbonsäure-(9)* (**IV**), $C_{10}H_{16}O_2$, F. 111,2—113° (PAe.). *Cycloocten* gibt mit **V** in Ggw. von Cu-Pulver bei 100 bis 105° vermutlich den **IV**-*Äthylester*, da mit methanol. NaOH daraus **IV** entsteht. **I** u. p-Nitrophenyldiazoniumchlorid liefern nur ein über 160° langsam zersetzliches rotbraunes Pulver. (J. chem. Soc. Japan, ind. Chem. Sect. [Kōgyō Kagaku Zassi] **58**. 438—39. Juni 1955. [Orig.: japan.]) L. SCHULER. 1810

T. H. Elliott, *Schmelzpunkte der cis- und trans-Cyclohexandiol-(1.2)-di-p-nitrobenzoate.* Die von WILSON u. READ (J. chem. Soc. [London] **1935**. 1269) vertauschten FF. [in ( )] werden korr.: *cis-Cyclohexandiol-(1.2)-di-p-nitrobenzoat*, $C_{20}H_{18}N_2O_8$, F. 149° (128—128,5°); *3.5-Dinitrobenzoat*, F. 169° (169°). *trans-Di-p-nitrobenzoat*, F. 129—129,5° (149—150°); *3.5-Dinitrobenzoat*, F. 179° (179°). (J. chem. Soc. [London] **1958**. 3752. Okt. Malaya, Univ., Dep. of Pharmaceutics.) G. SCHMIDT-KASTNER. 1870

Bernd Eistert, Horst Elias, Ehrenfried Kosch und **Rudolf Wollheim**, *Synthese und einige Umsetzungen des 2-Hydroxydimedons.* Das durch Behandeln von Dimedon mit nitrosen Gasen erhaltene *2-Nitrodimedon* kann durch Red. mit Zn u. HCl oder durch katalyt. Hydrierung in *2-Aminodimedon* übergeführt werden, das durch Diazotierung in saurer Lsg. *2-Diazodimedon* (**I**) liefert (vgl. HAAS [1906 u. 1907]). **I** erleidet beim Eintragen in sd. Anilin (**VII**) unter N_2-Abspaltung u. Anlagerung von **VII** eine WOLFFsche

Umlagerung, die zum *Anilid* der *4.4-Dimethylcyclopentanon-(1)-carbonsäure-(2)* führt. Bei der Behandlung mit Eisessig, konz. HCl oder Phosphorsäure ohne Katalysator bleibt I selbst beim Kochen unverändert. Auch in konz. H_2SO_4 löst sich I in der Kälte ohne N_2-Entwicklung. Beim Erwärmen auf 120° treten jedoch aus der rotbraunen Lsg. innerhalb von 2 Std. 97% N_2 aus. Nach Verdünnen der abgekühlten Lsg. gibt die neben dunklen Harzen erhaltene wss. Schicht die für aci-Reduktone typ. Rkk., wie Entfärbung von Jodlsg. u. TILLMANs-Reagens sowie eine rasch verblassende, tiefblaue Färbung mit $FeCl_3$. Vermutlich enthält die Lsg. *2-Hydroxydimedon* (**II**), das als Endiol [*3-Oxo-5.5-dimethylcyclohexen-(1)-diol-(1.2)*] vorliegt. Neben-Rkk., wie die WOLFFsche Umlagerung, sowie die Bldg. von harzigen Nebenprodd. bei der Darst. von **II** werden vermieden, wenn eine Lsg. von I in 0,1n H_2SO_4 in Ggw. von aktiviertem Cu 3—4 Std. auf ca. 60° erwärmt wird; **II** wird dann in 85%ig. Ausbeute erhalten. Die Isolierung von **II** erfolgt über die schwerlösl. *Cu-Komplexverb.*, bei der es sich um einen 1 : 1-Komplex handelt, wie er auch analog aus Dihydropyrogallol erhalten werden kann u. der durch H_2S zerlegt wird. Für das Vorliegen der Endiolform von **II** sprechen der Verbrauch der berechneten Menge Jodlsg. u. die charakterist. Endiol-Rkk. mit $FeCl_3$ u. $TiCl_3$ sowie das UV-Spektr. der Lsg. in n-Heptan. Mit HCl entsteht aus **II** ein krist. *Oxoniumhydrochlorid.* **II** ist in gesätt. KW-stoffen weit besser lösl. als das unsubstituierte Dimedon u. in dieser Lsg. in beträchtlichem Ausmaß enolisiert. Dies Verh. ist vermutlich darauf zurückzuführen, daß die Endiolform durch eine Beanspruchung der beiden OH-Gruppen infolge einer Chelatisierung lipophiler wird (vgl. z. B. die „Doppel-5-Ringchelat"-Formel **III**). Die Unters. der UV-Absorptionsmaxima von **II** in schwefelsauren Lsgg. verschied. Konz. zeigt, daß in 2n-H_2SO_4 die undissoziierte Endiolform u. in 70%ig. H_2SO_4 das gegen Luft stabile Oxoniumkation vorliegt, während in stärker konz. H_2SO_4 **II** vermutlich irreversible Veränderungen erleidet. In 0,05n NaOH wird das Absorptionsmaximum des Endiolatanions gefunden. Durch Erwärmen von I in Ggw. von Cu-Pulver mit Eisessig entsteht unter N_2-Abspaltung ein *Monoacetylderiv.* (**IV**) von **II**, das auch aus I mit Acetanhydrid/Pyridin erhalten wird. Die Unters. der Absorptionsmaxima in Methanol bei verschied. p_H sowie die sauren Eigg. von **IV** beweisen die Struktur als *2-Acetoxy-3-oxo-5.5-dimethylcyclohexen-(1)-ol-(1)*. Aus **II** u. Diazomethan entsteht der *1-Monomethyläther*, der mit methanol. $FeCl_3$-Lsg. sofort eine blaue, längere Zeit beständige Farb-Rk. gibt. Aus **II** u. **VII** in Ggw. von **VII**-Hydrochlorid bildet sich das *1-Monoanil*, das mit $FeCl_3$ die charakterist., längere Zeit beständige blauviolette Färbung ergibt. Bei der Einw. von Benzoldiazoniumchlorid auf **II** entsteht durch „Diazospaltung" das *α-Monophenylhydrazid* der *α-Oxo-γ.γ-dimethyladipinsäure*, dessen in $NaHCO_3$-Lsg. lösl. *Monophenylhydrazon* erhalten werden kann. Die Dehydrierung von **II** mit p-Benzochinon liefert *5.5-Dimethylcyclohexantrion-(1.2.3)* bzw. sein *Hydrat* **V**, das mit o-Phenylendiamin ein *Chinoxalinderiv.* gibt. Eine frisch hergestellte Lsg. von **V** gibt mit $FeCl_3$ keine Farb-Rk. u. red. auch TILLMANs-Reagens nicht. Nach mehrtägigem Stehen der **V**-Lsg. unter N_2 oder schneller durch Erwärmen kann bei Zugabe von Cu(II)-Acetatlsg. wieder die *Cu-Komplexverb.* von **II** isoliert werden. Es erfolgt also eine „Redox-Disproportionierung" von **V**. **V** liefert mit Phenylhydrazin ein rotes *Bis-phenylhydrazon*, vermutlich die durch doppelte Chelatisierung begünstigte *1.3-Verb.* **VIa**. Die Darst. eines Tris-phenylhydrazons gelang bisher nicht. **VIa** wird auch durch Behandlung der wss. Lsg. von **II** mit überschüssigem Phenylhydrazin unter Dehydrierung von **II** u. Hydrierung von Phenylhydrazin zu **VII** u. NH_3 erhalten. Analog entsteht sowohl aus **V** als auch in der Wärme aus **II** ein gelbes *Bis-semicarbazon* der vermutlichen Konst. **VIb**.

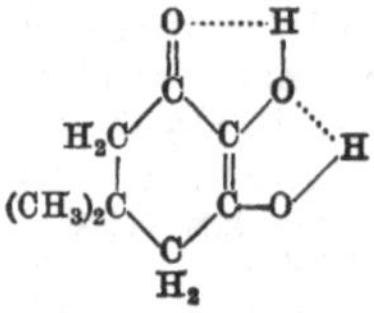
III

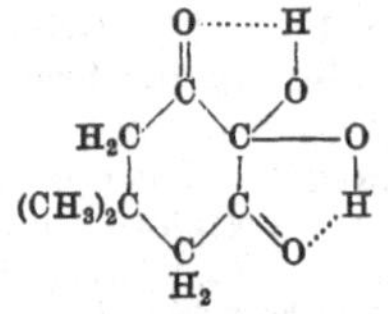
V

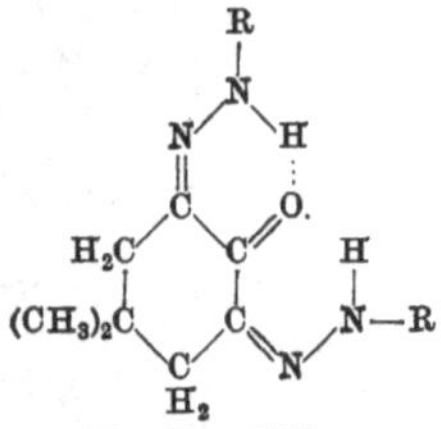
VIa R = C_6H_5
VIb R = $CONH_2$

V e r s u c h e : *2-Nitrodimedon*, F. 100—102°, durch Einleiten eines kräftigen Stroms nitroser Gase in eine Suspension von 30 g feingepulvertem Dimedon in 250 bis 300 cm³ Ae. unter Rühren; aus Cyclohexan 28—34 g glänzende Blättchen. — *2-Aminodimedonhydrochlorid*, Zers. bei 170°, durch 10std. Hydrieren vorst. Verb. in Methanol über PtO_2, Zugabe von konz. HCl u. Einengen im Vakuum; 75—80% (Ausbeute); rosa gefärbte Kriställchen, deren wss. Lsg. sofort TILLMANs-Reagens u. Jodlsg. entfärbt. — *2-Diazodimedon* (I), F. 106—108°, durch Diazotieren vorst. Verb. in wss., überschüssige HCl enthaltender Lsg. bei 0°; aus A./PAe. gelbliche Kristalle; 50%. — *4.4-Dimethyl-*

cyclopentanon-(1)-carbonsäure-(2)-anilid, $C_{14}H_{17}NO_2$, F. 109°, durch Eintragen von **I** in sd. Anilin (**VII**), Abkühlen, Versetzen mit überschüssiger, verd. HCl u. Verreiben des entstandenen Öls mit etwas A.; aus A. Nadeln; mit $FeCl_3$ in Methanol blaue Farbreaktion. — *2-Hydroxydimedon* (**II**), $C_8H_{12}O_3$, F. 119—120°; die Ausbeuten an **II** aus **I** unter verschied. Reaktionsbedingungen (Verkochen in H_2SO_4 verschied. Konz. sowie unter Zusatz von Cu-Pulver in W. mit u. ohne Zusatz von Säuren im N_2-Strom nach 1—4 Std.) werden durch Versetzen des Reaktionsgemisches mit 0,1n Jodlsg. u. Titrieren mit 0,1n Thiosulfatlsg. beim p_H 6 festgestellt u. sind angegeben; a) durch 3—4std. Erwärmen von 0,8 g **I** im schwachen N_2-Strom in 15 cm³ 0,1n H_2SO_4 unter Zusatz von etwas Cu-Pulver auf 50—60°, Versetzen mit 2n NaOH (p_H 5—6) u. Zugabe von konz. Cu(II)-Acetatlsg., 2std. Einleiten eines mit N_2 verd. H_2S-Stroms in eine Suspension des feingepulverten *Cu-Komplexes* in W. mit 2—3 Tropfen Eisessig, Absaugen des CuS u. Eindampfen des Filtrats im Vakuum unter einem schwachen N_2-Strom; 0,3 bis 0,5 g; b) aus 0,8 g **I** in 50 cm³ dest. W. u. etwas Cu-Pulver in 3—4 Std. im schwachen N_2-Strom bei 60°; aus Cyclohexan Nadeln, durch Sublimieren bei Wasserbadtemp. u. 12—13 mm Schüppchen; 0,2 g; Zugabe von methanol. $FeCl_3$-Lsg. gibt eine reinblaue, rasch verblassende Farb-Rk.; Versetzen der pyridinhaltigen methanol. Lsg. von **II** mit $TiCl_3$-Lsg. u. Schütteln mit Luft gibt einen orangefarbenen Niederschlag. *Hydrochlorid*, $C_8H_{12}O_3 \cdot HCl$, Zers. im zugeschmolzenen Röhrchen bei 132°, a) durch 4std. Einleiten eines mit N_2 verd. H_2S-Stroms in eine Suspension von 2 g des **II**-Cu-Komplexes in mit verd. HCl angesäuertem W. bei 70° u. Eindampfen des Filtrats im Vakuum unter einem N_2-Strom zur Trockne; 1,36 g; b) durch Einleiten von trocknem HCl-Gas in die Lsg. von **II** in absol. Äther. *Saures Na-Salz, Hydrat*, $C_8H_{11}NaO_3 \cdot C_8H_{12}O_3 \cdot H_2O$, Zers. bei 182—183°, durch Zugabe von 0,13 g $NaOCH_3$ in 1,5 cm³ absol. Methanol zu 0,377 g **II**-Hydrochlorid in 2 cm³ Methanol unter Eiskühlung; 0,29 g blaßgelbe Blättchen. *Cu-Komplex*, $(C_8H_{10}CuO_3)_x$, ab 260° allmähliche Zers. unter Braunfärbung, aus der wss. Lsg. von 0,125 g **II** u. 0,155 g Cu(II)-Acetat·H_2O; 0,134 g. — *Cu-Komplex* von *Dihydropyrogallol*, $(C_6H_6CuO_3)_x$. — *2-Chlordimedon*, F. 160—162°, als Hauptprod. bei der Erwärmung von 0,25 g **I** in 20 cm³ 0,1n HCl u. etwas Cu-Pulver im N_2-Strom auf 60°; 0,15 g. — *Verb. vom F. 148—152°*, durch Verkochen von **I** in 0,1n H_2SO_4 unter gewöhnlichen Bedingungen; aus Bzl./Cyclohexan Nadeln. — *2-Acetoxydimedon* (**IV**), $C_{10}H_{14}O_4$, F. 160—162°, a) durch 1—2std. Erwärmen von **I** in Eisessig nach Zugabe von etwas Cu-Pulver unter N_2 auf 85°, Eindunsten der Lsg. über KOH u. konz. H_2SO_4 im Exsiccator u. Auskochen des Rückstandes mit Bzl.; b) durch gewöhnliche Acetylierung von **II** in Pyridin; aus Bzl./Cyclohexan Nadeln; die methanol. Lsg. gibt mit $FeCl_3$ nach Abstumpfen mit Na-Acetat eine rasch verblassende, rotbraune Färbung. — *2-Hydroxydimedon-1-methyläther* [*1-Methoxy-2-hydroxy-5.5-dimethylcyclohexen-(1)-on-(3)*], F 71°, durch Versetzen von **II** in Ae. mit überschüssigem Diazomethan in Ae., nach 10 Std. Eindampfen auf dem Wasserbad u. Verreiben des öligen Rückstandes mit Cyclohexan. — **II**-*Monoanil* [*1-Anilino-2-hydroxy-5.5-dimethylcyclohexen-(1)-on-(3)*], $C_{14}H_{17}NO_2$, F. 164 bis 165°, durch ½std. Erwärmen von **II** mit **VII** u. **VII**-Hydrochlorid auf dem Wasserbad u. Verreiben des öligen Gemisches mit überschüssiger verd. HCl; aus W. grünliche Nadeln. — *α-Oxo-γ.γ-dimethyladipinsäure-α-monophenylhydrazid*, $C_{14}H_{18}N_2O_4$, F. 102 bis 104°, durch Zugabe einer Benzoldiazoniumchloridlsg. zu **II** in H_2SO_4 bei 0—5°; aus Bzl./Cyclohexan Stäbchen, die an der Luft gelblich werden. *Phenylhydrazon*, $C_{20}H_{24}N_4O_3$, F. 190—192°, aus verd. Methanol gelbe Rhomben. — *5.5-Dimethylcyclohexantrion-(1.2.3)-hydrat* (**V**), $C_8H_{10}O_3 \cdot H_2O$, F. 84—86° (Bzl./Cyclohexan), durch Zugabe von feingepulvertem p-Benzochinon zu **II** in H_2SO_4 bei ca. 10° unter Schütteln, Absaugen des *Chinhydrons*, Ausäthern der gelben Lsg. u. Einengen der wss. Schicht im Vakuum bei ca. 40°. *Chinoxalinderiv.*, F. 129—131°, grünbraun. — *5.5-Dimethylcyclohexantrion-(1.2.3)-bis-phenylhydrazon* (**VIa**), $C_{20}H_{22}N_4O$, F. 175° (Sintern ab 155°), a) aus **V** in H_2SO_4 u. Phenylhydrazin in Eisessig; ca. 40%; b) aus **II** in H_2SO_4 u. Phenylhydrazin in Eisessig; aus Methanol feine, rote Nädelchen; 71%; 3std. Erhitzen mit Phenylhydrazin auf 160—170° führt nur zu einem schwarzroten Öl, das nicht kristallisiert. — *5.5-Dimethylcyclohexantrion-(1.2.3)-bis-semicarbazon* (**VIb**), $C_{10}H_{16}N_6O_3$, Zers. bei 140—150°, aus **V** in H_2SO_4 u. Semicarbazidhydrochlorid in überschüssiger Na-Acetatlsg. durch 10—15 Min. langes Erhitzen auf dem Wasserbad; aus W. schwach gelbe Stäbchen; 25—36%. (Chem. Ber. **92.** 130—41. 1959. Darmstadt, TH, Inst. für organ. Chem.) U. KRÜGER. 1970

Endre Berner, *Äthylpropenylketon als ein Pseudodien bei der Diels-Alder-Reaktion*. Äthylallylketon (**I**) lagert sich bei längerem Erhitzen in *Äthylpropenylketon* (**II**) um. Sowohl **II** als auch **I** liefern bei der DIELS-ALDER-Rk. mit Maleinsäureanhydrid (**III**) das *Anhydrid* (**IV**) des *2.5-Dimethyl-3.4-dicarboxycyclohexanons* (**V**), wobei offenbar das Enol von **II** in der cis–trans-Konfiguration reagiert. Die CLEMMENSEN-Red. von **V** führt zu einer *3-cis.6-trans-Dimethylcyclohexan-1-cis.2-cis-dicarbonsäure* (**VI**; *3-cis.6-trans-*

Dimethyl-cis.cis-hexahydrophthalsäure) vom F. 121°, die mit der Verb. vom F. 134° von Alder u. Vogt (C. **1954.** 1944) offenbar dimorph ist, denn beide Isomere können zur *all-trans-Form* vom F. 185° isomerisiert werden. **VI** kann ebenso wie **V** opt. gespalten werden, u. die Oxydation von **V** mit HNO_3 liefert *Hexan-2.3.4.5-tetracarbonsäure.* **V** wird mit Na-Amalgam zu *2.5-Dimethyl-3.4-dicarboxycyclohexanol* red., das leicht in sein *Lacton* übergeführt werden kann.

Versuche: *Äthylpropenylketon* (**II**), Kp. 137—138°, durch 1std. Kochen von **I** mit 20%ig. H_2SO_4. *Semicarbazon,* F. 160°. — *2.5-Dimethyl-3.4-dicarboxycyclohexanon-anhydrid* (**IV**), $C_{10}H_{12}O_4$, F. 146° (Äthylacetat; sublimiert im Hochvakuum), a) durch 4tägiges Erhitzen von **I** u. **III** auf 90°; 40% (Ausbeute); b) aus **II** u. **III** in 3 Tagen; 41,5%. — *2.5-Dimethyl-3.4-dicarboxycyclohexanon* (**V**), $C_{10}H_{14}O_5$, F. 206—207° (W.), aus **IV** mit n-NaOH, sd. W. oder konz. H_2SO_4. 2std. Kochen mit Acetylchlorid → **IV**. *Dimethylester,* F. 52—53°, mit CH_2N_2. *Dimethylester-2.4-dinitrophenylhydrazon,* $C_{18}H_{22}\cdot N_4O_8$, F. 177° (A.). (—)-*Isomeres,* F. 195—199°, über das *Strychninsalz* u. Zers. mit n-HCl; $[\alpha]_D^{20}$ —21,5° (c = 3 in W.); 0,35 g aus 2,7 g. — *Hexan-2.3.4.5-tetracarbonsäure,* $C_{10}H_{14}O_8$, F. 202° (W. u. 2n HCl), durch 20 Min. Kochen von **V** mit wss. HNO_3; hexagonale Prismen. *Tetramethylester,* $C_{14}H_{22}O_8$, F. 50° (verd. CH_3OH), mit HCl/CH_3OH. — *2.5-Dimethyl-3.4-dicarboxycyclohexanol,* $C_{10}H_{16}O_5$, F. 196—197° (W.), aus 2 g **V** mit Na-Amalgam bei 50—60° in 0,5n NaOH u. Ansäuern mit 5n H_2SO_4; 1,7 g. *Lacton,* $C_{10}H_{14}O_4$, F. 135° (Bzl.), mit Acetanhydrid in 2 Stunden. — *dimorphe 3-cis.6-trans-Dimethyl-cis.cis-hexahydrophthalsäure* (**VI**), $C_{10}H_{16}O_4$, F. 121° (W. u. Acetonitril), aus 4 g **IV** durch 3std. Kochen mit amalgamiertem Zn u. 15%ig. HCl u. Ausäthern; 3,0 g. (—)-*Isomeres,* aus 1 g **VI** in A. über das *Brucinsalz*; $[\alpha]_D^{20}$ —29,3° (c = 2,5 in A.). Daneben (+)-*Isomeres*; $[\alpha]_D^{20}$ +4,2°. *all-trans-Isomeres,* F. 185° (Acetonitril), durch 5std. Erhitzen von **VI** mit konz. HCl auf 180° im Rohr, Verdünnen mit W. u. Ausäthern. (Acta chem. scand. **10.** 268—72. 1956. Blindern-Oslo, Univ., Kjem. Inst.) Ch. Böhme. 2070

W. Ss. Abramow und **W. K. Chairullin,** *Reaktion von Dialkylphosphiten mit Aldehyden und Ketonen.* 14. Mitt. *1.1.1-Trichlor-tert.-butylester von α-Hydroxyalkyl-[1-trichlormethylcyclohexyl-(1)]-phosphinsäuren.* (13. vgl. C. **1959.** 1086.) Bei der Kondensation von [1-Trichlormethylcyclohexyl-(1)]-phosphonigsäure-1'.1'.1'-trichlorisobutylester (**I**) mit Acetaldehyd entsteht *[1-Trichlormethylcyclohexyl-(1)]-[α-hydroxyäthyl]-phosphinsäure-1'.1'.1'-trichlorisobutylester.* Analog reagiert **I** mit anderen Aldehyden u. Ketonen.

Versuche: [1-Trichlormethylcyclohexyl-(1)]-phosphinsäure-1'.1'.1'-trichlorisobutylester: *α-Hydroxyäthyl-*, $C_{13}H_{21}Cl_6O_3P$, F. 179—181° (A.); man erhitzt äquimol. Mengen **I** u. Acetaldehyd kurz auf 50—60° im Rohr u. läßt bei Zimmertemp. stehen; 60% (Ausbeute). — *α-Hydroxypropyl-*, F. 178 bis 180° (A.); analog. Vorst. aus **I** u. Propionaldehyd; 61,8%. — *α-Hydroxy-n-butyl-*, F. 156—158° (A.); 49%. — *α-Hydroxyisopentyl-*, F. 177—178° (A.); 53%. — *α-Hydroxy-β.β.β-trichloräthyl-*, F. 162,5° (A.); aus **I** u. Chloral (24 Std. Stehen); 46%. — *α-Hydroxybenzyl-*, F. 144—146° (A.); 69,5%. — *α-Hydroxy-p-methylbenzyl-*, F. 150—152° (A.); mit p-Toluylaldehyd; 64,5%. — *α-Hydroxy-m-nitrobenzyl-*, F. 154—156°; 59%. — *α-Hydroxyisopropyl-*, F. 145—147° (A.), aus **I** u. Aceton (120 Std. Stehen); 24%. — *α-Hydroxy-β.β'-dichlorisopropyl-*, F. 168—168,5° (A.); aus **I** u. α.γ-Dichloraceton (296 Std. Stehen); 69,6%. — *[α-Hydroxycyclopentyl-(1)]-*, F. 190° (A.; Zers.); aus Cyclopentanon u. **I** (318 Std. Stehen); 8%. — *[α-Hydroxycyclohexyl-(1)]-*, F. 166—167,5° (Chlf. + Methanol 1:5); 55,5%. (Журнал Общей Химии [J. allg. Chem.] **27** (**89**). 2387—89. Sept. 1957. Kasan, Chem.-Technol. Inst.) O. Pollak v. Emhofen. 2180

R. Gompper und **O. Christmann,** *Neue Synthese aromatischer Kohlenwasserstoffe.* Ist bei der Rk. von 4.6-Dimethylcumalin (**I**) mit Arylmagnesiumhalogeniden stets **I** im Überschuß vorhanden, wird die Bldg. der α-Pyrane zurückgedrängt u. es entstehen 41% *3.5-Diphenyl-* (**II**), 60% *3.5-Bis-[p-methoxyphenyl]-* bzw. 44% *3.5-Bis-[p-tolyl]-toluol.* Aus 4.6-Diphenylcumalin u. CH_3MgJ werden 53% **II** erhalten. (Angew. Chem. **71.** 32. 7/1. 1959. Stuttgart, TH, Inst. für Organ. Chem. u. Organ.-chem. Technol.)
R. Pasedag. 2210

L. G. Makarowa und **M. K. Matwejewa,** *Zersetzung von Phenyldiazoniumborfluorid in Benzolsulfonsäureestern und in Acetophenon.* Bei der Zers. von Phenyldiazoniumborfluorid (**I**) in Benzolsulfonsäureäthyl- (**II**) oder -methylester (**III**) tritt der Phenylrest nicht — wie vermutet — in die m-Stellung des Kernes ein, sondern es entsteht durch Rk. mit der Sulfalkoxygruppe in beiden Fällen *Benzolsulfonsäurephenylester* (**IV**). Hierbei zers. sich **I** heterolyt. unter N_2-Entw. in $C_6H_5^+$ u. BF_4^-. Dies wird bestätigt durch Zers. von **I** in Acetophenon (**V**), wobei 80% *3-Acetylbiphenyl* neben 20% *4-Acetylbiphenyl* u. wenig *1.3.5-Triphenylbenzol* erhalten werden. Letzteres entsteht vermutlich durch Polymerisation von **V** in Ggw. von BF_3.

V e r s u c h e: *Zers. von* **I** *in* **III**: Man trägt 1 Mol **I** in 1½ Std. in 2 Mol auf 70—80° erhitzten **III** ein, erhitzt noch 45 Min. auf 70—80°, verd. am folgenden Tage mit Ae., wäscht mit 10%ig. NaOH u. dest. die äther. Schicht: *Benzolsulfonsäurephenylester* (**IV**), $C_{12}H_{10}O_3S$, F. 34—35° (A.), $Kp._4$ 152—170°; 34,3% (Ausbeute). — *Zers. von* **I** *in* **II** analog Vorst. (2 Std. bei 70—75°): **IV**, F. 34—35°, $Kp._3$ 147—150°; 39,5%. — *Zers. von* **I** *in* **V** (3 Std. bei 60—85°): Bei der Dest. des Reaktionsprod. erhält man die Fraktionen **A** ($Kp._5$ 84—240°; 37 g) u. **B** ($Kp._6$ 240—260°; 30 g) neben unverändertem **V**. Fraktion **B** erstarrt zum größten Teil nach Verdünnen mit Aceton. Nach Umkristallisieren aus Bzl.-Ligroin-Gemisch erhält man *1.3.5-Triphenylbenzol*, $C_{24}H_{18}$, F. 174°. Fraktion **A** gibt nach erneuter Fraktionierung, Reinigung über die Semicarbazone u. fraktionierte Kristallisation *p-Acetylbiphenyl*, $C_{14}H_{12}O$, F. 121° [→ *Biphenyl-4-carbonsäure*, F. 222° (wss. A.) nach Oxydation mit NaOJ]; *Semicarbazon*, F. 245° (wss. Pyridin), u. *m-Acetylbiphenyl*, $C_{14}H_{12}O$, F. 36° (Heptan), $Kp._6$ 173°; n_D^{20} 1,6174 [→ *Biphenyl-3-carbonsäure*, F. 163—164°]; *Semicarbazon*, $C_{15}H_{15}N_3O$, F. 215° (Zers.). (Известия Академии Наук СССР, Отделение Химических Наук [Nachr. Akad. Wiss. UdSSR, Abt. chem.) Wiss.] **1958.** 565—69. Mai. Inst. für metallorgan. Verbb. der Akad. der Wiss. der UdSSR. U. SCHULZE. 2210

I. P. Zukerwanik, *Kernacylierung aromatischer Verbindungen in Gegenwart von Metallen.* Aus Bzl., Toluol, m-Xylol u. Anisol lassen sich durch Acylierung mit Benzoylchlorid (**I**) in Ggw. von Cu, W oder Mo (0,05—0,01 g-Atom je Mol **I**) die entsprechenden *Ketone* darstellen. Entsprechend werden auch Acylierungen mit Acetylchlorid, die aber im Falle von Bzl. u. Toluol nicht gelingen, Butyrylchlorid u. Caproylchlorid durchgeführt.

V e r s u c h e: Man erhitzt die angeführten aromat. Verbb. in Ggw. von Metallpulver mit Säurechlorid 4—16 Std. auf 90—115°, gießt vom Katalysator ab, wäscht mit W. u. fraktioniert. — *Benzophenon*, F. 46—47°, $Kp._{10}$ 156—158°, aus Bzl. u. **I** in Ggw. von Cu (15 Std. bei 90°); 20% (Ausbeute). *Oxim*, F. 141—142°. — *4-Methylbenzophenon*, F. 58°, $Kp._{10}$ 164—166°, aus Toluol u. **I** in Ggw. von Cu oder Mo (16 Std. bei 110—120°); 50%. *Semicarbazon*, F. 121°. — *2.4-Dimethylbenzophenon*, $Kp._4$ 142—144°, aus m-Xylol u. **I** in Ggw. von Mo oder W (4—6 Std. bei 120—140°); 97%. *Dinitroverb.*, F. 144°. — *4-Methoxybenzophenon*, F. 60—61°, $Kp._3$ 160—162°, aus Anisol u. **I** in Ggw. von Cu, Mo oder W (4 Std. bei 150° bzw. 8 Std. bei 90°); 94%. *2.4-Dinitrophenylhydrazon*, F. 178—180°. — *4-Methoxycaprophenon*, F. 41°, $Kp._5$ 141—142°, aus Anisol u. Caproylchlorid in Ggw. von Mo (10 Std. bei 90°); 60%. *2.4-Dinitrophenylhydrazon*, F. 141°. — *2.4-Dimethylbutyropheno* , $Kp._{13}$ 130—131°, aus m-Xylol u. Butyrylchlorid in Ggw. von Cu (20 Std. bei 90°); 30%. *2.4-Dinitrophenylhydrazon*, F. 169°. — *4-Methoxybutyrophenon*, $Kp._{20}$ 159—160°, aus Anisol u. Butyrylchlorid in Ggw. von Mo oder Cu (8 bzw. 20 Std. bei 90°); 45%. *Semicarbazon*, F. 183°. — *2.4-Dimethylacetophenon*, $Kp._{10}$ 104—106°, aus m-Xylol u. Acetylchlorid in Ggw. von Mo (10 Std. bei 90°); 20%. *Semicarbazon*, F. 185—186°. — *4-Methoxyacetophenon*, F. 38°, $Kp._{12}$ 130—132°, aus Anisol u. Acetylchlorid in Ggw. von Cu (10 Std. bei 90°); 30%. *Semicarbazon*, F. 195—196°. (Доклады Академии Наук СССР [Ber. Akad. Wiss. UdSSR.] **120.** 809—11. 1/6. 1958. Mittelasiat. Lenin-Univ.) U. WÖRFFEL. 2360

D. Iwanoff und **G. Wassileff,** *Synthesen mit Organolithiumverbindungen, die durch Substitution eines beweglichen Wasserstoffatoms erhalten werden.* 8. Mitt. *Über eine Methode zur Darstellung von α.γ-Diphenyl-β-alkyl- oder -aryl-β-hydroxybuttersäure.* (7. vgl. C. **1959.** 13453.) Durch Rk. des Na-Salzes (**I**) der Phenylessigsäure mit einem Überschuß an Organolithiumverb. in äther. Lsg. werden *α.γ-Diphenyl-β-alkyl(aryl)-β-hydroxybuttersäuren* [*Alkyl* bzw. *Aryl* = *n-Butyl*, *n-Propyl*, *Isopropyl*, *sek.-Butyl*, *p-Methoxyphenyl*] dargestellt. Verss., o-Tolyl-Li u. α-Naphthyl-Li mit **I** analog umzusetzen, mißlangen. Bei der Rk. von p-Dimethylaminophenyl-Li mit **I** entstand *Benzyl-p-dimethylaminophenylketon.*

V e r s u c h e: α.γ-D i p h e n y l - β - h y d r o x y b u t t e r s ä u r e n: Durch Einw. der entsprechenden Aryl- bzw. Alkyl-Li-Verbb. in Ae. bei —10° bis 0° auf **I** (vgl. C. **1959.** 8536). Die β-Hydroxysäuren wurden von den Phenylessigsäuren durch ihre verschied. Löslichkeit in W. getrennt, die Hydroxysäuren sind nur sehr schwer lösl.: *β-n-Butyl-*, F. 145—146° (Toluol), aus 7,1 g n-Butylchlorid, 1,2 g Li u. 7,9 g **I** in 100 cm³ Ae.; 55% (Ausbeute). — *β-n-Propyl-*, $C_{19}H_{22}O_3$, F. 160—161° (wss. A.), analog mit n-Propylchlorid; 48%. — *β-Isopropyl-*, $C_{19}H_{22}O_3$, F. 135—137° (wss. A.); 28%. — *β-sek.-Butyl-*, $C_{20}H_{24}O_3$, F. 139—140° (wss. A.); 39%. — *β-[p-Methoxyphenyl]-*, $C_{23}H_{22}O_4$, F. 176—177° (wss. A.), analog mit p-Methoxybrombenzol; 38%. — Bei dem analogen Vers. mit 5 g p-Dimethylaminobrombenzol, 0,4 g Li u. 3,2 g **I** in 90 cm³ Ae. entstanden 2,62 g *Benzyl-p-dimethylaminophenylketon*, F. 161—163° (A.); *Oxim*, F. 140—142°. (Доклады Болгарской Академии Наук [C. R. Acad. bulg. Sci.] **9.** Nr. 3. 29—32. Juli/Sept. 1956. Sofia, Univ., Lehrstuhl für organ. Chem.) G. FROELICH. 2450

Alfred Hassner und **Norman H. Cromwell,** *Die Chemie von Derivaten des 2-Benzaltetralons. 2. Mitt. Absorptionsspektren und Stereostruktur.* (1. vgl. C. **1958.** 706.) Die basenkatalysierte Kondensation von 4.4-Dimethyltetralon-(1) (I) mit Benzaldehyd führt ausschließlich zu *trans-2-Benzal-4.4-dimethyltetralon-(1)* (II). *2-[o-Nitrobenzal]-tetralon-(1)* u. *2-[o-Nitrobenzal]-indanon-(1)* werden durch Kondensation in H_2SO_4 oder CH_3COOH + H_2SO_4 erhalten. Das endocycl. Isomere von **II**, *2-Benzyl-4.4-dimethyl-1-keto-1.4-dihydronaphthalin* (**III**), konnte durch Hydrieren von **II**, Bromieren des erhaltenen *2-Benzyl-4.4-dimethyltetralons-(1)* (**IV**) u. Dehydrobromierung des dabei entstandenen *2-Benzyl-2-brom-4.4-dimethyltetralons-(1)* mit Cyclohexylamin dargestellt werden. Die Konst. von **III** ergab sich aus der UV-Absorption u. dem Fehlen der Möglichkeit einer Aminaddition; **III** ist gegen alkal. H_2O_2 beständig u. wird in Essigsäureanhydrid in Ggw. von H_2SO_4 zu *2-Benzyl-3.4-dimethylnaphthol-(1)* (Dienon–Phenol-Umlagerung) isomerisiert. **II** liefert mit H_2O_2 ein *Spiroepoxyd*, dessen Konst. durch eine unabhängige Synth. bewiesen wird. — Die UV- u. IR-Spektren der Tetralone u. Indanone u. die der analog konstituierten Chalkone werden diskutiert u. bes. die IR-Banden der Phenyl- u. die der >C=O-Gruppe verglichen.

Versuche: *4.4-Dimethyltetralon-(1)* (**I**). $Kp._{0,6}$ 87—90°, n_D^{25} 1,5448. — *trans-2-Benzal-4.4-dimethyltetralon-(1)* (**II**), $C_{19}H_{18}O$, F. 110° (A.), aus **I** u. Benzaldehyd in 4%ig. alkoh. KOH; gelbe Nadeln; 76,5% (Ausbeute). — *2-Benzyl-4.4-dimethyltetralon-(1)* (**IV**), $C_{19}H_{20}O$, F. 61—62° (PAe.), durch Hydrieren von **II** in A. in Ggw. von PtO_2 bei 45—50° u. 3 at (15 Min.); 93%. — *2-Brom-2-benzyl-4.4-dimethyltetralon-(1)*, $C_{19}H_{19}BrO$, F. 102° (A. oder PAe.), aus **IV** u. Brom in Chlf.; 93%. — *2-Benzyl-4.4-dimethyl-1-keto-1.4-dihydronaphthalin* (**III**), $C_{19}H_{18}O$, F. 113—113,5° (CH_3OH), aus vorst. Verb. u. Cyclohexylamin bei 20° unter N_2 (20 Std.); 77%. Liefert bei der katalyt. Hydrierung in Ggw. von PtO_2 bei 35° u. 3 at H_2 90% **IV**. — *2-Benzyl-3.4-dimethylnaphthol-(1)*, $C_{19}H_{18}O$, F. 106 bis 115° (Bzn.), aus **III** in Essigsäureanhydrid u. H_2SO_4 bei 20° (40 Tage), Zers. mit W. u. Verseifen des *Acetats* [$C_{21}H_{20}O_2$, F. 116—116,5° (CH_3OH); 95%] mit sd. methanol. KOH. — *2-Brom-2-[α-brombenzyl]-4.4-dimethyltetralon-(1)*, $C_{19}H_{18}Br_2O$, F. 141—141,5° (Zers.; Ligroin u. CH_3OH), aus **II** u. Brom in CCl_4; 91%. — *2-Benzal-4.4-dimethyltetralon-(1)-oxyd* (**V**), $C_{19}H_{18}O_2$, F. 138,5—139° (CH_3OH), a) durch Epoxydation von **II** in CH_3OH mit 30%ig. H_2O_2 u. 16%ig. NaOH bei 30° (3 Std.); 93%; b) aus *2-Brom-4.4-dimethyltetralon-(1)* [erhalten durch Bromieren von 4.4-Dimethyltetralon-(1) in CH_3OH/Dioxan (2:1)] u. Benzaldehyd in methanol. Na-Methylat; 94%. — *2-[α-Morpholinobenzyl]-4.4-dimethyltetralon-(1)*, $C_{23}H_{27}NO_2$, F. 149—150° (wss. A.), aus **II** u. 1 Mol Morpholin bei 20° (19 Std.), Extrahieren der in Diisopropyläther aufgenommenen Verb. mit verd. HCl u. Alkalisieren mit Na_2CO_3; 10%. Steht mit den Komponenten im Gleichgewicht. — *2-Benzalindanon-(1)*, F. 109—111°, aus Indanon-(1) u. Benzaldehyd in 4%ig. alkoh. KOH unter Eiskühlung; 95%. — *2-Benzalindanon-(1)-oxyd*, $C_{16}H_{12}O_2$, F. 121—122° (A.), aus vorst. Verb. wie **V** aus **II**; 90%. — *2-[o-Nitrobenzal]-tetralon-(1)*, $C_{17}H_{13}NO_3$, F. 121,5 bis 122° (A. u. Eisessig), aus Tetralon-(1) u. o-Nitrobenzaldehyd, a) in Ae. mit $NaNH_2$; 12%; b) in 80%ig. H_2SO_4 bei 20° (1 Tag); 85%. — *2-[o-Nitrobenzal]-indanon-(1)*, F. 167° (Eisessig), aus Indanon-(1) u. o-Nitrobenzaldehyd, a) in sd. Essigsäureanhydrid nach SINGH u. RAY (J. Indian chem. Soc. **7.** [1930.] 638); 36%; b) in 80%ig. H_2SO_4; 75%. (J. Amer. chem. Soc. **80.** 893—900. 20/2. 1958. Lincoln, Nebr., Univ. of Nebraska, Avery Labor.) H. GOLD. 2700

Alfred Hassner und **Norman H. Cromwell,** *Die Chemie von Derivaten des 2-Benzaltetralons. 3. Mitt. Reaktion von 2-Brom-4.4-dimethyltetralon mit Aminen. Endocyclische Eliminierungen.* (2. vgl. vorst. Ref.) 2-Brom-2-benzyl-4.4-dimethyltetralon-(1) (**I**) liefert bei der Umsetzung mit Aminen unter HBr-Abspaltung *2-Benzyl-4.4-dimethyl-1-keto-1.4-dihydronaphthalin* (**II**) neben *2-Benzal-4.4-dimethyltetralon-(1)* (**III**); mit Morpholin entstehen außerdem noch 10% *2-[α-Morpholinobenzyl]-4.4-dimethyltetralon-(1)*. Das bei der Seitenkettenbromierung von **II** mit N-Bromsuccinimid erhältliche *2-[α-Brombenzyl]-4.4-dimethyl-1-keto-1.4-dihydronaphthalin* (**IV**) liefert mit Piperidin oder Morpholin *2-[α-Piperidino-* bzw. *Morpholinobenzyl]-4.4-dimethyl-1-keto-1.4-dihydronaphthalinhydrobromid*, die auch aus *2-Brom-2-[α-brombenzyl]-4.4-dimethyltetralon-(1)* (**V**) dargestellt werden können u. die aus ster. Gründen keine Dienon–Phenol-Umlagerung erleiden (vgl. auch 1. Mitt., C. **1958.** 706). Zur Unters. der Reaktionsfähigkeit cycl. α-Halogenketone werden ebenfalls *2-Brom-4.4-dimethyltetralon-(1)* (**VI**) u. *2.2-Dibrom-4.4-dimethyltetralon-(1)* (**VII**) mit Aminen umgesetzt. **VI** zeigt dabei die geringste Reaktionsfähigkeit; **I** reagiert ca. doppelt so schnell wie **V** u. viel schneller als **VI**. Am reaktionsfähigsten ist **VII**, das mit Morpholin sehr leicht zu *2-Morpholino-4.4-dimethyl-1-keto-1.4-dihydronaphthalin* führt. Für **I**, **V** u. **VII** kann eine axiale Anordnung des Br-Atoms angenommen werden; die Amino-Rkk. sind mit Sicherheit keine E 2-Eliminierungen.

Versuche: *2-[α-Morpholinobenzyl]-4.4-dimethyltetralon-(1)*, F. 150—152°, aus I u. 1—3 Mol Morpholin, auch in Bzl. als Lösungsm., Aufnehmen in Diisopropyläther, Extrahieren mit 5%ig. HCl u. Fällen mit Alkali; ca. 3% (Ausbeute). Daneben ein *Gemisch* aus 14% *2-Benzyl-4.4-dimethyl-1-keto-1.4-dihydronaphthalin* (II) u. 86% *2-Benzal-4.4-dimethyltetralon-(1)* (III), $C_{19}H_{18}O$, F. 88—105°, aus der Diisopropylätherlsg.; liefert durch weitere Kristallisation II. Folgende Ausbeuten an II wurden analog erzielt: mit Piperidin 49% [in sd. A. (2 Std.)], 52% [in Bzl. (72 Std.)], 44% [in Bzl. (50 Std.)], 26% [in sd. Bzl. (18 Min.)]; mit Cyclohexylamin 67% [in Bzl. (108 Std.)], 72% [ohne Lösungsm. (20 Std.)]; mit γ-Picolin 60%; mit N-Methylmorpholin 23%. — *2-[α-Brombenzyl]-4.4-dimethyl-1-keto-1.4-dihydronaphthalin* (IV), $C_{19}H_{17}BrO$, F. 117—118° (Diisopropyläther/PAe.), a) durch Bromieren von 0,5 g II mit N-Bromsuccinimid in sd. CCl_4 (35 Min.); 54 g; b) aus V bei 145° im N_2-Strom (15—20 Min.) u. Extrahieren aus dem Pyrolyseprod. mit Diisopropyläther; 44%. — *2-[α-Morpholinobenzyl]-4.4-dimethyl-1-keto-1.4-dihydronaphthalin*, $C_{23}H_{25}NO_2$, F. 57—59°, aus IV u. 2,13 Mol Morpholin (48 Std.) u. Reinigen über das Hydrochlorid; 81%. — *2-[α-Piperidinobenzyl]-4.4-dimethyl-1-keto-1.4-dihydronaphthalin*, $C_{24}H_{27}NO$, F. 104,5—105° (wss. A.), a) analog mit Piperidin in Bzl. (14 Std.), Verdünnen mit Diisopropyläther u. Reinigen über das Hydrochlorid; 83%; b) analog aus V u. 13 Mol Piperidin bei 20° (2 Tage); 42%. Daneben wenig III. — *Verb. vom F. 120—130°* (Naphtholderiv.), aus 0,25 g vorst. Verb. mit konz. H_2SO_4/Essigsäureanhydrid (7½ Tage; vgl. vorst. Ref.); 0,015 g. — *2.2-Dibrom-4.4-dimethyltetralon-(1)* (VII), $C_{12}H_{12}Br_2O$, F. 102 bis 103° (CH_3OH), aus 1,26 g VI u. 1,25 Moläquivalenten Brom in Chlf.; 1,3 g. — *2-Morpholino-4.4-dimethyl-1-keto-1.4-dihydronaphthalin*, F. 124—125°, a) aus 0,3 g VII u. Morpholin in Bzl.; 0,05 g; b) aus VI u. 3 Mol Morpholin bei 28—32° unter Aufnahme von O_2 aus der Luft; 0,8 g; c) analog in sd. Bzl. unter N_2 (24 Std.) u. Stehen des erhaltenen Gemisches aus *gesätt.* u. *ungesätt. Morpholinoketon* [F. 97—98° (PAe.; wss. CH_3OH)] in Morpholin an der Luft (1½ Tag) unter Aufnahme von O_2. (J. Amer. chem. Soc. **80.** 901—05. 20/2. 1958.) H. GOLD. 2700

D. Iwanoff, I. Panajotoff und **G. Borissoff,** *Synthesen mit Organolithiumverbindungen, die durch Substitution eines beweglichen Wasserstoffatoms erhalten werden.* 6. Mitt. *Synthesen mit α-Magnesyl–α-Naphthylacetonitril und α-Lithium–α-Naphthylacetonitril.* (5. vgl. C. **1959.** 8536.) Analog Phenylacetonitril (vgl. l. c.) bildet α-Naphthylacetonitril bei der Rk. mit Organomagnesium- bzw. Organolithiumverbb. Komplexe, α-$C_{10}H_7CH(MgX)\cdot CN$ bzw. α-$C_{10}H_7CH(Li)CN$, die beim Behandeln mit CO_2 *α-Naphthylcyanessigsäure* (I), bei Einw. von Benzophenon *α-[α-Naphthyl]-β.β-diphenyl-β-hydroxypropionitril* liefern. I ist unbeständig u. wird beim Stehen an der Luft decarboxyliert.

Versuche: *α-Naphthylcyanessigsäure* (I), $C_{13}H_9NO_2$, F. 130,5—131° (Zers.; Bzl.), zu Phenyl-Li (aus 0,17 g Li u. 1,57 g Brombenzol) in 25 ml Ae. gibt man in 15 Min. 1,67 g α-Naphthylacetonitril in 5 ml Ae., rührt 2 Std. u. gießt auf festes CO_2; 50% (Ausbeute). Mit n-Butyl-Li 54,5%, mit anderen Organolithium- oder Organomagnesiumverbb. waren die Ausbeuten niedriger. — *α-[α-Naphthyl]-β.β-diphenyl-β-hydroxypropionitril*, $C_{25}H_{19}NO$, F. 179—180°, zu dem analog Vorst. erhaltenen [α-Naphthyl]-α-Li-acetonitril gibt man die äquimol. Menge Benzophenon in Ae., rührt 3 Std. u. gießt auf verd. HCl; 21,2%. (Доклады Болгарской Академии Наук [C. R. Acad. bulg. Sci.] **9.** Nr. **3.** 21—24. Juli/Sept. 1956. Chem. Inst. der Akad.) G. FROELICH. 2700

Iwan Panajotoff, *Synthesen mit Organolithiumverbindungen, die durch Substitution eines beweglichen Wasserstoffatoms erhalten werden.* 7. Mitt. *Über die Reaktion einiger α-Lithium–Natrium- und α-Magnesyl–Natriumarylacetate mit Jod.* (6. vgl. vorst. Ref.) Bei der Einw. von Jod auf das Na-Salz der α-Li-Phenylessigsäure entsteht *meso-α.β-Diphenylbernsteinsäure*. Analog reagieren die Li- bzw. BrMg-Komplexe der Na-Salze der Phenyl-, α- bzw. β-Naphthylessigsäure, ArCH(X)COONa (X = Li, MgBr) mit Jod zu den entsprechenden Diarylbernsteinsäuren. Die Ausbeuten sind bei Verwendung von Lithium besser als mit Organomagnesiumverbindungen.

Versuche: Zu der äther. Suspension des Li-Komplexes (0,01 Mol Na-Arylacetat, 0,01 Mol Arylhalogenid, 0,02 g-Atom Li) gibt man 0,0055 g-Atom Jod in 10 ml Ae., rührt 1 Std., gießt auf W. u. säuert an: *meso-α.β-Di-β-naphthylbernsteinsäure*, $C_{24}H_{18}O_4$, F. 269 bis 270° (Pyridin); 27,5% (Ausbeute). — *meso-α.β-Di-α-naphthylbernsteinsäure*; 30,3%. — *meso-α.β-Diphenylbernsteinsäure*; 52,6%. (Доклады Болгарской Академии Наук [C. R. Acad. bulg. Sci.] **9.** Nr. 3. 25—28. Juli/Sept. 1956.) G. FROELICH. 2700

P. Ss. Ssanin, *Synthese und Eigenschaften von Trisubstitutionsprodukten des α-Naphthylsilans. α-Naphthyltrichlorsilan* (I) wird aus α-Naphthyl–MgBr u. $SiCl_4$ in 60%ig. Ausbeute erhalten. Die Rk. von I mit Alkyl–MgBr zu *α-Naphthyltrialkylsilanen* verläuft erst bei 80—100° mit guter Ausbeute. Die Reaktionsgeschwindigkeit nimmt hier bei mit wachsender Größe des Alkylrestes ab. Die gleiche Erscheinung wird auch bei der

Rk. von I mit Alkoholen festgestellt. Nach dieser Rk. wird eine Reihe von *α-Naphthyltrialkoxysilanen* erhalten.

Versuche: *α-Naphthyltrichlorsilan* (I), $C_{10}H_7Cl_3Si$, Kp.$_3$ 134—135°, F. 53°, aus 624 g α-Bromnaphthalin u. 765 g $SiCl_4$ in 2250 ml Ae. in Ggw. von 90 g Mg (10 Tage bei 15—18° Rühren); 60% (Ausbeute). Gibt man zu α-Naphthyl-MgBr (36,4 g α-Bromnaphthalin, 5,5 g Mg) in 75 ml Ae. 38 g $SiCl_4$, läßt über Nacht stehen, gibt die $1^1/_2$fache Menge C_2H_5MgBr zu u. kocht 2 Std., so erhält man nach fraktionierter Dest.: 8,5 g *Tetraäthylsilan*, Kp. 150—152°, $D.^{20}_4$ 0,7652, 14,5 g *α-Naphthyltriäthylsilan*, Kp.$_3$ 142—143°, u. 3,5 g *Bis-[α-naphthyl]-diäthylsilan*, $C_{24}H_{24}Si$, Kp.$_2$ 231—232°; $D.^{20}_4$ 1,1100. — *α-Naphthyltrimethylsilan*, $C_{13}H_{16}Si$, Kp.$_{2,5}$ 102—103°, a) zu CH_3MgJ (85,2 g CH_3J, 14,4 g Mg) gibt man 14,5 g α-Naphthyltriäthoxysilan, erhitzt $^1/_2$ Std., dest. Ae. ab, gibt Diisoamyläther zu, erhitzt 4 Std. auf 140—150° u. zers. mit W. u. verd. HCl; $D.^{20}_4$ 0,9821; n_D^{20} 1,5800; 70%; b) aus CH_3MgJ (0,18 Mol CH_3J) u. 0,05 Mol I in Ae. (2 Std. Erhitzen); 80%. — *α-Naphthyltriäthylsilan*, $C_{16}H_{22}Si$, Kp.$_3$ 142—143°, analog Vorst. nach a) aus α-Naphthyltriäthoxysilan u. C_2H_5MgBr; $D.^{20}_4$ 0,9812; n_D^{20} 1,5728; nach b) aus I u. C_2H_5·MgBr; 82%. — *α-Naphthyltri-n-propylsilan*, $C_{19}H_{28}Si$, Kp.$_4$ 164°, nach b) mit n-Propyl-MgBr; $D.^{20}_4$ 0,9533; n_D^{20} 1,5568; 70%. — *α-Naphthyltri-n-butylsilan*, $C_{22}H_{34}Si$, Kp.$_3$ 183°, nach b) mit n-Butyl-MgBr; $D.^{20}_4$ 0,9368; n_D^{20} 1,5432; 76,5%. — *α-Naphthyltriallylsilan*, $C_{19}H_{22}Si$, Kp.$_3$ 151°, zu 10,8 g Mg in 50 ml Ae. gibt man in 2 Std. eine Lsg. von 13 g I u. 43,5 g Allylbromid in 100 ml Ae., erhitzt $^1/_2$ Std. u. zers. mit W. u. NH_4Cl; 82,6%. — α-Naphthyltrialkoxysilane: *Trimethoxy-*, $C_{13}H_{16}O_3Si$, Kp.$_{3,5}$ 139—140°, F. 28° (A.), man gibt zu 0,1 Mol I u. 0,3 Mol Pyridin in 40 ml Ae. in 1 Std. bei —35° 0,4 Mol Methanol in Ae., erwärmt 15 Min. auf dem Wasserbad, verd. mit W. u. dest. die äther. Schicht; 84,5%. — Analog: *Triäthoxy-*, $C_{16}H_{22}O_3Si$, Kp.$_3$ 142—143°, bei —30°; $D.^{20}_4$ 1,0580; n_D^{20} 1,5298; 82,3%. — *Triisopropoxy-*, $C_{19}H_{28}O_3Si$, Kp.$_3$ 156—158°, bei —25°; $D.^{20}_4$ 1,0090; n_D^{20} 1,5120; 81,6%. — *Tri-n-butoxy-*, $C_{22}H_{34}O_3Si$, Kp.$_3$ 186—187°, bei —5°; $D.^{20}_4$ 0,9967; n_D^{20} 1,5106; 82,8%. — *Tri-n-hexyloxy-*, $C_{28}H_{46}O_3Si$, Kp.$_3$ 212 bis 213°, bei 15°; $D.^{20}_4$ 0,9660; n_D^{20} 1,5018; 80,8%. — *Tris-[2-äthylhexyloxy]-*, $C_{34}H_{58}O_3Si$, Kp.$_3$ 246—247°, bei 15°; $D.^{20}_4$ 0,9482; n_D^{20} 1,4990; 80%. — *Tris-[sek.-octyloxy]-*, $C_{34}H_{58}$·O_3Si, Kp.$_3$ 235—236°, bei 15°; $D.^{20}_4$ 0,9425; n_D^{20} 1,4945; 81%. — *Tricyclohexyloxy-*, $C_{28}H_{40}O_3Si$, Kp$_3$ 242—243°, bei 20°; $D.^{20}_4$ 1,0700; n_D^{20} 1,5440; 80%. — *Triallyloxy-*, $C_{19}H_{22}O_3Si$, Kp.$_{3,5}$ 169—170°, bei —32°; $D.^{20}_4$ 1,0684; n_D^{20} 1,5460; 80%. — *Phenyltriallyloxysilan*, $C_{15}H_{20}O_3Si$, Kp.$_3$ 115—116°, analog Vorst. bei —35°; $D.^{20}_4$ 1,0142; n_D^{20} 1,4892; 80%. (Журнал Общей Химии [J. allg. Chem.] **27** (**89**). 1286—90. Mai 1957. Gorki, Polytechn. Inst.) A. Kozák. 2700

F. H. Howell und **D. A. H. Taylor**, *11-Äthoxy-1.2.3.4.10.11-hexahydrofluorenon-(1). Eine Korrektur.* Für das aus γ-[Indenyl-(1 oder 3)]-butyronitril mit H_2SO_4 erhaltene Cyclisierungsprod. wurde entgegen der früher angegebenen Formel (11-Äthoxy-1.2.3.4.10.11-hexahydrofluorenon-(1); vgl. C. **1958.** 8906) die Konst. als *1.2.3.4.10.11-Hexahydro-10- (oder 11)-hydroxy-1-iminofluoren*, $C_{13}H_{15}NO$, ermittelt. (J. chem. Soc. [London] **1959.** 480. Jan. Liverpool, Univ., Dep. of Org. Chem.)
G. Schmidt-Kastner. 2750

M. J. Temple Robinson, *Steroide und verwandte Verbindungen.* 1. Mitt. *Synthese von 1.2.3.4.9.10.11„β''.12„α''-Oktahydro-7-methoxy-2„α''.8.11„β''-trimethyl-3-oxophenanthren.* Aus 6-Methoxy-5-methyltetralin über *1.2.3.9.10.11-Hexahydro-7-methoxy-8.11-dimethyl-3-oxophenanthren* (I) wurden mehrere Wege zur Darst. von *1.2.3.4.9.10.11„β''.12„α''-Oktahydro-7-methoxy-2„α''.8.11„β''-trimethyl-3-oxophenanthren* („α'' u. „β'' = Steroidkonfiguration) entwickelt.

Versuche: (IR- u. UV-Spektren sind angegeben; Reinigung der Prodd. durch Al_2O_3-Chromatographie): *6-Methoxy-5-methyltetralon-(1)*, F. 110—112°, aus 6-Methoxy-5-methyltetralin durch Oxydation nach der Meth. von Martin u. Robinson (J. chem. Soc. [London] **1943.** 491); 66% (Ausbeute). — *6-Methoxy-2-methoxycarbonyl-2.5-dimethyltetralon-(1)*, F. 86—89° (Bzn.), aus vorst. Verb. u. Dimethylcarbonat in Ggw. von Na-Methylat, 2 Std. unter Rückfluß u. N_2, Zugabe von CH_3J u. CH_3OH, Rühren über Nacht bei Zimmertemp. u. dann unter Rückfluß; Prismen; 85%. — *6-Methoxy-2.5-dimethyltetralon-(1)*, F. 110—113°, aus vorst. Verb. u. 12n HCl in wss. Essigsäure, 4 Std. unter Rückfluß; 98%. — *2-[2'-Cyanäthyl]-6-methoxy-2.5-dimethyltetralon-(1)*, $C_{16}H_{19}NO_2$, F. 95,5—97,5° (Prismen), aus vorst. Verb. u. Acrylonitril in tert.-Butanol in Ggw. von Na-tert.-Butylat, 4 Std. bei 30° unter N_2; Prismen. — *6-Methoxy-2-[2'-methoxycarbonyläthyl]-2.5-dimethyltetralon-(1)*, $C_{17}H_{22}O_4$, F. 101 bis 102,5° (CH_3OH), aus vorst. Verb. u. KOH in wss. CH_3OH, 1 Tag unter Rückfluß, Isolierung der *Säure* [$C_{16}H_{20}O_4$, F. 92—93°, Prismen] u. Veresterung mit CH_3OH/H_2SO_4, 4 Std. unter Rückfluß; Nadeln. — *1.2.3.9.10.11-Hexahydro-7-methoxy-8.11-dimethyl-3-oxo-*

phenanthren (I), $C_{17}H_{20}O_2$, F. 157—159° (A.), a) aus 6-Methoxy-2.5-dimethyltetralon-(1) u. K in fl. NH_3, 1 Std. unter N_2 u. Eindampfen zur Trockne, Zugabe von 1-Diäthylamino-butanon-(3)-methojodid in Ae., 1 Std. Rühren bei Zimmertemp., $^1/_2$ Std. bei 30° u. Zugabe von A.; 1%; b) aus vorst. Verb. u. Methylacetat in Ggw. von Na-Methylat in Ae. durch 12std. Rühren unter N_2 u. langsames Eindampfen, Rk. des Prod. mit HCOOH (2 Std. bei 80° u. 18 Std. unter Rückfluß) u. Kochen des Prod. mit wss.-methanol. KOH; hellgelbe Nadeln; 82%; *Semicarbazon*, $C_{18}H_{23}N_3O_2$, F. 262—266° (Eisessig), gelbe Kristalle; 23%. *2.4-Dinitrophenylhydrazon*, $C_{23}H_{24}N_4O_5$, F. 239—241° (Zers.; Essigester), rotbraune Nadeln. — *2-[2'-tert.-Butoxycarbonyläthyl]-6-methoxy-2.5-dimethyltetralon-(1)*, $C_{20}H_{28}O_4$, F. 117—119° (CH_3OH), aus vorvorst. Verb. u. tert.-Butylacetat in Ggw. von Na-tert.-Butylat in Ae., 12 Std. unter N_2; Prismen. — *6(?)-Bromderiv. von* **I**, $C_{17}H_{19}BrO_2$, F. 162,6—164° (CH_3OH), aus I u. Br_2 in Eisessig in Ggw. von Na-Acetat; Nadeln; 80%. *2.4-Dinitrophenylhydrazon*, $C_{23}H_{23}BrN_4O_5$, F. 209—211° (Essigester), Nadeln; 80%. — *6(?).x-Dibromderiv. von* **I**, $C_{17}H_{18}Br_2O_2$, F. 148—149° (CH_3OH), aus vorst. Verb. u. Br_2 in Eisessig in Ggw. von Na-Acetat, 30 Min. bei 50°; unregelmäßige Klumpen; 45%. *2.4-Dinitrophenylhydrazon*, $C_{23}H_{22}Br_2N_4O_5$, F. 250—252° (Essigester), Nadeln. — 2„ζ".*6(?)-x-Tribromderiv. von* **I**, $C_{17}H_{17}Br_3O_2$, F. 195—197° (Bzl./PAe.), aus I u. Br_2 in Eisessig in Ggw. von Na-Acetat, 2 Std. bei 85—90°; 5%. — *1.2.3.9.10.11-Hexahydro-7-methoxy-8.11-dimethyl-2-hydroximino-3-oxophenanthren*, $C_{17}H_{19}NO_3$, F. 274° (Zers.; Eisessig), aus I u. tert.-Butylnitrit in tert.-Butanol, 1 Tag bei 30° unter N_2; gelbe Nadeln; 87%. — *1.2.3.9.10.11„β"-Hexahydro-7-methoxy-2„α"-methoxycarbonyl-8.11„β"-dimethyl-3-oxophenanthren*, $C_{19}H_{22}O_4$, F. 170—173° (Bzl./PAe.), aus I u. Dimethylcarbonat in Ggw. von Na-Methylat, 4 Std. unter Rückfluß; gelbe Nadeln; 92%. *2.4-Dinitrophenylhydrazon*, $C_{25}H_{26}N_4O_7$, F. 219—221° (Essigester), rote Nadeln. — *1.2.3.9.10.11„β"-Hexahydro-7-methoxy-2„α"-methoxycarbonyl-2„β".8.11„β"-trimethyl-3-oxophenanthren* (II), $C_{20}H_{24}O_4$, F. 192,5—194° (CH_3OH), durch langsame Dest. von I u. Dimethylcarbonat in CH_3OH in Ggw. von Na-Methylat; gelbe Platten; 72% [*6-Bromderiv.*, $C_{20}H_{23}BrO_4$, F. 190—192° (A.), prismat. Nadeln]. Daneben das *2„β"-Methoxycarbonyl-2„α"-methylisomere*, $C_{20}H_{24}O_4$, F. 161—164° (Bzl./PAe.), gelbe Nadeln; 12%. — *1.2.3.9.10.11„β"-Hexahydro-7-methoxy-2„α".8.11„β"-trimethyl-3-oxophenanthren* (III), $C_{18}H_{22}O_2$, F. 160,5—162,5° (CH_3OH), aus II u. wss.-methanol. NaOH, 1 Tag unter Rückfluß; Prismen; 95%. *2.4-Dinitrophenylhydrazon*, $C_{24}H_{26}N_4O_5$, F. 222—224° (Essigester), Nadeln. Bei Unterbrechung der Hydrolyse nach 12 Std. → *Na-1.2.3.9.10.11„β"-Hexahydro-7-methoxy-2„β".8.11„β"-trimethyl-3-oxophenanthren-2„α"-carboxylattrihydrat*, $C_{19}H_{21}NaO_4 \cdot 3\,H_2O$, F. 190—200° (Zers.; Aceton), Nadeln. — *1.2.3.4.9.10.11„β".12„α"-Oktahydro-3„β"-hydroxy-7-methoxy-8.11„β"-dimethylphenanthren* (IV), $C_{17}H_{24}O_2$, F. 154—157° (CH_3OH), a) aus I u. Li in fl. NH_3 u. Dioxan/Ae./A. (20 Min.); Nadeln; 40%; b) durch Hydrierung von I über 5% Pd/$SrCO_3$ bei Zimmertemp. u. n. Druck; 60%; c) aus I u. KBH_4 in wss. CH_3OH bei 30° über Nacht u. Hydrierung des entstandenen *1.2.3.9.10.11„β"-Hexahydro-3„β"-hydroxy-7-methoxy-8.11„β"-dimethylphenanthrens* (F. 157—160°, Platten aus CH_3OH; 82—86%) über 5%ig. Pd/$SrCO_3$ in A. bei Zimmertemp. u. n. Druck; 99%. *Acetat*, $C_{19}H_{26}O_3$, F. 93—94° (CH_3OH), Nadeln. — *1.2.3.4.9.10.11„β".12„α"-Oktahydro-7-methoxy-8.11„β"-dimethyl-3-oxophenanthren*, $C_{17}H_{22}O_2$, *trans-Form*, F. 140—141° (Aceton/W.), a) aus I in Toluol/Ae. u. Li in fl. NH_3 unter 4std. Rühren, Eindampfen nach Zugabe von NH_4Cl, Aufnehmen in Ae., Lösen des rohen Gemisches der *cis-* u. *trans-Form* in kochendem Methanol mit wenig 2n HCl, $^1/_4$std. Erhitzen des in Prismen krist. *Dimethylketals* der *trans-Form* ($C_{19}H_{28}O_3$, F. 115—117°; 50%) in Aceton mit p-Toluolsulfonsäure, Einengen u. Verdünnen mit W.; Nadeln; 85%. *2.4-Dinitrophenylhydrazon*, $C_{23}H_{26}N_4O_5$, F. 221—223° (Essigester), gelbe Prismen. Daneben aus dem rohen Gemisch nach Kristallisation aus Methanol u. manuellem Auslesen der trans-Form die *cis-Form* (*11„β"-Methyl-12„β"-H-Form*), F. 99—101° (CH_3OH); Platten; b) durch Oxydation von **IV** in Pyridin mit CrO_3 (12 Std.), Zugabe von Ae. u. W. u. Eindampfen der Ätherlsg.; 80%. — *1.2.3.4.9.10.11„β".12„α"-Oktahydro-7-methoxy-2„α"-methoxycarbonyl-8.11„β"-dimethyl-3-oxophenanthren* (V), $C_{19}H_{24}O_4$, F. 150 bis 151° (CH_3OH), aus vorst. trans-Keton u. Dimethylcarbonat in Ggw. von Na-Methylat, 4 Std. unter Rückfluß; Nadeln; 98%. — *1.2.3.4.9.10.11„β".12„α"-Oktahydro-3„β"-hydroxy-7-methoxy-2„α"-methoxycarbonyl-2„β".8.11„β"-trimethylphenanthren*, $C_{20}H_{28}O_4$, F. 200 bis 202° (Chlf./CH_3OH), aus II u. KBH_4 in Tetrahydrofuran/CH_3OH/W., 30 Min. bei 50° u. 12 Std. bei Zimmertemp., Isolierung von *1.2.3.9.10.11„β"-Hexahydro-3„β"-hydroxy-7-methoxy-2„α"-methoxycarbonyl-2„β".8.11„β"-trimethylphenanthren* [$C_{20}H_{26}O_4$, F. 182 bis 184° (Chlf./CH_3OH), Platten; 90%] u. dessen Hydrierung über 5%ig. Pd/$SrCO_3$ in A., 3 Std. bei 50—60° unter n. Druck; Prismen; 85%. — *1.2.3.4.9.10.11„β".12„α"-Oktahydro-7-methoxy-2„α"-methoxycarbonyl-2„β".8.11„β"-trimethyl-3-oxophenanthren* (VI), $C_{20}H_{26}O_4$, F. 173—175° (CH_3OH), a) aus **V** u. CH_3J in CH_3OH in Ggw. von Na-Methylat (12 Std. bei Zimmertemp.) neben geringen Mengen einer *Verb. vom F. 168—169,5°* (aus

CH_3OH Prismen); Platten; 55%; b) aus vorst. Verb. u. CrO_3/Pyridin, 36 Std. bei 20°; 94%. — *1.2.3.4.9.10.11,,β".12,,α"-Oktahydro-7-methoxy-2,,α".8.11,,β"-trimethyl-3-oxophenanthren*, $C_{18}H_{24}O_2$, *trans-Form*, F. 126—128° (CH_3OH), a) aus **III** in Toluol/Ae. u. Li in fl. NH_3, Zugabe von weiterem Li nach 2 Std., dann von NH_4Cl nach 4 Std., Eindampfen, Ausäthern, Kristallisation aus Methanol (94% *cis-* u. *trans-Form*), 3std. Erhitzen des Gemisches in Bzl. mit Äthylenglykol u. p-Toluolsulfonsäure unter Abdest. des Bzl., Kristallisation des *trans-Äthylenketals* [$C_{20}H_{28}O_3$, F. 100—102°, aus Methanol u. wenig Pyridin Prismen; 50%] in Methanol/Ae. nach mehreren Tagen u. $^1/_4$std. Erhitzen in Aceton mit 10n HCl; 80%. *2.4-Dinitrophenylhydrazon*, $C_{24}H_{28}N_4O_5$, F. 198—202° (Essigester), orangefarbene Nadeln. Daneben durch analoge Hydrolyse des Kristallisationsrückstandes (*cis-Äthylenketal*) die *cis-Form* (*12,,β"-H-2,,ζ"-methyl-Form*), $C_{18}H_{24}O_2$, F. 137—140°, aus Methanol Platten; 10%; b) durch 12std. Stehen von **III** in Tetrahydrofuran/Methanol u. KBH_4 in W., Einengen, 4std. Stehen bei 0°, Kristallisation aus Methanol, Hydrieren des Prod. in Methanol an Pd/$SrCO_3$, Eindampfen u. Oxydation des isolierten *1.2.3.4.9.10.11,,β".12,,α"-Oktahydro-7-methoxy-2,,α".8.11,,β"-trimethyl-3,,β"-hydroxyphenanthrens* [$C_{18}H_{26}O_2$, F. 162—163° (Chlf./Methanol = 1:4); 22%] analog **IV**; 70%; c) durch 16std. Kochen von **VI**, Essigsäure u. 10n HCl u. Zugabe von W.; 85%. (Tetrahedron [London] **1.** 49—66. April 1957. Oxford, Univ., Dyson Perrins Labor.)

Walter Simon. 2850

Wilson Baker, J. W. Barton und **J. F. W. McOmie,** *Diphenylene.* 2. Mitt. *Synthese substituierter Diphenylene und verwandter Diphenylene.* (1. vgl. C. **1955.** 8370.) Zum Vgl. mit den durch direkte Substitution von Diphenylen erhaltenen Prodd. werden durch eine unabhängige Synth. *Methyl-, Methoxy-, Nitro-, Brom-* u. *Acetyldiphenylene* dargestellt; als Ausgangsprod. diente in jedem Falle das entsprechende *2.2'-Dijoddiphenyl.* — Die Ullmann-Rk. von 2-Jodnitrobenzol (**I**) mit 2-Jod-3-nitrotoluol (**II**) führt zu *6-Methyl-2.2'-dinitrodiphenyl* (**III**); der Ersatz der NO_2-Gruppen durch J-Atome ergab *6-Methyl-2.2'-dijoddiphenyl* (**IV**) u. *6-Methyldiphenylen-2.2'-jodoniumjodid*, die bei der Behandlung mit CuO in *1-Methyldiphenylen* (**V**) übergehen (vgl. 1. Mitt., l. c.). Nach dem gleichen Reaktionsschema konnten auch *2-Methyl-, 1-Methoxy-, 2-Methoxy-, 1.8-Dimethoxy-, 2-Nitro-* u. *2.6-Dinitrodiphenylen* dargestellt werden. Das für die Herst. von *2-Bromdiphenylen* nötige *5-Bromdiphenylen-2.2'-jodoniumjodid* wurde durch Bromieren von 2-Aminodiphenyl (**VI**), Ersatz der NH_2-Gruppe im erhaltenen *5-Brom-2-aminodiphenyl* durch ein J-Atom, anschließende Oxydation zu *5-Brom-2-jodosodiphenyl* mit Peressigsäure u. dessen Behandlung mit H_2SO_4 nach Beringer u. Mitarbeitern (C. **1956.** 397) dargestellt. Die Darst. von *3.4'-* u. *3.3'-Diacetyldiphenyl* wird beschrieben.

V e r s u c h e: *6-Methyl-2.2'-dinitrodiphenyl* (**III**), $C_{13}H_{10}N_2O_4$, Kp.$_{0,3}$ 175—180°, F. 70—71° (CH_3OH), aus 15 g **II** [aus 2-Amino-3-nitrotoluol] u. 14,5 g **I** in Nitrobenzol mit 15 g Cu-Bronze bei 190—200°; hellgelbe Nadeln; 3,8 g (Ausbeute). — *2.2'-Dimethyl-6.6'-dinitrodiphenyl*, F. 106—107°, neben vorst. Verb. aus der Mutterlauge. — *6-Methyl-2.2'-diaminodiphenyl*, $C_{13}H_{14}N_2 \cdot 0,5\ H_2O$, F. 61—62° (50%ig. A.), aus 4 g **III** durch katalyt. Hydrierung (3 at) in Ggw. von PtO_2; 2,8 g. — *6-Methyl-2.2'-dijoddiphenyl* (**IV**), $C_{13}H_{10}J_2$, F. 96—97° (CH_3OH), durch Tetrazotieren von 2,8 g vorst. Verb. in verd. HCl bei 0°, Zugabe von KJ, Erhitzen auf dem Wasserbad (1 Std.) u. Extrahieren des Rückstandes mit CH_3OH; orangebraun; 1,5 g. — *6-Methyldiphenylen-2.2'-jodoniumjodid*, neben **IV** als in CH_3OH unlösl. brauner Rückstand; 1,1 g. — *1-Methyldiphenylen* (**V**), $C_{13}H_{10}$, aus 1,3 g **IV** oder der vorst. Verb. mit 20 g CuO bei 350° (5 Min.); gelbes Öl. *Pikrat*, $C_{13}H_{10} \cdot C_6H_3N_3O_7$, F. 91—92° (A.), rot. *2.4.7-Trinitrofluorenonkomplex*, $C_{13}H_{10} \cdot C_{13}H_5N_3O_7$, F. 162—163,5° (A. + Essigester), dunkelrote Nadeln. — *4-Methyl-2.2'-dinitrodiphenyl*, $C_{13}H_{10}N_2O_4$, Sublimation bei 150—160°/2 mm Torr, F. 94—95°, aus **I** u. 4-Jod-3-nitrotoluol u. Cu-Bronze wie **III**; hellgelbe Nadeln; 54%. — *4-Methyl-2.2'-diaminodiphenyl*, $C_{13}H_{14}N_2$, Kp.$_{0,8}$ 160—164°, durch katalyt. Hydrierung vorst. Verb. in A. bei 110°/6—7 at in Ggw. von Raney-Ni (2 Std.); 59%. — *4-Methyl-2.2'-dijoddiphenyl*, $C_{13}H_{10}J_2$, Sublimation bei 100—110°/1 mm Torr, F. 85—86° (CH_3OH), aus 2,8 g vorst. Verb. wie **IV**; Prismen; 0,8 g. — *4-Methyldiphenylen-2.2'-jodoniumjodid*, F. 201—202° (Zers.), neben vorst. Verb.; cremefarbenes Pulver; 2,1 g. — *2-Methyldiphenylen*, $C_{13}H_{10}$, Sublimation bei 60—80°/10 mm Torr, F. 45—46° (CH_3OH), wie **V**. *Pikrat*, F. 86—87° (A.), carminrote Nadeln. *2.4.7-Trinitrofluorenonkomplex*, $C_{26}H_{15}N_3O_7$, F. 150—151° (Essigsäure), purpurfarbene Nadeln. — *2-Jod-3-nitroanisol*, $C_7H_6JNO_3$, F. 102,5—103,5° (CCl_4), durch Methylieren von 35 g 2-Jod-3-nitrophenol mit $(CH_3)_2SO_4$ in 10%ig. NaOH bei 60°; gelbe Tafeln; 22,5 g. — *6-Methoxy-2.2'-dinitrodiphenyl*, $C_{13}H_{10}N_2O_5$, F. 157—158° (Sublimation, CH_3OH), a) aus vorst. Verb. u. **I** wie **III**; 12% neben *6.6'-Dimethoxy-2.2'-dinitrodiphenyl* (**VII**); b) aus 2-Bromnitrobenzol u. 2-Chlor-3-nitroanisol ohne Lösungsm.; 10%.—

6-Methoxy-2.2'-diaminodiphenyl, $C_{13}H_{14}N_2O$, F. 98—99° (A.), aus 4,9 g vorst. Verb. mit Sn in konz. HCl/Essigsäure auf dem Wasserbad; Nadeln; 3,1 g. — *6-Methoxy-2.2'-dijoddiphenyl*, $C_{13}H_{10}J_2O$, F. 138,5—139,5° (CH_3OH), aus 2,6 g vorst. Verb. wie **IV**; goldgelbe Nadeln; 1,2 g. — *6-Methoxydiphenylen-2.2'-jodoniumjodid*, F. 209—210° (Zers.), neben vorst. Verb., hellgraues Pulver; 1,1 g. — *1-Methoxydiphenylen*, $C_{13}H_{10}O$, F. 41 bis 42°, Kp.$_{16}$ ca. 150°, aus vorst. Verb. wie **V**; hellgelbe Nadeln. *2.4.7-Trinitrofluorenonkomplex*, $C_{26}H_{15}N_3O_8$, F. 157,5—159°, kastanienbraune Nadeln. — *4-Methoxy-2.2'-dinitrodiphenyl*, $C_{13}H_{10}N_2O_5$, F. 108—109° (CH_3OH), aus 112 g 4-Jod-3-nitroanisol u. 100 g **I** wie **III**; in CH_3OH leichter lösl. Anteil des Reaktionsprod.; lichtempfindliche gelbe Nadeln; 42 g. — *4.4'-Dimethoxy-2.2'-dinitrodiphenyl*, F. 122—126° (CH_3OH), neben vorst. Verb.; in CH_3OH schwerer lösl. Anteil; 42 g. — *2-Methoxydiphenylen*, $C_{13}H_{10}O$, Sublimation bei 100—110°/10 mm Torr, F. 69—70° (Bzn.), aus 12,5 g vorvorst. Verb. wie **V** aus **III** über *4-Methoxy-2.2'-diaminodiphenyl* (Kp.$_{0,5}$ 180—185°); gelbe Nadeln; 0,48 g. *2.4.7-Trinitrofluorenonkomplex*, $C_{26}H_{15}N_3O_8$, F. 140—141° (A.), dunkelrote Nadeln. — *2-Hydroxydiphenylen*, $C_{12}H_8O$, Sublimation bei 130—140°/14 mm Torr, F. 140—141°, aus vorst. Verb. mit Pyridinhydrochlorid bei 230° (5 Min.); gelbe Nadeln. — *6.6'-Dimethoxy-2.2'-diaminodiphenyl*, $C_{14}H_{16}N_2O_2 \cdot H_2O$, F. 90—91° (wss. A.), durch Red. von **VII** mit Sn u. HCl; hexagonale Prismen. — *6.6'-Dimethoxy-2.2'-dijoddiphenyl*, $C_{14}H_{12}J_2O_2$, F. 182—184° (CH_3OH), aus vorst. Verb. wie **IV**; orangefarbene Nadeln. — *6.6'-Dimethoxydiphenylen-2.2'-jodoniumjodid*, F. 168° (Zers.), neben vorst. Verb.; orangebraunes Pulver. — *1.8-Dimethoxydiphenylen*, $C_{14}H_{12}O_2$, Sublimation bei 130°/12 mm Torr, F. 107—108° (CH_3OH), aus vorst. Jodverbb. wie **V**; gelbe Tafeln. — *4-Nitrodiphenylen-2.2'-jodoniumjodid*, $C_{12}H_7 \cdot J_2NO_2$, F. 197—199°, aus Diphenylen-2.2'-jodoniumjodid nach WASYLEWSKY u. Mitarbeitern (C. **1951**. I. 714) u. Behandeln des Nitrats (4,5 g) mit wss. KJ bei 100° (1 Std.); 2,5 g. — *2-Nitrodiphenylen*, $C_{12}H_7NO_2$, F. 107—108° (Bzn.), aus vorst. Verb. wie **V** u. Sublimation bei 120°/10 mm Torr; 0,18 g. — *4.5'-Dinitro-2.2'-disuccinimidodiphenyl* (**VIII**), F. 270—272° (CH_3OH + 5% Essigsäure), durch Nitrieren von 20 g 2.2'-Disuccinimidodiphenyl nach SAKO (Mem. Coll. Engng., Kyushu Imp. Univ. **6**. [1932.] 327), Waschen mit CH_3OH im SOXHLET (6 Std.) u. Eindampfen des Extraktes; gelbe Prismen; 9,5 g. — *5.5'-Dinitro-2.2'-disuccinimidodiphenyl*, F. 315—317°, als Nebenprod. (gelbes Pulver; 1,1 g) u. *4.4'Dinitro-2.2'-disuccinimidodiphenyl*, F. 295—304°, als in CH_3OH unlösl. Anteil; 4,7 g. — *4.5'-Dinitro-2.2'-diaminodiphenyl*, F. 170—172°, durch Verseifen von **VIII** mit sd. wss.-alkoh. HCl (5 Std.) u. Fällen mit Eis. — *4.5'-Dinitro-2.2'-dijoddiphenyl*, $C_{12}H_6J_2N_2O_4$, Sublimation bei 180°/0,3 mm Torr, F. 167—168° (A.), aus 1,8 g vorst. Verb. wie **IV**; aus dem alkoh. Extrakt hellgelbe Prismen; 0,8 g. — *4.5'-Dinitrodiphenylen-2.2'-jodoniumjodid*, F. 171—172° (Zers.), neben vorst. Verb.; in A. unlösl. gelbbraunes Pulver; 1,6 g. — *2.6-Dinitrodiphenylen*, sublimiert ohne zu schm. oberhalb 260°, aus 1,5 g vorst. Verb. wie **V**; gelbe Nadeln; 0,003 g. — *5-Brom-2-joddiphenyl*, $C_{12}H_8BrJ$, Kp.$_{15}$ 180°, durch Diazotieren von 2-Amino-5-bromdiphenyl [erhalten durch Bromieren von 2-Aminodiphenyl (**VI**) in CCl_4] in H_2SO_4 u. Behandeln mit KJ bei 40°. — *5-Bromdiphenylen-2.2'-jodoniumjodid*, Zers. $>$250°, aus 6 g vorst. Verb. in Essigsäureanhydrid mit Peressigsäure bei 0° (16 Std.) u. 20° (18 Std.), Behandeln der Lsg. von *5-Brom-2-jodosodiphenyl* mit konz. H_2SO_4 bei 0° (6 Std.), Verdünnen mit W. u. Fällen mit KJ; 2 g. — *2-Bromdiphenylen*, Sublimation bei 115—125°/13 mm Torr, F. 64—65°, aus 4 g vorst. Verb. wie **V** u. Reinigen über den *2.4.7-Trinitrofluorenonkomplex* (F. 135—136°); 0,2 g. Daneben 0,15 g *Diphenylen*, F. 110—111°. — *3.4'-Dicyandiphenyl*, $C_{14}H_8N_2$, F. 129—131° (Bzl. + Bzn.), aus 10 g 4-Acetamido-3.4'-dibromdiphenyl durch Verseifen mit H_2SO_4 in sd. A., Entaminieren der sd. Lsg. mit $NaNO_2$ u. Umsetzen des erhaltenen *3.4'-Dibromdiphenyls* (Kp.$_1$ 135 bis 140°; 5,6 g) mit CuCN in sd. Pyridin; orangefarbenes Pulver. — *3.4'-Diacetyldiphenyl*, $C_{16}H_{14}O_2$, Sublimation bei 130—140°/0,1 mm Torr, F. 101—102° (A.), aus 1 g vorst. Verb. u. äther. CH_3MgJ in sd. Bzl. (1 Std.); Nadeln; 0,4 g. — *3.3'-Diacetyldiphenyl*, Sublimation bei 140—150°/1 mm Torr, F. 121—122° (Essigester), aus 2 g 3-Jodacetophenon mit Cu-Bronze bei 240—260° (30 Min.); Nadeln; 0,350 g (vgl. auch SIMPSON u. Mitarbeiter, J. chem. Soc. [London] **1945**. 646). (J. chem. Soc. [London] **1958**. 2658—65. Aug. Bristol, Univ.) H. GOLD. 2950

Wilson Baker, J. W. Barton und J. F. W. McOmie, *Diphenylene*. 3. Mitt. *Substitution in den Kernen*. (2. vgl. vorst. Ref.) Die Substitution des Diphenylens (**I**) erfolgt in 2-Stellung u. dann in 6-Stellung; bei der Acetylierung, Nitrierung, Chlorierung, Bromierung, Jodierung, Acetoxymercurierung, Hydroxylierung mit Pb-Tetraacetat u. der oxydativen Kupplung zu *Bis-diphenylenyl-(2.2')* entstehen jeweils die 2-Substitutionsprodukte. Ihre Konst. ergab sich aus dem Vgl. mit den l. c. dargestellten Verbindungen. — Die Konst. des durch Acetylierung gewonnenen *2-Acetyldiphenylens* (**II**; vgl. 1. Mitt. C. **1955**. 8370) ergab sich durch Überführung in *2-Aminodiphenylen* nach SCHMIDT. Das bei der Diacetylierung von I erhältliche *2.6-Diacetyldiphenylen* (III) liefert bei der katalyt. Hydrierung *3.4'-Diacetyldiphenyl* als einziges Prod.; die 2.6-Orientierung ergab sich ferner aus vergleichenden IR-Absorptionsmessungen (starke Bande bei 832 cm^{-1}). Das aus I erhältliche *2-Acetoxymercuridiphenylen* (IV), das als Zwischenprod. zur Herst. von *2-Chlor-*, *2-Jod-*, *2-Cyan-* u. *2-Carboxydiphenylen* dient, läßt sich auf *2-Bromdiphenylen* (vgl. vorst. Ref.) zurückführen. Die Jodmethylierung von I liefert ein *2.6-* oder *2.7-Bis-[jodmethyl]-diphenylen*; dessen Red. mit Zn u. HCl ergab *2.3.6.7-Tetramethyldiphenylen* als Dismutationsprodukt. UV-Absorptionen vgl. Original.

Versuche: *2-Acetyldiphenylen* (II), Sublimation bei 120—130°/12 mm Torr, F. 132—134°, aus 1 g I u. Acetylchlorid in CS_2 in Ggw. von $AlCl_3$ (8 Std.); 0,845 g (Ausbeute). Daneben Spuren von III. — *2-Aminodiphenylen*, Sublimation bei 115—120°/10mm Torr, F. 123—124°, a) aus 0,1 g II u. NaN_3 in Trichloressigsäure u. Tetraphosphorsäure bei 70—80° (6$^1/_2$ Std.), Verdünnen mit W. u. Kochen mit verd. HCl; 0,037 g; b) durch Red. von 0,021 g nachst. V mit $SnCl_2$ u. konz. HCl in sd. A. (30 Min.); gelbe Nadeln; 0,013 g. — *2-Nitrodiphenylen* (V), F. 105—106,5°, aus 0,3 g I u. HNO_3 (D. 1,42) in Essigsäureanhydrid bei 0° (15 Min.) u. 20° (45 Min.); gelbe Nadeln; 0,09 g. — *2.6-Diacetyldiphenylen* (III), F. 247—248° (A.), wie II mit überschüssigem Acetylchlorid; gelbe Nadeln; 0,3 g. — *3.4'-Diacetyldiphenyl*, Sublimation bei 130—140°/0,1 mm Torr, F. 100—101°, durch 1std. Erhitzen von 0,3 g III an RANEY-Ni in sd. A.; Nadeln; 0,21 g. — *2.6-Dinitrodiphenylen* (VI), $C_{12}H_6N_2O_4$, Sublimation bei 170°/12 mm, F. 260°, aus 0,3 g I u. 1,2 Äquivalenten HNO_3 (D. 1,42) in H_2SO_4 bei 0° u. Wasserdampfdest. der neutralisierten Reaktionsmischung; aus dem Destillationsrückstand gelbe Nadeln oder Tafeln; 4% neben 13,5% V u. 0,1 g I aus dem Wasserdampfdestillat. — *2-Acetoxymercuridiphenylen* (IV), $C_{14}H_{10}HgO_2$, F. 176—177° (Bzl.), aus 0,3 g I u. $Hg(OOCCH_3)_2$ in Eisessig auf dem Wasserbad (2 Std.), Entfernen von überschüssigem I durch Wasserdampfdest. u. Extrahieren aus dem Rückstand mit Bzl. im SOXHLET; gelbes Pulver; 0,187 g. — *2-Chlordiphenylen*, $C_{12}H_7Cl$, Sublimation bei 110—120°/12 mm Torr, F. 67,5—68,5° (wss. CH_3OH), a) aus 0,180 g IV in konz. HCl u. Chlf. mit gesätt. $KClO_3$ (4 Std.) u. Reinigen über die *2.4.7-Trinitrofluorenonverb.* (F. 133—134°); 0,056 g; b) aus 0,5 g I u. JCl in sd. Eisessig; hellgelbe Tafeln; 0,355 g. — *2-Bromdiphenylen*, $C_{12}H_7Br$, Kp.$_2$ 120—130°, F. 64—65°, a) aus 0,4 g IV u. Brom in Chlf. u. Reinigen über die *2.4.7-Trinitrofluorenonverb.* (F. 136—138°, rote Nadeln); 0,178 g; b) aus 0,5 g I u. Brom in CCl_4 in Ggw. von wenig Pyridin bei 20° (10 Min.) u. 100° (15 Min.); gelbe Tafeln; 0,53 g. — *2-Joddiphenylen* (VII), $C_{12}H_7J$, Sublimation bei 110—120°/12 mm Torr, F. 64,5—65,5°, a) aus 0,4 g IV u. Jod/KJ-Lsg. bei 60—70° (30 Min.) u. Reinigen über die *2.4.7-Trinitrofluorenonverb.* (F. 132,5—134°, rot); hellgelbe Tafeln; 0,216 g; b) aus 0,2 g I, Jod u. $Na_2S_2O_8$ in sd. Essigsäure (16 Std.), Wasserdampfdest. u. Reinigen über die 2.4.7-Trinitrofluorenonverb.; 0,032 g. — *2-Cyandiphenylen*, $C_{13}H_7N$, Sublimation bei 120—130°/11 mm Torr, F. 99—100° (Bzn.), aus 0,3 g VII u. CuCN bei 140—150° u. Extrahieren mit Bzl.; gelbe Tafeln; 0,098 g. — *Diphenylen-2-carbonsäure*, Sublimation bei 150—160°/12 mm Torr, F. 221—222° (wss. CH_3OH), a) durch Verseifen vorst. Verb. mit sd. wss.-alkoh. NaOH; gelbe Prismen; b) aus VII, Mg u. CH_3J in sd. Ae. mit CO_2 in sehr geringer Menge. — *Bis-diphenylenyl-(2.2')*, $C_{24}H_{14}$, Sublimation bei 180—200°/0,5 mm Torr, F. 242,5—243,5° (A.), a) neben VI als Sublimationsrückstand; b) aus 0,3 g I in konz. H_2SO_4 u. Eisessig mit 1,6 Äquivalenten HNO_3 (D. 1,42) bei 0° (45 Min.) u. 20° (1 Std.); hellgelbe Tafeln; 0,005 g; c) aus 0,15 g VII, 1%ig. Pd/$CaCO_3$ u. wss. Hydrazinhydrat in sd. 5%ig. methanol. KOH, Neutralisieren u. Extrahieren mit A. im SOXHLET (6 Std.); 0,018 g neben 0,048 g I. — *2.6-* oder *2.7-Bis-[jodmethyl]-diphenylen* (?), Zers. 86°, aus 0,1 g I, 90%ig. Chlormethylmethyläther u. wss. HJ (D. 1,7) in Essigsäure (24 Std.); gelbe M.; 0,155 g. *Bis-thiuroniumdipikrat*, $C_{28}H_{22}N_{10}O_{14}S_2$, F. 204 bis 206° (Zers.), mit Thioharnstoff in sd. A. (15 Min.) u. Behandeln mit Pikrinsäure; orangefarben. — *2.3.6.7-Tetramethyldiphenylen*, $C_{16}H_{16}$, F. 222,5—223,5° (A.), aus 0,390 g vorst. Jodverb. mit Zn-Staub u. HCl in Eisessig bei 50° (4$^1/_2$ Std.) u. Reinigen des sublimierten Reduktionsprod. (130—140°/10 mm Torr; 0,057 g) über die *2.4.7-Trinitrofluorenonverb.* [$C_{29}H_{21}N_3O_7$, F. 171—172° (A.), braune Nadeln]; strohgelbe Nadeln. (J. chem. Soc. [London] **1958**. 2666—74. Aug.) H. GOLD. 2950

Klaus Hafner und **Hans Kaiser**, *Zur Kenntnis der Azulene.* 3. Mitt. *Eine einfache Synthese substituierter Azulene.* (2. vgl. C. **1957**. 12160.) 2.4.6-Trimethylpyryliumperchlorat (I) reagiert mit Cyclopentadien-Na (II) unter prim. Spaltung des Pyranrings u. folgender Kondensation in bis zu 65%ig. Ausbeute zu *4.6.8-Trimethylazulen* (III). Mit Li- oder GRIGNARD-Derivv. von Cyclopentadien sowie mit 2.4.6-Trimethylpyryliumfluoborat wird nur wenig III erhalten, während Cyclopentadien-K überhaupt nicht reagiert. Analog III werden *6-tert.-Butyl-*, *6-Phenyl-* u. *6-Alkoxy-4.8-dimethylazulene* dargestellt, von denen letztere mit HBr zum stabilen *6-Hydroxy-4.8-dimethylazulen* verseift werden. Ferner liefert I mit Methylcyclopentadien-Na (IV) *2.4.6.8-Tetramethylazulen*, wie das IR-Spektr. zeigt. Dagegen verlaufen die Rkk. von 2- u./oder 6-Arylpyryliumsalzen mit **II** weniger erfolgreich. Mit 2.4.6-Triphenyl- u. 2.6-Distyryl-4-phenylpyryliumperchlorat sowie 2- bzw. 6-unsubstituierten Pyryliumsalzen tritt keine Azulenbldg. ein. Die UV-Spektren der dargestellten Azulene werden erörtert.

Versuche: *4.6.8-Trimethylazulen* (**III**), $C_{13}H_{14}$, F. 81—82°, a) durch Zugabe von **I** (F. 245—247°) zu **II** im Mol-Verhältnis 1:2 in Tetrahydrofuran bei 45—50° u. $^1/_4$std. Rühren; violett-schwarz aus A.; 62% (Ausbeute); b) durch Zugabe von **II** zu **I** im Mol-Verhältnis 1:1 in Tetrahydrofuran bei —15° u. 10std. Rühren mit K-tert.-Butylat in tert.-Butanol; 55—60%; c) aus **I** u. Cyclopentadien-Li oder Cyclopentadien–MgBr sowie aus **II** u. dem entsprechenden Fluoborat (F. 206—208°); ≦30%. *Trinitrobenzolat*, $C_{19}H_{17}\cdot N_3O_6$, F. 173—174°. — *2.6-Dimethyl-4-tert.-butylpyryliumperchlorat*, $C_{11}H_{17}ClO_5$, F. 220 bis 221°, aus 2.6-Dimethylpyron-(4) u. tert.-Butyl–MgCl; 50%. — *4.8-Dimethyl-6-tert.-butylazulen*, $C_{16}H_{20}$, F. 33—34°, durch 1std. Kochen von vorst. Verb. u. **II** in Tetrahydrofuran; 80%. *Trinitrobenzolat*, $C_{22}H_{23}N_3O_6$, F. 160—161°. — *4.8-Dimethyl-6-phenylazulen*, $C_{18}H_{16}$, F. 100—101°, aus 2.6-Dimethyl-4-phenylpyryliumperchlorat wie vorst.; 87%. — *4.6-Diphenyl-8-methylazulen*, $C_{23}H_{18}$, aus 2.4-Diphenyl-6-methylpyryliumperchlorat wie vorst.; blau, glasartig; 25%. — *4.8-Dimethyl-6-methoxyazulen*, $C_{13}H_{14}O$, F. 100—101°, aus 2.6-Dimethyl-4-methoxypyryliumperchlorat u. **II** u. dann mit K-tert.-Butylat (3std. Kochen); rote Nadeln aus A.; 55%. *Trinitrobenzolat*, $C_{19}H_{17}N_3O_7$, F. 126—127°. — *4.8-Dimethyl-4-äthoxyazulen*, $C_{14}H_{16}O$, F. 88—89°, analog vorst. Verb.; 45%. *Trinitrobenzolat*, $C_{20}H_{19}N_3O_7$, F. 118—119°. — *6-Hydroxy-4.8-dimethylazulen*, $C_{12}H_{12}O$, F. 146—148°, durch 15std. Erhitzen des Methyläthers mit 48%ig. HBr auf dem Wasserbad; 85%. — *2.4.6.8-Tetramethylazulen* $C_{14}H_{16}$, F. 100—101°, aus **I** u. (**IV**) u. dann mit K-tert.-Butylat; violette Nadeln aus A.; 27%. *Trinitrobenzolat*, $C_{20}H_{19}N_3O_6$, F. 211—212°. — *4-Methoxypyryliumperchlorat*, $C_6H_7ClO_6$, F. 76—77° (Eisessig), durch 1std. Erhitzen von Pyron-(4) mit Dimethylsulfat auf 60° u. Zugabe von $HClO_4$–Acetanhydrid–Ae.; 76%. — *2-Phenyl-4-methoxypyryliumperchlorat*, $C_{12}H_{11}ClO_6$, F. 147—148°, aus 2-Phenylpyron-(4) wie vorst.; 83%. (Liebigs Ann. Chem. **618**. 140—52. 26/11. 1958. Marburg, Univ., Chem. Inst.; Mülheim/Ruhr, MPI für Kohlenforsch.) H. Kampfer. 2950

R. Haberl, *Über eine neue Bildungsweise des 1.2-Dimethyl-3-phenyläthylenimins.* Das bei der Darst. von (+)-2-Phenyl-3.4-dimethylmorpholin (**I**) durch Wasserabspaltung aus (—)-N-β-Hydroxyäthylephedrin (**II**) entstehende Nebenprod. wurde als (—)-*1.2-Dimethyl-3-phenyläthylenimin* (**III**) identifiziert. Sowohl bei der Hydrierung als auch bei der Umsetzung mit HCl reagiert **III** unter Ringspaltung.

Versuche: *1.2-Dimethyl-3-phenyläthylenimin* (**III**), $C_{10}H_{13}N$, Kp.$_{12}$ 85°, als Nebenprod. von **I** bei Einw. von konz. H_2SO_4 auf **II**; $[\alpha]_D^{18}$ —131,7° (A.). — (+)-*1-Phenyl-2-methylaminopropan*, Kp.$_{12}$ 84°, durch Hydrierung von **III** mit Pd/Kohle in A. unter Normalbedingungen in ca. 4 Std.; 88,8% (Ausbeute). *Hydrochlorid*, F. 174° (A.), $[\alpha]_D^{18}$ 16,6° (W.). — (+)-*Pseudo-1-phenyl-1-chlor-2-methylaminopropan, Hydrochlorid*, $C_{10}H_{15}\cdot Cl_2N$, F. 202°, aus **III** in absol. A. u. HCl in einigen Std. unter Eiskühlung; $[\alpha]_D^{18}$ 115,2° (W.); 76%. (Mh. Chem. **89**. 814—16. 29/12. 1958. Wien, Univ., I. Chem. Inst.)
H. Frischkorn. 3030

L. A. Duncanson, John Frederick Grove und **P. W. Jeffs,** *Griseofulvin.* 13. Mitt. *Homologe von Griseofulvin und 7-Chlor-4.6.4'-trimethoxy-6'-methylgrisen-(3')-dion-(3.2').* (12. vgl. C. **1958**. 5361.) Die Homologen konnten aus 7-Chlor-4.6-dimethoxy-6'-methylgrisantrion-(3.2'.4') (**I**) durch Alkylierung auf folgenden Wegen dargestellt werden: **A** Einw. von Alkohol in Ggw. von p-Toluolsulfonsäure (**II**; Kochen in Bzl.), **B** Rk. mit Diazo-KW-stoff in Toluol oder **C** durch Alkoholyse von Griseofulvin (**III**) in Ggw. von **II** (12std. Kochen). Meth. **C** lieferte etwa das gleiche Ergebnis wie **A**. **B** ergab Gemische der isomeren *Homologen* von **III** u. von 7-Chlor-4.6.4'-trimethoxy-6'-methylgrisen-(3')-dion-(3.2') (**IV**), die chromatograph. getrennt u. UV-spektroskop. analysiert wurden. **A** lieferte überwiegend Homologe von **IV**, bes. bei Anwendung sek. Alkohole, was ster. Ursachen hat. Mit prim. Alkoholen entstanden auch erhebliche Mengen der Homologen von **III**, gute Ausbeuten an **III**-Homologen mit n-Propyl-, n-Butyl- u. n-Pentylgruppe konnten jedoch nur nach der Meth. **B** erzielt werden, wobei der Diazo-KW-stoff in Toluol angewendet wurde. In Ae. (auch in Ggw. von Alkohol) sank die Ausbeute an **III**-Deriv. zugunsten der des **IV**-Homologen. Bei der Darst. der n-Butylhomologen von **III** u. **IV** aus **I** u. Diazobutan (**VI**) entstanden auch geringe Mengen des C-n-Butylderiv., dessen UV-Maximum (285 mμ) im Vgl. zum **IV**-Deriv. um ca. 20 mμ bathochrom verschoben ist. Eine geringe bathochrome Verschiebung der Bande bei 263 mμ (von **IV**) zeigen auch die Homologen von **IV** mit sek. Alkylgruppe, bes. der Cyclohexyläther. Die $[\alpha]_D^{20}$-Werte der Homologen von **III** u. **IV** verhalten sich umgekehrt proportional zur Anzahl der C-Atome in der Äthergruppe. Die Kondensation von **I** mit Tetra-O-acetyl-α-D-glucosylbromid (**V**) lieferte *7-Chlor-4.6-dimethoxy-2'-[tetra-O-acetyl-α-D-glucosido]-6'-methylgrisen-(2')-dion-(3.4')*, dessen Acetylgruppen weder durch methanol. NH_3 noch nach der Meth. von ZEMPLÉN u. PACSU [1929] hydrolysiert werden konnten.

Versuche (z. T. mit **T. P. d. Mulholland;** FF. korr.): 7-Chlor-4.6-dimethoxy-6'-methylgrisen-(2')-dione-(3.4'): *2'-n-Propoxy-*, $C_{19}H_{21}ClO_6$, F. 156—157° (Methanol oder Bzl.–PAe.), $[\alpha]_D^{20}$ +271°; nach **A** < 1, nach **B** 19% (Ausbeute). — *2'-n-Butoxy-*, $C_{20}H_{23}ClO_6$, F. 155° (Methanol), $[\alpha]_D^{20}$ +263°; nach **A** < 1, nach **B** 42, nach **C** 7%. — *2'-Isobutoxy-*, $C_{20}H_{23}ClO_6$, F. 135—136° (PAe.), $[\alpha]_D^{20}$ +264°; nach **C** 25%. — *2'-n-Amyloxy-*, $C_{21}H_{25}ClO_6$, F. 154° (Methanol), $[\alpha]_D^{20}$ +254°; nach **A** 9, nach **B** 30%. — *2'-n-Hexyloxy-*, $C_{22}H_{27}ClO_6$, F. 161° (Bzl.–PAe.), $[\alpha]_D^{20}$ +248°; nach **A** 19%. — *2'-n-Heptyloxy-*, $C_{23}H_{29}ClO_6$, F. 159—160° (Bzl.–PAe.), $[\alpha]_D^{20}$ +242°; nach **A** 7%. — *2'-n-Octyloxy-*, $C_{24}H_{31}ClO_6$, F. 134° (Platten aus Methanol, Prismen aus Bzl.–PAe.), $[\alpha]_D^{20}$ +237°; nach **A** 11%. — *2'-n-Decyloxy-*, $C_{26}H_{35}ClO_6$, F. 91° (Methanol), $[\alpha]_D^{20}$ +217°; nach **A** 5%. — *2'-n-Pentadecyloxy-*, $C_{31}H_{45}ClO_6$, F. 89—91° (Ae.–PAe. oder A.), $[\alpha]_D^{20}$ +184°; nach **B** in Ae. 7%. — 7-Chlor-4.6-dimethoxy-6'-methylgrisen-(3')-dione-(3.2'): *4'-n-Propoxy-*, F. 179° (Methanol), $[\alpha]_D^{20}$ +197°; nach **A** 29, nach **B** in Ae. 13%. — *4'-Isopropoxy-*, F. 188—190° (Methanol), $[\alpha]_D^{20}$ +208°; nach **A** 80%. — *4'-n-Butoxy-*, F. 157—158° (Methanol), $[\alpha]_D^{20}$ +192°; nach **A** 60, nach **B** in Toluol 0, in Ae. 3, in Ae.–Butanol 20; nach **C** 40%. — *4'-Isobutoxy-*, F. 152—155° (Methanol), $[\alpha]_D^{20}$ +212°; nach **C** 57%. — *4'-sek.-Butoxy-*, F. 210—211° (A.), $[\alpha]_D^{20}$ +210°; nach **C** 88%. — *4'-n-Amyloxy-*, F. 143—144° (Methanol), $[\alpha]_D^{20}$ +197° nach **A** 66, nach **B** 0%. — *4'-n-Hexyloxy-*, F. 117—118° (A.), $[\alpha]_D^{20}$ +195°; nach **A** 62%. — *4'-Cyclohexyloxy-*, $C_{22}H_{25}ClO_6$, F. 208—210° (Methanol), $[\alpha]_D^{20}$ +171°; nach **A** 73%. — *4'-n-Heptyloxy-*, F. 120—122° (A.), $[\alpha]_D^{20}$ +193°; nach **A** 29%. — *4'-n-Octyloxy-*, F. 129° (A.), $[\alpha]_D^{20}$ +179°; nach **A** 55%. — *4'-n-Decyloxy-*, F. 84—86° (A. oder PAe.), $[\alpha]_D^{20}$ +169°; nach **A** 40%. — *N-Nitrosoderiv. aus 1-Aminopentan u. (±)-Pulegon*, $C_{15}H_{28}N_2O_2$, F. 112—113° (PAe.). — *4'-n-Butoxy-3'-n-butyl-7-chlor-4.6-dimethoxy-6'-methylgrisen-(3')-dion-(3.2')*, $C_{24}H_{31}ClO_6$, F. 214—216° (Ae. oder Methanol), aus **I** u. **VI** in Ae. oder Toluol u. Trennung von dem **III**- u. **IV**-Homologen durch Chromatographie; $[\alpha]_D^{20}$ +180°; 7%. — *6.4'-Di-n-butoxy-7-chlor-4-methoxy-6'-methylgrisen-(3')-dion-(3.2')*, $C_{23}H_{29}ClO_6$, F. 136° (Bzl.–PAe.), durch Einw. von äther. **VI** im Überschuß auf 7-Chlor-6-hydroxy-4-methoxy-2'-methylgrisantrion-(3.4'.6') in Methanol u. Chromatographie; $[\alpha]_D^{20}$ +185°; 34%. — *Dimedonenolisopropyläther*, $C_{11}H_{18}O_2$, F. 47° (PAe.), durch 10std. Erhitzen von Dimedon, **II** u. Isopropylalkohol in Benzol. — *7-Chlor-4.6-dimethoxy-2'-[tetra-O-acetyl-α-D-glucosido]-6'-methylgrisen-(2')-dion-(3.4')*, $C_{30}H_{33}ClO_{15}$, F. 128—134° (Ae.–Methanol), durch Zugabe von **V** in Aceton zu **I** in Aceton + 0,93n KOH bei 5° unter Einhaltung von p_H 9 (Zugabe von weiterer KOH), 4 Tage Stehen bei n. Temp. u. Eindampfen bei 30° im Vakuum; $[\alpha]_D^{17}$ +140° (c = 1,09 in Methanol). (J. chem. Soc. [London] **1958**. 2929—33. Sept. Welwyn, Herts., Imp. Chem. Ind. Ltd., Akers Res. Labors.)

B. GNAUCK. 3061

Erling Bernatek, *Einige neue Benzodifurane und Naphthofurane aus Chinonen und β-Diketonen.* Bei der Rk. von Benzoylaceton (**III**) mit p-Benzochinon (**I**) in CH_3OH/$ZnCl_2$ entsteht nur *2.6-Dimethyl-3.7-dibenzoylbenzo-[1.2:b;4.5:b']-difuran* (**IV**), denn der mit CH_3MgJ daraus erhaltene *tert. Alkohol* ist ident. mit der aus 2.6-Dimethyl-3.7-diacetylbenzo-[1.2:b;4.5:b']-difuran (**V**) u. Phenyl-MgBr (**XI**) dargestellten Verbindung. Bei der von EBINE (C. **1954**. 11186) als α.α'-Dimethyl-β.β'-diacetyl-p-benzodifuran (F. 232—233°) beschriebenen Verb. handelt es sich wahrscheinlich um ein Gemisch von **V** (F. 248°) u. 2-Methyl-3-acetyl-5-hydroxycumaron. **IV** gibt nur ein *Mono-2.4-dinitrophenylhydrazon*. **I** u. Benzoylessigsäureäthylester (**VI**) liefern wahrscheinlich *2.6-Diphenyl-3.7-dicarbäthoxybenzo-[1.2:b;4.5:b']-difuran*. 1.4-Naphthochinon (**II**) setzt sich mit Acetylaceton (**VII**) zu *2-Methyl-3-acetyl-5-hydroxy-* (**VIII**), mit Acetessigsäureäthylester (**IX**) zu *2-Methyl-3-carbäthoxy-5-hydroxy-*, mit **VI** zu *2-Phenyl-3-carbäthoxy-5-hydroxy-* u. mit **III** zu *2-Methyl-3-benzoyl-5-hydroxynaphtho-[1.2:b]-furan* (**X**) um. Aus **X** u. CH_3MgJ bzw. **VIII** u. **XI** entsteht der IR-spektroskop. gleiche *tert.-Alkohol*. 2-Methyl-1.4-naphthochinon reagiert nicht mit **VII**, 2-Hydroxy-1.4-naphthochinon gibt den entsprechenden *Methyläther* u. 2-Chlor-1.4-naphthochinon liefert das entsprechende *Bis-[1.4-naphthochinon]*. Weder Naphthazarin noch sein Diacetat (in äther. $ZnCl_2$) setzen sich mit **VII** um.

Versuche (mit **A. Wulff** u. **S. Steinsvik**): Benzo-[1.2:b;4.5:b']-difurane: *2.6-Dimethyl-3.7-dibenzoyl-* (**IV**), $C_{26}H_{18}O_4$, F. 221° (Eisessig), aus 1 g **I**, 3 g **III** u. $ZnCl_2$ in CH_3OH durch 7std. Erhitzen auf dem Wasserbad u. Stehen über Nacht; 0,55 g (Ausbeute). *Mono-2.4-dinitrophenylhydrazon*, $C_{32}H_{22}N_4O_7$, F. 249—250°, orangerote Kristalle. — *2.6-Dimethyl-3.7-bis-[α-hydroxy-α-phenyläthyl]-*, $C_{28}H_{26}O_4$, F. 197° (Ligroin u. verd. A.), a) aus CH_3MgJ u. 0,5 g **IV** in Ae. (exotherme Rk. u. 15 Min.

Kochen; 0,44 g; b) analog aus **V** u. **XI**. — *2.6-Diphenyl-3.7-dicarbäthoxy-* (?), $C_{28}H_{22}O_6$, F. 185—186° (Eisessig), aus 2 g **I** u. 3,5 g **VI** in 5½ Std.; sehr kleine Nadeln; 45 mg. — 5-Hydroxynaphtho-[1.2:b]-furane: *2-Methyl-3-acetyl-* (**VIII**), $C_{15}H_{12}O_3$, F. 262° (Eisessig), aus 1,5 g **II** u. **VII** in 5 Std.; 0,9 g. *2.4-Dinitrophenylhydrazon*, $C_{21}H_{16}$·N_4O_6, F. 271—272° (Eisessig), rote Kristalle. *Acetat*, $C_{17}H_{14}O_4$, F. 152,5—153,5° (verd. A. u. Bzl.), Nadeln. — *2-Methyl-3-carbäthoxy-*, $C_{16}H_{14}O_4$, F. 208—209° (Eisessig), aus 5 g **II** u. **IX** in 1 Std.; Nadeln; 3,5 g. *Acetat*, $C_{18}H_{16}O_5$, F. 147—148° (Eisessig); Nadeln. — *2-Phenyl-3-carbäthoxy-*, $C_{21}H_{16}O_4$, F. 194—195° (Eisessig), aus 4 g **II** u. **VI** in 15 Min.; 4 g. *Acetat*, $C_{23}H_{18}O_5$, F. 119,5—120° (80%ig. A.), Nadeln. — *2-Methyl-3-benzoyl-* (**X**), $C_{20}H_{14}O_3$, F. 240° (Zers.; Eisessig), aus 5 g **II** u. 7 g **III** in 2½ Std.; gelbe Nadeln; 3,5 g. *Acetat*, $C_{22}H_{16}O_4$, F. 144,5—146° (70%ig. A.), rhomb. Kristalle. — *2-Methyl-3-[α-hydroxy-α-phenyläthyl]-*, $C_{21}H_{18}O_3$, a) aus **XI** in Ae. u. **VIII** in Toluol durch 15 Min. Erhitzen auf 50°, Zers. mit Eis u. 20%ig. H_2SO_4 u. Neutralisieren mit $NaHCO_3$; Kristalle aus verd. A. u. verd. Aceton; b) analog aus CH_3MgJ u. **X**. (Acta chem. scand. **10**. 273—78. 1956. Blindern-Oslo, Univ., Kjem. Inst.) CH. BÖHME. 3061

Shigeki Kojima, *Reaktion von N-Phenylpyrrolin mit Benzoylperoxyd. N-Phenyl-2.5-dihydropyrrol* (**I**), $C_{10}H_{11}N$, F. 93—94°, aus 16,1 g N-Phenyl-3.6-dihydro-1.2-oxazin durch Behandlung mit Essigsäure u. Zn; 9,4 g (Ausbeute). — *N-Phenylpyrrol* (**III**), F. 59—60°, neben 12,0 g *Benzoesäure* aus 7,2 g **I** u. 12,1 g Benzoylperoxyd (**II**) in Bzl. in 3 Std. bei 30°; 4,0 g. — *N-Phenyl-3.4-dimethylpyrrol* (**IV**), $C_{12}H_{13}N$, F. 63—64° (A.), neben 8 g *Benzoesäure* aus 5,8 g N-Phenyl-3.4-dimethyl-2.5-dihydropyrrol durch Behandlung mit 8,1 g **II** in Bzl. bei 45° in einigen Std.; 2,7 g. — **III** u. **IV** geben mit Diazoniumsalzen gelb bis orange gefärbte *Azoverbindungen*. (J. chem. Soc. Japan, ind. Chem. Sect. [Kōgyō Kagaku Zassi] **58**. 470—71. Juni 1955. Osaka, Staatl. Ind. Chem. Forsch.-Inst. [Orig.: japan.]) L. SCHULER. 3081

F. P. Doyle, M. D. Metha, G. S. Sach und **J. L. Pearson,** *Pharmakodynamische Verbindungen.* 1. Mitt. *Einige von substituierten Pyrrolidinyl-(2)-alkanolen abgeleitete Antispasmodica.* Es werden *Ester* der *Diphenylessig-*, *Fluoren-9-carbon-* u. *Xanthen-9-carbonsäure* mit verschied. *N-Alkylpyrrolidinyl-(2)-alkanolen* über die *Säurechloride* dargestellt. *Benzilsäure* (**I**)-*Ester* werden durch Rk. von **I** mit PCl_5, Rk. des *α-Chlordiphenylacetylchlorids* (**XII**) mit den Alkanolen u. Hydrolyse der *α-Chlordiphenylacetat-hydrochloride* mit W. synthetisiert. Es werden *quaternäre Salze* der bas. Ester dargestellt. Einige **I**-Ester zeigen starke antispasmod. Aktivität. — Pyrrol-2-carbonsäure wird mit CH_2N_2 verestert. Das K-Deriv. gibt mit CH_3J *1-Methylpyrrol-2-carbonsäuremethylester*, der mit $LiAlH_4$ *2-Hydroxymethyl-1-methylpyrrol* liefert. Beim Lösen in Eisessig erfolgt explosive Polymerisation. Bei der Hydrierung in CH_3OH unter Druck u. bei 168° entsteht nur sehr wenig *2-Hydroxymethyl-1-methylpyrrolidin* (**II**). **II** wird direkt u. besser durch Red. von Pyrrolidin-1.2-dicarbonsäure mit $LiAlH_4$ erhalten. Auf einem 3. Weg wird der aus d-Glutaminsäure zugängliche *5-Oxopyrrolidin-2-carbonsäurebutylester* mit $LiAlH_4$ zu *2-Hydroxymethylpyrrolidin* red. u. dieses mit $CH_2O/HCOOH$ methyliert. *2-[2-Hydroxyäthyl]-1-methylpyrrolidin* (**III**) wird durch Hydrierung von α-[1-Methylpyrryl-(2)]-essigsäureäthylester (**V**) u. Red. der *Pyrrolidinylverb.* mit $LiAlH_4$ gewonnen. Analog werden *1-Äthyl-*, *1-[n-Propyl]-* u. *1.5-Dimethyl-2-[2-hydroxyäthyl]-pyrrolidin* (**XI**) dargestellt. Der aus Benzylbromid (**VII**) u. Pyrrolidinyl-(2)-essigsäureäthylester (**VI**) zugängliche *α-[1-Benzylpyrrolidinyl-(2)]-essigsäureäthylester* wird mit $LiAlH_4$ zu *1-Benzyl-2-[2-hydroxyäthyl]-pyrrolidin* reduziert. *2-[3-Hydroxypropyl]-1-methylpyrrolidin* wird einerseits aus γ-Nitropimelinsäuredimethylester über *β-[5-Oxopyrrolidinyl-(2)]-propionsäuremethylester* (**VIII**) u. *2-[3-Hydroxypropyl]-pyrrolidin* (**IX**), andererseits aus 2-Formyl-1-methylpyrrol (**IV**) u. Malonsäurediäthylester (**X**) über *α-Äthoxycarbonyl-β-[1-methylpyrryl-(2)]-acrylsäureäthylester*, dessen *freie Säure* sich nicht decarboxylieren ließ, *α-Äthoxycarbonyl-β-[1-methylpyrrolidinyl-(2)]-propionsäureäthylester* u. *β-[1-Methylpyrrolidinyl-(2)]-propionsäureäthylester* erhalten.

Versuche: *Pyrrol-2-carbonsäure*, F. 180—181°, durch Zugeben von Pyrrol zu Äthyl-MgBr in sd. Ae. in ½ Std., 2std. Kochen, Gießen auf festes CO_2, Ansäuern mit 5n H_2SO_4, Filtrieren, Ausäthern, Abdest. von Pyrrol bei 100° (Badtemp.)/3 mm, Lösen des Rückstands in NH_4OH (D. 0,88) u. Ausäthern; 47% (Ausbeute). *Methylester*, F. 70 bis 72°, mit CH_2N_2/CH_3OH; hellgelb; 40%. — *1-Methylpyrrol-2-carbonsäuremethylester*, $C_7H_9NO_2$, Kp.$_1$ 62°, durch 23std. Kochen vorst. Methylesters mit K in Toluol, Einengen u. 36std. Kochen mit CH_3J; $n_D^{18,5}$ 1,5222; 77%. — *2-Hydroxymethyl-1-methylpyrrol*, C_6H_9NO, Kp.$_2$ 82°, durch 3std. Kochen vorst. Verb. mit $LiAlH_4$ in Ae.; $n_D^{15,5}$ 1,5308; 87%. — *5-Oxopyrrolidin-2-carbonsäurebutylester*, $C_9H_{15}NO_3$, Kp.$_{8,5}$ 180°, durch Veresterung von Glutaminsäure; $n_D^{19,5}$ 1,4739; 55—65%. — *2-Hydroxymethylpyrrolidin*, $C_5H_{11}NO$, Kp.$_8$ 89°, durch 18—22std. Kochen vorst. Verb. mit $LiAlH_4$ in Ae.; n_D^{20} 1,4846; 67%. *Pikrat*, $C_{11}H_{14}N_4O_8$, F. 106—107° (Essigester–Ae.), Prismen. — *Pyrrolidin-1.2-dicarbon-*

säurediäthylester, Kp.$_4$ 131—133°, durch 2std. Hydrieren von Pyrrol-1.2-dicarbonsäurediäthylester in Eisessig bei 100 at. in Ggw. von PtO_2 bei Raumtemp., Alkalisieren u. Ausäthern; n_D^{23} 1,4545; 83%. — *2-Hydroxymethyl-1-methylpyrrolidin* (**II**), $C_6H_{13}NO$, Kp.$_{14}$ 68—70°, Kp.$_4$ 57°, a) durch 16—20std. Kochen vorvorst. Verb. mit absol. HCOOH (D. 1,2) u. 40%ig. CH_2O, Ansäuern mit 5n HCl, Einengen, Lösen in W., Alkalisieren mit NaOH u. Extrahieren mit Chlf.; $n_D^{19,5}$ 1,4692, n_D^{23} 1,4678; 61%; b) aus vorst. Verb. mit $LiAlH_4$/Ae. in 22 Std.; 65%. *Pikrat*, F. 173—174° (A.), Nadeln. — *1.2-Dimethylpyrrol*, Kp. 138°, durch Erhitzen von **IV**, Äthylenglykol u. 60%ig. wss. $N_2H_4 \cdot H_2O$ auf 160° unter Abdest. des W., 1std. Erhitzen mit KOH auf 130° unter N_2 u. Ausäthern; n_D^{27} 1,4898; 48%. — Essigsäureäthylester: *1-Äthylpyrryl-(2)-*, Kp.$_3$ 102—110°; 41%. — *1-[n-Propyl]-pyrryl-(2)-*, Kp.$_{0,05}$ 79—87°, n_D^{24} 1,4847; 36%. — *1.2-Dimethylpyrryl-(5)-*, $C_{10}H_{15}NO_2$, Kp.$_1$ 98°, n_D^{16} 1,4950; 71%. — *1-Methylpyrrolidinyl-(2)-*, $C_9H_{17}NO_2$, Kp.$_{2,5}$ 65 bis 66°, durch 16std. Hydrierung von **V** in Eisessig bei 100 at u. Raumtemp. in Ggw. von PtO_2; $n_D^{18,5}$ 1,4464; 65%. — *1-Äthylpyrrolidinyl-(2)-*, $C_{10}H_{19}NO_2$, Kp.$_4$ 83—84°, n_D^{20} 1,4487; 75%. — *1-[n-Propyl]-pyrrolidinyl-(2)-*, $C_{11}H_{21}NO_2$, Kp.$_{4,5}$ 99°, n_D^{23} 1,4488; 41%. *Hydrochlorid*, $C_{11}H_{22}ClNO_2$, F. 130—131° (Essigester–CH_3OH–Ae.), Prismen. — *1.2-Dimethylpyrrolidinyl-(5)-*, $C_{10}H_{19}NO_2$, Kp.$_{1,5}$ 71°, n_D^{20} 1,4462; 73%. *Pikrat*, $C_{16}H_{22}N_4O_9$, F. 119° (Essigester–PAe.), Nadeln. — *1-Benzylpyrrolidinyl-(2)-*, $C_{15}H_{21}NO_2$, Kp.$_{0,02}$ 108°, durch 1½std. Kochen von **VI**, **VII** u. K_2CO_3 in absol. Toluol u. Extrahieren mit sd. Toluol; $n_D^{21,5}$ 1,5095; 66%. *Pikrat*, $C_{21}H_{24}N_4O_9$, F. 99—100° (Essigester–Ae.), Nadeln. — Pyrrolidine: *2-[2-Hydroxyäthyl]-1-methyl-* (**III**), $C_7H_{15}NO$, Kp.$_{3,5}$ 77°, mit $LiAlH_4$; n_D^{18} 1,4726; 65%. *Trijodphenylurethan*, $C_{14}H_{17}J_3N_2O_2$, F. 173—174° (Zers.; PAe.-wenig Chlf.), Nadeln. — *1-Äthyl-2-[2-hydroxyäthyl]-*, $C_8H_{17}NO$, Kp.$_{3,5}$ 95°, n_D^{20} 1,4742; 77%. — *2-[2-Hydroxyäthyl]-1-[n-propyl]-*, $C_9H_{19}NO$, Kp.$_1$ 91°, n_D^{24} 1,4685; 75%. *Trijodphenylurethan*, $C_{16}H_{21}J_3N_2O_2$, F. 79—80° (PAe.), Prismen. — *5-[2-Hydroxyäthyl]-1.2-dimethyl-* (**XI**), Kp.$_{1,5}$ 68—72°, n_D^{19} 1,4795; 78%. — *1-Benzyl-2-[2-hydroxyäthyl]-*, $C_{13}H_{19}NO$, Kp.$_{0,05}$ 110°, n_D^{24} 1,5370; 79%. *Pikrat*, $C_{19}H_{22}N_4O_8$, F. 78—79° (Essigester–PAe.), Nadeln. — *2-[3-Hydroxypropyl]-* (**IX**), $C_7H_{15}NO$, F. ca. 30°, Kp.$_{4,5}$ 118°, aus **VIII** u. $LiAlH_4$ in Tetrahydrofuran u. Ae.; 31%. — *α-Carboxy-β-[1-methylpyrryl-(2)]-acrylsäure*, $C_9H_9NO_4$, F. 167° (Aceton–PAe.), aus dem Ester; 81%. *Diäthylester*, $C_{13}H_{17}NO_4$, F. 73° (PAe.–A. 3 : 1), durch 4std. Kochen von **IV** u. **X** in A. in Ggw. von Piperidin; 76%. — *α-Äthoxycarbonyl-β-[1-methylpyrrolidinyl-(2)]-propionsäureäthylester*, $C_{13}H_{23}NO_4$, Kp.$_{0,1}$ 88°, durch 16std. Hydrieren vorst. Esters in Eisessig bei 100 at u. Raumtemp. in Ggw. von PtO_2; n_D^{21} 1,4524; 88%. — *β-[1-Methylpyrrolidinyl-(2)]-propionsäureäthylester*, $C_{10}H_{19}NO_2$, Kp.$_{0,04}$ 48°, durch 16std. Stehen vorst. Verb. mit 1,25n äthanol. KOH in A., Zugeben von verd. HCl u. Einengen; n_D^{22} 1,4520; 79%. *Pikrat*, $C_{16}H_{22}N_4O_9$, F. 106° (Essigester–PAe.), Nadeln. — *2-[3-Hydroxypropyl]-1-methylpyrrolidin*, $C_8H_{17}NO$, Kp.$_{2,5}$ 103—104°, Kp.$_{0,03}$ 60°, a) aus vorst. Verb. mit $LiAlH_4$ in Ae.; n_D^{20} 1,4741, n_D^{21} 1,4720; 86%; b) aus **IX** mit 90%ig. HCOOH u. 40%ig. CH_2O; 60%. *Pikrat*, $C_{14}H_{20}N_4O_8$, F. 54° (Chlf.–Cyclohexan), Nadeln. — Pyrrolidine: *2-[2-(α.α-Diphenylacetoxy)-äthyl]-1-methyl-*, $C_{21}H_{25}NO_2$, Kp.$_{0,05}$ 165°, durch 18std. Stehen von **III** u. Diphenylacetylchlorid in Bzl. bei Raumtemp. u. Alkalisieren des Hydrochlorids; n_D^{23} 1,5521; 48%. *Methojodid*, $C_{22}H_{28}JNO_2$, F. 143—144° (Butanon), hellgelbe Nadeln; 80%. — *2-[2-(α.α-Diphenylacetoxy)-äthyl]-1-äthyl-*, $C_{22}H_{27}NO_2$, Kp.$_{0,03}$ 168°, $n_D^{19,5}$ 1,5511; 55%. — *2-[2-(Fluoren-9-carbonyloxy)-äthyl]-1-methyl-*, *Hydrochlorid*, $C_{21}H_{24}ClNO_2$, F. 164° (Zers.; A.–Ae.), aus **III** u. Fluoren-9-carbonsäurechlorid in Chlf. bei Raumtemp. in ½ Std.; Prismen; 25%. — *2-[2-(Xanthen-9-carbonyloxy)-äthyl]-1-methyl-*, *Hydrochlorid*, $C_{21}H_{24}ClNO_3$, F. 197—198° (Zers.; A.–Ae.), aus **III** u. Xanthen-9-carbonsäurechlorid in absol. Ae. bei Raumtemp.; Nadeln; 80%. *Methojodid*, $C_{22}H_{26}JNO_3$, F. 165° (A.), Stäbchen; 69%. — 2-[2-(α.α-Diphenylglykoloyloxy)-äthyl]-pyrrolidine: *1.5-Dimethyl-*, *Hydrochlorid*, $C_{22}H_{28}ClNO_3$, F. 179—180° [Propanol-(2)/Ae. 1 : 6], durch Stehen von **XI** u. **XII** in absol. Ae. über Nacht, Dekantieren, Behandeln mit A., 30 Min. Stehen in W., Zugeben von NaCl u. Extrahieren mit Chlf.; Stäbchen; 24%. *Methojodid*, $C_{23}H_{30}JNO_3$, F. 154—155° (A.–Butanon 1 : 4), Nadeln; 89%. — *1-Methyl-*, $C_{21}H_{25}NO_3$, F. 82 bis 83° (PAe.); 56%. *Hydrochlorid*, $C_{21}H_{26}ClNO_3$, F. 134° (A.–Ae.), Prismen; 58%. *Methojodid*, $C_{22}H_{28}JNO_3$, F. 153° (A.–Ae.), Nadeln; 66%. *Methobromid*, $C_{22}H_{28}BrNO_3$, F. 148—149° (Butanon–Ae.), Nadeln; 78%. *Äthojodid*, $C_{23}H_{30}JNO_3$, F. 176—177° (Butanon–A.), Prismen; 56%. *n-Propylojodid*, $C_{24}H_{32}JNO_3$, F. 178° (Butanon–A.), Nadeln; 71%. — *1-Äthyl-*, *Hydrochlorid*, $C_{22}H_{28}ClNO_3$, F. 151° (A.–Ae.), Prismen; 89%. *Äthojodid*, $C_{24}H_{32}JNO_3$, F. 162° (Butanon–A.), Nadeln; 80%. — *1-[n-Propyl]-*, $C_{23}H_{29}NO_3$, Kp.$_{10^{-4}}$ 156—157°, n_D^{23} 1,5491; 42%. *Hydrochlorid*, $C_{23}H_{30}ClNO_3$, F. 149—150° (Essigester–CH_3OH–Ae.), Nadeln. — *2-[2-(α.α-Diphenylglykoloyloxy)-äthyl]-pyrrolidin*, $C_{20}H_{23}NO_3$, F. 125° (PAe.), durch Hydrierung von 1-Benzyl-2-[2-(α.α-diphenylglykoloyloxy)-äthyl]-pyrrolidin (Rohprod.) in Essigsäure bei 66 lbs./sq.in. in Ggw. von Pd-Kohle;

Nadeln; 38%. *Hydrochlorid*, $C_{20}H_{24}ClNO_3$, F. 143—144° (A.–Ae.), Nadeln. — *2-[3-(α.α-Diphenylglykoloyloxy)-propyl]-1-methylpyrrolidin*, $C_{22}H_{27}NO_3$, F. 84° (PAe.), Nadeln; 88%. *Hydrochlorid*, $C_{22}H_{28}ClNO_3$, F. 122° (Butanon–PAe.), Nadeln. *Methojodid*, $C_{23}H_{30}$·JNO_3, F. 130° (Essigester–A.), Nadeln; 85%. — *2-[(α.α-Diphenylglykoloyloxy)-methyl]-1-methylpyrrolidin*, $C_{20}H_{23}NO_3$, F. 100—101° (PAe.; bei Verwendung des nach a) dargestellten **II**) bzw. F. 104° (bei Verwendung des nach b) dargestellten **II**), Nadeln; 53%. *Hydrochlorid*, $C_{20}H_{24}ClNO_3$, F. 170—171° bzw. 182—183° (Butanon), Nadeln; 61—67%. *Methojodid*, $C_{21}H_{26}JNO_3$, F. 192° bzw. 184° (Essigester–CH_3OH–Ae.), Prismen; 84—97%. *Methobromid*, $C_{21}H_{26}BrNO_3$, F. 171° (Aceton), Nadeln. *Methomethylsulfat*, $C_{22}H_{29}NO_7S$, F. 154—155° (Butanon–A.–Ae.), Nadeln; 84%. *Äthojodid*, $C_{22}H_{28}JNO_3$, F. 148—150° (Essigester–CH_3OH–Ae.), Nadeln; 40%. (J. chem. Soc. [London] **1958**. 4458—66. Dez. Betchworth, Surrey, Beecham Res. Labors. Ltd., Organ. Dep.; London, C. L. Bencard Ltd.) R. PASEDAG. 3081

G. Henseke, Ullrich Müller, H. Engelmann und **Inge Demuth**, *Synthese und Reaktionen von 1-Phenyl-4-imino-5-oxopyrazolin.* Beim mehrstd. Kochen von D-Fructoson-1-phenylhydrazon mit 3 Mol α-Methylphenylhydrazin (**I**) in A. entsteht *1-Phenyl-4-imino-5-oxopyrazolin* (**II**; F. 270° [Zers.], dunkelrote Nadeln), während mit 1 Mol **I** wahrscheinlich ein *Dimeres* (F. 360°) von **II** mit gleichem Reaktionsvermögen erhalten wird. Beide liefern mit Phenylhydrazin *1-Phenyl-5-oxo-4-phenylhydrazonopyrazolin.* Die Einw. von $N_2H_4 \cdot H_2O$ auf **II** führt zu *Bis-[1-phenyl-5-oxopyrazolin]-4.4'-ketazin*, die von o-Phenylendiamin zu *1-Phenyl-4.5-dioxopyrazolin-4-[o-aminoanil]* (rot) u. die von 1.3-Dimethyl-4.5-diaminouracil zu *1-Phenyl-5-oxo-4-[1.2.3.4-tetrahydro-1.3-dimethyl-2.4-dioxo-6-aminopyrimidyl-(5)-imino]-pyrazolin* (rot), das im bas. Medium Ringschluß zu *1'.2'.3'.4'-Tetrahydro-1'.3'-dimethyl-2'.4'-dioxopyrimidino-[5'.6':2.3]-1''-phenylpyrazolo-[4''.5'':5.6]-pyrazin* erleidet. (Angew. Chem. **71**. 70. 21/1. 1959. Greifswald, Univ., Inst. für Organ. Chem.) R. PASEDAG. 3122

G. Kirchner, *Darstellung von α-Amino-α-phenylaceton aus α-Methylaminopropiophenon. Doppelbindungsisomerisierung in Δ^3-Imidazolinen.* Die aus α-Amino- bzw. α-Alkylaminoketonen mit Carbonylverbb. u. NH_3 zugänglichen *Δ^3-Imidazoline* zerfallen in wss. HCl in die *Carbonylverbb.*, *α-Aminoketonhydrochloride* u. *NH_4Cl.* Die aus 1.5-Dimethyl-2.2-pentamethylen-4-phenyl- bzw. 1.5-Dimethyl-2.4-diphenyl- bzw. 1.5-Dimethyl-4-phenyl-Δ^3-imidazolin in absol. Ae. oder A. mit HCl-Gas gefällten Hydrochloride färben sich an der Luft rot (außer im letzten Fall) u. werden schmierig. Mit Aceton konnte neben *Methylammoniumchlorid* stets in guter Ausbeute *α-Amino-α-phenylaceton* (**I**)-*Hydrochlorid* (F. 208°) isoliert werden. Im Filtrat konnte deutlich *Cyclohexanon* bzw. *Benzaldehyd* nachgewiesen werden. Auf diesem Wege ist Ephedron (α-Methylaminopropiophenon) über ein Δ^3-Imidazolin in **I** überführbar. (Angew. Chem. **71**. 70. 21/1. 1959. Magdeburg, VEB-Fahlberg-List, Forschungsabt.) R. PASEDAG. 3122

Peter F. Epstein, *Fünfgliedrige heterocyclische, vom Piperonal abgeleitete Verbindungen.* 1. Mitt. *Untersuchung der Reaktionen zwischen Piperonal und 1.2-Diaminen.* Die Rk. von Piperonal (**I**) mit 1.2-Diaminoäthan (**II**) führt nur zu *N.N'-Bis-[3.4-methylendioxybenzal]-1.2-diaminoäthan.* Aus 1-Anilino-2.2-dimethyl-2-aminoäthan (**V**) bzw. anderen Diaminen mit einer prim. u. einer sek. Aminogruppe u. **I** werden dagegen *1-Phenyl-2-[3.4-methylendioxyphenyl]-4.4-dimethylimidazolidin* bzw. die entsprechenden *Imidazolidine* erhalten, die gegen Na/A. stabil sind bzw. keine Acetyl- u. Benzoylderivv. bilden. Die Umsetzung von Aminen mit 2 sek. Aminogruppen, die entweder durch Hydrierung der entsprechenden SCHIFFschen Basen (Meth. **A**) oder Rk. der prim. Amine mit 1.2-Dichlor- (**III**) oder 1.2-Dibromäthan (**IV**) erhalten wurden, mit **I** führt im Falle von N-Aryl-, -Aralkyl- oder -Cycloalkylsubstituenten zu den entsprechenden *Imidazolidinen*, während im Falle von N-Alkylsubstituenten keine Rk. erfolgt. Lediglich N.N'-Bis-[n-butyl]-1.2-diaminoäthan (**VII**) liefert eine Verb. unbekannter Konstitution.

Versuche: *N.N'-Bis-[3.4-methylendioxybenzal]-1.2-diaminoäthan*, $C_{18}H_{16}N_2O_4$, F. 178—179° (A.), durch 1std. Kochen von **I** u. **II**-Monohydrat in A.; 95% (Ausbeute). — 1.2-Diaminoäthane: *N.N'-Dibenzyl-*, Kp.$_2$ 203°, durch 3std. Hydrierung von N.N'-Dibenzal-1.2-diaminoäthan (F. 57—58°) in CH_3OH in Ggw. von Pd-$BaSO_4$ bei Raumtemp. u. 40 lbs./sq.in. (Meth. **A**); 87,1%. — *N.N'-Bis-[3.4-methylendioxybenzyl]-*, F. 45°, aus N.N'-Bis-[3.4-methylendioxybenzal]-1.2-diaminoäthan (F. 178—179°) nach **A**; 76,3%. — *N.N'-Bis-[n-butyl]-* (**VII**), Kp.$_{760}$ 265°, Kp.$_{40}$ 167°, aus N.N'-Bis-[n-butyliden]-1.2-diaminoäthan (Kp.$_{18}$ 184°) nach **A**; 86,5%. — *N.N'-Diäthyl-*, Kp.$_8$ 60°, nach **A** aus **II** u. Acetaldehyd ohne Isolierung der SCHIFFschen Base; 40,3%. — *N.N'-Dicyclohexyl-*, F. 89°, aus **IV**; 59,3%. — *N.N'-Diphenyl-* (**VI**), F. 64—64,5°, aus **III**; 89,9%. — *N.N'-Diisopropyl-*, Kp.$_{750}$ 169—173°, aus **IV**; 62,0%. — *N.N'-Diallyl-*, Kp.$_{760}$ 198—201°, aus **IV**; 64,2%. — *N.N'-Bis-[2-äthylbutyl]-*, Kp.$_5$ 116°, aus **IV**; 38,0%. — *N.N'-Bis-[tert.-*

butyl]-, Kp.$_{760}$ 193°, aus **IV**; 61,0%. — 2-[3.4-Methylendioxyphenyl]-imidazolidine: *1-Isopropyl-4.4-dimethyl-*, $C_{15}H_{22}N_2O_2$, F. 37—38°, Kp.$_6$ 157°, durch 2std. Kochen von 1-Isopropylamino-2.2-dimethyl-2-aminoäthan u. **I** in Bzl. unter Entfernung des gebildeten W.; 100%. — *1-Phenyl-4.4-dimethyl-*, $C_{18}H_{20}N_2O_2$, F. 102° (A.), aus **V**; 89,0%. — *1-[2-Hydroxyäthyl]-4.4-dimethyl-*, $C_{14}H_{20}N_2O_3$, F. 81—82° (A.), aus 1-[2-Hydroxyäthylamino]-2.2-dimethyl-2-aminoäthan; 91,6%. — *1-[2-Hydroxypropyl]-4.4-dimethyl-*, $C_{15}H_{22}N_2O_3$, F. 89—90° (A.), aus 1-[2-Hydroxypropylamino]-2.2-dimethyl-2-aminoäthan; 93,0%. — *1-[2-Hydroxy-1.1-dimethyläthyl]-4.4-dimethyl-*, $C_{16}H_{24}N_2O_3$, F. 78° (A.), aus 1-[1.1-Dimethyl-2-hydroxyäthylamino]-2.2-dimethyl-2-aminoäthan; 77,0%. — *1.3-Diphenyl-*, $C_{22}H_{20}N_2O_2$, F. 155° (A.), aus **VI**; 100%. — *1.3-Dicyclohexyl-*, $C_{22}H_{32}N_2O_2$, F. 120° (A.); 86,0%. — *1.3-Dibenzyl-*, $C_{24}H_{24}N_2O_2$, F. 112° (A.); 100%. — *1.3-Bis-[3.4-methylendioxybenzyl]-*, $C_{26}H_{24}N_2O_6$, F. 155—156° (A.); 100%. — *Verb.* $C_{18}H_{28}N_2O_2$, F. 179°, aus **VII** u. **I**. (J. org. Chemistry **24**. 68—72. Jan. 1959. Minneapolis, Minn., McLaughin Gormley King Co., Res. Labor.) R. PASEDAG. 3122

Edward B. Knott, *Die Farbe organischer Verbindungen.* 8. Mitt. *Ein Vergleich isomerer Farbstoffe aus 3.7a-Diazaindanon-(1) und -(2).* (7. vgl. J. chem. Soc. [London] **1952**. 4762.) Durch Verseifung von N-Pyridyl-(2)-aminoacetonitril zu *N-Pyridyl-(2)-aminoessigsäure* (**I**) u. deren Ringschluß mit PCl_3 wird das *Hydrochlorid* von *3.7a-Diazaindanon-(1)* (**II**) erhalten. **II** läßt sich in Pyridin in Ggw. von Triäthylamin (**IV**) mit 2-[2'-Acetanilidovinyl]- oder 2-Alkylmercaptoderivv. cycl. quatern. Ammoniumsalze leicht zu *Merocyaninen* umsetzen; Einw. von p-Dimethylaminobenzaldehyd auf **II** führt zum *2-[p-Dimethylaminobenzyliden]-3.7a-diazaindanon-(1)*. **II** wird mit 5-Äthoxymethylen-3-äthylrhodanin (**III**) zu *[3.7a-Diaza-1-oxoindanyl-(1)]-[3-äthyl-2-thioketo-4-oxothiazolidinyl-(5)]-methinoxonol* kondensiert. Durch Ringschluß von **I**-Hydrochlorid mit Essigsäureanhydrid wird *Bis-[3.7a-diaza-1-oxoindanyl-(2)]-mesomethylmethinoxonol* erhalten. Die UV-Absorptionsmaxima der Farbstoffe werden tabellar. mit denen der entsprechenden Verbb. aus der 3.7a-Diazaindanon-(2)-Reihe verglichen u. diskutiert.

Versuche: *N-Pyridyl-(2)-aminoessigsäure* (**I**), *Hydrochlorid*, $C_7H_9ClN_2O_2$, F. ca. 190°, unter vorherigem Dunkeln, aus N-Pyridyl-(2)-aminoacetonitril u. 5n HCl durch 1½std. Erhitzen auf 100° u. Eindampfen zur Trockne; aus Methanol/Ae. oder W. Nadeln; 76% (Ausbeute). *Freie Säure, Hydrat*, $C_7H_8N_2O_2 \cdot H_2O$, F. 175°, bei vorangehendem Sintern ab 120—165°, aus W. Nadeln; 84%. — *3.7a-Diazaindanon-(1)* (**II**), *Hydrochlorid*, $C_7H_7ClN_2O$, F. ca. 190° (Zers.), durch 3std. Kochen von **I**-Hydrochlorid mit PCl_3 bei 100°; hellgrüne Körner. — *Bis-[3.7a-diaza-1-oxoindanyl-(2)]-mesomethylmethinoxonol*, $C_{16}H_{12}N_4O_2$, aus **I**-Hydrochlorid in Essigsäureanhydrid durch Kochen aus Butanol grünbronzenfarbene Nadeln; 28,4%. — *Bis-[3.7a-diaza-1-oxoindanyl-(2)]-methinoxonol*, $C_{15}H_{10}N_4O_2$, Zers. ab 240° (A.); durch 2—3 Min. langes Erhitzen von **II**-Hydrochlorid in Pyridin mit Orthoameisensäuretriäthylester; aus A. grüne Nadeln; 39,5%. — *[3.7a-Diaza-1-oxoindanyl-(2)]-[3-äthyl-2-thioketo-4-oxothiazolidinyl-(5)]-methinoxonol*, $C_{13}H_{11}N_3O_2S_2$, kein definierter F., aus **II**-Hydrochlorid u. **III** in Pyridin u. wenig **IV** durch ½std. Kochen; aus alkoh. **IV**-Lsg. durch Fällen mit alkoh. Essigsäure grüne Nadeln; 65%. — *2-[3-Äthylbenzoxazolinyliden-(2)-äthyliden]-3.7a-diazaindanon-(1)*, $C_{18}H_{15}N_3O_2$, F. 237 bis 238°, aus **II**-Hydrochlorid u. 2-[2'-Acetanilidovinyl]-benzoxazoläthojodid in Pyridin u. **IV** durch ¼std. Erhitzen auf 100°; aus PAe./Bzl. braungrüne Nadeln; 51%. *Hydrochlorid*, $C_{18}H_{15}N_3O_2 \cdot HCl$ F. 259—262° aus Ae./Methanol magentarote Nadeln. — *2-[3-Äthylbenzothiazolinyliden-(2)-äthyliden]-3.7a-diazaindanon-(1)*, $C_{18}H_{15}N_3OS$, F. 260°, sintert ab 230°, wie vorst.; aus CH_3OH grüne Nadeln; 56%. *Äthojodid*, $C_{20}H_{20}JN_3OS$, F. 247°, durch 2std. Kochen in Bzl.; aus Bzl. grüne Nadeln; 95%. — *2-[1-Äthyl-1.2-dihydrochinolinyliden-(2)-äthyliden]-3.7a-diazaindanon-(1)*, $C_{20}H_{17}N_3O$, F. 197°, analog; aus CH_3OH grüne Nadeln; 70%. — *2-[1.2-Dihydro-1-methylpyridyliden-(2)-äthyliden]-3.7a-diazaindanon-(1)*, *Dihydrat*, $C_{15}H_{13}N_3O \cdot 2H_2O$, F. 124—125°, aus 3,4 g 2-[2'-Anilinovinyl]-pyridinmethojodid u. 1,7 g **II**-Hydrochlorid in 10 cm³ Pyridin/3 cm³ **IV** u. 1 cm³ Essigsäureanhydrid durch 15std. Erhitzen auf 100°; aus W. grünlichbraune Nadeln; 2,0 g. — *2-[3-Äthylbenzothiazolinyliden-(2)]-3.7a-diazaindanon-(1)*, $C_{16}H_{13}N_3OS$, F. 256°, aus **II**-Hydrochlorid u. 2-Äthylmercaptobenzothiazolätho-p-toluolsulfonat in Pyridin in Ggw. von **IV** durch ¼std. Erhitzen auf 100°; aus Bzl./A. orangefarbene Nadeln; 54%. — *2-[1.2-Dihydro-1-methylchinolinyliden-(2)]-3.7a-diazaindanon-(1)*, $C_{17}H_{13}N_3O$, F. 190°; aus CH_3OH olivgrüne Nadeln; 58%. — *2-[p-Dimethylaminobenzyliden]-3.7a-diazaindanon-(1)*, $C_{16}H_{15}N_3O$, F. 199°, aus p-Dimethylaminobenzaldehyd u. **II**-Hydrochlorid in Pyridin/**IV** durch ½std. Erhitzen auf 100°; aus A. purpurfarbene Nadeln; 45%. (J. chem. Soc. [London] **1956**. 1360—64. Juni. Wealdstone, Harrow, Middlesex, Kodak Ltd., Res. Labor.) M. KÜHNEL. 3122

Paolo Grünanger und **Sergio Mangiapan**, *Nitriloxyde und β-Chlorvinylketone.* 14. Mitt. *über Nitriloxyde.* (13. vgl. C. **1958**. 8633.) Vff. untersuchen die Kondensation von Nitriloxyden mit β-Chlorvinylketonen, die durch Abspaltung von HCl direkt zu den auf diesem Wege leicht zugänglichen α-Isoxazolketonen führt.

Versuche: *3-Phenyl-5-acetylisoxazol*, $C_{11}H_9NO_2$, F. 104—105°, durch 1std. Kochen von 4,8 g β-Chlorvinylmethylketon mit einer äther. Lsg. von Benzonitriloxyd [**II**, aus 10 g Benzhydroxamsäurechlorid (**III**)], Einengen, Stehen über Nacht, Eindampfen zur Trockne u. 3tägiges Stehen des Ölrückstandes bei Raumtemp.; Nadeln aus Bzl.; 1,9 g (Ausbeute). *4-Nitrophenylhydrazon*, $C_{17}H_{14}N_4O_3$, F. 228—228,5°; gelbe Nadeln aus Eisessig. *2.4-Dinitrophenylhydrazon*, $C_{17}H_{13}N_5O_5$, F. 264—265° (Zers.), orangegelbe Prismen u. Nadeln. *Semicarbazon*, $C_{12}H_{12}N_4O_2$, F. 236—237° (Zers.), aus A. Nadeln. — *3-Phenyl-5-propionylisoxazol* (**IV**), $C_{12}H_{11}NO_2$, F. 111—112°, aus 16 g β-Chlorvinyläthylketon u. **II** in Ae. (aus 30 g **III**) durch 15 Min. Kochen, Zugabe von Na-Methylat u. Einengen des Reaktionsgemisches auf $^2/_3$ nach weiterem 4std. Erhitzen; glänzende Schuppen aus Eisessig bzw. Alkohol. — *Semicarbazon*, $C_{13}H_{14}N_4O_2$, F. 198°; Prismen aus CH_3OH. — *[3-Phenylisoxazolyl-(5)]-äthylcarbinol*, $C_{12}H_{13}NO_2$, F. 95—96°; a) durch 7std. Kochen von 2 g **IV** in 20 cm³ Eisessig u. anteilweise Zugabe von 3 g Zn-Staub; 1,6 g (roh); b) durch langsames Eintropfen einer Lsg. von 1 g **IV** in absol. Ae. in eine äther. Suspension von 0,05 g $LiAlH_4$ u. vorsichtige Zers. mit Ae.-CH_3OH (1 : 1) u. W. nach weiterem 2½std. Kochen; Kristalle aus Ligroin; 0,8 g (roh). — *3-Phenylisoxazolcarbonsäure-(5)*, $C_{10}H_7NO_3$, F. 178—179°, durch Oxydation von 1 g **IV** in 15 cm³ Aceton anteilweise mit wenig festem $KMnO_4$, Aufnehmen mit lauwarmem W. nach Verdampfen des Lösungsm., Ausäthern u. Gießen in mit Eis versetzter 40%ig. H_2SO_4; Flocken; 0,2 g (roh); durch Oxydation von **IV** mit $KMnO_4$ in neutralem wss. Medium in der Wärme entsteht nur *Benzoesäure*. — *3-Phenyl-5-butyrylisoxazol*, $C_{13}H_{13}NO_2$, F. 92—93°, aus 14 g β-Chlorvinyl-n-propylketon (**V**) mit einer äther. **II**-Lsg. (aus 25 g **III**) durch Zugabe von Na-Äthylat (aus 1,85 g Na), 4std. Kochen u. Aufarbeiten; glänzende Schuppen aus A.; 4,4 g. *4-Nitrophenylhydrazon*, $C_{19}H_{18}N_4O_3$, F. 178—180°, gelbe Nadeln aus A. u. Äthylacetat. *Semicarbazon*, $C_{14}H_{16}N_4O_2$, F. 171—172°, Prismen aus CH_3OH. — *3-Phenyl-5-isovalerylisoxazol*, $C_{14}H_{15}NO_2$, F. 73—74°, durch 1std. Kochen von 5 g **II** (aus 5 g **III**) mit 2,9 cm³ β-Chlorvinylisobutylketon, Einengen zur Trockne, Lösen des verbliebenen Ölrückstandes in wenig CH_3OH u. Behandeln des Filtrates mit einer Lsg. von 1,1 g KOH in 5 cm³ CH_3OH + 5 cm³ W.; Nadeln aus CH_3OH; 2,3 g (roh). *Semicarbazon*, $C_{15}H_{18}N_4O_2$, F. 197—198°, Prismen. *2.4-Dinitrophenylhydrazon*, $C_{20}H_{19}N_5O_5$, F. 234°, orangerote Nadeln. — *3-Phenyl-5-n-caproylisoxazol*, $C_{15}H_{17}NO_2$, F. 86—87°, durch Kondensation von 17,5 g β-Chlorvinyl-n-amylketon in Ae. mit einer äther. **II**-Lsg. (aus 25 g **III**) in 12 Std. bei Raumtemp. u. Zutropfen einer Lsg. von 1,5 g Na in CH_3OH; Nadeln aus CH_3OH; 6,05 g (roh). *2.4-Dinitrophenylhydrazon*, $C_{21}H_{21}N_5O_5$, F. 204—204,5°, gelbe Nadeln aus A., Eisessig u. Äthylacetat. — *3-Phenyl-5-n-önanthoylisoxazol* (**I**), $C_{16}H_{19}NO_2$, F. 74—75°, durch 3std. Kochen einer äther. **II**-Lsg. (aus 5 g **III**) mit 3,45 g β-Chlorvinyl-n-hexylketon u. Behandeln des Rückstandes nach Verdampfen des Lösungsm. mit 0,7 g KOH in 4 cm³ CH_3OH unter Eiskühlung; Blättchen aus CH_3OH. *2.4-Dinitrophenylhydrazon*, $C_{22}H_{23}N_5O_5$, F. 187°, orangegelbe Nadeln aus Äthylacetat. *4-Nitrophenylhydrazon*, $C_{22}H_{24}N_4O_3$, F. 157°, gelbe Nadeln aus CH_3OH. — *3-[p-Bromphenyl]-5-butyrylisoxazol*, $C_{13}H_{12}BrNO_2$, F. 140—141°, durch 3std. Kochen von 3,2 g **V** mit 4,6 g p-Brombenzonitriloxyd in 150 cm³ Ae. analog **I**; breite glänzende Schuppen aus CH_3OH; 4,0 g (roh); daneben *3.4-[p.p'-Dibromdiphenyl]-furoxan* (F. 161°, aus A. Nadeln). *4-Nitrophenylhydrazon*, $C_{19}H_{17}BrN_4O_3$, F. 220—221°, gelbe Prismen aus Äthylacetat. (Gazz. chim. ital. **88**. 149—60. Febr. 1958. Milano, Politecn., Ist. di Chim. gen., Centro di Chim. ind. del C.N.R.) G. PLATZER. 3132

Alexander Mackie und **Anand L. Misra**, *Die Darstellung einiger heterocyclischer Schwefelverbindungen als mögliche Anthelmintica.* 10-Chloracetylphenothiazin (**I**) gibt mit Thioharnstoff (**II**) nicht das erwartete 2-Amino-4-[phenothiazinyl-(10)]-thiazol, sondern *Phenothiazin* (**III**) u. *2-Amino-4-hydroxythiazolhydrochlorid*, unter besonderen Versuchsbedingungen außerdem wenig *10-Acetylphenothiazin*. **II** reagiert mit 2-Brom-6-chlorbenzothiazol in A. zu *6-Chlor-2-mercaptobenzothiazol* u. in W. zu *Bis-[6-chlorbenzothiazolyl-(2)]-sulfid*. Die Rk. stellt ein gutes Verf. zur Herst. von 6-substituierten 2-Mercaptobenzothiazolen dar. 2-Amino-4-chlormethylthiazol (**IV**) liefert mit Thiosemicarbazid (**V**) *S-[2-Aminothiazolyl-(4)]-methyl]-thiosemicarbazid*.

Versuche: *2-Amino-4-hydroxythiazol*, $C_3H_4N_2OS$, F. 242—244° (Zers.), a) durch Zugabe von 11,5 g **I** zu einer sd. alkoh. Lsg. von **II**, 3std. Kochen u. Umsetzung des *Hydrochlorids* [$C_3H_5ClN_2OS$, F. 206—208°, aus Methanol Prismen; 3 g (Ausbeute)] mit Pyridin; aus W. Nadeln; *Benzylidenderiv.*, F. 294° (Zers.); daneben *Phenothiazin* (**III**); b) durch Zugabe von **II** zu **I**, dann wie a); daneben **III** u. *10-Acetylphenothiazin*, F. 198 bis 199°. — *2-Brom-6-chlorbenzothiazol*, $C_7H_3BrClNS$, F. 97—98°, aus 2-Amino-6-chlorbenzothiazol nach ELDERFIELD u. SHORT (C. **1954**. 5522) aus A.; dunkelgelbe Nadeln. —

6-Chlor-2-mercaptobenzothiazol, $C_7H_4ClNS_2$, F. 250–252°, durch 4std. Kochen von 2,5 g vorst. Verb. mit **II** in A.; gelbe Nadeln aus A.; 1,5 g. — *Bis-[6-chlorbenzothiazolyl-(2)]-sulfid*, $C_{14}H_6Cl_2N_2S_3$, F. 174–176°, analog vorst. Verb. beim Arbeiten in W. u. Behandlung mit 10%ig. NaOH; hellbraune Nadeln aus PAe.; 0,3 g. — *S-[2-Aminothiazolyl-(4)-methyl]-thiosemicarbazid*, F. 173–174° (Zers.), durch Zugabe von 5 g **IV**-Hydrochlorid zu einer sd. alkoh. Lsg. von **V**, 2std. Kochen u. Umsetzung des *Dihydrochlorids* [C_5H_{11}·$Cl_2N_5S_2$, F. 211–212° (Zers.), aus wss. Methanol Prismen; 4,5 g] mit K-Acetat oder Pyridin; aus W. Blättchen. — *p-Dimethylaminobenzaldehyd-S-[2-aminothiazolyl-(4)-methyl]-thiosemicarbazon*, $C_{14}H_{18}N_6S_2$, F. 207–208° (Zers.), aus 0,3 g p-Dimethylaminobenzaldehyd durch 2std. Kochen mit vorst. Verb. u. Na-Acetat in A.; graue, prismat. Nadeln aus A.; 0,25 g. (J. chem. Soc. [London] **1955**. 1030–31. März. Edinburgh, Heriot-Watt Coll.) M. Reiher. 3142

Walter Ried und **Rolf Bender**, *Symmetrische und asymmetrische, mesoständig substituierte Trimethincyanine aus 2.6-Dimethylbenzo-[1.2;4.5]-bis-thiazol.* 2.6-Dimethylbenzo-[1.2;4.5]-bis-thiazol liefert ein *Bis-[ätho-p-toluolsulfonat]* (**I**), das sich in das *Bis-[äthojodid]* bzw. *Bis-[äthoperchlorat]* überführen ließ. Mit Veratrumaldehyd (**VI**), β-Indolaldehyd u. 4-Dimethylaminobenzaldehyd liefert **I** die entsprechenden *2.6-Divinylverbb.*, während mit Orthoameisensäure- (**VII**), Orthoessigsäure- u. Orthopropionsäuretriäthylester in Pyridin die entsprechenden *symm.-Trimethincyanine* entstehen. Die Absorptionsmaxima der letzten sind gegenüber denen der Trimethincyanine des Benzthiazols nach längeren Wellen verschoben. Auch hier bewirkt die Einführung einer CH_3-Gruppe in die meso-Stellung (ms) einen hypsochromen Effekt. **I** gibt mit 2-[β-Äthylmercapto-β-methylvinyl]-benzthiazolätho-p-toluolsulfonat (**II**), 2-[β-Äthylmercapto-β-phenylvinyl]-6-äthoxybenzthiazolätho-p-toluolsulfonat (**III**) bzw. 2-[β-Äthylmercapto-β-äthylvinyl]-β-naphthothiazolätho-p-toluolsulfonat (**IV**) in absol. A. *2-Methyl-3.7-diäthylbenzo-[1.2;4.5]-bis-thiazol-6-[3-äthylbenzthiazol-(2)]-ms-methyltrimethincyanin-bis-p-toluolsulfonat* (**V**) bzw. die entsprechenden analogen *unsymm. Trimethincyanine*. **V** wurde mit aromat. Aldehyden zu Verbb. umgesetzt, die in 2- u. meso-Stellung Styrylgruppen tragen. Bei diesen Verbb. sind die Absorptionsmaxima gegenüber denen der meso-Methylverbb. nach längeren Wellen verschoben.

Versuche: *2.6-Dimethylbenzo-[1.2;4.5]-bis-thiazol*, F. 100°, Nadeln. *Bis-[ätho-p-toluolsulfonat]* (**I**), $C_{28}H_{32}N_2O_6S_4$, F. 215° (A.), durch 7std. Erhitzen mit p-Toluolsulfonsäureäthylester auf 135° u. Auskochen mit Ae. u. Aceton; 29% (Ausbeute). *Bis-[äthojodid]*, $C_{14}H_{18}J_2N_2S_2$, F. 254° (A.), aus **I** mit wss. KJ; Nadeln. *Bis-[äthoperchlorat]*, $C_{14}H_{18}Cl_2N_2O_8S_2$, F. 260° (A.), aus **I** mit wss. $NaClO_4$; 88%. — *2.6-Bis-[3.4-dimethoxystyryl]-benzo-[1.2;4.5]-bis-thiazol-bis-[ätho-p-toluolsulfonat]*, $C_{46}H_{48}N_2O_{10}S_4$, F. 265° (A.), durch 2std. Kochen von 100 mg **I** mit 200 mg **VI** in absol. A.; rote Nadeln; 70%. — *2.6-Bis-[β-indolyl-(3)-vinyl]-benzo-[1.2;4.5]-bis-thiazol-bis-[ätho-p-toluolsulfonat]*, $C_{46}H_{42}$·$N_4O_6S_4$, F. 298° (A.), rote Nadeln mit gelbem Reflex; 54%. — *2.6-Bis-[p-dimethylaminostyryl]-benzo-[1.2;4.5]-bis-thiazol-bis-[ätho-p-toluolsulfonat]*, $C_{46}H_{50}N_4O_6S_4$, F. 296° (A.), grüne, metall. glänzende Kristalle; 75%. — *Bis-{3.7-diäthyl-6-methylbenzo-[1.2;4.5]-bis-thiazol-(2)}-trimethincyanin-tris-p-toluolsulfonat*, $C_{50}H_{54}N_4O_9S_7$, F. 220° (Zers.), durch 2std. Kochen von **I** u. **VII** in absol. Pyridin in Ggw. von Piperidin, Einengen, Ausfällen mit Ae. u. Chromatographie aus Aceton; rotbraunes, metall. glänzendes Pulver; 32%. — *Bis-{3.7-diäthyl-6-methylbenzo-[1.2;4.5]-bis-thiazol-(2)}-ms-methyltrimethinycyanin-tris-p-toluolsulfonat*, $C_{51}H_{56}N_4O_9S_7$, F. 224° (Zers.), schwarzes, metall. glänzendes Pulver; 20%. — *Bis-{3.7-diäthyl-6-methylbenzo-[1.2;4.5]-bis-thiazol-(2)}-ms-äthyltrimethincyanin-tris-perchlorat*, $C_{31}H_{37}Cl_3N_4O_{12}S_4$, F. 255° (Zers.), schwarzes, metall. glänzendes Pulver; 12%. — *2-Methyl-3.7-diäthylbenzo-[1.2;4.5]-bis-thiazol-6-[3-äthylbenzthiazol-(2)]-ms-methyltrimethincyanin-bis-p-toluolsulfonat* (**V**), $C_{40}H_{43}N_3O_6S_5$, F. 199° (Zers.; A.), durch 2std. Kochen von **I** mit **II** in absol. A. in Ggw. von Piperidin, Heißfiltration, Ausfällen mit Ae. u. Chromatographie aus Aceton; violettes, metall. glänzendes Pulver; 20%. — *2-Methyl-3.7-diäthylbenzo-[1.2;4.5]-bis-thiazol-6-[3-äthyl-6-äthoxybenzthiazol-(2)]-ms-phenyltrimethincyanindijodid*, $C_{33}H_{35}J_2N_3OS_3$, F. 188° (Zers.; A.), aus **I** u. **III**; violettes Pulver; 15%. — *2-Methyl-3.7-diäthylbenzo-[1.2;4.5]-bis-thiazol-6-[3-äthyl-β-naphthothiazol-(2)]-ms-äthyltrimethincyanin-bis-p-toluolsulfonat*, $C_{45}H_{47}N_3O_6S_5$, F. 247° (Zers.; A.), aus **I** u. **IV**; kupferfarbene, metall. glänzende Kristalle; 23%. — *2-Styryl-3.7-diäthylbenzo-[1.2;4.5]-bis-thiazol-6-[3-äthylbenzthiazol-(2)]-ms-styryltrimethincyanindijodid*, C_{40}·$H_{37}J_2N_3S_3$, F. 201° (Zers.; A.), durch 1std. Kochen von **V** mit Benzaldehyd in absol. A. in Ggw. von Piperidin; schwarzes, metall. glänzendes Pulver; 15%. — *2-[4-Methoxystyryl]-3.7-diäthylbenzo-[1.2;4.5]-bis-thiazol-6-[3-äthylbenzthiazol-(2)]-ms-[4-methoxystyryl]-trimethincyanindijodid*, $C_{42}H_{41}J_2N_3O_2S_3$, F. 186° (Zers.; A.), aus **V** u. Anisaldehyd; blauschwarzes Pulver; 20%. — *2-[3.4-Dimethoxystyryl]-3.7-diäthylbenzo-[1.2;4.5]-bis-thiazol-*

6-[3-äthylbenzthiazol-(2)]-ms-[3.4-dimethoxystyryl]-trimethincyanindijodid, $C_{44}H_{45}J_2N_3O_4S_3$, F. 190° (Zers.; A.), aus **V** u. **VI**; rotbraunes Pulver; 12%. (Chem. Ber. **91**. 2798—2802. 19/12. 1958. Frankfurt/M., Univ., Inst. für Organ. Chem.) R. PASEDAG. 3142

Willy Logemann, *Über Reaktionen mit Isocyanaten*. 5. Mitt. (4. vgl. C. **1959**. 13445.) Beim Erwärmen von p-Toluolsulfonylisocyanat (**I**) mit β-Formylphenylhydrazin (**II**) in Toluol entstehen nur ölige Prodd., aber ohne Lösungsm. wird bei 120—130° *1-Phenyl-4-[p-toluolsulfonyl]-1.2.4-triazolon-(5)* erhalten, das mit methanol. KOH *1-Phenyl-1.2.4-triazolon-(5)* gibt. Analog verhalten sich β-Acetyl- (**III**), β-Benzoylphenylhydrazin (**IV**) u. Formylhydrazin (**V**). Aus 4-Phenyl-1-formylsemicarbazid u. **I** entsteht *1-Anilinoformyl-4-[p-toluolsulfonyl]-1.2.4-triazolon-(5)*. Phenylisocyanat (**VI**) setzt sich mit **II** bei 150° zu *2.4-Diphenyl-1-formylsemicarbazid* u. *1.4-Diphenyl-1.2.4-triazolon-(5)* um. N.N-Diphenyl-N'-formylhydrazin (**VII**) liefert mit **I** *1.1-Diphenyl-2-formyl-4-[p-toluolsulfonyl]-semicarbazid*.

Versuche: *1-Phenyl-4-[p-toluolsulfonyl]-1.2.4-triazolon-(5)*, $C_{15}H_{13}N_3O_3S$, F. 154 bis 155° (A.), durch 1 std. Erhitzen von 4,33 g **I** u. 2,98 g **II** auf 120°; 2,2 g (Ausbeute). — *1-Phenyl-1.2.4-triazolon-(5)*, $C_8H_7N_3O$, F. 183—185° (W.), durch 1 std. Kochen von 3,0 g vorst. Verb. mit methanol. KOH, Filtrieren, Neutralisieren u. Einengen; 0,8 g. — *1-Phenyl-4-[p-toluolsulfonyl]-3-methyl-1.2.4-triazolon-(5)*, $C_{16}H_{15}N_3O_3S$, F. 162—163° (CH_3OH), aus 3,58 g **I** u. 2,73 g **III** in 1 Std. bei 125°; 2,45 g. — *1-Phenyl-3-methyl-1.2.4-triazolon-(5)*, $C_9H_9N_3O$, F. 164—166°, aus 1,7 g vorst. Verb.; 0,8 g. — *1.3-Diphenyl-4-[p-toluolsulfonyl]-1.2.4-triazolon-(5)*, $C_{21}H_{17}N_3O_3S$, F. 198—199° (A.-W. u. A.), durch Zusammenschmelzen von 4,42 g **IV** mit 4,1 g **I** bei 200° u. 1 std. Erhitzen auf 140°; 1,2 g. — *4-[p-Toluolsulfonyl]-1.2.4-triazolon-(5)*. $C_9H_9N_3O_3S$, F. 204—205° (CH_3OH), aus 1,79 g **V** u. 5,82 g **I** in 2 Std. bei 130°; 0,6 g (daneben *p-Toluolsulfamid*). — *4-Phenyl-1-formylsemicarbazid*, $C_8H_9N_3O_2$, F. 176—177° (W.), durch 4 std. Kochen von 6,5 g 4-Phenylsemicarbazid mit Ameisensäureäthylester; 6 g. — *1-Anilinoformyl-4-[p-toluolsulfonyl]-1.2.4-triazolon-(5)*, $C_{16}H_{14}N_4O_4S$, F. 192—193°, aus 5,0 g vorst. Verb. u. 5,5 g **I** in 1/2 Std. bei 150°. — *1.4-Diphenyl-1.2.4-triazolon-(5)*, $C_{14}H_{11}N_3O$, F. 113—115° (Isopropylalkohol), aus 5,71 g **II** u. 5,0 g **VI** in 1 Std. bei 105° u. 1 Std. bei 150°; 1,9 g. — *2.4-Diphenyl-1-formylsemicarbazid*, $C_{14}H_{13}N_3O_2$, F. 178—180° (verd. A.), neben vorst. Verb.; 1,8 g. — *1.1-Diphenyl-2-formyl-4-[p-toluolsulfonyl]-semicarbazid*, $C_{21}H_{19}N_3O_4S$, F. 154—155° (Bzl.), durch 25 Min. Erhitzen von 3,94 g **VII** u. 3,66 g **I** auf 100°, Versetzen mit CH_3OH, Erwärmen des Rückstands mit verd. NH_4OH u. Ansäuern; 1,5 g. (Chem. Ber. **91**. 2578—80. 19/12. 1958. Mailand, Inst. „Carlo Erba per Ric. Therapeut.")
R. PASEDAG. 3153

J. P. Phillips und **E. M. Barrall**, *Betti-Reaktionen einiger Phenole*. In Fortsetzung der C. **1956**. 7733 referierten Arbeit werden durch BETTI-Rk. *6-[α-Arylaminobenzyl]-kojisäuren*, *7-[α-Arylaminobenzyl]-8-hydroxychinoline* u. *chinaldine* dargestellt. BETTI-Reaktionsprodd. aus *8-Hydroxychinaldin* (**I**), Benzaldehyd (**II**) u. Anilin bzw. Anthranilsäure (**III**)-äthylester werden nach langem Stehen in niedriger Ausbeute erhalten. Die Ähnlichkeit ihrer UV- u. IR-Spektren mit denen der entsprechenden *8-Hydroxychinolin* (**VII**)-*Derivv.* läßt den Schluß zu, daß Substitution in 7-Stellung erfolgt ist. Mit **III** als Aminkomponente entsteht ein rotes Prod., das durch Kondensation von **II** mit der akt. Methylgruppe zusätzlich zur BETTI-Rk. entstanden sein kann. 7-[α(Anilinobenzyl]- (**V**) u. 7-[α-(o-Carbäthoxyanilino)-benzyl]-8-hydroxychinaldin (**VI**) geben mit Al-Ionen in neutraler Lsg. einen gelben fluorescierenden Nd.; da das Spektr. der Al-Verb. von **VI** fast ident. mit dem von **VI** ist, wird vermutet, daß ein Salz oder eine sehr unbeständige Chelatverb. vorliegt. Da *2-[α-Anilinobenzyl]-naphthol-(1)* kein gelbes fluorescierendes Prod. mit Al gibt, wird angenommen, daß das N-Atom der Seitenkette nicht an der Chelatbldg. beteiligt ist. **VII** u. **II** bilden mit Piperidin, Diäthylamin u. Diisopropylamin nur Harze, mit Glycin, Glycinäthylesterhydrochlorid u. 2.6-Dimethylanilin tritt keine Rk. ein.

Versuche: Folgende Verbb. werden durch Versetzen von 0,05 Mol Aldehyd u. 0,05 Mol Amin in 50—100 ml 95%ig. A. mit 0,05 Mol Phenol [Kojisäure (**IV**), **VII** oder **I**], Schütteln u. Stehen, Abfiltrieren der **IV**-*Derivv.* nach 1 Woche, der **VII**- u. **I**-*Derivv.* nach längerer Zeit u. Umkristallisieren aus A. dargestellt: Kojisäuren: *6-[α-(m-Chloranilino)-benzyl]-*, $C_{19}H_{16}ClNO_4$, F. 184°, 7 Tage (Reaktionszeit); 75% (Ausbeute). — *6-[α-(5-Methylpyridyl-(2)-amino)-benzyl]-*, $C_{19}H_{18}N_2O_4$ F. 168° 7 Tage; 78%. — *6-[α-(o-Methoxyanilino)-benzyl]-*, $C_{20}H_{19}NO_5$, F. 168°, 7 Tage; 75%. — 8-Hydroxychinaldine: *7-[α-Anilinobenzyl]-* (**V**), $C_{23}H_{20}N_2O$, F. 145°, 60 Tage; 12%. — *7-[α-(o-Carbäthoxyanilino)-benzyl]-* (**VI**), $C_{26}H_{24}N_2O_3$, F. 156°, 15 Tage; 29%. — 8-Hydroxychinoline: *7-[α-Anilino-p-nitrobenzyl]-*, $C_{22}H_{17}N_3O_3$, F. 127°, 90 Tage; 70%. — *7-[α-Anilino-p-isopropylbenzyl]-*, $C_{25}H_{24}N_2O$, F. 122°, 100 Tage; 22%. — *6-[α-Anilino-*

benzyl]-kojisäure, $C_{19}H_{17}NO_4$, F. 176°, aus Benzylidenanilin u. **IV**, 7 Tage; 84%. — *Al-Chelatverbb.* von **V**, $Al(C_{23}H_{19}N_2O)_3$, u. **VI**, $Al(C_{26}H_{23}N_2O_3)_3$, u. *Cu-Chelatverbb.* von **VI**, $Cu(C_{26}H_{23}N_2O_3)_2$, werden durch Zugabe einer alkoh. Lsg. von **V** bzw. **VI** zu einer verd. Metallionenlsg., Einstellen des für die vollständige Füllung notwendigen p_H mit NH_4-Acetat, ½std. Stehen u. Waschen mit W. u. wenig A. dargestellt. — UV-Absorptionsmaxima u. IR-Spektren vgl. Original. (J. org. Chemistry **21**. 692—94. Juni 1956. Louisville, Ky., Univ. of Louisville, Chem. Dep.) L. BÜRGER. 3201

R. Gompper' und **O. Christmann**, *Synthese von α- und γ-Pyranen.* Durch Rk. von 4.6-Dimethyl-, 4.6-Dihydroxy- bzw. 4.6-Diphenylcumalin mit GRIGNARD-Verbb., die stets im Überschuß vorhanden sein müssen, werden *2.2-Diphenyl* [52% (Ausbeute)], *2.2-Bis-[p-tolyl]-* (83%), *2.2-Bis-[o-tolyl]-* (86%), *2.2-Bis-[p-isopropylphenyl]-* (90%), *2.2-Dimethyl-* (65%), *2.2-Diäthyl-* (51%), *2.2-Di-n-propyl-* (87), *2.2-Di-n-butyl-* (**I**; 85%), *2.2-Di-n-octyl-4.6-dimethyl-α-pyran* (99%), *2.2-Dibenzyl-4.6-dihydroxy-α-pyran* (83%), *2.2-Dimethyl-* (38%) u. *2.2-Di-n-propyl-4.6-diphenyl-α-pyran* (63%) erhalten. Die Konst. folgt aus UV- u. IR-Spektren, der Stabilität gegenüber 2.4-Dinitrophenylhydrazin u. aus der Hydrierung von **I** zu *4.6-Dimethyl-2.2-di-n-butyltetrahydropyran.* Aus 2.6-Dimethyl-γ-pyron werden mit den GRIGNARD-Verbb. *4.4-Dimethyl-* (16%), *4.4-Di-n-propyl-* (46%), *4.4-Di-n-butyl-* (50%), *4.4-Di-n-octyl-* (51%), *4.4-Diphenyl-* (23%) u. *4.4-Bis-[p-tolyl]-2.6-dimethyl-γ-pyran* (28%) erhalten. Sie sind weniger beständig als die α-Pyrane, die UV- u. IR-Spektren zeigen große Ähnlichkeit. Die Bldg. der *Pyryliumsalze* läßt sich durch die richtige Wahl der Reaktionsbedingungen zurückdrängen. (Angew. Chem. **71**. 32—33. 7/1. 1959. Stuttgart, TH, Inst. für Organ. Chem. u. Organ.-Chem. Technol.) R. PASEDAG. 3211

Karl-Heinz Boltze und **Karlheinz Heidenbluth**, *Zur Synthese 3-substituierter 4-Hydroxypyrone-(2).* 1. Mitt. *Ringschlüsse mit Malonsäuredichloriden.* Die Umsetzung monosubstituierter Malonsäuredichloride mit Acetessigsäureäthylester (**I**) führt zu *6-Methyl-5-carbäthoxy-4-hydroxy-3-alkyl-* oder *-3-arylpyronen-(2).* Von den Reaktions-Varianten a) ohne Basenzusatz u. ohne Lösungsm. bei 110°, b) mit Cu-**I** in Ae. bei Raumtemp., c) in Pyridin < 0°, d) ohne Basenzusatz in sd. Bzl. u. e) mit Mg-**I** in sd. Bzl. erwiesen sich die beiden letzten als die günstigsten. Die Verseifung mit $Ba(OH)_2$ u. Decarboxylierung der *Carbonsäuren* mit Chinolin/Nitrobenzol lieferte *3-substituierte 4-Hydroxy-6-methylpyrone-(2)* in guten Ausbeuten. Die IR-Spektren stimmen weitgehend mit dem von Triacetsäurelacton überein. Es werden Bandenzuordnungen diskutiert. Syntheseverss. mit Malonsäuredichlorid bzw. disubstituierten Derivv. führten nur zu dunklen, amorphen Produkten. Lediglich aus Diäthylmalonsäuredichlorid (**II**) u. **I** wurde wahrscheinlich *α.α-Diäthylmalonsäure-bis-[α-carbäthoxymethylenäthylester]* isoliert.

V e r s u c h e : Durch exotherme Rk. von **I** mit den Dichloriden, 3—5std. Erhitzen auf 110° bis zur Beendigung der HCl-Entw., Umfällen aus $NaHCO_3$, Umkristallisieren aus verd. A. u. Hochvakuumsublimation oder durch 3—4std. Kochen der Dichloride mit **I** in Bzl. oder durch Rk. von Mg-**I** in Bzl. bei 40—50° oder durch Zutropfen der Dichloride zu Cu-**I** in absol. Ae. u. Stehen über Nacht bei Raumtemp. oder durch gleichzeitiges Zutropfen von **I** u. Säurechlorid zu Pyridin < 0° u. Stehen über Nacht nachst. 6 - M e t h y l - 5 - c a r b ä t h o x y - 4 - h y d r o x y p y r o n e - (2) : *3-Äthyl-*, $C_{11}H_{14}O_5$, F. 34,5°, Kp.$_2$ 160—165°. — *3-Phenyl-*, $C_{15}H_{14}O_5$, F. 78°. — *3-Benzyl-*, $C_{16}H_{16}O_5$, F. 110°. — *3-α-Naphthyl-*, $C_{19}H_{16}O_5$, F. 132°. — Durch 2std. Erhitzen vorst. Verbb. mit wss. $Ba(OH)_2$ auf dem Wasserbad, Verrühren mit Eis/HCl u. Umkristallisieren aus verd. A. in 65%ig. Ausbeute nachst. 6 - M e t h y l - 5 - c a r b o x y - 4 - h y d r o x y p y - r o n e - (2) : *3-Äthyl-*, $C_9H_{10}O_5$, F. 202°. — *3-Phenyl-*, $C_{13}H_{10}O_5$, F. 228°. — *3-Benzyl-*, $C_{14}H_{12}O_5$, F. 198°. — *3-α-Naphthyl-*, $C_{17}H_{12}O_5$, F. 230°. *Monohydrat*, $C_{17}H_{12}O_5 \cdot H_2O$, F. 230°. — Durch 15—20 Min. Kochen vorst. Verbb. in Nitrobenzol in Ggw. von Chinolin, Verdünnen mit Ae., Extrahieren mit Na_2CO_3, Ansäuern u. Umkristallisieren aus A. in 90%ig. Ausbeute nachst. 6 - M e t h y l - 4 - h y d r o x y p y r o n e - (2): *3-Äthyl-*, $C_8H_{10}O_3$, F. 188°. — *3-Phenyl-*, $C_{12}H_{10}O_3$, F. 248°. — *3-Benzyl-*, $C_{13}H_{12}O_3$, F. 168°. — *3-α-Naphthyl-*, $C_{16}H_{12}O_3$, F. 228°. *Monohydrat*, $C_{16}H_{12}O_3 \cdot H_2O$, F. 150°. — *α.α-Diäthylmalonsäure-bis-[α-carbäthoxymethylenäthylester]* (?), $C_{19}H_{28}O_8$, F. 215° (Chlf./A.; sublimiert > 200°), aus **II** u. **I** in Pyridin < 0°. (Chem. Ber. **91**. 2849—53. 19/12. 1958. Jena, Univ., Inst. für Pharmakol.) R. PASEDAG. 3211

Masao Hasegawa und **Teruo Shirato**, *Flavonoide verschiedener Prunus-Species.* 2. Mitt. *Die Flavonoide im Holz von Prunus speciosa.* (1. vgl. J. Amer. chem. Soc. **74**. [1952.] 6114.) Aus dem Holz von *Prunus speciosa* isolierten Vff. je ein Glykosid eines Flavanons u. eines Flavons, die als *Sakuranin* (**I**) u. *Glukogenkwanin* (**II**) identifiziert wurden.

V e r s u c h e : *Sakuranin* (**I**), $C_{22}H_{24}O_{10} \cdot 4\,H_2O$, F. 212°, durch 3std. Extrahieren von 400 g Holzstückchen mit je 3 Liter sd. Methanol, Konzentrieren der Auszüge u. Zugabe von 200 cm³ W., Erhitzen u. Filtrieren; nach Abdampfen 12std. Stehen des mit Essigester versetzten Rückstandes; Nadeln aus verd. Methanol; 1,0 g (Ausbeute). — *Sakuranetin*, $C_{16}H_{14}O_5 \cdot H_2O$, F. 152°, durch ½std. Hydrolyse von I mit 2% ig. H_2SO_4 in der Wärme; Nadeln aus verd. Methanol. *Acetat*, F. 146°, Platten. — *Glukogenkwanin* (II), $C_{22}H_{22}O_{10} \cdot 2\,H_2O$, F. 273°, aus oben angeführter Essigesterlsg. nach weiterem Stehen; mkr. gelbe Nadeln aus Methanol; 0,4 g $FeCl_3$-Rk. negativ; mit Mg/HCl orangefarben. — *Genkwanin*, F. 283° (Methanol), aus 53,3 g II durch schwefelsaure Hydrolyse; 34,3 mg. Rotbraune $FeCl_3$-Rk.; mit Mg/HCl orangefarben. *Diacetat*, F. 200°, keine Depression mit einer Originalprobe vom F. 204°. — In den Hydrolysen-Lsgg. von I u. II wurde Glucose in Form ihres *Glucosazons* (F. 208°) nachgewiesen. (J. Amer. chem. Soc. **76.** 5559—60. 5/11. 1954. Meguro, Tokyo, Governm. Forest. Exp. Stat. of Japan.) M. KÜHNEL. 3211

Masao Hasegawa und **Teruo Shirato**, *Flavonoide verschiedener Prunus-Species.* 3. Mitt. *Die Flavonoide im Holz von Prunus campanulata.* (2. vgl. vorst. Ref.) Aus den ätherlösl. Fraktionen eines Methanolextraktes aus dem Holz von *Prunus campanulata* isolierten Vff. die Flavanone *Naringenin* (I), *Taxifolin* (II; *Distylin*) u. *Eriodictyol* (III). Glucoside dieser Flavanone konnten nicht nachgewiesen werden (Tabelle der R_F-Werte von Flavonoiden verschied. Prunusarten).

V e r s u c h e : *Naringenin* (I), $C_{15}H_{12}O_5$, F. 248° (5mal aus Methanol), nach 2maligem 3std. Extrahieren von 3 kg Holzstückchen mit je 3 Liter Methanol, Einengen des Extraktes auf 500 cm³ u. mehrfaches Ausziehen mit Ae., Abdampfen u. erneute Extraktion mit 1500 cm³ sd. Bzl.; 23 g. *Triacetat*, F. 126°, Nadeln. — *Naringenindimethyläther*, $C_{15}H_{10}O_3(OCH_3)_2$, F. 121°, aus I mit Dimethylsulfat/K_2CO_3 in Aceton; Nadeln. — *Taxifolin* (*Distylin*, II), $C_{15}H_{12}O_7 \cdot H_2O$, F. 233° (vgl. HASEGAWA u. SHIRATO, J. chem. Soc. Japan, pure Chem. Sect. [Nippon Kagaku Zasshi] **72.** [1951.] 279), aus vorst. äther. Extrakt durch Ausziehen mit 1500 cm³ heißem W. u. erneutem Ausäthern; Prismen aus verd. Methanol; 6,5 g. *Pentaacetat*, F. 155°, aus II mit Essigsäureanhydrid/Pyridin ohne Erwärmen; Prismen. *5.7.3'.4'-Tetramethyläther*, F. 171°, aus II mit Dimethylsulfat; Prismen. *Acetat*, F. 169°, Prismen. — Die FF. von II u. seinen Derivv. geben keine Depression mit den entsprechenden, aus Holz von *Larix leptolepis* erhaltenen Verbindungen. — *Eriodictyol* (III), $C_{15}H_{12}O_6$, F. 263°, durch Ausziehen des Rückstandes des oben angeführten Ae.-Extraktes mit 700 cm³ Bzl. u. 6 cm³ Methanol u. vorsichtiges Eindampfen; Nadeln nach 3maligem Umkristallisieren aus Methanol; 7,4 g. *Acetat*, F. 138°, Nadeln. — *Eriodictyoltrimethyläther*, $C_{15}H_9O_3(OCH_3)_3$, F. 136°; Nadeln. — Die Oxydations-Schmelze von III mit KOH bei 230° ergab nach chromatograph. Trennung *Protocatechusäure* u. *Phloroglucin*. (J. Amer. chem. Soc. **76.** 5560—5561. 5/11. 1954.) M. KÜHNEL. 3211

Masao Hasegawa und **Teruo Shirato**, *Flavonoide verschiedener Prunus-Species.* 4. Mitt. *Die Flavonoide im Holz von Prunus donarium var. spontanea.* (3. vgl. vorst. Ref.) Vff. isolierten aus dem Holz von *Prunus donarium* SIEBOLD var. *spontanea* MAKINO neben *Eriodictyol* (III), *Genkwanin* u. *Sakuranin* (II) das Flavanonglucosid *Isosakuranetin-7-glucosid* (I). Die unterschiedlichen Eigg. gegenüber einem von ZEMPLÉN (Ber. dtsch. chem. Ges. **75.** [1942.] 1432) synthet. dargestellten I führen Vff. auf die verschied. opt. Formen der Verbb. zurück.

V e r s u c h e : Durch Methanolextraktion von 1,2 kg Holz, Einengen u. Ausziehen des Rückstandes mit Ae. wurden 0,5 g *Eriodictyol* (III) erhalten. Die wss. Mutterlaugen des Ae.-Auszuges lieferten nach Extrahieren mit Essigester, Konzentrieren u. Verd. mit W. das *Isosakuranin* (VI; 4,5 g), neben *Sakuranin* (II; 0,8 g). Schließlich konnte aus den alkoh. Mutterlaugen von II 0,2 g *Genkwanin* isoliert werden. — *Eriodictyol* (III), $C_{15}H_{12}O_6$, F. 263°, Nadeln aus verd. Methanol. *Acetat*, F. 138°, Nadeln aus Methanol. — *Eriodictyol-7.3'.4'-trimethyläther*, $C_{15}H_9O_3(OCH_3)_3$, F. 136°, nach 1std. Erwärmen von 0,2 g III mit 0,5 cm³ Dimethylsulfat u. 3 g K_2CO_3 in 30 cm³ Aceton; Nadeln aus Methanol; 0,1 g (Ausbeute). — *Sakuranin* (II), $C_{22}H_{24}O_{10}$, F. 212°, Nadeln aus Essigester, dann verd. Methanol. — *Sakuranetin* (IV), $C_{16}H_{14}O_5$, F. 154°, durch 3std. Hydrolyse von 0,504 g vorst. Glucosides mit 40 cm³ 3% ig. H_2SO_4 in der Wärme; Nadeln aus verd. Methanol; 0,3 g. In der Hydrolysenlsg. wurde Glucose nach BERTRAND nachgewiesen. *Acetat*, F. 132°. — *Sakuranetin-4'-methyläther*, $C_{15}H_{10}O_3(OCH_3)_2$, F. 122°, aus 0,2 g IV mit Dimethylsulfat; Nadeln; 0,2 g. — *Isosakuranin* (VI), $C_{22}H_{24}O_{10} \cdot 1\frac{1}{2}\,H_2O$, F. 190 (Zers.), Nadeln aus A., dann Aceton; $FeCl_3$-Rk. rötlichbraun, Mg/HCl-Rk. purpurrot. R_F: 0,75 (in m-Kresol–Eisessig–W., 24:1:15), 0,95 (in Butanol–Eisessig–W., 4:1:5); $[\alpha]_D^{13}$ —41,4° (c = 0,203 g; 25 cm³ 60% ig. Aceton). *Pentaacetat*, $C_{32}H_{34}O_{15}$, F. 147°, aus VI nach 24std. Stehen mit Essigsäureanhydrid/Pyridin; Prismen aus Methanol. $FeCl_3$-Rk. negativ, Mg/HCl-Rk. purpurrot. — *Isosakuraninmonomethyläther*, $C_{23}H_{26}O_{10}$, F. 228°, nach 1std. Erwärmen von 0,2 g VI mit Dimethylsulfat/K_2CO_3 in Aceton; Nadeln aus Methanol; 0,1 g. $FeCl_3$-Rk. negativ, Mg/HCl-Rk. rot. — *Isosakuranetin* (V), $C_{16}H_{14}O_5$, F. 193°, durch 3std. Hydrolyse von

0,623 g **I** mit 60 cm³ 3% ig. H_2SO_4; Prismen aus verd. Methanol; 0,4 g (Racemat). In der Hydrolysenlsg. wurde der Zuckeranteil nach Bertrand als *Glucose* bestimmt. Achttägige Hydrolyse mit Emulsion von **I** liefert ein opt. akt. **V**, F. 177°, $[\alpha]_D^{16}$ −27,8° (c = 0,367 g in 3,5 cm³ Pyridin + 21,5 cm³ Aceton). Durch Erwärmen mit 5% ig. HCl im Methanol wird daraus das *Racemat* zurückgebildet. *Acetat*, F. 115°, Prismen. — *Isosakuranetin-monomethyläther*, $C_{17}H_{16}O_5$, F. 118°, aus 0,1 g **V**; Prismen aus Methanol; 0,05 g. — *Genkwanin*, $C_{15}H_9O_4(OCH_3)$, F. 282°, mkr. gelbe Nädelchen aus Methanol. *Monomethyläther*, F. 173°, gelbe Nadeln aus Methanol. (J. Amer. chem. Soc. **77.** 3557—58. 5/7. 1955.)

M. Kühnel. 3211

Masao Hasegawa und **Teruo Shirato,** *Flavonoide verschiedener Prunus-Species.* 5. Mitt. *Die Flavonoide im Holz von Prunus verecunda.* (4. vgl. vorst. Ref.) Aus dem Holz von *Prunus verecunda* Koehne isolierten Vff. *Genistein*, *Prunetin*, *Pinocembrin* (**I**), *Isosakuranetin*, *Isosakuranin*, *Naringenin* (**II**), *Genkwanin*, *Eriodictyol* u. *Taxifolin* sowie ein in den bisher beschriebenen Prunusspecies noch nicht aufgefundenes neues Glykosid. Sie schlagen für dieses als *5.7-Dihydroxyflavanon-5-glucosid* erkannte Flavonoid die Bezeichnung „*Verecundin*" (**III**) vor.

Versuche: Durch zweimalige 3std. Extraktion von insgesamt 2,4 kg Holzspänen in Anteilen von 500 g mit je 3 Liter Methanol wurde nach Verdampfen des Lösungsm. ein Sirup erhalten, der mehrfach zunächst mit Ae. dann mit Essigester ausgezogen wurde. Der Ae.-lösl. Anteil lieferte nach Entfernen des Ae. u. erneutem zweimaligem Ausziehen des Rückstandes mit sd. Bzl. aus der benzol. Lsg. *Pinocembrin* (**I**), $C_{15}H_{12}O_4$, F. 197°, aus Methanol Nadeln; 0,3 g (Ausbeute). $FeCl_3$-Rk. in A. violettrot, mit Mg/HCl orange. *Diacetat*, F. 122°, Nadeln. *5.7-Dimethyläther*, $C_{17}H_{16}O_4$, F. 169°, aus 0,1 g **I** mit 0,5 cm³ Dimethylsulfat u. 2 g K_2CO_3 in 30 cm³ Aceton nach 1 std. Erwärmen; Nadeln aus Methanol; 50 mg. — Weiteres Einengen der benzol. Lsg. lieferte *Isosakuranetin*, F. 177°, Prismen aus Methanol; $[\alpha]_D^{14}$ −27,1° (0,4185 g in 21,5 cm³ Aceton + 3,5 cm³ Pyridin); 1,5 g. *Acetat*, F. 121°, Nadeln. Durch Papierchromatographie wurde schließlich in dem Auszug noch *Naringenin* (**II**) nachgewiesen. — Der in Bzl. unlösl. Anteil wurde zunächst mit 500 cm³ sd. W. extrahiert u. ergab im Ae.-Auszug *Taxifolin*, F. 235°, Prismen aus Methanol; 0,5 g. *Acetat*, F. 132°, Prismen. *Tetramethyläther*, F. 171°, Nadeln. — Aus der in W. unlösl. Fraktion wurden durch Umlösen im Methanol stufenweise isoliert u. charakterisiert: *Genkwanin*, 0,5 g (*Genkwanin-4'-monomethyläther*, F. 173°); *Genistein*, F. 296°, 1,0 g; (*7.4'-Dimethyläther des Genisteins*, F. 145°, Nadeln; *Trimethylester*, F. 163°, Nadeln; *7.4'-Dimethyläther-5-acetat*, F. 204°, Nadeln; *Genisteinacetat*, F. 201°, Nadeln) u. *Prunetin*, $C_{16}H_{12}O_5$, F. 240°, Nadeln; 0,3 g. $FeCl_3$-Rk. violettbraun. *Prunetin-4'-monomethyläther*, F. 145°, Nadeln. — Nach Klären der methanol. Mutterlauge mit Kohle u. Zugabe von wenig W. wurde **II** erhalten, F. 248°; 2,5 g *Naringenin-7.4'-dimethyläther*, F. 122°. Schließlich wurde noch *Eriodictyol* aus dieser Fraktion isoliert, F. 264°, 0,3 g. $FeCl_3$-Rk. grünlichbraun, nach Zugabe von einem Tropfen W. grün. *Acetat*, F. 138°. *7.3'.4'-Trimethyläther*, F. 136°. Aus dem Essigesterauszug wurden nach Verdünnen mit W. 7 g *Rohflavonoide* abgeschieden. Umkristallisation aus 300 cm³ Essigester/100 cm³ W. lieferte *Verecundin* (**III**), $C_{21}H_{22}O_9 \cdot 2\,H_2O$, F. 135°, Nadeln aus Methanol, A. oder Aceton. $FeCl_3$-Rk. negativ, mit Mg/HCl orange. R_F-Werte: 0,97 (m-Kresol/CH_3COOH/W. 24:1:25) u. 0,95 (60% ig. CH_3COOH). $[\alpha]_D^{14}$ −71,1° (c = 0,3196 g in 50 cm³ 60% ig. Aceton). *Pentaacetat*, $C_{31}H_{32}O_{14}$, F. 191°, aus 0,2 g **III** mit 3 cm³ Pyridin u. 3 cm³ Essigsäureanhydrid nach 24 Std.; Nadeln aus Methanol; 0,2 g *Verecundinmonomethyläther*, $C_{22}H_{24}O_9$, F. 98°, Zers. bei 123°, aus **III** in Ae. mit Diazomethan, Nadeln aus W. unter Zugabe von Äther. Hydrolyse von **III** bildet neben **I** *Glucose*. — Als 2. Flavonoid wurde aus dem Essigesterextrakt *Isosakuranin*, $C_{22}H_{24}O_{10}$, F. 190° (Methanol) isoliert; 0,3 g. (J. Amer. chem. Soc. **79.** 450—52. 20/1. 1957.)

M. Kühnel. 3211

Masao Hasegawa, *Flavonoide verschiedener Prunus-Species.* 6. Mitt. *Die Flavonoide im Holz von Prunus aequinoctialis, P. nipponica, P. Maximowiczii und P. avium.* (5. vgl. vorst. Ref.). Aus dem Holz von *Prunus aequinoctialis* wurden durch Extraktion folgende Flavonoide isoliert: *Naringenin* (**I**), *Aromadendrin* (**II**), *Sakuranetin* (**III**), *Eriodictyol* (**IV**), *Genistein* (**V**), *Prunetin* (**VI**), *Verecundin* (**VII**), *Prunin* (**VIII**), *Genistin* (**IX**) u. das *Chrysin-7-glucosid* (**X**) für das Vf. die Bezeichnung „*Äquinoctin*" vorschlägt. Aus *P. nipponica* wurden abgetrennt: **I, III, IV, V, VI, VIII**, wenig **IX**, Spuren *Chrysin* u. **X**, daneben *d-Catechin* u. *Taxifolin*. *P. Maximowiczii* enthält neben wenig *d-Catechin*, *Taxifolin* u. **II** Spuren von *Chrysin*, vorwiegend **I, III, IV, V** u. **VI**. Eine ähnliche Flavonoidzus. weist das Holz von *P. avium* auf: *Chrysin*, *Taxifolin*, *d-Catechin*, **I, II, IV, V, VI, VIII, IX** u. **X**.

Versuche: Zur Isolierung der Flavonoide aus *P. aequinoctialis* wurden 500 g Holzstückchen 2 mal mit je 4 Liter Methanol 3 Std. heiß extrahiert, filtriert u. das Methanol abgedampft. Der Rückstand wurde 15 mal mit je 400 cm³ Ae. ausgezogen (Extrakt **A**), das Unlösliche 10 mal mit je 400 cm³ Essigester extrahiert (Extrakt **B**). Abdampfen von **A** u. zur Entfernung ölartiger Prodd. mit 500 cm³ PAe. (30—60°) verreiben; Lösen des Rückstandes (47 g) in 300 cm³ Methanol. *Prunetin* (**VI**), $C_{16}H_{12}O_5$, nach 7tägigem Stehen vorst. Methanollsg. bei 20°; 1,5 g (Ausbeute). $FeCl_3$-Rk. in Methanol violettbraun, mit Mg/HCl hellgelb. *Acetat*, F. 224°. *Prunetin-4'-methyläther*, $C_{15}H_8O_3(CH_3O)_2$, F. 145°. — *Genistein* (**V**), nach Einengen des Filtrates von **VI** auf das halbe Volumen u. 2 Tage Stehen; 0,9 g. — *Naringenin* (**I**), $C_{15}H_{12}O_5$, F. 248°, aus vorst. Mutterlauge nach Eindampfen, Ausziehen mit Ae., erneutes Abdampfen u. Umkristallisation aus Methanol; 3,7 g. *Acetat*, F. 127° (Methanol), 97° (Äther). — Aus **B** wurde nach Einengen auf 500 cm³, Zugabe von 100 cm³ W. nach 7 Tagen ein Gemisch von **VII** u. **IX** abgeschieden. *Verecundin* (**VII**), $C_{21}H_{22}O_9 \cdot 2\,H_2O$, F. 135°, durch fraktionierte Kristallisation vorst. Gemisches; Nadeln aus Methanol; 0,2 g $FeCl_3$-Rk. negativ, mit Mg/HCl orange. — *Genistin* (**IX**), $C_{21}H_{20}O_{10}$, F. 259° (aus 80%ig. Methanol); 3,5 g. $FeCl_3$-Rk. in Methanol violettbraun. Saure Hydrolyse von 0,8836 g **IX** liefert neben *Glucose* (*Phenylosazon*, F. 208°) 0,5485 g **V**. (**V**-*Acetat*, F. 201°. *7.4'-Dimethyläther von* **V**, F. 145°). — **IX**-*Acetat*, F. 188°, aus 0,2 g **IX** mit 4 cm³ Pyridin u. 4 cm³ Essigsäureanhydrid nach 48 Std. bei 20°; Nadeln aus Methanol; 0,2 g. — *Äquinoctin* (**X**), $C_{21}H_{20}O_9 \cdot H_2O$, F. 245°, aus der Mutterlauge von **B** nach Ausschütteln mit Essigester, Verdampfen u. Lösen des Rückstandes in Methanol; gelbe Nadeln aus Methanol; 1,4 g. $FeCl_3$-Rk. in A. braun, mit Mg/HCl orange. Saure Hydrolyse von **X** liefert neben *Glucose Chrysin*, $C_{15}H_{10}O_4$, F. 276°, gelbe Nadeln aus Methanol. $FeCl_3$-Rk. in Methanol violettbraun, mit Mg/HCl orange. *Chrysinacetat*, F. 196°. *Chrysin-7-methyläther*, $C_{15}H_9O_3(OCH_3)$, F. 163°. **X**-*Pentaacetat*, $C_{31}H_{30}O_{14} \cdot H_2O$, F. 197°, aus **X** mit Essigsäureanhydrid/Pyridin nach 48 Std.; Nadeln aus Methanol. **X**-*5-Methyläther*, $C_{22}H_{22}O_9$, F. 214°, aus **X** mit Dimethylsulfat/K_2CO_3 in sd. Aceton; hellgelbe Nadeln. — *Prunin* (**VIII**), F. 224° (Methanol); nach Abdampfen der Mutterlauge von **X**; 5 g. *Acetat*, F. 190°. *Prunin-5.4'-dimethyläther*, F. 232°. — Bei einem 2. Vers. wurden 500 g Holzstückchen mit 4 Liter Methanol extrahiert u. wie vorst. in Ae.- u. Essigesterauszug getrennt. Der in Ae. lösl. Anteil wurde nach Verdampfen mit 300 cm³ sd. Bzl., 500 cm³ sd. W. u. der Rest in 20 cm³ sd. Methanol gelöst. Aus dem Benzolauszug ließ sich neben sehr wenig **III**, 0,1 g **I** isolieren; die in W. lösl. Fraktion lieferte 20 mg **II**, während aus dem methanollösl. Anteil 0,05 g **VI**, 0,3 g **V**, 0,07 g **IV** u. 0,8 g **I** erhalten wurde. Der Essigesterauszug lieferte keine bestimmbaren Mengen an Flavonoiden. — Nach gleichen Verff. konnten aus 500 g Holz von *P. nipponica* isoliert werden: *d-Catechin* (0,1 g), **I** (0,6 g), **III** (0,2 g), **IV** (0,1 g), *Taxifolin* (0,2 g), **VI** (0,5 g), **V** (0,1 g), **VIII** (0,1 g), Spuren von **IX**, *Chrysin* u. **X**. — *P. Maximowiczii*: **I** (0,8 g), **III** (0,5 g), **IV** (0,1 g), **V** (0,4 g), **VI** (0,2 g) neben Spuren von **II**, *Chrysin*, *Taxifolin* u. *d-Catechin*. Glykoside konnten merkwürdigerweise nicht nachgewiesen werden. — *P. avium* (aus 300 g Holz): *d-Catechin* (2 g), **I** (0,2 g), **IV** (0,1 g), *Taxifolin* (0,1 g), *Chrysin* (0,6 g), **VI** (0,1 g), **V** (0,2 g), daneben Spuren von **II**. Aus einem weiteren Vers. wurden außerdem 1,1 g **X**, 0,2 g **IX** u. 0,1 g **VIII** isoliert. (J. Amer. chem. Soc. **79**. 1738—40. 5/4. 1957.) M. KÜHNEL. 3211

K. Okoń, *Eine neue Reaktion von Pikrylpyridiniumchlorid und Pikrylpyridiniumpikrat*. (Vorl. Mitt.) Pikrylpyridiniumchlorid (**I**; F. 115°) u. Pikrylpyridiniumpikrat (**II**; F. 226—228°) reagieren bei 60—140° in der Schmelze oder in konz. wss. Lsg. mit Substanzen, die bewegliche H-Atome besitzen, unter Bldg. der entsprechenden *Äther*, *Amine* oder *polycycl. Nitroderivate*. Bei Verwendung von **I** ist Pyridinhydrochlorid, bei **II** Pyridinpikrat Nebenprodukt. Die Struktur der gebildeten Prodd. wurde durch Elementaranalyse bzw. Hydrolyse bestimmt.

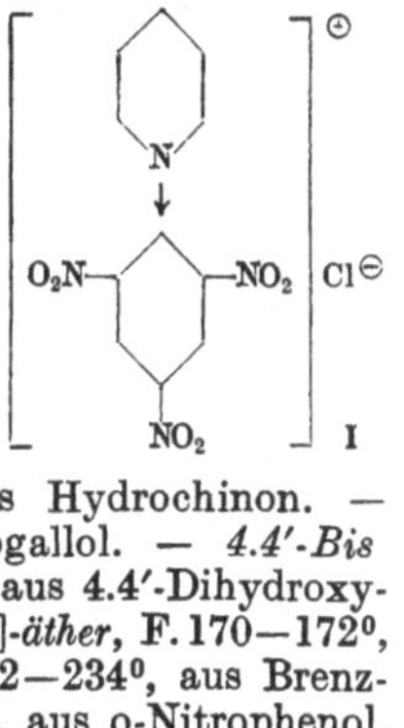
I

Versuche: *Phenyl-[2.4.6-trinitrophenyl]-äther*, F. 155—156°, aus **I** oder **II** u. Phenol. — *2'-Methylphenyl-[2.4.6-trinitrophenyl]-äther*, F. 154—156°, analog aus o-Kresol. — *3'-Methylphenyl-[2.4.6-trinitrophenyl]-äther*, F. 150—151°, aus m-Kresol. — *4'-Methylphenyl-[2.4.6-trinitrophenyl]-äther*, F. 95—96° aus p-Kresol. — *[2.4.6-Trinitrophenyl]-[naphthyl-(1)]-äther*, F. 156—158°, aus Naphthol-(1). — *1.4-Bis-[2.4.6-trinitrophenyloxy]-benzol*, F. 323°, aus Hydrochinon. — *1.2.3-Tris-[2.4.6-trinitrophenyloxy]-benzol*, F. 276—279°, aus Pyrogallol. — *4.4'-Bis [2.4.6-trinitrophenyloxy]-α.α-dimethyldiphenylmethan*, F. 228—230°, aus 4.4'-Dihydroxy-α.α-dimethyldiphenylmethan. — *[2.4.6-Trinitrophenyl]-[naphthyl-(2)]-äther*, F. 170—172°, aus Naphthol-(2). — *1.2-Bis-[2.4.6-trinitrophenyloxy]-benzol*, F. 232—234°, aus Brenzcatechin. — *2'-Nitrophenyl-[2.4.6-trinitrophenyl]-äther*, F. 173—175°, aus o-Nitrophenol. — *3'-Nitrophenyl-[2.4.6-trinitrophenyl]-äther*, F. 174—175°, aus m-Nitrophenol. — *4'-Nitrophenyl-[2.4.6-trinitrophenyl]-äther*, F. 155°—157°, aus p-Nitrophenol. — *2'.4'-Dinitrophenyl-[2.4.6-trinitrophenyl]-äther*, F. 208—210°, aus 2.4-Dinitrophenol. — *[2.4.6-Trinitrophenyl]-[2'-methylphenyl]-amin*, F. 160—162°, aus o-Toluidin. — *Phenyl-[2.4.6-trinitro-*

phenyl]-amin, F. 180—181°, aus Anilin. — *[2.4.6-Trinitrophenyl]-[3'-methylphenyl]-amin*, F. 125—127°, aus m-Toluidin. — *[2.4.6-Trinitrophenyl]-[4'-methylphenyl]-amin*, F. 155 bis 158°, aus p-Toluidin. — *4.4'-Bis-[2.4.6-trinitrophenyloxy]-diphenylsulfon*, F. 270 bis 272°, aus 4.4'-Dihydroxydiphenylsulfon. — *[2.4.6-Trinitrophenyl]-[naphthyl-(1)]-amin*, F. 197—198°, aus Naphthylamin-(1). — *[2.4.6-Trinitrophenyl]-[naphthyl-(2)]-amin*, F. 233—234°, aus Naphthylamin-(2). — *1.4-Bis-[2.4.6-trinitrophenylamino]-benzol*, F. 320° aus p-Phenylendiamin. (Bull. Acad. polon. Sci., Ser. Sci. chim., géol., géogr. **6**. 319—23. 1958. Warsaw, Techn. Military Coll.) R. UNGER. 3231

K. Okoń, *Über Pikrylpikolinium- und Pikrylchinoliniumsalze.* (Vorl. Mitt.) (Vgl. vorst. Ref.) Pikrylchlorid wurde in Bzl. bei 80° mit β- u. γ-Picolin u. Isochinolin zu den quaternären Salzen umgesetzt. α-Picolin u. Chinolin reagieren nicht. *Pikryl-β-picoliniumchlorid* (**I**, F. 116—118°), *Pikryl-γ-picoliniumchlorid* (**II**, F. 110°) u. *Pikrylisochinoliniumchlorid* (**III**, F. 128—29°) sind lösl. in W. u. polaren Lösungsmitteln, in der Schmelze u. in wss. Lsg. leiten sie den Strom. Im Gegensatz zu Pikrylpyridiniumchlorid lassen sie sich in W. oder wss.-alkoh. Lsg. nicht zu den Pikraten umwandeln, jedoch bilden **I**, **II** u. **III** auch Pikrate durch Rk. mit Pikrinsäure (**IV**). Außerdem reagieren sie leicht mit Phenolen u. aromat. Aminen. **II** zeigt eine Purpurfärbung u. bildet einen Stoff mit niedrigem Schmelzpunkt; Vf. erklärt diese Eigg. durch die Ausbldg. eines chinoiden Systems.

V e r s u c h e: *β-Picoliniumpikrat*, F. 149—150°, aus β-Picolin u. **IV**. — Analog: *γ-Picoliniumpikrat*, F. 163—164°. — *Isochinoliniumpikrat*, F. 222—224°. — *Pikryl-β-picoliniumsalze* aus **I** u. der entsprechenden Säure: *Bromid*, F. 170° (Zers.). *Jodid*, F. 180° (Zers.). — *Nitrat*, F. 126—127°. — *Bisulfat*, F. 165—167°. — *Pikrylisochinoliniumsalze*: aus **III** mit den entsprechenden Säuren: *Bromid*, F. 144—146°. — *Jodid*, F. 152—154°. — *Nitrat*, F. 130—131°. — *Bisulfat*, F. 163—165°. — *Pikryl-γ-picoliniumjodid*, F. 131—133°, aus **II**. (Bull. Acad. polon. Sci., Ser. Sci. chim., géol., géogr. **6**. 331—36. 1958. Warsaw, Technical Military Coll.) R. UNGER. 3231

I. N. Nasarow, N. Ss. Prosstakow und **N. N. Michejewa**, *Heterocyclische Verbindungen.* 61. Mitt. *Synthetische schmerzstillende Mittel.* 25. Mitt. *Ester von 1.2.5-Trimethyl-4-phenyl(aryl)-piperidol-(4).* (60. vgl. C. **1959**. 12542; 24. vgl. C. **1959**. 12852.) Durch Rk. von 1.2.5-Trimethyl-4-phenylpiperidol-(4) (**I**) mit Säurechloriden wurden *Ester* von **I** dargestellt (*p-Methoxyphenoxyacetat, p-Äthoxyphenoxyacetat, α-Phenoxypropionat, α-Phenoxyisobutyrat, α-[p-Chlorphenoxy]-butyrat, p-Nitrophenoxyacetat, p-Aminophenoxyacetat, Diphenylacetat, Phenylpropiolsäureester, Brenzschleimsäureester, β-Phenylmercaptopropionat*). **I**-β-Phenylmercaptopropionat u. **I**-p-Methoxyphenoxyacetat sind bedeutend stärkere Lokalanästhetica als Dicain. Die zur Darst. von **I**-β-Phenylmercaptopropionat erforderliche β-Phenylmercaptopropionsäure wurde aus Thiophenol u. Acrylonitril gewonnen. — Durch Nitrierung von **I** wurde *1.2.5-Trimethyl-4-[p-nitrophenyl]-piperidol-(4)* (**II**) erhalten. **II** wurde zu *1.2.5-Trimethyl-4-[p-nitrophenyl]-1.2.3.6-tetrahydropyridin* dehydratisiert u. zu *1.2.5-Trimethyl-4-[p-aminophenyl]-piperidol-(4)* (**III**) reduziert. Verss. **III** zu diazotieren u. zu verkochen, mißlangen. Die Acetylierung von **III** lieferte *1.2.5-Trimethyl-4-[p-acetylaminophenyl]-piperidol-(4)* (**IV**). — *1.2.5-Trimethyl-4-[2-brom-5-nitrophenyl]-piperidol-(4)* wurde in einer Ausbeute von ca. 1% aus p-Bromnitrobenzol durch Rk. mit Butyl-Li u. anschließende Umsetzung mit 1.2.5-Trimethylpiperidon-(4) (**V**) erhalten. Die Demethylierung von 1.2.5-Trimethyl-4-[p-methoxyphenyl]-piperidol-(4) (**VI**) mit HBr verlief unter Dehydratisierung zu *1.2.5-Trimethyl-4-[p-hydroxyphenyl]-1.2.3.6-tetrahydropyridin.* Es zeigte sich, daß die Propionate von **II** u. **IV** keine analget. Eigg. mehr besitzen.

V e r s u c h e: *1.2.5-Trimethyl-4-phenylpiperidol-(4)* (**I**), *p-Methoxyphenoxyacetathydrochlorid*, $C_{23}H_{30}ClNO_4$, F. 189—190° (Aceton), man erhitzt 7,9 g **I**, 10 ml Bzl. u. 14 g p-Methoxyphenoxyacetylchlorid 4 Std. auf dem Wasserbad; 10,7 g (Ausbeute). *p-Äthoxyphenoxyacetathydrochlorid*, $C_{24}H_{32}ClNO_4$, F. 195—196° (Aceton), aus 6 g **I**, 7 ml Bzl. u. 12 g p-Äthoxyphenoxyacetylchlorid; 3,4 g. *α-Phenoxypropionat*, Kp.$_{2,5}$ 160 bis 182°, man gibt zu 3 g **I** in 5 ml Bzl. langsam 6 g α-Phenoxypropionylchlorid, erhitzt 10 Std. auf dem Wasserbad, dest. Bzl. im Vakuum ab, löst in W., behandelt mit Soda u. extrahiert mit Ae.; 2,1 g; *Hydrochlorid*, $C_{23}H_{30}ClNO_3$, F. 90° (Zers.; Aceton–Ae.). *α-Phenoxyisobutyrat*, Kp.$_{2,5}$ 175—186°, man versetzt die Li-Verb. von **I** (1 g Li, 15,3 g Brombenzol 8,5 g **I**, 200 ml Ae.) mit 24 g α-Phenoxyisobutyrylchlorid, kocht 4 Std., verd. mit 50 ml W., behandelt mit Soda, extrahiert mit Ae. u. dest.; 29 g. *Pikrat*, $C_{30}H_{34}N_4O_{10}$, F. 190—191° (A.). *α-[p-Chlorphenoxy]-isobutyrat*, Kp.$_2$ 190—230°, man erhitzt 8 g **I**, 8 ml Bzl. u. 17,5 g α-[p-Chlorphenoxy]-isobutyrylchlorid 4 Std. auf dem Wasserbad, dampft im Vakuum ein, behandelt mit Soda u. dest.; 2,7 g; Hydrochlorid ist ölig; *Pikrat*, $C_{30}H_{33}ClN_4O_{10}$, F. 150—152° (A.). *p-Nitrophenoxyacetathydrochlorid*, $C_{22}H_{27}ClN_2O_5$, F. 186 bis 188° (Aceton), man erhitzt 10 g **I**, 15 ml Bzl., 0,1 g Mg u. 21,1 g p-Nitrophenoxyacetylchlorid 8 Std. auf 70—80° u. läßt über Nacht stehen; 3,8 g. *p-Aminophenoxyacetatdihydrochlorid*, $C_{22}H_{30}Cl_2N_2O_3$, F. 155—156° (Aceton), man gibt zu 3 g vorst. Verb. in

50 ml absol. A. langsam bei 50° 12 g $SnCl_2$ in 15 ml A. + 15 ml konz. HCl u. erhitzt 5 Std. auf 80°; 0,4 g. *Diphenylacetathydrochlorid*, $C_{28}H_{32}ClNO_2$, F. 194—195° (Aceton), man erhitzt 3 g **I** 5 ml Bzl. u. 14 g Diphenylacetylchlorid 5 Std. auf 70—80°; 2 g. *Phenylpropiolsäureesterhydrochlorid*, $C_{23}H_{26}ClNO_2$, F. 169—170° (Aceton), man vermindert 3 g **I**; 4 ml Bzl. u. 4 g Phenylpropiolsäurechlorid unter Eiskühlung; 2,3 g. *Brenzschleimsäureester*, $C_{19}H_{23}NO_3$, F. 92—94° (Bzn.), aus der Mutterlauge nachst. Hydrochlorids; 3,4 g; *Hydrochlorid*, $C_{19}H_{24}ClNO_3$, F. 206—207° (Aceton), man erhitzt 5 g **I**, 7,5 ml Bzl. u. 7,5 g Brenzschleimsäurechlorid 3 Std. auf 70—80° u. filtriert; 4,2 g. *β-Phenylmercaptopropionathydrochlorid*, $C_{23}H_{30}ClNO_2S$, F. 158—161° (Bzl.), man kocht 7 g **I**, 10 ml Bzl. u. 17 g β-Phenylmercaptopropionylchlorid 10 Std., dampft im Vakuum ein, versetzt mit 30 ml W. u. 30 ml Ae., trennt das ausgefallene Öl ab, behandelt es mit verd. NH_4OH in Ggw. von Ae. u. fällt aus der äther. Lsg. mit gasförmigem HCl; 0,5 g. — *β-Phenylmercaptopropionsäure*, F. 58—59° (W.), man gibt zu 20 g Thiophenol 2 Tropfen Na-Äthylat in A., versetzt unter Kühlen langsam mit 16 g Acrylonitril u. erhitzt 8 Std. auf 50° u. 2 Std. auf dem sd. Wasserbad; man erhält 27 g *β-Phenylmercaptopropionitril* ($Kp._3$ 111—113°), das man mit 35 g konz. HCl 4 Std. auf 80—90° erhitzt, danach mit 50 ml W. verd. u. mit Ae. extrahiert; 30 g. — *β-Phenylmercaptopropionylchlorid*, $Kp._4$ 139°, aus 30 g vorst. Verb. mit 50 ml $SOCl_2$; 27,5 g. — *1.2.5-Trimethyl-4-[p-nitrophenyl]-piperidol-(4)* (**II**), $C_{14}H_{20}N_2O_3$, F. 146—149° (Bzn.), man gibt zu 1,6 ml HNO_3 (D. 1,36) + 2 ml H_2SO_4 (D. 1,84) portionsweise 3 g **I**, erwärmt 45 Min. auf 60° u. gießt in 50 ml W.; 1 g. *Propionathydrochlorid*, $C_{17}H_{25}ClN_2O_4$, F. 244—245,5° (Aceton), man kocht 3 g **II**, 5 ml Bzl. u. 3 ml Propionylchlorid 3 Std.; 1,8 g. — *1.2.5-Trimethyl-4-[p-nitrophenyl]-1.2.3.6-tetrahydropyridinpikrat*, $C_{20}H_{21}N_5O_9$, F. 155—157° (A.), man erhitzt 2 g **II**, 3,5 g 70%ig. H_2SO_4 u. 0,5 g entwässertes $CuSO_4$ 4 Std. auf dem sd. Wasserbad, behandelt mit W. u. fällt das Öl 1,5 g als Pikrat. — *1.2.5-Trimethyl-4-[p-aminophenyl]-piperidol-(4)* (**III**), $C_{14}H_{22}N_2O$, F. 139—140° (Bzn.), man gibt zu der 50° heißen Lsg. von 2,8 g **II** in 50 ml absol. A. langsam 10 g $SnCl_2$ in 15 ml A. + 15 ml konz. H_2SO_4, erhitzt 6 Std. auf dem Wasserbad, dampft ein, löst in W., versetzt mit KOH u. nimmt in Ae. auf; 2 g. — *1.2.5-Trimethyl-4-[p-acetylaminophenyl]-piperidol-(4)* (**IV**), $C_{16}H_{24}N_2O_2$, F. 231—233°, a) man löst 0,2 g **III** in 20 ml 5%ig. HCl, versetzt bei 50° mit 1 ml Acetanhydrid, behandelt mit gesätt. Sodalsg. u. extrahiert mit Ae.; 0,15 g; b) man red. 3 g I-Propionathydrochlorid mit 12 g $SnCl_2$ in 65 ml A. + 15 ml konz. HCl (5 Std. kochen); danach acetyliert man wie bei a) mit 1,6 ml Acetanhydrid; 1,5 g. *Propionathydrochlorid*, $C_{19}H_{29}ClN_2O_3$, F. 70° (Zers.; Aceton–Ae.), man kocht 1,5 g **IV**, 6 ml Bzl. u. 2 ml Propionylchlorid 4 Std.; 0,9 g. — *1.2.5-Trimethyl-4-[2-brom-5-nitrophenyl]-piperidol-(4)*, $C_{14}H_{19}BrN_2O_3$, F. 192—195°, $Kp._3$ 160°, man gibt zu Butyl-Li (7,2 g Li, 50 g Butylbromid, 300 ml Ae.) unter Eiskühlung 52,5 g p-Bromnitrobenzol in 200 ml Ae., rührt 1 Std. u. tropft dann 36 g **V** zu; man behandelt mit 50 ml W. u. 170 ml 18%ig. HCl, alkalisiert die wss. Schicht mit KOH, extrahiert mit Ae. u. dest.; aus Bzn. orangefarbene Kristalle; 0,3 g. — *1.2.5-Trimethyl-4-[p-hydroxyphenyl]-1.2.3.6-tetrahydropyridinpikrat*, $C_{20}H_{22}N_4O_8$, F. 134—136° (A.), man erhitzt 2 g **VI** in 15 ml konz., wss. HBr + 20 ml Eisessig 5 Std. auf dem sd. Wasserbad, dampft im Vakuum ein, löst in W., alkalisiert mit NaOH extrahiert mit Ae. u. erhält 0,5 g Öl, die mit Pikrinsäure umgesetzt werden. (Журнал Общей Химии [J. allg. Chem.] **28** (**90**). 960—68. April 1958. Moskau, Inst. für chem. Feintechnologie.) HELMUT SCHÄFER. 3231

I. N. Nasarow, N. Ss. Prosstakow und **N. N. Michejewa,** *Heterocyclische Verbindungen. 62. Mitt. Stereoisomerie von 1-Acyl-2.5-dimethyl-4-piperidonen.* (61. vgl. vorst. Ref.) Von 2.5-Dimethylpiperidon-(4) (**I**) wurden das *Acetyl-*, *Propionyl-*, *Benzoyl-*, *p-Nitrobenzoyl-*, *Methylsulfonyl-*, *Benzolsulfonyl-*, *Diäthylaminoacetyl-*, *Piperidinoacetylderiv.* u. *Adipinsäure-bis-[4-keto-2.5-dimethylpiperidid]* dargestellt. Einige der Verbb. wurden in cis- u. trans-Formen isoliert, von denen eine Form weniger beständig ist u. relativ leicht in die andere übergeht. 1-Acetyl-2.5-dimethylpiperidon-(4)-hydrazon wurde nach WOLFF-KISHNER zu *1-Acetyldimethylpiperidin* reduziert.

Versuche: *2.5-Dimethylpiperidon-(4)* (**I**), $Kp._6$ 66°, $Kp._9$ 76—78°, man erhitzt das Gemisch aus 2-Methylhexadien-(1.4)-on-(3), 2-Methyl-5-methoxyhexen-(1)-on-(3) u. 2-Methyl-1.5-dimethoxyhexanon-(3) mit NH_4OH oder NH_4-Acetat u. Methanol; n_D^{20} 1,4676; 28—42% (Ausbeute). *Acetat*, $C_9H_{17}NO_3$, F. 92—94°; lange Nadeln. — *2.5-Dimethyl-3-[2.5-dimethylpiperidyliden-(4)]-piperidon-(4)*, $C_{14}H_{22}N_2O$, $Kp._{2,5}$ 130—134°, als Nebenprod. vorst. Verb.; zähes, grünes Öl; n_D^{20} 1,4990. *Hydrochlorid*, F. 225° (A.). — 2.5-Dimethylpiperidone-(4): *1-Acetyl-*, $C_9H_{15}NO_2$, $Kp._3$ 134—136° (Isomerengemisch), F. 60—61° (festes Isomeres), man erhitzt 123,5 g **I** u. 146 g Acetanhydrid 8 Std. auf 70—80°; n_D^{20} 1,4900 (Isomerengemisch); 144,5 g; nach dem Abtrennen des krist. Isomeren kann man das fl. in das feste überführen, indem man 3/4 Std. auf 150—160° erhitzt. *Oxim*, $C_9H_{16}N_2O_2$, F. 159—160° (aus dem festen Isomeren), F. 179—181° (aus dem fl. Isomeren). *Hydrazon*, $C_9H_{17}N_3O$, Kp.$_3$ 162—164° (aus dem festen Isomeren); n_D^{20} 1,5338. *Azin*, $C_{18}H_{30}N_4O_2$, Kp.$_3$ 225—230 (aus dem festen Isomeren), bei der Darst. des Hydrazons. — *1-Propionyl-*, $C_{10}H_{17}NO_2$, Kp.$_{2,5}$ 123—126 (Isomerengemisch), man gibt zu 60 g I in 100 ml Bzl. 22 g Propionylchlorid in 50 ml Bzl. u. rührt 2 Std. bei Zimmertemp.; 36,5 g. *Oxim*, $C_{10}H_{18}N_2O_2$, F. 103—104,5 (wss. A.). — *1-Benzoyl-*, $C_{14}H_{17}NO_2$, Kp.$_3$ 173° (Isomerengemisch), F. 65,5—67,5 (festes Isomeres), man kocht 150 g I u. 83 g Benzoylchlorid in 200 ml Bzl. 5 Std.; zähes Öl; 117,5 g. *Oxim*, $C_{14}H_{18}N_2O_2$, F. 172 bis 173° (aus dem festen Isomeren). — *1-[p-Nitrobenzoyl]-*, $C_{14}H_{16}N_2O_4$, F. 144—146° (Aceton), man kocht 56 g I u. 41,2 g p-Nitrobenzoylchlorid in 200 ml Bzl. 5 Std.; 22 g. — *1-Methylsulfonyl-*, $C_8H_{15}NO_3S$, Kp.$_{10}$ 130—136° (Isomerengemisch), FF. der Isomeren 98—100° (Aceton) bzw. F. 76—78° (absol. Ae.), man gibt 18,2 g Methansulfochlorid in 25 ml Bzl. in die Lsg. von 32,5 g I in 100 ml Bzl. u. rührt 2 Std. bei Zimmertemp.; 35,2 g. *Oxim*, $C_8H_{16}N_2O_3S$, FF. 166—167° (wss. Aceton) u. 168,5—170° (wss. Aceton). Das tiefer schm. Isomere wird beim Erhitzen zum höher schm. isomerisiert. — *1-Benzolsulfonyl-*, $C_{13}H_{17}NO_3S$, F. 124—126° (absol. A.), man rührt 17 g I u. 42 g Benzolsulfochlorid in 40 ml 12%ig. NaOH 8 Std. auf dem Wasserbad; 25. — *1-Diäthylaminoacetyl-*, $C_{13}H_{24}N_2O_2$, Kp.$_3$ 145°, man gibt zu 17 g I in 25 ml Bzl. 22 ml Chloracetylchlorid in 25 ml Bzl. u. kocht 5 Std.; dann versetzt man mit 30 ml Diäthylamin u. kocht noch 4 Std.; zähes Öl; 14 g. — *1-Piperidinoacetyl-*, $C_{14}H_{24}N_2O_2$, Kp.$_{2,5}$ 136°, man kocht 22,7 g I u. 17 ml Chloracetylchlorid in 50 ml Bzl. 2 Std. entfernt überschüssiges Säurechlorid u. Bzl. im Vakuum, gibt 50 ml Bzl. u. 40 ml Piperidin zu u. erwärmt 4 Std. auf 40—50°; sirupös; 17,5 g. *Hydrochlorid*, $C_{14}H_{25}ClN_2O_2$, F. 205—207° (Aceton). — *Adipinsäure-bis-[4-keto-2.5-dimethylpiperidid]*, $C_{20}H_{32}N_2O_4$, F. 104—108° (Ae.), man kocht 20 g I u. 7,6 g Adipinoylchlorid 2½ Std. in 40 ml Bzl.; 0,9 g. — *1-Acetyl-2.5-dimethyl-4-aminopiperidin*, Kp.$_3$ 138—140°, man red. 4 g 1-Acetyl-2.5-dimethylpiperidon-(4)-oxim (aus festem I) in 50 ml absol. A. mit 5 g Na; n_D^{20} 1,4950; 0,6 g. *Hydrochlorid*, $C_9H_{19}ClN_2O$, F. 273—275° (absol. A.; aus festem I), F. 328—331° (A.; aus fl. I). — *2.5-Dimethylpiperidin*, Kp. 137—138°, man erhitzt 30 g 1-Acetyl-2.5-dimethylpiperidon-(4)-hydrazon mit 7 g KOH auf 120° u. gibt während der Rk. noch 23 g KOH zu; n_D^{20} 1,4440; 4,7 g. [*Hydrochlorid*, $C_7H_{16}ClN$, F. 196—197° (Aceton)]. Daneben *1-Acetyl-2.5-dimethylpiperidin*, $C_9H_{17}NO$, Kp.$_3$ 88—91°; n_D^{20} 1,4742; 5,9 g. (Журнал Общей Химии [J. allg. Chem.] **28** (**90**). 2431—40. Sept. 1958.) HELMUT SCHÄFER. 3231

H. Morren und **H. Strubbe**, *Von 4-Carbäthoxy-4-phenylpiperidin abgeleitete Zentralanalgetica.* Es werden Darst. u. pharmakol. Eigg. neuer analget. wirksamer *4-Carbäthoxy-4-phenyl-1-alkoxyalkyl-* bzw. *-1-alkylmercaptoalkylpiperidine* beschrieben. *1-[2-(2-Hydroxyäthoxy)-äthyl]-4-carbäthoxy-4-phenylpiperidin* (**II**) ist nach klin. Verss. dem Morphin gleichwertig, ohne dessen Nachteile zu besitzen.

V e r s u c h e: *2-[n-Hexyloxy]-1-chloräthan*, $C_8H_{17}ClO$, Kp.$_{40}$ 100—102°, aus 2-[n-Hexyloxy]-äthanol u. $SOCl_2$ bei 90°; 85% (Ausbeute). — *3-[2-Chloräthoxy]-2-hydroxypropan*, $C_5H_{11}ClO_2$, Kp.$_{12}$ 87°, durch Zugeben von Propylenoxyd zu 2-Chloräthanol u. Tonsil (mit HCl behandlet) bei 70° u. 2std. Erwärmen auf 80°; 40%. — Durch 8std. Kochen von 4-Carbäthoxy-4-phenylpiperidin (**I**) mit dem Alkylchlorid u. $(C_2H_5)_3N$ in Xylol, Filtrieren, Lösen in verd. HCl, Alkalisieren u. Extrahieren mit Bzl. (Meth. **A**) bzw. durch 20std. Erhitzen von **I** mit dem Alkylchlorid in Toluol auf 180° im Autoklaven (Meth. **B**) bzw. durch 20std. Erwärmen von **I** mit dem Alkylchlorid auf 70° (Meth. **C**) bzw. durch 16std. Rühren u. Erwärmen von **I**, $(C_2H_5)_3N$ u. dem Alkylchlorid auf 70° (Meth. **D**) nachst. 4-Phenyl-4-carbäthoxypiperidine: *1-[2-Äthoxyäthyl]-*, $C_{18}H_{27}NO_3$, Kp.$_{0,01}$ 135°, nach **B**; 50%. — *1-[2-Butoxyäthyl]-*, $C_{20}H_{31}NO_3$, Kp.$_{0,05}$ 140°, a) nach **B**; b) nach **C**; 65%. *Hydrochlorid*, F. 101°. — *1-[2-Hexoxyäthyl]-*, $C_{22}H_{35}NO_3$, Kp.$_{0,05}$ 162°, nach **C**; 75%. — *1-[2-(2-Hydroxyäthoxy)-äthyl]-* (**II**), $C_{18}H_{27}NO_4$, F. 47°, Kp.$_{0,02}$ 178°, a) nach **A**; b) nach **D**; 82%; c) durch 20std. Kochen von **I** mit dem Alkylchlorid u. Na_2CO_3 in absol. Butanol; d) durch 5std. Erhitzen von **I** mit Äthylenoxyd auf 100—125° im Autoklaven; e) nach **E** (s. unten). *Hydrochlorid*, F. 117°. — *1-[2-(2-Hydroxypropoxy)-äthyl]-*, $C_{19}H_{29}NO_4$, Kp.$_{0,05}$ 180°, nach **D**; 70%. — *1-[2-(2-Äthoxyäthoxy)-äthyl]-*, $C_{20}H_{31}NO_4$, Kp.$_{0,5}$ 175°, nach **C**; 60%. — *1-{2-[2-(2-Hydroxyäthoxy)-äthoxy-äthyl}-*, $C_{20}H_{31}NO_5$, Kp.$_{0,1}$ 205°, a) neben **II** nach d); b) nach **A**; 35%. — *1-[2-(2-Hydroxyäthylmercapto)-äthyl]-*, $C_{18}H_{27}NO_3S$, F. 74° (Hexan–Bzl.), Kp.$_{0,1}$ 195°, durch 2std. Stehen von **I** u. 2-[2-Hydroxyäthylmercapto]-1-chloräthan in Ae. u. 5std. Kochen; 20%. *Hydrochlorid*, F. 140°. — *1-[3-Äthoxypropyl]-*, $C_{19}H_{29}NO_3$, Kp.$_{0,02}$ 145°, nach **D**; 55%. — *1-[3-(3-Hydroxypropoxy)-propyl]-*, $C_{20}H_{31}NO_4$, Kp.$_{0,01}$ 185°, durch Erhitzen von Na u. Trimethylenglykol auf 100° unter N_2, 15std. Rühren mit 1-[3-Chlorpropyl]-4-carbäthoxy-4-phenylpiperidinhydrochlorid bei Raumtemp., 10 Std. bei 40°, 20 Std. bei 65°, Zugeben von absol. A., Filtrieren u. Einengen (Meth. **E**); 20%. — *1-[1.3-Diäthoxypropyl-(2)]-*, $C_{21}H_{33}NO_4$, Kp.$_{0,05}$ 165°, nach **B**; 20%.

(Ind. chim. belge **22.** 795—98. Juli 1957. Bruxelles, Union Chim. Belge, Div. Pharmaceut., Labor. de Chim. Organ.) K. MAIER. 3231

Tetsuzō Katō, Shizu Satō, Fumiko Hamaguchi und **Teruko Ohki,** *Synthese von Methylpyridinderivaten.* 8. Mitt. *Synthese von 4-Benzyl-2.6-lutidinderivaten.* (7. vgl. Annu. Rep. Tokyo Coll. Pharmacy **1955.** 305 u. J. pharmac. Soc. Japan [Yakugakuzasshi] **75.** [1955.] 1239; 9. vgl. C. **1959.** 10566.) *α-Phenyl-γ-dimethylaminobutyronitril* entsteht durch Kondensation von Benzylcyanid (**I**) in Toluol mit β-Dimethylaminoäthylchloridhydrochlorid (**II**) in Ggw. von $NaNH_2$, *α-Phenyl-γ-diäthylamino-* (**III**) u. *α-Phenyl-γ-piperidinobutyronitril* (**IV**) analog durch Kondensation mit β-Diäthylamino- (**V**) bzw. β-Piperidinoäthylchloridhydrochlorid (**VI**). Bei weiterer Kondensation dieser Verbb. in Ggw. von $NaNH_2$ mit 4-Chlor-2.6-lutidin (**VII**) werden *α-Phenyl-α-[2'.6'-lutidyl-(4')]-γ-dimethylamino* (**VIII**), *α-Phenyl-α-[2'.6'-lutidyl-(4')]-γ-diäthylamino-* (**IX**) u. *α-Phenyl-α-[2'.6'-lutidyl-(4')]-γ-piperidinobutyronitril* (**X**) erhalten. Diese sind auch durch Kondensation des aus der Rk. von **I** u. **VII** hervorgegangenen *α-Phenyl-α-[2'.6'-lutidyl-(4')]-acetonitrils* (**XI**) mit **II, V** oder **VI** zu erhalten. Durch GRIGNARD-Rk. lassen sich diese Nitrile in Ketoverbb. überführen. Während Äthylendiamin (**XII**) mit **VIII** zu *1-Dimethylamino-3-phenyl-3-[2'.6'-lutidyl-(4')]-3-[Δ²-imidazolinyl-(2')]-propan* reagiert, fällt die gleiche Rk. mit **XI** negativ aus.

Versuche: *α-Phenyl-γ-diäthylaminobutyronitril* (**III**), $C_{14}H_{20}N_2$, Kp.$_{12}$ 162—166°, durch 1 std. Erhitzen von **V** u. **I** mit $NaNH_2$ in absol. Toluol auf 110—120°, Gießen in Eiswasser, Ausziehen mit Bzl. u. Vakuumdest., 66,9% (Ausbeute). *Pikrat,* $C_{14}H_{20}N_2 \cdot C_6H_3N_3O_7$, F. 110—112°, aus Essigester gelbe Platten. — *α-Phenyl-γ-piperidinobutyronitril* (**IV**), Kp.$_5$ 159—162°, analog mit **VI**; 66%. *Pikrat,* $C_{15}H_{20}N_2 \cdot C_6H_3N_3O_7$, F. 160 bis 162°, aus Methanol gelbe Nadeln. — *α-Phenyl-α-[2'.6'-lutidyl-(4')]-γ-diäthylaminobutyronitril* (**IX**), $C_{21}H_{27}N_3$, Kp.$_{0,15}$ 150—153°, aus **III** u. **VII** u. fraktionierte Dest.; hellgelbe Fl.; 37%. *Pikrat,* F. 140—141°. — *α-Phenyl-α-[2'.6'-lutidyl-(4')]-γ-piperidinobutyronitril* (**X**), Kp.$_3$ 176°, aus **IV** u. **VII**; 38%. *Dipikrat,* $C_{22}H_{27}N_3 \cdot 2\,C_6H_3N_3O_7$, F. 132—136°, aus Methanol gelbe Nadeln. — *3-Phenyl-3-[2'.6'-lutidyl-(4')]-5-dimethylaminopentanon-(2),* $C_{20}H_{26}N_2O$, Kp.$_1$ 200—205°, aus CH_3MgJ (**XIII** in Ae. durch Zutropfen von **VIII** in Toluol, 1 std. Erhitzen auf 60—70°, Abdest. des Ae., Zugabe von absol. Toluol, 6 std. Verrühren bei 110—120°, Gießen in Eiswasser u. Ansäuern mit 20%ig. HCl; viscose Fl.; 23,6%. *Dipikrat,* $C_{20}H_{26}N_2O \cdot 2\,C_6H_3N_3O_7$, F. 156—159°, aus Methanol gelbe Nadeln. — *4-Phenyl-4-[2'.6'-lutidyl-(4')]-6-diäthylaminohexanon-(3),* $C_{23}H_{32}N_2O$, Kp.$_{0,001}$ 143—146°; aus $C_2H_5 \cdot MgBr$ (**XIV**) in Ae. u. **IX** in Toluol; Fl.; 38%. — *3-Phenyl-3-[2'.6'-lutidyl-(4')]-5-piperidinopentanon-(2),* Kp.$_1$ 203—205°; aus **XIII** in Ae. u. **X**; viscose Fl.; 22,5%. *Hydrochlorid,* F. 171—178°, aus Aceton Platten. *Dipikrat,* $C_{23}H_{30}N_2O \cdot 2\,C_6H_3N_3O_7$, F. 165—167°, aus Methanol gelbe Nadeln. — *4-Phenyl-4-[2'.6'-lutidyl-(4')]-6-piperidinohexanon-(3),* $C_{24}H_{32} \cdot N_2O$, Kp.$_{0,01}$ 175—184°; aus **XIV** in Ae. u. **X**; viscose Fl.; 36%. *Dihydrochloridhydrat,* $C_{24}H_{32}N_2O \cdot 2\,HCl \cdot H_2O$, F. 171—173°, aus Aceton Nadeln. *Dipikrat,* $C_{24}H_{32}N_2O \cdot 2\,C_6H_3 \cdot N_3O_7$, F. 181—184°, aus Methanol gelbe Nadeln. — *1-Dimethylamino-3-phenyl-3-[2'.6'-lutidyl-(4')]-3-[Δ²-imidazolinyl-(2')]-propan,* aus **VIII** u. **XII** in absol. A. durch Einleiten von HCl-Gas unter Kühlung, Sättigen mit H_2S, 2 std. Erhitzen auf 40—50°, ¼ std. Einengen bei 80—90°, Zugabe von 10%ig. HCl, Extraktion des Filtrats mit A., Alkalisieren u. in Bzl. Chromatographie; 36%. *Hexachlorplatinathydrochlorid,* $C_{21}H_{28}N_4 \cdot 3\,HCl \cdot PtCl_4$, F. 235—237° (Zers.), aus A. gelbe Nadeln. (Annu. Rep. Tokyo Coll. Pharmacy **1956.** 18 bis 21. Dez. [Orig.: japan.; Auszug: engl.]) F. MOSSNER. 3231

St. Mizera, *Nebenreaktionen der Anilindruckhydrierung.* Bei der ½ std. Hydrierung von Anilin bei 100 at in Ggw. von WS_2 wurde bei 250° neben hochsd. Basen *N-Methyl-1.2.3.4-tetrahydrochinolin* (**I**; *Kairolin*) in 0,05%ig. Ausbeute erhalten, bei 450° neben *Cyclohexan* (43%) u. a. je ca. 0,03% *Dekahydrochinolin* u. *Bicyclo-[4.3.0]-nonan,* die möglicherweise aus **I** durch hydrierende CH_4- u. NH_3-Abspaltung entstehen. (Angew. Chem. **71.** 372. 7/6. 1959. Prag, TH, Inst. für Chem.) H. PAGEL. 3231

Muvaffak Seyhan, *Notiz über die Oxydation einiger substituierter Methylchinoline mit Selendioxyd.* 6-Äthoxy-2-methylchinolin (**I**) liefert bei der SeO_2-Oxydation in Dioxan bei 100° *6-Äthoxychinolinaldehyd-(2)* neben der *2-Carbonsäure,* 2-Hydroxy-4.8-dimethylchinolin (**II**) in m-Xylol bei ca. 135° wahrscheinlich *2-Hydroxy-8-methylchinolinaldehyd-(4).*

Versuche: *6-Äthoxychinolinaldehyd-(2),* $C_{12}H_{11}NO_2$, F. 100—101° (PAe.). durch 1½ std. Kochen von **I** mit SeO_2 in Dioxan; 40% (Ausbeute). *4-Nitrophenylhydrazon,* $C_{18}H_{16}N_4O_3$, F. 231—232° (A.), dunkelgelbe Kristalle. *2.4-Dinitrophenylhydrazon,* $C_{18}H_{15}N_5O_5$, F. 213—214° (A.), orangerote Kristalle. — *6-Äthoxychinolincarbonsäure-(2),* $C_{12}H_{11}NO_3$, F. 188—189° (A.), neben vorst. Verb. aus der Mutterlauge; 8,5%. — *2-Hydroxy-8-methylchinolinaldehyd-(4),* $C_{11}H_9NO_2$, F. 249—250° (A.), durch 8 std. Kochen von **II** in m-Xylol mit SeO_2; dunkelgelbe Kristalle; 36,5%. *4-Nitrophenylhydrazon,* $C_{17}H_{14}N_4O_3$, F. 277—278° (A.), orangerote Kristalle. *2.4-Dinitrophenylhydrazon,* $C_{17}H_{13}N_5O_5$, F. 317

bis 318° (Zers.; A.), orangerote Kristalle. (Chem. Ber. **92.** 1480—81. 1/6. 1959. Istanbul, Univ., Chem. Inst.) H. PAGEL. 3231

H. Bredereck, R. Gompper und **K. Klemm,** *Eine neue Synthese von β-Ketocarbonsäureamiden und substituierten Chinolinen.* N.N-Dimethylpropionamid erleidet unter dem Einfl. mol. Mengen $POCl_3$ Eigenkondensation zu *α-Propionylpropionsäure-N.N-dimethylamid.* Aus N.N-Dimethylbuttersäureamid entsteht analog *α-Butyrylbuttersäure-N.N-dimethylamid.* Acetylacet-N.N-dimethylamid gibt mit Anilin in Ggw. von $POCl_3$ über *α-Dimethylamino-γ-ketobutylidenanilin* in mäßiger Ausbeute *2-Dimethylamino-4-methylchinolin* (I), da nebenher *β-Anilinocrotonsäure-N.N-dimethylamid* entsteht. Aus β-Dimethylaminocrotonsäure-N.N-dimethylamid jedoch wird **I** unter Abspaltung von $(CH_3)_2NH$ in guter Ausbeute erhalten. Diese Chinolinsynth. ist allg. mit substituierten Anilinen u. Naphthylaminen durchführbar. (Angew. Chem. **71.** 32. 7/1. 1959. Stuttgart, TH, Inst. für Organ. Chem. u. Organ.-chem. Technol.) R. PASEDAG. 3231

Martin Strell und **Erwin Kopp,** *Reaktionen in der Pyridinreihe.* 3. Mitt. *Darstellung von 2-[Pyridyl-(3)]-cinchoninsäure und β-[Pyridyl-(3)]-acrolein.* (2. vgl. C. **1959.** 119.) Beim Erhitzen von β-Picolylidenbrenztraubensäure (I) mit Anilin (**II**) ohne Lösungsm. entsteht trotz CO_2-Entw. statt β-Picolylidenacetaldehydanil *2-[Pyridyl-(3)]-chinolincarbonsäure-(4)* (*2-[Pyridyl-(3)]-cinchoninsäure*), die sich zu *2-[Pyridyl-(3)]-chinolin* decarboxylieren läßt. Decarboxylierungsverss. von **I** in Chinolin schlugen fehl. Beim Erhitzen von **I** mit Natur-Cu·C im Vakuum wird in schlechter Ausbeute *β-Picolylidenacetaldehyd* (**III**; *β-Pyridylacrolein*) erhalten, der als *2.4-Dinitrophenylhydrazon* charakterisiert wurde u. mit Malodinitril (**VII**) das gelbe *1.1-Dicyan-4-[pyridyl-(3)]-butadien-(1.3)* gibt. *β-Picolylidenmalodinitril* ist farblos. **III** konnte auch aus β-Pyridinaldehyd (**IV**) u. Paraldehyd (**V**) in konz. H_2SO_4, etwas besser durch alkal. Kondensation von **IV** u. Acetaldehyd (**VI**) gewonnen werden. Verss. zur Synth. von **III** durch Red. von β-Picolylidenacetonitril mit $SnCO_2$ u. Hydrolyse führten nicht zum Erfolg.

V e r s u c h e: *2-[Pyridyl-(3)]-chinolincarbonsäure-(4)*, $C_{15}H_{10}N_2O_2$, F. 318° (Zers.; CH_3OH oder Eisessig; sublimiert im Vakuum), durch kurzes Erhitzen von **I** u. **II** auf 120—130°; Nadeln; 32% (Ausbeute). — *2-[Pyridyl-(3)]-chinolin*, $C_{14}H_{10}N_2$, F. 68° (PAe.), $Kp._{0,1}$ 135—140°, durch 20 Min. Erhitzen vorst. Verb. mit Cu-Pulver auf 310 bis 320° bis zur Beendigung der Gasentw.; rhomb. Blättchen; 70%. — *β-Picolylidenacetaldehyd* (**III**), C_8H_7NO, F. 69—69,5° (Hexan; sublimiert bei 110°/9 mm), $Kp._{12}$ 145 bis 152°, a) durch Erhitzen von **I** mit Natur-Cu·C bei 9 mm auf 150—160°; abgeschrägte Prismen; 4,5%; b) durch 1½std. Zugeben von **V** zu **IV** in konz. H_2SO_4 bei 1—5°, 1std. Rühren bei 0°, Gießen auf Eis, Neutralisieren mit wss. NaOH u. Ausäthern; 0,8%; c) durch 4std. Zutropfen von **VI** in W. zu **IV** in wss. NaOH unter N_2 bei Raumtemp. u. Ausäthern; 4,5%. *2.4-Dinitrophenylhydrazon*, $C_{14}H_{11}N_5O_4$, F. 228—229° (Zers.; A./Essigester), verfilzt, orangefarbene Nadeln. — *β-Picolylidenmalodinitril*, $C_9H_5N_3$, F. 86° (CH_3OH/W.), durch Erwärmen von **IV** u. **VII** in CH_3OH auf dem Wasserbad; hellrote Nadeln. — *1.1-Dicyan-4-[pyridyl-(3)]-butadien-(1.3)*, $C_{11}H_7N_3$, F. 167,5—168° (A.), durch kurzes Erwärmen von **III** u. **VII** in A.; gelbe Nadeln; 82%. (Chem. Ber. **91.** 2854—57. 19/12. 1958. München, TH, Organ.-chem. Inst.) R. PASEDAG. 3231

Hellmut Bredereck, Rudolf Gompper und **Gerhard Morlock,** *Formamidreaktionen.* 10. Mitt. *Pyrimidine aus Acetylenketonen und Formamid.* (9. vgl. C. **1958.** 2400.) Die Umsetzung von Propargylaldehyddiäthylacetal (**II**), Phenylpropionylacetylen (**III**) u. Phenylbenzoylacetylen mit Formamid (**I**) führte zu *Pyrimidin, 4-Äthyl-6-phenyl-* bzw. *4.6-Diphenylpyrimidin.*

V e r s u c h e: *Pyrimidin*, Kp. 122—128°, durch 3std. Zutropfen von 12 g **II** in A. zu NH_4-Formiat u. **I** in W. bei 180°, 2std. Erhitzen unter Abdestillieren des A., Gießen in verd. NaOH u. Extrahieren mit Chlf.; 2,5 g (Ausbeute). *Pikrat*, F. 154—155°. — *4-Äthyl-6-phenylpyrimidin*, $Kp._{13}$ 161—166°, durch 4std. Zutropfen von **III** in A. zu **I** in W. bei 180—190°; 46%. *Pikrat*, F. 185—186°. — *4.6-Diphenylpyrimidin*, F. 102°, $Kp._{0,02}$ 160—170°, in 3 Std.; 35%. (Chem. Ber. **91.** 2830—31. 19/12. 1958. Stuttgart, TH, Inst. für Organ. Chem. u. Organ.-chem. Technol.) R. PASEDAG. 3272

Hellmut Bredereck, Rudolf Gompper und **Heinz Herlinger,** *Formamidreaktionen.* 11. Mitt. *Darstellung, Eigenschaften und Umsetzungen des Pyrimidins.* (10. vgl. vorst. Ref.) In Ergänzung zu der C. **1959.** 2801 referierten Arbeit wird über Darst. u. Chemie des *Pyrimidins* (**I**) berichtet. **I** entsteht glatt aus β-Diäthylaminoacrolein (**III**) bzw. β-[N-Methylanilino]-acrolein (**IV**) u. Formamid (**II**) in einer Gasphasen-Rk. neben etwa gleichen Mengen *Diäthylformamid* bzw. *N-Methylformanilid.* Eine kontinuierliche **I**- bzw. *4-Methylpyrimidin*-Synth. wurde durch Umsetzung von Malondialdehydacetalen oder **IV** bzw. von β-Ketobutyraldehyddimethylacetal (**V**) mit **II** in einem mit Al_2O_3 oder Montmorillonit gefüllten Reaktionsrohr bei 200° erzielt. Bei Verwendung von 1.1.3.3-Tetraäthoxy- (**IX**) u. 1.1.3-Triäthoxy-3-methoxypropan (**VIII**) wurde A. als Lösungsvermittler zugesetzt, bei 1.1.3.3-Tetramethoxypropan (**X**) nicht. **I** bildet stabile *Salze* mit anorgan. u. organ. Säuren, läßt sich glatt quaternisieren u. gibt schwerlösl. *Addukte mit Metallsalzen.* **I** u. dessen Alkylderivv. werden bes. durch *4.4'-Dichlordibenzolsulfimid* (**VII**)-*salze* charakterisiert. Die IR-Absorption des *Bis-[jodchlorid]-Adduktes* von **I** spricht gegen das ausschließliche Vorliegen einer Struktur $C_4H_4JN_2^{(+)}JCl_2I^{(-)}$. Auch *Pyrazin* u. *Pyridazin* bilden *Bis-[jodchlorid]-Addukte.* Die synthetisierten *Pyrimidin-N-oxyde* (vgl. l. c.) waren papierchromatograph. einheitlich, eine Zuordnung als Pyrimidin-1- oder -3-oxyde konnte aber nicht erfolgen. Als Neben-Rk. wurde durch Nachw. von NH_4-*Acetat* eine oxydativ hydrolyt. Spaltung des Pyrimidinringes erkannt. Aus Pyrimidin-N-oxyd (**XI**) u. Acetanhydrid (**VI**) wird *4 Acetoxypirimidin,* aus Pyrimidon-(4) (**XII**) u. **VI** *1(oder 3)-Acetylpyrimidon-(4)* erhalten. *4-Phenylpyrimidin* wird durch nucleophile Rk. von **I** mit Phenyl-Li (**XIII**), Hydrolyse u. Oxydation des *4-Phenyldihydropyrimidins* mit $KMnO_4$ synthetisiert. Thiophenaldehyd-(2) (**XVI**) wurde mit Na-Acetylid (**XVII**) in fl. NH_3 in *Thienyl-(2)-äthinylcarbinol,* dieses mit CrO_3/H_2SO_4 in *Thienyl-(2)-äthinylketon* u. letzteres mit **II** in *4-[Thienyl-(2)]-pyrimidin* (**XIV**) übergeführt. Eine Nitrierung von **I** gelang selbst mit Trifluoressigsäureanhydrid/rauchender HNO_3 nicht. Überraschend war die große Reaktionsfähigkeit des *5-Brompyrimidins,* das als **VII**-*Salz* charakterisiert wurde. Mit $NaOCH_3/CH_3OH$ entsteht *5-Methoxypyrimidin,* das ein *Hydrochlorid, Pikrat* u. **VII**-*Salz* bildet. Mit Na-Äthylmercaptid wird *5-Äthylmercaptopyrimidin* gewonnen.

Versuche: *Pyrimidin* (**I**), $Kp._{750}$ 122—124°, a) durch 7std. Rk. von **III** u. **II** bei 208° in einem V2A-Rohr am Montmorillonit (KSF)-Kontakt (3—6 Min. Berührungszeit) unter Zusatz von A. als Lösungsvermittler im N_2-Strom, Versetzen mit 10%ig. KOH u. Extrahieren mit Chlf.; 72% (Ausbeute); b) aus **IX**, **II** u. A. in 6 Std. bei 200° an KSF; 41%; c) aus **IX** u. **II** in 3 Std. bei 210 an KSF; 63%; d) aus **X** u. **II** in 7 Std. bei 210° an KSF; 59%; e) aus 74%ig. **IV** u. **II** in 2 Std. bei 210° an KSF; 47%; f) durch 6std. Zutropfen von 74%ig. **IV** u. **II** zu sd. **II** u. 1std. Erhitzen auf 210°; 53% (daneben 90% *N-Methylformanilid,* $Kp._{10}$ 117—118°; g) aus **III** u. **II** bei 185° in 4 Std.; 63,5% (daneben 60% *Diäthylformamid,* $Kp._{750}$ 176—178°). *Sulfat,* $C_4H_4N_2 \cdot H_2SO_4$, F. 95°. *Nitrat,* $C_4H_4N_2 \cdot HNO_3$, F. 135°. *Perchlorat,* $C_4H_4N_2 \cdot HClO_4$, F. 192°. **VII**-*Salz,* $C_4H_4N_2 \cdot C_{12}H_9Cl_2NO_4S_2$, F. 150° (absol. A.). *Methomethylsulfat,* $C_6H_{10}N_2O_4S$, F. 99° (CH_3OH–Aceton 1:10); 90%. *Phenacylobromid,* $C_{12}H_{11}BrN_2O$, F. 173° (absol. A.), mit Bromacetophenon bei 50°; 100%. *Metho-p-toluolsulfonat,* $C_{12}H_{14}N_2O_3S$, F. 158° (CH_3OH–Aceton 1:10); 100%. *Äthobromid,* $C_6H_9BrN_2$, F. ca. 160°. *$ZnCl_2$-Verb.,* $C_4H_4N_2 \cdot ZnCl_2$, F. >350°. *$CoCl_2$-Verb.,* $C_4H_4N_2 \cdot CoCl_2$, F. >350°, blaue Kristalle. *$CdCl_2$-Verb.,* $C_4H_4N_2 \cdot CdCl_2$, F. >350°. *Bis-[jodchlorid],* $C_4H_4N_2 \cdot 2\,JCl$, F. 165° (CH_2Cl_2), mit JCl in CH_2Cl_2; gelbe Nadeln. — *Pyrazin-bis-[jodchlorid]-Addukt,* $C_4H_4N_2 \cdot 2\,JCl$, F. 177°. — *Pyridazin-bis-[jodchlorid]-Addukt,* $C_4H_4N_2 \cdot 2\,JCl$, gelbe zersetzliche Kristalle. — *4-Methylpyrimidin,* aus **V** u. **II** im Reaktionsrohr a) 3 Std. bei 240° an Al_2O_3; 58%; b) 9 Std. bei 200° an Al_2O_3; 66%; c) 3 Std. bei 200° an Al_2O_3; 62%; d) 4 Std. bei 210° an Montmorillonit K-10; 67%. — Pyrimidin-**VII**-salze: *4-Methyl-,* $C_5H_6N_2 \cdot C_{12}H_9Cl_2NO_4S_2$, F. 133°. — *4-Äthyl-,* $C_6H_8N_2 \cdot C_{12}H_9Cl_2NO_4S_2$, F. 135°. — *4-[n-Butyl]-,* $C_8H_{12}N_2 \cdot C_{12}H_9Cl_2NO_4S_2$, F. 155°. — *4-Isobutyl-,* F. 142°. — *4.6-Dimethyl-,* $C_6H_8N_2 \cdot C_{12}H_9Cl_2NO_4S_2$, F. 192°. — *4-Phenyl-,* $C_{10}H_8N_2 \cdot C_{12}H_9NO_4S_2$, F. 188°. — *4-Methyl-6-phenyl-,* $C_{11}H_{10}N_2 \cdot C_{12}H_9Cl_2NO_4S_2$, F. 201°. — *4-Äthyl-6-phenyl-,* $C_{12}H_{12}N_2 \cdot C_{12}H_9Cl_2NO_4S_2$, F. 154°. — *4-[n-Propyl]-6-phenyl-,* $C_{13}H_{14}N_2 \cdot C_{12}H_9Cl_2NO_4S_2$, F. 95°. — *4.6-Diphenyl-,* $C_{16}H_{12}N_2 \cdot C_{12}H_9Cl_2NO_4S_2$, F. 144°. — *4-Methyl-6-[n-butyl]-,* $C_9H_{14}N_2 \cdot C_{12}H_9Cl_2NO_4S_2$, F. 134°. — *4-Äthyl-6-[n-butyl]-,* $C_{10}H_{16}N_2 \cdot C_{12}H_9NO_4S_2$, F. 118°. — *4-[n-Propyl]-6-[n-butyl]-,* $C_{11}H_{18}N_2 \cdot C_{12}H_9Cl_2NO_4S_2$, F. 89°. — *4.5-Tetramethylen-,* $C_8H_{10}N_2 \cdot C_{12}H_9Cl_2NO_4S_2$, F. 212°. — *2-Amino-,* $C_4H_5N_3 \cdot C_{12}H_9Cl_2NO_4S_2$, F. 184°. — *Pyrimidin-N-oxyd* (**XI**), $C_4H_4N_2O$, F. 91—92° (A./Ae.), durch 9std. Erwärmen von **I** mit 30%ig. H_2O_2 in Eisessig auf 65° u. Dest. bei 90—105°/0,01 mm; 18%. *$HgCl_2$-Verb.,* $C_4H_4N_2O \cdot 2\,HgCl_2$, F. 165—168°. — *4-Methylpyrimidin-N-oxyd,* $C_5H_6N_2O$, F. 81° (Ae.), $Kp._{0,01}$ 84—87°; 27,5%. *Pikrat,* F. 135—136°. *Hydrochlorid,* $C_5H_6N_2O \cdot HCl$, F. 138° (absol. A.). **VII**-*Salz,* $C_5H_6N_2O \cdot C_{12}H_9Cl_2NO_4S_2$, F. 130° (A.). — *4.6-Dimethylpyrimidin-N-oxyd,* $C_6H_8N_2O$, F. 112° (Diisopropyläther), $Kp._{0,05}$ 85—90°; 75%. — *4-Methyl-6-phenylpyrimidin-N-oxyd,* $C_{11}H_{10}N_2O$, F. 138° (Isopropylalkohol/Diisopropyläther), in 45 Std. bei 57°; 74%. *Pikrat,* $C_{11}H_{10}N_2O \cdot C_6H_3N_3O_7$, F. 154° (A.). — *4-Acetoxypyrimidin,* $C_6H_6N_2O_2$, F. 95—97°, $Kp._{0,05}$ 80—85°, durch 3std. Erhitzen von 2,9 g **XI** mit **VI** auf 132°; 1,4 g. — *N-Acetylpyrimidon-(4),* $C_6H_6 \cdot N_2O_2$, F. 117—120°, $Kp._{0,001}$ 76—77°, durch 6std. Erhitzen von 7,0 g **XII** mit **VI** auf 135°; 4 g. — *4-Phenylpyrimidin,* F. 60—61° (PAe.), $Kp._{0,1}$ 80—90°, a) durch Stehen von **I** mit **XIII** in Ae. über Nacht, Zers. mit Eiswasser oder NH_4Cl-Lsg., Extrahieren mit Chlf., Einengen der organ. Phasen, Oxydieren mit $KMnO_4$ in Aceton u. Einengen; 64%; b) analog bei −2°; 51%; c) durch Zutropfen von Phenyl-MgBr zu **I** in Ae. bei Raumtemp. u. 1std. Kochen; 32%. *Hydrochlorid,* $C_{10}H_8N_2 \cdot HCl$, F. 168° (absol. A.). —

4-[p-Tolyl]-pyrimidin, $C_{11}H_{10}N_2$, F. 74° (Bzl./PAe.), Kp.$_{0,02}$ 110—112°, aus **I** u. p-Tolyl-Li; 51%. *Pikrat*, $C_{11}H_{10}N_2 \cdot C_6H_3N_3O_7$, F. 172° (A.). *Hydrochlorid*, $C_{11}H_{10}N_2 \cdot HCl$, F. 204 bis 206° (absol. A.). **VII**-*Salz*, $C_{11}H_{10}N_2 \cdot C_{12}H_9Cl_2NO_4S_2$, F. 209° (A.). — *4-[p-Methoxyphenyl]-pyrimidin*, $C_{11}H_{10}N_2O$, F. 85° (A.), Kp.$_{0,001}$ 115—130°, aus **I** u. p-Methoxyphenyl-Li (aus p-Bromanisol); 45%. *Pikrat*, $C_{11}H_{10}N_2O \cdot C_6H_3N_3O_7$, F. 175° (A.). *Hydrochlorid*, $C_{11}H_{10}N_2O \cdot HCl$, F. 211° (absol. A.). **VII**-*Salz*, $C_{11}H_{10}N_2O \cdot C_{12}H_9Cl_2NO_4S_2$, F. 195° (A.). — *4-Mesitylpyrimidin*, $C_{13}H_{14}N_2$, F. 67° (PAe.), Kp.$_{0,0005}$ 99—100°, aus **I** u. Mesitylen-Li (aus Brommesitylen); 25%. *Pikrat*, $C_{13}H_{14}N_2 \cdot C_6H_3N_3O_7$, F. 172° (A.). **VII**-*Salz*, $C_{13}H_{14}N_2 \cdot C_{12}H_9Cl_2NO_4S_2$, F. 135° (A.). *Hydrochlorid*, $C_{13}H_{14}N_2 \cdot HCl$, F. 167° (absol. A.). — *4-[Thienyl-(2)]-pyrimidin* (**XIV**), $C_8H_6N_2S$, F. 66—67° (Ae./PAe.), Kp.$_{0,01}$ 96—100°, durch 4std. Kochen von Thiophen mit Butyl-Li (**XV**) in Ae. u. Zutropfen von **I** bei —30°; 46%. *Hydrochlorid*, $C_8H_6N_2S \cdot HCl$, F. 200° (absol. A.). **VII**-*Salz*, $C_8H_6N_2S \cdot C_{12}H_9Cl_2NO_4S_2$, F. 217° (A.). *Pikrat*, $C_8H_6N_2S \cdot C_6H_3N_3O_7$, F. 196° (A.). — *4-[Furyl-(2)]-pyrimidin*, $C_8H_6N_2O$, F. 65° (Ae./PAe.), Kp.$_{0,0005}$ 65—70°, durch 1std. Kochen von Furan mit **XV** u. Zutropfen von **I** in Ae. bei —40°; 53%. *Pikrat*, $C_8H_6N_2O \cdot C_6H_3N_3O_7$, F. 182° (A.). *Hydrochlorid*, $C_8H_6N_2O \cdot HCl$, F. 193° (absol. A.). **VII**-*Salz*, $C_8H_6N_2O \cdot C_{12}H_9Cl_2NO_4S_2$, F. 183° (A.). — *4-[Thiazolyl-(2)]-pyrimidin*, $C_7H_5N_3S$, F. 110° (sublimiert bei 120°), durch Versetzen von 2-Bromthiazol bei —30° mit **XV** u. Zugeben von **I** bei —30°; 30%. *Hydrochlorid*, $C_7H_5N_3S \cdot HCl$, F. 202° (absol. A.). *Pikrat*, $C_7H_5N_3S \cdot C_6H_3N_3O_7$, F. 164° (A.). **VII**-*Salz*, $C_7H_5N_3S \cdot C_{12}H_9Cl_2NO_4S_2$, F. 187° (A.). — *4-[Benzthiazolyl-(2)]-pyrimidin*, $C_{11}H_7N_3S$, F. 173—174° (Essigester), durch Versetzen von Benzthiazol in Ae. mit **XV** u. **I** in Ae. bei 70°, Extrahieren mit Chlf. u. Oxydieren mit $KMnO_4$ in Aceton; 27%. *Pikrat*, $C_{11}H_7 \cdot N_3S \cdot C_6H_3N_3O_7$, F. 200° (A.). — *4-[2.6-Dimethoxyphenyl]-pyrimidin*, $C_{12}H_{12}N_2O_2$, F. 93° (PAe./Bzl.), Kp.$_{0,002}$ 126—136°, aus Resorcindimethyläther durch 4std. Kochen der Li-Verb. mit **I**; 18,5%. *Hydrochlorid*, $C_{12}H_{12}N_2O_2 \cdot HCl$, F. 160° (absol. A.). *Pikrat*, $C_{12}H_{12}N_2O_2 \cdot C_6H_3N_3O_7$, F. 145—146°. **VII**-*Salz*, $C_{12}H_{12}N_2O_2 \cdot C_{12}H_9Cl_2NO_4S_2$, F. 151° (A.). — *4-[Pyridyl-(3)]-pyrimidin*, $C_9H_7N_3$, F. 89° (PAe.), Kp.$_{10}$ 135—140°, durch Zutropfen von 8 g **I** zu Pyridyl-(3)-Li (aus 15 g 3-Brompyridin) bei —70° in Ae.; 4 g. *Pikrat*, $C_9H_7N_3 \cdot C_6H_3N_3O_7$, F. 167—168° (A.). **VII**-*Salz*, $C_9H_7N_3 \cdot C_{12}H_9Cl_2NO_4S_2$, F. 202 bis 203° (A.). — *Thienyl-(2)-äthinylcarbinol*, Kp.$_{14}$ 111—116°, aus **XVI** u. **XVII** in fl. NH_3; n_D^{20} 1,5703; 58%. — *Thienyl-(2)-äthinylketon*, durch Oxydation von 19,5 g vorst. Verb. in Aceton mit CrO_3/wss. H_2SO_4; braunes Öl; 1,8 g. Zugeben mit **II** zu NH_4-Formiat u. **II** bei 190—200° u. 1std. Kochen → 35% **XIV**. — *5-Brompyrimidin*, F. 74 bis 75° (sublimiert), durch 3std. Erhitzen von **I**-Hydrochlorid mit Br_2 auf 160°, Sublimieren bis 250°, Lösen des Sublimats in $NaHSO_3$, Alkalisieren u. Extrahieren mit Chlf.; 66%. *Hydrobromid*, $C_4H_3BrN_2 \cdot HBr$, F. 212° (absol. A.). *Hydrochlorid*, $C_4H_3BrN_2 \cdot HCl$, F. 165° (absol. A.). **VII**-*Salz*, $C_4H_3BrN_2 \cdot C_{12}H_9Cl_2NO_4S_2$, F. 133° (A.). — *5-Methoxypyrimidin*, $C_5H_6N_2O$, F. 47° (Bzl./PAe.), Kp.$_{10}$ 76°, durch 16std. Erhitzen vorst. Verb. mit $NaOCH_3/CH_3OH$ auf 100—120° im Rohr, Neutralisieren mit konz. HCl, Einengen, Versetzen mit absol. Ae. u. Filtrieren; 70%. *Pikrat*, $C_5H_6N_2O \cdot C_6H_3N_3O_7$, F. 127° (A.) **VII**-*Salz*, $C_5H_6N_2O \cdot C_{12}H_9Cl_2NO_4S_2$, F. 145° (A.). — *5-Äthylmercaptopyrimidin*, $C_6H_8N_2S$, Kp.$_{10}$ 96—98°, durch 2½std. Kochen vorvorst. Verb. mit Na in A. u. Äthylmercaptan; 60%. *Pikrat*, $C_6H_8N_2S \cdot C_6H_3N_3O_7$, F. 98° (A.). **VII**-*Salz*, $C_6H_8N_2S \cdot C_{12}H_9Cl_2NO_4S_2$, F. 127° (A.). (Chem. Ber. **91**. 2832—49. 19/12. 1958.) R. Pasedag. 3272

O. Ju. Magidsson und **W. A. Wolskowa,** *Chloridin*. Es werden die einzelnen Reaktionsstufen der Darst. von *Chloridin* (**I**; *Daraprim*; *2.4-Diamino-5-p-chlorphenyl-6-äthylpyrimidin*) (p-Chlortoluol $\xrightarrow{Cl_2}$ p-Chlorbenzylchlorid $\xrightarrow{NaCN}$ p-Chlorbenzylcyanid $\xrightarrow{C_2H_5COOC_2H_5}$ α-Propionyl-p-chlorphenylacetonitril $\xrightarrow{ROH}$ *β-Äthyl-β*-isobutoxy-α-[p-chlorphenyl]-acrylonitril $\xrightarrow{NH=C(NH_2)_2}$ **I**) nach Falco u. Mitarbeitern (vgl. C. **1952**. 2169. 2170) untersucht. Durch Modifizierung des Verf. wird **I** in ca. 90%ig. Ausbeute erhalten.

Versuche: *p-Chlorbenzylchlorid*, Kp.$_{10}$ 91—92°, a) durch 1271 p-Chlortoluol leitet man bei 160° in Ggw. von UV-Licht oder 1—1,5% Benzoylperoxyd 2—3 Std. 10 Mol Cl_2, wobei die Temp. auf 195—196° ansteigt, u. dest. das Reaktionsprod. im Vakuum; 66,3% (Ausbeute); b) durch Einw. eines 33%ig. Überschusses an Paraformaldehyd auf Chlorbenzol bei erhöhter Temp. in Ggw. von $ZnCl_2$ unter Einleiten von HCl; aus A. 70%. — *p-Chlorbenzylcyanid*, Kp.$_{24}$ 149—150°; zu 113,4 g 86,4%ig. NaCN in 500 ml absol. A. gibt man in ½ Std. bei 60° 322 g p-Chlorbenzylchlorid, kocht 4½ Std., läßt über Nacht stehen, filtriert u. dest. den A. ab; 200 g. Etwas bessere Ausbeuten werden mit 25%ig. NaCN-Überschuß in W. (1:1) u. 96%ig. A. erhalten. — *α-Propionyl-p-chlorphenylacetonitril* (92%ig), F. 42—45°; durch 2½—3std. Zurühren eines Gemisches aus 61,2 g Propionsäureäthylester u. 90,9 g p-Chlorbenzylcyanid bei 0° zu Na-Äthylat (zu 60 ml Xylol, 13,9 g Na-Staub u. 150 ml Bzl. gibt man in 2½—3 Std. bei 75—80° 27,6 g absol. A. u. kocht das Gemisch ca. 6—7 Std.), 1std. Kochen, Abdestillieren des Lösungsm. u. des gebildeten A., Zugabe von 350 ml W. u. 150 ml Ae., 3malige Extraktion des nichtumgesetzten p-Chlorbenzylcyanids mit insgesamt 350 ml A., Ansäuern der wss. Schicht mit 15%ig. H_2SO_4 u. Extraktion des Öls mit Ae.; 71,7%; bei 4std. Zurühren des Propionsäureäthylester-p-Chlorbenzylcyanid-Gemisches u. anschließendem Kochen nur 44,5%. — *β-Äthyl-β-isobutoxy-α-[p-chlorphenyl]-acrylonitril*, $Kp._{0,25}$ 142 bis 143°; durch 4—44std. Kochen von 87 g vorst. Verb., 34 g Isobutanol u. 8,2 g p-Toluolsulfonsäure in 500 ml Toluol unter Abdestillieren von W.; 80,5%; gleiche Ausbeuten werden auch aus vorst. Verb., n-Butanol u. Sulfosalicylsäure erhalten. — *Chloridin* (I), F. 236,5—238° (Isopropanol 1:50); zu Na-Äthylat (8,3 g Na, 850 ml A.) gibt man 44,4 g Guanidinnitrat u. 88,3 g vorst. Verb., kocht 16 Std., dest. den A. ab, filtriert u. trocknet bei 50°; 85,5%; bei Verwendung von nichtdest. β-Äthyl-β-isobutoxy-α-[p-chlorphenyl]-acrylonitril 68%; der Pyrimidinring wird durch Erhitzen mit konz. HCl, Zugabe von 4—5 Tropfen Jodlsg. u. Lösen des gebildeten Nd. in $Na_2S_2O_4$-Lsg. nachgewiesen. (Медицинская Промышленность СССР [Med. Ind. UdSSR] **11.** Nr. 12. 13—17. Dez. 1957. Allunions-Wiss. Chem.-Pharmazeut. Ordshonikidse-Forschungsinst.)

W. KURTZMANN. 3272

Hiroshi Hirano und **Haruo Yonemoto,** *Untersuchungen über Vitamin B_1 und verwandte Verbindungen.* 72. Mitt. *Synthesen von Pyrimidinderivaten.* 1. Mitt. *Mannich-Reaktion von Pyrimidinderivaten.* 1. Mitt. (71. vgl. J. pharmac. Soc. Japan [Yakugakuzasshi] **75.** [1955.] 1184.) 2-Methyl-4-amino-6-hydroxypyrimidin (**II**) u. 2-Methyl-4.6-dihydroxypyrimidin (**XI**) werden der MANNICH-Rk. unterworfen.

V e r s u c h e : 2 - M e t h y l - 4 - a m i n o - 6 - h y d r o x y p y r i m i d i n e : *5-Piperidinomethyl-* (**I**), $C_{11}H_{18}N_4O$, F. 246° (Zers.), aus 45 g **II** in 600 cm³ A., 28 g wss. **30**%ig. Formaldehyd (**III**), 28 g Piperidin (**IV**) u. 20 cm³ Eisessig durch 2std. Erhitzen auf 100°. *Pikrat*, $C_{17}H_{21}N_7O_8$, F. 224° (Zers.). — *5-Dimethylaminomethyl-* (**V**), *Dihydrochlorid*, $C_8H_{16}Cl_2N_4O$, F. 286 (Zers.), aus 2 g **II** in 40 cm³ A., 1,4 g **III**, 1,5 g Dimethylamin u. 1 cm³ 37%ig. HCl durch 2std. Erhitzen auf 100°; 2 g (Ausbeute). *Freie Base*, $C_8H_{14}N_4O$, F. > 300°. — *5-Diäthylaminomethyl-* (**VI**), *Dihydrochlorid*, $C_{10}H_{20}Cl_2N_4O$, F. 291° (Zers.), aus 2 g **II**, 1, 2g **III**, 1,5 g Diäthylamin u. 0,5 cm³ Eisessig in 50 cm³ Alkohol; 3,6 g. — *5-Methylaminomethyl-* (**XII**), *Hydrochlorid*, $C_7H_{13}ClN_4O$, F. 281° (Zers.), aus 3 g **II**, 2 g **III** u. 2,5 g Methylaminhydrochlorid in 60 cm³ W. durch 3std. Erhitzen auf 100°. — *2-Methyl-4.6-dihydroxy-5-piperidinomethylpyrimidin, Hydrat*, $C_{11}H_{17}N_3O_2 \cdot H_2O$, F > 300°, aus 1 g **XI**, 0,7 g **III** u. 0,7 g **IV** in 20 cm³ A. durch 24std. Stehen bei Zimmertemp. 1,5 g. — 2 - M e t h y l - 4 - a m i n o - 6 - c h l o r p y r i m i d i n e : *5-Piperidinomethyl-* (**VII**), $C_{11}H_{17}ClN_4$, F. 150—151°, durch 4std. Erhitzen von 3 g **I** mit 30 cm³; $POCl_3$; **2,3** g. — *5-Dimethylaminomethyl-* (**VIII**), $C_8H_{13}ClN_4$, F. 115—116,5°, aus 2 g **V**-Dihydrochlorid u. 35 cm³ $POCl_3$ durch 12std. Erhitzen. — *5-Diäthylaminomethyl-* (**IX**), $C_{10}H_{17}ClN_4$, F. 76°, aus 2 g **VI**-Dihydrochlorid u. 35 cm³ $POCl_3$ durch 8std. Erhitzen. — 2 - M e t h y l - 4 - a m i n o p y r i m i d i n e : *5-Piperidinomethyl-*, $C_{11}H_{18}N_4$, F. 95 bis 96° (Aceton), aus 2,3 g **VII** in 160 cm³ W., das 1 cm³ Eisessig enthält, durch Zusatz von 20 g Zn-Staub u. 3std. Erhitzen. *Dihydrochlorid*, $C_{11}H_{20}Cl_2N_4$, F. > 270°. — *5-Dimethylaminomethyl-* (**X**), $C_8H_{14}N_4$, F. 74—75°, aus 0,5 g **VIII** in 0,2 cm³ Eisessig enthaltendem W., nach Zugabe von 4 g Zn-Staub durch 2std. Erhitzen. — *5-Diäthylaminomethyl-, Dihydrochlorid*, $C_{10}H_{20}Cl_2N_4$, F. 293° (Zers.), aus 1,6 g **IX** in 60 cm³ W., das 0,4 cm³ Eisessig enthält, nach Zugabe von 6 g Zn-Staub durch 2std. Erhitzen. — *2.5-Dimethyl-4-amino-6-hydroxypyrimidin*, $C_6H_9N_3O$, F. 280° (Zers.), aus a) 6 g Methylcyanessigsäureäthylester, 20 cm³ C_2H_5ONa-Lsg. u. 4,5 g Acetamidinhydrochlorid durch 2std. Erhitzen; b) 2,7 g **I** in 80 cm³ Methanol durch 4std. Hydrieren bei 150° u. 150 at in Ggw. von 10 g RANEY-Ni; c) 3 g **XII** in 60 cm³ A. durch 4std. Hydrieren bei 140° u. 150 at in Ggw. von 10 g RANEY-Ni; *Pikrat*, $C_{12}H_{12}N_6O_8$, F. 236° (Zers.). — *2-Methyl-4-amino-5-aminomethylpyrimidin, Dihydrochlorid*, $C_6H_{12}Cl_2N_4$, F. 268° (Zers.); aus 4 g **X** in 20 cm³ Aceton durch Versetzen mit 3,5 g CH_3J u. 8std. Erhitzen von 3 g des sich bildenden *Methojodids* in 100 cm³ 28%ig. NH_4OH auf 170°. *Dipikrat*, $C_{18}H_{16}N_{10}O_{14}$, F. 228° (Zers.). (J. pharmac. Soc. Japan [Yakugakuzasshi] **76.** **230—33.** März 1956. Takeda Yakuhin Kōgyō Kubushiki-Kaisha Kenkyusho. [Orig.: japan.; Auszug: engl.])

F. MOSSNER. 3272

Hiroshi Hirano und **Haruo Yonemoto,** *Untersuchungen über Vitamin B_1 und verwandte Verbindungen.* 73. Mitt. *Synthesen von Pyrimidinderivaten.* 2. Mitt. *Mannich-Reaktion von Pyrimidinderivaten.* (72. bzw. 1. vgl. vorst. Ref.) Es wird angenommen, daß 2-Methyl-4-amino-6-hydroxypyrimidin (**II**) als *2-Methyl-4-amino-1.6-dihydropyrimidinon-(6)* reagieren kann, da es bei der MANNICH-Rk. mit überschüssigem *Formaldehyd* (**III**) u. *Piperidin* (**IV**) *2-Methyl-4-piperidinomethylamino-5-piperidinomethyl-1.6-dihydropyrimidinon-(6)* (**V**) gibt, dessen Konst. durch seine chem. Eigg. u. sein UV-Absorptionsspektr. bewiesen wird.

Versuche: Pyrimidine: *2-Methyl-4-amino-5-piperidinomethyl-6-hydroxy-* (I), F. 246° (Zers.; A.) aus 2 g II in 15 cm³ 10%ig. NaOH, 1 g wss. 37%ig. III u. 1 g IV durch 24std. Stehen bei Zimmertemp. u. Fällen mit Eisessig. — *2-Methyl-4-piperidinomethylamino-5-piperidinomethyl-6-hydroxy-* (V), $C_{17}H_{29}N_5O$, F. 196°; aus a) je 2 g II, III u. IV in 30 cm³ 10%ig. NaOH wie vorst.; b) 2 g I u. je 0,8 g III u. IV in 30 cm³ A. durch 2std. Erhitzen. *Dipikrat*, $C_{29}H_{35}N_{11}O_{15}$. — *2.5-Dimethyl-4-amino-6-hydroxy-*, F. 280° (Zers.), durch Hydrieren von 6 g V in 80 cm³ Methanol bei 150° u. 140 at in Ggw. von 9 g RANEY-Ni. — *2-Methyl-4-amino-5-piperidinomethyl-6-chlor-* (VI), F. 150°, durch 3std. Erhitzen von 2 g V mit 20 cm³ $POCl_3$. — *2-Methyl-4-piperidinomethylamino-5-piperidinomethyl-6-chlor-*, $C_{17}H_{28}ClN_5$, F. 101°, durch 3std. Erhitzen von 3 g VI, 2 g III u. 2,3 g IV in 30 cm³ Alkohol. — *2-Methyl-4-methylamino-5-piperidinomethyl-6-hydroxy-*, $C_{12}H_{20}N_4O$, F. 190°, aus 3 g 2-Methyl-4-chlor-6-hydroxypyrimidin durch Zusatz von 20 cm³ 25%ig. alkoh. Methylaminlsg., 2std. Erhitzen auf 120° u. 2std. Kochen von 1,4 g des gebildeten *2-Methyl-4-methylamino-6-hydroxypyrimidin* [F. 282° (Zers.)] mit 0,8 g III u. 0,9 g IV in 20 cm³ Alkohol. — *2-Methyl-4-amino-5-piperidinomethyl-6-methoxy-*, $C_{12}H_{20}N_4O$, F. 120°, aus 3 g VI durch 2std. Kochen in CH_3ONa-Lösung. — *1.2-Dimethyl-4-amino-1.6-dihydropyrimidinon-(6)*, $C_6H_9N_3O$, F. 242°, durch ½std. Kochen von 4,8 g II in C_2H_5ONa-Lsg. u. 5,7 g CH_3J. — 2-Methylpyrimidine: *4-Piperidino-6-hydroxy-*, $C_{10}H_{15}N_3O$, F. 228°, durch Erhitzen von 1 g 2-Methyl-4-chlor-6-hydroxypyrimidin mit 5 cm³ IV. — *4-Amino-6-methoxy-*, $C_6H_9N_3O$, F. 164—165° (Bzl.), durch 3std. Kochen von 5 g II mit 60 cm³ $POCl_3$ u. 6std. Kochen von 3 g des entstandenen *2-Methyl-4-amino-6-chlorpyrimidin* (F. 190°) mit CH_3ONa-Lösung. (J. pharmac. Soc. Japan [Yakugakuzasshi] **76.** **234**—**39.** März 1956. [Orig.: japan.; Auszug: engl.]) F. MOSSNER. 3272

R. Haberl, *Über die Herstellung C-methylphenylsubstituierter Piperazine. 1.5-Dichlor-1-phenyl-2-methyl-3-azapentan* (I) u. *1.5-Dichlor-1-phenyl-2.3-dimethyl-3-azapentan* (II), aus N-β-Hydroxyäthyl-dl-norephedrin (III) bzw. N-β-Hydroxyäthyl-dl-ephedrin (IV) durch Austausch der OH-Gruppen gegen Cl hergestellt, wurden mit prim. aliphat. u. aromat. Aminen zu den entsprechenden *substituierten Piperazinen* ringgeschlossen. Mit Isopropylamin versagt die Ringschlußreaktion. *2-Methyl-3-phenylpiperazin* wurde durch katalyt. Hydrierung von 1-Benzyl-2-phenyl-3-methylpiperazin (V) dargestellt.

Versuche: *1.5-Dichlor-1-phenyl-2-methyl-3-azapentan* (I), $Kp._{0,1}$ 85°, a) aus dem Hydrochlorid von III u. $SOCl_2$ durch ½std. Erhitzen auf ca. 50°; 60,5% (Ausbeute); b) aus III (Hydrochlorid) u. PCl_5 unter starker Kühlung in Chlf.; 53,8%. *Hydrochlorid*, $C_{11}H_{16}Cl_3N$, F. 177° (Zers.; absol. A.). *p-Nitrobenzoat*, $C_{18}H_{18}Cl_2N_2O_3$, F. 173° (PAe.). — *1.5-Dichlor-1-phenyl-2.3-dimethyl-3-azapentan* (II), $Kp._{0,1}$ 110°, aus IV (Hydrochlorid) u. $SOCl_2$ wie vorst. Verb.; 60,5%. — Folgende Piperazine wurden durch 8std. Kochen vorst. Verbb. in absol. A. dargestellt: *1.2-Diphenyl-3-methyl-*, $Kp._{0,05}$ 156°, aus I u. Anilin; 60%. *Hydrochlorid*, $C_{17}H_{21}ClN_2$, F. 270—274° (Zers.; absol. A./absol. Ae.). — *1-Benzyl-2-phenyl-3-methyl-* (V), F. 133° (Ligroin), aus I u. Benzylamin; 12,1%. *Hydrochlorid*, $C_{18}H_{23}ClN_2$, F. 265—268° (Zers.). — *1-n-Butyl-2-phenyl-3-methyl-*, $Kp._{0,05}$ 95°, aus I u. n-Butylamin; 80%. *Hydrochlorid*, $C_{15}H_{25}ClN_2$, F. 116—128° (Zers.). — *1.2-Dimethyl-3.4-diphenyl-*, $C_{18}H_{22}N_2$, $Kp._{0,01}$ 120° (Kugelrohr), F. 68° (PAe.), aus II u. Anilin; 99%. *Hydrochlorid*, $C_{18}H_{23}ClN_2$, F. ca. 235° (Zers.). — *1.2-Dimethyl-3-phenyl-4-benzyl-* (VI), $Kp._{0,01}$ 130—140° (Kugelrohr), a) aus II u. Benzylamin; 69%; b) aus V, Formaldehyd u. Ameisensäure durch 14std. Erhitzen auf dem Wasserbad; 60%; erstarrt bei längerem Stehen. *Hydrochlorid*, $C_{19}H_{25}ClN_2$, F. 175—188° (Zers.). *Verb.* $C_{14}H_{23}ClN_2$ (*1-Phenyl-1-isopropylamino-2-[β-chloräthylamino]-propan* ?), $Kp._{0,01}$ 65°, aus I u. Isopropylamin wie bei vorst. Piperazinen; Fl.; 74,3%. *Dihydrochlorid*, $C_{14}H_{25}Cl_3N_2$, F. 202°. — *2-Methyl-3-phenylpiperazin*, F. 78° (PAe.), aus V durch Hydrierung in verd. alkoh. HCl mit Pd/C innerhalb 6 Std.; 98,2%. *Dihydrochlorid*, $C_{11}H_{16}N_2 \cdot 2\,HCl$, F. 290—295° (Sublimation). — *1.2-Dimethyl-3-phenylpiperazin*, F. 61°, aus VI wie vorst. Verb.; 94%. *Hydrochlorid*, $C_{12}H_{19}ClN_2$, F. 170—184° (Zers.). (Mh. Chem. **89.** 798—805. 29/12. 1958. Wien, Univ., I. Chem. Inst.) H. FRISCHKORN. 3272

R. Hull, *Die Synthese einiger 9-Furfurylpurine und einiger verwandter heterocyclischer Verbindungen. 4.6-Dichlor-5-nitropyrimidin* (I) wird aus 4.6-Dihydroxy-5-nitropyrimidin (VI) mit $POCl_3$/Dimethylanilin dargestellt. Bei größeren Ansätzen wird *4-Chlor-6-methylanilino-5-nitropyrimidin* als Nebenprod. isoliert. I liefert mit 2 Mol Morpholin (IV) *4-Chlor-6-morpholino-5-nitropyrimidin*, dieses durch Umsetzung mit Furfurylamin (II) u. nachfolgende Hydrierung in Ggw. von RANEY-Ni *4-Furfurylamino-6-morpholino-5-aminopyrimidin*. Aus I u. 2 Mol II dagegen entsteht *4.6-Bis-[furfurylamino]-5-nitropyrimidin*, das sich ebenfalls zur *Aminoverb.* red. läßt. *4-Chlor-6-furfurylamino-5-nitropyrimidin* wird aus I mit 1 Mol II-Acetat/$(C_2H_5)_3N$ erhalten. 4-Chlor-6-dimethylamino-

5-nitropyrimidin (**VIII**) wird durch Rk. mit **II** u. katalyt. Hydrierung in *4-Furfurylamino-6-dimethylamino-5-aminopyrimidin* übergeführt. Die Cyclisierung des letzteren bzw. seiner Analogen mit Acetanhydrid (**V**) u. Orthoameisensäuretriäthylester (**III**) führt zu *6-Dimethylamino-*, *6-Furfurylamino-* u. *6-Morpholino-9-furfurylpurin* bzw. mit HNO_2 zu *6-Dimethylamino-*, *6-Furfurylamino-* u. *6-Morpholino-1'-furfuryl-1'.2'.3'-triazolo-[5'.4':4.5]-pyrimidin.* Aus 2-Amino-4-chlor-6-methyl-5-nitropyrimidin (**VII**) werden analog *2-Amino-9-furfuryl-6-methylpurin* u. *2-Amino-1'-furfuryl-6-methyl-1'.2'.3'-triazolo-[5'.4':4.5]-pyrimidin* erhalten.

Versuche: *4-Chlor-6-methylanilino-5-nitropyrimidin,* $C_{11}H_9ClN_4O_2$, F. 128 bis 130° (PAe.), aus **VI** bei der **I**-Darst. als Nebenprod.; gelbe Platten. — *4-Dimethylamino-6-furfurylamino-5-nitropyrimidin,* $C_{11}H_{13}N_5O_3$, F. 85—86° (A.), durch 1½std. Stehen von 6 g **VIII** mit 5,5 g **II** in Dioxan bei 15—20°; gelbe Nadeln; 6 g (Ausbeute). — *5-Amino-4-dimethylamino-6-furfurylaminopyrimidin,* $C_{11}H_{15}N_5O$, F. 145° (wss. A.), durch Hydrierung von 3,3 g vorst. Verb. in CH_3OH über RANEY-Ni bei Raumtemp.; Platten; 2,7 g. — *6-Dimethylamino-9-furfurylpurin,* $C_{12}H_{13}N_5O$, F. 117—118° (wss. A.), durch 1½std. Kochen von 1,17 g vorst. Verb. mit **III** u. **V**; Nadeln; 0,85 g. — *6-Dimethylamino-1'-furfuryl-1'.2'.3'-triazolo-[5'.4':4.5]-pyrimidin,* $C_{11}H_{12}N_6O$, F. 116° (wss. A.), durch ½std. Stehen von 0,8 g vorvorst. Verb. mit wss. $NaNO_2$ in Essigsäure bei 10°; hellgelbe Nadeln; 0,85 g. — *4-Chlor-6-morpholino-5-nitropyrimidin,* $C_8H_9ClN_4O_3$, F. 101—102° (PAe.), durch 2std. Rühren von 5,3 g **IV** u. 5,8 g **I** in CH_3OH bei 4 ± 2°; gelbe Nadeln; 5,6 g. — *4-Furfurylamino-6-morpholino-5-nitropyrimidin,* $C_{13}H_{15}N_5O_4$, F. 140—141° (A.), hellgelbe Nadeln; 1,5 g aus 1,2 g. — *5-Amino-4-furfurylamino-6-morpholinopyrimidin,* $C_{13}H_{17}\cdot N_5O_2$, F. 145° (W.); Nadeln; 2,8 g aus 3,05 g. — *9-Furfuryl-6-morpholinopurin,* $C_{14}H_{15}\cdot N_5O_2$, F. 88—89° (PAe.), durch 1std. Kochen von 2,75 g vorst. Verb. mit **III**/**V**, Einengen u. 15 Min. Erwärmen mit 2,5n NaOH/A. auf 30—40°; prismat. Nadeln; 2,4 g. — *1'-Furfuryl-6-morpholino-1'.2'.3'-triazolo-[5'.4':4.5]-pyrimidin,* $C_{13}H_{14}N_6O_2$, F. 130 bis 131° (A.), Nadeln; 0,5 g aus 0,5 g. — *4.6-Bis-[furfurylamino]-5-nitropyrimidin,* $C_{14}H_{13}\cdot N_5O_4$, F. 131° (wss. A.), durch ½std. Zugeben von 55 g **I** in CH_3OH zu 55 g **II** u. $(C_2H_5)_3N$ in CH_3OH bei 15—20° u. 1std. Stehen; hellbraune Nadeln; 77 g. — *5-Amino-4.6-bis-[furfurylamino]-pyrimidin,* $C_{14}H_{15}N_5O_2$, F. 114—116° (PAe.), Platten; 14,8 g aus 16,5 g. — *9-Furfuryl-6-furfurylaminopurin-1/3-hydrat,* $C_{15}H_{13}N_5O_2\cdot {}^1/_3\,H_2O$, F. 140° (W.), Nadeln; 1,05 g aus 1,0 g. — *1'-Furfuryl-6-furfurylamino-1'.2'.3'-triazolo-[5'.4':4.5]-pyrimidin,* $C_{14}H_{12}N_6O_2$, F. 124—126° (wss. A.), Nadeln; 2,4 g aus 2,85 g. — *2-Amino-4-furfurylamino-6-methyl-5-nitropyrimidin,* $C_{10}H_{11}N_5O_3$, F. 168—169° (A.), aus 3,5 g **VII** durch 1std. Kochen mit 4,0 g **II** in A.; gelbe Platten; 2,3 g. — *2.5-Diamino-4-furfurylamino-6-methylpyrimidin,* $C_{10}H_{13}N_5O$, F. 123—124° (Toluol), Rhomben; 1,1 g aus 1,6 g. — *2-Amino-9-furfuryl-6-methylpurin-1/4-hydrat,* $C_{11}H_{11}N_5O\cdot 0{,}25\,H_2O$, F. 113 bis 114° (wss. A.), Nadeln; 6,2 g aus 15 g. — *2-Amino-1'-furfuryl-6-methyl-1'.2'.3'-triazolo-[5'.4':4.5]-pyrimidin,* $C_{10}H_{10}N_6O$, F. 153° (W.), Nadeln; 3,7 g aus 3,73 g. (J. chem. Soc. [London] **1959.** 481—84. Febr. Macclesfield, Cheshire, Imp. Chem. Ind. Ltd., Pharmaceut. Div.) R. PASEDAG. 3272

Ju. Ss. Rosum, *Synthesen in der Reihe der Phenazincarbonsäuren.* 5. Mitt. *Phenazinylacrylsäure und ihre Derivate.* (4. vgl. C. **1959.** 1454.) Von der *β-[Phenazinyl-(2)]-acrylsäure* (**I**), die aus 2-Formylphenazin (**II**) u. Na-Acetat nach PERKIN oder aus **II** u. Malonsäure nach KNOEVENAGEL zugänglich ist, stellt Vff. eine Reihe von *Estern* u. *Amiden* dar. Mehrere Derivv. zeigen in alkal. u. saurer Lsg. charakterist. Färbungen. Bei der Einw. von Hydroxylamin auf **I**-Methylester entsteht die entsprechende *Hydroxamsäure.* Die Hydrierung von **I** liefert *β-[Phenazinyl-(2)]-propionsäure,* die Kondensation von **II** mit Acetaldehyd *β-[Phenazinyl-(2)]-acrolein* (**V**).

Versuche: *β-[Phenazinyl-(2)]-acrylsäure* (**I**), $C_{15}H_{10}N_2O_2$, F. 249°, aus 2-Formylphenazin (**II**) in trockenem Pyridin u. Malonsäure in Piperidin (2 Std. erhitzen); aus n-Butanol gelbe Nadeln; bei 263° tritt Decarboxylierung ein; quantitative Ausbeute. *Methylester* (**III**), $C_{16}H_{12}N_2O_2$, F. 159°, aus **I** mit Methanol/H_2SO_4 (3 Std. kochen); gelbe Nadeln; 62% (Ausbeute). *Äthylester,* $C_{17}H_{14}N_2O_2$, F. 126°; gelbe Nadeln; 59%. *n-Propylester,* $C_{18}H_{16}N_2O_2$, F. 124°; aus Methanol gelbe Nadeln; 51%; *Isopropylester,* $C_{18}H_{16}N_2O_2$, F. 170°; aus Bzl. gelbe Nadeln; 31%. *n-Butylester,* $C_{19}H_{18}N_2O_2$, F. 102,5°; aus A. gelbe Nadeln; 50%. *Amid,* $C_{15}H_{11}N_3O$, F. 266°, aus **I** u. NH_3 über das Säurechlorid (**IV**); in konz. H_2SO_4 bzw. HCl rot gefärbt; quantitative Ausbeute. *Diäthylamid,* $C_{19}H_{19}N_3O$, F. 164°, aus **IV** u. 20%ig. wss. Diäthylamin (12 Std. Stehen, Eindampfen); mit Mineralsäuren orange gefärbte Salze; 91%. *Anilid,* $C_{21}H_{15}N_3O$, F. 251°, aus **IV** u. Anilin in Bzl. (½ Std. kochen); aus Pyridin gelbe Nadeln. *o-Toluidid,* $C_{22}H_{17}N_3O$, aus Pyridin gelbe Blättchen; 77%. *m-Toluidid,* $C_{22}H_{17}N_3O$, F. 223°; aus Pyridin gelbe Nadeln; 84%. *Hydrazid,* $C_{15}H_{12}N_4O$, F. 238°, aus **III**; aus Pyridin gelbe Nadeln; 60%. — *β-[Phenazinyl-(2)]-acrylhydroxamsäure,*

$C_{15}H_{11}N_3O_2$, F. 255° (Zers.), aus **III** u. Hydroxylaminhydrochlorid in Ggw. von Na-Methylat (10 Min. Schütteln); in Alkalien orange, in Säuren rot gefärbt; gelbe Nadeln aus Dioxan; 93%. — *β-[Phenazinyl-(2)]-acrolein* (**V**), $C_{15}H_{10}N_2O$, F. 172°, aus **II** u. Acetaldehyd in wss.-alkal. Lsg. bei 0° (7½ Std. Rühren); gelbe Nadeln; 68%. *Phenylhydrazon*, F. 259°, rote Nadeln, in H_2SO_4 mit leuchtendblauer Farbe löslich. *Thiosemicarbazon*, $C_{16}H_{13}N_5S$, F. 253°; aus A. orange gefärbte Nadeln. — *β-[Phenazinyl-(2)]-propionsäure*, $C_{15}H_{12}N_2O_2$, F. 175°, durch Red. von **I** in alkal. Lsg. mit Na-Amalgam; gelbe Nadeln aus Eisessig; 94%. (Украинский Химический Журнал [Ukrain. chem. J.] **22.** 776 bis 779. 1956. Inst. für organ. Chem. der Akad. der Wiss. der UkrainSSR.)

U. SCHULZE. 3272

Karl Schriever, Eugen Bamann und **Christine Kraus,** *Zur Kenntnis des Einflusses der Sulfonsäuregruppe auf chemische Reaktionen.* 3. Mitt. *Eine neue Darstellung von 1.2;5.6-Dibenzophenazin* (*asymm.-Naphthazin*). (2. vgl. C. **1959.** 1401.) Durch schnelles Erhitzen von Aminonaphthalinsulfonsäuren (**A**) [außer der nicht untersuchten 2-Aminonaphthalinsulfonsäure-(3)] wird in allen Fällen *1.2;5.6-Dibenzophenazin* (*asymm.-Naphthazin*) erhalten. Die beste Ausbeute wird dabei ausgehend von 2-Aminoaphthalinsulfonsäure-(1) (**I**) erhalten. Der Einfl. der Sulfonsäuregruppe bei verschied. substituierten **A** wird diskutiert.

Versuche: *1.2;5.6-Dibenzophenazin*, $C_{20}H_{12}N_2$, F. 283°, durch schnelles Erhitzen von **I** (bzw. der anderen **A**) auf 350—400° u. Digerieren des Sublimats mit 96%ig. A.; gelbe Nadeln; 40% Ausbeute (daneben *β-Naphthylamin*, aus der alkoh. Lsg.). *Mononitroderiv.*, F. 307° (Nitrobenzol). *Dinitroderiv.*, F. 332° (Nitrobenzol). (Chem. Ber. **90.** 564—66. 1957. München, Univ., Inst. für Pharm. u. Lebensmittelchem.)

S. SINGER. 3272

Henry Najer, Pierre Chabrier und **René Giudicelli,** *Über einige N-substituierte 2-Amino-5.6-dihydro-1.3-oxazine.* Durch Einw. von Chlorameisensäureäthylester (**I**) auf 1-Aminopropanol-(3) (**II**) u. Rk. des gebildeten *N-[γ-Hydroxypropyl]-carbaminsäureäthylesters* mit $SOCl_2$ wird *N-[γ-Chlorpropyl]-carbaminsäureäthylester* synthetisiert, der mit PCl_5 in *γ-Chlorpropylisocyanat* übergeführt wird. Letzteres liefert mit prim. Aminen in Ae. *N-Alkyl-*, *N-Aralkyl-* oder *N-Aryl-N'-[γ-chlorpropyl]-harnstoffe*, die sich in sd. W. zu *2-Amino-5.6-dihydro-1.3-oxazinen* (**A**) cyclisieren lassen. Die Cyclisierungsgeschwindigkeit sinkt bei schweren Aralkyl- u. bes. bei Arylresten. Im Fall der Benzhydryl-, Naphthyl-(1)-methyl-, 2.6-Dimethylphenyl- u. Naphthylverbb. entstehen als Nebenprodd. die entsprechenden *N-Aralkyl-* bzw. *N-Aryl-N'-[γ-hydroxypropyl]-harnstoffe*. *N-[Naphthyl-(1)]-N'-[γ-hydroxypropyl]-harnstoff* wurde auch aus **II** u. Naphthyl-(1)-isocyanat (**IV**) dargestellt. Die **A** zeigen nur geringe gefäßverengende bzw. -erweiternde Wirkung.

Versuche: *N-[γ-Hydroxypropyl]-carbaminsäureäthylester*, $C_6H_{13}NO_3$, Kp.$_{.5}$ 140 bis 142°, durch 160 Min. Zugeben von **I** in Ae. zu **II** in absol. Ae. unter Kochen, 3 std. Kochen, Stehen über Nacht u. Ausäthern; 83% (Ausbeute). — *N-[γ-Chlorpropyl]-carbaminsäureäthylester*, $C_6H_{12}ClNO_2$, Kp.$_{.5}$ 112—114°, durch Zugeben von $SOCl_2$ zu vorst. Verb. $< 50°$ in 1½ Std., 1 std. Rühren bei Raumtemp., 2 std. Erwärmen auf dem Wasserbad, Einengen u. Aufnehmen in Bzl.; hellgelb; 81%. — *γ-Chlorpropylisocyanat*, C_4H_6ClNO, Kp. 152—154°, durch 20 Min. Zugeben von 49,5 g vorst. Verb. zu PCl_5 bei 85° u. 1½ std. Erhitzen auf dem Wasserbad; 19,2 g. — N'-[γ-Chlorpropyl]-harnstoffe: *N-[2.6-Dimethylphenyl]-*, $C_{12}H_{17}ClN_2O$, F. 149° (Essigester), durch 24 std. Stehen vorst. Verb. in absol. Ae. mit 2.6-Xylidin bei Raumtemp.; 36%. — *N-[n-Heptyl]-* (**III**), in 18 Tagen; 30%. — *N-Benzyl-*, F. 76° (Essigester–Hexan 1 : 1); 25%. — *N-[β-Phenyläthyl]-*, F. 69° (Essigester-Hexan 1 : 1); 47%. — *N-Benzhydryl-*, F. 116° (Essigester-Hexan 1 : 1); 29%. — *N-[Naphthyl-(1)-methyl]-*, F. 127—128° (absol. A.); 32%. — *N-[Naphthyl-(1)-*, F. 137—138° (absol. A.); 36%. — 5.6-Dihydro-1.3-oxazine (**A**): *2-[n-Heptylamino]-*, $C_{11}H_{22}N_2O$, Kp.$_{0,08}$ 98°, durch 2 std. Kochen u. Rühren von 3,5 g **III** in W.; n_D^{24} 1,4764; 1,1 g. — *2-Benzylamino-*, $C_{11}H_{14}N_2O$, F. 64° (Hexan), in 15 Min.; 55%. *Pikrat*, $C_{17}H_{17}N_5O_8$, F. 178° (absol. A.). — *2-[β-Phenyläthylamino-*, $C_{12}H_{16}N_2O$, Kp.$_{0,07}$ 110°, in 1 Std.; n_D^{21} 1,5570; 62%. *Pikrat*, $C_{18}H_{19}N_5O_8$, F. 166° (A.). — *2-Benzhydrylamino-*, $C_{17}H_{18}N_2O$, F. 112° (Hexan/1.2-Dichloräthan 20 : 1), in 2½ Std.; 74%. — *N-Benzhydryl-N'-[γ-hydroxypropyl]-harnstoff*, $C_{17}H_{20}N_2O_2$, F. 152° (Essigester), neben vorst. Verbindung. — *2-[Naphthyl-(1)-methylamino]-5.6-dihydro-1.3-oxazinhydrochlorid*, $C_{15}H_{17}ClN_2O$, F. 180—182° (absol. A.), in 250 Min.; 59%. — *N-[Naphthyl-(1)-methyl]-N'-[γ-hydroxypropyl]-harnstoff*, $C_{15}H_{18}N_2O_2$, F. 128° (Hexan–Essigester 1 : 1). — *2-[2.6-Dimethylanilino]-5.6-dihydro-1.3-oxazin*, $C_{12}H_{16}N_2O$, F. 132,5° (Hexan), in 1½ Std.; 72%. — *N-[2.6-Dimethylphenyl]-N'-[γ-hydroxypropyl]-harnstoff*, $C_{12}H_{18}N_2O_2$, F. 153° (Essigester–Hexan 1 : 3). — *2-[Naphthyl-(1)-amino]-5.6-dihydro-1.3-oxazin*, $C_{14}H_{14}N_2O$, F. 165—166° (Essigester), in 4¾ Std.; 67%. — *N-[Naphthyl-(1)]-N'-[γ-hydroxypropyl]-harnstoff*, $C_{14}H_{16}N_2O_2$, F. 179° (A.–Essigester 1 : 3),

a) neben vorst. Verb.; b) durch 1½std. Erwärmen von **II** u. **IV** in absol. Ae. u. 4std. Stehen bei Raumtemp.; 82%. (Bull. Soc. chim. France **1959.** 611—14. April.)
R. PASEDAG. 3282

Robert J. Wineman, Eu-Phang T. Hsu und **Constantine E. Anagnostopoulos,** *α-Halogenierungsprodukte von ε-Caprolactam und ihre Überführung in DL-Lysin.* Die Überführung von ε-Caprolactam (**I**; 2-Oxohexamethylenimin) in *3.3-Dichlor-2-oxohexamethylenimin* (**II**) gelang am besten mit PCl_5/Cl_2 in Chlf. u. in geringeren Ausbeuten mit $COCl_2/Cl_2$ bzw. PCl_5/SO_2Cl_2. Mit PCl_5 u. 2 Mol Br_2 wurde *3.3-Dibrom-* (**III**), mit PCl_5 u. 1 Mol Br_2 *3-Brom-2-oxohexamethylenimin* (**IV**) erhalten. **II** oder **III** liefern bei Hydrierung unter geringem Druck *3-Chlor-2-oxohexamethylenimin* (**V**) bzw. **IV**, die sich beide zur *3-Aminoverb.* aminieren lassen. Letztere gibt ohne Isolierung bei Hydrolyse mit HCl in 25—33%ig. Endausbeute (bezogen auf **I**) *DL-Lysinmonohydrochlorid* (**VI**), das durch direkte reduktive Aminierung von **II** u. Hydrolyse nur in schlechter Ausbeute entsteht. Ähnliche Ergebnisse brachte die Verwendung von *1-Acetyl-3.3-dichlor-* (**VII**) bzw. *-dibrom-2-oxohexamethylenimin* bzw. der *1-Acetyl-3-halogen-2-oxoverbb.*, die entweder aus ersteren durch Hydrierung bei n. Druck oder aus **IV** oder **V** gewonnen wurden. Die *1-Benzoylverbb.* liefern schlechtere Ausbeute an **VI**. Am günstigsten verlief die Hydrolyse von **V** bzw. **IV** oder **II** bzw. **III** mit Halogenwasserstoffsäuren zu den entsprechenden *6-Amino-2-halogen-* oder *-2.2-dihalogenhexansäurehydrohalogeniden,* deren Acetylierung, nachfolgende Aminolyse bzw. reduktive Aminolyse u. HCl-Hydrolyse zu **VI**.

Versuche: 2-Oxohexamethylenimine: *3.3-Dichlor-* (**II**), $C_6H_9Cl_2NO$, F. 126—127° (A.), a) durch 30 Min. Zugeben von PCl_5 zu **I** in Chlf. bei 0—6°, rasches Einleiten von Cl_2 ohne Kühlung, 1std. Rühren, Einengen < 40° u. Gießen auf Eiswasser; 91% (Ausbeute); b) durch 30 Min. Einleiten von $COCl_2$ in eine Lsg. von **I** in Chlf. bei 30—38°, Zugeben von PCl_5, 20 Min. Einleiten von $COCl_2$, Erhitzen auf 50° u. Gießen auf Eiswasser; 28%. — *3.3-Dibrom-* (**III**), $C_6H_9Br_2NO$, F. 162—163,5° (Bzl.), durch 30 Min. Zugeben von 0,2 Mol PCl_5 zu 0,1 Mol **I** bei 1—4°, Zugeben von $ZnCl_2$ u. 0,2 Mol Br_2 in 30 Min. bei Raumtemp., 5std. Rühren, Einengen < 40°, Gießen auf Eiswasser u. Lösen in Chlf.; 83,8%. — *3-Chlor-* (**V**), $C_6H_{10}ClNO$, F. 92,5—93,5° (Chlf.–n-Hexan), a) durch Hydrieren von **II** in Eisessig in Ggw. von Pd-Kohle u. Na-Acetat bei 2 at, Filtrieren, Einengen u. Neutralisieren; 88%; b) aus **II** in Pyridin bei 1—2 at oder bei 20 at in alkoh. NH_3. — *3-Brom-* (**IV**), $C_6H_{10}BrNO$, F. 113—115° (Chlf.–Bzl.), a) analog **V** nach a) aus **III**; 94,8%; b) durch 40 Min. Zugeben von 0,1 Mol PCl_5 zu 0,1 Mol **I** in Chlf. bei 2—5°, Zugeben von J_2 u. 0,1 Mol Br_2 in 20 Min. u. 1std. Rühren; 37,5%. — *1-Acetyl-3.3-dichlor-* (**VII**), $C_8H_{11}Cl_2NO_2$, Kp.$_{0,5}$ 100,5—102°, durch 80 Min. Erhitzen von **II** mit Acetanhydrid (**VIII**) auf 110—120°; n_D^{25} 1,5177; 86,4%. — *1-Acetyl-3.3-dibrom-*, $C_8H_{11}Br_2NO_2$, Kp.$_{0,5}$ 126—127°, n_D^{25} 1,5640; 82,0%. — *1-Acetyl-3-chlor-*, $C_8H_{12}ClNO_2$, Kp.$_{0,5}$ 94,5—96°, a) aus **V**; n_D^{25} 1,5104; 89,0%; b) durch Hydrierung von **VII** in Eisessig/Na-Acetat über Pd-Kohle; n_D^{25} 1,5112; 98%. — *1-Acetyl-3-brom-*, $C_8H_{12}BrNO_2$, Kp.$_{0,8}$ 109,5—110,5°, aus **IV**; n_D^{25} 1,5321; 94,6%. — *1-Benzoyl-3-chlor-*, $C_{13}H_{14}ClNO_2$, F. 122—123°, aus **V**; 72,5%. — *DL-Lysinmonohydrochlorid* (**VI**), F. 253 bis 254°, a) durch 2½std. Erhitzen vorvorst. Verb. mit fl. NH_3 auf 83—90° im Autoklaven, Lösen des Rückstands in W., Ausfällen von AgBr, 1std. Kochen mit konz. HCl, Einengen, Behandeln mit absol. A. u. Filtrieren; 32,9%; b) analog aus der Chlorverb. bei 95—100° in 4 Std.; 33%; c) wie b) bei 120° in Ggw. von KJ oder $Ni(NO_3)_2$; 36—38,5%; d) aus vorvorst. Verb. in 10 Min. bei 120° u. 3 Min. bei 140°; 44—46%; e) aus vorst. Verb. bei 120° in 1 Std.; 12,6%; f) aus **V** in 12 Std. bei 70°; 18%; g) aus **V** bei 120°; 33%; h) aus **IV** in 5 Std. bei 70°; 44%; i) durch 2std. Erhitzen von **VII** mit fl. NH_3 u. Pd-Kohle auf 120° u. 20 Min. Hydrieren bei 92 at; 21%; j) analog i) aus **II** in 75 Min. bei 120°; 8%. — *6-Amino-2.2-dichlorhexansäure,* $C_6H_{11}Cl_2NO_2$, F. 174—176°, durch 3std. Rühren des Hydrochlorids mit Essigsäure/**VIII**/Na-Acetat bei 23—30° als Nd.; *Hydrochlorid,* F. 189,5—190,5° (Zers.), durch 1½std. Kochen von **II** mit verd. HCl; 92%. *Acetylverb.*, $C_8H_{13}Cl_2NO_3$, F. 86—91°, durch 1std. Rühren des Hydrochlorids mit Essigsäure/**VIII**/Na-Acetat bei 60°; 74%. 2std. Erhitzen mit fl. NH_3 u. Pd-Kohle auf 120° u. 30 Min. Hydrieren bei 70 at → 27% **VI**. — *6-Amino-2.2-dibromhexansäure, Hydrochlorid,* $C_6H_{12}Br_2ClNO_2$, F. 187—188° (Zers.), durch 25std. Kochen von **III** mit wss.-äthanol. HCl; 65%. *Acetylverb.*, $C_8H_{13}Br_2NO_3$, F. 105—110°, bei 60°; 43%. Aminolyse u. Hydrierung → 25% **VI**. — *6-Amino-2-chlorhexansäure, Hydrochlorid,* $C_6H_{13}Cl_2NO_2$, F. 83,5—85° (A.–Essigester), aus **V** in 1 Std.; 95%. *Acetylverb.*, $C_8H_{14}ClNO_3$, F. 76—78° (Bzl.–PAe.), bei 60°; 95%. Aminolyse bei 120° → 57% **VI**. — *6-Amino-2-bromhexansäure, Hydrobromid,* $C_6H_{13}Br_2NO_2$, F. 118—119,5° (A.–Essigester), durch 1std. Kochen von **IV** mit wss. HBr; 96%. *Acetylverb.*, $C_8H_{14}BrNO_3$, F. 92—93° (Essigester), bei 60°; 95%. Aminolyse bei 120° → 69% **VI**. (J. Amer. chem. Soc. **80.** 6233—37. 5/12. 1958. St. Louis, Mo., Monsanto Chem. Co., Organ. Div.) R. PASEDAG. 3370

William C. Francis, J. Robert Thornton, James C. Werner und **T. R. Hopkins,** *Die Darstellung und Ammonolyse von α-Halogenderivaten von ε-Caprolactam. Eine neue Synthese von Lysin.* ε-Caprolactam (I) wird mit PCl_5 in Xylol oder mit PCl_5 in $POCl_3$ u. durch nachfolgende Hydrolyse des intermediären *Imidchlorids* mit W., absol. CH_3OH (unter CH_3Cl-Entw.) oder gasförmigem NH_3 in *α.α-Dichlor-ε-caprolactam* (**II**) übergeführt. **II** wird auch direkt aus Cyclohexanonoxim (**IV**) mit PCl_5/Xylol oder $PCl_5/POCl_3/PCl_3$ erhalten. Während sich **II** nicht über Pt hydrieren läßt, entsteht in Ggw. von Pd–Kohle in methanol. NH_3 *α-Chlor-ε-caprolactam* (**III**). Dagegen ist *α-Brom-ε-caprolactam* (**V**) — wahrscheinlich infolge ster. Einfll. — direkt aus **I** oder **IV** mit PBr_3 u. Br_2 in Bzl. zugänglich, *α-Jod-ε-caprolactam* wird aus **V** mit NaJ in Aceton synthetisiert. Die Ammonolyse von **III** mit fl. NH_3 liefert *α-Amino-ε-caprolactam* (**VI**) u. *Pipecolamid* (**VII**), deren jeweiliger Anteil IR-spektroskop. bestimmt wird, u. die sich nur schwierig u. verlustreich trennen lassen. Wss. Lösungsmittelsysteme sind für die Ammonolyse weniger befriedigend. Die Bldg. von **VII** wird durch das entstandene NH_4Cl autokatalysiert u. kann daher durch Abfangen des NH_4Cl mit Amberlite IRC-50 (K-Salzform), ferner durch Na-Borat, K-Succinat, $KHCO_3$, K_2CO_3, K-Oxalat, K_3AsO_3, CaO, $BaCO_3$ bzw. $CaCO_3$ unterdrückt werden. Bei der Ammonolyse von **V** entsteht kaum **VII**, dagegen werden mehr nichtidentifizierte Nebenprodd. erhalten.

Versuche: *α.α-Dichlor-ε-caprolactam* (**II**), F. 126—127° (Ligroin), a) durch 20 Min. Zugeben von **I** in Xylol zu PCl_5 in Xylol bei 30—35°, 50 Min. Erwärmen auf 80—85°, Einengen u. Rühren mit 10%ig. Na_2CO_3; 85% (Ausbeute); b) durch 50 Min. Zugeben von **I** zu PCl_5 in $POCl_3$ bei 10—15°, 15 Min. Kochen, Einengen u. Rühren mit W. bei 5—10°; 86%; c) durch Zugeben von $POCl_3$ zu **I** u. PCl_5 bei 70°, 2std. Erwärmen auf 70° u. Hydrolyse mit W.; 91%; d) nach a), aber Behandeln des auf 115° erhitzten Rückstands mit CH_3OH; 77%; e) nach a), ½std. Einleiten von NH_3 in die Xylollsg., Filtrieren u. Einengen; 49%; f) aus **IV** in Xylol mit PCl_5 in 1 Std. bei 80—85°; 75%; g) durch 30 Min. Zugeben von **IV** zu PCl_5 bei —10 bis —20°, 1½std. Kochen mit $POCl_3$, Einengen, Gießen auf Eis u. Neutralisieren mit Na_2CO_3; 80%. — *α-Chlor-ε-caprolactam* (**III**), $C_6H_{10}ClNO$, F. 93—94° (Bzl.-n-Hexan u. Ligroin), durch 12 Min. Hydrieren von **II** in methanol. NH_3 in Ggw. von Pd–Kohle bei 25° u. 47 lbs./sq.in.; 89%. — *ε-Benzoylamino-α-chlorcapronsäure,* F. 135—137°, aus **III**. — *α-Brom-ε-caprolactam* (**V**), $C_6H_{10}BrNO$, F. 112—113° (Bzl.-n-Hexan u. Ligroin), a) durch Zugeben von **I** in Bzl. zu Br_2 u. PBr_3 in Bzl. bei 10—15°, Verdünnen mit Bzl., 5½std. Erwärmen auf 45° u. Gießen der unteren Schicht auf Eis; 67%; b) aus **IV**; 42%. — *α-Jod-ε-caprolactam,* $C_6H_{10}JNO$, F. 127—128° (Bzl.-PAe.), durch 22std. Erhitzen von **V** mit NaJ in Aceton auf 100° im Autoklaven, Filtrieren, Einengen u. 2tägiges Stehen mit 10%ig. Na_2CO_3; 32%. — *α-Amino-ε-caprolactam* (**VI**)-*Hydrochlorid,* F. 289—293°, a) durch 30std. Erwärmem von **III** in fl. NH_3 im Autoklaven auf 55°, Einengen, Versetzen mit methanol. HCl, Einengen u. Extrahieren von **III** mit Aceton; 65% (neben 10% **VII**); b) analog in Ggw. von NH_4Cl; 35% (neben 46% **VII**); c) aus **V** mit fl. NH_3 in 24 Std. bei 50°, Behandeln mit Amberlite IRA-400, Einengen u. Versetzen mit äthanol. HCl; 61,5%; d) durch 30std. Erwärmen von **III** mit 28%ig. NH_4OH im Autoklaven auf 55°, Einengen, Behandeln mit methanol. HCl u. Extrahieren mit Aceton; 45% (neben 26% **VII**); e) durch 24std. Erwärmen von **III**, K_2CO_3 u. fl. NH_3 im Autoklaven auf 85°; 67,4% (daneben 34% **III**). — *Pipecolamid* (**VII**)-*Hydrochlorid,* $C_6H_{13}ClN_2O$, F. 254—255° (CH_3OH), a) analog **VI** nach a) in 72 Std. bei 65°, Einengen, Lösen in CH_3OH, Heißfiltration u. Einleiten von HCl; 69% (daneben 30% **VI** aus der Mutterlauge); b) durch 12std. Erwärmen von **III** mit $(NH_4)_2CO_3$, 28%ig. NH_4OH u. KJ auf 50° im Autoklaven, 3½ Std. bei 60°, Verdünnen mit W., Filtrieren, ½std. Kochen, Einengen < 80°, 11std. Kochen mit 20%ig. HCl, Einengen, Auskochen mit absol. A. u. Zugeben von Ae.; 55%. (J. Amer. chem. Soc. **80.** 6238—44. 5/12. 1958. Merriam, Kans., Spencer Chem. Co., Chem. Res. Dep.) R. PASEDAG. 3370

Nelson J. Leonard und **Duane F. Morrow,** *Ungesättigte Amine.* 12. Mitt. *Sterische Erfordernisse der Oxydation von tertiären Aminen durch Mercuriacetat.* (11. vgl. C. **1958.** 8589.) 11-Methyl-11-azabicyclo-[5.3.1]-hendecan (I) ergab durch 20std. Erhitzen auf 80° mit 5%ig. wss. Essigsäure u. 4 Mol Hg(II)-Acetat (**II**) unter Demethylierung ca. 60% *11-Azabicyclo-[5.3.1]-hendecan* (**III**), dessen Konst. durch IR-spektroskop. Unters. u. auf chem. Wege erhärtet wurde. **III** konnte durch Einw. von HCHO–HCOOH in **I** zurückverwandelt werden. Analog lieferte 10-Methyl-10-azabicyclo-[4.3.1]-decan (**IV**) ca. 40% *10-Azabicyclo-[4.3.1]-decan* (**V**), bei 2std. Kochen mit **II** in Eisessig dagegen 34% **V** u. 18% *10-Formyl-10-azabicyclo-[4.3.1]-decan* (**VI**), das auch durch Einw. von Chloral (**VII**) auf **V** entsteht. Aus **VI** konnte durch $LiAlH_4$-Red. wieder **IV** erhalten werden. *N-Methylgranatanin* (**VIII**; *9-Methyl-9-azabicyclo-[3.3.1]-nonan*) ist dagegen durch **II** kaum angreifbar u. wurde höchstens zu 8% demethyliert. Die untersuchten

Verbb. **I**, **IV** u. **VIII** besitzen an den beiden gleichwertigen tert. α-C-Atomen nur ein H-Atom, das durch ster. Hinderung keine trans-Stellung zur N–Hg-Bindung im Hg–Amin-Komplex einnehmen u. mit dieser Bindung nicht in der gleichen Ebene liegen kann. Ferner ist bei diesen Verbb. eine Epimerisierung an den α-C-Atomen unmöglich. Dieser stereochem. Bau wird von Vff. dafür verantwortlich gemacht, daß entgegen der bekannten Reihenfolge (C. **1958.** 7124) hier die CH_3-Gruppe leichter als die CH-Gruppe oxydiert wird. Die Demethylierung ist nach Vff. eine 6-Elektronenoxydation u. verläuft vermutlich über folgende Stufen: $>\overset{+}{N}{=}CH_2 \rightarrow\ >N{-}CH_2OH$ (oder $>N{-}CH_2OCOCH_3 \rightarrow\ >N{-}CH_2OH$) $\rightarrow\ >NH + HCHO \xrightarrow{2\,II} HCOOH\ [+ Hg_2(OCOCH_3)_2] \xrightarrow{2\,II} CO_2 \cdot [+Hg(OCOCH_3)_2]$. Die Bldg. von **VI** ist vielleicht wie folgt zu erklären: $>N{-}CH_2 \cdot OCOCH_3 \xrightarrow{2\,II}\ >\overset{+}{N}{=}CHOCOCH_3 \xrightarrow{CH_3COOH}\ >N{-}CH(OCOCH_3)_2 \xrightarrow{H_2O}\ >N{-}CHO$.

Versuche (FF. korr.): *N-Methylgranatanin* (**VIII**), durch Red. von Pseudopelletierin (**IX**) nach HUANG-MINLON; 56% (Ausbeute). *Perchlorat*, $C_9H_{18}ClNO_4$, F. 270° (Zers.; absol. A.). *Pikrat*, kurze, gelbe Nadeln, F. 297—298° (Zers.; absol. A.). — *10-Methyl-10-azabicyclo-[4.3.1]-decanon-(8)*, $C_{10}H_{17}NO$, Kp.$_5$ 106—107°, aus **IX** mit Adipinaldehyd nach COPE u. Mitarbeitern (C. **1952.** 5741); 22%. *Perchlorat*, $C_{10}H_{18}ClNO_5$, F. 231,5—232° (Zers.; absol. A.). *Pikrat*, gelbe Nadeln, F. 216—216,5° (Zers.; W.). — *10-Methyl-10-azabicyclo-[4.3.1]-decan* (**IV**), $C_{10}H_{19}N$, Kp.$_{14}$ 93,5°, durch 1½std. Kochen vorst. Verb. mit KOH u. 100%ig. Hydrazinhydrat in Triäthylenglykol, Abdestillieren bis zu 190° (Kolbentemp.) u. 2½std. Kochen; n_D^{24} 1,4931; 88%. *Perchlorat*, $C_{10}H_{20} \cdot ClNO_4$, F. 259—261° (Zers.; absol. A.). *Pikrat*, $C_{16}H_{22}N_4O_7$, lange, gelbe Nadeln, F. 276,5 bis 277° (Zers.; 33%ig. wss. Dimethylformamid). — *2-[2'-Hydroxy-3'.3'.3'-trichlorpropyl]-6-methylpyridin*, $C_9H_{10}Cl_3NO$, F. 106—106,5° (PAe.), durch 33,5std. Erhitzen von **VII** u. 2.6-Lutidin auf 110°; 63%. — *11-Methyl-11-azabicyclo-[5.3.1]-hendecan* (**I**), $C_{11}H_{21}N$, Kp.$_{16}$ 102°, a) durch Red. von 11-Methyl-11-azabicyclo-[5.3.1]-hendecanon-(4) analog **IV**; n_D^{24} 1,4880; 91%; b) durch Einw. von 88%ig. HCOOH u. 36%ig. wss. HCHO auf **III** (10 Std. bei 25°) u. 14std. Erwärmen auf ca. 100°. *Perchlorat*, $C_{11}H_{22}ClNO_4$, F. 239—245° (absol. A.). *Pikrat*, $C_{17}H_{24}N_4O_7$, lange, gelbe Nadeln u. große gelbe Platten, F. 215—216° (W.). — *10-Azabicyclo-[4.3.1]-decan* (**V**), $C_9H_{17}N$, F. 43—45° (sublimiert bei 93—94°/20 mm), durch **II**-Oxydation von **IV**. *Perchlorat*, F. 241—243° [Zers.; tert.-Butylalkohol–PA. (1:1)]. *Pikrat*, $C_{15}H_{20}N_4O_7$, lange, orangefarbene Nadeln, F. 255 bis 256° (absol. A.). — *10-Formyl-10-azabicyclo-[4.3.1]-decan* (**VI**), $C_{10}H_{17}NO$, Kp.$_{0,2}$ 81°, a) neben **V** bei der **II**-Oxydation von **IV** in Eisessig; b) durch Einw. von **VII** in Chlf. auf **V** in Chlf. unter Eiskühlung, 9std. Einw. bei 25° u. 12std. Kochen; 64%. — *11-Azabicyclo-[5.3.1]-hendecan* (**III**), Kp.$_{16}$ 99—100°, durch **II**-Oxydation von **I**; n_D^{26} 1,4957. *Perchlorat*, $C_{10}H_{20}ClNO_4$, F. 20?,5—204,5° [Zers.; tert.-Butylalkohol–PAe. (1:1)]. *Pikrat*, $C_{16}H_{22}N_4O_7$, gelbe Plättchen, F. 244,5—245° (Zers.; absol. A.). — *11-Acetyl-11-azabicyclo-[5.3.1]-hendecan*, $C_{12}H_{21}NO$, F. 56—57° (sublimiert bei 0,1 mm), durch 21std. Kochen von **III** mit Acetanhydrid in absol. Bzl.; 89%. — *11-Benzolsulfonyl-11-azabicyclo-[5.3.1]-hendecan*, $C_{16}H_{23}NO_2S$, F. 179,5—180° (absol. A.), aus **III**. — *Tropinon*, *Perchlorat*, $C_8H_{14}ClNO_5$, F. 221,5—222° (Zers.; absol. A.). (J. Amer. chem. Soc. **80.** 371—75. 20/1. 1958. Urbana, Ill., Univ. of Illinois, Noyes Chem. Labor.)

B. GNAUCK. 3380

Meira Sarel-Imber und **Jeshayahu Leibowitz**, *Ein neues Fructoseanhydrid.* Bei der Nitrierung von Fructose mit N_2O_5 in Chlf. wurde ein Gemisch monomerer *Anhydrofructosenitrate* erhalten, aus dem durch fraktionierte Kristallisation ein *Trinitrat* [**I**, $C_6H_7N_3O_{11}$, F. 80,5°, Nadeln aus CH_3OH, $[\alpha]_D^{25}$ +34,5° (A.)] erhalten wurde. Bei der katalyt. Red. von **I** mit Pd-Kohle in A. entsteht *2.3-Anhydrofructofuranose* (**II**) [Sirup, $[\alpha]^{25}$ +79,4° (A.)]. **II** reagiert nicht mit FEHLINGscher Lsg. u. wird durch HCl zu *Fructose* hydrolysiert. Zum Konstitutionsbeweis werden folgende **II**-Derivv. hergestellt: *Triacetat*, $C_{12}H_{16}O_8$, F. 112° (A.), $[\alpha]_D^{25}$ +57,4° (A.), durch Acetylierung von **II** mit Essigsäureanhydrid/Pyridin; die Verb. ist beständig gegen KJO_4; die vollständige Methylierung von **II** ergibt nach Hydrolyse einen Sirup, der kein Osazon bildet. *1.6-Di-O-tritylderiv.*, $C_{44}H_{38}O_5$, F. 207° (A.), aus **II** u. Tritylchlorid/Pyridin. *1.6-Di-O-tosylderiv.*, $C_{20}H_{22}O_9S_2$, F. 156° (A.), durch Tosylierung von **I** mit Tosylchlorid/Pyridin; beim Erhitzen der Verb. mit Aceton u. NaJ werden 2 Mol Na-p-Toluolsulfonat abgespalten; die Nitrierung von **II** mit N_2O_5 in Chlf. ergibt **I**, die Nitrierung mit HNO_3/H_2SO_4 führt zu Polymerisaten. (J. org. Chemistry **24.** 141. Jan. 1959. Jerusalem, Hebrew Univ., Dep. of Biol. Chem.)

H. ROSSOW. 3400

Horace S. Isbell und **Harriet L. Frush**, *Mutarotation, Hydrolyse und Umlagerungsreaktionen von Glykosylaminen.* (Vgl. C. **1957.** 3496, 4650 u. C. **1954.** 5048.) Die Mutarotation, Hydrolyse u. Umlagerungs-Rkk. von *β-D-Glucosylamin* (**I**), *β-D-Mannosylamin* (**II**) u.

β-D-Xylosylamin (**III**) wurden untersucht u. durch die Bldg. von intermediären acycl. Imoniumionen erläutert. Für die Hydrolyse-Rk. unter verschied. Bedingungen sind die Geschwindigkeitskonstanten angegeben. Die Bldg. von *Diglykosylaminen* wird durch eine Transaminierungs-Rk. — Umsetzung eines Glykosylaminmol. mit einem zweiten in der Imoniumform vorliegenden Mol. u. anschließende Hydrolyse — erklärt. **I** unterliegt in Eisessig oder in Dimethylsulfoxyd u. Malonsäurediäthylester (vgl. HODGE u. RIST, C. **1953.** 58 u. C. **1950/54.** 927 S) einer AMADORI-Umlagerung, wahrscheinlich unter Bldg. von *1-Amino-1-desoxy-D-fructose*. Für die Umlagerung wird ein intramol. Mechanismus vorgeschlagen, der die Wirksamkeit der Carboxylgruppe bzw. Methylengruppe für den Ablauf der AMADORI-Umlagerung berücksichtigt. Durch Perjodatoxydation u. Vgl. der opt. Drehung wurden die Ringstrukturen u. die Konfiguration der dargestellten Glykosylamine, ihrer Acetate sowie von **I**, **III** u. ihren Acetaten bestimmt.

Versuche: *β-D-Mannopyranosylamin* (**II**), *Monohydrat* (**IIa**), $C_6H_{13}NO_5 \cdot H_2O$, F. 93—94°, durch Einleiten von NH_3 in eine Lsg. von 20 g D-Mannose u. NH_4Cl in Methanol bei 0°, Lösen des Nd. in W./Methanol u. Zugeben von A.; $[\alpha]_D^{20}$ —11,6° (c = 2; W.); 17 g (Rohausbeute); im Vakuum über P_2O_5 → *Di-D-mannosylamin* (**IV**). — *N-Acetyltetra-O-acetyl-β-D-mannopyranosylamin*, $C_{16}H_{23}NO_{10}$, F. 188—189° (Chlf./PAe.), durch Rk. von 10 g **IIa** in Pyridin mit Acetanhydrid bei 0°, mehrstd. Stehen bei Raumtemp., Gießen auf Eis u. Extrahieren mit Chlf.; $[\alpha]_D^{20}$ —16,5° (c = 2; Chlf.); 15,6 g (roh). — *N-Acetyl-β-D-mannopyranosylamin, Monohydrat*, $C_8H_{15}NO_6 \cdot H_2O$, F. 203—204° (W./Methanol/A., 2:12:3), durch 1 std. Stehen vorst. Verb. (10 g) in absol. Methanol mit 0,2 mol. Ba-Methylat, Zugeben von verd. H_2SO_4 u. Einengen; $[\alpha]_D^{20}$ —47,4° (c = 2; W.); 6 g (roh). — *Di-D-mannosylamin* (**IV**), $C_{12}H_{23}NO_{10}$, F. 157—158° (wss. NH_4OH/Methanol), a) aus **IIa** im Vakuum über P_2O_5; b) durch Erhitzen von **IIa** in Methanol; $[\alpha]_D^{20}$ —36,8° (c = 5; W.)· *Okta-O-acetylverb.*, $C_{28}H_{39}NO_{18}$, F. 146—147° (A.), aus 4 g **IV** mit Acetanhydrid in Pyridin; $[\alpha]_D^{20}$ —68,0° (c = 2; Chlf.); 3,5 g. — *β-D-Glucopyranosylamin* (**I**), $C_6H_{13}NO_5$, F. 125—127° [konz. NH_4OH/W. (1:10) + Methanol/A. (2:2)], aus 40 g D-Glucose analog **IIa**; $[\alpha]_D^{20}$ +20,8° (W.); 25 g. — *N-Acetyltetra-O-acetyl-β-D-glucopyranosylamin*, $C_{16}H_{23}NO_{10}$, F. 163—164° (A. oder Chlf./Heptan), $[\alpha]_D^{20}$ +17,4° (c = 2; Chlf.). — *N-Acetyl-β-D-glucopyranosylamin*, $C_8H_{15}NO_6$, F. 260° (Aceton), durch Desacetylierung vorst. Verb. mit Ba-Methylat; $[\alpha]_D^{20}$ —22,8° (W.). — *β-Di-D-glucosylamin*, $C_{12}H_{23}NO_{10} \cdot 2\,H_2O$, F. 106—109° (W./Methanol), nach BRIGL u. KEPPLER (Hoppe-Seyler's Z. physiol. Chem. **180.** [1929.] 38); $[\alpha]_D^{20}$ —21,1° (c = 2; W.). — *β-D-Xylopyranosylamin* (**III**), $C_5H_{11}NO_4$, F. 128—129°, aus Xylose analog **IIa**; $[\alpha]_D^{20}$ —19,6° (W.). *N-Acetyltri-O-acetylverb.*, $C_{13}H_{19}NO_8$, F. 172—173° (Chlf./PAe.), aus 10 g **III** u. Acetanhydrid; $[\alpha]_D^{20}$ +28,5° (c = 2; Chlf.); 12 g. *N-Acetylverb.*, $C_7H_{13}NO_5$, F. 213—214° (W./Methanol), durch Desacetylierung der Tetraacetylverb. (10 g) mit Ba-Methylat; $[\alpha]_D^{20}$ —0,7° (c = 2; W.); 5,8 g. — *Di-D-xylosylamin*, $C_{10}H_{19}NO_8$, F. 159—161° (wss. NH_4OH/Methanol), a) durch 1 std. Kochen von **III** in Methylcellosolve u. mehrstd. Stehen bei Raumtemp.; b) durch Kochen von **III** in Methanol in Ggw. von Phenol; $[\alpha]_D^{20}$ —44,3° (10 Min.), —40,2° (20 Min.), —38,0° (90 Min.) (c = 1,4; W.). *Hexa-O-acetylverb.*, $C_{22}H_{31}NO_{14}$, F. 218 bis 219° (A. u. Chlf./PAe.); Nadeln; $[\alpha]_D^{20}$ +16,8° (c = 2; Chlf.). — *α-L-Arabinopyranosylamin*, $C_5H_{11}NO_4$, F. 124—125°, nach ISBELL u. FRUSH (C. **1953.** 9114) sowie LOBRY DE BRUYN u. VAN LEENT [1895]; $[\alpha]_D^{20}$ +86,3° (W.). *N-Acetyltri-O-acetylverb.*, $C_{13}H_{19}NO_8$, F. 177—178°, nach SJOLLEMA [1899]; $[\alpha]_D^{20}$ +89,6° (Chlf.). *N-Acetylverb.*, $C_7H_{13}NO_5$, F. 222—224°, nach SJOLLEMA (l. c.); $[\alpha]_D^{20}$ +69,7° (W.). — *Di-L-arabinosylamin*, $C_{10}H_{19}NO_8$, F. 145° (Zers.; wss. NH_4OH/Methanol), durch 1 std. Kochen von 5 g β-L-Arabinopyranosylamin in Methanol in Ggw. von Phenol u. Stehen bei Raumtemp.; Bipyramiden oder Nadeln; $[\alpha]_D^{20}$ +50,6° (c = 1,6; W.); 3,1 g. — *α-D-Galaktopyranosylamin, Ammoniumkomplex*, $C_6H_{16}N_2O_5$, F. 107—109°, nach FRUSH u. ISBELL (J. Res. Nat. Bur. Standards **47.** [1951.] 239); $[\alpha]_D^{20}$ +138° (W.). *N-Acetyltetra-O-acetylverb.*, $C_{16}H_{23}NO_{10}$, F. 172—173°, nach FRUSH u. ISBELL (l. c.); $[\alpha]_D^{20}$ +117,4° (Chlf.). *N-Acetylverb.*, $C_8H_{15}NO_6$, F. 179—180°; $[\alpha]_D^{20}$ +194,9° (W.). — *β-D-Galaktopyranosylamin*, $C_6H_{13}NO_5$, F. 134—136°; $[\alpha]_D^{20}$ +62,2° (W.). *N-Acetyltetra-O-acetylverb.*, $C_{16}H_{23}NO_{10}$, F. 173—174°; $[\alpha]_D^{20}$ +34,7° (Chlf.). *N-Acetylverb.*, $C_8H_{15}NO_6$, F. 233°; $[\alpha]_D^{20}$ +9,8° (W.). (J. org. Chemistry **23.** 1309—19. Sept. 1958. Washington, D. C., Nat. Bur. of Standards.)

E. SCHRÖDER. 3400

D. M. Brown, D. B. Parihar, Sir Alexander Todd und S. Varadarajan, *Desoxynucleoside und verwandte Verbindungen.* 6. Mitt. *Synthese von 2-Thiouridin und 3'-Desoxyuridin.* (5. vgl. C. **1956.** 11731.) 2'.3'-O-Isopropyliden-O².5'-cyclouridin (**I**; vgl. BROWN u. Mitarbeiter, C. **1957.** 13681) u. 2'.3'-O-Isopropyliden-5'-O-p-toluolsulfonyluridin (**II**; vgl. LEVENE u. TIPSON, J. biol. Chemistry **106.** [1934.] 113) reagieren mit Na-Äthylsulfid unter Bldg. von *5'-Desoxy-5'-äthylmercapto-2'.3'-O-isoprolyidenuridin.* O².2'-Cyclouridin (**III**) gibt entsprechende *3'-Desoxy-3'-äthylmercaptouridin*, das mit

RANEY-Ni *3'-Desoxyuridin* liefert. Der Reaktionsmechanismus wird diskutiert. Aus I wird mit H_2S u. $(C_2H_5)_3N$ *2'.3'-O-Isopropyliden-2-thiouridin* (**IV**) erhalten, daneben entstehen, je nach den Bedingungen als Neben- oder Hauptprod., Polysulfide, wahrscheinlich *Bis-[2-desoxy-2'.3'-O-isopropylidenuridinyl-(2)]-di-*, *-tetra-* u. *-hexasulfide*. In Analogie zu I (vgl. l. c.) gibt **III** bei der Einw. von methanol. NH_3 *3β-D-Arabofuranosylisocytosin*. Bei der Rk. von 5'-O-Acetyluridin (**V**) mit p-Toluolsulfonylchlorid wird neben dem als Hauptprod. erhaltenen *2'-Isomeren* (**VI**) etwas *3'-O-p-Toluolsulfonyluridin* isoliert, das nicht mit methanol. NH_3 reagiert u. mit diesem Reagens von der 2'-Verb. (→ **III**) abgetrennt wird.

Versuche: *3'-O-p-Toluolsulfonyluridin*, $C_{16}H_{18}N_2O_8S$, F. 205—206°, aus 13 g **V** u. p-Toluolsulfonylchlorid in Pyridin (über Nacht), Abtrennung des gebildeten *5'-O-Acetyl-2'-O-p-toluolsulfonyluridins* (**VI**), F. 176—177° (9,8 g), Behandeln des Filtratrückstands mit halbgesätt. methanol. NH_3 u. 47stufige CRAIG-Verteilung (Äthylacetat-W.); Nadeln aus A.; 3,4 g (Ausbeute), daneben **III**. — *3-β-D-Arabofuranosylisocytosin*, $C_9H_{13}N_3O_5$, F. 235—236°, aus 10 g **VI** u. methanol. NH_3 (7 Std. bei Raumtemp.); Prismen aus 80%ig. A.; 5,22 g; daneben 2,7 g *O^2.2'-Cyclouridin* (**III**), F. 234—236°, aus A. Stäbchen. — *5'-Desoxy-5'-äthylmercapto-2'.3'-O-isopropylidenuridin*, $C_{14}H_{20}N_2O_5S$, F. 142°, a) aus 100 mg **I** u. Na-Äthylsulfid in absol. Dimethylformamid (15 Std. bei Raumtemp.); 65 mg; b) aus 1,5 g **II** u. Na-Äthylsulfid in Dimethylformamid (2 Std. bei 100°); aus A. Stäbchen; 410 mg; daneben 0,58 g *5'-Desoxy-5'-äthylmercaptouridin*, $C_{11}H_{16}N_2O_5S$, F. 177—178°, aus A. Prismen. — *Bis-[2-desoxy-2'.3'-O-isopropylidenuridinyl-(2)]-disulfid*, $C_{24}H_{30}N_4O_{10}S_2$, F. 205—206°, aus 1,5 g **I** u. H_2S in absol. Dimethylformamid–$(C_2H_5)_3N$ (20:1; 10 Std.); aus A. Plättchen; 350 mg neben 710 mg *2'.3'-O-Isopropyliden-2-thiouridin* (**IV**), $C_{12}H_{16}N_2O_5S$, F. 192°, Prismen. — *Bis-[2-desoxy-2'.3'-O-isopropylidenuridinyl-(2)]-tetrasulfid*, $C_{24}H_{30}N_4O_{10}S_4$, F. 232° (Zers.), aus 0,5 g **I** u. H_2S in Dimethylformamid–$(C_2H_5)_3N$ (6:1; grün → rot); Platten oder Nadeln; 90 mg. Gibt beim Erhitzen auf 180—185° unter S-Abspaltung vorst. Verbindung. — *Bis-[2-desoxy-2'.3'-O-isopropylidenuridinyl-(2)]-hexasulfid*, $C_{24}H_{30}N_4O_{10}S_6$, F. 215° (Zers.), aus 0,5 g **I** u. H_2S in Dimethylformamid–$(C_2H_5)_3N$ (6:5); Nadeln aus A.; 0,23 g. Gibt beim Erhitzen das Disulfid u. Schwefel. — *2-Thiouridin*, $C_9H_{12}N_2O_5S$, F. 205—207° (Sintern bei 195°), aus 0,3 g **IV** in sd. 40%ig. Essigsäure (2 Std.); aus A. gelbe Prismen; 155 mg. — *3'-Desoxy-3'-äthylmercaptouridin*, $C_{11}H_{16}N_2O_5S$, aus 5,0 g **III** u. Na-Äthylsulfid durch 22std. Erhitzen bei 100° u. 166stufige CRAIG-Verteilung; glasige M.; 3,5 g. — *3'-Desoxyuridin*, $C_9H_{12}N_2O_5$, F. 178°, aus 3,4 g vorst. Verb. durch Acetylierung, 2std. Kochen des Prod. mit RANEY-Ni in W.–A. (1:3) in Ggw. von wss. NH_4OH, Entacetylierung mit halbgesätt. methanol. NH_3 (7 Std.) u. 149stufige CRAIG-Verteilung; Nadeln aus A.–Ae.; 88 mg; daneben 12 mg *Uracil*. Gibt bei der Red. u. anschließenden Hydrolyse *3-Desoxyribose*. — Die UV-Absorptionsmaxima u. -minima u. die R_F-Werte der Verbb. sind angegeben. (J. chem. Soc. [London] **1958**. 3028—35. Sept. Cambridge, Univ., Chem. Labor.) K. MAIER. 3450

D. M. Brown, D. B. Parihar, C. B. Reese und Sir Alexander Todd, *Desoxynucleoside und verwandte Verbindungen. 7. Mitt. Synthese von 2'-Desoxyuridin und Thymidin.* (6. vgl. vorst. Ref.) 5'-O-Acetyl-2'-O-p-toluolsulfonyluridin (**I**) reagiert in heißem Acetonylaceton mit NaJ unter Bldg. von *5'-O-Acetyl-2'-desoxy-2'-joduridin* (**II**), das durch Hydrierung u. Entacetylierung *2'-Desoxyuridin* gibt. Entsprechend wird aus 5'-O-Acetyl-3-β-D-ribofuranosylthymin *Thymidin* erhalten. Die synthet. Desoxyribonucleoside sind mit den natürlichen Verbb. identisch.

Versuche: *5'-O-Acetyl-2'-desoxy-2'-joduridin* (**II**), $C_{11}H_{13}JN_2O_6$, F. 167°, aus 5,36 g **I** u. NaJ in sd. Acetonylaceton (2¾ Std.) u. 80stufige CRAIG-Verteilung zwischen Äthylacetat u. W.; Nadeln aus A.; 2,22 g (Ausbeute). Gibt mit halbgesätt. methanol. NH_3 (7 Std. bei Raumtemp.) *O^2.2'-Cyclouridin*, F. 234—235°, u. *3β-D-Arabofuranosylisocytosin*. — *5'-O-Acetyl-2'-desoxyuridin*, $C_{11}H_{14}N_2O_6$, F. 96° (Sintern bei 60°), aus **II** mit H_2 über Pd/$BaSO_4$ in 50%ig. A. u. Na-Acetat bei Raumtemp.; Stäbchen. — *2'-Desoxyuridin*, $C_9H_{12}N_2O_5$, F. 167°, aus 1,6 g **II** mit H_2 über Pd/$BaSO_4$ in 50%ig. A. (p_H 9) u. Behandeln des Prod. mit halbgesätt. methanol. NH_3 (8 Std. bei Raumtemp.); derbe Nadeln aus absol. A.; 0,76 g. — *5'-O-Acetyl-3-β-D-ribofuranosylthymin*, $C_{12}H_{16}N_2O_7$, F. 95°, aus 14,3 g 2'.3'-Isopropyliden-3-β-D-ribofuranosylthymin in Pyridin mit Acetanhydrid (4 Std.), 1std. Kochen des Prod. (5'-O-Acetyl-2'.3'-isopropyliden-Deriv.?) in 20%ig. Essigsäure u. 94stufige CRAIG-Verteilung; Nadeln aus A.; 11,1 g. — *Thymidin* (*2'-Desoxy-3-β-D-ribofuranosylthymin*), $C_{10}H_{14}N_2O_5$, F. 182—185°, aus vorst. Verb. mit p-Toluolsulfonylchlorid in Pyridin, 85stufige CRAIG-Verteilung, Rk. des erhaltenen 2'- u. 3'-p-Toluolsulfonylderiv. mit NaJ in sd. Acetonylaceton (3 Std.) u. Hydrierung des gebildeten 5'-O-Acetyl-2'-jodthymidins in 50%ig. A. über Pd/$BaSO_4$. — Die R_F-Werte

u. die UV-Maxima u. -Minima der meisten Verbb. sind angegeben. (J. chem. Soc. [London] **1958.** 3035—38. Sept.) K. MAIER. 3450

D. M. Brown, D. B. Parihar und **Sir Alexander Todd,** *Desoxynucleoside und verwandte Verbindungen.* 8. Mitt. *Einige weitere Umwandlungen von O^2.2'-Cyclouridin.* (7. vgl. vorst. Ref.) 5'-O-Acetyl-2'-O-p-toluolsulfonyluridin (I) gibt mit NaN_3 in CH_3CN oder mit Na-Acetat in Acetonylaceton *5'-O-Acetyl-O^2.2'-cyclouridin,* das mit NaJ in *5'-O-Acetyl-2'-desoxy-2'-joduridin* (II) übergeht. Letztes entsteht auch mit NaJ aus I u. hat *ribo*-Konfiguration. 3'.5'-Di-O-acetyl-O^2.2'-cyclouridin liefert bei der Hydrolyse mit 0,1n HCl (1 Std. bei 100°) *Uridin* u. *Spongouridin,* O^2.2'-Cyclouridin (III) nur letzteres. Die Chemie des Oxazolidinrings in Cyclouridinderivv. wird im Hinblick auf die biochem. Umwandlung von Pyrimidinribo- in -desoxyribonucleoside besprochen.

Versuche: *5'-O-Acetyl-O^2.2'-cyclouridin,* $C_{11}H_{12}N_2O_6$, F. 169—170°, a) aus 0,5 g I u. NaN_3 in sd. CH_3CN (4 Std.); 258 mg (Ausbeute); b) aus 0,104 g I u. Na-Acetat in absol. Acetonylaceton bei 100° (3 Std.); Platten aus A.; 51 mg; c) aus 215 mg II u. NaN_3 in sd. CH_3CN (15 Std.); 116 mg. — *3'.5'-Di-O-acetyl-O^2.2'-cyclouridin,* $C_{13}H_{14}N_2O_7$, F. 186—187°, a) aus 100 mg III mit Acetanhydrid–Pyridin (1 Tag bei Raumtemp.); derbe Prismen aus A.; 82 mg; b) analog aus vorst. Verbindung. — *5'-O-Acetyl-2'-desoxy-2'-joduridin* (II), F. 167—168°, aus 93 mg vorvorst. Verb. mit NaJ u. Eisessig in Acetonylaceton (12 Std. bei 100°); Nadeln; 23 mg. — Die UV-Maxima u. die R_F-Werte der Verbb. sind angegeben. (J. chem. Soc. [London] **1958. 4242—44.** Dez.)
K. MAIER. 3450

Albert Aebi, *Über die Isolierung von Casimiroedin aus den Samen von Casimiroa edulis La Llave et Lejarza.* Vf. untersucht die Inhaltsstoffe aus den Samen von *Casimiroa edulis.* Die von POWER u. CALLAN [1911] aus den Samen isolierten Substanzen *Casimiroin, Casimiroedin, Casimirolid, Ipuranol* wurden nach schonender Aufarbeitung der Pflanze als Abbauprodd. eines einzelnen Alkaloids erkannt, für das die Bezeichnung „*Casimiroedin*" (I) beibehalten u. die Formel $C_{21}H_{27}N_3O_6$ vorgeschlagen wird. Das UV- u. IR-Spektr. werden diskutiert. Methylierungsverss. u. Se-Dehydrierung von I führten nicht zum Erfolg.

Versuche: „*Casimiroedin*" (I), $C_{21}H_{27}N_3O_6$, F. 226,5—228° (A.), aus 2 kg Samen von *Casimiroa edulis* wurden nach erschöpfender Perkolation mit PAe. durch 10maliges Macerieren mit je 5 Liter A. u. Verdampfen des A. im Vakuum bei 45° 390,5 g eines öligen Rückstands gewonnen, 100 g des Extrakts in W. suspendiert u. die wss. Lsg. nach jeweils 3maliger Extraktion mit Ae. u. Chlf. mit 2n NH_3 alkalisiert u. mit Isoamylalkohol ausgeschüttelt; nach Eindampfen wurde der Rückstand in A. aufgenommen u. bei 0° stehengelassen; 9,08 g (0,5% der Droge) Roh-Casimiroedin vom F. 218—223°, $[\alpha]_D^{20}$ —21,3° (c = 1,21; 5%ig. HCl-Lsg.). *Tetra-O-(?)-acetylderiv.,* $C_{29}H_{35}N_3O_{10}$, F. 80°. — *Tetrahydrocasimiroedin,* $C_{21}H_{31}N_3O_6$, F. 167—168°, aus I durch Hydrieren in Methanol in Ggw. von RANEY-Ni; pK 4,65; 4,61. *Hydrochlorid,* $C_{21}H_{31}N_3O_6 \cdot HCl$, F. 183—185°; pK 4,57. (Helv. chim. Acta **39.** 1495—1500. 15/10. 1956. Zürich, Pharm. Inst., ETH; Bern, Forschungsinst. Dr. A. Wander AG.) ARNO RUSS. 3500

Woldemar Schneider, *Diterpenalkaloide.* Es wird die Chemie der *Aconitum-* u. *Delphiniumalkaloide,* die als Diterpenalkaloide bezeichnet werden, zusammenfassend dargestellt. — 80 Literaturangaben. (Arzneimittel-Forsch. **7.** 485—95. Aug. 1957. Karlsruhe, TH, Pharmazeut.-chem. Inst.) G. KIMMERLE. 3500

R. M. Dodson und **R. D. Muir,** *Mikrobiologische Umwandlungen.* 2. Mitt. *Mikrobiologische Aromatisierung von Steroiden.* (1. vgl. C. **1959.** 9591.) Bei der Einw. der Kultur eines *Pseudomonas*-Stammes auf Δ^4-Androsten-3.17-dion wird unter Ringöffnung u. Aromatisierung *9.10-Seco-3-hydroxy-$\Delta^{1.3.5,10}$-androstatrien-9.17-dion* (I), F. 123,5 bis 125°, $[\alpha]_D$ +100,5° (Chlf.); *Acetat* (Ia), F. 147—147,5°, $[\alpha]_D$ +82,5° (Chlf.), erhalten. Zum Beweis der Konst. wird Ia mit Methanol–konz. HCl (2:1) zu *1-Hydroxy-4-methyl-$\Delta^{1.3.5,10.9,11}$-östratetraen-17-on* (II), F. 194—197°, $[\alpha]_D$ +264° (Chlf.), cyclisiert, dieses mit CH_3J u. K_2CO_3 in Aceton zu *1-Methoxy-4-methyl-$\Delta^{1.3.5,10.9,11}$-östratetraen-17-on,* F. 123—124°, methyliert, weiter mit $NaBH_4$ zu *1-Methoxy-4-methyl-$\Delta^{1.3.5,10.9,11}$-östratetraen-17-ol,* F. 144—145°, red. u. die $\Delta^{9,11}$-Doppelbindung mit K in fl. NH_3 zu *1-Methoxy-4-methyl-$\Delta^{1,3.5,10}$-östratrien-17-ol,* F. 116,5—117,5°, $[\alpha]_D$ +185,3° (Chlf.); *17-Acetat,* F. 148,5—150°, reduziert. Letztes ist mit einem aus 1-Hydroxy-4-methyl-$\Delta^{1.3.5,10}$-östratrien-17-on hergestellten authent. Präp. identisch. Die mikrobiol. Ringöffnung verläuft mit großer Wahrscheinlichkeit über *$\Delta^{1.4}$-Androstadien-3.17-dion,* das während der Bebrütung papierchromatograph. nachweisbar ist. — Die UV- u. IR-Maxima von **I, Ia** u. **II** sind angegeben. (J. Amer. chem. Soc. **80.** 5004—05. 20/9. 1958. Chicago, Ill., G. D. Searle & Co.) G. SCHMIDT-KASTNER. 3700

R. M. Dodson und **R. D. Muir,** *Mikrobiologische Umwandlungen.* 3. Mitt. *Hydroxylierung von Steroiden an* $C_{(9)}$. (2. vgl. vorst. Ref.) Beim mikrobiol. Abbau von Δ^4-Androsten-3.17-dion unter Verwendung des *Nocardia*-Stammes A 20-10 wird neben *9.10-Seco-3-hydroxy-*$\Delta^{1.3.5,10}$*-androstatrien-9.17-dion* (I; vgl. l. c.) *9α-Hydroxy-*Δ^4*-androsten-3.17-dion* (II), F. 222—223,5°, $[\alpha]_D$ +181,5° (Chlf.) erhalten. Die Konst. von **II** wird durch mikrobiol. Umwandlung mit *Arthobacter* B 20-178 zu **I** (*Acetat,* F. 143,5 bis 146°) bewiesen. **II** bildet mit Acetanhydrid/Pyridin kein Acetat (tert.-OH); die Konfiguration der OH-Gruppe ergibt sich aus der mol. Drehung. — Die UV- u. IR-Maxima von **II** sind angegeben. (J. Amer. chem. Soc. **80.** 6148. 20/11. 1958.)

G. SCHMIDT-KASTNER. 3700

Carl Djerassi, G. W. Krakower, A. J. Lemin, Liang H. Liu, J. S. Mills und **R. Villotti,** *Neutrale Bestandteile des Kaktus Lophocereus schottii. Struktur von Lophenol, 4α-Methyl-*Δ^7*-cholesten-3β-ol, einem Bindeglied in der Sterinbiogenese.* Aus dem alkoh. Extrakt aus dem Kaktus *Lophocereus schotti* (ENGELMANN) BRITTON u. ROSE werden nach Abtrennung der Alkaloide aus der neutralen Fraktion durch Verseifung u. Wasserdampfdest. 1% (bezogen auf Trockensubstanz) *n-Octylalkohol* u. aus dem Rückstand durch Chromatographie wenig *Lupeol* u. 0,36% einer sterinähnlichen Fraktion isoliert. Letzte läßt sich in zwei Alkohole, „*Lophenol*" (I) u. „*Schottenol*" (II), trennen. **I** liefert ein *Acetat* (**Ia**) u. ein *Benzoat* u. läßt sich zu „*Lophenon*" (III) oxydieren, das bei der Red. mit $LiAlH_4$ oder mit Li u. A. wieder **I** gibt. Bei der Rk. mit PCl_5 reagiert **I** nicht unter der für tetracycl. Triterpene charakterist. Retropinakolinumlagerung, sondern liefert ein *Chlorid.* **Ia** wird mit H_2 über PAO_2 nicht hydriert, sondern zu $\Delta^{8,14}$-**Ia** isomerisiert. Dieses gibt mit HCl in Chlf. Δ^{14}-**Ia,** das auch direkt aus **Ia** erhalten werden kann u. zu *Lophanol* (**IV**)-*Acetat* hydrierbar ist. **IV** wird zu *Lophanon* (**V**) oxydiert, das bei der Red. nach WOLFF-KISHNER *Lophan* liefert. Letztes gibt bei der massenspektrograph. Best. ein mit Ergostan ident. Mol.-Gew., doch wird diese Struktur durch die anomale opt. Drehung der Vorprodd. unwahrscheinlich gemacht u. durch die Best. der Seitenkette nach COX u. Mitarbeitern (C. **1959.** 7245) als C_8-Fragment ausgeschlossen. **Ia** gibt mit CrO_3 in Essigsäure oder besser durch stufenweise Oxydation mit Benzopersäure u. CrO_3 ein Gemisch des *7-Keto-8.9-* (**VIa**) u. *-8.14-epoxyds* (**VIb**), die mit Zn das entsprechende Δ^8- (**VII**) u. $\Delta^{8,14}$*-7-Keton* bzw. mit HCl das $\Delta^{8,9,14}$*-Dien-7-on* liefern. Die entsprechenden Umwandlungen von Δ^7-Ergosten-3β-ylacetat (**VIII**) verlaufen analog, führen aber nicht zu ident. Prodd.; analoge Oxydationen werden auch mit $\Delta^{8,14}$- u. Δ^{14}-**Ia** durchgeführt. Durch Vgl. der Dispersion der opt. Drehungen verschied. Oxydationsprodd. wird für **III** u. **V** eine mit dem entsprechenden Δ^7-Cholestenderivv. ident. Orientierung an $C_{(5)}$, $C_{(9)}$, $C_{(10)}$, $C_{(13)}$, $C_{(14)}$ u. $C_{(17)}$ bewiesen. Die Best. der Lage der postulierten zusätzlichen Methylgruppe in **V** durch erschöpfende Bromierung mißlang, da spontane Dehydrobromierung eintrat. Eine 4α-Methylgruppe wird durch die Identität von **V** mit synthet. 4α-Methylcholestan-3-on (vgl. MEAKINS u. RODIG; C. **1958.** 1584 u. BETON u. Mitarbeiter, C. **1957.** 9372) nachgewiesen. Synthet. **V** läßt sich zu **IV** reduzieren. **I** ist daher das *4α-Methyl-*Δ^7*-cholesten-3β-ol* (Synth. vgl. zweitnachst. Ref.) **II** liefert ein *Acetat* u. ein *Benzoat* u. läßt sich zu „*Schottenon*" oxydieren, das bei der WOLFF-KISHNER-Red. „*Schotten*" gibt. Auf Grund der massenspektrograph. Analyse, der Seitenkettenbest. u. der opt. Dispersion sowie durch Vgl. der physikal. Eigg. mit einem authent. Präp. wird für **II** die Struktur als Δ^7*-Stigmasten-3β-ol* („*γ-Spinastenol*") angenommen; eine Abweichung in der opt. Drehung wird auf Verunreinigungen zurückgeführt. Die biogenet. Bedeutung des Vork. von 4-Methylsteroiden in Pflanzen wird diskutiert.

V e r s u c h e (opt. Drehungen in Chlf.): *n-Octylalkohol,* $C_8H_{18}O$, Kp. 195°, aus dem getrockneten Kaktus durch Extraktion mit A. Verseifung der neutralen Funktion mit sd. 5%ig. methanol. KOH (4 Std.) u. Wasserdampfdest.; 0 9% (Ausbeute). *3.5-Dinitrobenzoat* $C_{15}H_{20}N_2O_6$, F. 59—60°. — *Lophenol* (**I**; *4α-Methyl-*Δ^7*-cholesten-3β-ol*), $C_{28}H_{48}O$, F. 149—151° (CH_3OH), aus dem Rückstand der Wasserdampfdest. vorst. Verb. durch Chromatographie an Al_2O_3; 0,23% (bezogen auf getrockneten Kaktus), daneben 0,02% *Lupeol* (F. 211—213°, $[\alpha]_D$ +24°; *Acetat,* F. 213—215°, $[\alpha]_D$ +41°) u. 0,13% **II. I**-*Acetat* (**Ia**), $C_{30}H_{50}O_2$, F. 119—121° (A.), $[\alpha]_D$ +28°. **I**-*Benzoat,* $C_{35}H_{52}O_2$, F. 161—163° (nach Sublimation bei 155°/0,005 mm), $[\alpha]_D$ +43°. — *Lophenon* (**III**), $C_{28}H_{46}O$, F. 122—124° (CH_3OH), aus 700 mg **I** mit CrO_3/H_2SO_4 in Aceton-Eisessig (40 Min.) u. Al_2O_3-Chromatographie; $[\alpha]_D$ +12°; 530 mg. Gibt bei der Red. mit $LiAlH_4$ in sd. Ae. bzw. mit Na in A. **I.** — *3α-Chlorlophen,* $C_{28}H_{47}Cl$, F. 86—88° (CH_3OH), aus 650 mg **I** mit PCl_5 in Hexan (6 Std. bei Zimmertemp. unter N_2) u. Al_2O_3-Chromatographie; $[\alpha]_D$ —3°; 495 mg. — $\Delta^{8,14}$*-Lophenol,* $C_{28}H_{48}O$, F. 160—163°, aus dem Acetat mit 5%ig. methanol. KOH (2½ Std. auf dem Dampfbad); aus CH_3OH Nadeln, $[\alpha]_D$ +19°, *Acetat,* $C_{30}H_{50}O_2$, F. 81° (CH_3OH), aus 500 mg **Ia** mit H_2 in Eisessig über PtO_2; $[\alpha]_D$ +41°; 395 mg. *Benzoat,* $C_{35}H_{52}O_2$, F. 140

bis 142°, aus A. Tafeln, $[\alpha]_D$ +40°. — *Δ^{14}-Lophenol*, $C_{28}H_{48}O$, F. 156—158° (CH_3OH), aus dem Acetat mit 5%ig. methanol. KOH; $[\alpha]_D$ +31°. *Acetat*, $C_{30}H_{50}O_2$, F. 133—136° (CH_3OH), aus 300 mg **Ia** bzw. dem Acetat vorst. Verb. mit n-HCl in Chlf. (2 Std. bei 0°); $[\alpha]_D$ +45°; 114 bzw. 130 mg. — *Lophanol* (**IV**; *4α-Methylcholestan-3β-ol*), $C_{28}H_{50}O$, F. 166 bis 168° (CH_3OH), aus 2,5 g **Ia** durch Hydrierung über PtO_2 in Eisessig–Essigester in Ggw. von $HClO_4$ (120 Std. bei n. Druck u. Temp.) u. Verseifung mit sd. 5%ig. methanol. KOH (3 Std.); $[\alpha]_D$ +27°; 1,85 g. *Acetat*, $C_{30}H_{52}O_2$, F. 131—133° (CH_3OH). — *Lophanon* (**V**; *4α-Methylcholestan-3-on*), $C_{28}H_{48}O$, F. 121—123° (CH_3OH), aus 1,37 g **IV** analog **III**; $[\alpha]_D$ +25°, $[\alpha]_{700}$ +17°, $[\alpha]_{589}$ +27°, $[\alpha]_{305}$ +707°, $[\alpha]_{265}$ —605°, $[\alpha]_{250}$ —538° (c = 0,0886 in CH_3OH); 1,30 g. — *2α-Bromlophan-3-on*, $C_{28}H_{47}BrO$, F. 90—92° (Ae.-CH_3OH), aus **V** mit Br_2 in Eisessig; $[\alpha]_D$ + 28°, $[\alpha]_{315}$ + 570° (Dioxan). — *Lophan*, $C_{28}H_{50}$, F. 75—77,5° (A.–Essigester), aus **V** mit Na in Äthylenglykol u. Hydrazinhydrat (5 Std. unter Rückfluß); $[\alpha]_D$ +20°. — *9,11-Dehydrolophenylacetat*, $C_{30}H_{48}O_2$, F. 88—91° (CH_3OH), aus 3,56 g **Ia** mit Hg-Acetat in sd. Eisessig-Dioxan unter N_2; $[\alpha]_D$ +84°; 1,32 g. — *8α.9α-Oxidolophan-3β-ol-7-onacetat* (**VIa**), $C_{30}H_{48}O_4$, F. 190—192° (CH_3OH), a) aus 1,6 g **Ia** mit CrO_3 in wss. Essigsäure u. Al_2O_3-Chromatographie der neutralen Prodd.; aus CH_3OH Tafeln, $[\alpha]_D$ ±0°; 108 mg, daneben 85 mg *8α.14α-Oxidolophan-3β-ol-7-onacetat* (**VIb**), $C_{30}H_{48}O_4$, F. 175—176°, aus CH_3OH Nadeln, $[\alpha]_D$ —45°, $[\alpha]_{700}$ —66°, $[\alpha]_{589}$ —91°, $[\alpha]_{335}$ —907°, $[\alpha]_{295}$ +349° (c = 0,107 in Dioxan); b) aus 2,0 g **Ia** mit Benzopersäure in Chlf. (1 Woche unter Kühlung), Oxydation mit CrO_3/H_2SO_4 u. Al_2O_3-Chromatographie; 230 mg **VIa** u. 305 mg **VIb**. — *Δ^{8}-Lophen-3β-ol-7-onacetat* (**VII**), $C_{30}H_{48}O_3$, F. 168—171° (CH_3OH), aus 100 mg **VIa** mit Zn-Staub in sd. Essigsäure (30 Min.); $[\alpha]_D$ —17° (Dioxan); 65 mg. — *$\Delta^{8,14}$-Lophen-3β-ol-7-onacetat*, $C_{30}H_{48}O_3$, F. 168—170° (CH_3OH), aus **VIb** analog **VII**; $[\alpha]_{700}$ —12°, $[\alpha]_{589}$ —19°, $[\alpha]_{375}$ —532°, $[\alpha]_{312,5}$ +635°, $[\alpha]_{307,5}$ +259° (c = 0,085 in Dioxan). — *$\Delta^{8,14}$-Lophadien-3β-ol-7-onacetat*, $C_{30}H_{46}O_3$, F. 188—190° (CH_3OH), a) aus 130 mg **VIa** mit sd. wss.-alkoh. HCl (2 Std.), Reacetylierung u. Al_2O_3-Chromatographie; $[\alpha]_D$ +3°; 75 mg; b) analog aus **VIb**. — *8α.9α-Oxidoergostan-3β-ol-7-onacetat*, $C_{30}H_{48}O_4$, F. 216—217° (CH_3OH), aus 2,0 g **VIII** analog **VIa** nach b); $[\alpha]_D$ —41°; 320 mg neben 370 mg *8α.14α-Oxidoergostan-3β-ol-7-onacetat*, $C_{30}H_{48}O_4$, F. 133—134° (CH_3OH), $[\alpha]_D$ —83°. — *$\Delta^{8.14}$-Ergostadien-3β-ol-7-onacetat*, $C_{30}H_{46}O_3$, F. 178—179°, aus vorst. 8.9-Epoxyd analog vorvorst. Verb.; $[\alpha]_D$ —22°. — *Lophan-7.15-dion-3β.8.14-triol-3-acetat*, $C_{30}H_{48}O_6$, F. 215 bis 219° (CH_3OH), aus 1,0 g $\Delta^{8.14}$-**Ia** in Bzl.-Essigsäure mit tert.-Butylchromat in CCl_4 (3 Tage bei Zimmertemp.) u. Al_2O_3-Chromatographie; $[\alpha]_D$ +77°; 40 mg, 71 mg **VIb** u. 50 mg Gemisch (F. 120—132°) aus einer $C_{30}H_{50}O_2$- u. einer $C_{30}H_{50}O_3$-Verbindung. — *Δ^{14}-Lophen-3β-ol-16-onacetat*, $C_{30}H_{48}O_3$, F. 120—123°, aus 1,0 g Δ^{14}-**Ia** analog vorst. Verb.; $[\alpha]_{700}$ +71°; 52 mg daneben 20 mg **VIb** u. 10 mg vorst. Verbindung. — *Schottenol* (**II**; *Δ^{7}-Stigmasten-3β-ol?*), $C_{29}H_{50}O$, F. 148—150° (CH_3OH–Essigester), aus dem Rohprod. durch Reinigung über das Acetat; $[\alpha]_D$ +4°. *Acetat*, $C_{31}H_{52}O_2$, F. 168—170°, aus Chlf.-CH_3OH Platten, $[\alpha]_D$ —3,6°. *Benzoat*, $C_{36}H_{54}O_2$, F. 183—185°, aus Chlf.-CH_3OH Platten, $[\alpha]_D$ +3,5°. — *Schottenon*, $C_{29}H_{48}O$, F. 152—154° (Aceton-CH_3OH), aus 330 mg **II** mit CrO_3 in Aceton; $[\alpha]_D$ +30°, Maximum bei $[\alpha]_{310}$ +565° (c = 0,0665 in CH_3OH); 310 mg. 170 mg geben bei der Red. nach WOLFF-KISHNER 125 mg *Schotten*, $C_{29}H_{50}$, F. 100—102°, $[\alpha]_D$ +11°, Platten aus CH_3OH–Essigester. — *Δ^{7}-Ergosten-3β-ylacetat* (**VIII**), F. 166—168° (Essigester-CH_3OH), aus 3,0 g $\Delta^{7.22}$-Ergostadienylacetat durch Hydrierung über RANEY-Ni in Essigester bei n. Druck u. Temp. u. Acetylierung; 2,3 g. — Die UV- u. IR-Maxima der meisten Verbb. sowie die Kurven der Dispersion der opt. Drehung von **VIa, VII** u. der entsprechenden Cholestenanalogen sind angegeben. (J. Amer. chem. Soc. **80**. 6284—92. 5/12. 1958. Detroit, Mich., Wayne State Univ., Dep. of Chem.)

WALTER SIMON. 3700

Yehuda Mazur, Anna Weizmann und **Franz Sondheimer**, *Steroide und Triterpenoide der Citrusfrucht.* 3. Mitt. *Struktur von Citrostadienol, einem natürlichen 4-Methylsterin.* (2. vgl. C. **1959**. 6819.) Dem im Citrusschalenöl vorkommenden *Citrostadienol* (**I**; vgl. l. c.) kommt die Struktur eines *4α-Methyl-$\Delta^{7.24,28}$-stigmastadien-3β-ols* (*4α-Methyl-24-äthyliden-Δ^{7}-cholesten-3β-ol*) zu. **I** liefert bei der Ozonolyse oder besser durch Hydroxylierung mit OsO_4 u. anschließende Oxydation mit HJO_4 *Acetaldehyd*, enthält also eine $\Delta^{24,28}$-Stigmastenseitenkette. Die l. c. auf Grund der mol. Drehung angenommene cycl. Triterpenstruktur wird ausgeschlossen, da PCl_5 in Bzl. nicht die typ. Ring-A-Kontraktion hervorruft u. die Hydrierung von **I**-Acetat (**Ia**) über Pt mit 1 Mol H_2 zur Bldg. eines $\Delta^{8,14}$-Steroids, dem *Isocitrostenylacetat* (**II**), führt. Die vollständige Hydrierung von **Ia** oder **II** liefert *Citrostanylacetat*, das nach der Verseifung zu *Citrostanol* (**III**) zu *Citrostanon* (**IV**) oxydiert wird. In der Annahme, daß **I** ein 4α-Methylsteroid darstellt, wird Δ^{4}-Stigmasten-3-on (**V**) mit CH_3J u. K-tert.-Butylat in sd. tert.-Butanol in das *4-Methylderiv.* übergeführt, das bei der Red. das mit **IV** ident. *4α-Methylstigmastan-3-on* liefert. Letztes läßt sich mit $LiAlH_4$ zu dem mit **III** ident. *4α-Methylstigmastan-3β-ol* reduzieren. Zur Best. der Lage der zweiten Doppelbindung in **I** wird dieses mit OsO_4 zu einem *Pentol* oxydiert, das bei der Spaltung mit Pb-Tetraacetat einen *Diketoaldehyd* liefert.

Versuche ([α] = $[\alpha]_D$ in Chlf. bei Zimmertemp.; UV-Maxima in 95%ig. A.; Chromatographie [Chr.] an Al_2O_3): *Isocitrostenol* (*4α-Methyl-$\Delta^{8,14}$-stigmasten-3β-ol*), $C_{30}H_{52}O$, F. 152—153°, a) aus 100 mg **II** mit sd. wss.-methanol. KOH (2 Std.); aus Ae.–CH_3OH Nadeln; [α] +23°; λ_{max} 210 mμ (ε = 10500); 82 mg (Ausbeute); b) aus **I** durch Hydrierung in Essigsäure über Pt u. Hydrolyse. *Acetat* (**II**), $C_{32}H_{54}O_2$, F. 129—130°, aus 200 mg **Ia** (F. 142—143°) in Eisessig mit 1 Mol H_2 über PtO_2 (1 Std.); aus Ae.–CH_3OH Nadeln; [α] +41°; 155 mg. — *Citrostanol* (**III**; *4-Methylstigmastan-3β-ol*), $C_{30}H_{54}O$, F. 187—188° (CH_3OH), a) aus 150 mg Acetat mit sd. wss.-methanol. KOH (2 Std.); [α] +28°; 121 mg; b) aus 75 mg **IV** [nach b) oder c)] mit $LiAlH_4$ in sd. Ae. (1 Std.); 61 mg. *Acetat*, $C_{32}H_{56}O_2$, F. 144—145° (Ae.–CH_3OH), a) aus 250 mg **Ia** in Eisessig in Ggw. von konz. HCl mit H_2 über PtO_2 u. Chr.; Nadeln; [α] +39°; 130 mg; b) analog aus 100 mg **II**; 52 mg; c) aus **III** [nach b)] durch Acetylierung. — *Citrostanon* (**IV**; *4α-Methylstigmastan-3-on*), $C_{30}H_{52}O$, F. 153—154° (Ae.–CH_3OH), a) aus 125 mg **III** [nach a)] in Eisessig mit CrO_3 in 90%ig. Essigsäure bei 23° (16 Std.); Nadeln; [α] +19°; b) aus 100 mg nachst. Verb. in absol. A. mit H_2 über Pd/Kohle (1 Std.) u. Chr.; 41 mg; c) aus 150 mg nachst. Verb. in Ae. mit Li in fl. NH_3 u. Chr.; 77 mg. — *4-Methyl-Δ^4-stigmasten-3-on*, $C_{30}H_{50}O$, F. 130—131° (Ae.–CH_3OH), aus 2 g **V** in sd. tert.-Butanol mit K-tert.-Butylat u. CH_3J in tert.-Butanol (5 Std.) u. Chr.; [α] +99°; λ_{max} 251 mμ (ε = 15500); ν_{max} 1670 cm^{-1} (CS_2); 0,75 g, daneben 0,045 g *4.4-Dimethyl-Δ^5-stigmasten-3-on*, $C_{31}H_{52}O$, F. 102—103° (CH_3OH); [α] +6°; ν_{max} 1705 cm^{-1} (CS_2). — *4α-Methylstigmastan-3β.7α.8α.24.28-pentol, 3.7.28-Triacetat*, $C_{36}H_{60}O_8$, F. 221—228°, aus **I** mit OsO_4 in Pyridin (48 Std.), Zers. mit wss.-alkoh. Na_2SO_3, Acetylierung u. Chr.; aus Ae.–Pentan Nadeln. — *4α-Methyl-7.8-secocholestan-3β-ol-7-al-8.24-dion-3-acetat*, $C_{30}H_{48}O_5$, F. 151—153°, aus rohem vorst. Pentol in Eisessig mit Pb-Tetraacetat in Essigsäure, Acetylierung u. Chr.; aus Ae.–Pentan Tafeln. (J. Amer. chem. Soc. **80**. 6293—96. 5/12. 1958. Rehovoth, Weizmann Inst. of Sci., Daniel Shieff Res. Inst.)

WALTER SIMON. 3700

Yehuda Mazur und **Franz Sondheimer**, *Synthese von 4α-Methyl-Δ^7-steroiden. Die Beziehungen zwischen Cholesterin, Citrostadienol und Lophenol.* (Vgl. C. **1959**. 1472 u. vorst. Ref.) Bei der Methylierung von Δ^7-Cholesten-3-on entsteht *4α-Methyl-Δ^7-cholesten-3-on*, welches sich mit $LiAlH_4$ zu *4α-Methyl-Δ^7-cholesten-3β-ol* reduzieren läßt. Dieses ist auch aus Citrostadienol (**I**) durch partielle Ozonolyse zu *4α-Methyl-Δ^7-cholesten-3β-ol-24-on* (**II**) u. anschließende Red. nach WOLFF-KISHNER erhältlich u. ist ident. mit dem Kaktussterin *Lophenol* (vgl. vorvorst. Ref.). Die analoge Methylierung von $\Delta^{4.7}$-Cholestadien-3-on (**III**) liefert ebenfalls das *4-Methylderivat*. Auf Grund der mol. Drehungen wird angenommen, daß die ster. Anordnung der 24-Äthylidengruppe von **I** entgegengesetzt der der Algensterine Fucosterin (24-Äthyliden-Δ^5-cholesten-3β-ol) u. Sargasterin (24-Äthyliden-Δ^5-20-isocholesten-3β-ol) ist. Das aus Getreide isolierte α_1-Sitosterin dürfte das $C_{(28)}$-Isomere von **I** sein.

Versuche (Chromatographie [Chr.] an Al_2O_3; opt. Drehungen bei Zimmertemp. in Chlf.): *Δ^7-Cholesten-3-on*, F. 146—147° (CH_3OH), aus 0,55 g Δ^7-Cholesten-3β-ol mit CrO_3 in Pyridin (16 Std. bei 24°) u. Chr.; $[\alpha]_D$ +25°; 0,38 g (Ausbeute). — *4α-Methyl-Δ^7-cholesten-3-on*, $C_{28}H_{46}O$, F. 139—140° (CH_3OH), aus vorst. Verb. u. CH_3J in tert.-Butanol in Ggw. von K-tert.-Butylat (20 Min. unter Rückfluß) u. Chr.; Nadeln; $[\alpha]_D$ +12°; 37%. — *4α-Methyl-Δ^7-cholesten-3β-ol* (*Lophenol*), $C_{28}H_{48}O$, F. 146—147° (CH_3OH), a) aus 100 mg vorst. Verb. mit $LiAlH_4$ in sd. Ae. (1 Std.); 62 mg; b) aus 36 mg **II** mit KOH in Äthylenglykol u. Hydrazinhydrat unter Rückfluß u. Chr.; $[\alpha]_D$ +3°; 28 mg. 15 mg geben bei der Oxydation mit CrO_3/Pyridin (über Nacht bei Zimmertemp.) 9 mg vorst. Verbindung. *Acetat*, $C_{30}H_{50}O_2$, F. 114—115° (CH_3OH); $[\alpha]_D$ +26°. — *4α-Methylcholestan-3β-ol*, F. 162—164° (CH_3OH), aus dem Acetat mit sd. 3%ig. methanol. KOH; $[\alpha]_D$ +26°. *Acetat*, F. 128—129° (CH_3OH), aus vorst. Acetat durch Hydrierung über PtO_2 in Essigsäure in Ggw. von HCl u. Chr.; $[\alpha]_D$ +40°. — *4-Methyl-$\Delta^{4.7}$-cholestadien-3-on*, $C_{28}H_{44}O$, F. 124—125° (CH_3OH), aus **III** u. CH_3J in sd. tert.-Butanol in Ggw. von K-tert.-Butylat (3 Std.) u. Chr.; $[\alpha]_D$ +24°; λ_{max} 248—250 mμ (ε = 10500—14100 in A.); 10%. — *4α-Methyl-Δ^7-cholesten-3β-ol-24-on* (**II**), $C_{28}H_{46}O_2$, F. 134—135° (Aceton), aus 100 mg **I** mit O_3 in Essigester–Pyridin (10 Std. bei —70°), Zugabe von RANEY-Ni, 20 Min. kochen u. Chr.; $[\alpha]_D$ +3°; ν_{max} 1706 cm^{-1} (KBr); 22 mg. *Acetat*, $C_{30}H_{48}O_3$, F. 116—118° (CH_3OH); $[\alpha]_D$ +25°; ν_{max} 1736 u. 1706 cm^{-1} (KBr). (J. Amer. chem. Soc. **80**. 6296—99. 5/12. 1958.)

WALTER SIMON. 3700

P. Eberhard Schulze, *Darstellung von $^{14}C_{(4)}$-17α-Hydroxyprogesteroncapronat.* Die Synth. von *$^{14}C_{(4)}$-17α-Hydroxyprogesteroncapronat* aus der unmarkierten Verb. (**I**) durch

Ozonisierung, Oxydation, Lactonisierung, Umsetzung mit $^{14}CH_3MgJ$ u. Ringschluß gelingt in 36%ig. Ausbeute (bezogen auf $^{14}CH_3J$).

Versuche: *5.20-Diketo-17α-hydroxy-3.5-seco-A-norpregnan-3-säure-17-capronat,* aus 20 g I (F. 119—121°; $[\alpha]_D$ +60° in Chlf.) mit 1,2 Äquivalenten O_3 in Chlf.–Essigester–Eisessig (7 Std. bei —75°), Zusatz von 30%ig. H_2O_2 (über Nacht bei 6°) u. Oxydation des Prod. in Eisessig mit wss. HJO_4 (2 Std.); Öl; 17,6 g (Ausbeute). — *5.17α-Dihydroxy-20-keto-3.5-seco-A-nor-Δ⁵-pregnen-3-säure-3.5-lacton-17-capronat,* F. 134—136° (Isopropyläther), aus 17,6 g vorst. Verb. mit Acetylchlorid in Essigsäureanhydrid (48 Std. am Rückfluß), Adsorption des Prod. an Kieselgel u. Elution mit Bzl.–CH_2Cl_2 (75 : 25); $[\alpha]_D$ —73° (Chlf.); 7 g. — *$^{14}C_{(4)}$-17α-Hydroxyprogesteroncapronat,* F. 118—120° (Isopropyläther), aus 2,16 g vorst. Verb. mit $^{14}CH_3MgJ$ (12 Std. bei Zimmertemp.), Zusatz gesätt. NH_4Cl-Lsg., Extraktion mit Ae., Einengen, Behandlung des Prod. mit HCl (D. 1,19; 48 Std. bei 35° unter N_2), Adsorption aus Ae. an Al_2O_3 u. Elution mit Bzl.–CH_2Cl_2 (60 : 40); 770 mg. (Z. Naturforsch. **13b.** 409—10. Juni 1958. Berlin, Schering AG, Hauptlabor.) G. SCHMIDT-KASTNER. 3750

S. P. Barton, B. Ellis und **V. Petrow,** *Darstellung von 17α-Acetoxy-6α-methylprogesteron.* 3β-Acetoxy-6-methyl-$\Delta^{5.16}$-pregnadien-20-on (I) wird mit alkal. H_2O_2 zu *16α.17α-Epoxy-3β-hydroxy-methyl-Δ⁵-pregnen-20-on* oxydiert, an den Epoxydring wird HJ angelagert, dann zu *3β.17α-Dihydroxy-6-methyl-Δ⁵-pregnen-20-on* dehalogeniert u. dessen *17α-Monoacetat* nach OPPENAUER zu *17α-Acetoxy-6α-methylprogesteron* oxydiert. Dieses besitzt eine hohe progestative Wirksamkeit.

Versuche ($[\alpha]_D$ in Chlf.): *16α.17α-Epoxy-3β-hydroxy-6-methyl-Δ⁵-pregnen-20-on,* $C_{22}H_{32}O_3$ (durch Erhitzen im Vakuum bei 150°), *Monohydrat,* $C_{22}H_{32}O_3 \cdot H_2O$, F. 180 bis 182°, aus I in sd. CH_3OH mit 40%ig. NaOH u. 30%ig. H_2O_2 (20 Min.); Platten aus wss. A.; $[\alpha]_D^{28}$ —8° (c = 0,94). *3β-Acetat,* $C_{24}H_{34}O_4$, F. 136—137°, Nadeln aus Aceton–Hexan; $[\alpha]_D^{24}$ —18° (c = 0,25). — *3β.17α-Dihydroxy-6-methyl-Δ⁵-pregnen-20-on,* $C_{22}H_{34}O_3$ (durch Erhitzen im Vakuum bei 150°), *Monohydrat,* $C_{22}H_{34}O_3 \cdot H_2O$, F. 221—222°, aus vorst. Verb. in Dioxan mit 55%ig. HJ (30 Min.), u. Rk. des Prod. in A. mit RANEY-Ni (30 Min.); Nadeln aus Aceton–Hexan; $[\alpha]_D^{22}$ —85° (c = 0,95). *3β.17α-Diacetat,* $C_{26}H_{38}O_5$, F. 187—188°, mit Acetanhydrid/p-Toluolsulfonsäure (24 Std.); Nadeln aus wss. Methanol; $[\alpha]_D^{26}$ —76° (c = 1,14). *17α-Acetat,* $C_{24}H_{36}O_4$, F. 219—222°, aus dem Diacetat mit konz. HCl in sd. Methanol (90 Min.); Nadeln aus Aceton–Hexan; $[\alpha]_D^{22}$ —72° (c = 0,92). — *17α-Hydroxy-6α-methylprogesteron,* $C_{22}H_{32}O_3$, F. 220—223°, aus dem Acetat mit sd. methanol. KOH unter N_2 (2 Std.); Nadeln aus Aceton–Hexan; $[\alpha]_D^{22}$ +78° (c = 1,04). *17α-Acetat,* $C_{24}H_{34}O_4$, F. 205—208°, aus vorst. Verb. mit Al-Isopropylat u. Cyclohexanon in Toluol (1 Std. am Rückfluß); Nadeln aus wss. Aceton; $[\alpha]_D^{21}$ +51° (c = 1,2); λ_{max} 239 mμ (log ε = 4,19 in A.). (J. chem. Soc. [London] **1959.** 478—79. Jan. London, Brit. Drug Houses Ltd., Chem. Res. Labor.) G. SCHMIDT-KASTNER. 3750

B. Ellis, V. Petrow und **D. Wedlake,** *16α-Carboxyprogesteron.* Einw. von KCN in sd. wss. A. auf 3β-Hydroxy-$\Delta^{5.16}$-pregnadien-20-on (I) gibt *16α-Cyan-3β-hydroxy-Δ⁵-pregnen-20-on* (II), dessen Hydrolyse *16α-Carboxy-3β-hydroxy-Δ⁵-pregnen-20-on* (**III**). Die α-Konfiguration der COOH-Gruppe ergibt sich auf Grund von Modellbetrachtungen aus dem Ausbleiben der γ-Lactonbldg. nach Red. der 20-Ketogruppe zur OH-Gruppe. **III**-*Methylester* gibt bei OPPENAUER-Oxydation u. anschließender Verseifung *16α-Carboxyprogesteron.*

Versuche ($[\alpha]_D$ in Chlf.): *16α-Cyan-3β-hydroxy-Δ⁵-pregnen-20-on* (II), $C_{22}H_{31}NO_2$, F. 229—231°, aus I mit KCN in sd. wss. A. (2—3 Std.); Nadeln aus wss. A.; $[\alpha]_D^{20}$ +3° (c = 1,41); daneben (nach Acetylierung) *3β-Acetoxy-16α-carbamoyl-Δ⁵-pregnen-20-on,* $C_{24}H_{35}NO_4$, F. 215—217°, Nadeln aus Aceton–Hexan. *3β-Acetat,* $C_{24}H_{33}NO_3$, F. 197—199°, Nadeln aus wss. A.; $[\alpha]_D^{22}$ —2,5° (c = 1,02). — *16α-Carboxy-3β-hydroxy-Δ⁵-pregnen-20-on* (III), $C_{22}H_{32}O_4$, F. 234—235°, a) aus I mit KCN in sd. wss. A. (12 Std.); b) aus **II** durch Hydrolyse mit wss.-alkoh. KOH; Platten aus wss. A.; $[\alpha]_D^{22}$ —113,5° (c = 0,72). Gibt mit $NaBH_4$ u. wss. NaOH/Methanol (2½ Std.) eine *saure Verb.* $C_{22}H_{34}O_4$, F. 240—245°. **III**-*Methylester,* $C_{23}H_{34}O_4$, F. 208°, mit methanol. HCl; Nadeln aus Methanol; $[\alpha]_D^{23}$ —112,5° (c = 1,03). — *16α-Carboxyprogesteron,* $C_{22}H_{30}O_4$, F. 250—255° aus dem Methylester mit wss.-methanol. KOH; Platten aus Methanol; $[\alpha]_D^{20}$ +9,5° (c = 1,2); λ_{max} 240 mμ (log ε = 4,23). *Methylester,* $C_{23}H_{32}O_4$, F. 153—154°, aus vorst. Ester mit Cyclohexanon u. Al-Isopropylat in Toluol (2 Std. am Rückfluß); Nadeln aus wss. Methanol; $[\alpha]_D^{20}$ +12,5° (c = 1,12). (J. chem. Soc. [London] **1958.** 3748—49. Okt. London, Brit. Drug Houses Ltd., Chem. Res. Labor.) G. SCHMIDT-KASTNER. 3750

Eugene P. Oliveto, Richard Rausser, A. L. Nussbaum, William Gebert, E. B. Hershberg, S. Tolksdorf, Milton Eisler, P. L. Perlman und **M. M. Pechet,** *16-Alkylierte Corticoide.* 1. Mitt. *16α-Methylprednison und 16β-Methylprednison.* 3α-Acetoxy-Δ^{16}-pregnen-

11.20-dion (**I**) wird mit CH_2N_2 in das entsprechende *Pyrazolinderiv.*, F. 199—200° (Zers.); $[\alpha]_D$ +149,6° (opt. Drehungen in 1%ig. Lsg. in Dioxan), umgewandelt, dieses beim F. therm. zu *3α-Acetoxy-16-methyl-Δ*^{16}*-pregnen-11.20-dion*, F. 163—166°; $[\alpha]_D$ +69,9°; λ_{max} 248 mμ (ε = 10800 in CH_3OH) zers., das Prod. über Pd zu *3α-Acetoxy-16β-methylpregnan-11.20-dion*, F. 160—163°, $[\alpha]_D$ +93,6°, keine UV-Absorption, hydriert, dieses mit Acetanhydrid/p-Toluolsulfonsäure enolacetyliert, weiter mit Peressigsäure hydroxyliert u. alkal. zu *3α.17α-Dihydroxy-16β-methylpregnan-11.20-dion*, F. 182—185°; $[\alpha]_D$ +83,6°, verseift. Letztes wird an $C_{(21)}$ bromiert, mit K-Acetat in *3α.17α.21-Trihydroxy-16β-methylpregnan-11.20-dion-21-acetat*, F. 200—206°; $[\alpha]_D$ +119,6°, übergeführt, das 21-Acetat mit N-Bromsuccinimid zu *17α.21-Dihydroxy-16β-methylpregnan-3.11.20-trion-21-acetat*, F. 198—202°; $[\alpha]_D$ +128°, oxydiert, dieses an $C_{(2)}$ u. $C_{(4)}$ dibromiert u. mit Dimethylformamid zu *16β-Methylprednison-21-acetat*, F. 232—235°; $[\alpha]_D$ +213,6°; λ_{max} 238 mμ (ε = 14200 in CH_3OH), dehydrohalogeniert. Hydrolyse mit $KHCO_3$ gibt *16β-Methylprednison*, F. 210—204° (so im Original); $[\alpha]_D$ +190,2°; λ_{max} 238 mμ (ε = 14700 in CH_3OH). Zur Herst. der entsprechenden 16α-Methylverb. wird **I** mit CH_3MgJ zu *3α-Hydroxy-16α-methylpregnan-11.20-dion*, F. 149 bis 154°; $[\alpha]_D$ +100,5°, alkyliert u. dieses analog in *16α-Methylprednison-21-acetat*, F. 212—214°; $[\alpha]_D$ +157,8°; λ_{max} 238 mμ (ε = 15500 in CH_3OH), umgewandelt. Die Methylgruppe an $C_{(16)}$ bewirkt im Vgl. zur methylfreien Verb. eine Erhöhung des anti-anabol. Effektes sowie eine 30—50%ig. Steigerung der entzündungshemmenden u. Na-ausschließenden Wirkung. (J. Amer. chem. Soc. **80**. 4428. 20/8. 1958. Bloomfield, N. J., Schering Corp., Res. Labor.; Boston, Mass., Gen. Hosp.)

G. SCHMIDT-KASTNER. 3750

Eugene P. Oliveto, Richard Rausser, Lois Weber, A. L. Nussbaum, William Gebert, C. Thomas Coniglio, E. B. Hershberg, S. Tolksdorf, Milton Eisler, P. L. Perlman und **M. M. Pechet**, *16-Alkylierte Corticoide. 2. Mitt. 9α-Fluor-16α-methylprednisolon-21-acetat.* (1. vgl. vorst. Ref.) 16α-Methylpregnenolon wird über Pd in Essigsäure zu *3β-Hydroxy-16α-methylallopregnan-20-on*, F. 203—205°; $[\alpha]_D$ +68,2° (opt. Drehungen in Dioxan), hydriert, dessen *20-Enolacetat* mit Peressigsäure oxydiert, das Oxydationsprod. alkal. zu *3β.17α-Dihydroxy-16α-methylallopregnan-20-on*, F. 257—259°; $[\alpha]_D$ +11,9°, verseift, an $C_{(21)}$ zu *21-Acetoxy-3β.17α-dihydroxy-16α-methylallopregnan-20-on*, F. 181—185°; $[\alpha]_D$ +21,0°, bromiert u. acetoxyliert, dieses mit CrO_3/H_2SO_4 in Aceton zu *21-Acetoxy-17α-hydroxy-16α-methylallopregnan-3.20-dion*, F. 205—207°; $[\alpha]_D$ +46°, oxydiert, an $C_{(2)}$ u. $C_{(4)}$ dibromiert, mit Dimethylformamid zu *21-Acetoxy-17α-hydroxy-16α-methyl-Δ*$^{1.4}$*-pregnadien-3.20-dion* (*16α-Methyl-1-dehydro-*REICHSTEIN-*Verb.-S-21-acetat*) dehydrohalogeniert u. mit NaOH zum freien *21-Alkohol*, F. 209—212°; $[\alpha]_D$ +45,7°; λ_{max} 244 mμ (ε = 14900 in CH_3OH), verseift u. das Diol mikrobiol. unter Verwendung von *Pestalotia foedans* zu *11α.17α.21-Trihydroxy-16α-methyl-Δ*$^{1.4}$*-pregnadien-3.20-dion* (**I**), F. 236—238°; $[\alpha]_D$ +23,9°; λ_{max} 247 mμ (ε = 18200 in CH_3OH), hydroxyliert. **I**-*21-Acetat*, F. 188—190°; $[\alpha]_D$ +45,6°; λ_{max} 247 mμ (ε = 19000 in CH_3OH); **I**-*11α-Tosylat-21-acetat* (**Ia**), F. 182—184°; $[\alpha]_D$ +87,7°; λ_{max} 229,5 mμ (ε = 22200 in CH_3OH), Schulter bei 241 mμ. **Ia** gibt mit Na-Acetat/Essigsäure *21-Acetoxy-17α-hydroxy-16α-methyl-Δ*$^{1.4.9.11}$*-pregnatrien-3.20-dion*, F. 210—213°; λ_{max} 238 mμ (ε = 15500 in CH_3OH), das HOBr unter Bldg. des *9α.11β-Bromhydrins* anlagert, dieses wird zu *21-Acetoxy-17α-hydroxy-16α-methyl-9β.11β-epoxy-Δ*$^{1.4}$*-pregnadien-3.20-dion*, F. 198—200°; $[\alpha]_D$ +40,1°; λ_{max} 249 mμ (ε = 15600 in CH_3OH), epoxydiert u. der Epoxydring mit HF in Chlf.-Tetrahydrofuran zu *9α-Fluor-16α-methylprednisolon-21-acetat* (**II**), F. 229—231°; $[\alpha]_D$ +77,6°; λ_{max} 239 mμ (ε = 14500 in CH_3OH), geöffnet. **II** übertrifft bzgl. seiner eosinopen. Aktivität an der Maus, am Hund u. am Menschen Prednison (**III**) u. Prednisolon (**IV**) um das 2—4fache, im Granulomtaschentest **IV**-Acetat um das 6,5fache, während hinsichtlich der Thymusinvolution bei der Ratte u. der N-Ausscheidung beim Hund **II** 25mal wirksamer ist als **III** u. **IV**-Acetat. Bei Applikation von 15 (25) mg **II**/Tag/Person wird im 24-Std.-Harn eine durchschnittliche Zunahme um 53 (387) mg P, 3 (6,4) g N, 13,4 (26,4) mÄquivalente Na u. 8,9 (17,9) mÄquivalente K gefunden sowie der Blutzuckerspiegel auf 120 mg% erhöht. (J. Amer. chem. Soc. **80**. 4431. 20/8. 1958.)

G. SCHMIDT-KASTNER. 3750

William Oroshnik, Paul K. Brown, Ruth Hubbard und **George Wald**, *Sterisch gehinderte cis-Isomere von Vitamin A und Retinen: Struktur des Neo-b-Isomeren.* (Vgl. Proc. nat. Acad. Sci. USA **41**. [1955.] 438.) Das l. c. aus 3-Methylpentin-(4)-en-(2)-ol-(1) (**I**) dargestellte *Neo-c-vitamin A* (*Neo-c*-**II**) ist nicht das 7-cis-**II**, sondern *11.13-Di-cis*-**II**, da die bei der Darst. von **I** als Hauptprod. erhaltene Verb. cis-**I** darstellt. Das aus cis-**I** durch partielle Hydrierung erhaltene *Dienol* reagiert nicht mit Maleinsäureanhydrid, während das entsprechende trans-Dienol ein *Maleinsäureanhydridaddukt* liefert. Das aus trans-**I** erhaltene *11-cis*-**II** (vgl. C. **1956**. 13720) ist auf Grund der UV- u. IR-Spektren

u. der Rkk. mit *Neo-b*-II identisch. Neo-b-II gibt mit MnO_2 *Neo-b-retinen* (*Neo-b*-III), F. 63,1—64,4°. Die leichte Isomerisierbarkeit von Neo-c-III zu Neo-a-III (vgl. l. c.) läßt sich durch die Instabilität der ster. gehinderten 11-cis-Bindung erklären. Die Anomalie der Verschiebung der UV-Maxima beim Übergang von der Neo-c- zu den Neo-b-Isomeren wird diskutiert. (Proc. nat. Acad. Sci. USA **42**. 578—80. 15/9. 1956. Raritan, N. J., Ortho Res. Found.; Cambridge, Mass., Harvard Univ., Biol. Labors.) K. MAIER. 3800

Hazime Kawasaki, *Untersuchungen über Vitamin B_1 und verwandte Verbindungen.* 68. Mitt. *Über Thiaminderivate vom Thioltyp.* 5. Mitt. *Die Reaktion von O.S-Diacylthiamin mit Thiol oder Amin.* (67. vgl. J. pharmac. Soc. Japan [Yakugakuzasshi] **75**. [1955.] 252.) Die Rk. von Glutathion (**I**) mit 2-{N-[2-Methyl-4-aminopyrimidyl-(5)-methyl]-formamido}-3-acetylmercapto-5-acetyloxypenten-(2) (**II**) führt zu papierchromatograph. (Essigsäure–Butanol–W. 1 : 4 : 5) nachweisbarem *S-Acetylglutathion* (**III**; R_F 0,16 Ninhydrin) u. zu *O-Acetylthiamin* (**IV**), die von **I** mit 2-{N-[2-Methyl-4-aminopyrimidyl-(5)-methyl]-formamido}-3-benzoylmercapto-5-benzoyloxypenten-(2) zu *S-Benzoylglutathion* (R_F 0,47 Ninhydrin) u. zu *O-Benzoylthiamin* (**V**) u. die von **I** mit 2-{N-[2-Methyl-4-aminopyrimidyl-(5)-methyl]-formamido}-3-acetylmercapto-5-benzoyloxypenten-(2) zu **V** u. **III**. Die Rk. von **II** mit *Cysteinhydrochlorid* führt zu **IV**-*Hydrochlorid* u. *N-Acetylcystein.* **IV** u. *β-Acetylaminoäthanthiol* entstehen bei der Rk. von **II** u. β-Aminoäthanthiolhydrochlorid. Bei der Rk. von Methionin mit **II** entsteht jedoch kein *N-Acetylmethionin.* Bei der Rk. von Anilin u. **II** entsteht *Acetanilid* u. **IV**. (J. pharmac. Soc. Japan [Yakugakuzasshi] **75**. 374—78. April 1955. Ōsaka, Takeda Yakuhin Kōgyō Kabushiki-Kaisha Kenkyusho. [Orig.: japan.; Auszug: engl.]) F. MOSSNER. 3800

Takeo Iwatsu, *Untersuchungen über Vitamin B_1 und verwandte Verbindungen.* 70. Mitt. *Synthese und Reaktionen von Dihydrothiamin.* (69. vgl. J. pharmac. Soc. Japan [Yakugakuzasshi] **75**. [1955.] 498; 68. vgl. vorst. Ref.) Die Rk. von 2-Methyl-4-amino-5-aminomethylpyrimidin mit mol. Mengen γ-Acetyl-γ-mercaptopropylalkohol u. Formaldehyd in verd. A. führt zu *Dihydrothiamin* (*3-[2'-Methyl-4'-aminopyrimidyl-(5')-methyl]-4-methyl-5-[β-hydroxyäthyl]-Δ^4-thiazolin,* **I**), F. 150°, das auch durch Red. von Thiamin mit $LiAlH_4$ erhalten wird. Durchführung der Rk. in Ggw. von NaOH oder Einw. von NaOH auf **I** gibt *Isodihydrothiamin,* F. 160°. Dieses sowie **I** werden beim Erhitzen mit W. in *Pseudodihydrothiamin* übergeführt. Alle 3 Verbb. haben gleiche Zus., gleiche R_F-Werte u. geben ident. Reaktionen.

Versuche: *Dihydrothiamin* (**I**), $C_{12}H_{18}N_4OS$, F. 150° (A.); aus a) 5 g Thiaminhydrochlorid u. 2,5 g $LiAlH_4$ in 60 cm³ Tetrahydrofuran; b) *γ-Acetyl-γ-mercaptopropylalkohol* (über *γ-Acetyl-γ-chlorpropylalkohol,* aus 6 g 3-Acetyl-3-chlorpropyl-[2-methyl-3-chlortetrahydrofuryl-(2)]-äther u. 12 cm³ W. durch Zugabe von 12 cm³ A. u. 17,6 cm³ 10%ig., mit H_2S gesätt. NaOH) durch Zugabe zu einem Gemisch von 8 g *2-Methyl-4-amino-5-aminomethylpyrimidinhydrochlorid* (**II**) u. 30,4 cm³ 10%ig. NaOH, Abkühlen u. Vermischen mit 3,6 cm³ 35%ig. Formaldehyd; 8 g (Ausbeute). — *Isodihydrothiamin,* $C_{12}H_{18}N_4OS$, F. 160°; a) wie **I** nach b); b) durch 2tägiges Stehen eines Gemisches von 0,5 g **I** in 10 cm³ A. mit 10 cm³ 3%ig. NaOH. — *Pseudodihydrothiamin,* $C_{12}H_{18}N_4OS$, F. 175°; a) aus 0,5 g **I** in 5 cm³ W. durch Erhitzen auf 100° u. Zusatz von Chlf.; b) durch Versetzen von 0,5 g **I** in 5 cm³ W. mit Essigsäure u. langsamer Neutralisation mit Na_2CO_3; c) aus Isodihydrothiamin wie oben. — *1.3.5-Tris-[2-methyl-4-aminopyrimidyl-(5)-methyl]-trimethylentriamin, Trihydrat,* $(C_7H_{10}N_4 \cdot H_2O)_3$, F. 155°; durch Mischen von 2 g **II** in 7 cm³ 10%ig. NaOH u. 10 cm³ W. mit 0,9 cm³ 35%ig. Formaldehyd. *Hexahydrochlorid,* $(C_7H_{10}N_4 \cdot 2HCl)_3$, F. 265° (Zers.; A.); a) aus 1 g der freien Base in 10 cm³ W. durch Ansäuern mit 4,2 cm³ 10%ig. HCl u. Einengen unter vermindertem Druck; 0,9 g; b) aus 2 g **II** in 5 cm³ W. u. 0,8 cm³ 35%ig. Formaldehyd durch mehrstd. Stehen u. Einengen unter vermindertem Druck. *Hexapikrattrihydrat,* $(C_7H_{10}N_4 \cdot H_2O \cdot 2C_6H_3N_3O_7)_3$, F. 206° (Zers.). (J. pharmac. Soc. Japan [Yakugakuzasshi] **75**. 677—81. 25/6. 1955. [Orig.: japan.; Auszug: engl.]) F. MOSSNER. 3800

Hazime Kawasaki, *Untersuchungen über Vitamin B_1 und verwandte Verbindungen.* 75. Mitt. *Über Thiaminderivate vom Thioltyp.* 6. Mitt. *S-Acylthiaminphosphat und seine Transacetylierung.* (74. vgl. C. **1959**. 13740; 5. vgl. vorvorst. Ref.) Krist. reine „*S-Acetylthiaminphosphate*" werden durch Acetylierung von Thiaminmono- u. -diphosphat mittels Essigsäureanhydrid in alkal. Lsg. u. anschließender Säulenchromatographie (Amberlite XE-64; H-Form) erhalten. Sie geben mit Glutathion *S-Acetylglutathion.*

Versuche: „*S-Acetylthiaminmonophosphat*", $C_{14}H_{21}N_4O_6PS$, F. 166—167° (Zers.; A.); durch Lösen von 0,2 g Thiaminmonophosphathydrochlorid in 1 cm³ W., Zusatz von 0,8 cm³ 10%ig. NaOH u. 0,2 cm³ Essigsäureanhydrid, ½std. Rühren u. Säulenchromatographie. — „*S-Acetylthiamindiphosphat*", durch Lösen von 2 g rohem Thiamindiphosphat in 5 cm³ W., Zusatz von 4n NaOH (p_H 9—10) u. 2 cm³ Essigsäureanhydrid, ½std. Rühren u. Säulenchromatographie. (J. pharmac. Soc. Japan [Yakugakuzasshi] **76.** 543—45. Mai 1956. [Orig.: japan.; Auszug: engl.]) F. MOSSNER. 3800

Werner Bergmann und **Derek C. Burke,** *Beiträge zum Studium von Meeresprodukten.* 40. Mitt. *Die Nucleoside von Schwämmen.* 4. Mitt. *Spongosin.* (39. bzw. 3. vgl. C. **1959.** 5863.) Die Konst. von *Spongosin* [I, $C_{11}H_{15}N_5O_5$, F. 193° (W.)], isoliert durch Ionenaustauscherchromatographie aus *Crypotethia crypta,* erweist sich nach Vgl. der aus I durch 1½std. Kochen mit 0,1n H_2SO_4 abgespaltenen Purinbase mit einem synthet. Präp. als *D-Ribofuranosyl-2-methoxy-6-aminopurin. 2-Methoxyadenin* (II), $C_6H_7N_5O$, F. 275° (Zers.) wird aus 2-Chloradenin durch 3std. Erhitzen mit Na-Methylat bei 150° im Einschlußrohr hergestellt u. an Dowex-1 gereinigt. Die UV-Spektren von I, II u. *2-Methoxy-6-hydroxypurin* werden angegeben. (J. org. Chemistry **21.** 226—28. 17/2. 1956. New Haven, Conn., Yale Univ., Bingham Oceanograph. Labor.; Sterling Chem. Labor.) A. TREBST. 3950

D. Makromolekulare Chemie.

H. W. Melville, *Neue Arten von Makromolekülen.* Übersicht über moderne Synthesegrundlagen (bes. ultraschall- u. photoinduzierte Radikalbldg.) von linearen, verzweigten u. vernetzten Hochpolymeren u. Best. des Verzweigungsgrades durch Trübungstitration, Lichtstreuung, IR-Spektr. u. Isotopenmarkierung. (Plast. Inst., Trans. and J. **23.** Nr. 53. 146—63. Juli 1955. Birmingham, Univ., Dep. of Chem.) H. BERG. 4000

Thomas L. Jacobs und **Ronald S. Bauer,** *Synthese und Polymerisation von Tetrafluorallen. Tetrafluorallen* (I) wurde durch Entzug von HBr aus 3-Brom-1.1.3.3-tetrafluorpropen (II) oder 1.3-Dibrom-1.1.3.3-tetrafluorpropan (III) u. weniger befriedigend aus 2.3-Dibrom-1.1.3.3-tetrafluorpropen (IV) durch Entbromieren mittels Zink gewonnen. I entsteht auch in geringer Ausbeute durch Pyrolyse von II. I polymerisiert bei Zimmertemp. unter Eigendruck zu einem wachsartigen Polymeren. Aus Röntgenanalysen u. IR-Spektren wird für das Polymere eine lineare Struktur mit einer $=CF_2$-Gruppe an jedem 2. C-Atom der Kette vorgeschlagen. Eine äther. Suspension des Polymeren reagiert mit prim. u. sek. Aminen. Eine therm. Depolymerisation zu dem Monomeren tritt bis 700° nicht ein. Wird die Polymerisation von I durch Zugabe von Terpen B (vorwiegend p-Menthadien) inhibiert, so kann ein Dimeres, *1.2-Bis-[difluormethylen]-tetrafluorcyclobutan,* isoliert werden, dessen Oxydation zu *Perfluorbernsteinsäure* führt. Die Ozonisation des Dimeren ergab ein wachsartiges Prod., für das zwei mögliche Strukturformeln vorgeschlagen werden.

V e r s u c h e: *3-Brom-1.1.3.3-tetrafluorpropen* (II), Kp. 34°, durch Zugabe von III zu kaust. KOH bei 40—50°, Erhitzen unter Abdest. von I u. Dest. des Rückstandes; n_D^{25} 1,3460; 51% (Ausbeute) neben 5,4% I. — *1.2.3-Tribrom-1.1.3.3-tetrafluorpropan,* $Kp._{32}$ 59,2—59,3°, durch Bromierung von II unter Belichtung; n_D^{25} 1,4489; 96%. — *2.3-Dibrom-1.1.3.3-tetrafluorpropen* (IV), durch Dehydrobromierung vorst. Verb. mit 15n KOH bei 80—90 mm auf dem Wasserbad; 88%. — *Tetrafluorallen* (I), Kp. —38°, n_D^{25} 1,3460, a) durch Dehydrobromierung von II mit kaust. KOH analog II; 24%; b) aus IV in A. u. Zn, 3 Std. am Rückfluß; 14%. — *1.2.2.3-Tetrachlor-1.1.3.3-tetrafluorpropan,* Kp. 111,8°, a) aus I u. Cl_2 unter Kühlung mit fl. N_2, 1½std. Erhitzen u. Dest.; n_D^{25} 1,3930; 74%; b) durch Fluorierung von 1.1-Difluorhexachlorpropan. — *2-Chlor-3-phenoxy-1.1.3.3-tetrafluorpropen,* $C_9H_5ClF_4O$, $Kp._9$ 61,8°, n_D^{25} 1,4438, durch langsame Zugabe von 0,16 Mol Phenol in Aceton zu 0,33 Mol 2.3-Dichlor-1.1.3.3-tetrafluorpropen in Aceton u. K_2CO_3 im Eisbad, 7std. Rühren u. Gießen in Wasser. — *Perfluorbutyrolacton,* Kp. 18°, durch Pyrolyse von Di-Na-perfluorglutarat bei 230—250° neben *Perfluorglutarsäureanhydrid,* Kp. 72°. — Polymerisation von I: 8,7 g I wurden in einem dickwandigen Glasgefäß 3 Tage bei Raumtemp. geschüttelt; 4,9 g eines weißen, wachsartigen Polymerisationsprod., F. 118°, unlösl. in den gebräuchlichen organ. Lösungsmitteln u. Fluor-KW-stoffen. — *Dimeres* I, C_6F_8, Kp. 64°, durch Behandeln von I mit ca. 1% Terpen B in einem dickwandigen Glasgefäß (20 Std. bei 40°); 83%. (J. Amer. chem. Soc. **81.** 606—10. 5/2. 1959. Los Angeles, Calif., Univ. of California, Dep. of Chem.) F. VOHWINKEL. 4010

G. Henrici-Olivé und **S. Olivé,** *Reaktionskinetik der Polymerisationshemmung durch molekularen Sauerstoff.* 25. Mitt. *über die Kinetik der Polymerisationsreaktion (Versuche mit Styrol).* (24. vgl. C. **1958.** 10385.) *Styrol* (I) wurde in Ggw. von Azodiisobutyronitril (II) u. O_2 (Anfangskonz. = $[O_2]_0$) in benzol. Lsg. bei 50° polymerisiert. Der Polymerisationsverlauf wurde dilatometr. verfolgt. Bei der Polymerisation tritt, ähnlich wie von SCHULZ u. HENRICI (vgl. Makromolekulare Chem. **18/19.** [1956.] 437) für Methylmethacrylat beschrieben, eine Inhibierungsperiode τ auf,

während der die Volumenänderung der Lsg. nur sehr gering ist u. der vorhandene O_2 in streng alternierender Mischpolymerisation mit dem monomeren I verbraucht wird (Anlagerung von O_2 an ein radikal. Kettenende R· unter Bldg. von RO_2·). Die kinet. Auswertung führt zu folgenden Beziehungen: $\tau = A[I]^{-1}[II]^{-1/2}[O_2]_0$ mit $A = k_{abO}^{1/2} \cdot k_I^{-1/2} \cdot k_{OI}^{-1}$, k_{abO} = Geschwindigkeitskonstante der Rk. 2 RO_2· → inakt. Polymeres, k_{OI} = Geschwindigkeitskonstante der Rk. RO_2· + M → RM· (M = I), k_I = Geschwindigkeitskonstante der n. I-Polymerisation; Bruttogeschwindigkeit während der Inhibierungsperiode $v_{Br,\tau} = [O_2]_0/\tau$; Länge der Reaktionsketten während der Inhibierungsperiode $\nu_\tau = [O_2]_0/\tau v_I$ mit $v_I = fk_z[II]$, wobei f u. k_z aus der Literatur bekannt sind. Für $k_{OI}/k_{abO}^{1/2}$ folgt aus den Messungen der Wert $2{,}9 \cdot 10^{-3}$ u. für ν/ν_τ der Wert 7,4 (ν = kinet. Kettenlänge bei der n. I-Polymerisation). Der Polymerisationsgrad während τ wird zu ca. 130 Einheiten (I + O_2) abgeschätzt. k_{OI} ist von der Größenordnung 10^6—10^7, d. h. um 4—5 Größenordnungen größer als die n. Wachstumskonstante von I. (Makromolekulare Chem. **24.** 64—75. Juli 1957. Mainz, Univ., Inst. für Physikal. Chem.)
O. Fuchs. 4010

Je. B. Ljudwig, A. R. Gantmacher und **Ss. Ss. Medwedew,** *Einige Besonderheiten der Carboniumpolymerisation des Systems Styrol–α-Methylstyrol.* Die Polymerisation von *Styrol* (I) wird durch kleine Zusätze von *α-Methylstyrol* (II) stark beschleunigt. Die Polymerisation der I–II-Gemische wird in Ggw. von 0,002 Mol/Liter $SnCl_4$ in C_2H_5Cl-Lsg. bei 0° dilatometr. verfolgt. Die Zus. der Copolymeren wird durch Vgl. der IR-Spektren mit denjenigen von Gemischen der Einzelpolymeren bestimmt, das Mol.-Gew. nach der osmot. Methode. Bei I + II = 2,5 Mol/Liter mit II = 0,7—1,7 Mol/Liter verläuft die Polymerisation ohne Induktionsperiode mit allmählich abnehmender Geschwindigkeit. In den Copolymeren ist II als aktivere Komponente stark angereichert. Die Copolymerisationskonstanten betragen $\alpha = 0{,}05$ (I), $\beta = 2{,}90$ (II). Die Rk. des Carboniumions von II mit monomerem II ist durch die Ggw. der α-Methylgruppe verzögert. Die maximale Geschwindigkeit erreicht ihren Höchstwert bei I : II = 10 : 1 Mol, sie ist wesentlich größer als die Summe der Geschwindigkeiten der Einzelpolymerisation von I u. II. Das Mol.-Gew. der Copolymeren ist bis I : II = 0,47 um so niedriger, je mehr II vorhanden ist, bei I : II = 0,28 wieder etwas höher. Die Beschleunigungswrkg. von II scheint mit den Initiierungsprozessen zusammenzuhängen, sie wird durch Zusätze von W. u. HCl gehemmt. Anscheinend erfolgt selektive Komplexbldg. von II mit $SnCl_4$ u. Bldg. des akt. Anfangszentrums durch Rk. des Komplexes mit I. Die Anfangsgeschwindigkeit der I-Polymerisation ist bei Zusatz von < 20% II kleiner. Offenbar ist die Reaktionsfähigkeit des II-Mol. gegenüber dem Carboniumion des I größer als die des I. Derselbe Effekt liegt auch im Syst. I–Isobutylen vor. (Доклады Академии Наук СССР [Ber. Akad. Wiss. UdSSR] **119.** 90—93. 1/3. 1958.) R. K. Müller. 4010

H. Z. Friedlander und **W. M. Thomas,** *Darstellung von kristallinen Polystyrolen bei Verwendung von sauren Katalysatoren. α.p-Dimethylstyrol* (I), *α-Methylstyrol* (II) u. *Styrol* (III) wurden unter Zusatz von 3—5% Lewis-Säure als Katalysator in Lsg. unter N_2 polymerisiert. Das Verhältnis des Monomeren zum Lösungsm. beträgt dabei 1 : 4 bis 1 : 10. I wurde mit BF_3, BF_3-Ätherat, BCl_3-Ätherat u. $SnCl_4$ als Katalysator polymerisiert u. gibt durch Fällung mit Methanol ein kristallines *Polymeres,* das als isotakt. angesehen wird. H_2SO_4 u. Oleum gibt amorphe I-Polymere. Die Änderung der Temp. u. des Lösungsm. bei der Polymerisation von I in Ggw. von BF_3–Ae. hat nur geringen Einfl. auf den Kristallinitätsgrad von *Poly-α.p-dimethylstyrol.* So wurden kristalline I-Polymere in Toluol bei —75°, in p-Cymol bei —75° u. —30°, in Nitromethan bei —15° u. in Hexan bei —75, —30, —15, 0 u. +20° erhalten. Die Polymeren von II u. III können nicht kristallin erhalten werden. Sie lassen sich auch nicht durch mehrmaliges Erwärmen u. Quellen zum Kristallisieren anregen. I, II u. III werden mit handelsüblichen Metalloxydkatalysatoren, wie die Oxyde von Mo, Cr, Bi, Pt, Ni, Co u. V (aktiviert mit H_2 bei 500° u. V mit C_2H_2 bei 350°), polymerisiert, wobei bei sauren Oxyden 13—50% *polymeres* III, bis 5% *polymeres* I u. bis 1% *polymeres* II erhalten werden. Nur ein Katalysator (51% Mo + 3% Co/Al_2O_3) gibt eine geringe Menge kristallines polymeres I. Es wird abschließend betont, daß die Monomerenstruktur ein wesentlicher Faktor für den kristallinen Charakter der Polymeren ist. (J. Polymer Sci. **31.** 215—17. Aug. 1958. Stamford, Conn., American Cyanamid Comp., Res. Div.) E. Kessler. 4010

Kurt Ueberreiter und **Wolfgang Krull,** *Osmotische Molekulargewichtsbestimmungen von Mischpolymerisaten aus Styrol und Acenaphthylen.* An Mischpolymerisaten (I) aus *Styrol* (II) u. *Acenaphthylen* (III) mit einem mol. II-Anteil y = 0,03—1 wurden in Bzl. bei 25° osmot. Messungen ausgeführt. Die verwendeten Membranen wurden vorher mit Polystyrol mit M = 60000 auf Durchlässigkeit geprüft. M von I fällt vom Wert ca. 1300000 für y = 0,03 auf ein Minimum von 150000 bei y = 0,7 ab u. steigt dann wieder an. Der 2. Virialkoeff. B steigt bei wachsendem y bis y = 0,1 zunächst steil, dann bis y = 0,7 etwas weniger stark u. bis y = 0,85 sehr stark an; oberhalb y = 0,85 ist die Abhängigkeit von B von y nur noch schwach. Qualitativ ähnlich ändert sich die durch $B_s = B - RTV_1 (s - {}^2/_3)/2 M_0M$ (V_1 = Mol.-Vol. des Lösungsm., M_0 = Mol.-Gew. der Monomereinheiten in **I**, s = Segmentlänge = 59) definierte Größe B_s; zwischen y = 0,1 u. 0,7 verläuft B_s fast horizontal. Da B_s ein Maß für die Wechselwrkg. zwischen I u. Bzl. darstellt, lassen sich aus dem (B_s, y)-Verlauf folgende Schlüsse für die I-Struktur ziehen: Bis y = 0,1 Unterbrechen der Polyacenaphthylenkette durch einzelne **II**-Moll.; bis y = 0,7 Ausbldg. längerer **II**-Sequenzen auf Kosten der Länge, nicht aber der Zahl der **III**-Sequenzen; bis y = 1 Verschwinden der **III**-Sequenzen. **I** wurde durch therm. Polymerisation von **II** + **III** bei 90° hergestellt. Als Membranen für die osmot. Messungen dienten Ultracellafilter „fein". Sie verändern sich bei 20° in Ggw. von Bzl. innerhalb von einer Woche nicht; bei der Einw. von 1%ig. NaOH wird die Permeation verringert, wobei nach 10 Std. ein Grenzwert erreicht wird. Durch allmähliches Verstopfen der Membranen sinkt die Permeation nach 6 Messungen auf $^1/_3$ des ursprünglichen Wertes ab. Der Übergang von den ursprünglich wasserfeuchten Membranen auf Bzl. erfolgte mit Dioxan als Zwischen-Fl., Dauer dieser Behandlung mehr als 12 Tage, da andernfalls falsche Ergebnisse gewonnen werden. (Makromolekulare Chem. **24**. 50—63. Juli 1957. Berlin-Dahlem, Max Planck-Ges., Fritz-Haber-Inst.) O. Fuchs. 4010

Masao Koizumi und **Ai Watanabe,** *Durch Farbstoff sensibilisierte Photopolymerisation von Vinylverbindungen. Polymerisation von Styrol durch Cyaninfarbstoffe.* 1. Mitt. Ein Gemisch aus *Styrol* u. ca. $6 \cdot 10^{-6}$ Mol/Liter verschied. Cyaninfarbstoffe enthaltendes n-Butanol im Volumenverhältnis 15 : 1 wurde mit sichtbarem Licht bei 60° im Vakuum bestrahlt. Eine Erhöhung des Umsatzes u. Verringerung des Polymerisationsgrades gegenüber der therm. Polymerisation im Dunkeln wurde festgestellt. Die durch Zers. des Farbstoffes eintretende Bleichung wurde mittels Absorptionsspektr. quantitativ erfaßt u. von der gleichen Ordnung 10^{-4} wie der Initiierungsprozeß der Polymerisation gefunden. Weiterhin wurde festgestellt, daß 1 Farbstoffmol. 1—2 kinet. Polymerketten hervorruft. (Bull. chem. Soc. Japan **28**. 136—40. März 1955. [Orig.: engl.]) H. Reichert. 4010

Ai Watanabe und **Masao Koizumi,** *Durch Farbstoff sensibilisierte Photopolymerisation von Vinylverbindungen. Polymerisation von Styrol durch Cyaninfarbstoffe.* 2. Mitt. (1. vgl. vorst. Ref.) Das l. c. angewandte Reaktionsgemisch wurde mit Pinacyanoljodid bei verschied. Tempp., Farbstoffkonzz. u. Wellenlängen des Lichtes bestrahlt. Bei 60° tritt schnellere Bleichung als bei 40° ein. Ein zers. Farbstoffmol. ruft bei 40° weniger als 1, bei 60° ca. 2 Initiierungsprozesse hervor. Die Farbstoffkonz. hat vermutlich weniger Einfl. als die Zahl der angeregten Farbstoffmoleküle. Die kürzeren Wellenlängen des Lichtes erhöhen die Bleichwrkg. u. Polymerisationsgeschwindigkeit. Der Reaktionsmechanismus wird erörtert. Initiierung der Polymerisation u. Bleichvorgang sind nicht unbedingt ident. Prozesse. Farbstoff u. Bestrahlung verstärken nur den Initiierungsprozeß. Durch Umfällung einer Polymerisatlsg., die bei längerer Wellenlänge gewonnen wurde u. eine neue Absorptionsbande aufweist, wurde ein gefärbtes Prod. erhalten, so daß auf eine Verb. von zers. Farbstoffmoll. mit den Polymerketten geschlossen werden kann. (Bull. chem. Soc. Japan **28**. 141—46. März 1955. [Orig.: engl.]) H. Reichert. 4010

B. Lionell Funt und **Edward Collins,** *Bildung von Blockpolymerisaten von Butylacrylat mit Styrol und Vinylpyridin.* (Vgl. Funt u. Collins, J. Polymer Sci. **28**. [1958.] 97.) An den Systemen *Styrol* (**I**)–*Butylacrylat* (**II**) bzw. **II**–*Vinylpyridin* (**III**) wurden frühere Ergebnisse von Hicks u. Melville (C. **1955**. 7225) nachgeprüft (intensive UV-Bestrahlung des Monomeren, das einem 2. Monomeren zufließt, dabei Bldg. von Blockpolymerisaten). Die Zeit zwischen der photochem. Anregung im zulaufenden Monomeren u. der Bldg. von Blockpolymeren wurde durch Änderung der Fließgeschwindigkeit u. des Abstandes zwischen Bestrahlung u. 2. Monomerem geregelt. Durch Anwendung der Kinetik des nichtstationären Zustands (l. c.) wurde die Ausbeute an Polymerisat im Monomerenstrom berechnet u. mit der spektralphotometr. ermittelten Ausbeute verglichen. Ein Vgl. zwischen der Zus. des Mischpolymerisats auf Grund der Mischpolymerisationsgleichung (16% **II** im **I**-Syst. bzw. 8,7% **II** im **III**-Syst.) bzw. der experimentellen Best. wurde durchgeführt. Ausbeuten u. Zuss. zeigen, daß die erwarteten Blockpolymerisate tatsächlich entstanden sind. (J. Polymer Sci. **28**. 359—64. März 1958. Winnipeg, Manitoba, Canada, Univ., Chem. Dep.) R. Schäff. 4010

Toshiyuki Shôno, Takashi Tsujino und **Yoshikazu Hachihama,** *Polymerisation von Tetrahydrofuran und Darstellung des Polyätherpolyurethans aus dem Polymerisat. Tetrahydrofuran* polymerisiert sich in Ggw. von $HClO_4$ u. Acetanhydrid in 70 Std. bei Raumtemp. unter Bldg. eines *Polyäthers,* $CH_3COO-(CH_2)_4 \cdot [O(CH_2)_4]_n \cdot OCOCH_3$, einem wachsähnlichen farblosen festen Körper vom Mol.-Gew. 800—25000. Niedermol. Prodd. können Filme bilden. Die Prodd. werden alkal. zu *Verbb.* $HO(CH_2)_4[O(CH_2)_4]_nOH$ verseift, die mit Diisocyanat *Polyurethane* geben. (J. chem. Soc. Japan, ind. Chem. Sect. [Kōygō Kagaku Zassi] **61.** 1347—49. Okt. 1958. Osaka, Univ., Techn. Fak. [Orig.: japan.]) E. MAEKAWA. 4010

André Conix, *Neue hochschmelzende faserbildende Polymere.* (Vorläufige Mitt.) *α.ω-Bis-[p-carboxyphenoxy]-alkane* (I) der allg. Struktur $HOOC-C_6H_4-O-(CH_2)_n-O-C_6H_4-COOH$ wurden aus p-Hydroxybenzoesäure u. α.ω-Dilahogenalkanen hergestellt. Durch Erhitzen der I auf 250° u. höher werden *Polyanhydride* (II) der Struktur $[-OC-C_6H_4-O-(CH_2)_n-O-C_6H_4-COO-]_x$ erhalten. Die II bilden leicht Fäden u. Filme, sind leicht kristallisierbar u. besitzen gute Stabilität gegen hydrolyt. Abbau, sogar in alkal. Lösung. Die FF. der II betragen für n = 1—6: 220°, 206—208°, 267°, 192—204°, 181—188° u. 157°; die Glasumwandlungstempp. für n = 2—5 sind: 45, 95, 75 u. 53°. Über die Größe von x werden keine Angaben gemacht. Die Reißfestigkeit von II-Fäden beträgt 40 kg/mm² bei einer Dehnung von 17% u. einem JOUNGschen Modul von 505. Die Wasseraufnahme der Fäden in W. beträgt nur 0,5%. Die I lassen sich mit Essigsäureanhydrid (III) in Mischanhydride umsetzen, die bei der Polymerisation zu II III abspalten. (Makromolekulare Chem. **24.** 76—78. Juli 1957. Mortsel, Belgien, Gevaert Photo-Producten N. V., Chem. Res. Dep.) O. FUCHS. 4010

R. Hart, *Eine neue Methode für die Synthese von Polyvinylamin.* Während die alkal. Hydrolyse von *Poly-N-vinylcarbaminsäuremethyl-* bzw. *-äthylester* (I) ein längeres Erhitzen in Ggw. überschüssiger Lauge erforderlich macht u. von Neben-Rkk. begleitet wird u. bei der Hydrolyse in konz. Salzsäure bei 125° eine partielle Desaminierung auftritt, führt die Behandlung von *Poly-N-vinylcarbaminsäurebenzylester* (II) bzw. von I mit in Eisessig gelöstem HCl bzw. HBr bereits bei mäßigen Tempp. zur Bldg. prakt. reiner *Polyvinylamine* (III), wobei diese Bldg. im Falle von II wesentlich schneller als bei I erfolgt u. in beiden Fällen von der mol. Konz. von I bzw. II u. vom Halogenwasserstoff abhängig ist. Die Bldg. von III aus II durch Behandeln mit Wasserstoff in Ggw. von Pd- u. Pt-Oxydkatalysator erfolgt erst bei 120—200° unter teilweiser Depolymerisation. Die potentiometr. Titration von III-*Hydrobromid* gelingt nicht im wss. Medium, dagegen in W./Pyridin im Verhältnis 1 : 9. Das viscosimetr. Verh. von III-*Hydrochlorid* entspricht dem eines Polyelektrolyten. — Die Hydrolyse von *Poly-N-vinylcarbaminsäurebenzylester* (II) mit HBr in Eisessig bei 30° führt 1. in 200 Min. bei 0,513 mol. II u. 0,545 mol. HBr zu 39,9% III·*HBr*, bei 0,377 u. 0,667 zu 76,5%, bei 0,226 u. 0,800 zu 91,4%, bei 0,103 u. 0,910 zu 99,5%; 2. in 135 Min. bei 0,565 u. 1,172 zu 94,6%, bei 0,377 u. 1,583 zu 98,4% u. bei 0,226 u. 1,900 zu 98,3%; mit HCl in Eisessig bei 75° 1. in 4 Std. bei 0,383 mol. II u. 0,387 mol. HCl zu 28,9% III·*HCl*, bei 0,252 u. 0,426 zu 45,3%, bei 0,111 u. 0,467 zu 78,8%; 2. in 16 Std. bei 0,282 u. 0,500 zu 75,7% u. bei 0,113 u. 0,500 zu 95,5%. Die Hydrolyse von *Poly-N-vinylcarbaminsäureäthylester* (I) mit HBr in Eisessig (0,202 mol. I u. 1,635 mol. HBr) ergab in 66 Std. bei 25° 81,9% u. in 2 Std. bei 75° 93,7% III·*HBr.* (J. Polymer. Sci. **29.** 629—36. Juni 1958. Mortsel-Anvers, Belgique, Photo-Produits, Gevaert, Serv. de Rech. Chim.) W. DAWYDOFF. 4010

A. Cannepin, *Copolyamide mit der Methylen-bis-amidgruppe.* Die 5 std. Copolymerisation des aus *N.N'-Methylen-bis-[decan-1.10-dicarbonsäuremonoamid]* (I) u. *Hexamethylendiamin* (II) erhaltenen *Monosalzes* (III) mit *Hexamethylendiaminadipat* bei 200° führt zur Bldg. von Copolykondensaten mit dem Mol.-Gew. < 5000, deren F. vom Geh. an I u. Adipinsäure (V) abhängig ist u. bei einem I : V-Verhältnis von 60 : 40 ein Minimum von ca. 160° aufweist. Copolykondensate aus III u. *11-Aminoundecansäure* (IV) führt zu ähnlichen Ergebnissen, wobei der niedrigste F. (~ 140°) bei 75% IV-Geh. liegt.

V e r s u c h e: *Decan-1.10-dicarbonsäuremononitril,* F. 46°, durch 3 std. Erhitzen von Na-11-Bromundecanat in A. mit KCN; 80% (Ausbeute). — *N.N'-Methylen-bis-[decan-1.10-dicarbonsäuremonoamid]* (I), F. 167° (Dioxan), durch Behandeln vorst. Nitrils mit Formaldehyd in Ggw. von 85%ig. H_2SO_4 bei Tempp. < 30°; 90%. *Diäthylester,* F. 129,5°. *Monohexamethylendiaminsalz* (III), F. 180° (Dioxan oder A.), durch Vermischen alkoh. Lsgg. von I u. II im äquivalenten Verhältnis bei Raumtemperatur. (J. Polymer Sci. **29.** 621—28. Juni 1958. Paris, Inst. Textile de France.) W. DAWYDOFF. 4010

A. Ss. Nowikow und **F. Ss. Tolstuchina,** *Die Abhängigkeit der Zähigkeit von Butadien–Styrol-Kautschuk von seiner Struktur.* Vff. untersuchen die Abhängigkeit der Viscosität η von *SKS-30* (I), einem Warmpolymerisat, u. *SKS-30 A* (II), einem Kaltpolymerisat aus *Butadien–Styrol,* vom Mol.-Gew., der Temp. u. der Verzweigung der Polymerkette. Es werden Verss. in Lsg. u. nach Verdampfen des Lösungsm. durch Messung der Deformation bei Einw. einer Scherkraft ausgeführt. — Für I ist die Verzweigung bei gleichem Mol.-Gew. größer als bei **II**; sie nimmt mit dem Mol.-Gew. für beide Kautschuke zu. Die Deformationsgeschwindigkeit nimmt mit der Zeit ab u. erreicht (bei höherer Temp. schneller) einen stetigen Verlauf. Es wird für **I** gefunden: $\lg\eta \approx 4 \lg$Mol.-Gew. $- 13{,}2$; für **II**: $\lg\eta = 6{,}94$ Mol.-Gew. $- 26{,}7$. Dies gilt bei 82° u. Spannungen, die noch dem NEWTONschen Fließen entsprechen. **I** zeigt geringere Viscosität in Lsg. u. im Festzustand gegenüber **II** (geringere Verzweigung). Im Temperaturbereich von 24—82° wird für **I** 7,8 u. für **II** 10,8 kcal/g-Mol als Aktivierungsenergie des viscosen Fließens an niedermol. Fraktionen ermittelt. Höhermol. Fraktionen sind temperaturabhängig. (Коллоидный Журнал [Kolloid-J.] **19.** 599—606. Sept./Okt. 1957. Moskau, Wiss. Forschungsinst. der Reifenind.) O. KRAMM. 4030

W. Je. Gul und **W. A. Beresstnew**, *Zur Frage des Einflusses von zwischenmolekularen Einwirkungen auf die Eigenschaften von Kautschuklösungen.* Vff. untersuchen die Viscosität von Lsgg. aus Fraktionen annähernd gleichen Mol.-Gew. (46000—57000) von *Butadien-Acrylonitril-Kautschuk* (**I**) mit steigendem Acrylonitrilgeh. (SKN-18, 26, 40) u. die Gleichgewichtsquellung von Vulkanisaten aus **I**. Die hierfür u. bereits vorher für die Lichtstreuung gefundenen charakterist. Werte sind keine stetigen Funktionen der zwischenmol. Einw., die durch die Quadratwurzel der Kohäsionsenergie (KE) des betreffenden **I** u. des Lösungsm. ausgedrückt wird. Sie gehen durch ein Maximum in Abhängigkeit von der Änderung der Polarität von **I**. Bei der Unters. mit Lösungsmitteln steigender KE ergibt sich, daß das Maximum für kleiner werdende Werte der KE des Lösungsm. u. der Quellung wandert. (Коллоидный Журнал [Kolloid-J.] **19.** 552—55. Sept./Okt. 1957. Moskau, Lomonossow-Inst. für chem. Feintechnol.) O. KRAMM. 4030

S. W. Tschernych und **W. G. Epstein**, *Die Abhängigkeit der Bildung von Ruß-Kautschuk-Gelen von der Art des Kautschuks und des Rußes.* Es wird der Geh. an Ruß-Kautschuk-Gel (RKG) in Mischungen aus *Naturkautschuk* (NK) u. einigen *Synthesekautschuken* (SK), wie *SKB 50* sr, *SKBM 50 br, SKS-10, SKS-30 A*, mit *Kanal-* (**I**), *Acetylen-* (**II**), *Ofen-* (**III**), „*Ölzerstäuber*"- (**IV**) u. *Thermalruß* (**V**) ermittelt. Die Extraktion erfolgt in sd. Bzl. (18 Std.), bei 20° 24 u. 48 Std. (48 Std. auch in CCl_4). Der Geh. an RKG nimmt für alle Rußtypen mit steigendem Rußgeh. zu u. ist im Anteil von diesen abhängig. Bei gleicher Rußdosierung zeigen **I** u. **II** einen größeren RKG-Anteil als die anderen Ruße. Bei SK erfolgt die RKG-Bldg. bei geringerer Rußdosierung u. auch in größerer Menge. Für die Extraktion mit CCl_4 werden für **I** u. **II** etwas höhere, für **III** u. **IV** prakt. gleiche u. für **V** niedrigere Werte gefunden. Mit Erhöhung des Rußgeh. in der Mischung nimmt der %-Geh. an Ruß im RKG zu. Bei **III** u. **IV** ist bei geringen RKG-Mengen der Rußanteil im RKG größer als bei **I**. Bei aggressiverer Extraktion (sd. Bzl., CCl_4) wird der Rußanteil im RKG geringer. Wird die Mischung vor der Extraktion zusätzlich 20 Min. bei 20—30° gewalzt, so ergibt sich nur bei NK eine Verminderung des RKG, was durch den Abbau des NK erklärt wird. Auf Grund dieser Ergebnisse kommen Vff. zur Auffassung, daß die RKG-Bldg. von der Festigkeit der Bindung zwischen den Rußpartikeln (von der Rußstruktur) abhängig ist, die bei den „akt." Rußen bes. ausgeprägt ist. (Коллоидный Журнал [Kolloid-J.] **19.** 644—50. Sept./Okt. 1957. Jaroslawl, Technol. Inst.) O. KRAMM. 4030

E. Husemann und **E. Spingler**, *Über den Einfluß von Sauerstoff auf den hydrolytischen Abbau der Cellulose.* (Vorl. Mitt.) Bei der Einw. von Säuren auf *Cellulose* (**I**) findet in Ggw. von O_2 eine stärkere Abnahme des Polymerisationsgrades P statt als in Ggw. von N_2. Die Erscheinung ist durch eine oxydative Spaltung von **I** bedingt (starke Abnahme der Viscositätszahl). Während die Verteilungskurven des polymeranalog nitrierten **I** mehrere scharfe Maxima zeigen, liegt beim abgebauten nitrierten **I** ein breites Maximum vor. Die period. Lockerstellen in **I** sind also nicht morpholog. vorgetäuscht, sondern sie unterscheiden sich chem. von den Glucosekettengliedern. (Makromolekulare Chem. **24.** 79—82. Juli 1957. Freiburg/Br., Univ., Inst. für makromol. Chem.) O. FUCHS. 4050

Roy L. Whistler und **J. N. BeMiller**, *Hydrolysenkomponenten von methyliertem Maisgummi.* Durch Extraktion von *Maisgummi* mit Kalkwasser, Neutralisation u. Fällung mit A. wurde eine saure *Hemicellulose* (**I**) erhalten, die auf Grund der papierchromatograph. Best. des Hydrolysats (durch 10std. Erhitzen von **I** mit n-H_2SO_4 auf 80°) als Monosaccharidbausteine 54% *Anhydroxylose*, 33% *Anhydroarabinose* u. 11% *Anhydrogalaktose* neben 3% einer *Anhydroglykuronsäure* enthält. Die vollständig methylierte **I** ergab durch Hydrolyse *2.3.4.6-Tetra-O-methyl-DL-galaktopyranose* (**II**), *2.3.5-Tri-O-methyl-L-arabofuranose, 2.5-Di-O-methyl-L-arabofuranose, 2.3-Di-O-methyl-D-xylopyranose* (**III**), *3-O-Methyl-L-arabopyranose, 2-O-Methyl-D-xylopyranose* (**IV**) u. *D-Xylopyranose* (**V**) im Verhältnis 2 : 8 : 2 : 10 : 1 : 8 : 2. **II** ist als äquimol. Gemisch der *D-* u. *L-Form* vorhanden u. die Anwesenheit von **III, IV** u. **V** weist auf eine hochverzweigte Xylanstruktur hin.

V e r s u c h e: *Hemicellulose* (I), $[\alpha]_D^{25}$ -81^0 (c = 1,0; W.), lösl. in 55%ig. Äthanol. — *Methylierte* I, durch mehrmalige Behandlung von I in W. mit Dimethylsulfat u. 30%ig. NaOH, Neutralisation mit Eisessig u. Fraktionierung des Methylierungsprod. in Chlf./Hexan (66—67⁰); 37,6% CH_3O-Geh.; 90% des Prod. lösl. in Chlf./Hexan (30 : 70). Durch Hydrolyse des methylierten I mit 5%ig. methanol. HCl u. 0,5n HCl (3 Std. bei 80⁰), Entfernen der Uronsäuren an Amberlite IR-4B u. chromatograph. Trennung an Cellulose (Butanol/A./W. = 4 : 1 : 5) wurden erhalten: *2.3.5-Tri-O-methyl-L-arabofuranose*, Sirup. *2.3.5-Tri-O-methyl-L-arabonsäureamid*, $C_8H_{17}NO_5$, F. 137⁰ (Aceton), $[\alpha]_D^{25}$ $+22,0^0$ (c = 0,7; A.). — *2.3.4.6-Tetra-O-methyl-DL-galaktopyranose* (II). *Anilid*, F. 179—181⁰ (Äthylacetat). — *2.5-Di-O-methyl-L-arabofuranose*, Sirup, $[\alpha]_D^{25}$ $-25,4^0$ (c = 0,79; W.). *Amid*, F. 132⁰. — *2.3-Di-O-methyl-D-xylopyranose* (III), Sirup, $[\alpha]_D^{25}$ $+18,9^0$ (c = 0,22; W.). *Anilid*, F. 144—145⁰. — *3-O-Methyl-L-arabopyranose*, Sirup, $[\alpha]_D^{25}$ $+96^0$ (c = 0,87; W.). *Anilid*, F. 115—117⁰. — *2-O-Methyl-D-xylopyranose* (IV), F. 137—138⁰ (Essigester + 4% Methanol), $[\alpha]_D^{25}$ $-23^0 \rightarrow +35^0$ (c = 3,0; W.). *Anilid*, $C_{12}H_{17}NO_4$, F. 125⁰. — *D-Xylopyranose* (V), F. 145⁰ (Methanol). *Dimethylacetal des Dibenzylidenderiv.*, $C_{21}H_{24}O_6$, F. 211⁰, $[\alpha]_D^{25}$ $-6,70^0$ (c = 0,68; Chlf.). (J. Amer. chem. Soc. **78.** 1163—65. 20/3. 1956. Lafayette, Ind., Purdue Univ., Dep. of Biochem.)

H. BOSER. 4050

G. O. Aspinall, E. L. Hirst und N. K. Matheson, *Pflanzengummi des Genus Khaya. Die Struktur von Khaya grandifolia Gummi. Gummi* aus *Khaya grandifolia* besteht aus *D-Galaktopyranose* (I), *L-Rhamnopyranose* (II), *D-Galaktopyranuronsäure* (III), *4-O-Methyl-D-glucopyranuronsäure* (IV) u. Spuren von *L-Arabinose*. Die Hydrolyse des methylierten Gummis lieferte *2.3.4.6-Tetra-O-methyl-D-galaktose* (VI), *2.3.6-Tri-O-methyl-D-galaktose* (VIII), *3-O-Methyl-L-rhamnose* (VII), *2.3.4-Tri-O-methyl-D-glucuronsäure* u. *2.3-Di-O-methyl-D-galakturonsäure*. Die partielle Hydrolyse des Gummis ergab 2 Aldobiuronsäuren, *2-O-D-Galakturonosyl-L-rhamnose* u. *4-O-[4-O-Methyl-D-glucuronosyl]-D-galaktose*, eine Aldotriuronsäure, *O-D-Galakturonosyl-(1 → 2)-O-L-rhamnosyl-(1 → 4)-D-galaktose* u. andere saure Oligosaccharide. *Khaya senegalensis*-Gummi enthält dieselben Komponenten, nur in anderem Verhältnis. Aus der Strukturaufklärung ergibt sich folgende Struktureinheit des hochmol. Gummis: ⟨— 4⟩ III ⟨1 → 2⟩ II ⟨1 → 4⟩ I ⟨1 → 4⟩ III ⟨1 → 2⟩ II ⟨1 → 4⟩ III ⟨1 → 4⟩ III ⟨1 —

I ⟨1→4⟩ / III ⟨1 → 4⟩ I ⟨1 — 4⟩ /

V e r s u c h e: Reinigung des *Gummis* durch Umfällen mit A. aus 4%ig. NaOH-Lsg., Fällen mit A. aus verd. HCl u. mit Aceton aus wss. Lsg.; $[\alpha]_D^{18}$ $+122^0$ (c = 1,88; W.). Hieraus durch 18std. Hydrolyse mit 2n H_2SO_4 bei 100⁰ 18,0 (%) I, 14,7 II u. < 1 *Arabinose*. Die Oxydation des Gummis mit Salpetersäure u. Best. der *Schleimsäure* (F. 216⁰) ergibt 58% I + III. Die Partialhydrolyse mit n-H_2SO_4 (6 Std. bei 100⁰) u. Fraktionierung an Cellulose mit Butanol (gesätt. mit W. + 10% A.) lieferte folgende Fraktionen: *L-Rhamnose* (II), *Hydrat*, F. 95⁰ (A.), $[\alpha]_D^{17}$ $+9,8^0$ (c = 4,44; W.). — *L-Aarabinose*, F. 155⁰ (Methanol), $[\alpha]_D^{17}$ $+104^0$. — *D-Galaktose* (I), F. 164⁰ (Methanol), $[\alpha]_D^{16}$ $+81^0$. — *Ba-Salz* der *Uronsäuren* (**A**), durch Eluieren mit W. u. Überführung an Amberlite IR-120 in die freien Säuren. — Durch 7std. Erhitzen der sauren Fraktion **A** mit 4%ig. methanol. HCl, Red. des neutralen Rückstandes in W. mit KBH_4 (2 Std.), Hydrolyse des Rückstandes mit n-H_2SO_4 (18 Std. bei 100⁰) u. Chromatographie an Cellulose wurden erhalten: I, II, *D-Glucose* u. *4-O-Methyl-D-glucose*, $C_7H_{14}O_6$, $[\alpha]_D^{20}$ $+62^0$ [*Osazon*, F. 154⁰, $[\alpha]_D^{19}$ $-31^0 \rightarrow -14^0$ (c = 1,11; W.)]. — Durch Absorption der Fraktion **A** an Amberlite IRA-400 (Acetatform), Eluieren mit verd. Essigsäure steigender Konz. u. Hydrolyse des Sirups mit 2n H_2SO_4 wurden I, II, III u. IV erhalten. Durch Methylierung eines Sirupanteils mit $(CH_3)_2SO_4$/NaOH u. CH_3J/Ag_2O, Red. in Tetrahydrofuran mit $LiAlH_4$, Remethylierung, Hydrolyse mit n-H_2SO_4 (16 Std. bei 100⁰) u. Trennung an Cellulose mit Bzn./Butanol (mit W. gesätt.) wurden neben *D-Galakturonsäure* (III) isoliert: *2.3.4.6-Tetra-O-methyl-D-glucose* (V), $C_{10}H_{20}O_6$, F. 84⁰, $[\alpha]_D^{17}$ $+82^0$ (c = 1,12; W.). — *2.3.4.6-Tetra-O-methyl-D-galaktose* (VI), $[\alpha]_D^{18}$ $+97^0$ (c = 1,32; W.). *Anilid*, F. 194⁰, $[\alpha]_D^{18}$ $-60^0 \rightarrow +18^0$ (c = 0,8; Aceton). — *3.4-Di-O-methyl-L-rhamnose*, $C_8H_{16}O_5$, $[\alpha]_D^{17}$ $+20^0$ (c = 1,42; W.). *3.4-Di-O-methyl-L-rhamnonolacton-(1 → 5)*, F. 80⁰. — *2.3.6-Tri-O-methyl-D-galaktose* (VIII), $C_9H_{18}O_6$, $[\alpha]_D^{18}$ $+88^0$ (c = 0,5; W.). *2.3.6-Tri-O-methyl-D-galaktonolacton-(1 → 4)*, F. 96⁰, $[\alpha]_D^{20}$ $-42^0 \rightarrow -25^0$ (c = 0,57; W.). — *Methylierter Gummi*, $[\alpha]_D^{16}$ $+53^0$ (c = 1,32; in Chlf.), 40,2% OCH_3. Hieraus durch Hydrolyse mit 2n H_2SO_4 (20 Std. bei 100⁰) u. Chromatographie an Cellulose mit Bzn./Butanol (6 : 4) neben VI u. VIII *3-O-Methyl-L-rhamnose* (VII), $C_7H_{14}O_5$, F. 115⁰, $[\alpha]_D^{16}$ $+37^0$ (c = 0,95; W.), $[\alpha]_D^{15}$ $+11^0$ (c = 1,93⁰; A.). *3-O-Methyl-L-rhamnonolacton-(1 → 4)*, $[\alpha]_D^{16}$ $-20^0 \rightarrow -18^0$. (c = 1,6; W.). — Durch Hydrolyse der beiden ersten Fraktionen von **A** mit 2%ig. methanol. HCl (10 Std.), Red. des Rückstandes in Tetrahydrofuran mit $LiAlH_4$, Hydrolyse des Sirups mit n-H_2SO_4 (16 Std. bei 100⁰) u. Trennung des Hydrolysats wie oben wurden neben **V**, **VIII** u. **VII** *2.3-Di-O-methyl-D-galaktose* {$[\alpha]_D^{15}$ +103° (c = 0,84; W.). *Anilid*, F. 154°, $[\alpha]_D^{19}$ −46,5° → +12° (c = 1,0; A.)} isoliert. — *Khaya senegalensis Gummi* wird in 4%ig. NaOH gelöst, zentrifugiert, mit HCl angesäuert u. mit A. gefällt; nach 3 Fällungen $[\alpha]_D^{16}$ +124° (c = 0,97; W.); 1,2% OCH_3. (J. chem. Soc. [London] **1956**. 989—97. April. Edinburgh, Univ., Chem. Dep.) K. H. WOLF. 4050

M. Je. Kakulija, *Einige Untersuchungsergebnisse über das Reaktionsvermögen des Eiweißes nach der Methode der elektrischen Leitfähigkeit.* Unterss. an *Eialbumin* (**I**) ergaben, daß es bei der Rk. von **I** mit *Glucose* (**II**) zu einer Zunahme der spezif. elektr. Leitfähigkeit kommt, was nachweislich auf einem Freiwerden von H-Ionen infolge der Rk. der freien Aminogruppen von **I** mit der Aldehydgruppe von **II** beruht. Gleichzeitig wird das dielektr. Inkrement infolge Abnahme des Dipolmoments der Moll. kleiner; die elektrophoret. Beweglichkeit der **I**-Teilchen nimmt ab. Bei der Einw. von *Adenosintriphosphat* auf **I** beobachtet man im allg. die entgegengesetzten Vorgänge. Dabei kommt es zu einer Verlagerung des Maximums des Absorptionsspektr. im UV in Richtung der langen Wellen u. zu einer Abnahme der Absorptionsintensität. Es scheint, daß zwischen **I** u. **II** nicht nur adsorptive, sondern auch chem. Bindungen bestehen. Die stärksten Veränderungen im elektr. Feld beobachtet man bei der Rk. von **I** mit *Lecithin* (**III**). Die starke Abnahme der elektrophoret. Beweglichkeit der Proteinmoll. ist von einer Vergrößerung des dielektr. Inkrements begleitet; gleichzeitig nimmt die Pufferkapazität bei $p_H > 6$ zu. Die Verss. sprechen dafür, daß ein **I**-Mol. infolge der Rk. mit **III** das Dipolmoment zu- u. die Menge der positiven Ladungen abnimmt. (Биофизика [Biophysik] **4**. Nr. 1. 32—39. 1959. Tbilissi, Physiol. Inst. der Akad. der Wiss. der GrusinSSR.) E. RENTZ. 4070

I. Je. Elpiner, G. A. Deborin und **O. M. Sorina**, *Das Molekulargewicht von mit Ultraschall in Gegenwart verschiedener Gase behandeltem Serumalbumin.* Es wird gezeigt, daß das Mol.-Gew. von *Pferdeserumalbumin* (**I**; 76700) bei Behandlung einer 0,04%ig. wss. **I**-Lsg. mit Ultraschall wie folgt sinkt: nach 5 Min. auf 70300, nach 10 Min. auf 62350, nach 24 Min. auf 37950 u. nach 50 Min. auf 37800. Bei Behandlung einer 0,32%ig. **I**-Lsg. sinkt das Mol.-Gew. in 25 Min. auf 37000. Bei Ultrabeschallung der 0,04%ig. **I**-Lsg. in Ggw. von He bleibt das Mol.-Gew. unverändert; in Ggw. von N_2 sinkt es in 50 Min. auf 59050 u. in Ggw. von H_2 steigt es in 25 Min. auf 122570. Vff. führen diese Steigerung auf die chem. Wechselwrkg. zwischen den gebildeten Bruchstücken der Eiweißmoll. u. den unverändert gebliebenen Moll. unter Mitwrkg. des aktivierten H_2 zurück. (Доклады Академии Наук СССР [Ber. Akad. Wiss. UdSSR] **121**. 138—40. 1/7. 1958. Inst. für Biophysik der Akad. der Wiss. der UdSSR; Bach-Inst. für Biochem. der Akad. der Wiss. der UdSSR.) OTTO MAIER. 4070

B. S. Harrap und **E. F. Woods**, *Einige Eigenschaften von Rinderserumalbumin in Ameisensäure.* Die Viscositäten von Lsgg. von *Rinderserumalbumin* (**I**) in Ameisensäure (**II**) wurden bei 25° im OSTWALD-Viscosimeter gemessen. Trägt man die red. Viscosität $\eta_{red} = (\eta/\eta_0 - 1)/c$ gegen die Konz. c auf, so durchläuft die erhaltene Kurve ein Maximum, wenn die Lsg. kein Salz enthält. Dieses Maximum ist unabhängig von der Schergeschwindigkeit. Zusatz von KCl bewirkt eine lineare Abhängigkeit von η_{red} gegen c. Die extrapolierten $[\eta]$-Werte hängen von der KCl-Konz. ab. (J. Polymer Sci. **33**. 521—23. Dez. 1958. Parkville, Melbourne, Victoria, Australien, C.S.I.R.O. Wool Textile Res. Labor.) W. WALTER. 4070

W. A. Belitzer, K. I. Kotkowa, O. W. Lobatschewskaja und **G. N. Zikalowskaja**, *Über die Eigenschaften und die Bedeutung der Disulfidgruppen im Serumalbumin.* Bei Verss. an krist. *Pferdeserumalbumin* (**I**) wird außer der nativen auch die denaturierte Form verwendet. Die Spaltung der Disulfidgruppen (DG) des nativen **I** durch $NaHSO_3$ (**II**) verläuft zuerst langsam, dann beschleunigt. Nach Zerreißen einiger Disulfidbindungen im Mol. tritt eine Destabilisierung der Makrostruktur ein. Das Mol. erleidet eine Denaturierung; danach wird eine große Anzahl der DG schnell durch **II** gespalten. Die Denaturierung der Struktur als Folge der Rk. von **I** mit **II** wird durch Messung der opt. Drehung u. der Viscosität bestätigt. Wird von Anfang an denaturiertes **I** verwendet, dann ist die Reaktionsgeschwindigkeit von Anfang an sehr hoch. Die Rk. von **I** mit **II** ist teilweise reversibel. Entfernt man **II** durch Dialyse, so bildet sich ein erheblicher Teil der DG wieder. 20—30% der SH-Gruppen bleiben jedoch erhalten. Verwendet man statt **II** NaCN in Ggw. von KSCN, so erhält man analoge Ergebnisse. Entfernt man diese Stoffe durch Dialyse, so bleibt auch hier ein Teil der entstandenen SH-Gruppen erhalten. Das von beiden Stoffen durch Dialyse befreite Eiweiß ist in neutraler Lsg. gut lösl. u. gibt vollkommen durchsichtige Lösungen. Die Viscosität dieser Lsgg. ist etwas niedriger als die des Ausgangs-**I**. Auch die spezif. opt. Drehung ist merklich vermindert. Doch ist dieses Prod. beim isoelektr. Punkt, im Gegensatz zum negativen Protein, nicht löslich. Das zeigt, daß es sich um ein denaturiertes u. kein renaturiertes Prod. handelt. Die Irreversibilität dieser strukturellen Änderung wird auf die Zerreißung der Disulfidbindungen zurückgeführt. Diese sichern die leichte Reversibilität der üblichen denaturierenden Umwandlung. Die Anzahl der Disulfidbindungen jedoch ist für die Stabilität der Makrostruktur einer Proteinart ohne Bedeutung. So enthält *Eialbumin* (III) nur 0,51% Cystin u. eine Disulfidbindung pro Molekül. I enthält 5,4% Cystin u. 17 Disulfidbindungen pro Molekül. Trotzdem ist die Makrostruktur von III erheblich stabiler als die von I. Die antigenen Eigg. des denaturierten I unterscheiden sich von denen des nativen kaum (geprüft mit dem Serum eines gegen das jeweilige Präp. immunisierten Kaninchens). Kochen von I bei 100° u. p_H 7,6 (10—60 Min.) beeinflußt kaum den Geh. an DG. Bei 60 Min. langem Kochen bei p_H 9,15 geht nur etwa die Hälfte der DG verloren. (Доклады Академии Наук СССР [Ber. Akad. Wiss. UdSSR] **116.** 451—54. 21/9. 1957. Inst. für Biol. der Akad. der Wiss. der UdSSR.) F. DU MANS. 4070

Zdeněk Vodrážka, *Über die Interaktionen von Eiweißstoffen.* 8. Mitt. *Wechselwirkung von Serumalbumin mit Zinkionen.* (7. vgl. C. **1958.** 7488.) Vf. untersuchte die Bindungsart von Zn-Ionen an *Serumalbumin* (I) mit Hilfe der Meth. der Dialysengleichgewichte u. der polarograph. Analyse. In neutralem Medium wurden die Befunde von GURD u. GOODMAN (vgl. J. Amer. chem. Soc. **74.** [1952.] 670) bestätigt. Gleichzeitig wurde I durch Bestrahlung einer 2%ig. Lsg. in 0,1 mol. Boratpuffer (p_H 9,5) in Anwesenheit von $1{,}3 \cdot 10^{-4}$ Mol Methylenblau oxydiert. Das photooxydierte I zeigt eine geringere Bindungsfähigkeit für Zn-Ionen. Dadurch wird bestätigt, daß bei neutralem p_H Zn-Ionen an die Imidazolkerne des Histidins gebunden werden. Im alkal. Medium ($p_H > 9$) wurde die Bindung polarograph. untersucht. Bei diesem p_H wurden Komplexe verschied. Typen festgestellt, für deren Bldg. vor allem Aminogruppen verantwortlich sind. In I sind ca. 40 Bindungszentren mit einer Bindungskonstante von ca. $5 \cdot 10^5$ vorhanden. (Chem. Listy **52.** 1682—88. Sept. 1958 [Orig.: tschech.]; Collect. czechoslov. chem. Commun. **24.** 1045—53. April 1959 [Orig.: deutsch]. Praha, Ústav hematol. a krevní transfuse.) V. HOLEYŠOVSKÝ/Prag. 4070

Štěpánka Štokrová und **Blahoslav Sedláček,** *Über die Interaktionen von Eiweißstoffen.* 10. Mitt. *Das Verhalten von menschlichem Serumalbumin in sauren Lösungen; elektrophoretische Untersuchung.* (9. vgl. C. **1959.** 823; 8. vgl. vorst. Ref.) Es wurde das elektrophoret. Verh. von menschlichem *Serumalbumin* (I) in einem Citratpuffer (Ionenstärke 0,1; p_H 3,2—4,2) mittels der freien u. der Papierelektrophorese untersucht. Das bei p_H 4,2 elektrophoret. einheitliche I wird bei niedrigerem p_H in Komponenten zerlegt, welche sich schneller bewegen als das ursprüngliche I. Die relative Menge der beweglicheren Komponenten vergrößert sich mit sinkendem p_H-Wert, bis bei p_H 3,8—3,9 beide Anteile gleich sind u. bei p_H 3,2 wieder nur eine Zone anwesend ist. Die Kontrollverss. mit Acetatpuffer (Ionenstärke 0,1) weisen immer nur einen Komplex nach. Vff. erklären diese Befunde durch Entstehung von Komplexen von I mit dem Citratanion. (Chem. Listy **52.** 1689—92. Sept. 1958 [Orig.: tschech.]; Collect. czechoslov. chem. Commun. **24.** 1520—24. Mai 1959 [Orig.: deutsch].) V. HOLEYŠOVSKÝ/Prag. 4070

Georges Sandor, *Einige Gesichtspunkte über Reaktionen zwischen Serumproteinen bei geringer Ionenstärke.* Vf. untersuchte durch Trübungsmessung den Einfl. von Fraktionen des menschlichen Serums auf die Fällung von Serumproteinen bei einer Ionenstärke von 0,001. Eine Verstärkung der Trübung wird nur durch die drei *Euglobuline* (I) u. das *γ-Pseudoglobulin* (II) bewirkt, wobei erstere das p_H-Optimum der Trübung zu niederen u. letzteres zu höheren p_H-Werten verschieben. Durch Zusatz von anderen II u. von *Albumin* (III) wird die Trübung nicht beeinflußt. Die Unters. der Fällung von einzelnen Fraktionen durch γ-II ergab bei steigendem γ-II-Zusatz bei einer α- u. *β-Globuline* enthaltenden Fraktion u. bei einem Lipoproteid ein Trübungsmaximum, das durch zugesetztes III erhöht bzw. erniedrigt wurde. Bei der Fällung von I durch γ-II tritt dieses Trübungsmaximum prakt. nicht in Erscheinung. Die auftretenden Fällungen sind offenbar variabler Zus., was auf eine gegenseitige Multivalenz schließen läßt. (C. R. hebd. Séances Acad. Sci. **246.** 2540—42. 28/4. 1958.) K. HEYNS. 4070

Michael Sela, Frederick H. White jr. und **C. B. Anfinsen,** *Die reduktive Spaltung von Disulfidbindungen und ihre Anwendung auf Probleme der Proteinstruktur.* Die Disulfidbindungen in *Ribonuclease* (I) u. *Lysozym* (II) lassen sich quantitativ bei n. Temp. durch Thioglykolsäure in 8 mol. Harnstofflsg. bei p_H 8,5 reduzieren. Die entstehenden SH-Gruppen können durch Rk. mit Jodessigsäure in *S-Carboxymethylderivv.* übergeführt werden, die nach Dinitrophenylierung der sauren Hydrolysate chromatograph. isoliert werden können. Unter den Versuchsbedingungen erfolgt keine hydrolysenbeständige Veränderung von Tyrosin, Tryptophan, Lysin oder Histidin. Der Abbau von red. u. alkyliertem I u. II durch Trypsin erfolgt schnell u. liefert Peptide, wie sie zahlenmäßig auf Grund des Lysin- u. Arginingeh. zu erwarten sind. (Biochim. biophysica Acta

[Amsterdam] **31.** 417–26. Febr. 1959. Bethesda, Md., Nat. Inst. of Health, Nat. Heart Inst.) E. Schwerdtfeger. 4070

K. G. Paul, *Die Darstellung von reinen Häminen.* Vf. überprüft verschied. Reinigungsverff. für Fe–Porphyrin-Komplexe an Hand der Extinktionskoeffizienten der entsprechenden Hämochromogene im Rot. Verunreinigungen bedingen erhöhte Rotabsorption. Statt der üblichen Reinigungsstufenfolge *Rohporphyrin—Porphyrinester—reines Porphyrin—Hämin* werden 2 Verff. empfohlen: 1. Kupplung an das Apoprotein eines Häminproteids u. Chromatographie an Anionenaustauscher. 2. *Rohporphyrin—Porphyrinester—Häminester—Hämin.* Der Häminester wird durch Chromatographie an $Na_2HPO_4 \cdot 2\,H_2O$ gereinigt. Meth. 1. empfiehlt sich bei allen Häminen, die Carboxylgruppen in 6- u. 7-Stellung besitzen. (Acta chem. scand. **12.** 1611–21. 1958. Stockholm, Sweden, Med. Nobelinst., Biokem. avdelningen u. Wallenbergstiftelsens Labor. för fysiol. kemi.) W. Haberditzl. 4070

Robert F. Steiner und **Roland F. Beers jr.,** *Polynucleotide.* 3. Mitt. *Das Verhalten von Polyadenylsäure bei sauren* p_H*-Werten.* (2. vgl. C. **1958.** 12421.) Beim Übergang von alkal. zu saurem p_H erleidet *Polyadenylsäure* (I) im Bereich von p_H 6 eine deutliche Strukturveränderung, die sich in einer Abnahme des Gyrationsradius, einer leichten Zunahme des Mol.-Gew. u. einer erheblichen Verminderung des Extinktionskoeff. bei 257 mμ äußert. Die Umwandlung ist auf Titration der Adeningruppe zurückzuführen, wobei I aus einem ungeordneten Zustand bei alkal. p_H in einen geordneten, vermutlich von Helixcharakter, bei saurem übergeht. I wurde durch Polymerisieren von Adenindiphosphat mit einem aus *M. lysodeikticus* isolierten Enzym hergestellt. (J. Polymer Sci. **31.** 53–66. Aug. 1958. Bethesda, Nat. Naval Med. Center, Med. Res. Inst.; Baltimore, Md., Children's Hosp. School.) K. Maier. 4090

Gordon H. Dixon, Dorothy L. Kaufman und **Hans Neurath,** *Aminosäurefolge im Gebiet der Diisopropylphosphorylbindung bei Diisopropylphosphoryltrypsin.* Ausführliche Fassung der C. **1958.** 11546 referierten Arbeit. Die Aminosäurefolge des Pentadekapeptids konnte als $Asp(NH_2) \cdot ser \cdot cysSO_3 \cdot glu(NH_2) \cdot gly \cdot gly \cdot asp \cdot ser(DIP) \cdot gly \cdot pro \cdot val \cdot cysSO_3 \cdot ser \cdot gly \cdot lys$ gesichert werden. Die benutzten Methoden werden in Einzelheiten angeführt. (J. biol. Chemistry **233.** 1373–81. Dez. 1958. Seattle, Wash., Univ. of Washington, Dep. of Biochem.) E. Schwerdtfeger. 4090

E. Biologische Chemie. Physiologie. Medizin.

E_1. Allgemeine Biologie und Biochemie.

Charles Rosenblum, *Prinzipien der Isotopenverdünnung.* Es werden verschied. Verff. der Isotopenverdünnung, bes. für die Unters. von biol. wichtigen Substanzen (*Vitamine, Antibiotica* u. *Insekticide*) beschrieben. Mit Hilfe einer Umkehr(„reserve")-Meth. der Isotopenverdünnung wurde die Beständigkeit von *Vitamin* B_{12} in trockenem Getreide bei Konzz. von 0,46 γ/Unze nachgewiesen. (Analytic. Chem. **29.** 1740–44. Dez. 1957. Rahway, N. J., Merck Sharp & Dohne Res. Labor., Div. of Merck & Co.) W. Karcher. 4100

H. Engelhard, K. E. Schneweis und **H. Bülow,** *Strahlenschädigung und Mineralstoffwechsel. Versuche mit Röntgenbestrahlung von Saccharomyces cerevisiae.* Saccharomyces cerevisiae wurde im K^+-freien Medium bei Ggw. von *Na-Citrat* gezüchtet u. so K^+-arm gemacht. Diese „Na-Hefe" gibt Na^+ gegen W. u. bes. gegen KCl-Lsg. ab u. kann deshalb zur Unters. von Diffusionsvorgängen dienen. Die „Na-Hefe" wurde mit Röntgenstrahlen verschied. Dosis bestrahlt. Die absorbierte Dosis wurde durch $FeSO_4$-Oxydation ermittelt. Absterberate (A), Na-Diffusion (D) u. Gärungshemmung (G) wurden in Abhängigkeit von der Strahlendosis graph. dargestellt. A u. D steigen mit steigender Strahlendosis etwa gleichsinnig, die G zeigt jedoch einen völlig anderen Verlauf. Auch die Strahlenschutzwrkg. von *Cystein* (I), das grundsätzlich nur dann schützend wirkt, wenn es nach der Bestrahlung u. bei 4° zugesetzt wird, ist verschieden: Mit der Dauer der Bestrahlungszeit nimmt die Schutzwrkg. von I bei A u. D ab, bei G bleibt sie jedoch bestehen. Ähnlich wie bei der Eiweißdenaturierung durch Strahlen scheint auch die Strahlenwrkg. auf A u. D in 2 Teilprozesse zerlegbar zu sein, den temperaturunabhängigen der Strahlenabsorption u. temperatur- u. milieuabhängige Folgevorgänge. Aus der verschied. Rk. von A u. D gegenüber G auf die Bestrahlung wird gefolgert, daß der Ionentransport durch Stellen geregelt wird, die nicht auch die Gärungsfermente enthalten. Bemerkenswert ist schließlich die Feststellung, daß die Na-Hefe Na^+ auch gegen reines W. abgibt, daß K^+ jedoch nur dann an W. abgegeben wird, wenn diesem *Glucose* zugesetzt wird u. damit Anregung des Stoffwechsels stattfindet. (Z. Naturforsch. **14b.** 152–57. März 1959. Göttingen, Univ., Physiol.-chem. Inst.) S. Dittmann-Mitzscherlich. 4102

Hedi Fritz-Niggli, *Mögliche Ursachen der verschiedenen Strahlenempfindlichkeit des Erbmaterials in Keimzellen unterschiedlichen Alters.* Die strahleninduzierte Mutation der Keimzelle ist abhängig vom Alter der Zelle, außerdem vom Milieu, bes. z. B. von der Ggw. von O_2. N_2 dagegen schützt die Zelle gegen die Strahlenwirkung. Die sensibilisierenden u. die schützenden Faktoren wirken in den verschied. Entwicklungsstufen der Zelle unterschiedlich. Der intracelluläre O_2-Geh. dürfte weitgehend bestimmend für die Strahlensensibilität sein. — 60 Literaturangaben. (Naturwissenschaften **45.** 557—64. 1. Dez.-H. 1958. Zürich, Univ., Röntgeninst. u. Strahlenbiol. Labor.) W. REUSSE. 4102

David Yi-Yung Hsia, Irene Huang und **Shirley G. Driscoll,** *Der heterozygote Träger bei Galaktosämie.* Unterss. an Kindern mit Galaktosämie u. an deren erscheinungsfreien Eltern machen durch eine Senkung der *D-Galaktose-1-phosphaturidyltransferase* (**I**) im Serum nach *Galaktose*-Belastung einen **I**-Mangel als die prim. biochem. Schädigung wahrscheinlich. Da bei erkrankten Personen u. deren Eltern der **I**-Geh. stark bis erkennbar erniedrigt ist, kann ein rezessiver Erbgang angenommen werden, bei welchem die Eltern die heterozygoten Erbträger sind. (Nature [London] **182.** 1389—90. 15/11. 1958. Chicago, Ill., Northwestern Univ. Med. School, Dep. of Pediatrics and Children's Mem. Hosp., Gen. Clin.) U. TAUSENDFREUND. 4130

P. W. Makarow, *Neue Daten über den Bau und die Eigenschaften des Zellkerns.* An Hand des Literaturmaterials werden Kernstruktur u. Kontinuierlichkeit der Chromosomen sowie Wesen der Prophasenänderungen des Kerns u. die Konstanz der Desoxyribonucleinsäure (**I**) in der Zelle behandelt. Vf. kommt zu der Schlußfolgerung, daß weder die Eiweißkonzeption des Gens noch die Vorstellung einer Beziehung zwischen der Vererbung u. **I** genügend begründet sind. Beide Typen der chem. Verbb. entsprechen nicht den Anforderungen der Genkonzeption: der Kontinuierlichkeit der Existenz u. der relativ hohen Stabilität. Sowohl die Proteine als auch die **I** sind in den Frühstadien der Entw. des Organismus cycl. Prozessen des Aufbaus u. der Neubldg. ausgesetzt. Nach Ansicht des Vf. ist die bis vor kurzem allg. anerkannte These unhaltbar, wonach die Zellen ohne Kern nicht lange lebensfähig sein u. keine Fähigkeit zur Synth. aufweisen sollen. (Архив Анатомии, Гистологии и Эмбриологии [Arch. Anatom., Histol. Embryol.] **35.** Nr. 6. 3—21. Nov./Dez. 1958.) O. LEBTAG. 4150

W. F. Cook und **G. W. Pickering,** *Eine Schnellmethode zur Abtrennung von Glomeruli aus der Kaninchenniere.* Zur Trennung von Nierentubuli u. -glomeruli, wie sie bei *Renin*- oder Fermentbestimmungen erforderlich sein kann, werden nach vorheriger Heparinisierung die Nieren mit einer Lsg. von magnet. Eisenoxyd durchspült u. hernach aus dem Nierenbrei mittels Elektromagnete die magnet. gewordenen Glomerulifraktionen von dem anderen Material, in der Hauptsache Tubuli, abgetrennt.

Versuche: 2,6 g NaOH + 20 g KNO_3 werden in ca. 100 ml W. gelöst, mit O_2 gesätt. u. mit einer Lsg. von 9 g $FeSO_4$ in ca. 100 ml W. gekocht. Der magnet. Nd. wird 10mal von Waschwasser dekantiert u. mit einer 7%ig. Gummi acacia-Lsg. in 0,9%ig. NaCl zusammen angewendet. (Nature [London] **182.** 1103—04. 18/10. 1958. Oxford, Univ., Dep. of the Regius Prof. of Med.) U. TAUSENDFREUND. 4150

R. Aubry, *Wirkungen von N-Desacetylthiocolchicin (R. 261) auf die hermaphrodite Drüse von erwachsenen Limnaea stagnalis.* Die Aktivität von *N-Desacetylthiocolchicin* (*R. 261*) auf die verschied. Elemente der hermaphroditen Drüse von erwachsenen *Limnaea stagnalis* ist nicht spezifisch. Man beobachtet einen caryokinet. Effekt mit Blockierung der Teilung in der Metaphase u. eine cytolyt. Wirkung. Am meisten sind die chromat. Strukturen gegen die Einw. von *R. 261* resistent. Die Toxizität von *R. 261* ist viel geringer als von Colchicin. (Thérapie **12.** 933—37. 1957. Straßburg, Fac. des Scie.) G. KIMMERLE. 4150

Roy W. Jones und **Max N. Huffman,** *Fischembryonen als biologisches Testmaterial zur Prüfung von Chemikalien auf Zellteilungs- und -differenzierungswirkung.* Es wird die Verwendung von *Brachydanio cerio*-Embryonen zum schnellen biol. Nachw. von Verbb. beschrieben, die die Mitose beeinflussen oder überhaupt allg. cytotox. wirken, in der Entw. befindliches Gewebe selektiv beeinflussen, oder die Morphogenese verändern. (Trans. Amer. microscop. Soc. **76.** 177—83. April 1957. Stillwater, Okla., A. &. M. Coll.; Oklahoma City, Med. Res. Found.) K. MAIER. 4150

Rolf Bergkvist, *Die säurelöslichen Nucleotide von Polyporus squamosus und Amanita muscaria.* (Vgl. C. **1959.** 2160.) Die säurelösl. Nucleotide von Polyporus squamosus u. Amanita muscaria werden nach einem früher mitgeteilten Verf. (l. c.) isoliert u. durch Ionenaustauscherchromatographie fraktioniert. Die Identifizierung erfolgt durch das UV-Spektr., chromatograph. u. ionophoret. Verh. vor u. nach der Hydrolyse u. durch chem. u. enzymat. Analysen. Folgende Verbb. wurden identifiziert u. die Konzz. in μMol/1000 g Frischgewicht angegeben: *2'*- u. *5'-Adenosinmonophosphat, Adenosindi-*

u. *-triphosphat* sowie *Derivv.*, *Triphosphopyridinnucleotid, 2'-* u. *3'-Cytidinmonophosphat, Cytidindi-* u. *-triphosphat, Cytidinmonophosphat-Peptid, Guanosindi-* u. *triphosphat, 2'-* u. *3'-Guanosinmonophosphat, 2'-, 3'-* u. *5'-Uridinmonophosphat, Uridindi-* u. *-triphosphat, Uridindiphosphatglucose* u. *-acetylglucosamin.* (Acta chem. scand. **12.** 1549—53. 1958. Lund, Sweden, Univ., Inst. of Biochem.) H. STRUCK. 4150

Rolf Bergkvist, *Die säurelöslichen Nucleotide verschiedener Pilze.* (Vgl. C. **1959.** 2160 u. vorst. Ref.) Aus *Polyporus squamosus, Amanita muscaria, Lycoperdon pratense, Cypholoma capnoides, Armillaria mellea, Pholiota squarrosa, Lactarius wellereus* u. *Lactarius turpis* wurden die folgenden säurelösl. Nucleotide isoliert u. ihre Konz. (angegeben in μMol/1000 g Frischgewicht) durch eine Kombination von Papierchromatographie u. Hochspannungselektrophorese bestimmt: *2'-* u. *5'-Adenosinmonophosphat, Adenosindi-* u. *-triphosphat* sowie *Deriv.*, *Triphosphopyridinnucleotid, 2'-* u. *3'-Guanosinmonophosphat, Guanosindi-* u. *-triphosphat, Uridinmono-, -di-* u. *-triphosphat, Uridindiphosphatglucose* u. *-acetylglucosamin, 2'-* u. *3'-Cytidinmonophosphat, Cytidindiphosphat* u. *-triphosphat* u. ein *Cytidylsäure–Peptid-Komplex.* (Acta chem. scand. **12.** 1554—58. 1958. Lund, Sweden, Univ., Inst. of Biochem.) H. STRUCK. 4150

Paul Doty, *Physikalische Chemie der Desoxyribonucleinsäuren.* Zusammenfassender Bericht über die Physikal. Chemie der *Desoxyribonucleinsäuren* nach dem derzeitigen Stand mit 26 Literaturangaben u. ausführlicher Diskussion. (J. cellular comparat. Physiol., Suppl. **49.** 27—57. Mai 1957. Cambridge, Mass., Harvard Univ., Dep. of Chem.) H. GOEBEL. 4150

H. K. Schachman, *Physikalisch-chemische Untersuchungen an Desoxyribonucleinsäure. Eine Diskussion.* Diskussion zum vorst. Ref. von DOTY (vgl. vorst. Ref.). Es wird auf Einfll. bei der Isolierung von *Desoxyribonucleinsäure* hingewiesen (Denaturierung, Proteinbeimischung, teilweise Spaltung), welche unterschiedliche Ergebnisse verschied. Autoren erklären. (J. cellular comparat. Physiol., Suppl. **49.** 71—81. Mai 1957. Berkeley, Calif., Univ., Biochem. and Virus Labor.) H. GOEBEL. 4150

N. Ss. Demjanowskaja und **M. P. Snamenskaja,** *Der Einfluß von Sauerstoff auf die Desoxyribonucleinsäure des Mycels von Actinomyceten.* Lufttrockenes Mycel der Actinomyceten mit bis zu 2% *Desoxyribonucleinsäure* (**I**) lysierte beim Durchleiten von O_2. Es zeigte sich eine Abnahme des **I**-Geh. um 50—70% im Filtrat u. um 100% im Mycel. Bei vorher in W. gekochtem Mycel hatte O_2 keinen wesentlichen Einfl. auf den **I**-Gehalt. Beim Aufbewahren des lufttrockenen Präp. beträgt die **I**-Abnahme bei 12 Std. altem Mycel nach 5 Monaten 38,12% bei 1,12% **I**, bei 46 Std. altem Mycel 17,26% bei 3,02% **I**, bei 70 Std. altem Mycel 13,40% bei 3,94% **I**. Nach Ansicht der Vff. kann die früher (Доклады Академии Наук СССР [Ber. Akad. Wiss. UdSSR] [N. S.] **93.** [1953.] 119) von ihnen beobachtete Intensitätsabnahme der DISCHE-Rk. im Mycel von Actinomyceten bei der Einw. von $K_3Fe(CN)_6$ oder H_2O_2 nicht nur eine Folge der tatsächlichen Oxydation von **I** sein, sondern auch eine Folge der Desaggregation von **I** mit nachfolgender Freisetzung aus dem Mycel. (Доклады Академии Наук СССР [Ber. Akad. Wiss. UdSSR] **114.** 856—58. 1/6. 1957. Biochem. Bach-Inst. der Akad. der Wiss. der UdSSR.) OTTO MAIER. 4150

Philip S. Chen jr. und **Søren Jørgensen,** *Intermediär gebildete Purinverbindungen beim Abbau von ATP im Blut.* In in vitro-Verss. mit frischem hämolysiertem u. nichthämolysiertem menschlichem Blut wird beobachtet, ob nach Zugabe von *Adenosinmonophosphat* (AMP), *Inosinsäure, Adenosin, Inosin* oder *Adenin* in Konzz. (450 μMol/Liter), die denen von *Adenosintriphosphat* (ATP) in frischem Blut entsprechen (ca. 400 bis 600 μMol/Liter), *Hypoxanthin* gebildet wird. Innerhalb von 24 Std. werden von AMP 62% u. von Adenosin, Inosinsäure u. Inosin 100% Hypoxanthin gebildet. Dabei wird Adenosin oder Inosin 50—70mal u. Inosinsäure 2—3mal schneller umgewandelt als AMP. Die Zers. von Adenosin oder Inosin geschieht in hämolysiertem Blut fast doppelt so schnell wie in nichthämolysiertem; bei AMP ist hierdurch kein Unterschied gegeben. Somit kann also angenommen werden, daß der Abbau der ATP in menschlichem Blut über AMP, Adenosin, Inosin zu Hypoxanthin stattfindet. (Acta pharmacol. toxicol. [Köbenhavn] **13.** 12—21. 1957. Kopenhagen, Univ., Dep. of Pharmacol.) G. KIMMERLE. 4150

R. M. S. Smellie, A. Hope McArdle, H. M. Keir und **J. N. Davidson,** *Der Einbau von $^3H_{(4)}$-Thymidin und $^{14}C_{(8)}$-Adenin in DNA durch partikelfreie Extrakte aus Säugerzellen.* Vollständig zerkleinerte Asciteszellenpräpp. u. partikelfreie 105000 g-Extrakte hieraus bauen $^3H_{(4)}$-Thymidin (**I**) in Desoxyribonucleinsäure (**II**) ein. Die Rk. benötigt *Adenosintriphosphat, Diphosphopyridinnucleotid* (mindestens 2,5 μMol/cm^3) u. *Glucose* u. hat ein p_H-Optimum von ca. 8. Der Abbau der radioakt. **II** durch Säurehydrolyse ergab Lokalisierung der Aktivität im Thymin. Behandlung mit Desoxyribonuclease führte zur Abspaltung markierter säurelösl. Bruchstücke. 50 γ Stickstofflost/cm³ oder 500 r Röntgenstrahlung (85 kV, 5 mA) hemmten den ^{3}H-I-Einbau durch zellfreie Extrakte nicht. $^{14}C_{(8)}$-Adenin (III) wird unter gleichen Bedingungen von den Extrakten in II- u. Ribonucleinsäure-III eingebaut. Auch Thymocytenextrakte bauen $^{3}H_{(4)}$-I in II ein. (Biochem. J. **69.** 37 P. Juli 1958. Glasgow, Univ., Biochem. Dep.) K. MAIER. 4150

V. G. Allfrey und **A. E. Mirsky,** *Die Rolle der Desoxyribonucleinsäure und anderer Polynucleotide bei der ATP-Synthese durch isolierte Zellkerne.* (Vgl. C. **1958.** 11841.) Wenn man aus isolierten Kalbsthymuskernen die *Desoxyribonucleinsäure* fermentativ entfernt, so verlieren sie die Fähigkeit, *Adenosintriphosphat* (I) zu synthetisieren. Diese läßt sich aber durch die Ergänzung eines Nucleotidgemischs bei Ggw. von Sauerstoff wiederherstellen. Es wird weiterhin die Bedeutung der Nucleotide als Cofaktoren für die I-Synth. in Verbindung mit der Zellproteinbldg. diskutiert. (Proc. nat. Acad. Sci. USA **43.** 589—98. 15/7. 1957. New York, N. Y., Rockefeller Inst.) H. STRUCK. 4150

Th. Bücher und **M. Klingenberg,** *Wege des Wasserstoffs in der lebendigen Organisation.* Übersicht über die Redox-Rkk. im Rahmen der wesentlichen Stoffwechselfunktionen lebender Zellen, „Wassercyclus", Koordination durch spezif. Strukturen (Räume, Grenzflächen, spezif. Enzyme, Transportmetabolite), Pyridinnucleotide im cytoplasmat. (C) Raum (H-übertragende Rkk., DPN- u. TPN-Gruppe, „Ist-Potential", „Geh." u. „Spiegel"), C-Raum: Glycerophosphat (I)-Pyruvat-Dismutation, Glykolyse, C- u. M (mitochondrialer Raum)-Malatdehydrogenase, M-Raum: I, Steuerung des H-Umsatzes durch Atmungskontrolle, Reversibilität der oxydativen Phosphorylierung, Impermeabilität der Mitochondrienmembran für Diphosphopyridinnucleotid, Pyridinnucleotid (II)-Geh. des M-Raums, II-Redoxstatus im M-Raum, Steroidwrkg. auf die Atmungskette, I-Cyclus. — 89 Literaturangaben. (Angew. Chem. **70.** 552—70. 23/9. Berichtigung: 746. 21/12. 1958. Marburg/Lahn, Univ., Inst. für Physiol. Chem.) K. MAIER. 4150

Waldemar Hort und **Hedwig Hort,** *Beiträge zur Histochemie der Blutgefäßendothelien und der Kapillargrundhäutchen.* Die histochem. Unterss. am Gefäßendothel von Meerschweinchen, Ratten u. Hunden zeigte, daß die *alkal. Phosphatase* (I) kein integrierender Bestandteil aller Endothelzellen ist; im Endothel großer Gefäße ist sie z. B. nicht nachweisbar. Eine wesentliche Aufgabe von I scheint in der Beschleunigung des Glucosetransportes zu den akt. Parenchymzellen zu bestehen; so ist der I-Geh. der Endothelien bes. bei stoffwechselregen Organen hoch (Zentralnervensyst., Herz, Drüsen mit innerer u. äußerer Sekretion). *Bernsteinsäuredehydrogenase* (II)-Aktivität findet sich überall im Endothel, u. zwar in einem Ausmaß, welches etwa der Stoffwechselintensität glatter Muskelfasern entsprechen könnte; in gleicher Größenordnung liegt der Ausfall der Nadi-Rk. als Gradmesser für die oxydierenden Fermente der Zellatmung (*Cytochromoxydase–Cytochrom*-Komplex). Wieweit die I-, II- u. Cytochromaktivität an die Mitochondrien gebunden ist, konnte aus untersuchungstechn. Gründen nicht völlig geklärt werden. Die Capillargrundhäutchen lassen sich mit Perjodsäure-Leukofuchsin anfärben. (Virchow's Arch. pathol. Anatom. Physiol. klin. Med. **331.** 591—615. 1958. Marburg/Lahn, Univ., Pathol. Inst.) U. TAUSENDFREUND. 4150

A. Gropp und **K. Hupe,** *Nachweis von Enzymen an in vitro gezüchteten Makrophagen und epitheloiden Zellen.* In histiocytären Zellen (Makrophagen u. Epitheloidzellen) aus Mäusemilz- u. Lungenkulturen sowie einem Mäusemammacarcinom ließen sich *Adenosintriphosphatase* (I), *saure Phosphatase* (II) u. *unspezif. Esterase* (III) nachweisen. Die Aktivität dieser Fermente ist größer als diejenige in Fibroblasten. Während I in den histiocytären Zellformen vorwiegend perinucleär anzutreffen ist, bei den Makrophagen außerdem in den Pseudopodien, findet I sich in Fibroblasten u. Carcinomzellen, bes. in den Mitochondrien. III ist bes. an Zelloberflächen lokalisiert; II weist ebenfalls in allen Zellarten etwa die gleiche Lokalisation auf. (Virchow's Arch. pathol. Anatom. Physiol. klin. Med. **331.** 641—52. 1958.) U. TAUSENDFREUND. 4150

H. Braunsteiner, F. Mlczoch und **F. Pakesch,** *Elektronenmikroskopische Untersuchungen über die Struktur von intracellulärem Melanin beim Melanoblastom.* An isolierten malignen Melanoblasten wird elektronenmkr. die Feinstruktur des *Melanins* untersucht. Die Melaninkörnchen (Durchmesser 15—20 mμ) sind häufig von einer feinen Membran umgeben. Sie werden als „Melanosomen" bezeichnet. (Klin. Wschr. **36.** 262—63. 15/3. 1958. Wien, Univ., II. Med. Klin.) H. STRUCK. 4160

H. Lettré, *Charakteristische Eigenschaften von Tumorzellen.* Besprechung der Theorie von PAUL WEISS, nach der 6 Faktoren ein geordnetes Wachstum der Zellen im Organismus bedingen. Das ungehemmte Wachstum von Tumorzellen beruht auf dem Fortfall der Wrkg. einiger dieser Faktoren. Alle bisher untersuchten chemotherapeut.

Substanzen zeigen nur Gradunterschiede in ihrer Wrkg. gegenüber n. u. Krebszellen. Hinweis auf amerikan. Verss. mit *Kinetin* (*6-Furylaminopurin*). Verss. des Vf. führten durch Umsetzen des *Purin*-Restes mit der Aminogruppe verschied. biogener Amine zu einem Vereinigungsprod. mit *Histamin*, das eine spezif. Tumorwrkg. aufweist, während n. Bindegewebezellen dadurch nicht angegriffen werden. (Scientia [Asso] [6] **93** (**52**). 319—23. Dez. 1958. Heidelberg, Univ., Inst. für exp. Krebsforsch.) H. DOSSMANN. 4160

L. Széchényi-Nagy, *Chromatographische Untersuchungen über den diagnostischen Wert der mit dem Harn ausgeschiedenen Indolderivate bei bösartigen Geschwulsterkrankungen.* 177 papierchromatograph. u. photometr. Unterss. am 24-Std.-Harn von 67 Carcinompatienten u. sicher nicht carcinomatösen Personen zeigten, daß die Best. von *5-Hydroxyindolylessigsäure* (I) kein zuverlässiges Hilfsmittel zur Krebsfrühdiagnose darstellt. Vermehrte I-Ausscheidung (bei der Mehrzahl der Carcinomfälle $>$10 mg täglich) ist nicht nur bei Carcinomfällen, sondern auch bei anderen Erkrankungen, bes. bei Ileuskrankheitsbildern u. Hepatitis epidemica, zu beobachten. Außerdem kann bei Carcinomfällen auch eine niedrige I-Ausscheidung bestehen. Die gesteigerte I-Ausscheidung beruht vielleicht auf vermehrter Bldg. einer Vorstufe (5-Hydroxytryptophan) in Verbindung mit erhöhter Resorption. (Acta med. Acad. Sci. hung. **13.** 317—27. 1959. Budapest, Péterfy Sándor-Krankenhaus, Zentrallabor.) K. MAIER. 4160

Bernard Shacter, *Wechselbeziehungen zwischen respiratorischer, phosphorylierender und mitotischer Aktivität von Ehrlich-Ascitestumorzellen: Der Einfluß von Stilböstrol und Chinon.* Steigende Konzz. von *Diäthylstilböstrol* (I) u. *Benzochinon* (II) hemmten in vitro zunehmend die Atmung von EHRLICH-Ascitestumorzellen. Änderungen der säurelösl. Phosphatfraktionen erfolgten nur bei hohen I- u. II-Konzentrationen. Der Einbau von ^{32}P in Desoxyribonucleinsäure-*P* steht in Zusammenhang mit Atmungsgeschwindigkeit u. Verfügbarkeit von energiereichem *P*. Hohe I- u. II-Konzz. beeinflussen deutlich die Permeabilität der Zellmembran. (J. nat. Cancer Inst. **16.** 1453—58. Juni 1956. San Francisco, Calif., Nat. Cancer Inst., Labor. of Exp. Oncol., and Univ., School of Med., Cancer Res. Inst.) K. MAIER. 4160

C. R. Rossi, F. Rossi und **C. S. Rossi,** *Einige Aspekte des Fettstoffwechsels der Tumoren: Die Bildung der Acyl–Coenzym-A im Dimethylaminoazobenzol–Hepatom.* Die Unterss. werden in vitro im präneoplast. u. neoplast. Stadium durch Dimethylaminoazobenzol an der Leber von Ratten mit *Butter-*, *Capryl-* u. *Laurinsäure* durchgeführt. Es zeigt sich, daß im präneoplast. Gewebe die Aktivität der die *Fettsäuren aktivierenden Enzyme* um 40—50% verringert ist. Im neoplast. Gewebe ist sie ganz verschwunden. Infolge verminderter Bldg. des *Coenzyms A* ist das enzymat. Oxydasesyst. der Caprylsäure schon im neoplast. Gewebe um 85% inhibiert, doch bleibt nach Vff. nicht ausgeschlossen, daß die Extraktion der Enzyme mit der angewendeten Meth. beeinträchtigt war, oder daß sie bes. labil u. bei der Manipulation inaktiviert wurden. (Boll. Soc. ital. Biol. sperim. **33.** 1770—72. Okt./Nov. 1957. Padua, Univ., Ist. di Chim. Biol. e di Patol. Gener.) O. POLLAK V. EMHOFEN. 4160

E. Quagliariello, S. Auricchio und **E. Rinaldi,** *Über die Umwandlung 3-Hydroxyanthranilsäure in Chinolinsäure in Gegenwart der Leber von mit 2-Acetylaminofluoren behandelten Ratten.* Ratten erhalten 2—6 Tage lang ein Futter mit 0,1—0,2% *2-Acetylaminofluoren* (I). Es zeigt sich, daß als Folge der I-Gabe das Lebergewebe dieser Tiere unabhängig von der Behandlungszeit die enzymat. Rk. *3-Hydroxyanthranilsäure* $\rightarrow$ *Chinolinsäure* erheblich inhibiert. Die biochem. Schäden stellen sich bald ein, da die Hemmung schon nach 48 Std. beachtlich ist. (Boll. Soc. ital. Biol. sperim. **33.** 1821—24. Okt./Nov. 1957. Neapel, Univ., Ist. di Chim. Biol.) O. POLLAK V. EMHOFEN. 4160

W. Remmele, W. Rick, H. Löffler und **W. Ried,** *Die Wirkung von Reduktionsprodukten des Triphenyltetrazoliumchlorids (TTC) auf den Stoffwechsel von Mäuseascitescarcinomzellen.* Es zeigt sich, daß *Triphenyltetrazoliumchlorid* (I) u. auch seine Reduktionsprodd. *Triphenylformazan* (II) u. *Benzamidrazon* (III) die Sauerstoffaufnahme u. die Milchsäurebldg. von Mäuseascitescarcinomzellen zu verändern vermögen. Die Wrkg. des I scheint zur Hauptsache an den Tetrazolring gebunden zu sein, weiter scheint eine Konkurrenzwrkg. mit den natürlichen Wasserstoffacceptoren der Zelle von Bedeutung zu sein. (Frankfurter Z. Pathol. **69.** 336—41. 1958. Frankfurt/M., Univ., Pathol. Inst., Inst. Org. Chem.; Gießen, Univ., Med. u. Nervenklin.) H. STRUCK. 4160

F. Lacour, Ch. Oberling und **M. Guérin,** *Der Einfluß von Äthyldicumarol auf die Entwicklung der Metastasen des Epithelioms T 8 bei der Ratte, Neue Untersuchungen.* (Vgl. C. **1959.** 3848.) In 3 Versuchsreihen (Injektion von Tumorhomogenisat in die Leber, Entw. des Tumors bis zum Exitus, subcutane Tumorimplantation) wurde die bereits früher beobachtete Hemmwrkg. von *Äthyldicumarol* (I) auf das Auftreten von Metastasen, bes. von visceralen, des Tumors T 8 (GUÉRIN) bei der Ratte bestätigt.

Die I-Wrkg. äußert sich hinsichtlich des Gewichts u. Vol. der Metastasen, während die mittlere Überlebensdauer behandelter Tiere geringfügig vermindert ist. Für die I-Wrkg. erscheinen 2 Mechanismen möglich, eine Beeinflussung des Koagulationsmechanismus, wobei ein Antikoagulationseffekt Wanderung oder Fixierung der Tumorzellen hemmt, oder eine direkte Hemmwrkg. auf Wachstum u. Vermehrung der Krebszellen. (Bull. Assoc. franç. Étude Cancer **44** (**48**). 88—91. Jan./März 1957. Paris, Inst. de Rech. sur le cancer, Labor. de Méd. exp.) K. MAIER. 4160

Ernest Huant, *Darlegung von einigen demonstrativen Ergebnissen bei der Behandlung von Tumoren mit Desoxyribonucleinsäure und durch Thiocolchicin. Positive Bilanz bei DRS.* Es wird über einige Erfolge bei der Behandlung von Tumoren (Osteosarkom, Lymphoblastom, Neuroblastom, Metastasen) beim Menschen mit *Desoxyribonucleinsäure* u. *Thiocolchicin* berichtet. (Thérapie **12.** 938—47. 1957. Paris.) G. KIMMERLE. 4160

Ola Sköld, *Enzymatische Bildung von Ribosiden und Ribotiden des 5-Fluoruracils durch Extrakte aus dem Ehrlich-Ascitestumor.* Die *Nucleosidphosphorylase,* die aus Uracil u. Ribose-1-phosphat *Uridin* (**I**) bildet, wird in Acetontrockenpulverextrakten aus dem EHRLICH-Ascitestumor durch *5-Fluoruracil* (**II**) stark gehemmt. Die Uridinkinase, die aus **I** + Adenosintriphosphat Uridinmonophosphat bildet, wird durch **II** nicht gehemmt. Möglicherweise gibt die Hemmwrkg. eine Erklärung der stark wachstumshemmenden Wrkg. von **II** auf den EHRLICH-Ascitestumor. (Biochim. biophysica Acta [Amsterdam] **29.** 651. Sept. 1958. Stockholm, Karolinska Inst., Biochem. Dep. I.) S. DITTMANN-MITZSCHERLICH. 4160

W. A. Tschernow, *Myelosan als wirksames Mittel bei der Behandlung der chronischen Myeloleukose.* (Vgl. C. **1959.** 2165.) Empfehlung des 1953 synthetisierten sowjet. Antileukosemittels *Myelosan* (chem. ident. mit Myleran) zur klin. Anwendung. (Медицинская Промышленность СССР [Med. Ind. UdSSR] **12.** Nr. 2. 60—61. Febr. 1958. Allunions Wiss. Chem.-Pharmazeut. Ordshonikidse-Forschungsinst.) E. RENTZ. 4160

A. I. Sserebrow, *Fragen der Chemotherapie der bösartigen Geschwülste von weiblichen Geschlechtsorganen.* Krit. Behandlung des Literaturmaterials. — 12 Literaturangaben. (Акушерство и Гинекология [Geburtshilfe u. Gynäkol.] **35.** Nr. 3. 3—7. Mai/Juni 1959.) O. LEBTAG. 4160

H. Vermund, K. W. Stenstrom, D. G. Mosser und **M. K. Loken,** *Die Wirkung von Röntgenstrahlen auf die Tumorunterlage.* 3. Mitt. *Die unterschiedliche Hemmwirkung auf das Wachstum von Mammacarcinom bei der Maus durch Bestrahlung vor oder nach Implantation.* (1. vgl. C. **1957.** 5300.) Die Hinterschenkel von ♂ Mäusen wurden bestrahlt (l. c.), Gesamtdosis 1500—6000 r. Bei einem Teil der Versuchstiere wurden Mammacarcinomzellen (0,025 oder 0,05 ml einer 20- bis 50%ig. Zellsuspension in 0,85%ig. steriler NaCl-Lsg.) mehr als 3 Wochen vor der Bestrahlung injiziert, diese Zellen erwiesen sich als weitgehend strahlenresistent. Wurde dagegen nur 2 Wochen nach der Implantation bestrahlt, dann wird das Wachstum der Tumoren stark vermindert. Wenn unmittelbar nach der Transplantierung bestrahlt wird, beträgt die Latenzperiode des Tumorwachstums bis zu einem Jahr. Bestrahlung des Tumorbetts vor der Implantation verzögert das Wachstum der Tumorzellen u. verlängert dementsprechend die Überlebenszeit der Tiere. — Die Befunde werden eingehend diskutiert. (Radiation Res. **8.** 22—31. Jan. 1958. Minneapolis, Minn., Univ. of Minnesota, Med. School, Dep. of Radiol., Section of Radiation Therapy.) W. REUSSE. 4160

Je. A. Iwanitzkaja, *Über den Einfluß der ionisierenden Strahlung auf die Sorptionseigenschaften der freien Zellen.* Verss. in vitro ergaben, daß die Sorption von koll. ^{110}Ag durch Erythrocyten u. Zellen des EHRLICHschen Ascitescarcinoms bei **37°** durch ionisierende Strahlen (1000 r) herabgesetzt u. verzögert wird, bes. dann, wenn man die Verss. bei 0° durchführt. Gleichzeitig nimmt die elektrokinet. Aktivität der Erythrocyten nach der Bestrahlung ab. Aus den Verss. wird geschlossen, daß die Sorptionseigg. der Zellen nicht nur von den Struktureigg. der Oberfläche, sondern auch von der Intensität der Stoffwechselprozesse abhängig sind. (Биофизика [Biophysik] **4.** Nr. 1. 71—77. 1959. Moskau, Inst. für biol. Physik der Akad. der Wiss. der UdSSR.) E. RENTZ. 4160

E₂. Enzymologie. Gärung.

Keizoo Tsushima und **Toshina Miyajima,** *Beziehungen zwischen der Funktion der Hämproteine und struktureller Modifikationen ihrer Proteinanteile.* 9. Mitt. *Alterationen am Cytochrom c.* (8. vgl. C. **1959.** 10941.) Als Kriterien für die Alterations- bzw. Denaturierungsstufen von *red. Cytochrom c* (**I**) durch die Einw. von *Benzoat* (**II**), *Salicylat* (**III**) u. *Laurylsulfat* (**IV**) untersuchen Vff. die spektralen Änderungen, die CO-Bindungsfähigkeit u. die oxydat. Aktivität (O_2-Aufnahme in Ggw. von Ascorbat). Bei Ggw. von **II** bzw. **III**

bildet sich zuerst eine I-Modifikation, die CO zu binden vermag, u. zwar bei **III** bei niedrigeren Konzz. als bei **II**. Bei höheren Konzz. (z. B. >0,8 mol. für **II**) sowie bei **IV**-Ggw. bildet sich irreversibel eine andere I-Modifikation mit verschied. Spektrum. Die Unters. der Oxydaseaktivität ergibt bereits bei Konzz. an **II** bzw. **III**, bei denen noch nicht die CO-bindende I-Modifikation gebildet wird, einen Aktivitätsabstieg, während bei Konzz. >1,0 mol. **II** die Aktivität sinkt. Vff. diskutieren folgende Denaturierungsschritte: 1. eine Proteinalteration, die einen Oxydaseaktivitätsanstieg bewirkt (reversibel). 2. Lsg. einer Fe-Protein-N-Bindung, so daß die Möglichkeit einer CO–Fe-Bindung auftritt (reversibel), dabei Verminderung der Oxydaseaktivität. 3. Gegebenenfalls (nach KEILIN) Lsg. auch der 2. Fe-Protein-N-Bindung, so daß nur noch die SH-Brückenbindung besteht (irreversibel). (J. Biochemistry [Tokyo] **43.** 761—77. Nov. 1956. Tokyo, Nippon, Med. School, Biochem. Labor. [Orig.: engl.]) W. HABERDITZL. 4210

E. W. Simon, *Succinoxydase und Cytochromoxydase in Mitochondrien des Kolbens bei Arum.* Mitochondrien (M) aus den Kolben junger Pflanzen von Arum maculatum enthalten zur *Succinat*-Oxydation ausreichende Mengen *Cytochrom-c-oxydase* (**I**); die *Succinoxydase*-Aktivität (**II**) steigt mit dem Reifen der Pflanzen stark an, so daß bei alten Pflanzen, die **I** nur noch 10% der **II** beträgt. Zerstörung der M, Behandlung mit Digitonin oder Bebrütung in der Wärme setzt eine intramitochondriale **I** in Freiheit. Die M enthalten auch *Bernsteinsäuredehydrogenase,* u. Verss. mit p-Chlormercuribenzoat zeigten, daß diese an der Succinatoxydation beteiligt ist. Cyanid hemmt die externe u. interne **I**; die **II** wird durch Antimycin A gehemmt. (J. exp. Botany **8.** 20—35. Febr. 1957. Belfast, Queen's Univ., Dep. of Botany.) H. GOEBEL. 4210

A. A. Castellani und **V. Pedrini,** *Vorhandensein und Verteilung von Succindehydrogenase in den verschiedenen Schichten des Bindegewebeknorpels.* Inhaltlich ident. mit der C. **1958.** 13804 referierten Arbeit. (Boll. Soc. ital. Biol. sperim. **32.** 152—53. Jan./Febr. 1956. Pavia, Univ., Ist. di Chim. Biol.) O. POLLAK V. EMHOFEN. 4210

Albert Sjoerdsma, Louis Gillespie jr. und **Sidney Udenfriend,** *Eine einfache Methode zur Messung der Monoaminooxydasehemmung beim Menschen.* Zur Therapie bei Hypertension, Angina pectoris u. Depressionen werden Substanzen verwendet, die als *Monoaminooxydase*-Inhibitoren bekannt sind. Vff. testeten die Wrkg. folgender Inhibitoren: *Isopropylisonicotinylhydrazin* (**I**; *Marsilid*), *(1-Methyl-2-phenyl)-äthylhydrazinhydrochlorid* (**II**; JB-516, LAKESIDE LABORS., Milwaukee, Wis.) u. *Harmalin* (**III**), von denen **I** u. **II** eine lang anhaltende u. **III** eine kurze Hemmwrkg. haben. Da alle 3 Substanzen die Umwandlung von 5-Hydroxytryptamin (**IV**) in 5-Hydroxyindolessigsäure (**V**), dem Endpunkt der Monoaminooxydaseaktivität vereinigen, beruht die angegebene Meth. auf einer oralen Dosis von 20 mg **IV** u. der Best. von **V** im 8-Stundenharn. (Lancet **1958** (**II**). 159—60. 19/7. Bethesda, Md., Sect. of Exper. Therapeutics, Labor. of Clin. Biochem., Nat. Heart Inst., Nat. Inst. of Health.) R. LENSCHAU. 4210

M. Rohrlich, G. Ziehmann und **R. Lenschau,** *Die Anwendung des elektrochemischen Meßverfahrens nach Tödt zur Bestimmung der Lipoxydase und Katalase im Getreide.* Die elektrochem. Meth. zur O_2-Best. nach TÖDT (C. **1956.** 3388) kann zur Ermittlung der Lipoxydaseaktivität im Getreide u. Mahlprodd. verwendet werden u. ergibt gut übereinstimmende Werte, die nach anderen Methoden erhalten wurden. Durch elektrochem. Best. der durch Getreidekatalase zers. H_2O_2-Menge kann die Katalaseaktivität während der Reife oder die Änderung der Katalaseaktivität durch schon geringfügige Temperatureinfll. gemessen werden. (Getreide u. Mehl **9.** 13—18. Febr. 1959. Beilage zu: Mühle. Berlin, Bundesforschungsanstalt für Getreideverarbeitung.) H. HAEVECKER. 4210

H. Funaki, M. Kokado, T. Shindo und **I. Kodo,** *Fixierung von roten Zellen durch die Katalasereaktion in einem NaN_3 enthaltenden Medium.* Der Mechanismus der Fixierung roter Blutzellen mit Hilfe der *Katalase*-Rk. in einem NaN_3 enthaltenden Medium wird untersucht. (J. Kyoto prefect. med. Univ. **62.** 448—52. Sept. 1957. Kyoto, Univ., Dep. of Physiol. [Orig.: japan.; Auszug: engl. S. XXIX.]) H. STRUCK. 4210

Satoru Oike, *Experimentelle Untersuchungen über den Einfluß verschiedener Alkohole auf die Hämolysatkatalasereaktion mit Hilfe der thermischen Analyse.* Der Einfl. von *Methyl-*, *Butyl-* u. *Amylalkohol* auf die Hämolysat-*Katalase*-Rk. wird durch therm. Analyse untersucht. *Butyl-* u. *Amylalkohol* hemmen die Rk., *Methylalkohol* unter 2% fördert sie, in höheren Konzz. bewirkt auch er eine Hemmung der Reaktion. (J. Kyoto prefect. med. Univ. **62.** 453—59. Sept. 1957. Kyoto, Univ., Dep. of Physiol. [Orig.: japan.; Auszug: engl. S. XXIX.]) H. STRUCK. 4210

F. Sauer, W. M. Dickson und **H. H. Hoyt,** *Die Sauerstoffaufnahme in Leberhomogenisaten normaler Kühe und solcher mit Ketosis.* Homogenisate durch Biopsie n. lactierender Kühe gewonnener Leberproben wurden inkubiert u. die Q_{O_2}-Werte (bezogen auf Trockengewicht) mit u. ohne Zusatz von Substraten bestimmt. Ohne Zusatz u. bei niedrigem *Na*- u. hohem *K*-Geh. der Suspension lagen die Werte bei 2,0—4,0. Die atmungsstimulierende Wrkg. von Glucose, Propionat u. Butyrat auf Homogenisat war nicht, die von β-Hydroxybuttersäure u. Acetessigsäure dagegen war statist. signifikant. 30 μmol. Fumarsäure u. Äpfelsäure bewirkten starke Zunahme der Q_{O_2}-Werte, 3 μmol. Oxalessigsäure eine deutliche Steigerung. Die Atmungsgeschwindigkeit des Lebergewebes (Homogenisat) von 2 Tieren mit Ketosis war erheblich herabgesetzt (Q_{O_2} ca. 1,0). In 3- u. 2wöchigem Abstand vorgenommene Biopsien ergaben mit fortschreitender klin. Besserung eine Zunahme der Atmungsgeschwindigkeit des Leberhomogenisats. (Amer. J. veterin. Res. **19.** 567—74. Juli 1958. St. Paul, Minn., Univ., Inst. of Agric., Coll. of Vet. Med., Div. of Vet. Med. and Clin.) K. MAIER. 4210

Bertram Sacktor, Lester Packer und **Ronald W. Estabrook,** *Die respiratorische Aktivität der Gehirnmitochondrien.* Kinet. Unterss. mit Atmungsenzymen von Säugerhirnmitochondrien ergaben größte Atmungsaktivität (Ratte) in Ggw. von *α-Glycerophosphat* (**I**) als Substrat. **I** wurde 50% rascher als Succinat u. mehrfach rascher als andere KREBS-Cyclus-Komponenten oxydiert. Äthylendiamintetraacetat hemmte die **I**-Oxydation. *Mg^{2+}*-Ionen hoben die Hemmung vollständig auf. (Arch. Biochem. Biophysics **80.** 68—71. Jan. 1959. Army Chem. Center, Md., Directorate of Med. Res., Physiol. Chem. Branch; Philadelphia, Pa., Univ., Johnson Foundation for Med. Physics.) K. MAIER. 4210

L. J. Middleton, *Polyphenoloxydase bei der Respiration und die Salzaufnahme von Speichergeweben.* Vf. berichtet über die *Atmung* u. die *K*-Aufnahme von Rüben- u. Kartoffelscheiben in Ggw. von *Protocatechusäure* (**I**). Es wurde gefunden, daß **I** in Konzz. von 10^{-3} bis $3 \cdot 10^{-3}$ mol. bei p_H 6 sowohl die *O_2*-Aufnahme als auch die *CO_2*-Abgabe stimuliert; die Stimulierung der Respiration ist verbunden mit einer Verminderung der *K*-Aufnahme. Verss. mit *CO* zeigten, daß die „Extrarespiration" in Ggw. von **I** durch *Polyphenoloxydase* (**II**) entsteht; **II** scheint bei n. Atmung keine Rolle zu spielen. Die *K*-Aufnahme von Kartoffelscheiben wird lichtreversibel durch *CO* gehemmt; dies weist auf eine Beteiligung von *Cytochromoxydase* bei der Salzaufnahme hin. — Diskussion der Ergebnisse. (J. exp. Botany **6.** 422—34. Okt. 1955. London, King's Coll., Dep. of Botany.) H. GOEBEL. 4210

Tamotsu Sasaki, *Experimentelle Untersuchungen über die Nierenkatalase.* Aus Kaninchenmark u. Rinde wird getrennt eine rohe *Katalase*-Lsg. hergestellt u. die Zers. von H_2O_2 gemessen. Es wird eine lineare Beziehung zwischen den Geschwindigkeitskonstanten K_0 u. der Menge des zers. H_2O_2 gefunden. Aus dem Vgl. dieser Daten ergibt sich, daß die beiden Katalaseaufarbeitungen aus Mark u. Rinde im wesentlichen ident. sind. Nach Sublimat oder Phenol oder bei experimenteller Nephritis tritt eine Aktivitätsverminderung ein. (J. Kyoto prefect. med. Univ. **62.** 891—918. Dez. 1957. Kyoto, Univ., Dep. of Physiol. [Orig.: japan.; Auszug: engl. S. LIX.]) H. STRUCK. 4210

Kimiko Sato und **Fujio Egami,** *Die Spezifität von Ribonuclease T_1.* In Takadiastase wurden 2 thermostabile Ribonucleasen, T_1 u. T_2, aufgefunden. T_1, die weitgehend gereinigt u. fast einheitlich erhalten wurde, hydrolysiert bevorzugt die sek. Phosphorsäureesterbindung von *Guanosin-3'-phosphat* unter intermediärer Bldg. cycl. *Guanosin-2'.3'-phosphats* u. unterscheidet sich damit in der Spezifität von Pankreasribonuclease, die in erster Linie Pyridinnucleosid-3'-phosphate spaltet. T_1 kann wahrscheinlich vorteilhaft zur Unters. der Konst. von Ribonucleinsäure herangezogen werden. (C. R. Séances Soc. Biol. Filiales **151.** 1792—96. 1957, herausgeg. 20/5. 1958. Nagoya, Univ., Fac. des Sci., Inst. de Chim.) K. MAIER. 4210

Lemuel D. Wright, Monique Cleland und **Birendra N. Dutta,** *Hemmung der Mevalonsäureverwertung durch Ribonuclease.* Die Verwertung von Mevalonsäure (**I**) in Rattenleberhomogenisaten kann durch den Einbau von *$^{14}C_{(2)}$*-**I** in das Unverseifbare, in Cholesterin (**III**) oder durch Verschwinden der mikrobiol. **I**-Aktivität bestimmt werden. Bei Präincubation (30 Min.) des Enzymsyst. mit relativ großen Konzz. krist. Ribonuclease (**II**) wird die **I**-Umwandlung aufgehoben. Das Substrat der **II**-Wrkg. ist unbekannt. Der **I**-Einbau in **III** wird durch Präincubation mit *Desoxyribonuclease* nicht beeinflußt. Ebenso sind *Elastase* u. *Transacetylase* ohne Wirkung. (Proc. Soc. exp. Biol. Med. **98.** 425—27. Juni 1958. Ithaca, N. Y., Cornell Univ., Graduate School of Nutr.) K. MAIER. 4210

Oldřich Nečas, *Der Einfluß der Ribonuclease und Desoxyribonuclease auf die Entwicklung nackter Protoplasten der Hefe. Ribonuclease* (RN) hemmt in Konzz. von 1 mg/ml synthet. Nährlsg. das Wachstum u. die Entw. nackter Protoplasten von *S. cerevisiae* innerhalb 24 Std., während sich in RN-freien Medien große plasmat. Gebilde entwickeln. Das Wachstum intakter Hefezellen wird durch RN nicht beeinflußt. *Desoxyribonuclease* wirkt weder auf das Wachstum intakter Hefezellen noch auf die Entw. nackter Hefeprotoplasten. Vf. nimmt an, daß bei den nackten Protoplasten die Funktionen der cytoplasmat. Membran teilweise geschädigt sind u. daher das Eindringen der RN gegenüber den intakten Zellen erleichtert wird. (Českoslov. Biol. **7.** 452—55. Nov. 1958. Brno, Univ., Ústav pro obecnou biologii lekařské fakulty.) B. GÖRLICH. 4210

Allan H. Roush und **Robert F. Betz,** *Reinigung und Eigenschaften von Trans-N-desoxyribosylase.* Extrakte von verschied. Mikroorganismen u. Tiergeweben mit *Desoxyinosin* (**II**), *Adenin* (**III**) u. *Guanin* (**IV**) wurden auf die Aktivität an Trans-N-desoxyribosylase (**I**) geprüft. **I**-Aktivität wurde nur in Extrakten von *Lactobacillus helveticus* (ACTC Nrs. 8018 u. 10386) u. *Escherichia coli* nachgewiesen. Gereinigtes **I** (11fache Aktivitätssteigerung) wurde aus L. helveticus durch $(NH_4)_2SO_4$-Fraktionierung, Dialyse u. Zentrifugieren gewonnen. Bei p_H 6,3 war **I** bis 55° stabil. Das **I**-Aktivitätsoptimum lag bei p_H 5,8. Die Übertragungs-Rkk. der Desoxyribosylgruppe von Purin- als auch Pyrimidindesoxyribonucleosiden durch **I** auf **IV, III,** *Hypoxanthin* (**V**), *8-Azaguanin* (**VI**), *6-Mercaptopurin, Thymin* (**VIII**), *Uracil* u. *Cytosin* (**VII**) wurden in *Phosphat-, Acetat-* u. *Tris-[hydroxymethyl]-aminomethan* (Trispuffer)-Puffer untersucht. Mit den Purinen konnten höhere Raten erzielt werden als mit Pyrimidinen. Unterss. der Substratspezifität unter Verwendung von 6 Enzymen (*Xanthinoxydase, Guanase, Adenase, Cytosin-, Adenosin-* u. *Cytidindesaminase*) ergaben eine große Mannigfaltigkeit der Übertragung in Acetatpuffer, in Trispuffer dagegen nur bei Purinen. Bei Pyrimidinen zeigte sich weiterhin eine Hemmung der Übertragung in Acetatpuffer, in Trispuffer dagegen nur bei Purinen. Bei Pyrimidinen zeigte sich weiterhin eine Hemmung der Übertragung durch Trispuffer. Diese Hemmung konnte mit Phosphat rückgängig gemacht werden. Auch bei den Purinen konnte eine bis zu 70%ig. Hemmung der Übertragungs-Rkk. beobachtet werden. **II** + **IV** $\rightleftharpoons$ *Desoxyguanosin* + **V**, K: 2,9—3,2; *Desoxycytidin* + **III** $\rightleftharpoons$ *Desoxyadenosin* + **VII**, K: 5,6; **II** + **VI** $\rightleftharpoons$ *Azaguanindesoxynucleosid* + **V**, K: 1,9; *Thymidin* + **VII** $\rightleftharpoons$ Desoxycytidin + **VIII**, K.: 0,18. (J. biol. Chemistry **233.** 261—66. Aug. 1958. Chicago, Ill., Inst. of Technol., Dep. of Biol.) H. DÖLLE. 4210

Lewis W. Wannamaker, *Differenzierung von drei verschiedenen Desoxyribonucleasen bei Streptokokken der Gruppe A.* Streptokokken der Gruppe A bilden 3 verschied. Desoxyribonucleasen, die als *Desoxyribonuclease A, B* u. *C* bezeichnet wurden. Die Enzyme wandern bei Stärkezonenelektrophorese verschied. rasch, unterscheiden sich immunolog. u. sind in ihrer Hemmung durch Citrat u. ihren p_H-Aktivitätsoptima verschieden. Die Bldg. der verschied. Enzyme ist abhängig vom Stamm. — Zahlreiche Tabellen u. Kurven; Diskussion der Ergebnisse. (J. exp. Medicine **107.** 797—812. 1/6. 1958. New York, N. Y., Rockefeller Inst. for Med. Res.) H. GOEBEL. 4210

E. S. Canellakis und **R. Mantsavinos,** *Die Umwandlung von ^{14}C-Desoxynucleosid-5'-monophosphaten in die entsprechenden Di- und Triphosphate durch lösliche Säugerenzyme.* Gegen Trispuffer (p_H 7,4) dialysierte Homogenisatüberstandfraktionen (106000 g) aus regenerierender Rattenleber (36 Std. nach Hepatektomie) phosphorylieren die Desoxy-5'-mononucleotide von Adenin, Guanin, Cytosin u. Thymin zu den entsprechenden Di- u. Triphosphaten, wobei letztere mit 80—90% Ausbeute gebildet werden. Ohne Dialyse war die Umwandlung geringer (Konkurrenz natürlicher Mono- u. Diphosphate mit den zugesetzten radioakt. Substraten?). Die verwendeten ^{14}C-Desoxynucleosid-5'-monophosphate (**I**) wurden durch enzymat. Hydrolyse der Desoxyribonucleinsäure in Ggw. von $^{14}CO_2$ gezüchteter *E. coli*-Zellen erhalten. **I**-Fraktionierung u. -Isolierung erfolgte durch Ionenaustauschchromatographie (Dowex-1-Formiat) unter Elution mit W.-mol. Formiatgemischen (p_H 4,25). (Biochim. biophysica Acta [Amsterdam] **27.** 643—45. März 1958. New Haven, Conn., Yale Univ., School of Med., Dep. of Pharmacol.) K. MAIER. 4210

I. Je. Elpiner und **G. A. Dworkin,** *Einwirkung von Ultraschallwellen auf die oberflächlich lokalisierte Adenosinpolyphosphatase (Ektoapyrase) der Kernerythrocyten.* Die *Ektoapyrase* (**I**) ist auf der Oberfläche der Kernerythrocyten lokalisiert. Ihre Wrkg. ist auf das Substrat der Umgebung gerichtet. **I** spaltet das Phosphat der Adenosintriphosphor-, Adenosindiphosphor- u. Inosintriphosphorsäuren ab. Die Verss. wurden mit gewaschenen Taubenerythrocyten (aus heparinisiertem Blut) durchgeführt. Unter der Einw. der Ultraschallwellen sinkt die osmot. Resistenz stärker als bei Erythrocyten von Kaninchen u. Ratte. Auch die hämolysierende Wrkg. der Ultraschallwellen ist bei Taubenerythrocyten stärker. Hämolyse tritt 15—20 Sek. nach Beginn der Beschallung auf. Die **I**-Aktivität nimmt sofort nach der Beschallung zu, erreicht ihr Maximum nach 5—7 Sek. u. beginnt nach 15 Sek. zu sinken, wohl eine Folge der eintretenden Hämolyse. Die Steigerung der Aktivität fand man nur innerhalb der Erythrocyten u. nicht in der sie umgebenden isoton. Lösung. $CdCl_2$ (10^{-5} mol.), welches die SH-Gruppen blockiert, hemmt erheb-

lich die I-Aktivität. Diese wird durch Zusatz von 10^{-3} mol. Cystein wiederhergestellt. Zu den $CdCl_2$-freien Erythrocyten zugefügt, steigert Cystein die I-Aktivität nicht. Auch dann, wenn I der Erythrocyten durch Zusatz von $CdCl_2$ erheblich gehemmt ist, verstärken die Ultraschallwellen die I-Aktivität. Unter dem Einfl. der Ultraschallwellen werden neue fermentative Zentren „bloßgelegt". Die beschriebenen Effekte werden bereits bei einer Ultraschallexposition (5—7 Sek.) beobachtet, bei der die mechan. u. chem. Prozesse noch schwach sind. Eine Verstärkung der I-Aktivität als Folge seiner Rk. mit den Spaltprodd. der ionisierten Wassermoll. durch freie OH-Radikale liegt also nicht vor. Unter der Einw. der Röntgenstrahlen verstärkt sich die Aktivität der I nicht; sie zeigt im Gegenteil eine deutlich fallende Tendenz. (Доклады Академии Наук СССР [Ber. Akad. Wiss. UdSSR] **113**. 323—25. 11/3. 1957. Inst. für biol. Physik der Akad. der Wiss. der UdSSR.)
F. DU MANS. 4210

M. M. Worobjewa, *Die Adenosintriphosphatase von B. paracoli während der Latenzperiode der Phagenentwicklung.* Unter dem Einfl. von Phagen wird die Aktivität der *Adenosintriphosphatase* (**I**) von *Bacterium paracoli* erhöht. Die Aktivierung ist am größten während der Entw. der Phagen, am geringsten zur Zeit ihrer Reife. — Es bestehen Beziehungen zwischen dem Einfl. verschied. Ionenaktivatoren (Mg, Ca, Mn) u. dem des Virus auf die I-Aktivität. Mg u. Phagen wirken gleichsinnig (aktivierend); Ca steigert die I-Aktivität nur in der nicht von Phagen befallenen Zelle. — Die Erhöhung der I-Aktivität ist nicht mit einer verstärkten Fermentsynth. in den Zellen verbunden, sondern beruht nach Ansicht der Vf. auf einer Veränderung der Aktivierungsstufe. (Вопросы Вирусологии [Fragen d. Virusforsch.] **4**. 100—02. Jan./Febr. 1959. Moskau, Akad. der med. Wiss. der UdSSR, Inst. für Virusforsch.) R. OBENAUS. 4210

E. Scarano und **A. Orengo,** *Transphosphorylierung zwischen Adenosintriphosphat und Desoxyribonucleotiden.* Unter Verwendung des Homogenats unbefruchteter Seeigeleier als Enzympräp. wurde eine zwischen *Adenosintriphosphat* u. *Desoxyribonucleotid* stattgefundene Transphosphorylierung nachgewiesen. Es wurde die Papierchromatographie von Extrakten der Incubationsgemische oder der enzymat. Nachw. von Adenosinmonophosphat durch hieraus mittels Desaminase abgespaltenes NH_3 angewendet. (Boll. Soc. ital. Biol. sperim. **33**. 1729—31. Okt./Nov. 1957. Neapel, Univ., Stazione Zool. e Ist. di Fisiol.) O. POLLAK V. EMHOFEN. 4210

A. J. Keys, *Uridindiphosphokinase in Weizensämlingen.* Die Scutella wird nach 48std. Keimung der Sämlinge abgetrennt u. bei 0° in 0,1 mol. Glucose homogenisiert. Von den Homogenaten wurden Acetontrockenpulver hergestellt u. diese wie folgt extrahiert: 0,4 g Trockenpulver wurden mit 5,3 cm^3 0,05 mol. Acetatpuffer, p_H 5,0 bei 0°, verrieben. Nach Zentrifugieren wurden 3 cm^3 der überstehenden, klaren Fl. mit NaOH neutralisiert, über Nacht gegen 0,02 mol. Phosphatpuffer, p_H 7,3, dialysiert u. hierauf auf das 10fache verdünnt. Ansätze im Gesamtvol. von 0,1 cm^3 (p_H 7,3, 21°) enthielten 0,04 cm^3 Extrakt mit 0,1 μMol *ATP*, 0,1 μMol *Uridindiphosphat* (**I**) u. 0,7 μMol $MgCl_2$. Die Ggw. von *Uridintriphosphat* (**II**) u. *ADP* wurde nach 2 Min. Incubation nachgewiesen. Nach 18 Min. waren annähernd gleiche Mengen von *ATP*, *ADP*, **II** u. **I** vorhanden; *Nucleosidmonophosphate* (**III**) wurden kaum gefunden. Ohne *ATP* oder nach Kochen des Extraktes wurde kein **II** gebildet. Das spärliche Auftreten von **III** wird auf die Aktivität von Phosphatasen zurückgeführt. Nucleotide wurden mittels zweidimensionaler Papierchromatographie bestimmt [WHATMAN-Papier Nr. 1, luftgetrocknet bei 25° nach Einweichen in 1%ig. $(NH_4)_2SO_4$-Lsg.; Entw.: 16 Std. mit Propanol-(2) + 1%ig. $(NH_4)_2SO_4$-Lsg. (3:2 v/v) u. 6 Std. mit gesätt. $(NH_4)_2SO_4$-Lsg. + W. + Propanol-(2) (79:19:2 Vol.) in der zweiten Richtung]. Behandlungen bei niedrigem p_H u. erhöhter Temp. führten nicht zu von störenden Phosphatasen freien Präparaten. Fraktionierung mit $(NH_4)_2SO_4$ war teilweise erfolgreich. Uridindiphosphokinase hat ein breites p_H-Optimum zwischen 7—9. (Biochem. J. **70**. 11 P—12 P. Dez. 1958. London, Imperial Coll. of Sci. and Technol., Res. Inst. of Plant Physiol.) H. AMAN. 4210

Kiyoshi Kawasaki, *Untersuchungen über die Phosphatasen von Leber, Niere, Dünndarm und Muskel von trächtigen Kaninchen und Foeten.* Die Best. der *Phosphatase* (**I**)-Verteilung in verschied. Organen n. trächtiger Kaninchen u. deren Foeten nach SHINOWARA, JONES u. REINHART ergab während Trächtigkeit u. Nichtträchtigkeit hohen Geh. an alkal. **I** in Niere u. Dünndarm, niedrigen in Leber u. Muskel (Femur), während sich hinsichtlich saurer I-Aktivität für die einzelnen Organe kein wesentlicher Unterschied ergab. Die alkal. u. saure I-Aktivität der Foeten stieg in Niere u. Dünndarm während des letzten Stadiums erheblich an, während die Aktivität in Leber u. Muskel im Mittel- u. Spätstadium sich nicht wesentlich änderte. Saure **I** von Leber u. Niere nahm im Endstadium deutlich zu, jedoch nicht wesentlich in Dünndarm u. Muskel. Zwischen Gewebe-I von Muttertier u. Foetus ergab sich kein Zusammenhang. Die alkal. I-Aktivität der Gewebeist im Foetus stets erheblich niedriger als beim ausgewachsenen Tier, während hinsichtlich saurer I im Endstadium keine wesentliche Differenz besteht. (Acta med. biol. [Japan] **6.** 29—46. Juli 1958. Niigata, Univ., School of Med., Dep. of Obstetrics and Gynecol. [Orig.: engl.]) K. MAIER. 4210

A. A. Ssawinowskaja, *Änderung der Aktivität der sauren Phosphatase in den mesothelialen Zellen bei Mitose.* Die *saure Phosphatase* (I) wird in den Mesothelzellen im Bauchfell von Kaninchen untersucht, denen 400 ml sterile Luft in die Bauchhöhle eingeführt wurden. In n. Mesothelzellen findet man I in kleinen Mengen in den Kernen, wobei 1—2 kleine homogene Körnchen intensiv gefärbt werden. Das Protoplasma enthält sehr wenig I. Zwei Tage nach dem Ansetzen des Pneumoperitoneums steigt zwar in den Zellen die Menge der Ribonucleinsäure, die Aktivität der I ändert sich jedoch nicht. Nur die I-Körnchen sind größer; an ihrer Oberfläche färben sich kleine Schollen dunkelbraun. Sie entsprechen dem mit den Körnchen verbundenen Chromatin. In verlängerten Verss. steigt die Intensität der Färbung der Kerne, sehr schwach auch die des Cytoplasmas, wobei die Kerne der Mesothelzellen ihre Struktur verlieren. Die Intercellularsubstanz bleibt dauernd ungefärbt. Die Aktivität der I steigt während der Mitose sehr stark. Chromosome färben sich intensiv, die Aktivität der I im Cytoplasma ist während der verschied. Phasen der Teilung verschieden. Junge Mesothelzellen, die sich soeben durch Kariokinese gebildet haben, weisen längere Zeit hohe I-Aktivität auf, aber nur ihre Kerne. Das Cytoplasma unterscheidet sich nicht von dem der umgebenden alten Zellen. Bei amitot. Teilung ändert sich die Aktivität der I in den Mesothelzellen kaum. Die Frage, ob die intensive Färbung des Cytoplasmas während der Prophase u. der frühen Metaphase ein Artefakt ist bzw. die Ggw. einer anderen Phosphatase anzeigt, bleibt ungeklärt. (Доклады Академии Наук СССР [Ber. Akad. Wiss. UdSSR] **116.** 1018—21. 21/10. 1957. Moskau, 1. Med. Ssetschenow-Inst.) F. DU MANS. 4210

G. V. Heyndrickx und **G. Peeters,** *Untersuchungen über die Enzyme in Euterlymphe, Plasma und Milch des Rindes.* Vff. untersuchten die Aktivitäten der *alkal.* (I) u. *sauren Phosphatase* (II), der *Amylase* (III), der *Phosphohexoseisomerase* (IV), der *Aldolase* (V), der *Lipase* u. der *Histaminase* in der Euterlymphe, dem entsprechenden Plasma der Eutervenen sowie der Milch n. Kühe. Bezogen auf g Protein liegen die Enzymaktivitäten der Lymphe niedriger als im Plasma, mit Ausnahme von II, IV u. V. Signifikante Korrelationen bestehen im Plasma zwischen III u. IV, in Plasma u. Lymphe zwischen I u. Geh. an anorgan. P, sowie in der Lymphe zwischen dem Geh. an anorgan. P u. II u. zwischen I u. IV. In der Milch (u. in geringem Umfang in der Lymphe) besteht eine hohe Korrelation zwischen IV u. V, die nach Ansicht der Vff. die Bedeutung der Lymphe bei der Synth. der Milch unterstreicht. (Enzymologia [Den Haag] **20.** 161—66. 1958. Ghent, Belgien, State Univ., Veter. Coll. and State Agricult. Univ.) E. SCHWERDTFEGER. 4210

Gy. Bot und **I. Jókay,** *Bildungs- und Umwandlungsverhältnisse von Phosphorylase a im Muskelhomogenat.* Im Muskelhomogenat entsteht auf Wrkg. von *ATP* unter Mitwrkg. der eigenen Ionen des Homogenats Phosphorylase a. Die Wrkg. von ATP wird in Anwesenheit der eigenen Ionen des Homogenates u. auch nach Zugabe von Mg^{2+}- oder Ca^{2+}-Ionen von *NaF* gehemmt, nach Zugabe von Mn^{2+} jedoch nicht. Im dialysierten Extrakt wird die ATP-Wrkg. von Mn^{2+} u. Mg^{2+} aktiviert, von Ca^{2+} gehemmt. Das Phosphorylase a/b-Verhältnis im Homogenat ist von der Phosphorylase a-Bldg.- u. Inaktivierungsgeschwindigkeit abhängig. Die ATP-Konz. ist bei gegebener Ionenkonz. auf diese Prozesse von großem Einfluß. Die Phosphorylase a-Bldg. geht auch bei 0—5° vor sich, ihre Inaktivierung dagegen nicht. In Ggw. von ATP u. bivalenten Ionen ist auch die Glykogenphosphorylierungsfähigkeit des Muskelhomogenates erheblich größer. (Acta physiol. Acad. Sci. hung. **11.** 427—33. 1957. Debrecen, Med. Univ., Pathohistolog. Inst.) L. LEICHTER. 4210

K. I. Markov, G. K. Saev, S. Klein und **A. Monov,** *Phosphatasebildung bei den penicillinresistenten und penicillinempfindlichen Staphylokokken.* Es wird die als Merkmal der Staphylokokkenpathogenität geltende Phosphatase (I)-Bldg. bei den gegen Penicillin (P)-resistenten u. P-empfindlichen Staphylokokken untersucht. Die I-Bldg. wird durch die „in vitro" erworbene P-Resistenz stark herabgesetzt. Dagegen bleibt sie bei den P-resistenten, aus patholog. Prozessen isolierten Stämmen unbeeinflußt. (Naturwissenschaften **45.** 443—44. 2. Sept.-H. 1958. Sofia, Bulgarien, Med. Akad., Inst. für Mikrobiol. u. Inst. für Biochem.) H. DÖLLE. 4210

A. Chari-Bitron und **Y. Avi-Dor,** *Die Wirkung von Fluorpyruvat auf die Schwellungs- und Phosphorylierungsaktivität sowie die Atmung von Meerschweinchenlebermitochondrien.* Zusatz von 0,3 mmol. *Fluorpyruvat* (I) oder 0,3 mmol. *Jodacetat* (II) steigert die Schwellung von Meerschweinchenlebermitochondrien in Pufferlsg. auf das 2—3fache. Gleichzeitige Zugabe von $MnSO_4$, $MgSO_4$, $ZnSO_4$, Adenosintriphosphat (III), Äthylendiamintetraessigsäure (**IV**) oder Cystein (**V**) sowie Begasung mit N_2 hemmen die Schwellung, $CaCl_2$ steigert sie. Bei Zugabe von $CaCl_2$ + **I** oder **II** ist die Wrkg. additiv. Bei gleichzeitiger Einw. von **III** u. Mg^{2+} hängt die Wrkg. vom Mengenverhältnis ab. Sie ist am geringsten, wenn die mol. Konz. Mg^{2+}:**III** = 2:1 vorliegt. Es scheinen also nur freies **III** u. Mg^{2+}, nicht dagegen ihr Chelat (**III**)$_2$. Mg^{2+} zu wirken. — Die Adenosintriphosphataseaktivität der Mitochondrien wird durch 0,3 mmol. **I** u. **II** gesteigert. 2.4-Dinitrophenol, **IV**, Citrat (**VI**) u. **V** hemmen. Die Wrkg. von Mg^{2+} + **III** hängt wiederum von den mol. Verhältnissen ab. $CaCl_2$ steigert die **I**-, jedoch nicht die **II**-Wirkung. — Mit Glutamat als Substrat erniedrigen **I** u. **II** das P:O-Verhältnis der **III**-Bldg. durch Mitochondrien schwach. Die in vitro-Oxydation von Pyruvat, α-Ketoglutarat, Malat, Glutamat, iso-Citrat (**VII**), **VI** u. Succinat (**VIII**) durch Mitochondrien wird durch 0,3 mmol. **I** u. **II** gehemmt. Die Hemmung ist bei **VI, VII** u. **VIII** allerdings schwach. Steigende Mengen Mg^{2+} kehren diese Wrkg. um. Ggw. von 0,5 mol. **IV** während der Homogenisierung der Leber verringert die Atmungshemmung um 20%. Red. Glutathion (**IX**) kehrt die Hemmwrkg. von **I** auf die Atmung um. Gleichzeitige Zugabe von Diphosphopyridinnucleotid erhöht die Wrkg. des **IX** noch. Während der Incubierung nimmt die **I**-Konz. ab, worauf Mg^{2+} keinen Einfl. hat. Die Zersetzungsprodd. von **I** haben keinen antagonist. Einfl. auf die Atmungshemmung durch **I**. (Biochem. J. **71**. 572—78. März 1959. Ness-Ziona, Israel Inst. for Biol. Res.) S. DITTMANN-MITZSCHERLICH. 4210

Dexter S. Goldman (unter techn. Mitarbeit von **Patricia Ann Koch**), *Die Anreicherung von Phosphotransacetylase aus Escherichia coli, K-12.* Aus in Trispufferextrakt (p_H 7,5) zerkleinerten *E. coli*-Zellen (Stamm K-12, 24-Std.-Kultur) wurde durch $(NH_4)_2$-SO_4-Fraktionierung (37—47% Sättigung) des 140000 g-Überstands ein *Phosphotransacetylase* (**I**)-Präp. [spezif. Aktivität 30 (E./mg Protein)] erhalten, das in konz. Lsg. u. Ggw. von $(NH_4)_2SO_4$ haltbar war, beim Verdünnen auf ca. 0,1 mg Eiweiß/cm^3 in 0,1 mol. Trispuffer, p_H 7,5, bei 0° innerhalb weniger Min. Inaktivierung erlitt. Die **I**-Best. beruht auf der Brutto-Rk.: Acetylphosphat + L-Malat + $DPN^+ \rightleftharpoons$ Citrat + anorgan. Phosphat + DPNH + H^+. *E. coli*-**I** ist weitgehend der von STADTMAN beschriebenen (J. biol. Chemistry **196**. [1952.] 527) ähnlich. **I** benötigt CoA u. eine SH-Quelle. (Biochim. biophysica Acta [Amsterdam] **28**. 436—37. Mai 1958. Madison, Wis., Veterans Administration Hospital, Tuberculosis Res. Labor.; Univ., Inst. for Enzym Res.) K. MAIER. 4210

Michael Schramm, V. Klybas und **E. Racker**, *Die phosphorolytische Spaltung von Fructose-6-phosphat durch Fructose-6-phosphatphosphoketolase aus Acetobacter xylinum.* Fructose-6-phosphatphosphoketolase, welche die phosphorolyt. Spaltung von Fructose-6-phosphat zu *Erythrose-4-phosphat* u. *Acetylphosphat* katalysiert, wurde aus Extrakten von Acetobacter xylinum gewonnen u. gereinigt. Bei Ersatz von Phosphat durch *Arsenat* wurde *Acetat* u. Erythrose-4-phosphat gebildet. Das gereinigte Enzym spaltete auch *Xylulose-5-phosphat* zu Acetylphosphat u. *Glycerinaldehyd-3-phosphat.* Unter denselben Bedingungen werden *Ribulose-5-phosphat, Sedoheptulose-7-phosphat, Xylulose, Fructose, Brenztraubensäure* u. *Hydroxybrenztraubensäure* nicht gespalten. In rohen Extrakten werden pro μMol zugesetztem Fructose-6-phosphat mehr als 2 μMol Acetat erhalten. Die Bedeutung dieser Beobachtung im Hinblick auf die Einbeziehung von Erythrose-4-phosphat in den Energiestoffwechsel bei Acetobacter xylinum wird diskutiert. (J. biol. Chemistry **233**. 1283—88. Dez. 1958. New York, N. Y., Public Health Res. Inst., Div. of Nutr. and Physiol.) K. HEYNS. 4210

Harland G. Wood und **Joseph Katz**, *Die Verteilung von ^{14}C in Hexosephosphaten und der Einfluß der Rückführung in den Pentosecyclus.* Der vollständige Pentosecyclus schließt die Rückführung von Hexosemonophosphat ein. Als Folge davon findet eine Gleichverteilung des ^{14}C von markierter *Glucose* (**I**) auf die Stellungen 1, 2 oder 3 statt. Das Ausmaß der Rückführung ist abhängig von dem Anteil an **I**, der im Pentosecyclus umgesetzt wird. Wenn die gesamte Menge an **I** durch einen vollständigen Pentosecyclus verbraucht wird, müssen ca. 30% den Cyclus drei- oder mehrmals durchlaufen. Wenn nur 12% des Hexosemonophosphats durch den Cyclus verbraucht werden, müssen nur ca. 1% den Cyclus drei- oder mehrmals durchlaufen. Das Verhältnis von ^{14}C in der 1-, 2- oder 3-Stellung des Hexosephosphats wird unter diesen Bedingungen sehr verschied. sein. Der Unterschied ist wichtig für die Interpretation von Tracerunterss.; eine zusätzliche Verteilung des ^{14}C kann durch reversible *Transaldolase–Transketolase*-Rkk. eintreten. (J. biol. Chemistry **233**. 1279—82. Dez. 1958. Cleveland, Ohio, Western Res. Univ., School of Med., Dep. of Biochem.; Los Angeles, Calif., Cedars of Lebanon Hosp., Inst. of Med. Res.) K. HEYNS. 4210

Vincent J. Pileggi, *Die Phytaseverteilung in der Ratte. Phytase* (**I**) findet sich in der Ratte weit verbreitet, die größte Aktivität ist in der Darmschleimhaut. Die relative **I**-Verteilung geht mit der der alkal. Phosphatase weitgehend parallel, ausgenommen im Hirn, das im Vgl. zur β-Glycerophosphataseaktivität eine hohe **I**-Wirksamkeit aufweist.

Mg^{2+} steigerte, wenn auch unterschiedlich, die I-Aktivität der Rohhomogenisate aller untersuchten Gewebe. Die Hydrolyse von Phytinsäure u. β-Glycerophosphorsäure durch Darmautolysat war nicht additiv u. beruhte demnach nicht auf der Wrkg. von 2 voneinander unabhängigen Enzymsystemen. (Arch. Biochem. Biophysics **80**. 1—8. Jan. 1959. Philadelphia, Pa., Univ., Schools of Med., Harrison Dep. of Surgical Res.)
K. MAIER. 4210

R. L. Jolley, Vernon H. Cheldelin und **R. W. Newburgh,** *Glucoseabbau durch fötales und Erwachsenenherz.* Die Entstehungsgeschwindigkeiten von $^{14}CO_2$ aus $^{14}C_{(1)}$- (I), $^{14}C_{(2)}$- oder $^{14}C_{(6)}$- (II) sowie aus $^{14}C_{(1-6)}$-*Glucose* u. aus $^{14}C_{(2)}$-*Brenztraubensäure* sind in Herzhomogenaten von erwachsenen Schweinen (a) ca. 3—4mal so groß wie in Homogenaten fötaler Herzen (b). Die Bildungsgeschwindigkeiten von $^{14}CO_2$ aus I u. II sind bei a u. bei Herzen älterer b etwa gleich groß. Bei frühen b übersteigt die Geschwindigkeit der $^{14}CO_2$-Produktion aus I die der aus II um ca. 25%. Bei b verursacht ein Zusatz von *TPN* eine Zunahme um das 10fache der $^{14}CO_2$-Produktion aus **I**, bei a nur um das Zweifache. Beide oxydieren das $C_{(1)}$-Atom in der *Ribose*, wobei die Oxydationsgeschwindigkeit bei a größer ist. Bei b ist die Oxydationsgeschwindigkeit des $C_{(1)}$-Atoms der Ribose größer als die des $C_{(6)}$-Atoms der Glucose. Die Entstehungsgeschwindigkeit von $^{14}CO_2$ aus $\Delta^{14}C_1$-*Gluconolacton* ist bei b 3—4mal größer als bei a. Durchströmte fötale Schweineherzen liefern $^{14}CO_2$ aus I mit größerer Geschwindigkeit als aus II. Bei durchströmten Rattenherzen verursacht Zugabe von Triphosphopyridinnucleotid zum Perfusionsmedium eine Zunahme der Oxydation des $C_{(1)}$-Atoms in der Glucose. (J. biol. Chemistry **233**. 1289—94. Dez. 1958. Corvallis, Ore., Dep. of Chem. and the Science Res. Inst., Oregon State Coll.)
K. HEYNS. 4210

Z. Dische und **G. Ashwell,** *Hemmung der anaeroben Glykolyse in Taubenhämolysaten durch mehrwertige Anionen.* Vff. untersuchten die Wrkg. von Ionen auf die anaerobe Glykolyse in Taubenhämolysaten. Bei den Kationen ließen sich 2 Gruppen unterscheiden: Mn^{2+}, Zn^{2+} u. Fe^{2+} bewirken eine deutliche Hemmung, Ca^{2+}, Ba^{2+} u. La^{3+} hemmen die Glykolyse der *Glucose* (I) nicht u. beschleunigen sie sogar in einigen Fällen. Durch mehrwertige Anionen (Sulfat, Oxalat, Phosphat, Ribonucleat u. a.) wird die durch hämolysierte rote Blutkörperchen sowie durch das Cytoplasma von deren Hämolysaten bewirkte *Milchsäure*-Bldg. aus I gehemmt. Die durch Anionen bedingte Hemmung setzt mindestens an 3 Stellen des glykolyt. Syst. ein, die ausgeprägteste Hemmung zeigt das *Hexokinase*-Syst., ferner wird das Syst., das die Oxydation von *Triosephosphat* katalysiert, durch die Anionen angegriffen, u. der 3. Angriffspunkt kann entweder BUCHERs *Enzym* oder *Phosphohexokinase* sein. Der wahrscheinliche Mechanismus dieser Hemmung wird ausführlich erörtert. (Biochim. biophysica Acta [Amsterdam] **17**. 56—66. Mai 1955. New York, N. Y., Columbia Univ., Coll. of Physicians and Surgeons, Dep. of Biochemistry.)
L. LEICHTER. 4210

D. S. Feingold, E. F. Neufeld und **W. Z. Hassid,** *Synthes eines β-1.3-verknüpften Glucans durch Extrakte von Phaseolus aureus-Sämlingen.* Aus Sämlingen der Mungbohne (*Phaseolus aureus*) wurde eine als *Uridindiphosphat* (*UDP*)-*Glucose-1.3-glucantransglucosylase* (I) bezeichnete Transferase isoliert. Diese polymerisierte die Glucose (**VII**) von ^{14}C-markierter UDP-D-glucose (II) unter Freisetzung von UDP zu einem β-1.3-verknüpften *Glucan* (**III**), das offenbar mit dem Laminaran ident. ist. **III** besitzt eine ähnliche Säurebeständigkeit wie Cellulose u. wird durch 30 Min. Erhitzen mit 6 n HCl noch nicht zu Oligomeren abgebaut. Aus der Größe der bei der partiellen Hydrolyse mit übersätt. HCl aus **III** erhaltenen Oligosaccharide ist zu schließen, daß der Polymerisationsgrad von **III** größer als 9 ist. Die Bldg. von **III** ist an die Ggw. von Aktivatoren (D-**VII** oder D-Glucoside) gebunden, deren Rolle nicht eindeutig geklärt ist.

V e r s u c h e: Die Sämlinge von Phaseolus aureus wurden mit 0,01 mol. Na- u. K-Phosphat (p_H 7) homogenisiert u. aus der filtrierten Lsg. durch Zentrifugieren bei 20000 g eine Fraktion, die feinverteilte I erhalten. Daraus wurde durch Schütteln mit 1%ig. Digitoninlsg., Zentrifugieren bei 20000 g, Isolieren des Nd. bei 35—50% $(NH_4)_2 \cdot SO_4$-Sättigung des Überstandes u. Umfällen aus einer Lsg. in 0,01 mol. Trishydroxymethylaminomethan (IV)-Puffer (p_H 7,0) durch 50%ig. $(NH_4)_2SO_4$-Sättigung „solubilisierte" I erhalten, die in 0,1 mol. **IV**-Puffer bei p_H 7,0 u. 0° nur wenige Std., bei —10° bis zu 2 Wochen voll wirksam blieb, doch in den einzelnen Ansätzen unterschiedliche Wrkg. hatte. I wurde bei Normalansätzen in **IV**-Puffer (p_H 7,0) mit radioaktiver **II** in Ggw. von Cellobiose u. $MgCl_2$ 30 Min. bei 23° bebrütet. Das Reaktionsgemisch wurde dann auf eine Filtrierpapierscheibe gebracht, die Aktivität gemessen u. nach Auswaschen mit W. u. A. die Aktivität des unlösl. Polymerisats **III** bestimmt. Der Quotient der Aktivität nach u. vor dem Waschen war das Maß für die Umwandlung von Glucose in **III** u. betrug 0 bei Verwendung von akt. α-D-Glucose-1-phosphat oder D-**VII** oder von durch Kochen inaktiviertem **I**. Feinverteilte **I** konnte ohne Ggw. eines Aktivators **III** bilden; bei solubilisierter **I** war die Ggw. von Aktivatoren wie D-**VII**, Methyl-α-D-glucosid, Cellobiose, Cellotriose, Cellotetraose, Maltose, Isomaltose, Maltotriose, Laminarobiose (**V**), Laminarotriose (**VI**), Salicin, Saccharose u. Turanose notwendig. Ohne Aktivator bildete solubilisierte **I** in Ggw. von $MgCl_2$ aus **II** ca. 5% D-**VII** u. — wahrscheinlich durch die aktivierende Wrkg. dieser **VII** — erst nach längerer Zeit eine kleine Menge **III**. In Abwesenheit von **II** konnte solubilisierte **I** dagegen aus Salicin, α-D-Methylglucosid u. einigen Oligosacchariden keine D-**VII** frei machen. Von als Aktivator verwendeter radioakt. D-**VII** wurde kein Einbau von **VII** in **III** festgestellt. — Chelatbildende Reagenzien (in zunehmender Wrkg. α.α'-Dipyridyl, o-Phenanthrolin, 8-Hydroxychinolin u. vor allem Äthylendiamintetraessigsäure) behinderten teilweise oder ganz die Bldg. von **III** aus **II**. — Bei der enzymat. **III**-Bldg. trat außerdem Umwandlung von **II** in *UDP* ein, welches wiederum zu *Uridinmonophosphat* umgesetzt wurde; die letztgenannte Rk. wurde durch KF teilweise gehemmt. — Durch 50 Min. enzymat. Synth. mit solubilisierter **I** erhaltenes u. mit W. gewaschenes **III** wurde durch Hydrolyse (10 Min. bei 23°) mit bei −18° gesätt. HCl abgebaut. Papierchromatograph. Unters. des Hydrolysats (n-Propanol/W./Essigester 7:2:1) lieferte **VII** u. Oligosaccharide, die mit denen aus hydrolysiertem Laminaran (β-1.3-Polyglucose) ident. waren. Im einzelnen wurden *Laminarobiose* (**V**), *Laminarotriose* (**VI**) u. *Laminarotetraose* papierchromatograph. isoliert u. elektrophoret. charakterisiert. — Zum chem. Strukturbeweis wurde das papierchromatograph. isolierte Disaccharid mit Laminarobiose versetzt u. mit Pb-Tetraacetat in Eisessig 10 Min. bei 28° oxydiert. Nach Abstoppen der Oxydation mit Oxalsäure/Eisessig, verd. mit W., Behandeln mit Dowex-50 (H^+), Eindampfen u. 30 Min. Hydrolyse mit n-HCl bei 100° wurde durch zweidimensionale Papierchromatographie u. Autoradiographie akt. neben inakt. Arabinose gefunden. — Aus **III** durch partielle Hydrolyse erhaltene Oligosaccharide lieferten mit Emulsin nur **VII** (Beweis für die β-glykosid. Bindung der **VII**-Moll. in **III**) u. bei kurzer Einwirkungsdauer von Emulsin die entsprechenden niederen Oligosaccharide. — Neben **III** bildeten sich aus **I** u. **II** noch Oligosaccharide u. **VII**; ferner wurden bei 18 std. Bebrütung von **III** mit solubilisiertem **I**, **V**, **VI** u. **VII** u. bei Verwendung von Laminaran als Substrat Laminarodextrine u. **VII** erhalten. Cellodextrine wurden unter diesen Bedingungen viel langsamer abgebaut. Demnach dürfte **I** auch Laminarase enthalten. — Aus Kohl, Petersilie, Spinat u. Zucchinisaft wurde nach vorst. beschriebenem Verf. feinverteilte **I** hergestellt. Diese lieferte **III**, das nach partieller Hydrolyse die gleichen Oligosaccharide wie **III** aus Mungbohnen-**I** lieferte. (J. biol. Chemistry **233**. 783—88. Okt. 1958. Berkeley, Calif., Univ., Dep. of Agricult, Biochem.) W. Willenberg. 4210

Emery M. Gal, *Die Hemmung der Synthese von Malat und Acetoacetat durch deren Fluoranaloge.* Reines *Fluorcitrat* (**I**) hemmte entgegen Krebs u. Davies (Arch. Scienze biol. **39**. [1955.] 533) das *Äpfelsäureenzym* (**II**) von Taubenleberpartikeln oder teilweise gereinigtes **II** aus Hühnerleber nicht. *Na-Diäthylfluoroxalacetat* (**VI**)-(*Enolat*) u. *Fluormalat* (**V**) hemmten **II** (Taubenleberpartikel) u. damit die Citrat (**IV**)-Bldg.; die Hemmung war durch Fumarat (**III**) oder Malat aufhebbar. **I** bewirkte, mit oder ohne **III**, **IV**-Speicherung. *2.4-Difluoracetat* (**VII**), nicht aber *4-Fluoracetat*, hemmte beträchtlich gereinigte **II** (Reaktivierung durch **III**). Die Hemmung durch **V** erfolgte nicht beim „kondensierenden" Enzym (Ochoa). **V**, **VI** u. **VII** haben FCH—CO- oder FCH—CHOH-Gruppierungen gemeinsam, die anscheinend für die Hemmung von **II** u. Malicodehydrogenase notwendig sind. (Arch. Biochem. Biophysics **73**. 279—81. Jan. 1958. Los Angeles, Calif., Univ., School of Med., Dep. of Pharmacol.) K. Maier. 4210

G. R. Porter, H. N. Rydon und **J. A. Schofield,** *Der Mechanismus der Esterasewirkung. Natur des reaktionsfähigen Serinrestes durch Organophosphorverbindungen gehemmter Enzyme.* Da Serin (**I**) in wss. Lsg. nicht mit Diisopropylphosphorylfluorid (**II**) reagiert, ist für die außerordentliche Reaktionsfähigkeit eines **I**-Restes in Esterasen, die gegen **II** u. andere Organophosphorverbb. (**IIa**) empfindlich sind, möglicherweise eine chem. Modifikation der **I**-Seitenkette, z. B. Cyclisierung zu einem *Δ^2-Oxazolin* (**III**), verantwortlich. **II** reagierte in wss. $NaHCO_3$ bei 37° mit *2-Methyl-* u. *2-Phenyl-*, nicht aber mit *4-Carbomoyl-2-phenyl-Δ^2-oxazolin*. Die Reaktionsprodd., O-*Phosphoryläthanolamin* (**IV**)-Derivv., gaben bei saurer Hydrolyse **IV**. Voraussetzung für die Rk. von **II** u. **IIa** mit einem **III**-Deriv., z. B. einem **III**-Peptid, ist demnach genügende Basizität ($pK_a >$ ca. 4). Der in den akt. Zentren von Cholinesterase, Chymotrypsin u. anderen **IIa**-empfindlichen Esterasen vorhandene **I**-Rest liegt wahrscheinlich als reaktionsfähige **III**-Gruppierung vor. (Nature [London] **182**. 927. 4/10. 1958. Manchester, Coll. of Sci. and Technol.) K. Maier. 4210

H. N. Rydon, *Der Mechanismus der Esterasewirkung. Ein möglicher Wirkungsmechanismus durch Organophosphorverbindungen hemmbarer Esterasen.* (Vgl. vorst. Ref.)

In 6 Esterasen (Trypsin, Chymotrypsin, Erythrocytencholinesterase, Serumpseudocholinesterase, Erythrocytenaliesterase u. Leberaliesterase) befindet sich der reaktionsfähige *Serin* (I)-Rest, der bei Hemmung durch Organophosphorverbb. (II) der Phosphorylierung unterliegt, in der Gruppierung — Gly·Asp·Ser·Gly —. In letzter sind nur -Asp·Serchem. reak-

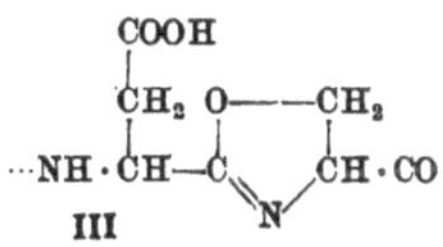
III

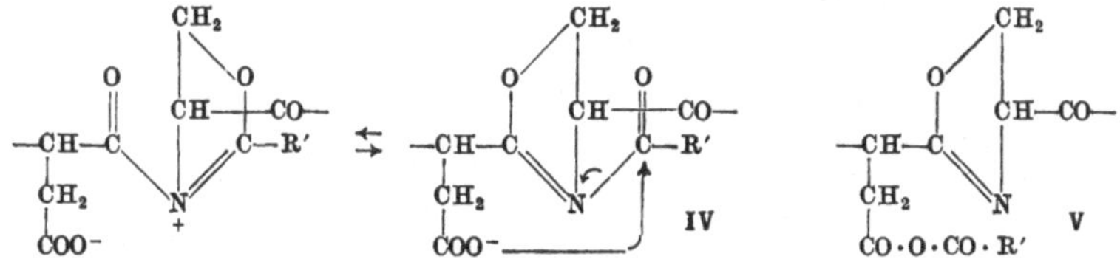
IV V

tionsfähig, so daß die Esteraseaktivität wahrscheinlich von dieser Sequenz abhängt, die als Δ^2-Oxazolinderiv. (III) vorliegt. Bei der Esterspaltung erfolgt anscheinend zuerst über eine Zwischenstufe nucleophile Addition des Esters zum Kation IV (Tautomerengleichgewicht) unter Eliminierung des Alkoxydanions (Analogie mit dem für die II-Hemmung angenommenen Reaktionsverlauf, Unterschied in der Gleichgewichtslage beider Systeme; vgl. vorst. Ref.). In der nächsten Phase reagiert die ionisierte Asparaginsäureseitenkette mit der CO-Gruppe des $\equiv\overset{+}{N}\cdot CO\cdot R'$-Restes zum Anhydrid V, das der Hydrolyse unterliegt. Der Reaktionsmechanismus wird diskutiert. (Nature [London] **182.** 928—29. 4/10. 1958. Exeter, Univ., Washington Singer Labors.) K. MAIER. 4210

G. Szabó und **S. Magyar,** *Die Wirkung der Hyaluronidase auf Capillarpermeabilität, Lymphfluß und Weg eines farbstoffmarkierten Proteins vom Plasma zur Lymphe.* Durch die Beobachtung des Lymphflusses u. die Proteinbest. in der Lymphe bei Hunden konnte eine deutliche Steigerung der Capillarpermeabilität durch Hyaluronidase festgestellt werden. Durch Injektion von *Evans blue* konnte weiter gezeigt werden, daß sich die Proteinkonz. in der Lymphe unter dem Einfl. von Hyaluronidase nicht verändert. (Nature [London] **182.** 377—79. 9/8. 1958. Budapest, Univ. Med. School, Dep. of Med., Hungarian Acad. of Sci., Inst. for Exp. Med., Dep. of Patophysiol.) H. STRUCK. 4210

M. Bull, K. Naess und **K. H. Skramstad,** *Permeabilität von Gewebehomogenaten, die Cholinesterasen enthalten.* Mit 3 verschied. hergestellten Homogenaten von Ochsengehirn (n. Zustand, gefriergetrocknet u. mit Aceton extrahiert) wird untersucht, ob es eine Lipoidschranke im Homogenat gibt, die verhindert, daß Substrate oder Inhibitoren zu den Fermenten (*Cholinesterasen*) gelangen können. Es zeigt sich, daß bei den 3 Homogenaten kein Unterschied bei der Einw. der enthaltenen Cholinesterasen auf das nicht lipoidlösl. *Acetylcholinjodid* u. das lipoidlösl. *Dimethylaminoäthylacetathydrochlorid* als Substrate u. bei der Fermenthemmung durch das nicht lipoidlösl. *Neostigminmethylsulfat* (*Prostigmin*) vorhanden ist. Es können also sowohl lipoidlösl. als auch nicht lipoidlösl. Stoffe in gleicher Weise vollständig mit den Cholinesterasen in Homogenaten reagieren. (Acta pharmacol. toxicol. [Köbenhavn] **13.** 46—51. 1957. Oslo, Univ., Dep. of Pharmacol. and Kjeller, Norweg. Defence Res. Establishm.) G. KIMMERLE. 4210

A. Kövér und **T. Kovács,** *Über die Spezifität von Myosincholinesterase.* Vff. untersuchten die Wrkg. von Myosincholinesterase (MC) auf verschied. Cholinester. MC aus gestreiftem Kaninchenmuskel hydrolysiert am stärksten *Acetylthiocholin,* dann folgen *Acetyl-β-methylcholin* (I) u. *Acetylcholin* (II), die gleich stark gespalten werden, während *Benzoylcholin* (III) nicht angegriffen wird. Der Hydrolysengrad von *Butyrylcholin* (IV) nimmt mit steigender Substratkonz. ständig zu u. ist bei der höchsten getesteten Konz. (10^{-2} mol.) der gleiche wie der von II beim Optimum der II-Konzentration. Im Gegensatz zu den obigen Befunden haben bei der Einw. von MC aus Kaninchenherzmuskel I, II, III u. IV das gleiche Substratkonzentrationsoptimum, am stärksten wird IV gespalten, dann folgen II, III u. schließlich I mit der geringsten Hydrolysenrate. Ferner wurde die Wrkg. von Cholinesteraseinhibitoren auf MC geprüft. *Tetraäthylpyrophosphat, Diisopropylfluorphosphat, Eserin, Prostigmin, Carbaminoylcholin* u. *Procain* inhibieren MC auch bei größeren Verdünnungen, *Coffein, Theobromin, Theophyllin, d-Tubocurarin, Chinin* u. *Tetraäthylammoniumchlorid* hemmen weniger stark u. nur bei höheren Konzz., *Hexamethonium, Evipan, p-Chlormercuribenzoat, Urethan* u. *Atropin* zeigen nur sehr geringe oder keine Inhibitorwirkung. In Vergleichsstudien wurde festgestellt, daß MC u. *Acetylcholinesterase* in ihrem Verh. gegenüber diesen Hemmstoffen keine wesentlichen Unterschiede aufweisen. (Acta physiol. Acad. Sci. hung. **11.** 259—65. 1957. Debrecen, Med. Univ., Inst. of Physiol.) L. LEICHTER. 4210

Hiroshi Miyake, *Eine neue photocolorimetrische Methode zur Bestimmung des Cholinesterasegehaltes in Blutserum und -körperchen und ihre klinische Anwendung. Cholinesterase* (I) spaltet Acetylcholin in Cholin u. Essigsäure. Die freiwerdende Säure erniedrigt das p_H je nach der Aktivität von I. Die p_H-Erniedrigung wird nach Zusatz von Phenolrot colorimetr. bestimmt. Gute Übereinstimmung mit bisher angewandten Methoden. I des Serums war bei hepat. Erkrankungen, Krebs u. Leukämien erniedrigt, bei Nephrosen erhöht. I in den Blutkörperchen war bei Krebs u. Leukämie erniedrigt u. bei einigen nervösen u. muskulären Krankheiten unbeeinflußt. (Fukuoka Acta med. [Fukuoka-Igaku-Zassi] **49.** 1991—2006. Aug. 1958. Kyushu, Univ., Fac. of Med., Dep. of Intern. Med. [Orig.: japan.; Auszug: engl.]) H. STRUCK. 4210

A. S. Milton, *Der Einfluß der Temperatur auf die Acetylcholinsynthese durch das Ferment Cholinacetylase aus Säugetier- und Fischhirn.* Die aus Fischhirn (*Labrus viridis*) hergestellte *Cholinacetylase* (I; synthetisiert Acetylcholin) übt bereits bei 5° beachtliche Aktivität aus, hat ihr Temperaturoptimum bei 25° u. ist bei 37° nur noch wenig wirksam; I aus Kaninchenhirn ist unter 17° nur schwach akt., das Temperaturoptimum liegt bei 42° u. Inaktivierung erfolgt erst bei über 47°. Durch Extraktion der Homogenate aus Fischhirn mit Ae. steigt die I-Aktivität auf das 3- bis 5fache, Homogenate aus Kaninchenhirn verlieren dadurch 20% ihrer Aktivität. Das verschied. Verh. der I-Präpp. wird auf entwicklungsgeschichtliche Unterschiede zwischen Fisch u. Säuger zurückgeführt. (J. Physiology **142.** 25 P. 18/6. 1958. Babraham, Cambridge, A. R. C. Inst. of Animal Physiol.) H. STRUCK. 4210

K. Bahadur und **R. C. Sinha,** *Einfluß der Konzentration von Schwermetallsalzen auf die proteolytische Aktivität von Papain.* Es wurde der Einfl. verschied. Metallionen (Co^{2+}, Ni^{2+}, Fe^{2+}, Ag^+, Cu^{2+}, Hg^{2+}) auf die enzymat. Aktivität von *Papain* unter Verwendung von Casein als Substrat untersucht. Bereits geringe Konzz. dieser Ionen hemmen die enzymat. Aktivität vollständig; diese wird jedoch in stärkerem Umfang durch Zusatz von NaCN wiederhergestellt. Bei geringen Konzz. u. in Ggw. von NaCN fällt die Wirksamkeit der Ionen in der Reihenfolge Fe $>$ Ni $>$ Co, während sie bei hohen Konzz. die Folge Ni $>$ Co $>$ Fe aufweist. Dagegen ist die Stärke der Hemmwrkg. Hg $>$ Cu $>$ Ag im untersuchten Bereich von der Konz. dieser Ionen unabhängig. (Enzymologia [Den Haag] **20.** 128—32. 1958. Allahabad, India, Univ., Chem. Labor.) E. SCHWERDTFEGER. 421

S. Garattini, P. Paoletti und **R. Paoletti,** *Der in vitro-Einbau von $^{14}C_{(2)}$-Mevalonsäure im Cholesterin und Fettsäuren von Hirn und Leber.* Die Prüfung, ob *Mevalonsäure* (I) in wachsenden Ratten eine wesentliche Vorstufe von Hirncholesterin (II) u. -Fettsäuren (III) darstellt, ergab, daß Hirnschnitte $^{14}C_{(2)}$-I in geringerem Maße in II u. III einbauen als Leberschnitte u. in geringerem Umfang als $^{14}C_{(1)}$-Acetat. Anscheinend ist, wofür auch Verss. mit Gewebehomogenisaten sprechen, die Verwertung von II- u. III-Vorstufen in den einzelnen Geweben quantitativ verschieden. (Arch. Biochem. Biophysics **80.** 210—11. Jan. 1959. Milano, Univ., Inst. of Pharmacol.) K. MAIER. 4210

R. P. Geyer, Linda Marshall, Marion Ryan und **Sally Westhaver,** *Aerobe $^{14}CO_2$-Bildung aus carboxylmarkierter Stearin- und Palmitinsäure in Gegenwart von Ascorbinsäure.* $^{14}C_{(COOH)}$-*Fettsäuren* [*Essigsäure* (I), *Octansäure* (II), *Laurinsäure* (III), Palmitinsäure (IV) u. Stearinsäure (V)] wurden in alkal. Lsg. in Ggw. von Ascorbinsäure (VI) 60 Min. bei 38° in einer O_2-Atmosphäre bebrütet u. die gebildeten $^{14}CO_2$-Mengen bestimmt. Aus $^{14}C_{(1)}$-IV u. $^{14}C_{(1)}$-V wurde eine beträchtliche Menge $^{14}CO_2$ abgespalten, während aus I kein u. aus II u. III sehr wenig $^{14}CO_2$ gebildet wurde. Wurde der O der Gasphase durch N ersetzt, fand keine Rk. statt, in Ggw. von Luft an Stelle von O wurde weniger radioakt. CO_2 gebildet. In Abwesenheit von VI wurde wenig $^{14}CO_2$ aus jeder der Fettsäuren gebildet. Wenn die VI nach Aufnahme von 1 Äquivalent O_2 vermutlich vorwiegend in der Dehydroform vorlag, fand keine $^{14}CO_2$-Bldg. statt, VI, die etwa die Hälfte der zur Überführung in die Dehydroform notwendigen O_2-Menge aufgenommen hatte, verursachte bei der Bebrütung mit $^{14}C_{(1)}$-IV in N keine $^{14}CO_2$-Bildung. In Ggw. von Leberschnitten oder *Cystein* war die O-Aufnahme durch VI sehr verzögert, während die $^{14}CO_2$-Bldg. aus $^{14}C_{(1)}$-IV fast n. war. Allg. trat die stärkste Oxydation in den ersten 30 Min. der Bebrütung auf. (Arch. Biochem. Biophysics **56.** 549—51. Juni 1955. Boston, Mass., Harvard School of Public Health, Dep. of Nutrition.) L. LEICHTER. 4210

I. B. Chatterjee, N. C. Ghosh, J. J. Gosh und **B. C. Guha,** *Der Sitz des bei der Biosynthese von Ascorbinsäure beteiligten Enzymsystems.* Bei Beimpfung eines Ziegenleberhomogenats mit *D-Glucuronolacton* in Ggw. von *Cyanid* (I) wird merklich *Ascorbinsäure* (II) synthetisiert; die Wirksamkeit des Leberextraktes (in isoton. Saccharose) ist in der bei 88700 g (1 std. Zentrifugieren) sedimentierenden Mikrosomenfraktion lokalisiert. Bei Vergrößerung der Mikrosomenkonz. steigt die II-Synth. proportional. Hingegen bewirkt die überst. Fl. eine Inhibierung der durch I beeinflußten II-Synthese. Ohne I-Zusatz tritt der Effekt nicht auf. Die Mikrosomenfraktion kann darüber hinaus *L-Gulonolacton* in Ggw. u. Abwesenheit von I ohne irgendeinen Cofaktor in II verwandeln. Vff. nehmen daher an, daß weder das Na-Salz der freien Glucuronsäure noch das der Gulonsäure unter den von Vff. eingehaltenen Bedingungen in II umwandelbar sind. (Sci. and Cult. **23.** 382—83. Jan. 1958. Calcutta, Univ., Coll. of Technology, Dep. of Applied Chemistry.) H. DOSSMANN. 4210

R. H. Kenten, *Manometrische Studien über Bracken [Pteridium aquilinum (L.) Kuhn]-Thiaminase.* Brackenthiaminase katalysiert die Spaltung der Methyl-N^+-Thiaminbindung u. Übertragung der Pyrimidinkomponente auf einen Amin-Acceptor. Dabei werden H-Ionen frei, so daß in Bicarbonat-CO_2-Puffer unter bestimmten Bedingungen die manometr. ermittelte CO_2-Bildungsrate dem Thiaminasegeh. proportional ist. Bei Verwendung von *Anilin, Piperidin, Pyridin* u. *Trimethylamin* als Acceptoren gehen 5—10% des Thiamins in Neben-Rkk. verloren. Ebenso werden *Heteropyrithiamin, Chinilinothiamin* u. möglicherweise auch *Oxythiamin* gespalten. *3-[o-Aminobenzoyl]-4-methylthiazoliumchlorid* erweist sich als nicht kompetitiver Hemmstoff. (Biochem. J. **69.** 439—48. Juli 1958. Harpenden, Herts, Rothamsted Exp. Stat., Biochem. Dep.) B. GASSMANN. 4210

Yutaka Kobayashi, *Der Histaminabbau durch Katzenleberhomogenisate.* Katzenleberhomogenisate enthalten 2 Histamin (I)-umwandelnde Enzymsysteme. Eines methyliert I zu *1-Methylimidazolyl-(4)-essigsäure* (II), das andere oxydiert I zu *Imidazolyl-(4)-essigsäure* (III). Die II- u. III-Bldg. wurde nur durch 1-Isobutyl-2-isonicotinylhydrazin, einem Mono- u. Diaminoxydaseinhibitor, gehemmt. Die p_H-Maxima der II- u. III-Bldg. lagen bei ca. 7,4 u. 8,5. Das III-bildende Syst. ähnelt dem von Mäuseleberhomogenisat. Bei in vivo-Verss. (Katze) erschienen > 70% von verfüttertem oder injiziertem ^{14}C-I im Harn als II. Die II-Bldg. verläuft wahrscheinlich über 1-Methyl-I. (Arch. Biochem. Biophysics **77.** 275—85. Okt. 1958. Chicago, Ill., Worcester Foundation for Exp. Biol.) K. MAIER. 4210

Je. W. Gorjatschenkowa, *Über die Identität der Histaminase und Diaminoxydase.* (Vgl. C. **1957.** 5014; 6181.) Als Beitrag zur Frage der Identität von *Histaminase* (I) u. *Diaminoxydase* (II) wird festgestellt, daß die Aktivität der elektrophoret. gereinigten II gegenüber Histamin (III) u. Diaminen die gleiche ist. II aus Schweinenieren ist gegenüber Putrescin aktiver, II aus Erbsenkeimlingen oxydiert III u. Hexamethylendiamin mit etwa gleicher Geschwindigkeit. Verss. zur Reaktivierung des Apofermentes von II aus Schweinenieren ergaben, daß bei Zusatz von Isonicotinylhydrazid (10^{-3} mol.) mit nachfolgender Incubation (30 Min. bei 37°) eine starke Abnahme der Oxydation von III u. Cadaverin (IV) erfolgt .Bei nachfolgender Dialyse der II-Lsg. gegen dest. W. wird die II-Aktivität gegenüber III u. II nicht geändert. Ein Zusatz von Phosphopyridoxal (25 γ/ml) mit nachfolgender Incubation hat eine starke Zunahme der II-Aktivität zur Folge (gleich stark bei III u. IV). Ein Zusatz von Flavinadenindinucleotid (5 γ/2 ml) hemmt die Reaktivierung des II-Apofermentes durch Phosphopyridoxal. Bei teilweiser Abspaltung des Cofermentes u. seinem nachfolgendem Zusatz verändert sich also die Aktivität von II gegenüber I u. Diaminen parallel, was gegen das Vorhandensein anderer getrennter Fermente spricht. Vf. erachtet die Identität von I u. II als erwiesen. (Доклады Академии Наук СССР [Ber. Akad. Wiss. UdSSR] **123.** 898—901. 11/12. 1958. Inst. für biol. u. med. Chemie der Akad. der med. Wiss. der UdSSR.) OTTO MAIER. 4210

H. Blaschko, P. Friedman und **Karen Nilsson,** *Zwei Arten von Histaminase.* Es soll untersucht werden, ob es zwei Arten von *Histaminase* gibt, welche die oxydative Desaminierung des *Histamins* (I) bewirken u. zwar für die zweikation. (bei niedrigem p_H-Wert) u. die einfach kation. Form von I (bei hohem p_H-Wert). Als Beispiel für die erste Art wird Schweinenierenenzym gewählt, für die zweite das Schweineserumenzym. Es zeigt sich tatsächlich, daß beide Enzyme in Abhängigkeit vom p_H (verschied. Formen des Histamins) verschiedene Aktivitäten aufweisen. (J. Physiology **142.** 33 P. 18/6. 1958. Oxford, Univ., Dep. of Pharmacol.; Lund, Univ., Inst. of Physiol.) H. STRUCK. 4210

Rosalind Pitt-Rivers und **A. T. James,** *Weitere Beobachtungen über die Oxydation von Dijodtyrosinderivaten.* (Vgl. Biochem. J. **43.** [1948.] 223.) Es wurde die Bldg. weiterer *Thyroxinpeptide* bei aerober Incubation von *Dijodtyrosinpeptiden* untersucht. *N^ε-[N-Acetyldijodtyrosyl]-N^α-acetyllysin* (I) (2 Mol) gibt neben Acetamid in hoher Ausbeute das Thyroxinderiv., wobei die Seitenkette als *N^ε-Hydroxypyruvoyl-N^α-acetyllysin* (III) eliminiert wird. Die aus N-Acetyl-L-dijodtyrosin (II) bei der oxydativen Kupplung abgespaltene Seitenkette enthält keine Brenztraubensäure. Bei der Bldg. von *Tetrajodthyroessigsäure* aus 3.5-Dijod-4-hydroxyphenylessigsäure erscheint die Seitenkette als Glyoxylsäure.

Versuche: *N$^{\varepsilon}$-[N-Acetyl-DL-dijodthyrosyl]-N$^{\alpha}$-acetyl-L-lysin* (I), $C_{19}H_{25}J_2N_3O_6$, F. 170—171° (aus 50%ig. A. dünne Blättchen), aus 4-[3'.5'-Dijod-4'-acetoxybenzyl]-2-methyloxazolon in trockenem Aceton u. N$^{\alpha}$-Acetyllysin in n-NaOH unter Kühlung (14 Std.); 88% (Ausbeute). — Incubationsversuche: 10—11 Tage, Verb. gelöst in n-NaOH, 0,2 mol Boratpuffer, p_H 7,5, 38°. I → *N$^{\varepsilon}$-[N-Acetyl-DL-thyroxyl]-N$^{\varepsilon}$-acetyl-L-lysin* (**Ia**), $C_{25}H_{27}J_4N_3O_7$, F. undefiniert, Zers. bis 200°, Nadeln (70%ig. A.), 40—50%; Seitenkette als *N^2-Hydroxypyruvoyl-N$^{\varepsilon}$-acetyllysin-p-bromphenylhydrazon*, F. 160 bis 162°, aus 30%ig. CH_3OH Platten; 80—90% (bezogen auf **Ia**-Ausbeute); als Nebenprodd. III-*p-Bromphenylosazon*, F. 225—227° (Zers.), gelbe Nädelchen (A.). — *N-Formyl-L-dijodthyrosin* → *N-Formyl-L-thyroxin*, 20%; analog *N-Propionyl-* → *N-Propionyl-*, 20%; *N-Acetylglycyl-* → *N-Acetylglycyl-* 30%. — *N-Acetyl-DL-dijodtyrosylglycin* → *N-Acetyl-DL-thyroxylglycin*, 30%; *N-Acetyl-DL-dijodtyrosyl-L-valin* → *N-Acetyl-DL-thyroxyl-L-valin*, 10%; *N-Acetyl-DL-dijodtyrosyl-L-prolin* → *N-Acetyl-DL-thyroxyl-L-prolin*, 15%. — *3.5-Dijod-4-hydroxyphenylessigsäure* → *Tetrajodthyroessigsäure*, 15 bis 20%. — Kein Thyroxinderivat. — Bldg. aus *DL-Dijodtyrosyl-L-dijodtyrosin*, *N-Acetyldijodtyrosyldijodtyrosin*, *Benzoyl-L-dijodtyrosin*, *Phenacetyl-L-dijodtyrosin*, *3.5-Dijod-4-hydroxyphenylbenzoesäure*. (Biochem. J. **70.** 173—76. Sept. 1958. London, Nat. Inst. for Med. Res.) K. MAIER. 4210

J. K. Grant und **K. Mongkolkul**, *Der Wasserstofftransport in Ochsennebennierenrindenmitochondrien im Zusammenhang mit der Steroidhydroxylierung.* Ochsennebennierenrindenmitochondrien (A) oxydieren unter den Bedingungen der *11β-Steroidhydroxylierung* Citrat (I) u. Isocitrat (II) mit annähernd gleicher Geschwindigkeit, so daß es unwahrscheinlich ist, daß Permeabilitätsfaktoren oder Aconitasemangel die Ursache der schwachen Aktivierung der Hydroxylierung durch I sind. Die Unters. der Coenzymspezifität von A-Isocitronensäuredehydrogenase (III) unter Verwendung durch Alterung hinsichtlich nativem Pyridinnucleotid erschöpfter Partikel ergab bei Cyanidblockierung des Cytochromsyst. mit 2.6-Dichlorphenolindophenol als terminalem Elektronacceptor eine größere Aktivität der DPN^+- als der TPN^+-gekoppelten III. Dies spricht dafür, daß bei den Steroidhydroxylierungsverss. zugesetztes I II liefert, das vorwiegend durch ein DPN^+-gekoppeltes Enzym oxydiert wird, so daß kein TPNH, das für die 11β-Hydroxylierung notwendig ist, entsteht. Die TPNH-Oxydation durch A wird kaum durch DPN^+ beeinflußt. Die Transhydrogenase, die die Rk. $TPN^+ + DPNH \rightleftharpoons DPN^+ + TPNH$ katalysiert, spielt bei der TPNH-Lieferung vermutlich keine wesentliche Rolle. (Biochem. J. **69.** 36P—37P. Juli 1958. Edinburgh, Univ., Dep. of Biochem.) K. MAIER. 4210

Jelena Komar, Uporabnost koruznih odpadkov za fermentacijo. Dissertationes. VIII/2. Ljubljana: Slovenska Akademija Znanosti in Umetnosti. 1958. (44 S. m. Tab.) Keine Preisang.

E$_3$. Mikrobiologie. Bakteriologie. Immunologie.

Hugo Schanderl, *Ein zwanzigjähriger Ernährungsversuch von Cladosporiumarten, insbesondere von Cladosporium cellare mit flüchtigen organischen Verbindungen.* Mittels einer speziellen Versuchsanordnung wurde gezeigt, daß sich neben *Cladosporium cellare* noch andere Cladosporiumarten, vornehmlich *herbarum*, mit Dämpfen organ. C-Verbb. ernähren lassen. *C. cellare* ließ sich sogar, 20 Jahre allein mit Dämpfen von A., Essigsäure, Propionsäure, Formalin u. Thymol ernährt, nach dieser Zeit wieder lebend aus den Versuchsgefäßen reisolieren. Er kann notfalls den N-Bedarf aus dem N_2 der Luft decken u. erträgt n/3 Konzz. von KOH oder NaOH. (Zbl. Bakteriol., Parasitenkunde, Infektionskrankh. Hyg., Abt. II **111.** 116—20. 2/1. 1958. Geisenheim/Rh., Lehr- u. Forsch.-Anstalt für Wein-, Obst- u. Gartenbau, Inst. für Bot., Gärungsphysiol. u. Hefereinzucht.) H. TÄNZLER. 4310

William C. Haynes, Ralph W. Kuehne und **Lenora J. Rhodes**, *Wirkung von Kalium auf das Wachstum von Micrococcus pyogenes.* 2. Mitt. *Einfluß von Incubationstemperatur und Glucose.* (1. vgl. Appl. Microbiol. **2.** [1954.] 339.) Stämme von Micrococcus pyogenes (Staphylococcus aureus u. St. albus) sind bei den Tempp., bei denen sie vorzugsweise wachsen, heterogen. Solche Stämme, die ein Wachstumsoptimum bei 30° besitzen, bilden in Ggw. ausreichender *K*-Mengen eine größere Anzahl von Kolonien u. mehr Zellsubstanz; bei 37°-Kulturen ist der Einfl. von *K* weniger deutlich. Der *K*-Bedarf der Kulturen ist bei 37° größer als bei 30° (Berechnung auf Basis Zellvolumen). Die Koloniezahl der Keime wird in Ggw. von *Glucose* bei 37° durch *K* stärker beeinflußt (Verminderung) als bei 30°. — Abb. von Kurven, Tabellen; Diskussion der Ergebnisse. (Appl. Microbiol. **5.** 382—85. Nov. 1957. Peoria, Ill., Northern Utilization Res. and Developm. Div., Ferment. Sect.) H. GOEBEL. 4310

Ingrid Rothes, Ellen Hollender und **Adalbert Lange**, *Untersuchungen über einen sulfonamidantagonistenfreien Nährboden.* Es wurden Kulturvgll. verschied. Staphylokokken, Streptokokken (Typ A, B, C, viridans) u. Diplokokken auf 1% Fleischextraktbouillon bzw. *BUSAM-Extrakt* (I; Schröder, Düsseldorf) durchgeführt. Beide Substrate besaßen gleich gute Nährbodeneigg.; beide brauchen auch als Nährboden für anspruchsvolle Keime den Zusatz von 5% Blut. Diffusionsteste in beimpften u. sulfadiazinhaltigen Caseinhydrolysat (II)-Blutplatten erwiesen, daß I frei ist von absol. u. kompetitiven Sulfonamidantagonisten. I kann also zu Sulfonamidresistenztesten mit gleichem Erfolg wie die gebräuchlichen II-Nährböden verwendet werden. (Z. Hyg. Infektionskrankh. **143**. 513—20. 18/4. 1957. Düsseldorf, Med. Akad., Inst. für Hygiene u. Mikrobiologie.) E. Speyer. 4310

Miren de Leizaola, *Untersuchung der durch Rhizobiumkulturen gebildeten Polyoside. Über die durch schonende Säurehydrolyse des Polyosids aus Rhizobium japonicum gebildeten Oligoside.* Vf. unterwirft das aus *Rhizobium japonicum* isolierte *Polysaccharid* (I, 4,2% Asche u. 0,5% N) einer schonenden Hydrolyse mit 2n HCl (100°, 6 Std.) u. bestimmt die in Abhängigkeit von der Versuchszeit erhaltenen freien Zucker auf papierchromatograph. Wege (Lösungsmittel Butanol–A.–W. 4:1,1:1,9; Isoamylalkohol–Dioxan–W. 3:1,8:1,2). Bei der Trennung des Hydrolysats über einer Cellulosesäule (Butanol mit 13% W.) werden 81% *Glucose* (II), 12,6% *Galaktose* (III), 2,8% *Rhamnose*, 2,5% *Mannose* u. 0,9% eines nicht identifizierten Zuckers gefunden. Durch Abbau von I mit n-H_2SO_4 (100°, 1 Std.), Trennung über einer Kohle–Celit-Säule nach Whistler u. Durso (C. **1950**. 2718), Extraktion mit 0—30%ig. wss. A. u. Unters. der erhaltenen Auszüge auf papierchromatograph. u. ionophoret. Wege (Boratpuffer) werden 7 bzw. 10 homogene Oligosidfraktionen erhalten, die bei partieller Hydrolyse (n/5-HCl, 100°, 24 Std.) 9 Fraktionen liefern, in denen II sowie II–III-Gemische in den Mol-Verhältnissen 1:1 bis 1:6 gefunden werden. Bei Einw. von *Mandel-β-glucosidase* werden aus den Oligosiden 3 Zuckerarten erhalten, die als *Cellobiose* (IV, $[\alpha]_D$: +30°; reine IV: $[\alpha]_D$ +34,6°), *Gentiobiose* (V, $[\alpha]_D$ +8,9 bis +10,5°; reine V: $[\alpha]_D$ +9,6°) u. *Laminaribiose* (VI, $[\alpha]_D$ +21,8°; reine VI: $[\alpha]_D$ +20,3°) identifiziert werden können. 2 Oligosidfraktionen werden von *β-Galaktosidase* aus Escherichia coli nicht angegriffen u. bestehen daher aus *β-Glucosidogalaktose*. Die Ergebnisse zeigen, daß die II-Reste im I-Mol. untereinander durch β-D-(1.3)-, β-D-(1.4)- u. β-(1.6)-Bindungen verknüpft sind u. II über ihre reduzierende Gruppe an III gebunden ist; die Struktur von I ist demnach sehr komplex. (C. R. hebd. Séances Acad. Sci. **246**. 1761—64. 17/3. 1958.) P. Fahrnlaender. 4315

Johannes Meissner, *Über die Aufnahme und die enzymatische Hydrolyse ^{32}P-markierter kondensierter Phosphate in Mycobakterienkulturen.* Es wird über den enzymat. katalysierten Abbau u. über Aufnahmerelationen von ^{32}*P*-markierten kondensierten *Phosphaten* [Di-(I), Tri-(III), Trimetaphosphat (IV), Grahamsches Salz (V)] in der Nährlsg. von Mycobakterienkulturen berichtet. Die Eigg. der *Diphosphatase* (II) wurden unter variierten Bedingungen (p_H-Optimum, Mg^{2+}-Aktivierung, F^--Hemmung, Substratkonz., Temperaturbeständigkeit) untersucht (Kurven, Tabellen). Die II verhindert Anhäufung von I; sie ist wahrscheinlich an subcelluläre Strukturelemente gebunden. Zugesetztes I wird zur Synth. von *Nucleinsäuren* verwendet. III wird durch *Triphosphatase* über I zu Monophosphat abgebaut; Anzeichen für eine unmittelbare Teilnahme von III an Stoffwechsel-Rkk. wurden nicht gefunden. IV wird in der Nährlsg. nur in sehr geringem Maße abgebaut; ein kleiner Anteil läßt sich in den aus Mycobakterien isolierten säurelösl. Fraktionen nachweisen u. scheint damit zur Polyphosphatanhäufung beizutragen. V wird unter Incubationsbedingungen in der unbeimpften Nährlsg. langsam, in der beimpften deutlich beschleunigt zu IV abgebaut. Die Ansammlung von Polyphosphaten u. ihr Wiederverschwinden läßt Umwandlungs-Rkk. zwischen den langkettigen Polyphosphaten u. IV vermuten. (Z. Hyg. Infektionskrankh. **145**. 42—70. 14/7. 1958. Borstel, Tuberkulose-Forschungs-Inst., Inst. für exp. Biol. u. Med.) H. Goebel. 4320

June P. Thurston, *Wirkung einiger Stoffwechselinhibitoren auf die Sauerstoffaufnahme von Trypanosoma levisi und Trypanosoma equiperdum.* Die O_2-Aufnahme von *Trypanosoma levisi* (T.l.) u. *T. equiperdum* (T.e.) in *heparinisiertem Blut* oder in Ringer-*Phosphat–Glucose*-Lsg. (R) wurde mit u. ohne Zusatz von Stoffwechselinhibitoren manometr. gemessen. T.l. verbraucht in Ggw. von Blut mehr O_2 als in R, während T.e. in beiden Medien anfangs gleichviel O_2 verbraucht. Hohe *Jodessigsäure* (I)-Konzz. bewirken in Blut gesteigerten O_2-Verbrauch; in Ggw. von *Methylenblau* oder bei Vorbehandlung des Bluts mit $NaNO_2$ bewirkt I-Zusatz eine Hemmung der O_2-Aufnahme. Die I-Hemmung in R ist am stärksten mit *Glucose* (II) als Substrat; in Ggw. von *Glucosamin*, *Glycerin* oder II + Blut oder Serum ist die Hemmung weniger deutlich. *Neoarsphenamin* (III) *hemmt die* O_2-Aufnahme von T.l. in Ggw. oder ohne II oder *Glutamin* gleich stark. Bei T.e. ist die durch III oder red. Stovarsolthioglykolat (IV) bewirkte Hemmung des O_2-Verbrauchs in Ggw. von Glycerin etwas geringer als in Ggw. von II.

Na-Arsenit (**V**) wirkt mit **II** als Substrat gleich stark hemmend wie **IV**; mit Glycerin als Substrat ist **V** (10^{-4} mol.) nur wenig wirksam. Diskussion der Ergebnisse; zahlreiche Tabellen, Abb. von Kurven. (Parasitology **48.** 165—83. Mai 1958. Cambridge, Univ., Molteno Inst.) H. GOEBEL. 4330

Ann Bishop, *Eine Analyse der Entwicklung von Resistenz gegen Metachloridine in Plasmodium gallinaceum-Klonen.* Es wird über die Entw. von Resistenz gegen *Metachloridine* (*3-Metanilamido-5-chlorpyrimidin*) bei Klonen von Plasmodium gallinaceum berichtet. Die Entw. von Resistenz kann erklärt werden durch Selektion von Mutationen. (Parasitology **48.** 210—34. Mai 1958. Cambridge, Univ., Molteno Inst., Med. Res. Council.) H. GOEBEL. 4330

Jean Youatt, *Die Aufnahme von Isoniazid durch gewaschene Zellsuspensionen von Mycobakterien und andere Organismen.* Radioakt. markiertes *Isoniazid* (**I**) wird von Zellen von *Mycobacterium tuberculosis B. C. G.* „metabolisch" u. „nicht metabolisch" aufgenommen. Die nicht metabol. Aufnahme erfolgt auch bei abgetöteten Zellen unter anaeroben Bedingungen oder in Ggw. von Stoffwechselgiften. Der Einfl. von Temp., p_H-Wert, Belüftung usw. auf die Aufnahme von **I** von Zellsuspensionen von *M. tuberculosis* wurde untersucht. Resistente Zellen nehmen ebenso wie andere Bakterienarten kein **I** auf. Bisher sind die Beziehungen zwischen Aufnahme von **I** u. bakteriostat. Wrkg. noch nicht bekannt. Unter dem Einfl. von CO_2 nehmen resistente Zellen ebensoviel **I** auf wie empfindliche Organismen. Es wird gezeigt, daß die Förderung der **I**-Aufnahme durch Pyridoxal auf der Bldg. von Hydrazon beruht; das Hydrazon wird von lebenden u. abgetöteten Zellen besser als **I** aufgenommen. Es wird bes. betont, daß es bei Unterss. über die Aufnahme von **I** bei Bakterien wichtig ist, daß die metabol. Aufnahme erfaßt wird. (Austral. J. exp. Biol. med. Sci. **36.** 223—33. Juni 1958. Melbourne, Univ., School of Bacter.) F. RADLER. 4330

J. Viallier und **R. M. Cayré,** *Über die baktericide Wirksamkeit von Cycloserin gegenüber Mycobacterium tuberculosis.* Cycloserin entfaltet in Konzz. von 50 μg/cm^3 gegenüber verschied. humanen Tuberkelbacillenstämmen (LOEWENSTEIN-Medium) eine gewisse baktericide Wrkg., die sich jedoch nur bei im Wachstumsstadium befindlichen Bacillen manifestiert. (C. R. Séances Soc. Biol. Filiales **152.** 637. 4/10. 1958. Lyon, Inst. Pasteur et Labor. de Pathol. exp., Fac. de Méd.) H. DOSSMANN. 4340

Barbara McDougall und **F. Gibson,** *Die Wirkung der Isomeren von Chloramphenicol auf Wachstum und Indolsynthese bei Escherichia coli 7-4.* Die Mutante *Escherichia coli* 7-4 vermag *Indol* (**I**) nicht in *Tryptophan* umzubauen. Bei Kultur in Ggw. von Glucose u. NH_4^+ wird **I** angereichert. Die **I**-Bldg. wird durch *Chloramphenicol* (**II**) gehemmt. Es wird gezeigt, daß von den vier Isomeren von **II** (D-threo-, L-threo-, D-erythro- u. L-erythro-) nur die natürliche Form D-*threo*-**II** die Bldg. von **I** hemmt, die auch als einziges Isomer schon in geringen Konzz. bakteriostat. wirksam ist. Auf die Möglichkeit der Wrkg. von **II** auf die Synth. von aromat. Verbb. wird hingewiesen. (Austral. J. exp. Biol. med. Sci. **36.** 245—49. Juni 1958. Melbourne, Univ., Bacteriol. Dep.) F. RADLER. 4340

D. Broadbent und **D. A. Terry,** *Der Einfluß von Chloramphenicol auf einen Pilz.* Bei den Unterss. mit *Scopulariopsis brevicaulis* (Sacc.) BAINIER in einem Spuren von *Fe, Cu, Zn, Mn, Mo* enthaltenden *Glucose–Nitrat*-Medium konnten Vff. bei Zugabe von 20 oder 50 μg Chloramphenicol (**I**)/ml eine Hemmung des Wachstums sowie der NO_3^--Assimilation beobachten. Diese Hemmung trat nur auf, wenn NO_3^- als N-Quelle vorhanden war. Wurde NO_3^- durch *Ammoniak, Nitrit* oder ein Gemisch von Aminosäuren ersetzt, so blieb vorst. Wrkg. aus. Verss. mit *Penicillium griseofulvum* Dierck, *Botrytis allii* Mum., *Aspergillus niger* v. Tieghem u. *Fusarium graminearum* Schwabe blieben durch **I** im NO_3^--Medium unbeeinflußt. (Nature [London] **182.** 1107—08. 18/10. 1958. Welwyn, Herts., Akers Res. Labors., Imp. Chem., Ind. Ltd.) H. DÖLLE. 4340

F. Kavanagh, D. Tunin und **G. Wild,** *D-Methionin und die Biosynthese von Cephalosporin N.* 2 Arten des Pilzes *Cephalosporium, C. salmosynnematum* 3590 A-UV 47 u. *C. sp.* (CMI 41937) bilden bei Züchtung in natürlichen, mit D-Methionin (**I**) ergänzten Nähr-Lsgg. verstärkt *Cephalosporin N* (*Synnematin B*) (**II**), einem Penicillin mit einer Aminosäureseitenkette. Nur **I**-Derivv., die leicht **I** geben, z. B. **I**-Sulfoxyd, Phthalyl-**I**, **I**-Methylester, DL-Alanyl-**I**, steigerten die **II**-Synthese. Die beiden benachbarten **I**-Homologen bewirkten keine erhöhte Penicillinbildung. Die Bldg. eines von **II** verschied. Antibioticums wurde nicht festgestellt. D-**I** steigert die **II**-Konz. wahrscheinlich über den Einbau in den Endteil der D-Aminoadipinsäureseitenkette des Penicillinmoleküls. (Arch. Biochem. Biophysics **77.** 268—74. Okt. 1958. Indianapolis, Ind., Eli Lilly and Co., Antibiot. Mfg. and Developm. Div.) K. MAIER. 4340

J. D. Bu'Lock und **H. Gregory**, *Die Biosynthese von Polyacetylenantibioticis.* Die Synth. von *Nemotinsäure*, einem Polyacetylen, aus 6 Mol Acetat (**II**) durch den Basidiomyceten B. 841 in Glucosemedium erfordert mindestens 3 spezielle Rkk.: Einführung von 3fach- u. äquivalenter Allenbindungen durch wiederholte Acylkondensation, Einführung von O am C-Atom 4 durch direkte Oxydation oder Hydratisierung einer Doppelbindung, Eliminierung eines 12., von **II**-CH_3 abgeleiteten *C*-Atoms (ω-Oxydation u. Decarboxylierung?), das in dem kleineren Metaboliten *Odyssäure* erhalten bleibt. Diese Rkk. erlauben auch eine Deutung der Biogenese anderer Polyacetylene, wie Säuren von Samenölen, insekticider N-Isobutylamide, C_{10}-Verbb. aus Compositen u. Pilzen. Für das Vork. der ω-Oxydation (in Pilzen), ohne anschließende Decarboxylierung, spricht das gemeinsame Vork. von Paaren, der Acetylenderivv. von Decansäure u. Decan-1.10-disäure, während die angenommene Eliminierung einer terminalen CH_3-Gruppe zu ungeradzahligen Verbb. mit der Konst. von *Mycomycin* u. anderen Verbb. mit endständiger HC≡C-Gruppe (z. B. C_9-Polyacetylene aus *Coprinus quadrifidus*) übereinstimmt. (Biochem. J. **69.** 35P—36P. Juli 1958. Manchester, Univ., Dep. of Chem.) K. MAIER. 4340

Friedrich Barnetzky, *Über den Einfluß einer Förderungszone auf die Antibioticaverteilung beim Diffusionstest.* Bei der Entwicklungshemmung von Testorganismen durch Antibiotica (**I**) wird beim Diffusionstest eine Förderung des Bakterienwachstums am Rande der Hemmungszonen festgestellt. Durch Anwendung der analyt. Theorie wird die Konzentrationsverteilung in der Hemmungszone u. die über den Hemmungszonenrand diffundierte Substanzmenge an **I** auf Grund einer Arbeitshypothese über die Änderung der Randbedingung durch das Bakterienwachstum für den axialen u. axialsymm. radialen Fall berechnet u. numer. ausgewertet. (Z. angew. Physik **10.** 264—67. Juni 1958. Gatersleben, Inst. für Kulturpflanzenforsch. der Deutschen Akad. der Wiss. zu Berlin.) H. DOSSMANN. 4340

F. Kauffmann, *Über die biochemischen Eigenschaften neuer Salmonellatypen.* Umfangreiche Tabelle über die biochem. Eigg. von über 200 neuen *Salmonella*-Typen gegenüber *Arabinose, Dulcit, Inosit, Rhamnose, Trehalose, Xylose,* STERNs *Glycerin-Fuchsin*-Nährboden, *Gelatine, l-Tartrat, Isotartrat, Na-Citrat* u. *Mucat.* (Acta pathol. microbiol. scand. **43.** 175—84. 1958. Copenhagen, Statens Seruminst.) H. DÖLLE. 4350

Friedrich Staib, *Resistenz von Hefen und hefeartigen Pilzen gegen Schwefelsäure.* Vf. berichtet über die in Sputum bei verschied. Lungenaffektionen vorkommenden Hefen u. hefeartigen Pilze, u. zwar unter besonderer Berücksichtigung ihrer H_2SO_4-Resistenz bei der Anreicherung tuberkuloseverdächtigen Untersuchungsmaterials. Hefen u. hefeartige Pilze, die beim Menschen vorkommen können, sind z. T. gegen H_2SO_4 viel resistenter als Mycobacterium tuberculosis. Ein Teil der säureresistenten Hefen entwickelt sich auch auf HOHN-Eiernährboden mit Malachitgrünzusatz. *Candida krusei, C. mycoderma* u. *Torulopsisarten* sind sehr, *C. tropicalis* ist deutlich resistent gegen H_2SO_4. *C. albicans* u. die übrigen Candidaarten sind gegen H_2SO_4 sehr empfindlich. — Tabellen. (Z. Hyg. Infektionskrankh. **145.** 26—33. 14/7. 1958. Würzburg, Univ., Inst. für Mikrobiol. u. Hyg.) H. GOEBEL. 4350

Johan A. van Zyl, *Beiträge zur Biologie und Frage des Stoffwechsels der Jerez- und Kahmhefen.* In Vergleichsstudien zur Biol. u. Biochem. der *Jerez-* u. *Kahmhefen* wurden 3 Jerezstämme span. Ursprungs u. 3 echte Kahmhefen, *Candida mycoderma, Hansenula anomala* u. *Pichia farinosa,* hinsichtlich ihrer Morphologie, Sporulierung u. Zellentw. bei Züchtung auf Wein u. synthet. Nährböden mit verschied. C-Quellen im Verlauf eines Jahres beschrieben u. die Physiologie u. der Betriebsstoffwechsel auf den verschied. Nährböden untersucht. — 68 Literaturangaben. (Zbl. Bakteriol., Parasitenkunde, Infektionskrankh. Hyg., Abt. II **111.** 33—79. 2/1. 1958. Geisenheim, Lehr- u. Forschungsanst., Inst. für Botan., Gärungsphysiol. u. Hefereinzucht; Bonn, Univ., Inst. für landwirtsch. Botan.) H. TÄNZLER. 4350

H. L. Jensen und **K. Gundersen**, *Biologischer Abbau aromatischer Nitroverbindungen.* Aus einer Erdprobe wurde ein Mikroorganismus isoliert, welcher *4.6-Dinitro-o-kresol* (**I**) u. einige verwandte Verbb. unter Freisetzung von *Nitrit* (**II**) abbaut. Er bildet in jungen Kulturen keine Sporen, ist grampositiv: unregelmäßige Stäbchen, in älteren Kulturen fast kugelig, scheinbar eine atyp. Form von *Corynebacterium simplex.* In synthet. Medium mit nur 0,01—0,05% **I** als einziger organ. Substanz ist noch schwaches Wachstum möglich. Zugabe von 0,01—0,1% Hefeextrakt beschleunigt Wachstum u. **II**-Bldg. sehr. Neben **I** werden durch den Organismus *p-Nitrophenol, 2.4-Dinitrophenol* u. *2.4.6-Trinitrophenol,* nicht aber *o-* u. *m-Nitrophenol, 2.5-* u. *2.6-Dinitrophenol* oder *3.5-Dinitrobenzoesäure,* abgebaut. Anscheinend ist die Abbaufähigkeit vom Vorhandensein einer NO_2-Gruppe in p-Stellung abhängig; mit *4.6-Dinitrobutylphenol* wurde jedoch keine II-Bldg. beobachtet. Von Dinitroverbb. werden beide NO_2-Gruppen abgebaut, beginnend bei der p-Gruppe, wo auch die Ringsprengung erfolgt. (Nature [London] **175.** 341. 19/2. 1955. Lyngby, Denmark, State Labor. for Plant Culture, Dep. of Bact.) H. AMAN. 4350

D. M. Goldfarb und **T. N. Broker,** *Die Antiphageneigenschaften einiger Antibiotica, Antiseptica, Aminosäuren und Antigeschwulstmittel.* An Dysenteriebakteriophagen werden 23 Verbb. auf ihre phagiciden Eigg. hin untersucht, wobei eine direkte Wrkg. auf freie Phagen u. die Beibehaltung der Aktivität innerhalb der Zelle gefordert werden. Von den getesteten Verbb. waren phagicid: *Embichin* (I), *Sarkolysin* (II) u. *Rivanol* (III); phagicid u. baktericid: *Sulfidin, Micerin, Trypaflavin* u. *Formalin*; nur baktericid: *Synthomycin, Penicillin, Aureomycin, Tyrosin, Biomycin* u. *Cystin*; weder phagicid noch baktericid: *Na-Borat, Lysin, Glykokoll, Serin, Methionin, Tryptophan, Alanin, Phenylalanin, Glutaminsäure* u. *Asparaginsäure.* — Die höchste phagicide Aktivität besaßen die beiden Antigeschwulstmittel I u. II; sie wird herabgesetzt nach dem Kontakt des Phagen mit der Bakterienzelle, bes. während der Adsorption u. dem Beginn des intracellulären Wachstums des Phagen. Es wird vermutet, daß die hohe Aktivität von I, II u. III mit ihrer Einw. auf die Desoxyribonucleinsäure des Phagen zusammenhängt. Zur Auffindung neuer Antigeschwulstmittel erweisen sich Phagen als Testorganismen geeignet. (Вопросы Вирусологии [Fragen d. Virusforsch.] **4.** 103—08. Jan./Febr. 1959. Moskau, Inst. für Epidemiol. u. Mikrobiol. der Akad. der med. Wiss. der UdSSR.) R. OBENAUS. 4374

N. A. Seitlenok, O. W. Konosch und **E. R. Pille,** *Die Beziehung zwischen dem Einfluß der Acridinverbindungen auf die Vermehrung des Pockenvaccinevirus und ihrer Fähigkeit, Erythrocyten zu agglutinieren.* Es werden die hämagglutinierenden Eigg. verschied. Acridinverbb. im Zusammenhang mit ihrem Einfl. auf die Vermehrung des Pockenvaccinevirus (PV) untersucht. Von 10 getesteten Verbb. besaß *Rivanol* den höchsten Agglutinationstiter (AT); es folgen *Acridingelb, Acridinorange, Proflavin, Coriphosphin, Nitroacrichin, 9-Aminoacridinhydrochlorid, Aminoacrichin* u. *6-Chlor-9-dimethylaminobutylaminoacridindihydrochlorid.* Den niedrigsten AT besaß *Acrichin.* — p_H-Veränderungen (5,3—9,2), Elektrolytgegenwart u. Temp. (4—37°) beeinflussen den Agglutinationsvorgang nicht. — Acridinverbb. mit hohem AT hemmen die Vermehrung des PV im Kückenembryo stärker als solche mit niedrigem AT. — Durch Acridinverbb. werden auch solche Erythrocyten agglutiniert, die infolge akt. Immunisierung von dem Virus nicht mehr agglutiniert werden können. (Вопросы Вирусологии [Fragen d. Virusforsch.] **4.** 108—11. Jan./Febr. 1959. Moskau, Inst. für Virusforsch. der Akad. der med. Wiss. der UdSSR.) R. OBENAUS. 4374

R. Haas, L. Körner, V. Dostal und **H. Schweinsberg,** *Über die Inaktivierung von Poliomyelitisviren mit Formaldehyd.* Bericht u. reiches tabellar. Material über Meth. u. den Virusinaktivierungsverlauf bei 200 Poliomyelitisimpfstoffansätzen unter Verwendung von *Formaldehyd* (I). Die Kultur der 4 ATCC-Virusstämme erfolgte auf trypt. aufgeschlossenen Nieren von Rhesus- u. Cynomolgusaffen u. einer Modifikation des Gewebekulturmediums TCM-199. Die Inaktivierung wurde in Einzelansätzen von ca. 5 L. bei 37° u. p_H 7—7,2 mit I (Endkonz. 1 : 5000) durchgeführt. Aminosäuren u. Eiweiß in der Kulturlsg. störten den Vorgang nicht. Der Inaktivierungsverlauf wurde nach 24, 48, 72 u. 96 Std. kontrolliert; hierzu wurde I mit *Natriumbisulfit* entgiftet. In diesem Zeitraum steigt die 50%ig. Inaktivierungsdosis auf $>$0,5 ml unverd. Serum an, so daß überlebende Viren nur noch schwer nachweisbar sind. Kurvenverläufe u. vermehrte Stichproben bei der Sterilkontrolle belegen, daß nach 96 Std. in I-behandelten Viruskulturen kaum noch lebensfähige Keime zu erwarten sind. (Z. Hyg. Infektionskrankh. **143.** 490—512. 18/4. 1957. Marburg/Lahn, Behringwerke; Freiburg/Br., Univ., Hygieneinst.) E. SPEYER. 4374

Mark A. Stahmann und **S. S. Gothoskar,** *Hemmung der Infektiosität von Tabakmosaikvirus durch einige synthetische und natürlich vorkommende Polyelektrolyte. Polyglutaminsäure* (I), *Polyacrylsäure* u. *Na-Polypektat* (II) vermindern beim Mischen mit *Tabakmosaikvirus* dessen Infektiosität. Die Infektionskraft war nur vermindert durch Anwendung von I vor der Beimpfung; dies weist darauf hin, daß I wahrscheinlich auf die Wirtszelle u. nicht auf das Virus wirkt. Trichothecium-Kulturfiltrate wirken ebenfalls schwächend auf die Virusinfektiosität durch Einw. auf die Wirtszellen. Die Tatsache, daß die Hemmwrkg. des Kulturfiltrats durch Behandlung mit einem schwachen Ionenaustauschharz deutlich vermindert wird, weist darauf hin, daß die Kulturfiltrataktivität der von I oder II ähnlich ist. Es wird angenommen, daß sich saure Polyelektrolyte mit bas. Receptorstellen von empfindlichen Wirtszellen verbinden oder diese blockieren. — Diskussion der Ergebnisse. (Phytopathology **48.** 362—65. Juli 1958. Madison, Wis., Univ. of Wisconsin, Dep. of Biochem.) H. GOEBEL. 4374

H. G. Aach, *Quantitative Aminosäurenanalysen an Mutanten des Tabakmosaikvirus.* (Vgl. C. **1959.** 4192.) 2 Wildstämme des Tabakmosaikvirus u. Mutanten derselben (*vulgare, flavum, necans, revirescens, dahlemense, luridum*) werden auf ihre Proteinzus. papierchromatograph. untersucht. Es ergibt sich jahreszeitlich gesehen bei einem u. demselben Stamm keine Differenz. Zwischen den beiden Wildstämmen dagegen ergeben sich bei der quantitativen Best. der Aminosäuren erhebliche Unterschiede. Unter Zugrundelegung eines Mol.-Gew. von 16000 für die Peptidkette werden die einzelnen Aminosäureumgruppierungen bei den verschied. Mutationsstufen aufgezeigt: vulgare → flavum: pro Kette werden 2 *Asparaginsäure*-Einheiten ersetzt durch 1 *Alanin*-E. u. 1 *Valin*-E.; flavum → necans: 1 Alanin-E. ersetzt durch 1 *Phenylalanin*-E.; necans → revirescens: 1 Valin-E. ersetzt durch 1 Asparaginsäure-E.; dahlemense → luridum: 1 *Glutaminsäure*-E. ersetzt durch 1 *Leucin*-Einheit. Die weiteren Peptidbausteine der Mutanten sind: *Cystein, Serin, Threonin, Glykokoll, Prolin, Isoleucin, Tyrosin, Lysin, Arginin, Tryptophan.* (Z. Naturforsch. **13b.** 425—33. Juli 1958. Tübingen, Max-Planck-Inst. für Biol.) H. STRUCK. 4374

Claude Martin, *Vergleichende Untersuchung über die Wirksamkeit der Polyphenoloxydase bei gesunden und mit Virus infizierten Tabakpflanzen.* Vf. bestimmt die Wirksamkeit der Polyphenoloxydase (I) bei gesunden (a) u. mit Kartoffelvirus X u. Y sowie Tabakmosaikvirus infizierten Tabakpflanzen (b) in Abhängigkeit von der Versuchszeit (vom Zeitpunkt der Infektion an bis zum Ausbruch der Symptome). Die Inoculation wird nach Entw. von 5—6 Blättern vorgenommen. Zur I-Best. werden die abgewogenen Pflanzen in Phosphatpuffer (0,067 mol., p_H 7) zerkleinert u. nach Zentrifugieren wird die O_2-Aufnahme in Ggw. von Brenzcatechin (II) in einer WARBURG-App. gemessen. Außerdem wird die Virusmenge in den infizierten Blättern auf serolog. Wege nach der Grenzverdünnungsmeth. von LIMASSET u. MONTGRÉMIER (C. R. hebd. Séances Acad. Sci. **225.** [1947.] 1176) ermittelt. Es zeigt sich, daß in b die I-Aktivität 2 Maxima aufweist: Das 1. Maximum tritt 24—72 Std. nach der Infektion auf u. beträgt 168 bzw. 210% der I-Wirksamkeit in a (Tabakmosaik- bzw. Kartoffel-X-Y-Virus); das 2. wird 8—10 Tage später beobachtet u. liegt 197 bzw. 264% oberhalb der I-Aktivität in a. Diese Maxima entsprechen dem Entwicklungscyclus der Viren. Aus den Ergebnissen u. daraus, daß b-Pflanzen auch bei Abwesenheit von II O_2 absorbieren, wird geschlossen, daß in den infizierten Pflanzen eine Anhäufung von *Polyphenolen* stattfindet. (C. R. hebd. Séances Acad. Sci. **246.** 2026—28. 31/3. 1958. Versailles, Stat. centr. de Pathol. végétale.) P. FAHRNLAENDER. 4374

Zdeněk Laštůvka und **Jaroslav Minář,** *Der Einfluß des ätherischen Öles der gemeinen Quecke auf einige niedrige Lebewesen.* Die durch Ae.-Extraktion aus den Wurzelstöcken der Quecke (*Agropyrum repens* L.) gewinnbaren äther. Öle wirken auf Protozoen u. andere niedere Lebewesen in kurzer Zeit tödlich. Bei den untersuchten Protozoen (z. B. *Aelosoma quaternarium, Microstonum canum*) trat nach wenigen Min. totale Lyse ein, desgleichen auch bei einigen Würmern. Nach dem Wirkungsbeginn dieser Stoffe werden sämtliche Bewegungen der Tiere lebhafter. Bei *Simocephalus* ist der Puls beschleunigt. Wirksam sind nicht nur die hochsd., aus *Agropyren* (vgl. TREIBS, Ber. dtsch. chem. Ges. **80.** [1947.] 97) bestehenden Fraktionen, sondern bes. die in geringen Mengen vorhandenen tiefsd. Anteile des äther. Auszuges. (Českoslov. Biol. **7.** 462—65. Nov. 1958. Brno, Univ., Katedra fysiologie rostlin a genetiky přírodověd. fak.) B. GÖRLICH. 4380

E_4. Pflanzenchemie. Pflanzenphysiologie. Pflanzenpathologie.

O. Machold und **H. Marschner,** *Ein Beitrag zur Frage der Wirkung von radioaktiven Strahlen auf Pflanzenwachstum und -ertrag.* Die stimulierende Wrkg. kleiner Strahlendosen von *^{32}P* u. *^{45}Ca* u. die Wrkg. von radioakt. markiertem *Superphosphat* auf das Pflanzenwachstum wurde in Gefäßverss. mit Hafer u. Sommergerste untersucht. Durch 24 Std. Einquellen der Haferkörner in radioakt. Na_2HPO_4- u. $Ca(NO_3)_2$-Lsg. mit Aktivitäten von 55 u. 71 μC ^{45}Ca bzw. ^{32}P/Liter konnte kein gesicherter Mehrertrag weder auf Buntsandstein- noch auf Muschelkalkverwitterungsboden erzielt werden. Ähnliche Ergebnisse wurden bei Verss. mit radioakt. markiertem Superphosphat erhalten, das in Mengen von 0,270 u. 0,846 g P_2O_5 mit einer spezif. Aktivität von 0,4 μC ^{32}P/g P_2O_5 gegeben wurde. Es wurden außerdem Verss. durchgeführt, die gewisse Rückschlüsse auf die Empfindlichkeit von Sommergerste, Mais u. Bruchbohnen gegenüber höheren ^{32}P-Dosen zulassen. Bei Sommergerste zeigten sich in Nährlsg. bereits bei 350 μC ^{32}P/25 Liter u. einer spezif. Aktivität von 2 μC ^{32}P/g P_2O_5 deutliche Strahlenschäden. Gefäßverss. in Glassand mit Sommergerste ließen erkennen, daß eine spezif. Aktivität von 6 mC ^{32}P/g P_2O_5 Totalschädigung verursacht. Mit Erhöhung der spezif. Aktivität nimmt der Schädigungsgrad der Pflanzen zu. Charakterist. für die ^{32}P-Schädigung sind Wachstumshemmung des jüngsten Blattes, Chlorophylldefekte (Marmorierung) u. verstärkte Bestockung. (Atompraxis **4**. 128—34. 1958. Jena, Univ., Landw.-chem. Inst.) W. KARCHER. 4404

Anna M. McLeod und **H. McCorquodale,** *Trisaccharide von Lolium und Festuca.* In den Karyopsen der Gräser *Lolium perenne L.* (L) u. *Festuca pratensis* Huds. (F) werden größere Mengen eines nichtreduzierenden Trisaccharids (**I**) mit der spezif. Drehung +90,5° gefunden. Saure Hydrolyse ergibt *Galaktose, Glucose* u. *Fructose.* **I** zerfällt in Ggw. von Invertase oder verd. HCl leicht in Fructose u. ein reduzierendes *Disaccharid* (**II**). Eine Reihe weiterer Unterss. führen zu dem Schluß, daß **II** *3-Glucose-α-galaktosid* ist, u. daß **I** möglicherweise *α-D-Galaktopyranosyl-3-α-D-glucopyranosyl-2-β-D-fructofuranosid* sein könnte. Im Zusammenhang mit dem Vork. von **I** in F- u. L-Arten wird die biochem. Verwandtschaft dieser Gräser besprochen. Chromatograph. Unterss. ergeben, daß alle F- u. L-Arten **I** enthalten. F. rubra u. F. ovina enthalten ferner *Raffinose* u. ein unbekanntes Trisaccharid. (Nature [London] **182.** 815—16. 20/9. 1958. Edinburgh, Heriot-Watt College.) O. DOLD. 4420

G. O. Aspinall und **A. Cañas-Rodriguez,** *Pektinsäure aus Sisalfasern.* Vff. isolieren aus Fasern von Blättern von *Agave sisalana* durch Extraktion mit W. (90°, 3 Std.) u. Zentrifugieren ein rohes *Polysaccharid* (**I**)-Gemisch (ca. 20 g Ausbeute), das durch Fällung seiner wss. Lsg. mit Aceton in 3 Fraktionen getrennt wird: a) $[\alpha]_D$ +74° (c = 0,11; W.), 14,7 g *Uronsäureanhydrid* (**II**; 32%); b) $[\alpha]_D$ −19° (c = 0,21; W.), 2,5 g u. c) $[\alpha]_D$ +47° (c = 0,17; W.), 1,3 g. a) liefert bei Hydrolyse mit n-H_2SO_4 (100°, 4 Std.) u. anschließender Fraktionierung auf einer Cellulosesäule (Lösungsm.: 50% mit W. gesätt. 1-Butanol) 7 Unterfraktionen, die auf chromatograph. Wege (Lösungsmittel: 1-Butanol–Bzl.–Pyridin–W. 5:1:3:3; 1-Butanol–A.–W. 4:1:5; 2-Butanon mit 50%ig. Zusatz von 1% NH_3 enthaltendem W., Äthylacetat–Essigsäure–W. 3:1:3; 1-Butanol-Essigsäure–W. 4:1:5; Äthylacetat–Pyridin–W. 10:4:3; Äthylacetat–Essigsäure–Ameisensäure–W. 18:3:1:4; Bzl.–A.–W. 169:47:15 u. Butanon-(2)–Essigsäure–W. 9:1:1, mit H_3BO_3 gesätt.) identifiziert werden, u. zwar *2-O-Methyl-D-xylose* (**III**), *-L-rhamnose* (**IV**, $[\alpha]_D$ +8,6° [c = 1,0; W.], *Benzoylhydrazon,* F. 180—181°), *D-Xylose* (**V**, $[\alpha]_D$ +19,2° [c = 0,4; W.], *Di-O-benzylidendimethylacetal,* F. 210—211°); *L-Arabinose* (**VI**, $[\alpha]_D$ +106° [c = 2,0; W.], *Benzoylhydrazon,* F. 185—189°); *D-Glucose* (**VII**, *p-Nitrophenylhydrazon,* F. 184—185°) u. *D-Galaktose* (**VIII**, $[\alpha]_D$ +81° [c = 1,3; W.]; *1-Methyl-1-phenylhydrazon,* F.187—189°) sowie *D-Galakturonsäure* (**IX**, $[\alpha]_D$ +84,5° [c = 1,7; W.]; *2.5-Dichlorphenylhydrazon,* F. 179—181°; *Mucinsäure,* F. 205—206°). Bei Spaltung von nicht fraktioniertem **I** mit n-H_2SO_4 (100°, 6 Std.), Behandlung des Hydrolysats mit Amberlit IR-120 (H), Absorption über eine Kohlensäule (Elution mit W. u. wss. A.) u. anschließender Chromatographie werden **III** (F. 132—134°; $[\alpha]_D$ +34 ± 1° [c = 0,25; W.]) u. *2-O-Methyl-L-fucose* (F. 154—159°; $[\alpha]_D$ −85 ± 1° [c = 0,36; W.]) erhalten; die Perjodatoxydationsprodd. beider Zucker bestehen aus *Methoxymalondialdehyd.* Durch 5malige Extraktion der mit W. ausgekochten Sisalfasern mit 0,5%ig. NH_4-Oxalatlsg. (80—90°, 2 Std.) u. Fällung mit A. wird *NH_4-Pectat* (**X**, $[\alpha]_D$ +213° [c = 1,0; W.], 74% **II**) gewonnen, das nach Überführung in das Ca-Salz (Fällung der 2%ig. wss. **X**-Lsg. mit 5%ig. $CaCl_2$-Lsg.) einer Hydrolyse unterworfen wird, wobei **IV**, **V**, **VI**, **VIII** u. **IX** erhalten werden. Regenerierung von **X** durch Erhitzen des Ca-Salzes mit NH_4-Oxalat (80°, 1 Std.) u. anschließender Hydrolyse führt zum Verlust der **V**-enthaltenden Mol.-Hälfte. **X** liefert bei Behandlung mit Amberlit IR-120 (H) nur *Pectinsäure* ($[\alpha]_D$ +238° [c = 0,57; W.], 77,1% **II**). Durch Fraktionierung von **X** (aus wss. Lsg. mit Aceton, über das Ca-Pectat oder Fällung mit Cetyltrimethylammoniumbromid) läßt sich in keinem Falle eine von neutralen Zuckern freie *Polygalacturonsäure* isolieren. In weiteren Verss. wird **X** durch Einw. von *Methylsulfat* u. NaOH in *methyliertes Na-Pectat* (OCH_3: 22,6%) u. dieses nach Entfernung der neutralen Zucker durch Extraktion mit Methanol mit Hilfe von *Ag_2O* u. *CH_3J* in *methyliertes Methylpectat* (**XI**, $[\alpha]_D$ +191°, [c = 0,63; Chlf.], OCH_3: 39,4%) übergeführt. Von Beimengungen neutraler Methylzucker wird **XI** durch Verseifung mit alkoh. NaOH, Fällung als Na-Salz u. Rückverwandlung in **XI** befreit. Das so gereinigte Prod. besitzt $[\alpha]_D$ +212° (c = 0,4; Chlf.; OCH_3: 40%). Durch Hydrolyse von **XI** (methanol. 4%ig. HCl, 100°, 4 Std.) mit anschließender Red. der Uronsäure zu Hexoseresten mittels *$LiAlH_4$* in Tetrahydrofuranlsg. (1 Std. am Rückfluß), Extraktion des Rückstandes mit Aceton u. A., Behandlung des Auszuges mit Amberlit IR-120 (H) u. IR-4B (OH) u. Hydrolyse (4n HCl, 100°, 5 Std.) desselben wird ein Methylzuckergemisch erhalten, das durch Fraktionierung über eine Cellulosesäule in 10 Einzelkomponenten getrennt wird, u. zwar: *2.3.4-Tri-O-methyl-L-rhamnose* ($[\alpha]_D$ +25° [c = 0,2; W.], *2.3.4-Tri-O-methyl-L-rhamnonophenylhydrazid,* F. 175—177°; *2.3.5-Tri-O-methyl-L-arabinose* (**XII**); *2.3.4.6-Tetra-O-methyl-D-galaktose* (**XIII**, $[\alpha]_D$ +108° [c = 0,18; W.], *Anilin*-Deriv.: F. 187—190°); *3.4-Di-O-*

methyl-L-rhamnose (*3.4-Di-O-methyl-L-rhamnonolacton*, F. 76—78°); *2.3.4-Tri-O-methyl-D-galaktose* (**XIV**, $[\alpha]_D$ +111° [c = 0,35; W.], *Anilin*-Deriv. F. 163—165°); *2.3.6-Tri-O-methyl-D-galaktose* (**XV**, *2.3.6-Tri-O-methyl-D-galaktonolacton*, F. 98—99°); Gemische von *2.4-*, *2.3-* u. *2.6-Di-O-methylgalaktose* ($[\alpha]_D$ +83°, [c = 0,67; W.]); *2.4-Di-O-methyl-D-galaktose* (**XVI**, *Anilin*-Deriv.: F. 208—209,5°); *2.3-Di-O-methyl-D-galaktose* (**XVII**, *Anilin*-Deriv.: F. 152—154°) u. *2-O-Methylgalaktose* (F. 150—154°). Aus den Ergebnissen geht hervor, daß das Hauptprod. **XVII** aus *2.3-Di-O-methyl-D-galakturonsäure*-Resten stammt u. die aus Sisalfasern erhaltene Pectinsäure Ketten mit 1.4-gebundenen α-**IX**-Resten enthält. **XIV** scheint aus einer nichtreduzierenden **IX**-Endgruppe hervorgegangen zu sein. Die übrigen Methylzucker sind von **IV**- u. **VIII**-Resten im ursprünglichen **I** abzuleiten. Zur weiteren Klärung der **I**-Struktur wird eine wss. Pektinsäuresuspension suspension durch Einw. von *Äthylenoxyd* in den *Äthylenglykolester* ($[\alpha]_D$ +193±3° [c = 0,59; W.], **II**: 65%; der analog gewonnene *Propylenglykolester*($[\alpha]_D$ +168±2° [c = 0,89; W.], **II**: 62%, besitzt ein Mol.-Gew. von 37200 [= Polymerisationsgrad (DP) 169] übergeführt, der bei wiederholter Red. mit KBH_4 in Ggw. von *Glycerin* bei 0° (p_H 8) ein nur 5% **II** enthaltendes *Galaktan* ($[\alpha]_D$ +247° [c = 1,3; W.]) liefert, das bei Hydrolyse in 77% **VIII**, 6,5% **VI**, 3% **IV** u. 2% **VII** spaltet u. dessen Mol.-Gew. 22100 (DP 139) beträgt. Die Red. verursacht also nur einen geringfügigen Abbau. Bei erschöpfender Methylierung (*Methylsulfat* + NaOH sowie Ag_2O + CH_3J) einer unvollständig red. Pektinsäure (18% **II**) u. Behandlung des erhaltenen Methylprod. mit $LiAlH_4$ in Tetrahydrofuran u. erneuter Methylierung (CH_3J + Ag_2O) läßt sich ein *Methylgalaktan* ($[\alpha]_D$ +177±1° [c = 3,0; W.], +158±2° [c = 3,2; Chlf.], OCH_3: 42,5%) isolieren, das durch Methanolyse (2n HCl in Methanol, 5 Std. am Rückfluß) in **XII** (Deriv.: *2.3.5-Tri-O-methyl-L-arabonamid*, F. 137—139°) **XIII**, **XV** sowie Gemische dieser Methylzucker u. solcher von *Di-O-methylgalaktosen* (mit **XVI** als Hauptbestandteil) gespalten wird. Die Ggw. von **XV** im Hydrolysat weist auch auf das Vork. von Ketten aus 1.4-gebundenen α-**IX**-Resten im Pektin hin. Da **VI** nur in Form von nicht reduzierenden Endgruppen als Furanosid vorliegt, ist sie als Bestandteil eines Polysaccharids anzusehen, in dem **IX**- oder **VIII**-Reste das Gerüst der mol. Struktur bilden. Die Bedeutung der Neutralzucker (**IV**, **VI**, **VIII**) für den Aufbau des Pektins ist ungeklärt. Es wird angenommen, daß diese Zucker entweder mit den **IX**-Ketten verbundene Pektinsäurekomponenten sind, oder daß ein nur aus **IX**-Resten u. Neutralzuckern bestehendes Gemisch saurer Polysaccharide im Pektinmol. vorkommt. (J. chem. Soc. [London] **1958**. 4020—27. Nov. Edinburgh, Univ., Dep. of Chem.) P. FAHRNLAENDER. 4420

G. P. Sserenkow, M. W. Pachomowa und **I. G. Borissowa,** *Vergleichende biochemische Untersuchung von zwei Grünalgenarten.* Die Unterss. ergaben, daß die Grünalgenart *Scenedesmus acuminatus* 62% Eiweißstoffe, 6,74% Nucleinsäure (nach dem Purin-N), 1,56% Kohlenhydrate (darunter 1,10% Zucker vom Hemicellulosetyp), 1,52% S, 18,0% Asche u. 13,03% Fett enthält. Sie hat mit einigen Diatomeen u. vielen Bakterienarten eine größere Verwandtschaft als mit den Protokokken. Die Ribonucleinsäure enthält Adenin, Guanin, Uracil u. Cytosin. Die Grünalgenart *Enteromorpha intestinalis* enthält 10,19% Eiweißstoffe, 0,7% Nucleinsäure, 25,54% Kohlenhydrate (darunter 13,37% Polysaccharide vom Hemicellulose- u. 9,18% vom Cellulosetyp), 5,73% S (ein großer Teil als H_2SO_4 an den Kohlenhydratkomplex gebunden), 36,33% Asche u. 1,66% Fett. Die Hemicellulosen bestehen aus Pentosanen u. Hexosanen. Der Kohlenhydratkomplex besteht aus 10 einzelnen Zuckern, darunter Galaktose, Glucose, Mannose, Xylose, Ribose, Rhamnose u. wahrscheinlich Tyrelose. Nach der chem. Zus. steht diese Art einigen Großalgen nahe. (Вестник Московского Университета, Серия Биологии, Почвоведения, Геологии, Географии [Nachr. Moskauer Univ., Ser. Biol., Bodenkunde, Geol. Geogr.] **12.** Nr. 3. 77—85. 1957. Moskau, Univ., Lehrstuhl für Biochem. der Pflanzen.) OTTO MAIER. 4420

Elard Stein von Kamienski, *Untersuchungen über die flüchtigen Amine der Pflanzen.* 3. Mitt. *Die Amine von Pilzen. Über den Weg der Aminbildung in Pflanzen.* (2. vgl. C. **1958.** 11865.) Die Fruchtkörper von 105 Arten aus 1 Ascomyceten- u. 17 Basidiomycetenfamilien wurden auf flüchtige Amine geprüft. Es wurde gefunden: *Methylamin* (**I**; in 22 Arten), *Dimethylamin* (**II**; 10), *Trimethylamin* (**III**; 8), *Isoamylamin* (**IV**; 19) u. *β-Phenyläthylamin* (**V**; 4). **I** ist in Spuren weit verbreitet. Das Vork. von *Äthanolamin* in einigen Pilzen war wahrscheinlich. Bei der Autolyse der Fruchtkörper entstanden unter sterilen u. unsterilen Bedingungen viele (spezif.?) Amine, neben obengenannten *Äthylamin* (**VI**) u. *Isobutylamin* (**VII**). Ein gelegentlich auftretendes Amin konnte nicht identifiziert werden. Brandsporen von Tilletia tritici enthielten nur **III**, 2 Flechten der Gattung Sticta **I**, **III** u. gelegentlich **II**. In den Sklerotien von Claviceps purpurea wurden **I**, **III**, **IV**, **V**, **VI**, **VII** sowie *n-Propyl-*, *Isopropyl-* u. *n-Hexylamin* gefunden. Die Biochemie der Aminbldg. wird diskutiert; in orientierenden Verss. mit Gewebebrei wurde keine Decarboxylierung von Aminosäuren beobachtet. (Planta **50.** 331—52. 21/12. 1957. Bonn, Univ., Pharmakognost. Inst.) W. SCHÖNBORN. 4420

Camille Izard und **Jean Masquelier,** *Über ein aus den Samen von Phoelipaea ramosa L. extrahiertes Flavonpigment.* Durch Extraktion der Samen von Phoelippaea ramosa L. mit CH_3OH bei 4° u. Eindampfen des Extraktes im Vakuum wurde ein neues Flavonderiv., *Phoelipeon* (I), isoliert u. die Abwesenheit eines Zuckerrestes chromatograph. sowie durch die Beständigkeit gegen saure Hydrolyse bewiesen. Durch 1%ig. Na_2CO_3-Lsg. wird I nicht verändert, mit Mg u. HCl entsteht ein rosaviolettes *Anthocyanidin.* I, F. 275° (korr.), aus CH_3OH blaßgelbe mikrokrist. Nadeln; R_F 0,00 (absteigend an WHATMAN Nr. 1; W.), 0,68—0,70 (Isopropanol–W.; 60:40), 0,00 (Essigsäure–W.; 15:85), 0,79 (Butanol–Essigsäure–W.; 4:1:5), 0,94—0,97 (Phenol–W.; 73:27). *Anthocyanidin,* R_F 0,03 (2n HCl), 0,92 (Butanol–Essigsäure–W.; 4:1:5)), 0,93 (FORESTAL-Gemisch). — UV-Spektren vgl. Original. (C. R. hebd. Séances Acad. Sci. **246.** 1454—56. 3/3. 1958. Bordeaux, Fac. de Méd. et de Pharmacie; Bergerac Inst., Exp. des Tabacs.) F. HELLER. 4420

A. Spada und **R. Cameroni,** *Die Flavonpigmente des Blütenstaubes der Acacia dealbata.* (Vgl. C. **1959.** 7461.) Die aus den Pollen der *Acacia dealbata* isolierten *Naringeninglucoside* liefern neben dem Chalkontetraacetylderiv. ein triacetyliertes Flavanonderiv., das in 4 polymorphen krist. Formen auftritt. Auf aschefreiem Cellulosepulver liefern sie chromatograph. die mit synthet. Präpp. ident. Flavonpigmente *Morin* u. *Quercetin.* Daneben finden sich geringe Mengen eines neuen *Flavanolderiv.* vom F. 335—340° (F. des Glykosids 269—270°), das noch untersucht wird. Aus dem Gemisch der Glykoside selbst ließ sich *Rutin* (F. 190°) als *Quercetin-3-rutinosid* identifizieren. (Atti Soc. Naturalisti Matematici Modena **85/86.** 75—77. 1954/1955. Modena, Univ., Ist. Chim. Farmaceut.) A. SANDER. 4420

Hans-G. Boit und **Werner Döpke,** *Alkaloide von Narcissus tazetta und N. poeticus.* 13. Mitt. *über Amaryllidaceenalkaloide.* (12. vgl. C. **1959.** 11245.) Aus der zur Subspecies lacticolor von Narcissus tazetta L. (syn. Hermione tazetta Haw., Bouquetnarcisse) gehörenden Varietät N. canaliculatus Guss. u. definierten Gartensorten wurden *Haemanthamin* (**I**), *Tazettin* (**II**), *Lycorin* (**III**), *Homolycorin* (**IV**), *Narcissidin* (**V**), *Galanthamin* (**VI**), *Galanthin* (**VII**), *Pluviin* (**VIII**), *Hippeastrin* (**IX**) u. die neuen Basen *Fiancin* (**X**), *Nartazin* (**XI**) u. *Narzettin* (**XII**) isoliert. Die im August in Holland ausgegrabenen u. nach 2monatiger Lagerung aufgearbeiteten Sorten waren: N. canaliculatus [0,02% (Gesamtalkaloide); 51% **I** (in % der Gesamtalkaloide), 27% **II**]; Geranium [0,04%; 51% **I**, 5% **II**, 13% **III**, 6% **IV**, 0,5% **V**, 3% **VI**]; L'Innocence [0,07%; 48% **I**, 7% **II**, 4% **III**, 16% **IV**, 1% **V**]; Laurens Koster [0,07%; 32% **I**, 2% **II**, 21% **III**, 20% **IV**]; Cragford [0,04%; 19% **I**, 1% **II**, 8% **III**, 39% **IV**]; St. Agnes [0,06%; 13% **I**, 1% **II**, 30% **III**, 29% **IV**]; La Fiancée [0,05%; 9% **I**, 2% **II**, 30% **III**, 0,3% **IV**, 1% **VII**, 21% **X**]; Scarlet Gem [0,05%; 4% **I**, 1% **II**, 40% **III**, 19% **IV**; 12% **X**]; Early Perfection [0,08%; 0,5% **I**, 0,1% **II**, 49% **III**, 0,5% **IV**, 0,5% **VIII**, 6% **IX**, 14% **X**]; unbekannte Gartensorte [0,0,6%; 0,2% **I**, 56% **III**, 3% **V**, 0,2% **VI**, 2% **VII**, 8% **XI**, 2% **XII**]. Analog wurden Varietäten von Narcissus poeticus L. untersucht u. die neue Base *Poeticin* (**XIII**) isoliert. Die Sorten waren: Actaea [0,02%; 37% **III**, 4% **V**, 22% **VI**, 2% **VII**, 2% *Lycorenin* (**XIV**)]; Sarchedon [0,13%; 12% **III**, 11% **V**, 27% **VI**, 11% **VII**, 2% **XIV**]; Ornatus maximus [0,04; 11% **I**, 19% **III**, 2% **IV**, 11% **XIV**]; unbekannte Gartensorte [0,05%; 42% **III**, 0,3% **VI**, 3% **VII**, 3% **XIII**].

Versuche: Die Aufarbeitung der Zwiebeln u. Reinigung der Alkaloide erfolgte nach früher angegebenen Vorschriften (vgl. C. **1956.** 3042). Bei chromatograph. Aufteilung der Restbasen wurden eluiert: **X** mit Äthylacetat, **XI**, **XII** u. **XIII** mit Äthylacetat/CH_3OH (95:5). — *Fiancin* (**X**), $C_{17}H_{19}O_4N \cdot \frac{1}{2} H_2O$, F. 238—240°; $[\alpha]_D^{25}$ 0° (c = 0,3; Chlf.) aus Aceton lange Prismen; enthält 2 CH_3O- oder 1 CH_3O- u. 1 leicht abspaltbare N—CH_3-Gruppe; gibt intensiv rote Farb-Rk. mit konz. H_2SO_4. *Pikrat,* $C_{17}H_{19}O_4N \cdot C_6H_3O_7N_3$, F. 221—223° (Zers.). — *Nartazin* (**XI**), $C_{20}H_{23}O_6N$, F. 185—186°, $[\alpha]_D^{25}$ —120° (c = 0,25; Chlf.); aus Aceton lange Nadeln; enthält keine CH_3O- u. NCH_3-Gruppen, dagegen 1 sek. OH- u. 1 konjugierte δ-Lactongruppe. *Jodmethylat,* $C_{21}H_{26}O_6NJ$, F. 209—210°; aus W./CH_3OH rechteckige Tafeln. *Methoperchlorat,* F. 151 u. 221° (Zers.), aus vorst. Jodsalz; aus W. Polyeder. — *Narzettin* (**XII**), $C_{20}H_{23}O_6N$, F. 224—226° $[\alpha]_D^{25}$ —90° (c = 0,2; Chlf.); aus CH_3OH oder A. rechteckige Tafeln; enthält keine CH_3O- u. NCH_3-Gruppen, die Rk. auf Methylendioxygruppen ist positiv. *Jodmethylat,* $C_{21}H_{26}O_6NJ$, F. 256—258° (Zers.), aus W. verfilzte Nadeln. — *Poeticin* (**XIII**), $C_{20}H_{23}O_6N$, F. 209—210°; $[\alpha]_D^{25}$ —89° (c = 0,3; Chlf.); aus wenig Aceton Nadeln; enthält keine CH_3O- u. wahrscheinlich keine NCH_3-Gruppen, die Rk. auf Methylendioxygruppen ist positiv. (Chem. Ber. **89.** 2462—65. 1956. Berlin, Humboldt-Univ., Chem. Inst.) K. HUMMEL. 4420

Martin Krüpe und **Albrecht Ensgraber,** *Untersuchungen über die Natur der „Phytagglutinine" in chemischer, immunochemischer und pflanzenphysiologischer Hinsicht.* 1. Mitt. *Anatomische Studien über den Ort ihres Vorkommens in höheren Samenpflanzen.* 15 Samenpflanzen mit *Blutgruppenagglutininen* (**I**; Anti H, Anti B + A, Anti B + H, Anti A u. unspezif.) wurden sorgfältig in ihre morpholog. Teile präpariert u. ihr Geh. an **I** im Macerationssaft qualtitativ u. quantitativ an Blutzellensuspensionen bestimmt. In Samen waren die Samenschalen u. das Endosperm **I**-frei; der Embryo enthielt **I** in den Kotyledonen, während die Radicula fast frei war (*Dolichos biflorus*), oder umgekehrt (*Laburnum alpinum*); zwischen diesen Extremen gab es alle Übergänge. Bei *Evonymus* war der Arillus **I**-haltig. Das Vork. in vegetativen Pflanzenteilen war sehr verschieden. **I** wurden in Blättern, Rinden- bzw. Stengelmaterial u. Wurzeln gefunden. Die **I** waren nicht kochbeständig. (Planta **50.** 371—78. 21/12. 1957. Marburg, Univ., Hygiene-Inst.) W. SCHÖNBORN. 4420

P. F. Lyssokon, *Die Dynamik von Vitamin C in den Früchten von Rosa rugosa (Thunb.) und Rosa daurica Pall.* Die Unters. des Geh. der Hagebutten von *Rosa rugosa* (Thunb.) u. *Rosa daurica* Pall. an *Vitamin C* (**I**) ergab, daß die **I**-Anreicherung von der beginnenden Reifung bis zur Vollreife viel rascher erfolgt als die **I**-Abnahme nach erreichter Vollreife. Die vollreifen Hagebutten enthalten 1164 bzw. 2291,8 mg% **I** gegenüber 212,0 bzw. 176,6 mg% in der grünen Frucht u. 939,3 bzw. 1827,9 mg% in der überreifen Frucht. (Известия Академии Наук Белорусской ССР, Серия Биологических Наук [Nachr. Akad. Wiss. BelorussSSR, Ser. biol. Wiss.] **1958.** Nr. 4. 143 bis 146.) O. LEBTAG. 4425

Federica Trezzi, *Untersuchungen über die Physiologie der Ascorbinsäure.* 19. Mitt. *Experimentell hervorgerufene Variationen des Ascorbinsäure/Dehydroascorbinsäure-Verhältnisses sowie von Wachstum und respiratorischer Aktivität in Segmenten von Erbsenstielen.* (18. vgl. Atti Accad. naz. Lincei, Rend., Cl. Sci. fisiche, mat. natur. [8] **20.** [1956.] 646.) Distale Segmente von bei 25° gezogenen *Pisum sativum* var. Alaska-Internodien wurden im WARBURG-App. verschieden lange (1, 3, 4½ u. 6 Std.) in eine *Indolessigsäure* (*Auxin*; **I**; Endkonz. 10^{-5})-K-Phosphatpuffer-Lsg., p_H 5,5, verbracht. Bestimmt wurden die Atmungsintensität (O_2-Verbrauch), das Wachstum bzw. die Wasseraufnahme u., parallel dazu, die Gehh. der Segmente an *Ascorbinsäure* (**II**), *Dehydroascorbinsäure* (**III**) u. *Diketogulonsäure* (**IV**). Es wurde festgestellt, daß **I** neben der wachstumsfördernden Wrkg. eine Steigerung des O_2-Verbrauchs, Gewichtszunahme sowie ein Ansteigen des **II**/(**III** + **IV**)-Verhältnisses bewirkte. Die Veränderungen des **II**/(**III** + **IV**)-Verhältnisses scheinen auf eine weniger intensive Oxydation von **II** zurückführbar zu sein, während die Menge an **III** u. **IV** im wesentlichen konstant bleibt bzw. geringfügig abnimmt. Analoge Verss. an geschüttelten Erbsensegmenten ergaben ähnliche Ergebnisse. (Atti Accad. naz. Lincei, Rend., Cl. Sci. fisiche, mat. natur. [8] **21.** 220—28. Sept./Okt. 1956. Milano, Univ., Ist. Botanico.) H. KOCKERT. 4425

H. v. Witsch und **J. Englet,** *Beobachtungen über die Wasseraufnahme und Assimilationsleistung von Pflanzen mit erhöhtem Aneuringehalt.* Die Wasseraufnahme von Pflanzen mit erhöhtem Aneurin (**I**)-Geh. war unter Schwachlicht- bzw. Starklichtbedingungen verringert (bes. *Solanum nigrum*) bzw. gesteigert (bes. *Sinapis arvensis*). Die Assimilation der **I**-Pflanzen beider Arten war unter Schwachlichtbedingungen deutlich, die Atmung nur schwach erhöht. Die Assimilationsleistung der Versuchspflanzen nähert sich durch die **I**-Anreicherung dem Verh. von Schattenpflanzen. Sie sind den Kontrollen gegenüber im Schwachlicht leistungsfähiger, im Starklicht u. bei höherer Temp. dagegen unterlegen. (Naturwissenschaften **45.** 450. 2. Sept.-H. 1958. Weihenstephan, TH München, Bot. Inst.) K. MAIER. 4425

Je. I. Ratner und **I. N. Dobrochotowa,** *Zur Kenntnis der Natur des Einflusses von Vitaminen auf die synthetische Aktivität der Wurzeln bei der Aufnahme von mineralischem Stickstoff durch die Pflanze.* Es wurden Erbsensamen mit Knöllchenbakterien vor der Aussaat inotuliert u. der Vitamin-B-Geh. in den blühenden Pflanzen bestimmt (in γ/g Trockensubstanz). Die größten Vorräte wurden in den Wurzeln nachgewiesen: Pyridoxin (**I**) 33,7; Thiamin (**II**) 2,5 u. Pantothensäure (**III**) 25,0 gegenüber 6,9, 1,0 u. 5,2 in der Kontrolle. Verss. mit Maispflanzen bestätigten, daß NH_3–N durch die Pflanzen intensiver aufgenommen wird als NO_3–N. Bei der Aufnahme von NH_3–N durch die Maiswurzeln beträgt im Saft der Anteil an Amino- u. Amid-N 60,1, 78,8 u. 79,3% vom Gesamt-N gegenüber 34,7, 53,8 u. 35,3% bei NO_3–N. Die synthet. Aktivität der Wurzeln wird durch **I**, **II** u. **III** nur bei der Aufnahme von NO_3–N gesteigert; bei der Aufnahme von NH_3–N durch die Wurzeln bleibt die Intensität der Umwandlung in Amino- u. Amid-N unverändert. Die beobachtete Verstärkung der Aminosäuresynth. in den Wurzeln vollzog sich hauptsächtlich zu Gunsten von Alanin u. Glutamin. (Доклады

Академии Наук СССР [Ber. Akad. Wiss. UdSSR] **122.** 944—47. 11/10. 1958. Timirjasew-Inst. für Pflanzenphysiol. der Akad. der Wiss. der UdSSR.)
OTTO MAIER. 4425

Eva Schlafke, *Kritische Untersuchungen zur Wanderung von Fluorochromen in Blättern.* Die Verteilung der sauren Fluorochrome Brillantsulfoflavin FF, der 5.8.10-trisulfonsauren Na-Salze von 3-Aminopyren, 3-Monomethylaminopyren u. 3-Hydroxypyren, 3.10-Dihydroxypyren-5.8-disulfonsäure (Na-Salz) Fluorescein-K u. Primulin sowie der bas. Fluorochrome Äsculin u. Acridinorange wurde in Blatt u. Stengel von Helodea densa u. im Blatt von Stellaria media unter verschied. Bedingungen studiert. Die Farbstoffverteilung gehorchte den Diffusionsgesetzen u. wurde durch Zellgifte (Ae., Chlf., KCN, Dinitrophenol, Jodessigsäure, Urethane, Thioharnstoff, Äthylenchlorhydrin) nicht beeinflußt. (Planta **50.** 388—422. 21/12. 1957. Berlin, FU, Pflanzenphysiol. Inst.)
W. SCHÖNBORN. 4450

H. Mohr, *Neue Studien über morphogenetisch wichtige Pigmentsysteme in Pflanzen.* An der Photomorphogenese (lichtabhängige Anthocyanbldg. u. Etiolementverhinderung des Hypokotyls) von Keimlingen von *Sinapsis alba* sind 2 hinsichtlich Energiebedarf u. Wirkungsspektr. verschied. Reaktionssysteme beteiligt, ein Hellrot–Dunkelrot-Pigmentsyst. (Niederenergie-Rk.) u. ein weiteres (Hochenergie-Rk.), deren chem. Natur unbekannt ist. Die haarbildenden Epidermiszellen des Hypokotyls enthalten eine bestimmte Menge Hellrotpigment (I), das im Gleichgewicht mit seinen Vorstufen steht. Bei Hellrotbelichtung wird I mindestens teilweise in das Dunkelrotpigment (II), das die zur Haarbldg. führenden Veränderungen des Zellstoffwechsels auslöst, übergeführt u. I aus den Vorstufen nachgebildet. Der Beginn der Haarbldg. setzt einen bestimmten II-Schwellenwert voraus. (Naturwissenschaften **45.** 448—49. 2. Sept.-H. 1958. Tübingen, Univ., Bot. Inst.)
K. MAIER. 4450

A. A. Krassnowski, *Luminescenz des Chlorophylls und Photosynthese.* Übersicht.— 66 Literaturstellen. (Биофизика [Biophysik] **4.** Nr. 1. 3—18. 1959. Moskau, Biochem. Inst. der Akad. der Wiss. der UdSSR.)
E. RENTZ. 4460

Vacław Hendrich, *Moderne Ansichten über die Photosynthese.* Übersicht. — 110 Literaturangaben. (Wiadomości chem. **11.** 570—93. Okt. 1957. Wrocław, Politechn., Kat. Chem. fiz.)
F. URBAN. 4460

James L. Hatchett und **Rudolph J. Marcus,** *Ein neuer Elektronenacceptor für die Hill-Reaktion.* Frühere Unterss. hatten zur Annahme geführt, daß Lichtabsorption im 420—430 mμ-Bereich anscheinend eine Voraussetzung für die Elektronenacceptorfunktion von Ionen- u. chinoiden Verbb. bei der HILL-Rk. ist. *K-Cobaltioxalat,* $K_3Co \cdot (C_2O_4)_3$ (I), λ_{max} 245, 420, 596 mμ, Oxydationspotential —0,6 V, eignet sich in Übereinstimmung hiermit als Elektronenacceptor bei der HILL-Reaktion. Die Geschwindigkeit der letzten (mm^3 O_2/Std./mg Chlorophyll) nimmt innerhalb eines bestimmten Bereichs mit der I-Konz. zu. I entwickelt aus Phosphatpufferlsg., p_H 7, allein bei Rotlichtbestrahlung keinerlei Gas. (Arch. Biochem. Biophysics **76.** 233—34. Juli 1958. Menlo Park, Calif., Stanford, Res. Inst., Dep. of Chem.)
K. MAIER. 4460

B. Faludi und **F. A. Daniel,** *Differenzen im Atmungssystem bei Albino- und normalen Maisblättern.* Es wurde jetzt gefunden, daß der Gesamtketosäure (I)-Geh., gemessen durch die Extinktion der I-2.4-Dinitrophenylhydrazone (II) bei Albinomaisblättern (0,97 $\pm$ 0,08) weit denjenigen grüner Blätter (0,44 $\pm$ 0,05) überstieg. Die II-Absorptionsspektren selbst wichen ebenfalls voneinander ab. Aus II von Albino- u. n. Blättern bildeten sich die gleichen Aminosäuren, aber in unterschiedlichem Verhältnis (*Alanin–Brenztraubensäure, Cystein–Sulfobrenztraubensäure, Glycin–Glyoxylsäure, Serin–Hydroxybrenztraubensäure, Glutamin–α-Ketoglutarsäure, Threonin–α-Ketobuttersäure, Valin–α-Ketoisovaleriansäure, Leucin–α-Ketoisocapronsäure* u. eine nichtidentifizierte Aminosäure). Infiltration von *Malonsäure* hemmte die O_2-Aufnahme in n. u. Mutantenblättern fast gleichartig, während sich der I-Geh. bei den Albinos verminderte. Demnach erklärt sich der verschied. I-Geh. nicht aus einem unterschiedlichen Eiweißzerfall, sondern aus einer Abweichung des Tricarbonsäurecyclus. *Brenztraubensäure* (III) u. verwandte Verbb. nehmen in den Albinos mengenmäßig am stärksten ab, d. h. III bildet sich bei letzten vorwiegend aus dem genannten Cyclus, während in n. Blättern (auch andere Prozesse (z. B. Fermentation) an der III-Bldg. erheblich beteiligt sind. (Naturwissenschaften **45.** 449. 2. Sept.-H. 1958. Budapest, Eötvös-Lorand-Univ., Inst. für Abstammungs- u. Vererbungslehre.)
K. MAIER. 4462

A. I. Ssimakin, *Über das Verschwinden der Nitrate unter der Pflanzendecke.* Vf. Wobachtete eine schnelle Abnahme des *Nitrat*-Geh. im Boden im oberen Bereich des beurzelsyst. von Getreidekulturen, die er vor allem der Tätigkeit des Wurzelsyst. zuschreibt. Der Hauptteil der Nitrate kommt nicht den Pflanzen zugute. Sie reichern sich nach Abernten der Pflanzen (Weizen) nicht in der gesamten Wurzelzone sofort an, sondern zunächst in der 0—60 cm-Schicht. Unter Brache sammeln sich die Nitrate im ausgelaugten Schwarzerdeboden in sehr großen Mengen an. (Доклады Всесоюзной ордена Ленина Академии Сельскохозяйственных Наук имени В. И. Ленина [Ber. Allunions Landwirtsch. (Lenin-Orden) Lenin-Akad.] **24.** Nr. 4. 36—40. 1959 Kuban, Landwirtsch.-Inst.) H.-D. BOCK. 4470

M. M. Gukowa, *Die Versorgung von Leguminosen mit Phosphor und Kali.* Beim Mangel an P u. K vermindert sich die symbiot. N-Aufnahme bei Leguminosen, wodurch ihr Wachstum beeinträchtigt wird. Auch das Verhältnis zwischen P u. K hat für die Entw. der Leguminosen eine große Bedeutung. Optimale Verhältnisse liegen stets bei hohem Geh. an K u. niedrigem Geh. an P vor. Bei starkem Überwiegen des P gegenüber K wird P mehr aufgenommen. Dabei werden aber das Wachstum der Pflanzen gehemmt, die Assimilation von Luft-N_2 vermindert, die Samenbldg. unterdrückt. Mengenmäßig hängt die Aufnahme von P u. K von deren Geh. im Substrat ab, Bei gleichem Verhältnis zwischen den beiden Elementen im Substrat stellt sich das Verhältnis in den Pflanzen auf 1,5—2,0 u. darüber. Auf die Veränderungen im Verhältnis zwischen P u. K in ihren Geweben reagieren verschied. Leguminosenarten unterschiedlich: Für Luzerne erwies sich als günstig ein Verhältnis von K zu P in den Blättern von nicht unter 1,0—1,3, für Lupine ein solches von 2,5—6,5. Auch die Verteilung von P in der Pflanze hängt vom K-Geh. ab: Bei Mangel an K konz. sich P hauptsächlich in den oberen Blättern u. an den Vegetationskegeln; bei ausreichendem K-Geh. verteilt sich P in der Pflanze gleichmäßiger, wodurch die Bldg. der reproduktiven Pflanzenteile begünstigt wird. Unter Feldverhältnissen war die ertragssteigernde Wrkg. von P u. K bedeutend größer, wenn beide vor der Aussaat der Leguminosen, nicht aber als Kopfdüngung gegeben wurden. (Известия Тимирязевской Сельскохозяйственной Академии [Nachr. landwirtsch. Timirjasew-Akad.] **1958.** Nr. 3. 177—92.) M. GORDIENKO. 4470

G. L. Neljubowa, *Die Rolle von Bor im Phosphorhaushalt der Sonnenblume.* Bei B-Mangel vermindert sich die P-Aufnahme durch die Pflanzen (Sonnenblume), u. es ändert sich dessen Verteilung in den einzelnen Pflanzenteilen in der Weise, daß ältere Teile mehr, jüngere weniger P enthalten. Außerdem enthalten junge Pflanzenteile bei B-Mangel vorwiegend anorgan. B-Formen. Auch bei B-Überschuß in der Bodenlsg. (5 mg/Liter) wird die P-Aufnahme durch die Pflanzen vermindert. B fördert die Verlagerung von P in der Pflanze zu ihren jüngeren Teilen, wodurch eine sparsame P-Ausnutzung von der Pflanze zustande kommt. Am intensivsten ging die P-Aufnahme in Verss. bei einem B-Geh. von 0,1 mg/Liter Bodenlsg. vor sich. B-Mangel in der Phase Blütenknospenbldg.-Blüte ruft das Abfallen der Fruchtknoten u. stärkere Ertragsminderung hervor. (Известия Тимирязевской Сельскохозяйственной Академии [Nachr. landwirtsch. Timirjasew-Akad.] **1958.** Nr. 3. 167—76.) M. GORDIENKO. 4470

A. A. Ssobatschkin, *Der Einfluß von Molybdän auf das Wachstum und die Stickstoffumsetzungen bei Blumenkohl.* In Vegetationsverss. mit Gaben von Mo betrugen die Erträge (das Gesamtgewicht) von Sämlingen bzw. Setzlingen von Blumenkohl (in g/Gefäß): Ohne Mo 11,5; mit 0,5 mg Mo 47,7; mit 1,0 mg Mo 77,5; mit 5,0 mg Mo 92,3; bei mit 0,01%ig. Na_2MoO_4-Lsg. behandeltem Saatgut 85,6. Die von Samen ohne Mo gezogenen Blumenkohlpflanzen gingen 2 Monate nach Versuchsbeginn ein. Die ersten Symptome von Mo-Mangel traten bei den Pflanzen am 15.—20. Tage nach dem Keimen ein. Die Pflanzen blieben in ihrem Wachstum merklich zurück u. zeigten eine anomale Entw. ihrer generativen Teile sowie charakterist. Deformation der Blätter bis zum Ausbleiben der Bldg. der Blattspreite. Diente als Substrat für die Pflanzen an Stelle von Boden gewaschener Quarzsand, so beobachtete man bei Mo-Mangel keine Erkrankung der Pflanzen, lediglich eine Ertragsminderung. Mo beeinflußt den N-Umsatz beim Blumenkohl günstig, indem es den Geh. an Eiweiß-N erhöht u. die Synth. der Amide u. Aminosäuren intensiviert. (Известия Тимирязевской Сельскохозяйственной Академии [Nachr. landwirtsch. Timirjasew-Akad.] **1958.** Nr. 3. 83—90.) M. GORDIENKO. 4470

M. Ja. Beresowski und **W. F. Kurotschkina,** *Untersuchung des Einflusses von 2.4-Dichlorphenoxyessigsäure auf den Eintritt und die Verteilung von ^{32}P in den Pflanzen.* Unter Anwendung der Isotopenmeth. wurde der Einfl. erhöhter (tox.) Konzz. von *2.4-Dichlorphenoxyessigsäure* (**I**) auf den Eintritt u. die Verteilung von ^{32}P in Sonnenblumenpflanzen während der Vegetationsperiode untersucht. In allen Verss. wurde eine inhibierende Wrkg. von **I** beobachtet. Die Unterdrückung des P-Eintrittes steigt mit zunehmender I-Konz. sowohl beim Spritzen der Pflanzen als auch bei Eintragung in den Boden. Die durch **I** bewirkte Unterdrückung des Eintritts u. der Anreicherung des P ist stärker ausgeprägt als die hemmende Wrkg. auf die Bldg. organ. Stoffe. Dies führt dazu, daß der P-Geh. in der Trockensubstanzeinheit der Pflanzen zurückbleibt. I bewirkt eine merkliche Abweichung von der Norm in der Verteilung des aufgenommenen P auf die verschied. Gewebe u. Organe. In den oberen Pflanzenteilen ist die Unterdrückung am stärksten. In denBlättern nimmt sie mit zunehmendem Alter ab. Die Anreicherung von ^{32}P ist in den oberen Teilen u. Wurzeln in Abhängigkeit vom Spritzen u. der Eintragung von I in den Boden sehr verschieden. Bei Eintritt von I durch die Wurzeln werden diese relativ stärker verletzt u. verlieren nicht nur ihre Fähigkeit, den P n. aus dem Boden aufzunehmen, sie halten auch den aufgenommenen P fester u. hemmen dadurch seine Verlagerung in die Stengel u. Blätter. Beim Spritzen ist die tox. Wrkg. auf die Wurzeln geringer; die Hauptmasse des aufgenommenen P wird durch sie nur schwach festgehalten u. in die oberird. Teile verlagert. Verteilung u. Aufnahme des P werden durch I nur vorübergehend unterdrückt. Nach kurzer Zeit (einige Tage) werden die n. Prozesse wiederhergestellt. Am 11. Tag nach Anwendung von I steigt der Effekt der Hemmung des Wachstums von 2,2 auf 8,1% gegenüber der Kontrolle. Die Intensität der Unterdrückung der Bldg. von Trockensubstanz steigt von 10,2 auf 26,5% an. Bei der Inhibierung des P-Eintritts wurde eine umgekehrte Tendenz beobachtet. (Доклады Академии Наук СССР [Ber. Akad. Wiss. UdSSR] **113.** 210—13. 1/3. 1957. Moskau, Landw. Timirjasew-Akad.) OTTO MAIER. 4485

Daphne J. Osborne, G. E. Blackman, S. Novoa, F. Sudzuki und **R. G. Powell,** *Die physiologische Aktivität von 2.6-substituierten Phenoxyessigsäuren.* Vff. prüften die Wrkg. von *2.6-disubstituierten α-Phenoxyfettsäuren* auf ihre Wrkg. als Wachstumsregulatoren an Helianthus annuus u. Avenakoleoptilen. Die Wuchsstoffwrkg. wurde durch Verlängerung der Fettsäurekette gegenüber *2.6-Dichlor-*, *2.4.6-Trichlor-*, *2.6-Dimethyl-* u. *2.4-Dichlor-6-methylphenoxyessigsäure* im Avenalängenwachstumstest erhöht; im Wachstumstest an H. annuus war die Wrkg. gleichartig, aber schwächer als die von *2.4-D.* Die geprüften Verbb. werden in der Pflanze langsamer transportiert als *2.4-D.* Folgende Verbb. wurden geprüft (Herst. aus den Phenol–Na-Salzen u. α-Bromalkylcarbonsäureestern mit nachfolgender Verseifung): α-[*2.6-Dichlorphenoxy*]-*propionsäure*, *-n-buttersäure*; α-[*2.6-Dimethylphenoxy*]-*propionsäure*, *-n-buttersäure*, *-n-valeriansäure*; α-[*2.4.6-Trichlorphenoxy*]-*propionsäure*; α-[*2.4-Dichlor-6-methylphenoxy*]-*propionsäure*. Graph. Darst. der Ergebnisse der verschied. Testmethoden; Diskussion der Ergebnisse. (J. exp. Botany **6.** 392—408. Okt. 1955. Oxford, Univ., Agric. Res. Council, Unit. of Exp. Agron., Dep. of Agric.) H. GOEBEL. 4485

L. J. Audus und **M. E. Brownbridge,** *Untersuchungen über den Geotropismus von Wurzeln.* 1. Mitt. *Wachstumsverhältnisse bei der geotropen Reaktion und die Wirkung von Auxinanwendung.* Vff. vergleichen die n. geotrope Rk. der Wurzeln von Pisum sativum-Sämlingen mit der in Ggw. von Auxinen [Indolyl-(3)-essigsäure (I), 2.4-Dichlorphenoxyessigsäure (II)] im Medium. Die positive Krümmung erreicht ihr Maximum (0,30—0,32°/Min.) nach einer Reaktionsdauer von 11,5 Min. u. bleibt bis ca. 60 Min. nach der Stimulierung konstant. Geringe Konzz. beider *Auxine* (1 Teil/10^{11}) steigern die Krümmungsgeschwindigkeit um 30—40% u. verkürzen die Reaktionszeit; das Wachstum der Wurzel wird auf beiden Seiten gleichermaßen gesteigert. Hohe Konzz. von I (10^{-8}) u. II ($3 \cdot 10^{-8}$) vermindern die Krümmung um 50%, verlängern die Reaktionszeit u. hemmen das Wachstum der Wurzel auf beiden Seiten. Die Verss. zeigen, daß die geotrope Rk. auf eine de novo-Bldg. eines endogenen Inhibitors in sich ausdehnenden Zellen an der unteren Wurzelseite zurückzuführen ist, die Unabhängigkeit der Wachstumswrkg. des gebildeten Inhibitors von angewandten Auxinen beweist, daß es sich nicht um I oder irgendeine ähnliche Verb. handelt. Die Ergebnisse werden diskutiert. (J. exp. Botany **8.** 105—24. Febr. 1957. London, Univ., Bedford Coll.) H. GOEBEL. 4485

L. J. Audus und **M. E. Brownbridge,** *Untersuchungen über den Geotropismus von Wurzeln.* 2. Mitt. *Die Wirkungen des Auxinantagonisten* α-[*Naphthyl-(1)-methylmercapto*]-*propionsäure und deren Wechselwirkungen mit angewandten Auxinen.* (1. vgl. vorst. Ref.) In weiteren Verss. mit Erbsenwurzeln wurde festgestellt, daß α-[*Naphthyl-(1)-methylmercapto*]-*propionsäure* (I) sich in der Wrkg. von der von Auxinen unterscheidet, indem sie das Ausmaß der geotrop. Krümmung mit zunehmender Konz. vermindert, unabhängig von der Anregung oder Hemmung (10—30 bzw. 100 p.p.m.) des allg. Wurzelwachstums. Diese u. andere Befunde weisen darauf hin, daß das Antiauxin I durch Störung der Synth. oder Verteilung eines natürlichen endogenen Hemmstoffes wirkt, der nicht mit Indolyl-(3)-essigsäure ident. ist. Die Hemmung durch I in hohen Konzz. wird aber unabhängig von diesem Hemmstoff ausgeübt. Der Antagonismus zwischen I u. Auxinen wird als eine Störung des Zutritts zu den Wachstumszentren angesehen, nicht als eine kompetitive Wrkg. an diesen selbst. (J. exp. Botany **8.** 235—49. Juni 1957. London, Univ., Bedford Coll.) J. SCHWAIBOLD. 4485

Akhtar Husain und **Arthur Kelman,** *Die Rolle von pektischen und cellulolytischen Enzymen bei Pathogenese durch Pseudomonas solanacearum.* (Vgl. C. **1958.** 3364.) Die Kulturfiltrate dreier verschieden stark pathogener *Pseudomonas solanacearum* (P.s.)-Stämme enthielten *Pektinmethylesterase, Polygalakturonase* (I) u. ein *cellulolyt. Enzym.* Tomatenstengelabschnitte wurden im Kulturfiltrat stark pathogener P.s. aufgelöst, im Filtrat schwach oder nichtpathogener blieben sie nach 24 Std. noch unverändert. Erhitzte u. nichterhitzte Lsgg. von *pect. Enzym* (*Pectinol 100 D*) bewirken Welken u. Blattnekrosen. Gereinigte *Pilz*-I bewirkt kein Welken, aber Maceration der Stengel. *Cellulase* aus Myrothecium verrucaria bewirkt Welken von Tomatenstengelabschnitten. Mikrochem. u. mkr. Unterss. von mit P.s. infizierten Tomaten- u. Tabakpflanzen ergaben, daß sowohl *Cellulose* als auch *pekt. Material* des Wirtsgewebes angegriffen wurden; Kulturfiltrate von P.s. u. Enzyme anderer Herkunft wirken gleichartig. Die Ergebnisse zeigen, daß die in P.s. vorhandenen Enzyme durch Zerstörung der Wirtsgewebe schädigen. (Phytopathology **48.** 377—86. Juli 1958. Raleigh, N. C. North Carolina, State Coll., Plant Pathol.) H. GOEBEL. 4490

D. Jowett, *Gegen Schwermetalle tolerante Populationen von Agrostisarten.* Die Populationen von *Agrostis tenuis* u. *A. stolonifera* von 8 Standorten (davon 5 aus der Nähe von *Cu-, Ni-, Pb-* oder *Zn*-Vork.) wurden auf ihr Wachstum in Nährlsgg. untersucht, die Salze obiger Metalle enthielten; dabei wurde eine Anpassung der Pflanzen an die an ihrem Herkunftsort vorkommenden Metalle festgestellt. Für Agrostis lautete die Reihenfolge der Giftigkeit: Cu > Ni > Zn > Pb. Da die Reihenfolge der Stabilität organ. Komplexverbb. dieser Metalle dieselbe war, wurde vermutet, daß die Resistenz der Pflanzen auf Bindung der Metalle durch Chelation zurückzuführen ist. (Nature [London] **182.** 816—17. 20/9. 1958. Bangor, Univ., Coll. of North Wales, Dep. of Agric. Botany.) O. DOLD. 4495

E_5. Tierchemie. Tierphysiologie. Tierpathologie.

J. C. Demanet, E. Engel und **R. S. Mach,** *Untersuchungen des mit ^{24}Na und ^{42}K austauschbaren Na und K.* Nach der Ausarbeitung einer Meth. zur Best. des austauschbaren Na^+ ($\pm$1,66% Genauigkeit) u. des austauschbaren K^+ ($\pm$3,78% Genauigkeit) wird diese bei n., K-Mangel- u. ödematösen Patienten geprüft, u. es werden folgende Werte gefunden (K_e bzw. Na_e = austauschbares K^+ bzw. Na^+): n. Männer: K_e 53,0 $\pm$ 5,1 mÄquivalent/kg, Na_e 43,3 $\pm$ 5,2; n. Frauen: K_e 42,1 $\pm$ 5,2 mÄquivalent/kg, Na_e 39,1 $\pm$ 4,7. Die Ödemkranken wurden in isolierte Ödeme (Na_e 45,3 $\pm$ 7,1 mÄquivalent/kg), periphere (Na_e 53,9 $\pm$ 9,3 mÄquivalent/kg) u. Anasarca (Na_e 66,8 $\pm$ 7,5 mÄquivalant/kg) eingeteilt. (Schweiz. med. Wschr. **88.** 1180—85. 22/11. 1958. Genève, Hopital cantonal, Inst. du Radium clinique univ. de Thérapeutique.) H. STRUCK. 4510

J. Shaw, *Natriumaufnahme durch den Krebs. Astacus pallipes* verfügt über einen Regulationsmechanismus, welcher ihm erlaubt, sich je nach der *Na*-Konz. im äußeren Milieu u. dem eigenen Na-Geh. durch Na-Aufnahme oder -Abgabe mit dem umgebenden Milieu in ein Gleichgewicht zu bringen. (Nature [London] **182.** 1105—06. 18/10. 1958. Newcastle-upon-Tyne, King's Coll., Dep. of Zool.) U. TAUSENDFREUND. 4550

R. W. Dutton, Anne H. Dutton und **Mariam George,** *Die Wirkung von 8-Azaguanin auf die Antikörpersynthese in vitro.* 8-Azaguanin (I) führt zu einer Hemmung des Einbaues von *^{14}C-Leucin* bei der Antikörperbldg. durch Kaninchenmilzzellsuspensionen u. zu einer etwas geringeren Hemmung des Einbaues in die in Trichloressigsäure unlösl. *Protein*-Fraktion. Da I etwa so wie *p-Fluorphenylalanin* (II) wirkt, wird die Wrkg. von I ebenso wie die von II sicher durch einen allg. Antagonismus zur Proteinsynth. u. nicht durch eine Störung nur des *Ribonucleinsäure*-Umsatzes hervorgerufen. Parallel zur Hemmung der Antikörperbldg. läuft eine Red. des *Phosphat*-Umsatzes. Die Hemmung der Antikörperbldg. ist deshalb nicht als isoliertes Phänomen, sondern als Ausdruck einer allg. Unterdrückung der Milzzellenfunktion anzusehen. (Nature [London] **182.** 1377—78. 15/11. 1958. Richmond, Va., Med. Coll. of Virginia.)
U. TAUSENDFREUND. 4551

A. H. Sehon, M. Richter, J. G. Harter und **B. Rose,** *Untersuchungen über den Pollen der Ambrosiapflanze.* 1. Mitt. *Vorbereitende Fraktionierung des Pollens der Ambrosiapflanze. Charakterisierung und allergische Aktivität der isolierten Fraktionen.* Ein ursächlicher Zusammenhang zwischen dem Heufieber u. dem Pollen von *Ambrosia artemisiaefolia* ist seit dem vorigen Jahrhundert bekannt. Die von ABRAMSON u. Mitarbeitern hergestellten reinen Fraktionen erwiesen sich als nicht einheitlich. Mit einer Reihe von Lösungsmitteln wurden aus entfettetem Ambrosiapollen neue Extraktionsverff. erprobt u. die erhaltenen Fraktionen durch Elektrophorese (freie sowie Papier-) u. durch Ultrazentrifugieren aufgetrennt u. auf die allerg. Komponente im Hauttest geprüft. Die durch verschied. Lösungsmittel erhaltenen Extrakte zeigten trotz verschied. Zus. alle eine allerg. Reaktion. Für eine weitere Auftrennung der Fraktionen zur Identifizierung der allerg. Komponente wird die Zonenelektrophorese für bes. geeignet gehalten. (J. Allergy **27.** 236—55. Mai 1956. Montreal, Canada, Royal Victoria Hosp.; McGill Univ., Clinic, Allergy Res. Div.) W. ENGEL. 4551

M. Richter, A. H. Sehon und **B. Rose,** *Untersuchungen über den Pollen der Ambrosiapflanze.* 2. Mitt. *Auftrennung des wasserlöslichen Extraktes vom Pollen der Ambrosiapflanze durch elektrophoretische Trennung und Charakterisierung der Fraktionen.* (1. vgl. vorst. Ref.) Mit Hilfe einer 16std. Elektrophorese bei 110 V in Boratpuffer (p_H 8,6) gelang eine weitgehende Auftrennung des wasserlösl. Extraktes des Pollens in 4 allerg. akt. Fraktionen, die auf ihre Anteile an Proteinen, Aminosäuren, Peptiden u. Kohlenhydraten in Farb-Rkk. untersucht wurden. Durch Ultrazentrifugieren konnte wohl eine Auftrennung in verschied. Komponenten mit unterschiedlichen Sedimentationskonstanten erhalten werden, aber eine Schlußfolgerung auf das Mol.-Gew. der Substanz war nicht möglich. Ebenso konnte keine Abhängigkeit der allerg. Wirksamkeit der Komponenten vom N-Geh. oder von der Reduktionskraft beobachtet werden. Zur Prüfung der allerg. Aktivität erwies sich die Meth. nach PRAUSNITZ u. KÜSTNER als die beste. (J. Immunology **79.** 1—12. Juli 1957. Montreal, Canada, McGill Univ., Allergy Res. Div.; Royal Victoria Hosp., Dep. of exp. Med.) W. ENGEL. 4551

M. Richter, J. G. Harter, A. H. Sehon und **B. Rose,** *Untersuchungen über den Pollen der Ambrosiapflanze.* 3. Mitt. *Bestimmung der kleinsten Anzahl von allergischen Komponenten im wasserlöslichen Extrakt des Pollens und eine kritische Bewertung der Neutralisationstechnik. Die Demonstration von 2 verschieden reagierenden Komponenten im Serum von ambrosiaempfindlichen Individuen.* (2. vgl. vorst. Ref.) Es wird gezeigt, daß der bekannte Neutralisationstest nach dem Überkreuzsyst. zur Feststellung der Anzahl der allerg. Grundkomponenten aus den durch Elektrophorese aus dem Pollen erhaltenen Fraktionen hier nicht ausreicht. Mit einer neuen Meth. der Phlegmatisierung des allerg. Serums konnten 2 verschied. allerg. Faktoren der Pollenfraktion klar herausgearbeitet werden, wobei sich auch ergab, daß die Seren der allerg. Individuen schließlich 2 Reaktionskomponenten bzw. 2 Gruppen von Reaktionskomponenten enthielten. (J. Immunology **79.** 13—23. Juli 1957. Montreal, McGill Univ., Allergy Res. Div., Royal Victoria Hosp., Dep. of exp. Med.) W. ENGEL. 4551

L. F. Tice, *Das Problem der Atherosklerose.* Übersicht. Atherosklerose ist eine spezielle Form der Arteriosklerose u. durch Intimaverdickung der Arterien infolge Lipidablagerung, häufig gefolgt von Calcifizierung, charakterisiert. Frühes Auftreten, Herz- u. Gehirn-Wrkgg., ätiolog. Faktoren, Diät, Hypercholesterinämie, frühzeitiger Nachw., Therapie u. Prophylaxe, Sitosterin. (Amer. J. Pharmacy Sci. support. publ. Health **129.** 177—81. Mai 1957.) K. MAIER. 4552

Kenneth J. Ryan, *Umwandlung von Δ^5-Androsten-3β.16α.17β-triol in Östriol durch menschliche Placenta.* Es wird die in vitro-Umwandlung von Δ^5-Androsten-3β.16α.17β-triol in Östriol (**I**) durch menschliche Placentapräpp. beschrieben. **I** u. sein Methylester wurden durch ihre Verteilungskoeffizienten u. R_F-Werte u. durch die positive BACHMAN-Rk. charakterisiert. Die Umwandlung beweist die biol. Rolle der kürzlich aus menschlichem Urin isolierten neutralen 16-Hydroxysteroide u. unterstützt die Auffassung einer Biosynth. des **I**, die nicht über bekannte **I**-Vorstufen verläuft. (Endocrinology **63.** 392—94. Sept. 1958. Boston, Mass., Boston Lying-in Hosp.; Harvard Med. School, Dep. of Obstetr.) K. F. MÜLLER. 4559

G. Suchowsky und **K. Junkmann,** *Untersuchungen der schwangerschaftserhaltenden Wirkung von 17α-Hydroxyprogesteroncapronat an kastrierten trächtigen Kaninchen.* Werden trächtigeKaninchen 3 Tage vor derKastration einmalig mit 100mg *17α-Hydroxyprogesteroncapronat* (**I**)/kg in Sesamöl behandelt, so bleibt die Schwangerschaft bis zum regelrechten Termin erhalten. Die ausgetragenen kräftigen u. lebensfähigen Jungen zeigen keine Abnormitäten. Somit hat **I** die gleiche Wrkg. wie Progesteron. (Acta endocrinol. [Copenhagen] **28.** 129—31. Juni 1958. Berlin, Schering AG., Hauptlabor.) G. KIMMERLE. 4559

Marcel Ribon und **André Veillet,** *Die gonadotrope Aktivität des Colostrums des Menschen.* Im Colostrum der ersten 4 Tage post partum wurde der *Choriongonadotropin* (**I**)-Geh. im Ovarreifungstest („ratte-maturation-test") an infantilen ♀ Ratten bestimmt. Folgende **I**-Mengen wurden gefunden: 1. Tag post partum 1600 r.m./Liter Colostrum (r.m. = ratte-maturation-Einheiten = ca. $^1/_2$—$^1/_3$ Hyperämietesteinheiten bei subcutaner Testierung; 1 Hyperämietesteinheit = ungefähr 1 I.E. **I**); 2. Tag 700, 3. Tag 300, 4. Tag 200 r.m./Liter. Vom 5. Tag an konnten mit den angewandten Methoden keine testierbaren **I**-Mengen mehr nachgewiesen werden. Der gleichzeitig bestimmte **I**-Geh.

im Harn (Hyperämietest) ergab für den 2. Tag 3000, 3. Tag 1800, 4. Tag 400, 5. Tag 250, 6. Tag 120 u. 7. Tag 60 Hyperämietesteinheiten. (C. R. hebd. Séances Acad. Sci. **246.** 1458—61. 3/3. 1958.) U. LASCHET. 4559

Panayotis G. Katsoyannis und **Vincent du Vigneaud,** *Anilin–Vasotocin, ein synthetisches Analoges der Hypophysenhinterlappenhormone, das den Ring des Oxytocins und die Seitenkette des Vasopressins enthält.* (Vgl. C. **1958.** 12119.) Zur Prüfung des Zusammenhanges zwischen chem. Struktur u. biol. Wrkg. synthetisierten Vff. ein Octapeptidamid (*Arginin–Vasotocin*; **I**), das aus einem cycl. Pentapeptidamidanteil (entsprechend dem Oxytocin) u. einer Tripeptidamidseitenkette (entsprechend dem Arginin-Vasopressin) besteht: CyS —· Tyr · Isoleu · Glu(NH_2) · Asp(NH_2)· CyS—· Pro· Arg· Gly· NH_2. Das gereinigte **I** weist ca. 150 Vogel-Depressor-E./mg, ca. 125 Pressor-E./mg u. ca. 75 oxytoc. E./mg (bezogen auf das U.S.P. Standard-Hypophysenhinterlappenpulver) auf. Vff. schließen, daß eine stark bas. Aminosäure in der Seitenkette eine Voraussetzung für hohe Pressoraktivität u. daß der Oxytocinring für die Vogel-Depressor- u. oxytoc. Aktivität verantwortlich ist.

V e r s u c h e: *S-Benzyl-N-p-toluolsulfonyl-L-cysteinyl-L-tyrosyl-L-isoleucinmethylester* (**II**), F. 194° (Methanol), durch 15 Min. Rühren einer Lsg. von L-Isoleucinmethylester in Tetrahydrofuran mit Triäthylamin, Filtrieren, Zugabe von S-Benzyl-N-p-toluolsulfonyl-L-cysteinyl-L-tyrosin in Tetrahydrofuran u. N.N'-Dicyclohexylcarbodiimid, 4 Std. bei 0° rühren, über Nacht nach Zusatz von einigen Tropfen Essigsäure bei 0° halten. Ausgeschiedenen N.N'-Dicyclohexylharnstoff abfiltrieren, Filtrat im Vakuum einengen u. mit Essigester fällen; 78% (Ausbeute). — *S-Benzyl-N-p-toluolsulfonyl-L-cysteinyl-L-tyrosyl-L-isoleucyl-L-glutaminyl-L-asparaginyl-S-benzyl-L-cysteinyl-L-propyl-L-arginylglycinamidhydrobromid,* durch Umsetzen des Carbobenzoxy-L-glutaminyl-L-asparaginyl-S-benzyl-L-cysteinyl-L-propyl-L-arginylglycinamidhydrobromid (Darst. vgl. l. c.) mit HBr-gesätt. Essigsäure (30 Min. bei 40—45° u. 30 Min. bei n. Temp.) zum decarbobenzoxylierten Dihydrobromid, Fällen mit Ae., Umwandlung in das Monohydrobromid durch Triäthylamin u. Rk. mit dem über das Hydrazid erhaltene Azid von **II** (F. 185—187°) in Dimethylformamid, über Nacht bei 5° rühren, 2 Std. bei n. Temp., Fällen mit Essigester; 0,64 g aus 0,54 g Hexapeptiddihydrobromid u. 0,48 g des Azids von **II**. Umwandlung in die biol. akt. Form durch Abspaltung der Schutzgruppen mit Na in fl. NH_3 u. anschließende Oxydation durch Belüftung der wss. Lsg. bei p_H 6,7. Das rohe **I** wurde durch Gegenstromverteilung in 2-Butanol/0,06mol. p-Toluolsulfonsäure u. anschließende Elektrophorese im Celluloseblock bei p_H 4,0 (Pyridin–Acetat-Puffer) gereinigt; 25 mg aus 3,5 g rohem **I**. (J. biol. Chemistry **233.** 1352—54. Dez. 1958 New York, N Y., Cornell Univ., Med. Coll., Dep. of Biochem.)
E. SCHWERDTFEGER. 4560

Bryan Hudson und **G. A. Bentley,** *Die biologische Bestimmung des melanocytenstimulierenden Hormons.* Es werden mehrere Methoden zur biol. Best. des *melanocytenstimulierenden Hormons* (**I**) geprüft. Beim Vgl. der **I**-Best. mittels der maximalen Melanocytenstimulierung mit der Stimulierung nach 90 Min. erweist sich die letzte Meth. bei lebenden Kröten (*Xenopus laevis*) als günstiger. Die Verwendung lebender Kröten hat gegenüber dem Gebrauch isolierter Hautstückchen den Vorteil größerer Genauigkeit, doch ist die 2. Meth. 100—150fach empfindlicher. Die Empfindlichkeit der **I**-Best. kann sowohl bei lebenden Tieren als auch bei Verwendung isolierter Hautstücke durch vorhergehende Hypophysektomie der Tiere auf ca. das 5fache gesteigert werden. Vorbehandlung der Tiere mit hohen Dosen *Hydrocortisonacetat* ändert die Sensibilität gegenüber **I** nicht. (Austral. J. exp. Biol. med. Sci. **35.** 45—55. Febr. 1957. Melbourne, Baker Med. Res. Unit. u. Alfred Hosp; Clin. Res. Unit.) K. BOHLE. 4560

A. B. Winogradski, *Der Einfluß des adrenocorticotropen Hormons auf die Entwicklung der experimentellen Atherosklerose.* Verss. an 40 Kaninchen ergaben, daß *ACTH* (täglich 5—15 E. subcutan, beginnend mit dem 30. Tag) einen hemmenden Einfl. auf die Entw. der experimentellen Atherosklerose (durch tägliche Zufuhr von 0,1—0,2 g Cholesterin/kg über 65—105 Tage) ausübt, indem es der Hypercholesterinämie entgegenwirkt u. die Permeabilität der Gefäße herabsetzt. (Бюллетень Экспериментальной Биологии и Медицины [Bull. exp. Biol. Med.] **46** (**23**). Nr. 11. 28—32. Nov. 1958. Moskau, 1. Med. Ssetschenow-Inst., hospit. therapeut. Klin.) E. RENTZ. 4560

F. M. Sturtevant, *Einfluß eines blutdrucksenkenden Steroids auf die Desoxycorticosteronwirkung bei der Ratte.* Chron. Verabreichung des blutdrucksenkenden Steroids *17α-Propyl-4.5β-dihydro-19-nortestosteron* (*SC-6584*; **I**) an Ratten, die mit *Desoxycorticosteronacetat* (**II**) in physiol. NaCl-Lsg. behandelt worden waren, führte zu einer gewissen, wenn auch nicht deutlichen Störung der pressor. Wrkg. des **II**. Die durch

II verursachten vasculären u. renalen Schäden wurden durch I nicht beseitigt. Dagegen hatte I eine definitive Wrkg. auf den Wasser- u. Elektrolytmetabolismus, die der des II entgegengesetzt war, u. zwar sowohl bei den mit II als auch bei den nur mit I behandelten Tieren. (J. Lab. clin. Med. **52.** 899—901. Dez. 1958. Chicago, Ill., G. D. Searle & Comp., Div. of Biol. Res.) H. P. FIEDLER. 4561

C. H. Gallagher, *Die Wirkung von Hydrocortison auf die Membranpermeabilität von Mitochondrien. Hydrocortison* (I) hemmt bei n. Rattenlebermitochondrien (M) in vitro die Oxydation sämtlicher Stufen des Tricarbonsäurecyclus außer Succinat; dabei spielen *Pyridinnucleotide* (II) eine Rolle, die im *Succinoxydase*-Syst. fehlen. Zusätze von *Nicotinamid* oder *red. Glutathion* beseitigen die Hemmung. Vf. weist nach, daß die Hemmung durch I indirekt durch Erhöhung der Permeabilität der M bewirkt wird. Die Aktivität der II-abhängigen Enzyme wird spektrophotometr. durch Best. der Reduktionsgeschwindigkeit von *Diphosphopyridinnucleotid* (*DPN*) verfolgt (λ_{max} des red. DPN bei 340 mμ). Die Geschwindigkeit der Substratoxydation u. damit der II-Red. durch unversehrte M ist proportional der Permeabilität der M für II u. Substrat. I erhöht die Reduktionsgeschwindigkeit des DPN durch intakte, L-Maleat oxydierende M. Zerstörung der semipermeablen Membran durch Suspension der M in W. hebt die Wrkg. von I auf. Die Hemmung des oxydativen Stoffwechsels in vitro durch I ist also eine Folge der Erhöhung der Membranpermeabilität der M, indem die lösl. Atmungscofaktoren abtransportiert u. dadurch die II-abhängigen Dehydrogenasen inaktiviert werden. (Nature [London] **182.** 1315—16. 8/11. 1958. Glebe, New South Wales, McMaster Animal Health Labor., Commonwealth Sci. and Ind. Res. Organizat.) O. DOLD. 4561

Jürg Müller, *Über die Phenolsteroidausscheidung bei der Lebercirrhose des Mannes. (Fluorimetrische Bestimmung.)* Die tägliche *Phenolsteroid*-Ausscheidung im Harn war bei Patienten mit Lebercirrhose gegenüber Gesunden erhöht; außerdem war bei diesen der Geh. an 17-Ketosteroiden im Harn erniedrigt. Fluorimetr. Best. der Phenolsteroide: 40 ml einer 24-Std.-Urinprobe werden nach der Meth. von KELLER (Gynaecologia **136.** [1953.] 358) behandelt. Die trockenen Urinextraktfraktionen werden mit 90%ig. H_2SO_4 auf 80° erhitzt. Nach Abkühlen kommt 65%ig. dazu u. dann fluorescenzphotometr. Messung. (Acta endocrinol. [Copenhagen] **28.** 205—12. Juni 1958. Zollikerberg b. Zürich, Krankenhaus Neumünster.) G. KIMMERLE. 4561

R. A. Cleghorn, *Die Beziehung von Steroidhormonen zu neuropsychiatrischen Störungen.* Übersicht. Natürliche Veränderungen der Hirnfunktion durch *Steroide* (I), veränderte I-Sekretion bei Endokrinopathien mit Geistesstörungen, I-Stoffwechsel bei Psychosen, Nebennieren-I-Therapie bei Psychosen, Beziehungen zwischen Nebennierenmark u. Rinde, Lysergsäurediäthylamid u. Nebennierenrindenfunktion. — 96 Literaturangaben. — Diskussionsbemerkungen. (Hormones, Brain Function, Behavior **1957.** 3—25. Montreal, McGill Univ., Allan Memorial Inst. of Psychiatry.) K. MAIER. 4561

Dixon M. Woodbury, Paola S. Timiras und **Antonia Vernadakis,** *Der Einfluß von Nebennierenrindensteroiden auf Hirnfunktion.* Chron. Verabreichung großer Mengen von Nebennierenrindensteroiden an Ratten ändert die Elektroschockwirkungsschwelle. *Desoxycorticosteronacetat* (I) erhöht diese (verminderte Erregbarkeit), während *Cortisonacetat* u. *Cortisolacetat* (II) sie herabsetzen (gesteigerte Erregbarkeit). Corticosteron hat nur geringe Wirkung. *11-Desoxy-17-hydroxycorticosteronacetat* erhöht, *11-Dehydrocorticosteronacetat* senkt die Krampfschwelle geringfügig. *Aldosteron,* das Elektrolytregulierende Hormon der Nebennierenrinde, hat auf die Krampfschwelle schwächeren Einfl. als die äquivalente I-Dosis. Die durch eine Einzeldosis I bewirkte Aufhebung der Schockschwelle war von einer Abnahme der intracellularen Hirn-Na-Konz., einer Zunahme des Verhältnisses extracellulares/intracellulares Na, einer Zunahme der Glutaminsäure- u. Asparaginsäure-Hirnkonz. u. einer Abnahme der Glutamin- u. Asparaginkonzz. begleitet. Die durch eine II-Einzeldosis verringerte Schockschwelle hatte die entgegengesetzten Effekte zur Folge. (Hormones, Brain Function, Behavior **1957.** 27—54. Salt Lake City, Utah, Univ., Coll. of Med., Dep. of Pharmacol.) K. MAIER. 4561

Fr. Mainzer, *Die Rolle der Nebennieren bei der Pellagra.* Übersicht. — 63 Literaturangaben. (Acta endocrinol. [Copenhagen] **28.** 236—50. Juni 1958. Alexandrien, Ägypten, Hôp. Suisse.) G. KIMMERLE. 4561

Aimo Halme, Aimo Pekkarinen und **Martti Turunen,** *Über die Exkretion von Noradrenalin, Adrenalin, 17-Hydroxycorticosteroiden und 17-Ketosteroiden im postoperativen Stadium.* Urinproben von 55 ♂ u. 47 ♀ Patienten werden 1—3 Tage vor u. 1—7 Tage nach Brust- u. Unterleibsoperationen oder Lungen- u. Magenresektionen auf ihren Geh. an Noradrenalin (I), Adrenalin (II), 17-Hydroxycorticosteroiden (III) u. 17-Ketosteroiden (**IV**) untersucht. Allg. ist die **I**-, **II**- u. **III**-Ausscheidung bei Männern höher als bei Frauen, während die **IV**-Werte für beide gleich niedrig sind. Die Ergebnisse sind der Beweis für eine Relation zwischen dem vegetativen Nervensyst. u. dem Hypophysen-Nebennieren-Syst. unter Streßbedingungen. Bei den Operationen werden ferner funktionelle Beziehungen zwischen **III** aus der Nebennierenrinde u. **I** vom sympathet. Nervensyst. deutlich. (Acta endocrinol. [Copenhagen], Suppl. **24.** Nr. 32. 1—52. 1957. Turku, Univ., Surg. Clin., Dep. of Pharmacol.; Helsinki, Univ., III. Surg. Clin. and Dep. of Med. Chem.) R. LENSCHAU. 4561

W. A. Hunzinger, G. Ritzel und **H. Staub,** *Über den Konzentrationsablauf von Adrenalin und Noradrenalin im Blut.* Vorl. Mitt. der C. **1957.** 8269 referierten Arbeit. (Helv. physiol. pharmacol. Acta **14.** Nr. 2. C31—C33. 1956. Basel, Univ., Med. Klin.) H. JORDAN. 4561

Fred Dybing, *Die Wirkung von Adrenalin auf die neuromuskuläre Übertragung während eines durch Magnesium erzeugten partiellen Blockes.* Am M. flexor digitorum longus von Kaninchen wird die Wrkg. von *Adrenalin* auf die indirekten Muskelkontraktionen während eines partiellen neuromuskulären Blockes, der durch $MgCl_2$-Infusionen hervorgerufen wird, untersucht. Die intravenöse Injektion von 10—20 γ Adrenalin/kg bewirkt anfangs eine Verstärkung der Muskelkontraktionen u. dann einen fortschreitenden neuromuskulären Block, der bei einer Frequenz von 6/Min. bis zu 300/Sek. stets auftritt. Adrenalin hemmt also die neuromuskuläre Übertragung beim partiellen Block bei Kaninchen. (Acta pharmacol. toxicol. [Köbenhavn] **13.** 80—85. 1957. Oslo, Univ., Dep. of Pharmacol.) G. KIMMERLE. 4561

E. H. L. Harries und **I. Pamela Kendrick,** *Die Wirkung des Noradrenalins auf die Pepsinsekretion des Magens.* Es wird der Einfl. von *Noradrenalin* (**I**) auf die *Pepsinsekretion* (**II**) bei Hunden mit einer einfachen Magenfistel untersucht. Es wird eine Verminderung der **II** u. der Säuresekretion durch **I** beobachtet. Ob es sich hierbei um eine wahre Hemmung handelt, ist aus dieser Versuchsanordnung nicht zu erkennen. (J. Physiology **142.** 28 P. 18/6. 1958. Birmingham, Univ., Dep. of Physiol.) H. STRUCK. 4561

A. Hoffer, *Adrenolutin als psychotomimetrisches Agens.* Die mit *Adrenolutin* (oral), einem Reduktionsprod. des Adrenochroms, bei Versuchspersonen erzielten psych. Veränderungen entsprechen nicht den bei chron. Schizophrenie beobachteten, sondern gehören in den Bereich der von BLEULER beschriebenen Symptome. (Hormones, Brain Function, Behavior **1957.** 181—94. Saskatoon, Saskatchewan, Canada, Univ. Hosp., Dep. of Publ. Health.) K. MAIER. 4561

G. Bartolomei und **G. Turchetti,** *Die thyreoidale Hormonbilanz während der normalen Schwangerschaft.* Nach Verabreichung von ^{131}J wurden bei 41 n. Schwangerschaften in 3 Abschnitten die Schilddrüsenfunktionen, u. zwar die ^{131}J-Aufnahme u. -Umwandlung, die Clearance des im Speichel enthaltenen anorgan. J u. der Grundumsatz überprüft. Es wurde eine endokrine Stoffwechseldissoziation, die der Wrkg. der Östrogene, des Thyreotropins u. vor allem dem erhöhten O_2-Verbrauch der Schwangeren u. des Foetus zugeschrieben wird, festgestellt. Die einzelnen Faktoren wirken sich im Verlauf der Schwangerschaft oft verschieden stark aus. (Ann. d'Endocrinol. **19.** 615—42. Juli/Aug. 1958. Pise, Univ., Clin. méd. gén., Centre de Méd. nucléaire u. Clin. obstétr. et gynécol.) H. P. FIEDLER. 4562

Arthur L. Kretchmar, Gould A. Andrews, Marshall Brucer und **Warren Glaser,** *Messung der Plasmajodidablagerung in der Schilddrüse. Die Bedeutung der Ausdehnung des Jodidraums.* Es wird eine modifizierte Meth. zur Best. der Jodablagerung aus dem Blutplasma in der Schilddrüse angegeben. Dazu wird mittels eines Scintillationszählers die zeitliche Änderung des Radiojodgeh. der Schilddrüse selbst sowie des benachbarten Gewebes im Nacken des Patienten innerhalb der ersten Std. nach der intravenösen Injektion gemessen. Die Messungen lassen erkennen, nach welcher Zeitfunktion die Übernahme des ^{131}J aus dem Blut in die Schilddrüse vor sich geht. Die rechner. Behandlung des Problems wird gezeigt, sie ergibt, daß es notwendig ist, den Geh. des Blutes an ^{131}J 5, 10, 15, 30 u. 60 Min. nach der Injektion zu bestimmen u. außerdem durch Aktivitätsmessung denjenigen extrathyreoidalen Raum im Nacken, dessen ^{131}J-Geh. demjenigen des Blutes gleich ist. Injektionen mit ^{24}Na zeigen, daß dieser Raum die gleichen Dimensionen auch für dieses Isotop hat. Die Meth. kann zur Schilddrüsenfunktionsprüfung ausgewertet werden, die sonst übliche Messung der ^{131}J-Ausscheidung über den Urin kann dann entfallen. (Int. J. appl. Radiat. Isotopes **2.** 140—44. 1957. Oak Ridge, Tenn., Oak Ridge Inst. of Nuclear Studies, Med. Div.) W. REUSSE. 4562

Rulon W. Rawson, Henry Koch und **Frederic F. Flach,** *Die Schilddrüsenhormone und deren Beziehung zur Geisteskrankheit.* Übersicht über die bei Myxödempatienten beobachteten psychiatr. Probleme u. Beobachtungen bei künstlich erzeugtem athyreot. Myxödem u. Hypophysenmyxödem; Hypothyreoidismus bei psychot. Patienten; Stoffwechsel-Wrkgg. von *Schilddrüsenhormonen* (I) bei Myxödem u. Korrelation einiger dieser Veränderungen mit der bei Schizophrenie beobachteten Phosphatretention; Vgl. der Stoffwechsel-Wrkgg. bekannter I u. deren Metabolite bei Patienten mit psychiatr. Störungen. — 30 Literaturangaben. Diskussionsbemerkungen. (Hormones, Brain Function, Behavior **1957.** 221—42. New York, N. Y., Hosp., Memorial Center and Payne Whitney Clin.) K. Maier. 4562

H. E. Schreiner, *Untersuchungen mit 4-[3'.5'-Dijod-4'-hydroxybenzoyl]-phenylalanin.* 1. Mitt. *4-[3'.5'-Dijod-4'-hydroxybenzoyl]-phenylalanin* (I) ist eine auf die Schilddrüsen wirkende Verb., deren Wirkungscharakter grundsätzlich von dem der Thiouracile u. ähnlicher „strumigener Substanzen" verschieden ist. I wirkt anscheinend nicht durch Blockierung der Hormonbldg., sondern durch Abbau des hormonsynthetisierenden Epithels. Eine kurzzeitig verabreichte, relativ niedrige Dosis hatte bei Ratten einen langanhaltenden Effekt. Die in der Schilddrüse ablaufenden Vorgänge sind reversibel. Die Ratten zeigten, bei sehr stark verminderten Schilddrüsen, n. Gewichtsanstieg u. keine sichtbaren Ausfallserscheinungen. (Arzneimittel-Forsch. **9.** 35—39. Jan. 1959. Hamburg-Eppendorf, Univ., Hautklin.) K. Maier. 4562

D. S. Munro, R. S. Satoskar und **G. M. Wilson,** *Knochencalcium- und -natriumgehalt und der Austausch von Radionatrium in den Knochen von mit Thyroxin und Parathormon behandelten Ratten.* Ratten erhielten täglich 500 μg *L-Thyroxin* (I)/100 ml Trinkwasser oder bis zu 55 μg I/Tag intramuskular injiziert; das *Parathormon* (II) wurde in Dosen von 100 USP-Einheiten/Tag intramuskular injiziert. I, das in Dosen, die Hyperthyreoidismus hervorrufen, verabreicht wurde, blieb ohne Einfl. auf den Ca- oder Na-Stoffwechsel des Knochens, während II den Ca-Geh. signifikant herabsetzte, den Na-Geh. dagegen unbeeinflußt ließ. Trotz des Ca-Verlustes blieb die Fähigkeit des Knochens, Na durch Radioisotopen auszutauschen, prakt. erhalten. (J. Physiology **142.** 447—52. 6/8. 1958. Sheffield, Univ., Dep. of Pharmacol. and Therapeutics.) H. P. Fiedler. 4562

Emil L. Smith, Robert L. Hill und **Aleck Borman,** *Die Aktivität mit Leucinaminopeptidase abgebauten Insulins.* Bei Incubation Zn-freien Rinder-Insulins (I) mit Mg^{2+}-aktivierter Leucinaminopeptidase (II) werden durchschnittlich 12,5 Reste/Mol I abgebaut, wobei 44 ± 2,9% der I-Aktivität erhalten bleiben. Die abgespaltenen Aminosäuren sind auf Grund der ionenaustauschchromatograph. Best. *Phe,* 0,72 (Mol/Mol I), *Val,* 1,63; *Ileu,* 0,40; *Gly,* 1,09; *His,* 0,99, *Leu,* 1,43, *Ala,* 0,48, *Glu,* 1,24; *Ser* + *AspNH$_2$*, 1,36; *Cy—S—S—Cy,* ?; *Arg,* 0,0; *GluNH$_2$*, ?. Der Phenylalanin (III)-Wert ist ein Maß für die maximale Hydrolyse der B-Kette, da die A-Kette III-frei ist; der Isoleucinwert ein entsprechendes für die A-Kette. Es wurde, in Verbindung mit früheren Unterss., die Menge jedes des aus dem N-terminalen Bereich beider Ketten abgespaltenen Restes berechnet. Da von der B-Kette nur 28% intakt bleiben u. II-abgebautes I noch 44% der Aktivität besitzt, sind die ersten 6 Reste der B-Kette anscheinend für die Hormonwrkg. unwesentlich, u. die Aktivitätsabnahme beruht möglicherweise auf Abtrennung des N-terminalen Bezirks der A-Kette oder auf Hydrolyse der Zwischenketten-S—S-Brücke der B-Kette. (Biochim. biophysica Acta [Amsterdam] **29.** 207—08. Juli 1958. Salt Lake City, Utah, Univ., Coll. of Med., Labor for Study of Hereditary and Metabolic Disorders; New Brunswick, N. J., Squibb Inst. for Med. Res.) K. Maier. 4564

H. T. Narahara und **Robert H. Williams,** *Der Einfluß von Protein in vitro auf den Insulinabbau und die Glucoseaufnahme beim Muskel.* Es wird gezeigt, daß das Rattenzwerchfell (Sprague-Dawley) u. Extrakte daraus in der Lage sind, *^{131}J-Insulin* (I) abzubauen u. die Ergebnisse auf einen enzymat. Vorgang hindeuten. Durch *Corticotropin, oxydiertes Insulin, α-Casein, Glukagon* u. Schweine-*Wachstumshormone* tritt eine Hemmung des Abbaus ein, u. es wird gleichzeitig eine Glucoseausnutzung durch das Zwerchfell bewirkt. (J. biol. Chemistry **233.** 1034—40. Nov. 1958. Seattle, Wash., Univ. of Washington, Dep. of Med.) H. J. Struck. 4564

J. H. Ottaway und **R. D. Bulbrook,** *Hypophysenwachstumshormon und Glucoseverwertung des Rattendiaphragmas.* Der Einfl. von *Hypophysenwachstumshormon* (I) auf die *Glucose* (II)-Aufnahme des isolierten Diaphragmas männlicher Albinoratten wurde untersucht. Dabei wurde der O_2-Geh. des Gewebes konstant gehalten u. wegen der Instabilität des I nur frisch zubereitetes u. zweimal umkrist. I verwendet. Unter aeroben Bedingungen wird eine maximale Stimulierung der II-Aufnahme bei einer I-Konz. von 100 μg/ml erzielt, während 200 μg I/ml hemmend wirken. Die Versuchsergebnisse sprechen dafür, daß die Stimulierung der II-Aufnahme auf Freisetzung von im Gewebe gebundenem *Insulin* (III) durch I beruht. Mit A. denaturiertes I, reines Prolactin u. rohes adrenocorticotropes Hormon beeinflussen die II-Aufnahme nicht, während lyophylisiertes Hypophysenpulver genau so wie **I** wirkt. Die Versuchsergebnisse werden mit den sich widersprechenden Ergebnissen anderer Forscher verglichen u. im Hinblick auf die Frage diskutiert, ob **I** ein echter **III**-Antagonist ist. (J. Endocrinology **12.** 50—56. Jan. 1955. London, Univ. Coll., Dep. of Biochem.) O. Dold. 4564

Masaru Tsukamoto, *Untersuchungen über Alloxandiabetes.* 1. Mitt. *Über die Teilnahme der Nebenniere beim Anfangsstadium des Alloxandiabetes vom Gesichtspunkt der Elektrolyten aus.* 2. Mitt. *Untersuchungen über den Schutz gegen Alloxandiabetes.* Hunden wurde teilweise die Nebenniere entfernt, um den Einfl. des Organs auf Blutzucker, Na, K u. Cl im Serum im Anfangsstadium des Alloxandiabetes zu untersuchen. Die Ergebnisse zeigen deutlich, daß nicht nur die Störung der β-Zellen der Langerhansschen Inseln im Pankreas für den Diabetes verantwortlich ist, sondern genauso eine Störung zwischen den endokrinen Drüsen. — Es zeigt sich an einem Hund, der Alloxan erhielt, daß *Methionin* einen deutlich hemmenden Einfl. ausübt. Dieser Effekt wird näher untersucht. (J. Kyotoprefect. med. Univ. **62.** 365—90. Sept. 1957. Kyoto, Univ., Dep. of Med. [Orig.: japan.; Auszug engl.]) H. Struck. 4564

P. Mesnard und **R. Crockett,** *Die antidiabetische Chemotherapie mit Sulfonamiden.* (Vgl. C. **1958.** 7181.) Übersicht: Entw. der Präpp., chem., pharmazeut. u. medizin. Unters. von *Aminosulfonamiden* u. *Sulfonamiden,* Wirkweise, Aufnahme, Ausscheidung, Bakteriostase. (Produits pharmac. **13.** 499—503. Okt. 1958. Bordeaux, Fac. de Méd. et de Pharmacie.) Heinz Walter. 4564

Bernhard B. Brodie und **Parkhurst A. Shore,** *Über eine Funktion von Serotonin und Noradrenalin als chemische Mittlersubstanzen im autonomen Zentralnervensystem.* Während über die chem. Überträgerverbb. (**I**) des peripheren autonomen Nervensyst. ein größeres Beobachtungsmaterial vorliegt, ist über den Charakter von **I** im zentralen autonomen Syst. wenig bekannt. Es wird die Möglichkeit diskutiert, daß *Serotonin* der chem. Überträger des zentralen parasympathet. u. *Noradrenalin* der entsprechende des zentralen sympathet. Syst. sind. Die mögliche Wirkungsweise zentralwirkender Pharmaca (Reserpin, Lysergsäurediäthylamid, Chlorpromazin, Phenyläthylaminderivv., Mezcalin) wird besprochen. — Diskussionsbemerkungen. 25 Literaturangaben. (Hormones, Brain Function, Behavior **1957.** 161—80. Bethesda, Md., Nat. Heart Inst., Labor. of Chem. Pharmacol.) K. Maier. 4569

D. W. Woolley, *Serotonin bei Geistesstörungen.* (Vgl. Science [Washington] **125.** [1957.] 752.) Übersicht. — 19 Literaturangaben. Diskussionsbemerkungen. (Hormones, Brain Function, Behavior **1957.** 127—46. New York, N. Y., Rockefeller Inst. for Med. Res.) K. Maier. 4569

E. W. Horton, *Die Kallikreinprobe im Harn.* Wird *Kallikrein* (**I**) mit Plasma incubiert, so bildet sich *Kinin* (**II**), welches durch seine stimulierende Wrkg. auf das Meerschweinchenileum bestimmt werden kann. Schaltet man die Kinasewrkg. des Plasmas aus u. zerstört den Inaktivator von **I**, so ist das gebildete **II** dem **I** proportional. Auf Grund dieser Beobachtungen wird eine Best. des **I** ausgearbeitet u. beschrieben. (J. Physiology **142.** 36P. 18/6. 1958. Edinburgh, Univ., Dep. of Pharmacol.) H. Struck. 4569

G. W. Kamaljan, M. G. Gassparjan und **L. W. Dawtjan,** *Die Wirkung einiger biogener Amine und ihrer Derivate auf die Prozesse der Phosphorylierung und der oxydierenden Phosphorylierung im Organismus.* 1. Mitt. *Die Wirkung von Colamin auf die Phosphorylierung und die oxydierende Phosphorylierung in den Muskeln und der Leber von Ratten.* Unterss. über den Einfl. von *Colamin* (**I**) auf den Zerfall von Glykogen (**II**) u. die Phosphorylierung in der Leber u. in den Muskeln von Ratten ergaben, daß 5 mg **I**/kg wie folgt wirken: **II**-Geh. in den Muskeln nach 1 Std. 0,27 (mg/100 mg), nach 3 Std. 0,30 (0,37 in der Kontrolle); in der Leber 0,65 u. 0,75 (0,66). In den Muskeln finden sich nach 1 Std. 4,3 (mg) Gesamt-P u. 1,63 Lipoid-P; nach 3 Std. 4,2 u. 2,35 (5,6 u. 5,70); in der Leber nach 1 Std. 10,8 u. 7,60, nach 3 Std. 6,5 u. 5,10 (5,7 u. 4,20). An säurelösl. P sind in den Muskeln enthalten: nach 1 Std. 1,5 (mg), nach 3 Std. 0,60, nach 5 Std. 0,9 (1,05); in der Leber 1,15, 1,2 u. 1,6 (1,1). In der in W. unlösl. Fraktion der Muskeln nahm der P-Geh. zu; anorgan. P zeigte eine abnehmende Tendenz. Der Geh. an Kreatinphosphat (**III**) u. Adenosintriphosphat (**IV**) nahm zu. In der Ba-unlösl. Fraktion der Leber nahm der P-Geh. zu; der Geh. an anorgan. P nahm ab; **III** blieb fast unverändert; **IV** nahm zu. In der Ba-lösl. Fraktion der Muskeln nahm der Geh. an P u. Phosphobrenztraubensäure (**V**) zu; die Phosphotriosen wurden etwas verringert. In der Ba-lösl. Fraktion der Leber blieben P u. Phosphotriosen unverändert; **V** nahm zu. Nach Vff. ist **I** an dem Transport der H_3PO_4 in den Muskeln u. in der Leber beteiligt. (Доклады Академии Наук Армянской ССР [Ber. Akad. Wiss. ArmenSSR] **27.** 87—92. 1958. Erewan, Zootechn. Veterinär-Inst.) Otto Maier. 4569

Karl Halse und **Weiert Velle,** *Das Blutcalcium bei Rinderketosis.* Bei Kühen mit Ketosis, die im Gesamtblut einen Geh. an Gesamtacetonkörpern > 45—50 mg/100 cm³ aufwiesen, war eine statist. signifikante Senkung des Blut-*Ca* feststellbar. Die Erniedrigung bei Kühen mit Ketosis ist anscheinend sek. Natur u. auf verminderte Nahrungsaufnahme zurückzuführen. Bei Kühen wurden nach 48 Std. Nahrungsentzug eine entsprechende Hypocalcämie wie bei Ketosis beobachtet. (Amer. J. veterin. Res. **19.** 575—79. Juli 1958. Oslo, Vet. Coll., Dep. of Physiol.) K. MAIER. 4572

G. C. Ashton, *Serumproteinvariationen bei Pferden.* Die Seren von 79 Vollblütern u. Pferden anderer Herkunft wurden bei p_H 7,6 elektrophoret. untersucht. Vier Verbindungsklassen wurden gefunden, u. zwar die *β-Globuline* (3 Typen), *Präalbumine* (3 Arten) u. zwei wahrscheinlich voneinander unabhängige *α-Globulin*-Systeme. (Nature [London] **182.** 1029—30. 11/10. 1958. Stock, Essex, Animal Health Trust, Farm Livestock Res. Centre.) H. STRUCK. 4574

Alfred J. Richard und **Gerson Kegeles,** *Makromolekulare Abbauprodukte des Rinderplasmaalbumins.* Mittels eines Registrierinterferometers wurden für *Chymotrypsin* (I), *Rinderplasmaalbumin* (II), dialysierte I- u. HCl-Hydrolysate von **II,** die an Diäthylaminoäthylcellulose adsorbiert worden waren, Gradientelutionschromatogramme erhalten. Ferner wurden bei Fraktionen durch **I**-Einw. erhaltener Hydrolysate Mol.-Gew.-Bestimmungen nach ARCHIBALD (J. physic. Colloid Chem. **51.** [1947.] 1204) vorgenommen u. die Hydrolysate elektrophoret. untersucht. Die chymotrypt. **II**-Hydrolyse (24 Std., 37°) führt zu makromol. Prodd., die ca. 10% eines Peptidmaterials vom Mol.-Gew. 19000, kleinere Mengen Material mit höherem Mol.-Gew. als dem von Albumin (**III**) u. vorwiegend solches mit **III**-Mol.-Gew. enthalten. Elektrophorese des Hydrolysats ergab ebenfalls 2 Hauptkomponenten. (Arch. Biochem. Biophysics **80.** 125—33. Jan. 1959 Worcester, Mass., Clark Univ., Dep. of Chem.) K. MAIER. 4574

J. H. A. Butler, J. F. Jackson, J. B. Polya und **J. Tetlow,** *Wechselwirkungen von Amiden mit Proteinen.* 2. Mitt. *Untersuchung des Systems Rinderserumalbumin–Acetamid–Bromphenolblau durch Papierelektrophorese.* (1. vgl. C. **1959.** 12610.) Vff. untersuchten die Denaturierung von *Rinderserumalbumin* (**I**) durch Acetamid (**II**) in Ggw. von Bromphenolblau (**III**; 0,1 bzw. 0,2%) bei 40std. Incubation in Abhängigkeit vom p_H-Wert. Mit Ausnahme der sehr hohen Konzz. von **II** (> 55%) schützt **III** (bes. bei p_H-Werten < 7,0) **I** gegen Denaturierung; dagegen werden Fällungen u. Gelbldg. bei p_H 8,5 etwas begünstigt. Die Affinität des denaturierten (elektrophoret. unbeweglichen) **I** zu **III** nimmt bei fallenden p_H-Werten zu, während sich natives **I** umgekehrt verhält. Nach Ansicht der Vff. handelt es sich bei der Denaturierung durch **II** sowie bei der kompetitiven Hemmung dieser Denaturierung durch **III** um Rkk. mit H-Brücken. (Enzymologia [Den Haag] **20.** 119—27. 1958. Hobart, Australia, Univ. of Tasmania, Chem. Dep.)
E. SCHWERDTFEGER. 4574

J. Rechenberger, *Über die Eisenbindungskapazität des Blutserums.* 2. Mitt. *Das Verhalten der Eisenbindungskapazität bei Lebercirrhosen und Hämochromatosen.* (1. vgl. C. **1959.** 2869.) Eisenbindungskapazität u. Serumeisengeh. sind bei den untersuchten Lebercirrhosen signifikant erniedrigt, bei den Hämochromatosen ist das Serumeisen signifikant erhöht mit einer 100%ig. Sättigung des zur Verfügung stehenden *Siderophilins* (I). Die Verminderung von **I** in beiden Fällen wird als Ausdruck einer Proteinstoffwechselstörung der erkrankten Leberzelle gedeutet. (Dtsch. Z. Verdauungs- u. Stoffwechselkrankh. **16.** 155—62. Juli 1956. Leipzig, Med. Univ.-Klinik.)
W. D. WEINMANN. 4574

J. Rechenberger, *Über die Eisenbindungskapazität des Blutserums.* 3. Mitt. *Die Eisenbindungskapazität bei Blutungsanämien und chronischen Infekten.* (2. vgl. vorst. Ref.) Der Eiweißstoffwechsel, nicht der Eisenstoffwechsel, ist für Schwankungen des *Siderophilins* im Blutserum verantwortlich, wie die vorliegenden Unterss. über Eisenbindungskapazität u. Siderophilinspiegel im Serum bei Blutungs- u. Infektionszuständen zeigen. (Dtsch. Z. Verdauungs- u. Stoffwechselkrankh. **16.** 162—69. Juli 1956. Leipzig, Med. Univ.-Klinik.) W. D. WEINMANN. 4574

J. Rechenberger, *Über die Eisenbindungskapazität des Blutserums.* 4. Mitt. *Das Verhalten der Eisenbindungskapazität und des Serumeisens bei der unbehandelten und regenerierenden perniziösen Anämie.* (3. vgl. vorst. Ref.) In der Regenerationsphase der perniziösen Anämie steigt die Eisenbindungskapazität mit zunehmender Normalisierung des peripheren Blutbildes an. Die geminderte Regenerationsintensität in den höheren Altersstufen, die sich im verzögerten Anstieg des Eisenbindungsvermögens ausdrückt, bildet einen weiteren Beweis für die zentrale Bedeutung des Eiweißstoffwechsels für Störungen des Eisenstoffwechsels. (Dtsch. Z. Verdauungs- u. Stoffwechselkrankh. **16.** 223—29. Okt. 1956. Leipzig, Med. Univ.-Klinik.) W. D. WEINMANN. 4574

Yasuhiro Ōba, *Einflüsse von p_H und NaCl-Konzentration auf die Verbindung von Serumalbumin mit 4'-Hydroxyazobenzol-2-carbonsäure.* Prüfung des p_H-Optimums bei der Verb. zwischen *4'-Hydroxyazobenzol-2-carbonsäure* (I) mit Serumalbumin (Mensch) ergab λ_{max} 480 mμ im p_H-Bereich 5,2—6,2. Der Geh. an gebundenem I-Rinderserumalbumin ist am höchsten bei p_H 5,29, am niedrigsten bei p_H 8,04. Zusatz von NaCl zu der I-Lsg. hemmt die Verb. (1,8 g NaCl/100 cm^3 bewirkt eine 26% ig. Abnahme der I-Albuminbindung). (Med. and Biol. [Tokyo] **48.** 251—56. 20/9. 1958. Yamaguchi Kenritsu Ika-Daigaku, Rinshō Byōrigaku-Kyōshitsu. [Orig.: japan.]) F. MOSSNER. 4574

Kiyohiro Kawai, *Bestimmung des Serumcholesterins unter Benutzung der direkten Chloroformextraktion.* Als einfachste Meth. der *Cholesterin*-Best. wird die direkte Chloroformextraktion gefunden. Mit ähnlicher Meth. ist es möglich, Gesamtcholesterin u. Cholesterinester zu bestimmen, bei diesen ist es nur notwendig, Digitonin zuzugeben. Zur Reaktionslsg. sollen 0,1 Vol.-% dest. W. zugesetzt werden. Extraktion erfolgt mit einem Aceton–A.-Gemisch 1 : 1, dem $^1/_{10}$ Vol. 5% ig. Na-Methylat zugesetzt ist, worauf 2 Std. bei 40° hydrolysiert wird. Verseifung mit Alkali findet nicht statt. (J. Kyoto prefect. med. Univ. **62.** 1012—18. Dez. 1957. Kyoto, Univ., Dep. of Surg. [Orig.: japan.; Auszug: engl.]) H. STRUCK. 4574

E. Kowalski, M. Kopec, Z. Latallo, S. Roszkowski und **N. Sendys,** *Über das Vorkommen einer plasminogenähnlichen Substanz in menschlichem Gewebe.* In menschlichem Bindegewebe wurde ein dem *Blutplasminogen* (I) ähnliches, durch *Streptokinase* (II) aktivierbares Proenzym *Gewebeplasminogen* (III) auf Grund seiner fibrinolyt. Wrkg. nachgewiesen. Die fibrinolyt. Aktivität von III war in bindegewebereichen Organen wie Aorta u. Fascia am stärksten, in parenchymatösen Organen wie Leber u. Milz u. auch in der gestreiften Muskulatur, im Herzmuskel u. Gehirn am geringsten. Die drei Schichten der Aortenwand zeigten keine Unterschiede in der fibrinolyt. Wirkung. Die chem. Eigg. von I u. III waren gleich. III ließ sich mit physiol. NaCl-Lsg. oder mit Puffer-Lsgg. bei hohem u. bei niedrigem p_H-Wert extrahieren u. aus dem Extrakt mit verd. Säure bei p_H 5,3 unter starkem Aktivitätsverlust ausfällen. Schwermetallionen (10^{-3} bis 10^{-4} mol. *Au* u. *Cu,* 10^{-2}mol. *Mn*) hemmten die Fibrinolyse. II aktivierte die proteolyt. Wrkg. von III im p_H-Bereich von 7,4—8,6, während bei p_H 5,5, dem Optimum für *Kathepsin* (IV), keine Aktivierung eintrat. — Im Gegensatz zu IV wurde die fibrinolyt. Wrkg. von III durch *Cystein* eher gehemmt als aktiviert. — Gewebeextrakte vom Rind konnten ebenso wie Rinderplasma durch II nicht aktiviert werden. (Blood **13.** 436—46. Mai 1958. Warsaw, Poland, Inst. of Hematol., Labor. Clin. Biochem.) H. CARLS. 4574

J. Margolis, *Der Hagemann-Faktor bei der Plasmafremdflächenreaktion.* HAGEMANN-Faktor (I) in Kontakt mit Glasoberflächen vermag im Blutplasma Gerinnung einzuleiten u. *Kinin* auszuschütten. Der Primärschritt dieser Vorgänge scheint in einer Aktivierung der Glasoberfläche durch I zu bestehen. Eine Identität von I mit einem früher für diesen Mechanismus angenommenen „Kontaktfaktor" oder dessen Vorstufe besteht nicht. (Nature [London] **182.** 1102. 18/10. 1958. London, Middlesex Hosp., Med. School, Pharmacol. Dep.) U. TAUSENDFREUND. 4574

Otto Brunner, *Über die Wirksamkeit von Präparaten zur percutanen Heparintherapie.* Vgl. von *Hirudoid* (I), *Thrombophob-* u. *Thrombophlebitis*-Salbe WIEDENMANN auf ihre Eignung zur percutanen Heparintherapie. Die Hemmung der Blutgerinnung war durch I am größten. Keine Nebenwrkgg. bei allen 3 Salben. (Praxis [Bern] **45.** 199—200. 1/3. 1956. Salzburg, Landeskrankenanstalten, Frauenklinik.) H. DOSSMANN. 4574

R. F. Jennison, *Prüfung eines Eisenchelats zur Behandlung der Schwangerschaftsanämie.* Mit dem $FeSO_4$-Aminosäurechelat *Ferroaminoacetosulfat* (*Plesmet;* COATES AND COOPER LTD.) wurde bei 51 Fällen von Schwangerschaftsanämie während der beiden ersten Behandlungswochen eine durchschnittliche Hämoglobinzunahme von 4,5% (0,66 g)/Woche, während 4 Wochen von 3,25% (0,48 g) erzielt. Bei 13 stärker anäm. Patientinnen betrug der wöchentliche Anstieg in den beiden ersten Wochen 6,5% (0,96 g), was für eine schnelle Verwertung dieser Fe-Form spricht. Störungen in den Verdauungswegen wurden nur selten beobachtet. (Practitioner **181.** 731—35. Dez. 1958. Manchester, St. Mary's Hosp. for Women and Children.) K. MAIER. 4575

Søren Jørgensen, *Adeninnucleotide und Oxypurine in gespeichertem Spenderblut.* In frischem Spenderblut, das mit $^1/_5$ des Vol. mit Na-Citratglucose stabilisiert ist, beträgt die Gesamtkonz. der Adeninnucleotide *Adenosintriphosphat* (*ATP*), *-diphosphat* (*ADP*) u. *-monophosphat* (*AMP*) zwischen 500 u. 600 μMol/Liter. Die Zus. ist 80% ATP, 15% ADP u. 5% AMP. Nach Speicherung dieses Blutes für 4 Wochen bei +4° fällt der ATP-Geh. um 50%, nachdem er die ersten beiden Wochen konstant geblieben ist. Die Konzz. von ADP u AMP steigen während dieser Zeit ständig an. Die Konz. von *Hypoxanthin* steigt während dieser Zeit um das 20—30fache. Die Adenosinnucleotiden finden sich nur in den Blutkörperchen. Hypoxanthin hat im Plasma u. Gesamtblut die gleiche Konzentration. Der *Harnsäure*-Geh. bleibt im Plasma während der Speicherung konstant. (Acta pharmacol. toxicol. [Köbenhavn] **13.** 102—06. 1957. Kopenhagen, Univ., Dep. of Pharmacol.) G. KIMMERLE. 4576

E. Stark (unter techn. Mitarbeit von **I. Moldován** und **K. Mihály**), *Quantitative Bestimmung und Untersuchung der Ausscheidung freier Benzoesäure bei Mensch und Tier unter normalen und pathologischen Bedingungen.* Es wird eine Meth. zur quantitativen Best. freier Benzoesäure (I) im Harn angegeben, die auf I-Extraktion mit Chlf., Vakuumsublimation des Eindampfrückstands u. Titration beruht. Während n. Personen keine freie I ausscheiden, kann bei Hypophysen–Nebennieren-Überfunktion die 24 Std.-Menge 300—400 mg betragen. Bei Hunden bewirkte *ACTH* unter den Versuchsbedingungen keine Ausscheidung freier I. (Acta med. Acad. Sci. hung. **13.** 267—75. 1959. Hungarian Acad. of Sci., Inst. for Exp. Med., Dep. of Pathophysiol.) K. MAIER. 4577

Dirk Pette, *Mikroelektrophorese von Liquor cerebrospinalis in Agar-Gel.* Mit Hilfe der Mikroelektrophorese in Agargel ist es möglich 1 ml Liquor u. weniger aufzutrennen. Das Pherogramm unterscheidet sich von dem auf Filterpapier hergestellten durch einen niedrigeren Globulin–Albuminquotienten u. eine geringere Konz. der γ-Globuline. (Klin. Wschr. **36.** 1106—09. 1/12. 1958. Hamburg, Stftg. zur Erforschg. der spinal. Kinderlähmung u. multiplen Sklerose.) H. STRUCK. 4578

Louis Gallien und **Jacques Signoret,** *Die Entwicklung von in Parabiose befindlichen Tritonlarven nach Behandlung der Gastrula mit Lithiumchlorid. Wirkungen der anfänglichen Hypomorphose auf die Organogenese von Kopf und Rumpf.* Die Mißbildungen von in Parabiose befindlichen Larven von Pleurodeles waltlii nach Behandlung der Gastrula mit LiCl werden beschrieben. (C. R. hebd. Séances Acad. Sci. **244.** 3175—76. 24/6. 1957. Paris, Fac. des Sci., Labor. de Embryol.) R. HÄHNEL. 4583

Heribert Berger und **Ilse Antener,** *Der Einfluß des Eiweißgehaltes der Nahrung auf die Ausscheidung von freiem α-Aminostickstoff im Harn als Maß der Aminoacidurie.* In einem Ernährungsvers. bei einem 9½jährigen Knaben u. in Tierverss. wird gezeigt, daß die mit der Nahrung zugeführte Proteinmenge auf die Aminosäureausscheidung im Harn, gemessen am ausgeschiedenen freien α-Amino-N, einen bedeutenden Einfl. hat, ohne daß jedoch excessive Werte erreicht werden. Da diese Werte jedoch die n. Schwankungsbereiche überschreiten, ist die Kenntnis dieser Tatsache für die richtige Beurteilung von fraglichen Hyperaminoacidurieverhältnissen oder anderer Abweichungen in der Aminosäureausscheidung wichtig u. entsprechend zu berücksichtigen. (Int. Z. Vitaminforsch. **28.** 17—32. 1957. Basel, Univ.-Kinderklinik u. Vevey, Vitaminkontrolllabor. der Fa. Nestle.) L. LEICHTER. 4585

J. A. Goyco, *Eine Untersuchung des Zusammenhanges zwischen Leberproteinregenerationsvermögen und der lebernekrotisierenden Aktivität von Hefeproteinen.* Die Unters. der Lebereiweißregeneration u. lebernekrotisierenden Aktivität zweier Hefetypen (Bierhefe, Torulahefe) bei Ratten ergab eine enge Parallelität zwischen beiden Erscheinungen. Die Torulahefe war in den beiden angewandten Konzz. (9 u. 18% Eiweiß) nekrogen u. vermochte bei den Versuchstieren Leberprotein (I) nicht zu regenerieren. Bierhefe verhielt sich in der niedrigen Konz. (9% Eiweiß) ebenso, während sie in der höheren Konz. (19%) nicht nekrogen war u. den I-Geh. wiederherstellte. Torulahefe + 0,5% DL-Methionin oder L-Cystein schützten alle Tiere gegen Lebernekrose u. machten einen bestehenden I-Mangel vollkommen rückgängig. $^1/_3$ Bier- u. $^2/_3$ Torulahefe schützten völlig gegen Lebernekrose u. ermöglichten eine optimale I-Regeneration. (J. of Nutrit. **58.** 299—308. 10/3. 1956. San Juan, Puerto Rico, Univ., School of Med., School of Trop. Med., Dep. of Biochem. and Nutrit.) K. MAIER. 4585

F. Lindlar, *Zur Verwendung des Rapsöls für die Ernährung.* Um die Frage zu klären, inwieweit bei Verwendung von Rapsöl mit seinem hohen Geh. an gewissermaßen körperfremder *Erucasäure* (I) in der Ernährung die Fettsäurezus. der Lipide aus den Fettdepots beeinflußt wird, wurde ein Hund mit Rapsöl gefüttert u. der I-Geh. in den Fettsäuren aus zahlreichen Organen u. Fettdepots papierchromatograph. bestimmt. Die Gesamtfettsäuren aus dem Pericardial-, Peritoneal-, Perirenal-, Mesenterial- u. Subcutanfett enthielten in % 24,2; 14,2; 18,3; 21,2 u. 17,3 I, diejenigen aus der Haut 4,9, der Zunge 11,1, der Milz 3,5, dem Pankreas 8,4, den Hoden 6,9, den Nebennieren 18,7, dem Dünndarm 4,2 u. dem Dickdarm 4,9. In den Fettsäuren der Lipidfraktionen aus Gehirn, gelbem Knochenmark u. Blutkörperchen ließ sich I nicht nachweisen, während das Blutplasma 13,0% aufwies. Die Lipide aus Leber, Lunge u. Nieren wurden in Neutralfett, Glycerinphosphatide u. Protagonfraktion aufgearbeitet. Während die Fettsäuren des Neutralfettes aller 3 Organe ca. 7% I enthielten, war I in den Fettsäuren aus den übrigen beiden Fraktionen nicht nachweisbar. (Int. Z. Vitaminforsch. **28.** 195. 1957. Basel, Univ., Physiol.-Chem. Inst.) L. LEICHTER. 4585

H. Wagner, *Die Fettsäurezusammensetzung von Ratten nach Fütterung von Butter, Margarine, Oliven- und Sonnenblumenöl.* Zu einer Grunddiät, die aus 8% extrahiertem Casein, 12% Gelatine, 73% Zucker, 2% Agar-Agar u. 5% Salzmischung bestand, wurden 10% Sonnenblumenöl, Olivenöl, Margarine oder Butter u. zur Verhinderung einer Leberverfettung Cholin hinzugefügt. Während 21 Tagen erhielten 6 Gruppen von ♂ weißen Ratten die so ergänzte Grunddiät bzw. dieselbe allein oder ein fettarmes Zuchtfutter. Sodann wurden die Tiere getötet u. die Fettsäuren aus der Leber u. dem eviscerierten Tierkörper gewonnen. Trotz des hohen Geh. der Butter u. der Margarine an gesätt. Fettsäuren (50—80%) findet sich nur eine geringe Zunahme derselben in den Leber- u. Körper-*Lipiden,* die für letzte nur ca. 10% mehr beträgt als bei fettfreiem Futter. Aber auch der hohe Geh. des Olivenöls an *Ölsäure* kommt nur in einem geringfügigen Anstieg des entsprechenden Geh. in den Lipiden zum Ausdruck. Nach Zugabe von Sonnenblumenöl, das 54% *Linolsäure* (I) enthielt, sind in Körperlipiden 27, in den Leberlipiden 20% I nachweisbar gegenüber 4% bei fettfreier u. 9, 7, 4 bzw. 7, 7, 2% bei fettreicher Nahrung. Demnach vermag vor allem I als essentielle Fettsäure die Körper- u. Leberlipide stark zu beeinflussen. Zwischen I u. der ebenfalls vom Körper nicht synthetisierbaren *Erucasäure* (II) bestehen ausgeprägte Unterschiede. Nach Fütterung mit Rapsöl, das 55% II enthält, tritt nur eine mäßige Anreicherung der Leber- u. Depotfettsäuren an II ein. (Int. Z. Vitaminforsch. **28.** 192—93. 1957. Basel, Univ., Physiol.-Chem. Inst.) L. LEICHTER. 4585

S. K. Pradhan und **N. G. Magar,** *Der Nährwert von Haifischleberölen.* Bei einem Vgl. des Wachstums junger Ratten auf 5, 10, 15 u. 20% (1180 I.E./g) Haifischleberöl enthaltender Diät ergaben 5% die beste Entwicklung. Der Nährwert von Leberölen (5%) aus *Cacharinus malenopterus, C. limbatus* u. *Pristis microdon* für junge Ratten war, gemessen am Wachstum, mit dem hydrierten Pflanzenöl (Dalda) vergleichbar. (Indian J. med. Res. **44.** 737—40. Okt. 1956. Bombay, Inst. of Sci., Dep. of Biochem.) K. MAIER. 4585

A. J. Sheppard und **B. Connor Johnson,** *Pantothensäuremangel beim wachsenden Kalb.* Bei Kälbern wurde durch Verfüttern einer *Pantothensäure* (I)-freien ergänzten Milchdiät ein I-Mangel erzeugt, dessen Hauptsymptome struppiges Fell, Dermatitis (Unterkiefer), starke Nasenschleimsekretion, Nachlassen der Freßlust, verminderte Wachstumsgeschwindigkeit u. Gewichtsabnahme waren. An inneren Symptomen wurden Veränderungen im Lungengewebe, Mycelinverlust des Nervus ischiadicus u. des Rückenmarks, Ödeme im Muskelgewebe u. Blutanstauung im Gehirn beobachtet. *Ca-Pantothenat*-Therapie bewirkte Heilung. Bei Injektion von täglich 100 mg *ω-Methyl*-I, einem I-Antimetaboliten, traten keine der bei I-Mangeltieren beobachteten Schädigungen auf. (J. of Nutrit. **61.** 195—205. 10/2. 1957. Urbana, Ill., Univ., Div. of Animal Nutrit.) K. MAIER. 4587

Helmut Hans Dittrich, *Über den Einfluß von Candida reukaufii auf die Honigbiene und den Nachweis der Pantothensäure als wirksame Substanz.* Unterss. über die Mikroorganismen des Bienendarmes, Ergebnisse von Fütterungsverss. mit freifliegenden Völkern u. die Wrkg. von *Vitamin* B_{12} (I) im Kästchenversuch. I senkte die mittlere Lebensdauer der Bienen, es ist also nicht für die Brutförderung verantwortlich. Dagegen verstärkte die Verfütterung von lebenden Zellen der Kreuzhefe *Candida reukaufii* die Bruttätigkeit. Als wirksamer Stoff wurde *Pantothensäure* festgestellt, die *C. reukaufii* reichlich bildet. Verfütterung toter Zellen blieb fast oder ganz unwirksam. Die von *C. reukaufii* auf synthet. Kultursubstrat aus Glucose gebildete Säure wurde papierchromatograph. als *Milchsäure* identifiziert. Eine Bldg. von Zucker- oder Capronsäure konnte nicht bestätigt werden. (Zbl. Bakteriol., Parasitenkunde, Infektionskrankh. Hyg., Abt. II **111.** 80—100. 2/1. 1958. Stuttgart-Hohenheim, Landwirtschaftl. Hochschule, Bot. Inst.) H. TÄNZLER. 4587

Saneshige Ata und **Friedrich Staib,** *Der Einfluß der Vitamine des B-Komplexes auf Candida albicans während des Gefrierprozesses.* Von einer 10 Tage alten Candida albicans-Kultur wurden Aufschwemmungen in physiol. NaCl-Lsg. ohne (als Kontrolle) u. mit Zusatz von Vitaminen des B-Komplexes hergestellt u. nach der Plattenmeth. die Zahl der wachstumsfähigen Zellen bestimmt. Die Aufschwemmungen wurden bei -65^0 rasch eingefroren u. bei Zimmertemp. innerhalb 1 Std. langsam wieder aufgetaut. Sodann wurde wiederum die Zahl der noch kolonienbildungsfähigen Zellen bestimmt. Die Konz. betrug bei *Vitamin* B_{12} (I) 5 γ/ml, bei *Biotin* (II) 100 γ/ml, bei den übrigen Vitaminen 500 γ/ml. Setzt man die Keimdichte vor dem Gefrierprozeß (GP) = 100 (%), so betrug sie nach dem GP in Ggw. von *Thiaminhydrochlorid* 109,5, *Riboflavin* 98,4, *Pyridoxin* 112, *Pyridoxamindihydrochlorid* 102,4, *Pridoxal-5-phosphat* 97,1, *Nicotinsäure* 113,6, *Folsäure* 101,3, *pantothensaurem Ca* 97,6, **II** 103,4 u. **I** 106,5. Die Zahl der wachstumsfähigen Zellen war also durch den Vitaminzusatz beim Großteil der verschied. Vitamine dieselbe wie vor dem GP, z. T. noch höher als vor dem GP. Diese einmal eingefrorenen u. aufgetauten Aufschwemmungen mit Vitaminzusatz wurden über 30 Tage bei -20^0 in der Tiefkühltruhe gehalten. Nach dem Auftauen wurde wiederum die Keimdichte bestimmt. Hierbei war im Durchschnitt die Zahl der noch wachstumsfähigen Zellen nur noch ca. 0,02%. Dies besagt, daß wohl beim 1. GP die Vitamine eine Schutzfunktion übernehmen, aber über einen längeren Gefrierzustand die Zellen vor dem Absterben allein nicht genügend schützen. (Int. Z. Vitaminforsch. **28.** 157—60. 1957. Würzburg, Univ., Inst. für Hygiene u. Mikrobiol.) L. LEICHTER. 4587

Takio Yoshiyama, *Experimentelle und klinische Untersuchungen über den Nicotinsäurestoffwechsel im Knochenmark.* 2. Mitt. *Gesamtnicotinsäuregehalt von Knochenmark, Leber, Milz, Nieren, Lymphknoten, Blut, Blutplasma und Erythrocyten bei experimentell erzeugter hyperaktiver Hämatopoese.* (1. vgl. C. **1954.** 8956.) Im Rekonvalescenzstadium der Anämie ist bei Kaninchen der Gesamt-*Nicotinsäure* (**I**)-Geh. im Knochenmark, in der Leber, den Lymphknoten u. im Blutplasma erhöht, dagegen im Gesamtblut erniedrigt. In den Nieren, der Milz u. den Erythrocyten wurden keine merklichen Veränderungen des Gesamt-**I**-Geh. gefunden. — Im Rekonvalescenzstadium der durch Phenylhydrazinvergiftung erzeugten Anämie ist der Gesamt-**I**-Geh. im Knochenmark u. in den Lymphknoten erhöht, dagegen im Gesamtblut u. in den Erythrocyten erniedrigt. Der Gesamt-**I**-Geh. in der Leber, den Nieren u. im Blutplasma ist nicht merklich verändert. — Im Rekonvalescenzstadium der Anämie bei splenektomierten Kaninchen ist der Gesamt-**I**-Geh. im Knochenmark, in der Leber u. den Erythrocyten erhöht, jedoch nicht merklich in den Lymphknoten, Nieren, im Gesamtblut u. im Blutplasma verändert. (Jap. Arch. intern. Med. **5.** 241—46. 1958. Kyoto, Univ., Med. Fac., 2. Med. Clin. [Orig.: japan.; Auszug: engl.]) K.-F. MÜLLER. 4587

Sadamu Hiraide, *Klinische und experimentelle Untersuchungen über den Stoffwechsel der Folsäure und des Citrovorumfaktors.* 4. Mitt. *Folsäurebeladungstest bei Erkrankungen der endokrinen Drüsen und des Blutes.* (3. vgl. C. **1959.** 8957.) Eine subcutane Dosis von 10 mg *Folsäure* (**I**) wurde an 16 Patienten mit Erkrankungen der endokrinen Drüsen u. des Blutes verabreicht. Hierbei war in einigen Fällen von Diabetes mellitus oder Hyperthyroidismus die Störung des **I**-Stoffwechsels vom Typ „II" (Störung der **I**-Verwertung). In 2 Fällen myelogener Leukämie mit hohen Gehh. an **I** u. *Citrovorumfaktor* im Fastenblut war die Störung des **I**-Stoffwechsels vom Typ „I" (**I**-Mangeltyp). In einigen Fällen sek. Anämie war der **I**-Stoffwechsel normal. (Jap. Arch. intern. Med. **5.** 232—35. 1958. Kyoto, Univ., Med. Fac., 1. Med. Klin. [Orig.: japan.; Auszug: engl.]) K.-F. MÜLLER. 4587

Sadamu Hiraide, *Klinische und experimentelle Untersuchungen über den Stoffwechsel der Folsäure und des Citrovorumfaktors.* 5. Mitt. *Citrovorumfaktorbeladungstest bei Krankheiten der Leber, der endokrinen Drüsen und des Blutes.* (4. vgl. vorst. Ref.) An 28 Personen mit inneren Krankheiten wurden subcutane Dosen von 5 mg *Citrovorumfaktor* (**I**) verabreicht, wobei anomale Phasen des **I**-Stoffwechsels gefunden wurden, die durch 2 Haupttypen wiedergegeben werden. Der 1. Typ ist charakterisiert durch ein niedrigeres Maximum des Blut-**I** u. erniedrigte **I**-Ausscheidung nach der Testdosis. Beim 2. Typ ist das Maximum des Blut-**I** erhöht, nimmt mehr allmählich ab, u. die **I**-Ausscheidung im Harn ist höher als normal. Bei verschied. Krankheiten der Leber (Hepatitis, Lebercarcinom, obstruktive Gelbsucht) u. Leukämie zeigt sich die Anomalität des **I**-Stoffwechsels in der Form des 1. Typs, bei Diabetes mellitus, Hyperthyreoidismus u. schwerer Leberschädigung (wie Cirrhose) in der Form des 2. Typs. — Bei 10 der 28 Fälle wurde der **I**-Stoffwechsel mit dem des *Folsäure* (**II**)-Stoffwechsels durch Verabreichung einer Testdosis verglichen. Bei Diabetes mellitus u. Hyperthyroidismus waren der **I**- u. **II**-Stoffwechsel vom gleichen Typ 2 u. bei Leukämie oder Anämie vom gleichen Typ 1. Bei Cirrhosefällen war jedoch der **II**-Stoffwechsel vom Typ 2, der **I**-Stoffwechsel vom Typ 1. (Jap. Arch. intern. Med. **5.** 295—300. 1958. Kyoto, Univ., 1. Med. Klinik. [Orig.: japan.; Auszug: engl.]) K.-F. MÜLLER. 4587

Sadamu Hiraide, *Klinische und experimentelle Untersuchungen über den Stoffwechsel der Folsäure und des Citrovorumfaktors.* 6. Mitt. *Veränderungen des Folsäure- und Citrovorumfaktorgehaltes der durch CCl_4 geschädigten Rattenleber und der Einfluß von Vitaminen der B-Gruppe auf diese Veränderungen.* In der durch CCl_4 geschädigten Rattenleber ist der *Folsäure* (**I**)- u. *Citrovorumfaktor* (**II**)-Geh. deutlich vermindert; das Verhältnis **II**/**I** ist erniedrigt. Tägliche Injektion von 600 mγ *Vitamin* B_{12} erhöht den Geh.

der geschädigten Rattenleber an **I** u. **II** u. das Verhältnis **II**/**I**, das sich dem n. Ratten nähert. Durch 600 γ verabreichte **I** bleibt das Verhältnis **II**/**I** unverändert, während der **I**- u. **II**-Geh. im Lebergewebe zunimmt. (Jap. Arch. intern. Med. **5.** 301—04. 1958. Kyoto, Univ., 1. Med. Klinik. [Orig.: japan.; Auszug: engl.]) K.-F. MÜLLER. 4587

Ronald H. Girdwood, *Vitamin-B_{12}- und Folsäuremangelkrankheiten beim Menschen.* Übersicht über die verschied. Formen der Megaloblastenanämien, deren Diagnose u. Behandlung durch Folsäure, Vitamin B_{12}, *Intrinsic factor* oder *Prednisolon* sowie deren physiol.-chem. Wirkung. — 75 Literaturstellen. (Klin. Wschr. **36.** 933—39. 15/10. 1958. Edinburgh, Schottland, Univ., Assoc. Phys., Roy. Infirmary.) L. TRÄGER. 4587

Johan Killander, *Der Vitamin-B_{12}-Gehalt in menschlichen Fötalgeweben.* Homogenisiertes Gewebe von menschlichen embryonalen Organen wird auf den Geh. an Vitamin B_{12} (**I**) hin untersucht. Vf. stellt fest, daß sich mit wachsendem Alter des Embryos in Gehirn u. Rückenmark der **I**-Geh. auf die Hälfte verringert, während er in den übrigen Organen gleich bleibt. (Acta chem scand. **12.** 1356. 1958. Uppsala, Univ., Inst. of Med. Chem., Dep. of Microbiol.) L. TRÄGER. 4587

S. Wider, J. A. Wider und **E. P. Reineke,** *Eine Untersuchung über die Radioaktivität der Nebennieren nach parenteraler Gabe von mit ^{60}Co markiertem Vitamin B_{12}.* Ratten wird täglich subcutan *Testosteronpropionat* (**I**) injiziert. Nach 30 Tagen erhält jedes Tier eine einzige subcutane Injektion von 0,25 γ ^{60}Co-Vitamin B_{12} (**II**). Vom 34.—40. Tag erhält jede Ratte täglich 16,6 γ nichtradioakt. **II**. Schilddrüse, Nebenniere, Niere u. Leber der Tiere werden entnommen, verascht u. auf ihre Radioaktivität (R) hin untersucht. Durch die Behandlung mit **I** hat sich deutlich das Gewicht der Nebennieren erniedrigt, jedoch deren R um das 4fache erhöht. Ebenfalls ist nach Gabe von **I** die R der Leber schwach erhöht, die der Niere unverändert. Die **II**-Aufnahme der Leber ist am höchsten, am niedrigsten die der Niere. Die R der Schilddrüse ist nicht meßbar. Die Unterss. sprechen für die Bedeutung von **II** im Nebennierenstoffwechsel. (Endocrinology **63.** 431—34. Okt. 1958. East Lansing, Mich., Univ., Dep. of Physiol. and Pharmacol.) L. TRÄGER. 4587

G. E. Stiefel, B. Jasinski und **C. Tütsch,** *Retention von parenteral zugeführtem ^{60}Co-Vitamin B_{12} in verschiedenen Organen der Ratte.* Nach einmaliger Gabe von 0,001 γ ^{60}Co-markiertem Vitamin B_{12} (**I**) wurde die Retention von **I** in Leber, Niere, Milz u. Magen-Duodenum bei der Ratte untersucht. Die Bestimmungen mit dem Scintillationszähler erfolgten in verschied. Zeitabständen nach der Injektion. Die bei weitem größte Retention von **I** wurde in den Nieren gefunden, während die Leber konstant eine erheblich geringere Retention zeigte. Vff. diskutieren diese Befunde im Hinblick auf die Speicherung von **I** durch die Leber u. weisen auf die Unterschiede der Ergebnisse gleichartiger Unterss. von Tierspecies zu Tierspecies hin, die zur Vorsicht in bezug auf die Übertragung derartiger Ergebnisse auf den Menschen mahnen. (Int. Z. Vitaminforsch. **28.** 161—66. 1957. Winterthur, Med. Abt. des Kantonsspitals; Bern, Zentrales Röntgeninst. des Inselspitals.) L. LEICHTER. 4587

E. W. Peterson und **U. D. Register,** *Einfluß der Diäthauptbestandteile auf das Wachstum von Ratten nach Vitamin B_{12}.* Ratten wurden auf eine Korn-Sojabohnen-Diät gesetzt unter Zusatz von wahlweise *Fetten, Kohlenhydraten* u. pflanzlichem *Protein* sowie mit u. ohne Vitamin B_{12} (**I**). Wird **I** nicht gegeben, so werden die Mangelerscheinungen durch hohe Proteingaben oder hohe Protein-Fett-Rationen verstärkt. Kohlenhydrate sind ohne Einfluß. Da **I** die Ratten befähigt, überschüssiges Protein zu verwerten, wird auf die Bedeutung von **I** für den Stoffwechsel von überschüssigen *Aminosäuren* geschlossen. (Proc. Soc. exp. Biol. Med. **98.** 851—53. Aug./Sept. 1958. Loma Linda, Calif., Coll. of Med. Evangelists, School of Med., Dep. of Biochem.) L. TRÄGER. 4587

A. Appels und **H. Begemann,** *Übersicht über neuere Ergebnisse der Vitamin-B_{12}- und Intrinsic factor-Forschung.* Übersicht über mikrobiol. u. biol. Wirksamkeit, Resorptionsstörung u. Mangel von *Vitamin B_{12}* u. seinen Analogen sowie deren Anwendung bei den verschied. anäm. Erkrankungen. — 75 Literaturstellen. (Münchener med. Wschr. **100.** 1641—46. 24/10. 1958. Freiburg, Med. Univ.-Klinik.) L. TRÄGER. 4587

P. C. Johnson und **T. B. Driscoll,** *Einfluß von verschiedenen „Intrinsic factor"-Präparaten auf die Aufnahme von ^{60}Co-Vitamin B_{12} in Rattenleberschnitten.* Rattenleberschnitte wurden 30 Min. lang mit 15 mγ radioakt. markiertem Vitamin B_{12} (**I**) u. einer bestimmten Menge Magensaft verschied. Säugetiere incubiert. Außerdem wurde die **I**-Aufnahme bei perniciöser Anämie nach Gabe von Magensaft aus Ratte, Hund, Mensch oder Schwein verfolgt. Dabei war Magensaft vom Hund ohne Wirkung. Im Gegensatz dazu stehen die Beobachtungen an den Rattenleberschnitten. Hier wird die **I**-Aufnahme durch Schweine- u. Hundemagensaft erhöht, Rattenmagensaft ist ohne Wrkg. u. der von Menschen hemmt. *Intrinsic factor*-Konzentrat (**II**) vom Schwein bewirkt schnelleren Anstieg der I-Aufnahme, die bei erhöhter Gabe von **II** jedoch wieder abfällt. (Proc. Soc. exp. Biol. Med. **98**. 731—34. Aug./Sept. 1958. Oklahoma, Univ., Veterans Admin. Hosp., Radioisotop Serv., Dep. of Med.) L. TRÄGER. 4587

Bacon F. Chow, Harry Prystowsky, Andre E. Hellegers und **Vernon Wong**, *Untersuchungen über die Resorption von Vitamin B_{12} während der Schwangerschaft unter besonderer Berücksichtigung des Einflusses von D-Sorbit.* Schwangeren Frauen im 9. Monat wurde wöchentlich 50 γ *Vitamin B_{12}* (**I**) intramuskulär verabreicht. Einer weiteren Gruppe wurde 50 γ **I** täglich oral mit oder ohne *D-Sorbit* (**II**) gegeben. Mit **II** wurde gleichzeitig *Vitamin B_6*, *Folsäure* u. *Ferriphosphat* gegeben. Die **I**-Best. wurde aus Blutserum von Mutter u. nach der Niederkunft vom Kind mit Hilfe von *L. leichmannii* als Teststamm durchgeführt. Danach steigt der **I**-Geh. im Serum nach intramuskulärer Injektion von **I** deutlich an, während nach oraler Gabe keine Veränderungen sichtbar sind. Der **I**-Geh. im Serum des Kindes ist immer höher als bei der Mutter. Wird **I** zusammen mit **II** oral gegeben, so steigt der **I**-Geh. im Serum ebenso deutlich wie nach **I**-Injektion an. Wird **I** kurz vor der Niederkunft injiziert, so ist der **I**-Geh. im mütterlichen Serum wesentlich höher als beim Kind. Erfolgt die **I**-Injektion mindestens 6 Std. vorher, so ist der **I**-Geh. im Kindesserum höher. Demnach vermag **I** aus der Placenta in das Kind überzugehen. (Amer. J. Obstetr. Gynecol. **76**. 91—95. Juli 1958. Philadelphia, Johns Hopkins Univ., School of Med. and Hosp., Dep. of Biochem., School of Hygiene and Public Health, Dep. of Obstetrics.) L. TRÄGER. 4587

Carl H. Buchholz, *Konzentration von Vitamin B_{12} aus Urin durch Adsorption an Kohle. Ein empfindlicher Nachweis für Radiocyanocobalamin im Schilling-Test für perniciöse Anämie.* Folgende Adsorbentien werden auf ihre Fähigkeit geprüft, freies radioakt. *Vitamin B_{12}* (**I**) aus menschlichem Urin zu binden: Dowex-50-X-2, Cellulosepuder, Diatomeenerde, *Noritaktivkohle* u. *Kobaltsulfid*. Dazu wird der Urin mit Schwefelsäure angesäuert, mit dem Adsorbens 15 Min. geschüttelt, zentrifugiert u. das Sediment im Scintillationszähler ausgemessen. Danach gestattet die Adsorption mit *Aktivkohle* die Ausführung des SCHILLING-Testes mit 0,05 μC **I** statt 0,5 μC. Dabei wird **I** um das 60fache konzentriert. Die Adsorption an *Kobaltsulfid* ist ca. 3fach so stark, jedoch von Zustand, Alter des Adsorbens u. der Salzkonz. abhängig. (J. Lab. clin. Med. **52**. 653—56. Okt. 1958. Long Beach, Calif., Veterans Administrat. Hosp.) L. TRÄGER. 4587

K. Kohla, *Beitrag zur Entwicklung potentiometrischer Vitamin-C-Bestimmungen.* Übersicht über die Möglichkeiten u. Vorteile der potentiometr. Best. von *Ascorbinsäure* (**I**) u. *Dehydro*-**I** unter besonderer Berücksichtigung eigener Unterss.: Anwendung von N-Bromsuccinimid, p_H-Abhängigkeit der Titrierkurven, Ausführung u. Ergebnisse der **I**-Best. in Naturstoffen, Pflanzenprodd., Milch, Menschenharn, Best. von Gesamt-**I**. (Österr. Chemiker-Ztg. **59**. 151—54. Juni 1958. Pitzelstätten, Kärnten, Bundeslehr- u. -versuchsanst.) K. MAIER. 4587

Hans R. Rosenberg und **R. Culik**, *Die Wirkung von α-Liposäure bei Vitamin C- und Vitamin-E-Mangel. α-Liposäure* (**I**)-Gaben geben bei skorbutogen ernährten Meerschweinchen etwa den gleichen Schutzeffekt wie eine suboptimale Dosis *Ascorbinsäure* (**II**). Kleine Mengen **I** + **II** bewirkten einen besseren Schutz als jede Verb. allein. Nach dem Absetzen vermehrten sich Vitamin-E (**III**)-arm ernährte männliche u. weibliche Ratten nicht. **I** bewirkte, wenn auch nicht in dem Maße wie eine optimale α-Tocopherolmenge, wieder Vermehrung. Die auf **I**-ergänzte, **III**-arme Diät gesetzte Nachkommenschaft gab u. ernährte eine weitere Generation. Die abschwächende **I**-Wrkg. auf **II**- u. **III**-Mangel erklärt sich am besten durch eine Schutzwrkg. von **I** oder Dihydro-**I** auf **II** u. **III**. (Arch. Biochem. Biophysics **80**. 86—93. Jan. 1959. Newark, Del., E. I. du Pont de Nemours & Co., Stine Labor.) K. MAIER. 4587

H. Hurni, W. Minder und **T. Gordonoff**, *Über den Einfluß von Vitamin D_2 auf den Calciumstoffwechsel im Knochen.* 1. Mitt. *Versuche mit ^{45}Ca an normalen, rachitischen und mit Vitamin D_2 behandelten Ratten.* Eine Gruppe von rachit. Ratten erhielt einen einmaligen Vitamin-D_2 (**I**)-Stoß (1000 I.E. D_2 in 0,05 ml öliger Lsg. peroral), eine 2. Gruppe 6 bzw. 15 Tage lang täglich eine kleine Dosis (1 I.E. **II** in 0,05 ml Arachisöl per os). Die Tiere beider Gruppen bekamen außerdem 0,05 ml einer radioakt. ^{45}Ca-Lsg./Tag. Gleich alte gesunde Ratten u. unbehandelte rachit. Tiere dienten als Kontrollen. Gegenüber den n. Tieren war bei den rachit. Tieren die Ca-Aufnahme in allen untersuchten Knochen stark herabgesetzt. Nach **I**-Gabe nimmt die Ca-Aufnahme in den Knochen zu, wobei kein gesicherter Unterschied nach einer einmaligen großen Dosis u. der mehrmaligen Verabreichung kleiner Dosen vorhanden ist. (Int. Z. Vitaminforsch. **28**. 68—72. 1957. Bern, Forschungsinst. der Dr. A. Wander Akt.-Ges., Radiuminst.; Univ., Pharmakol. Inst.) L. LEICHTER. 4587

H. Jacobi, K. Pfleger und **W. Rummel,** *Komplexbildner und aktiver Eisentransport durch die Darmwand.* Bei Resorptionsverss. (in vivo bei der Katze, in vitro beim Meerschweinchendarm) ergab sich, daß durch *Cystein* u. *Ascorbinsäure* bei physiol. kleinen Fe-Mengen die Fe-Aufnahme in Gang gebracht wird, u. zwar entgegen einem Konzentrationsgefälle. Andere Komplexbildner (Thiosulfat, Citronensäure, Äthylendiamintetraessigsäure) sind viel schwächer oder gar nicht wirksam. Der Vorgang (in vitro) ist stark von der Temp. abhängig. Der Fe-Transport durch die Darmwand in Ggw. von Cystein findet auch unter anaeroben Bedingungen statt. (Naunyn Schmiedebergs Arch. exp. Pathol. Pharmakol. **229.** 198—206. 1956. Düsseldorf, Med. Akad., Pharmakol. Inst.) J. SCHWAIBOLD. 4594

J. P. Mahoney, J. A. Bush, C. J. Gubler, W. H. Moretz, G. E. Cartwright und **M. M. Wintrobe,** *Untersuchungen über den Kupferstoffwechsel.* 15. Mitt. *Die Ausscheidung von Kupfer durch Tiere.* (13. vgl. C. **1959.** 5215.) In Verss. bei Hunden mit intravenösen Gaben von ^{46}Cu wurde gefunden, daß ca. 0,6% der Gabe im Harn, ca. 1,5% durch die Darmwand u. ca. 7—10% in der Galle ausgeschieden wurden. Nach Unterbindung des Gallengangs war die Ausscheidung durch die beiden anderen Wege erhöht. Nach größeren Gaben von $CuSO_4$ (32 Tage) war die Cu-Ausscheidung im Harn bei 1 n. Hund nicht erhöht, jedoch bei einem solchen mit Unterbindung des Gallengangs. Bei 6 Hunden u. 4 Schweinen mit Gallengangunterbindung war nach größeren Cu-Gaben intravenös oder per os (35—45 Tage) das Plasma-Cu nicht erhöht. Die Ausscheidungsfähigkeit dieser Tierarten für Cu ist demnach beschränkt. (J. Lab. clin. Med. **46.** 702—08. Nov. 1955. Salt Lake City, Univ., Coll. of Med., Dep. of Med and Surg.)
J. SCHWAIBOLD. 4596

R. M. Ptucha, *Zur Frage der Rolle des Zentralnervensystems bei der Regulation des Gewebekohlenhydratumsatzes.* Der Kohlenhydratstoffwechsel in den Geweben wird geprüft, indem man die Kurven analysiert, die die Veränderungen der arteriovenösen Differenz des Geh. an Zucker u. Milchsäure (I) nach der Belastung mit 50 g Glucose (II) vor u. nach Schlafbehandlung zeigen. Bei 49 von 62 untersuchten Personen werden Störungen im Gewebestoffwechsel der *Kohlenhydrate* festgestellt. Diese bestehen in Verminderung des II-Verbrauchs u. Ausscheidung von I. 41 Versuchspersonen wurden mit medikamentösem Schlaf behandelt. Die meisten davon zeigen eine ausgeprägte Tendenz zur Normalisierung des Kohlenhydratstoffwechsels in den Geweben: Verstärkung der Zuckeraufnahme u. der I-Ausscheidung in das venöse Blut (Verstärkung der Glykogenolyse in den Muskeln). Ein Teil der Kranken zeigt eine gewisse Stabilität der Störungen: erheblicher hyperglykäm. Anstieg der Zuckerkurven u. Vermehrung der Assimilation der Kohlenhydrate durch die Gewebe. Die meisten Kranken befanden sich im 2. Stadium der Krankheit. Bei 10 Kranken wurde bedingt reflektor. Schlaf ausgelöst, während dessen die Dosierung von Barbamyl (III) erheblich herabgesetzt wurde. Unter diesen Bedingungen ist der Anstieg der Kohlenhydratassimilation durch die Gewebe etwas höher als bei der Behandlung mit nur medikamentösem Schlaf. Das zeugt von einer hemmenden Wrkg. des III auf den Kohlenhydratstoffwechsel in Geweben. Die Tendenz der Normalisierung dieses Stoffwechsels durch den Schlaf wird als Folge der Wiederherst. der n. Tätigkeit der Hirnrinde betrachtet. Diese spielt eine führende Rolle bei der Regulierung des Kohlenhydratstoffwechsels in Geweben. (Фізіологічний Журнал (Киев) [Physiol. J. (Kiew)] **5.** Nr. 1. 95—97. Jan./Febr. 1959.) F. DU MANS. 4596

Max Just, *Das Schicksal der exogenen Oxalsäure im Tierkörper.* Um das Schicksal der Oxalsäure (I) im Tierkörper zu verfolgen, wurde Ratten $^{14}C_{(1,2)}$-*Oxalat* verabreicht. Nach der subcutanen Injektion größerer Mengen (60 mg/kg) werden innerhalb von 24 Std. nur verhältnismäßig geringe Mengen mit dem Harn ausgeschieden, in den Nieren dagegen beträchtliche Mengen retiniert. Kleinere Gaben (2,5 mg/kg) gelangen im Verlauf von 25 Std. größtenteils zur Ausscheidung u. verbleiben nur sehr geringfügig in den Nieren. Es konnte gezeigt werden, daß die Aktivität der Ausatmungskohlensäure durch bakterielle Zers. der I im Darm zustande kommt. 6 gleichaltrigen u. ungefähr gleichschweren Ratten wurde I (60 mg/kg) peroral appliziert u. die Verteilung von I in Urin, Faeces u. Ausatmungskohlensäure bestimmt. Die Ergebnisse der 120 Std. dauernden Verss. ließen erkennen, daß I in sehr unterschiedlichem Maße durch die Darmflora abgebaut bzw. resorbiert wird. Vf. meint, daß dies einer der Gründe sein kann, weshalb bei manchen Personen I-Retentionen in den Harnwegen u. Oxalurie auftreten, andere aber bei gleichartiger Kost niemals Harnsteine aufweisen. (Int. Z. Vitaminforsch. **28.** 194. 1957. Basel, Univ., Physiol.-Chem. Inst.) L. LEICHTER. 4596

B. Eiseman, W. Bakewell und **G. Clark,** *Untersuchungen über den Ammoniakstoffwechsel.* 1. Mitt. *Ammoniakstoffwechsel und Glutaminattherapie bei Leberkoma.* Bei 25 n. Patienten, bei 15 mit Cirrhose ohne Koma (davon 11 mit alkoh. u. 4 mit infektiöser

Cirrhose) u. 31 Patienten mit Cirrhose u. Koma (27 alkoh. u. 4 infektiös) wurde nach der CONWAY-Meth. Blut-NH_3 (I) bestimmt u. *L-Mono-Na-Glutaminat* (II) an Patienten im Koma verabreicht (intravenös, 23 mg/Tag, gelöst in 1 Liter 5%ig. *Glucose* in W.). Von den 31 Patienten mit Koma hatten 28 erhöhte I-Werte (n. ist ca. 2 μg/ml). Bei n. Patienten bewirkte die Einnahme von *NH_4-Citrat* (III) keine Erhöhung der I-Werte, bei solchen mit Cirrhose erfolgte 30—60 Min. nach III-Gabe Erhöhung von I auf ca. 3,2 μg/ml, die nach ca. 2 Std. wieder verschwand. Bei 9 von 31 Fällen mit schwerem Koma konnte 12 Std. nach II-Gabe Verschwinden oder wesentliche Besserung des Koma beobachtet werden. 2 Typen des Koma konnten unterschieden werden: Der 1. wird durch Ammoniumsalz- oder Proteingabe (Fleischdiät) geheilt, ist immer verknüpft mit hohen I-Werten u. spricht prompt auf die II-Therapie an. Der 2. Komatyp tritt spontan bei progressiver Leberstörung auf, ist gewöhnlich (jedoch nicht immer) von hohen I-Werten begleitet u. spricht selten auf II-Therapie an. (Amer. J. Med. **20.** 890—95. Juni 1956. Denver, Colo., Univ. of Colorado, Med. School; Veterans Admin.) WALTER SCHÄFER. 4596

B. Eiseman, R. T. Johnson, E. B. Pratt und **G. M. Clark** (unter technischer Mitarbeit von **Joanne Johnson** und **Nona Lorenz**), *Untersuchungen über den Ammoniakstoffwechsel.* 2. Mitt. *Ammoniakstoffwechsel bei hämorrhagischem Schock.* (1. vgl. vorst. Ref.) 22 von 27 Hunden wurden einem hämorrhag. Schock unterworfen. Die Blutproben wurden nach Laparotomie durch direkte Venenpunktur entnommen. Die Blut-NH_3-Konz. wurde nach der modifizierten CONWAY-Mikrodiffusionstechnik bestimmt. Bei 3 Tieren wurde der Anteil des Harnstoffabbaus zu NH_3 im Intestinaltrakt durch Verabreichung des *Carboanhydrase* (I)-Inhibitors *Diamox* (**II**, 500 mg intravenös 30 Min. vor dem Schock u. stündlich nachher) bestimmt. An 4 Tiere wurden während des gesamten Experiments *Dibenzylin* (**III**, 2 mg/kg u. Min.) u. *Decholin* (**IV**, 2 mg/kg u. Min.) verabreicht. Die Portalblut-NH_3-Konz. steigt mit der Hämorrhagie progressiv an u. ist dem Grad u. der Zeit des Blutverlustes proportional (mittlerer Anstieg bei 40% Verlust des Blutvol. 4,2 mg%). Im peripheren u. hepat. Venenblut treten diese Änderungen nur in Endphasen des Schocks deutlich auf. Verabreichung von *Aureomycin* (Blockierung der Darmbakterienaktivität) oder **II**-, **III**- oder **IV**-Gabe ändert den Anstieg der NH_3-Konz. im Portalvenenblut nicht. Die Ergebnisse sprechen dafür, daß durch Blutverlust bedingte Änderungen des NH_3-Stoffwechsels bei Leberkoma, der Schockpathogenese u. bei der durch blutende Oesophaguskrampfadern bedingten NH_3-Vergiftung nicht von Bedeutung sind. Letzte wird besser erklärt durch Blutabbau u. -resorption im Intestinaltrakt. (Surgery **41.** 910—20. Juni 1957. Denver, Colo., Univ. of Colorado, Med. School, Dep. of Surg. and Med.; Veterans Admin. Hosp.) WALTER SCHÄFER. 4596

Jun-ichi Kuno, *Jodsäurewerte im Serum.* Es werden Verss. durchgeführt, um die Beziehungen des *reticulo-endothelialen Syst.* (RES) u. des *autonomen Nervensyst.* zum Protein- u. Salzstoffwechsel u. den Einfl. verschied. Funktionen von Organen auf diesen Stoffwechsel zu untersuchen. Als Versuchstiere dienen Kaninchen. Es zeigt sich, daß die Entfernung der Proteinabbauprodd. durch Blockierung des RES verhindert wird, u. andererseits der Abbau der Proteine bei Hyperfunktion des Syst. zunimmt. Ebenso wird ein gewisser Einfl. des autonomen Nervensyst. auf den Proteinstoffwechsel beobachtet, der unter Vermittlung der Leber u. (oder) des RES stattfindet. Weiter wird gefunden, daß auch Antipyretica, Ganglienblocker u. Sulfonamide den Proteinstoffwechsel zu beeinflussen vermögen. (J. Kyoto prefect, med. Univ. **62.** 919—40. Dez. 1957. Kyoto, Univ., Dep. of Med. [Orig.: japan.; Auszug: engl. S. LIX.]) H. STRUCK. 4596

E. van Handel und **D. B. Zilversmit,** *Grenzen des Radiojods als Hilfsmittel zum Studium des Fettstoffwechsels.* *^{131}J-Triolein* (**I**), das Hunden in Form einer Emulsion intravenös verabreicht wurde, verschwindet in dem gleichen Maße wie die natürlichen Fette. Nach oraler **I**-Verabreichung ist die Konz. der ^{131}J-Triglyceride im Plasma in der Phase der Ernährungslipämie geringer als die des chem. bestimmten Fettes. Diese Differenz zwischen der spezif. Aktivität des verfütterten Fettes u. des Plasmafettes besteht schon in der Lymphe, was jedoch nicht mit einer Verdünnung des markierten Fettes durch ein endogenes Fettdepot erklärt werden kann. Die Verteilung von ^{14}C-Öl- oder -Stearinsäure in der Darmneutralfettfraktion entspricht der Verteilung des **I.** Andererseits kann **I** in den Leberphospholipiden, in die bekanntlich ^{14}C-Fettsäuren bes. schnell eingebaut werden, nicht nachgewiesen werden, so daß nach Verabreichung von **I** keine sicheren Aussagen über den Fettstoffwechsel gemacht werden können. (J. Lab. clin. Med. **52.** 831—39. Dez. 1958. Memphis, Tenn., Univ., Dep. of Physiol.)
H. P. FIEDLER. 4596

J. R. Holmes, *Ketosis beim Wiederkäuer.* Übersicht, Definition, Charakteristicum, Ätiologie, Symptomatik, Differentialdiagnose, Therapie u. Prophylaxe der Ketosis bei Rindern u. Schafen. (Veterin. Rec. **70.** 1012—22. 6/12. 1958. Bristol, Univ.)
H.-D. BOCK. 4596

Yoshimitsu Imanishi, Tohoru Nakajima und **Yukihiko Kitamura,** *Grundlegende Versuche über die Thymoltrübungsreaktion.* Die Thymoltrübungs-Rk. zur Erkennung des Proteinstoffwechsels bei Lebererkrankungen wird experimentell näher untersucht. Es wird der Einfl. von vorbehandeltem Serum (Bzl., $CHCl_3$, Ae.), von Säure auf das Thymolreagens u. verschied. Metallsalze auf die Trübungs-Rk. geprüft. Es zeigt sich, daß unbehandeltes Serum, Thymolreagens u. eine Lsg. von $^1/_{640}$% $Pb(NO_3)_2$ die beste Rk. ergeben. (J. Kyoto prefect. med. Univ. **62.** 1034—40. Dez. 1957. Kyoto, Univ., Dep. of Physiol. [Orig.: japan.; Auszug: engl. S. LXVIII.]) H. STRUCK. 4597

Yuji Tonomura und **Akio T. Sasaki,** *Einige Beobachtungen über das kontraktile Protein der glatten Ösophagusmuskulatur.* Vff. isolierten aus der glatten Muskulatur des Schweineösophagus durch Extraktion mit WEBER-EDSALL-Lsg. ein *kontraktiles Protein* (**I**), das durch mehrfache Umfällung (Verdünnung der Lsg.) gereinigt wurde. **I** zeigt in Ggw. von Ca^{2+} eine etwas geringere *Adenosintriphosphatase* (**II**)-Aktivität, als Kaninchen-Myosin B aus gestreifter Muskulatur. Mg^{2+} hemmt die **II**-Aktivität auch in KCl-Lsg. niedriger Konzentration. Im Vgl. mit der gestreiften Muskulatur beträgt der Viscositätsabfall in Ggw. von Adenosintriphosphat (**III**) ca. 45% u. das Absinken der Lichtstreuung ca. 5—10%, während die für diese Rkk. erforderliche **III**-Konz. geringer ist. Nach Aussalzunterss. besteht **I** zu $^1/_2$—$^2/_3$ aus *Myosin* (**IV**) u. zu $^1/_3$—$^1/_2$ aus *Actin* (**V**), während *Tropomyosin* u. *Nucleotropomyosin* fehlen. Vff. schließen, daß **I** einen Komplex aus **IV** u. **V** darstellt u. daß hierbei die Wechselwrkg. zwischen **IV** u. **V** schwächer als bei Myosin B der gestreiften Muskulatur ist. (Enzymologia [Den Haag] **18.** 111—19. 30/1. 1957. Sapporo, Japan, Univ. of Hokkaido, Res. Inst. for Catalysis and Fac. of Sci., Chem. Dep.) E. SCHWERDTFEGER. 4597

William J. Bowen, *Adenosintriphosphat und die Verkürzung von Muskelmodellen.* Es existieren verschied. Ionenbedingungen, die eine Verkürzung von *Muskelmodellen* (M) beschleunigen u. die Spaltung von *Adenosintriphosphat* (ATP) hemmen. Das Ausmaß der Verkürzung der M steht in direkter Beziehung zur ATP-Konzentration. Diese Ergebnisse widersprechen der Vorstellung, daß einer Muskelkontraktion Spaltung von ATP vorausgehen muß, um die notwendige kinet. Energie zu liefern; sie stützen die Hypothese, daß Kontraktion erfolgt, weil *Myosin* ATP bindet. Die ausgedehnte u. rasche Verkürzung von Fasermodellen durch J^- u. SCN^- stützen die ATP-Bindungstheorie ebenfalls. — Zahlreiche Abb. von Kurven; Diskussion der Ergebnisse. (J. cellular comparat. Physiol., Suppl. **49.** 267—90. Mai 1957. Bethesda, Md., Nat. Inst. of Arthritis and Metabol. Diseases, Nat. Inst. of Health, Publ. Health Serv., US Dep. of Health, Educat and Welfare.) H. GOEBEL. 4597

Francis D. Carlson, *Kinematik der Retraktion bei sich kontrahierendem längsgestreiften Muskel.* Vf. berichtet über kinemat. Unterss. am längsgestreiften Muskel (Froschsartorius). Bei starker elektr. Stimulierung verläuft die Kontraktion über die ganze Muskellänge an jedem einzelnen Muskelpunkt gleichzeitig. Es wird versucht, die Retraktion des sich kontrahierenden Muskels physikal. zu charakterisieren u. daraus empir. Gesetze abzuleiten, welche die Muskelbewegung charakterisieren, u. die in den Gesetzen vorkommenden Konstanten dann mit strukturellen u. chem. Änderungen des Muskels in Verbindung zu bringen. (J. cellular comparat. Physiol., Suppl. **49.** 291—302. Mai 1957. Baltimore, Md., Johns Hopkins Univ., Dep. of Biophys.) H. GOEBEL. 4597

W. V. Macfarlane und **J. D. Meares,** *Chemische Veränderungen von intracellulär aufgezeichneten Nachpotentialen des Froschskelettmuskels.* Am Sartoriuspräp. (Frosch) wird der Einfl. verschied. Pharmaka auf das negative Nachpotential (Nachpolarisation) untersucht. Es wird reversibel vermindert oder ausgelöscht durch *2.4-Dinitrophenol, Na-Azid* u. unter anox. Bedingungen. *Pentobarbiton* modifiziert den Verlauf des Nachpotentials in anderer Weise, indem der absteigende Ast der Spitze ganz allmählich in die Nachpotentialperiode übergeht. Die durch *Na-Jodacetat* hervorgerufene Hemmung ist irreversibel. K^+ ruft eine dem Ruhepotential proportionale Hemmung hervor. *Veratrin* u. *Neomonacrin* erhöhen die Spannung des Nachpotentials trotz fallenden Ruhepotentials. — Das Nachpotential wird als Folge einer Kationenaufnahme bzw. einer Anionenabgabe u. einer möglichen Oberflächenveränderung aufgefaßt. (J. Physiology **142.** 78—96. 18/6. 1958. Queensland, Univ., Sir William Macgregor School of Physiol.) H. STRUCK. 4597

F. Hobbiger, *Einflüsse der γ-Aminobuttersäure auf das isolierte Säugetierileum.* An isoliertem Meerschweinchen-, Kaninchen- u. Rattenileum wird der Einfl. von *γ-Aminobuttersäure* (**I**), die als physiol. Impulsblocker (Faktor I) im Zentralnervensyst. von Säugern aufgefunden worden ist, untersucht. Am Meerschweinchenileum bewirkt **I** Stimulierung u./oder Erschlaffung. 0,1 γ/ml Atropinsulfat hebt den Einfl. von **I** wieder auf. Weiter zeigt **I** gegenüber Acetylcholin, Nicotin u. Histamin antagonist. Wrkgg., am stärksten gegen das erste. Die Einw. von I ist reversibel u. in Intervallen von 10 bis 15 Min. reproduzierbar. Am Kaninchenileum erzeugt I eine leichte Aktivitätsabnahme des Längsmuskels, beim Rattenileum bleibt I ohne Einfluß. (J. Physiology **142.** 147—64. 18/6. 1958. Montreal, Canada, McGill Univ., Dep. of Neurol. and Neurosurg.)

H. STRUCK. 4598

M. Krause, *Biochemische Grundlage von Störungen im Zentralnervensystem des Menschen nach Hitzestress.* Da es beim Hitzestress nicht zu signifikanter Vermehrung des Geh. der Erythrocyten an *Acetylcholinesterase* (*Acetyl-β-methylcholinchlorid, „Amechol"*, SAVORY & MOORE LTD., als Substrat) u. des Plasmas an *Cholinesterase* (*Pseudocholinesterase; Butyrylcholinchlorid,* LIGHT & CO. LTD., als Substrat) kommt, kann geschlossen werden, daß die cholinerg. Neurone u. Synapsen nicht an dessen psych. u. nervösen Veränderungen beteiligt sind. (Nature [London] **182.** 1376—77. 15/11. 1958. Zabrze, Rokitnica, Polen, Mining and Metallurg. Ind., Inst. of Occupational Med.)

U. TAUSENDFREUND. 4598

Lloyd N. Ferguson und **Aetius R. Lawrence,** *Die physikochemischen Aspekte des Geschmackssinns.* Zusammenfassung unseres Wissens über den Geschmack: Gründe für seine Erforschung (Kontrolle u. Abänderung des Geschmacks von Nahrungsmitteln, Aufklärung der biol. Wrkg. schmeckender Stoffe usw.), Physiologie der Geschmackszentren u. deren Lokalisierung (süß, sauer, salzig, bitter auf der Zunge), Beziehungen der chem. Struktur u. der physikal. Eigg. von Stoffen zu ihrem Geschmack (viele Beispiele, einige Regeln mit vielen Ausnahmen, theoret. Ansätze). — 30 Literaturangaben. (J. chem. Educat. **35.** 436—44. Sept. 1958. Washington, D. C., Howard Univ.)

K. BLUMRICH. 4598

E₆. Pharmakologie. Therapie. Toxikologie. Hygiene.

E. D. Michlin, G. K. Melnikowa, W. D. Saitzewa, Ss. A. Nikitina, Ju. Ja. Gritzman, Je. B. Gorbowitzki, G. Ss. Krjutschkowa und **N. I. Kondratjewa,** *Über den Einfluß von Gummi auf die Heilmittel und den Organismus.* 1. Mitt. *Der gegenwärtige Stand der Frage.* Übersicht an Hand der Literatur. — 33 Literaturstellen. (Медицинская Промышленность СССР [Med. Ind. UdSSR] **12.** Nr. 2. 35—41. Febr. 1958. Wiss. Forschungsinst. für Gummi u. Wiss. Forschungsinst. für exp. chirurg. App. u. Ausstattung.)

E. RENTZ. 4600

E. D. Michlin, G. K. Melnikowa, W. D. Saitzewa, Ss. A. Nikitina, Ju. Ja. Gritzman, Je. B. Gorbowitzki, G. Ss. Krjutschkowa und **N. I. Kondratjewa,** *Über den Einfluß von Gummi auf die Heilmittel und den Organismus.* 2. Mitt. (1. vgl. vorst. Ref.) Verss. an 11 Kaninchen, welchen man unter asept. Bedingungen Teile von aus Gummi hergestellten Magensonden, Kathetern u. Bluttransfusionsschläuchen in der Bauchhöhle fixierte, ergaben nach 37—64 Tagen nur eine geringe Abnahme des Hämoglobingeh. im Blut, eine vorübergehende Leukocytose u. gesteigerte Blutkörperchensenkungsgeschwindigkeit, während die lokalen Rkk. sehr deutlich waren. Beim Autoklavieren (2 Std. bei 120°) der Gummiartikel mit dest. W. oder physiol. NaCl-Lsg. kommt es zu einer Verschiebung des p_H in alkal. Richtung, die stärker ist als beim Aufbewahren in diesen Fll. (5 Std. bei 37—40°). Alle Gummiarten führen zu einer schwachen Trübung der Flüssigkeiten. Wiederholte Bearbeitung der für medizin. Zwecke bestimmten Gummigegenstände mit kochender physiol. NaCl-Lsg. oder dest. W. verringert den Einfl. des Gummis auf das p_H. (Медицинская Промышленность СССР [Med. Ind. UdSSR] **12.** Nr. 8. 8—12. Aug. 1958.)

E. RENTZ. 4600

L. Ss. Tscharkassawa, *Einfluß der ionisierenden Strahlen auf den Stoffwechsel im tierischen Organismus.* Übersicht an Hand der Literatur. — 64 Literaturangaben. (Известия Академии Наук Белорусской ССР, Серия Биологических Наук [Nachr. Akad. Wiss. BelorussSSR, Ser. biol. Wiss.] **1958.** Nr. 4. 91—102.) O. LEBTAG. 4601

K. Ss. Trintscher, *Über die Abnahme der Resistenz von bestrahlten Erythrocyten im alkalischen Medium und über die Abhängigkeit der Latenzperiode der alkalischen Hämolyse von der Bestrahlungsdosis.* Verss. mit frischem Rattenblut (verd. mit 5%ig. Na-Citratlsg. 3 : 1), welches mit weichen Röntgenstrahlen bestrahlt wurde, die noch keine Hämolyse verursachen (10 kr/Min.) u. anschließend in isoton. Puffer-Lsgg. vom p_H 3,6—12,3 eingebracht wurden, ergaben, daß die Resistenz der bestrahlten Erythrocyten gegenüber dem alkal. Medium stark herabgesetzt ist, was auf eine Schädigung der Lipoidkomponenten der Lipoproteide in der Zelloberfläche bezogen wird. Die Resistenz der bestrahlten Erythrocyten gegenüber einer Säureeinw. ist annähernd die gleiche wie bei den nicht bestrahlten Blutkörperchen. Die Latenzperiode des Hämolyseprozesses im alkal. Medium wird um so kürzer, je größer die vorausgehende Strahlenschädigung war. Die Abhängigkeit der Wrkg. von der Dosis hat den Charakter einer

einfachen abnehmenden exponentiellen Funktion. (Биофизика [Biophysik] **4.** Nr. 1. 78—83. 1959. Moskau, Inst. für biol. Phys. der Akad. der Wiss. der UdSSR.)
E. RENTZ. 4601

A. de Schryver, E. Claeys und **I. Leusen,** *Die freien plasmatischen 17-Hydroxysteroide bei dem bestrahlten Hund.* Hunde wurden mit einer letalen Dosis von 600—1000 r bestrahlt. In der preletalen Phase konnte eine beträchtliche Zunahme der freien plasmat. *17-Hydroxysteroide* festgestellt werden. Diese hohen Werte konnten in keinem anderen Stadium nach der Bestrahlung ermittelt werden. (Ann. d'Endocrinol. **19.** 895—98. Juli/Aug. 1958. Gand, Univ., Labor. de Physiopathol. et Clin. de Radiothérap.)
H. P. FIEDLER. 4601

Arthur H. Smith, Ursula Abbott und **Muriel E. Jones,** *Die Wirkung künstlicher Veränderungen in der Eizusammensetzung auf Brutfähigkeit und Kükenwachstum.* Bei weißen Leghornhühnern wurde das Magnum (eiweißproduzierende Region des Eileiters) freigelegt u. *Röntgenstrahlen* (3500 r) ausgesetzt. Die Eier dieser Hennen wurden künstlich befruchtet u. bebrütet. Das Eiweiß der Eier bestrahlter Hennen zeigte qualitative (Viscositätsabnahme) u. vielfach auch quantitative Mängel, die eine erhöhte Sterblichkeit der Embryonen in der ersten Entwicklungsphase zur Folge hatten. Die Küken aus Eiern bestrahlter Hennen holten jedoch das Gewicht der Küken nichtbestrahlter Hennen rasch ein. (Proc. Soc. exp. Biol. Med. **97.** 17—20. Jan. 1958. Davis, Calif., Univ. of California, Coll. of Agric.) O. DOLD. 4601

John B. Storer und **Phyllis C. Sanders,** *Die relative Wirksamkeit von Neutronen zur Auslösung verzögerter biologischer Effekte.* 1. Mitt. *Der Einfluß einer Einzeitbestrahlung mit thermischen Neutronen auf die Überlebenszeit.* ♀ weiße Mäuse, die eine früher applizierte Neutronenbestrahlung um mehr als 60 Tage überlebt hatten, wurden z. T. mit Röntgenstrahlen, z. T. mit therm. Neutronen (+ *γ-Strahlen*-Verunreinigung) bestrahlt. Bestrahlungsbedingungen: a) 250 kV, Filter 0,33 mm Cu + 3,83 mm Al, HWS 2,0 mm Cu, Dosisleistung 65,5 r/Min., FHA 55 cm; b) therm. Säule eines Homogenreaktors, Dosisleistung 71,7 rad/Minute. Die Lebensverkürzung wurde zu ca. 5% pro 100 rad absorbierter Strahlung in beiden Gruppen bestimmt. Die relative biol. Wirksamkeit der Bestrahlung im Reaktor ergibt sich zu 1,00—0,24. (Radiation Res. **8.** 64—70. Jan. 1958. Los Alamos, N. Mex., Univ. of California, Los Alamos Sci. Labor.) W. REUSSE. 4601

John B. Storer, B. S. Rogers, I. U. Boone und **R. S. Harris,** *Die relative Wirksamkeit von Neutronen zur Auslösung verzögerter biologischer Effekte.* 2. Mitt. *Der Einfluß von Neutroneneinzeldosen von Atomwaffen auf die Überlebenszeit von Mäusen.* (1. vgl. vorst. Ref.) Es wird über die Überlebensverhältnisse bei Mäusen berichtet, die anläßlich einer Versuchsdetonation einer Atombombe z. T. in Pb-Behältern nahezu reiner Neutronenbestrahlung (5% *γ-Strahlen*), z. T. in Al-Behältern einer gemischten Bestrahlung mit Neutronen u. γ-Strahlen unterzogen wurden. Die Dosismessung erfolgte durch Messung einer Folienaktivierung. Bei der ersten Gruppe von Tieren wurden zwischen 105 u. 475, bei der zweiten zwischen 155 u. 895 rad verabfolgt. Die mittlere Lebensverkürzung betrug im ersten Fall 6,7% pro 100 rad, im zweiten Fall 2,6% pro 100 rad. Die relative biol. Wirksamkeit der Neutronen, bezogen auf die der γ-Strahlung, beträgt daher bzgl. der Lebenszeitverkürzung 2,6. (Radiation Res. **8.** 71—76. Jan. 1958. Los Alamos, N. Mex., Univ. of California, Los Alamos Sci. Labor.) W. REUSSE. 4601

Ludvík Novák und **Antonín Vacek,** *Der Einfluß intraperitonealer Cysteininjektion auf das Niveau des Atmungsstoffwechsels bei der Maus.* Intraperitoneale Verabreichung von 1—15 mg *L-Cystein* (**I**)/10 g an weiße Mäuse ergab eine deutliche Herabsetzung der CO_2-Abgabe u. eine Erniedrigung des RQ 15 Min. bis 2 Std. nach der Injektion. Es folgt eine Änderung des Grundstoffwechsels im Sinne einer Zunahme des Fett- u. vermutlich auch des Eiweißabbaues. Vff. diskutieren ihre Ergebnisse im Hinblick auf die Theorien der schützenden Wrkg. des **I** gegen durchdringende Strahlen. (Českoslov. Biol. **7.** 419—23. Nov. 1958. Brno, Biofysikalní ústav ČSAV.) B. GÖRLICH. 4601

Z. Karpfel, J. Soška und **V. Drášil,** *Die Wirkung einiger Nucleotide und Nucleoside auf die Regeneration des blutbildenden Gewebes nach der Bestrahlung.* Verss. an weißen Mäusen, welche einer ionisierenden Bestrahlung (500 r) ausgesetzt wurden, ergaben, daß die Desoxyribonucleotide *Thymidylsäure* (**I**; 1—2 mg 24 Std. nach der Bestrahlung) u. *Desoxycytidylsäure* (**II**; 3mal 0,1 mg während der ersten 30 Std. bzw. 2mal täglich zu 0,1 mg 10 Tage lang), bes. aber die Kombination beider in kleinen Dosen, die Regeneration des blutbildenden Gewebes beschleunigen u. die Zahl der überlebenden Tiere vergrößern, während die Ribonucleotide *Desoxyadenylsäure* u. *Cytidylsäure* keinen merklichen Einfl. ausüben u. die Desoxyribonucleoside *Desoxyuridin* u. *Desoxycytidin* sogar negativ wirken, indem sie die Regeneration verzögern u. den Tod der Versuchstiere beschleunigen. Verss. in vitro (Incubation der Suspension von Knochenmark bestrahlter Meerschweinchen zusammen mit $Na_2H^{32}PO_4$) ergaben einen den Verss. in vivo entsprechenden Einfl. der Nucleotide u. Nucleoside auf die Geschwindigkeit der Desoxyribonucleinsäuresynthese. (Биофизика [Biophysik] **4.** Nr. 1. 64—70. 1959. Inst. für Biophysik der Tschechoslowak. Akad. der Wiss.) E. RENTZ. 4601

Bosiljka Panjevac und **Gordana Ristić,** *Genesung von Strahlenschäden bei Ratten nach Verabreichung isologer hochpolymerisierter Nucleinsäuren von Ratten.* Ca. 130 Ratten erhielten im Alter von 16 Wochen eine Röntgengesamtkörperbestrahlung (200 kVP, 700—750 r). Nach der Röntgenbestrahlung erhielten die Tiere gruppenweise Injektionen von hochpolymerisierter *Desoxyribonucleinsäure* (**I**) u. *Ribonucleinsäure* (**II**) von jungen Ratten sowie Rattenknochenmarksuspensionen. Die vorläufigen Verss. ergaben nach 30 Tagen 30% überlebende Tiere nach Verabreichung isologer **II**, während alle Kontrollen nach 14 Tagen verendet waren. Darüber hinaus stieg der **I**- bzw. **II**-Geh. der Milz von mit isologer **II** behandelten Tieren um ca. 27 bzw. 52% an. Homologe **II**, hochpolymerisierte isologe **I** u. die Knochenmarksuspensionen zeigten geringere Schutzwrkg. als isologe **II**. (Bull. Inst. Nuclear Sci. „Boris Kidrich" **8.** 159—60. März 1958.) H. DOSSMANN. 4601

J. J. Pindborg, *Die Wirkung von 0,05% Natriumfluorid in der Kost auf die Rattenniere.* Die Verabreichung einer Kost, die 0,05% *NaF* (226 γ/g F) enthält, bewirkt bei weißen jungen Ratten nach 21—28 Tagen Nierenschädigungen. Man findet histolog. eine Erweiterung der HENLEschen Schleifen in den marknahen Bereichen, außerdem verflacht das Tubuliepithel, u. schließlich werden auch die Tubuli erweitert. Später kommt es zu allg. Degenerationserscheinungen in der Niere. (Acta pharmacol. toxicol. [København] **13.** 36—45. 1957. Kopenhagen, Medicinalco Ltd., Biol. Labor.; Royal Dental Coll., Dep. of Histol.) G. KIMMERLE. 4606

K. W. Famitschenka, *Veränderung des Gehaltes an energiereichen Phosphorverbindungen im Hirngewebe bei Brombehandlung.* Im Rattenvers. verursacht die einmalige Zufuhr von 1,5 mg/kg *NaBr*-Lsg. in den großen Hemisphären des Gehirns keine eindeutige Erhöhung des Geh. an *Adenosintriphosphorsäure* (**I**) u. *Kreatinphosphat* (**II**). Der Geh. an **I** bzw. **II** beträgt 13,7 bzw. 14,6 mg% gegenüber 14,6 bzw. 14,8 mg% in der Kontrolle. Bei täglicher Zufuhr der gleichen NaBr-Dosis im Laufe von 7 Tagen beträgt der Geh. an **I** bzw. **II** 14,0 bzw. 13,3 mg% gegenüber 14,6 bzw. 14,8 mg% in der Kontrolle. Erfolgt die NaBr-Zufuhr 30 bzw. 60 Tage lang, so beträgt der Geh. an **I** 14,3 bzw. 17,0 (in der Kontrolle 11,0) mg%. Der Geh. an **II** beträgt 11,0 bzw. 14,0 mg% gegenüber 8,0 mg%. Die Unters. der Radioaktivität von **I** u. **II** mit Hilfe der subcutanen Zufuhr von $Na_2H^{32}PO_4$ ergab, daß in allen Fällen der NaBr-Zufuhr die spezif. Aktivität von **I** u. **II** unverändert bleibt. Eine Ausnahme beobachtet man bei der **II**-Aktivität nach 60tägiger Bromierung (Abnahme der Aktivität). (Известия Академии Наук Белорусской ССР, Серия Биологических Наук [Nachr. Akad. Wiss. BelorussSSR, Ser. biol. Wiss.] **1958.** Nr. 4. 83—90.) O. LEBTAG. 4606

Hans Selye, *Die Fähigkeit verschiedener Phosphate, eine infarktähnliche Phosphat-Steroid-Cardiopathie hervorzurufen.* Literaturübersicht über das sogenannte infarktähnliche Phosphat-Steroid-Cardiopathie-Syndrom u. Tierverss. zu diesem Problem werden mitgeteilt. Ratten werden mit *2-Methyl-9-chlorcortisol* u. verschied. *Na-Phosphaten* behandelt. Es zeigen sich Herznekrosen u. Nephrocalcinosen. Am wirksamsten war $(NaPO_3)_6$. Die Verss. zeigen weiter, daß durch Benutzung verschied. Phosphate das typ. Phosphat-Steroid-Cardiopathie-Syndrom selektiv entweder beim Herz oder bei der Niere auftritt. (Endocrinol. Sci. Costituz. **24.** 345—54. 1958. Montreal, Canada, Univ., Inst. de Méd. et de Chir. exp.) H. STRUCK. 4606

Jacques-R. Boissier, *Wirkung von Lithiumchlorid auf den arteriellen Druck. LiCl* (**I**), intravenös verabreicht, verursacht an Hund, Kaninchen u. Katze eine deutliche u. kurze Hypotension, die von einer renalen Vasodilatation begleitet ist. Die mittlere wirksame Dosis liegt zwischen 60 u. 90 mg/kg. Es ist eine direkte Wrkg. auf die glatten Gefäßfasern anzunehmen. Die von 45—90 mg **I**/kg hervorgerufene Vasodilatation entspricht der von 1—2 mcg *Acetylcholin* (**II**). Die Hypertension durch intravenöse Injektion von 15 mg *KCl*, *RbCl* oder *CsCl* wird durch gleichzeitige Injektion von 30 mg **I**/kg aufgehoben. Wiederholte Injektionen von **I** vermindern bzw. beheben die Empfindlichkeit gegenüber *Adrenalin.* Am atropinisierten Hund wird die durch **II** (1 mg/kg) hervorgerufene Hypertension durch hohe Dosen von **I** (120 mg/kg) abgeschwächt bzw. aufgehoben. **I** scheint die glatten Gefäßfasern zu lähmen. (C. R. hebd. Séances Acad. Sci. **246.** 2185—87. 9/4 1958. Paris, Fac. de Méd., Labor. de Pharmacol.) H. AMAN. 4606

Sloan J. Wilson, Helen E. Heath, Paul L. Nelson und **G. George Ens,** *Blutgerinnung bei der akuten Eisenvergiftung.* Nach akuter gastrointestinaler Eisenvergiftung durch Darreichung von 300—700 mg/kg Fe^{2+} (10%ig. $FeSO_4$-Lsg.) per Schlundsonde wurde bei Kaninchen (nüchtern) die Blutgerinnungszeit proportional zur Dosis bis zur Ungerinnbarkeit des Blutes bei Gaben von 600 mg/kg Fe^{2+} verlängert. Die nach 24 Std. bei 37⁰ beobachtete Retraktion wurde verzögert u. trat nach $>$300 mg/kg Fe^{2+} überhaupt nicht mehr ein. Nach Verabfolgung von $>$400 mg/kg Fe^{2+} wurde die Blutplättchenzahl bis auf 12000 pro mm^3 vermindert. Am deutlichsten waren die Veränderungen des *Fibrinogens* (I), welche als Ursache der Verlängerung der Blutgerinnungszeit u. der Störung der *Fibrin* (II)-Bldg. erkannt wurden u. die sek. Thrombocytopenie u. Hypoprothrombinämie zur Folge hatten. — In der Folgezeit, 2½—3½ Std. nach der Fe^{2+}-Gabe, war das gebildete II rostfarbig, bröckelig, zerfiel leicht u. enthielt sehr viel *Fe*. Auch der *Fe*-Geh. des Serums war proportional zur *Fe*-Dosis stark erhöht (Maximum 42,788 γ%). — Die Prothrombin (III)-Bestimmungen ergaben mit der Einstufenmeth. zunächst hämorrhag. Werte, mit der Zweistufenmeth. jedoch nicht so weitgehend verminderte Werte. — Modifikation der Bestimmungsmeth. durch Verdünnung bis auf 1 : 100, zur Verhinderung des Kontaktes zwischen Fe^{3+} u. I, u. Verwendung von gereinigtem I zeigte, daß die Senkung des III-Spiegels nicht stark genug war, um die Gerinnungsstörungen durch eine Hypothrombinämie allein zu erklären. Fibrinolyt. Wrkg. war nicht nachweisbar. (Blood **13.** 483—91. Mai 1958. Kansas City, Kans., Univ. of Kansas, Med. Center, Dep. of Med., Hematol. Sect.) H. CARLS. 4606

G. C. Butler und **Marian A. Packham**, *Erneute Untersuchung des Schicksals von Glucuronsäure, Glucuron und Naphtholglucuronid nach ihrer Injektion in der Ratte.* Aus den Ergebnissen früherer Arbeiten (vgl. C. **1952.** 5124; C. **1950/54.** 4086 S) hatten Vff. gefolgert, daß injiziertes *Na-Glucuronat* (I) bei mit *Naphthol* gefütterten Ratten direkt zu Naphtholglucuronid (II) konjugiert werden kann, was sich als irrig erwiesen hatte, da das verwendete markierte I mit markiertem II verunreinigt war. Sie untersuchten jetzt erneut das Schicksal von reinem II, I, Glucuronsäure (III) u. Glucuron (IV) nach ihrer intraperitonealen Verabreichung, wobei alle Verbb. mit ^{14}C markiert waren. II wurde zum großen Teil nichthydrolysiert ausgeschieden, was die obige falsche Interpretation der gefundenen Resultate bei Verwendung von mit II verunreinigtem I erklärt. Intraperitoneale u. intravenöse Injektion von III brachte die gleichen Ergebnisse. Nur 0,5% des ^{14}C der III wurden in konjugierter Form ausgeschieden u. weniger als 10% zu CO_2 abgebaut, so daß Vff. entgegen ihrer früheren Ansicht annehmen, daß freie III im Stoffwechsel relativ träge ist. Zwischen dem Stoffwechsel von freier I u. dem ihres Na-Salzes konnten keine Unterschiede festgestellt werden. Aus den bei den Verss. mit IV erhaltenen Ergebnissen schließen Vff., daß dieses 2 Stoffwechselwege einschlagen kann, die eine Hälfte wird wahrscheinlich zu III hydrolysiert u. als solche oder unverändert ausgeschieden, die andere Hälfte scheint in dem Grad ihres Abbaus zu CO_2 u. Einbaus in II Glucose zu ähneln. Diese Hälfte tritt wahrscheinlich ohne vorherige Hydrolyse des Lactonringes in den Kohlenhydratstoffwechsel ein. Dieses Resultat bekräftigt die bedeutenden Stoffwechseldifferenzen zwischen III u. ihrem Lacton. (Arch. Biochem. Biophysics **56.** 551—53. Juni 1955. Toronto, Ontario, Univ. of Toronto, Dep. of Biochem.) L. LEICHTER. 4607

J. J. Betts, H. G. Bray, W. V. Thorpe und **K. White**, *Kinetische Untersuchungen zum Stoffwechsel körperfremder organischer Verbindungen.* 7. Mitt. *Toluylsäuren und N-Tolylharnstoffe.* (6. vgl. C. **1956.** 10532.) Es wurden bei Kaninchen die Geschwindigkeitskonstanten für die Konjugation von Benzoesäure, o-, m- u. p-Toluylsäure mit Glycin u. *Glucuronsäure* (I), die Konjugation von N-[4-Hydroxy-2-methylphenyl]-harnstoff u. N-[4-Hydroxy-3-methylphenyl]-harnstoff mit I u. H_2SO_4 sowie für Oxydation (CH_3-Gruppe) u. Kernhydroxylierung von N-Phenyl-, o- u. m-Tolylharnstoff bestimmt. Die Verbb. wurden intraperitoneal u. durch Magenschlauch zugeführt. (Biochem. J. **61.** 4—11. Sept. 1955. Birmingham, Univ., Med. School, Physiol. Dep.) K. MAIER. 4607

M. T. Joseph, *Wirkung von DDT auf das Blut von Tenebrio molitor linnaeus.* Blut von *DDT*-behandelten Mehlwürmern zeigt keine Veränderung im Geh. an *Protein-N*, der *Nichtprotein-N* ist um 50%, die *red. Verbb.* um 90% u. der *Amino-N* um 70% gegenüber unbehandelten Tieren erhöht. Durch Chromatographie (Phenol–Butanol–CH_3COOH; Collidin u. Lutidin als Lösungsmittel) wurden folgende *Aminosäuren* im Blut identifiziert: *Alanin, Cystein, Glycin, Asparagin-, Glutaminsäure, Histidin, Isoleucin, Lysin, Methionin, Norleucin* (I), *Ornithin, Phenylalanin, Prolin, Serin, Taurin* (II), *Threonin, Tyrosin* u. *Valin*; bei *DDT*-Vergiftung ist der Geh. an diesen Aminosäuren mit Ausnahme von I u. II erhöht, während der an I u. II vermindert ist. Diese Erscheinungen der *DDT*-Vergiftung sind ähnlich denen bei Tieren im Hungerzustand, u. es wird angenommen, daß die auf die Vergiftung folgende Hungerperiode den Tod der Insekten zur Folge hat. — Diskussion der Ergebnisse. (Ann. entomol. Soc. America **51.** 554—56. Nov. 1958. Fordham, Univ., Dep. of Biol.) H. GOEBEL. 4607

M. Davies, J. Keiding und **C. G. von Hofsten,** *Resistenz gegen Pyrethrine und Pyrethrine/Piperonylbutoxyd bei einem wilden Stamm von Musca domestica L. in Schweden.* Puppen u. Larven eines wilden, in Schweden gegen Pyrethrine (I) ± Piperonylbutoxyd (II) resistent gewordenen wilden Stammes (SF) von Musca domestica L. zeigten nach ihrer Entw. in Dänemark u. England auch in der 8. Generation noch erhöhte (11—14fache) Resistenz gegen I ± II im Vgl. mit dortigen Laboratoriumsstämmen (mittlere Mortalität u. Knock down-Effekt) u. z. T. noch stärkere Unterschiede bei *Allethrin* ± II. Diese Resistenz, teilweise bedingt durch unspezif. Faktoren, teilweise durch besondere Abwehrmechanismen, wird bei SF den bes. günstigen Umständen in Schweden (allmählicher Ersatz der chlorierten KW-stoffe u. organ. P-Verbb. durch langsam gesteigerte u. ungenügende Dosen von I ± II als Stäube u. Aerosole) zugeschrieben. (Nature [London] **182.** 1816—17. 27/12. 1958. Berkhamsted, Herts., Cooper Techn. Bureau; Springforbi, Denmark, Statens Skadedyrlabor.; Södertälje, Sweden, Ewos Labor.)
W. SCHULENBURG. 4607

E. E. Galal, *Die Wirkungen von Glycyrrhetinsäure auf den Salz- und Wasserstoffwechsel.* Die Erfolge verschied. Autoren bei der Behandlung von Nebennierenkrankheiten mit Glycyrrhetinsäure (I) u. *Süßholzsaft* u. Berichte über die *DOCA*-ähnliche Aktivität dieser Drogen veranlaßte Vf., die Art der Wrkgg. von I auf den Salz- u. Wasserstoffwechsel bei Tieren zu untersuchen. Die Verabreichung von I an adrenalektomierte Ratten hatte keine Wrkg. auf das *Na*-Gleichgewicht; nur während der Periode, in der die Diurese unterdrückt war, wurde eine Na-Retention beobachtet. Die Zunahme in der *K*-Ausscheidung war nicht bedeutend, außer wenn der Geh. des extracellulären K stark erhöht war. Verlängerte Behandlung adrenalektomierter Ratten mit I verursachte keine wesentliche Besserung im Geh. der Serumelektrolyte, des Körpergewichtes oder der Überlebenszeit. Bei Ratten u. beim Hund zeigte I eine antidiuret. Wrkg., der Hypophysenhinterlappen war in diese I-Wrkg. nicht eingeschlossen. Es wird vermutet, daß nach parenteraler Verabreichung dieser Effekt durch eine Stimulierung der tubulären Wasserrückresorption hervorgerufen wird. Bei oraler Verabreichung verzögerte die Droge die Wasserresorption aus dem alimentären Trakt. Vf. kommt auf Grund der Ergebnisse zu dem Schluß, daß die Wrkgg. von I u. DOCA verschieden sind. (Brit. J. Pharmacol. Chemotherapy **10.** 305—13. Sept. 1955. Edinburgh, Univ., Dep. of Pharmacol.)
L. LEICHTER. 4608

E. M. Hutton, G. M. Windrum und **C. C. Kratzing,** *Untersuchungen über die Toxizität von Indigofera endecaphylla.* 2. Mitt. *Die Toxizität für Mäuse.* (1. vgl. C. **1959.** 4885.) Verfütterung von *I. endecaphylla*-Samen ruft, ähnlich wie bei anderen Tieren, bei Mäusen eine Leberschädigung hervor. Die Toxizität der Samen wird durch starkes Erhitzen nicht verringert. Eine ähnliche Leberschädigung ist durch Verfüttern des β-Nitropropionsäure-freien, chloroformextrahierten Blattrückstands auslösbar. Die Best. von Grad u. Typ der histolog. Leberschädigung bildet einen zuverlässigen Maßstab für die Toxizität des verfütterten Materials. (J. of Nutrit. **65.** 429—40. 10/7. 1958. Brisbane, Australia, Commonwealth Sci. and Ind. Res. Organizat. Plant and Div. of Plant Ind., Soils Labor.; Hosp., Dep. of Pathol.; Univ., Dep. of Physiol.) K. MAIER. 4608

Heinrich Rinderknecht und **Carl Niemann,** *Toxische Proteinabbauprodukte.* Durch Behandlung von Proteinen (krist. Rinderserumalbumin, Ovalbumin, Gelatine) mit sd. 2%ig. alkoh. NaOH wurden tox. Polypeptide erhalten, die in W. u. A. lösl. u. durch Cellophanmembranen dialysierbar sind. Sie stellen hauptsächlich ein Gemisch nahe verwandter bas. Polypeptide dar. Ihre Aminosäurezus. unterscheidet sich von der der Ausgangsprodd. vor allem dadurch, daß sie wenig oder gar kein Cystin, Serin u. Threonin enthalten. Die am stärksten tox. Präpp., erhalten durch Aussalzen, Dialyse u. Ionenaustauscherchromatographie, waren beim Meerschweinchen in Dosen von 0,5 mg/kg intravenös tödlich, oral gegeben dagegen nicht tox.; Gaben von Atropin, Epinephrin oder Neoantergan konnten die Wrkg. der letalen Dosis nicht aufheben oder verändern, so daß die Ausschüttung von Histamin oder Acetylcholin als Hauptursache der Toxizität auszuschließen ist. (Proc. Soc. exp. Biol. Med. **100.** 35—40. Jan. 1959. Pasadena, Calif., California Inst. of Technol., Gates and Crellin Labor. of Chem.)
H. BREUER. 4609

Richard W. Prouty und **Keiji Kuroda,** *Spektrophotometrische Bestimmung und Verteilung von Chlorochin in menschlichen Geweben.* Es wird eine Meth. zur Best. von *Chlorochin* in menschlichen Geweben angegeben. 50 g Gewebe u. 100 ml 0,1 n HCl homogenisieren, dazu 30 ml 40%ig. Trichloressigsäure. Umrühren u. 20 ml konz. HCl zugeben; am anderen Tag autoklavieren (15 lbs., 30 Min.). Das Hydrolysat mit 100 ml Chlf. schütteln, zentrifugieren. Die wss. Phase mit KOH stark alkal. machen u. mit Chlf. schütteln. Die vereinigten Chloroformextrakte mit 50 ml 0,1 n NaOH waschen u. die Chloroformphase mit 25 ml 1 n HCl schütteln. Spektrophotometrieren bei 342 mμ.

(J. Lab. clin. Med. **52.** 477—80. Sept. 1958. San Francisco, Calif., 406 th Med. Gen. Labor., Dep. of Chem.) G. KIMMERLE. 4610

Robert W. Zeller und **Donald Deering,** *Corneakomplikation bei der Chlorochin-(Aralen-)phosphatbehandlung.* Bei 10 Patienten mit Arthritis oder Lupus erythematosus, die längere Zeit mit *Chlorochinphosphat* (*Aralen*) behandelt wurden (meist täglich 250 mg), zeigten sich Schäden am Corneaepithel, die z. T. zu Sehstörungen führten. Nach Absetzen dieser Behandlung verschwanden diese Veränderungen wieder. (J. Amer. med. Assoc. **168.** 2263—64. 27/12. 1958. Portland, Ore., Univ. Med. School, Dep. of Ophthalmol.) G. KIMMERLE. 4610

B. Presa, *Die Sulfamidpolyneuritiden.* Vf. beobachtete seit 1954 ca. 50 Fälle von Polyneuritis nach Anwendung der Sulfamidpräpp. *Disulfan, Ultraseptyl* (Sulfamethylthiazol), *Sulfathiazol* u. *Deseptil* (Streptocid). Meist handelte es sich um gemischte (sensomotor., motor.-atakt. u. vegetativ-sensomotor.) Polyneuritisformen. In 27 Fällen kam es auch zu Muskelatrophien. Eine an Hand der Literatur (48 Literaturstellen) zusammengestellte Tabelle orientiert über diagnost. wichtige Unterschiede der Symptomatik bei der Poliomyelitis, Polyradiculoneuritis u. der Sulfamidpolyneuritis. (Журнал Невропатологии и Психиатрии имени С. С. Корсакова [Korssakow J. Neuropathol. Psychiatr.] **59.** 210—14. 1959. Tirana, Alban. Univ., Med. Fak., Klinik für Nervenkrankh.) E. RENTZ. 4610

Theodor Halbeisen, *Experimentelle und klinische Erfahrungen mit einem Dreiersulfonamid* (*Andal*). Es wird über in-vitro-Verss. u. klin. Erfahrungen mit dem aus gleichen Teilen *Sulfaäthylthiodiazol, 2-Sulfapyrimidin* u. *2-Sulfa-4-methylpyrimidin* bestehenden Kombinationspräp. *Andal* (I) berichtet. Grampositive u. -negative Bakterien, auch gegen Antibiotica resistente Staphylokokkenstämme, werden in vitro fast gleich gut gehemmt. Bei gesunden Männern wurden nach 3 g **I** (oral) die höchsten Blutspiegel nach 2—4 Std. erreicht u. waren durch laufende Gaben gut aufrechterhaltbar. Bei 181 männlichen Patienten (16—81 Jahre) mit 187 bakteriellen Infekten trat meist innerhalb der ersten 48 Std. Entfieberung ein (6 g **I**/Tag; 24—30 g-Stoß). Bei allen Krankheitsbildern verlief die Normalisierung der entzündlichen Serumveränderungen langsamer als die der übrigen Kriterien. (Dtsch. med. Wschr. **82.** 1823—25. 25/10. 1957. Essen, Elisabeth-Krankenhaus, Med. Abt.) K. MAIER. 4610

M. Bock, *Thiosemicarbazonwirkung bei experimentellen Pockeninfektionen der Maus.* An Mäusen mit intracerebral gesetzter Pockeninfektion vom Vaccinetyp ATCC-Stamm WR (Verdünnung 10^{-2} bis 10^{-3}) konnte durch 5tägige Behandlung mit 25 bis 500 mg pro die mit *Isatinthiosemicarbazon* (I) eine eindeutige Senkung der Letalität erzielt werden. Beste Verträglichkeit von I bei subcutaner Verabfolgung. Schwächere therapeut. Erfolge zeigten *p-Äthylsulfonbenzaldehydthiosemicarbazon* u. das *Solvoteben*-Deriv. *Be-2191.* Alle beobachteten Erfolge waren typspezif. u. ließen sich am Vaccinestamm NELIS, bei dem den Kuhpocken nahestehenden Ektomelievirus u. dem KIKUTH-GOLUBschen Kanarienpockenvirus nicht reproduzieren. (Z. Hyg. Infektionskrankh. **143.** 480—89. 18/4. 1957. Wuppertal-Elberfeld, Farbenfabriken Bayer AG., Chemotherap. Inst.) E. SPEYER. 4610

V. Talmas, F. Dossin und **H. J. Ernould,** *Kropferzeugende Wirkung der p-Aminosalicylsäure.* Bei 3 mit *p-Aminosalicylsäure* behandelten Patienten wurde eine thyreoidale Hypertrophie mit den klin. u. metabol. Zeichen einer Hypothyreoidie beobachtet. Nach endokriner u. gleichzeitiger antituberkulöser Behandlung trat Besserung bzw. Heilung ein (Abnahme bzw. Verschwinden des Kropfes). (Ann. d'Endocrinol. **19.** 884—89. Juli/Aug. 1958. Liège, Serv. d'Endocrinol. de l'Hôp. des Anglais.) H. P. FIEDLER. 4610

D. Siegel und **H. Iwainsky,** *Über den Einfluß von Isonicotinsäurehydrazid auf den Stoffwechsel von α-Ketosäuren.* Vff. untersuchten die Ausscheidung von *α-Ketosäuren* (II) nach Einnahme von *Isonicotinsäurehydrazid* (I). Dabei ist eine mehr oder weniger starke Erhöhung festzustellen. Gleichzeitig durchgeführte Bestimmungen des freien **I** zeigen, daß die Ausscheidung von **II** u. *freiem* **I** weitgehend parallel laufen. Die Parallelen bleiben auch erhalten, wenn an Stelle von reinem **I** ein **I**-Deriv. eingenommen wird. — Diskussion eines möglichen Reaktionsweges als Ursache für die erhöhte **II**-Ausscheidung. (Z. Tuberkulose Erkrank. Thoraxorg. **112.** 160—66. 1958. Berlin-Buch, Tuberkulose-Forschungsinst.) H. GOEBEL. 4610

E. Genazzani und **A. Paoletti,** *Das Isonicotinylhydrazon des Furyl-(2)-methylketons in der Lungentuberkulosetherapie.* Bericht über die pharmakol. Eigg. des *Isonicotinylhydrazons des Furyl-(2)-methylketons* (I) im Vgl. zu dem Isonicotinsäurehydrazid, das sich in seiner antituberkulösen Wrkg. dem **I** als unterlegen erweist. (Minerva med. [Torino] **49.** 4591—97. 8/12. 1958. Napoli, Ist. di Farmacol. e Tossicol.) H. P. FIEDLER. 4610

G. Georges und **J. Cahn,** *Untersuchungen über die Anämie durch Chloramphenicol.* Die subcutane Injektion von 500 mg/kg/Tag *Chloramphenicol* (**I**) bewirkt bei Ratten nach 2 Wochen eine geringe Erhöhung der Erythrocytenzahl u. eine Abnahme der Reticulocyten im Blut. Eine sensibilisierende Wrkg. besitzt **I** an Ratten nicht. Die durch Phenylhydrazin oder Bzl. hervorgerufenen Anämien werden bei Ratten durch **I**-Gaben gebessert. In hohen Dosen reizt **I** sowohl bei splenektomierten als auch bei hypophysektomierten Ratten die Erythropoese. (Thérapie **12.** 960—71. 1957. Paris, Hôp. de la Pitié, Labor. du Centre Cardio-Vasculaire et Labor. de Thérapeut. Exp.)

G. KIMMERLE. 4611

George M. Eisenberg, William Weiss und **Harrison F. Flippin,** *Einfluß der Äthylendiamintetraessigsäure und der Ascorbinsäure auf die Tetracyclin-Blutserumkonzentration.* 3 Std. nach Verabreichung von *Tetraäthylendiamintetraessigsäure* (**I**) u. deren Dinatriumsalz wird eine deutliche Abnahme der *Tetracyclin* (**II**)-Blutserumkonz. beobachtet, wenn **II** als **II**-HCl verabreicht wird; dies ist nicht der Fall nach Medikation der **II**-Base. *Ascorbinsäure* hatte keinen Einfl. auf die **II**-Blutserumkonzentration. (J. Lab. clin. Med. **52.** 895—98. Dez. 1958. Philadelphia, Pa., Philadelphia Gen. Hosp. (Blockley Div.), Dep. of Med. and Pulmonary Diseases and Div. of Bacteriol. and Immunol.; Univ. of Pennsylvania, Dep. of Med. Sect. of Infectious Diseases.)

H. P. FIEDLER. 4611

A. Pletscher, A. Studer und **P. Miescher,** *Experimentelle Untersuchungen über Erythrocyten- und Organveränderungen durch N-Acetyl-p-aminophenol und Phenacetin.* Die Unters. des Einfl. von *N-Acetyl-p-aminophenol* (**I**), *Phenacetin* (**II**) u. *p-Phenetidin* (**III**) auf die Erythrocytenlebensdauer (Kaninchen, Hund) mittels der ^{51}*Cr*-Meth. ergab, daß große orale Dosen von **I**—**III** (bes. **III**) während 22—40 Wochen Abnahme der Erythrocytenhalbwertszeit hervorrufen. **I** u. **II** bewirkten leichte Hämatopoesesteigerung im Knochenmark u. geringe reticuläre Hyperplasie in der Kaninchenmilz, dagegen weder bei Hunden noch bei Kaninchen interstitielle Nephritis. (Schweiz. med. Wschr. **88.** 1214—16. 29/11. 1958. Basel, F. Hoffmann-La Roche & Co. AG.; Med. Univ.-Poliklinik.)

K. MAIER. 4615

Gordon McHardy, Donovan Browne, Robert McHardy, C. A. Bodet und **Swan Ward,** *Sekretions- und Beweglichkeitsinhibitoren. Eine Auswertung vier neuerer Anticholinergica.* Es wurde die Wrkg. 4 neuer Anticholinergica, *1-Cyclohexyl-1-phenyl-3-diäthylaminopropanol-(1)-äthojodid* (*Pathilon*), *1-Methyl-3-benziloyloxychinuclidiniumbromid* (*Marplanbromid*), *N-Äthylpiperidyl-(3)-benzilatmethobromid* (*Piptal*) u. *Sch 2868-Bromid* (SCHERING CORP., Blomfield, N. J.) auf die motor. u. sekretor. Funktion bei Patienten mit akt. Duodenalgeschwür untersucht. Keine der Verbb. war in der Wrkg. bereits geprüften wesentlich überlegen, jedoch zeigten sie weniger Neben-Rkk., Sch 2868 überhaupt keine. Ein Anticholinergicum braucht, um wirksam zu sein, keine atropinähnlichen Neben-Wrkgg. auszulösen. Die Überbeweglichkeit wurde durch die Verbb. stärker gehemmt als die Sekretion. (Amer. J. Gastrol. **24.** 601—12. Dez. 1955. New Orleans, La., State Univ., School of Med., Dep. of Med.; Charity Hosp. and Browne-McHardy Clinic.)

K. MAIER. 4620

Rafael Coullant Mendigutia und **Francisco Carles Egea,** *Stoffe zur therapeutischen Beeinflussung der Psyche mit besonderer Berücksichtigung der neueren Pharmaka in der Behandlung der Psychosen.* Übersicht über die Pharmakologie der einschlägigen neueren Präpp. unter Berücksichtigung ihrer Wrkg. bei Schizophrenie, Epilepsie u. alkoh. Psychosen mit Mitt. einschlägiger Krankengeschichten. (Medicamenta [Madrid] **20** (**10**). Nr. 170. 49—58. 7/8. 1958. Madrid, Hosp. Provincial, Serv. de Neuropsiquiatría.)

HEINRICH HERMANN. 4620

O. Clauder, *Chemische Betrachtung pharmakologischer Angaben.* 1. Mitt. *Reserpin.* Vortrag. Vf. stellt eine neue Theorie über die Zerlegung der physiol. Wrkg. des *Reserpins* (**I**) auf Grund der chem. Konst. auf. Die **I**-Wrkg. auf das Zentralnervensyst. wird der N-substituierten Phenylpiperidingruppe, die beruhigende einer der Konst. des *Serotonins* ähnlichen Gruppierung, die Wrkg. auf das vegetative Nervensyst. den in **I** enthaltenen Strukturelementen von Tensilonderivv. zugeordnet. Zwischen der Struktur gewisser Rotationsisomeren von **I** u. *Mezcalin* besteht eine Ähnlichkeit, die möglicherweise zur Deutung mancher **I**-Neben-Wrkgg. dienen kann. Der zwischen **I** u. *Ritalin* bestehende Antagonismus wird durch einen doppelten isosteren Stellungswechsel (NH—CH) gedeutet. Vf. gibt allg. anwendbare Regeln zur chem. Ausdeutung pharmakol. Angaben. — 47 Literaturangaben. (Acta med. Acad. Sci. hung. **13.** 55—69. 1959. Budapest, Med. Univ., Pharmazeut. Fak., Inst. für organ. Chem.) K. MAIER. 4620

L. I. Lando, *Elektrophoretische Untersuchung der Eiweißfraktionen des Blutserums von Schizophreniekranken und ihrer Dynamik unter dem Einfluß einer Behandlung*

mit neuroleptischen Stoffen. Mittels der Meth. der Mikroelektrophorese wird an 110 Patienten mit Schizophrenie im Vgl. zu 30 gesunden Versuchspersonen eine relative Zunahme der Gesamtproteine (von im Mittel 7,0 auf 7,4%), Abnahme der Albumine (von 57,2 auf 49,2%) u. des Albumin/Globulin-Koeff. (von 1,34 auf 0,96), starke Zunahme der α_1-Globuline (von 2,95 auf 6,70%) u. geringere Zunahme der α_2-Globuline (von 8,8 auf 11,3%) u. der γ-Globuline (von 18,5 auf 20,7%) des Blutes bei größerer Schwankungsbreite als in der Norm festgestellt. Bei Patienten mit katatonem Syndrom u. bei den ersten Anfällen der Erkrankung sind die Veränderungen bes. tiefgreifend. Behandlung mit *Aminazin* (bis zu 400 mg täglich) oder *Reserpin* (10 mg täglich) führte meist am 3. u. 7. bzw. am 13. Tag zu den stärksten Veränderungen des Elektropherogramms (Abnahme der Albumine, Zunahme der α_1- u. α_2-Globuline u. oft auch der γ-Globuline, bes. kurz vor dem Auftreten von Komplikationen). Bei der klin. Besserung läßt sich eine Tendenz zur Normalisierung des Proteinbestandes feststellen, während bei erfolgloser Behandlung das Elektropherogramm patholog. bleibt. (Журнал Невропатологии и Психиатрии имени С. С. Корсакова [Korssakow J. Neuropathol. Psychiatr.] **59.** **135**—**42.** **1959.** Moskau, Psychiatr. Inst. des Gesundheitsmin. der RSFSR.)
E. RENTZ. 4620

N. N. Laptewa, *Zum Mechanismus des Einflusses von Aminazin auf die Eiweißzusammensetzung des Blutplasmas.* 1 u. 24 Std. nach Zufuhr von 5—7 mg/kg *Aminazin* (I) zeigt der Proteinbestand des Blutplasmas beim Hund nur kurz dauernde u. nicht gesetzmäßige Veränderungen. Bei wiederholter Verabreichung von I werden die Veränderungen stabil u. gesetzmäßig u. bestehen meist in einer Abnahme des Albumingeh. u. in einer Zunahme der α-Fraktionen des Globulins, manchmal auch der β-Globuline u. des Fibrinogens. Unter dem Einfl. von I kommt es zum Übertritt von W. aus den Geweben in den Kreislauf (Abnahme der festen Bestandteile des Blutes), was zu einer relativen Zunahme des Blutplasmas führt (Abnahme der Hämatokritwerte). Da jedoch keine wesentliche Abnahme der Proteine des Blutplasmas feststellbar ist, muß man annehmen, daß gleichzeitig mit dem W. auch lösl. Proteine aus den Geweben in den Kreislauf gelangen. (Журнал Невропатологии и Психиатрии имени С. С. Корсакова [Korssakow J. Neuropathol. Psychiatr.] **59.** **143**—**50.** **1959.** Moskau, Zentralinst. für Ärztefortbldg., Lehrstuhl für Pathophysiol.) E. RENTZ. 4620

T. A. Newsorowa, *Vergleichende therapeutische Wirksamkeit von Insulin und Aminazin bei der Behandlung von Schizophreniekranken.* Von 267 Schizophreniepatienten wurden 84 nur mit *Insulin* (**I**), 89 nur mit *Aminazin* (**II**) u. 47 mit **II** im Anschluß an eine **I**-Schocktherapie behandelt. 27 Patienten erhielten komatöse u. subkomatöse **I**-Dosen nach einer **II**-Therapie; 20 Patienten erhielten gleichzeitig **I** u. **II**. Die besten Erfolge erzielte man, wenn an eine **I**-Kur die **II**-Behandlung angeschlossen wurde. Den 2. u. 3. Platz nimmt die Behandlung mit **II** oder **I** für sich allein ein. Die gleichzeitige Anwendung von **II** u. **I** bzw. die Anwendung von **I** nach einer **II**-Therapie führte zu schlechten Ergebnissen u. zur Notwendigkeit, die **I**-Dosen zu steigern. **I** hatte die besten Ergebnisse, wenn die Krankheit nicht länger als 1 Jahr bestand; **II** wirkte am besten bei einer Krankheitsdauer von 3—5 u. mehr Jahren. (Журнал Невропатологии и Психиатрии имени С. С. Корсакова [Korssakow J. Neuropathol. Psychiatr.] **59.** **160**—**66.** **1959.** Moskau, 1. Med. Ssetschenow-Inst., Lehrstuhl für Psychiatr.)
E. RENTZ. 4620

R. A. Alexanjanz, *Vergleichende Daten über die Wirksamkeit der Therapie mit Aminazin und Insulin bei Kranken mit verschiedenen Formen der Schizophrenie mit prolongiertem Verlauf.* Von 37 Patienten mit der katatonen Form der Schizophrenie wurden bei 12 durch *Insulin* (**I**; in der üblichen Dosierung, insgesamt 30 hypoglykäm. Schocks) u. bei 15 durch *Aminazin* (**II**; beginnend mit 25 mg, allmählich ansteigend; Tagesdosis im Mittel 500 mg; Dauer der Behandlung 50—70 Tage) therapeut. Remissionen erzielt. Von 43 Patienten mit der paranoiden Form der Erkrankung wurden 23 durch **II** u. 8 durch **I** gebessert. Die hebephrene Form der Schizophrenie (6 Patienten) reagierte weder auf **I** noch auf **II**. Bei 4 Patienten mit der gewöhnlichen Form der Erkrankung u. hypochondr. Syndrom wurde mit **II** eine Besserung für die Dauer des Krankenhausaufenthalts erzielt. Der Beginn der Erkrankung lag bei allen 90 Patienten 3 u. mehr Jahre zurück. Die Wirksamkeit der Behandlung ist demnach weniger von der Dauer der Schizophrenie als von deren Form u Charakter der Entw. abhängig. (Журнал Невропатологии и Психиатрии имени С. С. Корсакова [Korssakow J. Neuropathol. Psychiatr.] **59.** **167**—**71.** **1959.** Charkow, Ukrain. Wiss. Psychoneurol. Forschungsinst.) E. RENTZ. 4620

F. A. Pojemny und **R. Ju. Kalinowskaja,** *Über die Anwendung von Diprazin bei der Behandlung von drei Kranken mit infektiösen Erkrankungen des Nervensystems.*

3 Patienten mit Kleinhirnabszeß, postoperativer, eitriger Meningoencephalitis bzw. Pneumoencephalitis wurden mit den Phenothiazinpräpp. *Diprazin* u. *Dinezin* in Kombination mit Antibioticis u. Salicylaten erfolgreich behandelt. (Журнал Невропатологии и Психиатрии имени С. С. Корсакова [Korssakow J. Neuropathol. Psychiatr.] **59.** 191—93. 1959. Gorki, Med. Inst., Lehrstuhl für Neuropathol.) E. RENTZ. 4620

W. M. Banschtschikow und **G. W. Stoljarow,** *Die experimentellen Psychosen. Das Diäthylamid der Lysergsäure in der Psychiatrie.* Vff. behandeln die Wrkg. des *Lysergsäurediäthylamids* (I) an Gesunden, an psych. Kranken u. als Therapeuticum, die Meth. der Coupierung der experimentellen I-Psychosen u. den Mechanismus der I-Wrkg. an Hand der nichtsowjet. Literatur. — 61 Literaturstellen. (Журнал Невропатологии и Психиатрии имени С. С. Корсакова [Korssakow J. Neuropathol. Psychiatr.] **59.** 222 bis 232. 1959.) E. RENTZ. 4620

K. F. Aronson, Nils P. Bergh und **K. Haeger,** *Der Einfluß von Chlorpromazin auf die Reaktion von Succinylcholin am isolierten Phrenicus-Zwerchfell-Präparat des Goldhamsters.* Am Phrenicus-Zwerchfell-Präp. des Goldhamsters wird die quergestreifte Muskulatur durch *Succinylcholinjodid* (*Celocurin,* VITRUM) gelähmt. Schon ein Zusatz von 25 γ *Chlorpromazin* (*Hibernal,* LEO)/ml Bade-Fl. bewirkt eine Verkürzung des Ausschlages der elektr. gereizten Muskeln. 75 γ Chlorpromazin/ml verkürzen die Muskelfaser stark, u. es besteht eine Tendenz zur Kontraktion. Die Schwellenwertdosis für Chlorpromazin für eine deutliche Verlängerung der Chlorpromazinwrkg. beträgt ca. 50—100 γ/ml. Es kommt in allen Fällen wieder zur Erholung der Muskulatur. Chlorpromazin verlängert die Wrkg. von Succinylcholin. Somit kann Chlorpromazin den Verbrauch an Muskelrelaxantien vermindern u. wird so in der Klinik bei der Behandlung von Tetanus, Eklampsie u. cerebralen Krämpfen als Relaxantien einsparender Stoff empfohlen. (Acta pharmacol. toxicol. [Köbenhavn] **13.** 30—35. 1957. Malmö, Allmänna Sjukhuset, Dep. of Exp. Surg.) G. KIMMERLE. 4620

L. Wislicki, *Der Einfluß von Chlorpromazin auf die neuromuskuläre Übertragung und auf die Wirkung von Muskelrelaxantien. Chlorpromazin* (I), in Dosen von 1—2 mg/kg intraarteriell appliziert, bewirkt am Musc. gastrocnemius der narkotisierten Katze einen irreversiblen neuromuskulären Block; mit höherer Reizfrequenz tritt der Effekt schneller ein. 10 mg I/kg bewirken sofortige Lähmung u. von weiterer Reizung unabhängige Kontraktur. 12,5 mg I/kg intravenös appliziert, führten lediglich zu langsam zunehmender Lähmung, wenn der Injektion lange Reizung mit hoher Frequenz (120 Impulse/sec) vorausgegangen war. Bei niederen Reizfrequenzen ließ sich die lähmende Wrkg. von I jedoch an der Verstärkung der Wrkg. kleiner *d-Tubocurarin*-Dosen zeigen. Die Wrkg. von *Suxamethoniumchlorid* dagegen wurde durch I gemindert. (Arch. int. Pharmacodynam. Thérap. **115.** 52—61. 1/5. 1958. Jerusalem, Hebrew Hadassah-Univ., Med. School, Dep. of Pharmacol.) U. HACKENBERG. 4620

P. Preziosi, *Über die Antihistaminwirkung von Phloxin.* Phloxin (*Tetrachlorfluorescein-Na,* I) schwächt in hohen Dosen an einigen Organen die Wrkg. von *Histamin* (II) ab; in diesen Dosen wirkt es auch gegenüber *Acetylcholin* antagonistisch. Anderseits bewirkt I auch an einigen Organen eine Verstärkung der II-Wirkung. I ist kein spezif. Antihistaminicum. (Arch. int. Pharmacodynam. Thérap. **115.** 62—69. 1/5. 1958. Neapel, Univ., Pharmakol. Inst.) U. HACKENBERG. 4625

Stellan Ljungberg, *Bestimmung der sedativen Wirkung bei Mäusen.* Es wird ein App. zur Best. der sedativen Wrkg. von Stoffen bei Mäusen beschrieben. Von *Phenobarbital-Natrium* (I) wird eine Dosiswirkungskurve aufgestellt. Die mittlere hypnot. Dosis beträgt 149,3 mg/kg u. die DL_{50} 255 mg/kg, wenn I Mäusen subcutan verabreicht wird. Der Unterschied zwischen sedativer u. hypnot. Wrkg. wird diskutiert. (Acta pharmacol. toxicol. [Köbenhavn] **13.** 96—101. 1957. Stockholm, State Pharmaceutical Labor.) G. KIMMERLE. 4627

Knut Naess und **Susan Schanche,** *Die Wirkung von Barbituraten am Darm.* Am isolierten Rattenduodenum u. -colon u. Meerschweinchenileum wird der Einfl. von Barbituraten geprüft. Nach Stimulierung des Darmes mit Acetylcholinjodid, 5-Hydroxytryptamin, Kreatinsulfat, Substanz P, Histaminhydrochlorid, Nicotinbitartrat, $BaCl_2$, KCl u. Natriumadenosintriphosphat (ATP) werden mit Ausnahme von Nicotin u. der elektr. Reizung des Darmes durch Konzz. von 40—100 γ/ml Bade-Fl. von *Pentymal-Natrium* (*Amycal-Natrium, Amytal, Amobarbital*), *Enhexymal-Natrium* (*Hexabarbiton-Natrium, Citopan-Natrium*) u. *Thiomebumal-Natrium* (*Thiopenton-Natrium, Thiopental-Natrium*) die Kontraktionen vollständig gehemmt. Bei den 3 Barbituraten besteht also dabei kein Wirkungsunterschied. Die Barbiturate haben also eine rein unspezif. spasmolyt. Wrkg. (depressiver Effekt) am Darm. Für die Beeinflussung der Nicotinkontraktionen werden geringere Konzz. an Barbituraten benötigt. Die Thiobarbiturate haben am Meerschweinchenileum zunächst einen Acetylcholin-ähnlichen Effekt (Kontrakturbldg.), der bald verschwindet, u. dann tritt die depressive Wrkg. wie bei den anderen Barbituraten auf. ATP hat keinen Einfl. auf die depressive Wrkg. der Barbiturate am Darm. (Acta pharmacol. toxicol. [Köbenhavn] **13.** 90—95. 1957. Oslo, Univ., Dep. of Pharmacol.) G. KIMMERLE. 4627

Robert C. Therien, Leroy W. Lee, Edward M. Malashock und **Neal B. Davis,** *Anileridinhydrochlorid. Klinische Anwendung als Analgeticum und Sedativum.* (Vorl. Bericht.) Es wird über die klin. Anwendung von *Anileridinhydrochlorid* (*1-[p-Aminophenäthyl]-4-phenylisonipecotinsäureäthylesterdihydrochlorid, Leritine,* MERCK; **I**) bei mehr als 600 Patienten berichtet. **I** wurde als Vorbehandlung zu Narkosen bei Operationen u. als postoperatives Sedativum u. Analgeticum in Dosen von 25—75 mg benutzt. **I** wirkte wie Morphin u. Meperidin, ohne deren euphorist. Wrkg. zu besitzen. Nur bei einem Fall konnten Suchtsymptome festgestellt werden. Als Nebenerscheinungen traten Nausea u. Erbrechen in wenigen Fällen auf. Die Herabsetzung der Atemfunktion durch hohe **I**-Gaben konnte durch die Verabreichung von Levallorphan behoben werden. (J. Amer. med. Assoc. **168.** 2098—2100. 20/12. 1958. Omaha, Nebr., Bishop Clarkson Memorial Hosp., Univ. Coll. of Med., Dep. of anesthesiol. and urol.) G. KIMMERLE. 4627

L. A. Woods, L. B. Mellett und **Kathryn S. Andersen,** *Synthese und Bestimmung von $^{14}C_{(N\text{-}CH_3)}$-markiertem Lävorphanol und dessen biologisches Verhalten bei Affe, Hund und Ratte.* $^{14}C_{(N\text{-}CH_3)}$-markiertes Lävorphanol (**I**) wurde durch Einleiten von $^{14}CH_2O$-Gas (erhalten aus ^{14}C-Paraformaldehyd u. verd. H_2SO_4) in eine Lsg. von Lävo-3-hydroxymorphinan (**II**) bei 50° (ca. 50 Min.) u. anschließende katalyt. Hydrierung (RANEY-Ni) erhalten. Die Isolierung erfolgte über den krist. tert.-Butanolkomplex (Ausbeute 79,4%, bezogen auf **II**) u. das **I**-*d*-Tartrat, F. 114,5—116,5° (67,2% aus **II**). Es wird eine Meth. zur **I**-Best. in biol. Material angegeben, die bei einer spezif. **I**-Aktivität von ca. 1 mC/mMol noch 2,5 mγ **I**/cm³ Plasma oder Harn zu erfassen erlaubt. Nach subcutaner Injektion von 0,2 u. 2 mg **I**/kg wurden bei Hund u. Affe Plasmaspiegel von freiem u. konjugiertem **I** erhalten. Die biol. Halbwertszeit von freiem Plasma-**I** war 75—90 Min., von konjugiertem **I** 3 Stunden. Zirka 2,5% des zugeführten **I** erschienen beim Affen im Harn als freies **I**, 35% als gepaartes **I**. Beim Hund waren die entsprechenden Werte 44 u. 42%. In den Faeces erschien $<$0,1%. Der Hund schied sehr wenig ^{14}C als $^{14}CO_2$ aus (Affe 20%, Ratte 5%). (J. Pharmacol. exp. therapeut. **124.** 1—8. Sept. 1958. Ann. Arbor, Mich., Univ., Med. School, Dep. of Pharmacol.) K. MAIER. 4627

H. W. Elliott, B. F. Krueckel und **V. C. Sutherland,** *In vitro-Wirkungen eines Steroidanästheticums auf den Hirnstoffwechsel.* Es wurden einige Wrkgg. von *Na-Hydroxydion, Pregnan-3.20-dion-21-ol-Na-hemisuccinat* (**I**) auf den Gehirnstoffwechsel (Großhirnrindenschnitte, Prosencephalonhomogenisate; Ratte, Meerschweinchen, Mensch) in vitro manometr. sowie durch Messung der Glucose (**II**)-Aufnahme u. Milchsäurebldg. untersucht. Wie andere Anästhetica hemmte **I** in in vivo-wirksamen Konzz. den K-stimulierten Q_{O_2} von Gehirnschnitten stärker als in n. Medium. Im Unterschied zu Luminal-Na, das bei **II** als Substrat nur den durch K^+ bewirkten zusätzlichen O_2-Verbrauch hemmte, geht die Hemmung durch **I** darüber hinaus. Eine gewisse O_2-Aufnahmehemmung war auch in K^+-reichen Lsgg., die Pyruvat, Glutamat oder endogene Substrate enthielten, feststellbar. Mit Succinat als Substrat wurde keine Hemmung beobachtet. Methylenblau hob die Hemmung bei **II**-Substrat auf. Die Hauptwrkg. von **I** richtet sich anscheinend auf oxydative Rkk. u. hemmt den Eintritt von **I** in den Tricarbonsäurecyclus. Die Hemmung von Substraten des letzteren ist anscheinend sek. Natur. Die beiden **I**-Metabolite Pregnan-3α- u. Pregnan-3β-21-diol-20-on hemmten die O_2-Aufnahme weniger als **I**. (Hormones, Brain Function, Behavior **1957.** 55—69. San Francisco, Calif., Univ., Med. Center, Dep. of Pharmacol. and Anesthesiol.) K. MAIER. 4627

H. Langecker, *Das Schicksal des Pregnan-21-ol-3.20-dionhemisuccinatnatrium (Hydroxydion) im Organismus des Menschen.* Bei 9 Versuchspersonen wurden nach oraler oder intravenöser Verabreichung von 1 g des Narkoticums *Pregnan-21-ol-3.20-dionhemisuccinat* (*Hydroxydion*; **I**) im 24 Std.-Harn dessen Stoffwechselprodd. analysiert. Es wurden gefunden: 0,14—3,20% *21-Hydroxypregnan-3.20-dion* (**II**), 0,0 bis 0,9% **I**, ein *Glucuronid* mit einer *freien 21-Hydroxygruppe* (**III**) 3,55—25,5%. Daraus ersieht man, daß **III** als hauptsächlichstes Ausscheidungsprod. im Harn vorkommt u. **I** u. **II** nur in Spuren ausgeschieden werden. Der größte Teil der Ausscheidungsprodd. konnte noch nicht identifiziert werden. In der Galle wurde ebenfalls ein Glucuronid mit einer Corticoidseitenkette gefunden. (Acta endocrinol. [Copenhagen] **28.** 148—52. Juni 1958. Berlin, Schering A.-G., Hauptlabor.) G. KIMMERLE. 4627

Sten Wiedling, *Pharmakologische und toxikologische Untersuchungen von Phenothiazin-10-carbonsäure-β-diäthylaminoäthylesterhydrochlorid (Transergan), einem neuen spasmolytischen und Anti-Parkinson-wirksamen Stoff.* *Phenothiazin-10-carbonsäure-β-diäthylaminoäthylesterhydrochlorid* (*Transergan*, ASTRA; I) $C_{19}H_{22}N_2O_2S \cdot HCl$, F. 162 bis 164°, farblose, nadelförmige Prismen, leicht lösl. in W., warmem A. oder Chlf. u. wenig lösl. in Aceton, Ae., Bzl. oder Petroläther. Das UV-Spektr. zeigt Maxima bei 225 u. 254 mμ. Das IR-Absorptionsspektr. von I ist abgebildet. — Freie Base, F. 54—56°; UV-Spektr. in A. hat Maxima bei 231 u. 256 mμ. — Es werden am isolierten Meerschweinchendünndarm, wobei *Diphenhydramin* (*Benadryl*) als Vergleichssubstanz dient, mit verschied. Spasmolyticis folgende Antiacetylcholin-, Antihistamin- u. Antibariumeffekte erzielt: Benadryl 1,00; 1,00; 1,00; I 13; 0,13; 1,4; *Diparcol* (*Diethazine*) 1,4; 1,0; 1,7; *Phenergan* (*Promethazin*) 8; 0,75; 2,0; *Pacatal* 0,75; 0,25; 2,2; *Largactil* (*Chlorpromazin*) 0,3; 0,3; 0,6; *Syntropan* (*Amprotropin*) 1,4; 0,0006; 0,04; *Dacorene* 0,4; 0,06; 0,75; *Pavatrin* 6; 0,01; 1,7; *Trasentin H* 15; 0,01; 3; *Parpanit* (*Caramiphen*) 7; 0,02; 1,2; *Banthine* (*Methantheline*) 30; 0,004; 0,06; *Atropin* 30; 0,005; 0,03; *Scopolamin* 60; 0,0005; 0,01; *Papaverin* 0,12; 0,004; 0,33; *Methylscopolamin* 90; 0,001; 0,001. I besitzt auch Antiserotonineigg., hat nur geringe adrenolyt. Effekte, aber eine deutliche lokalanästhet. Wirksamkeit. Die Xylocainanästhesie wird durch I, im Gegensatz zu Chlorpromazin, das diese potenziert, nicht verändert. Der Blutdruck wird durch I bei narkotisierten Kaninchen vermindert. Diese Blutdruckerniedrigung wird durch gleichzeitige Verabreichung von Acetylcholin oder Histamin verstärkt, durch Adrenalin oder Noradrenalin antagonist. beeinflußt. Bei narkotisierten Ratten kann man nach Injektion von I zunächst eine Blutdrucksteigerung beobachten. Die intravenöse Injektion von 1—5 mg I/kg verändert bei Kaninchen die Körpertemp. nicht. Die akute DL_{50} beträgt für I bei Mäusen in g/kg: oral 0,44, subcutan 0,62, intraperitoneal 0,14, intravenös 0,027. Tägliche orale Gaben von 1—30 mg I/kg über einen Monat bewirken bei jungen Ratten keine Vergiftungserscheinungen u. patholog. Veränderungen der inneren Organe. 0,25—2%ig. wss. I-Lsgg. reizen die Kaninchencornea. Konzz. höher als $2{,}5 \cdot 10^{-4}$ verursachen eine Hämolyse. I hat in Konz. von $4 \cdot 10^{-4}$ einen bakteriostat. u. bei $8 \cdot 10^{-4}$ einen baktericiden Effekt auf Staphylococcus aureus haemolyticus. Es werden in einer Tabelle die pharmakol. u. toxikol. Daten von I zusammengestellt. (Acta pharmacol. toxicol. [Köbenhavn] **13.** 59—79. 1957. Södertälje, Schweden, Aktiebolaget Astra, Res. Labor.) G. KIMMERLE. 4628

Jørgen Fakstorp, J. G. A. Pedersen, Emil Poulsen und **Marianne Schilling,** *Ganglienblockierende Wirksamkeit von Bis-trialkylammoniumäthylläthersalzen und ihren verzweigten Homologen.* Eine Reihe von diquartären Ammoniumäthylätherverbb. werden am mit 1.1-Dimethyl-4-phenylpiperaziniumjodid stimulierten Meerschweinchenileum auf parasympath. blockierende u. am elektr. gereizten oberen Cervicalganglion der Katze auf sympath. blockierende Wrkgg. untersucht. — β.β'-Diammoniodiäthylätherdihalogenide: *N.N.N.N'.N'.N'-Hexamethyl-* (*Dijodid, As-3553*), 1,9 (Parasympathicus-blockierende Wrkg. auf das Ion, bezogen im Vgl. zu Hexamethonium = 100); 10 (Sympathicus-blockierende Wrkg. analog Vorst.); 1450 (DL_{50} in mg/kg, Maus, intraperitoneal); *N.N.N.N'.N'-Pentamethyl-N'-äthyl-* (*Dijodid, As-12045*), 10; 7,2; 480; *N.N.N'.N'-Tetramethyl-N.N'-diäthyl-*(*Dibromid, As-3554*), 23; 32; 215; *N.N.N.N'-Tetramethyl-N'.N'-diäthyl-* (*Dijodid, As-4179*), 34; 53; 270; *N.N.N'-Trimethyl-N.N'.N'-triäthyl-* (Dibromid, As-12117), 61; 58; 152; *N.N'-Dimethyl-N.N.N'.N'-tetraäthyl-* (*Dijodid, As-3659*) 36; 41; 155; *N.N-Dimethyl-N.N'.N'.N'-tetraäthyl-* (*Dibromid, As-4178*), 118; 140; 46; *N-Methyl-N.N.N'.N'.N'-pentaäthyl-* (*Dibromid, As-12118*), 57; 171; 94; *N.N.N.N'.N'.N'-Hexaäthyl-* (*Dibromid, As-3689*), 5,6; 5,6; 104; *N.N.N'.N'-Tetramethyl-N.N'-dipropyl-* (*Dibromid, As-3501*), 0,8; 5; 98; *N.N.N'.N'-Tetramethyl-N.N'-dibutyl-* (*Dibromid, As-3502*), 0,9; 9,8; 35; *N.N.N'.N'-Tetramethyl-N.N'-diallyl-* (*Dibromid, As-3504*), 2,1; 5; 100; *N.N.N'.N'-Tetramethyl-N.N'-dioctyl-* (*Dibromid, As-3505*), 2,5; 16; 40; *N.N.N'.N'-Tetramethyl-N.N'-dibenzyl-* (*Dichlorid, As-3508*), 20; —; 17,5; *N.N.N'.N'-Tetramethyl-N.N'-bis-[carbäthoxyäthyl]-* (*Dichlorid, As-3509*), 5; 5; 215; *N.N-Dimethyl-N.N'-dibutyl-N'.N'-diäthyl-* (*Dibromid*), *As-4101*), 1; 10; 17; *N.N-Dimethyl-N'.N'-diäthyl-N.N'-diamyl-* (*Dibromid, As-4147*), 1,3; 5; 38; *N.N-Dimethyl-N'.N'-diäthyl-N.N'-dihexyl-* (*Dibromid, As-4148*), 19; 6; 5; *N.N-Dimethyl-N'.N'-diäthyl-N.N'-diheptyl-* (*Dibromid, As-4149*), 46; 14; 49; *N.N-Dimethyl-N'.N'-diäthyl-N.N'-bis-[β-hydroxyäthyl]-* (*Dibromid, As-4159*), 113; 100; 283; *N.N-Dimethyl-N.N'.N'-triäthyl-N'-propyl-* (*Dibromid, As-13570*), 89; 82; 85; *N.N-Dimethyl-N.N'.N'-triäthyl-N'-butyl-* (*Dibromid, As-13672*), 187; 107; 51; *N.N.N.N'-Tetramethyl-N'-äthyl-N'-propyl-* (*Dijodid, As-13569*), 70; 59; 240; *N.N.N.N'-Tetramethyl-N'-äthyl-N'-butyl-* (*Dijodid, As-13671*), 52; 45; 170. — β.β'-Diammonio-β-methyldiäthylätherdihalogenide: *N.N.N.N'.N'.N'-Hexamethyl-* (*Dijodid,*

As-8670), 21; 18; 278; *N.N.N'.N'-Tetramethyl-N.N'-diäthyl-* (*Dibromid, As-8671*), 45; 85; 123; *N.N.N.N'-Tetramethyl-N'.N'-diäthyl-* (*Dijodid, As-8772*), 20; 8,6; 114; *N.N-Dimethyl-N.N'.N'.N'-tetraäthyl-* (*Dibromid, As-8773*), 2,3; 5; 50. — β.β'-Diammonio-β.β'-dimethyldiäthylätherdihalogenide: *N.N.N.N'-.N'.N'-Hexamethyl-* (*Dijodid, As-8558*), 5; 5; 305; *N.N.N'.N'-Tetramethyl-N.N'-diäthyl-* (*Dibromid, As-8559*), 4,3; 5; 96. (Acta pharmacol. toxicol. [Köbenhavn] **13.** 52—58. 1957. Kopenhagen, Aktieselskabet Pharmacia; Royal Veterinary, Agric. Coll., Dep. of Pharmacol. and Toxicol.) G. KIMMERLE. 4628

Torsten Fredriksson, *Pharmakologische Eigenschaften von einigen Hydrazonium- und Trimethylammoniumbenzylanalogen, die mit den Dicholinestern verwandt sind.* Die toxikolog. u. neuromuskulären Eigg. folgender Verbb. werden mit denen von Succinylcholin verglichen. — Bis-[β-(dimethylhydrazinio)-äthylester]-dibromide: *Malonsäure-*, 205 (DL_{50} in mg/kg, Maus, intraperitoneal); 10 („head drop"-Dosis in mg/kg Kaninchen); *Bernsteinsäure-*, 40; 2,3; *Glutarsäure-*, 125; 2,8; *Adipinsäure-*, 120; 2,3. — Bis-[p-Trimethylammoniobenzylester]-dijodide: *Malonsäure-*, 18; 0,8; *Bernsteinsäure-*, 12; 1,2; *Glutarsäure-*, 2; 1,1; *Adipinsäure-*, 3; 1,0. — *Essigsäure-p-trimethylammoniobenzylester, Salz,* 5; 0,8. — *p-Trimethylammoniobenzylalkohol, Salz,* 100; 6. — *Succinylcholin,* 0,6 (intravenös); 0,23. Alle untersuchten Verbb. haben also eine neuromuskulär-blockierende Wrkg., die aber geringer ist als die von Succinylcholin. Der Blutdruck von Katzen wird durch diese Verbb. herabgesetzt. Auf die Nickhautkontraktur der Katzen haben sie keinen Einfluß. (Acta pharmacol. toxicol. [Köbenhavn] **13.** 86—89. 1957. Sundbyberg, Schweden, Res. Inst. of Nat. Defence, Sep. 1.) G. KIMMERLE. 4628

R. Tommasini und **N. Passerini,** *Pharmakologische Eigenschaften einiger N-Alkylderivate des 3-Azabicyclo-[3.3.1]-nonans.* Gegenüber dem unsubstituierten 3-Azabicyclo-[3.3.1]-nonan (I; 3-Azaisogranatanin) besitzt *N-Methyl-3-azabicyclo-[3.3.1]-nonan* (II) eine bedeutend stärker ausgeprägte spezif. gangliopleg. Wrkg., die qualitativ der des 3-Methylaminoisocamphans oder Hexamethoniums entspricht, quantitativ ca. 1/4 von jener dieser Verbb. beträgt. Auch ist die Toxizität von II bemerkenswert niedrig. Das N-Äthylderiv. von I zeigt eine schwächere, die N-Allyl- u. N-Isopropylverb. keine Wrkg.; das N-n-Butyl- u. N-Isoamylderiv. wirken stimulierend. Mit der Verlängerung der Alkylkette am N des I nimmt die Antiacetyldialin-Aktivität u. II stellt das erste tert.-Monoamin mit spezif. ganglienblockierender Wrkg. dar. (Farmaco [Pavia], Ediz. sci. **13.** 302 bis 319. April 1958. Labor. Farmaceutici Maestretti S. p. A., Rep. Ric.) H.-E. TOUSSAINT. 4628

M. Ja. Tropp, N. G. Ssinilowa, M. A. Angarskaja und **P. I. Besruk,** *Sowjetisches Ergometrinmaleat.* Bericht über ein sowjet. *Ergometrinmaleat* [1956], das nach Unterss. der Vff. dem ausländ. Präp. durchaus entspricht u. für die geburtshilfliche u. gynäkol. Praxis empfohlen wird. (Медицинская Промышленность СССР [Med. Ind. UdSSR] **12.** Nr. 8. 43—46. Aug. 1958. Charkow, Wiss. Chem.-Pharmazeut. Forschungsinst.) E. RENTZ. 4628

L. G. Stoljarowa, *Einfluß des curareähnlichen Präparates Mellyctin auf die Spastizität und den arteriellen Druck.* 50 Patienten mit spast. Paresen verschied. Grades infolge cerebraler Hämorrhagien wurden mit *Mellyctin* (I), dem Hydrojodid des Alkaloids *Methyllycaconitin* ($C_{37}H_{50}O_{10}N_2$) aus *Delphinium dictiocarpus,* behandelt (0,02 g per os, allmählich steigend auf 0,1—0,12 g täglich; Dauer der Behandlung 30—35 Tage; Gesamtverbrauch von I 1,5—3 g). In 18 Fällen ließ sich eine bedeutende, in 19 eine mäßige, in 8 eine geringe u. in 5 Fällen keine Besserung erzielen. Unter der Wrkg. von I kommt es zu einer Abnahme des Muskeltonus, Zunahme der Beweglichkeit u. Absinken des Blutdruckes bei bestehender Hypertonie. I wirkt durch teilweise Blockierung der Reizübertragung in den myoneutralen Synapsen. (Журнал Невропатологии и Психиатрии имени С. С. Корсакова [Korssakow J. Neuropathol. Psychiatr.] **59.** 203—09. 1959. Moskau, Neurol. Inst. der Akad. der med. Wiss. der UdSSR.) E. RENTZ. 4630

G. Grabner, F. Kaindl und **O. Kraupp,** *Die Wirkung von 2,6-Bis-[diäthanolamino]-4.8-dipiperidinopyrimido-[5.4;d]-pyrimidin auf Herztätigkeit und Coronarkreislauf narkotisierter Hunde.* Die Unters. der Wrkg. von *2.6-Bis-[diäthanolamino]-4.8-dipiperidinopyrimido-[5.4;d]-pyrimidin* (I) auf Coronarkreislauf (N_2O-Meth.), Herzfrequenz, Minutenvol. (FICKsche Meth.), Aorten- u. Pulmonalisdruck (elektromanometr.) u. Coronar-AV-O_2-Differenz zu narkotisierten Hunden (Morphin, Chloralose) bei uneröffnetem Thorax ergab nach 1 mg/kg (intravenös) innerhalb der ersten 20 Min. Senkung der Coronar-O_2- AV-Differenz auf fast 1/3, Steigerung des Coronardurchflusses um 1/3, Senkung des coronaren Gefäßwiderstandes um 1/3 u. Anstieg der Herzfrequenz. Aortendruck u. Minutenvol. nahmen geringfügig, das Schlagvol. deutlich ab, während Pulmonalisdruck u. die bestimmten Atemfunktionsgrößen prakt. unverändert blieben. I ähnelt in seinen Eigg. mehr den Nitriten als Purinen u. Nicethanoid, die zusätzlich stimulierend auf das Myocard wirken. (Arzneimittel-Forsch. **9**. 45—47. Jan. 1959. Wien, Univ., II. Med. Klinik; Pharmakol. Inst.) K. MAIER. 4630

Y. Saudan, *Die Behandlung von asthmatischen Dyspnoen durch Néo-Efrodal.* Bei verschied. Asthmaformen bewährte sich *Néo-Efredal* (I; SIEGFRIED); I enthält neben *β-Hydroxypropyltheophyllin* das *Hydrochlorid von Cyclopentylmethylaminopropan, Magnopyrol* (*Mg-Salz der Phenyldimethylpyrazolonmethylaminomethansulfonsäure*), *Phenyläthylbarbitursäure* u. das *Methylnitrat von Atropin.* (Praxis [Bern] **45**. 197—99. 1/3. 1956. Lausanne, Univ., Policlin. méd.) H. DOSSMANN. 4630

Claus Curth, *Zur Wirkungsweise von Hydroxypropyltheobromin auf den Rest-N.* Nach intravenöser Injektion von 300 mg *1-[β-Hydroxypropyl]-theobromin* (I; *Cordabromin*, HOMBURG) konnten innerhalb 30 Min. Senkungen des Rest-N-Geh. im Blut bei Personen mit n. oder übernormalem Rest-N-Spiegel beobachtet werden, die zwischen 4 u. 27 mg% schwankten; die großen Abnahmen erfolgten bei Personen mit erhöhten Ausgangswerten; das erniedrigte Niveau wird ca. 24 Std. gehalten. Der Wirkungsmechanismus von I ist noch nicht geklärt; da andere Purinkörper [*Theophyllin–Diäthanolamin* (*Deriphyllin*, HOMBURG) u. *Hydroxyäthyltheophyllin* (*Cordalin*, HOMBURG)] eine sehr viel geringere Senkung des Rest-N (nur durchschnittlich 3 mg% gegenüber durchschnittlich 8 mg% nach I) verursachen, kann eine Steigerung des Plasmadurchflusses der Niere u. des Glomerulusfiltrats allein nicht für die Wrkg. verantwortlich sein. (Die Medizinische **1959**. 83—85. 10/1. Nordenham/Weser, Kreiskrankenhaus, Int. Abt.) U. TAUSENDFREUND. 4630

Ernst Peschel und **Clotilde Schlayer,** *Wirkung von Digitalisglykosiden auf den Sauerstoffverbrauch des Herzmuskels in vitro.* In einer Konz. von 10^{-5} mol. stimulieren die untersuchten Herzglykoside *Strophanthin G* (*Ouabain*, ARNAUD) u. *Desacetyllanatosid C* (*Cedilanid*, SANDOZ) den O_2-Verbrauch von Rattenherzmuskelschnitten in vitro um 12—19%. Dagegen wird der O_2-Verbrauch von Leber- u. Nierenschnitten durch die Digitalisglykoside herabgesetzt. Schon kleine Konzz. der Glykoside vermindern den O_2-Verbrauch in der quergestreiften Muskulatur (Zwerchfell); durch höhere Konzz. kommt es dort sogar zu Zellschädigungen. (J. Lab. clin. Med. **52**. 417—22. Sept. 1958. Durham, N.C., Duke Univ., Med. Center, Dep. of Med.) G. KIMMERLE. 4630

M. A. Angarskaja, E. I. Gendenstein, D. G. Kolessnikow, W. Je. Ssokolowa und **Ja. I. Chadshai,** *Die neuen sowjetischen Fingerhutpräparate Digitoxin und Gitoxin.* Bericht über die positive experimentelle u. klin. Erprobung der aus *Digitalis purpurea* gewonnenen sowjet. Glykosidpräpp. *Digitoxin* u. *Gitoxin* in Form von Tabletten zu 0,1 bzw. 0,2 mg. (Медицинская Промышленность СССР [Med. Ind. UdSSR] **12**. Nr. 2. 58—59. Febr. 1958. Charkow, Wiss. Chem.-Pharmazeut. Forschungsinst.) E. RENTZ. 4630

Chi-chiang Lin, Shu-kai Chang und **Kuang-sheng Ting,** *Untersuchung über Medikamente zur Behandlung von Hypertonien. 5. Mitt. Toxizität und experimentelle perorale Therapie mit Scutellaria baicalensis bei Hunden.* (3. vgl. C. **1959**. 9318.) Die perorale Toxizität von pulverisiertem *Scutellaria baicalensis* GEORG ist beim Hund sehr gering; 12 g/kg werden ohne tox. Zeichen vertragen, 15 g/kg verursachen Erbrechen. In Dosen von 1 g/kg t. i. d. wird sowohl bei renaler Hypertonie wie bei n. Tieren eine Senkung des systol. Blutdruckes von durchschnittlich 20 mm Hg u. des diastol. Blutdruckes bis zu 20 mm Hg erzielt, so daß durchaus von einer hypotensiven Wirksamkeit dieser chines. Heilpflanze gesprochen werden kann. (Acta physiol. sinica **22**. 249—55. Sept. 1958. Shanghai, Acad. Sinica, Inst. of Materia Med. [Orig.: chines.; Auszug: engl.]) U. TAUSENDFREUND. 4630

W. Logemann, P. N. Giraldi und **M. A. Parenti,** *Diuretische Wirkung von Chlorthiazidderivaten.* Chlorothiazid (*6-Chlor-7-sulfamyl-1.2.4-benzothiadiazin-1.1-dioxyd*) ist stark diuret. wirksam u. hemmt wie *N-Acetylaminosulfamylthiodiazol* die Carboanhydrase. Es verursacht eine erhöhte Ausscheidung von Na-Salzen u. Wasser. Das Verhältnis der Urinexkretionen von unbehandelten zu denen behandelter Tiere beträgt: *1.2.4-Benzothiadiazin-1.1-dioxyd* (**I**) 1,46; *7-Sulfamyl-1.2.4-benzothiadiazin-1.1-dioxyd* (**II**) 1,34; *4-Aminobenzol-1.3-disulfonamid* (**III**) 1,24; *4.6-Diaminobenzol-1.3-disulfonamid* (**IV**) 0,62; *4-Amino-6-chlorbenzol-1.3-disulfonmethylamid* 2,48; *4-Amino-6-chlorbenzol-1.3-disulfonallylamid* 1,64; *4-Amino-6-chlorbenzol-1.3-disulfonbutylamid* 1,79; *4-Amino-6-chlorbenzol-1.3-disulfondimethylamid* 1,99; *4-Amino-6-chlorbenzol-1.3-disulfonmorpholinamid* 0,82; *4-Amino-6-chlorbenzol-1.3-disulfoncyclohexylamid* 1,19. Die Inaktivität von **I—IV** beweist, daß eine freie Sulfamylgruppe nicht erforderlich ist, wohl aber die Anwesenheit von Cl in 6-Stellung. (Nature [London] **182**. 1510—11. 29/11. 1958. Milano, Ist. „Carlo Erba" per Ricerche Terapeut., Chem. Res. Labor. and Biol. Res. Labor.) K. WOLFF. 4634

A. J. Zuckerman und **A. A. Chazan,** *Agranulocytose mit Thrombocytopenie nach Chlorothiazidbehandlung.* Bei einem 70jährigen Patienten, der eine Herzdekompensation hatte, bildete sich während einer 13tägigen Behandlungszeit mit Digoxin u. *Chlorothiazid* (*6-Chlor-7-sulfamyl-1.2.4-benzothiadiazin-1.1-dioxyd*), einem oral wirksamen Diureticum, eine erhebliche Agranulocytose u. Thrombocytopenie mit tödlichem Ausgang aus. Der Patient hatte insgesamt 25 g Chlorothiazide erhalten. Die Symptome entsprachen einer tox. Schädigung des Knochenmarks bei einer idiosynkrat. Reaktion. (Brit. med. J. **1958. II.** 1338. 29/11. London, Whittington Hosp.) G. KIMMERLE. 4634

Benjamin G. Oren, Maurice Rich und **Martin S. Belle,** *Chlorothiazid* (*Diuril*), *ein hyperuricacidämischer Stoff.* *Chlorothiazid* (*Diuril*), das als Diureticum u. blutdrucksenkendes Mittel klin. verwendet wird, erhöht die Ausscheidung von Na^+, K^+ u. Cl^- bedeutend. Bei 2 Patienten konnte bei der Behandlung mit Chlorothiazid eine deutliche Erhöhung des Harnsäuregeh. im Blut festgestellt werden. Symptomatolog. fand sich wie bei der echten Gicht Gliederschmerzen, u. röntgenolog. sind bes. an den Fußknochen Veränderungen zu beobachten. (J. Amer. med. Assoc. **168.** 2128—29. 20/12. 1958. Miami, Fla., Univ., School of Med.) G. KIMMERLE. 4634

Manuel O. Jaffe und **Robert R. Kierland,** *Durch Chlorothiazid* (*Diuril*) *hervorgerufene Purpura.* Bei 2 Patienten, die mit *Chlorothiazid* (*Diuril, 6-Chlor-7-sulfamyl-1.2.4-benzothiadiazin-1.1-dioxyd*) behandelt wurden (2mal täglich 500 mg), kam es zu einer generalisierten Purpura, die nach Absetzen der Behandlung zurückging. Eine erneute Verabreichung des Präp. bewirkte sofort wieder eine Purpura. (J. Amer. med. Assoc. **168.** 2264—65. 27/12. 1958. Rochester, Minn., Mayo Clinic, Section of Dermatol.) G. KIMMERLE. 4634

E. Mahnert, *Klinische Erfahrungen mit p-Methoxyphenyldithiocyclopententhion bei Virushepatitis. 3-p-Methoxyphenyl-1.2-dithiocyclopenten-*(*3*)*-thion-*(*5*) (**I**) bewirkt intensive Steigerung der Gesamtcholerese, normalisiert rasch die exkretor. Leberfunktion, erhöht das red. Blut-Glutathion u. verbessert den N-Haushalt durch Stimulierung der Harnstoffbildung. **I**-Behandlung von Patienten mit akuter ikter. Virushepatitis ergab gegenüber einer Kontrollreihe eine deutliche Besserung. (Wiener med. Wschr. **107.** 1055—60. 28/12. 1957. Graz, Landeskrankenhaus, II. Med. Abt.) K. MAIER. 4640

René Raymond Paris, *Wirkung von Rutin und Quercetin auf das experimentelle Magengeschwür der Ratte.* Rutin (**I**) übt in einer subcutanen Dosis von 25—50 mg/kg eine Schutzwrkg. gegenüber experimentellen Magengeschwüren an der Ratte aus (Verminderung der Anzahl der Geschwüre um 50% im Vgl. zu den Kontrollen). Eine ähnliche Wrkg. zeigte *Khellin.* Quercetin dagegen, ein Hydrolyseprod. von **I**, ergab bei gleicher Dosierung nur eine geringe Wirkung. (C. R. hebd. Séances Acad. Sci. **246.** 2183—85. 9/4. 1958.) H. AMAN. 4645

T. O. Keyriläinen und **M. K. Paasonen,** *Die Antiulcuswirkung von Bufarol bei der Shay-Ratte.* Durch Pylorusligatur können bei Ratten Magengeschwüre erzeugt werden (sogenannte Shay-Ratten). Es werden bei solchen Tieren vergleichende Unterss. über die Antiulcuswrkg. u. die antipept. u. anacide Aktivität von *Bufarol* (Gemisch von Al-Salzen von Aminosäuren aus Eiweißhydrolysaten, LUNDBECK U. CO., Kopenhagen) u. koll. Aluminiumhydroxyd gemacht. Werden diese Präpp. zur Zeit der Ligatur in den Magen der Tiere gebracht, so verhindern beide die Bldg. von Magengeschwüren, erhöhen den p_H-Wert des Magensaftes, setzen den Geh. an freier HCl herab u. senken die pept. Aktivität des Magensaftes. Die Magensaftproduktion, Gesamtacidität u. relative pept. Konz. des Magensaftes bleiben unverändert. (Acta pharmacol. toxicol. [Köbenhavn] **13.** 22—29. 1957. Turku, Finnland, Univ., Dep. of Pharmacol.) G. KIMMERLE. 4645

L. G. Goodwin, L. G. Jayewardene und **O. D. Standen,** *Klinische Versuche mit Bepheniumhydroxynaphthoat gegen Hakenwurminfektionen in Ceylon.* Bei der Behandlung der Hakenwurminfektion zeigte sich *Bepheniumhydroxynaphthoat* (*Benzyldimethyl-2-phenoxyäthylammonium-2'-hydroxy-3'-naphthoat*; **I**) in Dosen von 2 oder 3 g als wirkungsvoll u. war der *Tetrachloräthylen*-Behandlung vorzuziehen. Neben-Wrkgg. traten nicht auf. **I** war auch gegen Rundwürmererkrankungen erfolgreich; Tetrachloräthylen war dabei unwirksam. (Brit. med. J. **1958. II.** 1572—76. 27/12. Colombo, Ceylon, Med. Research Inst.; Londons, Wellcome Labor. of Tropical Med.) G. KIMMERLE. 4649

E. W. Rogers, *Ausscheidung von Bepheniumsalzen im Urin von Freiwilligen.* (Vgl. vorst. Ref.) Die Urinausscheidung von *Bepheniumsalzen* (*Bromid, Emboat, Hydroxynaphthoat = Alcopar*) wurde bei freiwilligen Personen untersucht. Mit Ausnahme des in W. etwas lösl. Bromids wurden die Salze sehr langsam ausgeschieden. Bei Dauermedikation kam es zu einer kumulativen Ausscheidung. — Meth.: 1 ml Urin u. 300 mg NaCl schütteln, 8 ml Äthylenchlorid zusetzen. Schütteln, Zentrifugieren. 6 ml der unteren

Schicht zu 0,4 ml gesätt. Methylorangelsg. geben, schütteln, Überschuß an Methylorange entfernen u. 5 ml 40%ig. NaOH-Lsg. zugeben. Zentrifugieren, 4 ml der überstehenden Fl. u. 0,4 ml Säure-A. mischen u. bei 540 mμ photometrieren. (Brit. med. J. **1958. II.** 1576—77. 27/12. London, Wellcome Labors. of Tropical Med.) G. KIMMERLE. 4649

Kiyohiri Kawai, Takahisa Tanaka und **Eiichi Hasegawa,** *Untersuchungen über einen Stoff, der mit Alkali rot wird und im menschlichen Harn nach Zuführung von Santonin ausgeschieden wird.* Eine Substanz, welche nach *Santonin*-Gaben im Harn ausgeschieden wird u. mit Alkali eine rote Farbe ergibt, wird mit einer Reihe organ. Lösungsmittel extrahiert. Am günstigsten erweist sich Äthylacetat, aber auch die Chromatographie an Silicagel ist brauchbar. (J. Kyoto prefect, med. Univ. **62.** 941—44. Dez. 1957. Kyoto, Univ., Dep. of Biochem. [Orig.: japan.; Auszug: engl. S. LXI.]) H. STRUCK. 4649

O. Hengen und **H. Kasparek,** *Hustenhemmende Wirkung einer neuen Substanz.* Es wurden Toxizität (DL_{50} 240 mg/kg Maus, subcutan), hustenhemmende Wrkg. u. therapeut. Breite (16, Codeinsulfat 15) des Salzes (R 522) aus *1-Dimethylamino-3.3-diphenylhexanon-(4)* u. *2.6-Di-tert.-butylnaphthalindisulfosäure* bestimmt: R 522, $C_{38}H_{49}$·NO_7S_2, eine säuerlich schmeckende, krist. Substanz, mit relativ guter Löslichkeit in CH_3OH, A. u. anderen Alkoholen, wirkt günstiger als Codein u. besitzt eine größere therapeut. Breite als 1.1-Diphenyl-1-dimethylaminoäthylbutanon-(2)-hydrochlorid (9,5). R 522 ist nur in einem engen sauren p_H-Bereich beständig; bei höheren p_H-Werten entsteht das sehr schwer lösl. Addukt aus 2 Moll. Base u. 1 Mol. Säure. (Arzneimittel-Forsch. **8.** 620. Sept. 1958. Konstanz, Ravensberg G. m. b. H.) K. MAIER. 4650

J. Walther, *Behandlung von Erkrankungen des Respirationstraktes mit einem Wirkstoffauszug aus Cochlearia armoracia (Meerrettich).* Das Einreibepräp. *Balsalyt* (MADAUS; **I**) besteht aus einem *Meerrettichextrakt* mit sekretolyt. u. expektorierender Wrkg. zur Anwendung bei akuten Rhinitiden, Halsentzüdungen, Bronchitiden u. Pleuritiden. Das Senföl des Meerrettichs soll zu 88,7% aus *Allylsenföl* (**II**), welches sich in vitro durch starke antibiot. Wirksamkeit auszeichnet, u. zu 11,3% aus *Methylthiopentylsenföl* bestehen u. insgesamt eine ca. 5mal stärker bakteriostat. Wrkg. als **II** allein haben. Die hautreizende Wrkg. des Meerrettichsenföls soll in **I** nur mäßig ausgeprägt sein. (Die Medizinische **1959.** 78—79. 10/1. Koblenz, Krankenhaus Ev. Stift St. Martin, Int. Abt. U. TAUSENDFREUND. 4650

E. Weinig und **W. Schwerd,** *Gefahren bei der Behandlung der Bleiintoxikation mit Calciumversenat (Mosatil, Komplexon).* Zu den bisher veröffentlichten 3 Todesfällen nach Behandlung von *Blei*-Vergiftungen mit *Calciumversenat* kommt nun ein weiterer. Ein Arbeiter mit chron. Bleivergiftung erhielt mehrere Infusionen von 300 ml *Mosatil* (*Monocalciumdinatriumäthylendiamintetraacetat,* BAYER; **I**) in 40%ig. Lsg., worauf der Patient fast immer mit akutem Fieberschub, Schüttelfrost u. Muskelschmerzen reagierte. Es trat dann eine Urämie auf, die den Tod des Patienten herbeiführte. Durch **I** kann es bes. dann zu einer akuten Schädigung des Tubulusepithels kommen, wenn schon eine vorgeschädigte Niere vorliegt. Daher sollte **I** nur bei einwandfreier Nierenfunktion angewendet werden. (Münchener med. Wschr. **100.** 1788—89. 14/11. 1958. Erlangen, Univ., Inst. für gerichtliche Med.) G. KIMMERLE. 4675

Alexander Papp, *Fälle von Propan–Butan–Gas-Vergiftungen.* Bei Vergiftung durch Einatmung von *Propan–Butan*-Gas kommt es zu Parasympathicuserregungen und schließlich zu schweren narkot. Erscheinungen. Leberschädigungen u. Pneumonien sind möglich. (Münchener med. Wschr. **101.** 235—37. 6/2. 1959. Kaposvár, Ungarn, Komitatkrankenhaus, Int. Abt.) U. TAUSENDFREUND. 4675

J. P. Rutland, *Die Wirkung einiger Oxime auf die Sarinvergiftung.* Die Unters. der Wrkg. von *Monoisonitrosoaceton* (I), *Diacetylmonoxim* (II) u. *Pyridin-(2)-aldoximmethojodid* (**III**) auf die *Cholinesterase* (**IV**) *Sarin* (**V**)-vergifteter Ratten zeigte, daß vor subcutaner **V**-Zufuhr intraperitoneal gegebenes **I** u. **II** Blut- u. Hirn-**IV** gegen Hemmung schützten. **I** bewirkte bei Anwendung nach Auftreten von Vergiftungserscheinungen schnelle Reaktivierung von Hirn-**IV**. Eine äquimol. **II**-Dosis steigerte die **IV**-Aktivität nur geringfügig u. **III**, der beste in-vitro-Reaktivator, reaktivierte nur Blut-**IV**, nicht aber Hirn-**IV**. Es besteht ein Zusammenhang zwischen Schutz u. Reaktivierung von Hirn-**IV** u. der Verhütung u. Aufhebung der Vergiftungserscheinungen. (Brit. J. Pharmacol. Chemotherapy **13.** 399—403. Dez. 1958. Porton Down, Chem. Defence Exp. Establishment.) K. MAIER. 4675

H.-W. Schlipköter, I. Rothes und **A. J. Defesche,** *Einfluß des Dispersionsgrades einer feinkörnigen (200 Å) amorphen Kieselsäure auf die biologische Wirkung bei intratrachealen Rattenversuchen. Ein Beitrag zur Pathogenese der Silicose.* In W. suspendierte amorphe Kieselsäure neigt zur Aggregatbildung. In wss. Suspensionen von 1% *Aerosil* (**I**; DEGUSSA) entstehen durch Erhitzen (65°/45 Min.) keine elektronenopt. nachweisbaren

Strukturveränderungen; eine maschinelle Homogenisierung führt dagegen zur Zerlegung der Aggregate. Nach 5maligen intratrachealen Applikationen von je 0,5 ml Suspension mit 5 mg I in wöchentlichen Abständen an Albinoratten wurde an Hand der Letalitätsraten u. der histol. Veränderungen im Lungengewebe gefunden, daß die I-Toxizität durch Erhitzung bzw. Homogenisierung — am stärksten durch beides — gesteigert wird. Nicht homogenisierte I-Suspensionen bewirken beschleunigte Fibrosen, was durch eine schlechtere Löslichkeit der „depotähnlichen“ Aggregate im Vgl. zum feinstdispergierten I erklärt wird. (Z. Hyg. Infektionskrankh. **143.** 533—42. 18/4. 1957. Düsseldorf, Med. Akademie, Inst. für Hyg. u. Mikrobiol.) E. Speyer. 4681

F. Pharmazeutische Chemie. Desinfektion.

Ole Weis-Fogh, *Oxydation von Reserpin bei Herstellung von Reserpintabletten* (Vorl. Mitt.) Bei der Herst. von *Reserpin*-Tabletten wird die Wirksamkeit von Butylhydroxyanisol, Hydrochinon, Nordihydroguajaretsäure (I) u. Propylgallat als Antioxydantien untersucht. Sie sind alle wirksam, am besten I. In Verss. unter Bedingungen, bei denen ohne Zusatz von Antioxydantien 75% Zers. stattfinden, wird bei Ggw. von 20 γ I je Tablette nur 1% zersetzt. Bei Lagerung im Tageslicht sind die Antioxydantien unwirksam. (Arch. Pharmac. og Chem. **65** **(115).** 859—62. 8/11. 1958. Danmarks Apotekerforen. Kontrollabor.) R. K. Müller. 4766

L. A. Rumjanzewa, *Eucalyptus globulus als Rohstoff für die Gewinnung von medizinischem ätherischem Cineolöl. Eucalyptus cinerea F. v. Müller* liefert ein dem Eucalyptus globulus gleichwertiges äther. Öl. Die Blätter enthalten 3—5% Öl, dessen Cineolgeh. den Anforderungen der sowjet. Pharmakopoe (VIII. Ausgabe) entspricht. Im Herbst u. Winter beobachtet man die höchste Ausbeute an Öl mit hohem Cineolgeh. u. geringem Säure-, Alkohol- u. Estergehalt. (Аптечное Дело [Apothekenwesen] **7.** Nr. 5. 39—43. Sept./Okt. 1958. Allunions Wiss. Forsch.-Inst. für Arznei- u. Gewürzpflanzen.) H.-W. Gramm. 4782

Ss. A. Minina, *Scopolia tangutica als neuer Rohstoff zur Gewinnung von Tropanalkaloiden.* Es wird nachgewiesen, daß die Blätter u. Stengel der *Scopolia tangutica Maxim,* die sich unter den Bedingungen des Leningrader Klimas gut kultivieren ließ, sehr reich an Tropanalkaloiden sind, vor allem im Juni u. Juli. Je älter die Pflanze ist, um so mehr Alkaloide enthält sie. Blätter u. Stengel einer 2jährigen Pflanze enthalten im Juli 1,24 bzw. 0,425%, die einer 22jährigen Pflanze 1,67 bzw. 1,437% u. während der Knospenzeit 3,13 bzw. 2,38% des Trockengewichts an Tropanalkaloiden. (Медицинская Промышленность СССР [Med. Ind. UdSSR] **12.** Nr. 9. 11—16. Sept. 1958. Leningrad, Chem.-Pharmazeut. Inst.) E. Rentz. 4782

W. Jarzębińska und **M. Szymańska,** *Gewinnung von Tropinalkaloiden aus Scopolia Lurida Dun.* Aus 4jährigen Pflanzen mit 2,6% Alkaloidgeh. wurden durch Extraktion mit Bzl. 2% Rohalkaloide erhalten, aus denen durch Kristallisation nur 0,13% (bezogen auf Trockenmasse) einer Mischung von *l-Hyoscyamin* (60%) u. *Atropin* (40%) isoliert werden konnten. (Acta polon. pharmac. **15.** 355—59. 1958. Łódź, Akad. Med., Zakł. Farmakogn.) F. Urban. 4782

K. Ss. Rybalko und **A. I. Bankowski,** *Dynamik der Anreicherung von Santonin, ätherischem Öl und Harzen in Artemisia cina Berg.* Kultiviert man *Artemisia cina Berg* unter Bedingungen, welche jenen der wildwachsenden Pflanze annähernd entsprechen, so nimmt der Geh. der Blütenkörbchen („Zitwersamen“) u. Blätter an *Santonin* (I), *äther. Öl* u. *Harzen* nicht ab; ihr Geh. während der verschied. Entwicklungsphasen der Pflanze ist aber unterschiedlich. So enthalten die Blütenkörbchen 2—3jähriger Pflanzen während der Knospenzeit die höchsten Mengen an I (6—7%), äther. Öl (3—4%) u. Harz (13—14%). In den Blütenkörbchen sind I u. äther. Öl hauptsächlich in den äußeren Hüllen, in den inneren Organen der Blüte jedoch nur in Spuren enthalten. Der Geh. der Blütenkörbchen an äther. Öl u. Harzen nimmt parallel zum Geh. an I ab bzw. zu. (Медицинская Промышленность СССР [Med. Ind. UdSSR] **12.** Nr. 9. 7—11. Sept. 1958. Allunions Wiss. Forsch.-Inst. für Arznei- u. Gewürzpflanzen.) E. Rentz. 4782

W. E. Court, W. C. Evans und **G. E. Trease,** *Die Alkaloidverteilung in Rauwolfia caffra Sond. und verwandten Arten.* Der höchste Geh. an Reserpin findet sich im inneren Phloem, während die Alkaloide der Ajmalingruppe gleichmäßiger in der ganzen Pflanze, jedoch nicht im Kork vorkommen. Der Alkaloidgeh. dünner Borke ist größer als der dicker Borke, aber sehr gering in Stamm u. Wurzel. Die Unterss. erfolgten durch Papierchromatographie mit Amylalkohol–PAe.–Eisessig–W. 3:1:3:3, die quantitativen Bestimmungen der Alkaloide fluorimetr. nach Oxydation. (J. Pharmacy Pharmacol. **10.** 380—83. Juni 1958. Nottingham, Univ.; Liverpool, Coll. of Technol., Dep. of Pharmacy.) E. Lück. 4782

Nils Diding, *Bakteriologische Gesichtspunkte zu Aqua destillata für pharmazeutischen Gebrauch.* Bakteriol. Anforderungen an dest. W. für pharmazeut. Zwecke; bakteriol. Unters.; Anweisungen für Herst. u. Behandlung von dest. Wasser. (Svensk farmac. Tidskr. **62.** 801—06. 10/12. 1958.) R. K. MÜLLER. 4786

B. N. Stepanenko, O. N. Ponomarewa, Je. M. Afanassjewa und **R. A. Bakssowa,** *Über Eremuran, ein neues Polysaccharid aus der Wurzel von Eremurus Regelii.* Die trockenen Wurzeln von *Eremurus Regelii* enthalten 30% *Eremuran* (**I**). **I** ist ein weißes amorphes Pulver, das mit W., im ungefähren Verhältnis 1:10, eine klebrige, stark opalescierende Lsg. bildet. Die Verwendung von **I** als Emulgator in der Pharmazie erscheint aussichtsreich. Die mit dem OSTWALD-Viscosimeter bei 20° bestimmte Viscosität einer frischbereiteten 5%ig. Lsg. ist ca. 90mal größer als die Viscosität einer Gummiarabikumlsg. von gleicher Konz.; $[\alpha]_D^{26}$-32,5° im W. (c = 0,98, l = 1). Mit FEHLINGscher Lsg. zeigt **I** kaum merkliche red. Eigenschaften. Das nach der Meth. HAGEDORN-JENSEN bestimmte Reduktionsvermögen beträgt ca. 0,04% des von Glucose. Nach 3std. Hydrolyse in 2,5%ig. HCl steigt es um 90—94% an (umgerechnet auf Glucose). Dies zeigt, daß **I** ein Polysaccharid ist. Grobe Näherungsberechnungen ergaben, daß der Polymerisationsgrad eines derartigen Polysaccharids 2000 übersteigt. Bei Einw. mit Phenylhydrazin konnten aus dem Hydrolysat sehr leicht Osazone ausgeschieden werden, die nach der ersten Kristallisation einen F. von 182—183° hatten, bei fünfmaliger Kristallisation 190—191°. Die Zus. von **I** kann am erfolgreichsten nach der chromatograph. Meth. ermittelt werden. Durch Kombination von Lösungsm. u. Entwickler: Kollidin-W.; Butanol-CH_3COOH-W. u. Anilin-Phthalat konnte festgestellt werden, daß Glucose u. Mannose die wichtigsten Strukturkomponenten von **I** sind. Außer Glucose u. Mannose wurden in einigen Fällen auf dem Papier noch 2—3 sehr schwache Flecken festgestellt. J_2 bewirkt eine Rotfärbung von **I**, die bei Erwärmung verschwindet u. beim Abkühlen wieder erscheint. Die mit 1—2 Vol. 96%ig. A. aus **I** erhaltenen Fraktionen zeigen mit J_2 verschied. Rkk., was aber nur durch den Unterschied im Polymerisationsgrad bedingt ist. Die Reinheit von **I** ist durch die Versuchsergebnisse nicht endgültig gesichert. (Доклады Академии Наук СССР [Ber. Akad. Wiss. UdSSR] **111.** 652—55. 21/11. 1956. Labor. für physiolog. Chem. der Akad. der Wiss. der UdSSR.) OTTO MAIER. 4786

I. M. Fefer, *Der feste Teil des fetten Öls der Fenchelfrüchte als Ersatz für Kakaobutter. Fructus Foeniculi* (ukrain. Herkunft) enthielten 18—23% fettes Öl. D. 0,9208 bis 0,9226, n_D^{20} 1,4706—1,4711, F. 17—21°; SZ. 27,6—27,9, VZ. 188,29—189,25, JZ. 96,1 bis 96,41, Rhodanzahl 81,22—81,23, Unverseifbares: 3,6—3,8%. Das Öl enthält 30—35% feste Glyceride, die hinsichtlich F. u. Härte dem Oleum cacao ähneln. Vf. stellt die Eignung des festen Anteils von fettem Fenchelöl als Ersatz für Oleum cacao bei der Herst. von Suppositorien u. Globuli fest. Die Fettsäuren bestehen vorwiegend aus ungesätt. Säuren der Oleinsäurereihe. Vorherrschend ist die Petroselinsäure; auch α-Linolsäure kommt vor. (Аптечное Дело [Apothekenwesen] **7.** Nr. 5. 30—34. Sept./Okt. 1958. Kiew, Apotheke No. 42.) H. W. GRAMM. 4786

Rudolf-M. Schütz, Hans Kaller und **Werner Koll,** *Ein deutsches Adonis vernalis-Standardpräparat.* Unter Verwendung von abgelagertem *Adonis vernalis*-Drogenmaterial von nur 2%ig. Wassergeh. mit vermutlich hinreichender Wirksamkeitskonstanz lassen sich Standardextrakte herstellen. Obiges Standardpulver (unter N_2 in Ampullen abgefüllt u. kühl gelagert) wird pro 1 g mit 10 ml 70%ig. A. übergossen, sodann mit eingefettetem Schliffstopfen verschlossen, umgeschüttelt u. 48 Std. bei Zimmertemp. extrahiert. Nach Filtration wird ein Extrakt mit 10^{-1} g Droge/ml erhalten. Spätere Verdünnung wird mit physiol. NaCl-Lsg. vorgenommen. Die Wirkkonstanz des Standpräp. kann durch Vgl. mit gereinigtem Adoniskonzentrat geprüft werden. (Arzneimittel-Forsch. **8.** 566—67. Aug. 1958. Göttingen, Max-Planck-Ges., Med. Forsch. Anst., Standard-Abt.)
U. TAUSENDFREUND. 4790

Erik Sandell und **Arne Palm,** *Improvisierte Herstellung von Augentropfen, einige Vorschläge.* Für die Sterilisation von Augentropfen wird ein kleiner, mit UV-Lampe versehener Sterilisierbehälter (60·40·35 cm) empfohlen. Statt Wägung ist Abmessung von Lösungsmitteln vorzuziehen. Nach einem amerikan. Vorschlag wird eine isoton. Lsg. des Arzneimittels mit isoton. Lösungsm. (physiol. NaCl-Lsg., 2%i.g H_3BO_3-Lsg.) verd.; Erläuterung am Beispiel von Pilocarpinaugentropfen. (Svensk farmac. Tidskr. **62.** 806—08. 10/12. 1958. Farmac. inst., avd. för gain. farmaci.) R. K. MÜLLER. 4790

Ole Weis-Fogh, *Künstliche Tränenflüssigkeit. Kommentare zur Herstellungsvorschrift.* Die künstliche Tränen-Fl., die bes. bei Keratoconjunctivitis (SJÖGREN-Syndrom) angewandt wird, ist eine isoton. NaCl-Lsg. mit 0,5% Methylcellulose u. (als Konservierungsmittel) 0,002% Phenylmercuriacetat. Die Lsg. mit Viscosität ca. 12 cP bei 20° muß quantitativ durch Glasfilter (Jena G 3 oder-ähnlich) filtriert werden. Für die Sterilisierung wird 20 Min. Erhitzen unter Abschluß empfohlen. Die Viscosität nimmt bei Erhitzen u. bei längerem Stehen ab. (Arch. Pharmac. og Chem. **65** (**115**). 811–16. 25/10. 1958. Danmarks Apotekerforen. Kontrollabor.) R. K. Müller. 4790

E. V. Christensen, *Herstellung von Sirupus cerasi.* Die für die Herst. von *Sirupus cerasi* vorzuziehende Sauerkirschsorte Prunus cerasus L. var. austerea Ehrh. enthält in reifem Zustand wenig Pektin u. relativ viel Pektase. Für die Herst. eines haltbaren Sirups empfiehlt Vf., aus 1000 g frischer Früchte mit Zusatz von 1 g Na-Benzoat einen Brei zu gewinnen, aus dem am nächsten Tag 650 g ausgepreßt werden; der Preßkuchen wird mit 50 g A. 8 Tage angesetzt, dann ausgepreßt. Die vereinigten Preßsäfte werden nach Absitzen des Nd. abgehebert, filtriert u. auf Flaschen gefüllt; für die Sirupgewinnung wird Zucker im Preßsaft (1:1) bei höchstens 50–60° gelöst, damit kein Benzaldehyd verlorengeht. (Arch. Pharmac. og Chem. **65** (**115**). 803–11. 25/10. 1958. Oxford, Allé apotek.) R. K. Müller. 4790

H. J. Florestano, M. E. Bahler und **S. F. Jeffries,** *Vergleichsweise Freisetzung von Antibioticis aus Salbengrundlagen vom wassermischbaren und vom Fettyp.* Im Zusammenhang mit der Entw. antibiot. hochwirksamer Hautsalben wird Freisetzungsvermögen u. Wirksamkeit von *Polycin* [Pitman-Moore; Bacitracin (**I**) + Polymyxin (**II**)], von *Neo-Polycin* [**I** + **II** + Neomycin (**III**)] sowie von **I**, **II** oder **III** aus verschied. Typen von Salbengrundlagen im Agarplattentest gegen P. vulgaris, Ps. aeruginosa, E. coli, St. aureus u. Str. pyogenes geprüft. Hiernach wirken Präpp. vom wassermischbaren Typ (*Fuzene*, Pitman-Moore; Polyäthylenglykoldiestergrundlage) kräftiger als solche vom Fettyp (Paraffin + Mineralöl + Lanolin). (J. Amer. pharmac. Assoc., sci. Edit. **45**. 538–41. Aug. 1956. Indianapolis, Ind., Pitman-Moore Co., Div. of Allied Labors., Inc.) Heinz Walter. 4792

Aurelio Innocenzi und **Italo Priola,** *Eine neue blutstillende, resorbierbare Gaze und ihre Autolyse in der Leber.* Die Einführung einer aus neutraler *Oxycellulose* bestehenden Spezialgaze in die Abdominalhöhle von Meerschweinchen bewirkt weder Intoleranzerscheinungen noch Änderungen der Körpertemperatur. In 7 Tagen ist das Material völlig resorbiert. — 11 Literaturangaben. (Patol. sperim. **43**. 49–55. 1955, Turini Ospedale Maria Vittoria, Chir. u. Gynäkol.) Th. Marsson. 4794

O. Bremer, *Vergleich mikrobiologischer und chemischer Methoden bei der Synthese von Steroiden.* Der auf Grund neuerer Arbeiten durchgeführte Vgl. der mikrobiol. u. der chem. Herst. von *Steroiden* ergibt, daß die mikrobiol. Methoden nur dann vorgezogen werden sollten, wenn es sich um wertvolle Stoffe handelt, die chem. nur in geringer Ausbeute oder über mehrere Stufen gewinnbar sind. (Farmac. Tid. **68**. 157–65. 22/3. 1958.) R. K. Müller. 4808

E. I. Jelkina, S. W. Gordina und **S. F. Grebenewa** (unter Mitarbeit von **G. W. Jakowlewa** und **L. G. Schtscherbinina**), *Gewinnung und Reinigung der Antibiotica der Tetracyclinreihe.* 2. Mitt. (1. vgl. C. **1958**. 8411.) Beschreibung einer Meth. zur Isolierung von *Tetracyclin* (**I**) aus der Kultur-Fl. bei alkal. p_H durch Butyl- u. Isoamylalkohol, aus welchen **I** leicht in W. von saurem p_H übergeht. Analoge Ergebnisse erhält man auch bei Extraktion von **I** mit Hilfe von Isooctylalkohol unter Verwendung von Oleinsäure als Überträger. (Медицинская Промышленность СССР [Med. Ind. UdSSR] **13**. Nr. 1. 10–14. Jan. 1959. Allunions Wiss. Forsch.-Inst. für Antibiotica.) E. Rentz. 4810

Knud Christensen und **Viggo Helweg-Mikkelsen,** „*Warexin*", *ein neues Desinfektionsmittel der Chlorpactingruppe. Warexin* (**I**; Chlorpactin 2 DC), das zur Kaltsterilisierung ärztlicher Geräte u. Instrumente empfohlen wird, enthält 6,5–7,2% akt. Cl; die wss. Lsgg. haben p_H 7–8, ihre Haltbarkeit nimmt mit steigender **I**-Konz. ab. Eine 1%ig. Lsg. tötet resistente Bodensporen in 1 Min. ab. (Arch. Pharamac. og Chem. **66** (**116**). 53–57. 17/1. 1959. Militaerhospitalets apotek.) R. K. Müller. 4832

Erik Jerslev, *Identitätskontrolle bei Tabletten mit nur einem wirksamen Stoff.* (Vgl. C. **1958**. 11606.) Es wird gezeigt, daß der aus Tabletten isolierte wirksame Stoff durch Best. des F. (genau oder mit der Koflerschen Heizbank) meist mit genügender Genauigkeit identifiziert werden kann. — Tabelle für über 39 in Tablettenform verwendete Arzneimittel mit Angabe des F. auf Grund der Best. nach verschied. Methoden. (Arch. Pharmac. og Chem. **66** (**116**). 49–53. 17/1. 1959. Fjerritslev apotek.) R. K. Müller. 4880

A. I. Tenzowa und **A. Ss. Prosorowski,** *Bestimmung der Extraktstoffe in Pflanzenmaterial.* In vergleichenden Unterss. wurde festgestellt, daß eine Best. der Extraktstoffe im Pflanzenmaterial nach der VIII. Sowjet. Pharmakopoe, durch Mazeration, oder nach der XIV. USA-Pharmakopoe nicht empfohlen werden kann, weil die Extraktion unvollständig ist, die erhaltenen Werte daher ungenau sind. Die besten Ergebnisse wurden nach der Perkolationsmeth. erhalten. Sie ist einfach u. ermöglicht eine vollständige Extraktion.

Am erfolgreichsten wird sie wie folgt durchgeführt: 1 g Rohstoff wird in einem beschriebenen Glasrohr, an dessen unterem Ende sich ein Wattebausch befindet, so gelagert u. behandelt, daß je 1 Min. 3—5 Tropfen Fl. auslaufen. Nach 2 Tagen ist das Material vollständig extrahiert. Verbraucht werden 250 ml Lösungsmittel. (Аптечное Дело [Apothekenwesen] **8.** Nr. 1. 61—64. Jan./Febr. 1959. Moskau, Pharmaz. Inst., Lehrstuhl für Technol. der Arzneiformen u. galen. Präpp.) OTTO MAIER. 4880

Je. A. Nikolajewa und **L. P. Lewina,** *Komplexometrische Bestimmung von Calcium und Magnesium bei gleichzeitiger Anwesenheit in Arzneimittelgemischen.* 1,0—1,5 g (genaue Einwaage) des zu untersuchenden Arzneimittelgemisches werden in verd. HCl-Lsg. gelöst, mit dest. W. auf 100 ml aufgefüllt u. 10 ml der Lsg. mit 10%ig. NaOH-Lsg. neutralisiert (Methylrot). Danach wird die Lsg. samt Nd. [$Mg(OH)_2$] mit 2 ml 10%ig. NaOH-Lsg., ca. 40ml dest. W. u. ca. 0,1 g trockenem Indicatorengemisch (0,25 g Murexid + 25 g NaCl) versetzt u. Ca in der rosaroten Lsg. durch direkte Titration mit 0,1n Trilon-B-Lsg. bis zur Violettrotfärbung titriert. Hierauf wird auf einer Elektroplatte bis zur Entfärbung der Lsg. erwärmt, danach wird mit ca. 5 g NH_4Cl, X ml 10%ig. NaOH-Lsg. u. 7 Tropfen Säurechromdunkelblau (0,5 g in 10 ml NH_3-Puffer gelöst u. auf 100 ml mit A. aufgefüllt) versetzt u. Mg durch Titration mit 0,1n Trilon-B-Lsg. bis zur Blauviolettfärbung titriert. (Аптечное Дело [Apothekenwesen] **8.** Nr. 1. 24—26. Jan./Febr. 1959.) OTTO MAIER. 4880

J.-A. Gautier, J. Renault und **F. Pellerin,** *Alkalimetrische Bestimmung von Salzen organischer Basen nach Fällung als Tetraphenylborate.* 2. Mitt. *Salze von Alkaloiden und Salze von organischen Basen von pharmazeutischem Interesse.* (1. vgl. C. **1958.** 8708.) Vff. bestimmen zahlreiche organ. Basen u. Alkaloide bzw. deren Salze, indem sie diese aus wss. Lsg. bei p_H 4—5 als schwerlösl. *Tetraphenylborate* (I) fällen u. nach Trocknen der I diese in Eisessig mit 0,05n Perchlorsäure gegen Methylviolett titrieren. (Ann. pharmac. franç. **14.** 337—40. Mai 1956. Paris, Fac. de Pharm., Chaire de Chim. anal.) K. PAVEL. 4880

A. M. Alijew, *Zur Frage der quantitativen Bestimmung des Arsens in Osarsol und Aminarson durch Rücktitration.* Zur quantitativen Best. von *As* im *Osarsol* (I) wird die genaue Einwaage von ca. 0,1 g in 10 ml 0,1n NaOH-Lsg. unter Umschütteln gelöst, die Lsg. mit 3 Tropfen Bromkresolpurpur-Indicatorlsg. versetzt u. der NaOH-Überschuß mit 0,1n H_2SO_4-Lsg. bis zur Gelbfärbung zurücktitriert (die charakterist. Gelbfärbung wird mit der Färbung eines Kontrollvers. verglichen). Bei der As-Best. in *Aminarson* wird die genaue Einwaage von ca. 0,1 g in 10 ml 0,1n NaOH-Lsg. unter Erwärmung auf höchstens 50—60° bei häufigem Umschütteln gelöst u. wie oben verfahren. Zur Best. von I in 0,25 g Tabletten wird 1 Tablette in 15 ml 0,1n NaOH-Lsg. unter Erwärmung auf höchstens 50—60° bei häufigem Umschütteln gelöst, die Lsg. filtriert, das Filtrat samt Waschwasser mit 5 Tropfen Indicatorlsg. (wie oben) versetzt u. die überschüssige NaOH-Lsg. zurücktitriert (Kontrollvers.). (Аптечное Дело [Apothekenwesen] **8.** Nr. 1. 27—29. Jan./Febr. 1959. Aserbaidshan. Med. Narimanow-Inst., Lehrstuhl für Pharmaz. Chem.) OTTO MAIER. 4880

D. H. E. Tattje, *Die chemische Wertbestimmung der Blätter von Digitalis purpurea.* Zur Best. des Gesamt-Glykosidgeh. von Digitatisblättern mischt man 0,5 g Blätter mit W., füllt mit W. auf 50,5 g auf, schüttelt 1 Std., versetzt mit 5 g 15%ig. wss. Pb-Acetatlsg., vermischt 33 g Filtrat mit 4,5 g 5%ig. wss. $Na_2HPO_4 \cdot 2\,H_2O$-Lsg., versetzt 20 g Filtrat mit 2 cm^3 4n HCl, kocht 30 Min. am Rückflußkühler, läßt abkühlen, spült Kolben u. Kühler 2mal mit 5 cm^3 W. aus, schüttelt die Lsg. im Scheidetrichter 3mal je 1 Min. mit je 22,5 cm^3 Chlf., trocknet die Chloroformlsg. über Na_2SO_4, filtriert, wäscht 3mal mit 5 cm^3 Chlf., teilt die Lsg. in 2 Teile, dampft Chlf. ab u. bestimmt in dem einen Rückstand Gitoxigenin (I) mit H_2SO_4–H_3PO_4–$FeCl_3$-Reagens u. im anderen Rückstand I u. Digitoxigenin (II) mit 2.4-Dinitrophenylsulfon-Reagens (vgl. C. **1959.** 4585). Mit Hilfe der angegebenen Extinktionskoeffizienten läßt sich der II-Geh. berechnen. (Pharmac. Weekbl. **92.** 877—85. 30/11. 1957. Groningen, Rijksuniv., Labor. voor Farmacognosie en galen. Farm.) W. WESLY. 4880

D. H. E. Tattje, *Der Einfluß einer Behandlung von Digitalis purpurea mit dem Ziele, das Trocknen abzukürzen, auf den Glykosidgehalt.* (Vgl. vorst. Ref.) Unterss. über den Glykosidgeh. von Digitalisblättern zeigen, daß die zum rascheren Trocknen ausgeführte Zerkleinerung der Blätter (Streifen von 1, 3 oder 5 cm oder Stücke von 1 cm^2) die Gehh. an Digitoxigenin u. Gitoxigenin nicht beeinflußt (Best. mit $FeCl_3$–H_2SO_4–H_3PO_4-Reagens oder mit 2.4-Dinitrodiphenylsulfon-Reagens). Daher wird, um die Trocknung zu beschleunigen, die Zerkleinerung der Blätter empfohlen. (Pharmac. Weekbl. **92.** 886—88. 30/11. 1957. Groningen, Rijksuniv., Labor. voor Farmacognosie en Galen. Farmacie.) W. WESLY. 4880

Sandoz Akt.-Ges., Basel, *Haltbare wasserhaltige Lösungen von reinen, herzwirksamen Glykosiden.* Man stellt die Lsg. auf den für ihre Haltbarkeit optimalen Wert von p_H 5,5—6,5. — Eine Lsg. von 1000 mg Lanatosid C in 350 (g) 96%ig. A. u. 100 Glycerin wird mit $^1/_{10}$mol. Di-Na-Phosphat–Citronensäure-Pufferlsg. vom p_H 5,0 auf 1000 cm³ aufgefüllt. Der p_H-Wert dieser Tropflsg. beträgt 5,8. — Weitere Beispiele für die Herst. von Desacetyllanatosid-C-Ampullenlsg., Acetyldigitoxin-Ampullen- u. -Tropflsg., Digilanid-Ampullen- u. -Tropflsg., k-Strophanthosid-Ampullenlsg., Scillaren-Ampullen- u. -Tropflsg., Digitoxin-Ampullen- u. -Tropflsg. mit p_H-Werten zwischen 5,5 u. 6,5. — Vgl. E. P. 784 201; C. **1958.** 7549. (**Oe. P. 200 262** vom 3/1. 1956, ausg. 25/10. 1958. Schwz. Prior. 4/2. 1955.) G. WELTZIEN. 4791

N. V. Organon (Erfinder: **Willem Louis Constantijn Veer**), Oss, Holland, *Herstellung einer biologisch wirksamen Verbindung* durch Extraktion von Pflanzen der Familie der *Oleaceae.* Man extrahiert deren Pflanzenteile mit A. u. schüttelt den Extrakt mit Chlf. aus. Diesen Extrakt dampft man zur Trockne, nimmt den Rückstand mit W. auf u. fügt bis zum Erreichen eines p_H-Wertes von 7—7,5 eine Bicarbonatlsg. zu. Aus dieser wss. Lsg. extrahiert man die neutralen Stoffe mit einem mit W. nicht mischbaren Lösungsm., säuert die abgetrennte, wss. Schicht mit HCl bis zum p_H 2,5 an u. extrahiert mit Chloroform. Nach dem Abdest. u. Umkristallisieren erhält man *Elenolid* der Formel $C_{11}H_{12}O_5$, F. 153—155°, α_D^{21} 367° (in Aceton). (**Holl. P. 90 043** vom 13/4. 1957, ausg. 15/1. 1959.) H. NEBELSIEK. 4791

Commonwealth Engineering Co. of Ohio, Dayton, Ohio, V. St. A. (Erfinder: **Leo J. Novak**), *Herstellung von chirurgischem Nähfaden* aus mehreren endlos gesponnenen oder aus kurzen Kollagenfasern durch Verdrehen unter Spannung, dad. gek., daß man die Fasern vor oder nach dem Verdrehen mit einer wss. Dispersion von *Dextran* behandelt u. trocknet. (**E. P. 805 843** vom 20/3. 1956, ausg. 17/12. 1958.) K. KOEBKE. 4795

Edward Charles Edmund Hemsted, England, *Verbesserung der Herstellung oder Behandlung löslicher Fasern und mittels dieser Fasern erhaltener Gegenstände.* Wasserunlösl. Fasermaterial, z. B. aus Alginsäure oder unlösl. Alginat, wie Ca-Alginat, wird mit Wirkstoffen (Farbstoffe, Medikamente, Therapeutica, wie Barbitursäurederivv., Cocain, Alkaloide, Baktericide, Sulfonamide) beladen u. das Fasermaterial, etwa durch Behandlung mit NH_3, in wasserlösl. Form übergeführt. Das so behandelte Material kann zum Tamponieren von Wunden verwendet oder zum Resorbieren von Wirkstoffen auf die Haut aufgebracht werden. Aus Mischgewebe können die lösl. Fasern herausgelöst werden, es kann so ein zarteres Gewebe erhalten werden. Durch Behandlung mit SO_2 oder HCN kann man das Fasermaterial wieder unlösl. machen. Man kann die Wirkstoffe auch direkt auf lösl. Fasern, z. B. aus Ammoniumalginat oder Celluloseäther, aufbringen. — Imprägniervorrichtungen sind angegeben. (**F. P. 1 109 888** vom 9/8. 1954, ausg. 2/2. 1956.) M. PANKOW. 4795

SPOFA, Spojené Farmaceutické Závody, Národni Podnik, Prag (Erfinder: **Aleš Sekera, Karel Palát, Alois Borovanský** und **Jaroslav Sova,** Brünn), Tschechoslowakei, *Basische Ester alkoxylierter Diphenylcarbaminsäuren* der allg. Formel **I**, in der R_1 = Alkoxy, R_2 = H oder Alkoxy, R_3 u. R_4 = H oder Alkoxy oder zusammen mit N einen Heterocyclus bedeuten, lassen sich aus Verbb. der allg. Formel $R_1—C_6H_4—N(CO \cdot X)—C_6H_4—R_2$ durch Erwärmen mit Verbb. der Formel $Y—NR_3R_4$ erhalten. Hierin bedeutet X = Halogen, Alkoxy oder $—O—CH_2—CH_2$-Halogen, Y = H, $HO—CH_2—CH_2—$ oder deren Alkalisalz.

I 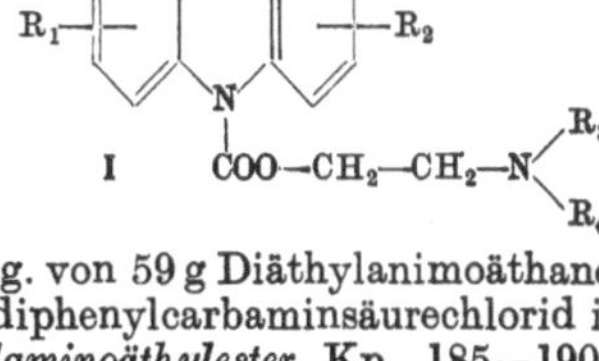

— 11,5 g Na, dispergiert in 600 ml sd. Toluol + Lsg. von 59 g Diäthylanimoäthanol in 500 ml Toluol; nach Lsg. des Na + 138 g 4-Äthoxydiphenylcarbaminsäurechlorid in 500 ml Toluol → *4-Äthoxydiphenylcarbaminsäurediäthylaminoäthylester,* Kp.$_5$ 185—190°, *Hydrochlorid,* F. 146—147°; dessen *4-Butoxyhomologes,* Kp.$_1$ 190—195°, *Hydrochlorid,* F. 106—107°. Folgende weitere *Carbaminsäurediäthylaminoäthylester* sind beschrieben: *3-Butoxydiphenyl-,* Kp.$_{0,02}$ 135°, *Hydrochlorid,* F. 116—119°; *2-Butoxydiphenyl-,* Kp.$_{0,03}$ 150°, *Hydrochlorid,* F. 136°; *N.N-Bis-(4-äthoxyphenyl)-,* Kp.$_{0,3}$ 180°, *Hydrochlorid,* F. 134 bis 136°; *N.N-Bis-(4-butoxyphenyl)-, Hydrochlorid,* F. 109—115°; *N.N-Bis-(3-butoxyphenyl)-, Hydrochlorid,* F. 97—98°. — Das 3-Butoxydiphenylhomologehydrochlorid ist als *Localanästheticum* 76mal so wirksam als Cocain, bei einer DL_{50} 270 mg/kg (subcutan) gegenüber Cocain DL_{50} 125 mg/kg. Das 4-Butoxyderiv. ist 53fach u. bei der Infiltrationsanästhesie 14,5fach so wirksam als Novocain, bei einer um 20% niedrigeren Toxizität. — (**D. A. S. 1 053 495** Kl. 12o vom 7/6. 1957, veröff. 26/3. 1959. Tschech. Prior. 11/6. 1956.) K. GÄBELEIN. 4807

Dow Chemical Co., übert. von: **Dale N. Robertson,** Midland, Mich., V. St. A., *2.3-Dichlor-N-(o-chlorbenzyliden)-anilin,* F. 99,5—100,5°, welches eine *baktericide* u. *fungicide* Wirksamkeit aufweist, stellt man durch Rk. von 2.3-Dichloranilin u. o-Chlorbenzaldehyd in einem inerten organ. Lösungsm., z. B. Alkohol oder Bzl., her. (**A. P. 2 847 473** vom 10/4. 1957, ausg. 12/8. 1958.) F. KREIS. 4807

Dr. Karl Thomae G. m. b. H. (Erfinder: **Ernst Seeger** und **August Kottler**), Biberach/Riss, *Herstellung therapeutisch wirksamer tertiärer Amine.* (**D. B. P. 963 424** Kl. 12o vom 24/9. 1954, ausg. 9/5. 1957. Anmeldung bekanntgemacht 22/11. 1956. — C. **1958.** 10153 [Oe. P. 191 867].) C. LÜTTGEN. 4807

Dr. Karl Thomae G. m. b. H. (Erfinder: **Ernst Seeger** und **August Kottler**), Biberach/Riss, *Herstellung von spasmolytisch wirkenden tertiären Aminen und ihren quaternären Salzen* nach D. B. P. 963 424. — *1.3-Diphenyl-1-(di-n-propylamino)-propan.* Man kocht Phenäthyl-MgBr mit Phenyl-(di-n-propylamino)-acetonitril in Ae. u. zers. mit HCl. $Kp._{0,1}$ 131°. — Ferner wurden hergestellt: *1.3-Diphenyl-1-diäthylamino-3-methylpropan,* $Kp._{0,6}$ 155°. — *1.4-Diphenyl-1-[methyl-(2-hydroxyäthyl)-amino]-butan,* $Kp._{0,25}$ 170—172°. — *1-(4-Methoxyphenyl)-1-dimethylamino-5-phenylpentan,* $Kp._{0,5}$ 180—182°. — *1.4-Bis-(4-methoxyphenyl)-1-dimethylaminopropan,* $Kp._{0,06}$ 165—166°. — *1-(4-Methylphenyl)-1-piperidino-3-phenylpropan,* $Kp._{0,4}$ 175—176°; *Hydrochlorid,* F. 201°. — *1-(4-Methylphenyl)-1-(methyl-[2-hydroxyäthyl]-amino)-4-phenylbutan,* $Kp._{0,15}$ 205°. — *1-(3.4-Methylendioxyphenyl)-1-piperidino-4-phenylbutanhydrochlorid,* F. 165—167°. — *1-(4-Hydroxyphenyl)-1-piperidino-4-phenylbutan,* F. 138—139°. — *1-(4-Isopropylphenyl)-1-diäthylamino-4-phenylbutan,* $Kp._{0,5}$ 169°. — *1-(4-Dimethylaminophenyl)-1-diäthylamino-4-phenylbutan,* F. 71°. — *1.4-Diphenyl-1-diäthylaminobutan,* $Kp._{0,35}$ 141—142°. — *1-(4-Methoxyphenyl)-1-morpholino-4-phenylbutan,* $Kp._{0,03}$ 179°. — *1.4-Diphenyl-1-dimethylaminobutanbrombenzylat,* F. 152°. — *1-(4-Methoxyphenyl)-1-dimethylamino-3-(4-methylphenyl)-propan,* $Kp._{0,6}$ 158°. — Vgl. Oe. P. 191 868; C. **1958.** 10154. (**D. A. S. 1 011 427** Kl. 12q vom 28/12. 1954, veröff. 4/7. 1957. **Zusatz zu D. B. P. 963 424; s. vorst. Ref.**) G. LANGER. 4807

Schering Corp., Bloomfield, N. J. (Erfinder: **Frank J. Villani,** Cedar Grove, N. J.), V. St. A., *Substituierte Aminocyclohexylcarbinole* der allg. Formel **I**, in der R_1 u. R_2 gleiche oder verschied. niedermol. Alkyl- oder Aralkylreste, R_3 u. R_4 gleiche oder verschied. Alkyl- oder Aralkylreste, gesätt. oder ungesätt. carbocycl. Reste, wie Cycloalkyl-, Cycloalkylen- oder Arylreste, gesätt. oder ungesätt. heterocycl. Reste, X = H oder niedermol. Alkylreste u. n = 0—3 bedeuten, erhält man nach folgenden Verff.: 1. Ein Dialkylanilin wird mit $COCl_2$ in Ggw. von $AlCl_3$ behandelt, das erhaltene Dialkylaminobenzoylchlorid durch Rk. mit einem Alkohol verestert oder erst zur Säure hydrolysiert u. diese dann verestert, der erhaltene Dialkylaminobenzoesäureester hydriert, z. B. in alkoh. HCl in Ggw. von PtO_2, der erhaltene Aminocyclohexancarbonsäureester, z. B. mit CH_2O u. HCOOH, dialkyliert u. der erhaltene Dialkylaminocyclohexancarbonsäureester nach GRIGNARD mit R_3MgBr, R_3MgJ oder R_3Li umgesetzt. — 2. Ein p-Dialkylaminocyclohexancarbonsäureester wird mit NH_4OH in der Bombe bei 50—100° zum entsprechenden Säureamid umgesetzt, dieses mit P_2O_5 dehydratisiert, das gebildete Nitril mit 1 Mol einer GRIGNARD-Verb. umgesetzt u. das gebildete unsymm. Keton mit 1 Mol einer anderen GRIGNARD-Verb. behandelt. — 3. Acetanilid wird in Ggw. von $AlCl_3$ acyliert, das gebildete p-Acetylaminoacylophenon mit NaOH hydrolysiert, das entstandene p-Aminoacylophenon, z. B. mit CH_2O u. HCOOH, alkyliert, das erhaltene Dialkylaminoacylophenon mit einer GRIGNARD-Verb. umgesetzt u. das erhaltene substituierte Dialkylaminophenylcarbinol hydriert. — Z. B. werden 33 (g) p-Aminobenzoesäureäthylester in 300 cm³ absol. A. in Ggw. von 16,8 cm³ HCl u. 2 PtO_2 bei n. Temp. u. 3,5 at hydriert. Nach üblicher Aufarbeitung erhält man den *4-Aminocyclohexancarbonsäureäthylester,* $Kp._{10}$ 114—117°. — 49 davon, 76 98%ig. HCOOH u. 68 cm³ wss. CH_2O-Lsg. werden 8 Std. unter Rückfluß erhitzt, die Lösungsmittel abgedampft, der Rückstand in W. gelöst, ammoniakal. gemacht, mit Chlf. extrahiert u. der Chloroformextrakt dest.; man erhält den *4-Dimethylaminocyclohexancarbonsäure* (**II**)*-äthylester,* $Kp._{10}$ 122—125°. — 0,2 Mol davon in 50 cm³ absol. Ae. werden zu einer gut gerührten, gekühlten Ätherlsg. 0,8 Mol von C_6H_5–Mg–Br gegeben, das Gemisch wird dann auf Raumtemp. erwärmt, noch 6 Std. gerührt, mit verd. NH_4Cl-Lsg. zers., mit Ae. extrahiert, der Ae.-Extrakt mit 10%ig. HCl extrahiert, die saure Lsg. ammoniakal. gemacht, die wss. Schicht mit Chlf. extrahiert u. die Chloroformlsg. dest.; man erhält das *Diphenyl-4-dimethylaminocyclohexylcarbinol,* F. (aus Hexan) 150,5—151°. — Analog: *α.α'-Dithienyl-4-dimethylaminocyclohexylcarbinol,* F. (aus Bzl.) 156—157°; *Jodmethylat,* F. (aus absol. A.–absol.

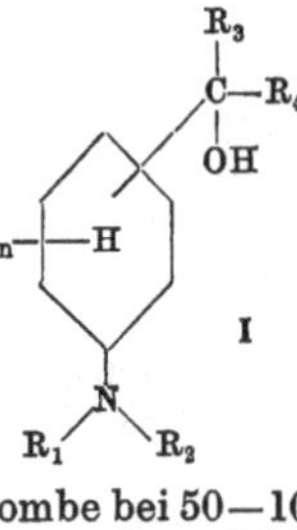

I

Ae.) 251—252°; *Methosulfat*, F. (aus absol. A.) 200—201°; *Brommethylat*, F. (aus A.–Ae.) 231—232°. — *α.α'-Dipyridyl-4-dimethylaminocyclohexylcarbinol*, $Kp._5$ 190—208°; *Jodmethylat*, F. (aus A.–Ae.) 272—274°; *Maleat*, F. (aus A.–Ae.) 163—164°; *Brommethylat*, F. (aus A.–Ae.) 260—262°. — *Diäthyl-4-dimethylaminocyclohexylcarbinol*, $Kp._2$ 158—165°. — *p.p'-Dichlordiphenyl-4-dimethylaminocyclohexylcarbinol*, aus Bzl.–Hexan umkristallisierbar; *Hydrochlorid*, F. (aus A.–Ae.) 271—272°. — *p.p'-Ditolyl-4-dimethylaminocyclohexylcarbinol*, weiße Kristalle, aus Hexan umkristallisierbar. — *3-Aminocyclohexancarbonsäureäthylester*, $Kp._4$ 107—113°. — *3-Dimethylaminocyclohexancarbonsäureäthylester*, $Kp._3$ 100—107°. — *Diphenyl-3-dimethylaminocyclohexylcarbinol*, F. (aus Hexan) 133—134°. — *α.α'-Dithienyl-3-dimethylaminocyclohexylcarbinol*, F. (aus Bzl.–PAe.) 164—165°. — *2-Aminocyclohexancarbonsäureäthylester*, $Kp._{14}$ 112—113°. — *2-Dimethylaminocyclohexancarbonsäureäthylester*, $Kp._{14}$ 111—115°. — *Diphenyl-2-dimethylaminocyclohexylcarbinol*, F. (aus Hexan) 177—178°. — *α.α'-Dithienyl-2-dimethylaminocyclohexylcarbinol*, F. (aus Hexan) 136—137°. — *2-Amino-3-methylcyclohexancarbonsäuremethylester*, $Kp._1$ 80—83°. — *2-Dimethylamino-3-methylcyclohexancarbonsäuremethylester*, $Kp._3$ 89—90°. — *Diphenyl-(2-dimethylamino-3-methyl)-cyclohexylcarbinol*, F. (aus PAe.) 196,5—198°. — *α.α'-Dithienyl-(2-dimethylamino-3-methyl)-cyclohexylcarbinol*; *Hydrochlorid*, F. 200,5—201°. — *4-Methyl-3-aminocyclohexancarbonsäureäthylester*, Kp. 93—100°. — *4-Methyl-3-dimethylaminocyclohexancarbonsäureäthylester*, $Kp._3$ 103 bis 109°. — *Diphenyl-(4-methyl-3-dimethylamino)-cyclohexylcarbinol*, F. (aus CH_3OH) 179,5—181°; *Jodmethylat*, F. 241—242°. — *α.α'-Dithienyl-(4-methyl-3-dimethylamino)-cyclohexylcarbinol*, F. (aus CH_3OH) 160—161,5°; *Methosulfat*, F. (aus A.) 116—118°. — *Dicyclohexyl-3-dimethylaminocyclohexylcarbinol*, $Kp._2$ 180—185°. — *m.m'-Dimethoxydiphenyl-3-dimethylaminocyclohexylcarbinol*. — *α.α'-Dithienyl-(3-methyl-4-dimethylamino)-cyclohexylcarbinol*. — *Propylcyclopentyl-(2.6-diäthyl-4-dimethylamino)-*, *α.α'-Dipyrrolyl-4-dimethylamino-* u. *2.2'-Dithiazolidyl-4-dimethylaminocyclohexylcarbinol*. *Diphenyl-(3-methyl-4-dimethylamino)-cyclohexylcarbinol*. — 100 II-Äthylester u. 500 cm³ konz. wss. NH_4OH werden 8 Std. in einer Bombe auf 100° erhitzt u. das überschüssige Lösungsm. wird abdest.; man erhält das II-*Amid*, F. (aus Hexan) 112—114°. — 50 davon werden mit 120 P_2O_5 3 Std. bei 200 mm Hg auf 150° erhitzt, dann wird ein bei $Kp._2$ 100—150° übergehendes Destillat gesammelt, dieses mit 200 cm³ W. behandelt, mit Ae. extrahiert, die Ätherlsg. in üblicher Weise getrocknet u. im Vakuum dest.; man erhält das II-*Nitril*, $Kp._1$ 82—85°. — 0,2 Mol davon werden in Ae. gelöst, zu einer Lsg. von 0,4 Mol C_6H_5MgBr gegeben, die Mischung mehrere Std. unter Rückfluß erhitzt, mit Eis-NH_4Cl zers., mit Ae. extrahiert, die Ätherlsg. getrocknet u. dest.; man erhält das *Phenyl-4-dimethylaminocyclohexylketon*, $Kp._2$ 160—170°. — 0,1 Mol davon werden in Ae. gelöst, zu einer gekühlten Suspension von 0,11 Mol 2-Pyridyl-Li in Ae. gegeben, die Mischung wird auf Raumtemp. erwärmt, 6 Std. gerührt u. in üblicher Weise aufgearbeitet. Man erhält *Phenyl-[pyridyl-(2)]-4-dimethylaminocyclohexylcarbinol*, $Kp._1$ 195—200°. — Analog: *Phenylcyclopentyl-4-dimethylaminocyclohexylcarbinol*, $Kp._5$ 175—180°. — *Phenylcyclohexyl-4-dimethylaminocyclohexylcarbinol*, $Kp._5$ 183—190°. — Die Verbb. der allg. Formel I können durch Kochen mit HCl—CH_3COOH in die entsprechenden Cyclohexylidenverbb. übergeführt werden, z. B. in *Diphenyl-4-dimethylaminocyclohexylidenmethan*; *Hydrochlorid*, F. (aus A.–Ae.) 245—246°. — *α.α'-Dithienyl-4-dimethylaminocyclohexylidenmethan*; *Hydrochlorid*, F. (aus absol. A.–absol. Ae.) 175—176°. — *Diphenyl-3-dimethylaminocyclohexylidenmethan*, $Kp._3$ 172—175°; *Jodmethylat*, F. 256—257°. — *α.α'-Dithienyl-3-dimethylaminocyclohexylidenmethan*; *Hydrochlorid*, F. (aus A.–Ae.) 221—222°. — *Diphenyl-2-dimethylaminocyclohexylidenmethan*; *Hydrochlorid*, F. (aus A.–Ae.) 220—221°. — *α.α'-Dithienyl-2-dimethylaminocyclohexylidenmethan*; *Hydrochlorid*, F. 188—189°. — *Diphenyl-(2-dimethylamino-3-methyl)-cyclohexylidenmethan*; *Hydrochlorid*. — *Diphenyl-(4-methyl-3-dimethylamino)-cyclohexylidenmethan*, F. 80,5—82°; *Jodmethylat*, F. 216—216,5°. — *α.α'-Dithienyl-(4-methyl-3-dimethylamino)-cyclohexylidenmethan*, F. (aus CH_3OH) 79,5—80°. — *α.α'-Dipyridyl-4-dimethylaminocyclohexylidenmethan*, $Kp._3$ 205—208°. — Die Cyclohexylidenverbb. können durch Hydrieren in Ggw. von RANEY-Ni oder PtO_2, bes. in alkoh. Lsg., in die entsprechenden Cyclohexylverbb. übergeführt werden. — Es werden z. B. beschrieben: *α.α'-Dipyridyl-4-dimethylaminocyclohexylmethan*, $Kp._2$ 202—205°. — *Dicyclohexyl-3-dimethylaminocyclohexylmethan*, $Kp._1$ 150—151°. — *Diäthyl-4-dimethylaminocyclohexylmethan*, $Kp._2$ 130—131°. — *Diphenyl-3-dimethylaminocyclohexylmethan*, $Kp._{2-3}$ 169—171°. — *Diphenyl-4-dimethylaminocyclohexylmethan*; *Hydrochlorid*, F. 287—288°. — *Spasmolytica* u. *Parasympatholytica*, von denen die Carbinole wirksamer als die Cyclohexylidenverbb. sind. (**D. A. S. 1 016 705** Kl. 12o vom 16/12. 1954, veröff. 3/10. 1957. **E. P. 765 902** vom 16/12. 1954, ausg. 16/1. 1957. **Belg. P. 534 041** vom 11/12. 1954, ausg. 4/7. 1958. Alle A. Prior. 18/12. 1953. **A. P. 2 764 519** vom 18/12. 1953, ausg. 25/9. 1956.) R. LINK. 4807

Bristol Laboratories, Inc., Syracuse, übert. von: **Lee C. Cheney**, Fayetteville, N. Y., und **Stephen B. Binkley**, Wheaton, Ill., V. St. A., *Basische Äther des α-Allyl-β-naphthols* der allg. Formel I (R = Alkylen mit 2—6 C-Atomen; B = Dialkylamino, Piperidino, Morpholino, Pyrrolidino, Alkylpyrrolidino, N'-Alkylpiperazino, Pipecolino), deren *Salze* u. *quaternären Salze* erhält man durch Rk. eines tert.-Aminoalkylhalogenids mit dem Alkalimetallsalz von α-Allyl-β-naphthol. Man kann auch einen Halogenalkyläther von α-Allyl-β-naphthol mit einem tert. Amin umsetzen. Die Aminoalkyläther können mit Alkyl- oder Aralkylhalogeniden, Alkylsulfonaten oder Alkyl-p-toluolsulfonaten in die quaternären Salze übergeführt werden. — Aus β-Naphthol in Xylol + NaOH in Xylol unter N_2 u. Rückfluß, dann Zusatz von Allylbromid → *α-Allyl-β-naphthol*, Kp.$_{<1}$ 127—128°; + β-Dimethylaminoäthylchlorid in Toluol in Ggw. von NaH → *α-Allyl-β-naphthyl-β'-dimethylaminoäthyläther*, Kp.$_{ca.1}$ 139—143°, daraus in Ae. mit HCl → *Hydrochlorid*, $C_{17}H_{22}ONCl$, aus Isopropanol-Skellysolve B F. 151—152,5°; daraus mit CH_3J → *α-Allyl-β-naphthyl-β'-dimethylaminoäthyläthermethjodid.* — Ferner sind herstellbar: Die *Hydrobromide, Hydrojodide, Sulfate, Phosphate, Maleinate, Acetate, Citrate, Oxalate, Succinate, Benzoate, Tartrate, Phthalate, Pikrate, Fumarate, Mandelate, Ascorbate, 8-Chlortheophyllinate.* Die Quaternisierung kann mit Methylbromid, Äthylchlorid, Propyljodid, Butylchlorid, Hexylchlorid, Benzylchlorid, Methylsulfat, Äthylsulfat, Methylbenzolsulfonat erfolgen; vgl. A. P. 2 703 324; C. **1957.** 10566. — *Fungicide, Antihistaminica, Antispasmodica, Lokalanästhetica.* (**A. P. 2 744 139** vom 18/2. 1953, ausg. 1/5. 1956.) G. Krauss. 4807

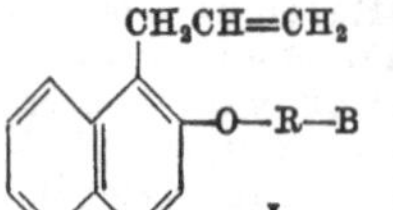

I

J. R. Geigy Akt.-Ges., Basel, Schweiz, *Herstellung von 4-substituierten 1.2-Diphenyl-3.5-dioxopyrazolidinen* der allg. Formel I (R = HO—C_nH_{2n}—; n > 1) oder deren Salze, dad. gek., daß a) Malonester der Formel R'—$CH(COOX)_2$ (R' = Rest, der durch Hydrolyse oder/u. Red. in R übergeht; X = leicht abspaltbarer Rest) mit Hydrazobenzol oder seinen Derivv. kondensiert werden; b) an Stelle des Malonesters die Verbb. R'—$CH(COY)_2$(Y = Cl, Br oder Acyloxy), R'—CH(COY)(COOX), O=C=C(R')—COOX oder R—$CH(COOH)_2$ zur Kondensation mit Hydrazobenzol gebracht werden; c) 1.2-Diphenyl-3.5-dioxopyrazolidin oder seine Alkalisalze mit einem Alkylenoxyd oder in Ggw. eines

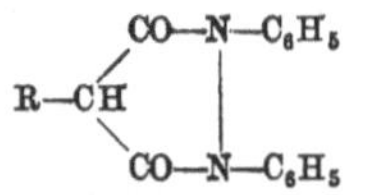

I

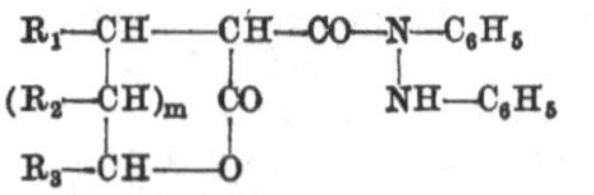

II

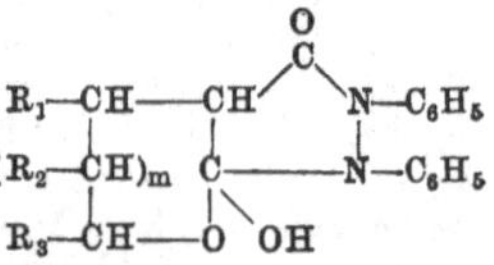

III

Kondensationsmittels zur Rk. gebracht wird. — Das bei diesen Rkk. eingesetzte Hydrazobenzol kann am N mit leicht abspaltbaren Resten substituiert sein u. gegebenenfalls mit säurebindenden Agentien oder Kondensationsmitteln zur Anwendung kommen. Wird R = R_3—CH(OH)—$(CHR_2)_m$—CHR_1- (m = Null oder 1), so tritt β- oder γ-Lactonbldg. ein. Verbb. dieser Art gehen bes. beim Ansäuern ihrer alkal. Lsgg. von Typ **I** in den Typ **II** oder **III** über u. werden schwer lösl., können aber durch Lösen in wss. alkoh. Alkalien wieder in Typ **I** zurückgeführt werden. Durch die IR-Spektrometrie können die β- von den γ-Lactonen unterschieden werden. Als Zwischenprod. konnte auch eine Verb. vom Typ **III** isoliert werden. Verbb. vom Typ **I**, sowie ihre Alkalisalze werden parenteral angewandt, Tautomere vom Typ **II** zur rectalen u. oralen Applikation eingesetzt, andererseits aber auch zur Reinigung u. Aufbewahrung benützt. — 3.3-Äthylendioxybutylmalonsäureäthylester in Bzl. geht durch Na-Äthylat u. Hydrazobenzol in *1.2-Diphenyl-4-($3^1.3^1$-äthylendioxybutyl)-3.5-dioxopyrazolidin*, F. 165—167°, über. Folgende *1.2-Diphenyl-3.5-dioxopyrazolidine* werden dargestellt: *4-(3^1-Oxobutyl)-*, F. 127,5—128,5°, durch Kochen der vorher beschriebenen Verb. mit p-Toluolsulfonsäure; Red. mit Naborhydrid führt zur *4-(3^1-Hydroxybutyl)-verb.*, die entsprechend dem Verbindungstyp **II** als *δ-Caprolacton-α-carbonsäure-N.N'-diphenylhydrazid*, F. 163—164°, zu bezeichnen ist (aus alkal. Lsg. kann sie aber durch rasche Fällung mit Säuren als Verb. gemäß Typ **I**, F. 89—91°, erhalten werden); *4-(4^1-Tetrahydropyranyl-(α)-oxybutyl)-*, F. 123—124°; *4-(4^1-Hydroxybutyl)-*, F. 104—105° (nach dem Erstarren: F. 114—115°); *4-(2^1-Hydroxyäthyl)-*, F. 118—128° (liegen 30% in Lactonform nach **II** vor, dann F. 108°); *-4-(2^1-Acetoxyäthyl)-*, F. 107°. — *Pharmaceutica* mit *antipyret., analget.* u. *antiphlogist. Wirkung.* — Vgl. Oe. P. 190 511; C. **1958.** 10733. (**E. P. 781 438** vom 8/9. 1955 ausg. 21/8. 1957. Schwz. Prior. 10/9. 1954.) K. Gäbelein. 4807

Schering Akt.-Ges. (Erfinder: **Helmer Richter** und **Martin Schenck**), Berlin, *4-Aminochromane* der allg. Formel I (R u. R_1 = H, Alkyl, die beide mit dem N auch einen heterocycl. Ring bilden können; R_2 = Alkyl, Phenyl, Aralkyl; R_3 u. R_4 = H, Alkyl). 4-Chromanone der allg. Formel **II** werden zum Chromanol red., die OH-Gruppe in 4-Stellung mit anorgan. Säurehalogeniden durch Halogen ersetzt u. die entstandene Halogenverb. mit einer den Rest $-N(R)(R_1)$ abgebenden Verb. umgesetzt. — Aus 8-Phenyl-4-chromanon, F. 65 bis 67° (hergestellt aus Hydroxydiphenyl u.

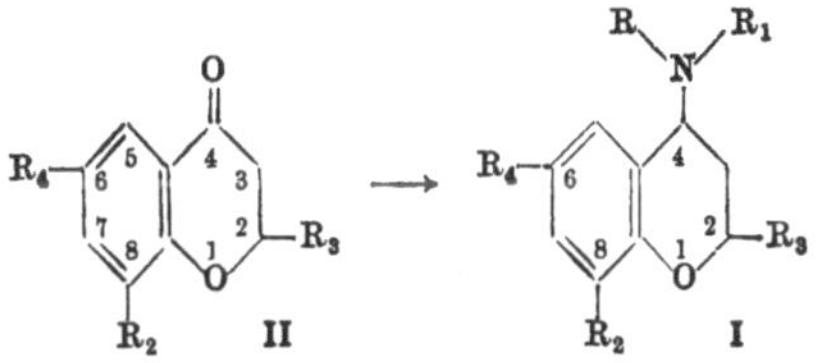

β-Halogenpropionsäure über Phenylphenoxypropionsäurechlorid nach FRIEDEL-CRAFTS), u. H_2 in Methanol in Ggw. von RANEY-Ni → Chromanol; daraus in Chlf. mit $SOCl_2$ → Chlorchroman, gelbes Öl, daraus mit Dimethylamin bei n. Temp. → *4-Dimethylamino-8-phenylchroman*, → *Hydrochlorid*, aus Methanol–Ae., F. 230—231,5°; Ausbeute 65,6%. — Diäthylamin → *8-Phenyl-4-diäthylaminochroman, Hydrochlorid*, aus A.–Ae., F. 210 bis 212°. — NH_3 → *8-Phenyl-4-aminochromanhydrochlorid* + 90%ig. HCOOH + 40%ig. HCHO → *8-Phenyl-4-dimethylaminochroman*, aus Bzn., F. 96—98,5°; *Hydrochlorid*, aus Methanol–Ae. F. 230—231,5°. — Äthylamin → *4-Äthylamino-8-phenylchroman, Tartrat*, aus Chlf.–Ae., F. 119° (Zers.); *Hydrochlorid*, F. 185—187°. — 2.6.8-Trimethylchrom-4-on, F. 129—130°, → 2.6.8-Trimethylchroman-4-on, → 2.6.8-Trimethylchroman-4-ol, F. 115—116°, → Chlorid → *2.6.8-Trimethyl-4-dimethylaminochroman, Hydrochlorid*, aus Methanol–Ae., F. 225°. — 8-Phenylchroman-4-ol + PBr_3 → 8-Phenyl-4-bromchroman + Morpholin → *8-Phenyl-4-morpholinchroman, Hydrochlorid*, aus Methanol-Ae., F. 206 bis 209°; Ausbeute 47%. Als Amin sind noch verwendbar Pyrrolidin u. Piperidin. — *Ungiftige, nicht reizende, lang wirkende Lokalanaesthetica.* — Vgl. D. B. P. 936 571; C. **1956.** 5915. (**Schwz. P. 335 391** vom 26/11. 1954, ausg. 14/2. 1959. D. Priorr. 28/11. 1953, u. 7/1. 1954.) G. KRAUSS. 4807

Chemiewerk Homburg Akt.-Ges., Frankfurt/M. (Erfinder: **Erwin Kohlstaedt**, Frankfurt/M., und **Karl-Heinz Klingler**, Langen), *Herstellung von N-substituierten 2-Phenyl-7-aminoalkoxychromonen.* Die Alkalisalze der gegebenenfalls im Phenylkern substituierten 2-Phenyl-7-hydroxychromone werden in einem organ. Lösungsm. mit bes. substituierten Alkylhalogeniden umgesetzt. Hergestellt werden („*-chromonhydrochlorid*" = **I**): *2-Phenyl-7-(N-γ-dimethylaminopropoxy)*-**I**, F. 219—220°; *2-Phenyl-7-(β-piperidinoäthoxy)*-**I**, F. 248—249°; *2-Phenyl-7-(N-β-dimethylaminoäthoxy)*-**I**, F. 216 bis 220°; *2-Phenyl-7-(N-β-diäthylaminoäthoxy)*-**I**, F. 187—188°; *2-Phenyl-7-(β-morpholinoäthoxy)*-**I**, F. 253—254°; *2-(p-Methoxyphenyl)-7-(N-β-dimethylaminoäthoxy)*-**I**, F. 220 bis 221°. — *Verbb. mit khellinähnlichen Eigenschaften.* (**D. A. S. 1 054 091** Kl. 12q vom 30/5. 1958, veröff. 2/4. 1959.) K. FABEL. 4807

Dr. Recordati Labor. Farmacologico S. p. A. (Erfinder: **Paolo da Re**), Mailand, Italien, *Herstellung von Derivaten des 7-Hydroxyflavons* der allg. Formel **I** (R = Alkyl oder Alkenyl mit 1—6 C-Atomen). Das 7-Hydroxyflavon wird in Aceton bei Siedetemp. 7 bis 12 Std. in Ggw. eines Alkalicarbonats mit einer Verb. der allg. Formel Hal—CH_2—COOR (Hal = Cl, Br, J; R wie oben) kondensiert, das Aceton verdampft u. der Rückstand aufgearbeitet. Hergestellt werden die Verbb. **I** mit R = CH_3, F. 134—135°; $R = C_2H_5$, F. 123—124°; $R = C_3H_7$, F. 165 bis 168°; $R = (CH_3)_2CH$, F. 115—116°; $R = CH_2 = CH-CH_2$, F. 118—119°; R = *sek.*-C_4H_9, F. 95—96°; R = *iso*-C_4H_9, F. 93—95°; R = *n*-C_4H_9, F. 97—99°; R = *n*-C_5H_{11}, F. 84—86°; R = *iso*-C_5H_{11}, F. 66—68°; R = *inakt.* C_5H_{11}, F. 108—110°; $R = C_6H_{13}$, F. 53—56°. — *Coronardilatatoren.* (**D. A. S. 1 055 544** Kl. 12q vom 31/10. 1956, veröff. 23/4. 1959. It. Priorr. 2/11. 1955, 30/6. u. 1/8. 1956.) K. FABEL. 4807

I

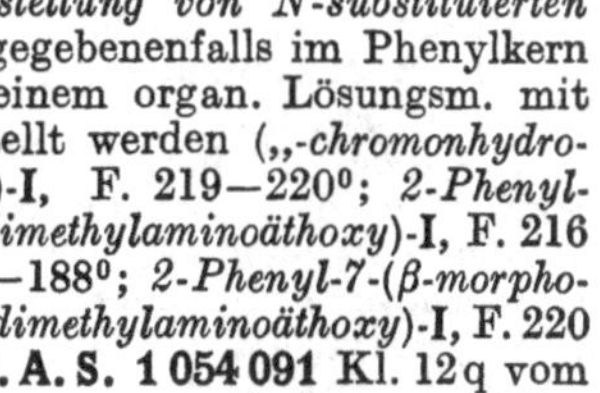

Dr. Karl Thomae G. m. b. H. (Erfinder: **Gerhard Ohnacker** und **August Kottler**), Biberach/Riss, *Herstellung von Aminosäureestern endocyclisch substituierter Carbinole* der allg. Formel $[R_1-(CH_2)_m][R_2-(CH_2)_n]CH-OOC-CHR_3-CH_2-NR_4(R_5)$ (R_1 = 2.5-Endomethylencyclohexyl- oder Δ^3-cyclohexenyl, $R_2 = R_1$, Thienyl, Cyclohexyl oder ein Z-substituierter Phenylrest, Z = H, Alkyl oder Alkoxy, R_3 = H oder Alkyl, $-NR_4(R_5)$ = ein Dialkylamino-, Pyrrolidino-, Piperidino- oder Morpholinorest, n u. m = 0 oder 1), deren Salzen u. quaternären Ammoniumverbb., dad. gek., daß man Carbinole der allg. Formel $[R_1-(CH_2)_m][R_2(CH_2)_n]CHOH$ mit Aminosäuren der allg. Formel $HOOC-CHR_3-CH_2-NR_4(R_5)$ oder deren funktionellen Derivv., wie Chloriden oder Estern, kondensiert, die gegebenenfalls erhaltenen 2.5-endomethylen-Δ^3-cyclohexenylsubstituierten Carbinolester gegebenenfalls katalyt. hydriert u. die erhaltenen gesätt. oder ungesätt. Carbinolester gegebenenfalls in Salze, z. B. Citrate oder Hydrochloride, oder in quaternäre Ammoniumverbb. mit Hilfe von Alkyl- oder Aralkylhalogeniden oder Dialkylsulfaten übergeführt. — 21,4 g Phenyl-I [I = (2.5-Endomethylen-Δ^3-cyclohexenyl)-carbinol; II = (2.5-Endomethylencyclohexyl)-carbinol], 17,3 g β-Diäthylaminopropionsäureäthylester, 0,05 g Na u. 150 cm³ Benzin (Kp. 130—140°) werden 14 Std. im Ölbad unter Rückfluß erhitzt, das Benzin wird dann im Vakuum abdest., der Rückstand in Ae. aufgenommen, mit 2n HCl ausgezogen, die saure Schicht mit gesätt. K_2CO_3-Lsg. versetzt, das ausgefallene Öl in Ae. aufgenommen, die Ätherlsg. über Na_2SO_4 getrocknet, Ae. u. nicht umgesetztes Ausgangsmaterial im Vakuum abdest. u. der Rückstand mit äther. HCl behandelt; man erhält 23,5 g *β-Diäthylaminopropionsäureesterhydrochlorid*, von *Phenyl*-I, F. (aus Essigester) 141°. — Analog: *β-Diäthylaminopropionsäureesterhydrochlorid* von *Benzyl*-I, hygroskop. Kristalle, F. (aus Aceton) 77°. — *β-N-Piperidinoisobuttersäureesterhydrochlorid* von *m-Tolyl*-I, F. (aus Aceton) 140°; 56%ig. (Ausbeute). — *β-Diäthylaminopropionsäureestercitrat* von *m-Butoxyphenyl*-I, F. (aus Methanol-Ae.) 133°; 72%. — *β-Diäthylaminopropionsäureesterhydrochlorid* von *2-Thienyl*-I, F. (aus Isopropanol) 225°; 68%. — *β-Diäthylaminopropionsäureesterhydrochlorid* von *Cyclohexyl*-I, F. (aus Essigester–Ae.) 160°; 75%. — *β-Diäthylaminopropionsäureesterhydrochlorid* von *Bis*-I, F. (aus Aceton) 183°; 78%. — *β-Dimethylaminopropionsäureesterhydrochlorid* von *Phenyl*-I, F. (aus Methyläthylketon) 176°; 82%; *Jodmethylat*, F. (aus Isopropanol) 198°; *Bromdodecylat*, F. 156°; *Brombenzylat*, F. (aus Isopropanol–Ae.) 154°. — *β-N-Pyrrolidinopropionsäureesterhydrochlorid* von *Phenyl*-I, F. (aus Essigester) 174°; 57%. — *β-N-Morpholinopropionsäureesterhydrochlorid* von *Phenyl*-I, F. (aus Isopropanol) 206°; 47%. — 6 g β-N-Piperidinopropionsäureesterhydrochlorid von Phenyl-I werden in 200 cm³ absol. A. gelöst u. in Ggw. von 0,3 g RANEY-Ni bei 3 at hydriert. Nach üblicher Aufarbeitung erhält man 4,8 g *β-N-Piperidinopropionsäureesterhydrochlorid* von *Phenyl*-II, F. (aus Isopropanol) 200°. — *Spasmolytica* mit muskulotroper u. neurotroper Wrkg., die strukturähnliche Verbb., z. B. das entsprechende Diphenyl- oder Phenylbutylderiv. (A. P. 2 625 457 bzw. A. P. 2 543 764), in ihrer Wrkg. übertreffen. (**D. B. P. 955 503** Kl. 12o vom 8/9. 1954, ausg. 3/1. 1957. Anmeldung bekanntgemacht 5/7. 1956.) R. LINK. 4807

Dr. Karl Thomae G. m. b. H. (Erfinder: **Gerhard Ohnacker** und **August Kottler**), Biberach/Riss, *Herstellung von basischen Äthern endocyclisch substituierter Carbinole* der allg. Formel Endocycl.—CHR'—O—X—Am (Endocycl. = 2.5-Endomethylencyclohexyl- oder -Δ^3-cyclohexenylrest, X = Alkylenrest mit gerader oder verzweigter Kette, Am ein Dialkylamino-, Pyrrolidino-, Piperidinio- oder Morpholinorest, R' = 2.5-Endomethylencyclohexyl- oder -Δ^3-cyclohexenyl-, Pyridyl- oder Z-substituierte Phenylreste, Z = H, Alkyl, Alkoxy, Halogen), deren Salzen u. quaternären Ammoniumsalzen, dad. gek., daß man endocycl. substituierte Carbinole der allg. Formel Endocycl.—CHR'—OH mit tert. Aminoalkylhalogeniden Halogen-X-Am in An- oder Abwesenheit von Lösungsmitteln (Bzl., Toluol, A.) bei 20—150°, bes. bei der Siedetemp. des gegebenenfalls verwendeten Lösungsm., in Ggw. von halogenwasserstoffbindenden Mitteln (Alkalimetalle, -amide, -alkoholate oder -hydroxyde, bes. von Na) umsetzt, gegebenenfalls die erhaltenen (2.5-endomethylen-Δ^3-cyclohexenyl)-substituierten Aminoäther in üblicher Weise hydriert u. die gesätt. oder ungesätt. Aminoäther in Salze, z. B. Citrate oder Hydrochloride, oder mit Alkyl- oder Aralkylhalogeniden oder Dialkylsulfaten in An- oder Abwesenheit von Lösungsmitteln (CH_3OH, Essigester) bei niedrigen Tempp. oder bei 30—150°, bes. beim Kp. des verwendeten Lösungsm. u. im geschlossenen Rohr, in quaternäre Ammoniumverbb. überführt. — [(2.5-Endomethylen-Δ^3-cyclohexenyl)-carbinol = I, (2.5-Endomethylencyclohexyl)-carbinol = II]. Z B. gibt man eine Lsg. von 22,5 g Phenyl-I in 50 g Toluol zu einer Suspension von 2,7 g Na in 200 g Toluol, erhitzt die Mischung 28 Std. unter Rückfluß, dekantiert von nichtverbrauchtem Na ab, fügt in der Kälte 12,7 g Dimethylaminoäthylchlorid zu, erwärmt langsam u. erhitzt dann 22 Std. unter Rückfluß, wäscht das erkaltete Gemisch 3 mal mit W., extrahiert dann mit 2-n HCl, behandelt die salzsaure Lsg. mit K_2CO_3, extrahiert mit Ae., dampft den Ätherextrakt ein u. dest. den Rückstand im Hochvakuum; man erhält in 50%ig. (Ausbeute) den *Phenyl*-I-*β-dimethylaminoäthyläther*, $Kp._{0,1}$ 130—132°; *Hydrochlorid*, F. (aus Essigester) 40°; *Brommethylat*, F. (aus Isopropanol–Ae.) 167°; 80%; *Brombutylat*, stark hygroskop. Kristalle; 68%. — Analog: *Phenyl*-I-*β-diäthylaminoäthyläther*, $Kp._{0,1}$ 171—173°; 65%; *Hydrochlorid*, F. (aus Essigester) 116—118°; *Brombenzylat*, F. (aus Essigester) 150°; 60%. — *Phenyl*-I-*β-dimethylaminopropyläther*, $Kp._{0,03}$ 135—136°; 55%. *Citrat*, F. (aus Isopropanol) 60° (hygroskop.). — *Bis*-I-*γ-diäthylaminopropyläther*, $Kp._7$ 205—206°; 42%; *Citrat*, F. (aus wenig W.) 145°. — *Phenyl*-I-*β-pyrrolidinoäthyläther*, $Kp._{0,5}$ 168—170°; 42%; *Hydrochlorid*, F. (aus Essigester) 147°. — *Phenyl*-I-*β-piperidinoäthyläther*, $Kp._{0,03}$ 151—152°; 52%; *Hydrochlorid*, F. (aus Essigester) 174°. — *Phenyl*-I-*β-morpholinoäthyläther*, $Kp._{0,4}$ 159 bis 160°; 54%; *Hydrochlorid*, F. (aus Essigester) 181°. — *m-Tolyl*-I-*β-diäthylaminoäthyl-*

äther, Kp.$_{0,8}$ 130—131°; 41%; *Hydrochlorid*, F. (aus Essigester) 131°. — *Phenyl-II-β-dimethylaminoäthyläther*, Kp.$_{0,1}$ 131°; 40%; *Hydrochlorid*, F. (aus Essigester) 147°. — *m-Butoxyphenyl-I-β-dimethylaminoäthyläther*, Kp.$_{0,9}$ 161—162°; 54%. — *p-Chlorphenyl-I-β-diäthylaminoäthyläther*, Kp.$_{0,8}$ 188—189°; 50%; *Jodmethylat*, F. (aus Essigester) 116°; 68%. — *(2'-Pyridyl)-I-β-diäthylaminoäthyläther*, Kp.$_{0,05}$ 141°; 64%. — 8,8 g Phenyl-I-β-diäthylaminoäthyläther werden in 100 cm³ A. gelöst u. in Ggw. von 0,2 g Pd-Mohr 30 Min. bei 3 at mit H_2 geschüttelt. Nach üblicher Aufarbeitung erhält man durch Dest. 6,2 g *Phenyl-II-β-diäthylaminoäthyläther*, Kp.$_1$ 178—180°. — *Spasmolytica* mit muskulotroper u. neurotroper Wrkg., die gegenüber den entsprechenden Diphenyl- u. Phenylcyclohexylderivv. (A. PP. 2 421 714; C. **1949.** E. 1522 bzw. 2 397 799; C. **1949.** E. 2026) überlegen wirksam sind. (**D. B. P. 955 595** Kl. 12o vom 15/4. 1954, ausg. 3/1. 1957. Anmeldung bekanntgemacht 5/7. 1956. **E. P. 776 693** vom 14/4. 1955, ausg. 12/6. 1957. **A. P. 2 812 327** vom 12/4. 1955, ausg. 5/11. 1957. Beide D. Prior. 14/4. 1954.) R. LINK. 4807

Ciba Akt.-Ges., Basel (Erfinder: **Karl Hoffmann** und **Ernst Urech**, Binningen, und **Eugen Tagmann**, Therwil), Schweiz, *Herstellung von 3-Phenyl-3-methyl-2.6-dioxo-1.2.3.6-tetrahydropyridin*, F. 160—164°, dad. gek., daß man eine Verb. der Formel I, worin X u. X_1 zur Gruppe —C(=O)—NH—C(=O)— kondensierbare Reste darstellen, z. B. Δ^3-2-Phenyl-2-methylpenten-1.5-disäure oder dessen Ester oder Halogenid, in Ggw. eines Verdünnungsmittels, bes. Eisessig, unter Bldg. dieser Gruppe intramol. kondensiert, z. B. durch Erhitzen mit konz. H_2SO_4. — *Heilmittel*. (**Schwz. P. 313 715** vom 3/4. 1952, ausg. 15/6. 1956. **Zusatz zu Schwz. P. 301 584; C. 1955. 11 747.**) C. LÜTTGEN. 4807

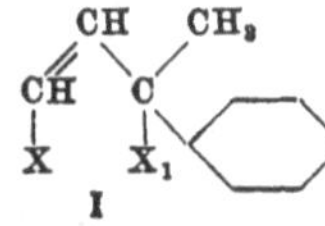
I

Cilag Akt.-Ges., Schaffhausen (Erfinder: **Hans Suter**, Dörflingen, und **Ernst Habicht**, Schaffhausen), Schweiz, *Pyridin-3.4-dicarbonsäure-3-N-hydroxymethylamid*, farbloses Pulver ohne scharfen F., erhält man durch Rk. von Pyridin-3.4-dicarbonsäure-3-amid mit CH_2O oder einer CH_2O-abgebenden Verb., bes. in alkal. Lsg. (NaOH), bei erhöhter Temp. (80°) u. Ansäuern des erhaltenen Salzes. — *Therapeuticum* zur Bekämpfung von *Infektionskrankheiten*. (**Schwz. P. 315 082** vom 25/4. 1953, ausg. 31/8. 1956. **Zusatz zu Schwz. P. 266 516; C. 1950/54. 4158. S.**) R. LINK. 4807

Cilag Akt.-Ges. (Erfinder: **Ernst Habicht**, Schaffhausen, und **Hans Suter**, Dörflingen), Schweiz, *Pyridin-2.5-dicarbonsäure-5-N-hydroxymethylamid*, farbloses Pulver, das sich beim Erwärmen zers., erhält man durch Rk. von Pyridin-2.5-dicarbonsäure-5-amid u. CH_2O bzw. einer CH_2O liefernden Verb., bes. in alkal. Lsg., bei eıhöhter Temp. (80°). — Verb. zur Bekämpfung von *Infektionskrankheiten*. (**Schwz. P. 315 083** vom 25/4. 1953, ausg. 31/8. 1956. **Zusatz zu Schwz. P. 266 516; C. 1950/54. 4158. S.**) R. LINK. 4807

Nordmark-Werke G. m. b. H. (Erfinder: **Werner Loop**), Hamburg, *4-(p-Aminobenzolsulfonylamino)-2.6-dimethylpyrimidin*, F. 240° u. *4-(p-Aminobenzolsulfonylamino)-2.6-diäthyl-5-methylpyrimidin*, F. 191—192°, werden erhalten durch Rk. von Benzolsulfonsäureabkömmlingen (**I**), deren Sulfonsäurerest mit Aminen unter Bldg. von Sulfonsäureamiden reaktionsfähig gemacht worden ist u. die in p-Stellung zur Sulfonsäuregruppe einen in die Aminogruppe umwandelbaren Rest tragen, mit 4-Amino-2.6-dimethylpyrimidin (**II**) oder 4-Amino-2.6-diäthyl-5-methylpyrimidin (**III**) u. Umwandlung des p-ständigen Substituenten des Benzolrestes der so erhaltenen Kondensationsprodd. in die Aminogruppe. Zweckmäßig wird die Kondensation von **I** mit **II** bzw. **III** unter Ausschluß von W. in organ. Lösungsmitteln in Ggw. von Trimethylamin vorgenommen. — *Heilmittel*. — Vgl. Schwz. P. 297 013; C. **1955.** 1099. (**D. B. P. 967 884** Kl. 12p vom 23/11. 1941, ausg. 27/12. 1957. Anmeldung bekanntgemacht 13/7. 1950.) H. BRÄUCKER. 4807

G. D. Searle & Co., Chicago, Ill., übert. von: **Kurt J. Rorig**, Evanston, Ill., V. St. A., *Pyrimidinverbindungen* der allg. Formel I (der Alkenylrest kann 2—6 C-Atome enthalten u. der Arylrest durch niedermol. Alkylgruppen substituiert sein) werden erhalten durch Kondensation von α-Arylalkencarbonsäureestern mit Guanidinsalzen. 93 (Teile) 2-Benzoyl-4-pentensäureäthylester (Kp.$_{0,5}$ 109—112°; aus Benzoylessigsäureäthylester u. Allyljodid), 38 Guanidincarbonat u. 200 A. werden 15 Std. unter Rückfluß erhitzt. Nach Abkühlung wird mit fester CO_2 behandelt u. der ausgefallene Nd. abfiltriert → *2-Amino-5-allyl-6-phenyl-4-hydroxypyrimidin*, F. 302—304° (Zers.). — Analog werden noch folgende *2-Amino-4-hydroxypyrimidine* hergestellt: *5-Methallyl-6-phenyl-*, F. 287—288°; *5-Vinyl-6-phenyl-*, F. >300°. — *5-(δ-Pentenyl)-6-(2'.5'-dimethylphenyl)-*. — *Herzheilmittel*. (**A. P. 2 723 978** vom 14/1. 1954, ausg. 15/11. 1955.) H. BRÄUCKER. 4807

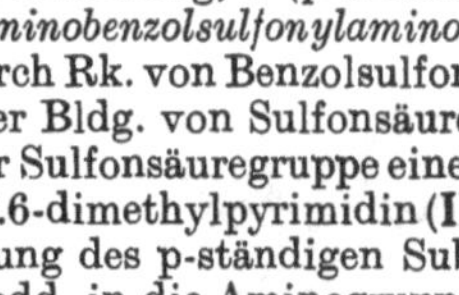

I

Nepera Chemical Co., Inc., Yonkers, N. Y. (Erfinder: **Bernard Francis Duesel, Kurt Ladenburg,** Yorktown Heights, und **Theodore Ira Fand,** White Plains), V. St. A., *Dialkylxanthinabkömmlinge*, die in 8-Stellung durch ein Cl- oder Br-Atom oder eine Nitrogruppe substituiert sind, werden erhalten durch Rk. eines entsprechenden Dialkylxanthins (I) mit einem Salz einer quartären Ammoniumverb., das unter Bldg. des freien quartären Ammoniumhydroxyds (II) u. eines flüchtigen Zersetzungsprod. zersetzbar ist (z. B. Bicarbonat-, Bisulfit-, Hydrosulfid-, Thiosulfat- oder Carbamatsalz des Cholins), wobei das so entstandene II mit I in Rk. tritt, in An- oder Abwesenheit von Lösungsmitteln bei erhöhten Temperaturen. — Z. B. werden 18 (Gewichtsteile) Theophyllin in 37,8 wss. Cholinbicarbonatlsg. (47%ig.) eingerührt u. das Gemisch solange auf 80—90° erhitzt bis die CO_2-Entw. beendet u. eine klare Lsg. entstanden ist. Nach Entfernung eines Teiles des W. durch Dest. unter red. Druck, wird der Rest des W. nach Zugabe von Isopropylalkohol ebenfalls unter red. Druck abdest., die entstandene Kristallsuspension gekühlt u. der Nd. abfiltriert → *7-Cholintheophyllin*, 90,5%. — Analog werden erhalten: *7-Cholin-8-bromtheophyllin*, 90%. — *7-Cholin-8-nitrotheophyllin*, 94%. — *Heilmittel.* — Vgl. Schwz. P. 324 346; C. **1959.** 895. (**D. B. P. 946 543** Kl. 12p vom 28/11. 1954, ausg. 2/8. 1956. Anmeldung bekanntgemacht 9/2. 1956. A. Prior. 2/2. 1954. **A. P. 2 776 287** vom 2/2. 1954, ausg. 1/1. 1957.) H. Bräucker. 4807

Soc. des Usines Chimiques Rhône-Poulenc, Paris, Frankreich, *10-Aminoacylphenthiazinverbindungen* werden erhalten durch Rk. von 10-Halogenacylphenthiazinen mit prim. oder sek. aliphat., aromat. oder heterocycl. Aminen in inerten Lösungsmitteln in Ggw. von säurebindenden Mitteln (z. B. Überschuß an Amin) bei erhöhten Temperaturen. — Beispiel: 3 g 3-Chlor-10-chloracetylphenthiazin (aus 3-Chlorphenthiazin u. Cl·CO·CH_2Cl), F. 116—117°, 3,6 g Isopropylamin u. 10 cm³ Bzl. werden im Druckgefäß 6 Std. auf 100° erhitzt. Nach Alkalisieren des Reaktionsgemisches wird mit Ae. extrahiert u. die Ätherlsg. mit einer Lsg. von Maleinsäure in Essigsäureäthylester versetzt → *3-Chlor-10-isopropylaminoacetylphenthiazin, saures Maleat,* (aus A.) F. 170°. — Analog werden folgende *Phenthiazine* erhalten: *3-Chlor-10-benzylaminoacetyl-, Hydrochlorid* (aus 90%ig. A.), F. 235°. — *3-Chlor-10-phenylaminoacetyl-,* (aus CH_3OH), F. 153°. — *3-Chlor-10-diäthylaminoacetyl-, saures Maleat,* (aus A.) F. 177°. — 3-Chlorphenthiazin + Br·CH_2·CH_2·COCl → 3-Chlor-10-brompropionyl- (aus Cyclohexan), F. 112°, + $HN(C_2H_5)_2$ → *3-Chlor-10-diäthylaminopropionyl-, Hydrochlorid* (aus A.), F. 180—182°. — *3-Chlor-10-piperidinopropionyl-, saures Maleat* (aus A.), F. 158°. *3-Chlor-10-morpholinopropionyl-, Hydrochlorid,* (aus CH_3OH), F. 248°. — *Heilmittel* u. *Zwischenprodukte.* — Vgl. F. P. 1 060 715; C. **1950/54.** 3423 S. (**E. P. 740 932** vom 22/6. 1953, ausg. 23/11. 1955. F. Prior. 1/8. 1952.)
H. Bräucker. 4807

Sandoz Akt.-Ges. (Erfinder: **Artur Stoll,** Arlesheim, **Jany Renz** und **Jean Pierre Bourquin**), Basel, Schweiz, *Phenthiazinverbindungen* der allg. Formel **I** (R_1, R_2, R_3, R_4 = H-, Cl-, Br-Atom oder CH_3-, HO-, CH_3O-Rest; R_5 = H-Atom oder Alkylrest 1—4 C-Atome) erhält man durch Kondensation von Phenthiazinen mit 2-[Piperidyl-(2')]-1-halogenäthanen in Ggw. von organ. Lösungsmitteln u. eines Kondensationsmittels (z. B. Alkaliamid oder -hydroxyd) [Verf. **A**]. — Verbb. der allg. Formel **I**, worin hier R_3 u. R_4 die Bedeutung eines H-Atoms haben u. R_5 ein H-Atom oder einen CH_3- oder C_2H_5-Rest bedeutet (R_1 u. R_2 wie oben) können auch durch Cyclisierung entsprechend N-substituierter Diphenylamine mittels Schwefelungsmittel, z. B. SCl_2, erhalten werden [Verf. **B**]. — Z. B. wird zu einem sd. Gemisch von 199,15 (g) Phenthiazin, ca. 1000 wasserfreiem Xylol u. 46,8 $NaNH_3$ innerhalb von 2 Std. eine Lsg. von 177,6 2-[N-Methylpiperidyl-(2')]-1-chloräthan, Kp.$_{10}$ 84°, in ca. 180 cm³ wasserfreiem Xylol zugetropft u. noch 10 Std. unter Rückfluß gekocht. Dann wird überschüssiges $NaNH_2$ mit NH_4Cl zers., das Reaktionsgemisch mehrfach mit H_2O gewaschen u. das Lösungsm. im Vakuum verjagt. Aus dem Rückstand wird das Reaktionsprod. durch Lösen in PAe. vom nichtumgesetzten Phenthiazin getrennt → *10-{2'-[N-Methylpiperidyl-(2'')]-äthyl-(1')}-phenthiazin*, Kp.$_{0,05}$ 194—196°, F. 95—97°. — Zu 342 g N-{m-Chlorphenyl}-N-{2-[N'-äthylpiperidyl-(2')]-äthyl-(1')}-anilin, Kp.$_{0,01}$ 166° (erhalten durch Rk. von N-(m-Chlorphenyl)-anilin, Kp.$_{11}$ 185°, u. 2-[N-Äthylpiperidyl-(2')]-1-chloräthan, Kp.$_{13}$ 99—103°) in 5—6 Liter Bzl. wird eine Lsg. von 103 g SCl_2 in 1 Liter Bzl. unter Rühren zugegeben. Nach Verjagen des Lösungsm. wird der Rückstand mit 2,5 Liter H_2O u. ca. 1 Liter 3 n-Natronlauge behandelt u. hieraus das Reaktionsprod. mit $CHCl_3$ extrahiert → *3-Chlor-10-{2'-[N-äthylpiperidyl-(2'')]-äthyl-(1')}-phenthiazin*, Kp.$_{0,015}$ 218°, *Hydrochlorid*, F. 215—217°. — Analog werden folgende Phenthiazinderivv. erhalten: *3-Chlor-*

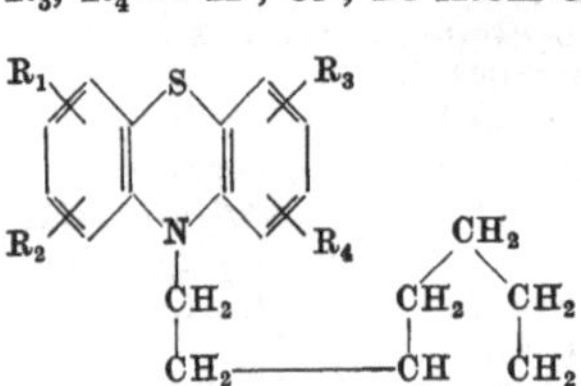

I

10-{2'-[N-methylpiperidyl-(2'')]-äthyl-(1')}-, (**A** u. **B**), Kp.$_{0,05}$ 206—211°, *Hydrochlorid*, F. 213—215°. — *3-Brom-10-{2'-[N-methylpiperidyl-(2'')]-äthyl-(1')}-*, (**A** u. **B**), Kp.$_{0,07}$ 216—218°, *Hydrochlorid*, F. 218—220°. — *1-Chlor-10-{2'-[N-methylpiperidyl-(2'')]-äthyl-(1')}-*, (**A** u. **B**), Kp.$_{0,07}$ 227°, *Hydrochlorid*, F. 195—197°. — *Dichlor-10-{2'-[N-methylpiperidyl-(2'')]-äthyl-(1')}-*, (**A** u. **B**), Kp.$_{0,06}$ 232°, *Hydrochlorid*, F. 202—204° u. das Isomere: *Dichlor-10-{2'-[N-methylpiperidyl-(2'')]-äthyl-(1')}-*, (**A** u. **B**), Kp.$_{0,08}$ 232 bis 233°, *Hydrochlorid* (½ Mol H_2O), F. 102—105°. — *Chlormethoxy-10-{2'-[N-methylpiperidyl-(2'')]-äthyl-(1')}-*, Kp.$_{0,02}$ 225°, *Hydrochlorid*, F. 110° (Zers.). — *3-Brom-10-{2'-[N-äthylpiperidyl-(2'')]-äthyl-(1')}-*, (**A** u. **B**), Kp.$_{0,015}$ 222°, *Hydrochlorid*, F. 222—224°. — *3-Chlor-10-{2'-[piperidyl-(2'')]-äthyl-(1')}-*, (**A** u. **B**), *Hydrochlorid*, F. 190—192°. — *3-Brom-10-{2'-[piperidyl-(2'')]-äthyl-(1')}-*, (**A**), *Hydrochlorid*, F. 206—208°. — *3-Chlor-10-{2'-(N-n-propylpiperidyl-(2'')]-äthyl-(1')}-*, (**A**), Kp.$_{0,01}$ 220°, *Tartrat*, F. 95° (Zers.). — *3-Chlor-10-{2'-[N-isopropylpiperidyl-(2'')]-äthyl-(1')}-*, (**A**), *Tartrat* (½ Mol H_2O) F. 100° (Zers.). — *3-Chlor-10-{2'-[N-n-butylpiperidyl-(2'')]-äthyl-(1')}-*, (**A**), Kp.$_{0,01}$ 225°, *Tartrat* (2 Mol H_2O), F. 85° (Zers.). — *3-Methyl-10-{2'-[N-methylpiperidyl-(2'')]-äthyl-(1')}-*, (**B**), Kp.$_{0,01}$ 197°, *Tartrat* (1½ Mol H_2O), F. ca. 105° (Zers.). — *3-Methoxy-10-{2'-[N-methylpiperidyl-(2'')]-äthyl-(1')}-*, (**B**), Kp.$_{0,01}$ 211°, *Tartrat* (1 Mol H_2O), F. ca. 115° (Zers.).— *3-Chlor-7-methoxy-10-{2'-[N-methylpiperidyl-(2'')]-äthyl-(1')}-*, (**B**), Kp.$_{0,01}$ 223°, *Tartrat* (1 Mol H_2O), F. 100° (Zers.). — *Heilmittel.* Vgl. Oe. P. 190 065; C. **1958.** 6340. (**D. A. S. 1 008 737** Kl. 12p vom 21/7. 1955, veröff. 23/5. 1957. Schwz. Priorr. 23/7. 1954, 3/5. u. 8/7. 1955. **E. P. 775 279** vom 20/7. 1955, ausg. 22/5. 1957. Schwz. Priorr. 23/7. 1954 u. 3/5. 1955. **D. A. S. 1 012 916** Kl. 12p vom 19/10. 1955, veröff. 1/8. 1957. **E. P. 775 280** vom 1/11. 1955, ausg. 22/5. 1957. Beide Schwz. Priorr. 5/11. 1954, 3/5. u. 23/9. 1955.)

H. BRÄUCKER. 4807

Mozes Juda Lewenstein, Kew Gardens, und **Ulrich Weiss,** Jamaica, N. Y., V. St. A., *14-Hydroxydihydromorphinon* (I), $C_{17}H_{19}NO_4$, aus Bzl., Äthylacetat oder A. Platten bzw. Nadeln, F. 246—247° (Zers., Verfärbung bei ca. 200°). — 14-Hydroxydihydrokodeinon wird mit konz. wss. HBr unter deren Kp., bes. auf 90°, u. dann auf 116° erhitzt, die Reaktionsmischung nach dem Abkühlen u. Verdünnen mit W. mit 10%ig. wss. NaOH alkal. gemacht, mit Chlf. extrahiert, die wss. Schicht mit HCl angesäuert, nach dem Behandeln mit Kohle mit konz. wss. NH_3 alkal. gemacht u. mit Chlf. das **I** ausgezogen. — *Analgeticum.* — Vgl. D. B. P. 926 132; C. **1955.** 8451. (**A. P. 2 806 033** vom 3/8. 1955, ausg. 10/9. 1957.)

G. KRAUSS. 4807

Badische Anilin- & Soda-Fabrik Akt.-Ges., Ludwigshafen/Rh. (Erfinder: **Horst Pommer,** Ludwigshafen/Rh., und **Georg Wittig,** Heidelberg), *Aldehyde* erhält man aus organ. Halogenverbb., indem man diese mit tert. Phosphinen, bes. Triphenylphosphin (**I**), zu quartären Phosphoniumsalzen umsetzt, diese durch Behandeln mit halogenwasserstoffbindenden Mitteln in die entsprechenden Phosphoniumylide umwandelt, diese mit Ameisensäureestern umsetzt u. das entstandene Reaktionsprod. hydrolysiert. — Aus 217 (Teilen) β-Cyclogeranylbromid u. 268 Triphenylphosphin → β-Cyclogeranyltriphenylphosphoniumbromid; aus 90 davon in 200 Dimethylformamid u. 10 gepulvertem Na-Acetylid (halogenwasserstoffbindendes Mittel) bei 20° → tiefrotes Triphenylphosphonium-β-cyclogeranylid, daraus mit 30 Ameisensäureäthylester 5 Std. bei 60°, dann Zusatz von 50 10%ig. H_2SO_4, anschließend Wasserdampfdest. u. Extraktion des Destillats mit Methylenchlorid → *2'.6'.6'-Trimethylcyclo-1'-hexen-1'-ylacetaldehyd*, Kp.$_{14}$ 108—112°; *Phenylsemicarbazon*, F. 157°. — Benzylchlorid + **I** → Benzyltriphenylphosphoniumchlorid → Triphenylphosphoniumbenzylid → *Phenylacetaldehyd*, Kp.$_{15}$ 88°. — **I** + Methylbromid → Methyltriphenylphosphoniumbromid → Triphenylphosphoniummethylid + Ameisensäurebutylester → Vinylbutyläther → *Acetaldehyd.* — **I** + n-Propylbromid → n-Propyltriphenylphosphoniumbromid → Propenylidentriphenylphosphin → *n-Butyraldehyd*, Kp.$_{760}$ 75—76°. — **I** + Isopropylbromid → Isopropyltriphenylphosphoniumbromid → Isopropylidentriphenylphosphin → *Isobutyraldehyd*, Kp.$_{760}$ 62—64°. — **I** + Dodecylchlorid → Dodecyltriphenylphosphoniumchlorid → Dodecylidentriphenylphosphin → *Tridecanaldehyd*, Kp.$_{18}$ 147—150°; F. 13—14°. — Cyclohexylbromid + **I** → Cyclohexyltriphenylphosphoniumbromid → Cyclohexylidentriphenylphosphin → *Hexahydrobenzaldehyd*, Kp.$_{18}$ 72—74°. — 1.4-Dibrombutan + 2 Mol **I** → 1.4-Butan-bis-(triphenylphosphoniumbromid) → tiefgelbes 1.4-Buta-1.3-dien-bis-triphenylphosphin → *Adipindialdehyd.* — Cyanmethylchlorid + **I** → Cyanmethyltriphenylphosphoniumchlorid → Cyanmethylentriphenylphosphin → *Formylacetonitril*, Kp.$_{760}$ 71—73°. — β-Jonylbromid + **I** → β-Jonyltriphenylphosphoniumbromid → rotviolettes β-Jonylidentriphenylphosphin → Mischung aus *4-(2'.6'.6'-Trimethylcyclo-1'-hexen-1'-yl)-2-methyl-2-buten-1-al* (= β-C_{14}-Aldehyd), Kp.$_{0,05}$ 76—77°; *Phenylsemicarbazon*, F. 184° u. *4-(2'.6'.6'-Trimethylcyclo-1'-hexen-1'-yl)-1-äthoxy-2-methyl-1.3-butadien*, Kp.$_{0,05}$ 71—73°, λ_{max} 258 bis 259 mμ; ε = 15000; → *4-(2'.6'.6'-Trimethylcyclo-1'-hexyliden)-2-methyl-2-buten-1-al*

= (Iso-β-C_{14}-Aldehyd), Kp.$_{0,01}$ 86—88°; λ_{max} 296 mμ; ε = 27000; *Phenylsemicarbazon*, F. 156°. Trennung erfolgt chromatograph. an Al_2O_3. — 4-Chlorbenzylchlorid + I → 4-Chlorbenzyltriphenylphosphoniumchlorid → 4-Chlorbenzylidentriphenylphoshpin → *4-Chlorphenylacetaldehyd*, Kp.$_{13}$ 114—116°. — 4-Methoxybenzylchlorid + I → 4-Methoxybenzyltriphenylphosphoniumchlorid → orangerotes 4-Methoxybenzylidentriphenylphosphin → *4-Methoxyphenylacetaldehyd*, Kp.$_{13}$ 142—143°; *Semicarbazon*, F. 180—181°. — *Zwischenprodd.*, bes. zur Herst. von *Vitamin A-Verbindungen*. (**D. A. S. 1047 763** Kl. 12o vom 13/8. 1955, veröff. 31/12. 1958. **E. P. 790 823** vom 20/7. 1956, ausg. 19/2. 1958. D. Prior. 13/8. 1955.) G. KRAUSS. 4809

Barnett Laboratories, Inc., übert. von: **Henry M. Epsoy**, Long Beach, Calif., *Herstellung von freifließenden Pulvern fettlöslicher Vitamine*. Ein genießbares vitamin-A-haltiges Öl wird unter Vermeidung von reibender Bewegung mit synthet. Ca-Silicat (I), bes. mit „Micro-Cel" E (Partikelgröße $<$325 mesh, Schüttgewicht 6 pd./cf) vermischt. Man versprüht das Öl auf das vorüberfließende I u. gibt das Gemisch noch durch eine Hammermühle. (**A. P. 2 858 215** vom 2/7. 1956, ausg. 28/10. 1958.) K. KOEBKE. 4809

Aschaffenburger Zellstoffwerke Akt.-Ges., Redenfelden (Erfinder: **Konrad Bernhauer** und **Georg Wilharm**, Aschaffenburg, und **Elisabeth Becher**, Stockstadt), *Biosynthese von Vitaminen der B_{12}-Gruppe* (I), die eine Base der Benzimidazolgruppe enthalten, dad. gek., daß man in einem Kulturmedium Mikroorganismen (z. B. Propionsäurebakterien) auf Purinfaktoren der I, wie Pseudovitamin B_{12}, Faktor A, das 2-Methylmercaptoadenincobalamin-Analogon u. dgl., in Ggw. z. B. von 5.6-Dimethylbenzimidazol oder 5(6)-Hydroxybenzimidazol einwirken läßt. (**D. A. S. 1 058 210** Kl. 30h vom 8/2. 1958, veröff. 27/5. 1959.) K. KOEBKE. 4809

Syntex Soc. An. (Erfinder: **George Rosenkranz** und **Octavio Mancera**), Mexico, Mexico, *Herstellung des Bernsteinsäurehalbesters des Pregnan-21-ol-3.20-dions* (I). Man verestert Desoxycorticosteron mit einem entsprechenden Acylierungsmittel, z. B. Bernsteinsäureanhydrid u. hydriert den erhaltenen Halbester in Ggw. eines Hydrierungskatalysators, bes. Pd-Kohle, mit H_2 zu I, F. 192—196°; $[\alpha]_D$ 95°. — *Heilmittel*. (**D. A. S. 1 041 954** Kl. 12o vom 27/9. 1956, veröff. 30/10. 1958. Mexican. Prior. 30/9. 1955.) U. SIEVERS. 4809

Upjohn Co., übert. von: **George B. Spero, Barney J. Magerlein, William P. Schneider** und **John A. Hogg**, Kalamazoo, Mich., V. St. A., *6.21-Difluorsteroide*. Man setzt z. B. das 21-Methansulfonat des 6α.9α-Difluor-11β.17α.21-trihydroxy-1.4-pregnadien-3.20-dions mit KF in Dimethylsulfoxyd um → *6α.9α.21-Trifluor-11β.17α-dihydroxy-1.4-pregnadien-3.20-dion*, F. 273—277°. — Analog: *6α.21-Difluor-11β.17α-dihydroxy-4-pregnen-3.20-dion*, F. 226—230°, neben *6α-Fluor-11β-hydroxy-17.21-epoxy-4-pregnen-3-on*. — Man kann die 21-Methansulfonate auch zunächst mit NaJ in Aceton in die 21-Jodverbb. überführen u. diese sodann mit AgF in Acetonitril fluorieren. — *6α.9α-Difluor-21-jod-11β.17α-dihydroxy-4-pregnen-3.20-dion*, F. 150—160° (Zers.) → *6α.9α.21-Trifluor-11β.17α-dihydroxy-4-pregnen-3.20-dion*, F. 210—235°. — *6α.21-Difluor-11β.17α-dihydroxy-1.4-pregnadien-3.20-dion*, F. 226—231°, neben *6α-Fluor-11β-hydroxy-17α.21-oxido-1.4-pregnadien-3.20-dion*. — *Heilmittel*. (**A. PP. 2 838 537, 2 838 535, 2 838 539** u. **2 838 543** vom 29/11. 1957, ausg. 10/6. 1958.) U. SIEVERS. 4809

Olin Mathieson Chemical Corp., New York, N. Y., übert. von: **Josef Fried** und **Gordon H. Thomas**, New Brunswick, N. J., V. St. A., *16-Halogentestosterone*. Man führt z. B. 16α-Hydroxyandrostendion durch Rk. mit Mesylchlorid über → *Δ^4-Androsten-16α-ol-3.17-dion-16α-mesylat* (I), F. 211—213°; $[\alpha]_D^{23}$ 149°; daraus durch Rk. mit wasserfreiem KF in Diäthylenglykol → *16β-Fluorandrostendion* (II), F. 171—174°; $[\alpha]_D$ 203°, neben *16α-Fluorandrostendion*, F. 142—146°; $[\alpha]_D^{23}$ 195°. — I läßt sich mit $CaCl_2$ in absol. A. überführen in *16β-Chlor-Δ^4-androsten-3.17-dion*, F. 171—174°; $[\alpha]_D$ 181°. — II + Pyrrolidin in Ggw. von CH_3OH → *16β-Fluor-3-pyrrolidino-$\Delta^{3,5}$-androstadien-17-on* (III), F. 212—217° (Zers.); analog: *16α-Fluor-3-pyrrolidino-$\Delta^{3,5}$-androstadien-17-on*, F. 206—218° (Zers.). — III wird sodann in üblicher Weise mit $LiAlH_4$ in Ae. red. → *16β-Fluortestosteron*, F. 165—168°. — Analog: *16α-Fluortestosteron*, F. 153 bis 158°; $[\alpha]_D$ 113°. — *16β-Chlortestosteron*, F. 201—203°; $[\alpha]_D^{23}$88°. — *Heilmittel*. (**A. P. 2 857 403** vom 7/2. 1957, ausg. 21/10. 1958.) U. SIEVERS. 4809

G. D. Searle & Co., Chicago, übert. von: **Raymond M. Dodson**, Park Ridge, und **Robert C. Tweit**, Wilmette, Ill., V. St. A., *7α-Acylthiosteroide*. Man setzt z. B. 4.6-Androstadien-3.17-dion mit Thioessigsäure unter UV-Bestrahlung um → *7-Acetylthio-4-androsten-3.17-dion*, $[\alpha]_D$ 87,5°. — Analog: *7α-Acetylthiotestosteronbenzoat*, F. 185 bis 186°; $[\alpha]_D$ 37°. — *7α-Propionylthiotestosteron*, F. 234—236° (Zers.). — *7α-Propionylthiotestosteronpropionat*, $[\alpha]_D$ —2,43°. — *Heilmittel*. (**A. P. 2 859 222** vom 31/12. 1957, ausg. 4/11. 1958.) U. SIEVERS. 4809

Pietro de Ruggieri, Mailand, Italien, *19-Nor-17α-äthinyltestosteron,* F. 202—204°, erhält man durch Rk. von 3-Äthoxy-17-cyan-östra-3.5-dien-17-ol mit K-Acetylid in Toluol–tert.-Amylalkohol. — *Heilmittel.* (**A. P. 2 849 462** vom 16/4. 1957, ausg. 26/8. 1958.) U. SIEVERS. 4809

Upjohn Co., übert. von: **Barney J. Magerlein, Jack K. Dale,** Kalamazoo, Mich., und **Louis W. Wachtel,** Frederick, Md., V. St. A., *Kristallines Cortisonacetat* vom F. 236—245°; $[\alpha]_D^{22}$ 177°, welches in wss. Lsg. stabil ist, erhält man durch Lösen von Cortisonacetat in einem inerten, mit W. mischbaren organ. Lösungsm. (**I**), gegebenenfalls Zusatz von W. u. sodann Zusatz eines mit W. nichtmischbaren KW-stofflösungsm. (**II**) mit einem Kp. zwischen 25 u. 150°. Als **I** sind zu verwenden z. B. Äthylenglykoläther, Glykole, Polyäthylenglykole (Mol.-Gew. 1500—6000), A., Dimethylacetamid, Aceton, CH_3OH usw.; als **II** werden genannt u. a. Fraktionen von Erdöldestillaten, bes. Pentan, Hexan, Heptan oder Petroläther. (**A. PP. 2 828 319** vom 26/11. 1954, ausg. 25/3. 1958 u. **2 841 599** vom 26/11. 1954, ausg. 1/7. 1958.) U. SIEVERS. 4809

Upjohn Co., Kalamazoo, Mich., V. St. A., *Hydrocortison-21-carbäthoxylat,* F. 213—215°, $[\alpha]_D^{24}$ 156°, erhält man durch Rk. von Hydrocortison mit Chlorkohlensäureäthylester in Ggw. von Pyridin. — *Heilmittel.* (**E. P. 802 618** vom 25/4. 1957, ausg. 8/10. 1958. A. Prior. 10/5. 1956.) U. SIEVERS. 4809

Upjohn Co., übert. von: **John A. Hogg** und **George B. Spero,** Kalamazoo, Mich., V. St. A., *6-Fluorcortison, -hydrocortison und deren 21-Acylate.* Man epoxydiert das 3-Äthylenglykolketal des 3.11-Diketo-4.17(20)-[cis]-pregnadien-21-säuremethylesters mit Perbenzoesäure in Chlf. → *3-Äthylenglykolketal des 3.11-Diketo-5α.6α-oxido-17(20)-[cis]-pregnen-21-säuremethylesters,* F. 206—209°; $[\alpha]_D$ 37°, spaltet das Epoxyd mit 48%ig. HF in CH_2Cl_2 → *3.11-Diketo-5α-hydroxy-6β-fluor-17(20)-allopregnen-21-säuremethylester* (I), F. 260—263°, neben *3.11-Diketo-5α.6β-dihydroxy-17(20)-allopregnen-21-säuremethylester,* F. 245—248°. — Aus **I** erhält man durch erneute Ketalisierung mit Äthylenglykol das **I**-*3-Äthylenketal,* F. 170—173°; daraus durch Red. mit $LiAlH_4$ → *5α.11β.21-Trihydroxy-6β-fluor-17(20)-allopregnen-3-on-3-äthylenketal,* F. 175—185°; *21-Acetat,* F. 149—153°; daraus durch Hydroxylierung mit OsO_4-N-Methylmorpholinoxydperoxyd in tert.-Butanol → *5α.11β.17α-Trihydroxy-6β-fluor-21-acetoxyallopregnan-3.20-dion-3-äthylenketal,* F. 220—228°; daraus durch Hydrolyse der Ketalgruppe mit 1 n H_2SO_4 → *5α.11β.17α-Trihydroxy-6β-fluor-21-acetoxyallopregnan-3.20-dion,* F. 230 bis 240°, welches durch Erhitzen mit CH_3COOH dehydratisiert wird → *6β-Fluorhydrocortisonacetat* (II), F. 210—218°. Durch Bebrütung mit *Septomyxa affinis* ATCC 6737 läßt sich die 1(2)-Stellung dehydrieren unter Bldg. von *1-Dehydro-6β-fluorhydrocortisonacetat.* — **II** läßt sich schließlich durch Rk. mit HCl in Chlf. u. absol. A. isomerisieren → *6α-Fluorhydrocortison-21-acetat,* F. 203—210°. — *Heilmittel.* (**A. P. 2 841 600** vom 18/1. 1957, ausg. 1/7. 1958.) U. SIEVERS. 4809

Upjohn Co., übert. von: **George B. Spero** und **John A. Hogg,** Kalamazoo, Mich., V. St. A., *6-Fluorsteroide.* Vgl. A. P. 2 841 600; (s. vorst. Ref.) Zu ergänzen ist: 6α-Fluorhydrocortisonacetat (I) + $NaHCO_3$ in CH_3OH unter N → *6α-Fluorhydrocortison,* F. 192 bis 201°; $[\alpha]_D$ 127°. — **I** läßt sich mit Septomyxa affinis ATCC 6737 dehydrieren zu *1-Dehydro-6α-fluorhydrocortison,* F. 202—204°; $[\alpha]_D$ 73°. — *Heilmittel.* (**A. P. 2 838 497** vom 29/11. 1957, ausg. 10/6. 1958.) U. SIEVERS. 4809

Imperial Chemical Industries Ltd., London, England (Erfinder: **Alfred Aaron Levi** und **Robert Rothes Goodall**), *Isolieren von Fumagillin* aus vergorenen Nährmedien. Nach dem Abfiltrieren der festen Bestandteile wird $BaCl_2$ als festes Salz oder in Lsg. zugesetzt, bis kein Nd. nehr entsteht. Nach Zugabe von Kieselgur wird filtriert u. das Filtrat mit Butylacetat bei p_H 9, eingestellt mit einer Pufferlsg. aus H_3BO_3, KCl u. NaOH extrahiert. Erhöhung der Ausbeute. (**E. P. 763 482** vom 12/3. 1954, ausg. 12/12. 1956. **Zusatz zu E. P. 757 318; C. 1957. 3350.**) H. SCHINDLER. 4811

E. I. du Pont de Nemours & Co., übert. von: **Walter A. Gregory,** Wilmington, Del., V. St. A., *N-(Sulfonylphenacyl)-hexamethylentetraminiumhalogenide* der allg. Formel I (R = Alkyl, Halogenalkyl, Cyclopentyl, Cyclohexyl u. Vinyl mit bis zu 12 C-Atomen, Halogenalkyl bis zu 12 C-Atomen; R' = H, Halogen, niedermol. Alkyl oder Alkoxy; X = Cl, Br) erhält man durch Rk. eines α-Halogensulfonylacetophenons der allg. Formel II mit Hexamethylentetramin (HT) in Ggw. von Anisol, Äthylidenchlorid oder

II I

n-Butylchlorid. — Aus 50 g α-Brom-p-äthylsulfonylacetophenon + 35 g HT in 800 cm³ Äthylidenchlorid nach 30 Min. bei 40° → *N-(p-Äthylsulfonylphenacyl)-hexamethylentetraminiumbromid*, $C_{16}H_{23}BrN_4O_3S$, F. 169—171° (Zers.). — α-Brom-p-n-propylsulfonylacetophenon + HT in Anisol → *N-(p-n-Propylsulfonylphenacyl)-hexamethylentetraminiumbromid*, $C_{17}H_{25}BrN_4O_3S$, F. 155—157°. — α-Brom-p-isopropylsulfonylacetophenon + HT → *N-(p-Isopropylsulfonylphenacyl)-hexamethylentetraminiumbromid*, $C_{17}H_{25}BrN_4O_3S$, F. 169—175°. — α-Brom-p-n-butylsulfonylacetophenon + HT → *N-(p-n-Butylsulfonylphenacyl)-hexamethylentetraminiumbromid*, enthält Kristallanisol. — α-Brom-p-n-amylsulfonylacetophenon + HT → *N-(p-n-Amylsulfonylphenacyl)-hexamethylentetraminiumbromid*, $C_{19}H_{29}BrN_4O_3S$, F. 112—122° (Zers.). — p-Dodecylsulfonylphenacylbromid + HT → *N-(p-Dodecylsulfonylphenacyl)-hexamethylentetraminiumbromid*, $C_{26}H_{43}BrN_4O_3S$, F. 113—116° (Zers.). — α-Brom-p-cyclohexylsulfonylacetophenon + HT → *N-(p-Cyclohexylsulfonylphenacyl)-hexamethylentetraminiumbromid*, enthält Kristallanisol. — *N-[p-(Chlormethylsulfonyl)-phenacyl]-HTC* (*HTC = -hexamethylentetraminiumchlorid*). — *N-[p-(Dichlormethylsulfonyl)-phenacyl]-HTC*. — *N-[p-(Brommethylsulfonyl)-phenacyl]-HTB* (*B = -bromid*). — *N-[p-(Fluormethylsulfonyl)-phenacyl]-HTB*. — *N-[p-(Trichlormethylsulfonyl)-phenacyl]-HTC*. — *N-[p-(Trifluormethylsulfonyl)-phenacyl]-HTB*. — *N-(p-Cyclopentylsulfonylphenacyl)-HTB*. — *N-(p-Vinylsulfonylphenacyl)-HTB*. — *N-(p-Methylsulfonylphenacyl)-HTB*. — *N-(o-Methylsulfonylphenacyl)-HTB*. — *N-(3-Methyl-4-methylsulfonylphenacyl)-HTB*. — *N-(5-Chlor-2-methylsulfonylphenacyl)-HTB*. — *N-(5-Isopropylsulfonyl-2-methoxyphenacyl)-HTB*. — *Bактericide* u. *Fungicide*; *Zwischenprodd.* zur Herst. von *Antibiotica*. (**A. P. 2 744 111** vom 16/2. 1953, ausg. 1/5. 1956.)

G. KRAUSS. 4811

Fritz Büttner, Giftkunde. Giftgesetz. Vorbereitung zur Giftprüfung. 4., überarb. Aufl. Leipzig: Fachbuchverl. 1959. (155 S.) 8°. DM 4,80.

Gabriel Dušinský und **Zora Gruntová**, Potenciometrické titrácie vo farmácii a príbuzných odboroch. Bratislava: Slovenská Akadémia vied. 1956. (335 S. m. Abb.) 8° = Potentiometrische Titrationen in d. Pharmazie u. verwandten Gebieten. Kčs 37,90.

—, Kleine Spezialitäten-Taxe. (Früher Woelm-Liste.) Bearb. vom Arzneibüro d. ABDA, Arbeitsgemeinschaft d. Berufsvertretungen dt. Apotheker. Ausg. 21. 1. Mai 1959. Frankfurt/M.: Govi-Verl. 1959. (355 S.) 4°. DM 11,50.

—, Novitätenkartei. Stoffliste. Grundwerk. Lfg 11ff. Hrsg. vom Arzneibüro d. ABDA, Arbeitsgemeinschaft d. Berufsvertretungen Dt. Apotheker. Frankfurt/M.: Werbe- u. Vertriebsgesellschaft Dt. Apotheker. 1958. (914 S.) 8°. DM 105,—, je Lfg. DM 7,50.

G. Analyse. Laboratorium.

A. Ja. Kusnetzow, *Verfahren zum Auftragen von Zinndioxydhalbleiterüberzügen zum Zweck des Erhitzens von Glas und Keramik.* Angabe von 2 Verff., bei denen alkalihaltige Gläser zunächst 10—15 Std. bei 50° mit HNO_3 vom oberflächlichen Alkaligeh. befreit u. dann nach Bldg. des SiO_2-Films (durch die HNO_3-Behandlung; Quarz- u. Porzellangegenstände bedürfen dieser Behandlung nicht) entweder mit einer alkoh. $SnCl_4$-Lsg. unter Zusatz von Reduktionsmitteln ($SbCl_3$, Hydrazin, Phenylhydrazin, Formalin, Glyoxal) durch Zerstäuben bedeckt werden oder (2. Verf.) im Ofen bei 380 bis 420° Dämpfen von $SnCl_2$ ausgesetzt werden. Die Leitfähigkeit dieser Schicht beruht auf SnO + Sn-Körnern. — Zum Schluß wird die Anbringung von Elektroden an dieser Schicht beschrieben: Am besten durch eine Paste aus 8 (Teilen) Ag_2CO_3, 1 Kolophonium u. 4 Terpentin, Brennen bei 400°, oder Paste aus 2 H_2PtCl_6 u. 10 Lavendelöl, Brennen bei 420—450°; danach folgt das Anlöten der Elektroden. (Заводская Лаборатория [Betriebs-Lab.] **23**. 90—92. 1957.) A. v. WILPERT. 5006

Éva Bányai und **László Erdey**, *Anwendung von Fällungsaustauschreaktionen in der analytischen Chemie.* 1. Mitt. (Magyar tudományos Akad. kémiai. Tudományok Osztályának Közleményei [Ung. Akad. der Wiss., Ber. Abt. chem. Wiss.] **7**. 165—74. 1956. — C. **1957**. 5068.) J. PLANK. 5050

J. B. Mohler, *Endpunkte. Analytische Faktoren.* Formeln u. Beispiele für die Berechnung von Faktoren, der Einstellung u. des Geh. von Lsgg. auf der Basis oz./gal. (Metal Finishing **55**. Nr. 2. 66—67. Febr. 1957.) PH. FRESENIUS. 5050

Eli S. Freeman und **David Edelman**, *Einfache Methode zur derivativen Differentialthermoanalyse.* Eine derivative Differentialthermoanalyse (DTA) kann unter Verwendung eines n. DTA-App. u. einer Duplikatprobe als Vgl. durch Aufzeichnung der Probentemp. bei Einhaltung eines konstanten Temperaturdifferentials (TD) zwischen den Proben erfolgen. Wenn das TD zu hoch ist, werden 2 DTA-Kurven mit gemeinsamer Grundlinie u. umgekehrten Ausschlägen erhalten, bei TD → 0 wird die wahre derivate Darst. angenähert. An Hand einiger Beispiele werden die Vorteile des Verf., bes. in Kombination mit n. DTA aufgezeigt. Zur kombinierten Analyse wird ein Metallblock mit 3 Bohrungen für die Duplikatprobe u. den inerten Stoff (Al_2O_3) verwendet. Die Probe, deren Temp. aufgezeichnet wird, befindet sich etwas näher an den Heizwindungen des Ofens. Etwas genauere Werte erhält man unter gleichzeitiger Verwendung von 2 Öfen mit je einer Probe u. inertem Vergleich. (Analytic. Chem. **31.** 624—25. April 1959. Dover, N. J., Picatinny Arsenal, Pyrotechn. Chem. Res. Labor.) E. DEHMLOW. 5052

E. Menzel, *Gesteigerte laterale Auflösung mit Lichtmikroskopen.* Nach dem Unsicherheitsprinzip von INGELSTAM (Ark. Fysik **7.** [1953.] 309) $\Delta x \cdot \Delta z = N\lambda^2$ (N = eine wenig von 1 verschied. Apparatekonstante, λ = Wellenlänge) kann die laterale Auflösungsgrenze Δx wesentlich verkleinert werden, wenn ein großes Δz zugelassen wird, wenn also weitgehend auf Information über die Objektphase bzw. -tiefe verzichtet wird. Eine Verkleinerung von Δx ist möglich, indem die Objektstruktur vor der mkr. Betrachtung mechan. gedehnt wird, d. h. es wird eine mechan. Lateralvergrößerung V_m durchgeführt. Δx ist dann = $(2A \cdot V_m)$, A = Apertur. Es werden Verff. zur Mechanisierung u. anschließend mkr. Vergrößerung für nichtabsorbierende u. absorbierende Objekte angegeben. Am Beispiel eines geätzten Perlitschliffs wird das so erhöhte laterale Auflösungsvermögen gezeigt. (Naturwissenschaften **46.** 105. 1. Febr.-H. 1959. Darmstadt, TH, Phys. Inst.) H. LINDBERG. 5056

P. A. Charlwood und **A. H. Gordon,** *Elektrophorese in einem Dichtegradienten.* Vff. beschreiben eine Modifikation der App. für Dichtegradienten-Elektrophorese nach SVENSSON unter Verwendung von Glasschliffen, wobei Austrittsöffnungen für die gebildeten Gase vorgesehen sind. Die Füllung des Gradientenrohrs erfolgt automatisch. An menschlichem ^{131}J-Albumin, einem Gemisch von menschlichem Serumalbumin u. Hämoglobin, an Insulin u. der langsam reagierenden Substanz A von BROCKLEHURST wird die Brauchbarkeit der App. unter Verwendung von Saccharose- bzw. A.-Gradienten demonstriert. (Biochem. J. **70.** 433—38. Nov. 1958. London, Mill Hill, Nat. Inst. for Med. Res.) E. SCHWERDTFEGER. 5062

L. N. Filimonow und **W. O. Chandross,** *Photoelektrische Spekralanalyse im Ausland.* Krit. Übersicht u. Besprechung von auftretenden Problemen. (Заводская Лаборатория [Betriebs-Lab.] **24.** 712—23. 1958.) E. KLEVER. 5063

L. W. Lipis, *Spektralanalyse nach der Verdampfungsmethode.* Zusammenfassende Übersicht. (Заводская Лаборатория [Betriebs-Lab.] **24.** 736—45. 1958.) E. KLEVER. 5063

Martin Nordmeyer, *Über die Ausleuchtung von Spektrometern.* Erörtert werden einzelne Punkte für die Lichtführung, die in der quantitativen Spektralanalyse mit Spektrometern das Verhältnis der Linienintensitäten, das Auflösungsvermögen u. die wirksame Strahlungsleistung beeinflussen. In diesem Zusammenhang werden Bedingungen angegeben, unter denen die Verwendung von Linsenrastern von Vorteil ist. (Arch. Eisenhüttenwes. **30.** 11—13. Jan. 1959. Dortmund-Aplerbeck, Staatl. Materialprüfungsamt Nordrhein/Westfalen.) H. HOCHSTEIN. 5063

H. Guyer, *Einige technische Hilfsmittel zur Erhöhung der Genauigkeit und der Reproduzierbarkeit spektraler Lichtquellen.* Vf. bespricht krit. die verschied. Probleme, die für die Art einer spektralen Entladung sowie deren Reproduzierbarkeit von Bedeutung sind. Untersucht wurden die Verhältnisse am rotierenden Unterbrecher, beschrieben wird ein selbstkonstruierter rotierender Unterbrecher. Weiter wird eine Meßeinrichtung für hochfrequente Entladungen beschrieben. (Metallurgia ital. **50.** 308—12. Aug. 1958. Schaffhausen, Georg Fischer S.p.A.) C. GOTTFRIED. 5063

G. Rigault, *Vorteile der selektiven Verflüchtigung und der „Verstärkungen" (esaltazioni) in der spektrographischen Analyse.* Vf. bespricht einige Methoden zur Erhöhung der Bestimmungsempfindlichkeit gewisser Elemente bei der Spektralanalyse mit Gleichstrombogen, die auf selektiver Verflüchtigung u. der Verstärkung der Spektrallinien beruhen. Betreffs Anwendung der Meth. verweist Vf. auf Unterss. (vgl. C. **1959.** 10499) über Ga u. In in der Zinkblende. (Metallurgia ital. **50.** 301—04. Aug. 1958. Torino, Univ., Ist. di Mineral. e Petrogr.) C. GOTTFRIED. 5063

H. Pfundt, *Produktionskontrolle mit Hilfe des Spektrolecteurs.* Vf. berichtet über die Anwendung des „Spectro-Lecteurs" als Routinemeßgerät bei den VEREINIGTEN ALUMINIUMWERKEN. Analysenergebnisse an *Al–Mg–Si-*, *Al–Cu–Mg*-Legierungen u. an reinem *Al* werden krit. untersucht. (Metallurgia ital. **50.** 313—16. Aug. 1958. Bonn, Vereinigte Aluminiumwerke.) C. GOTTFRIED. 5063

Giulio Brautti, *Einflüsse der Veränderung des umgebenden Druckes auf die Intensität der Emission im Bogen einiger Elemente.* Unterss. an Cu- u. Zn-Elektroden in N_2, Ne, Ar, Luft u. CO_2 ergaben, daß bei Änderung des Drucks, in dem der Bogen brennt, die relative Intensität der Linien stärker oder schwächer wird. (Metallurgia ital. **50.** 340—42. Aug. 1958. Trieste, Ist. Sperim. Talassograf.) C. GOTTFRIED. 5063

C. Mielenz, *Eine neue spektrophotometrische Methode zur schnellen visuellen Analyse von Metallen.* Vorl. Mitt. über die Grundlagen der neuen spektrophotometr. Methode. (Metallurgia ital. **50.** 332—36. Aug. 1958. Torino, R. Meyer & Co.)
C. GOTTFRIED. 5063

Ladislav Mráz, Vladimír Simon und **Jaroslav Zýka,** *Titrationen gegen Hydrochinon und ähnliche Reduktionsmittel.* 9. Mitt. *Über die Beständigkeit der Hydrochinonmaßlösungen.* (8. vgl. Chem. Listy **52.** [1958.] 936; 6. vgl. C. **1958.** 13317.) Vff. haben den Einfl. verschied. Faktoren auf die Beständigkeit der Lsgg. von *Hydrochinon* (I) als reduktometr. Reagens eingehend untersucht, u. zwar durch systemat. Kontrolle des Titers von 0,1—0,001n I-Lsgg., welche unter verschied. Bedingungen aufbewahrt wurden, bzw. durch photometr. Extinktionsmessungen ihrer leicht bräunlichen bis rotbraunen Farbe, welche bei der Zers. von I auftritt. Die Titerstellung erfolgte durch visuelle oder (in stärker gefärbten Lsgg.) photometr. bzw. potentiometr. Titration gegen $K_2Cr_2O_7$-Lsg.; stark verd. I-Lsgg. wurden potentiometr. gegen $Ce(SO_4)_2$-Lsg. titriert. Die größte Beständigkeit wiesen I-Lsgg. auf, welche mit 1—3% H_2SO_4 angesäuert waren, u. deren Titer erst nach 3—4 Monaten geringfügige Abweichungen nach unten erfährt. Auch das Auftreten der braunen Farbe ist sehr schwach. Beim Kochen sind diese Lsgg. mindestens 1 Std. ganz beständig. Neutrale I-Lsgg. weisen etwas geringere Beständigkeit auf, jedoch ändert sich ihr Titer erst nach 2—3 Monaten. Durch die Konz. wird die Stabilität aller dieser Lsgg. prakt. nicht beeinflußt. I-Lsgg., die mit $KHCO_3$ alkalisiert wurden, färben sich dagegen bereits nach kurzer Zeit dunkelbraun bis schwarz unter gleichzeitiger Trübung u. rascher Herabsetzung ihres Titers, bes. bei größerer Verdünnung. Nach Ansäuren scheidet sich aus diesen Lsgg. ein amorpher rotbrauner Nd. aus, dessen Zus. der Summenformel $C_6H_4O_3$ entspricht. Saure I-Lsgg. sind im Dunklen aufzubewahren; vor atmosphär. O_2 brauchen sie jedoch nicht geschützt zu werden. Der Einfl. allfälliger Metallspuren in weniger reinen I-Präpp. auf die Beständigkeit ihrer Lsgg. wurde nicht erwiesen. Mit Ausnahme von reinsten I-Präpp. weist der Titer von frisch bereiteten, selbst angesäuerten I-Lsgg. binnen 1—2 Tagen schwankende Tendenz auf; nach dieser Zeit nimmt er jedoch einen konstanten Wert an. Die Höhe der Schwankungen hängt von der Reinheit des verwendeten I-Präp. ab u. beträgt bei üblichen I-Handelspräpp. 0,5—1,5%. (Chem. Listy **52.** 1083—88. Juni 1958. Praha, Karlova univ., kat. analyt. chem.) K. KÁMEN/Prag. 5066

Ladislav Mráz, Vladimír Simon und **Jaroslav Zýka,** *Titrationen gegen Hydrochinon und ähnliche Reduktionsmittel.* 10. Mitt. *Über die Titration von Cer, Chrom und Vanadin und die Möglichkeit ihrer gleichzeitigen Bestimmung.* (9. vgl. vorst. Ref.) Es wurden die Reaktionsbedingungen für genaue Best. kleiner Mengen *Ce, V* u. *Cr* durch potentiometr. Titration von Ce^{4+}-, $Cr_2O_7^{2-}$- u. VO_3^--Lsgg. gegen *Hydrochinon* (I)-Maßlsg. ermittelt; die angeführten Ionen werden hierbei zu Ce^{3+}, Cr^{3+} u. VO^{2+} reduziert. Ce^{4+} kann im Medium von 2—15%ig. H_2SO_4 bis zur Konz. $5 \cdot 10^{-4}$mol. sehr genau titriert werden; bei größerer Verdünnung treten negative Fehler ein. Dasselbe gilt für $Cr_2O_7^{2-}$ (Grenzkonz. ca. $2 \cdot 10^{-4}$mol.). 0,1—0,05n VO_3^--Lsgg. lassen sich in Ggw. von 15—30% H_2SO_4, 0,05—0,005n Lsgg. in Ggw. von 25—30% H_2SO_4 titrieren; bei verdünnteren VO_3^--Lsgg. als 0,005n sind die Ergebnisse zu hoch. Anstatt in H_2SO_4 kann man im Medium von 0,2—15n HNO_3 arbeiten. Bei der Ce-Best. stören HCl u. große Mengen H_3PO_4, bei der V-Best. stört HCl. Alle Titrationen können selbst in Ggw. von MnO_4^- durchgeführt werden, da der Verbrauch von I zur Red. von MnO_4^- durch den entsprechenden Potentialsprung deutlich vom Verbrauch zur Red. des zu titrierenden Ions unterschieden werden kann. Im Vgl. mit den analogen Titrationen gegen Fe^{2+}-Lsg. ist das beschriebene Verf. viel empfindlicher, u. außerdem ist die I-Lsg. viel beständiger. — Von den Kombinationen der angeführten Elemente gelingt die gleichzeitige Best. von VO_3^- u. Ce^{4+} u. von $Cr_2O_7^{2-}$ u. Ce^{4+}. $Cr_2O_7^{2-}$ u. VO_3^- lassen sich nur schwierig oder überhaupt nicht gleichzeitig bestimmen. Auch die gleichzeitige Best. von allen drei Elementen ist meistens nicht ganz befriedigend. Die Titriergenauigkeit kann bes. bei Kombinationen, in denen Ce^{4+} u. $Cr_2O_7^{2-}$ vorkommen, durch Zugabe von überschüssigem Mn(II)-Salz erhöht werden, u. zwar auf Grund der Rk. zwischen Ce^{4+} u. Mn^{2+}, welche zur Bldg. einer dem Ce-Geh. äquivalenten Menge MnO_2 führt; dieses wird durch I quantitativ zu Mn^{2+} red., wobei der entsprechende Potentialsprung besser als bei der direkten Ce^{4+}-Red. unterschieden werden kann. (Chem. Listy **52.** 1089—92. Juni 1958.)
K. KÁMEN/Prag. 5066

Ladislav Mráz, Vladimír Simon und **Jaroslav Zýka,** *Titrationen gegen Hydrochinon und ähnliche Reduktionsmittel.* 11. Mitt. *Bestimmung von Cer in verschiedenem Material.* (10. vgl. vorst. Ref.) Die von Vff. bereits beschriebene reduktometr. Titration von Ce^{4+} gegen Hydrochinon (I)-Lsg. wurde zur *Ce*-Best. in *Monazitsand, Cerit-Metall* (Ce, La, Pr, Nd, Y, Fe, Ni, Si, Mg, Ca), *Al–Th–Ce-Legierung, Glühkörpern* u. *Elektrolysenabfall-*

stoffen angewendet. Vor den Titrationen wurde Ce^{3+} durch K- bzw. NH_4-Persulfat in Ggw. von Ag^+ als Katalysator zu Ce^{4+} oxydiert. Die Titrationen wurden gegen 0,1 bis 0,001 n mit 1%ig. H_2SO_4 angesäuerte I-Lsgg. potentiometr. oder visuell mit Ferroin als Indicator durchgeführt. Zahlreiche Kationen, manche (z. B. Co^{2+}, Zn^{2+}, Cu^{2+}, Cd^{2+}, Na^+, K^+ u. a.) in äußerst hohen Konzz., haben auf die Genauigkeit der Ce-Best. (wahrscheinliche mittlere Abweichung ± 0,35%) keinen störenden Einfl.; größere Mengen von Fe^{3+} u. Pb^{2+} bewirken positive, von Al^{3+}, Ni^{2+}, Mo (VI), Ag^+, Bi^{3+} u. As(V) negative Fehler. Die Ggw. von W(VI), Hg^{2+}, Sb(V), Ca^{2+}, Sr^{2+}, Ba^{2+} u. Rh(III), selbst in kleinen Konzz., führt ebenfalls zu niedrigen Ergebnissen. Durch Pd^{2+} wird die Meth. völlig gestört. Für die Analysen der einzelnen angeführten Materialien sind Arbeitsvorschriften angegeben. (Chem. Listy **52.** 1354—56. Juli 1958. Praha, Karlova univ., kat. analyt. chem.) K. KÁMEN/Prag. 5066

László Szekeres, G. László Molnár und **Mária Nagy,** *Hydrazinometrische Bestimmung von Bromat- und Oxalationen.* (Vgl. C. **1959.** 1560.) Die Best. der BrO_3^--Ionen wird in HCl-Lsg. in Ggw. von Br^- durchgeführt. Das freigesetzte Br_2 wird durch Titration gegen *Hydrazinsulfat* (I) bestimmt. Als Indicator diente Jodstärke. Oxalsäure wird bei p_H 7—9 durch NaOBr zu CO_2 oxydiert. Das nach dem Ansäuern freigesetzte überschüssige Br_2 wird gegen I in Ggw. von KJ + Stärke, als Indicator, titriert. (Magyar Kémikusok Lapja [Z. Ver. ung. Chemiker] **13.** 302—03. Juli/Aug. 1958. Budapest, Agrártudom. Egyetem Kém. Tanszék.) G. HALMI. 5066

G. Gopala Rao und **P. Jagan Mohan,** *Induzierte Reaktionen in der Cerimetrie.* 3. Mitt. *Eisen(II) als Induktor.* (2. vgl. C. **1958.** 10455.) Die Störwrkg. einiger Carbonsäuren (Mandelsäure, Weinsäure, Malonsäure, Citronensäure u. Milchsäure), Alkohole (Methyl-, Äthyl-, Isopropyl-, n-Butyl-, tert.-Butyl- u. Isobutylalkohol) u. Zucker (Dextrose, Fructose, Lactose, Galaktose u. Sucrose) bei der cerimetr. Titration von Fe(II) wurde untersucht (vgl. l. c.). Alkohole u. Zucker stören nicht, wohl aber die Säuren. Der Induktionsfaktor steigt mit wachsender Konz. dieser Stoffe u. sinkt mit steigender Konz. an H_2SO_4. H_3PO_4 u. NaF unterdrücken die Induktion. NaF unterdrückt auch die durch Oxalsäure hervorgerufene Störung. (Z. analyt. Chem. **156.** 428—31. Juli 1957. Waltair, Andhra Univ., Dep. of Chem.) H. PLUSKAL. 5066

G. Gopala Rao und **N. Venkateswara Rao,** *Induzierte Reaktionen in der Cerimetrie.* 4. Mitt. *Mit Indigosulfonat als Induktor.* (3. vgl. vorst. Ref.) Die Oxydation von *Indigosulfonat* (I) durch $Ce(SO_4)_2$ induziert die Oxydation von $(COOH)_2$ durch $Ce(SO_4)_2$. Der Induktionsfaktor wächst mit steigender $(COOH)_2$-Konz. bei konstanter I-Konz. u. sinkt mit steigender Konz. an I bei konstanter Konz. an $(COOH)_2$. Sirupöse H_3PO_4 u. hohe Konzz. an H_2SO_4 verhindern die induzierte Oxydation der $(COOH)_2$. (Z. analyt. Chem. **157.** 85—88. 1957. Waltair, Andhra Univ., Dep. of Chem.) H. PLUSKAL. 5066

Ko-schi Tschshao und **Ju. K. Nowodranow,** *Oberflächenspannung wässeriger Lösungen aliphatischer Amine und ihrer Salze und aliphatische Amine als Indicatoren bei der capillarmanometrischen Titration.* Messungen der Oberflächenspannung (σ) wss. Lsgg. aliphat. Amine u. ihrer salzsauren u. schwefelsauren Salze ergaben, daß die meisten der untersuchten Aminsalze eine Oberflächenaktivität besitzen, die nur geringfügig von der der reinen Amine übertroffen wird. Im Bereich geringer Konzz. zeigen die Kurven $\sigma = f(c)$ der Lsgg. reiner Amine Unregelmäßigkeiten der Oberflächenaktivität, was nach Vff. mit der Dissoziation der Amine zusammenhängt. Unter Benutzung von σ als Indicator wurden Titrationen von HCl- u. H_2SO_4-Lsg. bei Ggw. verschied. Konzz.: Triäthyl-, n-Amyl-, n-Hexyl-, n-Octyl- u. Diisoamylamin in gefärbten u. trüben Lsgg. durchgeführt. In konz. Lsgg. kann die Meth. zur Säure-Alkali-Titration angewandt werden, in verd. Lsgg. ist sie weniger zuverlässig. Fe kann nach dieser Meth. durch Titration von $FeCl_3$-Lsg. gegen NaOH-Lsg., Al in $AlCl_3$-Lsg. jedoch nicht infolge des amphotheren Charakters des Al, bestimmt werden. (Acta chim. sinica **22.** 311—25. 1956. Peking, Univ., Chem. Fak. [Orig.: chines.; Auszug: russ.]) OTTO MAIER. 5066

T. P. Sastri und **G. Gopala Rao,** *Phthalocyanine als Redoxindicatoren.* 3. Mitt. *Verwendung von Kupferphthalocyanintetrasulfonsäure. Titration von Hydrochinon und Metol mit Cer(IV)-sulfatlösung.* (1. vgl. C. **1959.** 7577.) Hydrochinon u. Metol lassen sich mit Cersulfat unter Zusatz von Cu-Phthalocyanintetrasulfonsäure (Cu-PTS) fast so genau titrieren wie mit potentiometr. Endpunktsanzeige (Metol mit 0,01 n Lsg. ± 0,2%). Bei Verwendung einer 0,01 n Maßlsg. erweist sich lediglich eine Indicatorkorrektur von 0,02 ml für 2 Tropfen Indicatorlsg. als notwendig. Farbumschlag von Blaugrün nach Hellgelb mit einem vorübergehenden rosa Schein beim Umschlag, in konz. Lsg. von Gelbgrün nach Gelb. — Zur 2 n schwefelsauren Hydrochinonlsg. gibt man 25 ml 4 n H_2SO_4 u. füllt mit W. auf 100 ml auf. Nach Zugabe von 2 Tropfen 0,1%ig. Cu-PTS-Lsg. wird mit 0,05 n oder 0,01 n Cer(IV)-sulfatlsg. titriert. — Zur 2 n schwefelsauren Metollsg.

gibt man ca. 10 ml 4n H_2SO_4 u. verfährt analog. (Z. analyt. Chem. **163.** 263—66. 3/9. 1958. Waltair, Andhra Univ., Dep. of Chem.) R. Junge. 5068

G. Gopala Rao und **T. P. Sastri,** *Phthalocyanine als Redoxindicatoren. 4. Mitt. Verwendung von Kupferphthalocyanintetrasulfonsäure. (Cu–PTS). Titration von Eisen(II), Ferorcyanid und Uran(IV) mit Permanganat.* (3. vgl. vorst. Ref.) Cu–PTS läßt sich zur Endpunktsanzeige bei Titrationen von Fe(II), U(IV) u. $[Fe(CN)_6]^{4-}$ mit verd. (0,01n) oder stärkeren (0,05—0,1n) Permanganat-Lsgg. verwenden, auch wenn Co- u. Ni-Salze in mittlerer Konz. anwesend sind. 1 g Ni/100 ml überdeckt aber den Farbumschlag. Als Indicatorkorrektur sind 0,02 ml der 0,01n Permanganatlsg. angegeben, wenn man 2 Tropfen einer 0,1%ig. Lsg. zusetzt. — Fe(II) wurde in schwefelsaurer Lsg. mit einer Genauigkeit von $\pm 0,2\%$ titriert. Bei der Titration in salzsaurer Lsg. wird mindestens 1 ml 0,05 mol. $MnSO_4$-Lsg./100 ml Vorlage zugesetzt, falls man mit 0,05n Maßlsg. titriert. Benutzt man eine schwächere (0,01n), so werden 3 ml zugesetzt. H_3PO_4 hat keinen Einfl. auf das Ergebnis. $SnCl_2$, Hg_2Cl_2 u. $HgCl_2$ zerstören die Cu–PTS nicht bei Ggw. von $MnSO_4$. — Bei der Titration von $[Fe(CN)_6]^{4-}$ in 150 ml 1n HCl oder H_2SO_4 beträgt die Genauigkeit $\pm 0,1\%$, die mit 0,05n Maßlsg. ohne, bei 0,01n mit Indicatorkorrektur erreicht wird. — U(IV)-Lsg. wird mit 1n H_2SO_4 auf 100 ml aufgefüllt u. nach Zusatz von 3 ml sirupöser Phosphorsäure u. 2 Tropfen 0,1%ig. Indicatorlsg. mit 0,01n Permanganatlsg. titriert. (Z. analyt. Chem. **163.** 266—72. 3/9. 1958. Waltair, Andhra Univ., Dep. of Chem.) R. Junge. 5068

B. B. Murray und **R. C. Axtmann,** *Bestimmung des Wassergehaltes von Tributylphosphat durch kernmagnetische Resonanz hoher Auflösung.* Durch Messung der kernmagnet. Resonanz kann der Wassergeh. in Tributylphosphat (I) bestimmt werden. Die Best. ist in 2 Min. durchzuführen, die Probe wird hierbei nicht zerstört. Die Meth. ist nur auf ein 2-Komponentensyst. anwendbar. Bei steigendem Wassergeh. verschiebt sich die Resonanz der Protonen des W. in Richtung niederer Feldstärke im linearen Verhältnis von 4,9 Schwingungen/sec je 1% H_2O. Die erzielte Genauigkeit betrug 0,65 Schwingungen/sec, was 0,13% H_2O entspricht. In Ggw. von HNO_3 oder anderen Verbb., die entweder mit I Komplexe bilden oder mit W. reagieren, versagt die Methode. (Analytic. Chem. **31.** 450—51. März 1959. Aiken, S. C., E. I. du Pont de Nemours & Co., Inc., Savannah River Labor.) Friedrich Wolf/Berlin. 5074

L. Grupinski, *Eine Eichapparatur zum Grubengasinterferometer.* Zum Einsatz des transportablen Grubengasinterferometers auch für andere Bestimmungen als auf Methan- u. CO_2-Konz. wurde eine transportable Eichapp. entworfen. Sie bietet die Möglichkeit, definierte Gas- bzw. Dampf–Luft-Gemische herzustellen. (Optik **15.** 471—73. Aug. 1958. Berlin-Adlershof, Inst. für Optik u. Spektroskop.) H. Lindberg. 5086

Jerome F. Thomas, Eldon N. Sanborn, Mitsugi Mukai und **Bernard D. Tebbens,** *Ein fraktioniertes Sublimierverfahren zur Trennung von Luftverunreinigungen.* Ein Verf. der fraktionierten Sublimation wird beschrieben, das zur Trennung bekannter Mischungen von *Anthracen, Pyren, 3.4-Benzpyren* u. *1.2.5.6-Dibenzanthracen* u. von KW-stoffgemischen, erhalten aus der unvollständigen Verbrennung von 1-Buten, angewandt wird. Papierchromatograph. wird die Trennwrkg. geprüft. (Analytic. Chem. **30.** 1954—58. Dez. 1958. Berkeley, Calif., Univ. of California, Sanitary Engng. Res. Labor.) W. Luchsinger. 5088

a) Elemente und anorganische Verbindungen.

S. Kertes und **M. Lederer,** *Papierchromatographie anorganischer Ionen.* 15. Mitt. *R_F-Werte in Gemischen aus Butanol und HBr.* (14. vgl. C. **1959.** 8994.) Gemessen u. tabellar. dargestellt wurden die R_F-Werte (aufsteigende Meth.) folgender anorgan. Ionen: K, Rb, Cs, Be, Mg, Ca, Sr, Ba, Zn, Cd, Hg(II), Cu(II), Ag, Sn(II), Pb, As(III), Sb, Bi, Cr, Al, Fe(III), Ni, Co, Rh, Pd, Pt, Au, Mn(II), Sc, Y, La, Ti, V, Zr, Th, U(VI), U(IV), Ga, In, Tl(III), Ce(III), $B_4O_7^{2-}$, $Cr_2O_7^{2-}$, SeO_3^{2-}, TeO_3^{2-}, MoO_4^{2-}, PO_4^{3-}, ReO_4^-, WO_4^{2-}, $[Fe(CN)_6]^{4-}$, $[Fe(CN)_6]^{3-}$, J^-, ClO_3^- in den 5 Lösungsmittelgemischen: 1. 100 ml Butanol (I) + 10 ml ca. 40%ig. HBr + 90 ml W. (2 Phasen); 2.—5. I-Phase der Lsg. 1 mit 10, 20, 40 bzw. 60 ml 40%ig. HBr (je 1 Phase). Gegenüber ähnlichen Gemischen I/HCl haben Cu, Pb, Te, Rh u. In höhere R_F-Werte. Die R_F-Werte der meisten anderen Elemente im HCl- u. HBr-Syst. unterscheiden sich nur wenig. Am Beispiel Ga/In/Tl wird gezeigt, daß die durch Papierchromatographie u. die durch Lösungsmittelextraktion erhaltenen Ergebnisse übereinstimmen. Es sind zahlreiche Trennungen möglich; die Trennung einiger künstlicher Gemische durch Wanderung in 1 oder 2 Richtungen wird angeführt. (Analytica chim. Acta [Amsterdam] **15.** 543—47. Dez. 1956. Paris, Labor. Curie, Inst. du Radium.) F. Umland. 5106

M. Levi und **M. Lederer,** *Papierchromatographie anorganischer Ionen.* 16. Mitt. *Eine Notiz zur Papierchromatographie des Technetiums unter Verwendung eines lang-*

lebigen Isotops. (15. vgl. vorst. Ref.) Frühere Unterss. mit dem kurzlebigen Isotop 99 Tc ($5{,}9^h$) wurden mit 99 Tc ($2{,}12 \cdot 10^5$a) wiederholt u. bestätigt. Die Erweiterung der Unterss. auf andere Lösungsmittelgemische u. längere Entwickelungszeiten ergab, daß mit Butanol (I)-konz. HCl (1:1) die beste Trennung TcO_4^- (R_F 0,70)/ ReO_4^- (R_F 0,77) erzielt wird. Wahrscheinlich erfolgt dabei eine Red. des Tc(VII). I, gesätt. mit 10%ig. Essigsäure, erlaubt zwar keine Trennung TcO_4^-/ReO_4^- (R_F 0,30 bzw. 0,32), aber die Abtrennung von MoO_4^{2-} u. WO_4^{2-} (R_F 0) u. teilweise Trennung von CNS^- (R_F 0,4). (J. inorg. Nuclear Chem. **4.** 381—82. 1957. Paris, Inst. du Radium, Labor. Curie.) F. Umland. 5106

A. A. Guntz und **M. Arène,** *Colorimetrische Bestimmung von Fluor.* Als Abschluß ihrer Arbeiten unterbreiten Vff. ihre Ergebnisse in Form von Diagrammen. Zur Best. des F^- wird die opt. Dichte der Lsg., die F^-, $Th(NO_3)_4$ u. Na-Alizarinsulfonat enthält, bei 5300 Å gemessen. Die Lsg. wird dabei auf p_H 2,90 mit zur Hälfte neutralisierter mol./50 Monochloressigsäure eingestellt. Für die störenden SO_4-Ionen wird eine Korrektur vorgeschlagen. Cl-Ionen stören unter den angegebenen Bedingungen prakt. nicht. (Chim. analytique [4] **40.** 453—57. Dez. 1958. Alger, Lab. de Chim. appl., Fac. des Sci.) K. Ross. G 246

László Erdey und **Éva Bányai,** *Anwendung von Fällungsaustauschreaktionen in der analytischen Chemie.* 2. Mitt. *Bestimmung von Chloridionen.* — C. **1957.** 5074. (Magyar tudományos Akad., kémiai Tudományok Osztályának Közleményei [Ung. Akad. Wiss., Ber. Abt. chem. Wiss.] **7.** 175—86. 1956. — C. **1957.** 5074.) J. Plank. G 247

Kyoji Tōei, *Synthese und Verwendbarkeit neuer Reagentien für Kalium.* 3. Mitt. *Über Thiohexyl. Tetranitrophenothiazin-9-oxyd* („*Thiohexyl*"), $C_{12}H_5N_5O_9S$, wird aus Thiodiphenylamin dargestellt. Die günstigste Konz. für die *K*-Best. ist 0,2 g/Liter. K wird wie folgt bestimmt (Na u. Mg stören!): 8,5 g Thiohexyl werden gelöst in 1 Liter einer Lsg., enthaltend 10 g Li_2CO_3 u. nach Stehen über Nacht filtriert. Die Lsg. (20 cm^3) der Probe wird mit Li_2CO_3 schwach alkal. gemacht, obige Reagenslsg. (10—20 cm^3) zugesetzt u. zum Sieden erhitzt. Nach Stehen über Nacht wird der Nd. filtriert, mit 3 ml einer an K-Thiohexyl gesätt. Li_2CO_3-Lsg. gewaschen, die Wasch-Fl. mit 5—6 Tropfen W. entfernt u. 1 Std. bei 110° getrocknet. (J. chem. Soc. Japan, pure Chem. Sect. [Nippon Kagaku Zassi] **76.** 1083—85. Okt. 1955. Okayama Univ. [Orig.: japan.]) L. Schuler. G 275

Kyoji Tōei, *Synthesen und Verwendbarkeit neuer Reagentien für Kalium.* 4. Mitt. *Über Tetranitroacridon.* (3. vgl. vorst. Ref.) Nitroacridon, F. 254—256°, wird aus Anthranilsäure u. o-Nitrochlorbenzol hergestellt u. 7 g in 70 ml H_2SO_4 u. 50 ml rauchender HNO_3 eingetragen, nach 2 Std. bei 40—50° u. Aufarbeiten werden 8,5 g rohes *1.3.6.8-Tetranitroacridon* (I), $C_{13}H_5N_5O_9$, erhalten die noch durch Behandlung mit NaOH, K-Fällung usw. gereinigt werden. 2,5 g I werden in 500 ml W., enthaltend 5 g Li_2CO_3, gelöst u. filtriert. Die Probelsg. wird mit Li_2CO_3 leicht alkal. gemacht, die Reagenslsg. zugesetzt u. aufgekocht. Nach Stehen über Nacht wird der *K*-Nd. filtriert u. kurz gewaschen u. bei 110° 1 Std. getrocknet. Na u. Mg stören. (J. chem. Soc. Japan, pure Chem. Sect. [Nippon Kagaku Zassi] **76.** 1085—88. Okt. 1955. [Orig.: japan.]) L. Schuler. G 275

Hiroshi Hamaguchi und **Jinzô Hashimoto,** *Farbreaktion von Magneson II mit Magnesium.* Magneson II (p-Nitrobenzolazo-α-naphthol, I), färbt sich mit Mg^{2+} in alkal. Medien grün (λ_{max} 405 u. 580 mμ). Die Farbe dieser alkal. Lsgg. ändert sich beim Ansäuern bei p_H 10,51 reversibel nach dunkelrot. Dieser p_H-Wert entspricht der Alkalität der $Mg(OH)_2$-Bildung. I verhält sich bei p_H 10,5 (in NH_4Cl-NH_4OH) polarograph. ähnlich wie p-Nitrobenzolazo-β-naphthol. Aus den polarograph. Daten bei p_H 11,27 wird geschlossen, daß 2 Mol I mit 1 Mol $Mg(OH)_2$ einen Farbstoffkomplex bilden. Zur spektrophotometr. Best. von Mg wird die Rk. bei $p_H > 11$ durchgeführt u. die Intensität der Absorption bei 405 mμ gemessen. (J. chem. Soc. Japan, pure Chem. Sect. [Nippon Kagaku Zassi] **79.** 1219—22. Okt. 1958. Tokyo, Kyôiku-Daigaku. [Orig.: japan.]) E. Maekawa. G 282

Yoshio Fujita, *Bestimmung der Metalle mit Kaliumhexacyanoferrat(II)-Lösung als Standard.* 12. Mitt. *Bestimmung von Lanthan.* (11. vgl. C. **1958.** 13865.) Die Lsgg. des La^{3+} werden bei p_H 5,8—6,6 u. 20—30%ig. Konzz. an zugesetztem A. mit 0,1n J_2- u. 0,2%ig. Stärkelsg. als innere Indicatoren durch eine 0,05mol. $K_4[Fe(CN)_6]$-Lsg. bei 10—25° titriert, wobei $KLa[Fe(CN)_6]$ ausfällt. Auf diese Weise konnten 2,21—33,15 mg La^{3+}/50 cm^3 Lsg. mit einer Fehlergrenze von ±0,3% bestimmt werden. (J. chem. Soc. Japan, pure Chem. Sect. [Nippon Kagaku Zassi] **79.** 1256—59. Okt. 1958. Osaka, Univ., Techn. Fak. [Orig.: japan.]) E. Maekawa. G 301

James S. Fritz, Marlene Johnson Richard und **William J. Lane,** *Spektrophotometrische Bestimmung der Seltenen Erden.* Die Seltenen Erden bilden mit 3-(2-Arsenophenylazo)-4.5-dihydroxy-2.7-naphthalinsulfonsäure (Arsenazo; I) 1:1-Komplexe, deren Färbung zur photometr. Best. benutzt werden kann. Die größte Empfindlichkeit ergibt sich bei p_H 8,0 u. 570 mμ. Al kann durch Sulfosalicylsäure maskiert werden, in Ggw. von Ca oder Mg wird die Best. bei p_H 5,0 durchgeführt. Die Anwendbarkeit dieser Meth. wird durch eine elektrolyt. Abtrennung reduzierbarer Metalle an einer Hg-Elektrode erweitert. U kann, bis zu einem 100fachen Überschuß, als Diäthyldithiocarbamat mit Isoamylalkohol–Bzl. extrahiert werden. Th, Zr u. Ti sowie Fluoride u. Phosphate stören. Die mol. Extinktionskoeffizienten einiger Komplexe der Seltenen Erden mit I werden angegeben. Die Brauchbarkeit der Analysenmeth. wird an Beispielen erläutert. (Analytic. Chem. **30**. 1776—79. Nov. 1958. Ames, Iowa, Iowa State Coll., Inst. for Atomic Res. and Dep. of Chem.) H.-U. WOELK. G 303

Cyrus Feldman und **Janus Y. Ellenburg,** *Gewisse Seltene Erden in gereinigten Thorium- und Uranpräparaten. Chemische Abtrennung und spektrographische Bestimmung.* Zur Abtrennung von 0,1—100 p.p.m. Seltener Erden aus Th- oder U-Lsgg. führt man die Verb. in $Th(NO_3)_4 \cdot 12\,H_2O$ bzw. $UO_2(NO_3)_2 \cdot 6\,H_2O$ über, löst in sehr wenig konz. HNO_3 (45 ml/20 g Probe) u. gießt langsam unter starkem Rühren in genügend absol. Ae. oder Di-n-propyläther, bis die Mischung noch 11,1 Vol.-% HNO_3 enthält. Hieraus adsorbiert man die Seltenen Erden durch 10 Min. kräftiges Schütteln (mit luftangetriebenem Motor) mit 2 g vorbereiteter Cellulosemasse, filtriert durch eine Glasfritte, wäscht 5mal mit 100 ml-Anteilen 11,1 Vol.-%ig. HNO_3/Ae.-Lsg., wobei man jedesmal 3 Min. schüttelt. Man löst die Seltenen Erden von der Cellulose durch 5 Min. Schütteln mit 100 ml HNO_3 vom p_H 2,0, saugt ab, verd. das durch anhaftende HNO_3 saurer gewordene Filtrat mit verd. HNO_3 bis p_H 1,0 u. extrahiert restliches Th, Fe, Zr u. Sc durch 5 Min. Schütteln bei 60° mit einem gleichen Vol. 0,5mol. *Thenoyltrifluoroaceton* (I)-Lsg. in Xylol oder Petroleum. Dann steigert man den p_H-Wert auf 4,5, extrahiert die Seltenen Erden in gleicher Weise mit I-Lsg., schüttelt die organ. Phase 5 Min. mit 15 ml 1n HCl bei 60° u. erhält die gereinigten Seltenen Ereden in der wss. Phase. In gleicher Weise verfährt man auch zur Abtrennung der Seltenen Erden von $UO_2(NO_3)_2$, nur verwendet man statt der 11,1 Vol.-%ig. HNO_3/Ae.-Mischung eine 4,76 Vol.-%ig. Mischung. — Zur Bereitung der für die Extraktion verwendeten Cellulosemasse werden 50 g aschefreie Filterstückchen 1 Std. in 2 Liter W. gelegt, 30 Sek. im WARING-Mischer zerrieben, filtriert, 5mal mit W. gewaschen u. nacheinander mit 2mal 3 Liter-Anteilen dest. W., 1 Liter absol. A. u. 1 Liter Ae. behandelt. Man trocknet in dünner Schicht bei Zimmertemp. u. läßt 3 Std. vor der Analyse jeweils 2 g mit 11,1 Vol.-%ig. HNO_3/Ae.-Mischung quellen. — Für die spektrograph. Best. führt man die Seltenen Erden in Nitrate über, nimmt mit wenig 0,1n HNO_3 auf, versetzt je ml Endvol. mit 75 μl $Zn(NO_3)_2$-Lsg. (10 μg Zn/ml) als Puffer, um gegenseitige Störung zu unterdrücken, u. 100 μl frisch bereiteter $PdCl_2$-Lsg. (100 μg Pd/ml, als Bezugselement) u. füllt auf konstantes Vol. auf. Vergleichs-Lsgg. werden in gleicher Weise mit 2,5—250 μg Seltenen Erden/ml in 0,1n HNO_3 hergestellt. Man trocknet je 20 μl dieser Lsgg. auf vorbereiteten Elektroden an u. regt ohne Vorfunken in einer Atmosphäre von 20% Ar u. 80% O_2 mit 5,5 A, 55 V u. einer Frequenz von 20—23 an u. photographiert das Spektr. zwischen 3100 u. 4500 Å. Eine höhere Genauigkeit kann durch Eindampfen von 1 ml auf der Elektrode erzielt werden. Die Genauigkeit beträgt 98—102%. (Analytic. Chem. **30**. 418—22. März 1958. Oak Ridge, Tenn., Oak Ridge Nat. Labor.) H. PLUSKAL. G 303

Svante Mellgren und **Marshall B. Alpert,** *Bestimmung reduzierter Titanchloride in Salzschmelzen.* Es wurden 2 Methoden zur Best. von $TiCl_2$ u. $TiCl_3$ in Lsg. bzw. Mischung mit Alkali- bzw. Erdalkalichloriden entwickelt. In beiden Fällen ist die vorherige Best. der Gesamtkonz. an lösl. Ti erforderlich [Titration mit $(NH_4)Fe(SO_4)_2$]. Nach der einen Meth. wird Ti(II) gemäß Rk. $Ti^{2+} + H^+ \rightarrow Ti^{3+} + \frac{1}{2}\,H_2$ durch Versetzen mit 1,2n HCl (gesätt. mit H_2) u. Messung des entwickelten H_2 bestimmt. Ti(III) wird aus der Differenz bestimmt [Gesamt-Ti–Ti(II)]. Nach der 2. Meth. wird eine Probe nach Lsg. in dest. W. mit H_2O_2 (4 ml 30%ig. H_2O_2 in 100 ml ausgekochtem W.) oxydiert u. entstehendes H^+ [$Ti^{2+} + \frac{1}{2}\,H_2O_2 + (x+1)\,H_2O \rightarrow TiO_2 \cdot x\,H_2O + 2\,H^+ + \frac{1}{2}\,H_2$ bzw. $Ti^{3+} + \frac{1}{2}\,H_2O_2 + (x+1)\,H_2O \rightarrow TiO_2 \cdot x\,H_2O + 3\,H^+$] gegen 0,1n NaOH mit Bromthymolblau titriert. Aus der Gesamtkonz. wird der %-Geh. an Ti(II) berechnet. Die nach beiden Methoden erhaltenen Ergebnisse zeigen gute Übereinstimmung. (Analytic. Chem. **30**. 2061—63. Dez. 1958. Sayreville, N. J., Nat. Lead Comp., Titanium Div.) W. KARCHER. G 321

J. Korkisch und **A. Farag,** *Photometrische Bestimmung von Titan und dessen Trennung von Eisen, Chrom, Nickel und anderen Elementen mittels des stark basischen Anionenaustauschers Amberlite IRA-400.* (Vgl. C. **1959**. 13276.) *Ti* bildet bei p_H 3,6—4,0 einen intensiv gelb, bei höherer Ti-Konz. rot gefärbten anion. Komplex mit *Ascorbinsäure* (I), der sich zur photometr. Best. des Ti durch Extinktionsmessung bei 350 bis

365 mμ eignet. Es stören PO_4^{3-}, ferner *Fe*, *Cr* u. *Ni* in größeren Mengen durch ihre Eigenfärbung, sowie U, V u. Mo, die ebenfalls gefärbte I-Komplexe geben. Durch eine vorhergehende Säulenoperation mit Amberlite IRA-400 (Ascorbinatform) wie bei der Best. des V (l. c.), jedoch durch Elution mit 1n HCl, werden störende Kationen (Fe, Cr, Ni) abgetrennt. Die I-Komplexe des U, V, Mo u. W stören einerseits — ebenso wie sehr große Mengen Cl^--, SO_4^{2-}- oder NO_3^--Ionen — die Adsorption des Ti-I-Komplexes u. gelangen andererseits vollständig (U u. V) oder teilweise (Mo u. W.) mit ins Eluat, wo sie die photometr. Best. stören. Die Säulenoperation wird ferner empfindlich durch Cu gestört, daß zu Cu_2O bzw. metall. Cu red. wird. Dieses gelangt bei der Elution des Ti teilweise mit ins Eluat u. stört die photometr. Bestimmung. Keine Störung tritt jedoch durch bis zu 25 mg Cu bei der direkten photometr. Meth. auf. Die direkte photometr. Meth. u. die Best. nach vorhergehender Säulenoperation erfordern jede eigene Leerwerte u. Eichkurven zur Auswertung. Zwischen den beiden Methoden u. der H_2O_2-Meth. besteht eine gute Übereinstimmung, so daß die Meth. generell zur Best. des Ti in Mineralien — mit Ausnahme von Cu-, U-, V-, Mo-, W-Mineralien u. Phosphaten — empfohlen wird. — 0,5—1 g der Probe werden mit der 5—10fachen Menge Na_2CO_3 aufgeschlossen. Die Schmelze wird mit HCl aufgenommen, mehrfach zur Trockne gedampft u. in 20 ml 4n HCl gelöst. Dann wird SiO_2 abfiltriert u. mit 20 ml 1n HCl u. 60 ml W. gewaschen. Ein aliquoter Teil (25 ml), der 1n an HCl ist, wird mit 12,5 ml 2,5mol. Na-Acetatlsg. versetzt u. mit 5%ig., mit Na-Acetat auf p_H 3,8 eingestellter I-Lsg. auf 50 ml aufgefüllt. Dann wird die Extinktion bei 355 mμ gemessen. Falls die Lsg. einen violetten oder grünlichen Farbton aufweist, muß eine Säulenoperation durchgeführt werden. (Mikrochim. Acta [Wien] **1958.** 659—73. Wien, Univ., II. Chem. Inst., Lehrkanzel für analyt. Chem.) F. UMLAND. G 321

Saburō Kitahara, Jisuke Seki und **Kōichi Tanino,** *Untersuchungen über Schnellbestimmungsverfahren für Eisen in Rohaluminium. 2. Mitt. Verhalten von Silicium in Rohmetall.* (1. vgl. Rep. sci. Res. Inst. [Kagaku-Kenkyujo-Hokoku] **31.** [1955.] 49.) Wenn man Roh-*Al* in verd. H_2SO_4 (1:1 oder 1:2) löst, läßt sich beigemischtes *Si* durch CuO-Zusatz fast völlig als unlösl. Silicat abtrennen. Bei H_2SO_4-Lsgg. $<$1:3 erscheint mehr an Si als lösl. SiO_2, z. B. 60% bei H_2SO_4 1:8. Beim Filtrieren durch Papier Nr. 5A wird die Lsg. leicht trübe, da das SiO_2-Gel etwas CuO adsorbiert. Dieses koll. Si stört die colorimetr. Best. des *Fe* mit KCNS u. die Fe^{2+}-Titration mit $KMnO_4$. Fe in Al mit $>$2% Fe u. Cu kann bei Zusatz von 46% HF zur H_2SO_4 rasch als Fe mit 0,02% Fehler bestimmt werden. — 3 Tabellen u. Diagramme. (Rep. sci. Res. Inst. [Kagaku-Kenkyujo-Hokoku] **31.** 325—32. Juli 1955. [Orig.: japan.]) L. SCHULER. G 354

Jisuke Seki und **Saburō Kitahara,** *Untersuchungen über Schnellbestimmungsverfahren für Eisen in Rohaluminium. 3. Mitt. Verhalten von Kupfer in Aluminium.* (2. vgl. vorst. Ref.) Durch *Cu* im *Al* wird die Titration der Fe-Ionen mit $KMnO_4$ in dem in H_2SO_4 gelösten Roh-Al beeinflußt. Bei geringer H_2SO_4-Konz. wird etwas Cu als CuO gefällt u. etwas mehr als Cu^{2+} in Lsg. gelassen. Eine $FeSO_4$-Lsg. mit einem geringen Zusatz an CuO (Cu^{2+} wirkt schwächer) wird im Laufe der Zeit deutlich oxydiert. Deswegen geben obige Titrationen in Ggw. von anderen Beimengungen als CuO keinen zu niedrigen Wert. HF wirkt ähnlich, aber schwächer, u. kann unter 5 cm^3 vernachlässigt werden. Für die Schnellbest. von Fe in Al wird die Lsg. des Al in 18n H_2SO_4 nach Zusatz von H_3PO_4 (wodurch fast alles Cu u. Si gefällt wird) mit 250 cm^3 mit CO_2-gesätt. kaltem W. verd.; so hergestellte H_2SO_4 stabilisiert die Fe^{2+} u. verhindert deren Oxydation. Die Fl. wird filtriert u. ist fertig zur Titration. (Fe u. Al in ca. 11 bis 15 Min. gelöst.) (Rep. sci. Res. Inst. [Kagaku-Kenkyujo-Hokoku] **31.** 423—29. Nov. 1955. [Orig.: japan.]) L. SCHULER. G 354

M. L. Foglino und **G. P. Spagliardi,** *Photometrische Bestimmung von Aluminium in Stählen nach Abtrennung mit Ionenaustauschharzen.* Die von Vff. beschriebene Meth. beruht auf dem Verf. von LUKE u. BRAUN (vgl. C. **1956.** 1686), dessen Prinzip die photometr. Best. des Al mittels Aluminon nach Abtrennung der störenden Ionen mit Hilfe der mit HCl gesätt. Anionenaustauscher Amberlite IRA-400-DH oder Dowex-1 ist. (Metallurgia ital. **50.** 372—74. Aug. 1958. Torino, Fiat L.R.C.A.A.)
C. GOTTFRIED. G 354

A. Devoti und **A. Sommariva,** *Anwendungsmethoden der Spektrophotometrie bei der Analyse von Stählen. 1. Mitt. Bestimmung von Aluminium, Chrom, Phosphor und Silicium.* Bei den von Vff. beschriebenen Verff. zur Best. von Al, Cr, P u. Si in Stählen handelt es sich um etwas abgewandelte, in der Literatur beschriebene Methoden. (Metallurgia ital. **50.** 355—66. Aug. 1958. Genova, Ansaldo S.p.A., Servizio Chim. Labor. Ricerche e Controlli.) C. GOTTFRIED. G 354

—, *Die Borbestimmung in unlegierten und niedriglegierten Stählen.* Die absorptiometr. Verff. zur Best. von Spuren B mit Chinalizarin, Curcumin u. Dianthrimid sowie auch

die Verff. zur Trennung des B von den üblicherweise in Fe u. Stahl vorkommenden Elementen werden im einzelnen behandelt. Die Meth., die als Ergebnis dieser Unters. empfohlen wird, basiert auf der Entfernung der Metallionen aus der Probelsg. durch ein Ionaustauschharz bei einer Hg-Kathodenelektrolyse u. durch nachfolgende absorptiometr. B-Best. im Auszug mit Dianthrimid. Dieses Verf. gibt einen hohen Grad von Reproduzierbarkeit u. Genauigkeit. — Anhang. (J. Iron Steel Inst. **189.** 227—32. Juli 1958.)
H. HOCHSTEIN. G 354

Hidehiro Goto, Toshio Watanabe und **Kyôhei Suzuki,** *Untersuchungen über die Bestimmung von Kohlenstoff und Schwefel in verschiedenen Ferrolegierungen unter Anwendung eines Hochfrequenzinduktionsofens.* Die Best. von C u. S in verschied. Ferrolegierungen wurde unter Verwendung eines Hochfrequenzinduktionsofens durchgeführt. Es ist wichtig, daß ein geeignetes „Beschleunigungsmittel" den Ferrolegierungsproben zwecks Erzielung ihrer vollständigen Verbrennung zugesetzt wird. Durch Verwendung von *Fe, Cu, Sn,* Cr_2O_3, *CuO, NiO, CoO* u. MnO_2 als Beschleunigungsmittel wurde die volumetr. Best. von C u. S in *Fe–V, Fe–W, Fe–Cr* u. *Fe–Mn* sowie auch die Best. von S in *Fe–Si, Fe–Ti, Magnetit* u. *Hämatit* schnell u. genau ausgeführt. (Nippon Kinzoku Gakkai-Si [J. Japan Inst. Metals] **22.** 233—36. Mai 1958. [Orig.: japan.; Auszug: engl.])
H. HOCHSTEIN. G 354

Friedrich Stricker und **Karl-Heinz Tytko,** *Der Einfluß des Wasserdampfes bei der gasvolumetrischen Bestimmung des Kohlenstoffs in Eisen und Stahl.* Bei dem vom Chemikerausschuß des Vereins Deutscher Eisenhüttenleute für Schiedsanalysen vorgeschlagenen Verf. sind die Gase in der Bürette zwar nicht an Wasserdampf gesätt., jedoch ist der Sättigungsgrad immer gleich hoch. Berücksichtigt man dies u. die bekannten Fehlerquellen, so kann das Verf. leitprobenfrei angewendet werden. (Arch. Eisenhüttenwes. **30.** 7—9. Jan. 1959. Duisburg u. Bottrop, Gutehoffungshütte Sterkrade Akt.-Ges.)
H. HOCHSTEIN. G 354

A. Porta, *Die spektrographische Kontrolle der Schmelze von Verzinkungsbädern für Stahlbänder nach der Sendzimir-Methode.* Vf. beschreibt die in dem obigen Werk benutzte spektrograph. Kontrolle des Verzinkungsbades, dessen Zus. im Mittel 99% Zn, $<$ 0,50% Al u. $<$ 0,50% Pb beträgt. Mit der Meth. lassen sich Al-Konzz. zwischen 0,01 u. 0,30% u. Pb-Konzz. zwischen 0,05 u. 0,60% bestimmen. (Metallurgia ital. **50.** 325—28. Aug. 1958. Genova, Cornigliano S.p.A., Controllo Qualitá.) C. GOTTFRIED. 5282

M. L. Soragna, *Quantitative spektrographische Analysenmethode für eine Aluminiumbronze vom Typ UNI 2512.* Als Vergleichslinien bei der spektrograph. Best. von Fe, Al u. Ni in Aluminiumbronze verwendet Vf. für Al (2660,39 Å) die Cu-Linie 3108,60 Å u. die Fe-Linie 2966,90 Å, für Fe die gleiche Cu-Linie u. die obige Al-Linie u. für Ni (2437,88 Å) die Cu-Linie 2824,36 Å. (Metallurgia ital. **50.** 384—86. Aug. 1958. Milano, Alfa Romeo, Labor. Controllo e Ricorde.) C. GOTTFRIED. 5282

b) Organische Verbindungen.

Jaromír Petránek und **Miroslav Večeřa,** *Organische quantitative Analyse.* 16. Mitt. *Colorimetrische Bestimmung kleiner Aldehydmengen.* (15. vgl. VEČEŘA, Mikrochim. Acta [Wien] **1958.** 40.) Die zum Nachw. von *Aldehyden* (**A**) bereits verwendeten Farb-Rkk., welche auf der Kondensation von **A** mit *Resorcin* (**I**) bzw. *Phloroglucin* (**II**) in konz. H_2SO_4 oder HCl beruhen, werden in modifizierter Form einer colorimetr. Best. kleiner **A**-Mengen zugrunde gelegt. In den genannten Medien sind die Färbungen der gebildeten Kondensationsprodd. wenig reproduzierbar bzw. zu schwach; besser bewährte sich wasserfreier Eisessig (**III**) mit 10% H_2SO_4 als Medium. Die Rk. von **A** mit **I** verläuft hier zu langsam, hingegen mit **II** selbst bei Raumtemp. genügend rasch. Durch höheren H_2SO_4-Geh. bis zu 20% wird die Lichtabsorption der Reaktionslsg. nicht beeinflußt. Der benutzte **III** darf keine **A** enthalten; zu seiner Reinigung wird die Dest. mit 0,5% **II** u. 5% konz. H_2SO_4 empfohlen. Der Extinktionsverlauf wurde mit Lsgg. von 26,6 bis 265,8 μg p-Tolualdehyd, 4,2—29,9 μg Vanillin bzw. 4,1—30,6 μg Piperonal in 5 ml **III** geeicht; in diesen Konzentrationsbereichen sind alle Eichkurven prakt. linear. Die höchste Farbintensität wird in 10—30 Min. erreicht; die Färbungen sind 25—90 Min. beständig. Mit aliphat. **A** bildet **II** nur wenig stabile Produkte. Ausführung: Zu 5 ml Probelsg. in **III** werden 5 ml 20%ig. (Vol.) H_2SO_4-Lsg. in **III** zugefügt, die Fl. wird auf 18—20° abgekühlt u. mit 1 ml 1%ig. **II**-Lsg. in **III** versetzt. Die gelb bis orangegelb gefärbte Fl. wird gegen 10%ig. H_2SO_4-Lsg. in **III** unter Verwendung von Dunkelblau- bzw. Blaugrünfilter photometriert. Alkohole, Carbonsäuren u. ihre Ester stören nicht; in Ggw. von W. wird die Farbintensität stark vermindert. Die Meth. eignet sich bes. zur Best. aromat. **A**, von denen einige auf Grund der betreffenden Absorptionsspektren identifiziert werden. (Chem. Listy **51.** 1686—89. Sept. 1957. Pardubice-Rybitví, Výzk. ústav organ. syntes.)
K. KÁMEN/Prag. 5352

Miroslav Večeřa und **Antonín Spěvák,** *Organische quantitative Analyse.* 17. Mitt. *Bestimmung kleiner Mengen Chlor und Brom in organischen Materialien.* (16. vgl. vorst. Ref.) Es wird eine einfache universelle Schnellmeth. für die Best. von Cl u. Br (0,01—2%) in festen bzw. fl. organ. Verbb. vorgeschlagen. Die in einem Quarzrohr nach der Verbrennung des Stoffes (Einwaage 1—15 mg) im O_2-Strom (15 mlMin.) entstandenen Gase wurden durch 2 auf 800° elektr. erwärmte Glasfritten geleitet u. in einer Vorlage mit 2 ml 5% ig. H_2O_2 absorbiert. Nach der Entw. einer Farb-Rk. mit methanol. $Hg(CNS)_2$-Lsg. (0,3 g/100 ml) u. $FeNH_4(SO_4)_2$-Lsg. (6 g/100 ml 6n HNO_3) wurde die Intensität der Färbung mit Hilfe eines Hilger-Photocolorimeters (Filter Ilford 602) bei 470 mμ gemessen u. die Menge des absorbierten Halogenwasserstoffes durch Vgl. mit einer Eichkurve (NaCl, KBr) festgestellt. Die Färbung ist der Br^--Ionenkonz. (0—100 mg/25 ml) proportional. Die Extinktionskurve für die Cl^--Ionen ist in Übereinstimmung mit den Literaturangaben nicht linear. Die Genauigkeit des Verf. ist für kleine Mengen Cl bzw. Br (bis 2%) hinreichend. Mit dieser Meth. wurden in rohem Zentralit 0,09 bzw. 0,07, in krist. 0,04, 0,05, in techn. Anilin 0,03, 0,04, in techn. Toluidin 0,04 u. in Polyester Typus Terylen 0,02% Cl (Br) festgestellt. (Chem. Listy **51.** 2037—40. Nov. 1957. Pardubice-Rybitví, Výzk. ústav organ. syntes.) J. Vaněček/Prag. 5352

Miroslav Večeřa und **Ladislav Synek,** *Organische quantitative Analyse.* 18. Mitt. *Mikrobestimmung von Kohlenstoff und Wasserstoff unter Verwendung von Kobalt(II, III)-oxyd als Verbrennungskatalysator.* (17. vgl. vorst. Ref.) Vff. beschreiben ein einfaches u. verläßliches Mikroverf. zur Best. von C u. H in organ. Verbindungen. Die erforderliche App. besteht im wesentlichen aus einem 32 cm langen Verbrennungsquarzrohr von 9 mm Innendurchmesser u. Absorptionsgefäßen für H_2O, N-Oxyde u. CO_2. Als Verbrennungskatalysator wird Co_3O_4 an Asbest in einer ca. 2,5 cm langen Schicht verwendet (vgl. 11. Mitt. C. **1958.** 9020). Bei der Analyse werden 3—5 mg Probe durch Glühen bei 600 bis 700° im O_2-Strom in 3—5 Min. verbrannt; die Verbrennung von Verbb. mit hoher Tension dauert 5—10 Minuten. Die hohe Wirksamkeit des Co_3O_4, selbst bei rascher Verbrennung, läßt sich dadurch erklären, daß sich dieses im Kontakt mit Dämpfen organ. Verbb. bis zur Rotglut erwärmt, wobei sein eigener O frei gemacht wird u. zur vollständigen Verbrennung der Probe beiträgt. Dieser Effekt kann durch Erhöhung der Arbeitstemp. gesteigert werden. Halogene u. S-Oxyde werden an Ag-Wolle bei 550 bis 600° direkt im Verbrennungsrohr, N-Oxyde an akt. MnO_2, H_2O an $Mg(ClO_4)_2$, CO_2 am Natronasbest absorbiert. Das benötigte MnO_2 wird aus $KMnO_4$ u. $MnSO_4$ hergestellt. Das Verf. wurde durch Analysen mehrerer, selbst schwer verbrennbarer Verbb. kontrolliert. Die meisten Ergebnisse liegen in den für 95% ig. statist. Verläßlichkeit ermittelten Verläßlichkeitsgrenzen $\pm 0{,}37\%$ (für C) bzw. $\pm 0{,}24\%$ (für H). Diese Genauigkeit kann durch Korrektur der gefundenen Werte nach den auf Grund der Analysen von Standardpräpp. berechneten Regressionsgleichungen: $x = (y - 0{,}185) \cdot 1{,}0037$ (für C) u. $x = (y - 0{,}174) \cdot 1{,}0116$ (für H) weiterhin erhöht werden; y sind gefundene, x korr. Werte. Die Vorteile der Meth. sind bes. Schnelligkeit u. Einfachheit, kleiner Verbrauch von O_2 (120 ml), welcher durch kleinen Totraum der benützten App. bedingt ist, u. hohe Wirksamkeit u. Beständigkeit von Co_3O_4 (l. c.). (Chem. Listy **51.** 2266—74. Dez. 1957 [Orig.: tschech.]. Collect. czechoslov. chem. Commun. **23.** 1202—12. Juli 1958 [Orig.: deutsch]. Pardubice-Rybitví, Výzk. ústav organ. syntes.)
K. Kámen/Prag. 5352

Miroslav Večeřa und **Antonín Spěvák,** *Organische quantitative Analyse.* 19. Mitt. *Mikrobestimmung der Alkoxygruppen.* (18. vgl. vorst. Ref.) Die Mikrometh. zur Best. von *Alkoxygruppen* nach Zeisel wurde durch Einführung einer einfachen Versuchsapp. sowie durch eine neue Absorptionsart des störenden J_2 u. HJ auf trockenem Wege verbessert. Die App. besteht aus einem kleinen, zur Gaseinleitung eingerichteten Kolben (A) mit wirksamem Rückfluß, einem elektr. heizbaren Steigrohr (B) mit Absorptionsfüllung für J_2 u. HJ u. einer senkrechten kugelförmigen Vorlage (C) zur Absorption von Alkyljodid, aus der die Absorptions-Fl. direkt in einen Titrierkolben (D) abgelassen werden kann. Von den untersuchten Absorptionsmitteln für J_2 u. HJ [Natronasbest nach Fierz-David, K-SbO-Tartrat (**I**) an Kiselgur (**II**) u. an Silicagel u. $NH_2OH \cdot HCl$ an **II**] hat sich **I** an **II** am besten bewährt. Zur Absorption werden ca. 0,3 g der mit 10% ig. **I**-Lsg. getränkten u. bei 60° getrockneten **II** benutzt; eine Füllung genügt für 5—10 Analysen. Die Probe wird in A mit 2 ml HJ (D. 1,7) bzw. auch mit Phenol im N_2-Strom 40—60 Min. mäßig gekocht. Bei der Best. von C_3H_7O— u. C_4H_9O— wird B elektr. erwärmt. Das freigemachte Alkyljodid wird in C in 3 ml 10% ig. Na-Acetat (**III**)-Lsg. in Eisessig unter Zusatz von 7 Tropfen Br_2 absorbiert. Nach Überführung der Absorptions-Fl. aus C in D, in dem sich 5 ml 20% ig. **III**-Lsg. befinden, u. Zugabe von 0,3 ml HCOOH, 4 ml 10% ig. H_2SO_4 u. ca. 0,5 g KJ wird das ausgeschiedene J_2 nach 10 Min. gegen

0,01n $Na_2S_2O_3$-Lsg. nach Vieböck titriert. Dieses Verf. eignet sich zur Best. von Alkoxygruppen C_1—C_4, u. zwar selbst in Ggw. von S. Die Meth. wurde durch Analysen einer Reihe von Standardpräpp. (Vanillin, 4-Äthoxydiphenyl, Phenacetin u. a.) kontrolliert Die Ergebnisse sind ebenso genau wie bei den üblichen elementaranalyt. Mikromethoden; gegen diese weist jedoch das beschriebene Verf. mehrere Vorteile auf. (Chem. Listy **52**. 1520—25. Aug. 1958 [Orig.: tschech.]. Collect. czechoslov. chem. Commun. **24**. 413—19. Febr. 1959 [Orig.: deutsch]. Pardubice-Rybitví, Výzk. ústav organ. syntes.) K. Kámen/Prag. 5352

Miroslav Večeřa und **Jaroslav Bulušek**, *Organische quantitative Analyse.* 20. Mitt. *Eine Untersuchung der Methode zur Mikrobestimmung von Chlor in organischen Verbindungen durch Verbrennung in einem leeren Rohr.* (19. vgl. vorst. Ref.) Vff. haben eine schnelle u. einfache Meth. zur Mikrobest. von *Cl* in organ. Verbb. entwickelt, die Fehlerquellen in den einzelnen Phasen des Analysenganges ermittelt u. die Ergebnisse von 79 Analysen mehrerer Eichpräpp. statist. verwertet. Die erforderliche, sehr einfache App. besteht aus einem mit Einlage aus Sinterquarzglas versehenen Verbrennungsquarzrohr das mit einem stabilen u. einem verschiebbaren elektr. Ofen auf 720° bzw. 800° erwärmt wird. Die im Pt-Schiffchen befindliche Probe wird im O_2-Strom (15 ml/Min.) verbrannt; zur Cl-Absorption werden 2 ml 5%ig. H_2O_2-Lsg. verwendet. Nach 25 Min. langem Glühen wird die Absorptionslsg. mit 18 ml A. in einen Titrierkolben übergeführt, 5 Tropfen 0,02%ig. wss. Brillantgelblsg. als Adsorptionsindicator werden zugefügt, die Fl. wird mit 0,1n KOH-Lsg. schwach alkalisiert, mit 0,1n CH_3COOH-Lsg. neutralisiert u. nach Zugabe eines überschüssigen Tropfens der letzten Lsg. gegen 0,01n $AgNO_3$-Lsg. titriert. Durch SO_4^{2-} wird die Schärfe des Farbumschlags im Äquivalenzpunkt wesentlich beeinträchtigt. Vom gefundenen Verbrauch der Maßlsg. ist der Wert des Blindvers. abzuziehen. Mit diesem Verf. wurden folgende Eichverbb. analysiert: 1.5-Dichloranthrachinon, DDT, 2.4-Dinitrochlorbenzol, Hexachlorcyclohexan u. Chlorbenzol. Die Probeeinwaagen betrugen ca. 1—6 mg, der Verbrauch der Maßlsg. betrug 3—4 ml. Aus der Bearbeitung der Ergebnisse an Hand der Meth. der linearen Regression ergab sich die Verläßlichkeitsgrenze einer einzelnen Best. für 90%ig. bzw. 99%ig. statist. Verläßlichkeit zu $\pm$0,18 bzw. $\pm$0,32%. Die Ergebnisse von 54 Analysen der ersten obigen Standardverbb. bei verschied. Einwaagen (1,19—6,57 mg) deuten darauf hin, daß die Meth. lediglich einen geringen konstanten Fehler von —0,02% hat. Allg. ist die Feststellung wichtig, daß die größten Fehler bei der Wägung u. bes. bei der Titration begangen werden, während die Probeverbrennung u. das Ausspülen der Verbrennungsprodd. durch O_2 quantitativ sind. Zur Einhaltung einer gleichen relativen Genauigkeit der Ergebnisse sind beim Cl-Geh. über 40% 3 mg (Einwaage), um 20% 4—5 mg u. unter 10% > 6 mg der Probe erforderlich. (Chem. Listy **52**. 1526—36. Aug. 1958 [Orig.: tschech.]. Collect. czechoslov. chem. Commun. **24**. 1630—42. Mai 1959 [Orig.: deutsch]. Pardubice-Rybitví, Výzk. ústav organ. syntes.) K. Kámen/Prag. 5352

George A. Stenmark und **F. T. Weiss**, *Anwendung von Lithiumaluminiumhydrid zur Bestimmung von Hydroxylgruppen.* Zur Best. der *OH*-Gruppen in Epoxyharzen oder in Ggw. anderer störender Gruppen kann die H_2-Entw. u. -Volumenbest. mit $LiAlH_4$ in Tetrahydrofuran dienen. Zur Feststellung eines Reagensüberschusses wird der 2,5mol. $LiAlH_4$-Lsg. wenig 4-Phenylazodiphenylamin als Indicator zugesetzt. Wasserspuren in der Probe entwickeln 1,5—2 Mol H_2/Mol, bei geringem Wassergeh. kann mit 2 Mol H_2 gerechnet werden. — Ster. behinderte Phenole, die sich nach anderen Methoden nur schwierig bestimmen lassen, geben mit $LiAlH_4$ gute Werte. — Im Gegensatz zur Grignard-Rk. geben *Äthylacetoacetat* u. *Diäthylmalonat* nur 60—80%ig. Enol-Rk., weil die Ketoform offenbar so schnell red. wird, daß sie nicht vollständig enolisiert. (Analytic Chem. **28**. 1784—87. Nov. 1956. Emeryville, Calif., Shell Developm. Co.) E. Dehmlow. 5364

H. M. Frey, *Analyse von Kohlenwasserstoffen.* An einer Säule von 25 ft Länge mit Acetonylaceton als stationäre Phase auf Schamotte gelingt bei 0° die gaschromatograph. Trennung von *Äthan, Äthylen, Propan* u. *Propylen* ohne weitere Maßnahmen. Von dieser Säule werden außerdem fast alle möglichen Isomeren der KW-stoffe mit 2—5 C-Atomen, u. a. auch das Gemisch *Isobutylen–Buten-(1)*, getrennt. — Die Säule trennt dagegen nicht *1.1-Dimethylcyclopropan* u. *3-Methylbuten-(1)*; zur Trennung wird hinter die Hauptsäule eine kurze Säule (3 ft.) mit $AgNO_3$-haltigem Äthylenglykol als stationäre Phase geschaltet. (Nature [London] **183**. 743—44. 14/3. 1959. Southampton, Univ., Dep. of Chem.) Herbert Müller. G 500

J. A. Barnard und **H. W. D. Hughes**, *Analyse von Kohlenwasserstoffen.* Bemerkung zu vorst. Arbeit. (Nature [London] **183**. 744. 14/3. 1959. London, Univ. Coll., Dep. of Chem. Engng.) Herbert Müller. G 500

Hiroshi Miyake, *Gaschromatographische Analyse von gasförmigen Kohlenwasserstoffen.* Übersicht. — 14 Literaturangaben. (Kagaku-no-Ryoiki [J. Jap. Chem.] **12.** 627—30. Aug. 1958. Wakayama, Maruzen-Sekiyu. [Orig.: japan.]) E. MAEKAWA. G 500

Albert Zlatkis, *Trennung von isomeren Hexanen durch Gasflüssigkeitschromatographie.* Vf. beschreibt eine Meth. zur schnellen Trennung von KW-stoffgemischen durch Gasflüssigkeitchromatographie an verhältnismäßig kurzen Säulen. Die Trennung von *2.3-Dimethylbutan* (**I**) u. *2-Methylpentan* (**II**) gelingt in 15 Min. bei 25° an Celit mit 40% heterocycl. Aminen [Chinolin (**III**); Brucin-**III**-Gemisch; Isochinolin (**IV**)], wobei **IV** die beste Trennwrkg. zeigt. Mit einem Gemisch von 3,5 g **III** u. 0,5 g Brucin auf 10 g Celit wird das 9-Komponenten-Gemisch: *Cyclohexan, Methylcyclopentan, 2.4-Dimethylpentan, Cyclopentan* (**V**), *3-Methylpentan* (**VI**), **II, I,** *n-Pentan, Isopentan,* getrennt. Durch Verwendung von Squalan- u. **IV**-Säulen gelingt die Trennung von *n-Hexan,* **V, VI, II, I** u. *2.2-Dimethylbutan.* Zur Trennung der Hexanisomeren werden $<$ 30 Min. benötigt. Als Trägergas dient He. (Analytic. Chem. **30.** 332—33. März 1958. Houston, Tex., Univ., Dep. of Chem.) G. KRIEN. G 500

E. Leibnitz, W. Hager, G. Heinze, W. Herrmann, R. Kaiser, O. Mittelstaedt, H. Moll und **H. Schlief,** *Studien über die Oxydation von n-Alkanen bei niederen Temperaturen (100—130°) mit Luft zu vorwiegend Fettsäuren.* 3. Mitt. *Die Analysenmethodik am Paraffinoxydat.* (2. vgl. C. **1956.** 13222.) Bei der Best. von Kennzahlen an Paraffinoxydaten haben Temp., Zeit, Konz. u. Art der Chemikalien großen Einfl. auf die Fehlerbreite. Vff. haben für *SZ., VZ.* u. *Carbonylzahl* (COZ.) Verff. ausgearbeitet, die gut reproduzierbare Werte liefern u. für die *Hydroxylzahl* (OHZ.) ein solches mit etwas größerer Fehlerbreite. Zusätzlich zu den Kennzahlen wird mit Hilfe eines Perforators durch PAe.-Extraktion das *wasserunlösl. Unverseifbare* in % (UVP) u. der *wasserunlösl. saure Anteil* in % (FSP) ermittelt. Ein Analysengang soll umfassen: 1. Abgas (CO, CO_2, O_2); 2. wss.-öliges Kondensat (W., SZ., VZ., UVP); 3. Paraffinoxydat (SZ., VZ., OHZ., COZ., UVP, FSP, PZ., EPZ.); 3a) unverseifbarer Anteil von 3.; 3b) verseifbarer Anteil von 3. (Kennzahlen). Die Fettsäuren können durch Chromatographie identifiziert werden. Wasserlösl. Fettsäuren entziehen sich meist der Aufarbeitung (Waschwasser). Angabe von Formeln für Beziehungen zwischen Kennzahlen, der Kontrolle derselben, u. mittlerem Mol.-Gewicht. Wenn keine entsprechenden OH-Äquivalente entstehen, läßt die VZ. bei Paraffinoxydaten nicht auf Ester, sondern wahrscheinlich auf *β-Ketosäuregruppen* schließen.

V e r s u c h e : *Best. der SZ.*: ca. 1,2 g (bei einer SZ. um 100) Substanz in 25 cm³ sek. Propanol (reinst) u. 40 cm³ Bzl. (reinst) lösen. Die bei 20° blanke Lsg. schnell mit 0,1n sek.-propanol. KOH gegen Phenolphthalein titrieren (schwaches Rosa soll 10 Sek. bestehen bleiben). — *VZ.*: Ca. 2 g (bei einer VZ. um 100) in 40 cm³ sek. Propanol u. 25 cm³ Bzl. lösen. Mit 25 cm³ 0,5n sek.-propanol. KOH 15 Min. bei 100° verseifen u. bei 70° mit 0,5n wss. HCl gegen Alkaliblau B 6 auf braunoliv titrieren. — *Carbonylzahl (COZ.)*-1std. Rk. bei 60° einer Lsg. von 1—2 g Substanz (bei einer COZ. um 30) in 20 cm³ Bzl. mit 10 cm³ einer Lsg. von 100 g trockenem Hydroxylamin-HCl u. 4 g Ammoniumborfluorid in 1 Liter CH_3OH. Nach Zugabe von 1 cm³ Pyridin das entstandene W. mit KARL-FISCHER-Reagens titrieren. Endpunkt durch dead stop (Beschreibung der App. u. Bürette). — *Hydroxylzahl (OHZ.)*: Ca. 3—5 g (bei OHZ. um 20) in 10 cm³ trockenem Toluol u. 10 cm³ Pyridin lösen, 10 cm³ 5%ig. Acetylchloridlsg. in Toluol zugeben. 45 Min. 100°, 20 cm³ W., 30 Min. 100°, 10—15 cm³ W. u. mit 0,5n wss. (oder sek.-propanol.) KOH gegen Alkaliblau B 6 titrieren; Umschlag nach Violettgrau. — *Wasserbest.*: Substanz in Bzl./CH_3OH mit KARL-FISCHER-Lsg. titrieren. — *Peroxydzahl (PZ.)* durch Rk. der Substanz in sek.-propanol. Lsg. mit wss. KJ in Ggw. von Eisessig (5 Min. 75°). Titrieren mit 0,05—0,1n wss. $Na_2S_2O_3$-Lsg. auf dead-stop-Umschlag. — *Epoxydzahl (EPZ.)*: 1—5 g Substanz mit 10 cm³ 0,5n HCl in Ae. 3 Std. stehenlassen u. in sek.-propanol. Lsg. mit 0,1n sek.-propanol. KOH gegen Phenolphthalein titrieren. — *Wasserunlösl. Unverseifbares in % (UVP.)*: 5—8 g Substanz mit konz. wss. KOH in Ggw. von A. verseifen u. in 50%ig. alkoh. Lsg. im Perforator mit PAe. extrahieren. — *Wasserunlösl. saurer Anteil in % (FSP.)*: Der nach vorst. Verf. erhaltene Rückstand wird im Perforator mit 30%ig. H_2SO_4 übergossen. Mit frischem PAe. folgt die Perforation der Fettsäuren. Ermittlung des richtigen Gewichts durch Aufnahme der Trockenkurve bei UV u. Oxydation. (J. prakt. Chem. [4] **4.** (**276**). 215—35. Febr. 1957. Leipzig, Inst. für organ.-chem. Ind.) H. OTTERBACH. G 510

E. Leibnitz, W. Herrmann, W. Hager, G. Heinze, R. Kaiser, O. Mittelstaedt, H. Moll und **H. Schlief,** *Studien über die Oxydation von n-Alkanen bei niederen Temperaturen (100—130°) mit Luft zu vorwiegend Fettsäuren.* 4. Mitt. *Zur Methodik der Papierchromatographie der n-Fettsäuren.* (3. vgl. vorst. Ref.) Zur Trennung der unverzweigten

Fettsäuren C_1—C_{25} werden verschied. Verff. angegeben: a) C_1—C_3 werden papierelektrophoret. auf Papier, welches mit 0,25%ig. NaCl-Lsg. getränkt ist, in leicht alkal. Lsg. bei 3 V/cm getrennt. Durch Besprühen der getrockneten Streifen mit Kongorotlsg., Zwischentrocknen u. Besprühen mit 0,02—0,05n HCl werden rote Flecken auf blauem Grund erhalten. — b) C_2—C_8. Die Trennung erfolgt mit Butanol/1,5n NH_3 nach der Zylindermethode. Angefärbt wird mit 3%ig. wss.-alkoh. Phenolphthaleinlsg. u. 0,1n KOH. — c) C_8—C_{12}. Auf Papier, welches mit einem Gemisch von je 50% n- u. iso-Paraffinen imprägniert ist, können diese Säuren mit 80—90%ig. Ameisensäure im Ringpapierchromatogramm getrennt werden. Nach dem Trocknen wird mit NH_3 u. anschließend mit $AgNO_3$-Lsg. besprüht, ausgewaschen u. durch Behandeln mit Na_2S oder einem photograph. Entwickler angefärbt. — d) C_9—C_{23} u. darüber: wie c), jedoch mit 70 bis 90%ig. Essigsäure (je nach der Kettenlänge der zu trennenden Säuren) als Lösungsm. u. Anfärben der bei 120° getrockneten Chromatogramme durch Baden in 0,1%ig. Cu-Acetatlsg. u. anschließend in Kaliumcyanoferrat(II)-Lösung. — Eine mögliche quantitative photometr. Auswertung der Ringpapierchromatogramme sowie die Anwendung der Meth. zur Unters. der Oxydate von Heptadecan u. Oktadecan wird beschrieben. (J. prakt. Chem. [4] **4** (**276**). 244—56. Mai 1957.) E. MOISAR. G 510

E. Leibnitz, W. Hager, W. Herrmann, G. Heinze, R. Kaiser, O. Mittelstaedt, H. Moll und **H. Schlief,** *Studien über die Oxydation von n-Alkanen bei niederen Temperaturen (100 bis 130°) mit Luft zu vorwiegend Fettsäuren.* 5. Mitt. *Zur Charakterisierung von technischen Paraffinen. Über die quantitative Bestimmung des n-Alkangehaltes.* (4. vgl. vorst. Ref.) n-Paraffine können aus techn. Paraffinen nach folgender Meth. prakt. quantitativ abgetrennt werden: Bei 50° wird in Bzl. gelöstes techn. Paraffin zu einer gesätt. methanol. Harnstofflsg. unter starkem Rühren gegeben, dabei innerhalb 50 Min. auf 20° gekühlt. Das kristalline Paraffin–Harnstoff-Addukt wird abfiltriert, mit kaltem Bzl. gewaschen, in schwach angesäuertem W. auf 90° erhitzt, die n-Paraffinschicht abgetrennt, mit W. gewaschen, getrocknet. Die Wirksamkeit der Trennung wird durch Aufnahme der IR-Spektren vor u. nach der Trennung sowie durch Best. des Summenwertes der n- u. iso-Paraffinfraktionen kontrolliert. (J. prakt. Chem. [4] **5** (**277**). 34—42. Okt. 1957.) M. SCHENK. G 510

R. P. Harpur, *Verteilungschromatographie organischer Säuren: Veränderungen in der Lösungsmittelzusammensetzung.* Vf. untersuchte die Einfll. verschied. Relationen der einzelnen Anteile im Lösungsmittelgemisch Chlf.–n-Amylalkohol (**I**)–W. auf die Verteilungschromatographie an SiO_2 von folgenden organ. Säuren: *Essig-, Fumar-, Milch-, Wein-, Äpfel-, Citronen-, Oxal-, Brenztrauben-, Bernstein-, cis-Aconit-* u. *α-Ketoglutarsäure.* Es wurde festgestellt, daß der log des Peakvol. u. der Verteilungskoeff. dem log der **I**-Konz. proportional sind. Die Relationen von Verteilungsquotient zu **I**-Konz. werden für die genannten Säuren tabellar. u. graph. angegeben u. ermöglichen so die Ermittlung des günstigsten Lösungsmittelverhältnisses für die Chromatographie gegebener Kombinationen von organ. Säuren. (Canad. J. Biochem. Physiol. **36.** 707—15. Juli 1958. Macdonald Coll. P. O., Que., McGill Univ., Inst. of Parasitol.) F. KRUSEN. G 700

Seishi Machida, *Farbreaktion der Uronsäuren.* Übersicht. — 16 Literaturangaben. (Kagaku-no-Ryoiki [J. Jap. Chem.] **12.** 691—94. Sept. 1958. Kyôto, Kôgei-Se'i-Daigaku. [Orig.: japan.]) E. MAEKAWA. G 870

S. Gerlaxhe, J. Casimir und **M. Renard,** *Die Trennung basischer Aminosäuren durch Papierchromatoelektrophorese.* Es wird gezeigt, daß es mit einem eindimensionalen Phenol-gesätt. Papierchromatogramm bei durch Phosphatpuffer gehaltenem p_H von 5,6, gefolgt von einer senkrecht aufsteigenden Elektrophorese beim gleichen p_H möglich ist, auf dem Papier eine völlige Trennung der bas. Aminosäuren *Glutaminsäure* u. *Threonin* zu erreichen. (Bull. Soc. chim. belges **66.** 251—55. März/April 1957. Gembloux, Inst. Agronom. de l'État, Labor. de Chim. Gén.) W. NIEMITZ. G 950

Henry R. Roberts, Michael G. Kolor und **Wesley Bucek,** *Eine schnelle papierchromatographische Methode zur quantitativen Bestimmung von Hydroxyprolin.* (Vgl. C. **1959.** 240.) *Hydroxyprolin* (**I**) kann von den anderen Aminosäuren durch horizontale Papierchromatographie bei 60° in 4 Std. getrennt werden. Das mit Puffer p_H 8,4 getränkte Papier wird nach Aufbringen der Probe u. von Eichlsgg. bekannter **I**-Konz. mit der organ. Phase einer Mischung gleicher Voll. m-Kresol u. 0,067mol. Puffer p_H 8,4 entwickelt. Die Flecken werden nach Anfärben mit Ninhydrin entsprechend C. **1959.** 240 photometr. ausgewertet. (Nature [London] **182.** 1602. 6/12. 1958. Oakdale, N. Y., Nat. Dairy Prod. Corp., Res. and Developm. Div.) E. MOISAR. G 3081

Břetislav Buděšínský und **Jiří Körbl,** *Die Komplexometrie in der organischen Analyse.* 6. Mitt. *Ein neues Verfahren zur Bestimmung organischer Basen.* (5. vgl. C. **1958.**

3703.) Die früher entwickelte Meth. zur komplexometr. Halbmikrobest. einiger organ. Basen auf Grund der Fällung ihrer Kationen mit BiJ_4^- in saurer Lsg. unter Verwendung von Bi(III)-Komplexonat (I) + KJ als Fällungsreagens u. Titration der hierbei freigesetzten *Äthylendiamintetraessigsäure* (II, YH_4) wurde revidiert u. verbessert. Zur Erzielung der für die quantitative Fällung der organ. Base erforderlichen BiJ_4^--Konz. auf Grund der Rk.: $YBi^- + 4 J^- + 2 H^+ = YH_2^{2-} + BiJ_4^-$ ist bei $p_H < 1$ zu fällen. Der optimale p_H-Wert der zu titrierenden Lsgg. beträgt nach der spektrophotometr. Ermittlung 2—3; bei diesem p_H verläuft die obige Rk. prakt. nicht mehr. In stärker sauren Lsgg. stört die viel zu hohe II-Konz., u. überdies scheidet sich das durch die Rk.: $BiJ_4^- + H^+ = BiJ_3 + HJ$ gebildete schwarzbraune BiJ_3 aus; im HCl-Medium wird jedoch dieser Vorgang durch die überwiegende Rk.: $BiJ_4^- + 4 Cl^- = BiCl_4^- + 4 J^-$ unterdrückt. Titrationen in schwach sauren Lsgg. (z. B. gegen Pb- bzw. Zn-Salzlsgg. bei p_H ca. 5) sind wegen der kleinen Beständigkeit von I in diesem Medium gleichfalls nicht vorteilhaft. Zum Ansäuern der zu bestimmenden Lsgg. eignet sich HCl, nicht jedoch HNO_3, H_2SO_4 u. $HClO_4$; zur Titration von II beim angegebenen p_H bewährt sich $Th(NO_3)_4$-Lsg. mit Methylthymolblau (III) als Indicator. — Arbeitsvorschrift: Ca. 5—50 mg Probe werden in 5 ml 1,5n HCl gelöst, mit 5 ml Fällungslsg. [Herst.: 10,6 g Komplexon III, 19 g KJ u. 12 g $BiCl_3$ bzw. 19 g $Bi(NO_3)_3$ werden in 700 ml redest. W. unter Schütteln gelöst, mit einer Lsg. von 2 g NaOH in 20 ml W. u. mit 4 g festem krist. Na_2SO_3 versetzt, auf 1000 ml verd. u. nach 10 Min. langem Schütteln filtriert. Die Lsg. ist mehrere Wochen beständig] versetzt u. nach 5 Min. zentrifugiert. Aus der klaren Fl. werden 7 ml pipettiert u. nach Zugabe von 4 ml 20%ig. Na-Acetatlsg. u. 20 ml redest. W. gegen 0,01 mol. $Th(NO_3)_4$-Lsg. mit III als Indicator (festes Gemisch mit KNO_3 1:100) titriert. Die maximalen Fehler der Best. liegen größtenteils unter 2%. Auf diese Weise können zahlreiche tert. Amine, quartäre Ammoniumbasen u. deren Salze sowie analoge Sulfoniumderivv. bestimmt werden, z. B. *Coffein*, *8-Methylcoffein*, *Thiamin*, viele *Alkaloide* u. dergleichen. Einige Anionen (PO_4^{3-}, F^-, $(COO)_2^{2-}$ u. a. stören. Überdies kommen bei der Fällung zahlreicher Verbb., wie ε-Caprolactam, Chlorpromazin, Chinin, Amidopyrin, Atropin u. a., verschied. Anomalien vor, durch welche die Meth. beeinträchtigt wird. (Chem. Listy **52.** 1513—19. Aug. 1958. [Orig.: tschech.]; Collect. czechoslov. chem. Commun. **24.** 1791—98. Juni 1959. [Orig.: deutsch]. Praha, Výzk. ústav pro farmac. a biochem.) K. KÁMEN/Prag. G 3500

Toshio Yoshino, *Bestimmung der Xanthinbasen durch amperometrische Titration.* Es werden Mikrobestimmungen von *Theobromin* (I) sowie von *Theophyllin* (II) in HCl durch amperometr. Titration untersucht. 1 Mol *Wolframatokieselsäure* (III) bildet mit 4 Mol I oder II farblose Ndd. in ca. 1,5n HCl. Auf der Basis dieser Rk. können Spuren der Xanthinbasen amperometr. bei —0,80 V (gegen Standardkalomelelektrode) in ca. 1,5n HCl mit einer Hg-Tropfelektrode schnell bestimmt werden. (J. pharmac. Soc. Japan [Yakugakuzasshi] **78.** 1303—06. Nov. 1958. Ôsaka-Kitaku, Siritu-Kôgyôken-kyûzyo. [Orig.: japan.; Auszug: engl.]) E. MAEKAWA. G 3500

Louis D. Quin, *Gaschromatographische Trennung einiger Tabakalkaloide.* Zur gaschromatograph. Trennung einiger *Tabakalkaloide* wurden Polyglykole (Polyäthylen-, Polypropylen- u. Polybutylenglykol) bei 180—190° als stationäre Phase verwendet. Sie wurden im Verhältnis 1:4 auf keram. Füllkörper aufgebracht. He diente als Trägergas. Getrennt wurden nachst. Alkaloide, wobei die Reihenfolge des Austrittes aus der Säule bei allen drei Adsorbentien im wesentlichen die gleiche ist: *Pyridyl-(3)-methylketon*, *-äthylketon*, *-n-propylketon*, *Nicotin*, *Nor-nicotin*, *Myosmin*, *Anabasin*, *Metanicotin*, *Nicotyrin* u. *Cotinin*. (Nature [London] **182.** 865. 27/9. 1958. Durham, N. C., Duke Univ., Dep. of Chem.) E. MOIȘAR. G 3500

P. Luis und **J. B. Niederl,** *Pyryliumfarben aus Nicotin.* Der Farbstoff, der sich unter speziellen Oxydationsbedingungen u. nachfolgender Behandlung des resultierenden Prod. mit konz. H_2SO_4 aus Nicotin bildet, womit sich eine empfindliche mikrochem. Nachweis-Rk. für Nicotin bietet, erwies sich als Pyridopyryliumsulfat. (Mikrochim. Acta [Wien] **1957.** 724—25. Buenos Aires, Univ., School of Med., Dep. of Analyt. Chem.) K. PAVEL. G 3500

c) Bestandteile von Pflanzen und Tieren.

M. Krutsay, *Methode zum histologischen Kalknachweis.* Das aus Ca-Salzen mit $AgNO_3$ gebildete Ag_2CO_3 u. Ag_3PO_4 wird mit $Na_2S_2O_4$ reduziert. Das so vollständig frei werdende Ag färbt den Kalk schwarz u. das andere Gewebe bräunlichgelb. Die Ergebnisse sind präziser als bei der üblichen Red. mit UV- oder Tageslicht. (Zbl. allg. Pathol. pathol. Anatom. **98.** 406—07. 5/12. 1958. Szekszárd, Ungarn, Komitatskrankenhaus, Pathol. Abt.) H. STRUCK. 5661

Horst Drawert, *Über das unterschiedliche optische und vitalfärberische Verhalten frischer und älterer Rhodamin S-Lösungen.* Widersprüche in der Literatur über Vitalfärbungen werden nach Maßgabe beschriebener Verss. damit erklärt, daß *Rhodamin-S* je nach Zus. u. Bereitungsart u. Alter seiner Lsg., sowie physiol. Beschaffenheit der zu färbenden Objekte verschied. färber. Eigg. zeigt. (Ber. dtsch. bot. Ges. **71.** 123—32. 29/4. 1958. Berlin, FU, Pflanzenphysiol. Inst.) W. Laubschat. 5662

J. Beley und **M. G. Cuemji,** *Die Bestimmung von Magnesium in Pflanzenaschen tropischen Ursprungs.* Ausführliche Beschreibung einer Meth. zur quantitativen Mg-Best. in Pflanzenaschen, die auf folgendem Prinzip beruht: Nach Abtrennung von Ca durch Fällung mit NH_4-Oxalat sowie von Fe, Mn, Cu, Zn u. Al durch Fällung mit Na-Diäthyldithiocarbamat in der Wärme wird *Mg* quantitativ durch 8-Hydroxychinolin ausgefällt. Das im Nd. enthaltene Oxin wird nach Rk. mit einem Diazoniumsalz in alkal. Mittel colorimetr. bestimmt. (Agronom. tropicale **13.** 116—19. Jan./Febr. 1958.)
M. Winiker. 5664

Zdeněk Šesták, *Zur Papierchromatographie der Plastidpigmente.* Die Unterss. werden an Triticum vulgare Vill., Secale cereale L., Pelargonium zonale Aiton, Malva neglecta Wallr., Lamium album L., Urtica urens L. u. Parthenocissus tricuspidata Planch. durchgeführt. Die R_F-Werte hängen von der Menge der zu analysierenden Probe bei den vielfältigen geprüften Lösungsmittelgemischen ab, wobei jedoch in keinem Fall ein Gemisch gefunden wurde, das die Spaltprodd. u. Chlorophyllisomeren vollkommen trennt. Es handelt sich immer um eine Chromatographie des Adsorptionstyps, wobei sich die eindimensionale absteigende Entw. am besten eignet. Die Flecken der Pigmente (außer Carotinen) sind durch sich in ihrer Nachbarschaft adsorbierende Farbstoffe verunreinigt, andere (Chlorophylle u. Xanthophyle) können sich überdecken. (Českoslov. Biol. **7** 153—58. 1958. Prag, KU, Ustav pro fysiol. rostlin biol. fak.)
O. Pollak v. Emhofen. 5666

d) Medizinische und toxikologische Analyse.

H. M. Czajkowska Robinson und J. C. Rathbun, *Die Bestimmung von Calcium und Magnesium im Blut unter Verwendung von nur einem Indicator.* Vff. bestimmen $Ca^{2+} + Mg^{2+}$ in 0,1 ml Serum mit 0,0013mol. Äthylendiamintetraessigsäurelsg. unter Verwendung von Eriochromschwarz T als Indicator u. photometr. Endpunktserkennung bei p_H 10,4. Zur Best. von Mg^{2+} allein werden 0,1 ml Serum mit 0,1 ml einer 2%ig. Ammonoxalatlsg. versetzt, 15 Min. geschüttelt u. 5 Min. lang bei 2000 U/Min. zentrifugiert. 0,1 ml der überstehenden Lsg. werden wie oben beschrieben bestimmt. Der Fehler beträgt 0,1 mg% Ca^{2+} bzw. Mg^{2+}. (Canad. J. Biochem. Physiol. **37.** 225—29. Febr. 1959. London, Ontario, Canada, War Mem. Children's Hosp., Paediatric Res. Labor.; Univ. of Western Ontario, Dep. of Pediatrics.) R. Reiss. 5728

Fred L. Humoller und **John R. Walsh** (unter Mitarbeit von **Marie F. Wharton**), *Die flammenphotometrische Bestimmung von Serumcalcium.* Es wird eine Schnellmeth. zur flammenphotometr. Serum-*Ca*-Best. angegeben (Enteiweißung mit Trichloressigsäure, Verdünnen des Filtrats mit Isopropanol auf 50%), die von mehreren Nachteilen früherer Methoden frei ist. Die Meth. ist auf Serumproben $< 0,5$ cm³ anwendbar u. besitzt ausreichende Genauigkeit. (J. Lab. clin. Med. **48.** 127—33. Juli 1956. Omaha, Nebr., Veterans Admin. Hosp., Med. Res. Labor. and Med. Serv.) K. Maier. 5728

S. Friedman, *Die Bestimmung von Carnitin in biologischem Material. Carnitin* (**I**) u. *Betain* (**II**) geben, im Gegensatz zu verschied. anderen natürlich vorkommenden quatären NH_4-Verbb., in alkal. Lsg. mit Bromphenolblau (**III**) keinen farbigen, mit Äthylenchlorid–Isoamylalkohol extrahierbaren Komplex, wohl aber nach Veresterung. Bei Einhaltung bestimmter Bedingungen gibt **II** keine Komplexbldg., so daß **I** neben **II** spektrophotometr. (602 mμ) bestimmbar ist. *Cholin,* das vor Veresterung bereits einen gefärbten Komplex liefert, ist durch ein Kationenaustauschharz (IRC-50) abtrennbar. Zur **I**-Best. in Rohmaterial ist eine Vorreinigung notwendig [Fleisch: Fällen des A.-Extraktes mit $Ba(OH)_2$–$ZnSO_4$, IRC-50-Passage des Überstandes; Urin: Bleiacetatfällung, IRC-Passage]. 0,03 μMol **I** sind mit einer Genauigkeit von $\pm 0,006$ μMol bestimmbar. (Arch. Biochem. Biophysics **75.** 24—30. Mai 1958. Bethesda, Md., Nat. Inst. of Arthritis and Metabolic Diseases.) K. Maier. 5750

M. L. Santi, *Bleigehalt von Harn und Blut.* Da sich bei der Meth. der Pb-Best. nach Santi (Accad. Med. **71.** [1956.] 43) gewisse Schwierigkeiten ergaben, wird diese Meth. der Oxydation von Blut u. Urin mit HNO_3 im Kjeldahl-Kolben in der Weise modifiziert, daß alles Pb in leicht extrahierbarer Form oxydiert werden kann. Die Oxydation wird durch Zusatz von H_2SO_4 u. $HClO_4$ zu Ende geführt, wodurch nach $PbO_2 + 4\,H^+ + 2e \rightleftharpoons Pb^{2+} + 2\,H_2O$ das Pb durch HCl angegriffen wird u. eine klare farblose

Fl. erhalten wird. Hierin wird Pb mit Dithizon bestimmt, wobei störende Einfll. durch Fe, Zn u. Alkalimetalle ausgeschaltet werden, indem eine KCN-Citronensäure-Lsg. zugesetzt wird. Auf diese Weise werden 98% Pb erfaßt. (Boll. Soc. ital. Biol. sperim. **34.** 526–28. 15/6. 1958. Genua, Ospedale S. Martino.)

O. POLLAK V. EMHOVEN. 5764

G. A. Spengler, *Nachweis von Opiaten und anderen Pharmaka im Urin mit Hilfe der Hochspannungselektrophorese.* Es wird die Trennung verschied. Pharmaca, darunter *Opiumalkaloide, Weckamine* u. *Bioamine,* mit Hilfe der Hochspannungselektrophorese beschrieben. Bei der Anwendung dieser Meth. auf den Harn therapeut. behandelter Patienten liegt nach 2 Std. das Analysenergebnis vor. (Helv. med. Acta **25.** 430–35. Okt. 1958. Bern, Tiefenauspital, Med. Abt.) H. STRUCK. 5764

Alfred F. Parmelee, V. St. A., *Bestimmung des CO-Gehaltes in Gasgemischen* unter Verwendung von ca. 5 Proben mit Gemischen verschied. Konz. von Pd-Halogeniden mit Indicatoren, wie Alizarinrot S u. o-Toluidin. Man verwendet dazu eine wss. Lsg. von Pd-Chlorid u. tränkt damit ein Silicagel. Je nach der Menge an $PdCl_2$ findet beim Zuführen von CO-haltiger Luft eine mehr oder weniger schnelle u. starke Schwärzung des Reagenses statt. Die 5 Proben enthalten 0,002–0,01(%), 0,01–0,03, 0,03–0,05, 0,05–0,07 u. 0,07–0,09. — Für den Fall, daß die Probe mit 0,005 eine totale Schwärzung hervorruft, kann die Probe mit 0,01–0,03% noch unverändert bleiben. — 7 Zeichnungen u. Diagramme. (**F. P. 1 104 835** vom 6/5. 1954, ausg. 24/11. 1955.)

M. F. MÜLLER. G 260

H. F. Linskens, Hrsg., Papierchromatographie in der Botanik. 2., erw. Aufl. Berlin, Göttingen, Heidelberg: Springer. 1959. (XVI + 408 S. m. 124 Abb. u. 2 Tafeln) 8°. DM 58,—.

Ludwig Otto, Durchlichtmikroskopie. Geräte u. Verfahren. Berlin: Verl. Technik. 1959. (472 S. m. 362 Abb. u. 20 Taf.) 8°. DM 29,60.

Cecil L. Wilson and **David W. Wilson,** eds., Comprehensive analytical chemistry. Vol. 1; A. Classical analysis. Amsterdam: Elsevier Publishing Cy. 1959. (XIX + 581 S. m. Abb.) hfl. 55,—.

H. Angewandte Chemie.

I. Allgemeine chemische Technologie.

D. F. Riley, *Mischen und Einstellen.* Diskussion über die funktionelle Planung von Mischeinrichtungen, das Verblenden mischbarer Fll., die Verbesserung der Wärmeübertragung, Gasabsorption u. Mischung pulverisierter Feststoffe. — 16 Literaturhinweise. (Manufact. Chemist **29.** 184–87. Mai 1958.) GERHARD GÜNTHER. 5822

Stanley H. Dayton, *Gründe für die Wahl des Systems der bewegten Ionenaustauscher.* Beschreibung (Abb., Fließbilder) einer Ionenaustauscheranlage in der die Austauscher jeweils in die Absorptions- oder Elutionsbehälter gepumpt werden; Gründe für die Wahl dieses Verf. in einem U-Werk. (Wld. Mining **12.** Nr. 2. 42–46. Febr. 1959. Gas Hills, Wyo., Lucky McUranium Corp.) W. WESLY. 5826

Hartmut Haupt, *Der Filtervorgang in idealisierten porösen Medien.* Vf. führte Unterss. über das Wesen der Filtrationsvorgänge aus u. ermittelte charakterist. Größen. Damit werden Aussagen über die Filterwirksamkeit verschied. poröser Medien gemacht u. damit eine mathemat. Behandlung derselben ermöglicht. (Chem. Techn. **10.** 92–95. Febr. 1958. Jena, VEB Jenapharm.) GERHARD GÜNTHER. 5830

K. Nesselmann, *Verfahren zur Kälteerzeugung unter —100°.* Der Wirkungsgrad einer Kältemaschine wird errechnet aus $\varepsilon = Q/L$, wobei Q die gemessene Kälteleistung u. L die gemessene aufgewendete mechan. Leistung bedeutet u. aus $\varepsilon_c = T_0/T - T_0$, wobei T_0 die Temp., bei der Kälte geleistet u. T die Temp., bei der die Abwärme an die Umgebung abgeführt wird, bedeutet. Daher ist der Wirkungsgrad $n = \varepsilon/\varepsilon_c$. Dieser Wirkunsgrad wird für die Kaltdampfmaschine, die Kaltgasmaschine von PHILIPS, den Adiabaten-Isothermen-Prozeß u. den JOULE-THOMSON-Effekt aufgestellt. Es wird diskutiert, welche Apparateart im Einzelfalle günstig ist, wobei natürlich auch Anlagekosten mitbestimmend sind. (Chemie-Ing.-Techn. **29.** 198–200. März 1957. Karlsruhe, TH, Kältetechn. Inst.) H. MIETHING. 5858

H. Brauer, *Druckverlust in Füllkörpersäulen bei Einphasenströmung.* Nach eingehender Erörterung einer von ERGUN angegebenen theoret. Gleichung für den Druckverlust in Schüttschichten aus Vollkörpern sowie der Strömungsverhältnisse in Füllkörpersäulen wird die Gleichung so erweitert, daß sie auch für Hohlkörper, wie z. B. RASCHIG-Ringe, gilt. Die neue Beziehung gibt bekannte Meßergebnisse für 5-, 8- 16- u. 25 mm-Ringe gut wieder. Ferner wird gezeigt, daß der prozentuale Fehler beim Druckverlust vom relativen Lückenvol. abhängt u. daß er durch einfache Formeln ausgedrückt werden kann. (Chemie-Ing.-Techn. **29.** 785—90. Dez. 1957. Göttingen, MPI für Strömungsforsch., Forschungsgruppe für Wärme- u. Kältetechnik.) G. RUBAN. 5864

Ira M. Abelow und **W. Flosdorf,** *Verbessertes Wärmeübertragungssystem bei der Gefriertrocknung.* Das zu trocknende Gut in Form von Kügelchen wird auf Platten in den Trockenschrank bei —30 bis —40° gebracht u. das sich bildende Eis allmählich sublimiert. Dann wird bei höherer Temp. der Rest Feuchtigkeit verdunstet. Die Wirtschaftlichkeit des Prozesses in Abhängigkeit von der Schichtdicke auf den Trockenplatten u. die Beschleunigung des Trocknens auf gerippten Platten wird untersucht. (Chem. Engng. Progr. **53.** 597—600. Dez. 1957. Fort Detrick Frederick, Md., Chem. Corps; North Philadelphia, Pa., F. J. Stokes Machine Co., Inc.) H. MIETHING. 5874

A. Zawisza, *Chromatographische Methode der Gasanalyse und ihre industrielle Anwendung.* Allg. Übersicht. (Koks-Smoła-Gaz **2.** 157—65. Juli/Aug. 1957.) F. URBAN. 5888

Károly Kaffka, *Anwendung von radioaktiven Isotopen in der Regelungstechnik.* Es werden die Prinzipien der Messung von Temp., Druck, Geschwindigkeit der Strömung von Fll. u. Gasen, D., Konz. u. Vermischungsgeschwindigkeit mit radioakt. Isotopen kurz beschrieben. (Élemezési Ipar [Lebensmittelind.] **12.** 338—41. Nov/Dez. 1958.) J. PLANK. 5888

Pavel Jirů und **Vladimír Jára,** *Ein aktiver Platin–Silicagel-Katalysator.* (Vorl. Mitt.) Vff. haben ein neues Verf. zur Herst. eines akt. Pt–SiO_2-Katalysators beschrieben. Das reine SiO_2-Sol wurde aus der techn. Wasserglaslsg. mit Hilfe des Wofatits KPS-200 im H^+-Cyclus u. des Anionenaustauschers MFD im OH^--Cyclus hergestellt. Bei den hergestellten Katalysatoren wurde die Oberfläche, das Mikroporenvol. u. der mittlere Durchmesser der Miktoporen des Katalysators bestimmt. Die Aktivität wurde mit Hilfe der Sauerstoff-Rk. mit Wasserstoff in einem stat. Zirkulationsapp. bestimmt. Auf ähnliche Weise wurden aus Solen beider Bestandteile NiO–SiO_2, CoO–SiO_2, CuO–SiO_2, NiO–Al_2O_3, NiO–Al_2O_3–SiO_2, NiO–Cr_2O_3 u. andere Katalysatoren hergestellt. (Chem. Listy **52.** 1642—43. Aug. 1958. [Orig.: tschech.]; Collect. czechoslov. chem. Commun. **24.** 630—32. Febr. 1959. Ústí nad Labem, Výzk. ústav anorg. chem. [Orig.: deutsch].) V. RŮŽIČKA/Prag. 5904

Imperial Chemical Industries Ltd., England, *Mischen von Flüssigkeiten verschiedener Dichte.* Die Fll. größerer D. werden in zahlreichen parallelen Sprühstrahlen in die Fl. geringerer D. eingespritzt u. in ein homogenes Gemisch übergeführt. — Zeichnung. (**F. P. 1 119 059** vom 11/2. 1955, ausg. 14/6. 1956. E. Priorr. 12/3. u. 6/12. 1954.) M. F. MÜLLER. 5823

Council of Scientific & Industrial Research, New Delhi, Indien (Erfinder: **Rajindra Pal Puri, Bal Krishan Sarin** und **Adi Nath Lahiri**), *Herstellung eines Entwässerungs- oder Entfeuchtungsmittels* aus Kohle, Torf, Lignit oder ähnlichem Material, wobei nach dem im E. P. 763 329; C. **1958.** 6061 beschriebenen Verf. aus diesen Ausgangsstoffen ein *Ionenaustauscher* hergestellt u. das so erhaltene Prod. auf 100—110° erhitzt wird. (**E. P. 280 403** vom 13/4. 1956, ausg. 1/10. 1958. Ind. Prior. 14/4. 1955.) E. MIESSGANG. 5827

Hans Karl Müller, Erlenbach, Zürich, *Filtrieren mit kreisscheibenförmig ausgebildeten Filterelementen.* Die auf einer drehbaren Achse angebrachten Filterelemente werden nach der Filtration zur Reinigung in Rotation versetzt, so daß die Feststoffe abgeschleudert werden. — Abbildung. (**Schwz. P. 333 492** vom 11/6. 1955, ausg. 15/12. 1958.) O. STEIL. 5831

Bergwerksverband zur Verwertung von Schutzrechten der Kohlentechnik G. m. b. H. (Erfinder: **Otto Grosskinsky, Georg Huck, Joachim Karweil, Walter Klempt**), Dortmund-Eving, *Herstellung von chemisch reaktionsfähigen oder von adsorbierenden Kohlen* aus fossilen oder rezenten Brennstoffen durch oxydierende Behandlung mit Luft u. anschließende Entgasung u./oder Behandlung mit vergasenden u./oder wasserentziehenden Mitteln, dad. gek., daß man ein stückiges oder pulvriges Ausgangsmaterial verwendet, das dadurch gewonnen wird, daß man die genannten Brennstoffe bei erhöhter Temp., jedoch unterhalb des Zündpunktes, höchstens ca. 12 Std. derart mit Luft oder ähnlichen Oxydationsgasen vorbehandelt, daß in den Abgasen 30% u. mehr des mit dem Oxydationsgas eingeführten O_2 abgeführt werden. Dem voroxydierten Material können Alkalisalze, Schwefel oder Schwefelverbb. zugesetzt werden. (**D. B. P. 970 782** Kl. 12i vom 13/5. 1949, ausg. 30/10. 1958. Anmeldung bekanntgemacht 26/6. 1952.) E. MIESSGANG. 5849

Gesellschaft für Linde's Eismaschinen Akt.-Ges., Höllriegelskreuth (Erfinder: **Rudolf Becker,** München), *Rektifikation eines bei tiefer Temperatur siedenden Flüssigkeitsgemisches* in mindestens drei Kolonnen, wobei das Gemisch der ersten, unter dem höchsten

Druck stehenden Kolonne seiner Zus. entsprechend zwischen Kopf u. Fuß zugeführt u. darin vorzerlegt wird, worauf Zerlegungsprodd. der nächsten, unter niedrigerem Druck stehenden u. anschließend einer weiteren, unter noch niedrigerem Druck stehenden Kolonne zugeführt werden. Bei $a \geq 3$ Kolonnen mit $a > n > 0$ wird die Wärme, die bei der Kondensation des in den Kopf der n-ten Kolonne strömenden Gases frei wird, in den Fuß der $(n + 1)$-ten zur Eindampfung der dort sd. Sumpf-Fl. übertragen. — Vorr., Zeichnung. (**D. A. S. 1 048 600** Kl. 17g vom 18/10. 1956, veröff. 15/1. 1959.) H. JASS. 5857

Texas Co., New York, N. Y., übert. von: **Robert A. Woodle,** Groves, **Robert H. Howell** und **William B. Chandler,** Port Arthur, Texas, V. St. A., *Gefrierschutzmittel mit Korrosionsschutz* auf Glykolbasis mit Ca-Borat. Die Herst. erfolgt durch Lösen von Borax oder H_3BO_3 in Monoäthylenglykol u. Behandeln der Lsg. mit einem Kationenaustauscher, z. B. Amberlite IRC-50, dessen H-Form in die Ca-Form mittels $CaCl_2$, folgend auf NaOH, übergeführt wurde. Seine Regenerierung erfolgt mit $Ca(OH)_2$ oder $CaCl_2$. — Mengenbeispiele, Tabellen. (**A. P. 2 834 735** vom 23/4. 1954, ausg. 13/5. 1958.) H. SCHINDLER. 5859

United States of America, übert. von: **Oliver M. Ballentine,** Whippany, N. J., V. St. A., *Hydraulische Flüssigkeit* für tiefe Temperaturen. Dieselbe besteht aus einem niedrigviscosen Gemisch von 42—58 (Gew.-%) eines Dimethylsilicons einer Viscosität von 100 cSt., 30—46 Dimethylsilicon einer Viscosität von 2 cSt. (jeweils bei Raumtemp.), 6—14 Difluorpentachlor- oder Difluortrichlorpropan u. 0,3—1,5 Oxydationsinhibitor, z. B. 2.6-Di-tert.-butyl-4-methylphenol. (**A. P. 2 838 457** vom 6/2. 1957, ausg. 10/6. 1958.) E. DREWS. 5893

Monsanto Chemical Co., St. Louis, Mo., V. St. A., *Hydraulische Flüssigkeit* auf der Basis eines Mineralöls (Fließpunkt nicht über $-70°$ F, Flammpunkt nicht unter $180°$ F, Viscosität bei $100°$ F nicht über 12 cP) mit einem Geh. eines Mischpolymeren (I) aus a) mindestens 1 Alkylacrylat mit 8—10 C-Atomen im Alkylrest u. b) Methyl- oder Äthylacrylat. I hat im Mittel 5,5—7 C-Atome u. ein Mol.-Gew., das einer spezif. Viscosität (bei $77°$ F) einer 2%ig. Lsg. in Toluol von 0,4—1,2 entspricht. Die Zugabe zum Mineralöl erfolgt in solchen Mengen, daß die hydraul. Fl. eine Viscosität von 80 cP. bei $130°$ F u. nicht über 700 cP bei $-40°$ F aufweist. — Beispiel: Zugabe von 18,7 (g) Polymerisat als Lsg. in Mineralöl aus 85 2-Äthylhexylacrylat u. 15,3 Äthylacrylat u. 81,3 Mineralöl ergibt eine 7,5 gew.-%ig. Lsg. von I im Öl; Viscositätsindex der Mischung = 229. (**E. P. 785 570** vom 22/9. 1955, ausg. 30/10. 1957. A. Prior. 23/9. 1954.) E. DREWS. 5893

Brown, Boveri & Cie. Akt.-Ges., Mannheim, und **Akt.-Ges. für Unternehmungen der Eisen- und Stahlindustrie,** Essen (Erfinder: **Dieter Pfirsch,** München, **Hermann Wundt** und **Klaus-Benedikt v. d. Decken,** Mannheim), *Gasgekühlter, graphitmoderierter Hochtemperaturkernreaktor.* Als Kühlgas, das mit den bes. aus U-Carbid oder einer Mischung aus Spaltstoff u. Moderator bestehenden Brennstoffelementen direkt in Berührung kommt u. zur Übertragung der aufgenommenen Wärmeenergie auf einen Energiewandler (z. B. einen Wärmetauscher oder eine Gasturbine) in einem geschlossenen Kreislauf geführt ist, dient Ne, bes. gemischt mit He in dem in der Luft vorliegenden Mengenverhältnis. (**D. A. S. 1 058 164** Kl. 21g vom 20/3. 1957, veröff. 27/5. 1959.) H. KESSEL. 5895

Paul Schmidt, München, *Einrichtung zur Erzeugung von Stoßwellen* in schneller Folge innerhalb eines Stoßwellenraumes zum Aufheizen des Bereiches in der Mitte eines hohlzylinderartigen oder hohlkugelartigen *thermonuclearen Reaktors.* Es sind Mittel vorgesehen, durch die eine zur Ausbildung einer Stoßwelle dienende dünne Schicht eines strömenden explosiven Gemisches an einer Stoßwellen reflektierenden Wand des Stoßwellenraumes, bes. längs der gesamten Ausdehnung der Wand, in period. Wiederholung eingeführt u. jeweils in ihrer gesamten Ausdehnung gleichzeitig gezündet wird. (**D. A. S. 1 016 376** Kl. 21g vom 14/9. 1956, veröff. 26/9. 1957.) H. KESSEL. 5895

A. E. I.-John Thompson Nuclear Energy Co. Ltd., London (Erfinder: **Donald Mason Sutherland,** Wilmslow, und **Philip Rawson Tipper,** Timperley, Cheshire), England, *Beschickungseinrichtung für Kernreaktoren* mit einem Greifer, der in die Brennstoffkanäle gesenkt werden kann u. an seinem unteren Ende Klauen trägt, die in oder außer Eingriff mit dem Träger eines Brennstoffelementes gebracht werden können. Auf dem Greifer sind Rollen angebracht u. mit den Klauen verbunden. Eine Aufhängevorr. ist in Form von 2 Kabeln so um die Rollen gewickelt, daß eine gleichsinnige u. gleichgroße Bewegung der beiden Kabel die Rollen nicht dreht, sondern den Greifer hebt u. senkt, während eine verschieden große Bewegung die Rollen dreht u. dabei die Klauen durch Drehung in oder außer Eingriff mit dem Brennstoffträger bringt. (**D. A. S. 1 050 922** Kl. 21g vom 22/2. 1958, veröff. 19/2. 1959. E. Prior. 25/2. 1957.) H. KESSEL. 5895

Rolls-Royce Ltd., Derby, England (Erfinder: **Ronald George Noakes** und **Campbell Dean Boadle**), *Reaktorsteuerung.* In einem den zylindr. Kern umhüllenden zylindr. Reflektor sind neutronenabsorbierende Elemente um Achsen, die zu der Hauptachse des Reaktors parallel sind, schwenkbar so angeordnet, daß sie aus Zonen großen in Zonen kleinen Neutronenflusses verschwenkt werden können. (**E. P. 803 708** vom 30/12. 1955, ausg. 29/10. 1958.) H. KESSEL. 5895

C. A. Parsons & Co. Ltd., England, *Steuerstab für Kernreaktoren* besteht aus einem gesinterten Pulvergemisch aus einem Metall (z. B. Fe) u. B oder einer B-Verbindung. (**F. P. 1 175 249** vom 16/5. 1957, ausg. 23/3. 1959. E. Prior. 18/5. 1956.) H. KESSEL. 5895

Siemens-Schuckertwerke Akt.-Ges., Berlin und Erlangen (Erfinder: **Herbert Bachl**, München), *Trimmstab für Kernreaktoren* zum Ausgleich örtlich konz. Flußüberhöhungen weist an dem in den Reaktorkern eingetauchten Ende eine in ihrer Ausdehnung auf die Störstelle abgestimmte Häufung neutronenabsorbierender Substanz auf. (**D. A. S. 1 055 709** Kl. 21g vom 8/3. 1957, veröff. 23/4. 1959.) H. KESSEL. 5895

E. K. Cole Ltd., Ekco Works, und **Robert Gordon Davis**, Southend-on-Sea, Essex, England, *Schutzbehälter für radioaktive Substanzen* besteht aus 2 zusammengeschraubten Messingblechmulden, deren eine ein mit einer Metallfolie dicht verschlossenes Strahlenaustrittsfenster aufweist (Strahlenabschluß durch eine Deckplatte). Als Dichtungsmaterial (auch für die Verschraubung) dient ein Epoxygießharz. (**E. P. 790 319** vom 2/4. 1955, ausg. 5/2. 1958.) H. KESSEL. 5895

Gulf Oil Corp., Pittsburgh (Erfinder: **Claude Robert Summers jr.**, Havertown), Pa., V. St. A., *Durchführung katalytischer Wirbelschichtreaktionen* unter Druck mit chargenweiser Zu- u. Abführung von regeneriertem (I) bzw. zu regenerierendem Katalysator (II) durch Druckschleusenkammern, dad. gek., daß während des kontinuierlichen Druckreaktorbetriebes aus der auf Reaktordruck gebrachten Zuführungsschleusenkammer eine Charge **I** in den Reaktionsraum eingespeist u. aus diesem dadurch eine etwa gleiche Menge **II** in einen innerhalb des Reaktors abgeteilten Katalysatorabzugsraum verdrängt wird, wo gegebenenfalls eine Behandlung mit Gasen (z. B. mit H_2 zwecks Hydrierung teerartiger Abscheidungen) erfolgt, worauf **II** in die auf Reaktordruck gebrachte Abzugsschleusenkammer entleert, von dort in den Regenerator übergeführt u. nach erfolgter Regeneration wieder in die Zuführungsschleusenkammer gebracht wird. — Anwendung für Hydrodesulfurierung, Hydroformierung u. spaltende Hydrierung von KW-stoffen; KW-stoffsynthesen aus CO u. H_2; Oxydation von Naphthalin zu Phthalsäure. — Vorr., Zeichnung. (**A. P. 2 804 368** vom 25/4. 1955, ausg. 27/8. 1957. **D. A. S. 1 029 804** Kl. 12g vom 29/7. 1954, veröff. 14/5. 1958. **E. P. 773 210** vom 8/7. 1954, ausg. 24/4. 1957.) H. KOBS. 5905

Lewis Lazarus Sell, English-Spanish comprehensive technical dictionary. Section 2. New York, London: McGraw-Hill. 1959. (IV + 1079 S.) 13 . 11 s. 6 d.

—, Sbornik Vysoké Školy chemicko-technologické v Praze. Oddíl fakult anorganické a organické technologie. Sbornik trudov Vysšej chimikotechnologičeskoj Školy v Prage. Scientific Papers from Institute of Chemical Technology, Prague. Praha: Státní pedagogické Nakladatelstvi. 1957. (281 S. m. Abb.) 8°. Kcs 26,50.

—, Symposium on radiation effects on materials; v. 3; sponsored jointly by the American Society for Testing Materials and the Atomic Industrial Forum; presented at the sixty-first annual meeting, American Society for Testing Materials, Boston, Mass., June 24, 1958. Philadelphia: Amer. Soc. for Testing Materials bds. (168 S. m. Abb. u. Diagr.) 8°. $ 4.25.

II. Betriebsschutz. Feuerschutz.

T. Dutkiewicz, I. Kęsy und **J. Piotrowski**, *Verunreinigung der atmosphärischen Luft mit Schwefelkohlenstoff und Schwefelwasserstoff in der Umgebung einer Viscosereyonfabrik.* Je nach Entfernung (bis 2 km) u. Windstärke wurden in der Luft 0,4 bis 0,0 mg CS_2 u. 0,06—0,00 mg H_2S/m^3 gefunden. Die Best. erfolgte colorimetr. nach Absorption von CS_2 mit Diäthylamin + Cu-Acetat u. von H_2S mit einer Lsg. von Na_3AsO_3 + $AgNO_3$. (Roczniki państwowego Zakładu Hig. **9.** 543—48. 1958. Łódź, Inst. Med. Pracy, Zakł. Toksykolog. przemysł.) F. URBAN. 5930

Lajos Hirsch, *Staubbekämpfung in der Gießerei.* Zur Bekämpfung der Silicose könnte in manchem Betrieb quarzfreies Material verwendet werden. Wo dies nicht möglich ist, würde Automatisierung, Arbeit in geschlossenem Raum, gute Lüftung nützlich sein. Silicose ist bes. bei Gußstückreinigern verbreitet. Hier sollte das Sandstrahlgebläse ganz vermieden werden u. die anhaftenden Formreste mittels Hochdruckwasserstrahl oder Stahlschrott entfernt werden. Um die Erkrankungen einzuschränken, ist der Staubgeh. der Luft zu vermindern, u. zwar nicht durch stärkeres Lüften, sondern durch Änderung der Technologie, um die Staubbldg. zu vermeiden. Beschreibung einiger Apparaturen zur Best. der Staubmenge u. Korngröße des Staubes. (Kohászati Lapok **13 (91)**. Nr. 10/11. Öntöde **9.** 246—49. Okt. /Nov. 1958.) J. PLANK. 5932

Haruo Matsuzawa, *Art der Unfälle in der chemischen Industrie und Gegenmaßnahmen.* Übersicht. (Chem. and chem.Ind. [Kagaku to Kogyo] **11.** 419—24. Mai 1958. Tokyo, Rôdôsyô. [Orig.: japan.]) E. MAEKAWA. 5936

Tatsuo Fujisaki, *Sicherheit in der Industrie beim Arbeiten mit Hochdruckgasen.* Übersicht. — 18 Literaturangaben. (J. chem. Soc. Japan, ind. Chem. Sect. [Kogyo Kagaku Zassi] **61.** 494—98. Mai 1958. Tokyo, Kôgyôgizyutu-Sikenzyo. [Orig.: japan.]) E. MAEKAWA. 5936

P. Brenner und **P. Eversheim,** *Untersuchungen über das Zündvermögen von Metall- und Gesteinsfunken.* Es wurden eine Reihe von *Al-Legierungen* u. *Stählen* in umfangreichen Fall-, Reib- u. Schlagverss. auf ihre Fähigkeit untersucht, ein *Methan-Luft*-Gemisch zu entzünden. Abgesehen von Rein-Al u. anderen, bes. weichen Legierungen steht die Legierung *AlMgSi* hinsichtlich der Sicherheit an erster Stelle, gefolgt von *AlZnMg.* Durch Zusatz von *Be* zu den Legierungen wird die Zündgefahr wesentlich verringert. (Aluminium **34.** 700—01. Dez. 1958. Bonn.) W. WAGNER. 5936

Auergesellschaft Akt.-Ges. (Erfinder: **Günter Koh**), Berlin, *Nachweis von Benzoldampf in Gasen,* bes. in der *Atemluft,* dad. gek., daß für den quantitativen Nachw. Prüfröhrchen mit imprägniertem Kieselgel verwendet werden, deren Imprägnierung aus einem Gemisch von Kalium-Kobalt(III)-nitrit in konz. H_2SO_4 mit einem Zusatz von Salzen der V. u. VI. Nebengruppe des Period. Syst. besteht. — Beispiel: 100 g Kieselgel werden mit 50 ml DÄHLMANN-Reagens, das mit Vanadinsalzen gesätt. ist, geschüttelt u. in Röhrchen gefüllt. (**D. A. S. 1 009 827** Kl. 42 l vom 1/9. 1955, veröff. 6/6. 1957.) W. v. HUHN. 5937

Auergesellschaft Akt.-Ges. (Erfinder: **Hermann Heidrich**), Berlin, *Mit körnigen Adsorptionsmitteln gefülltes Gasspürröhrchen,* bei dem durch die Höhe der ungefärbten Schicht die Gaskonz. einer abgemessenen Luftmenge angezeigt wird, dad. gek., daß hinter der Anzeigeschicht Mittel vorgesehen sind, durch die dem hindurchgeführten Luftstrom ein Widerstand entgegengesetzt wird, der den Widerstand der Anzeigeschicht überragt, derart, daß in der Anzeigeschicht ein Überdruck entsteht. (**D. A. S. 1 013 445** Kl. 42 l vom 26/11. 1953, veröff. 8/8. 1957.) W. v. HUHN. 5937

Auergesellschaft Akt.-Ges. (Erfinder: **Hermann Heidrich** und **Andreas A. Hauch**), Berlin, *Prüfröhrchen zur quantitativen Anzeige von schwefliger Säure* mit einer Reagensmasse aus Trägermaterial (**I**) u. darauf aufgebrachtem Reagens, dad. gek., daß das **I**, z. B. Kieselgel, mit KJ-Stärke-Lsg. u. einer sehr geringen Menge Salpetersäure getränkt u. in noch feuchtem Zustand in das Röhrchen verfüllt u. luftdicht darin eingeschlossen wird. Das **I** wird dabei zur schnelleren Blaufärbung dem Licht, bes. einer UV-Strahlung, ausgesetzt. (**D. A. S. 1 021 186** Kl. 42 l vom 4/5. 1955, veröff. 19/12. 1957.) W. v. HUHN. 5937

Drägerwerk, Heinr. & Bernh. Dräger, Lübeck, *Reagensträger für Prüfröhrchen,* dad. gek., daß er aus Körpern gleicher Gestalt, bes. Kugeln gleichen Durchmessers, mit einer rauhen Oberfläche besteht. — Z. B. werden Kugeln mit einer Wasserglaslsg. benetzt u. anschließend mit HCl behandelt. Die entstehende Kieselsäuregelschicht wird dann durch Erwärmen auf 400—600° aktiviert. (**D. A. S. 1 005 760** Kl. 42 l vom 11/7. 1955, veröff. 4/4. 1957.) W. v. HUHN. 5937

Drägerwerk, Heinr. & Bernh. Dräger, Lübeck, *Gasprüfung,* bei der das zu untersuchende Gas durch ein Prüfröhrchen (**I**) in einen Gasmeßbeutel gedrückt wird, dad. gek., daß das **I** innerhalb des durchsichtigen Beutels in einem durchsichtigen, vorzugsweise elast. Rohr eingesetzt ist. Bes. zur *Best. des Alkoholgeh.* in der Atemluft. (**D. A. S. 1 007 524** Kl. 42 l vom 31/10. 1953, veröff. 2/5. 1957.) W. v. HUHN. 5937

Drägerwerk, Heinr. & Bernh. Dräger, Lübeck, *Nachweis von Kohlensäure in Luft* oder anderen Gasen, bes. in Prüfröhrchen, dad. gek., daß als Reagens Hydrazin mit Zusatz eines Reduktions-Oxydations-Indicators verwendet wird. — Beispiel: 100 g Ca-Al-Silicat als Trägermasse wird mit 4 cm³ einer Lsg. von 0,5% Methylviolett in Glykol imprägniert. Anschließend wird mit 2 cm³ Hydrazin 80%ig. weiter imprägniert. (**D. A. S. 1 007 525** Kl. 42 l vom 12/8. 1955, veröff. 2/5. 1957.) W. v. HUHN. 5937

Drägerwerk, Heinr. & Bernh. Dräger, Lübeck, *Bestimmung von Methan in Luft* nach der Verbrennungsmeth., bes. für *Grubenzwecke,* bei der der Verbrennungsraum (**I**) mit einem zur Druckanzeige dienenden Rohr über einen Flüssigkeitsbehälter kommuniziert, dad. gek., daß an den **I** ein Tauchrohr angeschlossen ist, das in den mit dem der Druckanzeige dienenden Rohr kommunizierenden Raum ragt. (**D. B. P. 947 521** Kl. 42 l vom 26/10. 1950, ausg. 16/8. 1956. Anmeldung bekanntgemacht 25/10. 1951.) W. v. HUHN. 5947

III. Elektrotechnik.

Siemens-Schuckertwerke Akt.-Ges., Berlin und Erlangen (Erfinder: **Hans Schweickert**, Pretzfeld), *Behandlung von Halbleiterstoffen* vor dem Zonenschmelzen, dad. gek., daß der im wesentlichen stabförmige Halbleiterkörper durch Aufbringen eines Fremdstoffes auf seiner Oberfläche mit einer festen, einen höheren F. aufweisenden Schutzschicht versehen wird, die nach der Durchführung des Schmelzprozesses wieder entfernt wird. Die Schutzschicht kann durch chem. Rk. des Schmelzlings mit einem aufgebrachten Fremdstoff erzeugt werden, z. B. Al_2O_3 auf *Al* durch Rk. mit O_2 oder *SiC* auf *Si* durch Rk. von Si mit einer aufgestrichenen Kohleschicht. Die Fremdstoffe können aufgespritzt oder aufgedampft oder mittels Kathodenzerstäubung aufgebracht werden oder der Schmelzling kann in einer teigartigen Substanz gewälzt werden, die beim Erhitzen eine feste zusammenhängende Schicht nach Art der Keramiken bildet. (**D. A. S. 1 033 905** Kl. 40a vom 24/8. 1953, veröff. 10/7. 1958). M. Neckermann. 5953

Monsanto Chemical Co., St. Louis, Mo., übert. von: **George Counos**, Springfield, Mass., V. St. A., *Schichtpapier mit elektrisch isolierenden Eigenschaften.* Als Bindemittel für die einzelnen Papierlagen dient ein harzartiges, bin. Kondensationsprod. aus Alkylphenolen u. CH_2O, das als Weichmacher Phenäthylphenole oder Phenisopropylphenole enthält. Die Alkylphenole können bis zu 2 Alkylgruppen mit C_{1-6} besitzen. Bes. eignen sich Kresole u. Xylenole. Die Weichmacher sind durch Kondensation von Styrol oder α-Methylstyrol mit Phenolen in Ggw. eines Friedel-Crafts-Katalysators erhältlich. Das plastifizierte Harz kann Pigmente, Antioxydationsmittel u. Stabilisatoren enthalten. Zur Herst. des Schichtkörpers werden die einzelnen Papierlagen mit dem plastifizierten Harz imprägniert, getrocknet u. bei 150° u. 1000 lbs./sq.in. verpreßt. (**A. P. 2 817 386** vom 22/11. 1955, ausg. 24/12. 1957.) R. Schwechten. 5957

Metal & Thermit Corp., New York, N. Y., übert. von: **William W. Coffeen**, Westfield, N. J., V. St. A., *Keramisches Dielektrikum* aus ca. 95—99 (Mol-%) $BaO \cdot TiO_2$ u. 0,5—5 $CaSb_2O_6$ oder $Ca_5F_2Sb_4O_{14}$ oder deren Gemische; außerdem können die Körper noch 0,5—5 Stannate, Zirkonate oder Titanate des Ca, Ba, Sr, Mg u. Pb enthalten. Die Körper haben eine DK. um 2000, die im Bereich von —55 bis 85° nur um 17% vom Wert bei 25° variiert. (**A. P. 2 838 407** vom 5/8. 1954, ausg. 10/6. 1958.) F. Reinhart. 5957

Deutsche Gold- & Silberscheideanstalt vormals Roessler, *Leiterisolierung.* Eine SiO_2-Schicht enthält 0,01—1% Schwermetall, bes. As, Ce, Fe, Co, Cu oder V. (**F. P. 1 170 190** vom 10/10. 1956, ausg. 12/1. 1959. D. Prior. 12/10. 1955.) H. Kessel. 5957

Comp. Générale de Télégraphie sans Fil, Seine, Frankreich, *Keramik* mit hoher DK. (5400 bei 45°), kleinem Verlustwinkel, hohem Widerstand ($5 \cdot 10^{10}$ $\Omega \cdot cm/cm^2$ bei 25°), geringem Temperaturkoeff. dieser Werte bei 0—100° u. einer Sintertemp. von 1200—1400°, bestehend aus: 30—50 (Mol-%) BaO, 49,4—60 TiO_2, 0,5—10 CeO_2 u. 0,1—10 K_2O. (**F. P. 1 129 268** vom 27/7. 1955, ausg. 17/1. 1957.) O. Kayser. 5957

Siemens & Halske Akt.-Ges., Berlin (Erfinder: **Hellmut Bumm**, Heidelberg, und **Horst Guido Müller**, Berlin), *Magnetisches Eisenkernmaterial.* Zur Bldg. eines Oxydfilms auf dem Material, z. B. einer Fe-Ni-Legierung (50% Fe u. 50% Ni), wird es zunächst in reduzierender Atmosphäre ausgeglüht u. dann 1 Std. oder mehr bei 500—650° oxydiert. Bei einem O_2-Geh. von 10 oder 25% zeigte sich kein Unterschied in der Oxydfilmbldg., dagegen wird der Film bei einer Temp. $>$650° zu stark u. brüchig. (**Jap. A. S. 1207/1958** vom 3/1. 1955, veröff. 25/2. 1958. D. Prior. 15/5. 1943.) M. Pankow. 5959

Telefunken G. m. b. H., Berlin, *Rühren von Schmelzen*, bes. solchen, aus denen *Halbleiterkristalle* gezogen werden. Um den Schmelztiegel ist z. B. eine senkrechte, von elektr. Strom durchflossene Spule angeordnet. Senkrecht zu den magnet. Kraftlinien wird, z. B. über den Keimling u. das Gefäß, ein elektr. Strom geleitet, so daß die Schmelze in Bewegung gerät. — Abbildungen. (**E P. 796 878** vom 9/5. 1956, ausg. 18/6. 1958. D. Prior. 27/6. 1955.) O. Steil. 5961

Sylvania Electric Products, Inc., Salem, übert. von: **Keith H. Butler**, Marblehead, und **Horace H. Homer**, Arlington, Mass., V. St. A., *Herstellung elektroluminescierenden Zinksulfids.* Das übliche Ausgangsgemisch, bestehend z. B. aus 19,0 (Mol) = 1850 (g) ZnS, 1,0 = 81 ZnO, 0,02 = 1,4 CuO u. 0,08 = 21,6 $PbCO_3$ enthaltendem ZnS + (ZnO) umfaßt gewöhnlich (von seiner Fällung aus $ZnCl_2$-Lsg. mittels H_2S her) als Verunreinigungen H_2S, $ZnCl_2$ u. W., von denen bes. H_2S beim Erhitzen die Aktivatoren (Pb u. Cu) in ihre, den Leuchtstoff verfärbende u. die Emission schwächenden Sulfide verwandelt, von denen bes. das PbS wegsublimiert oder als selbständige Kristalle im Leuchtstoff verbleibt. Offenbar fördert aber nur atomar in die Matrix (ZnS) eingebautes Pb die Elektrolumineszenz. Andererseits führt der Chloridgeh. ($ZnCl_2$) zur Bldg. von $PbCl_2$, das bei den hohen Glühtempp. verdampft u. mit dem üblicherweise langsam strömenden

Inertgas weggeführt wird. — Es wird daher das (übliche) Ausgangsgemisch in lockerer Schichtung in einem stärkeren als üblichen Strom Inertgas zunächst nur auf eine Temp. erhitzt, bei der H_2S ausgetrieben wird, aber noch keine Bldg. von $PbCl_2$ eintritt, u. erst danach bei der üblichen Temp. (ca. 1720° F) geglüht. Am besten geschieht dies kontinuierlich, indem das Ausgangsgemisch langsam durch ein nur in der Mitte hocherhitztes Quarzrohr geleitet wird, in dem es nacheinander eine Vorerhitzungs-, eine Glüh- u. eine Abkühlzone passiert. (**A. P. 2 728 730** vom 8/6. 1951, ausg. 27/12. 1955.)
R. Schreiner. 5975

Comp. Générale de Télégraphie sans Fil, übert. von: **Jean Schweitzer,** Paris, Frankreich, *Oxydüberzogene Kathoden für Kathodenstrahlröhren.* Zur Verbesserung der Emission bei niedrigem Verdampfungsfaktor wird die aus Ni bestehende Elektrode mit einer M. aus 3—20 (%) $BaCO_3$, 50—63 $SrCO_3$, 24—33 $CaCO_3$ überzogen. Bei 1100° im Vakuum erfolgt die Bldg. der Oxyde. — Beispiel: 10 (%) $BaCO_3$, 60 $SrCO_3$, 30 $CaCO_3$. (**A. P. 2 830 027** vom 21/11. 1955, ausg. 8/4. 1958. F. Prior. 22/11. 1954.)
G. Frikell. 5975

Karl Backhaus, Elektrische Isolierstoffe für mittlere und hohe Temperaturen. Bericht über neuere Arbeiten auf d. Gebiet d. keram. Isolierstoffe, d. Einbettmassen u. Stampfmassen. Essen: Vulkan-Verl. 1957. (10 S. m. 7 Abb.) 8° = Aus Jahrbuch d. Elektrowärme. Jg. 1957. DM 1,80.

IV. Wasser. Abwasser.

M. Roche, *Die Verkrustung von Heizflächen mit Calciumcarbonat.* Unterss. über den Verlauf der $CaCO_3$-Ausscheidung aus Rohwässern an Heizflächen (von Verdampfern u. Dampfkesseln), die Kristallform u. Eigg. der $CaCO_3$-Ndd. u. ihre Verhütung durch Anwendung von Na-Polyphosphaten u. Na-Äthylendiamintetraacetat. (Ind. aliment agric. **75.** 281—88. April 1958. E.N.I.A.)
W. Wesly. 6030

Ss. A. Fridljand und **M. N. Rublewa,** *Zur Frage der hygienischen Normung bei gleichzeitiger Verunreinigung der Gewässer durch mehrere schädliche Stoffe.* Aus den Unterss. mit Phenol, Erdöl, CS_2, CCl_4, Chlorbenzol, Dichloräthan, Ae., Xylol, Butylmercaptan, A., Aceton u. Benzaldehyd folgt, daß für jene schädlichen Stoffe deren zulässige Konz. sich nach den organolept. Eigg. u. dem schädlichen Einfl. auf den allg. sanitären Zustand richtet, das Additionsprinzip der Wrkg. gilt. Die zulässige Konz. eines jeden Stoffes ist in Ggw. mehrerer Stoffe durch deren Zahl zu dividieren. (Гигиена и Санитария [Hyg. u. Sanitätswes.] **23.** Nr. 11. 12—16. Nov. 1958. Moskau, 1. Med. Ssetschenow-Inst., Lehrstuhl für kommunale Hyg.)
Otto Maier. 6038

Miklós Frank, *Ein Versuch zur Bestimmung der biologischen Aktivität in Mineralwässern.* Statt der empir. Meth. zur Best. der Aktivität aus der Keimungsgeschwindigkeit von Samen, versucht Vf. ein exaktes, zur mathemat. Angabe der Aktivität geeignetes Verf. zu geben, indem er die katalyt. Wrkg. bzw. deren Abnahme bestimmt. Der Verlauf der katalyt. Rk. ist anfangs schnell, nimmt dann ab. Im untersuchten Fall entspricht die abklingende Rk. einem monomol. Verlauf. Vf. schlägt vor, statt der bisher üblichen labilen u. stabilen Faktoren eine mathemat. Formulierung anzuwenden. (Hidrol. Közlöny [Z. Hydrol.] **38.** 140—42. April 1958.)
J. Plank. 6058

G. Resch, *Die photometrische Bestimmung von wassergelöstem Sauerstoff auf der Grundlage des Winkler-Verfahrens.* Nach Erfahrungen des Vf. ist es bei der photometr. O_2-Best. sehr wesentlich, die photometr. Eichkurve nicht mittels reiner Jod–Jodid-Lsgg., sondern mittels Wasserproben genau bekannten O_2-Geh. festzulegen. Hierdurch gelangt man zu einer direkten Beziehung zwischen dem O_2-Geh. der Probe u. der Extinktion; der Einfl. der Jodkonz., der Gleichgewichtslage Jod–Jodid u. der Zahlenwert der Extinktion entfallen dann. Die photometr. O_2-Best. läßt sich mit größerer Genauigkeit als die Jod–Jodid–Stärke-Titration u. mit geringerem Zeitaufwand als die dead-stop-end-point-titration durchführen. Die ausführliche Arbeitsvorschrift wird mitgeteilt. — 4 Abbildungen. (Mitt. Vereinig. Großkesselbesitzer **1959.** Heft 58. 31—34. Febr. Dortmund.)
M. Gremminger. 6060

P. P. Jennings und **E. M. Osborn,** *Quantitative Bestimmung von Spuren CO_2 im Wasser.* Die angesäuerte Wasserprobe wird mit CO_2-freier Luft durchspült, das dadurch ausgetriebene CO_2 in 0,1n NaOH aufgefangen u. mit 0,01n H_2SO_4 bei p_H 8,3 (mit Glaselektrode gemessen), dann in CO_2-freiem Luftstrom bei 5,0 zurücktitriert. Die untersuchten CO_2-Konzz. lagen zwischen 0,01 u. 0,1 mg CO_2/Liter. — Die Ergebnisse mit Na_2CO_3-Lsgg. zwischen 0,022 u. 0,110 mg CO_2/Liter waren innerhalb $\pm 2\ \mu g$ genau; Analysendauer ca. 3 Stunden. — Die ausführlich beschriebene Arbeitsvorschrift muß in allen Einzelheiten genau eingehalten werden; Blindvers. ist erforderlich. — Das Verf. eignet sich bes. zur CO_2-Best. in Kessel- u. Warmwasserspeiseanlagen u. gestattet die

CO_2-Best. in einer 10-Literprobe (mit 1 mg CO_2) mit einer Genauigkeit von ± 3 µg/Liter. — 5 Abb., 2 Tabellen. (Analyst **82.** 671—76. Okt. 1957. Leeds, Skelton Grange Power Stat.) H. Eckstein. 6060

Masayoshi Ishibashi und **Shinnosuke Higashi,** *Die Bestimmung von minimalen Thoriummengen (µg) im Wasser des Biwasees.* Die Th-Best. erfolgt in mehreren Stufen: Ausfällung des Th, zusammen mit Fe, Ti u. a. aus dem geklärten Seewasser auf Zusatz von 8 mg K-Alaun je Liter W., wobei durch Hydrolyse zu $Al(OH)_3$ das Th mitausgeflockt wird; nasse Veraschung des lufttrocknen Nd. (10 g) im Kjeldahl-Kolben mit konz. HNO_3 u. $HClO_4$, Verdünnen der Restlsg. u. Auffüllen auf 1 Liter; Neutralisieren u. Aufkochen mit NaOH, wodurch das Al vom Th, Ti u. Fe abgetrennt wird; Extraktion des Th (nach Einstellen der Lsg. auf p_H 0,65) mit *Cyclohexanon*; Red. der letzten Fe-Reste mit *Hydroxylaminchlorid* zu Fe^{2+} u. spektrophotometr. Best. des Th bei $\lambda = 600$ mµ nach Zusatz von 1 ml 0,5%ig. *o-Arsenophenylazochromotropsäure.* — Da bei der Al-Th-Flockung Ti als „innerer" Indicator mitwirkt, muß es ebenfalls bestimmt (colorimetr. mit H_2O_2) u. bei der Berechnung des Th-Geh. berücksichtigt werden. — Der Th-Geh. des Biwaseewassers wurde zur $5{,}83 \cdot 10^{-2}$ µg/Liter ermittelt. — 5 Literaturnachweise. (Bull. Inst. chem. Res., Kyoto Univ. [Kagaku Kenkyusho Hokoku] **35.** 1—5. März 1957. Keage Jo'suijo, Water supply Office of Kyoto. [Orig.: engl.]) H. Eckstein. 6060

Horst Habs und **Hanna Langeloh,** *Die Bedeutung der sogenannten atypischen Colibakterien für die Trinkwasserbeurteilung.* Vff. untersuchten 6506 Trinkwasserproben u. fanden in 2206 coliforme Keime, wovon 68% als fäkaler Typ I, also typ. Colibakterien, identifiziert wurden. Von den atyp. Coliformen gehörten 62% zur Art *Esch. freundii.* Ein Vgl. des *E. coli* u. *E. freundii*-Titers ergab für *E. freundii* u. Gesamtkeimzahl eine ähnliche Korrelation wie für *E. coli* u. Gesamtkeimzahl. Die Erhöhung der *E. freundii*-Zahl geht also der Erhöhung der Gesamtkeimzahl parallel u. spricht somit für eine Verunreinigung des Wassers. In Quellwasser aus dem Buntsandsteingebiet findet sich nur ausnahmsweise eine Erhöhung der Gesamtkeimzahl, obgleich auf Grund der örtlichen Gegebenheiten eine Gefährdung vorliegt. *E. coli* läßt sich dann oft erst nach stärkeren Ndd. nachweisen, wohingegen die Ggw. atyp. Colibakterien bereits vorher die Gefährdung anzeigt. Im Hinblick auf die Kenntnisse über den Standort dieser Keime schließen Vff., daß diese Bakterien zwar nicht als Indicatoren einer Fäkalverschmutzung angesprochen werden können, aber doch insofern Anlaß zur Beanstandung geben, als sie dafür sprechen, daß ungenügend filtriertes Oberflächenwasser in das untersuchte Wasservork. hineingelangt ist. (Arch. Hyg. Bakteriol. **142.** 401—14. Sept. 1958. Heidelberg, Univ., Hygieneinst.) Hans Thiele. 6060

J. Papavassiliou, *Verwendung von Endonährkartonscheiben in Kombination mit Membranfiltern mit grünem Netzaufdruck zur Wasseruntersuchung auf coliforme Bakterien.* Endo-Nährkartonscheiben mit Gitternetz-Membranfiltern (Membranfilter-Gesellschaft, Sartorius Werke AG. & Co., Göttingen) bieten den Vorteil der Zeitersparnis u. die Möglichkeit, die bakteriolog. Ansätze an Ort u. Stelle durchführen zu können. (Zbl. Bakteriol., Parasitenkunde, Infektionskrankh. Abt. I, Orig. **170.** 538—42. Jan. 1958. Athen, Univ., Mikrobiol. Abt.) H.-E. Klotter. 6064

Robert L. Bunch und **Edwin F. Barth jr.,** *Serologischer Nachweis von Abwässern der Gärungsindustrie.* Um die durch die verschied. Gärungsindustriebetriebe hervorgerufenen Flußverunreinigungen von natürlichen biol. Umsetzungsvorgängen in Flüssen einwandfrei unterscheiden zu können, versuchen Vff., die charakterist. Antigene der aus den gewerblichen Abwässern stammenden Organismen nachzuweisen. An Hand entsprechender serolog. Unterss. an *Penicillium chrysogenum, Streptomyces lavendulae* u. *Escherichia coli* wird gezeigt, daß von 4 zur Isolierung der Antigene aus dem Flußwasser benutzten Methoden nur die alkoh. Fällung (70%) brauchbare Resultate liefert u. den spezif. serolog. Nachw. der sich auf Grund orientierender Laboratoriumsverss. etwa bis zu 4—6 Tagen im Flußwasser haltenden Antigene ermöglicht. (Nature [London] **182.** 1680—81. 13/12. 1958. Cincinnati, Ohio, Robert A. Taft San. Engng. Center, US Public Health Serv.) W. Niemitz. 6064

J. G. Slack, *Die Bestimmung von anionischen oberflächenaktiven Stoffen in Fluß- und Abwässern.* Die Meth. von Longwell u. Maniece (vgl. C. **1956.** 1409) zur Best. anion., oberflächenakt. Stoffe in Wässern kann durch einmalige Extraktion mit 50 ml Chlf. vereinfacht u. beschleunigt werden. (Analyst **84.** 193. März 1959. Ulting, Maldon, Essex, Southend Waterworks Co., Treatment Plant and Labor.) E. Dehmlow. 6068

Irena Cabejszek, Jerzy Łuczak und **Mirosław Stasiak,** *Ermittlung der Schädlichkeit verschiedener chemischer Verbindungen in Industrieabwässern mit Hilfe von Hydrobionten als Indicatoren.* Übersicht. (Gaz, Woda Techn. sanit. **33.** 50—53. Febr. 1959. Państw. Zakł. Hig.) F. Urban. 6068

Gebrüder Sulzer Akt.-Ges., Winterthur, Schweiz, *Filterung von Trinkwasser.* Die Überwachung wird vereinfacht, indem man bei Filteranlagen mit parallel zueinander angeordneten Filterfeldern die Verteilerleitungen u. Regelvorrichtungen für das W. auf der Eingangsseite u. die Absperr- u. Regelvorrichtungen u. Reinwassersammelleitungen auf der Ausgangsseite auf engem Raum zusammenfaßt. (**Schwz. P. 326 179** vom 21/12. 1954, ausg. 31/1. 1958.) E. LINDEMANN. 6017

Établissements Émile Degremont, Rueil, **Roger Leviel,** Courbevoie, und **Paul Crocé-Spinelli,** Paris, Frankreich, *Klären von Trink-, Brauch- oder Abwasser* durch Schlammbettdekantierung, gegebenenfalls nach Zusatz von Flockungsmitteln. Um die beim Abklären auftretenden Unregelmäßigkeiten in der Bewegung der Schlammteilchen auszugleichen, wird das zu behandelnde W. in das am Boden des Abklärbehälters befindliche Schlammbett intermittierend in jeweils relativ großer Menge u. kurzzeitig eingeführt. Die hierbei gleichmäßig suspendierten Schlammteilchen setzen sich dann in den dazwischenliegenden längeren Ruhepausen gleichmäßig ab. — Vorrichtung. (**Schwz. P. 326 181** vom 23/11. 1955, ausg. 31/1. 1958. F. Prior. 23/11. 1954.) E. LINDEMANN. 6017

Max Groeck, Bottrop, *Anreicherung von zu Genußwecken bestimmten Wasser mit fluorhaltigen Verbindungen* im Gemisch mit der Umhärtung bzw. Aufhärtung des W. dienenden Zusätzen. (**D. B. P. 943 760** Kl. 85b vom 2/3. 1950, ausg. 14/2. 1957. Anmeldung bekanntgemacht 13/12. 1951.) E. LINDEMANN. 6019

Oskar Eduard Bückendorff (Erfinder: **Oskar Bückendorff †**), Hamburg, *Wasserenthärtung.* Das W. wird bei Tempp. um 20° mit CaO + Na_2CO_3 oder mit Na_3PO_4 oder mit Na-Oxalat vorbehandelt. Nach Abtrennung des Nd. wird es mit NaOH ($\geqq$ 0,8 g/Liter) u. dann langsam unter Rühren mit der berechneten Menge einer vorwiegend aus Oleaten bestehenden u. geringere Mengen Stearate u. Palmitate enthaltenden pulverförmigen oder in W. gelösten Seife versetzt. Nach einigem Stehen werden die ausgeflockten fettsauren Erdalkalien abfiltriert. Das Filtrat ist klar u. völlig härtefrei. Zur Vermeidung jeglicher Opalescenz verwendet man etwas weniger als die berechnete Menge Seife u. behandelt vor der Filtration noch mit festem Na-Stearat. (**D. A. S. 1 049 794** Kl. 85b vom 4/10. 1955, veröff. 29/1. 1959.) E. LINDEMANN. 6031

National Aluminate Corp., Chicago, Ill., V. St. A., *Antischaummittel für Überdruckdampferzeuger.* Man gibt zu 1 Liter W. 0,001—0,1 mg eines *Polyoxyalkylenglykols* der Formel $ROCR_2''O(C_nH_{2n}O)_x\ _yCR_2''O(C_nH_{2n}O)_xCR_2''OR'$, worin R u. R' Alkyl-, Aryl- oder Aralkylgruppen, R'' H, Alkyl- oder Arylgruppen, n u. x Zahlen von wenigstens 2 u. y 0 oder eine kleine ganze Zahl ist u. das Mol.-Gew. des Polyglykols wenigstens 500 beträgt. Wenn Mg-Ionen zugegen sind, sollen auch Tannine oder ligninsulfonsaure Salze zugegeben werden. (**It. P. 491 971** vom 28/8. 1952.) K. KOEBKE. 6031

United Kingdom Atomic Energy Authority, London, England (Erfinder: **Percival Albert Frederick White** und **Albert Arthur Smales**), *Entfernung radioaktiver Stoffe aus Wasser.* Das W. wird zweckmäßig vor der Behandlung auf p_H 4 gebracht. Dann fügt man nacheinander wss. Lsgg. von Gerbsäure (50—100 mg/Liter) u. einem Alkali, wie $Ca(OH)_2$ oder NH_3, in solcher Menge hinzu, daß der p_H-Wert auf 8,5—9 steigt. Gegebenenfalls können auch geringe Mengen $FeCl_3$ oder Na-Phosphat oder beide, mitverwendet werden. Die entstehende Fällung wird 3—20, bes. 3—5 Std., in Suspension gehalten u. dann abgetrennt. Die klare Fl. hat dann z. B. 94—99,5% ihrer ursprünglichen Radioaktivität verloren. — Beispiele mit Polonium bzw. Uran enthaltenden *Abwässern.* — Vorrichtung. (**E. P. 790 474** vom 2/3. 1951, ausg. 12/2. 1958.) E. LINDEMANN. 6043

Union Rheinische Braunkohlen Kraftstoff Akt.-Ges. (Erfinder: **Bernhard Moll,** Wesseling, **Otto Kriegbaum,** Fürth, und **Albert Diem,** Erlangen), *Begasung von Wasser in fließenden und stehenden Gewässern.* Man erzielt eine wirtschaftliche O_2-Anreicherung durch Belüftung mittels einer schwimmenden Begasungsvorrichtung. Das W. wird aus einer tieferen Schicht entnommen u. durch keram. Filter in auf einem Schiff montierten Behältern belüftet, um dann durch ein höhenverstellbares Abflußrohr in eine für den biol. Abbau der Verunreinigungen günstige Schicht des Gewässers zurückzufließen. Der Abbau kann durch Zusätze zum W. unterstützt werden, z. B. von Bakterienkulturen, Chemikalien, die unerwünschte Bakterien schädigen, wie Düngemittel wirken, den p_H-Wert beeinflussen oder CO_2 binden (CaO). — Zeichnungen. (**Schwz. P. 324 445** vom 21/8. 1953, ausg. 15/11. 1957. D. Priorr. 10/12. 1952 u. 26/6. 1953.) E. LINDEMANN. 6043

Václav Jonáš, Tschechoslowakei, *Reinigen von Abwässern,* bes. von Zuckerfabriken, Hefefabriken, Brauereien, Molkereien, Zellstoff- u. Papierfabriken, durch Gärung unter Zusatz von Kalkmilch u. Einleiten von CO_2 u. unter Zusatz von Nährstoffen für die Kulturen der Mikroorganismen. Dabei bildet sich ein Schlamm, der bes. Eiweißstoffe u. $CaCO_3$ enthält. Das hierbei anfallende $CaCO_3$ wird z. B. zur Herst. von Insekticiden, Zahnpasten, Seifen verwendet. — 8 schemat. Zeichnungen. — Vgl. Oe. P. 177 746; C. **1954**. 6124. (**F. P. 1 143 647** vom 24/9. 1955, ausg. 3/10. 1957. Tschech. Prior. 24/9. 1954.) M. F. MÜLLER. 6045

Heinrich Koppers G. m. b. H., Essen, und **William Jean Boulin**, Paris (Erfinder: **Adolf Schmalenbach, Alfred Karl** und **Martin Schulz**, Essen), *Abwasserreinigung durch Naßverbrennung der Verunreinigungen.* Die Reinigung bes. von Abwässern aus NH_3-Gewinnungsanlagen der Kokereien oder Gasanstalten durch Naßverbrennung der darin enthaltenen Phenole u. anderen teerigen Bestandteile, Rhodan- u. Blausäureverbb. bei erhöhtem Druck (80—150 atü) u. in der Hitze (200—250°) mit O_2 im Überschuß wird dadurch verbessert, daß 2—3mal mehr O_2 verwendet wird, als stöchiometr. zur Oxydation der Verunreinigungen erforderlich ist. Der nichtverbrauchte O_2-Anteil wird aus dem behandelten Abwasser durch teilweise Entspannung auf z. B. 40—50 atü mit nur geringen Beimengungen größtenteils wiedergewonnen u. im Kreislauf wiederverwendet. Der Entspannungsdruck ist so zu bemessen, daß neben dem unverbrauchten O_2 nur wenig CO_2 entweicht. Man erzielt so eine erhöhte Reaktionsgeschwindigkeit neben bester O_2-Ausnutzung. Der O_2 wird dem Abwasser bei dem Reaktionsdruck, aber vor der Erhitzung auf die Reaktionstemp. zugesetzt. Zweckmäßig scheidet man vor der O_2-Behandlung unlösl. Verunreinigungen durch Absetzenlassen, z. B. bei 10—20 atü u. bei mäßig erhöhter Temp., ab. Belüftet man ferner das Abwasser vor der Behandlung bei n. Druck u. n. Temp., so scheiden sich auch hierbei gewisse Verunreinigungen als Schlamm ab. Schließlich kann man zur Beschleunigung der Rk. vor der Druckbehandlung Fe-Verbb., wie $FeSO_4$, Fe-Hydroxyd oder -Chlorid, zusetzen. — Beispiel; Zeichnung. (**D. A. S. 1 051 210** Kl. 85c vom 11/3. 1955, veröff. 19/2. 1959.) E. LINDEMANN. 6051

Friedrich Sierp, Die gewerblichen und industriellen Abwässer. Entstehung — Schädlichkeit — Verwertung — Reinigung und Beseitigung. 2., neubearb. Aufl. Berlin, Göttingen, Heidelberg: Springer. 1959. (XI + 660 S. m. 251 Abb.) 8°. DM 59,40.

V. Anorganische Industrie.

D. A. Epstein, N. M. Tkatschenko, M. A. Miniowitsch und **N. W. Dobrowolskaja**, *Ein zweistufiger Katalysator für die Ammoniakoxydation.* Es wird gezeigt, daß die NH_3-Oxydation industriell wie folgt durchgeführt werden kann: Das NH_3–Luft-Gemisch passiert zunächst ein Pt-Netz, das einem Katalysator aus Fe- oder anderen Metalloxyden vorgelagert ist (Abstand 30—50 mm). Das NH_3–Luft-Gemisch kommt also mit dem Metalloxydkatalysator erst dann in Berührung, nachdem es schon teilweise reagiert hat u. weniger NH_3 enthält, also den Katalysator weniger beansprucht. Die Ausbeute beträgt 97—98%. Die optimalen Bedingungen für die NH_3-Oxydation mit dem 2stufigen Katalysator unterscheiden sich nicht wesentlich von denen bei Anwendung von 3 Platinnetzen. Der Verbrauch an Edelmetall wird nach diesem Verf. um 30% herabgesetzt. (Доклады Академии Наук СССР [Ber. Akad. Wiss. UdSSR] **122**. 874—77. 11/10. 1958. Wiss. Forschungs- u. Projekt.-Inst. der Stickstoff-Ind.) OTTO MAIER. H 243

H.-H. Kopper und **E. Wicke**, *Stoffaustausch und Reaktionsgeschwindigkeit bei der Ammoniaksynthese und beim Luftgasprozeß.* (Vortrag.) Der Stoffaustauschwiderstand zwischen Gasstrom u. (äußerer) Katalysatoroberfläche hat bei der NH_3-Synth. keinen Einfl. auf den Verlauf der Reaktion. Er ist beim Luftgasverf. (CO_2-Vergasung von Koks) nur unter besonderen Bedingungen von Bedeutung. Daher erscheint es untunlich, die für Phasenübergänge entwickelten Verff. auf die genannten Rkk. zu übertragen. — Diskussion. (Chemie-Ing.-Techn. **30**. 454—57. Juli 1958. Hamburg, Univ., Inst. für Physik. Chem.) W. WESLY. H 243

Friedrich Klema, *Über Graphit sowie die Herstellung und Eigenschaften von Graphitspezialprodukten in Österreich.* Beschreibung von Vork., Eigg., Aufbereitung u. Anwendung von Graphit, bes. von 2 Sorten mit 83—86 u. 88—92% C. (Seifen-Öle-Fette-Wachse **83**. 543—46. 11/9. 1957.) ——————— W. WESLY. H 260

Farbwerke Hoechst Akt.-Ges., vormals Meister Lucius & Brüning, Frankfurt/M. (Erfinder: **Hugo Fellner-Feldegg**, Hofheim), *Anreicherung von schwerem Wasserstoff* durch Dest. von fl. Wasserstoff. Das Kopfprod. wird nach Aufwärmung auf 0—700°, bes. 0—100°, mit einer wasserstoffhaltigen, Deuterium in natürlicher Konz. enthaltenden Verb. (**I**), bes. W., zum Isotopenaustausch gebracht u., an Deuterium angereichert, nach Abtrennung von **I** abgekühlt, entspannt u. als Rücklauf auf die Kolonne aufgegeben. (**D. A. S. 1 026 284** Kl. 12i vom 7/7. 1956, veröff. 20/3. 1958.) H. KOBS. H 238

Erwin Becker, Marburg/Lahn, *Gewinnung von mit Deuterium angereichertem Wasserstoff* durch katalyt. Deuteriumaustausch zwischen Wasserstoff (I) u. W. in Heiß–Kalt-Systemen. Das Verf. des D. A. S. 1 003 698 mit mehreren Kolonnenpaaren wird so abgeändert, daß der aus der kälteren Kolonne eines 1. Kolonnenpaares abströmende I der kälteren Kolonne eines 2. Kolonnenpaares zugeleitet wird, worauf ein Teilstrom abgezweigt u. der Reststrom nach Durchströmen der heißen Kolonne des 2. Paares zusammen mit Frischwasserstoff in die heiße Kolonne des 1. Paares zurückgeleitet wird. Dabei strömt W. in einem geschlossenen Kreislauf durch jedes Kolonnenpaar. Das Verf. ermöglicht eine wesentliche Ausbeutesteigerung. — Zeichnung. (**D. A. S. 1 032 233** Kl. 12i vom 30/4. 1956, veröff. 19/6. 1958. **Zusatz zu D. A. S. 1 003 698; C. 1958. 825.**) H. Kobs. H 238

Centro Informazioni Studi ed Esperienze (C.I.S.E.) S. à r. l. und **Cesare Marchetti**, Italien, *Anreicherung von Wasser mit Deuterium* mittels Isotopenaustausch-Rkk. zwischen D-haltigem W., D-haltigem Wasserdampf u. D-haltigem H_2. Die Komponenten werden nacheinander durch mehrere beheizte Waschkammern oder -türme geleitet, in denen gegebenenfalls mit Pd beladenes Silicagel als Katalysator enthalten ist. — 2 Zeichnungen. (**F. P. 1 086 502** vom 30/7. 1953, ausg. 14/2. 1955. It. Prior. 31/7. 1952.) M. F. Müller. H 240

Friedrich Uhde G. m. b. H. (Erfinder: **Hans Hesky**), Dortmund, *Anreicherung von Deuterium in Wasser oder Wasserstoff.* Eine Wasserstofferzeugungsanlage, in der W. stufenweise an Deuterium angereichert wird, bes. ein Kaskadenelektrolyseur, wird mit einer NH_3-Syntheseanlage so zusammengeschaltet, daß der je Stufe gewonnene Wasserstoff jeweils für sich zu NH_3 verarbeitet, letzteres jeweils für sich zu Nitrose (I) u. Wasserdampf (II) verbrannt, II kondensiert, vom I abgetrennt u. zu einer der vorhergehenden Stufen der Wasserstofferzeugungsanlage zurückgeführt wird. Das Verf. ermöglicht die Deuteriumgewinnung unter Verwendung vorhandener Anlagen zur NH_3-Erzeugung ohne wesentlichen zusätzlichen Energiebedarf. — Zeichnung. (**D. A. S. 1 030 818** Kl. 12i vom 16/6. 1956, veröff. 29/5. 1958.) H. Kobs. H 240

Wolf Vielstich, Oberhausen, *Herstellung schweren Wassers* in elektrochem. Zellen. Der Anode, die z. B. eine Gasdiffusionselektrode ist, wird Wasserstoff zugeführt; bes. das schwere Isotop geht in ionisierter Form in Lösung. Die Zellen können mit einer Spannung von 0,05—1,5, bes. 0,2—0,5 V betrieben werden. (**D. A. S. 1 023 017** Kl. 12i vom 18/7. 1956, veröff. 23/1. 1958.) H. Kobs. H 240

N. V. de Bataafsche Petroleum Mij., Holland, *Herstellung von Wasserstoffperoxyd* durch Oxydation eines sek. Alkohols, z. B. Isopropylalkohol, in fl. Phase in Ggw. einer geringen Menge eines lösl. Schwermetallsalzes, z. B. von Co, Fe, Ni, Mn oder Cr, u. eines Stabilisators für H_2O_2 in Form einer Hydroxysäure des Phosphors oder eines Salzes davon. Solche Zusatzmittel sind z. B. Isovaleryl-Co-acetonat, $Fe_2(SO_4)_3$ oder Cr-Acetat einerseits u. Na-Ortho- oder -Pyrophosphat. — 2 Diagramme. — Vgl. E. PP. 708 339; C. **1956.** 1411, 758 907; C. **1957.** 7753, 759 464; C. **1957.** 8036, Belg. PP. 525 653; C. **1957.** 12 575 u. 526 990; C. **1958.** 4000. (**F. P. 66 179** vom 6/3. 1954, ausg. 17/5. 1956. **Zusatz zu F. P. 1 103 703; C. 1958. 14 527.**) M. F. Müller. H 241

Richard Andrew Ogg jr. und **James Daniel Ray**, V. St. A., *Abtrennung von Stickoxyd aus Gasgemischen* durch katalyt. Oxydation in Ggw. eines Katalysators u. von freiem O_2. Als Katalysatoren dienen Metalloxyde, z. B. von Fe, Ni, Co, in Gemeinschaft mit einem Alkali, z. B. Na_2O. Rk. bei 300—500°. Das Na_2O geht dabei in $NaNO_3$ über. Bei Verwendung von CaO wird $Ca(NO_3)_2$ gebildet. — Vgl. A. P. 2 684 283; C. **1950/54.** 3493 S. (**F. P. 1 083 723** vom 9/7. 1953, ausg. 12/1. 1955.) M. F. Müller. H 243

Olin Industries, Inc., V. St. A., *Herstellung von entwässertem Hydrazin* aus Hydrazinhydrat u. NaOH-Monohydrat (Gemisch von NaOH u. W. in entsprechender Menge) durch Vakuumdest. bei 60—80°. — Schema der Anlage. — Vgl. Schwz. P. 306 043; C. **1956.** 2852. (**F. P. 1 086 809** vom 10/6. 1953, ausg. 16/2. 1955.) M. F. Müller. H 243

Braunschweigische Maschinenbauanstalt Akt.-Ges., Deutschland, *Selektive Trennung der Nebenprodukte von Industriegasen* durch Herauswaschen von CO_2 u. H_2S mit zerstäubten Fll., bes. W., u. anschließendes Trocknen der Gase mit $CaCl_2$, Glykol oder H_2SO_4, welche den Wasserdampf aufnehmen. Das Gemisch von CO_2 u. H_2S wird z. B. mit BaS oder CaS behandelt, um CO_2 zu binden. Der gewonnene H_2S wird mit wss. Lsg. Fe(III)-Sulfat oxydiert unter Bldg. von *S*. — 2 schemat. Zeichnungen erläutern die Anlage u. ihre Wirkungsweise. **F. P. 1 092 932** vom 10/2. 1954, ausg. 28/4. 1955.) M. F. Müller. H 253

Godfrey L. Cabot, Inc. (Erfinder: **Joseph Stafford Boyd**), V. St. A., *Herstellung von Ruß* durch Verbrennung von fl. KW-stoffen in einem Ofen mit 2 Brennkammern von zylindr. Form, von denen die zweite Kammer einen geringeren Durchmesser hat als die erste. — In die erste Kammer wird der fl. KW-stoff in Form eines Strahles gleichzeitig mit einem Brenngas in mehreren Strömen eingeblasen. Die Verbrennung wird so geregelt, daß das Brenngas vollständig u. der KW-stoff unvollständig verbrennt. Das die erste Brennkammer verlassende Gemisch von Ruß, unvollständig verbranntem KW-stoff u. Verbrennungsgasen wird in die zweite Brennkammer eingeleitet u. bis zur vollständigen Verbrennung des KW-stoffes verbrannt. Die zweite Brennkammer ist schmaler, aber mehrfach länger als die erste Brennkammer. — 2 Zeichnungen. (**F. P. 1 097 093** vom 12/3. 1954, ausg. 29/6. 1955. A. Prior. 10/6. 1953.) M. F. MÜLLER. H 260

Soc. Chimique de la Grande-Paroisse (Azote et Produits Chimiques), Frankreich, *Umwandlung von NaCl in Na_2CO_3 und NH_4Cl.* Zunächst wird nach dem SOLVAY-Verf. NaCl mit CO_2 u. NH_3 + W. umgesetzt unter Bldg. von NH_4Cl u. $NaHCO_3$. Letzteres fällt aus, u. NH_4Cl bleibt in Lösung. Diese Lsg. wird mit festem NaCl versetzt, wobei sich festes *NH_4Cl* abscheidet u. NaCl gelöst bleibt. Die Abscheidung von NH_4Cl wird durch die Anwesenheit von anderen NH_4-Salzen begünstigt. Das Na-Bicarbonat wird in üblicher Weise durch Calcinieren unter Verwendung von heißen Brenngasen in *Na_2CO_3* übergeführt. — 2 schemat. Zeichnungen. (**F. P. 1 102 519** vom 5/4. 1954, ausg. 24/10. 1955.) M. F. MÜLLER. H 274

Dow Chemical Co., V. St. A., *Anreicherung von Mg-Salzen in Meerwasser* oder anderen natürlichen Salz-Lsgg. unter Verwendung von Ionenaustauschern in einem Zweikolonnensyst. im Gegenstromverf., wobei der körnige Austauscher über Plattenschichten von oben nach unten dem Strom der Salzlsg. entgegenwandert. Dabei wird auch eine stärkere Salzlsg. zur Regenerierung des Ionenaustauschers eingeschaltet, z. B. 10%ig. NaCl-Lösung. — Zur Gewinnung von *$MgCl_2$* aus Meerwasser wird ein granulierter Kationenaustauscher in Form eines Mischpolymerisats von sulfoniertem Styrol (Na-Salz) zusammen mit geringen Mengen Äthylvinyl- u. Divinylbenzol verwendet. Bei Verwendung eines W., welches 0,43 Gew.-% Na- u. 0,0685% Mg-Ionen enthält, wird eine Lsg. erhalten, die 10,53 Gew.-% $MgCl_2$ u. 8,51% NaCl enthält. — Zeichnung. (**F. P. 1 094 597** vom 15/12. 1953, ausg. 23/5. 1955.) M. F. MÜLLER. H 282

Badische Anilin- & Soda-Fabrik Akt.-Ges., Ludwigshafen/Rh. (Erfinder: **Walter Hieber** und **Gerhard Wagner**, München), *Herstellung von Manganpentacarbonylwasserstoff* (I). Man löst $Mn(CO)_5$ in einem indifferenten, polaren Lösungsm., versetzt mit einem Medium, das freie H-Ionen enthält, z. B. verd. H_2SO_4, u. red. zu **I**. Als Reduktionsmittel verwendet man Mg, Al, Legierungen oder reduzierend wirkende Verbb., wie Rongalit, Dithionit. Das Redoxnormalpotential muß $> -0,7$ Volt liegen. (**D. A. S. 1 058 487** Kl. 12n vom 13/3. 1958, veröff. 4/6. 1959.) H. NEBELSIEK. H 350

VI. Silicatchemie. Baustoffe.

Hermann Müller-Hesse und **Hans-Ernst Schwiete**, *Das Verhalten von Schamottewannensteinen gegenüber technischen Gläsern bei hohen Temperaturen.* Die Rk. von Mulliten verschied. Zus. mit techn. Gläsern wurde verfolgt. Als Mullite wurden verwendet: $3Al_2O_3 \cdot 2SiO_2$, $2Al_2O_3 \cdot SiO_2$, Mullit mit 1,5 Teilen BeO auf 100 Teile Mullit, ferner ein Mullit der Zus. 68,5% Al_2O_3, 27% SiO_2, 3,5% Fe_2O_3, 1,0% TiO_2. Die Mullite wurden im Verhältnis 4 : 1 mit den Gläsern gemischt, 4 Std. bei 1450° getempert, an Luft abgeschreckt, gemahlen u. der Mullitgeh. anschließend bestimmt. Es zeigte sich, daß der Mullit $3Al_2O_3 \cdot 2SiO_2$ am widerstandsfähigsten war. Die Verff. zur Best. der Glasphase in Schamottesteinen werden diskutiert u. Korrekturen zur Verbesserung der Werte mitgeteilt. Erweichungsunterss. sowie Beobachtungen am Mikroskopheiztisch vervollständigen die Arbeit. (Glastechn. Ber. **32.** 96—102. März 1959. Aachen, Inst. für Gesteinshüttenforschung.) H. SAALFELD. 6172

Wilhelm Buss, *Fortschritte in der mikroskopischen Erforschung von Glasschmelzvorgängen bei Temperaturen bis 1600°.* Das LEITZ-Erhitzungsmikroskop wurde so umgebaut, daß der Versuchsofen senkrecht steht u. die Beleuchtung der Probe durch ein schräg liegendes Rohr erfolgt. Die mkr. bzw. kinematograph. Beobachtung erfolgt dann von oben. In Versuchstiegeln aus MARQUARDT-Masse wurde der Einschmelzvorgang von Gläsern untersucht. (Glastechn. Ber. **32.** 89—95. März 1959. Mannheim, Frauenhofer-Inst. für angew. Mikroskopie.) H. SAALFELD. 6174

Horst Scholze, *Der Einbau des Wassers in Gläsern.* 1. Mitt. *Der Einfluß des im Glas gelösten Wassers auf das Ultrarotspektrum und die quantitative ultrarotspektroskopische Bestimmung des Wassers in Gläsern.* Das im Glas gelöste W. läßt sich mit Hilfe der IR-

Spektroskopie bestimmen. Es können je nach der Glaszus. drei charakterist. OH-Banden in den Bereichen 2,75—2,95 μ, 3,35—3,85 μ sowie bei 4,25 μ auftreten. Die Wasserbest. erfolgte an drei verschied. Gläsern einfacher Zus. durch Schmelzen im N_2-Strom. Das hierdurch frei werdende W. wurde aufgefangen u. bestimmt. Das so behandelte Glas wurde erneut im IR-Spektrographen vermessen u. die Menge des freigemachten W. in Beziehung zum Extinktionskoeff. u. der integralen Absorption der OH-Banden gesetzt. Hierdurch ist es nun möglich, durch Messen des Extinktionskoeff. direkt den Wassergeh. zu bestimmen. Die untersuchten Versuchsgläser hatten einen Wassergeh. zwischen 0,02 u. 0,06 Gew.-%. Einzelheiten der Meth. werden beschrieben. (Glastechn. Ber. **32.** 81—88. März 1959. Würzburg, MPI für Silicatforschung.) H. SAALFELD. 6200

Toshio Yamada und **Shinichiro Tomino,** *Über die Vorbehandlung von Aluminiumplatten für das Emaillieren mit Borsilicat-, Blei- und Phosphatfritten.* (*Untersuchungen über das Emaillieren von Aluminium.*) Die bis jetzt von den Vff. durchgeführten Arbeiten über das Emaillieren von Al hatten ergeben, daß die Vorbehandlung des Al der wichtigste Punkt ist. Die besten Ergebnisse bzgl. Hafteigg. u. Glanz des fertigen Prod. wurden erhalten, wenn die Proben mit einem durch anod. Oxydation in verd. Na-Perboratlsg. erhaltenem Film überzogen waren. Diese Arbeit enthält die Resultate, der mit dem Ziel ausgeführten Unterss., hochhaftfeste Emails durch Bldg. einer Zwischenschicht mit einer „Semi"-Glasstruktur zu erhalten. Diese kann durch chem. Rk. zwischen dem Oberflächenfilm, das ist der γ-Al_2O_3-Überzug, der auf der Metalloberfläche durch anod. Oxydation in wss. Lsgg. von Alkaliborat, -silicat u. -phosphat oder ihren Mischungen gebildet wurde, u. den Borsilicat-, Blei- u. Phosphatfritten entstehen. Die Ergebnisse der Haftfestigkeits-, Biege- u. Temperaturwechselbeständigkeitsprüfungen, die an den nach verschied. Vorbehandlung aufgebrachten Emails gemessen wurden, werden im einzelnen beschrieben. (J. ceram. Assoc., Japan [Yogyo Kyokai Shi] **67.** Nr. 757. 16—20. Jan. 1959. Nagoya Inst. of Technol.; Toyota Auto Body Co. Ltd. [Orig.: japan.; Auszug: engl.]) H.-O. MULFINGER. 6212

Paul A. Huppert, *Lithiumoxyde in Emails.* Die Arbeit ist eine Zusammenfassung der Veröffentlichungen verschied. Autoren, u. a. auch des Vf. selber, über LiO_2-haltige Gläser u. Emails. Es wird dabei deren Überlegenheit in techn. wichtigen Eigg. über Na_2O- bzw. K_2O-Systeme herausgestellt. LiF u. Li-Borsilicat werden als Flußmittel für Emails, bes. Leichtmetallemails, empfohlen. (Amer. ceram. Soc. Bull. **38.** 57—60. Febr. 1959. Metuchen, N. J., Gulton Ind., Inc.) H.-O. MULFINGER. 6212

Jindřich Kania, *Eigenschaften der keramischen Schlicker.* Vf. erläutert verschied. Faktoren, die die Eigg. der keram. Gießmassen beeinflussen, wie z. B.: Viscosität, Beständigkeit, Temp., Elektrolyte u. Schutzkolloide. (Sklář a Keramik **9.** 7—9. Jan. 1959. Znojmo, Keramické závody, národní podnik.) E.-L. SCHMELING. 6216

Masayoshi Ihara, Tokuji Yamamoto, Akio Konishi und **Tuyoshi Arimori,** *Die elektrochemische Untersuchung der Korrosion von Hochfeuerfeststoffen durch geschmolzenes Glas.* 1. Mitt. *Über die elektromotorische Kraft zwischen hochfeuerfesten Oxyden und Gläsern.* Es wird eine systemat. Unters. der EMK. zwischen einfachen Oxyden u. Glas für die Kette Pt/festes Oxyd/Glasschmelze/Pt unter Verwendung eines Röhrenvoltmeters durchgeführt. Die verwendeten Gläser sind Natron- u. Kalkkieselsäuregläser sowie handelsübliches Fensterglas, Bleiglas u. Borsilicatglas, die Oxyde sind SiO_2, Al_2O_3, ZrO_2, CaO, MgO, BaO, ZnO u. andere. Für die Ketten Pt/festes Oxyd/Glasschmelze/Pt werden alle Messungen bei 1000° ausgeführt. Die Tempp. selbst hat im Bereich zwischen 900 u. 1300° nur einen kleinen Einfl. auf die EMK. Der Einfl. des Sauerstoffdruckes in der Glasschmelze auf die EMK. wird untersucht u. als wirksam bestätigt. Die gemessenen EMK. lassen vermuten, daß der Ionenradius (r: Å) u. die Wertigkeit der Kationen der Festoxydelektrode (z) in Beziehung zur EMK. der Kette stehen. Die EMK.-Werte werden für jedes Glas gegen den Parameter r/z aufgetragen. Dabei ergibt sich, daß die EMK. von Oxydelektroden (mit Ausnahme des Wertes für ZnO) eine Gerade bilden. Die Geraden können durch die Gleichung $V = A - B(r/z)$ ausgedrückt werden, wobei V die EMK., A u. B Glaskonstanten sind. Da B in der obigen Gleichung für alle Gläser fast denselben Wert hat, kann man annehmen, daß die elektr. Ladung durch dieselbe Kationenart übertragen wurde. So wird es möglich, B durch $c(z_c/r_c)$ zu ersetzen u. die obige Gleichung in der Form $V = A - c(z_c/r_c)/(z/r)$ zu erhalten, wobei z_c die Wertigkeit des die Ladung in der Glasschmelze übertragenden Kations, r_c sein Radius u. c eine für das Glas typ. Konstante ist. (J. ceram. Assoc., Japan [Yogyo Kyokai Shi] **67.** Nr. 757. 20—27. Jan. 1959. [Orig.: japan.- Auszug: engl.]) H.-O. MULFINGER. 6218

R. L. Khanna und **M. L. Puri,** *Die Verwendung von calciniertem Schiefer als Puzzolan in Massenbeton.* Mitt. von Untersuchungsergebnissen über die Brauchbarkeit

von calciniertem Schiefer (shale) aus dem Gebiet des Bhakra-Staudammes zum teilweisen Portlandzementersatz für Beton beim Bau des Bhakra-Staudammes zwecks Überwindung der Portlandzementknappheit in Indien u. Verbesserung der Betoneigenschaften. Die günstigsten Ergebnisse wurden bei einer Calcinierungstemp. von 1400 $\pm$ 50° F u. einer Brenndauer von 2 Std. erhalten. Durch den Zusatz des calcinierten Schiefers wird der Wasseranspruch des Betons nicht verändert; bei einem Zusatz bis zu 20% wird die Verarbeitbarkeit verbessert, die Anfangsfestigkeiten werden etwas verschlechtert, die Endfestigkeiten jedoch prakt. nicht. Die Abbindewärme wird beträchtlich herabgesetzt, die Alkalisulfatbeständigkeit wird ebenfalls verbessert, während Trockenschwindung, therm. Ausdehnungskoeff. u. Abriebfestigkeit nicht verändert werden. (Indian Concrete J. **31**. 257—60. 263. Aug. 1957. Nangal, Indien, Inspektions- u. Kontrolldirektion u. Betonforschungslabor. für den Bhakra-Staudamm.)
W. GELMROTH. 6222

Keiichi Murakami, Hirobumi Tanaka und **Fumio Suzuki,** *Untersuchungen über die Reaktion zwischen* $3CaO \cdot Al_2O_3$ *und* $CaSO_3 \cdot 1/2 H_2O$. Ziel der Unterss. war, Gips, der zur Regulierung der Abbindezeit des Portlandzements verwendet wird, durch das als billiges Nebenprod. in der Schwefelsäureindustrie anfallende $CaSO_3$ (**I**) zu ersetzen, um dadurch einige der Nachteile auszuschalten, die bei Vorhandensein von Gips im Zement auftreten u. u. a. eine Zunahme der Festigkeit zu erreichen. Die Unters. des Reaktionsmechanismus zwischen Zementklinkern u. **I** führte zur Isolierung einer neuen Verb., welche durch Rk. des Tricalciumaluminats mit dem **I** gebildet wird. Diese Verb., die von den Vff. als eine Art Zementbacillus bezeichnet wird, zeigt eine 2stufige Dehydratation bei 190° u. 260°. Die Oxydation tritt in Übereinstimmung mit den Temperaturcharakteristika des I bei 500° schwach u. bei 700° stark auf. Die Formel der neuen Verb. ist $3CaO \cdot Al_2O_3 \cdot CaSO_3 \cdot 7H_2O$. Diese Verb. geht nach der ersten Dehydratationsstufe in $3CaO \cdot Al_2O_3 \cdot CaSO_3 \cdot 3H_2O$ über. Wenn **I** gemeinsam mit Gips dem Zement zugefügt wird, ist die Festigkeitszunahme u. die Verzögerung desAbbindens größer als bei getrennter Anwendung der Substanzen. (J. ceram. Assoc., Japan [Yogyo Kyokai Shi] **67**. Nr. 757. 8—15. Jan. 1959. [Orig.: japan.; Auszug: engl.]) H.-O. MULFINGER. 6222

F. Vavřín, *Neue Methode der Bestimmung der Raumbeständigkeit von Schlacken.* Die Umsetzung von Schlacken mit aus einer Bürette zugetropftem W. wird mit einem liegenden zylindr. Dilatometer mit Zifferblattskala verfolgt. Die untersuchten Kohleschlacken (auch Kesselschlacken) werden mit bestimmter Korngröße zu Probekörpern geformt u. gepreßt. Die Ergebnisse werden durch mkr. Unters. ergänzt. (Stavivo **36**. 140—43. April 1958. Gottwaldow, ÚZS.) R. K. MÜLLER. 6260

Otto Maetz K.-G. Hüttentechnisches Büro für die Glasindustrie, Essen (Erfinder: **Helmut Maetz,** Düsseldorf), *Glaswannenofen.* Dieser soll mit Steinen ausgemauert sein, die aus SiO_2 u. Al_2O_3 unter 8% bestehen. Bevor die Steine mit dem Glasfluß in Berührung kommen, soll SiO_2 weitgehend in Cristobalit umgewandelt sein. Zu diesem Zweck können die Steine vor ihrer Verwendung bei 1100—1200° gebrannt sein; sie können aber auch ungebrannt in den Wannenofen eingebaut werden, der dann ohne Glasinhalt auf ca. 1650° erhitzt wird. (**D. A. S. 1 040 754** Kl. 32a vom 21/1. 1957, veröff. 9/10. 1958.)
HANS HOFFMANN. 6173

Tetsuro Izumitani, Ryohei Terai und **Hiroshi Hamamura,** Ikeda City, Osaka, Japan, *Optisches Glas.* Dieses besteht aus 25—40 (Gew.-%) NaF, 50—64 $Al(PO_3)_3$, 5—20 TiO_2 u. 1—10 Tl_2O. — Beispiel für eine Glaszus.: 52 $Al(PO_3)_3$, 5 Tl_2O, 13 TiO_2 u. 30 NaF; n_D 1,5876, ν = 33,9. — Diagramme. (**D. A. S. 1 041 222** Kl. 32b vom 11/4. 1957, veröff. 16/10. 1958.) HANS HOFFMANN. 6201

Pittsburgh Corning Corp., Pittsburgh, übert. von: **Walter F. Lynsavage,** Port Allegany, Pa., V. St. A., *Herstellung von Porenglaskörpern* mit Schichten von verschied. Dichte, z. B. als therm. isolierende Bauelemente. Das Grundmaterial ist fein gemahlenes Glas mit Zusätzen, die beim Erhitzen Gas entwickeln. Für die mechan. festeren Deckschichten werden Erdalkalicarbonate mit einer Zersetzungstemp. bei 1550° F, für die besser isolierenden Mittelschichten wird Kohlepulver (Zersetzungstemp. 1600—1700° F) verwendet. Das Gemisch wird bis zur Sinterung des Glases erhitzt u. zur Vermeidung von Spannungen langsam abgekühlt. (**A. P. 2 837 873** vom 31/3. 1955, ausg. 10/6. 1958.)
G. FRIKELL. 6201

Canadian Refractories Ltd., Montreal (Erfinder: **Frank E. Lathe,** Ottawa), Canada, *Herstellen basischer feuerfester Erzeugnisse.* Kalkhaltige Stoffe, die gegebenenfalls MgO, aber im wesentlichen kein Al_2O_3 enthalten, oder magnesiahaltige Stoffe, die gegebenenfalls Al_2O_3, aber im wesentlichen kein CaO enthalten, werden mit SiO_2-haltigen Stoffen in solchen Mengen gemischt u. gebrannt, daß Ca- oder Ca-Mg-Silicat bzw. Mg-

oder Mg–Al-Silicat in nicht feuerfester Form entstehen. Die Korngrößen in der M. werden derart gewählt, daß die Oberfläche der freien u. gebundenen SiO_2 wenigstens 42% der Gesamtoberfläche der nichtflüchtigen Bestandteile ausmacht. Das Verhältnis von CaO zu SiO_2 soll dem Orthosilicat entsprechen, bzw. es soll das MgO ausreichen, um SiO_2 zu Orthosilicat u. Al_2O_3 zu $MgO \cdot Al_2O_3$ zu binden. (**D. B. P. 971 010** Kl. 80b vom 17/2. 1951, ausg. 27/11. 1958. Anmeldung bekanntgemacht 8/5. 1952.) F. REINHART. 6219

Union Carbide Corp., New York, N. Y., V. St. A., *Metallkeramisches Erzeugnis.* 50—95 (Vol.-%) Cr werden mit 5—50 eines keram. Stoffs vermischt, der aus Al_2O_3 u. zu wenigstens 5 aus einem reduzierbaren Oxyd des Ta, Ti oder Nb oder deren Gemischen besteht. Die Mischung wird preßgeformt, u. die Formlinge werden bei 1700—1900° in einer H_2-Atmosphäre oder unter Druck gesintert. Das Cr kann durch eine Cr–W- oder Cr–Mo-Legierung ersetzt werden. (**E. P. 796 489** vom 17/5. 1955, ausg. 11/6. 1958. A. Prior. 19/5. 1954.) F. REINHART. 6221

Comp. Générale d'Électro-Céramique, Seine, Frankreich (Erfinder: **Georges Louis Gallet**), *Metallisieren von Keramik.* Auf die Keramikoberfläche wird ein Pulvergemisch aus 50—80 (%) eines hochschm. Metalls oder dessen Oxyds, wie Mo, u. 20—50 Cr in Form einer Suspension (Amylacetat, Diäthyloxalat) aufgebracht u. diese unterhalb der Sintertemp. der Keramik bei 1100—1150° in reduzierender Atmosphäre (H_2) erhitzt. (**F. P. 1 129 245** vom 26/7. 1955, ausg. 17/1. 1957.) O. KAYSER. 6221

Comp. Générale d'Électro-Céramique, Seine, Frankreich (Erfinder: **Georges Louis Gallet**), *Metallisieren von Keramik* durch Aufbringen einer Silberschicht, Polieren u. Überziehen mit Sn, Pb oder Lötzinn. (**F. P. 1 129 246** vom 26/7. 1955, ausg. 17/1. 1957.) O. KAYSER. 6221

Vernon F. Taylor jr., übert. von: **Edward P. Chapman jr.** und **John A. Wood,** Albuquerque, N. Mex., V. St. A., *Zementmischung für Straßen und sonstige Bauzwecke.* Eine Zementmischung von hoher Druck- u. Biegefestigkeit sowie erhöhter Widerstandsfähigkeit gegen korrodierende Wässer besteht aus 5—15 Gew.-% $CaSO_4$, Rest Portlandzement. Die $CaSO_4$-Beimischung soll eine solche Korngröße aufweisen, daß weniger als 1 auf dem U.S.-20-Maschensieb zurückbleiben u. nicht weniger als 75 das 100-Maschensieb passieren. (**A. P. 2 837 436** vom 10/8. 1954, ausg. 3/6. 1958.) HANS HOFFMANN. 6223

Solvay & Cie., Brüssel, Belgien, *Kalkbrennen.* Zum Erzielen optimaler Werte für den CO_2- u. N_2-Geh. der Abgase, ihrer Temp. u. der Gesamtenergieausbeute erweist sich beim Brennen in kontinuierlichen Horizontalöfen die Verwendung von fl. oder gasförmigen Brennstoffen mit einem Zusatz von $>10\%$ an festen Brennstoffen, wie Koks, vorteilhaft. (**E. P. 796 722** vom 25/6. 1956, ausg. 18/6. 1958. Belg. Prior. 22/7. 1955.) G. FRIKELL. 6227

Tonwerk Lausen Akt.-Ges. (Erfinder: **Eugen Hünziker**), Lausen, Schweiz, *Baustoff zur Herstellung von Formsteinen, Platten oder dergleichen.* Der Baustoff besteht aus Asbest (I), Glimmer (II) u. einem feuerfesten hydraul. Bindemittel (III), wie Tonerdezement. — Beispielsweise hat er die Zus. von 65 (Gew.-%) **III**, 12 **I** mit einer Faserlänge von ca. 5 mm, 5 **I** von ca. 3 mm, 12 **I** von ca. 1 mm u. 6 **II** mittelgrob. (**Schwz. P. 332 076** vom 6/5. 1954, ausg. 15/10. 1958.) HANS HOFFMANN. 6229

J. J. Kitaigorodski, Technologie des Glases, 2., verb. u. erw. Aufl. Berlin: Verlag Technik. 1959. (720 S. m. 299 Abb.) DM 30,—.

Hans Jebsen-Marwedel, Hrsg., Glastechnische Fabrikationsfehler. Eine pathol. Technologie d. Werkstoffes Glas. 2. völlig neubearb. Aufl. Berlin, Göttingen, Heidelberg: Springer. 1959. (XII + 524 S. m. 800 Abb. u. 3 Taf.) 4°. DM 98,—.

Ada Swineford, ed., Clays and clay minerals; proceedings. 6th. London: Pergamon P.; California University. 1959. (IX + 411 S. m. Tab. u. Diagr.) = International series of monographs on earth sciences, vol. 2. 60s.

VII. Agrikulturchemie. Schädlingsbekämpfung.

H. J. Rajani, *Makro- und Mikronährstoffe für Pflanzen in Stadtmüll und Stalldung.* Analysendaten von je 12 Proben Stadtmüll bzw. Stalldung des Staates Bombay. An Mikronährstoffen wurden bestimmt: Cu, Zn, Mn u. B. (Poona agric. Coll. Mag. **77.** 15—16. Juni 1956.) M. WINIKER. 6294

E. P. Whiteside, *Vorschlag eines Systems genetischer Bezeichnungen der Bodenhorizonte.* (Commonwealth Bur. Soil Sci., Soils Fertilizers **22.** 1—8. Febr. 1959. East Lansing, Mich., Michigan Agric. Exp. Stat.) M. WINIKER. 6300

R. Tavernier und **Guy D. Smith**, *Der Begriff „Braunerde" (brown forest soil) in Europa und den Vereinigten Staaten.* Zusammenfassender Überblick. — 136 Literaturhinweise. (Advances agronomy **9.** 217—89. 1957. Gent, Univ.; Washington, D. C., Soil Conserv. Serv.) M. Winiker. 6300

E. Mückenhausen, W. Gerkhausen und **W. Kerpen,** *Entstehung und Eigenschaften der Böden auf den fossilen Verwitterungsdecken der Eifel.* Unterss. zur Morphologie, Dynamik u. Genetik der staunassen Böden auf fossilen Verwitterungsdecken der Eifel führten im wesentlichen zu folgenden Ergebnissen: Die Böden unterscheiden sich im Grad ihrer Staunässe, die in ursächlichem Zusammenhang mit der Tonmineralzus. u. dem Geh. der Böden an Schlämmstoffen zu stehen scheint. Die Dynamik der Böden beruht auf dem Quellungsvermögen u. der Beweglichkeit dieser Stoffe. Sie ist abhängig vom Verhältnis des fossilen Verwitterungsmaterials zum jungen Bodenmaterial. Demzufolge unterscheidet man *Graulehm* (**a**)- *Pseudoplay* (**b**), **b**, *Braunerde* (**c**)-**b**, **b**-**c** u. **c**. Der überraschend hohe Kaliumgeh. der Böden beruht auf der Beimischung trachyt. Tuffmaterials, welches auch die Versorgung dieser Böden mit Spurenelementen verbessert. Zur besseren Ausnutzung der Böden kommen Dränung, Düngung, Bodenbearbeitung u. Anbau geeigneter Kulturen in Frage. (Z. Acker- u. Pflanzenbau **108.** 201—22. März 1959. Bonn, Rhein. Friedrich-Wilhelms-Univ., Inst. für Bodenkunde.) M. Winiker. 6300

A. J. MacLean, L. E. Lutwick und **R. F. Bishop,** *Fruchtbarkeitsuntersuchungen von Bodentypen.* 6. Mitt. *Die Auswirkung kontinuierlicher Nutzung im Gewächshaus auf das Kaliumnachlieferungsvermögen der Böden.* (5. vgl. C. **1959.** 10038.) Bei Verss. mit Hafer u. Luzerne auf verschied. Böden wurde festgestellt, daß im ersten Jahr des Anbaus wesentlich mehr K aus den Böden aufgenommen wurde als in den Folgejahren. Aus tonigen Lehmböden u. Tonböden wurde mehr K aufgenommen als aus solchen leichterer Textur. Eine Differenzierung der Böden hinsichtlich ihres K-Nachlieferungsvermögens auf Grund der Werte für extrahierbares u. nichtextrahierbares K war nur möglich, wenn sich dieselben in bezug auf die Textur beträchtlich unterschieden. (Canad. J. agric. Sci. **35.** 397—406. Sept./Okt. 1955.) C. Grimme. 6304

A. C. Caldwell, *Bodenfruchtbarkeitsuntersuchungen an Böden vom Kenyon- und Kasson-Typ sowie an verwandten Böden in Minnesota.* Bericht über umfassende Anbauverss. mit Hafer, Flachs, Sojabohnen, Mais. N erwies sich als wichtigster Nährstoff für Hafer u. Flachs, während bei Mais K von entscheidender Bedeutung war. Durch Kalk wurde der Geh. der Böden an pflanzenverfügbarem N erhöht. NH_4NO_3 u. gasförmiges NH_3 waren bei Hafer prakt. gleich wirksam. (Univ. Minnesota, agric. Exp. Stat., Bull. Nr. **440.** 1—39. April 1957.) M. Winiker. 6304

C. O. Rost und **H. W. Kramer,** *Anbauversuche auf Webster-Böden in Süd-Minnesota.* Bericht über Verss. mit verschied. Fruchtfolgen, nämlich Mais–Hafer, Mais–Hafer–Süßklee, Hafer–Kleegemisch–Mais–Mais. Im allg. erwies sich Stalldung (Rindvieh) Handelsdüngern überlegen. (Univ. Minnesota, agric. Exp. Stat., Bull. Nr. **438.** 3—16. April 1957.) M. Winiker. 6304

E. L. Greacen, *Die (Boden)bearbeitung und die Erhaltung der Bodenfruchtbarkeit.* An Hand neuerer Literatur (24 Hinweise) behandelt Vf. den Einfl. verschied. Kulturmaßnahmen auf den Geh. der Böden an organ. Substanz sowie auf ihre Struktur. (Commonwealth Bur. Soil Sci., Soils Fertilizers **21.** 339—43. Dez. 1958. Adelaide, C.S.I.R.O., Div. of Soils.) M. Winiker. 6304

A. H. Könekamp, *Die Völkenroder Waldweide.* Bericht über einen erfolgreichen Vers., eine ertragsarme Waldhutung (schwachlehmiger Sand) ohne Umbruch zu einer Intensivweide guter Leistungsfähigkeit zu entwickeln. Für den Intensivierungserfolg entscheidend waren: Ausreichende Grund- u. hohe N-Düngung, jährliche Stallmistdüngung mit Gaben um 100 dz/ha, sinnvolle Weideführung mit hoher Besatzstärke u. Besatzdichte, zeitgerechte Pflegemaßnahmen (Fladenverteilen, Nachmähen), Einschaltung von Junggrasschnitten zur Abschöpfung des Futterüberschusses, leistungsfähiges Vieh. (Z. Acker- u. Pflanzenbau **108.** 159—76. März 1959. Braunschweig-Völkenrode, Forschungsanst. für Landwirtschaft, Inst. für Grünlandwirtschaft u. Futterkonservierung.) M. Winiker. 6304

J. Köhnlein, *Über die Zusammenhänge zwischen der relativen Lage des Humusspiegels und der Nährstoffanlieferung des Bodens.* Auf Grund einer zusammenfassenden Betrachtung einschlägiger wissenschaftlicher Unterss. sowie von Beobachtungen aus der Praxis werden 11 Sätze über die Zusammenhänge zwischen der relativen (auf den vorhandenen Humusgeh. bezogenen) Lage des Humusspiegels, dem Humusumsatz u. der Nährstoffanlieferung des Bodens aufgestellt. Dieselben werden mit Beispielen belegt u. im Hinblick auf ihre Bedeutung für die landwirtschaftliche Praxis diskutiert. — 21 Literaturhinweise. (Z. Acker- u. Pflanzenbau **108.** 149—58. März 1959. Kiel, Univ., Inst. für Pflanzenbau.) M. Winiker. 6304

Heinz Amarell, *Der Einfluß von Düngung, Boden und Sorte auf die „relative Transpiration“ junger Tabakpflanzen.* Bei Zugrundelegung gut bzw. ausreichend mit K_2O versorgter Böden wurde im allg. ein Transpirationsanstieg als Folge stärkerer Kaliumdüngung (K_2SO_4) beobachtet. Hingegen wurde bei Verwendung von KCl (in einer Menge, die 400 kg/ha K_2O entsprach) ein ausgesprochenes Transpirationsminimum ermittelt (Cl-Wrkg.). Bei steigender K_2SO_4-Düngung war die Eiweißbldg. gehemmt, bei KCl-Düngung hingegen gesteigert. Einfache, doppelte u. dreifache Volldüngung (N, P, K) hatte ansteigende Transpirationswerte zur Folge. Weiter wurde eine Abhängigkeit der Transpirationswerte von Bodenart u. Tabaksorte beobachtet. (Ber. Inst. Tabakforsch. Dresden **5.** 217—319. 1958.) M. Winiker. 6304

Josef Merker, *Die Stickstoffdüngung des Tabaks.* 32 N-Düngungsverss. mit unterschiedlichen N-Gaben u. N-Düngemitteln führten im wesentlichen zu folgenden Ergebnissen: Bis zum „krit. Punkt“ werden Wachstum u. Entw. des Tabaks mit zunehmender N-Gabe positiv beeinflußt. Dieser „krit. Punkt“ ist von verschied. Faktoren, wie Bodenart, Witterung, Sorte, abhängig. Bis zur krit. Grenze wird mit steigenden N-Gaben der Blattertrag erhöht, darüber hinaus nur unwesentlich verändert. Die Feinheit des Blattmaterials, gemessen am Flächengewicht je Quadratmeter, erfährt mit zunehmender N-Gabe eine Verbesserung. Die Gehh. an Gesamt-N, Eiweiß u. Nicotin nehmen mit steigender N-Gabe zu, während der Geh. an reduzierenden Substanzen abnimmt. Auf die Hygroskopizität hat die N-Düngung kaum Einfluß. Bei gleicher Düngung ist die Höhe des Cl-Geh. der Blätter weitgehend vom Boden abhängig. Durch Kaliammonsalpeterdüngung wird der Cl-Geh. der Blätter je nach Klima u. Bodenart auf 1—4% (der Trockenmasse) erhöht. (Ber. Inst. Tabakforsch. Dresden **5.** 51—110. 1958.) M. Winiker. 6304

K. J. McNaught und **Barbara J. Houston,** *Überschüssige lösliche Salze in Böden für Gewächshaustomaten.* Auf Grund der Ergebnisse umfassender Unterss. vertreten Vff. die Auffassung, daß für Ertragsrückgänge bei Gewächshaustomaten infolge von Überdüngung, in erster Linie *K*- u. *N*-Verbb. (u. nicht, wie gewöhnlich angenommen wird, *Superphosphat*), verantwortlich zu machen sind. (New Zealand J. Sci. Technol., Sect. A **38.** 449—65. Dez. 1956. Hamilton, Rukuhia Soil Res. Stat., Dep. of Agric.) M. Winiker. 6304

Franz Zürn, *Entwicklung und Ertrag im Feldfutterbau auf Niederungsmoor unter besonderer Berücksichtigung der Kalidüngung.* Bericht über auf Niederungsmoor während mehrerer Jahre durchgeführte Feldfutteranbauverss. mit Rotklee, Kleegras, Luzerne u. Luzernegras. Von den erzielten Ergebnissen seien folgende festgehalten: Bei *K*-Mangel lagen die Erträge von Rotklee u. Luzerne niedriger als bei den Mischungen mit Gräsern, was darauf zurückzuführen ist, daß Leguminosen stärker auf Kaliummangel reagieren als Obergräser. Hinsichtlich des Mineralstoffgeh. des Futters zeigte sich bei ungenügendem Futterwuchs infolge einseitiger Düngung (Kaliummangel) eine übermäßige Anreicherung an *CaO*, P_2O_5, *MgO* u. *N*. (Bayer. landwirtsch. Jb. **35.** 101—13. 1958. Steinach bei Straubing, Lehr- u. Forschungsinst. zur Förderung der Grünlandwirtschaft.) M. Winiker. 6304

G. K. Zende, *Der Einfluß der Kalkung auf Umwandlungen der organischen Substanz und die Beziehung der letzteren zur Freisetzung von Kationen im Boden.* Unter Heranziehung der Literatur (15 Hinweise) diskutiert Vf. die Ergebnisse eigener Unterss. an austral. Böden u. kommt hierbei zu folgendem Schluß: Durch Kalkung wird eine Veränderung der organ. Substanz der Böden bewirkt, die ihrerseits eine Steigerung der Pflanzenaufnehmbarkeit von Mn u. Co bedingt. Diese Veränderung der organ. Substanz kann von relativ langer Dauer (4½ Monate) sein. (Poona agric. Coll. Mag. **47.** 37—41. Juni 1956. Dharwar, Coll. of Agric.) M. Winiker. 6304

Fredrick T. Addicott und **Ruth Stocking Lynch,** *Blätterentfernung und Trocknung: Methoden der Ernteerleichterung.* Zusammenfassender Überblick. — 105 Literaturhinweise. (Advances Agronomy **9.** 67—93. 1957. Los Angeles, Calif., Univ. of Calif., Dep. of Botany.) M. Winiker. 6312

K. H. Domsch, *Die Wirkung von Bodenfungiciden.* 1. Mitt. *Wirkstoffspektrum.* Insgesamt 29 Wirkstoffe verschied. Konst., nämlich *Allylalkohol, Vapam* (**I**), *Formaldehyd, Mylone* (*3.5-Dimethyltetrahydro-1.3.5-2H-thiadiazin-2-thion*), *Methylbromid* (**II**), CS_2, *Chlorpikrin* (**III**), eine *Aminophenyldiazoverb.* (keine näheren Angaben), ein *halogeniertes Chinolinderiv.* (keine näheren Angaben), *Nabam*, $CuSO_4$, *N-Diäthyldithiocarbamat, Chinosol, Malachitgrün,* ein *Hg-Kombinationsmittel* (*Methoxyäthyl-Hg-Silicat* + *Phenyl-Hg-Acetat*), *Chinonmonoximbenzoylhydrazon, Dinitrocaprylphenylcrotonat, Ferbam, Hexachlorbenzol, Pentachlorcyclohexen, Pentachlornitrobenzol, Rhodandinitrobenzol, Chloranil, TMTD* (**IV**), *Captan* (**V**), *Zineb* (**VI**), *Ziram* (**VII**), eine *organ. As-Verb.* (keine näheren

Angaben) sowie ein *Kombinationspräp.* [*Methylarsin-bis-(dimethyldithiocarbamat)* + **IV** + **VII**], wurden hinsichtlich ihrer fungitox. u. fungistat. Potenzen gegenüber verschied. Testpilzen (Pythium sp., Rhizoctonia solani, Fusarium culmorum) erprobt. Es zeigte sich, daß auf der Seite der Bodenentseuchungsmittel **III**, **I** u. **II** eine hervorragende Stellung einnehmen. Bei den pflanzenverträglichen u. mindestens 2seitig wirkenden Bodenfungiciden stehen **V**, **IV** u. **VI** an der Spitze. — Zu verschied. Prüfmethoden wird krit. Stellung genommen, wobei Vorschläge hinsichtlich einer Standardisierung der Untersuchungsmethoden gemacht u. die Frage einer rangmäßigen Wertung von Bodenfungiciden eingehend diskutiert werden. — 58 Literaturhinweise. (Z. Pflanzenkrankh. (Pflanzenpathol.) Pflanzenschutz **65**. 385—405. Juli 1958. Kiel-Kitzeberg, Biol. Bundesanst. für Land- u. Forstwirtschaft, Inst. für Getreide-, Ölfrucht- u. Futterpflanzenkrankheiten.) M. Winiker. 6312

K. H. Domsch, *Die Wirkung von Bodenfungiciden.* 2. Mitt. *Wirkungsdauer.* (1. vgl. vorst. Ref.) Für 4 Bodenentseuchungsmittel, nämlich *Vapam*, *Mylone*, *Allylalkohol* u. *Formaldehyd*, sowie für 4 pflanzenverträgliche Bodenfungicide, nämlich *Nabam* (**I**), *PCNB*, *Chloranil* (**II**) u. *Chinosol*, werden Daten über die Dauer der fungitox. Wrkg. bei 8 u. 20° mitgeteilt. Auch bei 8° erstreckte sich die Wirkungsdauer in der Mehrzahl der Fälle nicht über mehr als 4 Tage. Am Beispiel der Wrkg. von *Captan* (**III**) werden die Zusammenhänge zwischen Aufwandmenge (50—1000 p.p.m.) u. Wirkungsdauer (0—50 Tage Lagerung) dargelegt. Je geringer die in den Boden eingearbeitete Fungicidmenge war, um so eher sank die am Bekämpfungserfolg gemessene Wirkungsdauer. Bei Applikation einer Aufwandmenge mit sicherem Bekämpfungserfolg hatten von den kultural anwendbaren Bodenfungiciden ein *Kombinationspräp.* [*Methylarsin-bis-(dimethyldithiocarbamat)* + *Ziram* + *TMTD*] sowie **III** u. *Zineb* eine lange (70—75 Tage Halbwertszeit), *Chloranil*, **I** u. eine *organ. Hg-Verb.* (*Methoxyäthyl-Hg-Silicat* + *Phenyl-Hg-Acetat*) eine kurze (15—20 Tage Halbwertszeit) u. *Ziram*, *Rhodandinitrobenzol* u. *TMTD* eine mittlere (35—45 Tage Halbwertszeit) Wirkungsdauer. Testorganismen: Phytium sp. sowie Rhizoctonia solani. (Z. Pflanzenkrankh. (Pflanzenpathol.) Pflanzenschutz **65**. 651—57. Nov. 1958.) M. Winiker. 6312.

K. H. Domsch, *Die Wirkung von Bodenfungiciden.* 3. Mitt. *Quantitative Veränderungen der Bodenflora.* (2. vgl. vorst. Ref.) Es wurde der Einfl. von *Captan* (**I**), *TMTD*, einem *Kombinationspräp.* [**II**, *Methylarsin-bis-(dimethyldithiocarbamat)* + *Ziram* + *TMTD*] sowie von *Nabam*, *Vapam* (**III**) u. *Allylalkohol* (**IV**) auf die Mikroflora des Bodens untersucht. Durch **IV** u. **II** wurde der Gesamtbakteriengeh. signifikant gefördert, durch **III** vermindert. Die Wrkg. der übrigen Mittel war unsicher. Durch **III** wurden die Actinomyceten in ihrer Gesamtheit gefördert, durch **I** u. **II** hingegen gehemmt. Bei allen 6 Mitteln äußerte sich die Pilzwrkg. in einer Beeinträchtigung der Mycoflora. Die größte Wrkg. ging hierbei von den radikalen Bodenentseuchungsmitteln aus. Einzellige Grünalgen wurden durch **IV** stark, durch **I** u. **III** schwach vermindert. (Z. Pflanzenkrankh. (Pflanzenpathol.) Pflanzenschutz **66**. 17—26. Jan. 1959.) M. Winiker. 6312

A. Vuittenez (unter techn. Mitarbeit von **R. Legin** und **G. Stocky**), *Vergleich der Wirksamkeit von Begasungsmitteln, Insekticiden und verschiedenen zur Bodenbehandlung benutzten Produkten auf die Übertragung der Reisigkrankheit der Reben.* (Bericht über Verss. mit *DD*, *Dibromäthan*, *Chlorpikrin*, CS_2, *Lindane* u. *Aldrin*. Bei relativ hohen Aufwandmengen waren die Begasungsmittel von durchschlagender Wirkung. Hingegen erwiesen sich die Insekticide als völlig unwirksam. (C. R. hebd. Séances Acad. Agric. France **44**. 901—07. 1958. Colmar, Stat. de Pathologie Végétale.) W. Wesly. 6312

R. S. Pitcher, *Die chemische Bekämpfung von Aphelenchoides spp. und Ditylenchus dipsaci an Erdbeeren.* In Laboratoriumsverss. erwies sich *Parathion* (**I**) als von wesentlich größerer Wirksamkeit als *Schradan*, *Demeton* u. *Malathion*. *Mipafox* sowie *Paraoxon* hingegen standen **I** kaum nach. In Freilandverss. bewährte sich **I**. (J. horticult. Sci. **34**. 61—71. April 1959. Kent, East Malling Res. Stat.) M. Winiker. 6312

Georg Schmid, *Die Bewertung landwirtschaftlicher Standorte. Ein Beitrag zu den Kombinationsmöglichkeiten verschiedener Standortbewertungsmethoden im Hinblick auf die acker- und pflanzenbauliche Nutzung.* An Hand der Ergebnisse mehrjähriger Unterss. auf einem Versuchsfeld legt Vf. dar, daß bei Standortbewertungen eine sorgfältige Auswahl u. den jeweiligen Anforderungen entsprechende Kombination verschied. Bewertungsmethoden (geolog.-bodenkundliche Meth., pflanzensoziolog. Meth., Spatendiagnose, Schlämmanalyse, Grobstrukturmessung, Reaktionsbest., Nährstoffbest., Gesamt-Nährstoffbest., Basensättigungswert, Humusbest.) vorzunehmen sind. — 61 Literaturhinweise. (Bayer. landwirtsch. Jb. **36**. 67—87. 1959. München, Landesanst. für Pflanzenbau u. Pflanzenschutz.) M. Winiker. 6324

J. A. Vomocil, *Die Bestimmung der Lagerungsdichte und der Festigkeit von Böden: Ein Überblick über (diesbezügliche) Methoden.* 84 Literaturhinweise. (Advances agronomy 9. 159—75. 1957. Davis, Calif., Univ. of California.) M. WINIKER. 6324

H. G. Kmoch und **A. P. Mazurak,** *Zur Bedeutung der Methodenwahl bei Untersuchungen der Bodenporosität.* An einem Beispiel aus der Praxis wird dargelegt, daß die fast immer sehr schwer erfaßbaren strukturellen Veränderungen im Boden bisweilen durch eine Reihe physikal. zueinander in Beziehung stehender Methoden besser ermittelt werden können als durch eine Vergrößerung der Zahl der Wiederholungen für eine unter den jeweiligen Verhältnissen weniger empfindlichen Methode. (Z. Acker- u. Pflanzenbau **108.** 137—48. März 1959.) M. WINIKER. 6324

M. G. Barbier, F. Huguet, M. G. Michon und **E. Tyszkiewicz,** *Über die Vorhersage der Anhäufung von radioaktiven Elementen mit großer Halbwertszeit, die unbestimmt lange Zeit in einem beschränkten Rhythmus eingebracht werden, im Boden und in den Ernten.* Um das Maß der Anhäufung von radioakt. Elementen in den Ernten als Funktion der im Boden angesammelten Menge vorauszusagen, muß durch Verss. in situ empir. der Koeff. c = Menge des von der Einheit des geernteten Prod. absorbierten radioakt. Elements : Menge des in der Einheit des Bodens enthaltenen radioakt. Elements bestimmt werden. (C. R. hebd. Séances Acad. Agric. France **44.** 874—80. 1958.) W. WESLY. 6324

G. Schilling, *Über die Bestimmung des isotopisch verdünnbaren Calciums im Boden mit Hilfe von ^{45}Ca.* Aus der bekannten Isotopenverdünnungsgleichung wird für den Fall eines β-Strahlers mit geringer Energie u. niedriger spezif. Aktivität eine neue Gleichung abgeleitet. Sie gestattet, lediglich durch 2 bei Sättigung durchgeführte Radioaktivitätsmessungen die isotop. verdünnbaren Mengen des Stoffes, z. B. im Boden, zu bestimmen, wenn die zugesetzte radioakt. markierte Substanzmenge bekannt ist. Die techn. Durchführung der Best. wird beschrieben. (Atompraxis **4.** 90—91. 1958. Jena, Univ., Landwirtsch.-chem. Inst.) W. KARCHER. 6324

W. R. Horne und **O. T. Denmead,** *Eine modifizierte colorimetrische Methode zur Ermittlung des Nitratgehalts von Böden im Freiland.* Beschreibung einer Meth., die auf der Farb-Rk. von Nitraten mit Brucin beruht. (J. Austral. Inst. agric. Sci. **21.** 34—36. März 1955. Brisbane, Univ. of Queensland, Dep. of Agricult.) M. WINIKER. 6324

Herbert Stobwasser, *Untersuchung über quantitative Bestimmungsverfahren kleiner Mengen von Pflanzenschutzwirkstoffen nach ihrer Ausbringung, besonders in Aerosolform.* Verss. zur Dispersoidanalyse insekticider u. fungicider Wirkstoffe (*p.p'-DDT, Lindan, Toxaphen, Dieldrin, Dinitro-o-kresol, Diazinon* bzw. *Captan, Thiuram,* Gemisch von *Cu-Salzen gesätt.* u. *ungesätt. höherer Fettsäuren, S*) führten im wesentlichen zu folgenden Ergebnissen: Alle gefärbten Substanzen lassen sich bequem colorimetr. bestimmen. Ungefärbte Verbb. können mit gewissen Einschränkungen durch Farbstoffzusatz (*Sudanrot*) sowohl im Schwebstoff als auch im Sediment analysiert werden. Eine gewichtsmäßige Best. durch Wägen des Sediments ist in den meisten Fällen möglich, aber unspezif. u. begrenzt. Saure Wirkstoffe können acidimetr. bestimmt werden. Für halogenierte Verbb. ist die Meth. von VOLHARD geeignet. Spektralphotometr. können Schwebstoff u. Sediment fast aller untersuchten Wirkstoffe durch Vgl. ihrer Extinktion mit der von Eichlsgg. bestimmt werden, wobei als Lösungsmittel A., Methanol, Dioxan u. CCl_4 benutzt werden können. Die Meth. ist spezif. u. im allg. sehr empfindlich. Über die bei den genannten Wirkstoffen mit den angeführten Methoden gemachten Erfahrungen wird eingehend berichtet. (Z. Pflanzenkrankh. (Pflanzenpathol.) Pflanzenschutz **66.** 1—15. Jan. 1959. Stuttgart-Hohenheim, Landw. Hochschule, Inst. für Pflanzenschutz.) M. WINIKER. 6328

Pierrefitte Kalaa Djerda (Soc. Générale d'Engrais et Produits Chimiques), Frankreich, *Verbesserung der Lagerfähigkeit von Ammoniumnitrat* zur Verhinderung von Klumpenbldg. u. zur Erhaltung der Schüttfähigkeit durch Zusatz von wenigstens 10% Flußspat, ZnO oder Gemischen davon. (**F. P. 1089586** vom 12/9. 1953, ausg. 18/3. 1955.) M. F. MÜLLER. 6285

Pierrefitte Kalaa Djerda (Soc. Générale d'Engrais et Produits Chimiques), Tunis, *Verhinderung des Zusammenbackens von NH_4-Nitrat* beim Lagern durch Zusatz von Farbstoffen der Gruppe „noir bleu au chrome R", z. B. von 0,005—1,0% „bleu au chrome acide 2 R BAYER", „bleu noir au chrome NR", „bleu noir pentachrome R", „bleu noir solochrome BS". — Es handelt sich dabei um Azofarbstoffe vom Typ des Na-2.2'-Dihydroxy-1.1'-azonaphthalinsulfonats-(4) (I). (**F. P. 1086016** vom 30/6. 1953, ausg. 9/2. 1955.) M. F. MÜLLER. 6285

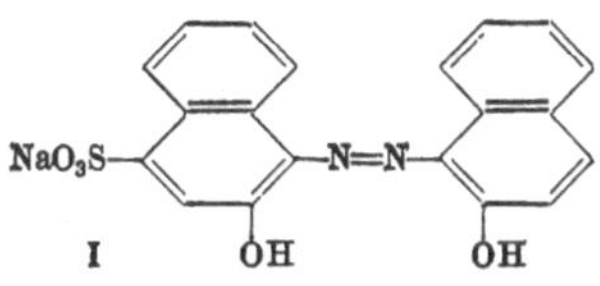

I

Henri Clément und **Maurice Félissian,** Frankreich, *Herstellung von K_2SO_4 enthaltenden granulierten Düngemitteln* durch Umsetzung von KCl mit H_2SO_4 unter Bldg. von $KHSO_4$ u. weitere Umsetzung desselben mit natürlichem Phosphat. Dabei entsteht Superphosphat u. Phosphorsäure, welche mit NH_4OH neutralisiert wird. — 167 kg KCl werden mit 575 kg H_2SO_4 (60° Bé) umgesetzt, u. nach 15—20 Min. werden 357 kg eines natürlichen Phosphats (28%) in Pulverform zugerührt, gegebenenfalls mit weiterem Zusatz von NH_4NO_3. (**F. P. 1 100 258** vom 7/5. 1954, ausg. 19/9. 1955.) M. F. MÜLLER. 6287

Stamicarbon N. V., Heerlen, Holland, *Herstellung eines Ammoniumnitrat und Dicalciumphosphat enthaltenden Düngemittels aus Sedimentphosphaten.* Letztere werden in üblicher Weise mit 50—65%ig. HNO_3 aufgeschlossen u. in der resultierenden Lsg. durch Abkühlung u. Auskristallisation von $Ca(NO_3)_2$ ein Mol-Verhältnis $CaO:P_2O_5$ von 1,6—2 u. durch NH_3-Zusatz ein p_H-Wert von 1,8—3,5 eingestellt. Anschließend wird eingedampft u. granuliert. Der allein bei der Verarbeitung von Sedimentphosphaten beim Abstumpfen mit NH_3 u. beim Eindampfen eintretende, durch die Kristallstruktur des Ca-Phosphats bedingte starke Viscositätsanstieg wird vermieden, indem man die M. vor dem NH_3-Zusatz mit W. u./oder HNO_3 bis zu einem P_2O_5-Geh. von 13—15% verdünnt. (**Holl. P. 89 581** vom 11/12. 1956, ausg. 15/11. 1958.) F. BÖHM. 6291

Alvaro Guardiola y Costa, Frankreich, *Volldüngemittel,* bestehend aus organ. Düngerstoffen, bes. aus den Rückständen von organ. Abwässern, z. B. aus Molkereien oder Schlächtereien, mit einem Zusatz eines Gemischs aus gleichen Teilen $CaCO_3$ u. $MgCO_3$ sowie eines Netz- u. eines baktericiden Mittels. (**F. P. 1 097 094** vom 12/3. 1954, ausg. 29/6. 1955.) M. F. MÜLLER. 6291

François Marcel Gabriel Gardille, Frankreich, *Herstellung von Düngemitteln* aus einem Lignocellulosematerial mit beliebigem Ligningeh. von 0 bis nahezu 100% durch Einführung einer oder mehrerer Verbb. mit sauren Gruppen in freier oder Salzform der allg. Formel $X—(CH_2)_n—COOR$ [X = Br, Cl, J, F oder SCN; n = 1 u. höher; R = H, NH_4, Alkali- oder Erdalkalimetall], z. B. durch Behandlung mit Chloressigsäure. (**F. P. 1 095 744** vom 16/3. 1954, ausg. 6/6. 1955.) M. F. MÜLLER. 6293

Dow Chemical Co., übert. von: **Herman O. Senkbeil,** Midland, Mich., V. St. A., *3-(Halogenaryloxy)-1.2-propandiolester* der allg. Formel $X—O—CH_2—CH(OR)—CH_2—OR$, in der X einen Brom- oder Chlorphenylrest oder einen Brom- oder Chlortolylrest bedeutet u. R ein Trichloracetyl-, α.α-Dichloralkanoyl- oder ein α.α.β-Trichloralkanoylrest mit C_{3-5} in den Alkanoylresten ist, wird durch Rk. eines 3-(Halogenaryloxy)-1.2-propandiols mit einer niedrigen aliphat. Polychlormonocarbonsäure (I) in Ggw. eines Veresterungskatalysators bei erhöhter Temp. erhalten. Als I eignen sich Trichloressig-, Dichlorpropion-, α.α.β-Trichlorbutter- (II) u. Dichlorvaleriansäure. — Ein Gemisch aus II, 3-(3.4-Dichlorphenoxy)-1.2-propandiol, H_2SO_4 u. $C_2H_4Cl_2$ wird 45 Std. unter kontinuierlichem Abdestillieren des Reaktionswassers u. von etwas $C_2H_4Cl_2$ auf 87—99° erhitzt. Man wäscht mit W. u. trennt die niedrig sd. Anteile durch Dest. unter Steigerung der Temp. bis auf 180° ab. Man erhält *3-(3.4-Dichlorphenoxy)-1.2-propandiol-bis-(α.α.β-trichlorbutyrat)* als viscose Flüssigkeit. — *Mittel zur Kontrolle des Pflanzenwachstums.* (**A. P. 2 850 526** vom 26/7. 1956, ausg. 2/9. 1958.) R. SCHWECHTEN. 6297

Terni Soc. per l'Industria l'Elettricita S. p. A. (Erfinder: **Dino Dinelli** und **Rino Mostardini**), Italien, *Landwirtschaftliche Verbesserung von tonhaltigen Böden,* wobei die phys. Struktur der Bodenbestandteile verändert wird, durch Zusatz einer Lsg. von frisch gefälltem $Fe(OH)_3$ in einer konz. Ferrisalzlsg.; z. B. von Fe(III)-Sulfat oder Fe(III)-Nitrat, mit weiteren Zusätzen von K-Salzen, NH_4-Salzen, $Ca(OH)_2$, Nitraten u. anderen als Düngemittel verwendbaren Stoffen. (**F. P. 1 091 206** vom 7/1. 1954, ausg. 8/4. 1955. It. Prior. 22/1. 1953.) M. F. MÜLLER. 6303

Nederlandse Centrale Organisatie voor Toegepast-Natuurwetenschappelijk Onderzoek, Den Haag (Erfinder: **Arend Joan Pieter Oort** und **Johannes Dekker,** Wageningen), Holland, *Verhinderung des Eindringens von Schimmel und Bakterien in das Innere von Saatgut.* Man behandelt dieses mit dem Antibioticum Rimocidin, das aus einer Kultur-Fl. von Streptomyces rimosus isoliert werden kann. Die Behandlung erfolgt mit einer wss. Lsg. oder in Mischung mit Carboxymethylcellulose u. sehr wenig Wasser. (**Holl. P. 87 765** vom 14/2. 1955, ausg. 15/3. 1958.) F. BÖHM. 6313

Heinz Drees, Pflanzenschutz-Lexikon. Völlig neu bearb., ums Dreifache erw., 2. Aufl. Berlin: de Gruyter 1959. (384 S. m. 100 Abb. u. Tab.) DM 16,80.

Eduard Mückenhausen, Die wichtigsten Böden der Bundesrepublik Deutschland. 2., verb. Aufl. Berlin: de Gruyter. 1959. (148 S.) DM 36,50.

—, Terminologie der Landarbeitswissenschaft. Französisch-deutsch-englisch. 2. Aufl. Bad Kreuznach: Max-Planck-Institut f. Landarbeit u. Landtechnik. 1957. (57 S.) 4°. DM 4,—.

VIII. Metallurgie. Korrosion.

Merrill F. McCarty und **Robert S. Olson,** *Polyacrylamide für die Bergbauindustrie.* Übersicht über Eigg. u. Anwendung von Polyacrylamiden, bes. *Separan,* als Flokkungsmittel zur Trennung von festen Stoffen u. Flüssigkeiten. — 14 Schrifttumshinweise. (Mining Engng. **11.** 61—65. Jan. 1959. Midland, Mich.; Pittsburgh, Dow Chem. Co.) W. WESLY. 6360

William C. Aitkenhead und **John A. Jaekel,** *Aufbereitung von Autuniterzen.* (Tabellar.) Beschreibung der Schwimmaufbereitung von 5 *U*-Erzen mit < 0,2% U_3O_8 mit 90% Ausbeute unter Anwendung verschied. Lösungsmittel u. Sammler (NaOH, Stearinsäure, Ölsäure, Na-Oleat, Kerosin, Na-Silicat u. -Metasilicat). (Mining Engng. **11.** 66—67. Jan. 1959. Pullman, Wash., State Coll. of Washington, Mining Exp. Stat., Div. of Ind. Res.) W. WESLY. 6360

Z. Było, *Untersuchung über die quantitative Bestimmung des Adsorptionsgrades bei der Flotation.* Es werden Adsorptionsisothermen von *n-Capronsäure* u. *α-Naphthylamin* als Vertreter oberflächenakt. Stoffe bei niedrigen Konzz. (10^{-4} bis 10^{-3}mol.) an hydrophilen Adsorptionsmitteln, wie Al_2O_3, $Al(OH)_3$, Fe_2O_3, $CaCO_3$, SiO_2 u. CaF_2 mit Hilfe der potentiometr. Titration aufgenommen. (Arch. Górnictwa Hutnictwa **2.** 243—67. 1957. [Orig.: poln.; Auszug: engl.]) F. URBAN. 6362

D. W. Frommer und **M. M. Fine,** *Versuche zur Anreicherung von Bleisulfidschlamm.* Verss. zur Anreicherung von feinverteiltem *PbS* (Bleiglanz) mit 0,20% *Pb* zeigen, daß durch Flotation unter Anwendung von verschied. Xanthogenaten u. Na_2S ein Konzentrat mit Pb-Gehh. bis 6,5% (Ausbeute 45%) gewonnen wird. Eine Flotation im Vakuum bietet keine Vorteile vor der atmosphär. Flotation; die Verwendung eines Hydrocyclons kann zum Zwecke der Voranreicherung erwogen werden. (U. S. Dep. Interior, Bur. Mines, Rep. Invest. **5444.** 1—13. 1959. Minneapolis, Minn., Bur. of Mines, Reg. V; Rolla, Mo., Bur. of Mines, Reg. IV.) W. WESLY. 6362

Johannes Löhn, *Das Schwimmverhalten von Zinnkies und seine flotative Abtrennung aus einem Blei-Zink-Erz.* (Kurzmitt. vgl. C. **1959.** 11710.) Die im Brander Erzrevier vorkommenden Zinnkieslagerstätten u. ihre Verwachsungsverhältnisse werden beschrieben. Danach ist ein Teil des Zinnkieses unaufschließbar fest mit Zinkblende u. mit Arsenkies u. Bleiglanz verbunden. Zur Aufbereitung kommt nur die Flotation in Frage. Das grundlegende Schwimmverh. von Zinnkies wurde durch theoret. Erörterungen u. Blasenhaftverss. geklärt. Die Trennung Zinnkies–Zinkblende ist nur möglich, wenn eine Aufaktivierung der Zinkblende weitgehend vermieden wird. Die Reagenseinführung muß daher bereits während der Mahlung beginnen. Gute Ergebnisse wurden mit $Na_2S_2O_5$ u. $ZnSO_4$ bei Verwendung von Phosokresol als Sammler erzielt, wenn ein Bleiglanz–Zinnkies-Sammelkonzentrat angestrebt wird. Noch besser ist es, nach Mahlung mit Na_2S bei hohem Na_2CO_3-p_H Zinnkies vor der Pb-Flotation durch Thiocarbanilid auszuschwimmen. Es wird eine Trennschärfe ähnlich der bei Kupferkies–Zinkblende-Trennungen erreicht. (Freiberger Forschungsh., Reihe A Heft 107. **1958.** 1—84. Dez. Tafeln I—IX.) F. VIER. 6362

W. I. Cholsakow und **L. M. Zylew,** *Einfluß der Zinkeinwirkung auf die feuerfeste Auskleidung von Hochöfen.* Durch Verss. im Schamottetiegel u. im Laboratoriumshochofen wird gezeigt, daß die Zerstörung der Hochofenauskleidung bei der Verhüttung von Zn-reichem Fe-Erz darauf beruht, daß bei einer Temp. von 650—800° eine Zn-Legierung mit 4—20% Fe in den Rissen u. Nahtstellen entsteht. Bei Abnahme der Temp. auf 647° wird die Legierung fest; die Bldg. der *η*-Phase unter Volumenvergrößerung führt zu Rissen u. zur Zerstörung der Auskleidung. Die Legierung katalysiert außerdem die Red. von CO zu Ruß, der zerstörend auf die Auskleidung wirkt. (Известия Академии Наук СССР, Отделение Технических Наук [Nachr. Akad. Wiss. UdSSR, Abt. techn. Wiss.] **1958.** Nr. 3. 89—95. März.) H. TŮMA. 6370

Wolfgang von Preen, *Über die Verbrennungsvorgänge in den Schachtöfen.* Diskussionsbeitrag zu den Arbeiten von SCHIFFERS (vgl. C. **1958.** 3437; C. **1957.** 12882; C. **1956.** 12394). (Giesserei, techn.-wiss. Beih. **1956.** Nr. 16. 865—68. Sept. Bielefeld.) K. HILLINGER. 6370

Giuseppe Violi, *Herstellung von Gußstahl im Lichtbogenofen.* Besprechung der Ofenarten, sowie einiger konstruktiver Einzelheiten: Arten der feuerfesten Auskleidung, Elektrodenmaterial u. elektr. Charakteristika der Öfen. Die Technik der Läuterung im bas. u. sauer zugestellten Elektroofen, bes. Entkohlung (mit gasförmigem O_2) u. Strömungsführung der Schmelze werden besprochen. Gegenüberstellung der beim Arbeiten im bas. u. sauren Elektroofen erzielten Ergebnisse. — 26 Literaturangaben. (Fonderia ital. **7.** 43—52. Febr. 118—28. April 1958.) E. MIESSGANG. 6370

Jiří Hrubý und **Bohuslav Hadáček,** *Rösten von Schlacken nach der Bleiverhüttung mit $CaCl_2$-Zusatz.* Zur Ausnützung u. Verarbeitung von Zn- u. Cu-armen Schlacken nach der Pb-Gewinnung [5 (%) Zn, ca. 30 Fe, ca. 30 SiO_2, 0,2—0,7 Cu, 2—4 Pb] wird ein Rösten der Schlacken mit $CaCl_2$ bei 1100° vorgeschlagen. Bei dieser Temp. verflüchtigen sich *Zn, Pb, Sn* als Chloride u. können derart gewonnen werden, während die Fe-reiche Schlacke als Hochofenbeschickungsrohstoff geeignet ist. Gleichzeitig werden *Sb, As* u. *S* beseitigt. Den Verlauf der Rk. beim Rösten belegen Vff. mit der Berechnung der freien Enthalpie. — Die Schlacken (100 t) werden gemahlen, mit CaO (5 t), Kohlenstaub (5—10 t), $CaCl_2$ (20—25 t) in gesätt. Lsg. vermischt, granuliert, bei 300° getrocknet u. unter Durchsaugen von Luft bei 1100° geröstet. Beim Rösten in N_2 (gegebenenfalls unter Zusatz von reduzierenden Mitteln) werden bessere Resultate erhalten, jedoch verflüchtigt sich gleichzeitig zu viel Fe. CaO u. Kohlenstaub dienen zum Erhöhen des Erweichungspunktes. Voraussetzungsgemäß werden 4,5—5 t Zn, 2,2—2,4 t Pb u. 320 bis 350 kg Sn als Chloride erhalten. — *Cu* verflüchtigt nur schlecht u. darf deshalb in der Schlacke nur in geringen Mengen enthalten sein. (Hutnické Listy **13.** 706—08. Aug. 1958. Praha, Českoslov. akad. věd, Hutnický ústav.) H. TŮMA. 6378

L. M. Pidgeon, *Die Reduktion von Erz zu Metall.* (Vgl. C. **1959.** 6612.) Übersicht über die Verff. zur Red. von Erzen (therm. Zers., Red. der Oxyde mit C, CO oder H_2, Elektrolyse, Verdrängung durch ein anderes Metall). (Metal Progr. **70.** Nr. 2. 81—85. Aug. 1956. Toronto, Univ., Metallurg. Engng.) W. WESLY. 6380

L. M. Pidgeon, *Magnesium und Calcium als metallurgische, reduzierende Stoffe.* (Vgl. vorst. Ref.) Übersicht über die Red. der Halogenide oder Oxyde bes. von *Ti, Zr, Th, Seltenen Erden, Be* u. *U* mit Mg oder Ca. (Metal Progr. **70.** Nr. 5. 75—77. Nov. 1956.) W. WESLY. 6380

—, *Wärmefluß in Blockaufsätzen. Untersuchungen über die verlorenen Köpfe von Blöcken.* Diskussion zu den Arbeiten von G. FENTON (vgl. C. **1958.** 12518) u. H. S. MARR, G. FENTON u. W. H. GLAISHER (vgl. C. **1958.** 5793). (J. Iron Steel Inst. **189.** 263—68. Juli 1958.) H. HOCHSTEIN. 6382

F. S. Badger, *Hochleistungswerkstoffe. Legierungen und reaktionsfähige Metalle.* Übersicht über Art u. Eigg., bes. Korrosionsverh., von *Ta, Mo, Zr, W, Nb, Ti, Hastelloy*-Legierungen u. *rostfreien Stählen* gegen HNO_3, HClO, H_3PO_4, H_2SO_4 u. Luft bei 800 bis 1093°. (Ind. Engng. Chem. **50.** 1608—11. Nov. 1958. Kokomo, Ind., Haynes Stellite Co.) W. WESLY. 6388

S. Takeuchi und **K. Furukawa,** *Statistisch-thermodynamische Untersuchungen über die die Stahlerzeugung betreffenden grundlegenden Reaktionen.* 9. Mitt. *Das Oxydations- und Reduktionsgleichgewicht von Magnetit mit Gasphasen.* (8. vgl. C. **1950/53.** 3726 S.) Magnetit (I)-Kristalle enthalten vielfach von Temp. u. O_2-Partialdruck der Atmosphäre abhängige, über die Formel Fe_3O_4 hinausgehende O-Überschüsse. Unter der Annahme einer umgekehrten Spinellstruktur für einen solchen **I**-Kristall wird die Verteilungsfunktion der **I**-Phase berechnet u. die Gleichgewichtsbeziehung zwischen dem O-Geh. des **I**, dem O_2-Partialdruck der Atmosphäre u. der Temp. abgeleitet. (Nippon Kinzoku Gakkai-Si [J. Japan Inst. Metals] **19.** 326—29. Mai 1955. [Orig.: japan.; Auszug: engl.]) W. WESLY. 6390

Franz Roll, *Untersuchungen an Garschaumgraphit.* An Garschaumgraphitteilchen aus Hämatit, Gießereiroheisen I u. Ferrosilicium mit 10% Si wurden nach sorgfältiger Abtrennung gröberer Verunreinigungen die chem. Zus., das Gefüge u. die Einschlüsse ermittelt. Außerdem wurde der Einfl. einer Ätzbehandlung mit O_2 u. CO_2 bei erhöhten Tempp. auf das Gefüge untersucht. Die gereinigten Teilchen enthielten ca. 88—97% C. Sie waren bis zu 5 mm groß, sahen schwarz u. fettig glänzend aus u. hatten rosettenartige oder nierenförmige, seltener sechseckige Form. Durch Heißätzen wurde meist die hexagonale Struktur sichtbar. Je nach Orientierung der Graphitkristalle ließen sich einige Kristallflächen leicht, andere schwerer anätzen. Ätzte man stärker, so wurde schließlich ein Skelett aus den Einschlüssen im Garschaumgraphit erhalten. Sie bestanden aus SiO_2, TiC u. FeO. Auf Grund der Struktur u. der Untersuchungsergebnisse wird angenommen, daß der Graphit Fremdatome im Gitter einlagert. (Arch. Eisenhüttenwes. **30.** 91—94. Febr. 1959. Duisburg.) H. HOCHSTEIN. 6390

Gyula Nándori, *Entstehung der Silicateinschlüsse und ihre Bestimmung im Gußeisen.* Die Silicateinschlüsse im Gußeisen sind Folge der Oxydation, indem die überwiegende Menge des O als Silicat gebunden ist. Die Einschlüsse sind mittels Metallmikroskop erkennbar, wenn aber der Mn-Geh. $<1\%$ ist, sind die Einschlüsse submkr. u. schwer erkennbar. Bei höherem Mn-Geh. sind die mkr. sichtbaren Einschlüsse an SiO_2 gesätt. glasige, isotrope Mn-Silicate. Wenn die Silicattropfen im fl. Metall leicht koagulieren, können sie aus dem Bad entfernt werden u. hierzu ist ein höherer Mn-Geh. vorteilhaft. (Kohászati Lapok **13** (**91**). Nr. 10/11. Öntöde **9**. 225—35. Okt./Nov. 1958. Budapest, Vasipari Kutató Intézet.) J. PLANK. 6402

Yosaku Koike, Iechika Inuzuka und **Takeo Horigome,** *Untersuchungen über die nichtmetallischen Einschlüsse von beruhigtem Stahl.* 3. Mitt. (2. vgl. Tetsu to Hagane [J. Iron Steel Inst. Japan] **42.** [1956.] 1030.) Unterss. über die Beziehungen zwischen den Kühlbedingungen u. dem Auftrieb von makroskop. Einschlüssen an 500 kg-Blöcken aus beruhigtem Stahl mit Zusätzen von 200—500 g/t *Al* zur Gußpfanne zeigen: Am Boden der Blöcke, die in Formen mit feuerfestem Boden erzeugt sind, finden sich viel weniger Gußnähte als in Blöcken, die aus n. Formen stammen. Zusätze von 210 (500) g/t Al führen zuFe-Mn-Al-Silicat-Adern mit hohem Al-Geh. (Al_2O_3-Adern). Die Beziehungen zwischen der Kristallstruktur der Blöcke u. der Aderverteilung sind nicht eindeutig. (Tetsu to Hagane [J. Iron Steel Inst. Japan] **43.** 122—26. Febr. 1957. [Orig.: japan.; Auszug: engl.]) W. WESLY. 6408

Tetsuo Horie, *Kühlung und Erstarrung von Wasser und von flüssigem Stahl.* Beim Vgl. der Kristallisation durch Abkühlung von W. u. von beruhigtem Stahl läßt sich in gleicher Weise die sogenannte Λ-Segregation beobachten. Zum Vgl. wird auch *Al* herangezogen. Für den Vers. mit W. wird diesem etwas *Nigrosin* u. 0,05% *NaCl* zugesetzt. — 17 Literaturangaben. (Tetsu to Hagane [J. Iron Steel Inst. Japan] **41.** 298—300. März 1955. Toshi Stahl K. K. [Orig.: japan.]) L. SCHULER. 6408

Tetsuo Horie, *Heterogenität von Stahlgußblöcken.* (Vgl. vorst. Ref.) Die Gießverss. werden mit 3—160 t-*Stahl* verschied. Arten (0,26—0,36% *C*, *Ni-Cr* u. *Ni-Cr-Mo*) durchgeführt. Im Schaubild ist der Zusammenhang zwischen der nach dem Gießen verflossenen Zeit u. der Höhe des „Kerns" des Gießblocks, sowie auch die sogenannten „Solidus"-Flächen, bei Λ-Segregation, dargestellt. Parallele Beobachtungen bei *Eis.* (Tetsu to Hagane [J. Iron Steel Inst. Japan] **41.** 300—02. März 1955. [Orig.: japan.]) L. SCHULER. 6408

Harujiro Sekiguchi und **Michio Inagaki,** *Dimensionsänderungen von plastisch kaltverformten Metallen durch Anlassen.* 5. Mitt. *Der Einfluß der Mikrostruktur von eutektoiden Stahlstangen.* (4. vgl. C. **1959.** 8300.) Die Dimensionsänderung von kaltverformten Stahlstangen [0,84 (%) C,0,15 Si, 0,56 Mn, 0,32 Cu, 0,023 P, 0,012 S, 0,23 Ni, 0,24 Cr] nach dem Anlassen wird auf die Ausbildung des Gefüges zurückgeführt. Bei Vorliegen von *lamellarem Perlit* wächst bzw. schrumpft das Material in der der Kaltverformung entgegengesetzten Richtung, bei *granularem Perlit* in gleicher Richtung. Die Tendenz zum Härterwerden auf Grund des BAUSCHINGER-Effektes u. die „elast. Nachwrkg." ist bei lamellarem Perlit größer als bei granularem. Kurven der Durchmesser- bzw. Volumen- bzw. Längenänderung in Abhängigkeit von der Anlaßtemp. (30 Min.). (Nippon Kinzoku Gakkai-Si [J. Japan Inst. Metals] **19.** 494—97. Aug. 1955. [Orig.: japan.; Auszug: engl.]) H.-G. MOSLÉ. 6408

Harujiro Sekiguchi und **Michio Inagaki,** *Dimensionsänderungen von plastisch kaltverformten Metallen durch Anlassen.* 6. Mitt. *Über Stangen aus eutektoidem Stahl zusammengepreßt nach der Ausdehnung.* (5. vgl. vorst. Ref.) In Ergänzung zur 5. Mitt. werden die Proben nach dem Ausdehnen (erfolgt nach dem Anlassen) wieder auf die Ausgangsgröße zusammengedrückt u. wieder angelassen. Die Dimensionsänderungen sind geringer als bei Proben, die einmal zusammengedrückt u. dann angelassen wurden. (Nippon Kinzoku Gakkai-Si [J. Japan Inst. Metals] **19.** 498—501. Aug. 1955. [Orig.: japan.; Auszug: engl.]) H.-G. MOSLÉ. 6408

Harujiro Sekiguchi und **Michio Inagaki,** *Dimensionsänderungen von plastisch kaltverformten Metallen durch Anlassen.* 7. Mitt. *Der Einfluß von Zementitausscheidungen in Stangen aus kohlenstoffarmem Stahl.* (6. vgl. vorst. Ref.) Werden Stahlstangen (C-Geh. 0,1%) um ca. 12% kaltverformt, dann bei +650° angelassen u. anschließend in W. abgeschreckt, so tritt eine Dimensionsänderung auf, deren Größe anscheinend der algebraischen Summe von 2 Dimensionsänderungen gleich ist: 1. Einfl. des Anlassens auf 650° u. Abschrecken u. 2. Kaltverformen nach einem Voranlassen bei 950°. Diese beiden Behandlungen bewirken eine unterschiedliche Gefügeausbildung. Kurven der Dimensionsänderung in Abhängigkeit von der Anlaßtemp. (30 Min. Halten bei 0—950°) nach 12%ig. Kaltverformung werden mitgeteilt. Die Dimensionsänderung wird in Änderung der Länge, des Durchmessers u. des Vol. angegeben. (Nippon Kinzoku Gakkai-Si [J. Japan Inst. Metals] **20.** 150—54. März 1956. [Orig.: japan.; Auszug: engl.]) H.-G. MOSLÉ. 6408

W. I. Prosswirin und **L. F. Tschernow,** *Veränderungen einiger Eigenschaften des Stahls EI 612 in Abhängigkeit vom Grad des Zerfalls des Austenits.* Die stärkste Versprödung von gehärtetem *Stahl EI 612* erfolgt bei allen Tempp. im Laufe der beiden ersten Stunden. Bei verhältnismäßig hohen Tempp. wird die intensive Verringerung der Schlagzähigkeit der ersten Std. bei längerem Verweilen in der Hitze von einem Anstieg abgelöst, der schneller bei 850—1000° beginnt. Bei 750—800° ist eine Stabilisierung der Schlagzähigkeit auf einem ziemlich hohen Niveau (16—18 kgm/cm²) zu beobachten. Als sek. Phasen, die aus der festen Lsg. bei 750° ausgeschieden werden, treten $Ni_3(Al, Ti)$ u. TiC auf. Die beim Dispersionszerfall des Austenits entstehende Warmsprödigkeit wird von einer Veränderung der Widerstandsfähigkeit u. Plastizität des Stahls begleitet. Je niedriger die Erhitzungstemp. ist, die den Austenitzerfall bewirkt, desto merklicher ist die Veränderung der Stahleigenschaften. Bei 650° ist der Abfall der Schlagzähigkeit von einer Steigerung der Festigkeit u. Härte sowie einer Verringerung der Plastizität begleitet. Die Entstehung der Warmversprödung ist von einer Veränderung der Mikrostruktur begleitet. Das Aufhören der Sprödigkeit hängt mit der Koagulation der α'-Phase $Ni_3(Al, Ti)$ zusammen (Металловедение и Обработка Металлов [Metallkunde u. Metallverarb.] **1958.** Nr. 6. 10—14. Juni. Zentr. Wiss. Forschungsinst. für Technol. des Maschinenbaus.) E. v. PEZOLD. 6408

Eugen Schmidtmann und **Helmut Brandis**, *Beitrag zur Austenitbildung in unlegierten und niedriglegierten untereutektoidischen Stählen.* Behandelt wird die isotherm. α–γ-Umwandlung unlegierter u. niedriglegierter Stähle. Normalgeglühte Schliffproben aus Stählen *Ck 15, Ck 35, Ck 60, 24 CrMo 5, 36 CrNiMo 4* u. einem Stahl mit 0,8% *Cr* u. 3,5% *Ni* wurden auf verschied. Tempp. oberhalb Ac_1 erwärmt, auf diesen Tempp. unterschiedlich lang gehalten u. in W. abgeschreckt. An den unterkühlten Proben wurden planimetr. die Restaustenit- u. Martensitanteile ermittelt u. die VICKERS-Härtewerte bestimmt. *Ck 60* wurde auch im Zustand nach dem Härten u. dem Weichglühen untersucht. Die Ergebnisse wurden in Austenitmengen-Haltedauer-Schaubilder eingetragen u. hiernach Zeit–Temp.–Auflsg.-Schaubilder gezeichnet. Aus der Haltedauer bis zur Bldg. von 20% Austenit wurden die Aktivierungsenergien der Austenitbldg. im ersten u. zweiten Stadium der Umwandlung ermittelt. Die Austenitmengen–Haltedauer-Kurven zeigen S-förmigen Verlauf, ähnlich wie die Meßwerte der VICKERS-Härte in Abhängigkeit von der Haltedauer u. Haltetemperatur. Trägt man die Auflösungszeiten für *Ck 15, Ck 35* u. *Ck 60* auf, so zeigt sich, daß die Anlaufzeit der Austenitbldg. bei 815° für alle drei Stähle unter 10 Sek. liegt u. bei *Ck 35* am kleinsten ist. Die Linie für 100% Austenitgeh. liegt bei Nichtberücksichtigung der oberen lösl. Carbide für *Ck 60* bei ca. 20, für *Ck 35* bei ca. 50 u. für *Ck 15* bei über 2000 Sekunden. Mit abnehmendem C-Geh. nimmt also die Haltedauer bis zur Umwandlung des Ferrits u. Perlits zu. Die Auflsg. hängt auch vom Ausgangsgefüge ab. Im Gefüge von *Ck 60* mit körnigem Zementit setzt die Umwandlung etwas früher ein, ist aber auch erst später beendet. Lamellarer Perlit löst sich demnach rascher auf als körniger. Nur sehr langsam lösen sich die Restcarbide. *Mo* u. *Cr* verschieben den Beginn der Austenitbldg. auch im Beisein von geringen Ni-Gehh. zu längeren Zeiten. Größere *Ni*-Gehh. verkürzen die Anlaufzeit. Ni scheint auch für die Gesamtauflösungszeit ausschlaggebend zu sein; die Auflösungszeit des Ferrits wird kürzer. Ebenso weist der Austenit der legierten Stähle größere Unterschiede im C-Geh. auf. Die Zahl der Austenitkeime ist bei allen Tempp. annähernd gleich. Im allg. lösen sich Ferrit u. Zementitlamellen gleichzeitig auf. Die ehemalige Perlitstruktur läßt sich oft an den Restcarbiden erkennen. Cr u. Mo erhöhen die Beständigkeit der Carbide, beeinflussen jedoch kaum die Perlitauflösung. Keimbldg. u. Keimwachstum sind für die Austenitbldg. maßgebend. Vorausgesetzt, daß die Diffusion des C die Wachstumsgeschwindigkeit regelt, läßt sich die Aktivierungsenergie errechnen. Von den untersuchten Stählen hat *Ck 60* mit körnigem Zementit die größte Aktivierungsenergie; auch die Ni-haltigen Stähle besitzen hohe Aktivierungsenergien. Das Austenitwachstum wird durch eine Zeitfunktion wiedergegeben. (Arch. Eisenhüttenwes. **30.** 83—89. Febr. 1959. Aachen, TH.) H. HOCHSTEIN. 6410

J. A. Cameron, *Bainitischer Restaustenit. Seine Entstehung im En 40 C-Stahl und sein Auftreten in anderen B.S.En-Stählen.* In einem Stahl *En 40 C* mit 0,41 (%) C, 0,29 Si, 0,63 Mn, 0,006 S, 0,011 P, 0,24 Ni, 3,43 Cr, 0,97 Mo u. 0,20 V tritt bei der Umwandlung infolge langsamer Abkühlung durch das Bainit-Gebiet ca. 25% Restaustenit auf. Das Verh. dieses bainit. Restaustenits beim Anlassen wurde dilatometr. untersucht, wobei diese Unterss. durch eine Härteprüfung, röntgenograph. Unters., Feingefügeunters. u. durch mikrochem. Analyse der elektrolyt. extrahierten Carbidrückstände ergänzt wurden. Es wird nachgewiesen, daß durch geeignete Wahl der Anlaßbehandlung der im Stahl vorhandene Restaustenit mit konditioniert wird, so daß er bei der Abkühlung von Anlaßtemp. umgewandelt wird. Die Temp., bei der während der Abkühlung die zweite Umwandlung eintritt, scheint eine Funktion des C-Geh. des Restaustenits zu sein, welcher durch die Temp. u. die Anlaßdauer beeinflußt wird. Die Konditionierung wird von einem Anstieg der Zugfestigkeit begleitet. Mehrere andere *En*-Stähle wurden ebenfalls nach geeigneter Behandlung (Abkühlungsgeschwindigkeit von 5°/Std. bei Tempp. unter 500°) auf Restaustenit hin untersucht, der in Mengen bis 15% gefunden wurde. (J. Iron Steel Inst. **183.** 260—67. Juli; Iron and Steel **29.** 631—33. 666—68. 8/12. 1956. Stafford, English Electric Co. Ltd.) H. HOCHSTEIN. 6410

K. J. Irvine und **F. B. Pickering,** *Niedrig gekohlte bainitische Stähle.* (Iron and Steel **31.** 235—47. Diskussion. 289—91. 21/5. 1958. — C. **1958.** 7252.) M. GEHLEN-KELLER. 6410

E. Niesielski, *Metallurgische Fehler in Schnellarbeitsstählen.* Nach einer Erläuterung der wichtigsten Eigg. von Schneidstählen u. ihre Prüfung werden die auftretenden Fehler besprochen. Bei der Herst.: zu geringe Verschmiedung, Carbidseigerungen, Verschlackung, Randentkohlung, Aufkohlung, harte Stellen; bei der Warmbehandlung: zu niedrige Härtetemp., zu niedrige Anlaßtemp., Entkohlung, Verbrennen, Risse; Fehler bei der Verwendung: falsches Aufschweißen bzw. Löten, Schleifrisse. (Metallurgia [Manchester] **57.** 233—45. Mai 1958.) K. STEIN. 6410

István Ferenczi, *Anwendung von rostfreien Stählen in der Lebensmittelindustrie.* 1. Mitt. Zus., physikal. u. mechan. Eigg. u. Korrosionsfestigkeit von rostfreien Stählen. (Élelmezési Ipar [Lebensmittelind.] **13.** 51—55. Febr. 1959.) J. PLANK. 6410

István Varga und **István Ferenczi,** *Anwendung und Bearbeitungsmethoden von Aluminium in der Maschinenfabrikation der Lebensmittelindustrie.* In der Lebensmittelindustrie kann Al mit höchstens 0,05% *Cu* u. mit *Mn*, *Mg* u. *Si* Verwendung finden. Die Korrosionsgefahr ist groß. Wegen des geringen Gewichtes u. guter Wärmeleitfähigkeit Verwendung in der Milch-, Fleisch- u. Gärungsindustrie. — Beispiele. (Élelmezési Ipar [Lebensmittel-Ind.] **11.** 248—58. Dez. 1957.) J. PLANK. 6446

C. T. Sims, *Rhenium.* Übersicht über Vork., Gewinnung, Eigg. u. Anwendung von Re. (Metal Ind. [London] **87.** 381—83. 4/11. 1955.) W. WESLY. 6448

B. Paczuła und **Z. Kuliński,** *Lösung des Problems des Zerfalls von Calciumsilicium.* Der Zerfall von Ca–Si wird durch Schlackeneinschluß, bes. durch CaC_2, verursacht. Der Fehler läßt sich bei Anwendung eines Kaskadengußverf. für Ca–Si vermeiden. (Prace Inst. Hutniczych **10.** 91—94. 1958. Inst. Metalurg. Żelaza.) F. URBAN. 6448

Chihiro Kawashima und **Shinroku Saito,** *Untersuchungen an Titancarbid-Cermets, die im Wasserstoff-Molybdän-Ofen gesintert wurden.* Zur Herst. von TiC-Cermets hat sich das Sintern im Mo-Ofen mit H_2-Spülung am besten bewährt. Es werden Angaben über Zubereitung des Gemenges, Pressen u. Sintern gemacht. Festigkeitsmessungen (Biegefestigkeit), Härteunterss. u. mkr. Beobachtung von Anschliffen erlauben Rückschlüsse auf die Qualität des Cermets. (J. ceram. Assoc., Japan [Yogyo Kyokai Shi.] **66.** Nr. 8. 174—82. 1958. [Orig.: japan.; Auszug: engl.]) H. SAALFELD. 6476

F. Kölbl, *Kann die Schneidkeramik das Hartmetall ersetzen?* Auf Grund einer vorgenommenen Analyse der qualitativen u. quantitativen Lage der Schneidkeramik im breiten Band der Zerspanungswerkstoffe wird die in der Überschrift gestellte Frage eindeutig verneint. Die Schneidkeramik ist als eine echte Erweiterung in der Reihe der Schneidwerkstoffe anzusehen u. wird bei richtigem Einsatz zu einer wertvollen Ergänzung der Hartmetalle. — 22 Literaturangaben. (Planseeber. Pulvermetallurgie **6.** 48—66. Aug. 1958. Reutte, Tirol, Metallwerk Plansee.) H. FAHLENBRACH. 6476

August Lüth, *Zunderbildung bei warm gewalztem Feinblech.* Entwickelt wird ein Untersuchungsverf., um die Art des Zunders auf warmgewalzten Feinblechen festzustellen u. seine Entstehung den Betriebsbedingungen zuordnen zu können. Hierbei wird der am Blech haftende Zunder mit HBr abgelöst, filtriert u. chem. untersucht. Bei der Titration dient $Ce(SO_4)_2$ als Oxydationsmittel u. o-Phenanthrolinhydrochlorid als Indicator. Dabei ist es möglich, 2- u. 3wertiges Fe in einer Einwaage zu bestimmen. Die Menge des anhaftenden Zunders wird durch Wägen vor u. nach der Säurebehandlung unter Zusatz einer Passivierungssubstanz ermittelt. Auch werden metallograph. Anschliffe in ungeätzten u. geätztem Zustand untersucht. Von Verss. an Blechen im Walzzustand wird an je einem Beispiel gezeigt, wie innerhalb eines Bleches Menge u. Zus. des Zunders schwanken, welche Unterschiede innerhalb eines Paketes zwischen Walzenseite u. Innenseite auftreten u., wie innerhalb derselben Schmelze bereits vollkommen verschied. Zuss. vorliegen, ohne daß große Verschiedenheiten in den Walzbedingungen zu verzeichnen gewesen waren. Der im Schrifttum beschriebene u. an laboratoriumsmäßig erzeugten Zunderschichten gefundene Zusammenhang zwischen Zunderanalyse u. geätztem metallograph. Anschliff konnte für den Walzzunder von Feinblech nicht gefunden werden. Hier scheinen vorerst noch ungeklärte Einfll. der Walzbedingungen mit eine Rolle zu spielen. Es wird aus Betriebsbeobachtungen geschlossen, daß die eigentlichen Walzbedingungen einen größeren Einfl. auf Zus. u. Menge des Zunders haben, als bislang angenommen worden ist. (Arch. Eisenhüttenwes. **30.** 71–78. Febr. 1959. Aachen, TH.) H. HOCHSTEIN. 6480

W. Truszkowski und **A. Dedo,** *Der Einfluß der Inhomogenität auf die Deformation von Kupfer in der Zugprobe.* Die lineare Abhängigkeit des Logarithmus der Zugfestigkeit vom Logarithmus der prozentualen Dehnung nach KRUPKOWSKI [1946] ist, wie Unterss. an Cu verschied. Reinheit u. Herst. zeigen, nur bei guter Homogenität der Probe gegeben. Die stärkste Abweichung verursachen grobkörnige Struktur u. Porosität, wie sie bei gesintertem Cu vorkommen. (Arch. Górnictwa Hutnictwa **2.** 205–21. 1957. [Orig.: poln.; Auszug: engl.]) F. URBAN. 6480

Tadeusz Frąckiewicz und **Jan Trawiński,** *Röntgendefektoskopie.* Übersicht über App. u. Methodik. (Wiadomósci Hutnicze **14.** 70–74. März 1958.) F. URBAN. 6484

Ray Quadt, *Kalt-Strangpressen von Metallen für die Anwendung bei hohen Temperaturen.* Bau u. Anwendung einer hydraul. Kaltstrangpresse zur Herst. von Rohren (u. anderen Werkstücken) aus gesintertem *Al*-Pulver, *Stahl, Ti, Mo, Zr* u. *Nb.* (Western Metalworking **16.** 45–47. Nov. 1958. Riverside, Calif., Bridgeport Brass Co., Hunter Douglas Aluminum Div.) W. WESLY. 6490

L. G. W. Palethorpe, *Verflüssigte Erdgase als Schutzgase für die Wärmebehandlung.* Verflüssigte Erdgase können gut transportiert werden u. für metallurg. Zwecke Verwendung finden. Eigg. u. Zus. von *Butan* u. *Propan.* Die Gase sind S-arm u. frei von CO_2, O_2 u. Wasserdampf. Nach Vergasung u. teilweiser Verbrennung kann man verschied. Schutzgase erzeugen, die gegebenenfalls nach einer Reinigung den metallurg. Öfen zur Wärmebehandlung von Stahl zugeleitet werden. (Metallurgia [Manchester] **57.** 219–23. Mai 1958. Watford, Wild-Barfield Electric Furnaces Ltd.) K. STEIN. 6492

G. I. Pogodin-Alexejew, *Der Einfluß von Ultraschall auf die Diffusionsprozesse im Stahl und in Legierungen bei erhöhten Temperaturen.* Die Unterss. über die Zementation von *Armcoeisen* u. *Stahl 12ChN3A* sowie das Diffusionshärten von *Nimonic* zeigen, daß die mit Ultraschall behandelten Proben in allen Fällen eine höhere Festigkeit u. eine geringere Schlagzähigkeit besitzen: Nach ½ std. Erhitzen auf 700° 40 R_d u. 21,2 kgm/cm² gegen 37,2 R_d u. 25,8 kgm/cm². Durch Ultraschall wird die Alterungsdauer von Nimonic bis zur Erzielung der gleichen Härte auf ca. die Hälfte herabgesetzt. Am günstigsten ist die Amplitude 2 μ. Die Unters. zeigt klar die Wirksamkeit der Ultrabeschallung beim Altern von Stahl u. bei der thermodiffusen Sättigung der Stahloberfläche mit C u. anderen Elementen. (Металловедение и Обработка Металлов [Metallkunde u. Metallverarb.] **1958.** Nr. 6. 14–17. Juni. Moskau, Techn. Bauman-Hochschule.) E. v. PEZOLD. 6492

A. W. Kriulin, *Über die Wechselwirkung einiger bei der Sulfidierung von Gußeisen und Stahl angewandter Salze.* Am intensivsten reagieren mit Fe *KCNS* u. *NaCNS.* Weniger intensiv reagieren NH_4CNS, Na_2S, Na_2SO_3, $NaHSO_4$, $NaHSO_3$ u. *Thioharnstoff.* Es reagieren nicht: $Pb(CNS)_2$, FeS, Na_2SO_4 u. $Na_2S_2O_3$. In Bädern für die Aufschwefelung, die aus mehreren geschmolzenen Salzen bestehen, tritt wahrscheinlich eine gegenseitige Einw. der Komponenten auf, was in einigen Fällen einen zusätzlichen Effekt bedingen kann. (Металловедение и Обработка Металлов [Metallkunde u. Metallverarb.] **1958.** Nr. 10. 58–62. Okt. Leningrad, Inst. für Ingenieure des Wassertransportes.) H. HOCHSTEIN. 6492

J. P. Moore, *Das Aneinanderfügen von Metallen.* Erörterung der beim Löten, Hartlöten u. Schweißen von Metallen auftretenden metallurg. Vorgänge: Zwischenflächenvorgänge, Gefügeveränderungen, Korrosionen. (Metal Ind. [London] **87.** 277–81. 30/9. 1955.) W. WESLY. 6504

S. W. Hollingum, *Die Prüfung von geschweißten Metallverbindungen.* Erörterung der Verff. zur Prüfung von geschweißten Metallverbindungen. (Metal Ind. [London] **87.** 401–04. 11/11. 429–32. 18/11. 1955.) W. WESLY. 6506

Curt Chr. Elster, *Gußeisenschweißung.* Übersicht über Grundzüge, Ausführung, Zubehör u. Anwendung der Verff. der Gußeisenschweißung. (Z. Schweißtechn. [Zürich] **47.** 112–20. 10/5. 150–54. 10/6. 1957. Herford.) W. WESLY. 6506

J. F. Lancaster, *Das Schweißen von Aluminiumlegierungen.* Erörterung der Verff. zum Schweißen von Al (-Legierungen) u. der dabei auftretenden Vorgänge u. Schwierigkeiten. (Metal Ind. [London] **87.** 339–42. 21/10. 369–70. 28/10. 389–90. 4/11. 1955.) W. WESLY. 6506

Maurice Hardouin, *Korrosionsschutz von Magnesiumlegierungen.* (Vgl. C. **1959.** 2956.) Vergleichende Übersicht über die Verff. zum Schutz von Mg-Legierungen gegen Korrosionen. (Metal Ind. [London] **87.** 385–87. 4/11. 408–09. 11/11. 1955.) W. WESLY. 6508

Hideo Tsuwa, *Untersuchungen über das Läppen von Metallen. 2. Mitt. Über Geschwindigkeit und Läppflüssigkeit.* (1. vgl. Technol. Rep. Osaka Univ. **2.** [1952.] 53.) Vf. berichtet über Verss. über den Einfl. der Läppgeschwindigkeit u. der Läpp-Fll. auf den Mechanismus des Feuchtläppens. In den Verss. wurde ein Probestück von abgeschrecktem Stahl gegen die rotierende Läppscheibe aus Gußeisen gedrückt; als Schleifmittel diente Carborund. Als Läpp-Fll. wurden W., Emulsionsöl, Maschinenöl, Rapsöl u. Petroleum verwendet. Die Versuchsergebnisse sind graph. wiedergegeben. (Technol. Rep. Osaka Univ. **5.** 411—17. Okt. 1955. Osaka, Univ., Dep. of Appl. Phys. and Precision Machinery. [Orig.: engl.]) C. GOTTFRIED. 6510

Harald Spindler, *Beeinflussung der ausgeprägten Streckgrenze von weichem Stahl durch Sandstrahlen.* Unters. der Spannung–Dehnung-Kurven von weichem, unlegiertem Stahlblech mit Dicken von 1, 3, 5 u. 8 mm vor u. nach Strahlung mit Quarzsand ergaben, daß die Ausbldg. einer ausgeprägten Streckgrenze durch die Sandstrahlung unterdrückt wird. (Naturwissenschaften **45.** 566—67. 1. Dez.-H. 1958. Rostock, Univ., Inst. für Werkstoffkunde u. Schweißtechnik.) C. GOTTFRIED. 6510

T. Żak, *Die Regenerierung von Elektrolyten zum elektrolytischen Polieren von Kohlenstoffstahl.* Verunreinigungen chromsäurehaltiger Elektropolierbäder mit Fe(II)-Ionen u. Cr(III)-Ionen sind schädlich. Durch elektrolyt. Aufoxydieren können die schädlichen Cr-Ionen beseitigt werden. Die Fe-Ionen werden durch Red. u. Auskristallisieren des $FeSO_4$ entfernt. — 20 Literaturangaben. (Metalloberfläche **12.** 361—63. Dez. 1958. Warschau.) F. VIER. 6514

W. A. Parfenow, *Schutzüberzüge hitzebeständiger Legierungen.* Das Auftragen einer 0,1 mm starken *Cr*-Schicht auf die Legierung *EI437B* [20,10(%) Cr, 2,40 Ti, 0,71 Al, 0,04 C, 0,45 Si, 0,20 Mn, 0,005 S, 0,006 P, 0,60 Fe, 0,05 Cu, 0,05 Zr, Rest Ni] erhöht deren Ermüdungsbeständigkeit (EB) bei 750° um 16%. Eine 0,1—0,2 mm-Schicht auf *EI617* erhöht deren EB bei 800° um 14%. Während der Prüfungen bei 800° rekrist. die elektrolyt. Schicht mit merklicher Geschwindigkeit, weshalb die Verwendung von Cr als Schutzstoff für bei über 800° arbeitende Werkstücke unzweckmäßig ist: Das Emaillieren erhöht die EB bei 800° u. 300 Std. bei EI617 um 15%. (Металловедение и Обработка Металлов [Metallkunde u. Metallverarb.] **1958.** Nr. 6. 33—37. Juni.) E. v. PEZOLD. 6518

Erich Lutter, *Abwasserentgiftung und -neutralisation. Die kontinuierliche Filtration sedimentierter, chromhaltiger Schlämme.* Diskussion zu der C. **1959.** 1933 referierten Arbeit. (Metallwaren-Ind. Galvano-Techn. **49.** 451—53. Okt. 1958.) F. VIER. 6518

O. A. Stocker, A. Korbelak und **S. A. Carrano,** *Fehler — Ursachen — Beseitigung bei der Vernicklung.* An Hand einer Tabelle wird eine Übersicht über die entsprechenden Fehler, ihre Ursache u. ihre Beseitigung beim elektrolyt. Vernickeln gegeben, (Galvanotechnik **50.** 132—38. 15/3. 1959. Detroit, Mich.; Newark, N. J.; Boston, Mass.. United Chromium, Inc., Boston College.) F. VIER. 6520

L. Ades, *Glanzvernickeln im Rollfaß.* Beschrieben wird die elektrolyt. Glanzvernickelung im Rollfaß u. die entsprechenden Vorrichtungen. (Rev. du Nickel **25.** 8—13. Jan./Febr. 1959.) F. VIER. 6520

Maurice A. Riordan und **Robert G. Fisher,** *Die Kabelverwendung beim kathodischen Korrosionsschutz.* Vff. besprechen die notwendigen Anforderungen an einen geeigneten metall. Leiter in einer kathod. Schutzanlage unter Berücksichtigung des Energieverlustes, des günstigsten Kabelquerschnittes u. der Wirtschaftlichkeit. Der relative elektr. Widerstand von *Cu, Al, Fe* u. *Pb* wird in Tabellenform wiedergegeben. Im einzelnen werden die Isolierungen u. Schutzfilme der Kabel mit *Polyäthylen-* bzw. *PVC-Verbb.* ausführlich behandelt (elektr. Stabilität in Leitungswasser u. in verschied. Chemikalien, mechan. Widerstandsfähigkeit, Isolierwrkg. u. a.). Die Kunststoffisolierungen haben sich für Kabel gut bewährt. (Corrosion [Houston] **13.** Nr. 8. 47—54. Aug. 1957. Houston, Texas, Rio Eng. Co.; Passaic, N. J., Okonite Co. H. ECKSTEIN. 6528

Takuichi Morinaga, Ishi Miura und **Tetuya Takaai,** *Oxydation von Titan–Eisen-Legierungen bei hohen Temperaturen an Luft.* Untersucht wurde die Oxydation von KROLL-Ti u. den Legierungen mit 1, 2, 4 u. 8% *Fe* an Luft bei 600, 700, 800 u. 900° durch Best. der Gewichtsveränderung. Die Oxydationsgeschwindigkeit folgte dem parabol. Gesetz $(\Delta m) = K_p \cdot t + C$ unter diesen Bedingungen. Die Geschwindigkeitskonstante wurde für alle untersuchten Legierungen bestimmt. Die Beziehungen zwischen den Logarithmus des experimentell bestimmten K_p u. 1/T waren geradlinig, ausgenommen bei der Oxydation der Legierungen mit 4 u. 8 Fe. Die berechneten Aktivierungsenergien für Ti, Ti + 1 Fe u. Ti + 2 Fe betrugen 58700, 66000 u. 57000 cal/mol. Die Röntgenanalyse der oxydierten Schichten zeigten Rutillinien nur bei der Legierung mit 8 Fe, die bei 900° 25 Std. oxydiert war. (Light Metals [Tokyo] **8.** Nr. 3 (30). 42—52. Mai 1958. Tokyo, Med. and Dent. Univ., Inst. of Technol. [Orig.: japan.; Auszug: engl.]) F. VIER. 6530

R. C. Spooner, *Lichtechtheit von organischen Farbstoffen auf anodisch oxydiertem Aluminium.* 115 verschied. organ. Farbstoffe, mit denen anod. oxydiertes Al gefärbt war, wurden auf ihre Lichtechtheit untersucht. Von ihnen zeigte sich bei 53% nach 100 Std. bereits eine beachtliche Entfärbung. Weitere 20% verfärbten sich nach 300 Stunden. Bei 18% trat erst nach 500 Std. u. mehr Verfärbung auf. 5 Farbstoffe waren auch nach 1500 Std. nicht verfärbt. Weiter wurde untersucht der Einfl. des Porenverschließens auf die Lichtechtheit, der Filmdicke, der Verfahrensbedingungen, eines Lacküberzuges u. der atmosphär. Bedingungen. (Metal Finishing **56.** Nr. 11. 48—53. 61. Nov. 1958. Kingston, Ontario, Canada, Aluminium Labor. Ltd.) F. VIER. 6534

Theo Heumann, *Mechanismus der Passivierung und Deckschichtenbildung.* Zur Klärung des passiven Verh. metall. Werkstoffe werden die mit der Passivität in Zusammenhang stehenden Vorgänge an den reinen Metallen *Fe* u. *Cr* sowie *Ni, Al* u. *Ti* betrachtet. Vor Eintritt der Passivität des Fe geht eine bestimmte Menge Metall in Lsg., die bei der Passivierung in H_2SO_4 zum Aufbau einer Sulfatschicht — als Vorstufe der eigentlichen Passivierung — benötigt wird. Im passiven Zustand korrodiert das Metall mit einer vom Potential unabhängigen Geschwindigkeit. Die Dicke der Passivschicht nimmt mit wachsendem Potential zu, u. die Korrosion erfolgt in der Weise, daß die Eisenionen durch die prakt. porenfreie Schicht hindurchwandern. Die Passivierung durch oxydierende Stoffe verläuft nach den Gesetzen der Adsorption. Die Aktivierungspotentiale zeigen einen gesetzlichen Gang mit dem p_H-Wert. Bei Cr liegen die Passivierungspotentiale sehr tief. Der Reststrom ist im passiven Zustand ca. 4 Zehnerpotenzen kleiner als bei Fe, u. zur Chromatbldg. werden je Cr-Atom 2 (OH)-Ionen benötigt. Die Passivschicht, offenbar aus CrO (OH) ist sehr dünn. Fe–Cr-Legierungen zeigen ein besonderes Verh., indem sie eine prim. u. eine sek. Passivierung aufweisen. Im prim., Cr-passiven Bereich gehen bei anod. Polarisation Cr 6wertig u. Fe 3wertig in Lsg., im sek., eisenpassiven Bereich wird zusätzlich O-Entw. beobachtet. In beiden Bereichen gilt, daß die Passivierungszeit umgekehrt proportional der Stromdichte abzüglich eines Grenzstromes ist. Stahl mit 18% Cr u. 8% Ni verhält sich ebenso wie Fe–Cr-Legierungen mit ca. 22—24% Cr. Der Passivitätsbereich der Cr-Stähle in H_2SO_4 wird durch geringe Zusätze von *Ni, Mo* u. *Cu* stark erhöht. (Arch. Eisenhüttenwes. **29.** 505—12. Aug. 1958. Münster, Univ.) H. HOCHSTEIN. 6538

Dietrich Horstmann, *Der Angriff eisengesättigter Zinkschmelzen auf molybdänhaltiges Eisen.* Der Angriff Fe-gesätt. Zn-Schmelzen wird durch Mo-Gehh. im Fe zunächst etwas verstärkt. Bei höheren Mo-Gehh. wird der Angriff dann wieder geringer, so daß er bei einem Mo-Geh. von ca. 5% geringer ist als bei Mo-freiem Weicheisen. Ebenso wie beim Angriff auf Weicheisen wird auch bei Mo-haltigem Fe ein Angriff nach zwei verschied. Zeitgesetzen beobachtet: Einem parabelförmigem Zeitgesetz bei niedrigen u. hohen Tempp. u. einem geradlinigen Zeitgesetz in dem dazwischenliegenden Temperaturgebiet um 500°. Dieses Temperaturgebiet wird durch Mo zunächst etwas aufgeweitet. Bei höheren Mo-Gehh. tritt dann wieder eine Verengung ein. Die Größe des Angriffs wird auch hier durch die Diffusion in der Γ-Schicht bestimmt. (Arch. Eisenwes. **29.** 463—66. Aug. 1958. Düsseldorf, MPI für Eisenforschung.) H. HOCHSTEIN. 6538

Ch. L. Zeitlin und **Ss. M. Babitzkaja,** *Korrosion von Stählen durch Salzsäure in sphäroidalem Zustand.* HCl befindet sich in sphäroidalem Zustand (HCl_{sph}), wenn Säuretropfen (Sphäroide) von einer erhitzten Oberfläche durch eine wärmeisolierende Dampf–Gas-Schicht (HCl–H_2O) getrennt sind. Auf Metallproben, die in einem evakuierten Raum auf elektr. beheizter keram. Unterlage liegen, wird HCl_{sph} durch Auftropfen von wss. HCl aus einer Bürette erzeugt. Bei Tempp. bis 200° erleidet Stahl durch HCl_{sph} lokale Korrosion. Auf 300—400° erhitzter C-Stahl u. bis 500° erhitzter nichtrostender Stahl sind gegen W. gut, gegen HCl_{sph} ziemlich beständig. Zusatz von 0,5% Phenol u. 0,01% Chlorbenzol zeigt keinen wesentlichen Einfl. (wenn auch mit höherer Temp. steigend) auf die Korrosion von Stahl durch 20%ig. HCl_{sph} bei 300—500°. (Журнал Прикладной Химии [J. angew. Chem.] **31.** 84—89. Jan. 1958. Woroschilow-Inst. für organ. Zwischenprodd. u. Farbstoffe.) R. K. MÜLLER. 6538

Apolonia Malinowska, *Der Einfluß des Elektropolierens auf die Korrosion von Aluminium in verdünnter Salpetersäure.* In *$HClO_4$–Essigsäure* u. in *CrO_3–H_3BO_3–H_3PO_3–Oxalsäure* mit pulsierendem Gleichstrom poliertes Al-Blech wird gegen *H_2S* u. *SO_2* resistent u. ist auch in 1,5n HNO_3 beständiger als unbehandeltes oder mit einer natürlichen Oxydschicht bedecktes Al. Die Anwendung von pulsierendem Gleichstrom erhöht die Haftfestigkeit der Schutzschicht. *NH_4^+* verzögert den HNO_3-Angriff um so mehr, je niedriger die Temp. ist. Der elektr. Widerstand der elektropolierten Al-Oberfläche ist nach 60 Min. Polieren 4mal so groß wie nach 30 Minuten. (Przemysł chem. **37.** 336–38. Mai 1958. Warszawa, Uniw., Zakł. Elektrochem. i Korozji.) F. URBAN. 6538

Saburô Shimodaira und **Yoshinobu Sawada,** *Untersuchungen über Korrosion in Kraftwerken, die saures Flußwasser verwenden.* 17. Mitt. *Betriebsversuche an Aluminiumlegierungen.* (18. vgl. C. **1958.** 4926.) Unterss. über das Verh. von Al-Proben 3 S (61 S) mit 0,06 (0,24) (%) Cu, Spuren (1,06) Mg, 1,20 (0,02) Mn, 0,44 (0,24) Fe, 0,18 (0,60) Si, 0,07 (0 045) Zn, 0 (0,28) Cr, 0 (0,02) Ti, Rest (Rest) Al u. A 162 (A 166) mit 0,010 (0,005) Cu, Spuren (Spuren) Mg u. Mn, 0,074 (0,076) Fe, 0,06 (0,06) Si, 0,010 (0,015) Zn, Rest (Rest) Al gegen saures Flußwasser (p_H 3,6–5,8) zeigen (Best. der Zugfestigkeit der Probestücke), daß die Proben A 162 u. 166 beständig u. wahrscheinlich für den Betrieb verwendbar sind. Die Proben 3 S u. 61 S zeigen in 8 Monaten starke Korrosionen. (Nippon Kinzoku Gakkai-Si [J. Japan Inst. Metals] **20.** 500–02. Sept. 1956. [Orig.: japan.; Auszug: engl.]) W. WESLY. 6538

A. Logan, *Korrosionsschutz in Öltankern.* Übersicht über Grundzüge u. Erscheinungsform der Korrosion von Öltankern u. die Verff. zu ihrer Verhütung: Kathodenschutz, Überzüge, Inhibitoren. (Bull. techn. Bureau Veritas **40.** 349–60. Okt. 363–74. Nov. 1958. Inst. of Marine Engineers.) W. WESLY. 6538

W. F. Negrejew, A. A. Farchadow und **B. A. Samanow,** *Über die Anwendung von elektrochemischem Schutz in dünnen Filmen von fließendem Meerwasser.* Als Laboratoriumsmodell für den elektrochem. Schutz von Stahlpfählen in dem von den Meerwasserwellen umspülten u. damit dem größten Korrosionsangriff ausgesetzten Bereich untersuchen Vff. Stahlrohre, die von 150, 300, 500 u. 3000 μ dicken Meerwasserfilmen umströmt werden. Bei allen Filmdicken ist ein Schutzpotential von –0,65 V gegenüber der H-Normalelektrode ausreichend. Ein über 60 Tage (Juli/August) erstreckter Vergleichsvers. unter realen Bedingungen ergab für eine ungeschützte Probe eine durchschnittliche Korrosion von 0,7 g/m²/Std. gegenüber 0,02–0,03 g/cm²/Std. für die geschützte. (Известия Академии Наук Азербайджанской ССР, Серия Физико-Технических и Химических Наук [Nachr. Akad. Wiss. AserbaidshanSSR, Ser. physik.-techn. chem. Wiss.] **1958.** Nr. 3. 103–09.) R. AMBERGER. 6538

James C. Grant und **Paul B. Sweet,** Denver, Colo., V. St. A., *Gewinnung von Metallen aus Erzen,* z. B. *Cu* aus *Cu-Erzen.* Die Erztrübe wird einem mehrstufigen Laugesyst. zugeführt u. dort unter Atmosphärendruck behandelt, wobei das Erz in jeder Stufe durch einen Luftstrom kräftig aufgewirbelt u. gerührt wird. Als Lösungsm. wird dem Luftstrom NH_3-Gas zugefügt. Die angereicherte Lsg. u. der ausgelaugte Rückstand werden aus dem Lösungssyst. entfernt u. voneinander getrennt. Ein Teil der Lsg. wird dem Laugesyst. wieder zugeführt, ebenso das aus den Lsgg. entweichende NH_3-Gas nach seiner Verdichtung. — Abbildung. (**A. P. 2 830 895** vom 9/1. 1953, ausg. 15/4. 1958.) M. NECKERMANN. 6361

Klöckner-Hüttenwerk Haspe Akt.-Ges. (Erfinder: **Otto Arthur Weyel**), Hagen/Haspe (Westf.), *Stückigmachen von Fein- und Feinsterzen,* dad. gek., daß zwischen 2 Elektroden durch eine angehäufte Menge Feinerz ohne Zusatz von Brennstoffen ein elektr. Strom fließt, wobei das Erz selbst die Strombrücke u. den elektr. Widerstand für die Erzeugung der zum Rösten u. Sintern erforderlichen Wärmegrade von ca. 800 bis 1200° bildet u. dessen elektr. Energien durch die Widerstandserhitzung das Feinerz röstet u. sintert. Zu Beginn des Prozesses dient ein schmaler, in das Sintergut eingelegter Streifen von Fe-Spänen zur Bldg. einer Strombrücke. — Abbildungen. (**D. A. S. 1 041 514** Kl. 18a vom 24/3. 1955, veröff. 23/10. 1958.) M. NECKERMANN. 6377

General Mills, Inc., übert. von: **Norval G. Barker** und **Robert Nordgren,** Minneapolis, Minn., V. St. A., *Bindemittel für Erzpellets,* bestehend aus 65–95% *Bentonit,* Rest alkal. *Sojabohnenmehl.* Die Erzpellets enthalten 0,03–0,1% alkal. Sojabohnenmehl u. 0,2–0,5% Bentonit. Als Beispiel ist die Herst. von Pellets aus magnet. *Takoniterzen* genannt. (**A. P. 2 833 642** vom 10/11. 1954, ausg. 6/5. 1958.) M. NECKERMANN. 6377

Röchling'sche Eisen- und Stahlwerke G. m. b. H. (Erfinder: **Karl Heyden**), Völklingen/Saar, *Verwertung von Feinstaub beim Sintern von Feinerzgemischen oder Gichtstaub,* dad. gek., daß der an Entstaubungseinrichtungen entfallende Feinstaub unmittelbar an der Entfallstelle mit Fll. zu einer Trübe vereinigt wird, die dem feinkörnigen Stoffen beim Mischen zugesetzt wird. — Abbildungen. (**D. A. S. 1 032 927** Kl. 40a vom 17/4. 1954, veröff. 26/6. 1958.) M. NECKERMANN. 6379

Jean Raymond Valère Martiny (Erfinder: **Jean Raymond Valère Martiny**), Rouen, Seine-Inférieure, Frankreich, *Schutz der Oberfläche eines geschmolzenen Metalls* gegen die lufthaltige Ofenatmosphäre durch Aufbringen von schwimmenden Körpern

auf die Oberfläche des Metalls, dad. gek., daß die schwimmenden Körper feuerfest u. gut wärmeleitend sind; sie können aus *Carborund* u. *Graphit* bestehen u. sind in der Form von sechseckigen Platten ausgeführt. (**D. B. P. 970 667** Kl. 40a vom 19/5. 1953, ausg. 16/10. 1958. Anmeldung bekanntgemacht 14/4. 1955. F. Prior. 21/5. 1952.)
M. NECKERMANN. 6381

Hüttenwerk Oberhausen Akt.-Ges. (Erfinder: **Kurt Heinrich** und **Paul Höller**), Oberhausen, Rheinland, *Entfernung von festen oder flüssigen Verunreinigungen aus Metallschmelzen.* In der Schmelze werden stehende Druckwellen erzeugt, bei denen die Schwingungsrichtung entweder senkrecht zur Richtung des hydrostat. Auftriebs liegt oder in die Richtung des hydrostat. Auftriebs fällt, wobei im letzteren Falle die Schwingungen regelmäßig unterbrochen werden u. die Unterbrechungszeiten den geometr. Abmessungen des Schmelzgefäßes sowie dem hydrostat. Auftrieb der Einschlüsse angepaßt werden. (**D. A. S. 1 032 554** Kl. 40a vom 21/5. 1954, veröff. 19/6. 1958.)
M. NECKERMANN. 6381

Hüttenwerk Rheinhausen Akt.-Ges., Rheinhausen, *Herstellung tonerdereicher Schlacken bei metallurgischen Schmelzprozessen.* Schlacken, welche Al_2O_3 in lösl. Form, unter 15% SiO_2 u. viel Kalk enthalten, erhält man dadurch, daß sogenannter „Kalkkoks", der aus einer Mischung feinen Kalksteins u. feiner Kohle hergestellt ist, wenigstens zum Teil für die üblichen Koksgichten verwendet wird u. dafür der Kalkanteil in der Erzgicht entsprechend verringert wird, wobei der „Kalkkoks" wenigstens 40 Gew.-% der Brennstoffgicht beträgt u. bes. der gesamte in der Koksasche enthaltene SiO_2-Anteil vom Kalk des im „Kalkkoks" enthaltenen Kalkes chem. gebunden wird. Der *Fe*-Hochofenprozeß ist als Beispiel angegeben. (**E. P. 799 117** vom 3/1. 1957, ausg. 30/7. 1958. D. Prior. 4/1. 1956.) M. NECKERMANN. 6381

Badische Anilin- & Soda-Fabrik Akt.-Ges., Ludwigshafen/Rh. (Erfinder: **Leo Schlecht, Georg Trageser,** Ludwigshafen/Rh., und **Rudolf Staeger,** Friedelsheim, Pfalz), *Schwefelung von Metallen,* dad. gek., daß man Metalle in Form ihrer Schmelze oder bei genügend feiner Verteilung, z. B. Schleifstaub, unterhalb ihres F. mit S-Oxyden als solchen oder in Form von Salzen, gegebenenfalls zusammen mit elementarem S u./oder Sulfiden u./oder anderen reduzierenden Substanzen behandelt. Das Verf. eignet sich zur Verarbeitung von *Ni, Cu* u. *Co* enthaltendem Metallschrott. (**D. A. S. 1 034 868** Kl. 40a vom 25/8. 1956, veröff. 24/7. 1958.) M. NECKERMANN. 6381

Dr. F. Raschig G. m. b. H., Ludwigshafen/Rh. (Erfinder: **Karl Rauh,** Ludwigshafen/Rh., und **Hans Derlon,** Bad Dürkheim), *Herstellung hochquellfähiger Tone,* bes. als Bindemittel für Gießereizwecke, aus natürlichen *Ca-Montmorilloniten,* die zunächst in bekannter Weise sauer u. alkal. behandelt werden, dad. gek., daß als Aktivierungsmittel feste Stoffe verwendet werden, wobei die natürliche Feuchtigkeit der Tone als Lösungsm. dient. (**D. A. S. 1 054 437** Kl. 12i vom 11/12. 1957, veröff. 9/4. 1959.) A. GRADL. 6383

Texaco Development Corp., New York, übert. von: **Harry V. Rees,** Chappaqua, und **Frederick Burton Sellers,** Tarrytown, N. Y., V. St. A., *Reduktion von Metalloxyden* unter gleichzeitiger Co- u. H_2-Entwicklung. Die Metalloxyde werden mit fl. KW-stoffen unter Bldg. eines Schlammes vermischt u. in einem begrenzten Strom in turbulentem Fluß durch eine rohrförmige erhitzte Zone geführt. Dabei verdampfen die fl. KW-stoffe. Die Gas--Feststoff-Dispersion aus Metalloxyd u. KW-stoffdampf wird in einer Reaktionszone mit O_2-haltigem Gas zusammengebracht, wo bei mehr als 2000° F Metall, CO u. H_2 gebildet werden. Das Verf. ist zur Herst. von *Fe* aus *Fe-Oxyden* geeignet. — Abbildung. (**A. P. 2 824 792** vom 15/2. 1955, ausg. 25/2. 1958.)
M. NECKERMANN. 6391

Institut de Recherches de la Sidérurgie, Frankreich, *Entschwefelung einer Gußeisenschmelze insbesondere zur Herstellung von Gußeisen mit Kugelgraphit* ist dad. gek., daß eine erste Entschwefelung mit einem billigen Entschwefelungsmittel nach dem Verf. des F. P. 1 125 154 durchgeführt wird, um den S-Geh. auf einen vorbestimmten Betrag zu senken, worauf ein sehr energ. saures Mittel oder Gemisch in die Schmelze eingeblasen wird, um den S-Geh. bis auf außerordentlich niedrige Restgehh. unter 0,004% zu entfernen. Als energ. Entschwefelungsmittel kommt Mg oder ein Gemisch aus CaO u. Mg, CaO oder ein Gemisch aus CaO u. Al zur Verwendung. — Abbildungen. (**F. P. 67 861** vom 14/5. 1955, ausg. 25/3. 1958. **Zusatz zu F. P. 1 125 154; C. 1958. 10 497.**)
H. HOCHSTEIN. 6405

Union Carbide Corp., New York, N. Y., übert. von: **Jackson S. Snyder,** Elizabeth, und **Matthew F. Slowinski,** Lake Hiawatha, V. St. A., *Herstellung von Schweißstangen zum Auftragen von als Gußeisen mit Kugelgraphit erstarrendem Metall* ist dad. gek., daß ein Gußeisenschmelzbad erzeugt wird, welches ohne Impfung u. durch Gießen ein n. graues Gußeisen ergeben würde, daß diesem fl. Gußeisen *Ce* u. *Na* zugesetzt u. nach der Impfung das Gußeisen in Form von Schweißstangen vergossen wird. Bes. wird nicht unter 0,1% Ce in Form von Mischmetall u. 0,05% Na dem Gußeisen zugesetzt. (**A. P. 2 819 502** vom 5/10. 1955, ausg. 14/1. 1958.) H. HOCHSTEIN. 6405

Unterharzer Berg- und Hüttenwerke G. m. b. H. (Erfinder: **Werner Neumann**), Goslar, *Zerlegung technischer Zink–Blei-Mischoxyde* mit 8—35% *Pb* durch Verdampfen der Pb-Verbb. u. Zurücklassen des *Zn* als ZnO, dad. gek., daß das Pb des Mischoxydes in einer ersten, bei Tempp. unterhalb 1000° stark reduzierend arbeitenden Stufe durch H_2S enthaltendes Generatorgas in PbS übergeführt wird, das in einer zweiten, bei über 1000° arbeitenden Stufe in einer schwach reduzierend wirkenden Atmosphäre zum Verdampfen gebracht wird, ohne daß dabei nennenswerte Mengen an Zn verflüchtigt werden. — Abbildungen. (**D. A. S. 1 031 971** Kl. 40a vom 2/12. 1955, veröff. 12/6. 1958.) M. NECKERMANN. 6427

Bernard O. Wilcox, Wallace, Idaho, V. St. A., *Behandlung von Zinkerzen* unter Abtrennung von SiO_2, von *Fe* u. der *Gangart* von feinen *Zinkblende*-Teilchen oder Konzentraten. Die Zinkblende wird einem durch einen Kanal strömenden oxydierenden Gas, das über die Entzündungstemp. der Zinkblende erhitzt ist, in Nähe des Gaseintritts zugeführt, wobei sie sich während der Fall- u. Längsbewegung innerhalb des Kanals entzündet u. abröstet. Die unverbrannten Feststoffe des Erzes schmelzen zusammen u. werden aus dem Kanal in eine Kammer abgeführt, wo sie bei verminderter Temp. u. in dünner Schicht das *Zn* in Dampfform abgeben. — Vorrichtung. (**A. P. 2 827 370** vom 3/7. 1951, ausg. 18/3. 1958.) M. NECKERMANN. 6427

Régie Nationale des Usines Renault, Frankreich, *Behandlung von silicatischen Nickelerzen mit Salzsäure,* um das *Ni* in lösl. $NiCl_2$ überzuführen, dad. gek., daß das Erz zwischen 180 u. 500° einem Strom von HCl u. Reduktionsgasen ausgesetzt wird, worauf die gebildeten Ni-Chloride mit einer bis zu 10%ig. HCl gelaugt werden. — Abbildungen. (**F. P. 1 160 094** vom 25/10. 1956, ausg. 7/7. 1958.) M. NECKERMANN. 6435

Régie Nationale des Usines Renault, Frankreich, *Behandlung von silicatischen Nickelerzen,* z. B. *Garnierit.* Das Erz wird nach Red. in einem H_2-Strom bei 30—50° mit einer ammoniakal. Lsg. behandelt, die 10—30 g NH_3/Liter Lsg. enthält u. das Anion des NH_4-Salzes zwischen 55—75% des Gesamt-NH_3-Geh. absättigt. Als NH_4-Salz findet $(NH_4)_2CO_3$ Verwendung. — Kurvenbild. (**F. P. 1 160 093** vom 25/10. 1956, ausg. 7/7. 1958.) M. NECKERMANN. 6435

Soc. d'Électro-Chimie, d'Électro-Métallurgie et des Aciéries Électriques d'Ugine, Paris, übert. von: **Hermann Castagna, Guy Gravey, Francis Reynaud** und **André Roth,** Pombliere, Frankreich, *Abtrennung von Ni aus Ni und Co enthaltenden Lösungen.* Der Lsg. wird ein aus Metall, das elektronegativer ist als Ni, z. B. *Fe,* sowie festes Material, das aus sulfarsenid. oder arsenid. *Co-* u. *Ni*-Erz, z. B. Speiskobalt, besteht u. elektropositiver als Ni ist, hinzugefügt. Die Mischung wird auf eine Temp. von mehr als 70° erwärmt u. auf einen p_H-Wert von 1—4 eingestellt, um Ni auf dem festen Material abzuscheiden. Dieses fast nur mehr Ni u. nur wenig Co enthaltende Material wird von der im wesentlichen nur Co enthaltenden Lsg. abgetrennt u. der Ni enthaltende Feststoff mit Cu^{3+}- oder Fe^{3+}-Salzlsg. zur Gewinnung des Ni behandelt. (**A. P. 2 829 965** vom 15/5. 1956, ausg. 8/4. 1958.) M. NECKERMANN. 6435

Badische Anilin- & Soda-Fabrik Akt.-Ges., Ludwigshafen/Rh. (Erfinder: **Leo Schlecht, Georg Trageser,** Ludwigshafen/Rh., und **Rudolf Staeger,** Friedelsheim), *Herstellung sulfidischer Metallschmelzen,* bes. *Ni–Cu-Stein,* dad. gek., daß elementarer S in feiner Verteilung mittels eines Trägergases oder in Dampfform in die metall. Schmelze eingeführt wird. Der Stein läßt sich sowohl auf nassem Wege als auch über die Bldg. von Ni-Carbonyl zu *Rein-Ni* verarbeiten. (**D. A. S. 1 031 970** Kl. 40a vom 10/1. 1956, veröff. 12/6. 1958.) M. NECKERMANN. 6435

Farbenfabriken Bayer Akt.-Ges., Leverkusen-Bayerwerk (Erfinder: **Dieter Goerrig,** Lohmar, **Friedrich Schubert** und **Engelbert Walaschewski,** Leverkusen), *Herstellung von Magnesium* gemäß D. A. S. 1 026 533 durch Umsetzen einer Mg-Verb. mit einem techn. Erdalkalihydrid, das ebenso wie die Mg-Verb. sehr stark (etwa bis zum Zehnfachen des Mg-Gewichtes) durch Oxyde, Nitride, Carbide, Silicide, Sulfide von Erdalkalien, Al, Fe u. anderen Metallen sowie durch diese Metalle u. C verunreinigt sein kann, dad. gek., daß das Mg aus dem Reaktionsgemisch dampfförmig abgezogen u. anschließend kondensiert wird. — Zeichnung. (**D. A. S. 1 034 870** Kl. 40a vom 1/10. 1955, veröff. 24/7. 1958. **Zusatz zu D. A. S. 1 026 533; C. 1959. 283.**) G. APEL. 6445

William Jessop & Sons Ltd., England, *Titanlegierungen* bestehen aus Elementen der α-Phase, u. zwar 0—10(%) *Al,* 0—8 *Sn,* 0—10 *Zr,* 0,02—0,3 *O,* 0,02—0,2 *N* u. denjenigen der β-Phase wie 0—10 *Mo*, 0—10 *V*, 0—10 *Nb*, 0—10 *Ta* sowie härtenden Bestandteilen, wie 0—2 *Si*, 0—4 *Cr*, 0—4 *Mn*, 0—2 *B*, 0—4 *Fe* u. 0—2 *Be*. Die Legierungen lassen sich gut schmieden u. sind kriechfest bei 400—500°. (**F. P. 1 141 963** vom 3/12. 1955, ausg. 12/9. 1957.) C. GÖTZE. 6449

American Cyanamid Co., New York, N. Y., übert. von: **Erwin L. Carpenter** und **Norman Hedley**, Stamford, Conn., V. St. A., *Extraktion von Edelmetallen aus ihren Erzen mittels α-Oxynitrilen.* Das Erz wird gemahlen u. im W. aufgeschlämmt u. dann mittels α-Oxynitril oder Lactonitril gelaugt. (**A. P. 2 829 045** vom 22/1. 1957, ausg. 1/4. 1958.) M. NECKERMANN. 6459

Universal Oil Products Co., Des Plaines, übert. von: **William G. Nixon**, Westchester, Ill., V. St. A., *Gewinnung von Platin aus Platin und Tonerde bestehenden Stoffen*, z. B. Katalysatoren, durch Erhitzen auf 200—1600° F u. Behandlung mit einem flüchtigen chlorhaltigen Material. Aus der Tonerde bildet sich flüchtiges $AlCl_3$, welches Pt vom Tonerdeträger ablöst. Pt kann aus den von der Reaktionszone abgezogenen Dämpfen gewonnen werden. Als Chlorierungsmaterial kann PCl_5 zur Anwendung kommen. (**A. P. 2 828 200** vom 25/7. 1955, ausg. 25/3. 1958.) M. NECKERMANN. 6465

United States of America, übert. von: **Claire C. Balke**, Drexel Hill, und **William S. Graff**, Philadelphia, Pa., V. St. A., *Herstellung eines pyrophoren Elements.* Eine gepulverte Mischung aus 35(%) *Zr*, 30 *Ti* u. 35 *Pb* sowie eine solche aus gepulvertem elektrolyt. *Fe* mit 4—11 $NiCO_3$ werden gesondert mit einem in Xylol gelösten organ. Plastifizierungsmittel getränkt u. unter Verdampfung des Xylols zu einer teigartigen, gut durchmischten M. geformt. Darauf wird die Zr-M. durch die zentrale Öffnung eines Gerätes herausgepreßt u. gleichzeitig die Fe-M. aus konzentr. um die zentrale Öffnung gelagerten Öffnungen herausgedrückt, so daß die Zr-M. als Kern von der Fe-M. ummantelt wird. Diese M. wird, nachdem das noch vorhandene Xylol ausgetrieben ist, im Vakuum bei 200—600° erhitzt, um das Plastizierungsmittel zu entfernen, darauf bei 1000—1400° in einer H_2-Atmosphäre gesintert u. unter Aufrechterhaltung des Vakuums abgekühlt. — Apparatur. (**A. P. 2 819 163** vom 16/3. 1956, ausg. 7/1. 1958.) C. GÖTZE. 6475

General Electric Co. Ltd., London (Erfinder: **Maurice Donovan**), England, *Herstellung von Körpern aus Metallpulver.* Eine Form aus biegsamem elast. Material befindet sich in einem porösen Behälter, der die Form des Körpers besitzt, aber in seinen Dimensionen größer ist als die Form des Körpers u. der in ein evakuierbares Gefäß eingesetzt ist. Letzteres wird evakuiert u. die elast. Form, die sich dabei vergrößert, mit Metallpulver gefüllt. Darauf wird die gefüllte Form in einen anderen Behälter gebracht u. einem hydraul. Druck ausgesetzt. Der Körper erhält dadurch die gewünschte Gestalt u. kann nach Befreiung von der Form gesintert werden. (**E. P. 787 352** vom 17/3. 1955, ausg. 4/12. 1957.) C. GÖTZE. 6475

Gebrüder Giulini G. m. b. H., Ludwigshafen/Rh., *Gewinnung von Eisenpulvern durch Reduktion von Rotschlämmen.* Der Schlamm wird vor der Red. (mit H_2 bei 700°) von seinen neben dem Eisenoxydhydrat vorhandenen anderen Bestandteilen durch eine Reinigung befreit, z. B. durch Behandlung mit verd. Säuren oder mit Alkalilauge, wobei Natriumaluminiumsilicat bzw. Tonerdehydrat entfernt werden. (**D. B. P. 970 077** Kl. 18a vom 13/4. 1951, ausg. 21/8. 1958. Anmeldung bekanntgemacht 22/1. 1953.) W. HAUSWALD. 6475

Firth Sterling, Inc. (Erfinder: **William W. Wellborn**), V. St. A., *Carbidkörper* besteht aus einer Grundsubstanz, die aus einer gesätt. festen Lsg. der *Carbide* des *Ti* u. *W*, wobei das TiC an Vol. überwiegt, ferner aus WC u. als Bindemittel *Co* besteht. Die feste Lsg. nimmt ein Vol. ein, das bedeutend größer ist als dasjenige der übrigen Bestandteile. Der Körper zeichnet sich durch Querbruchfestigkeit u. gute spanabhebende Bearbeitbarkeit aus. Nähere Einzelheiten sind aus dem beigefügten tern. Diagramm ersichtlich. (**F. P. 1 145 454** vom 30/1. 1956, ausg. 25/10. 1957. A. Prior. 3/2. 1955.) C. GÖTZE. 6477

South African Iron and Steel Industrial Corp. Ltd., Südafrikan. Union, *Wärmebehandlung von Metallen und metallhaltigen Materialien* ist dad. gek., daß O_2 oder ein an O_2 angreichertes Gas in das geschmolzene Metall bzw. Metallegierung mit einem Rohr oder einer Lanze aus einem solchen Material eingeleitet wird, daß das Oxydationsprod. des Rohres oder der Lanze eine Schlacke bildet u. bei der Verbrennung mehr Wärme erzeugt wird, als bei der Oxydation des zu behandelnden Metalls bzw. metallhaltigen Materials entstehen würde. Zweckmäßig wird bei diesem Verf. an O_2 angereicherte Luft als Oxydationsgas u. als Werkstoff des Rohres bzw. Lanze Al oder eine Al-Legierung, z. B. eine Al-Mg- oder Al-Si-Legierung, verwendet. (**F. P. 1 154 338** vom 29/6. 1956, ausg. 4/4. 1958. Süd-Afrikan. Union-Prior. 6/7. 1955.) H. HOCHSTEIN. 6493

Régie Nationale des Usines Renault, Frankreich, *Vermeidung von Härte- und Ermüdungsrissen oder -brüchen von Kammwalzenzähnen* und ähnlichen Gegenständen aus hartem, durch induktive Hochfrequenzerhitzung mit nachfolgender Abschreckung gehärtetem Stahl ist dad. gek., daß der gehärtete Gegenstand gleichmäßig auf eine möglichst hohe, jedoch unterhalb der Temp. der beginnenden Umwandlung u. unterhalb der Temp. eines vorausgegangenen Anlassens, sofern eine allg. Vorbehandlung stattgefunden hat, liegende Temp., z. B. auf 350–700° erhitzt wird. (**F. P. 942 688** vom 5/3. 1947, ausg. 15/2. 1949.) H. HOCHSTEIN. 6493

Régie Nationale des Usines Renault, Frankreich, *Induktive Oberflächenhärtung von Stahl mit hoher Gleichmäßigkeit der Härteschichttiefe* nach dem F. P. 942 688, ist dad. gek., daß die induktive Vorerwärmung des zu behandelnden Stahles mit möglichst niedriger Frequenz u. zur Erzielung eines weitgehenden Temperaturausgleichs zwischen der Oberfläche u. dem Kern genügend lange durchgeführt wird, worauf die der Vorerwärmung folgende Erhitzung auf hohe Temp. in sehr kurzer Zeit, z. B. in Bruchteilen von Sekunden, mit hoher Frequenz vorgenommen wird. (**F. P. 63 653** vom 5/1. 1953, ausg. 30/9. 1955. **Zusatz zu F. P. 942 688; s. vorst. Ref.**) H. HOCHSTEIN. 6493

Rudolf Hingst, Kassel-Wilhelmshöhe (Erfinder: **Rudolf Hingst**), *Verbinden von Teilen aus gleichen oder verschiedenen Metallen miteinander,* z. B. von Rippen mit Rohren zu Rippenrohren für Wärmeaustauschzwecke, wobei die lose zusammengesetzten bzw. zusammengesteckten Metallteile zunächst durch Tauchen in ein Bad aus Metall mit verhältnismäßig niedrigem F., z. B. *Zn* oder *Sn*, miteinander verbunden werden, dad. gek., daß der die Verbindung der Teile herstellende Metallüberzug durch Tauchen des Gegenstandes in ein Bad aus Metallen höheren F., z. B. *Al* oder *Cu* in eine hitzebeständige Legierung umgewandelt wird. (**D. A. S. 1 025 231** Kl. 48b vom 21/10. 1953, veröff. 27/2.1958.) G. APEL. 6505

Metallgesellschaft Akt.-Ges., Frankfurt/M. (Erfinder: **Wilhelm Standop, Walter Thill,** Bonn, und **Heinz Johnen,** Duisburg), *Lötmittel* ohne Fett-, Kolophonium- u./oder Glycerinzusatz, dad. gek., daß organ. Stoffe als Lötmittel verwendet werden, die während des Lötvorganges verdampfen ohne einen Rückstand zu hinterlassen u. die frei von Hydrazin u. Hydrazinderivv. sind, bes. *Methyl-, Äthyl-, Propylurethane* oder andere *Urethanderivv.* oder *Propionsäureamid, Oxalsäuredimethylester,* aliphat. Ester der *Crotonsäure* oder *Pyrazol,* oder Gemische dieser Stoffe. Zur Erhöhung der Beizwrkg. können an sich bekannte Beizmittel in Mengen bis zu 10% zugesetzt sein. (**D. A. S. 1 041 770** Kl. 49h vom 31/7. 1953, veröff. 23/10. 1958.) G. APEL. 6505

Siemens-Schuckertwerke Akt.-Ges., Berlin und Erlangen (Erfinder: **Hermann Laußmann,** Berlin-Siemensstadt), *Mit Lot überzogene, nachgiebige, aus dünnem Stahldraht oder -band bestehende Zwischenlage zum Verlöten von Hartmetallstücken oder anderen Schneidkörpern mit Werkzeugschäften,* dad. gek., daß die Drähte bzw. Bänder parallel zueinander angeordnet in einer Lotschicht, beispielsweise *Cu* eingebettet sind. – Zeichnungen. (**D. B. P. 970 847** Kl. 49h vom 1/5. 1941, ausg. 6/11. 1958. Anmeldung bekanntgemacht 10/12. 1953.) G. APEL. 6505

Willem Smit & Co's Transformatorenfabriek N. V., Nijmegen, Holland, *Schweißen von Kupfer und -legierungen* mit einem Schweißdraht oder einer Schmelzelektrode, dad. gek., daß man als Desoxydationsmittel ausschließlich *Zn* u./oder *Cd* anwendet, u. zwar in Mengen von 0,1–3% des techn. reinen Cu, das als Schweißdraht oder Schmelzelektrode angewendet wird. (**Holl. P. 88 069** vom 26/3. 1952, ausg. 16/5. 1958.) K. DEMMLER. 6507

Vennootschap Onder de Firma Exploitatie-Onderneming van Octrooirechten „Noortich", Noordwijk aan Zee, *Hartlöten oder Schweißen von Aluminium oder Aluminiumlegierungen an Metallen,* z. B. Cu, Fe, Stahl, dad. gek., daß kein Flußmittel oder Schutzgas angewendet wird u. das Löt- oder Schweißmaterial aus einer Legierung von 76,2–85 (Gew.-%) *Al*, 19–12 *Ag* u. 4,8–3 *Si* besteht. (**Holl. P. 87 519** vom 28/11. 1955, ausg. 15/2. 1958.) K. DEMMLER. 6507

Soc. des Soudures Castolin Soc. An., Lausanne, Schweiz (Erfinder: **René D. Wasserman,** Flushing, N. Y., V. St. A.), *Umhüllte Schweißelektrode,* deren Umhüllung einen Teil der in die Schweißnaht einzubringenden Metallbestandteile enthält, zur Herst. von Schweißnähten mit ca. 29 (%) *Cr* u. 9 *Ni*, dad. gek., daß sie aus einem Metallkern aus austenit. Cr-Ni-Stahl mit 17–20 Cr- u. dem gesamten Ni-Geh. u. einer neben Flußmitteln noch 35–45 Cr u. bes. auch Ferrosilicium enthaltenden Umhüllung besteht. (**D. A. S. 1 036 608** Kl. 49h vom 29/4. 1953, veröff. 14/8. 1958.) G. APEL. 6507

Alfred Beck, Dresden, *Uhrfederstahl,* bes. für *Unruhespiralen,* bestehend aus einer Grundlegierung, z. B. *Ni, Cr, Wo* u. *Fe*. Die daraus hergestellte Feder wird in einer gasförmigen Phase eines Metallsalzes, z. B. von $BeCl_2$, auf 490—1000° erhitzt u. danach an der Oberfläche durch Ausscheidungshärtung vergütet. Man erhält dabei einen weichen Kern u. eine harte Oberfläche, so daß sowohl die Temperaturfehler als auch die Lagenfehler weitgehend kompensiert werden. (**D. P. [DDR] 13 775** Kl. 83a vom 28/1. 1955, ausg. 9/9. 1957 [Wirtschaftspatent].) M. F. MÜLLER. 6513

Trierer Walzwerk Akt.-Ges., Wuppertal-Langerfeld, *Aufschmelzen von galvanisch verzinnten Stahlblechen oder -bändern.* Die Erfindung besteht in der Anwendung des Verf. zum Aufschmelzen von galvan. verzinnten Stahlblechen oder -bändern für das anschließende Einbrennen eines Lacküberzuges nach D. A. S. 1 015 297 auf lackierte/verzinnte Stahlbleche oder -bänder unter Ausnutzung der Aufschmelztemp. u. Abkühlung in 1—2 Sek. auf eine Temp. unter 200°. (**D. A. S. 1 041 760** Kl. 48a vom 24/4. 1956, veröff. 23/10. 1958. **Zusatz zu D. A. S. 1 015 297; C. 1958. 12819.**) H. HÄNLE. 6515

Plating Chemie N. V. (Erfinder: **Jules Maria Odekerken**), 'sHertogenbosch, *Elektrolytisches Vernickeln mit hohem Glanz.* Einem gebräuchlichen sauren Ni-Bad setzt man das Reaktionsprod. aus einem Thiol, HCO_2H u. einem 2.5-Dimercapto-1.3.4-thiadiazol zu, wobei die Gewichtsverhältnisse der 3 Reaktionskomponenten zwischen 1:1:1 u. 4:2:1 liegen. — Beispiel für die Zus. eines Ni-Bades: 300 (g/Liter) *$NiSO_4 \cdot 7 H_2O$*, 60 *$NiCl_2$*, 40 *Borsäure* u. 2 4-Methylbenzolsulfonamid. (**Holl. P. 90 289** vom 21/1. 1957, ausg. 16/3. 1959.) K. DEMMLER. 6521

American Chemical Paint Co., Ambler, übert. von: **George F. Otto,** Oreland, Pa., V. St. A., *Überziehen von Zirkonium* wodurch das „Fressen“ im Kontakt mit anderen Metallen oder bei Anwendung kalter mechan. Verff., wie Ziehen, verhindert wird sowie als Zwischenschicht beim Aufbringen von Überzügen. Das Metall wird mit einer wss. Lsg. die 1,25—11 g/Liter Na-Ionen u. 15—35 F-Ionen enthält, behandelt. Z. B.: 40 $NH_4 \cdot HF_2$, 20 $NaNO_3$, 5 Min., ca. 80°F. (**A. P. 2 836 525** vom 18/5. 1956, ausg. 27/5. 1958.) G. FRIKELL. 6529

Siemens-Planiawerke Akt.-Ges. für Kohlefabrikate, Meitingen und München (Erfinder: **Erich Fitzer,** Wien), *Kontaktkörper für Werkstücke aus temperatur- und oxydationsbeständigen Hartstoffen, insbesondere für elektrische Heizleiter* in elektr. Widerstandsöfen, wobei die Hartstoffe Silicide oder Boride der Übergangsmetalle der IV. bis VI. Gruppe des Period. Syst. enthalten, dad. gek., daß zwischen dem Grundmetall des Kontaktkörpers u. dem Borid- oder Silicidwerkstoff des Werkstückes eine die Rk. des Grundmetalls mit den Siliciden oder Boriden hemmende Schutzschicht aus *Cr* oder *Pt, Pd* bzw. deren Legierungen vorhanden ist. Als Grundwerkstoff für den Kontaktkörper wird Al oder Ag verwendet. (**D. A. S. 1 024 306** Kl. 48b vom 23/2. 1954, veröff. 13/2. 1958. Oe. Prior. 26/2. 1953.) G. APEL. 6529

Munk & Schmitz K. G., Köln-Poll (Erfinder: **Rudolf Baldus,** Köln-Marienburg, und **Hermann Holler,** Frankfurt/M.), *Herstellen von Auskleidungen aus korrosionsfesten Metallen an Behältern,* dad. gek., daß als Auskleidung eingebrachte Dünnbleche neben den Verbindungsschweißnähten auf der Unterlage vor dem Legen der Verbindungsschweißnähte einseitig angepunktet werden. Zwischen Behälterwandung u. Dünnblech wird unter den Verbindungsschweißnähten eine Zwischenlage bes. aus dem Auskleidungswerkstoff vorgesehen. (**D. A. S. 1 035 452** Kl. 49h vom 15/11. 1954, veröff. 31/7. 1958. Oe. Prior. 9/12. 1953.) G. APEL. 6539

W. F. Negrejew, M. S. Trifel, S. A. Machmandarow, G. S. Petrow, M. S. Akutin, G. S. Brodskij, P. J. Fiskina und **B. S. Gratschewa,** *Verhütung von Zerstörungen von Rohrleitungen im Erdboden oder im Meerwasser.* Die Rohrleitungen werden zuerst in üblicher Art mit Bitumen isoliert; als zweite Schicht wird Erdboden mit Lsgg. von *Epoxy-* oder *Furylharzen* (in A., Aceton oder Dichloräthan gelöst) vermischt, wobei in einem Falle als Härtungsmittel 7% *Plyäthylenpolyamin,* im anderen 2% *Anilinhydrochlorid* in A. zugesetzt werden (**UdSSR. P. 112 338** vom 3/6 1957, gedruckt 15/5. 1958.) B. PANKOW. 6539

Union Oil Co. of California, Los Angeles, übert. von: **Howard F. Keller jr.,** Fullerton, Calif., V. St. A., *Korrosionsverzögerer* für Gas- u. Ölquellen zum Schutz von Eisenmetallen gegen Angriff von CO_2 u./oder H_2S bei erhöhter Temp. u. Druck. Der geförderten Fl. werden 0,0001—0,1 Vol.-% des in 90—20 Gew.-% eines fl. KW-stoffs gelösten Reaktionsprod. eines Vinylesters einer Fettsäure mit 12—22 C-Atomen mit einem Äthylenpolyamin gemäß der Formel $NH_2-(C_2H_4-NH)_x-H$ zugesetzt. Hierin ist $x = 1-5$. Dabei reagieren 1—6 Mol des Esters (jedoch nicht $> x + 1$) mit einem Mol des Amins. In der genannten Formel können 2—3 der Aminogruppe einen Substituenten nach der Formel $R-COO-C_2H_4-$ tragen, wobei R einen aliphat. Rest mit 11—21 C-Atomen bedeutet Beispiel 10 (Gewichtsteile) des Reaktionsprod. von 2 Mol Vinyloleat mit 1 Mol $C_2H_4-(NH_2)_2$ in 90 Kerasin. (**A. P. 2 824 835** vom 8/10. 1956, ausg. 25/2. 1958.) G. FRIKELL. 6539

Pan American Petroleum Corp., übert. von: **Loyd W. Jones**, Tulsa, Okla., V. St. A., *Korrosionsverzögerer in fester Form* für Gas u. Ölquellen, die in Öl lösl., in warmer Sole dispergierbar u. von lang dauernder Wrkg. sind. Die M. ist zusammengesetzt aus 15 bis 50 (Teilen) eines komplexen mit Gemenges aus einem aliphat Amin mit 10—20 C-Atomen u. einer Carbonsäure mit 5—20 C-Atomen, 1—10 eines in W. lösl., nicht ionogenen Emulsionsmittels, 25—60 eines in Öl lösl. polymerisierten Olefinbinders (F. 150 bis 250°), der aus einem ungesätt. KW-stoff, wie Äthylen, β-Pinen u. einem Gemisch ungesätt. KW-stoffe (F. 300—400°) aus dem Petroleum-Crack-Prozeß hergestellt wurde u. 3 bis 30 eines aliphat. Carbonsäureamids mit 6—18 C-Atomen. (**A. P. 2 833 712** vom 13/2. 1956, ausg. 6/5. 1958.) G. FRIKELL. 6539

Vereinigte Flußspatgruben G. m. b. H. (Erfinder: **Jon Seemann** und **Walter Mücke**), Stulln (Bay.), *Inhibitor für wasserenthaltende Lösungen* zur Unterdrückung des Angriffs von Säuren u. sauer reagierenden Substanzen auf Metalle. Verbb. nach der nebenst. Formel zeigen gute Wrkg., sind gut lösl. in W. u. billig. Hierin bedeuten R_1 u. R_2 H, Alkyl-, Aryl- u./oder Aralkylreste, R_3 einen der genannten Reste außer H. X steht für ein anorgan. oder organ. Anion. Andere bekannte Inhibitoren u. bekannte Netzmittel können gleichzeitig mit verwendet werden. Z. B. beträgt die Gewichtsabnahme für Fe-Blech in 5%ig. HCl bei 20° in 24 Std. 24,6 g/m², bei Anwendung von 70 (mg/Liter) Dibenzylsulfoxyd 3,50 g/m²), von 1000 Diphenylthioharnstoff 2,66 g/m². (**D. A. S. 1 038 866** Kl. 48d vom 5/9. 1956, veröff. 11/9. 1958.) G. FRIKELL. 6539

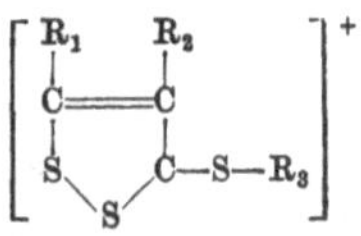

Broersen-Chemie N. V., Baarn, Holland, *Herstellung eines Korrosionsschutzmittels*, das ein Salz eines Diamins der Formel $RNH-(CH_2)_3-NH_2$ enthält, worin R eine Alkylgruppe darstellt. Man läßt P_2O_5 mit einer Monooxycarbonsäure, z. B. Glykolsäure oder Milchsäure, reagieren u. läßt das erhaltene Reaktionsprod. ca. 30 Min. bei 115—120° auf raffiniertes Montanwachs, das in Terpentin gelöst ist, einwirken. Das dabei erhaltene Prod. wird zusammen mit einem Diaminsalz in einem Gemisch von 1000 (g) Terpentinöl in 300 Xylol gelöst. (**Holl. P. 88 954** vom 20/9. 1955, ausg. 15/8. 1958.) H. NEBELSIEK. 6539

Hermann Schenck, Das Frischen von Thomas-Roheisen mit Sauerstoff-Wasserdampf-Gemischen und die Eigenschaften der damit erblasenen Stähle. Als Ms. gedr. Köln, Opladen: Westdeutscher Verl. 1957. (50 S. m. Abb.) 4° = Forschungsberichte d. Wirtschafts- u. Verkehrsministeriums Nordrhein-Westfalen. Nr. 458. DM 16,35.

IX. Organische Industrie.

Ju. G. Mamedalijew, M. M. Gusseinow und **F. A. Mechtijewa**, *Darstellung von Tetrachlorkohlenstoff durch Chlorierung von Methan in der Katalysatorwirbelschicht.* Bei 3—3½ std. Durchleiten von 97—98%ig. Methan u. Cl_2 (1:4) bei 380—400° durch eine Schicht von feinverteiltem Bimsstein mit einer Volumengeschwindigkeit von 6,35 bzw. 25,4 Liter/Std. u. einer Kontaktzeit von 5 Sek. wird CCl_4 in bis zu 90%ig. Ausbeute erhalten. Daneben entstehen ca. 5—10% *Tetrachloräthylen* u. *Hexachloräthan.* Die vorst. Meth. kann auch für die erschöpfende Chlorierung anderer Alkane angewendet werden. (Доклады Академии Наук СССР [Ber. Akad. Wiss. UdSSR] **122.** 817—20. 11/10. 1958. W. KURTZMANN. H 500

Jerzy Ruciński, Janusz Krzywicki und **Ryszard Bodalski**, *Reinigung von Butadien mit Schwefeldioxyd.* Durch Umsetzung von Rohbutadien mit mindestens 60% Geh. mit einem großen Überschuß von SO_2 bei 100° in Ggw. eines Katalysators (1% Pyrogallol) wird Butadienmonosulfon erhalten, das nach einmaligem Umkristallisieren bei 120° zers. wird u. reines (98,5—99%ig.) Butadien mit 89% Ausbeute liefert. (Przemysł chem. **37.** 163—67. März 1958. Łódź, Politechn., Kat. Technolog. Kauczuków.) F. URBAN. H 520

W. Je. Moroschkin und **W. P. Wolowik**, *Erfahrungen bei der komplexen Automatisierung eines Betriebs zur Regeneration von Essigsäure.* Es werden Einzelschemata der Automatisierung der Extraktion von *Essigsäure* (I) aus wss. Lsg. mit Äthylacetat (II), der Rektifizierung des Extraktes in **II**, W. u. **I** (Eisessig), der Regeneration des **II** u. der Aufarbeitung der **I** sowie ein Gesamtschema mitgeteilt. Im einzelnen wird der Einbau der Anlagen, die Anwendung von Typengeräten, die Leistung u. die weitere Entwicklungsmöglichkeit der Automatisierung besprochen. (Химическая Промышленность [Chem. Ind.] **1958.** 481—86. Dez.) R. K. MÜLLER. H 810

Tsch. Ss. Schen, Sh. Z. Zai und **T. G. Li**, *Synthese von Dichloressigsäuremethylester.* Durch Zutropfen von Chloral (I) zu einer Suspension von wasserfreiem Na_2CO_3 in Methanol in Ggw. von KCN wird *Dichloressigsäuremethylester* (II) in einer Reaktionsstufe in gleicher Ausbeute erhalten wie bei der zweistufigen Rk., wobei man **I** zunächst mit

Methanol zu *Chloralmethanolat* reagieren läßt u. dasselbe anschließend mit wasserfreiem Na_2CO_3 in Methanol in Ggw. von wenig KCN umsetzt. Die letztere Rk. verläuft vermutlich nach dem Schema $CCl_3-CH(OH)OCH_3 \xrightarrow{CN^-} CCl_2(CN)-CH(OH)OCH_3 \xrightarrow[-HCN]{} CCl_2 = C(OH)OCH_3 \rightarrow CHCl_2COOHCH_3$. Verss., II nach der Meth. von WISCHNEWSKAJA u. Mitarbeiter (vgl. C. **1958**. 4622) unter Verwendung von wasserfreiem $CaCO_3$ anstatt Na_2CO_3 darzustellen, blieben erfolglos.

Versuche: *Dichloressigsäuremethylester*; a) man erhitzt 55 g wasserfreies Na_2CO_3 in 110 ml Methanol (mit einem Wassergeh. von $<0,5\%$) mit 5,9 g KCN auf 40°, läßt 147,4 g I in 10—15 Min. bei nicht $>60-64°$ hinzutropfen (Selbsterwärmung), läßt 20 Min. schwach kochen, gibt bei 20° 350 ml W. hinzu, rührt ca. 10 Min. bis zur Auflösung von überschüssigem Na_2CO_3 u. während der Rk. gebildetem NaCl, trennt die schwerere Esterschicht ab u. dest.; 102—104 g (Ausbeute); in Ggw. von nur 1% KCN (bezogen auf I) sinkt die Ausbeute an II infolge Bldg. von Chlf. von 98 auf 59,2%; in Ggw. von 0,1% KCN erhält man fast ausschließlich Chloroform; b) zu 147,4 g I läßt man 42 ml Methanol zutropfen, erhitzt ½ Std. auf 80°, gibt das Reaktionsgemisch zu einem Gemisch von 55 g entwässertem Na_2CO_3 u. 4,5 g NaCN in 69,5 ml Methanol u. verfährt wie unter a) beschrieben; 104,8 g; nachgewiesen als Oxalsäure durch Hydrolyse von II zu der in konz. NaOH unbeständigen Glyoxylsäure. (Медицинская Промышленность СССР [Med. Ind. UdSSR] **12**. Nr. 10. **37**—**39**. Okt. 1958. Volksrepublik China, Nordöstlicher Pharmazeut. Betrieb.) W. KURTZMANN. H 810

H. Hadorn und **K. W. Biefer,** *Präparative Darstellung reinster Erucasäure aus Rapsöl.* Beschreibung einer einfachen Meth. zur Gewinnung reinster *Erucasäure* (I). Die aus Rapsöl (II) gewonnenen, vom Unverseifbaren u. von Lösungsm. befreiten Fettsäuren werden bei 18—20° stehen gelassen, worauf I auskristallisiert. Die Ölsäure, welche ca. 30% des II ausmacht, übernimmt dabei die Rolle des Lösungsmittels. Nach zweimaligem Umkristallisieren aus A. ist das Präp. rein. Ausbeute aus 100 g **II**: ca. 5—7 g reine I, F. 32,5—33°, Neutralisationszahl 165,4, Mol.-Gew. (titrimetr.) 339,2. (Mitt. Gebiete Lebensmittelunters. Hyg. **47**. 84—86. 1956. Basel, Labor. VSK.) J. BÖSS. H 810

Victor Bayerl, Wiederitzsch b. Leipzig, **Harry Schlief** und **Günther Heinze,** Leipzig, *Selektive Extraktion von n-Kohlenwasserstoffen aus Gemischen mit Hilfe von Harnstoffadduktverbindungen,* dad. gek., daß die Adduktkristalle vor ihrer Zers. mit aus der Zers. der Adduktkristalle entstehenden KW-stoffen kontinuierlich u. im Gegenstrom kontaktiert werden, wodurch die in die Kristalle eingeschleppten als auch an der Oberfläche adsorbierten unerwünschten KW-stoffe vollständig durch die n-KW-stoffe verdrängt werden. Misch- u. Trennelemente werden in Gegenstromstufen verwendet, in denen die Temp. so weit erhöht wird, daß die in ihnen auftretenden KW-stoffe fl. bleiben. Die zur Kontaktierung rückgeführten n-KW-stoffe werden durch ein Lösungsm. verdünnt. Die Trennkaskade erhält kontinuierlich arbeitende Nebenkaskaden, um wie bei Fraktionierkolonnen Zwischenfraktionen aus dem Prozeß herauszuführen. — In einer mehrstufigen Gegenstromkaskade, deren einzelne Stufen jeweils aus einer Misch- u. Trenneinrichtung bestehen, wird der zu extrahierende KW-stoff etwa in der Mitte der aus 5 Stufen bestehenden Extraktionskaskade eingeleitet. Hierbei bewegt sich der KW-stoff im Gegenstrom durch 3 Stufen hindurch gegen die Harnstoff- (I)-Lsg. u. bildet in diesem Teil der Kaskade Addukte, die durch eingeschleppte unerwünschte Bestandteile verunreinigt sind. Zusammen mit der I-Lsg. gelangen von dieser mittleren Stufe aus die in den Vorstufen entstandenen Adduktkristalle zusammen mit der Mutterlauge in den zweiten Teil der Kaskade, in dem sie im Gegenstrom mit den n-Paraffinen kontaktiert werden, welche als endgültige Zersetzungsprodd. aus dem Addukt entstehen. — 2 schemat. Zeichnungen. (**D. P. [DDR] 14 897** Kl. 12o vom 23/2. 1956, ausg. 26/6. 1958 [Wirtschaftspatent].) H.-J. NITZSCHKE. H 510

Universal Oil Products Co., Des Plaines, übert. von: **Louis Schmerling,** Riverside, und **Vladimir Haensel,** Hinsdale, Ill., V. St. A., *Alkylieren von gesättigten Kohlenwasserstoffen.* Es wird hierzu ein Katalysator benutzt, der aus einem Alkalimetall u. einer geringen Menge einer mit dem Alkalimetall, wie Na oder K, reagierenden organ. Verb., wie Alkohol, Acetylen, Di-tert.-butylperoxyd, Benzonitril, Nitrobenzol, Isoamylnitrat, m-Kresol oder Anthracen besteht. — Aus Isobutan u. Propylen oder Buten-(1) wird *2.2.3-Trimethylbutan* oder *2.2.3-Trimethylpentan* erhalten. (**A. P. 2 834 818** vom 16/12. 1955, ausg. 13/5. 1958.) E. KAHLES. H 510

Minnesota Mining & Mfg. Co., St. Paul, Minn., übert. von: **Kenneth I. Radimer,** Little Falls, N. J., V. St. A., *Elektrolytische Herstellung fluorhaltiger organischer Verbindungen.* Man schickt einen elektr. Strom durch eine Schmelze eines anorgan. Metallfluorids oder Komplexfluorids, wobei die Anode von einer organ. Verb., bes. einem gasförmigen, gegebenenfalls halogenierten KW-stoff, umgeben ist. Eine mit einer W-Kathode u. einer hohlen C-Anode versehene Zelle wird mit K-Fluortantalat beschickt; nach dessen Erhitzen zum Schmelzen wird durch die Anode Perchlorpropendampf eingeführt u. mit einem Strom von 2 A/cm² u. 90 V elektrolysiert. Man erhält hauptsächlich *Dichlordifluor-* u. *Trifluorchlormethan,* neben Perfluorchlorpropan. — Vorrichtungen. (**A. P. 2 841 544** vom 24/4. 1956, ausg. 1/7. 1958.) J. MÜHLEISEN. H 510

Air Reduction Co., Inc., New York, N. Y., übert. von: **Robert I. Burch,** Berkeley Heights, und **Morton W. Leeds,** Union, N. J., V. St. A., *Stabilisierung von chlorierten Kohlenwasserstoffen,* bes. von Trichloräthylen, erfolgt durch Zugabe von geringen Mengen Diisopropenylacetylen u. 3-Methyl-1-pentin-3-ol oder 2.6-Di-tert.-butyl-p-kresol. (**A. P. 2 841 625** vom 8/2. 1956, ausg. 1/7. 1958.) J. MÜHLEISEN. H 510

Morris S. Kharasch und **Walter Nudenberg,** Chicago, Ill., V. St. A., *Verhinderung der Polymerisation von polymerisierbaren Olefinen beim Lagern oder bei der Destillation* erfolgt durch Zusatz einer Lsg. von 0,1—10%, bes. 2—6%, eines Nitritsalzes in einem organ. inerten Lösungsm., das sich mit dem Monomeren nur unvollständig mischt u. einen höheren Kp. als dieses hat, wie Glykole, Glykoläther, Polyglykole, Alkantriole, Aminoalkohole, Alkanolamine, Alkylphenole, Cyclohexandiole. Man verwendet z. B. eine 0,8—10%ig. Lsg. von $NaNO_2$ in Diisopropylphenol, Isopropanolamin, Äthylenglykol, Propylenglykol, Diäthylenglykol, Äthanolamin, Diäthanolamin, 1.5-Pentandiol (vgl. Tabelle) oder 1.4-Tetra- bzw. 1.5-Pentamethylenglykol, 2-Buten-1.4-diol, 1.2.6-Trihydroxyhexan, Diisopropanolamin zur Stabilisierung von *1.4-Divinylbenzol, Vinyltoluol, Butadien, Isopren, 2-Chlor-1.3-butadien* (*Chloropren*), *2.3-Dichlorbutadien, Styrol, Monochlor-* u. *Dichlorstyrol, 2-Methyl-5-vinylpyridin* u. *2-Vinyl-5-äthylpyridin.* (**E. P. 793 841** vom 29/3. 1956, ausg. 23/4. 1958. A. Prior. 22/4. 1955.) G. KRAUSS. H 520

Heinrich Koppers G. m. b. H. (Erfinder: **Heinrich Merkel**), Essen, *Gasförmige Olefine,* bes. *Äthylen,* erhält man durch therm. Spaltung von bei n. Temp. fl. KW-stoffen oder deren Gemischen, die mit einem Trägergas oder Dampf in feinverteilter oder zerstäubter Form durch auf >750, bes. $>850^0$ erhitzte, fest angeordnete keram. Wärmeträger geleitet werden. Deren Beheizung erfolgt durch direkte u. kontinuierliche Zufuhr eines Verbrennungsgases, das höchstens ca. 2, bes. höchstens ca. 0,5—1, Vol.-% freien O_2 enthält u. durch Verbrennung eines beliebigen Brennstoffes gewonnen wurde. Das Verbrennungsgas (Rauchgas) kann gleichzeitig als Trägergas für den KW-stoff dienen. Die Rauchgase können z. B. durch Verbrennung des nach der Abtrennung der Olefine erhaltenen, aus Methan u. H_2 bestehenden Gasgemisches gewonnen werden. Zur Spaltung sind geeignet: Erdölrückstände u. FISCHER-TROPSCH-Syntheseprodd., die mechan., z. B. durch Düsen, zerstäubt werden. — Vorr., 2 Zeichnungen. (**D. A. S. 1 044 799** Kl. 12o vom 22/1. 1955, veröff. 27/11. 1958.) G. KRAUSS. H 520

Badische Anilin- & Soda-Fabrik Akt.-Ges., Ludwigshafen/Rh. (Erfinder: **Wilhelm Münster, Erich Dreher,** Ludwigshafen/Rh., und **Hans Klein,** Mannheim), *Herstellung von Äthylen* (**I**). Ungesätt. KW-stoffe mit 3 oder mehr C-Atomen oder diese enthaltende Gemische werden im Gas- oder Dampfzustand mit großen Mengen H_2 zuerst hydrierend behandelt u. dann auf Tempp. erhitzt, die zur Umwandlung von KW-stoffen in ungesätt. KW-stoffe üblich sind. Als Ausgangstoffe dienen zweckmäßig die Nebenprodd., die bei der Acetylenhydrierung zu I entstehen. — 100 (Teile) Propylen u. 200 H_2 werden bei 100—150° in einem eisernen Rohr über feinverteiltes Pd auf Kieselsäuregel geleitet. Das bei einer Geschwindigkeit von 0,25—1 m/Sek. erhaltene Gasgemisch wird durch ein auf 900° erhitztes Porzellanrohr geleitet, wodurch 69 **I** entstehen. Wird das Propylen ohne vorherige Hydrierung mit H_2 durch das Spaltrohr geleitet, so entstehen nur 52 **I** neben öligen u. koksartigen Produkten. Weitere Ausgangsstoffe sind: Mischungen aus Propylen u. Propan, Butylen–Butan, Butylen–Butadien oder Hexylen, Hexylen–Octylen. (**D. A. S. 1 025 863** Kl. 12o vom 23/3. 1956, ausg. 13/3. 1958.) G. KRAUSS. H 520

General Aniline & Film Corp., New York, N. Y., übert. von: **Virgil C. Williams** und **Henry J. Jahnes,** Easton, Pa., V. St. A., *Acetylen* entsteht beim Durchleiten von KW-stoffgas (Naturgas, Methan) durch geschmolzenes Fe bei 3000—3500° F, wobei die Berührungszeit 5—100 Millisek. beträgt. Die entstandenen Reaktionsgase werden sofort auf unter 200° F abgeschreckt, zweckmäßig durch Wassernebel. Man kann das Ausgangsgas auch über das geschmolzene Fe leiten. Die weitere Aufarbeitung der Reaktionsgase erfolgt in üblicher Weise. — Vorr., Zeichnung. (**A. P. 2 768 223** vom 19/6. 1952, ausg. 23/10. 1956.) G. KRAUSS. H 530

Knapsack-Griesheim Akt.-Ges., Knapsack (Erfinder: **Oskar Nissen,** Frankfurt/M., und **Hans Weiler,** Hofheim), *Gefahrloses Aufbewahren von tiefkalten flüssigen Acetylenlösungen,* dad. gek., daß die bis unterhalb ihres Kp. gekühlte, in ortsfeste oder ortsbewegliche isolierte Behälter eingefüllte tiefkalte Acetylenlsg. mit einem Schutzgas überlagert wird, das weder von der brennbaren Lsg. in merklicher Weise absorbiert wird, noch mit ihr oder ihrem Dampf oder der Atmosphäre explosible oder reaktionsfähige Verbb. oder Gemische bildet. (**D. A. S. 1 054 201** Kl. 26 b vom 12/8. 1953, veröff. 2/4. 1959.) E. KAHLES. H 530

Ethyl Corp., New York, N. Y., übert. von: **Glenn R. Wilson** und **Marguerite S. Baylerian**, Detroit, Mich., V. St. A., *Hochmolekulare Alkohole* erhält man bei der Behandlung unter Rückfluß von Estern der Fettsäuren mit einer Mineralsäure u. in Ggw. eines in einem inerten Lösungsm. gelösten Alkohols. Die inerte Fl. soll mit dem gebildeten Reaktionswasser ein Azeotrop bilden. Oxydierend wirkende Mineralsäuren wie HNO_3, H_2SO_4, werden in konz. Form angewandt. (**A. P. 2 809 206** vom 21/4. 1954, ausg. 8/10. 1957.) G. KÖNIG. H 560

Rheinpreußen Akt.-Ges. für Bergbau und Chemie (Erfinder: **Hermann Häusser**, Utfort, und **Fritz Lampe**), Homberg, *Abtrennung von Di-sek.-butyläther* aus den Nebenprodd. der Olefinhydratisierung, welche aus C_3- u./oder C_4-Olefinen durch Äthanbldg. u. Polymerisation anfallen, dad. gek., daß unter Zusatz von Methanol eine destillative Abtrennung des Di-sek.-butyläthers erfolgt. Bei Abwesenheit von Isopropyläther erfolgt die Methanolzugabe im Volumenverhältnis Methanol zu den Polymerisaten der C_3/C_4-Olefine = 3:1 bis 1,5:1. Bei Anwesenheit von Isopropyläther erfolgt die Methanolzugabe im Volumenverhältnis Methanol zu Polymerisaten der C_3/C_4-Olefine = 3:1 bis 1,5:1, vorzugsweise 2:1, u. zusätzlich wird eine Methanolmenge zugegeben, die einem Volumenverhältnis Isopropyläther zu Methanol = 3:1 bis 2:1, entspricht. (**D. A. S. 1 050 326** Kl. 12o vom 24/6. 1957, veröff. 12/2. 1959.) G. KÖNIG. H 560

E. I. du Pont de Nemours & Co. (Erfinder: **Howard E. Holmquist**), Wilmington, Del., V. St. A., *Herstellung von 1.8-Octandiolen,* wobei ein Dilacton mit der allg. Formel $C_8(RR')_2O_4$, worin R u. R′ gleich oder verschieden sind u. jeweils H, einen Halogenaryl-, Alkoxyaryl- oder einen einwertigen KW-stoffrest ohne Äthylen- oder Acetylenbindung bedeuten, hydriert wird, dad. gek., daß die Hydrierung bei einer Temp. zwischen 225 u. 325° unter einem H_2-Druck von mindestens 10 at in Anwesenheit eines Kupferchromit enthaltenden Katalysators erfolgt. Als Dilacton verwendet man bes. [$\Delta^{2.2'-(5H,5'H)}$-Bifuran]-5.5′-dion (I). Eine Mischung von I mit Cu–Ba-Chromit u. Dioxan wird bei 290° u. 175—290 at im Autoklaven mit H_2 3½ Std. geschüttelt. Man erhält bei der Dest. *Oktamethylenglykol*, F. 59,5°, *2-(4-Hydroxybutyl)-tetrahydrofuran* (**II**), Kp.$_{1,8}$ 84 bis 85°. Hieraus erhält man mit HOCN das *Allophanat* von **II** ($C_{10}H_{18}O_4N_2$), silbrig-weiße Kristalle, F. 150—151°. — Di-n-butyl-**I** → *Hexadecandiol*. — Zwischenprodukte. (**D. A. S. 1 054 082** Kl. 12o vom 29/1. 1957, veröff. 2/4. 1959. A. Prior. 20/4. 1956.) G. KÖNIG. H 570

Allied Chemical & Dye Corp., New York, N. Y., übert. von: **Ivan Christoffel**, Hopewell, Va., V. St. A., *Pentaerythrit,* entstanden bei der Kondensation von CH_2O u. Acetaldehyd in Ggw. eines Erdalkalihydroxyds, gewinnt man aus der wss. Reaktionslsg. durch Zugabe von 0,75—1,5 (Mol) Aceton auf 1 Acetaldehyd, wobei Erdalkaliformiat u. vorhandenes Erdalkalihydroxyd ausgefällt werden. Man filtriert u. verdampft das W., wobei Pentaerythrit als Rückstand anfällt. (**A. P. 2 782 918** vom 18/6. 1954, ausg. 26/2. 1957.) G. KÖNIG. H 580

Heyden Newport Chemical Corp., New York, N. Y., übert. von: **William R. Cake**, Glen Rock, N. J., V. St. A., *Entfärben einer Pentaerythritlösung,* die bei der Kondensation von Acetaldehyd u. CH_2O erhalten wird, durch Behandeln der rohen Reaktionslsg. mit einer Mischung, enthaltend mindestens ca. 0,5 (%) eines in W. lösl. Sulfits, wie Na-, K-Sulfit, Bisulfite oder Metabisulfite, ca. 0,03 akt. C, ca. 0,03 Fullererde u. ca. 0,02 Zn-Staub, bei Tempp. bis 55° u. Auskristallisieren von Pentaerythrit aus dem konz. Filtrat. (**A. P. 2 806 069** vom 14/4. 1955, ausg. 10/9. 1957.) G. KÖNIG. H 580

Standard Oil Co., Chicago, übert. von: **Garbis H. Meguerian**, Park Forest, Ill., V. St. A., *Disulfide* erhält man durch Oxydation von Mercaptanen in alkal. Lsg. mit O_2 bei 40—200°F, bes. 60—90°F, in Ggw. von 0,02—1% einer Komplexverb. aus einem wasserlösl. Cu-Salz ($CuSO_4 \cdot 5\,H_2O$, Cu-Acetat, -Bromat, -Chlorat, -Fluorsilicat, -Format, -Lactat, -Nitrat, Methansulfonat, -Äthansulfonat, -Benzolsulfonat, -Toluolsulfonat, -Bromid, -Chlorid, -Fluorid) u. einem Alkylenpolyamin (Äthylen-, Propylendiamin; Diäthylen-, Dipropylentriamin; Triäthylentetramin, Tetraäthylenpentamin, Tripropylentetramin, Tetrapropylenpentamin). Die alkal. Mercaptanlsg. wird z. B. bei der Entfernung der S-haltigen Verbb. aus KW-stoffen gewonnen. Das Verf. kann auch zur Reinigung von KW-stoffen durch Oxydation der darin enthaltenen S-Verbb. dienen. (**A. P. 2 792 334** vom 26/5. 1955, ausg. 14/5. 1957.) G. KRAUSS. H 600

Allied Chemical & Dye Corp., New York, N. Y., übert. von: **Billy E. Lloyd**, Chester, Va., V. St. A., *Abtrennen von Methanol aus seinen Mischungen mit Formaldehyd und Wasser* erfolgt durch deren extraktive Dest., zweckmäßig im Gegenstrom, mit einer wss. Lsg. eines inerten wasserlösl. Salzes, wie Li-, Na-, K-, Ca-, Sr-, Ba-, Mg-, Zn-, Cd-Sulfat, -Chlorid, -Acetat, bes. Al-Sulfat, bes. im Vakuum bei 200—400 mm Hg. Das abdest. reine Methanol wird in den oxydativen Kreislauf (Herst. von CH_2O) zurückgegeben. — Vorr., Zeichnung. (**A. P. 2 798 033** vom 7/1. 1954, ausg. 2/7. 1957.) G. KRAUSS. H 670

Hans P. Kaufmann, Münster/Westf., *Fettaldehyde* erhält man durch Erhitzen von Fettalkoholen mit SeO_2 u. therm. Spaltung der entstandenen Selenigsäureester, z. B. durch gleichzeitige UV-Bestrahlung. Je nach der Menge des SeO_2 können Mono- u. Diester entstehen. — Aus 63 (Teilen) Stearylalkohol u. 13 SeO_2 bei ca. 100° unter Durchsaugen eines Luftstromes → *Selenigsäuredistearylester*, $(CH_3-[CH_2]_{16}-CH_2O)_2-SeO$, aus Ae.-Bzl.-Heptan Blättchen, F. 63°; Ausbeute >90%; daraus im Hochvakuum zuerst bei ca. 120°, dann über 255—160° → *Stearylaldehyd*, Ausbeute 53%. — Wird die Zers. in Ggw. einer Hg-Dampflampe durchgeführt, so werden 90% Aldehyd erhalten. — *Monocetyl-*, F. 73°; *Monomyristyl-*, F. 67°; *Monolauryl-*, F. 59°; *Monocaprinylselenigsäureester*, F. 50°. — *Dicetyl-*, F. 48,5—50°; *Dimyristyl-*, F. 40—42°; *Dilaurylselenigsäureester*, F. 27—28°; die Ester sind zersetzlich u. feuchtigkeitsempfindlich. (**D. A. S. 1 025 859** Kl. 12o vom 26/9. 1955, veröff. 13/3. 1958.) G. KRAUSS. H 670

Fernand Coussemant, Saint-Cloud, Frankreich, *Ketone* erhält man durch Dehydrierung von sek. Alkoholen in Ggw. eines Dehydrierungskatalysators (Metalle der 1., 2., 7. u. 8. Gruppe des Period. Syst., bes. Cu, Ni, Zn, Mg, RANEY-Ni oder -Cu), bes. bei 100—250° u. eines Suspendierungsmittels für den Katalysator, bes. fl. KW-stoffe, wie Paraffine, Triakontan u. Naphthene, dessen Kp. höher als der des sich bildenden Ketons ist, wobei das Keton im Maße seiner Bldg. aus dem Reaktionsraum entfernt wird. — Aus Isopropanol in Tetradekahydroanthracen in Ggw. von RANEY-Ni bei 135° → 99%ig. *Aceton* (Ausbeute) 99,2%. — 2-Butanol → 99%ig. *Methyläthylketon*; 99,6%. — Cyclohexanol → *Cyclohexanon*, 99,5%. — Vorr., Zeichnung. (**A. P. 2 829 165** vom 12/1. 1956, ausg. 1/4. 1958. F. Prior. 8/10. 1951.) G. KRAUSS. H 700

Usines de Melle Soc. An., Saint-Léger-les-Melle (Erfinder: **M. Pierre Godet**, Lisle-Adam, Seine et Oise), Frankreich, *Herstellung von Diacetonalkohol* durch Kondensation von Aceton in Ggw. eines bas. Katalysators, da. gek., daß man Aceton innerhalb eines sehr kurzen Zeitraumes von 3—10 Min. über den Katalysator leitet u. das Reaktionsprod. 1—3 Std. in Abwesenheit des Katalysators verweilen läßt. Als Katalysator verwendet man in einer porösen u. inerten M. verteiltes Alkalihydroxyd. Vor Dest. des rohen Reaktionsprod. werden die letzten Spuren des Katalysators mit einer starken Säure neutralisiert oder durch einen Kationaustauscher entfernt. (**D. A. S. 1 050 748** Kl. 12o vom 25/5. 1957, veröff. 19/2. 1959. F. Prior. 31/8. 1956.) G. KÖNIG. H 740

Bergwerksgesellschaft Hibernia Akt.-Ges., Herne (Erfinder: **Karl Schmitt**, Herne, und **Josef Disteldorf**, Wanne-Eickel), *Herstellung von Diacetonalkohol* durch Kondensation von Aceton mittels alkal. wirkender Katalysatoren, dad. gek., daß man für die Kondensation ein Aceton-W.-Gemisch verwendet, dessen Wassergeh. so eingestellt wird, daß in dem Gemisch die notwendige Menge Katalysator gelöst wird. Man verwendet 0,002—0,008 (Gew.-%) festes Alkali u. 0,5—10 W., bezogen auf Aceton. — Vorrichtung. (**D. A. S. 1 052 970** Kl. 12o vom 29/6. 1957, veröff. 19/3. 1959.) G. KÖNIG. H 740

Georg Scheurich, Mannheim (Erfinder: **Friedrich August Henglein**, Karlsruhe, und **Georg Scheurich**, Mannheim), *Herstellung von Na-Formiat* durch Rk. von CO_2 (**I**) mit Na-Amalgam (**II**) in wss. Medium bei n. oder erhöhtem Druck u. bei n. Temp., dad. gek., daß man das feinverteilte **II** der wss. **I**-Lsg. zuführt, wobei man ein p_H von ca. 4,4—5,0 aufrechterhält, während man bes. das **I** u. die Reaktionslsg. im Kreislauf führt. Ausbeute 91%. (**D. A. S. 1 046 014** Kl. 12o vom 18/8. 1953, veröff. 11/12. 1958.) O. MÜLLER-MEININGEN. H 810

Farbenfabriken Bayer Akt.-Ges., Leverkusen (Erfinder: **Dieter Goerrig**, Lohmar), *Herstellung von Perfluorfettsäuren* (**I**), dad. gek., daß man das durch Rk. von Perhalogen-KW-stoffen, deren Halogengeh. zu >50 Mol.-% aus Fluor besteht, mit SO_3 bei mäßig erhöhter Temp. (30—60°) erhaltene, azeotrop sd. Gemisch, welches das entsprechende Perhalogenfettsäurehalogenid enthält, mit der stöchiometr. erforderlichen Menge an W. verseift u. anschließend die **I** durch Dest. von H_2SO_4 u. Br_2 trennt. — 1.1.1-Trifluor-2-chlor-2.2-dibromäthan + 65%ig. „Oleum" → Gemisch aus 77,5 (%) CF_3COCl u. 22,5 SO_2 (Kp. —19°) → 96,5 *Trifluoressigsäure*, Kp. 72°, F. —15°, u. SO_2 (Kp. —10,02°). — 1.1-Difluor-2.2-dibrom-1.2-dichloräthan → Difluorchloracetylchlorid ($CF_2ClCOCl$; Kp. 26°, F. < —80°; D. 1,451) → *Difluorchloressigsäure*. — 1.1-Dibrom-1-chlorperfluorpropan, CF_3—CF_2—$CClBr_2$, Chlorid → *Pentafluorpropionsäure.* — Lösungsmittel, Veresterungskatalysatoren u. Zwischenprodukte. (**D. A. S. 1 052 390** Kl. 12o vom 2/4. 1953, veröff. 12/3. 1959.) O. MÜLLER-MEININGEN. H 810

A. L. Englin, E. W. Sergejew und **K. N. Emeljanowa,** *Herstellung von α.α-Dichlorpropionsäure und Chloroform* zunächst durch Chlorierung von Methyläthylketon oder Butanol-(2) bei 15—100° u. zur vollständigen Gewinnung von Pentachlormethyläthylketon (I) unter Verwendung von Aktivkohle bei 130—180° mit anschließender Zers. von I durch Alkalien, NH_3 oder prim. Aminen bei höchstens 30°. (**UdSSR. P. 112 346** vom 30/4. 1957, gedruckt 15/7. 1958.) B. PANKOW. H 810

Chemische Werke Hüls Akt.-Ges. (Erfinder: **Leopold Bub, Walter Franke** und **Kurt Wember**), Marl, *Trichloracrylsäureester* entstehen durch Erhitzen von Hexachlorpropen, bes. mit niedermol. einwertigen Alkanolen auf 60—150, bes. 90—110°, in Ggw. von wasserfreiem $FeCl_3$ oder $SbCl_5$. Die Bldg. von Alkylchloriden wird durch Zusatz von 1 Mol W. verhindert. — Aus 249 (Teilen) Hexachlorpropen, 2 wasserfreiem $FeCl_3$ u. 65 Methanol bei 95—100, dann bei 110° → *Trichloracrylsäuremethylester,* $Kp._{15}$ 74—76°; Ausbeute 92%; n_D^{20} 1,5001. — n-Butanol → *Trichloracrylsäure-n-butylester,* $Kp._2$ 80 bis 81°. — A. → *Trichloracrylsäureäthylester.* — *Zwischenprodukte.* (**D. A. S. 1 046 032** Kl. 12o vom 4/2. 1955, veröff. 11/12. 1958.) G. KRAUSS. H 810

Eastman Kodak Co., Rochester, N. Y., übert. von: **Charles G. Jeremias, Frederick B. Joyner** und **Newton H. Shearer jr.,** Kingsport, Tenn., V. St. A., *Monomere α-Cyanacrylsäureester* der allg. Formel CH_2=C(CN)—COOR (R = Alkyl mit 1—16, bes. 1—4 C-Atomen, Cyclohexyl, Phenyl) erhält man durch Rk. von Cyanessigsäureestern der allg. Formel NC—CH_2—COOR mit HCHO oder dessen Polymeren bei 50—90° u. p_H wenigstens 7 in Ggw. eines bas. Katalysators (Alkalihydroxyde, NH_3, NH_4OH, Alkalialkoholate, Dialkylamine, Piperidin, Chinolin, Isochinolin, Pyridin, Lutidin), eines nicht wss. organ. Lösungsm. mit Kp. unterhalb der Depolymerisierungstemp. (Alkohole, Äther, Bzl., Chlf., Cyclohexan), eines Polymerisationsverzögerers (Sb_2O_5, Pikrinsäure, tert. Butylbrenzkatechin, Metaphosphorsäure, Maleinsäureanhydrid, Ferrichlorid), wobei das entstehende W. azeotrop abdest. wird. Nach der Entfernung des Lösungsm. wird das entstandene Polymere depolymerisiert. — Nach dem anderen Verf. erfolgt die Depolymerisierung der nach vorst. Verf. oder nach den Verff. der A. PP. 2 467 927 u. 2 721 858 (letzteres C. **1957.** 798) erhaltenen Polymeren durch Erhitzen über dessen F. im Vakuum unter 15 mm Hg-Druck in Ggw. eines tert.-Alkyl- oder -Arylphosphorsäureesters, wie Trikresyl-, Trixylyl-, Tributyl-, Trihexyl-, Tris-2-äthylhexyl-, Tridecyl-, Tridodecylphosphats u. zweckmäßig eines Polymerisationsverzögerers. — Aus Cyanessigsäuremethylester u. Paraformaldehyd in Methanol in Ggw. von Piperidin bei p_H 8,5, dann 7,2—7,4 u. 71°, Entfernen des Methanols bis Kp. 88°, Zusatz von Bzl., azeotrope Dest., dann Zusatz von P_2O_5 u. Hydrochinon, Entfernen des Bzl. u. dessen Resten durch Einblasen von SO_2 unter Vakuum, dann Dest. bei $Kp._2$ 80—190° → *α-Cyanacrylsäuremethylester,* Ausbeute 98%. — Polymethyl-α-cyanacrylat + P_2O_5 + Trikresylphosphat unter SO_2 → *α-Cyanacrylsäuremethylester,* Ausbeute 65,6%. *α-Cyanacrylsäureäthylester.* — *Zwischenprodd.,* bes. zur Herst. von *Klebstoffen.* (**A. PP. 2 756 251** vom 23/3. 1954, ausg. 24/7. 1956 u. **2 763 677** vom 20/12. 1954, ausg. 18/9. 1956.) G. KRAUSS. H 820

Celanese Corp. of America, New York, N. Y., V. St. A., *Gemische aus Pelargon-* (I) *und Azelainsäure* (II) erhält man durch Oxydation von Ölsäure (III) mit O_2 oder Luft bei 80—90° in Ggw. eines lösl. Co-Salzes u. von 2—5 (Gewichtsteilen) Propanol je 1 III. — Man erhält z. B. ein Gemisch aus 46(%) II, 23 I u. 19 *9.10-Dioxystearinsäure.* Letztere kann man ebenfalls mit O_2 zu I u. II oxydieren, wenn man sie in die III-Oxydationslsg. einträgt u. dafür sorgt, daß ihre Konz. in der Lsg. anfänglich 1—5, am Ende nicht $>$10% beträgt. (**E. PP. 809 451** u. **809 452** vom 9/9. 1955, ausg. 25/2. 1959. A. Prior. 10/9. 1954.) O. MÜLLER-MEININGEN. H 820

Escambia Chemical Corp., Pace, Fla., V. St. A., *Milchsäure* (I) erhält man durch Oxydation von 1 (Mol) Propylen (II) mit mindestens 1 N_2O_4 u./oder N_2O_3 bei Tempp. $<$40°, bes. $<$10°, worauf man das Reaktionsprod. mit mindestens 1 HNO_3 je 1 II behandelt. Man kann auch 1stufig arbeiten, wobei die 2. Stufe z. B. bei 100° durchgeführt werden kann. Gegebenenfalls gebildete I-Nitrate werden hydrolysiert. I wird bes. auf Acrylsäure u. ihre Ester verarbeitet. (**E. P. 803 060** vom 3/12. 1956, ausg. 15/10. 1958. A. Prior. 29/12. 1955.) O. MÜLLER-MEININGEN. H 850

Escambia Chemical Corp., Pace, Fla., übert. von: **Nat C. Robertson,** Wellesley, und **Thomas R. Steadman,** Waban, Mass., V. St. A., *α-Hydroxyisobuttersäure* (I) erhält man durch Rk. von 1 (Mol) Isobutylen (II) mit 1—2 HNO_3 (Konz. $>$50%) bei einer Temp. $<$50° in Ggw. eines Katalysators, wie V_2O_5, NH_4-Metavanadat, Mn- oder Cu-Nitrat, u. eines Reaktionsinitiators, wie NO_2, wobei man gegebenenfalls als Nebenprod.

erhaltene α-Nitratoisobuttersäure zu **I** hydrolysiert. Ausbeuten, berechnet auf **II**, 25 bis 36,4%. (**A. P. 2 847 465** vom 15/1. 1957, ausg. 12/8. 1958.)
O. MÜLLER-MEININGEN. H 850

Chemical Construction Corp., New York, N. Y., V. St. A. (Erfinder: **Shinjiro Kodama**, Sakyo-Ku, Kyoto, **Toshihide Goto**, Otsu, Niihama-shi, Ehime, Prefecture, **Daisuke Komiyama**, Tadanao Ota, und **Nobuo Zen**, Niihamashi, Ehime, Prefecture, Japan), *Verfahren zur Wiedergewinnung von Ammoniak aus einer Harnstoffsyntheseschmelze*, dad. gek., daß in der mit CO_2 u. NH_3 beschickten u. mit Füllmaterial ausgestatteten Destillationskolonne, die außerdem noch eine mit Füllmaterial ausgestattete Abstreifzone u. eine darüberliegende Anreicherungszone aufweist, das intermediär gebildete Ammoniumcarbamat durch Zugabe von 5—30% zusätzlichem W. zers. wird, wobei NH_3 am oberen Ende u. die wss. Harnstofflsg. unten abzuziehen ist. Die Menge des W. soll bevorzugt 15—30% des durchgesetzten Harnstoffs betragen u. kann auch aus Ammoniakwasser bestehen. — 4355 kg einer Lsg. von 32% Harnstoff + 14% Carbamat + 44% NH_3 + 9,85% W. + 0,15% N_2 (Prod. des Syntheseautoklaven) von 121° wird in den mittleren Teil der Kolonne eingebracht (Druck 20 atü), wobei NH_3 mit 40° oben abzieht. Gleichzeitig wird kaltes W. oben eingeleitet u. unten mit Dampfschlangen 100° aufrechterhalten. Unter diesen Bedingungen entweicht das NH_3 mit 99,7% Geh., N_2 = 0,25%, während die Bodenlsg. aus 50% Harnstoff, 21% Carbamat, 10% NH_3 u. 19% W. besteht. Pro Std. wird bei dieser Dest. 250 g W. in die Anreicherungszone des Turms eingebracht. 80% des NH_3 werden als Rückfluß rückgeführt. Bei 30tägigem Betrieb wurde 100%ig. NH_3 erhalten, ohne daß die Kolonne eine Verstopfung angezeigt hätte. — Der Vers. wurde in gleicher Weise wiederholt, an Stelle des W. nun aber 90%ig. NH_3 mit einer Geschwindigkeit von 1220 kg/Std. eingebracht. Die Ergebnisse waren in gleicher Weise günstig. — Vgl. F. P. 1 099 295; C. **1958.** 1427. (**D. A. S. 1 051 843** Kl. 12o vom 22/4. 1954, veröff. 5/3. 1959. Jap. Prior. 22/4. 1953.) K. GÄBELEIN. H 880

Food Machinery & Chemical Corp., New York, N. Y., V. St. A. (Erfinder: **Hillis Otty Folkins** und **Elmer Louis Miller**), *Herstellung von Schwefelkohlenstoff und Schwefelwasserstoff* unter Umsetzung an einem Katalysator bei einer Temp. u. einem Druck, welche die Bldg. von CS_2 begünstigen, wobei Schwefel mit einem KW-stoff (Äthan u./oder Propan, im wesentlichen frei von C_4- u. höheren KW-stoffen) umgesetzt wird. Methan oder ein Inertgas (2—30 Mol.-%) kann in dem Gasgemisch enthalten sein, um die Bldg. von Prodd. mit höherem Mol.-Gew. zu verhindern. Reaktionstemp. 850 bis 1300° F. (**E. P. 789 230** vom 13/4. 1955, ausg. 15/1. 1958.) E. MIESSGANG. H 880

American Cyanamid Co., übert. von: **Peter W. Fryth**, New York, und **Coy W. Waller**, Nanuet, N. Y., V. St. A., *Herstellung von 3-Amino-3-desoxy-D-ribose* (**I**) durch Hydrolyse von Puromycin oder seinen Salzen in stark saurer Lösung. **I**-*Hydrochlorid*, F. 170—174° (Zers.); *Methylglycosid von* **I**-*Hydrochlorid*, F. 161—163°; *N-Acetyl*-**I**, F. 74 bis 76°; *N-Benzoyl*-**I**, F. 75°. — Zwischenprodukte. (**A. P. 2 839 525** vom 16/7. 1953, ausg. 17/6. 1958.) K. FABEL. H 900

Union Carbide Corp., übert. von: **George H. Wagner**, Clarence, und **William G. Whitehead jr.**, Kenmore, N. Y., V. St. A., *Organosilane* erhält man durch Rk. von organ. Verbb., die mindestens 1 nichtaromat. C—C-Mehrfachbindung aufweisen, mit Silanen, die mindestens 1 H-Atom am Si besitzen, in Ggw. von auf γ-Al_2O_3 niedergeschlagenem Pt. — Beispiel: $CH_2 = CH_2 + HSiCl_3 \rightarrow$ *$C_2H_5SiCl_3$*. (**A. P. 2 851 473** vom 23/12. 1955, ausg. 9/9. 1958.) J. MÜHLEISEN. H 980

Imperial Chemical Industries Ltd., London, England (Erfinder: **Robert Craig Anderson** und **Geoffrey John Sleddon**), *Alkylsilane und Alkylhalogensilane* erhält man durch Rk. von Alkyl-Al-Halogeniden mit Kieselsäuren, wie SiO_2, Diatomeenerde, Kieselgur (**I**), natürlichen oder synthet. Silicaten, bei 125—550°. — Durch Rk. von 33 g Methyl-Al-sesquichlorid in einem Druckgefäß mit 12 g **I** (Partikelgröße 5—7 μ) bei 300° während 14 Std. erhält man 4 g *$(CH_3)_4Si$*. (**E. P. 805 674** vom 28/9. 1956, ausg. 10/12. 1958.)
J. MÜHLEISEN. H 980

Union Carbide Corp., übert. von: **Arthur N. Pines** und **George H. Wagner**, Clarence, N. Y., V. St. A., *Alkinyltrichlorsilane* der allg. Formel $R\,C{\equiv}C{-}SiCl_3$, worin R einwertige Alkylreste bedeuten, erhält man durch Erhitzen von α-Chloralkenyltrichlorsilanen (**I**) der allg. Formel $RCH = CCl{-}SiCl_3$, worin R die obige Bedeutung hat, mit ca. 10—50 Gew.-% (berechnet auf **I**) Isochinolin (**II**) oder dessen Hydrochlorid auf 160 bis 250° u. Entfernen des abgespaltenen HCl aus der Reaktionszone. — Durch Erhitzen von 88 g 1-Chlor-1-propenyltrichlorsilan mit 24 g **II** unter Rückfluß (172—240°) u. Abführen des gebildeten HCl erhält man 3,2 g *1-Propinyltrichlorsilan*, $Kp._{750}$ 134°. — Zwischenprodukte. (**A. P. 2 849 472** vom 28/6. 1954, ausg. 26/8. 1958.)
J. MÜHLEISEN. H 980

Monsanto Chemical Co., St. Louis, Mo. (Erfinder: **William Walter Marshall**, Anniston, Ala.), V. St. A., *Herstellung von Phosphorigsäureestern und Phosphorigesterhalogeniden von Alkoholen* durch Umsatz von Phosphortrihalogeniden oder Phosphorigsäureesterhalogeniden mit einem Alkyl-, Cycloalkyl- oder Aralkylalkohol in Ggw. eines inerten Lösungsm. u. eines tert. Amins, dad. gek., daß das inerte Lösungsm. einen Kp. aufweist, der wenigstens 20° über dem Kp. des Esters liegt, u. das Reaktionsprod. ohne weitere Behandlung durch Dest. getrennt wird. Das hochsd., inerte, organ. Lösungsm. wird dem Reaktionsprod. erst nach der Umsetzung, jedoch vor der Dest. zugesetzt. — 0,5 (Mol) PCl_3, 1,5 Methanol u. 1,6 Triamylamin in Phenylcyclohexan bei 0° gemischt, 1 Std. auf dieser Temp. gehalten u. anschließend auf 25—30° $^3/_4$ Std. erhitzt, ergeben bei der Dest. *Trimethylphosphit*, Kp. 111—112°. Es werden ferner hergestellt: *Triäthyl-, Triisopropyl-, Diisopropylchlor-, n-Butyldichlorphosphit*, $Kp._{18}$ 63°. Die Ester können auch gemischter Zus. sein. — Vgl. F. P. 1 111 535; C. **1958.** 4623. (**D. A. S. 1 024 944** Kl. 12o vom 15/7. 1954, veröff. 27/2. 1958. A. Prior. 19/10. 1953.) G. König. H 980

E. I. du Pont de Nemours & Co., Wilmington, Del., übert. von: **Earl L. Muetterties**, Chadds Ford, Pa., V. St. A., *Alkylborverbindungen* erhält man durch Rk. von Borsäurealkylestern mit Alkylchloriden, -bromiden oder -jodiden in Ggw. von Al bei 20—200°. — In einem Druckgefäß werden 21 (Teile) B $(OCH_3)_3$, 40 Al (8—20 Maschen), 5,0 Al-Pulver u. 0,5 J_2 mit 41,0 CH_3Cl 3 Std. auf 130° erhitzt. Bei der Dest. erhält man 35 flüchtige Stoffe, die 10—11% $B(CH_3)_3$ enthalten. (**A. P. 2 840 590** vom 1/8. 1956, ausg. 24/6. 1958.) J. Mühleisen. H 980

Ethyl Corp., New York, N. Y., übert. von: **Sidney M. Blitzer** und **Tillmon H. Pearson**, Baton Rouge, La., V. St. A., *Alkyl- und Arylbleiverbindungen* erhält man durch Rk. von Pb(II)-halogeniden mit Komplexverbb. der Formel AMR_4, worin A für Li, K oder Na u. M für B, Ga, Al u. In stehen u. R Alkyl- oder Arylreste bedeuten. — $LiAlH_4$ wird mit C_2H_4 in $LiAl(C_2H_5)_4$ übergeführt u. dieses in n-Hexan mit $PbCl_2$ bei 20—22° $4^1/_2$ Std. umgesetzt. Nach Zers. von überschüssigem $LiAl(C_2H_5)_4$ mit Isopropylalkohol, Filtrieren u. Waschen mit W. erhält man nach Abdest. von n-Hexan $Pb(C_2H_5)_4$ in nahezu quantitativer Ausbeute. (**A. P. 2 859 229** vom 28/3. 1955, ausg. 4/11. 1958.) J. Mühleisen. H 980

Universal Oil Products Co., Chicago, übert. von: **Charles H. Watkins**, Western Springs, Ill., V. St. A., *Herstellung und Gewinnung von aromatischen Kohlenwasserstoffen.* Durch eine Crackzone werden gasförmige Paraffin-KW-stoffe zusammen mit Dampf von einem bestimmten Geh. an O_2 geleitet u. dabei oxydativ gecrackt (1400—1600° F). Die olefin. Crackprodd. werden bei der gleichen Temp. durch eine Crack- u. Aromatisierungszone geführt, wobei ein Druck unter 400 lbs./sq.in. angewandt wird. Mit diesem Produktstrom wird ein aromatenreicher KW-stoffstrom vermischt, welcher in die Umwandlungszone eingeleitet wird. Die Aromatisierung wird bei weniger als 1600° F durchgeführt, wobei die exotherme Rk. der Aromatenbldg. stets kontrolliert wird. Durch die exotherme Rk. der Bldg. der Aromaten werden gleichzeitig die nichtaromat. KW-stoffe unter Bldg. von zusätzlichen Olefinen u. Aromaten therm. umgewandelt, außerdem die aus der oxydativen Crackung stammenden Olefine in Aromaten übergeführt. Der dabei erhaltene Aromatenstrom wird aus dieser Zone abgetrennt u. durch Kühlen u. Fraktionieren als prakt. reines Aromatengemisch erhalten. — Zeichnung. (**A. P. 2 766 308** vom 21/3. 1952, ausg. 9/10. 1956.) E. Kahles. H 1010

Phillips Petroleum Co., übert. von: **John W. Myers**, Bartlesville, Okla., V. St. A., *Isomerisieren von aromatischen Kohlenwasserstoffen.* Mindestens ein Polyalkylbenzol, das höchstens 4 Alkylreste aufweist, von denen jeder höchstens 2 C-Atome hat, wird mit einem Katalysator in Kontakt gebracht, der hauptsächlich aus Mn-Oxyd besteht u. der im Gemisch noch mindestens eine der folgenden Komponenten enthält: Kieselsäure, Tonerde, Zirkonerde, Magnesia, Bortrioxyd, Titandioxyd u. eine mit HF behandelte Tonerde. So können Xylole isomerisiert werden. (**A. P. 2 818 451** vom 14/6. 1954, ausg. 31/12. 1957.) E. Kahles. H 1010

Universal Oil Products Co., Des Plaines, übert. von: **Louis Schmerling**, Riverside, Ill., V. St. A., *Herstellung von Polyalkylbenzolen aus Ketonen.* Als Einsatzprodd. dienen Ketone der allg. Formel $R—CH_2—CO—R'$, worin R H, einen Alkyl- oder Arylrest u. R' einen Alkyl- oder Arylrest bedeutet. Eine Umsetzung findet in Ggw. von Katalysatoren von halogenhaltigen Metalloxyden (Al_2O_3) als Träger u. Pt statt. So läßt sich *Mesitylen* aus Aceton herstellen. (**A. P. 2 833 833** vom 15/2. 1955, ausg. 6/5. 1958.) E. Kahles. H 1010

Walter Schreier, Berlin-Treptow, *Herstellung von Brombenzol* durch Rk. von Br_2 u. Bzl. in Ggw. von Fe, dad. gek., daß nur so viel Br_2 in das sd., überschüssige Bzl. mit solcher Geschwindigkeit eingeleitet wird, daß eine zwar lebhafte, aber kontrollierbare

HBr-Entw. erfolgt. Das HBr-Gas wird mit rotem P von mitgerissenem Br_2 befreit. Bldg. von Dibrombenzol nur zu 1—5%. — 3250 (g) Br_2 werden so in 2800 sd. Bzl. u. 20 Fe-Späne gebracht, daß eine lebhafte kontrollierbare HBr-Entw. einsetzt; nach Erhitzen bis zur Beendigung der HBr-Entw., Versetzen mit 100 $CaCO_3$-Pulver u. fraktionierter Dest. wird analysenreines C_6H_5Br in 90%ig. Ausbeute erhalten. (**D. P.** [**DDR**] **14 887** Kl. 12o vom 4/4. 1956, ausg. 26/6. 1958 [Wirtschaftspatent].) H.-J. NITZSCHKE. H 1010

Dynamit Akt.-Ges. vormals Alfred Nobel & Co., Troisdorf, Bez. Köln (Erfinder: **Werner Schultze**, Ludwigshafen/Rh., und **Walter Meskat**, Dormagen/Rh.), *Nitrierung aromatischer Kohlenwasserstoffe* mit Hilfe an sich bekannter Nitriermittel, dad. gek., daß man die zu nitrierende Verb. in Dampfform kontinuierlich in das Nitriermittel (I) einleitet u. das Reaktionsprod. u. das verbrauchte I laufend abzieht. Zweckmäßig wird die zu nitrierende Verb. nach Lösen in einem indifferenten Lösungsm. verdampft. (**D. B. P. 971 523** Kl. 12o vom 16/7. 1943, ausg. 12/2. 1959. Anmeldung bekanntgemacht 9/7. 1953.) J. MÜHLEISEN. H 1010

Dow Chemical Co., übert. von: **Wesley C. Stoesser** und **Willard M. Gentry**, Midland, Mich., V. St. A., *m-Chlorphenol*. Man dest. ein Gemisch aus o-, m- u. p-Dichlorbenzol u. kühlt das aus m- u. p-Dichlorbenzol bestehende Destillat auf 50—25° ab, wobei mindestens ein Teil des p-Dichlorbenzols auskrist., der abgetrennt wird. Die anfallende Mutterlauge, die im wesentlichen aus m- u. p-Dichlorbenzol besteht, wird mit rauchender H_2SO_4, Chlorsulfonsäure oder SO_3 bei 20—80° sulfoniert, wobei man je 1 (Grammol) m-Dichlorbenzol 0,6—1 des Sulfonierungsmittels verwendet. Hierauf wird die erhaltene m-Dichlorbenzolsulfonsäure (I) nach Zugabe von W. von den nicht sulfonierten Dichlorbenzolen abgetrennt u. in ihr Alkalisalz übergeführt. Die wss. Lsg. dieses Salzes wird mit einer 2—25%ig. wss. Ätzalkalilsg. in einer Menge von 2—4 des Ätzalkalis je 1 des Alkalisalzes der I bei 180—240° u. erhöhtem Druck zum Dialkalisalz der m-Chlorphenolsulfonsäure hydrolysiert. Die hierbei erhaltene Lsg. wird dann einer sauren Hydrolyse durch Einw. einer starken Säure, wie H_2SO_4 oder HCl, bei 120—250° unterworfen. Aus der sauren Lsg. gewinnt man das m-Chlorphenol durch Extraktion mit Toluol oder zusammen mit W. durch Destillation. (**A. P. 2 835 707** vom 23/4. 1956, ausg. 20/5. 1958.) R. SCHWECHTEN. H 1060

Imperial Chemical Industries Ltd., London (Erfinder: **Kurt Helmut Berneis**, Norton-on-Tees), England, *Tertiäre Arylhydroperoxyde* erhält man durch Oxydation von aromat. KW-stoffen der allg. Formel Ar—CH< (Ar gleich Phenyl, welches ein oder mehrere Alkyl enthalten kann u. dessen tert. C-Atom einem gesätt. Alkyl- oder Cyclohexylrest angehört) in fl. Zustand in Ggw. von Cu oder Ag oder deren Salzen als Katalysatoren u. bes. von organ. Hydroperoxyden als Anspringmittel mit einem freien O_2 enthaltenden Gas bei 70—140°, bes. unter n. Druck, dad. gek., daß man in Ggw. von 12 Teilen Cu oder Ag in Form von im Oxydationsgemisch lösl. Salzen einer flüchtigen organ. Säure je Million Teile des zu oxydierenden KW-stoffes oxydiert. — Aus Cumol in Ggw. von Cu-Formiat oder Ag-Acetat → *Cumolhydroperoxyd*, Ausbeute 86,5—90,5%. — Vgl. F. P. 1 113 813; C. **1958.** 8190. (**E. P. 760 367** vom 18/6. 1954, ausg. 31/10. 1956. **D. A. S. 1 040 551** Kl. 12o vom 6/9. 1954, ausg. 9/10. 1958. E. Prior. 18/6. 1954.) G. KRAUSS. H 1070

Dow Chemical Co., übert von: **Walter B. Trapp**, Midland, Mich., V. St. A., *Gewinnung von Phenylacetaldehyd* aus seinen Trimeren, dem 2.4.6-Tribenzyl-symm.-trioxan, erfolgt durch dessen Behandlung mit saurer Tonerde mit einem Säuregrad von —10 bis 100 (erforderliche mg KOH zur Neutralisation von 1 g Tonerde, Fullererde, Floridaerde, Bentonit, „Neutrol-E", „Aktivite" 459, „Florex XXF", „Magnesol") bei 90—160° u. höchstens 15 mm Hg-Druck; Ausbeute 90%; Reinheit ca. 99%. (**A. P. 2 770 654** vom 19/11. 1953, ausg. 13/11. 1956.) G. KRAUSS. H 1120

N. V. Nederlandsche Combinatie voor Chemische Industrie, Amsterdam, Holland, *Extraktion von Alkalisalzen von Vanillin oder dessen Homologen* aus alkal. Fll., wie sie bei der Herst. dieser Verbb. anfallen. Als Extraktionsmittel verwendet man prim. aliphat. Amine mit einer verzweigten Alkylgruppe von 3—5 C-Atomen, sek. aliphat. Amine mit unverzweigten Alkylgruppen von je höchstens 5 C-Atomen, monocycl., gesätt. heterocycl. Basen oder deren Homologe, Pyridin oder dessen Homologe oder Gemische dieser Amine. (**Holl. P. 89 577** vom 13/11. 1956, ausg. 15/11. 1958.) F. BÖHM. H 1140

Mid-Century Corp., Chicago, Ill., übert. von: **Alfred Saffer**, Bayside, N. Y., und **Robert S. Barker**, Plainfield, N. J., V. St. A., *Herstellen von aromatischen Polycarbonsäuren* durch Oxydation der entsprechenden Polyalkylaromaten mit O_2 u. Brom oder Bromverbb., in Ggw. von Schwermetallkatalysatoren, wie Ce, Mn, Co oder deren Salzen u. von Monocarbonsäuren (mit 1—8 C), bes. Essigsäure, bei 120—275°, bes. 170—225°, u. 0—1500 lbs/sq.in. (**A. P. 2 833 816** vom 24/8. 1955, ausg. 6/5. 1958.) L. STADELMANN. H 1220

Distillers Co. Ltd., Edinburgh, England (Erfinder: **Edward James Gasson** und **David James Hadley**), *Ammoniumsalze aromatischer Carbonsäuren* erhält man durch Umsetzen von aromat. Nitrilen u./oder Imiden mit W. bei $>100^0$, bes. 150—220°, u. >1 at in Ggw. von Alkali, bes. NH_4OH (0,1—6 Mol/Mol Nitril) oder NaOH, $MgCO_3$, $CaCO_3$ (0,01—0,1 Mol/Mol Nitril) oder durch Umsetzen mit dem Ammoniumsalz der entsprechenden Carbonsäure. — 40 (Teile) Terephthalonitril, 70 H_2O, 12 NH_4OH (0,880) werden bei 220° 3 Std. erhitzt, die Reaktionslsg. im Vakuum bei 60° zur Trockne eingedampft. Man erhält *Ammoniumterephthalat* in 97%ig. Ausbeute. (**E. P. 801 125** vom 27/9. 1955, ausg. 10/9. 1958.) L. STADELMANN. H 1220

Olin Mathieson Chemical Corp., New Haven, übert. von: **Herman A. Bruson**, North Haven, und **Alan E. Ardis**, Hamden, Conn., V. St. A., *Reine Phthalsäure* erhält man aus dem Gemisch mit Isophthalsäure (**I**) durch selektive Extraktion von **I** mit einem O enthaltenden organ. Lösungsm., z. B. Dioxan, Cyclohexanon oder Diäthylenglykoläther, bei Tempp. nahe dem Kp. des Lösungsmittels. (**A. P. 2 857 429** vom 11/4. 1956, ausg. 21/10. 1958.) L. STADELMANN. H 1220

Imperial Chemical Industries Ltd. (Erfinder: **William Alexander O'Neill** und **Philip Nesbitt**), London, England, *Terephthalsäure* erhält man durch Oxydation von p-Diisopropylbenzol in wss. alkal. Medium mit O_2 in Ggw. von Ti,- V-, Mn-, Co- oder Cu-Salzen oder -Oxyden bei $>180^0$. (**E. P. 797 213** vom 3/6. 1955, ausg. 25/6. 1958.) L. STADELMANN. H 1220

Farbwerke Hoechst Akt.-Ges., vormals Meister Lucius & Brüning, Frankfurt/M. (Erfinder: **Franz Haber**, Bobingen), *Terephthalsäure-bis-äthylenglykolester* erhält man durch Abbau von Polyterephthalsäureäthylenglykolester in sd. Äthylenglykol in Ggw. katalyt. Mengen von Zn-, Mn-, Co- oder Fe-Salzen. (**D. A. S. 1 052 394** Kl. 12o vom 26/5. 1956, veröff. 12/3. 1959.) L. STADELMANN. H 1220

B. W. Suworow, S. R. Rafikow und **L. G. Manukowskaja,** *Herstellung von Terephthalsäuremononitril* durch Oxydation von p-Tolunitril mit O_2 oder Luft in fl. Phase bei 170—190° mit Co-Acetat als Katalysator (0,08—0,15% der Ausgangssubstanz). Die Rk. verläuft in Abwesenheit von Lösungsmitteln. (**UdSSR. P. 111 891** vom 11/6. 1957, gedruckt 25/4. 1958.) B. PANKOW. H 1220

Bergwerksverband zur Verwertung von Schutzrechten der Kohlentechnik G. m. b. H., Essen (Erfinder: **Otto Grosskinsky** und **Walter Thürauf,** Dortmund), *Einheitliche Pyromellitsäureteilester einwertiger Alkohole* erhält man dadurch, daß man Pyromellitsäure mit einwertigen Alkoholen in Ggw. von W., bes. nach Auflösung der Säuren in einem W.–A.-Gemisch, verestert, wobei entstehendes W. während der Veresterung abdest. wird. Die Rk. wird im geschlossenen Gefäß oberhalb des Kp. des verwendeten Alkohols durchgeführt. (**D. A. S. 1 056 114** Kl. 12o vom 16/8. 1957, veröff. 30/4. 1959.) L. STADELMANN. H 1240

Lubrizol Corp., V. St. A., *Herstellung von Salzen aromatischer Dithiophosphinsäuren,* dad. gek., daß man die Säuren mit einer Metallsalzlsg. neutralisiert u. W. entfernt. — Beschrieben wird die Herst. von *Zn-Di-[isopropylphenyldithiophosphinat], Ba-Di-[di-sek.-amylphenyl]-, Cu-Di-[sek.-amylphenyl]-* u. *Na-[Diphenyldithiophosphinat].* — *Stabilisatoren.* (**F. P. 67 705** vom 21/3. 1955, ausg. 18/3. 1958. **Zusatz zu F. P. 1 116 654; C. 1958. 9063.**) S. BÖTTCHER. H 1380

Dow Chemical Co. (Erfinder: **Frank M. Brower**), Midland, Mich., V. St. A., *Verhinderung der Bildung von Sproßpolymeren beim Destillieren einer Mischung aus Vinyltoluol* u. geringen Mengen *Divinylbenzol* erfolgt durch Zusatz von bes. 0,01—0,1% 2-Nitrophenol u./oder 2-Nitrothiophen als Polymerisationsverhinderer. Die Dest. wird bes. bei 10—200 mm Hg kontinuierlich in Ggw. des Verhinderungsmittels durchgeführt. — Vorr., Zeichnung. (**D. A. S. 1 040 020** Kl. 12o vom 2/2. 1957, veröff. 2/10. 1958. A. Prior. 2/2. 1956.) G. KRAUSS. H 1410

Dow Chemical Co., übert. von: **Robert S. Montgomery,** Midland, Mich., V. St. A., *Zimtsäure und ihre Salze* erhält man durch Erhitzen von β-Hydroxy-β-phenylpropionsäurenitril mit 1,25—2 Mol einer wss. 5—20%ig. NaOH auf 80—175°. Aus dem entstandenen Salz entsteht die freie Säure durch Ansäuern; Ausbeute 73%. (**A. P. 2 802 869** vom 8/12. 1952, ausg. 13/8. 1957.) G. KRAUSS. H 1610

Karl Ziegler, Mülheim/Ruhr, und **Klaus Hafner,** Marburg, *Herstellung von Cyclopentadienyl-, Alkylcyclopentadienyl- und Benzylcyclopentadienylnatriumverbindungen,* dad. gek., daß man Cyclopentadien, Alkyl- oder Benzylcyclopentadiene mit tert. Na-Alkoholaten, bes. Butylaten, vorteilhaft im Überschuß oder auch in statu nascendi (Na-Metall + 1/10 Mol tert. Alkohol), gegebenenfalls bei 50°, umsetzt. — Z. B. suspendiert man 23 (g) feinverteiltes Na in 200 cm^3 absol. Ae., gibt 10 tert.-Butylalkohol u. dann langsam unter N_2 75 Cyclopentadien zu. *Cyclopentadienyl-Na* scheidet sich als feinkrist. Pulver in 100%ig. Ausbeute ab u. wird in üblicher Weise isoliert. Es färbt sich an der Luft sofort braunschwarz u. entzündet sich. — In gleich guten Ausbeuten kann man auch *Methyl-* u. *Benzylcyclopentadienyl-Na* herstellen. (**D. A. S. 1 000 379** Kl. 12o vom 10/2. 1955, veröff. 10/1. 1957. **Zusatz zu D. B. P. 924 029; C. 1956. 2027. E. P. 790 450** vom 9/2. 1956, ausg. 12/2. 1958. D. Prior. 10/2. 1955.) R. LINK. H 1810

Alfred Viola, College Park, **Gilbert Forrest Woods,** Silver Spring, Md., **Herman Fleischacker,** Washington, D. C., und **Nicholas Charles Bolgiano,** Pittsburgh, Pa., V. St. A., *Herstellung von Cyclohexadienen* durch Cyclisierung von konjugierten Trienen, wie Hexatrien oder KW-stoff-substituiertem Hexatrien oberhalb 300° in der Dampfphase in Ggw. eines anorgan. festen Katalysators. — Beispiele: *Phenylcyclohexadien,* F. 82 bis 84°, *Dimethylcyclohexadien,* n_D^{30} 1,472; $Kp._{25-35}$ 25—50°; *Methylcyclohexadien,* $Kp._{20-25}$ 24—29°, n_D^{30} 1,45—1,47. (**A. P. 2 836 629** vom 10/3. 1955, ausg. 27/5. 1958.) H. NEBELSIEK. H 1810

Farbwerke Hoechst Akt.-Ges., vormals Meister Lucius & Brüning (Erfinder: **Rudolf Sartorius**), Frankfurt/M., *Cyclohexanonoxim* (**I**) erhält man in Ausbeuten >90%, z. B. bis 99%, aus $C_6H_{10}NOCl$ durch Red. mit NaS_2 oder NH_2OH in alkal. Lsg. oder mit Fe + HCl, bes. in Ggw. eines mit W. nicht mischbaren Lösungsm. unter Zusatz von Lösungsvermittlern. — Z. B. löst man 10 g $C_6H_{10}NOCl$ in 150 cm^3 Cyclohexan, fügt 25 cm^3 CH_3OH u. 15 cm^3 konz. HCl zu u. trägt unter kräftigem Rühren bei 10—15° 3 g Fe-Pulver in kleinen Portionen ein. Nach 1/4 Std. ist die blaue Farbe der Lsg. verblaßt. Man fügt 150 g Eiswasser zu, trennt die KW-stoffschicht ab, wäscht sie 3 mal mit je 10 cm^3 HCl (1:1) u. gewinnt aus den salzsauren Waschwässern u. der Hauptmenge salzsaurer Lsg. das I nach bekannten Verf., z. B. mit Alkali. (**D. A. S. 1 002 338** Kl. 12o vom 6/5. 1953, veröff. 14/2. 1957.) R. LINK. H 1960

E. I. du Pont de Nemours & Co., V. St. A. (Erfinder: **Robert Arthur Smiley**), *Herstellung neuer Nitroverbindungen,* dad. gek., daß man ein Nitrocycloalkan, HCHO u. ein Alkylendiamin bei Tempp. zwischen dem E. u. dem Kp. des Gemisches in einem niederen wss. Alkohol in Ggw. eines bas. Katalysators in stöchiometr. Mengen umsetzt. — *N.N'-Bis-[1-nitrocyclohexylmethyl]-äthylendiamin,* $C_{16}H_{30}N_4O_4$, F. 72—73°, aus Nitrocyclohexan u. Äthylendiamin. — *N.N'-Bis-[1-nitrocyclohexylmethyl]-2-hydroxy-1.3-propylendiamin,* n_D^{25} 1,4953, aus 2-Hydroxy-1.3-propylendiamin in Ggw. von „Triton B". — *N.N'-Bis-[1-nitrocyclohexylmethyl]-hexamethylendiamin,* $C_{20}H_{38}N_4O_4$, F. 51—52°, aus Hexamethylendiamin. (**F. P. 1 155 368** vom 3/8. 1956, ausg. 25/4. 1958. A. Prior. 7/10. 1955.) S. BÖTTCHER. H 2110

Soc. des Usines Chimiques Rhône-Poulenc (Erfinder: **Charles Sannie** und **Jacques Joseph Panouse**), Paris, *Herstellung von N.N-disubstituierten 1-[2'-Aminoäthyl]-cyclohexen-(1)-onen-(3)* der allg. Formel I, in der $—NR_1R_2$ den Rest eines tert., bes. cycl. Amins u. R ein H-Atom oder CH_3 bedeuten, ihren Derivv. u. Salzen, dad. gek., daß man 1 Mol eines sek. Amins der allg. Formel HNR_1R_2 an 1 Mol eines 1-Vinylcyclohexen-(1)-ons-(3), das in 2-Stellung einen CH_3-Rest aufweisen kann, zweckmäßig in Ggw. eines inerten Lösungsm. u. gegebenenfalls in Ggw. eines H-Ionen liefernden Katalysators, wie p-Toluolsulfonsäure, anlagert. — 276 (Teile) 2-Methyl-1-vinylcyclohexen-(1)-on-(3) werden mit 209 trockenem Morpholin versetzt u. kurz unter Rückfluß erhitzt. Bei der Aufarbeitung erhält man reines *2-Methyl-1-[2'-morpholinoäthyl]-cyclohexen-(1)-on-(3),* $Kp._{0,5}$ 138,5 bis 139°, $n_D^{18,4}$ 1,5228, *Pikrat,* F. 171°, *Semicarbazon,* F. 210—212°, *2.4-Dinitrophenylhydrazon,* F. 252°, *Methojodid,* F. 190°. — Analog erhält man *2-Methyl-1-[2'-pyrrolidinoäthyl]-cyclohexen-(1)-on-(3),* $Kp._{0,5}$ 116—117°, n_D^{19} 1,5193, *Pikrat,* F. 169°, *Semicarbazon,* F. 214°, *2.4-Dinitrophenylhydrazon,* F. 256°, *Methojodid,* F. 150 u. 162°. — *2-Methyl-1-[2'-diäthylaminoäthyl]-cyclohexen-(1)-on-(3),* $Kp._{12}$ 152—153°, $Kp._{1,6}$ 125°, $n_D^{29,4}$ 1,4988; *Pikrat,* F. 121—122°, *Semicarbazon,* F. 203—207°, *2.4-Dinitrophenylhydrazon,* F. 240°, *Methojodid,* F. 132—133 u. 140—141°. — Zwischenprodd. zur Herst. von Steroiden. (**D. A. S. 1 041 040** Kl. 12o vom 8/2. 1957, veröff. 16/10. 1958. F. Prior. 11/2. 1956.) J. MÜHLEISEN. H 2140

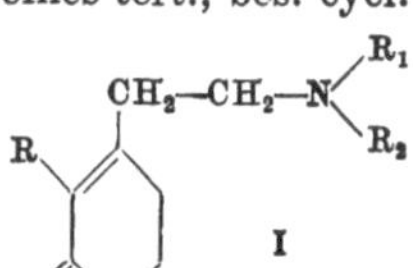

I

Hoffmann-La Roche, Inc., Nutley, übert. von: **John Thomas Plati,** Rutherford, N. J., V. St. A., *Bis-(p-methoxyphenyl)-jodoniumhalogenid* (**I**). Man setzt 1 (Mol) J_2 mit 1,5 bis 2,5 J_2O_5 in konz. H_2SO_4 um u. extrahiert die Säure aus dem gefällten Reaktionsprod. mit Eisessig. Dann kondensiert man das Prod., das in einem inerten Verdünnungsmittel, bes. Eisessig, suspendiert ist, mit mindestens 10 Anisol bei 15—35° u. fällt durch Behandlung des Reaktionsgemisches mit überschüssigem NH_4-, Alkali- oder Erdalkalihalogenid, bes. NaBr, I in krist. Form aus. — Ausgangsstoff zur Herst. von 3.5-Dijodthyronin. (**A. P. 2 839 583** vom 28/2. 1957, ausg. 17/6. 1958.) R. SCHWECHTEN. H 2260

Metallurgical Chemists Ltd., London, England (Erfinder: **Roland Böhm**, Kelkheim, **Dietmar Lamparsky** und **Kurt Richter**, Frankfurt/M.), *Herstellung von Aryläthercarbonsäuren* durch Umsetzen von Phenolaten mit Lactonen, dad. gek., daß man die Lactonspaltung im Vakuum durchführt. Gegebenenfalls arbeitet man in Ggw. eines Schutzgases. — β-Naphthol wird zum Na-Naphtholat umgesetzt. Nach Entwässerung im Vakuum u. Umsetzen mit Butyrolacton im Vakuum erhält man die *β-Naphthoxybuttersäure*, F. 121—123°, Ausbeute 85%. (**D. A. S. 1 042 600** Kl. 12q vom 16/2. 1957, veröff. 6/11. 1958.) R. Schwechten. H 2700

Consortium für elektrochemische Industrie G. m. b. H. (Erfinder: **Hans Anselm** und **Jürgen Smidt**), München, *Abtrennung von Epichlorhydrin aus Mischungen mit Carbonsäuren*, dad. gek., daß die Mischungen in Ggw. von geringen Mengen W. der fraktionierten Dest. unterworfen werden, wobei ein azeotropes Gemisch aus Epichlorhydrin u. W. abdestilliert. Vorteilhaft wird die Dest. bei vermindertem Druck, bes. bei ca. 60 Torr, durchgeführt. (**D. A. S. 1 051 834** Kl. 12o vom 6/9. 1957, veröff. 5/3. 1959.) G. König. H 3030

E. I. du Pont de Nemours & Co., übert. von: **Ludwig G. Hartmann**, Wilmington, Del., und **Norman L. Hause**, West Chester, Pa., V. St. A., *Herstellung von Tryptophan*. Man kondensiert eine Verb. der Formel I, z. B. Gramin oder 3-Indolylmethyldiäthylamin, mit einer Verb. der Formel II, z. B. Hydantoin oder 3-Methylhydantoin, in Ggw. eines bas. Katalysators u. eines Säureanhydrids oder -chlorids organ. Carbonsäuren, z. B. Na-Acetat u. Essigsäureanhydrid, u. hydrolysiert das erhaltene 3-Indolylmethylhydantoin zu DL-Tryptophan, F. 285—286°. In den allg. Formeln bedeuten: R Alkyl-, Aryl- oder Aralkylreste; die beiden R können auch einen Polymethylenrest oder mit dem N-Atom einen heterocycl. Ring bilden; R_1 bedeutet einen Acylrest oder H, R_2 H, einen Carbalkoxy- oder Acylrest u. R_3 H einen Alkyl- oder Arylrest. (**A. P. 2 829 145** vom 27/7. 1956, ausg. 1/4. 1958.)

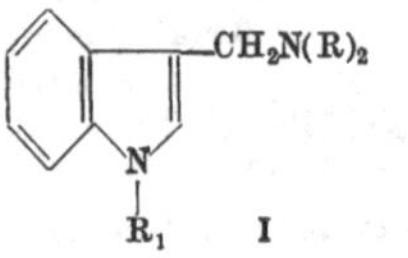

I

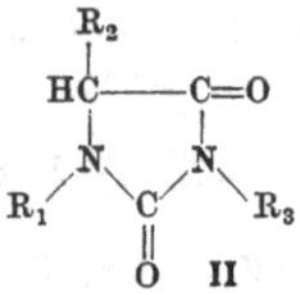

II

C. Lüttgen. H 3081

Distillers Co. Ltd., England (Erfinder: **David James Hadley**), *Wiedergewinnung von Cyanpyridinen* aus Gasgemischen, die bei der katalyt. Rk. der Picoline mit NH_3 entstehen, durch Waschen des warmen Gasgemisches mit einer wss. Lsg. der Reaktionsprodukte. — Zeichnung. (**F. P. 1 158 822** vom 22/8. 1956, ausg. 19/6. 1958. E. Prior. 23/8. 1955.) S. Böttcher. H 3231

X. Färberei. Organische Farbstoffe.

—, *Neue Farbstoffe und Hilfsmittel.* Ciba AG., Basel: *Cibacetfarbstoffe mikrodispers* entsprechen den hohen Ansprüchen der App.- u. Foulardfärberei von synthet. Faserstoffen. Auch im Textildruck finden diese Prodd. ohne lösende Zusätze Anwendung. Die Farbstoffe „mikrodispers" werden wie folgt eingesetzt: zum Färben von Flocke, Kammzug u. Garnen auf App., Färben schwerer, dichtgeschlagener Gewebe u. Gewirke, bes. auf Jigger, Foulardfärben von Geweben aus synthet. Faserstoffen u. im Textildruck. Nachstehende Marken stehen bis jetzt zur Verfügung: *Cibacet-brillantgelb 4 G, -gelb 5 GN, -gelb 2 GC, -gelb GWL, -rot 3 B, -brillantrosa FG, -brillantrosa 4 BN, -violett 2 R, -blau BR, -blau F 3 GN, -blau F 3 R, -blau GF, -blau RF, -blau 2 R, -saphirblau G, -saphirblau 4 G, -türkisblau G, -dunkelblau RB, -grün 5 G, -grau NH, -diazoschwarz GWS, -schwarz GD* alle *mikrodispers.* — *Cibacronbrillantblau BR* für Cellulosefaserstoffe u. Wolle. Die rotstichigen Töne weisen sehr gute Wasch- u. alkal. Kochwaschechtheit auf. Das Prod. ist auch für die Kunstharzausrüstung geeignet. — *Cibacronviolett 2 R* ist sehr gut lösl., eignet sich für die Kunstharzausrüstung u. für den Direktdruck. — *Cibanogenbraun FBL* druckt natürliche u. regenerierte Cellulosefaser in neutralen gut deckenden Brauntönen von sehr guter Gesamtechtheit. Die Drucke werden durch kurzes saures Dämpfen oder nach dem Naßentwicklungsverf. fixiert. — *Cibacetscharlach B* färbt Polyester-, Polyacrylnitril-, Acetat- u. Triacetatfaserstoffe in lichtechten Tönen. Auf Acetat u. Triacetat sind die Färbungen weiß ätzbar. — J. R. Geigy AG, Basel: *Solophenylgrün A 2 GL* ist ein Heißfärber mit sehr guten färber. Eigg. u. auf Grund der guten Löslichkeit für die Foulardfärberei geeignet. Das Prod. dient zum Färben von natürlicher u. regenerierter Cellulosefaser u. für die Halbwollfärberei. Zirk. Nr. 1304. — *„Küpenfarbstoffe im Textildruck"* illustriert Tina- u. Tinonfarbstoffe in zwei verschied. Farbtiefen. — Sandoz AG., Basel: *Foronbrillantorange GL ultradispers* ist ein leicht gelbstichiges Dispersionsorange, bes. für Polyesterfasern. Der Farbstoff eignet sich für die Carriermeth., das Hochtemperaturverf. u. den Druck. Musterkarte Nr. 1298. — Rohner AG., Pratteln: *Ronagenmarineblau IB* druckt grünstichige Marineblautöne von sehr guter Wasch- u. Chlorechtheit. — MEYPRO AG., Kreuzlingen: *Druckverdickung. Meypro-Gum CR* u. *KN* können für Weißätzen u. zum Verdicken von Ludigol beim Nachludigolieren an der Druckmaschine mit der Millepointwalze eingesetzt werden. — IMPERIAL CHEMICAL INDUSTRIES LTD., Manchester: *Duranoldirektschwarz T* ist bes. zum Färben von Teryen- u. anderen Polyesterfasern, allein oder in Mischungen mit Wolle, Baumwolle, Viscose oder Leinen geeignet. Sehr gute Lichtechtheit, Hitzebeständigkeit u. Wasch- u. Naßechtheit. Eignet sich zum Plissieren mit Dampf u. Fixieren in trockener Hitze. — UNION CARBIDE INTERNATIONAL COMP., New York: Neuartige Antischaummittel für techn. Verwendungszwecke SAG Antifoams: *SAG 47-Siliconantischaumflüssigkeit* für nicht wss. Systeme u. *SAG 470-Siliconantischaumemulsion* für schäumende wss. Systeme. Das Mittel eignet sich zur Herst. von Klebstoffen, Kunstharzen, Polymerisaten, Reinigungs- u. Waschmitteln, Lösungsmitteln, Farbstoffen, Tinten u. Pigmenten sowie ferner zur Verwendung in Kühlölen, Destillationen, Anstrichmitteln u. Lacken. — FARBWERKE HOECHST, Frankfurt/M.-Höchst: *Indanthrenfarbstoffe staubarm*: Die nachstehenden Prodd. weisen keinen Unterschied im Farbton, Farbstärke, Lagerbeständigkeit u. Anwendungsweise zu den bisherigen Farbstoffen auf. *Indanthren-goldgelb RK, -gelb 3 R, -gelb 3 RT konz., -brillantorange GR, -scharlach GG, -blau HGBG, -khaki GG, -khaki HS, -grau HBR, -grau M, -grau MG* (sämtlich Supra-Pulver Typ 8073), *-blau HGGK* Pulver fein für F. Typ 8073. — *Indanthrenmarineblau R Pulver fein* für Färbung ist bes. für die App.-Färberei sowie das Pigmentklotz- u. das Pigmentfärbeverfahren geeignet, u. zwar auf Grund hoher Echtheitseigg. bes. für Waschartikel, Vorhang- u. Markisenstoffe. Hoe 2496. — Eine Mappe zeigt Muster u. Angaben über „*Remalanechtfarbstoffe*." — BADISCHE ANILIN- & SODA-FABRIK AG., Ludwigshafen: *Palatin-Echtgrau GLN* weist sehr gutes Egalisiervermögen u. gute Reibechtheit auf. — *Palatin-Echtbordo RN* färbt Wolle in klarerer Nuance mit gleichen Echtheitseigenschaften. — „*Helizarinfarbstoffe*" Musterkarte Nr. 115/12. 57 d illustriert interessante Kombinationen auf Zellwollgeweben im Filmdruck. — CASSELLA FARBWERKE MAINKUR: *Indocarbon CLN Suprafix Teig* ist nach der Spezialglucosevorschrift u. nach dem Colloresinverf. druckbar. Im Direktdruck auf Cellulosefasern, auf Acetat, Naturseide u. Polyamidfasern liefert es ein sattes Tiefschwarz. — *Immedialechtkatechu RL „Hydrosol"* färbt rotbraune Töne von sehr guter Lichtechtheit. Auf Grund der Wasserlöslichkeit u. aus wss. Lsg. prakt. keiner Affinität zur Cellulosefaser bes. für das Klotzfärbeverf. geeignet. — *Indanthrenbraun GCW Pulver fein für Färbungen, Indanthrenbraun GCW „Stabilosol"* ist ein Küpenfarbstoff, der nach Verf. IW, IK u. IN färben kann. Geeignet für ausgesprochene Buntbleich- u. Waschartikel auf Grund guter Wetterechtheit. Die Sand-, Beige- u. Brauntöne weisen gute Lichtechtheit auf. — REICHHOLD CHEMIE AG., Hamburg: Die Firma hat eine Broschüre über die Verwendung des *Phthalsäureanhydrids* u. eine zweite über die Verwendungszwecke des *Formaldehyds* herausgegeben. — RUDOLF & CO., GMBH, Wolfratshausen: *Rucon DP* dient als modifiziertes Melaminharz zur Herst. permanenter Chintz-, Riffel- sowie Prägeeffekte auf Cellulosematerial. — *Rucostabilisator OP* ist eine in W. klar lösl. Fl., die als Stabilisierungsmittel für die Wasserstoffsuperoxydbleichen bei Temp. bis u. über 100° eingesetzt wird. — *Rucon RH* dient zur permanenten knitterfesten Ausrüstung von Geweben aus Cellulose. Bes. für die „rapid-iron" Ausrüstung von Baumwolle geeignet. Kombinationen mit Füll- u. Weichmachemitteln sowie Hydrophobierungsprodd. sind möglich. — *Rucosal PG* ist ein Mischprod. zum Nachseifen von Farb- u. Druckware. Das Prod. ist wasserbeständig u. weist hohes Netz- u. Schmutztragevermögen auf. (Textil-Rdsch. [St. Gallen] **14.** 90—94. Febr. 1959.) P. ECKERT. 7018

Günter Kaufmann, *Die Phthalogenfarbstoffe in der Stück- und Garnfärberei.* Es wird ein Verf. beschrieben, mit dem es möglich ist, auf Stückware Phthalogenfarbstoffvorprodd. zu klotzen u. durch eine Kondensation bei 140° auf dem Gewebe zu entwickeln. In der Garnfärberei wird mittels Tannin-Brechweinstein oder direkt im Färbebad unter Verwendung von *Phthalofix F* gearbeitet, ausgefärbt u. anschließend in einem alkal. Hydrosulfitbad der Farbstoff entwickelt. Ein gründliches Nachseifen der Färbungen ist unbedingt nötig, um die uneingeschränkten Echtheiten der Färbung zu erhalten. (Bayer Colorist Nr. **6.** 23—28. 1957.) W. BERNARD. 7020

Oskar Glenz und **Wolfhard Beckmann,** *Zum Färben von Dralon mit basischen Farbstoffen.* Beim Färben von Polyacrylnitril mit bas. Farbstoffen muß zur Erzielung der besten Echtheiten der Farbstoff chem. an das Fasermol. gebunden werden u. die Phase der Adsorption u. Lsg. in der Faser durchlaufen haben. Die Bindung erfolgt nur im Temperaturintervall von 85—100°. Auch dann sind, je nach der Art des Farbstoffes, nur Mengen von 1,4—8% auf die Faser zu bringen. Es werden daneben noch Faktoren angeführt, die eine Kombination der ASTRA- u. ASTRAZON-Farbstoffe ermöglichen, ohne zu Nuancenverschiebungen oder Zweifarbeneffekten zu führen. — Aufziehkurven der ASTRA- u. ASTRAZON-Farbstoffe werden angeführt. (Bayer Colorist Nr. **6.** 10—22. 1957.) W. BERNARD. 7020

Miroslav Kalous, *Coloristische Bewertung der reaktiven Farbstoffe der Type Cibacron- und Procion- H-Reihe.* In Vergleichsverss. mit *Cibacron-* (CIBA) u. *Procion-H-*Farbstoffen (ICI) wird festgestellt, daß die einzelnen Farbstoffe bis auf die beiden Türkismarken ident. sind. Es werden Rezepturen für den Ätzdruck u. die bisher bekannten Färbeverff. gegeben. Der Vgl. der Löslichkeit u. des Verh. gegen verschied. Chemikalien u. vergleichende Echtheitsprüfungen bestätigen die Identität der Produkte. (Textil [Praha] **14.** 28—31. Jan. 1959.) W. BERNARD 7020

Josef Bella, *Druck auf Polyamidgeweben.* Es werden die Direktdruckverff. mit Dispersions-, substantiven, Säure-, sauren Chromkomplex-, Metallkomplex-, Küpen-, deren Leukoester- u. Pigmentfarbstoffen ausführlich beschrieben. Daneben werden Rezepturen für den Ätzdruck angeführt u. besondere Druckverff., z. B. der Aufdruck von Bronzen, besprochen. (Textil [Praha] **14.** 25—28. Jan. 1959.) W. BERNARD. 7022

British Celanese Ltd., London, England (Erfinder: **Tom Greasley** und **Ralph James Mann**), *Behandlung von Textilmaterial zur Verbesserung der Abgasechtheit von Färbungen auf Celluloseacetat- oder Polyäthylenterephthalatfasern.* Man behandelt die Fasern vor der Färbung mit einer quellend wirkenden Lsg. eines Zn-Salzes u. dann mit einer wss. alkal. Fl., so daß die Faser danach eine wasserunlösl. bas. Zn-Verb., entsprechend 0,5—2,5% ZnO, enthält. — Z. B. enthält die 1. Fl. 50 g/Liter Zn-Acetathydrat u. 100 cm^3/Liter Eisessig, die 2. Fl. 5 g/Liter Na_2CO_3. (**E. P. 793 701** vom 6/1. 1955, ausg. 23/4. 1958.) F. BÖHM. 7017

General Aniline & Film Corp., New York, N. Y., übert. von: **Carl M. Smith,** Easton, Pa., V. St. A., *Verwendung von Methylidin-bis-pyrazolonen zum Färben* synthet. polymerer thermoplast. Folien u. Fasern. Man verwendet Verbb. der Formel I als Dispersionsfarbstoffe (R_1, R_2 = niedere aliphat. oder monocycl. aromat. Reste; X = O oder S; Y_1, Y_2 = H, Halogen, Sulfonamid-, niederer Alkyl- oder Alkoxyrest; n_1, n_2 = 1 oder 2). — Z. B. färbt man „Dacron“ oder „Dynel“ mit einem Bad, das in 300 cm^3 0,025 g 4.4'-Methylidin-bis-(1-phenyl-3-methyl-5-pyrazolon), 2 (cm^3) A., 4 Aceton, 2 Igepon-T-Lsg. (5%ig.), 100 Glaubersalzlsg. (10%ig.) u. 10 Essigsäure (1,4%ig.) enthält. (**A. P. 2 840 443** vom 5/8. 1954, ausg. 24/6. 1958.) F. BÖHM. 7021

I

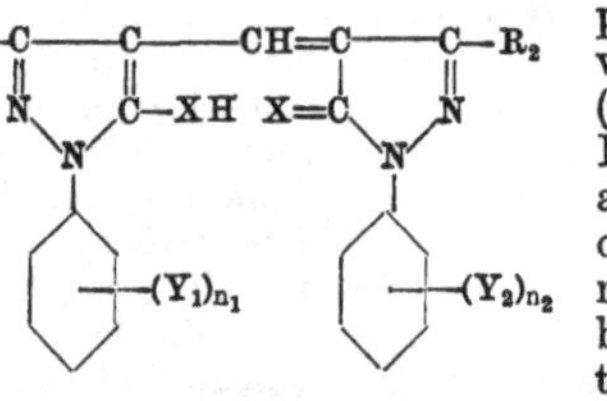

B. F. Goodrich Co., New York, N. Y., V. St. A., übert. von: **Hansjörg Heller,** Basel, Schweiz, *Färben von Vinylidencyanidmischpolymerisaten* mit bas. Farbstoffen. Man behandelt Textilien aus dem genannten Material vor oder während des Färbens mit *2-Hydroxy-3-naphthoesäure* oder *N-β-Naphthyl-β-alanin* in wss. Dispersion. (**A. P. 2 848 296** vom 17/11. 1955, ausg. 19/8. 1958.) F. BÖHM. 7021

Farbwerke Hoechst Akt.-Ges., vormals Meister Lucius & Brüning, Frankfurt/M. (Erfinder: **Helmut Beutler, Karl Jellinek** und **Werner Kirst,** Offenbach), *Färben von Textilmaterial aus Polyester- oder Triacetylcellulosefasern* mit unlösl. Azofarbstoffen. Man bringt die in der D. A. S. 1 026 723 genannten Farbstoffkomponenten gemeinsam aus alkal. Lsg. oder Suspension in Ggw. von Lösungsmitteln, wie Diacetonalkohol, lösungsvermittelnden Verbb., wie Tetrahydronaphthalin, sowie Alkalisalzen von sulfonierten Ölsäuren u. den p_H-Wert der Lsg. oder Suspension erniedrigenden Verbb., wie Estern oder Halogeniden organ. Säuren, auf das Textilmaterial auf, diazotiert u. kuppelt. Ester, wie Methoxybutylacetat, können auch gleichzeitig als lösungsvermittelnde Verb. dienen. (**D. A. S. 1 044 759** Kl. 8m vom 20/11. 1956, veröff. 27/11. 1958. **Zusatz zu D. A. S. 1 026 723; C. 1958. 12 536.**) F. BÖHM. 7021

Imperial Chemical Industries Ltd., London, England (Erfinder: **William Clarke** und **Arthur Hutchinson Wyld**), *Färbeverfahren.* Man bedruckt Textilmaterial mit einer Paste, die Glutarsäure (**I**), eine hydrophile organ. Substanz (**II**) u. mindestens einen Farbstoff mit Isothiuroniumsalzgruppen, die über Methylenbrücken an aromat. Kerne gebunden sind, enthält. Anschließend wird gedämpft u. gegebenenfalls mit einem Fällungsmittel für die Farbstoffe nachbehandelt. **I** kann z. T. auch durch andere Dicarbonsäuren ersetzt werden. Als **II** dienen Amide, Hydroxylverbb. u. deren Ester u. Äther, z. B. *β.β'*-Dihydroxydiäthylsulfid, Resorcin, Äthylenglykol oder Harnstoff. (**E. P. 793 566** vom 2/9. 1955, ausg. 16/4. 1958.) F. BÖHM. 7023

Farbenfabriken Bayer Akt.-Ges. (Erfinder: **Wilhelm Kass, Wilhelm Berlenbach,** Köln, **Wilhelm Graulich, Wolfgang Lehmann** und **Otto Bayer**), Leverkusen, *Bedrucken oder Klotzen von Faserstoffen* nach dem Pigmentdruck- oder Klotzverfahren. Als Bindemittel für die Pigmente verwendet man Mischungen, die einerseits aus bas., selbstvernetzenden, höhermol. Kondensationsprodd. von Di- bzw. Polyaminen mit Epihalogenhydrinen, Dihalogenhydrinen, Halogenfettsäureestern oder Di- oder Polyoxydverbb. bzw. Gemischen davon u. andererseits aus Emulsionen von Mischpolymerisaten bestehen, die aus Komponenten aufgebaut sind, die z. T. elastifizierend wirken, z. T. auch Gruppen enthalten, die mit den bas. Kondensationsprodd. reagieren können. — Eine Druckpaste besteht z. B. aus 50 (Gewichtsteilen) Pigmentteig (30%ig.), 150 Emulsion des Mischpolymerisats aus 30 Butadien, 30 Styrol, 36 Butylacrylat u. 4 Methacrylsäure (40%ig.), 550 Bzn.-in-W.-Emulsion (70%ig.), 165 W., 20 Glykol, 30 Harnstoff u. 35 wss. Lsg. (300 cP/25°) des Hydrochlorids eines bas. Polymeren aus 0,3 Mol Dipropylentriamin u. 1 Epichlorhydrin (30%ig.). Ein hiermit bedrucktes u. getrocknetes Baumwollgewebe wird 5 Min. auf 140° erhitzt. (**D. A. S. 1 045 973** Kl. 8n vom 30/4. 1955, veröff. 11/12. 1958.) F. BÖHM. 7023

Badische Anilin- & Soda-Fabrik Akt.-Ges. (Erfinder: **Curt Schuster**), Ludwigshafen/Rh., *Herstellung von N.N-disubstituierten m-Aminostyrolen* der allg. Formel $R(R')N-C_6H_4-CH = CH_2$, in der R u. R' Alkyl-, Aralkyl- oder Cycloalkylgruppen bedeuten oder zusammen mit dem N-Atom einen heterocycl. Ring (Pyrrolidinring) bilden, dad. gek., daß man in bekannter Weise Acetophenon nitriert, das erhaltene m-Nitroacetophenon bekanntermaßen unter Erhaltung der Ketogruppe in die Aminoverb. überführt, diese durch Rk. mit zur Einführung der Reste R u. R' geeigneten Verbb. in die N.N-disubstituierten m-Aminoacetophenone in üblicher Weise umwandelt, anschließend die Ketogruppe mit H_2 in Ggw. von Hydrierungskatalysatoren, bes. Cu-Katalysatoren, hydriert u. aus den N.N-disubstituierten α-[m-Aminophenyl]-äthylalkoholen in fl. oder dampfförmiger Phase durch Behandlung mit Dehydratisierkatalysatoren, bes. Al_2O_3, W. abspaltet. So erhält man über m-Dimethylaminoacetophenon u. den daraus erhaltenen m-Dimethylaminophenyläthylalkohol, der durch ein mit Al_2O_3 gefülltes auf 300° erhitztes Rohr geleitet wird, m-N.N-Dimethylaminostyrol, $Kp._{0,3}$ 67,5—68°, n_D 1,5870. Die Aminostyrole dienen zur Herst. von Polymerisaten, z. B. mit Acrylnitril oder Styrol; sie können auch in quaternäre Ammoniumverbb. übergeführt u. in dieser Form polymerisiert werden. Wss. Lsgg. der Polymerisate erhöhen die *W.- u. Waschechtheit substantiver Färbungen.* (**D. A. S. 1 046 607** Kl. 12o vom 27/6. 1953, veröff. 18/12. 1958.) W. GRÄGER. 7029

General Aniline & Film Corp., New York, N. Y., V. St. A., *Saures Vermahlen von Phthalocyaninpigmenten,* wie Cu-, Hexadecachlor-Cu- oder metallfreies Phthalocyanin (**I**), dad. gek., daß man 1 (Gewichtsteil) eines **I** mit 0,5—5 eines säurebeständigen, wasserlösl. anorgan. Salzes, z. B. eines Alkalisulfats oder -phosphats, u. 0,5—2 einer 68—100%ig. H_2SO_4, Chloressigsäure, H_3PO_4, $ClSO_3H$, Methyl- oder Äthylsulfonsäure zu einer teigigen knetbaren M. zusammenmischt, dann unter scherenden Kräften vermahlt u. die dicke M. unter starkem Rühren in viel W. einträgt. Die Aufschlämmung wird filtriert u. säurefrei gewaschen. Diese Behandlung gibt den **I**-Pigmenten transparente Eigg., wie sie von einigen mit diesen Pigmenten angerührten Lacken u. Druckpräpp. gefordert werden. Die so behandelten Pigmente lassen sich noch feucht in Ölharze flushen. (**E. P. 795 414** vom 22/5. 1956, ausg. 21/5. 1958.) O. ROICK. 7073

XIa. Farben. Anstriche. Lacke. Naturharze.

Samuel Shapiro, *Die Beurteilung von Fungiciden auf ihre Verwendbarkeit in Farben.* (Vgl. C. **1957.** 8657.) Laboratoriumsverss. u. Verss. an mit verschied. Farben gestrichenen Objekten in trop. u. subtrop. Gebieten zeigen die relative Wirksamkeit fungicider Chemikalien beim Schutze von Farbanstrichen. (Off. Digest Federat. Paint Varnish Product. Clubs **30.** 414—30. April 1958.) H. ROSSOW. 7090

Helmut Müller, *Pentaerythrit und sein Verhalten bei der Darstellung ölmodifizierter Alkydharze.* Unterscheidung von reinem Pentaerythrit (**I**) mit 1—2% Dimerengeh. u. techn. **I** mit 12—20% Dimerengeh. durch F. Geh. an OH, Farbzahl u. Aschegeh. als Kennzeichen für das Verh. bei der Erhitzung von **I**. (Ind. Vernice-Lack- u. Farben-Chem. **12.** 185—93. 1958. Frankfurt/M.) B. SCHEIFELE. 7096

W. G. B. Mills, *Technische Entwicklungen.* Überblick über die 1958 auf dem Gebiet der Farben, Lacke u. Anstriche erzielten Fortschritte. — 119 Literaturhinweise. (Paint, Oil Colour J. **135.** 97—102. 9/1. 1959.) M. WINIKER. 7106

Régine Bourbon und **Jean-Jacques Meynis de Paulin,** *Phosphatierende Ätzgrundierungen.* Bericht über Prüfung von Phosphatätzgrundierungen (bestehend aus der meist durch Zn-Chromat gelb gefärbten Basis u. dem eine H_3PO_4-Lsg. bestimmter Konz. enthaltenden Katalysator), die auf Al, Duralumin u. Al-Mg-Legierungen aufgebracht werden. — Tabellen. (Metal Ind. [London] **87.** 424—27. 18/11. 1955.) W. WESLY. 7106

K. A. van Oeteren-Panhäuser, *Dokumentation und Rostschutz durch Anstriche.* Die fortlaufende Erprobung des Rostschutzes durch Anstrich muß durch eine sinnvolle Dokumentation ausgewertet werden. Ein Schema zur Beurteilung des Zustandes des Anstrichs wird mitgeteilt, über die Erfassung der Ergebnisse in Karteikarten berichtet. (Werkstoffe u. Korrosion **9.** 681—86. Nov. 1958. Mühlheim/Ruhr-Speldorf.) F. VIER. 7106

W. Ss. Kisselew und **T. A. Jermolajewa,** *Über die Darstellung von titanhaltigen Filmbildnern und von Lackfarbenüberzügen auf ihrer Basis.* 3. Mitt. *Reaktion von Butylorthotitanat mit Fettsäuren pflanzlicher Öle.* (2. vgl. C. **1957.** 10626.) *Butylorthotitanat,* $Ti(OR)_4$, $R = C_4H_9$, reagiert mit Ölsäure ($C_{17}H_{33}COOH = \dot{O}H$) bei 150° unter Bldg. eines Ti-Salzes, Veresterung, Hydrolyse u. Kondensation von Ti-Derivv. zu polymeren Prodd. nach $Ti(OR)_4 + \dot{O}H \rightarrow (RO)_3Ti{-}\dot{O} + ROH$ $(+ \dot{O}H \rightarrow \dot{O}R + H_2O)$; $(RO)_3Ti{-}\dot{O} + H_2O \rightarrow HOTi(OR)_2\dot{O}$ $(+ ROH) \rightarrow (RO)_2Ti(O){-}O{-}Ti(O)(OR)_2 \rightarrow [(RO)_2Ti(O){-}O{-}Ti(O)(OR)_2]_n$. Durch Mol.-Dest. wird ein polymeres Prod. von anscheinend cycl. Struktur isoliert. Die Prodd., sowie analoge Copolymere mit Fettsäuren aus Sonnenblumen-, Baumwollsamen- oder Ricinusöl eignen sich als Filmbildner. (Журнал Прикладной Химии [J. angew. Chem.] **30.** 1810—15. Dez. 1957.) R. K. MÜLLER. 7106

Giuseppe Scapellato, *Die Lackierung von Kunststoffen.* Allg. Angaben über die geeigneten Lacke für Plaste, bes. Polystyrol, Acetylcellulose, Celluloseacetobutyrat u. Celluloid. (Pitture e Vernici **14.** 917—19. Nov. 1958. Turin, S.p.A. Paramatti.) B. SCHEIFELE. 7106

R. B. Teel und **W. F. Fair jr.,** *Prüfung von Teerüberzügen.* 3. Mitt. *Widerstand gegen Fäulnis und Abbau durch Meeresorganismen.* Für bessere Widerstandsfähigkeit von Schiffswänden gegen Meeresmuscheln wird eine Deckschicht aus $^1/_3$ Email u. $^2/_3$ scharfkantigem Feinsand u. Mastix als Bindemittel empfohlen. Zum Schutz gegen Fäulnis hat sich die Auflage einer Schicht bewährt, die aus 45 (Gew.-%) Pech, 30 Harz, 25 Xylol, vermischt mit 6 pds Cu-Pulver oder 14 pds Cu_2O/Gallone der auf das Schiff einwirkenden Wassermenge besteht. — 9 Abb., 7 Zahlentafeln, 15 Literaturhinweise. (Corrosion [Houston] **13.** Nr. 8. 19—28. Aug. 1957. Harbor, Island, N. C., Marine Corr. Test Stat.; Verona, Pa., Koppers Co.) H. ECKSTEIN. 7106

D. S. Brown, W. R. Turner und **A. C. Smith jr.,** *Heißsiegelfestigkeit von Wachs-Polyäthylen-Überzügen.* Mit einer speziellen Prüfmeth. wurde die Heißsiegel-Festigkeit (I) von Papieren gemessen, die mit Wachs-Polyäthylen-Gemischen (II) beschichtet waren. Es wurde gefunden, daß die I mit fallendem Mol.-Gew. des zugegebenen Polyäthylens ansteigt. Für die hier untersuchten II lag die höchste I bei einer Zugabe von 2,1% zum Wachs. Bei einer Beschichtungstemp. von 105—115° u. einer Kühltemp. von 10—15° wurden die höchsten I erreicht. Für alle untersuchten II wurde in Abhängigkeit von den Mischungsverhältnissen u. den Beschichtungsbedingungen jeweils eine Kombination gefunden, bei der die I einen optimalen Wert hatte. Die gefundenen experimentellen Daten wurden nach besonderen mathemat. Verff. ausgewertet. (Tappi **41.** 295—300. Juni 1958. Philadelphia, Pa., Atlantic Refining Co.) H. MEYER. 7118

Hans H. Weber, *Messungen des Systems Pigment/Bindemittel mit dem Bayer-Rotationsviscosimeter.* Vf. berichtet über das Fließverh. einiger Weißpigmentanreibungen, das mit dem Rotationsviscosimeter nach PAWLOWSKI untersucht wurde. Erläuterung des Geräts, der Meßmeth. u. der Auswertung. (Farbe und Lack **65.** 127—33. März 1959. Leverkusen, Bayer A.G.) L. KEMPF. 7154

Charles Schuettler, *Instrumente für die zerstörungsfreie Messung der Filmdicke.* Beschreibung u. Anwendung des magnet. Filmdickenmessers *Magne-Gage.* (Paint Ind. Mag. **73.** Nr. 2. 17. 50—51. Febr. 1958. Silver Spring, Md., American Institute Co., Inc.) B. SCHEIFELE. 7158

Fabriques de Produits Chimiques de Thann et de Mulhouse (Erfinder: **Joseph Blumenfeld**), Frankreich, *Herstellung von TiO_2-Pigment* aus Ilmenit durch Einw. von H_2SO_4 unter Bldg. von Ti-Sulfat, welches in TiO_2 übergeführt wird. Zur leichteren Einw. der H_2SO_4 werden dem Ilmenit 2—10% Torf beigemischt. Die H_2SO_4-Lsg. wird vor dem Aufarbeiten filtriert. (**F. P. 1 129 654** vom 1/8. 1955, ausg. 24/1. 1957.) M. F. MÜLLER. 7093

J. R. Geigy Akt.-Ges. (Erfinder: **André Pugin**), Basel, Schweiz, *Farbstarke Phthalocyaninpigmente,* die aus organ. Lösungsmitteln nicht ausflocken oder auskristallisieren, werden erhalten, wenn man Phthalocyanine (I), die an den komplexbildenden

N-Atomen H oder Schwermetalle der Atomnummer 27–29 enthalten, mit 1—20 (%) Al-I vermischt (z. B. 90—97 Cu-I mit 10—3 Al-I). Die Komponenten werden vorher oder im Gemisch durch Umfällen oder Vermahlen in feine Verteilung gebracht. (**Schwz. P. 331 525** vom 13/10. 1954, ausg. 15/9. 1958.) F. Böhm. 7093

G. Siegle & Co. G. m. b. H. Farbenfabriken, Stuttgart (Erfinder: **Robert Zeisberger,** Besigheim), *Herstellung eines leicht verteilbaren pulverförmigen Phthalocyaninpigmentpräparates.* Man versetzt eine wss. Phthalocyaninpigmentdispersion mit der wss. Emulsion eines Bindemittels, die nur so viel Bindemittel enthält, daß das gesamte Bindemittel von der Pigmentoberfläche absorbiert wird. Anschließend wird filtriert u. getrocknet. — Z. B. gibt man zu einer wss. Aufschlämmung von 400 (Teilen) Cu-Phthalocyaninblau (= 20% Feststoffgeh.) eine Emulsion, die aus 17,8 Paraffinöl, 0,665 Olein, 1,29 ameisensaurem Salz des Monoölsäureesters von Triäthanolamin, 0,4 Fettalkoholsulfonat u. 19 W. besteht, kocht kurz auf u. filtriert. Das Präp. ist zum Einfärben von Polyvinylchlorid geeignet. (**D. A. S. 1 044 027** Kl. 8m vom 1/8. 1956, veröff. 20/11. 1958.) F. Böhm. 7093

Herbig-Haarhaus Akt.-Ges., Köln-Bickendorf, *Herstellung von Sikkativen,* dad. gek., daß man Ester von (bes. ungesätt.) Fettsäuren mit mehrwertigen Alkoholen zu OH-Gruppen-haltigen Verbb. oxydiert u. mit Polyisocyanaten zur Rk. bringt. — Z. B. erhitzt man 300 (Gewichtsteile) Leinöl mit 1% eines Co-Katalysators auf 160—170°, läßt 2 Std. Luft durchperlen u. bei 90—110° 20 eines Diisocyanats einwirken. — Vgl. Holl. P. 75 633; C. **1950/54.** 3588 S. (**It. P. 488 042** vom 15/12. 1951. D. Prior. 22/3. 1951.) K. Koebke. 7097

United States Steel Corp., übert. von: **Aner N. Laubscher** und **George H. Rendel,** Pittsburgh, Pa., V. St. A., *Kontinuierliches Aufbringen von Schutzüberzügen auf Stahlstreifen,* die z. B. zu Behältern verarbeitet werden. Der Stahlstreifen wird mit einem, ein flüchtiges Lösungsm. enthaltenden Lack durch Tauchen überzogen u. dann für kurze Zeit auf 500—800°F (durch Induktionserhitzung) gebracht, wodurch das restliche Lösungsm. verdampft. In einer anschließenden Zone wird der Metallstreifen mittels einer Kühl-Fl. abgeschreckt. Die Abzugsgeschwindigkeit beträgt mehrere 100, z. B. 600 F.P.M. (**A. P. 2 833 672** vom 17/5. 1955, ausg. 6/5. 1958.) P. Krug. 7107

Ford Motor Co. Ltd., London, England, *Elektrostatisches Lackieren von Gegenständen.* Um auch gebogene Stücke (die über die Transportvorr. an Erde geschaltet sind) lackieren zu können, wird wenigstens eine isolierte Platte in die Sprühkammer eingebaut. Durch die zunächst auftreffenden Flüssigkeitsteilchen wird diese aufgeladen, so daß die Flugbahn der Teilchen umgelenkt werden kann. (**E. P. 794 627** vom 5/4. 1956, ausg. 7/5. 1958. A. Prior. 15/4. 1955.) P. Krug. 7107

Kurt Herberts & Co. vorm. Otto Louis Herberts (Erfinder: **Albrecht Schütz** und **Wilfried Görk**), Wuppertal-Barmen, *Lackieren mittels Lösungen ungesättigter Polyesterharze in monomeren Vinylverbindungen,* dad. gek., daß die Ausgangskomponenten in zwei oder mehreren Stufen mittels Walzen derart aufgetragen werden, daß das ungesätt. Polyesterharz (**I**) u. die monomere Vinylverb. (**II**) mit dem Katalysator (**III**) u. dem Beschleuniger (**IV**) erst auf der zu lackierenden Unterlage zusammentreffen. — Z. B. trägt man zunächst das **I** mit der doppelten **III**-Menge u. dann die **II** mit der doppelten **IV**-Menge auf. (**D. A. S. 1 017 960** Kl. 75c vom 21/7. 1955, veröff. 17/10. 1957.) E. Weiss. 7107

Gerhard Collardin (Erfinder: **Felix Ritter von Rüling**), Köln, *Herstellen von Überzügen durch Verspritzen von dispergierten Kunststoffen mittels einer Heißspritzpistole,* dad. gek., daß Dispersionen angewendet werden, bei welchen die Mengen dispergierten Kunststoffs u. Träger-Fl. so aufeinander u. in bezug auf die in der Heißspritzpistole entwickelte Wärmemenge abgestimmt sind, daß die einzelnen Teilchen des dispergierten Kunststoffs vor schädigenden Einfll. durch die Temp. geschützt sind. — Diagramm. (**D. A. S. 1 023 375** Kl. 75c vom 27/11. 1951, veröff. 23/1. 1958.) E. Weiss. 7107

Glidden Co., Cleveland, Ohio, übert. von: **Francis R. Uppermann,** Pennside, Pa., V. St. A., *Spritzauftragverfahren von durch Katalysatoren härtenden Überzugsmitteln.* Die in einem organ. Lösungsm. verteilten Bindemittel werden einer eindüsigen Spritzpistole zugeführt u. dort mit dem Katalysator (**I**) gemischt, der in dem Druckgas in der der Zeiteinheit des Sprühens entsprechenden Menge verteilt ist. Geeignete Überzugsmittel bestehen aus: ungesätt. Polyestern mit organ. Peroxyden oder Diisocyanaten als **I**; Epoxyharzen mit organ. Aminen als **I**; Harnstoff- oder Melaminharzen mit Säuren als **I**. (**A. P. 2 823 143** vom 5/3. 1953, ausg. 11/2. 1958.) P. Krug. 7107

James Antony Bede, Cleveland, Ohio, V. St. A., *Zerstäuben von Anstrichmitteln ohne Preßluft,* dad gek., daß das Anstrichmittel unter Druck so hoch — wenigstens auf den $Kp._{760}$ des Lösungsm. — erhitzt wird, daß das Lösungsm. beim Austritt aus der Düse wenigstens z. T. plötzlich verdampft. Bei Anstrichmitteln mit zwei verschied. hochsd. Lösungsmitteln wird wenigstens bis auf den $Kp._{760}$ des niedriger sd. Lösungsm. erhitzt. — Zeichnung. (**D. A. S. 1 019 220** Kl. 75c vom 26/11. 1951, veröff. 7/11. 1957.) E. WEISS. 7107

Robert Bosch G. m. b. H. (Erfinder: **Alfred Felber**), Stuttgart, *Verhüten oberflächlicher Spannungsrisse bei Gegenständen aus thermoplastischen Kunststoffen*, bes. *Polystyrolgehäusen* von Fahrzeugbatterien, dad. gek., daß der Gegenstand teilweise oder allseitig mit einem dem Kunststoff des Gegenstandes zumindest chem. verwandten, jedoch weicheren Kunststoff durch Auftragen einer Lsg. des Kunststoffs in einem leicht flüchtigen Lösungsm. überzogen wird. (**D. A. S. 1 015 359** Kl. 75c vom 4/6. 1952, veröff. 5/9. 1957.) E. WEISS. 7107

Henkel & Cie. G. m. b. H. (Erfinder: **Hans Rogner** und **Ernst Mayer**), Düsseldorf, *Zusatzmittel für Spülwässer zum Niederschlagen von Lacknebeln* sind Polyvinylverbb., z. B. Polymethacrylsäuren vom Mol.-Gew. 250000—350000; sie werden in Form ihrer verd. (0,01—5, bes. 0,05—0,5%ig.) wss. Lsgg. angewendet. — Nach D. A. S. 1 017 958 werden auch verd. (0,01—3, bes. 0,05—0,5%ig.) wss. Lsgg. hochmol. Kohlenhydrate, die CH_3O-, C_2H_5O-, HOC_2H_4O-, $HOOC-CH_2O$-, HOOC-, $HOSO_3$- u. HSO_3-CH_2-Gruppen enthalten, z. B. Celluloseglykolat, Methylcellulose oder Na-Alginat, verwendet. Saure Gruppen werden vorzugsweise neutralisiert. (**D. A. SS. 1 017 957** Kl. 75c vom 14/12. 1954 u. **1 017 958** vom 5/3. 1955, beide veröff. 17/10. 1957.) E. WEISS. 7107

Esso Research and Engineering Co., Elizabeth, N. J., V. St. A., *Aushärten von Überzügen aus Polymerisaten oder Mischpolymerisaten von konjugierten Diolefinen* mit 4—6 C-Atomen. Die auf Metalle, bes. Nahrungsmittelbehälter, aufgebrachten Überzüge aus Lsgg. oder Latices mit z. B. Polybutadien, anoxydiertem Polybutadien, einem Mischpolymerisat aus Butadien u. Styrol, den entsprechenden anoxydierten Mischpolymerisat oder mit Phenol- bzw. Aminoharz modifiziertem, anoxydierten Mischpolymerisat werden durch direkte Einw. einer offenen Flamme eingebrannt. (**E. P. 802 562** vom 12/2. 1957, ausg. 8/10. 1958. A. Prior. 6/3. 1956.) P. KRUG. 7107

Chemische Werke Albert, Wiesbaden (Erfinder: **Heinrich Sender**, Wiesbaden), *Herstellung von Lackfarben.* Es wird eine Pigmentpaste verwendet, die durch Vermahlen von Pigmenten mit einer geringeren Menge eines Alkydharzes mit 35—45 (%) Phthalatharz u. 65—55 Ricinenöl einer SZ. von 20—25 u. einer Viscosität von 35—40 cP bei 20° (bei Lsg. in Toluol 1:1) als Mahlbindemittel gewonnen ist. Die Paste wird mit ölhaltigen Bindemitteln ungleicher Art zu Lackfarben weiterverarbeitet. (**D. A. S. 1 052 608** Kl. 22g vom 25/8. 1954, veröff. 12/3. 1959.) P. KRUG. 7107

Siemens-Schuckertwerke Akt.-Ges., Berlin u. Erlangen (Erfinder: **Hubert Feuerberg**, Berlin), *Lacke*, bes. elektr. isolierende Draht- u. Tränklacke, enthaltend als Filmbildner Ester (**I**) der Terephthalsäure mit 3- oder mehrwertigen, nur prim. OH-Gruppen enthaltenden aliphat. oder aromat. Alkoholen, wie Trimethylpropan oder -äthan. Die **I** sind sehr gut lösl.; es können Lacke bis zu 50% Körpergeh. hergestellt werden. (**D. A. S. 1 052 027** Kl. 22h vom 5/7. 1956, veröff. 5/3. 1959.) M. BÖTTCHER. 7107

United States of America, übert. von: **Lucien L. Hopper**, New Orleans, La., V. St. A., *Schnelltrocknende und gasfeste Holzöllacke* enthalten Verkochungsprodd. von Holzöl, Zinkharz [Zinksalz des Kolophoniums (**I**)] u. Reaktionsprodd. aus **I**, Maleinsäureanhydrid u. Pentaerythrit. (**A. P. 2 829 064** vom 4/10. 1955, ausg. 1/4. 1958.) M. BÖTTCHER. 7107

Esso Research and Engineering Co., Del., übert. von: **Donald F. Koenecke**, Westfield, und **Harold J. Bradey**, Bayonne, N. J., V. St. A., *Lacke und Überzugsmittel* enthalten 1—100 (Teile) Nitrocellulose u. 100 epoxydiertes Polybutadien oder epoxydiertes Mischpolymerisat aus Butadien u. Styrol. Die bei 135—190° im Ofen getrockneten Überzüge sind hart u. elastisch. (**A. P. 2 842 452** vom 22/11. 1955, ausg. 8/7. 1958.) M. BÖTTCHER. 7107

Pierre R. Welch, Washington, D. C., V. St. A., *Als nichtwässerige Dispersionen vorliegende Überzugsmittel.* Diese enthalten feste, schmelzbare Polyhalogen-KW-stoffharze (**I**) in einer Teilchengröße von 0,1—3 μ u. ein anderes filmbildendes synthet. Harz (**II**) in einem organ. Lösungsmittel. **I** ist hergestellt aus Monomeren mit einer Doppelbindung, die vollständig halogeniert sind (wenigstens 1 F u. wenigstens 1 anderes Halogen als F). Vom Gesamtharz sind 5—70 (Gew.-%) **I** u. 95—30 **II**. Das bevorzugte **I** ist Polytrifluorchloräthylen. Geeignete **II** sind: Epoxy-, Phenol-, Furan-, Harnstoff- u. Melaminharze, Vinylpolymerisate u. Alkydharze. Die Mittel dienen zum Überziehen von metall. oder keram. Gegenständen u. auch von Glas-, Asbest- oder Drahtgeweben. Die Überzüge werden eingebrannt. (**A. P. 2 844 557** vom 9/2. 1954, ausg. 22/7. 1958.) P. KRUG. 7107

Adolphe Heischling, Frankreich, *Farbenabbeizmittel,* bestehend aus 65 (%) Methylenchlorid, 2 Tylose A 400, 10 Lösungsm. E 13, 10 Methanol, 3 denaturiertem A., 8,5 Xylol u. 1,5 Paraffin. Das Prod. ist anwendbar für Holz, Eisen u. Zement. (**F. P. 1 139 412** vom 14/11. 1955, ausg. 1/7. 1957.) M. F. MÜLLER. 7119

Simoniz Co., übert. von: **Paul E. Wenaas,** Clarendon Hills, und **Carl S. Miner jr.,** Winnetka, Ill., V. St. A., *Herstellung eines wachshaltigen Poliermittels.* Es wird zunächst eine konz. Lsg. des Wachses (I) in dem Lösungsm. bei erhöhter Temp. hergestellt u. dann die Lsg. in kaltes Lösungsm. eingefüllt (die Temp. wird hierbei konstant gehalten), wobei durch Einstellung der Menge des Lösungsm. ein Teil des I in fein verteiltem Zustand ausfällt. Siliconöle können zugesetzt werden. Die Mittel eignen sich für das Polieren von Automobilen u. Möbeln. (**A. P. 2 846 321** vom 6/3. 1956, ausg. 5/8. 1958.) P. KRUG. 7119

XIb. Plaste (Kunstharze. Plastische Massen).

Henryk Wasowicz, *Kunstharze als neue Werkstoffe im Modellbau.* Übersicht. — 8 Literaturangaben. (Przegląd Odlewnictwa **8.** 157—63. Juni 1958.) F. URBAN. 7170

R. M. Richardson, *Atomstrahlung, eine Neuheit in der Kunststoffindustrie.* Zusammenstellung u. krit. Betrachtung der bisher durchgeführten Anwendungen von Strahlungsenergie in der Kunststoffherst. u. -verarbeitung. Vf. beschreibt ausführlich die Polymerisation mit Hilfe von Elektronen- u. γ-Strahlen u. bringt in tabellar. Übersichten Angaben über Polymerisationsgeschwindigkeit u. Strahlungsdosierung bei strahlungsenerget. hervorgerufenen Polymerisationen der wichtigsten Monomeren. Beziehungen zwischen der chem. Konst. von Polymeren u. ihrer Beständigkeit gegenüber Strahlungseinw. werden aufgezeigt. (Canad. Plastics **1958.** 38—46. Okt. Atomic Energy of Canada Ltd., Commercial Products Div.) H. SONTAG. 7170

E. Grimaud, J. Sanlaville und **M. Troussier,** *Untersuchungen von Polytetrafluoräthylen-Dispersionen unter dem Elektronenmikroskop.* Die einzelnen Polytetrafluoräthylenteilchen erleiden durch den Elektronenbeschuß eine schnelle u. durchgreifende Formveränderung, die durch Metallisierung der Proben weitgehend zurückgedrängt werden kann. (J. Polymer Sci. **31.** 525—27. Sept. 1958. Lyon, Soc. d'Electro-Chimie, d'Electro-Métallurgie et des Aciéries Electriques d'Ugine, Centre de Rech.) F. VOHWINKEL. 7172

H. J. Kipnes, *Maschinelle Verarbeitung von Kunststoffen aus Tetrafluoräthylen.* Die Verarbeitung des *Polytetrafluoräthylens* (I) erfordert auf Grund des schlechten Schmelzflusses u. der Nachgiebigkeit des Materials, hoher Verarbeitungstempp., langsamer Wärmeableitung u. des Spannungsreliefs eine strenge Qualitätskontrolle der als Ausgangsmaterial eingesetzten halbfertigen Stäbchenformen (II). Nach Aufzählung der Anforderungen, welche an die II gestellt werden müssen, wird eine vom Vf. entwickelte Type der II, bekannt als „*TSI rod*", erwähnt, welche es durch Einsatz bes. konstruierter Extruder ermöglicht, maschinell auch Mikroteile aus I in Größenordnungen bis zu ca. 0,0127 mm herab herzustellen (Abbildungen). Bes. wird auf die maschinellen Einrichtungen, auf die Bedienungstechnik, vor allem auf die richtige Extrusionsgeschwindigkeit u. auf die Verarbeitungsbedingungen hingewiesen, welche zur Vermeidung von inneren Spannungen u. nachfolgenden Verformungen eingehalten werden müssen. Ferner wird über sek. Operationen, wie Alterung des fertigen Gegenstandes bei verschied. Tempp. u. über Begutachtung u. Qualitätskontrolle berichtet. (Materie plast. **24.** 1012—21. Nov. 1958. Albertson, N. Y., Tri-Point Plast., Inc.) G. PIEKARSKI. 7172

B. Dudley Sully, *Elektrostatische Ladung auf PVC.* Kunststoffe u. andere PVC, Nylon, synthet. Kautschuke, laden sich beim Reiben an festen u. fl. Körpern elektrostat. auf. Die Aufladung resultiert aus einem Elektronenaustausch zwischen den reibenden Oberflächen, macht einen Einsatz unter Tag fragwürdig u. fördert die Staubablagerung. Der Mechanismus ist nach den bisherigen Annahmen ähnlich der Potentialausbldg. bei der Berührung verschied. Metalle, wobei die Reibung die Zahl der Kontaktstellen erhöht; trotzdem ist vieles noch unklar. Vf. beschreibt Verss. zur Ermittlung der Ladung, die zur Zündung von Gasmischungen erforderlich ist, u. die Versuchseinrichtung zur Ermittlung der Ladung. Weichgemachtes PVC trägt im allg. eine positive Ladung. Durch Oxydation der Oberflächenteile bzw. beim Aufbringen quaternärer Ammoniumbasen tritt ebenfalls eine positive Ladung auf, es können auch abwechselnd Gebiete verschied. Ladung auftreten, z. B. beim Aufbringen von S u. Lycopodium. Es folgen Angaben über die Abschätzung des Ladungseffekts u. antistat. Agentien, wie 1. N-haltige Verbb., wie langkettige Amine, Amide u. quaternäre Basen, 2. Sulfonsäuren u. Sulfonate, 3. Polyglykole u. Derivv., einschließlich Polyglykolester von Fettsäuren u. Polyglykolaryl- oder -alkyläther, 4. Sorbit-Laurat u. andere. (Brit. Plastics **29.** 103—07. März 1956.) F. SCHIPKE. 7172

A. Camerini und **L. Lucchetti**, *Polyvinylacetale: Charakteristik und allgemeine Eigenschaften.* Darstellungsmethoden u. physikal. bzw. chem. Eigg. verschied. *Polyvinylacetale* (**I**) mit Acetalgruppen von C_2—C_8. Die Eigg. werden nach 2 Gesichtspunkten beurteilt, nämlich Geh. an Acetyl-, OH- u. Acetalgruppen u. Art der Acetalgruppen. Abbau durch Wärme- u. O_2-Einw. auf I sowie Verwendung von Stabilisatoren werden erörtert, ebenso die Eigg. von weichgemachten I. Die Verträglichkeit der I mit Weichmachern vergrößert sich bei höheren Acetalresten u. verringert sich bei geringerem Grad der Acetalisierung. Die Verwendung der I bei der Herst. von *Sicherheitsgläsern* wird besprochen, wobei folgende Forderungen zu stellen sind: Möglichst geringer Acetylgruppengeh., genügend hoher Geh. an OH-Gruppen (Adhäsion!) u. optimaler Acetalisierungsgrad. Ein *Polyvinylbutyral* (**II**) mit einem Mol.-Gew. von ca. 25000 u. einer Zus. aus 0—2% Polyvinylacetat, 18—20% Polyvinylalkohol u. 78—82% II wird den Anforderungen am besten gerecht. (Materie plast. **24**. 33—38. Jan. 1958.)
G. PIEKARSKI. 7176

M. F. Ssorokin, *Mit Tallöl modifizierte Glyptalharze. Tallöl* (**I**) wird mit *Glycerin* (**II**) bei 160—250° in 1—2 Std. teilweise verestert, wobei 1—4% flüchtige Stoffe entstehen. Zusatz von CaO, MnO_2 oder PbO ist ohne wesentlichen Einfluß. Zur Gewinnung der Glyptalharze wird bei oder nach der Veresterung Phthalsäureanhydrid (**III**) zugegeben (**I**:**II**:**III** = 75:11:14). In einer zweiten Versuchsreihe erfolgt die Veresterung bei 200° (**I**:**II** = 75,5:12,9), die Kondensation mit **III** (11,6) bei 250°; das erhaltene Harz enthält 90% des zugesetzten **III** in gebundener, 8—9% in freier Form. Die aus diesen Harzen hergestellten Firnisse entsprechen den Normen. Ein Zusatz von 10% Kolophonium zum **I** verkürzt die Trocknungsdauer der Firnisse bei 18—20° von 3,5 auf 2 Tage. Ein Geh. an Harzsäuren bis zu 40% im **I** stört die typograph. Verwendung nicht. (Химическая Промышленность [Chem. Ind.] **1958**. 346—49. Sept.)
R. K. MÜLLER. 7176

S. Goldfein, *Vorgepreßte verstärkte Plaste.* Vf. berichtet über Unterss., wie die plast. Eigg. von Polyesterglasfaserplatten durch Verpressen beeinflußt werden können. In der Preßrichtung nimmt die Biegefestigkeit im Verhältnis des angewendeten Preßdruckes bis zu 50% zu, die Zerreißfestigkeit bis 68%, die E-Modul-Werte streuen so, daß eine Aussage nicht gemacht werden kann. Die Zug- u. Scherfestigkeit wird nicht beeinflußt, die Druckfestigkeit nimmt von 2—14% ab, die Schlagbiegefestigkeit steigt bis zu 8%. Senkrecht zur Preßrichtung nehmen alle Eigg. bis auf die Schlagbiegefestigkeit ab. Es scheint, daß die Effekte mit zunehmendem Glasanteil ansteigen. (Mod. Plastics **33**. 151—65. April 1956.) F. SCHIPKE. 7204

Carl Freudenberg K.-G. auf Aktien, Deutschland, *Herstellung von gegen elektrische Aufladungen unempfindlichen Kunststoffen.* Man mischt in den Kunststoff einen Ionen leitenden, öllösl. u. hydrophilen Stoff, wie Ester u. Salze von Trihydroxyalkylaminen, bes. 1—10 Gew.-% Triäthanolaminmonostearinsäure (**I**), deren Wrkg. durch Wasserspuren erhöht wird. — Man mischt 70 (Gewichtsteile) Polyvinylchloridpulver, 25 Weichmacher, 5 Pigment u. 5 **I** u. geliert 3—15 Min. bei 160—180°. Auf der so hergestellten Mischung hat sich eine sehr dünne antistat. **I**-Schicht gebildet. (**F. P. 1 151 410** vom 13/6. 1956, ausg. 30/1. 1958. D. Prior. 18/6. 1955.) M. PANKOW. 7171

Badische Anilin- & Soda-Fabrik Akt.-Ges., Deutschland, *Herstellung von Polymerisaten aus Kohlenwasserstoffen mit einer olefinischen Doppelbindung,* wie Äthylen (**I**) bis Isobutylen, Butadien, Styrol. Als Katalysator nimmt man eine KW-stoffverb. eines Metalls oder Halbmetalls der 4. u. 5. Hauptgruppe des Period. Syst. [$Ge(C_2H_5)_4$, $Sn\cdot(C_2H_5)_2$, $Sn(C_2H_5)_4$, $Sn(C_6H_{13})_4$, Tetraallyl-Sn, Hexaphenyldistannan, $Pb(C_2H_5)_4$, $Pb\cdot(C_2H_5)_3Cl$, $Pb(C_2H_5)_2\cdot Fe(CO)_4$, $As(C_6H_5)_3$, $Bi(C_2H_5)_3$, Tricyclohexyl-Sb], ein Halogenid eines Metalls der 4., 5. oder 6. Nebengruppe ($TiCl_4$, $TiCl_3$, $ZrBr_4$, $ThCl_4$, VCl_4, $VOCl_3$, $CrCl_3$, CrO_2Cl_2, WCl_6, $MoCl_6$) u. ein Halogenid eines Metalls der 2. u. 3. Gruppe des Period. Syst. ($MgCl_2$, $ZnCl_2$, $ZnBr_2$, ZnJ_2, BF_3, $AlCl_3$, $AlBr_3$, $GaCl_3$, $BeCl_2$). — In 500 (Teilen) reinem, trocknem Isooctan suspendiert man 10 $AlCl_3$ u. 12,2 $Pb(C_2H_5)_4$, erhitzt 10 Min. auf 50° unter Rühren, rührt bei 20° 15 $TiCl_4$ zu u. leitet bei 40—60° **I** ein. — Als Katalysator kann man ferner ein Gemisch aus einer KW-stoffverb. eines Metalls oder Halbmetalls der 4. u. 5. Hauptgruppe des Period. Syst. [außer den obengenannten auch $Pb(C_2H_5)_3OH$, $Pb(C_2H_5)_3Br$, $Pb(C_2H_5)_3J$, Triäthylphosphin, -stibin, -Bi, $P(C_2H_5)_2Br$, $P(C_6H_5)_3Cl_2$] u. einer Metallverb. der Formel MeO_mX_n verwenden (M_e = Metall der 4., 5. oder 6. Nebengruppe des Period. Syst.; X = Halogen, —CN, —SCN, —OR, —SR, —OCOR oder —OC(:R')CH_2CR:O; R = aliphat. KW-stoffrest, cycloaliphat. oder aromat. Rest; R' = Alkylen; m = 0, 1 oder 2; n = ganze Zahl von 1—6; m + n = höchstens 6), wie $TiCl_4$, $TiCl_3$, $ZrCl_4$, $ThCl_4$, VCl_4, $VOCl_3$, $CrCl_3$, WCl_6, $MoCl_6$, Zr-Acetylacetonat, $Ti(OR'')_4$ [R'' = Alkyl]. — In 4,6 (Teile) $Sn(C_2H_5)_4$

u. 3,8 $TiCl_4$ in 100 Octan werden 55 at reines I gepreßt u. bei 60—80° gehalten, worauf das Polymere mit CH_3OH gefällt u. mit Aceton, das Oxalsäure, Na-Alkylnaphthalinsulfonat oder HCl enthält, gewaschen. — Als Katalysator kann man auch das Reaktionsprod. aus einem reduzierenden Metall der 1., 2. oder 3. Gruppe des Period. Syst. u. einem Halogenid eines Metalls der 4., 5. oder 7. Nebengruppe verwenden. Man nimmt z. B. als Ausgangsmaterial für den Katalysator einerseits Al, Na, Mg oder Zn, andererseits $TiCl_4$. $TiCl_3$, $TiBr_4$, Zr-, Nb-, Ta-, Hf-Halogenide, VCl_4, $VOCl_3$, $CrCl_3$, CrO_2Cl_2, Mo, U-, W-Halogenide. — Man erhitzt in Abwesenheit von Luft 4 (Teile) Al-Pulver, 1,7 $TiCl_4$ u. 0,2 $AlCl_3$ 10 Min. auf 136° (Rotfärbung unter Bldg. von $TiCl_3$), suspendiert das Prod. in 50 Cyclohexan, bringt unter N_2 in das Reaktionsgefäß u. leitet bei Raumtemp. bis 50 at I ein. (**F. PP. 1 160 375** vom 7/9. 1956, ausg. 15/7. 1958. D. Prior. 9/9. 1955, **1 160 379** vom 14/9. 1956, ausg. 15/7. 1958. D. Prior. 15/9. 1955 u. **1 161 787** vom 24/10. 1956, ausg. 4/9. 1958. D. Prior. 28/10. 1955.) M. Pankow. 7173

Cassella Farbwerke Mainkur Akt.-Ges. (Erfinder: **Helmut Gehrke**), Frankfurt/M., *Polymerisieren von Äthylen*, dad. gek., daß man Kationen u./oder Anionen, die Metalle der IV.—VI. Nebengruppe des Period. Syst. enthalten, in Ggw. von Äthylen u. gegebenenfalls von organ., für die Elektrolyse inerten Lösungsmitteln aus W. oder organ. Lösungsmitteln höherer DK. durch Elektrolyse entlädt u. abscheidet. Hierbei können Na-Acetat oder -Aluminat zugesetzt werden. Nach einem Beispiel werden W. u. Bzl. bei 100° u. bei einem Äthylendruck von 100 atü K–Ti-Hexafluorid an C-Elektroden mit 300 mA Gleichstrom elektrolysiert. Nach 1½ Std. Rk. wird ein Polymerisat mit einer relativen Viscosität von 1,72 (in 1%ig. Lsg. in Tetrahydronaphthalin bei 100°) erhalten. Andere Verbb. sind z. B. Ammoniummolybdat u. Titanylsulfat. Auch bei Cu- oder Al-Elektroden werden wachsartige bis feste Polymerisate erhalten. (**D. A. S. 1 014 744** Kl. 39c vom 14/9. 1955, veröff. 29/8. 1957.) H. Schindler. 7173

E. I. du Pont de Nemours & Co., Wilmington, Del., V. St. A., *Äthylenpolymerisation oder -mischpolymerisation* in Ggw. von Halogenen der Übergangselemente der Gruppen IVa, Va oder VIa des Period. Syst. u. eines Reduktionsmittels, bestehend aus Na-Metall in Verbindung mit einem Acetylen-KW-stoff oder einem anderen ungesätt. KW-stoff mit Äthylendoppelbindung als Äthylen. Genannt sind Phenylacetylen, Stilben, Cyclohexan, Butadien, Propylen, Isobutylen, Hexan, Styrol oder Decen, die z. B. mit $TiCl_4$ angewendet werden. Das Verf. wird in Bzl., Toluol oder Cyclohexan bei 75 bis 150° durchgeführt. — *Filme, Fäden, Fasern, Drahtisolierung.* (**E. P. 787 375** vom 17/1. 1956, ausg. 4/12. 1957. A. Priorr. 25/1. u. 1/2. 1955.) H. Schindler. 7173

B. F. Goodrich Co., New York, N. Y. (Erfinder: **John Frank Jones**, Cugahoga Falls, Ohio), V. St. A., *Herstellung wasserempfindlicher Partialester oder -amide eines Polymerisats*, dad. gek., daß a) ein α.β-olefin. ungesätt. mehrbas. Säureanhydrid, b) mindestens 1 anderes, mit dem Anhydrid mischpolymerisierbares Monomeres, c) 0,01 bis 10 Gew.-% eines Vernetzungsmittels mit 2 oder mehr $CH_2{-}C\langle$-Gruppen mischpolymerisiert werden, wobei die Menge von c) ausreicht, um das Mischpolymerisat hydrophil u. prakt. wasserunlösl. zu machen, u. daß dann in einem organ. inerten fl. Medium (I) das feste, in der Anhydridform vorliegende Polymerisat mit einer Verb. umgesetzt wird, die mit einer latenten Carboxylgruppe des Anhydrids des Polymerisats prakt. unter Ausschluß jeder Rk. mit anderen Gruppen mindestens 1 der genannten Derivv. bildet. Als I wird Bzl. verwendet. Die esterbildende Verb. kann ein (prim.) Alkohol (C_{1-18}), z. B. Methanol, sein u. außer der OH-Gruppe noch eine tert. Amino- oder eine Sulfonsäuregruppe enthalten. Ferner kann der Alkohol zusammen mit einem alkal. Katalysator, bes. einem stark alkal. Aminkatalysator, eingesetzt werden. Bei der Herst. von Partialamiden wird analog verfahren, wobei als amidbildende Verb. ein prim. Amin, z. B. Anilin oder Dimethylanilin, verwendet wird. — Nach einem Beispiel wird zunächst ein Terpolymerisat aus Maleinsäureanhydrid, Methylvinyläther u. Allylsaccharose in Bzl. in Ggw. von Benzoylperoxyd hergestellt u. dann mit Methanol, Laurylalkohol, Isopropanol usw. oder 2-Dimethyl- oder 2-Diäthylaminoäthanol, 8-Oxychinolin usw. partialverestert. Weitere Beispiele mit zahlreichen Variationen der Ausgangsstoffe u. Verbb. zur Herst. der Partialester oder -amide einschließlich Vernetzungsmitteln. — Tabellen, auch über die Viscosität der Endprodd., die sich bes. als Emulgier- Suspendier- oder Verdickungsmittel eignen. (**D. A. S. 1 044 409** Kl. 39c vom 17/1. 1955, veröff. 20/11. 1958. **E. P. 800 011** vom 5/1. 1955, ausg. 20/8. 1958. Beide A. Prior. 18/1. 1954.) H. Schindler. 7173

Esso Research and Engineering Co., Elizabeth, N. J., V. St. A. (Erfinder: **John Henry Bannon**), *Auskleidung von Trockenanlagen für Polymerisate oder Mischpolymerisate* aus z. B. Isobutylen (u. Styrol), bestehend aus Na-Oleat u./oder -Stearat u./oder -Palmitat oder einem Gemisch von Na-Stearat u. Al-Stearat im Verhältnis 2:15. Als Trockentemp. sind 200—350° F angegeben. Die (Misch-)Polymerisate bleiben nicht an der Wand kleben. — Zeichnung. (**E. P. 790 593** vom 15/1. 1956, ausg. 12/2. 1958.) H. SCHINDLER. 7173

Badische Anilin- & Soda-Fabrik Akt.-Ges. (Erfinder: **Hermann Güterbock**), Ludwigshafen/Rh., *Isobutylenmischpolymerisate* erhält man durch Polymerisieren von Isobutylen mit 1—40% Diolefinen bei Tempp. unter 0° in Ggw. von FRIEDEL-CRAFTS-Katalysatoren, Ko-Katalysatoren, kettenabbrechenden Verbb. u. geringen Mengen eines Phenolsulfids als Beschleuniger. (**D. A. S. 1 058 742** Kl. 39c vom 19/9. 1956, veröff. 4/6. 1959. **Zusatz zu D. A. S. 1 019 088; C. 1959. 9744.**) L. STADELMANN. 7173

American Cyanamid Co., New York, N. Y., V. St. A., *Polymere oder Mischpolymere basischer Monomeren*, die eine olefin. Doppelbindung u. ein bas. N-Atom enthalten, wie 2-Methyl-5-vinylpyridin (I) oder N-3-Dimethylaminopropylacrylamid werden in wss. Lsg. oder Suspension mit Sulfit (Bisulfit, Hydrosulfit, Thiosulfat)/Chlorat ($NaClO_3$) als Redoxsyst. bei p_H 1—5 in Ggw. von Nitrationen (HNO_3) polymerisiert. In den Mengenbeispielen dienen bes. I, Vinylacetat u./oder Acrylnitril als Ausgangsstoffe, Arbeitstemp. 40—50°. Durchleiten von N_2. *Überzugs- oder Klebmittel. Fasern.* (**E. P. 791 308** vom 22/3. 1956, ausg. 26/2. 1958. A. Prior. 20/5. 1955.) H. SCHINDLER. 7173

Union Carbide Corp., New York, N. Y. (Erfinder: **Juel Pierre Schroeder**, Springfield, N. J.), V. St. A., *Herstellen von gepfropften Mischpolymerisaten*, dad. gek., daß die Mischung der wss. Dispersionen aus Polybutadien u. einem Mischpolymerisat aus 65 bis 75% Styrol (I) u. 25—35% Acrylnitril (II) mit I u. II in Mengen von 1—3 Teilen an Gesamtmonomeren pro Teil Polybutadien, wobei das Mengenverhältnis I:II = 2—3:1 ist, bei 30—90°, bes. 80°, in Ggw. eines Radikale bildenden Katalysators u. in inerter Atmosphäre polymerisiert wird. — Die thermoplast. Prodd. sind leichter verarbeitbar u. als *Formartikel bes. für tiefe Temp.* geeignet. (**D. A. S. 1 043 635** Kl. 39c vom 16/4. 1957, veröff. 13/11. 1958. A. Prior. 30/4. 1956.) L. STADELMANN. 7173

E. I. du Pont de Nemours & Co., Wilmington, Del., V. St. A., *Herstellung hochmolekularer Additionspolymerer des Formaldehyds* durch Polymerisation von wasserfreiem CH_2O bei 0—100° in Ggw. einer oder mehrerer Verbb. folgender Formeln **I—VIII**:

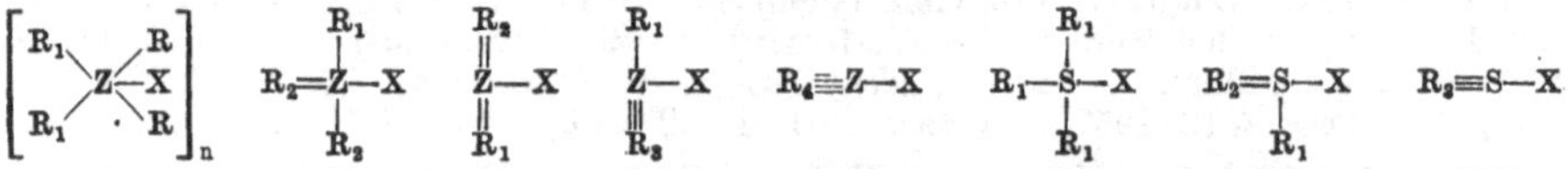

I II III IV V VI VII VIII

Hierin bedeuten Z = N oder P, S = S, X = Säureanion, R_1 = einwertiger, R_2 = 2wertiger, R_3 = 3wertiger u. R_4 = 4wertiger organ. Rest u. n = 1 oder $>$1. Das Verf. wird in einem fl. KW-stoff, z. B. Toluol, durchgeführt, in dem das quaternäre Ammonium- oder Phosphoniumsalz gelöst ist. Beispiele mit verschied. Initiatoren u. wechselnden Mengen sowie Tabellen über die physikal. Eigg. der Endprodukte. Aufzählung brauchbarer quaternärer Ammonium- u. Phosphoniumverbb. sowie tert. Sulfoniumverbindungen. Nach Verestern der OH-Gruppen des Polymerisats mit Essigsäure eignen sich die Prodd. bes. zur Herst. von *Filmen, Fäden, Fasern* u. *Formmassen*. (**E. P. 793 673** vom 13/6. 1956, ausg. 23/4. 1958. A. Prior. 13/7. 1955.) H. SCHINDLER. 7177

Olin Mathieson Chemical Corp., übert. von: **Edward C. Soule** und **Leo S. Burnett**, Niagara Falls, und **George M. Wagner**, Lewiston, N. Y., V. St. A., *Phenol-Formaldehyd-Kondensationsprodukte* erhält man aus 15—90 (Mol-%) Phenol u. einem Dichlorphenolgemisch mit ca. 50—85 2.5-Dichlorphenol u. ca. 10—15 2.3-Dichlorphenol. Die Kondensation mit CH_2O kann entweder mit HCl bei 80° oder mit NH_3 erfolgen, wonach im letzteren Fall bei 25 mm Hg u. 80° entwässert wird. Bei Verwendung von HCl wird zunächst mit $Ca(OH)_2$ neutralisiert u. dann entwässert. Hitzewiderstandsfähige *Schichtstoffe* u. *Formmassen*. (**A. P. 2 822 346** vom 14/12. 1954, ausg. 4/2. 1958.) H. SCHINDLER. 7177

Walker Extract & Chemical Co. Ltd., Lancashire, übert. von: **Cyril Aubrey Redfarn**, London, England, *Herstellung von Phenolharzen* durch Rk. von Verbb. mit phenol. OH-Resten mit solchen Mengen $B(OH)_3$, anorgan. Phosphorsäuren oder deren polyfunktionellen Cl-Derivv. oder PCl_3, daß Teilester der mehrbas. anorgan. Säuren u. der aromat. Polyhydroxyverbb. entstehen, die noch unsubstituierte, mit CH_2O reagierende Gruppen enthalten. Diese Verbb. werden mit Aldehyden oder solche in der Hitze abspaltenden Verbb. gehärtet. — Man läßt 11 (Teile) Hydrochinon, 11 Resorcin u. 12,4 $B(OH)_3$ unter Rückfluß am Luftkühler bei 110—120°, wobei Wasserdampf entweicht, u. unter Temperatursteigerung bei 200—240° reagieren. Nach dem Erkalten erhält man ein schwachrot gefärbtes wasserlösl. Harz, das mit 5% Hexamethylentetramin (I) in der Hitze gehärtet wird. — Eine Lsg. von 165 Hydrochinon in 153,5 $POCl_3$ von 110° erhitzt man in 20 Min. auf 140°, hält 20 Min. u. dann 20 Min. bei 170° unter Rückfluß. Das erhaltene Harz kann mit I, mit 60% Tetrakis-[hydroxymethyl]-phosphonium- oder 60% Tris-[hydroxymethyl]-phosphinoxyd zu harten oder kautschukartigen Massen umgesetzt werden. — Weitere 40 Beispiele. — Man kann Harze vom Novolak- u. Resoltyp herstellen. Die Novolake sind unlösl. u. flammfest. Sie dienen zur Herst. von Preßmassen, Isolierungen, Klebstoffen, zur Herst. flammfester Mischungen für Gewebe, Papier u. Bremsmassen. Die mit Chlorphosphorverbb. hergestellten Prodd., bei denen nicht alles Cl umgesetzt ist, verbinden sich bei Tempp. von 300° u. höher mit Asbest u. anderen Natursilicaten. (**F. P. 1 147 413** vom 29/4. 1955, ausg. 25/11. 1957. **Jap. A. S. 1246/1958** vom 2/5. 1955, veröff. 25/2. 1958. Beide E. Priorr. 1/5. u. 14/7. 1954.) M. PANKOW. 7177

Eastman Kodak Co., Rochester, N. Y., übert. von: **John R. Caldwell**, Kingsport, Tenn., V. St. A., *Mischpolyester aus einem Glykol, einer aromatischen Dicarbonsäure und einer kurzkettigen Hydroxysäure.* Als letztere sind in den Mengenbeispielen Glykolsäure oder Hydroxypivalinsäure genannt, die zum Säuregemisch mit z. B. Terephthalsäure, 1.2-Di-(p-carboxyphenyl)-äthan, 1.2-Di-(p-carboxyphenoxy)-äthan, 4.4'-Benzophenondicarbonsäure oder 4.4'-Diphensäure gemischt werden. Als Glykol (C_{2-12}) wird Äthylenglykol oder Polymethylenglykol eingesetzt, Reaktionstemp. 180—300°. Als Katalysator dient z. B. LiAl-Äthylat. Hochschm. Endprodd. für leicht anfärbbare Filme u. Fasern. (**A. P. 2 828 290** vom 15/9. 1954, ausg. 25/3. 1958.) H. SCHINDLER. 7177

Imperial Chemical Industries Ltd., London, England (Erfinder: **Elias Isaacs, Norman Standring** und **Norman Fletcher**), *Hochpolymere Polymethylenterephthalate* erhält man durch Rk. eines Glykols der Formel $HO(CH_2)_nOH$, worin n = 2—10 ist, mit Terephthalsäure oder einem esterbildenden Deriv. u. anschließende Polykondensation des Reaktionsprod. in Ggw. eines darin lösl. organ. Titanats, z. B. Tetramethyltitanat. Zn-Acetat oder Sb-Oxyd können mitverwendet werden. — Beispiele mit Äthylenglykol u. Dimethylterephthalat. — Tabellen mit physikal. Daten u. Eigg. des Verf. u. der Produkte. (**E. P. 793 111** vom 27/5. 1955, ausg. 9/4. 1958.) H. SCHINDLER. 7177

Deutsche Solvay-Werke G. m. b. H., Deutschland, *Herstellung gehärteter Harze.* Die aus Epi- oder Dichlorhydrin mit 2.2-Bis-[4-hydroxyphenyl]-propan in alkal. Medium erhaltenen Kondensationsprodd. werden mit aliphat. oder aromat. Dicarbonsäurechloriden, wie Terephthalsäuredichlorid, oder auch zusammen mit bekannten Härtemitteln, wie Dicarbonsäureanhydriden, bei 100—220° gehärtet. Unschmelzbare Härtungsprodd. mit sehr harter Oberfläche, die bei ca. 100° langsam weich u. kautschukartig elast. werden. — Verwendung als *Klebmittel, Weichmacher, Lacke, Deck-, Isolier-* u. *Preßmassen.* — Man erhitzt 10 g des Epichlorhydrin–Bis-phenol-Kondensationsprod. mit 1 g Cyanchlorid 2 Std. auf 220°. (**F. P. 1 151 418** vom 13/6. 1956, ausg. 30/1. 1958. D. Prior. 27/7. 1955.) M. PANKOW. 7177

E. I. du Pont de Nemours & Co., Wilmington, Del., übert. von: **Emerson L. Wittbecker**, West Chester, Pa., V. St. A., *Polyharnstoffe* erhält man durch Rk. eines Diamins mit (Thio-)Phosgen in Ggw. von Alkalihydroxyd oder -carbonat oder einer tert. Base. Die Rk. erfolgt durch Zusammenführen der 2 fl. Phasen, von denen eine wss. u. die andere ein mit W. nichtmischbares organ. Lösungsm., z. B. CCl_4, ist u. wird bei —10 bis +100° durchgeführt. Als Amine sind in den Mengenbeispielen Hexamethylendiamin, Tetramethylendiamin u. $\gamma.\gamma'$-Diaminopropyläther genannt. Die Endprodd. sind verspinnbar oder durch Schmelzpressen bei 260° zu klaren Filmen verarbeitbar. — Zeichnung. (**A. P. 2 816 879** vom 15/11. 1951, ausg. 17/12. 1957.) H. SCHINDLER. 7181

Farbenfabriken Bayer Akt.-Ges. (Erfinder: **Erwin Windemuth** und **Günther Braun**), Leverkusen, *Herstellung von Polyurethanschaumstoffen.* Bei dem Verf. gemäß D. A. S. 1 022 789 werden an Stelle von Lsgg. der >1 NCO-Gruppe u. 1 Cyanursäurering enthaltenden Polyisocyanate solche von höhermol. polymeren Reaktionsprodd. (I) mit >1 NCO-Gruppe von monomeren Di- oder Polyisocyanaten mit einem Unterschuß an ein oder mehrere akt. H-Atome aufweisenden Verbb. in fl. monomeren Isocyanaten verwendet. Die I sind feste oder viscose, partiell polymerisierte Addukte mit NCO-Geh. >10%, z. B. aus 1 (Mol) Toluylen-2.4-diisocyanat (II) u. 0,75 A., oder aus 1 II u. 0,28 4.4'-Dioxydiphenyldimethylmethan oder analoge Addukte von Di- u. Triisocyanaten mit ein- oder mehrwertigen Alkoholen. Phenolen, Aminen usw. — Das auf 100° erhitzte Prod. aus 1 II u. 0,17 2.2.4-Trimethylpentandiol-(1.3) wird mit 0,2 Teilen) des tert. Amins aus 1 n-Methyldiäthanolamin u. Phenylisocyanat 3 Std. auf 160° erhitzt u. die M. nach dem Abkühlen auf 100° mit 103 (Teilen) II verdünnt. Die modifizierte Polyisocyanatmischung (**III**) hat eine Viscosität 147 cP/25° u. einen NCO-Geh. 32,4%. Dann werden 80 Polyester (8,5% OH-Gruppen) aus Adipinsäure, Phthalsäureanhydrid u. Hexantriol, 20 Polyester (6,5% OH-Gruppen) aus Adipinsäure, Hexantriol u. 1.3-Butylenglykol, ein Aktivatorgemisch aus 2 Ester aus 2 Mol Diäthanolamin u. 1 Adipinsäure, ferner 5 einer 54% ig. wss. Lsg. des Na-Salzes von Ricinusölsulfat mit 112 **III** verschäumt. Der nichtgeschrumpfte Schaumstoff weist bes. Druckfestigkeit u. Wärmestandfestigkeit auf. (**D. A. S. 1 027 394** Kl. 39b vom 22/10. 1956, veröff. 3/4. 1958. **Zusatz zu D. A. S. 1 022 789; C. 1958. 11966.**) G. TEWES. 7181

United States Rubber Co., New York, N. Y., V. St. A., *Offenporige Polyätherurethanschaumstoffe.* Ein endständig NCO-Gruppen aufweisendes, aus Poly-1.2-propylenglykoläther, Poly-1.2-butylenglykoläther, Poly-2.3-butylenglykoläther, Poly-3-chlor-1.2-propylenglykoläther mit endständigen sek. OH-Gruppen u. deren Mischungen mit einem Polyisocyanat in einem Mol-Verhältnis 1:2 bis 1:12 in Ggw. eines tert. Amins (**I**) hergestelltes Reaktionsprod. wird mit 0,25—5,0 (Gewichtsteilen) **I** als Katalysator, 0,06—0,5 Mol eines Di- u. Trialkanolamins oder einer Polyhydroxylverb. (wenigstens 3 u. nicht >6 OH-Gruppen), bezogen auf das Harz, als Vernetzer u. mit 0,1—3,0 Siliconöl gemischt u. dann die M. unter Zusatz von 0—30 Polyisocyanat u. 0—0,5 eines Alkalicarbonats durch bes. 1—5 W. verschäumt. (**E. P. 794 403** vom 31/8. 1956, ausg. 7/5. 1958. A. Prior. 21/11. 1955.) G. TEWES. 7181

Ciba Akt.-Ges. (Erfinder: **Alfred Renner**), Basel, Schweiz, *Herstellung einer stabilen Lösung eines härtbaren Kondensationsproduktes aus Melamin, Formaldehyd und Thioharnstoff* (**I**) durch Erhitzen der Komponenten in wss.-alkal. Medium, dad. gek., daß man eine Lsg., die durch Erwärmen von Melamin (**II**) u. **I** im Mol-Verhältnis 1:0,05 bis 1:0,5 in wss. alkal. Medium (**III**) bei p_H 7,0—10,0 mit CH_2O erhalten wurde u. einen Festkörpergeh. von 40—65% besitzt, so lange auf 100° nicht wesentlich übersteigende Tempp. erhitzt, bis eine Probe der Harzlsg. beim Verdünnen mit W. bei 20° auf einen Harzgeh. von 30—40% eine leichte Trübung ergibt, worauf man die Harzlsg. auf n. Temp. abkühlt u. den p_H-Wert auf 8,5—10,0 einstellt. Das Erhitzen kann, mindestens gegen Schluß, unter Zusatz eines mit W. mischbaren aliphat. Alkohols, z. B. Methanol, A., Glycerin oder Hexantriol erfolgen. CH_2O soll in solchen Mengen verwendet werden, daß auf ein NH_2-Äquivalent des **I**-**II**-Gemischs 0,5—1,0, bes. ca. 0,7 Mol, vorhanden sind. Als **III** wird in den Mengenbeispielen wss. NaOH-Lsg. verwendet. — *Papier-* u. *Textilimprägniermittel, Klebmittel* für Holz. (**D. A. S. 1 025 141** Kl. 39c vom 23/8. 1956, veröff. 27/2. 1958. **A. P. 2 839 484** vom 27/8. 1956, ausg. 17/6. 1958. Beide Schwz. Prior. 7/9. 1955.) H. SCHINDLER. 7181

Soc. An. Union Chimique Belge, Brüssel, Belgien, *Herstellung von Harzen aus Furfurylalkohol und Diisocyanaten* der allg. Formel OCN—R—NCO, worin R ein 2wertiger aliphat. oder aromat. Rest ist. In den Mengenbeispielen sind genannt: Methylen-bis-(4-phenylisocyanat), Toluylen-2.4-diisocyanat, 3.3'-Dimethoxy-4.4'-diphenylendiisocyanat u. Hexamethylendiisocyanat. Lacke, Klebstoffe mit hohem F. u. guten akust., therm. u. elektr. Eigenschaften. (**E. P. 795 609** vom 4/1. 1957, ausg. 28/5. 1958. Belg. Prior. 6/1. 1956.) H. SCHINDLER. 7181

Union Carbide Corp., übert. von: **Donald L. Bailey**, Snyder, und **William T. Black**, Buffalo, N. Y., V. St. A., *1-(Cyclohexen-3-yl-1)-1-äthyl-3.3.5.5-tetramethylcyclotrisiloxan* (**I**) der Formel $\underline{Si(C_2H_5)(C_6H_9)-O-Si(CH_3)_2-O-Si-(CH_3)_2-O}$ (ringförmig geschlossen) oder dessen-Isomere erhält man durch Mischhydrolyse von Hexenyläthyldichlorsilan u. Dimethyldichlorsilan in verd. wss.-äther. Lsg. u. darauffolgende Destillation. — 550 g $(CH_3)_2SiCl_2$ u. 148,1 g Δ^3-Cyclohexenyläthyldichlorsilan in 250 cm^3 Diisopropyläther (**II**) werden zu 1000 cm^3 **II** u. 500 cm^3 W. unter Rückfluß gegeben, der noch 2 Std. aufrechterhalten wird. Nach Abtrennen der **II**-Schicht wird diese 2 Std. über $NaHCO_3$ unter Rückfluß erhitzt. Nach Neutralwaschen mit W. wird **II** bei Unterdruck abdestilliert. Der Rückstand wird dreimal dest., wobei man **I**, $D.^{25}{}_4$ 0,990, $n_D{}^{25}$ 1,4431, Mol.-Refr. 80,7, Br-Absorption (g Br/100 g Prod.) 59 erhält. — *Ausgangsstoff* für *Siloxanpolymere.* (**A. P. 2 849 473** vom 31/10. 1955, ausg. 26/8. 1958.) J. MÜHLEISEN. 7189

Dow Corning Corp. (Erfinder: **Earl L. Warrick**), Midland, Mich., V. St. A., *Herstellung von fluorhaltigen Organosiloxanen,* dad. gek., daß man a) das aus 1.1.1-Trifluor-3-brompropan (**I**) u. Mg-Spänen bereitete GRIGNARD-Reagens in Ggw. oder Abwesenheit eines inerten organ. Verdünnungsmittels zu SiX_4 hinzufügt, wobei ein Gemisch, enthaltend Verbb. der Formel $(F_3CCH_2CH_2)_nSiX_{4-n}$ ($n = 1$, 2 oder 3; $X =$ Halogen) entsteht, b) das erhaltene Reaktionsprod. zwecks Trennung der Fluorpropylsilane $(F_3CCH_2 \cdot CH_2)SiX_3$, $(F_3CCH_2CH_2)_2SiX_2$ u. $(F_3CCH_2CH_2)_3SiX$ dest. u. c) die getrennten Fluorpropylsilane zu polymeren, fluorpropylsubstituierten Siloxanen der durchschnittlichen

Einheitsformel $(F_3CCH_2CH_2)_nSiO_{4-n/2}$ (n = 1, 2 oder 3), oder zu mischpolymeren Siloxanen mit obigen Einheiten hydrolysiert. Das aus I u. Mg in Ae. erhaltene GRIGNARD-Reagens wird mit $SiCl_4$ in Bzl. umgesetzt. Bei der fraktionierenden Dest. erhält man *$F_3CCH_2CH_2SiCl_3$* (II), $Kp._{760}$ 113,2°, $D.^{35}_4$ 1,381, n_D^{35} 1,3780, spezif. Refraktion 0,1662 sowie *$(F_3CCH_2CH_2)_2SiCl_2$*, Kp. 180°, $D.^{35}_4$ 1,364, n_D^{35} 1,3715. Durch Hydrolyse von II mit Überschuß von W. erhält man ein *thermoplast., festes harzartiges Produkt.* Die Prodd. sind wenig empfindlich gegen organ. Lösungsm. u. sehr flammfest. Verwendung wie übliche Organosiloxane. (**D. A. S. 1 053 787** Kl. 39c vom 28/8. 1957, veröff. 26/3. 1959. A. Prior. 28/8. 1956.) J. MÜHLEISEN. 7189

A. Ahlström OY, Warkaus, Finnland (Erfinder: **S. Fridberg**), *Herstellung von Faserplatten aus Cellulose und Eiweißstoffen.* Vor der Formgebung wird die Fasersuspension auf einer Temp. von 50—80° so lange gehalten, bis das Eiweiß geronnen ist u. das Filtrat kein Eiweiß mehr enthält. (**Schwed. P. 150 325** vom 7/2. 1950, ausg. 14/6. 1955.) K. H. KÄHLER. 7199

Angelo Secondi und **Amilcare Secondi,** Bergamo, Italien, *Herstellung von Füllmitteln für Brennstoffbehälter.* Silicatreiche Pflanzenteile, bes. Reisspelzen werden durch Fermentierung bei ca. 25°, gegebenenfalls unter Zusatz von fermentakt. Stoffen, von organ. Substanz befreit, mit Bindemitteln, wie Kalk oder Zement unter Luftdurchleitung zu porösen Formkörpern verformt. (**It. P. 494 554** vom 18/1. 1952.) K. KOEBKE. 7199

VEB Leuna-Werke „Walter Ulbricht" (Erfinder: **Fritz Seiter** und **Hans-Georg Rosenkranz**), Leuna/Krs. Merseburg, *Bindemittel zur Herstellung von Schichtpreßstoffen.* Es werden Kondensationsprodd. aus kresolarmen oder kresolfreien, bei > 203° übergehenden Fraktionen der Rohphenoldest. von Braunkohlenteerprodd. bzw. Gemische derartiger Fraktionen u. aus Aldehyden verwendet. (**D. A. S. 1 049 088** Kl. 39b vom 23/6. 1954, veröff. 22/1. 1959.) H. v. SCHILLER. 7205

XII. Kautschuk.

H. W. Melville, *Hochpolymere. Chemische Struktur und physikalisches Verhalten.* (Vortrag.) Es wurden die Beziehungen zwischen chem. Struktur u. physikal. Verh. von Hochpolymeren, z. B. Kunstkautschuken kurz umrissen, wobei technolog. Belange bes. berücksichtigt wurden. (Rubber J. int. Plastics **134.** 323—24. 1/3. 1958.) M. WINIKER. 7224

Sinzo Yamashita, Ryuzo Yamamoto und **Junji Furukawa,** *Verbesserte Modifikation von Butylkautschuk.* Die Eigg. von Butylkautschuk werden durch Trichlorisocyanursäure (I) u. Trichlormelamin durch Mahlen mit erhöhter Temp. bei Ggw. von Ruß verbessert. Die Vulkanisate haben einen hohen Modul. I zeigt gleiches Verh. wie Elastopar (p-Nitroso-N-methyl-N-nitrosoanilin). Eine Verbesserung der bleibenden Aushärtung bei hoher Dehnung war durch diese Chemikalien bei Ruß enthaltenden Vulkanisaten nicht zu erreichen. — 8 Literaturstellen. (J. Soc. Rubber Ind. Japan **31.** 892—96. 1958. Kyoto, Univ., Dep. of Ind. Chem. [Orig.: japan.; Auszug: engl.]) H. STRAUCH. 7224

R. Schlicht, *Hypalon — Grundlagen und Anwendung.* Hypalon ist ein Polyäthylenderiv., das durch Behandlung mit gasförmigem Cl_2 u. SO_2 in Lsg. auf einen Geh. von 26—29% Cl u. 1,3—1,7% S gebracht wurde. Vf. erläutert den Chemismus der Hypalonherst., dessen Vulkanisation, Mischungsaufbau u. -verarbeitung u. berichtet eingehend über Eigg. u. Anwendungsgebiete dieses Elastomers. (Kautschuk u. Gummi **10.** WT 66—74. März 1957.) K. SCHAUERTE. 7224

N. C. H. Humphreys und **F. Moore,** *Bewertung des Mercaptobenzimidazols und seines Zinksalzes.* Bericht über Verss., aus deren Ergebnissen hervorgeht, daß *MBI* (I, Mercaptobenzimidazol) u. *MBIZ* (*Zn-Salz* von I) gute *Cu*-Inhibitoren u. allg. als Antioxydantien von Interesse sind, bes. in Fällen, in denen Anvulkanisation vermieden u. Verfärbungen weitgehend ausgeschaltet werden sollen. (Rubber J. int. Plastics **134.** 633—34. 636. 638. 26/4. 1958.) M. WINIKER. 7226

W. W. Firssow, *Eine beschleunigte Vulkanisation von Reifenschläuchen durch eine doppelseitige Erhitzung mit Dampf.* Vf. beschreibt die Verkürzung des Vulkanisationscyclus an verschied. Reifenschläuchen durch Erhöhung der Dampftemperatur. Ein Druck von 8—8,6 atü ergibt qualitativ noch einwandfreie Schläuche, doch wird die Meth. aus Sicherheitsgründen nicht angewandt, sondern es wird eine geringere Erhöhung der Dampftemp. im Schlauch (6,4 atü) u. in der Form (5,5 atü) gewählt. So ergibt sich für Pkw-Reifenschläuche folgender Cyclus: 3,5 Min. Vulkanisation, 2 Min. Luft ablassen, insgesamt 5,5 Minuten. (Каучук и Резина [Kautschuk u. Gummi] **17.** Nr. 11. 30—32. Nov. 1958. Leningrad, Reifenwerk.) O. KRAMM. 7228

E. Dahl und **M. Langheck,** *Butylkautschuk als Rohstoff für die Herstellung technischer Gummiartikel.* Infolge zahlreicher günstiger Eigg. kann Butylkautschuk als Allzweckpolymer eingesetzt werden. Es werden typ. Rezepturen u. Verarbeitungshinweise für folgende Verwendungszwecke angegeben: Fensterabdichtungen, Vollgummidichtungen, Schwingungsdämpfer, Stoßdämpfer, Schläuche, Behälterauskleidungen, Transportbänder. (Gummi u. Asbest **11.** 676—80. 1/11. 1958. Hamburg, Esso Akt.-Ges.)
P. NEY. 7230

T. B. Harrison, B. G. Labbe und **R. M. Clibourn,** *Ein Reflektionsmeter zur Bestimmung der Verfärbung und Entfärbung von Kautschukmischungen.* Für die Best. des Pigmentierungsgrades, der Verfärbung u. der Entfärbung von Kautschuk wird eine quantitative Meßmeth. beschrieben. Es wird die Lichtreflexion von weißen, nichtbelichteten u. von UV-belichteten Proben bestimmt. Die Abnahme der Reflexion der Teststücke gibt einen numer. Wert, der abhängig ist vom ursprünglichen Reflexionsvermögen. Das Reflexionsmeter gibt noch Unterschiede zwischen weißen Ansätzen, die keinen Ruß u. solchen, die weniger als 0,001% Ruß enthalten. Um reproduzierbare Werte zu erhalten, müssen die Proben 24 Std. belichtet werden. Der Grad der Verfärbung u. Entfärbung wird nicht nur durch die verschied. Belichtungszeit, sondern auch durch die im Kautschuk enthaltenden Bestandteile beeinflußt. Die Fehlergrenze der Best. liegt bei 1%. Vff. beschreiben die Versuchseinrichtung u. einige Beispiele. — 3 Abb., 8 Tabellen. (Rubber Wld. **134.** 64—72. April 1956. Akron, Ohio, Univ., Government Labor.)
F. SCHIPKE. 7248

United States Rubber Co., New York, N. Y., V. St. A., *Verbesserung von Butylkautschuk* (**I**), dad. gek., daß man 100 (Teilen) rohem **I** 0,24—2 eines *2.6-Dimethyl-4-alkylphenols* oder von Kondensationsprodd. solcher Phenole zumischt u. bei ca. 168° knetet, bis ca. 10% des **I** in Bzl. unlösl. geworden sind. Man kann auch S u. wenigstens 24 eines nichtflüchtigen fl. KW-stoffes zufügen, bevor man vulkanisiert. (**It. P. 493 378** vom 1/9. 1952.)
K. KOEBKE. 7225

Ethyl Corp., New York, N. Y., übert. von: **Alfred J. Kolka,** Birmingham, und **George G. Ecke,** Detroit, Mich., V. St. A., *Stabilisierungsmittel für sauerstoffempfindliche Polymere* (Natur-, Kunstkautschuk, Polystyrol, Polybutylene, Polyäthylen u. Isobutylen-Styrol-Mischpolymerisate) sind *2.6-Dialkylphenole* mit insgesamt 5 bis 12 C-Atomen in den Alkylresten, mindestens einem in α-Stellung verzweigten Alkylrest u. nichtsubstituierte 4-Stellung des Ringes, z. B. *2.6-Di-tert.-butylphenol, 2-Methyl-6-tert.-butylphenol* oder *2-Methyl-6-tert.-amylphenol,* bes. in Mengen von 0,01—5%. (**A. P. 2 836 577** vom 23/9. 1955, ausg. 27/5. 1958.)
G. TEWES. 7227

Imperial Chemical Industries Ltd., London (Erfinder: **Philip Cowey Johnson** und **Henry George White,** Blackley), England, *Synthetische kautschukartige Masse.* Die aus Polyester u./oder Polyesteramiden durch Rk. mit Polyisocyanaten erhaltenen kautschukartigen Massen werden mit bis zu 5 Gew.-% weiterem Polyisocyanat u. zusätzlich einem Stoff gemischt, der mit dem Polyisocyanat ein in der Wärme unstabiles Additionsprod. bildet; solche Stoffe sind Phenole, Succinamid, Mercaptobenzothiazol, Caprolactam, Phenyl-β-naphthylamin, Diphenylamin, Triphenylcarbinol. Die Mischung kann längere Zeit gelagert werden. — Man gibt zu 100 (Gewichtsteilen) eines diisocyanatmodifizierten kautschukartigen Polyesters 3,15 Mercaptobenzothiazol u. 4 Naphthylen-1.5-diisocyanat. Die Mischung ändert sich erst nach 28 Min. bei 110°. (**F. P. 1 143 097** vom 22/10. 1955, ausg. 26/9. 1957. **D. A. S. 1 025 618** Kl. 39b vom 20/10. 1955, veröff. 6/3. 1958. Beide E. Priorr. 22/10. 1954 u. 5/10. 1955. **E. P. 785 882** vom 22/10. 1954, ausg. 6/11. 1957.)
M. PANKOW. 7227

Shinetsu Kagaku Kogyo Kabushiki Kaisha, Tokio, Japan, *Verbesserung der Kalanderfähigkeit von Siliciumgummimaterial* durch Zusatz von 0,1—5 Gew.-% eines höheren ungesätt. Alkohols zu Silicongummimaterial, z. B. die Alkohole $C_{14}H_{23}O$, $C_{16}H_{32}O$, Oleylalkohol ($C_{18}H_{36}O$), $C_{20}H_{40}O$, $C_{20}H_{34}O$, $C_{22}H_{36}O$. Gesätt. Alkohole, wie n-Tetradecyl, n-Octyl-, Cetyl-, Arachyl-, Ceryl- u. Myricylalkohol, sind nicht geeignet. — Man mischt z. B. benzollösl., gummiartiges Dimethylpolysiloxan mit 90% Füllstoffen u. 1% Oleinalkohol. Die Mischung läßt sich auf dem 3 Walzenkalander auf Glasfasergewebe gut aufkalandrieren. (**Jap. A. S. 1 142/1958** vom 5/7. 1955, veröff. 21/2. 1958.)
M. PANKOW. 7227

American Cyanamid Co., New York, N. Y., übert. von: **Frederic H. Adams,** Bound Brook, N. J., V. St. A., *Blähmittel für Kautschuk,* bestehend aus einem organ. Sulfonylazid der Formel $R[SO_2N_3]_n$, worin n für 1 oder 2, R für einen aliphat. KW-stoff-, einen aromat. KW-stoff- oder einen heterocycl. Rest steht. (**A. P. 2 830 029** vom 28/4. 1955, ausg. 8/4. 1958.)
W. OVERBECK. 7227

American Cyanamid Co., New York, N. Y., übert. von: **Robert C. Kinstler** und **Donn E. Young**, Middlesex, N. J., V. St. A., *Beschleunigerzubereitung*. Eine wss. Aufschlämmung von Benzothiazolyldisulfid u. bes. 4—8 (% seines Gewichtes) an β-Naphthol wird bei einem $p_H < 7$, bes. 5—5,5 u. bei > 85°, gegebenenfalls unter Zusatz von 5—15 Stearinsäure, bis zur Bldg. von Kügelchen gemischt, die dann abgetrennt werden. (**A. P. 2 840 563** vom 1/8. 1956, ausg. 24/6. 1958.) W. OVERBECK. 7229

United States Rubber Co., New York, N. Y., V. St. A., *Vulkanisationsbeschleuniger*, bestehend aus einem N-(Thiocarbamylthio)-2-benzothiazolsulfenamid der Formel I. R = H, Alkyl, Cycloalkyl oder Aralkyl u. R′ u. R″ = H, Alkyl, Cycloalkyl oder Aralkyl oder gemeinsam Teile eines monocycl. Restes. Herst. durch Rk. eines tert. aliphat. Amins des 2-Benzothiazolsulfenylchlorids mit einer Verb. der Formel (R′)(R″)N—C(S)—S—NHR, worin R, R′ u. R″ dasselbe wie in Formel I bedeuten. —

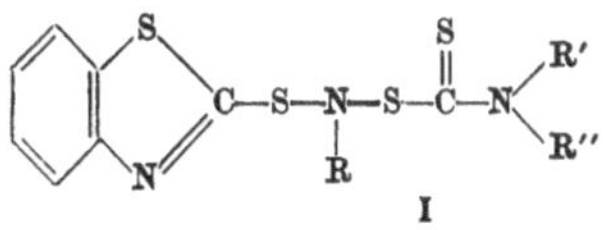

I

Beispiele: N-Äthyl-N′-(dimethylthiocarbamylthio)-2-benzothiazolsulfenamid, F. 92,5 bis 93,5°; N-Methyl-N′-(dimethylthiocarbamylthio)-2-benzothiazolsulfenamid, F. 148—149°; N-Isopropyl-N′-(dimethylthiocarbamylthio)-2-benzothiazolsulfenamid, F. 120°; N-tert.-Butyl-N′-(dimethylthiocarbamylthio)-2-benzothiazolsulfenamid, F. 160—161°; N-Cyclohexyl-N′-(diäthylthiocarbamylthio)-2-benzothiazolsulfenamid, F. 131—132°; N-Cyclohexyl-N′-(oxydiäthylenthiocarbamylthio)-2-benzothiazolsulfenamid, F. 171°; alles farblose Kristalle, die letzten unter Zers. schmelzend. (**E. P. 787 452** vom 30/4. 1956, ausg. 11/12. 1957. A. Prior. 19/8. 1955.) W. OVERBECK. 7229

Wolldeckenfabrik Zoeppritz Akt.-Ges., Heidenheim/Brenz, *Verfahren zur Herstellung von aus Textilfasern und Bindemittel bestehendem porösem Werkstoff*, dad. gek., daß die Textilfasern in trockenem Zustand zu kleinen Einheiten zusammengeballt u. diese Faserballen unter Umwälzung mit einem fl., tropfenförmig zerteilten Bindemittel besprüht werden, so daß dieses punktförmig auf der Oberfläche der Fasergutballen haftet, worauf unter weiterer Umwälzung der entstehenden M. ein Härtemittel aufgesprüht u. sodann die M. geformt, getrocknet u. gehärtet wird. Da die zuerst gebildeten kleinen Faserballen frei von Bindemittel bleiben, wird im Inneren derselben die textile Eig. erhalten. Als Bindemittel ist eine Emulsion aus *Latex*, Zinkoxyd u. Schwefel unter Zusatz von Beschleuniger u. Dispergierungsmittel geeignet. (**D. A. S. 1 038 266** Kl. 39a vom 8/10. 1955, veröff. 4/9. 1958.) H. NATHER. 7231

Pi-Gomma Soc. a. r. l., Mailand, Italien, *Konservieren von Gegenständen aus Schaumgummi*, dad. gek., daß man die Gegenstände, gegebenenfalls zu wiederholten Malen in eine Latexlsg. eintaucht u. das Lösungsm. verdampft. (**It. P. 491 952** vom 4/7. 1952.) K. KOEBKE. 7231

XIV. Zucker. Kohlenhydrate. Stärke.

V. Prey, *Zucker als chemischer Rohstoff*. (Vgl. C. **1958**. 8494.) Übersicht über Gewinnung, Eigg. u. Anwendung von Rohr (Rüben-)zucker: Oxydation, Hydrierung, saure u. alkal. Abbauprodd., Fettsäureester, Kunststoffe aus Zucker, Futtermittel, Betain, $(CH_3)_3N$, CH_4, HCN, NH_3, Aconitsäure, Mononatriumglutamat. — 61 Schrifttumhinweise. (Österr. Chemiker-Ztg. **59**. 127—35. Mai 1958. Wien, TH, Inst. für Organ. Chem.) W. WESLY. 7400

Gösta Möllerström, *Versuche mit systemisch wirkenden Beizmitteln*. Bei einer Dosierung von 5 kg je 100 kg Saatgut von Zuckerrüben zeigen *Disyston* u. *Thimet* gute insekticide Wrkg., setzen aber auch den Pflanzenertrag herab. Ihre Anwendung zum Beizen ist dann angezeigt, wenn der Schädlingsbefall so stark ist, daß er die Ernte noch stärker gefährdet. (Statens Växtskyddsanst., Växtskyddsnotiser **22**. 30—32. 1958.) R. K. MÜLLER. 7406

Gerd Helms, *Versuche zur Ermittlung der Brühempfindlichkeit von Zuckerrübenschnitzeln*. Eine einfache Meth. zur Best. der Brühempfindlichkeit von Zuckerrüben besteht darin, daß Rübenschnitzel ca. 3 Min. lang in ein Rapidsaft–Kondensat-Gemisch (p_H 6,5—6,8) bei Tempp. zwischen 60 u. 70° eingetaucht werden. Dann werden durch Reiben zwischen Daumen u. Zeigefinger ihre Glitschigkeit, durch Einreißen die Zähigkeit u. durch Knicken die Zerbrechbarkeit ermittelt. In einem 2. Erhitzungstest wird die Temp., bei der Glitschigkeit auftritt, auf 2—3 Grad genau festgestellt. Bei dieser Temp. zeigen gesunde Rüben die ersten, auf Überbrühung beruhenden Zellgewebeveränderungen. Geringe p_H-Änderungen beeinflussen den Test nicht. (Zucker **9**. 104—07. 1/3. 1956. Göttingen.) R. RUTKOWSKI. 7406

Bronisław Nowakowski, *Saftreinigung mit besonderer Berücksichtigung der Filtrationsfähigkeit.* Übersicht über Faktoren, die die Filtriergeschwindigkeit des Zuckersaftes u. die Fällung der Kolloide beeinflussen. (Gaz. Cukrownicza **60.** 141—51. Mai 1958.) F. URBAN. 7412

Paul Brüninghaus und **Ernst Thielepape,** *Zuckerklassierung. Neue Erkenntnisse in der Zuckersiebtechnik. Kampagneerfahrungen.* 5. Mitt. (4. vgl. C. **1956.** 4011.) Die RHEWUM-Hochleistungsschallsiebmaschine (RHEWUM GMBH, Remscheid-Lüttringhausen) u. ihre Verwendungsmöglichkeit in der Zuckerindustrie werden besprochen. Sie ermöglicht genaue Aufteilung des Zuckers in bestimmte marktgängige Kornklassen u. völlige Entstaubung dieser Kornklassen. Sie kann sowohl für Raffinade als auch für Mahlware eingesetzt werden. (Zucker **8.** 31—34. 15/1. 1955.) R. RUTKOWSKI. 7438

H. Speyerer, *Die Ermittlung der Füllmassemengen im Zuckerhaus.* Auf Grund von Trockensubstanz- u. Zuckermengenbilanzen werden für 2 Weißzuckerschemata u. ein Raffinerieschema Gleichungssysteme entwickelt, die die Berechnung der Füllmassemengen des Erstprod., der Raffinade, der Abläufe, des Mittel- u. Nachprod. u. der Melasse ermöglichen. Ferner wird die Trockensubstanzbilanz aus einer Potenzreihe abgeleitet u. der Zusammenhang zwischen Füllmasse, Ablauf, Decke u. Prod. durch allg. Gleichungen erläutert. (Zucker-Beih. **3.** 1—27. März 1956. Mannheim, Süddtsch. Zucker-Akt.-Ges., Hauptverwaltung, Techn. Abt.) R. RUTKOWSKI. 7438

Alexander Gordon, *Die Frage der Spurenelemente.* Es wird auf die Bedeutung der Spurenelemente für die Landwirtschaft hingewiesen. Verschied. Probleme, denen bei weiteren Unterss. besondere Beachtung geschenkt werden soll, werden aufgezählt. (Sugar News **32.** 471—72. Sept. 1956. La Carlota Sugar Central, Dep. of Agric. Exp.) M. REIHER. 7440

W. W. Binkley, *Die Wirkung von Brom auf die dialysierten Bräunungssubstanzen von Zuckerrohrendmelassen.* Bei der Bromierung des „bräunenden“ Polymeren aus Zuckerrohrendmelassen unter Bedingungen, die Additions-Rkk. begünstigen, wurde festgestellt, daß auf jede Polymereinheit 1,6—1,8 ungesätt. Gruppen entfallen. Durch die Bromierung erfolgt eine 72%ig. Farbaufhellung des Polymeren. (Int. Sugar J. **60.** 62—64. März 1958. New York, N. Y., Sugar Trade Labor.) M. REIHER. 7440

Jan Dobrzycki, *Über die polarimetrische Zuckerbestimmung.* Prakt. Anleitung für die Zuckerbest. im Betrieb. (Gaz. Cukrownicza **60.** 181—84. Juni 1958.) F. URBAN. 7470

L. Eynon, A. E. Tate, J. F. T. Oldfield und **J. G. N. Gaskin,** *Der Bleifehler bei der Polarisation von britischem Rohrzucker.* Eine Versuchsserie mit Rohrzuckern aus verschied. Fabriken zeigt, daß bei Zusatz von 0,3—0,9 cm^3 feuchtem Pb-Acetat bzw. 0,09—0,27 g trockenem Pb-Acetat eine Abweichung der Drehwerte um 1% möglich ist. Die Abweichungen durch trockenes Pb-Acetat sind geringer als durch feuchtes. Korrektionstabellen wurden errechnet. (Int. Sugar J. **59.** 38—39. Febr. 1957.) H. ROSSOW. 7470

XV. Gärungsindustrie.

J. L. Shimwell, *Mikrobiologische Betrachtungen.* In dieser 1. Mitt. einer neuen Serie spricht der Vf. nach einer allg. Einführung über authent. Kulturen. (Brewers' J. Hop Malt Trades' Rev. **95.** 46—48. 21/1. 1959.) K. SCHAUERTE. 7506

G. Rankoff, A. Popoff und **A. Jovtscheff,** *Entfernung des Methylalkohols aus dem Branntwein.* 4. Mitt. *Über die Zusammensetzung und die Verwertungsmöglichkeiten des „Destillats“.* (3. vgl. Доклады Болгарской Академии Наук [C. R. Acad. bulg. Sci.] **11.** [1958.] 29.) Es wird festgestellt, daß die bei der Reinigung des Branntweins von Methylalkohol (**I**) nach der bekannten Meth. der Vff. anfallenden 5% Destillat zweckmäßig als 2 getrennte Fraktionen von je 2,5% aufgefangen werden: A (Fraktionen 1—5) u. B (Fraktionen 6—10). A enthält 6—20 (%) **I**, 50—80 A., 4—15 Ester, 1—2 höhere Alkohole u. 1—5 Acetaldehyd u. kann für techn. Zwecke verwendet oder auf reinem Methylalkohol u. A. verarbeitet werden. B wird wegen des hohen Geh. an **I** u. A. in den zu reinigenden Ausgangsbranntwein zurückgeführt. (Доклады Болгарской Академии Наук [C. R. Acad. bulg. Sci.] **11.** 89—92. März/April 1958. Chem. Inst. der Bulgar. Akad. der Wiss.) OTTO MAIER. 7536

G. Harris, J. W. Davies und **R. Parsons,** *Nucleotidvorrat in der Brauhefe während des Wachstums und der Gärung.* Vff. untersuchten die Veränderung der chem. Zus. der Nucleotide in der Brauhefe (S. cerevisiae) in den verschied. Wachstumsstadien u. bei der Gärung. Die Hefe wurde 48 Std. aerob gezüchtet u. auf Bierwürze übertragen. Nach verschied. Wachstums- bzw. Gärintervallen wurden die Nucleotide mit heißem A. bzw. mit

Trichloressigsäure (TCE) extrahiert u. über Dowex-1 (Chlorid) chromatographiert. Während der ersten 4 Std. (1. Teilung der Hefe) erfolgte eine Zunahme der mit TCE extrahierbaren Nucleotide, u. zwar auf Kosten der ursprünglich vorhandenen Nucleotide. Die mit heißem oder kaltem A. extrahierbaren Nucleotide sind mit Peptiden oder mit Zuckern verbunden. Sie reagieren mit NH_2OH unter Bldg. von Hydroxamsäuren u. wandern bei der Elektrophorese zur Kathode. Aus der Dowexsäule können sie mit Na-Acetat (p_H 5—7) eluiert werden (Abtrennung von Triphosphopyridinnucleotid [TPN], Diphosphopyridinnucleotid [DPN] u. Adenosinmonophosphat [AMP]). Ein solcher Komplex zeigte ein UV-Spektr. wie Uridin u. lieferte bei der Hydrolyse Uracil u. ein Aminosäuregemisch, in welchem Arginin, Cystin, Glutaminsäure u. Leucin vorherrschten. Diese Nucleotid-Aminosäure-Komplexe, welche wahrscheinlich als Zwischenprodd. bei der Proteinsynth. fungieren, werden im Gegensatz zu den TCE-lösl. Nucleotiden vorwiegend in den späteren Stadien der Hefeentw. gebildet. Die UV-Spektren der Extrakte zeigten die Ggw. von TPN, DPN, AMP, Adenosindi- u. -triphosphat, Uridinmono-, -di- u. -triphosphat, Uridindiphosphatglucose u. Uridindiphosphatacetylglucosamin an. (Nature [London] **182.** 1565—67. 6/12. 1958. Lyttel Hall, Nutfield, Surrey, Brewing Ind. Res. Foundat.) B. GÖRLICH. 7540

J. De Clerck und **J. Belot,** *Neue Untersuchungen über die Schaumbeständigkeit.* Mit Hilfe einer photograph. Meth. wurde festgestellt, daß der Durchmesser der Schaumblasen durch Schaumstabilisatoren etwas verkleinert, durch nichtkoll. Schaumzerstörer stark vergrößert wird. Genau umgekehrt liegen die Verhältnisse bei der Trübung des niedergeschlagenen Schaumes, die wahrscheinlich in Beziehung zur Festigkeit der Schaumhärte steht u. um so höher liegt, je mehr koll. Stoffe im Bierschaum enthalten sind. Große Unterschiede bei den einzelnen Bieren zeigen, daß noch andere wichtige Faktoren für die Haltbarkeit des Bierschaumes maßgebend sind. (Brauerei, wiss. Beilage **12.** 7—11. Jan. 1959. Löwen, Kathol. Univ., Abt. Brauerei, Labor.) K. SCHAUERTE. 7550

I. Mareca Cortés und **Díez de Bethencourt,** *Einige Hauptbestandteile der Riojaweine.* In Riojaweinen wird der Geh. an Glycerin, Milch- u. Essigsäure u. die Gesamtacidität in Abhängigkeit vom Jahrgang u. von der Entw. beim Ablagern untersucht. Es zeigen sich erhebliche Schwankungen, die mit den Geschmacksunterss. u. den meteorolog. Bedingungen der Wachstumsjahre verglichen werden. (Rev. Ci apl. **11.** 25—31. Jan./Febr. 1957.) R. K. MÜLLER. 7554

E. Schild, *Keimenergie und Keimfähigkeit. Wünsche und Forderungen beim Einkauf von Braugerste.* Der Begriff Keimenergie wird als Prozentgeh. der Probe an Körnern, welche zum Zeitpunkt der Unters. unter n. Bedingungen keimen, u. der Begriff Keimfähigkeit als Prozentsatz aller lebenden Körner in der Probe neu definiert; der Unterschied zwischen ihnen ist ein Maß für die Keimruhe. Nach der AUBOY-, SCHÖNFELD- oder Sandmeth. ist nur die Keimenergie, nicht aber die wichtigere Keimfähigkeit bestimmbar. Diese ist dagegen sehr genau mit der 3—4 Tage dauernden H_2O_2-Meth. zu bestimmen u. wird daher für den Gerstenhandel empfohlen. Die nur 10 Min. bis einige Std. dauernde Färbemeth. ist zu unempfindlich gegen vitale Störungen des Keimlings. (Brauerei, wiss. Beilage **11.** 115—18. Okt. 1958. München-Weihenstephan, TH, Inst. für chem.-techn. Analyse.) K. SCHAUERTE. 7598

XVI. Nahrungs-, Genuß- und Futtermittel.

H. Lück und **H. Kühn,** *Strahlenwirkung auf Lebensmittel.* 2. Mitt. *Physikalische und chemische Strahlenwirkung.* (1. vgl. C. **1959.** 10421.) Zusammenfassender Überblick. — 31 Literaturhinweise. (Dtsch. Lebensmittel-Rdsch. **55.** 81—88. April 1959.) M. WINIKER. 7634

A. Rotsch, E. Tehsmer und **H. Stephan,** *Kälteanwendung in der Bäckerei.* Zusammenfassender Überblick. (Zucker- u. Süßwaren-Wirtsch. **8.** 533—35. 20/5. 616. 618. 620. 20/6. 1955. Detmold, Bundesforschungsanst. für Getreideverarbeitung.) M. WINIKER. 7674

Bärbel Wujanz, *Die Kartoffel als wichtige Vitaminquelle der menschlichen Ernährung.* Allg. Ausführungen. (Lebensmittel-Ind. **4.** 15—16. Jan. 1957. Potsdam-Rehbrücke.) M. WINIKER. 7678

Marianne Weber-Dahlmann, *Beiträge zur Einwirkung organisch chemischer Substanzen auf die Lagerfähigkeit von Kartoffeln.* Bei Verss. mit *Agermin* (**I**) zeigte sich, daß durch dasselbe die Atmungs- u. Keimungsintensität der *Kartoffelknollen* (**a**) weitgehend gehemmt werden. Der Stärkegeh. wird durch die Behandlung etwas erhöht, während der Zuckergeh. keine Beeinflussung erfährt. Prakt. die gleichen Ergebnisse wurden mit

Belvitan K (**II**) erzielt. Begasung der **a** mit *2-Äthylhexanol* (**III**) führte ebenfalls zu einer Hemmung der Atmungs- u. der Keimungsintensität sowie des Stärkeabbaues. Die Zuckerveratmung war im Gegensatz zu den mit **I** u. **II** gemachten Beobachtungen gleichfalls gehemmt. Die durch **III** bewirkte Keimhemmung ist reversibel (Behandlung mit *Rindite*-Gemisch). (Z. Bot. **45.** 395—420. 1957. Münster/Westf., Univ., Botan. Inst.)
M. WINIKER. 7678

E. Kissmeyer-Nielsen, *Untersuchungen zur Lagerbeständigkeit von Vitamin C in granulierten (Trocken-) Kartoffeln bei verschiedenen Feuchtigkeitsgehalten.* Vf. stellte fest, daß die Lagerbeständigkeit von *Vitamin C* bei Trockenkartoffeln mit einem Wassergeh. von 11% größer war als bei solchen mit einem Wassergeh. von 15%. (Amer. Potato J. **33.** 353—55. Dez. 1956.) M. WINIKER. 7678

Johannes Wolf, *Über die organischen Säuren von Citrusfrüchten.* Im alkoh.-wss. Extrakt des Fruchtfleisches von Citronen, Grapefruit, Apfelsinen u. Mandarinen wurden (nach Vorreinigung mittels Ionenaustauschern) die organ. Säuren chromatograph. (Kieselgel) getrennt u. quantitativ bestimmt. Die Identität der wichtigeren Fraktionen wurde papierchromatograph. erhärtet. Im Fruchtfleisch aller 4 Citrusarten dominierte *Citronensäure* (**I**). Daneben wurde, bes. bei Apfelsinen, ein bemerkenswerter Geh. an *Äpfelsäure* (**II**) sowie an einer nichtidentifizierten Fraktion, die aus der Kieselgelsäule nur sehr verzögert austritt, festgestellt. Von den anderen untersuchten Citrusfrüchten unterscheidet sich die Citrone durch eine weit höhere Konz. an Gesamtsäure im Fruchtfleisch. Außer **I** u. **II** enthält das Fruchtfleisch noch eine größere Anzahl anderer Säuren, darunter *Chinasäure,* die jedoch nur in geringen Konzz. vorliegen. (Fruchtsaft-Ind. **3.** 93—97. Juni 1958. Karlsruhe, Bundesforschungsanst. für Lebensmittelfrischhaltung.) M. WINIKER. 7688

Simon I. Leon, *Die Herstellung von gefüllten Wiener Plastikbonbons.* Eingehende Beschreibung der Herst. von gefüllten Hartkaramellen mit zahlreichen Rahmenrezepten. (Zucker- u. Süßwaren-Wirtsch. **9.** 981—87. 5/10. 1024—30. 20/10. 1956.)
M. WINIKER. 7704

Alfred Schaller und **Walter Saller,** *Pflaumensaft (Zwetschkensaft). Eine umfassende Darstellung unter besonderer Berücksichtigung eigener Versuchsergebnisse.* 2. Mitt. (1. vgl. C. **1959.** 1968.) Behandelt werden die einzelnen verfahrenstechn. Abschnitte der Saftgewinnung. — 75 Literaturhinweise. (Fruchtsaft-Ind. **3.** 214—29. Dez. 1958; **4.** 22—29. Febr. 1959.) M. WINIKER. 7706

Alfred Schaller und **Walter Saller,** *Pflaumensaft (Zwetschkensaft). Eine umfassende Darstellung unter besonderer Berücksichtigung eigener Versuchsergebnisse.* 3. Mitt. (2. vgl. vorst. Ref.) Behandelt werden Zus. u. Eigg. von Pflaumensäften (Zwetschkensäften). — 42 Literaturhinweise. (Fruchtsaft-Ind. **4.** 53—66. April 1959.) M. WINIKER. 7706

A. Mehlitz und **H. Drews,** *Untersuchungen über Vorkommen und Entstehung von Hydroxymethylfurfurol in Traubensäften, Apfelsäften und daraus hergestellten Konzentraten.* Unterss. über das Ausmaß der Bldg. von *Oxymethylfurfurol* (**I**) in Trauben- u. Apfelsäften sowie in Trauben- u. Apfelsaftkonzentraten in einem Temperaturbereich von 70—100° führten im wesentlichen zu folgenden Feststellungen: In einwandfrei pasteurisierten oder kalt entkeimten Säften wurde kein **I** gefunden. Durch unbeabsichtigtes kurzfristiges Ansteigen der Temp. bei der Pasteurisierung werden keine wesentlichen Mengen **I** gebildet. Hingegen entsteht **I** bei höheren Tempp. in steigendem Maße. Die **I**-Bldg. ist abhängig von der Erwärmungsdauer, dem Zuckergeh. u. dem p_H der Säfte. Bei der Herst. von Konzentraten im Vakuum wurde bei Tempp. $>60°$ keine **I**-Bldg. beobachtet. Werden derartige Konzentrate höheren Tempp. ausgesetzt, so erfolgt erwartungsgemäß stärkere **I**-Bldg. als bei Säften (unter gleichen Bedingungen). Nicht unerhebliche Mengen **I** können schließlich auch bei der Heißeinlagerung von Säften ohne Rückkühlung entstehen. Die **I**-Best. bietet somit die Möglichkeit, regelwidrig erhitzte oder ohne Rückkühlung heiß eingelagerte Säfte von n. pasteurisierten, rückgekühlten oder kalt entkeimten zu unterscheiden. (Ind. Obst- u. Gemüseverwert. **44.** 141—45. 9/4. 1959. Berlin, TU, Inst. für Obst- u. Gemüseverwertung.)
M. WINIKER. 7706

C. P. Natarajan, M. Khantharaj Urs und **D. S. Bhatia,** *Kohlenhydrate in grünem und geröstetem Kaffee.* Papierchromatograph. wurden in grünem Kaffee *Saccharose* u. Spuren *Glucose* nachgewiesen. In geröstetem Kaffee wurden von beiden Zuckern nur Spuren gefunden. Nach Hydrolyse wurden sowohl bei grünem als auch bei geröstetem Kaffee *Galaktose, Arabinose* u. *Mannose* festgestellt. (J. Indian chem. Soc., ind. News Edit. **18.** 1955. Mysore, Central Food Technol. Res. Inst.) M. WINIKER. 7720

Otto Wöber, *Über die Farbe von subtropischen Ballentabaken.* Krit. Bemerkungen zur Arbeit von PERUCCI (C. **1956.** 591). (Tabacco **59.** 415—17. Nov./Dez. 1955.)
C. GRIMME. 7734

Constantin Pyriki und **Wilhelm Homann,** *Über Chinatabake.* 1. Mitt. *Die löslichen Kohlenhydrate.* Die Best. des Geh. an wasserlösl. Kohlenhydraten von Virginia-Tabak aus einer Reihe chines. Provinzen ergab einen Durchschnittswert von ca. 17% in der Tabaktrockensubstanz. Die untersuchten Sorten stehen also diesbzgl. denen anderer Länder nicht nach. Der größte Teil der untersuchten Sorten besaß einen erhöhten Disaccharidgeh. (bis zu 9% der Trockensubstanz). Bei der Unters. des Verhältnisses Glucose/Fructose zeigte sich, daß bei chines. Virginiatabak im Mittel die Glucose etwas überwiegt. Bei anderen Sorten konnte in dieser Hinsicht kaum ein Unterschied beobachtet werden. Eine gewisse Abhängigkeit zwischen Qualitätszahl u. Geh. an lösl. Kohlenhydraten, bes. an Monosacchariden, konnte festgestellt werden. Hingegen konnte nicht gesichert werden, welches von den beiden Monosacchariden die bessere Übereinstimmung mit der Qualitätszahl aufweist. Bei allen untersuchten chines. Tabaken, bes. den Virginia-Tabaken, war der Geh. an den als „Polyphenole" bezeichneten Stoffen relativ hoch (bis zu über 6% der Trockensubstanz). (Ber. Inst. Tabakforsch. Dresden **5.** 363—81. 1958.) M. WINIKER. 7734

Constantin Pyriki und **Rudolf Müller,** *Vergleichende papierchromatographische und reduktometrische Untersuchungen von Sacchariden im fermentierten Tabak unter besonderer Berücksichtigung des Vorkommens von Maltose.* Papierchromatograph. konnte in fermentierten China- u. Orienttabaken *Maltose* (I) nachgewiesen werden. Weiter wurden zwischen den Gehh. von China- u. Orienttabaken an Monosacchariden (*Glucose* + *Fructose*), *Saccharose* u. I ,die mittels der klass. reduktometr. Meth. mit FEHLINGscher Lsg. festgestellt worden waren, u. der Intensität der jeweiligen Flecke der Papierchromatogramme Vgll. angestellt. Hierbei zeigte sich, daß bei I die Intensität der Flecke nicht den reduktometr. ermittelten Werten entsprach. Als Erklärung hierfür wird die Möglichkeit, daß bei der reduktometr. Meth. andere lösl. Kohlenhydrate miterfaßt werden können, so daß ein erhöhter I-Geh. vorgetäuscht wird, gegeben. (Ber. Inst. Tabakforsch. Dresden **5.** 382—91. 1958.) M. WINIKER. 7734

P. B. Crean, H. L. A. Tarr und **R. B. Barker,** *Verhütung des bakteriellen „Post mortem"-Verderbs von Walen mit Chlortetracyclin.* Bericht über orientierende Verss., deren Ergebnissen zufolge *Chlortetracyclin* zur Verhütung des bakteriellen „Post-mortem"-Verderbs von Walen geeignet erscheint. (Norsk Hvalfangst-Tid. **45.** 563—69. Okt. 1956. Vancouver, B. C., Technol. Stat.) M. WINIKER. 7750

Raeto Raselli, *Der Einfluß katarrhalischer Euterkrankheiten auf die Labfähigkeit der Milch.* Bei 80 Kühen mit katarrhal. Mastitis wurden Anfangs- u. Gesamtgemelke auf Art (Streptokokken-, Staphylokokken- u. Colimastitis sowie Euterkatarrhe) u. Grad der Erkrankung sowie auf Labfähigkeit untersucht. Hierbei wurden im wesentlichen folgende Befunde erhoben: In 86,3% der Fälle hatte eine durch Mastitis bedingte Milchveränderung eine Veränderung der Labfähigkeit zur Folge. Der Grad derselben ging im Durchschnitt der Proben (nicht aber bei den Einzelproben) mit dem Grad der Milchveränderungen (ermittelt durch Best. des Sediments, Thybromol-Katalase-Probe, WHITESIDE-Test) parallel. Zwischen p_H u. Labfähigkeit bestand eine direkte Beziehung. Ein Zusammenhang zwischen Labfähigkeit u. Art der Euterinfektion konnte nicht festgestellt werden. (Landwirtsch. Jb. Schweiz **72.** ([N. F.] **7.**) 727—45. 1958. Liebefeld-Bern, Eidg. Milchwirtschaftl. Versuchsanstalt.) M. WINIKER. 7756

Raffaele Tentoni, *Die Uperisation der Milch.* 1. Mitt. *Experimentelle Untersuchungen an uperisierter Milch und an in Behälter abgefüllter uperisierter Milch.* Vf. berichtet über Verss. zur Uperisation von Milch, deren Ergebnissen zufolge mit dieser Meth. eine Sterilisierung der Milch möglich ist. (Giorn. Batteriol. Immunol. **47.** 264—79. Jan.-Febr. 1955. Turin, Univ., Ist. d'Igiene e Microbiol.) M. WINIKER. 7756

H. Lagoni und **D. Merten,** *Über Denaturierungsvorgänge beim Gefrieren von Milch und Rahm und deren Ursachen.* Die bei der Gefrierlagerung von Rahm auftretenden Entmischungserscheinungen werden von Vff. auf physikal.-chem. u. koll.-chem. Gegebenheiten zurückgeführt. Die mit dem Gefrierprozeß verbundene Dampfdruckerniedrigung bewirkt eine Entquellung der Kolloide, die dadurch z. T. irreversibel denaturiert werden, woraus eine Destabilisierung des ganzen Syst. resultiert. — 8 Literaturhinweise. (Kieler milchwirtsch. Forschungsber. **11.** 141—44. 1959. Kiel, Bundesforschungsanst. für Milchwirtsch., Physikal. Inst.) M. WINIKER. 7756

Maurice Beau, *Untersuchungen an Casein.* Vf. faßt zunächst die wesentlichsten Ergebnisse der Arbeiten von NITSCHMANN (C. **1950.** I. 1423), BAUD, MORARD u. PERNOUX (C. **1953.** 3969) u. bes. HOSTETTLER u. IMHOF (C. **1953.** 145) zusammen: Ziegenmilch hat größere *Casein* (I)-Partikelchen u. einen höheren Ca- u. P-Geh. als Kuhmilch u. koaguliert schneller als diese. Mit der Teilchengröße u. dem damit pro-

portional ansteigenden Ca- u. P-Geh. wächst auch die Fähigkeit des Labs, schneller u. intensiver einzuwirken. Pasteurisation verändert die Micellen nicht. Schütteln der Milch hat keinen Einfl. auf die Koagulation. Als Folge des Schütteln beobachtete Qualitätsminderung der Milch (Transport) hat mikrobielle Ursachen (14 elektronenopt. Aufnahmen). Sodann zieht Vf. aus weiteren Literaturangaben folgende Schlüsse: Ca ist an I als Ca-Caseinat gebunden, dessen Ca-Geh. bei einem p_H von 6,5—6,6 1,66% beträgt. Phosphorsäure liegt vorwiegend an Serin gebunden bzw. als Ca-Phosphat vor. Bei HCl-Zugabe zur Milch können eintreten: $CaCl_2$-Bldg., der zufolge das decalcifizierte I ausfällt sowie Salzbldg. mit den NH_2-Gruppen des I, die vorher andere Bindungen hatten. Es wird erwogen, ob nicht α-, β- u. γ-I die gleichen Stoffe sein könnten. Die Forderung nach Verss. mit gemäßigten Bedingungen wird erhoben, die I nicht so tiefgreifend verändern wie HCl. (Lait **35.** 1—13. Jan./Febr. 258—72. Mai/Juni 1955.)
F. GÜNTHER. 7756

K. Kumetat und **R. Beeby,** *Modifizierte Milchproteine.* Nach einer krit. Literaturübersicht zur Frage der Modifizierung von Milchproteinen wird die Herst. eines mittels $Ca(OH)_2$ modifizierten Milchpulvers sowie eines mittels Na-Hexametaphosphats modifizierten Milchpulvers eingehend beschrieben. Für die Anwendungsmöglichkeiten dieser Milchpulver (Erzeugung zucker- bzw. mehlhaltiger Schäume) wurden Rahmenrezepte gegeben. — 42 Literaturhinweise. (Milchwissenschaft **12.** 9—12. Jan. 42—46. Febr. 84—89. März 1957. Melbourne, C. S. I. R. O., Dairy Res. Sect.) M. WINIKER. 7756

G. Génin, *Die Gewinnung von Molkenpulver aus Käsereimolke.* Allg. Ausführungen zur Gewinnung von Molkenpulver mittels Walzentrocknung. (Lait **35.** 382—87. Juli/Aug. 1955.) M. WINIKER. 7760

W. Baden, *Der Mineralstoffgehalt im Futter von Wiesen und Weiden auf Hochmoorkulturen und hochmoorartigen Sandmischkulturen.* Es wird der Nachw. geführt, daß Futter von Wiesen u. Weiden auf Hochmoorkulturen u. hochmoorartigen Sandmischkulturen bei ganz n. Düngung in verhältnismäßig niedrigen p_H-Bereichen (4,4—2,7) an Mineralstoffen (CaO, P_2O_5, K_2O) bes. reich ist. (Z. Acker- u. Pflanzenbau **108.** 31—61. März 1959. Bremen, Staatl. Moorversuchsstat.) M. WINIKER. 7782

M. Kirchgessner, *Der Einfluß der botanischen Zusammensetzung, Erntezeit und -art auf den Mengen- und Spurenelementgehalt des Wiesenheues.* Unterss. an 36 typ. Gold- u. Glatthaferwiesen verschied. Bodentypen führten im wesentlichen zu folgenden Ergebnissen: Mit zunehmendem Anteil an Gramineen sinkt der Geh. des Wiesenheues an Ca, Mg u. N-freien Extraktstoffen, außerdem nehmen Erd- u. Gesamtalkalität ab, während der Geh. an Na u. Rohfaser ansteigt. Der Geh. an Co sinkt mit höherem Gräseranteil, während der Geh. an Si zunimmt. Was die Elemente P, S, Cl, K, Fe, Mn, Al, Zn, Mo, Cu, Ni, F, J, B u. Cr betrifft, so konnten keine Beziehungen zur botan. Zus. gefunden werden. Von den Schnittzeiten unbeeinflußt blieben die Gehh. an K, Na, Fe, Mn, Al, Zn, Ni, Co, F, J u. Cr, während die Gehh. an Si u. Ca mit fortschreitendem Wachstum zunahmen u. die Gehh. an P, S, Cu, Mo u. B abfielen. Bei Trocknung auf Schwedenreutern waren die Verluste an Makro- u. Mikronährstoffen geringer als bei Bodentrocknung. Namentlich bei Mo, Cu, J u. B können durch Bodentrocknung merkliche Verluste eintreten. (Z. Tierernähr. Futtermittelkunde **12.** 304—14. Okt. 1957. Stuttgart-Hohenheim, Landwirtsch. Hochsch., Inst. für Tierernährungslehre.)
M. WINIKER. 7782

Paul R. Henson, *Die Lespedeza-Arten.* Zusammenfassender Überblick über Arten, Anbau u. Nutzung dieser wichtigen Futterpflanzen in den USA. — 128 Literaturhinweise. (Advances agronomy **9.** 113—57. 1957. Beltsville, Md., US Dep. of Agricult., Agricult. Res. Serv.) M. WINIKER. 7782

W. Wöhlbier, M. Kirschgessner und **W. Oelschläger,** *Der Gehalt an Mengen- und Spurenelementen in verschiedenen Kartoffel- und Rübensorten.* Bei mehreren Kartoffel- u. Rübensorten wurde der Geh. an *Si, P, Ca, Mg, K, Na, Cl, S* sowie an *Fe, Mn, Al, Zn, Cu, F, B, Ni, Co, Cr, J, Pb, Mo* u. *As* bestimmt. (Z. Tierernähr. Futtermittelkunde **12.** 259—62. Okt. 1957. Stuttgart-Hohenheim, Inst. für Tierernährungslehre.)
M. WINIKER. 7782

E. Anders und **R. Heckel,** *Über die Glasigkeit von Weizen. Bestimmung und Beziehungen zu Korneigenschaften.* Von der zu untersuchenden Probe werden 100 Körner auf eine von unten beleuchtete Glasplatte gelegt. Glasige Körner sind hell u. durchscheinend, mehlige erscheinen dunkel u. lassen kein Licht durch. Teilglasige Körner weisen helle u. dunkle Ränder bzw. Flecke auf. Die Glasigkeit steht nicht nur in enger Beziehung zum technolog. Verh. des Weizens bei der Vermahlung, sondern sie gestattet auch gewisse Rückschlüsse auf Proteingeh. bzw. Klebermenge. (Getreidemühle **3.** 31—33. Febr. 1959. Potsdam-Rehbrücke, Inst. für Ernähr.) M. WINIKER. 7796

E. Hess, *Eichfähige Meßgeräte zur Bestimmung des Feuchtigkeitsgehaltes von Getreide.* Kurze Beschreibung von 12 in Deutschland hergestellten Geräten. — Abbildungen. (Müllerei **12.** 265—68. 9/5. 1959. Braunschweig.) M. WINIKER. 7796

Sigmund Schwimmer, C. E. Hendel, W. O. Harrington und **R. L Olson,** *Beziehungen zwischen Bestimmungen der Bräunung verarbeiteter Kartoffeln und ihres Gehalts an Zuckern.* Vff. berichten über Verss. zur Erarbeitung einer objektiven Meth. zur Vorhersage der Braunverfärbung von Trockenkartoffeln bei der Lagerung bzw. Verarbeitung zu Chips. Sie konnten feststellen, daß eine gewisse Beziehung zwischen dem Geh. der rohen Kartoffeln an reduzierenden Zuckern bzw. an Glucose u. der Braunverfärbung von Chips bestand. Diese Beziehung war weniger ausgeprägt für die im Verlauf der Lagerung von Trockenkartoffelscheiben auftretende Verfärbung. Weiter konnten Vff. eine Beziehung zwischen dem Geh. der rohen Kartoffeln an Gesamtzuckern bzw. an Fructose- u. der Braunverfärbung sowohl der Chips als auch der Trockenkartoffelscheiben nachweisen. In keinem Falle waren jedoch die Zusammenhänge statist. so gesichert, daß hierauf eine objektive Meth. zur Vorhersage der Braunverfärbung begründet werden könnte. — 21 Literaturhinweise. (Amer. Potato J. **34.** 119—32. Mai 1957. Albany, Calif., US Dep. of Agricult., Agricult. Res. Serv., Western Utilizat. Res. Branch.) M. WINIKER. 7802

W. Büchi, F. Ullmann und **H. Pfenninger,** *Zur Bestimmung von Glucose und Fructose in Kernobstsäften.* Vff. stellten fest, daß die von TING (C. **1958.** 13926) für die Best. von Glucose u. Fructose in Citrussäften vorgeschlagene photometr. Meth. sich unter geringfügiger Modifikation u. in Kombination mit der komplexometr. Meth. von POTTERAT u. ESCHMANN (C. **1956.** 8773) für die serienmäßige Unters. von Kernobstsäften eignet. — Genaue Arbeitsvorschrift. (Fruchtsaft-Ind. **4.** 46—52. April 1959. Zug, Schweiz. Obstverband, Labor.) M. WINIKER. 7818

Frank Günther, *Schnellbestimmung der Menge des in Citrussäften suspendierten Fruchtfleisches in der Betriebspraxis.* Es wird eine Möglichkeit zur raschen, bequemen u. reproduzierbaren Best. des Fruchtfleischanteils von Citrussäften im Zentrifugalfeld beschrieben. (Fruchtsaft-Ind. **4.** 43—45. April 1959. Hamburg-Harburg, Frisco-GmbH., Chem. Labor.) M. WINIKER. 7818

J. K. Roy und **S. N. Mitra,** *Feststellung der Auslaugung von Tee durch Messung der elektrischen Leitfähigkeit.* Zum Nachw. etwaiger Verfälschungen von Tee (**a**) durch Beimischung von bereits extrahiertem **a** wird eine Meth. beschrieben, die auf der Messung der elektr. Leitfähigkeit des Aufgusses beruht. (J. Indian chem. Soc., ind. News Edit. **18.** 50—54. 1955. Calcutta, West Bengal Public Health Labor.) M. WINIKER. 7830

S. N. Mitra und **J. K. Roy,** *Eine neue colorimetrische Methode zur Bestimmung von Lactose in Milch.* Es wird eine Meth. zur colorimetr. Best. von *Lactose* (**I**) in Milch beschrieben, deren Prinzip auf der Red. von Fe^{3+} durch **I** in alkal. Medium beim Erhitzen beruht. (J. Indian chem. Soc., ind. News Edit. **18.** 34—38. 1955. Calcutta, West Bengal Public Health Labor.) M. WINIKER. 7856

Schwarz Laboratories, Inc., New York, übert. von: **Bernard W. Town,** Mount Vernon, N. Y., V. St. A., *Anreichern von Nahrungsmitteln mit Aminosäurederivaten* (**I**), die kein Braunwerden (MAILLARDsche Rk.) verursachen. Die **I** bestehen aus dem Reaktionsprod. einer α-Aminosäure, bes. Leucin, Isoleucin, Lysin, Valin, Methionin oder Phenylalanin, u. einer gesätt. oder ungesätt. Fettsäure mit 10—24 C-Atomen, z. B. αN.εN-Dipalmityllysin, das in einem Öl, z. B. Maisöl, gelöst ist. (**A. P. 2 850 387** vom 27/1. 1955, ausg. 2/9. 1958.) W. KRANZ. 7643

C. H. Knorr Akt.-Ges., Heilbronn, *Verfahren zum Entfernen von überschüssiger Salzsäure bei der Eiweißhydrolyse* nach D. A. S. 1 031 621, dad. gek., daß das Entfernen mittels Durchleiten eines inerten Gases oder Gasgemisches durch die Hydrolyse-Fl. unter vermindertem Druck in dem Hydrolysiergefäß erfolgt. Ein Teil des abgeführten Gases kann nach Bedarf zurückgeführt werden. (**D. A. S. 1 057 435** Kl. 53i vom 12/11. 1956, veröff. 14/5. 1959. **Zusatz zu D. A. S. 1 031 621; C. 1959. 2645.**) W. KRANZ. 7647

Hans-Adalbert Schweigart, Hannover-Kirchrode, *Haltbarmachen von Samenkernen,* die ungesätt. Fettsäuren enthalten. Die ganzen oder zerkleinerten Samen, z. B. von Nüssen, Leinsamen oder Sonnenblumenkernen, werden mit einem Schutzfilm einer geschmolzenen, wasserfreien Emulsion aus eßbarem Hartfett u. Zucker (im Verhältnis von ca. 1 : 6 bis 1 : 7) durch Eintauchen oder Übersprühen überzogen. Der Überzugsmasse können noch Nährstoffe u. Spurenelemente zugesetzt werden. (**D. A. S. 1 057 430** Kl. 53f vom 3/12. 1957, veröff. 14/5. 1959.) W. KRANZ. 7689

Chas. Pfizer & Co., Inc., Brooklyn, übert. von: **Robert E. Kent,** Waterford, Conn., und **Elwin H. Peterson,** Terre Haute, Ind., V. St. A., *Wachstumsförderndes Tierfutter-*

mittel, bes. für Geflügel, Schweine u. Hunde, enthaltend 0,001—0,1 (%) eines Tetracyclins (Tetracyclin, Oxy- oder Chlortetracyclin), 0,05—2,0 Terephthalsäure u. daneben Futtermittel, wie 50—80 Körner, 3—10 tier., 5—30 pflanzliches Eiweiß, 2—4 Mineralstoffe, Vitamine. (**A. P. 2 855 340** vom 4/3. 1957, ausg. 7/10. 1958.) K. KOEBKE. 7787

XVII. Fette. Seifen. Wasch- u. Reinigungsmittel. Wachse. Bohnermassen usw.

S. P. Pathak und **V. N. Ojha**, *Die konstituierenden Glyceride von Muskatbutter (Myristica fragans)*. Die zerkleinerten Samen werden erschöpfend mit Aceton extrahiert u. der Abdampfrückstand dieses Auszugs mit PAe. (Kp. 40—60°) behandelt. Das gewonnene Fett [JZ. (HANUS) 20,3; SZ. 0,3] wird bei 10° aus Aceton fraktioniert umkrist.; diese Fraktion wird anschließend bei 25° nochmals aus Ae. fraktioniert krist. u. liefert 2 Fraktionen von Glyceriden neben der Fraktion der prim. in der Acetonlsg. hinterbleibenden Glyceride. Nach den üblichen Methoden der Fettchemie (fraktionierte Dest. der Methylester) werden die konstituierenden Fettsäuren nach Art u. Menge bestimmt: Dodecan- (0,4%), Tetradecan- (71,8%), Hexadecan- (14,3%), Octadecan- (1,2%), Tetradecen- (0,8%), Hexadecen- (4,8%), Octadecen- (5,2%), Octadecadiensäure (1,5%). Die rechner. Auswertung nach HILDITCH (Chemical Constitution of Natural Fats, S. 235 u. 505, London, 1949) führt zu folgender Zus. der konstituierenden Glyceride: Dreifach gesätt. Vertreter 71,3%, einfach ungesätt./zweifach gesätt. Vertreter 20,5%, zweifach ungesätt./einfach gesätt. Vertreter 8,2%. (J. Sci. Food Agric. **8**. 537—40. Sept. 1957. Varanasi, Indien, Banaras Hindu Univ., Dep. of Ind. Chem.) K. TÄUFEL. 7894

Kazuhito Kusano, *Volumen von Mischungen fetter Öle mit verschiedenen Lösungsmitteln*. Es werden die Volumina von Mischungen aus gereinigtem Sojabohnenöl mit verschied. organ. Lösungsmitteln gemessen. (J. Oil Chemists' Soc. Japan **7**. 400—06. Nov. 1958. Miyazaki, Univ. [Orig.: japan.]) E. MAEKAWA. 7894

Kazuhito Kusano, *Mischungswärme von fetten Ölen mit verschiedenen Lösungsmitteln*. (Vgl. vorst. Ref.) Es wird die Mischungswärme des gereinigten Sojabohnenöls mit verschied. Lösungsmitteln gemessen. (J. Oil Chemists' Soc. Japan **7**. 406—14. Nov. 1958. [Orig.: japan.]) E. MAEKAWA. 7894

Kurt Mäder, *Ozon als Oxydationsmittel bei der Seifenherstellung*. Ozon hat sich bei der Aufbereitung von Fetten u. Ölen als zweckmäßiges Bleichmittel u. als Geruchsverbesserer erwiesen. Es werden die techn. Möglichkeiten der Ozonisierung der Fette sowie eine App. beschrieben, in welcher das Ozon aus der durchströmenden Luft durch elektr. Entladung gebildet wird. (Seifen-Öle-Fette-Wachse **82**. 684—85. 7/11. 1956. Duisburg.) K. SEIFERT. 7910

Ch. Rosenthal, *Die neuzeitliche Verwendung von Metallseifen*. Die wasserunlösl. Salze der Stearin-, Palmitin-, Laurin- u. Ölsäure, die unter dem Sammelbegriff *Metallseifen* zusammengefaßt werden, haben wegen ihrer Gleitwrkg., ihrer wasserabstoßenden u. suspensions- oder emulsionsstabilisierenden Wrkg. vielfache Anwendungsmöglichkeiten, die im einzelnen besprochen werden, gefunden. (Fette, Seifen, Anstrichmittel **60**. 267—69. April 1958. München.) H. P. FIEDLER. 7910

Hans Schwarz, *Händereinigungsmittel*. Die zur Herst. dieser Spezialpräpp. benutzten Rohstoffe (Seifen, Sand, Quarz, Kieselgele, Glycerin, Casein, Alginate, Schleimdrogen, Carbonate, Vaselinöl, Siliconöle u. a.) werden hinsichtlich ihrer besonderen Verwendung beschrieben. (Seifen-Öle-Fette-Wachse **82**. 692—93. 7/11. 1956; Riechstoffe u. Aromen **7**. 267—68. Sept. 1957. München.) K. SEIFERT. 7912

R. Matalon, *Grenzflächenreaktionen und Emulgierung*. Grenzflächen-Rkk. gehorchen stöchiometr. Gesetzen, wobei das oberflächenaktivste Syst. immer in einem äquimol. Verhältnis zu den oberflächenakt. Bestandteilen steht. — Die Wirkungsweise eines Emulgators besteht in der Erniedrigung der Oberflächenspannung u. des Wertes der Oberflächenenergie, wobei dieser entsprechend seinen affinitätsspezif. Gruppen sich in die Grenzschicht einlagert u. infolge der Bldg. von Komplexen den Charakter der Grenzschichten grundlegend verändert. — Durch Messung des Oberflächendruckes mittels LANGMUIRscher Waage u. Messung der Extension einer monomol. Schicht als Funktion der Zeit an dem Syst. Cholesterin–Cetylsulfat wird gezeigt, daß die Extension zu Beginn nicht linear, sondern sehr schnell ansteigt u. nach einem bestimmten Zeitpunkt linear verläuft. Die Messung der Erniedrigung der Grenzflächenspannung des gleichen Syst. als Funktion der Konz. führt gleichfalls zu dem Schluß, daß die stabilste Emulsion bei einem äquimol. Verhältnis der an den grenzflächenakt. Rkk. beteiligten Komponenten gebildet wird. — 15 Literaturangaben, graph. Darstellung. (Ind. Parfum. Cosmét. **12**. 239—42. Juli 1957.) H. SPOHN. 7912

Jay C. Harris, *Über die suspendierende Wirkungsweise von Waschmitteln in Gegenwart des Substrates*. Ausführliche Darst. an Hand der Literatur (77 Zitate) u. eigener

Verss. über die suspendierenden Eigg. von Netz-, Wasch- u. schmutztragenden Prodd. in Ggw. des Fasermaterials (Eiweißfasern, Cellulosefasern u. Polyamidfasern). In diesem Zusammenhang wird darauf hingewiesen, daß mechan., chem. u. elektrostat. Kräfte den Schmutz als auch das Fasermaterial beeinflussen. Weitere Faktoren, die den Reinigungsablauf beeinflussen, sind Teilchengröße u. Polarität des Schmutzes. Im übrigen sind die Wechsel-Wrkgg. zwischen Schmutz, Faser u. Reinigungsflotte derart komplex, daß es immer noch nicht möglich ist, eine alle Rkk. erklärende Theorie aufzustellen. — 9 Figuren, 10 Tabellen. (Textile Res. J. **29.** 99—118. Febr. 1959. Dayton, Ohio, Monsanto Chem. Co., Res. Dep.) H. G. FRÖHLICH. 7912

U. Svör, *Optische Aufheller in der Chemischreinigung.* Allg. Hinweise. (Färber-Ztg. **12.** Nr. 2. 51—52. Febr. 1959.) P. ECKERT. 7914

Ranchers Cotton Oil, übert. von: **George C. Cavanagh,** Fresno, Calif., V. St. A., *Raffination fetter Öle.* Der Waschprozeß von in der Micellaphase alkaliraffinierten Ölen erfolgt mit W, das mit einer Säure, z. B. H_2SO_4, Citronen- oder Oxalsäure, bis zu einer H-Ionenkonz. von 0,01—0,33 angesäuert ist. (**A. P. 2 824 885** vom 3/1. 1955, ausg. 25/2. 1958.) C. LÜTTGEN. 7875

Harry Sobotka, übert. von: **Kurt G. Stern,** New York, N. Y., V. St. A., *Entfärben von grünem Sojaöl,* dad. gek., daß man das Öl zunächst mit Holzkohle auf ca. 85° erhitzt, filtriert u. nach eventuellem Verdünnen, z. B. mit Hexan, mit Mono- u./oder Disacchariden, z. B. Puderzucker, behandelt. (**A. P. 2 842 577** vom 5/8. 1954, ausg. 8/7. 1958.) C. LÜTTGEN. 7895

Henkel & Cie. G. m. b. H. (Erfinder: **Helmut Hartmann** und **Werner Stein**), Düsseldorf, *Trennen von Fettsäuregemischen* in Bestandteile von verschied. F. durch Herst. einer Dispersion voneinander getrennter fl. u. fester Fettsäuregemische (I) in einer wss. Netzmittellsg. (**II**) u. Trennen dieser Dispersion in fl. u. feste Fettsäuren nach bekannten Verff., dad. gek., daß man die **I** zuerst in einer **II** mit erhöhter Netzmittelkonz. dispergiert u. die Dispersion dann verdünnt. (**D. B. P. 970 292** Kl. **23**d vom 2/8. **1953,** ausg. 4/9. 1958. Anmeldung bekanntgemacht 5/7. 1956.) C. LÜTTGEN. 7909

Thomas Hedley & Co. Ltd., Newcastle, England, *Mischseife in Stückform,* bestehend aus Seife u. einem waschakt. Sulfonat oder Sulfat, gek. durch den Zusatz von 15—70% einer gelatinierten, nicht wachsartigen, nicht mehr anisotrop. Stärke, z. B. oxydierter Stärke. — Zeichnung. (**E. P. 796 627** vom 5/9. 1956, ausg. 18/6. 1958. A. Prior. 8/9. 1955.) C. LÜTTGEN. 7911

Chemische Fabrik Düren G. m. b. H., Düren (Erfinder: **Richard Huttenlocher,** Lendersdorf, und **Werner Kaufmann,** Düsseldorf), *Waschmittel,* gek. durch den Zusatz von Harnstoffaddukten (I) von Alkylolamiden höherer Fettsäuren, z. B. von **I** aus 4 (Teilen) Harnstoff u. 1 Laurinsäure-, Myristinsäure-, Palmitinsäure-, Stearinsäure- oder Ölsäureäthanolamid oder -propanolamid. (**D. A. S. 1 040 730** Kl. **23**e vom 21/12. 1955, veröff. 9/10. 1958.) C. LÜTTGEN. 7913

Chemische Fabrik Pfersee G. m. b. H., Augsburg, *Herstellung von konzentrierten wässerigen Emulsionen* von Wachsen, Fetten, Ölen u. ähnlichen wasserunlösl. Stoffen. Diese Stoffe werden in einer heißen Lsg. eines bas. Zr-Salzes emulgiert. — Die Lsg. des bas. Zr-Salzes enthält bei p_H 2,5—5,5 je Mol ZrO_2 0—0,3 Äquivalente einer starken Mineralsäure, z. B. HCl, u. 2,0—0,5 Äquivalente einer niedrigen organ. Säure, z. B. Essigsäure, insgesamt jedoch nicht weniger als 0,5 Äquivalente u. nicht mehr als 2,0 Äquivalente Säure. — 120 (Gewichtsteile) Zr-Oxychlorid werden in 300 W. aufgelöst u. krist. Na-Acetat bis p_H 4,25 eingerührt. Bei 70° werden 180 Gewichtsteile geschmolzenes Paraffin eingerührt, worauf homogenisiert u. kaltgerührt wird. — Vgl. D. B. P. 966 986; C. **1959.** 8384. (**Oe. P. 195 896** vom 22/8. 1956, ausg. 25/2. 1958.) M. F. MÜLLER. 7925

Ruhrchemie Akt.-Ges. (Erfinder: **Helmut Kolling,** Duisburg, und **Friedrich Rappen**), Oberhausen, *Gewinnung von zur Herstellung von Selbstglanzemulsionen geeigneten, teilweise verseiften Wachssäure* (**I**)*–Paraffin* (**II**)*-Gemischen* durch Chlorierung von **II**-KW-stoffen mit >30 C-Atomen, bes. einer mittleren C-Zahl von 40—50, bes. von Hart-**II** aus der katalyt. CO-Red., wobei je Mol KW-stoff 1,5—4, bes. 1,7—2,2 g-Atome Cl angelagert werden, durch Dehydrochlorierung der erhaltenen Cl-**II**, katalyt. Wassergasanlagerung an die dabei entstehenden Olefine, anschließende Red. der erhaltenen Aldehyde zu Alkoholen, Alkalischmelze u. 20—80%ig., bes. 30—50%ig., Verseifung der erhaltenen Carbonsäuregemische mit Alkalihydroxyd oder -carbonat, dad. gek., daß man vor der Verseifung eine teilweise Veresterung der **I** mit einem Glykol vornimmt. (**D. A. S. 1 047 191** Kl. 12o vom 26/7. 1955, veröff. 24/12. 1958.)

O. MÜLLER-MEININGEN. 7927

K. Je. Leontjewski, Die Gewinnung von Pflanzenölen. Moskau: Pischtschepromisdat. 1956. 11 Rbl. 15 Kop. [russ.]

XVIIIa. Holz. Cellulose. Zellstoff. Papier. Papierdruck. Celluloid. Linoleum.

C. Hartley, *Mikrobiologischer Fortschrittsbericht. Biologische Faktoren, die die Wirkung der Holzschutzmittel gegen Vermoderung beeinflussen.* An Hand von Forschungsarbeiten der letzten Jahre (37 Zitate) wird aufgezeigt, daß die Eindringtiefe u. Wirksamkeit der Schutzmittel gegen Vermoderung von den anwesenden Pilzen abhängig ist. Dazu kommt noch eine verschieden starke Entgiftung der Schutzmittel durch die Pilze u. Bakterien selbst. Weiterhin wird darauf hingewiesen, daß sich der Einsatz der Holzschutzmittel nach den anwesenden Pilzen u. Bakterien richten muß. (Appl. Microbiol. **6.** 207—11. Mai 1958. Beltsville, Md., US Dep. of Agricult., Div. of Forest Disease Res. Forest Serv.) H. G. FRÖHLICH. 7952

Andrew Beélik und **J. Kelvin Hamilton,** *Eine Untersuchung des wasserlöslichen Anteils ultraviolettbestrahlter Zellstoffe.* Ein hochveredelter Zellstoff wurde, in Ggw. von Luft, mit UV-Licht von 2200—4000 Å bestrahlt. Die bestrahlten Blätter, die beträchtlichen Abbau in ihren oberflächlichen Schichten aufwiesen, wurden mit W. eluiert. Ein saures p_H, die Ultrarotspektren u. Titrationen vor u. nach Dest. zeigten, daß sich flüchtige u. nichtflüchtige Säuren gebildet hatten. Die neutrale Fraktion, 60% des gesamten wasserlösl. Anteils, wurde gründlich nach papierchromatograph. Methoden untersucht. Die folgenden Zucker wurden isoliert u. identifiziert: Xylose, Xylobiose, -triose, -tetraose u. -pentaose; D-Glucose, Cellobiose u. -triose; D-Arabinose, 3-β-D-Glucosido-D-arabinose u. 3-β-Cellobiosido-D-arabinose; Mannose. Das Vork. von D-Arabinose wies auf die photolyt. Sprengung der Bindung zwischen C_1 u. C_2 der Glucoseeinheiten der Cellulose hin. Die neutrale Fraktion wurde hydrolysiert. 50% des Hydrolysates bestanden aus Zuckern in folgendem Verhältnis: 9 Glucose : **3** Mannose : 1 Arabinose : **4** Xylose. Dieses Verhältnis deutet an, daß Oligosaccharide mit reduzierenden Glucoseendgruppen u. solchen mit reduzierenden Arabinoseendgruppen in ungefähr gleichen Mengen gebildet wurden. Diese Beobachtungen begünstigen die noch unbewiesene Hypothese des Acetalchromophors in der Cellulose. (Papier **13.** 77—85. 5/3. 1959. Shelton, Wash., Olympic Res. Div., Rayonier, Inc.) P. ECKERT. 7954

Saburo Ishikawa und **Yutaka Okawa,** *Untersuchungen über die Filtrierbarkeit von Celluloseacetatlösungen.* 1. Mitt. *Allgemeines Filtrationsverhalten von Celluloseacetatlösungen.* Es wird das allg. Filtrationsverh. von Celluloseacetat-Lsgg. bei Filtration unter konstantem Druck bei verschied. Filtermaterialien diskutiert, um einen Filtrierungstest zu erhalten, der geeignet ist, das Auflösungsvermögen solcher Lsgg. zu bestimmen. (J. Soc. Textile Cellulose Ind., Japan [Sen-i Gakkaishi] **12.** 553—57. Aug. 1956. [Orig.: japan.; Auszug: engl.]) H. STEFFENS. 7970

James J. Spadaro, Hermann J. Janssen, Henry L. E. Vix und **Francis L. Simons,** *Chemisch modifizierte Linters für die Papierherstellung.* Es wurde der Einfl. von chem. abgewandelten Linters auf die Eignung dieser Stoffe zur Papierherst. untersucht. Die durch die Behandlung von Linters mit Acrylnitril bewirkte Cyanäthylierung erbrachte keine große Verbesserung der Papiereigenschaften. Durch die Behandlung mit Äthylenoxyd hingegen wurde die Falzzahl der aus diesen Linters hergestellten Papiere gegenüber unbehandelten Fasern unter Beachtung von Mahlgrad u. Mahldauer stark erhöht. (Tappi **41.** 674—79. Nov. 1958. New Orleans, La., US Dep. of Agricult.) H. MEYER. 7974

E. K. Thommen und **V. Stannett,** *Über die Zugabe von Latex zum Papierstoff und die Eigenschaften der daraus hergestellten Papiere.* Unter standardisierten Herstellungs- u. Prüfbedingungen wurden Papiere untersucht, die unter Zugabe von verschied. Latices (**I**) hergestellt wurden. Die Zugfestigkeit u. die Dehnung dieser Papiere wurde in Abhängigkeit von der Teilchengröße, der Menge der Emulgatoren u. der Art der **I** geprüft. Während die Teilchengröße nur geringen Einfl. auf die Papiereigg. hat, können sie durch die Art u. Menge der Emulgierungsmittel stark beeinflußt werden. Durch Weichmacher werden die Festigkeiten allg. herabgesetzt. Erst nach einer Wärmebehandlung erreichen die mit **I** behandelten Papiere ihre höchsten Festigkeiten. (Tappi **41.** 692—95. Nov. 1958. Syracuse, N. Y., Univ. Coll. of Forestry.) H. MEYER. 7978

J. L. Hanchette und **R. H. Beaumont,** *Bestimmung der Art der Schädigung bei Papiermaschinenfilzen.* Die Meth. von BURTE zur Feststellung chem. Veränderungen von Wolle wurde von Vff. zur Best. der Schädigungen von Papiermaschinenfilzen unter verschied. Arbeitsbedingungen abgewandelt. Bei dem Verf. werden die Fasereigg. in nassem u. trocknem Zustand miteinander verglichen. Bes. für den bakteriellen Filzabbau scheint das Verf. geeignet, da bei diesem das Verhältnis der Naß- zur Trockenfestigkeit erhöht wird. (Tappi **42.** 59—61. Jan. 1959. Rensselaer, N. Y., Huyck Felt Co.) F. LANG. 7980

V. F. Mattson und **J. R. Leighton,** *Fortschrittsbericht über eine Untersuchung der grundlegenden Faktoren, welche die Viscosität von Überzugsfarben bestimmen.* Vff. konnten nachweisen, daß die z. T. beträchtlichen Scherviscositäten von Stärke–Ton–Pigment-Streichmassen mit hohen Gehh. an Füllstoffen durch die von ROBINSON entwickelte Viscositätsgleichung erfaßt werden. Die Viscosität von Streichmassen wird durch die Viscosität der angewandten Stärke, durch Volumenkontraktion u. Sedimentvol. des Pigments u. durch eine für das jeweils vorliegende Streichmassensyst. charakterist. Konstante bestimmt. Es folgt eine Diskussion der Anwendbarkeit dieser Gleichung auf Probleme der Streichpraxis. (Tappi **42.** 1—5. Jan. 1959. Rumford, Me., Oxford Paper Co.) F. LANG. 7982

J. A. Harpham und **Charles W. Hock,** *Die Eigenschaften von Feinpapieren aus Baumwollfasern.* 1. Mitt. *Die Abhängigkeit der Papiereigenschaften von der Faserlängenverteilung.* Zur Unters. der Festigkeiten von Papieren aus den verschied. Baumwollqualitäten wurde die Faserzus. der einzelnen Typen untersucht, wobei charakterist. morpholog. Unterschiede zur Kennzeichnung der Fasern dienten. Bei der Gewinnung der Baumwolle unterscheidet man drei Arten von Fasern, einmal die Kurzfasern, die fester an den Samen sitzen (Linters) u. zwei Arten von längeren Fasern, die bei der ersten Entkörnung der Samenkapseln anfallen. Die Menge der Langfasern dieser drei Faserarten beträgt jeweils über 10, 20 bzw. 30%. Die Festigkeit von Prüfblättern aus diesen drei Faserarten nimmt mit der Länge der längeren Fasern zu. Die Längen- u. Breitenverteilung der Fasern ist bei den Linters ebenso wie bei den eigentlichen Baumwollfasern. (Tappi **41.** 625—29. Nov. 1958. Wilmington, Del., Hercules Powder Co.) H. MEYER. 7984

J. A. Harpham, Albert R. Reid und **Henry W. Turner,** *Die Eigenschaften von Feinpapieren aus Baumwollfasern.* 2. Mitt. *Verbesserung der Eigenschaften von Papieren aus chemisch abgewandelter Baumwolle.* (1. vgl. vorst. Ref.) Durch die chem. Behandlung von Baumwollfasern werden die daraus gefertigten Papiere verbessert. Baumwolle einheitlichen Typs wurde mit Acrylnitril behandelt bzw. unter bestimmten Bedingungen verestert (Methoxy-, Äthoxy-, Propyloxy-). Die Reißfestigkeit, der Berstdruck u. die Falzzahl steigen an. Die Werte sind in Kurven in Abhängigkeit vom Veresterungsgrad angegeben. Verarbeitbarkeit u. Blattbldg. dieser Stoffe wird gegenüber den nichtbehandelten Fasern nicht verändert. (Tappi **41.** 629—31. Nov. 1958.) H. MEYER. 7984

A. F. Knoll, *Bronzedruckfarben-Pigmente.* Die Bronzedruckfarben-Pigmente aus Al, Cu u. Cu–Zn-Legierungen haben wegen ihrer hervorragenden Eigg. für Kunstdruck große Bedeutung. Bei der Rezeptur von Bronzedruckfarben ist auf ein geeignetes Verhältnis Bindemittel zu Pigment, die Druckpapiersorte u. die Anwendung Rücksicht zu nehmen. (Amer. Ink. Maker **33.** Nr. 8. 23—27. 55. Aug. 1955.) E. PREU. 7990

Willem Fock, *Eine modifizierte Methode zur Bestimmung der Reaktivität von Zellstoffen für die Viscoseherstellung.* Die vorgeschlagene Meth. zur Best. des Unlöslichen in Viscose (I) ist den bis jetzt üblichen Methoden, wie Filtrierung u. Zentrifugierung der gelösten Teile, an Genauigkeit u. Schnelligkeit in der Ausführung überlegen. Diese Oxydationsmeth. eignet sich nicht nur zur Best. der ungelösten Celluloseanteile in nach jeder beliebigen Meth. hergestellter **I**, sondern auch für die Best. des Totalgeh. an Cellulose in jeder beliebigen **I**. Die zu oxydierende Probe soll in diesem Falle von der homogenen **I** genommen u. eine Klärung der Viscose vermieden werden. Beim Vgl. mit den konventionellen Methoden z. B. derjenigen, bei der ein aus **I** bereiteter Film gewogen wird, dürfte diese neue Meth. den Vorzug der Einfachheit u. Verläßlichkeit haben, zumal sie auch Einblick in den Einfl. gibt, den der Harzgeh. u. die Struktureigg. der Cellulose auf die Reaktionsfähigkeit der Zellstoffe ausüben. (Papier **13.** 92—95. 5/3. 1959. Falun, Schweden, Zentrallabor. der Stora Kopparbergs Bergslags AB.) P. ECKERT. 8006

Ľudovít Kuniak und **Miroslav Mahdalík,** *Gehalt an Nichtglucosezuckern im Kunstfaserzellstoff.* 2 slovak. Zellstoffe, aus dem Sulfit-1 Stufenverf. (Sl.) wurden mit 2 nord. veredelten (N) verglichen. Mercerisation in 17,5% NaOH, Fällung des gelösten Anteils mit Essigsäure (β-Cellulose, **I**), im Filtrat Fällung mit A. (γ-Cellulose, **II**). Nach totaler Hydrolyse von **I** u. **II** wurden die Zucker chromatographiert: WHATMAN-Papier Nr. 1, Butanol–Essigsäure–W. (5 : 1 : 4), Nachw. mit Anilin–Ae., quantitative Best. photometrisch. Sl. (N) enthielten % a) 89—91 (93—97) α-Cellulose, b) in **I**: 47—54 (77—80) Glucose, 12—14 (9—12) Mannose, 34—38 (11) Xylose; in **II**: 12—13 (13—14), 40—45 (25—30), 43—46 (57—61); c) in Fasern 3,2—3,8 (1,5—2,0) Mannan, 3,8—4,3 (1,5—2,3) Xylan. Da die Primärwand mehr Mannan enthält, erscheint diese bei Sl. weniger beschädigt u. reaktionsträger. (Papir a Celulosa **13.** 243—44. Nov. 1958. Bratislava, Chem. úst. SAV, Lab. dreva, celul. umelých válken.) H. DEMUS. 8006

Ernst Beyer, *Problem der Glättemessung.* Einleitend wird die Bedeutung der Glätte als wichtige Eig. flächiger Materialien für die Erzeugnisse der Pappe u. Papier erzeugenden u. verarbeitenden Industrie, bes. für den Druckprozeß, herausgestellt. Nach

einer präzisen Definition dieser Größe wird die Möglichkeit ihrer meßtechn. Erfassung diskutiert. Anschließend werden die verschied. Geräte u. Verff. zur Glättemessung beschrieben u. hinsichtlich ihrer Brauchbarkeit u. ihrer Grenzen krit. bewertet. Einige Aufnahmen demonstrieren die Meßverff. u. Meßergebnisse. (Papier **13.** 85—92. 5/3. 1959.)
P. ECKERT. 8010

Allgemeine Holzimprägnierung Dr. Wolman G. m. b. H. (Erfinder: **Walter Breipohl** und **Hans Joachim Freiherr von Kruedener**), Sinzheim, Kr. Bühl, *Verhindern der Fäulnis von Holz oder holzhaltigen Körpern*, bes. von Freileitungsmasten, durch Einsetzen von verteilten feuchtigkeitsdurchlässigen Hülsen in Bohrlöchern des Mastes. Die Hülsen bestehen aus Holzschliff u. enthalten ein Schutzmittel in Form eines hochhygroskop. Salzes, das durch einen Stopfen eingeschlossen wird. — 3 Abbildungen. — Vgl. D. A. S. 1 042 879; C. **1959.** 5993. (**D. P.** [**DDR**] **13 944** Kl. 38h vom 13/4. 1955, ausg. 30/10. 1957 [Ausschließungspatent].) M. F. MÜLLER. 7953

Farbenfabriken Bayer Akt.-Ges., Leverkusen (Erfinder: **Wolfgang Lehrenz**, Wuppertal-Elberfeld, und **Gerhard Technau**, Burscheid), *Holzschutzmittel.* Holz wird mit *Aminoarylsulfonamiden*, bes. *4-Aminobenzolsulfonamid*, zur Verhinderung des Befalls durch tier. Holzschädlinge getränkt. Die Wrkg. beruht auf dem Abtöten der aus hefeähnlichen Pilzen bestehenden Symbionten der Schädlinge. (**D. A. S. 1 057 773** Kl. 38h vom 19/2. 1958, veröff. 21/5. 1959.) K. WOLK. 7953

E. I. du Pont de Nemours & Co., übert. von: **James Herbert Werntz**, Wilmington, Del., und **Ray Clyde Houtz**, Barrington, Ill., V. St. A., *Geformte Gebilde aus Cellulose* (**I**) *oder wasserunlöslichen Cellulosederivaten* (**II**), wie *Filme* oder *Fäden.* Man verformt eine wss. Dispersion, die hergestellt ist durch Dispergieren von 1—7, bes. 1—2,5 (Teilen) fein zerteilter **I** oder **II**, wie Acetylcellulose, mit einer durchschnittlichen Teilchengröße von $< 300\ \mu$ im Durchmesser u. einem Polymerisationsgrad von 150—1000, in 19—13 W., das 5—20 (10—15) %, bezogen auf **I**, eines wasserlösl. polymeren filmbildenden Stoffes (**III**) gelöst enthält. Die geformten Gebilde werden dann mit der Lsg. eines solchen Salzes (**IV**) bei 90—150° (105—110°) behandelt, das die **I** oder **II** zu lösen vermag. Diese Behandlung darf nur so lange erfolgen, bis die Dispersion unter Zusammenschließen der I-Teilchen ohne Verlust der ihr gegebenen Form in ein Gel umgewandelt ist. Hierauf wird salzfrei gewaschen. Da die erhaltenen Gebilde im Gelzustand nach dem Auswaschen sehr weich sind, erhöht man zweckmäßig ihre Naßfestigkeit dadurch, daß man die Gebilde vor dem Auswaschen des Salzes kurze Zeit in ein Koagulierbad taucht. Geeignete Bäder bestehen aus wss. Salz-Lsgg., z. B. aus einer 25%ig. Lsg. von NaCl oder $CaCl_2$, einer 35%ig. $MgCl_2$-Lsg., einer 30%ig. Na-Acetatlsg. oder einer 50%ig. wss. Lsg. von Na-Formiat, Glycerin, A. oder Aceton. Man kann die Festigkeit der geformten Gebilde dadurch erhöhen, daß man sie unmittelbar nach ihrer Verformung mit wss. Lsgg. von Elektrolyten oder Nichtelektrolyten behandelt, z. B. $ZnCl_2$, $Al_2(SO_4)_3$, Ca-Rhodanid oder Na-Alginat. Als **III** sind verwendbar: Polyvinylalkohol, Na-Alginat, das Na-Salz aus einem Styrol–Maleinsäureanhydrid-Mischpolymerisat sowie Na-Polyacrylat. Als **IV** dienen Ca-, Li- oder Na-Rhodanid, $ZnCl_2$, Li-, Zn- oder Ca-Bromid. Man kann diese Salze in Lsg. in W. oder Methanol oder Glykol verwenden. (**A. P. 2 829 944** vom 14/11. 1955, ausg. 8/4. 1958.) R. SCHWECHTEN. 7971

Rayonier, Inc., übert. von: **Reid Logan Mitchell, Robert Friedrich Bampton** und **William Hughes Wadman**, Shelton, Wash., V. St. A., *Herstellung von Hydroxyäthoxycellulose* (**I**) mit *Faden-* u. *Film*-bildenden Eigenschaften. Eine Bahn aus Cellulose mit gleichmäßiger Kettenlänge wird zur Alkalisierung kontinuierlich durch wss. NaOH geführt, wobei die NaOH durch sie hindurchgesaugt wird, der Überschuß wird entfernt, u. die Bahn wird dann durch eine Kammer geführt, in der Äthylenoxydgas (**II**) durch sie hindurchgepreßt oder -gesaugt wird. Es werden 2—8%, bes. 3—5%, **II** aufgenommen. **I** ist bei 0° in 5%ig. wss. NaOH vollkommen lösl., in W. hingegen unlöslich. (**A. P. 2 847 411** vom 15/2. 1955, ausg. 12/8. 1958.) K. FABEL. 7971

Forming Machine Co. of America, Inc., Bound Brook (Erfinder: **Alvan Doswell Simpson**, Plainfield), N. J., V. St. A., *Waschen von Papierstoff*, der unter Anwendung von Überdruck in einer Kammer mit poröser Wand aus einer suspendierte Papierfasern u. Ablauge enthaltenden Fl. zum Absetzen gebracht wurde u. dann außerhalb der Fl. weiter einer unter Überdruck stehenden Atmosphäre ausgesetzt wird, dad. gek., daß der Oberfläche der aus der Fl. herausgeführten abgesetzten Schicht in der unter Überdruck stehenden Atmosphäre Wasch-Fl. zugeführt wird. Die abgesetzte Schicht wird zweckmäßig abwechselnd mit Wasch-Fl. behandelt u. gepreßt. — Vorr., Zeichnungen. (**D. A. S. 1 054 826** Kl. 55b vom 15/4. 1954, veröff 9/4. 1959. A. Prior. 21/9. 1953.)
G. VOGEL. 7979

Banque de France, Frankreich, *Herstellung von antiseptischem Papier für Geldscheine,* Buchumschläge in Leihbibliotheken durch Imprägnieren bzw. Leimen mit einer Lsg. von *Salicylsäure* oder ihrer Derivv., bes. des NH_4-Salzes. — Zur Herst. der Leimlsg. stellt man drei Lsgg. her. A: 1000 g Salicylsäure in 250 Liter W.; B: 666 g NH_4OH in 250 Liter W.; C: 60 kg Gelatine in Tafeln in 500 Liter W. (50^0) mit einem Zusatz von 50 cm^3 Formaldehydlösung. A + B wird zu C gegeben. (**F. P. 1 143 827** vom 24/2. 1956, ausg. 4/10. 1957.) M. F. MÜLLER. 7987

Farbenfabriken Bayer Akt.-Ges., Deutschland, *Herstellung von undurchsichtigem weißem Papier* unter Verwendung von SiO_2-Pigmenten, welche bes. durch Fällung von SiO_2 aus Alkalisilicat-Lsgg. mittels Säuren erhalten werden. — Gebleichter Sulfitzellstoff wird gemahlen u. mit 4 Gew.-% $Al_2(SO_4)_3 \cdot 18H_2O$ (berechnet auf Trockencellulose) versetzt. Unter Rühren werden 3% eines Ca-Silicatpigments, welches durch Rk. von $CaCl_2$ mit Na-Silicat erhalten wurde, zugefügt. Dem Stoffbrei werden 2% Harzleim zugesetzt, worauf der p_H-Wert mit Al-Sulfat auf 5,0 eingestellt wird. Das damit hergestellte Papier wiegt 70 g pro m^2. — In einem anderen Beispiel wird das verwendete Pigment durch Rk. einer Na_2SiO_3-Lsg. mit einer $Al_2(SO_4)_3$-Lsg. verwendet. Es hat die Zus. 70 (%) SiO_2, 8 Na_2O, 8 Al_2O_3, 13 H_2O. (**F. P. 1 152 131** vom 8/3. 1956, ausg. 12/2. 1958. D. Prior. 19/3. 1955.) M. F. MÜLLER. 7987

Soc. des Procédés Serge Beaune, Créteil, Seine, Frankreich, *Mehrfarbendruck,* bei dem die Reproduktion erschwert ist. Jede tiefgravierte Teildruckform wird mit einer entsprechenden Teilfarbe u. mit von dieser verschied. u. angewandelten Farben so eingefärbt, daß die Farben an den Stellen zwischen den Gravuren getrennt sichtbar werden. — Vorrichtung. (**Schwz. P. 318 207** vom 18/2. 1954, ausg. 15/2. 1957. F. Prior. 22/10. 1953.) K. KITTLER. 7989

B. F. Goodrich Co., New York, N. Y., V. St. A., *Schaumköper,* wie *Kunstschwämme.* In einer Dispersion aus Polyvinylchlorid (**I**) u./oder einem Mischpolymerisat aus Vinylchlorid u. Vinylidenchlorid, Vinylacetat oder Äthylmaleat in einem fl. Plastifizierungsmittel setzt man ein Alkaliborhydrid als Blähmittel mit W. um. Der sich hierbei entwickelnde H_2 treibt das Plastisol (**II**) unter Bldg. einer schwammartigen M. auf. Hierauf wird **II** durch Erhitzen auf 325—375° F geliert u. geschmolzen. Durch Zugabe eines wasserlösl. sauren Stoffs kann die Rk. beschleunigt werden. — Man mischt **I** u. Dioctylphthalat (**III**) u. dispergiert in dem entstandenen **II** KBH_4. Hierauf setzt man eine 50%ig. Dispersion von Phthalsäureanhydrid in **III** u. W. hinzu u. gießt in Formen. Nachdem **II** die Form durch das Aufblähen ganz ausgefüllt hat, erhitzt man auf 340° F. (**E. P. 799 750** vom 10/12. 1956, ausg. 13/8. 1958. A. Prior. 19/12. 1955.) R. SCHWECHTEN. 8001

XVIIIb. Textilfasern.

Karel Ulmer, *Beitrag zu den Grundfragen der Avivage.* Es werden Angaben über die Verbesserung von Viscosezellwolle durch Avivieren des Garns u. des fertigen Textilgutes gemacht. In der Tschechoslowakei werden zur Zeit folgende Avivagen hergestellt: Spolex, eine Ölmischung, Renovan, eine Mischung von Fettalkoholsulfaten, Syntamin A, ein Monostearat des Triäthanolamins, u. Erymin SG, ein Äthylenoxydkondensationsprodukt. (Textil [Praha] **14.** 65—67. Febr. 1959.) W. BERNARD. 8030

Shuzo Yokoyama, *Untersuchungen über die Harzverteilung bei Harzappretierung von Geweben.* 1. Mitt. *Eine neue Methode für die Bestimmung der Harzverteilung.* Sechs Blatt Filtrierpapier werden dicht zusammengepreßt u. wie ein Gewebestück der Appretierung unterworfen, um anschließend wieder getrennt zu werden. Sind die Gewichte eines Blattes vor u. nach der Appretierung W_i u. $W_{i'}$, so ergibt sich die Harzverteilung D_i aus $D_i = [(W_{i'} - W_i)/\Sigma(W_{i'} - W_i)] \cdot 100$ (%) u. es entspricht $D_1 + D_6$ der Harzverteilung der äußeren, $D_3 + D_4$ der inneren u. $D_2 + D_5$ der mittleren Schicht des Gewebes. (J. Soc. Textile Cellulose Ind., Japan [Sen-i Gakkaishi] **12.** 574—79. Aug. 1956. [Orig.: japan.; Auszug: engl.]) H. STEFFENS. 8032

Shuzo Yokoyama, *Untersuchungen über die Harzverteilung bei Harzappretierung von Geweben.* 2. Mitt. *Die Wirkung der Vortrocknungstemperatur auf die Harzverteilung.* (1. vgl. vorst. Ref.) Eine Prüfung des Einfl. der Vortrocknungstemp. auf die Harzverteilung ergab, daß die Menge des bei der Vortrocknung wandernden Harzes mit der Vortrocknungstemp. bis zu einem Grenzwert wächst, daß die wandernde Menge mit abnehmender Konz. des Bades steigt u. daß die Temp., bei der der Grenzwert der wandernden Menge erreicht wird, bei 15%ig. Bädern bei 100°, bei 8%ig. bei 90° liegt u. daß zwischen der inneren u. der äußeren Harzverteilung eine lineare Beziehung herrscht. (J. Soc. Textile Cellulose Ind., Japan [Sen-i Gakkaishi] **12.** 579—83. Aug. 1956. [Orig.: japan.; Auszug: engl.]) H. STEFFENS. 8032

G. W. Madaras, *Wasserabstoßende Ausrüstungen. Neuzeitliche Verwendung von Siliconen.* Überblick über Struktur, Eigg. u. Verwendung der verschied. Silicone (I) in der Textilindustrie. Vor- u. Nachteile der Siliconbehandlung in organ. Lösungsmitteln oder wss. Emulsionen werden miteinander verglichen, wobei auf die Rolle katalyt. wirkender Härtungsmittel (fettsaure Salze des Pb, Zn u. Sn, Alkylester von o-Ti- oder o-Zr-Säuren) beim Ausrüsten u. Polymerisieren durch kurzes Erhitzen auf 130—160° hingewiesen wird. Abschließend hebt Vf. den synerget. Effekt der neuen I/Titanat-Gemische u. ihre besondere techn.-wirtschaftliche Bedeutung für eine schonende Textilausrüstung bei gewöhnlicher Temp. hervor. Die anschließende Diskussion behandelt u. a. die geringere Anschmutzbarkeit u. Einfl. auf die mechan. Festigkeitseigg. der mit I behandelten Gewebe. — 8 Tabellen. (J. Soc. Dyers Colourists **74**. 835—91. Dez. 1958.)
A. SANDER. 8036

K. S. Bhujang und **C. Nanjundayya**, *Der Abbau von Baumwolle während mechanischer Behandlung.* Proben von vier Varietäten ind. Baumwolle (viz. Laxmi, Suyog, Cambodia Co. 4 u. Gaorani) wurden während der verschied. Stufen der Entkörnung u. des Verspinnens genommen u. der während dieser Bearbeitung eingetretene Abbau des Polymerisationsgrades viscosimetr. in Kupferäthylendiaminlsg. untersucht. Die Proben wurden verschied. Vorbehandlung unterworfen (1. Behandlung mit kalter Alkohol-Bzl.-Mischung 1 : 1 während einer Std., anschließend Waschen mit Alkohol, 2. 4std. Extraktion mit heißem A. u. anschließendes Waschen mit heißem W., 3. nach heißer alkoh. Extraktion 4std. Kochen in 0,25%ig. NaOH-Lsg.). Der Abbau ist bei den verschied. Varietäten sowohl als auch bei verschied. Vorbehandlung verschieden. Nach alkal. Kochung zeigt das Garn von Laxmi u. Gaorani 6 eine Abnahme, Suyog jedoch eine Zunahme u. Cambodia Co. 4 keine Beeinflussung der Viscosität. (J. sci. ind. Res. [New Delhi], Sect. B **17**. 41—44. Jan. 1958. Bombay, Indian Central Cotton Committee, Technol. Labor.) H. STEFFENS. 8044

J. B. Irvine, T. J. Cronin und **J. H. Davids**, *Neuere Entwicklungen beim Ausrüsten von Baumwolle mit Acetalverbindungen.* Baumwollgewebe, das aus wss. Lsgg. mit Glykolacetal behandelt, abgequetscht u. bei 125° auskondensiert wurde, ergab eine sehr gute Wash and Wear-Ausrüstung. Bes. hervorzuheben sind gute Waschbeständigkeit der Ausrüstung, keine Methylaminbldg. u. kein Cl-Rückhaltevermögen. Als Katalysator kann $MgCl_2$ oder besser RCl verwendet werden. Die im einzelnen erhaltenen Ergebnisse sind in 19 Figuren u. 16 Tabellen zusammengestellt. (Textile Res. J. **29**. 74—88. Jan. 1959. Conshohocken, Pa., Quaker Chem. Prod. Corp.) H. G. FRÖHLICH. 8047

Totila Madlung, Charlotte Kühne und **Heinz Rämsch**, *Über die aerobe Röste von Flachs.* 3. Mitt. *Großtechnische Versuche und mikrobiologische Untersuchungen.* (2. vgl. C. **1957**. 6630.) Der Anstieg der Rösttemp. durch die Reaktionswärme auf 42° bei der mit 30—32° begonnenen aeroben Röste ohne Kühlung führt zu niedriger Langfaserausbeute. Eine Temp. von 35° sollte daher nicht überschritten werden. Tiefe Anfangstempp. (14°) sind ebenfalls ungünstig. Vff. berichten weiter über großtechn. aerobe Röstverss. in einem 68,9 m^3 fassenden Versuchsbecken mit einem Einsatz von 4000 kg Flachsstroh. Es wurden die gleichen günstigen Ergebnisse erzielt wie im 50-kg-Versuch. Die bei der aeroben Röste auftretenden Mikroorganismen wurden als *Bacillus mesentericus* u. *Bac. megatherium* identifiziert. Die Wrkg. der Zugabe von Reinkulturen wurde untersucht. (Faserforsch. u. Textiltechn. **9**. 379—84. Sept. 1958. Dresden, Inst. für Technol. der Fasern der Deutschen Akad. der Wiss. zu Berlin; Dresden-Pillnitz, Inst. für Gartenbau der Deutschen Akad. der Landwirtschaftswiss. zu Berlin.)
W. WERGIN. 8050

G. Geisthardt und **W. Madel**, *Über Lindanpapier zum Mottenschutz.* Bericht über erfolgreiche Verss. zur Bekämpfung von Motten mittels mit *Lindan* imprägnierten Papiers. (Z. angew. Zool. **1955**. 441—51. Ingelheim/Rh., C. H. Boehringer Sohn, Wiss. Abt., Pflanzenschutzlabor.) M. WINIKER. 8062

Aleksander Nowakowski, *Chemische und physikalische Eigenschaften des isotropen, mit Dimethylolharnstoff behandelten Viscosefadens.* Mit Dimethylolharnstoff (I) getränkte u. bei 65° Endtemp. kondensierte isotrope Viscosefäden werden einheitlich bis in das Faserinnere imprägniert. Die Faser hält höchstens 10maliges Waschen mit Seife u. Soda aus, ist aber reißfester u. hat einen besseren Quellungsgrad als unbehandelte Fasern. Der Einfl. des p_H der I-Lsg. auf die Quellung der behandelten Faser ist unbedeutend. (Zeszyty naukowe Politechn. Łódzkiej, Chemia (Łódź) **1956**. Nr. 4. 67—81.)
F. URBAN. 8074

J. J. Mertens, *Das Drehmoment hochgezwirnter Nylon-6-Einzelfasern.* Es wird das Drehmoment u. seine Relaxation von Nylon-6-Einzelfasern gemessen, u. zwar in Abhängigkeit vom Faserdurchmesser, Verstreckungsgrad (gemessen in der Doppelbrechung),

Zwirnungsgrad u. Heißfixierung bei verschied. Temperaturen. Die App. wird beschrieben. Das red. Drehmoment, bezogen auf einen Faserdurchmesser von 1 cm, wächst mit dem Verstreckungsgrad u. der Zwirnung, bei heißfixierten Fasern stärker als bei unbehandelten, um bei einer Doppelbrechung höher als 0,054 konstant zu bleiben. Je höher die Fixierungstemp. gelegen hat, je höher ist das Drehmoment der Fasern. Im Relaxationsquotienten besteht zwischen fixierten u. unfixierten Fasern kein Unterschied. Theoret. Betrachtungen führen zu einer Gleichung für das Drehmoment M: $M = 2\pi d^3 \int_0^{1/2} \tau \cdot [\varrho/d] \cdot (\varrho/d)^2 \cdot d(\varrho/d)$, wobei d = Faserdurchmesser, ϱ/d = relativer Abstand von der Faserachse u. $\tau[\varrho/d]$ die Scherspannung als Funktion von ϱ/d. — Diskussion. (J. Textile Inst., Trans. **50.** T70—T82. Jan. 1959. Arnhem, N. V. Onderzockingsinstituut Res.)
H. STEFFENS. 8080

Werner Himmelreich und **Wilhelm Vauck,** *Zur Bestimmung des „Freien Formaldehyds" in echtausgerüsteten Geweben.* Die Best. des „Freien Formaldehyds" echtausgerüsteter Gewebe nach Tex N 660006 (1956) wird in ihrem Ausgangswert für den beim feuchten Bügeln abgespaltenen CH_2O durch eine Bügelmeth. bestätigt. Eine Staffelung der nicht zu überschreitenden Grenzwerte an „Freiem Formaldehyd" — je nach Quadratmetergewicht der Ware — wird vorgeschlagen. (Dtsch. Textiltechn. **8.** 410. Aug. 1958.) P. ECKERT. 8098

W. Hausam und **R. Rupp,** *Die Ausrüstung von Textilien mit Konservierungs- und Imprägnierungsmitteln und ihre zweckmäßige Prüfung gegenüber celluloseangreifenden Mikroben. Bemerkung zu den DIN-Vorschlägen 53930 und 53933.* Vff. unterziehen die vorgeschlagenen DIN-Prüfmethoden für Textilien, die mit Konservierungs- u. Hydrophobierungsmitteln ausgerüstet wurden einer krit. Unters., vergleichen sie mit entsprechenden ausländ. Prüfbestimmungen [EMPA (Schweiz), ASTM (USA), MIL-T (USA), Vitno Bio (Holland)] u. erheben method. Einwände. — Die Widerstandsfähigkeit von mit verschied., in W. schwerlösl. oder nahezu unlösl. Konservierungsmitteln ausgerüsteten Cellulosetextilien wird nach den DIN-Vorschlägen geprüft. Dabei werden auch verschied. Hydrophobierungsmittel bzgl. ihres Einfl. auf die Wrkg. der konservierenden Ausrüstung untersucht. Es wird festgetsellt, daß ein ausreichender Schutz dann gewährleistet ist, wenn die Ausrüstung mit ca. 2% (des Gewebetrockengewichtes) Konservierungsmittel erfolgt, u. zwar mit Dichlordihydroxydiphenylmethan, Raluben-RASCHIG, Raluben-RASCHIG + Pentachlorphenol 1 : 1 u. bes. mit Tetrol-RASCHIG + Pentachlorphenol 1 : 1. (Melliand Textilber. **39.** 429—33. April 1958. Ludwigshafen/Rh., Chem. Fabrik Dr. Raschig GmbH., Bakteriol. Labor.) E. KUNTZ. 8098

Günther Drefahl und **Karl-Heinz König,** Jena, *Herstellung von Polyaminopolyalkoholen* der allg. Formel I, worin x u. y = 1—3, R = H oder ein beliebiger KW-stoffrest. Die entsprechenden polyfunktionellen Halogenalkylamine werden mit Alkanolaminen kondensiert, bes. mit Äthanolamin oder Diäthanolamin, in Ggw. von bas. Mitteln, z. B. Aminen, Aminoalkoholen, Alkalialkoholaten oder Alkalicarbonaten bei 100—140°. — 240 (Teile) Methyl-bis-[β-chloräthyl]-aminhydrochlorid werden in wenig W. gelöst u. mit NaOH umgesetzt. Beim Aufarbeiten erhält man einen öligen Rückstand. Diesen läßt man auf ein Gemisch von 210 Diäthanolamin u. 160 K_2CO_3 unter Rühren bei 80—100° einwirken. Es findet CO_2-Entw. unter Temperaturanstieg statt. Es wird noch einige Zeit bei 100—120° erhitzt. Beim Aufarbeiten erhält man *Bis-[bis-(β-hydroxyäthyl)-aminoäthyl]-methylamin,* Öl, n_D^{20} 1,495—1,496. — Ebenso erhält man aus Tris-[β-chloräthyl]-aminhydrochlorid u. Diäthanolamin das *Tris-[bis-(β-hydroxyäthyl)-aminoäthyl]-amin,* stark viscoses Öl, n_D^{20} 1,499—1,500. — Die Prodd. sind auf Grund ihrer hydrophilen Gruppen gute *Lösungsvermittler* u. *Vernetzer.* (**D. P. [DDR] 13 960** Kl. 12q vom 3/3. 1955, ausg. 21/10. 1957 [Wirtschaftspatent].) M. F. MÜLLER. 8029

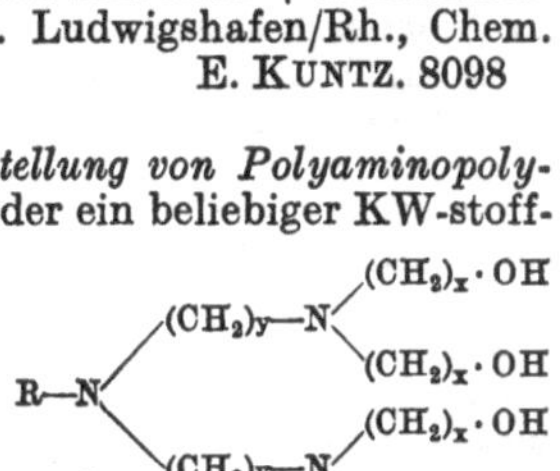

American Cyanamid Co., New York, N. Y., übert. von: **Robert Sidney Long,** Bound Brook, und **Julian Jacob Leavitt,** Plainfield, N. J., V. St. A., *Wasserlösliches Aufhellungspräparat,* das in feuchter Atmosphäre lagerfähig ist, enthält als opt. Aufheller 1 (Teil), berechnet als freie Base, eines Salzes der Verb. I mit einer starken, anorgan. Säure, z. B. H_2SO_4, u. 3—15 Oxal-, Malein-, Fumar- oder Weinsäure oder $C_6H_5 \cdot PO(OH)_2$ [R_1, R_2 = H, niederes Alkyl, niederes Alkenyl oder zusammen $(CH_2)_3$]. I ist z. B. *4-Methyl-7-diäthylaminocumarin.* (**A. P. 2 844 539** vom 6/5. 1955, ausg. 22/7. 1958.) F. BÖHM. 8033

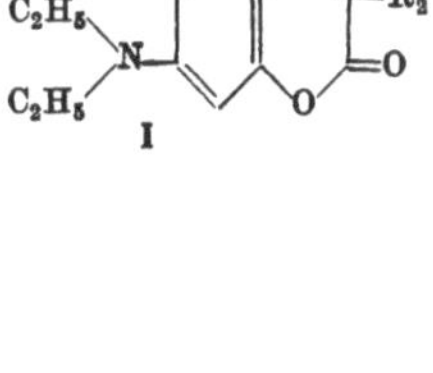

I

E. I. du Pont de Nemours & Co., Wilmington, Del., übert. von: **Norval D. Clare**, Niagara Falls, N. Y., und **Aldes J. Deyrup**, West Chester, Pa., V. St. A., *Flammschutzmittel für Textilien, Faserplatten, Papier, Formkörper oder dergleichen.* Man behandelt das Gut oder vermischt es mit dem Reaktionsprod. aus einem Alkalifluorid u. B_2O_3 im Verhältnis 1 : 1,17 bis 1 : 1,45. — Z. B. wird Musselin mit einer wss. Lsg. mit einem Geh. von 5, 10 oder 20% *Na-Oxyfluorborat* imprägniert. — NaF u. B_2O_3 werden im Verhältnis 1 : 1 auf 700° erhitzt. Man schwemmt mit W. zu einer 50%ig. Dispersion auf, mit der Baumwollmusselin imprägniert wird. — Mit 5—50% Prod. beladenes Filtrierpapier ist von 10% Beladung an flammenfest. (**A. P. 2 823 145** vom 21/3. 1956, ausg. 11/2. 1958.) H. MÖLLERING. 8037

Eastman Kodak Co., Rochester, N. Y. (Erfinder: **Harry Wesley Coover jr.**, Kingsport, Tenn.), V. St. A., *Herstellung von künstlichen Gebilden aus Celluloseacetat.* Mit Direkt-, Acetat-, Woll- u. Küpenfarbstoffen anfärbbare Fäden, Fasern oder Folien werden erhalten, wenn man Celluloseacetat (**I**) u. ein Homopolymerisationsprod. von N-Alkylacrylamiden der Formel $CH_2{=}CH{-}CON(R, R')$ u./oder ein solches eines N-Alkylmethacrylamides der Formel $CH_2{=}C(CH_3){-}CON(R'', R''')$ u./oder ein Mischpolymerisationsprod. von N-Alkylacryl- oder -methacrylamiden mit mindestens einer die Gruppe C=C enthaltenden Verb. in Aceton oder CH_2Cl_2 oder in einer Mischung aus CH_2Cl_2 u. Methanol löst u. in üblicher Weise verformt (R = Alkyl mit 1—4 C-Atomen; R' = H oder Alkyl mit 1—4 C-Atomen; R'' = H u. R''' = Alkyl mit 2—4 C-Atomen oder R'' u. R''' = Alkyl mit je 1—4 C-Atomen). Mindestens 65% der monomeren Mischung, aus der die Mischpolymerisationsprodd. hergestellt wurden, sollen aus mindestens einem N-Alkylacryl- u./oder -methacrylamid bestehen. Die hergestellten Fasern lassen sich auch leichter gemeinsam mit Wolle verarbeiten als n. **I**. — Man verspinnt z. B. eine Mischung von **I** mit 15% Poly-N-isopropylacrylamid, gelöst in Aceton. (**D. A. S. 1 050 020** Kl. 29b vom 14/1. 1956, veröff. 5/2. 1959. A. Prior. 31/8. 1955.) F. BÖHM. 8077

British Celanese Ltd., London, England (Erfinder: **Donald Finlayson** und **Boleslaw Krzesinski**), *Herstellung künstlicher Fäden.* Man verspinnt eine 12—20%ig. Lsg. von *Cellulosetriacetat* in Cyclohexanon (**I**) mit einer Temp. > 50°, kühlt u. entfernt **I** aus dem Faden, zweckmäßig durch Waschen mit einem aliphat. Alkohol mit 1—5 C-Atomen oder mit einem KW-stoff. (**E. P. 796 544** vom 13/10. 1954, ausg. 11/6. 1958.) F. BÖHM. 8077

Ciba Ltd. (Erfinder: **Otto Albrecht**), Basel, *Aminotriazin- und Harnstoffkondensationsprodukte.* Man kondensiert in beliebiger Reihenfolge a) Aminotriazin- oder Harnstoffkondensationsprodd. oder deren Äther mit niedrigmol. Alkoholen oder Derivv. solcher Verbb. mit höhermol. KW-stoffresten, b) Verbb., welche die Einführung solcher Atomgruppen ermöglichen, die auf nicht ionogenem Wege die Hydrophilie erhöhen, u. c) prim. sek. oder tert. Amine oder deren wasserlösl. Salze, einschließlich der quaternären Salze miteinander u. führt die erhaltenen Basen in wasserlösl. Salze, einschließlich der quaternären Salze über, soweit man nicht bei der Kondensation Aminsalze verwendet hat; das Ausgangsmaterial wird dabei für den Fall, daß es Epoxygruppen enthält, so gewählt, daß bei den Rkk. der Ring jeder Epoxygruppe geöffnet wird. Zu b): Verbb. dieser Art sind alle, die mehrere OH-Gruppen oder Polyglykolätherketten enthalten oder bilden können, z. B. aliphat. mehrwertige Alkohole, einschließlich Polyvinylalkohol, Polyglykol, Reaktionsprodd. mit Alkylenoxyden. Die Kondensationsprodd. sind wasserlösl. oder leicht in W. dispergierbar. Man verwendet sie bes. zum *Behandeln von Fasern,* z. B. Glas-, Nylon-, Terylen-, Polyvinyl-, Polyacrylfasern, die dadurch antistat. werden. — 324 (Teile) Hexamethylolmelamin, in 2000 Volumenteilen Methanol u. 100 Volumenteilen konz. HCl gelöst, werden mit 160 calciniertem Na_2CO_3 neutralisiert, das Salz wird abfiltriert, die Lsg. bis Sirupdicke eingeengt u. heiß filtriert. 10,8 des so erhaltenen Hexamethylolmelaminhexamethyläthers u. 11,1 Chloressigsäure-N-methylolamid werden 50 Min. bei 13 mm in einem Bad von 120—125° gehalten u. 2,2 des Kondensationsprod. mit 5,3 des nachst. genannten Hydroxyäthylierungsprod. (I) 6 Std. in sd. Wasserbad kondensiert. Zur Reinigung verrührt man mit Äther. Man behandelt Nylonfäden 30 Min. mit einer Lsg., die 10 g des Kondensationsprod. u. 5 g NH_4Cl pro Liter enthält. **I** erhält man durch Erhitzen von 20 einer Mischung von N-Alkyltrimethylendiaminen, deren Alkylreste den im Talg vorhandenen Fettsäuren entsprechen, mit 0,2 Na auf 135° u. Einleiten von feinverteiltem Äthylenoxyd bis zur Absorption von 33 Teilen bei 130 bis 140°. (**F. P. 1 130 284** vom 18/8. 1955, ausg. 4/2. 1957. Schwz. Prior. 24/8. 1954. **Jap. A.S. 1799/1958** vom 24/8. 1955, veröff. 17/3. 1958. Schwz. Priorr. 24/8. 1954 u. 9/6. 1955.) M. PANKOW. 8081

Imperial Chemical Industries Ltd., London, England (Erfinder: **Norman Fletcher** und **Norman Standring**), *Herstellung hochpolymerer gleichmäßig schwarzer Polymethylenterephthalate* erfolgt während der Polymerisation der Komponenten unter Zusatz von

Ruß u. SbO_3, gegebenenfalls noch von blauen Pigmenten, z. B. Phthalocyaninen. — *Fasern* aus der Schmelze, Beispiele. (**E. P. 799 334** vom 14/10. 1955, ausg. 6/8. 1958.) H. SCHINDLER. 8081.

Goodyear Tire & Rubber Co., Akron, Ohio, V. St. A., *Mischpolyester aus Äthylenterephthalat und -o-phthalat* erhält man durch Kondensation von Äthylenglykol mit den beiden Säuren bis das Prod. eine Grenzviscosität von $>0,4$ aufweist. Das Äthylenterephthalat soll im Gemisch zu 90—15% vorliegen. Das Verf. wird bei stufenweiser Erhitzung auf 197, 260 u. 280° in O_2-freier Atmosphäre in Ggw. von PbO durchgeführt. Das Endprod. eignet sich zur Herst. (longitudinal) orientierter *Filme* u. *Fasern.* — Beispiele. (**E. P. 788 377** vom 18/1. 1956, ausg. 2/1. 1958. A. Prior. 12/5. 1955.) H. SCHINDLER. 8081

Farbenfabriken Bayer Akt.-Ges. (Erfinder: **Heinrich Rinke** und **Otto Bayer**), Leverkusen, *Herstellung von Polyurethanborsten.* Knickfeste, biegesteife u. schlitzbare Borsten, die auch an ihren Enden poliert werden können, werden erhalten, wenn man Mischpolyurethane aus der Schmelze *verspinnt,* die außer aus aliphat. Dialkoholen u. Diisocyanaten aus 2—15, bes. 3—5%, diprim. aromat.-aliphat. Dialkoholen bzw. Diisocyanaten der allg. Formel Z—R—X—Ar—X—R—Z hergestellt wurden (Ar = aromat. Rest; X = Äther- oder Estergruppe; R = Alkyl; Z = OH oder NCO). Bes. geeignete Komponenten sind: $HO·CH_2·CH_2·O·CO—C_6H_4—CO·O·CH_2·CH_2·OH$; $HO·CH_2·CH_2·O—C_6H_4—O·CH_2·CH_2·OH$; $HO·CH_2·CH_2·O—C_6H_4—C_6H_4—O·CH_2·CH_2·OH$; $HO·CH_2·CH_2·O—C_6H_4—C(CH_3)_2—C_6H_4—O·CH_2·CH_2·OH$; $OCN—CH_2·CH_2·CH_2·O—C_6H_4—O·CH_2·CH_2·CH_2·NCO$; $OCN—CH_2·CH_2·O—C_6H_4—C(CH_3)_2—C_6H_4—O·CH_2·CH_2·NCO$; $OCN—(CH_2)_6—O—C_6H_4—C(CH_3)_2—C_6H_4—O—(CH_2)_6—NCO$. (**D. A. S. 1 053 720** Kl. 29b vom 6/7. 1957, veröff. 26/3. 1959.) F. BÖHM. 8081

Imperial Chemical Industries Ltd., London, England (Erfinder: **John Gray**), *Künstliche Fäden aus Polyamid* (I). Transparente Fäden mit glatter Oberfläche werden erhalten, wenn man die Schmelze in ein Bad mit einer Temp. von $<-5°$, bes. -25 bis $-60°$, verspinnt. Die Bad-Fl. darf keine lösenden Eigg. für I besitzen u. besteht z. B. aus *Methylalkohol* oder *Trichloräthylen.* Die weitere Verarbeitung erfolgt in üblicher Weise. (**E. P. 798 422** vom 23/12. 1955, ausg. 23/7. 1958.) F. BÖHM. 8081

Industrial Rayon Corp., Cleveland, Ohio, übert. von: **Herman A. Bruson,** North Haven, Conn., V. St. A., *Mischpolymerisat auf Acrylnitrilbasis.* Zunächst werden 80 bis 99,5 (%) Acrylnitril mit 0,5—20 eines ungesätt. 1.2-Halogenhydrins der allg. Formel I, worin R = H, Cl, Br, J, Methyl; R_1 = H oder Methyl; ein X = OH u. das andere X = Cl, Br u. J ist, in Ggw. von z. B. $K_2S_2O_8$ mischpolymerisiert. Als Komponenten sind 1-Chlor-2-hydroxybuten-(3) u. 1-Hydroxy-2-chlorbuten-(3) genannt. Es können auch 2-Vinyl- oder 4-Vinylpyridin einpolymerisiert werden. Das Mol.-Gew. der Prodd. soll 30000—100000 betragen. Die aus einer Spinnlsg. erhaltenen *Fäden* (oder Gewebe) können zur Verbesserung ihrer Anfärbbarkeit noch mit Lsgg. von Aminoverbb., wie Morpholin, Äthanolamin oder Äthylendiamin nachbehandelt werden. — Beispiele für Herst., Nachbehandlung u. Färben, bes. mit sauren Farbstoffen. (**A. P. 2 826 566** vom 21/4. 1954, ausg. 11/3. 1958.) H. SCHINDLER. 8081

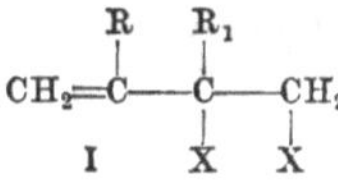

Toyo Rayon Co. Ltd., Japan, *Herstellung von Kreppgewebe* von großer Feinheit aus synthet. Textilfäden, die einen hohen Grad einer vorübergehenden Torsion besitzen, die durch eine therm. Behandlung fixiert wird u. danach bis über den Nullpunkt der Ausgangstorsion in entgegengesetztem Sinne aufgedreht wird. Der so behandelte Faden wird appretiert u. in dem Zustand der Ausdehnung getrocknet, um ein Einlaufen bzw. Zusammenziehen zu verhindern. Man webt daraus ein graues Gewebe, das teilweise so weit entappretiert wird, daß der Stoff einlaufen kann. Durch mäßige therm. Behandlung findet ein Entfetten statt. — „Nylon 6" wird z. B. $^1/_2—1^1/_2$ Std. mit Wasserdampf von 110—125° wärmebehandelt. Nach der Behandlung wird das Stoffgewebe einer trocknen Wärmehärtung unterworfen u. auf einem mit Löchern versehenen Zylinder aufgerollt u. in einem Autoklaven 30 Min. mit Wasserdampf von 1 at Druck behandelt. (**F. P. 1 148 345** vom 4/5. 1956, ausg. 6/12. 1957. Japan. Prior. 11/5. 1955.) M. F. MÜLLER. 8081

Koppers Co., Inc., V. St. A., übert. von: **Hubert G. Guy, Alvin R. Ingram** und **Clark C. Luce,** *Herstellung von Mischungen aus Polystyrol und Glasfasern.* Man imprägniert Glasfasern oder Glasfasermatten mit einer wss. Emulsion von Polystyrol, die auch Polystyrolteilchen zusätzlich suspendiert enthalten kann, oder einer Polystyrolsuspension, so daß die Mischung ca. 65% Polystyrol enthält. Das Material kann zerschnitten u. gegebenenfalls nach Mischung mit weiterem Polystyrol, z. B. im Spritzguß, verformt werden. Man verwendet Emulsionen von 45—60% u. Suspensionen von 40—80% Polymerisatgeh.; Netz- u. Verdickungsmittel werden angewandt. — Man führt

Glasfasermatten durch ein Bad mit 45 % ig. Polystyrollatex, trocknet, schneidet in 13 mm lange Stücke, mischt mit Polystyrolkörnern, so daß das Endprod. 20% Glasfasermaterial enthält u. verarbeitet im Spritzguß. (**F. P. 1 133 995** vom 28/6. 1955, ausg. 4/4. 1957. **E. P. 791 663** vom 29/6. 1955, ausg. 5/3. 1958. Beide A. Prior. 29/6. 1954.)

M. Pankow. 8083

XIX. Brennstoffe. Erdöl. Mineralöle.

Hidemasa Honda, Naoyuki Mochida und **Yūzō Sanada,** *Kohlenprodukte direkt aus Kohle.* (Vgl. C. **1959.** 5267.) Vff. untersuchen die Herst. von Kohlenprodd. aus Kohlen ohne den üblichen Zusatz von Teer oder Pech als Bindemittel. Es werden dadurch 2 Arbeitsgänge gespart. Ausgangsstoffe sind kokende oder backende Kohlen. Der Arbeitsgang bis zur Graphitierung wird dargelegt. Die 3 untersuchten Kohlen ergaben nach dieser Meth. in ihren Endprodd. eine größere mechan. Härte, einen geringeren Young-Modul, geringere wahre D. u. höheren spezif. elektr. Widerstand im Vgl. zur Darst. nach der üblichen Methode. (Rep. Resources Res. Inst. [Kawaguchi], A **1958.** Nr. 9(44). 1—55. Nov. [Orig.: japan.; Auszug: engl.]) E. Boye. 8126

Erich Rammler und **Erich Knopfe,** *Über Beziehungen zwischen den Analysendaten von Braunkohlen und den Festigkeiten hieraus hergestellter Laboratoriumsbriketts.* Nach kurzem Überblick über die physikal. Kenngrößen u. den im Labor. angestellten Brikettierverss., ergab sich bei Betrachtung der Beziehungen zwischen dem C-Geh., dem Wieluchschen Inkohlungsindex, dem Huminsäure-, Teer- u. dem Bitumengeh. sowie dem Gleichgewicht–Wassergeh. zu den Festigkeitswerten der Briketts, daß mit zunehmendem C-Geh. die Brikettfestigkeit fällt, daß zwischen dem Wieluchschen Inkohlungsindex u. der Brikettfestigkeit kein deutlicher Zusammenhang besteht u. daß zwischen dem Geh. an Gesamthuminsäuren u. der Brikettfestigkeit ein Zusammenhang in Form einer Minimumkurve besteht. Danach können sowohl Kohlen mit geringem Huminsäuregeh. u. auch solche mit sehr hohem Geh. eine bessere Brikettierfähigkeit besitzen. Kohlen mit viel Ca-Humat liefern Briketts mit schlechter Wasserbeständigkeit. Zwischen Teer- u. Bitumengeh. u. der Brikettfestigkeit besteht keine eindeutige Beziehung. Mit steigendem Gleichgewicht–Wassergeh. sinkt die Brikettfestigkeit im Gebiet der Weichbraunkohle ab. (Freiberger Forschungsh., Reihe A Heft **90.** 29—54. Juni 1958. Freiberg.)

F. Rosendahl. 8136

K. P. Medwedew, W. M. Petropolskaja und **K. A. Nikitina,** *Die katalytische Wirkung von Zusätzen organischer und anorganischer Stoffe auf das Verhalten des Schwefels während der Verkokung von Kohlen.* Verss. zahlreicher Forscher haben ergeben, daß es bisher nicht gelungen ist, durch Zusätze von Stoffen, die bei ihrer therm. Zers. H_2, CO, CO_2, HCl, NH_3 oder W. bilden, den S-Geh. von Koks wesentlich zu verringern. Als solche wurden Carbonate sowie Chloride der Alkalien u. Erdalkalien, NH_4Cl, Anthracenöl, Rohanthracen, Sägemehl, Hexachlorcyclohexan u. a. benutzt. Vff. versuchten, die Koksentschweflung mittels $AlCl_3$, durchzuführen. Sie fanden, daß $AlCl_3$, als Pulver in Mengen von 0,1—15%, zur Sinterkohle zugegeben, prakt. keine Entschweflung (E) bei der Verkokung dieser Kohle herbeiführt. Weitere Verss. ergaben, daß $MgCO_3$ u. Al_2O_3 die E auch nicht fördern, CaO den S-Geh. sogar stark erhöht. Nur durch Zusatz von 5% NH_4Cl wurde dieser um 0,3% gesenkt. Die Zugabe von $AlCl_3$, $ZnCl_2$, $MgCl_2$ u. $(NH_4)_2SO_4$ blieb hingegen wirkungslos. Auch Harnstoff in Mengen von 0,1—1,0% sowie Thioharnstoff zeigten keine entschweflende Wirkung. Organ. Verbb., wie Pyridin, Anilin, β-Naphthylamin, schwere Pyridinbasen, $C_6H_5NH_2 \cdot HCl$, Benzidin, Phenol, Xylenole u. Braunkohle waren als Katalysatoren der E ebenfalls wirkungslos. Durch halbtechn. Verss. gelangte man zur Überzeugung, daß organ. Stoffe paraffin. Natur (Masut), Hydroheterocyclen (Lignin) sowie Aromaten (Gemisch von Anthracenöl mit Pechdestillaten) für die E auch nicht in Frage kommen. Die Ergebnisse zeigen abschließend, daß es überhaupt unmöglich sein dürfte, die E von Kohlen auf katalyt. Wege erfolgreich durchzuführen, da die Kohlenteilchen vor der einsetzenden Verkokung offenbar mit Zersetzungsprodd. umhüllt u. hierdurch vor der Einw. jeglicher Zusätze erheblich geschützt werden. (Кокс и Химия [Koks u. Chem.] **1958.** Nr. 8. 15—18. Ukrain. Wiss. Forsch.-Inst. für Kohlechemie.)

E. v. Pezold. 8142

Albert Regner und **Vladimír Pour,** *Untersuchung der Katalysatoren für die Wassergaskonvertierung.* 1. Mitt. *Testen von Katalysatoren.* Die Meth. des Vgl. der katalyt. Wirksamkeit des untersuchten u. des Standardkatalysators unter isotherm. Bedingungen erlaubt es, allgemeinere Schlüsse über das Verh. des Katalysators zu ziehen als die nichtisotherm. Methode. Soweit der geprüfte Katalysator nach dem gleichen Verf. wie der Standardkatalysator hergestellt wird, genügt es, seine relative Aktivität bei einer Raumgeschwindigkeit u. einer zweckmäßig gewählten Temp. festzustellen; die gefundene relative Aktivität gilt dann auch für andere Raumgeschwindigkeiten u. andere Temperaturen. Handelt es sich um den Katalysator des gleichen Typs aber unbekannten Ursprungs oder um eine Kontaktmasse, die nach einem anderen Verf. als der angewandte Standardkatalysator hergestellt worden ist, so ist es notwendig, seine relative Aktivität mindestens bei zwei Tempp. zu messen, um nach Gleichung $\ln x = Z + (\Delta H_1^+ - {}_2^+\Delta H)/(2RT)$ (wo x = relative Aktivität; Z = temperaturunabhängige Konstante; ΔH^+ = scheinbare Aktivierungsenergie) Z u. $(\Delta H_1 - \Delta H_2)$ berechnen zu können, die zur Best. der Wirksamkeit bei anderen Tempp. notwendig sind. Aber auch in diesen Fällen ist nur eine Messung bei einer zweckmäßig gewählten Belastung erforderlich, weil x vom Umsatz unabhängig ist. (Chem. Listy **52.** 1440—50. Aug. 1958. Praha, Čs. akad. věd, Labor. anorg. chem.) V. RŮŽIČKA/Prag. 8152

Eiichi Funakubo und **Gen-ichi Kawasaki,** *Über eine innerhalb 5⁰ übergehende hochsiedende Picolinfraktion des Kohlenteers und Untersuchung deren chemischer Zusammensetzung.* Mit Hilfe einer abgeänderten Meth. nach VIGNES u. CHERVET (C. **1952.** 3003) wird eine handelsübliche *Picolin*-Fraktion einer chromatograph. Trennung unterzogen. Mit Bzl. erscheinen auf der Al_2O_3-Säule von oben ab folgende Zonen: blau (2 (Mol) *γ-Picolin*·$CuCl_2$, F. 170—171°), rotviolett (2 (Mol) *2.6-Lutidin*·$CuCl_2$, F. 168°) u. orangegelb (*β-Picolin*·$CuCl_2$, F. 208,5°). Zur Identifizierung werden auch mit $KMnO_4$ die entsprechenden Carbonsäuren dargestellt. (J. chem. Soc. Japan, ind. Chem. Sect. [Kōgyō Kagaku Zassi] **58.** 17—18. Jan. 1955. Osaka, Univ. [Orig.: japan.]) L. SCHULER. 8176

Tadeusz Blauth, *Synthetische aliphatische Kohlenwasserstoffe. Verarbeitung von Produkten der Fischer-Tropsch-Synthese.* Übersicht über Verarbeitungsmöglichkeiten der Fraktionen zu Alkylierungskomponenten, Detergentien, Waschmitteln, Fettsäuren, Lackrohstoffen, Petrolatum, Paraffin. (Chemik **11.** 75—77. März 1958.) F. URBAN. 8200

Masao Gotoda, *Untersuchungen über die Polymerisation von Ölen durch stille elektrische Entladungen.* 2. Mitt. *Polymerisation und Umbildung minderwertiger Schmieröle durch stille elektrische Entladungen.* (1. vgl. C. **1957.** 2684.) Zur Unters. der Eigenschaftsänderungen bei der Polymerisation unter dem Einfl. stiller elektr. Entladungen wurde gesätt. *Zylinderöl* (**I**) allein u. in Gemischen mit 10 u. 20% *Walöl* (**II**) bei 60—80° bei einem H_2-Druck < 10 mm Hg u. einer Durchflußgeschwindigkeit des Gases von 500 cm^3/Sek. Spannungen von 11 kV in einem SIEMENS-Ozonisator zwischen 5 u. ca. 27,5 Std. ausgesetzt, wobei die Viscosität der Reaktionsprodd. bei 98,9° (= 210°F) größer war als diejenige von überhitztem **I** von gleicher Temperatur. Es zeigte sich, daß trotz des Viscositätsanstieges der Viscositätsindex (= V.I.) des polymerisierten gegenüber dem einfachen **I** nur sehr gering verbessert wurde. Der Zusatz von **II** bewirkte allerdings einen wesentlichen Anstieg des V.I. im Vgl. zu den Ausgangsölen. Wurden die polymerisierten Öle ca. 30—60 Min. im Vakuum auf 150° erhitzt, so wurde dadurch die Viscosität der Prodd. zwar um ca. 10% red., doch änderte sich dabei der V.I. kaum. Wurden die Öle **I** u. **II** getrennt polymerisiert u. erst dann vermischt, so wurde dadurch ein höherer V.I. erreicht als im ersteren Falle. Aus den Beobachtungen über die Änderung von Strukturviscosität u. JZ. der polymerisierten Proben von Rapsöl u. von Elektrion R durch Erhitzen wird geschlossen, daß die Viscositätsabnahme auf die Depolymerisation einzelner Moll. in den instabilen polymeren Ölen zurückzuführen ist u. nicht auf Änderungen der Kolloidstruktur der Polymerisate, wie sie von HOCK (Kolloidchem. Beih. **31.** [1930.] 185) vermutet wurde. Bei Paraffinwachsen stiegen bei Einw. stiller elektr. Entladungen unter den gleichen Bedingungen wie im obigen Falle Viscosität u. JZ. gleichzeitig an. Wurde das polymerisierte Prod. Motorenöl zugesetzt, so ließ sich dadurch eine erhebliche Steigerung des V.I. erreichen. (J. electrochem. Soc. Japan **25.** 522—27. Okt. 1957. Tokyo, Railway Techn. Res. Inst. [Orig.: japan.; Auszug: engl. E 109.]) E. ÜHLEIN. 8220

Tibor Petrys und **Maria Datka,** *Die Anwendung von Graphit und Molybdändisulfid als Schmiermittel.* Allg. Übersicht. (Przegląd techn. **1958.** 1099—1101. Dez.) F. URBAN. 8222

I. M. Nossalewitsch, Ja. A. Bron und **A. Ss. Otscheret,** *Verbesserung der Rektifizierung von Steinkohlenteer in Röhrenanlagen mit kontinuierlichem Betrieb.* Durch Einführung einer Fraktionierkolonne mit 43 Böden ist es gelungen, den größten Teil des im Steinkohlenteer enthaltenen Naphthalins (**I**) in Form einer 80%ig. **I**-Fraktion zu gewinnen. Durch Kristallisation u. Pressen (45—50°) nach 16—20std. Abkühlung wird ein 97,95—98,30%ig. **I** mit F. 79,0—79,2° erhalten. (Кокс и Химия [Koks u. Chem.] **1957.** Nr. 10. 36—38. Makejewka, Kokerei.) R. K. MÜLLER. 8228

Jiro Mitadori und **Yutaka Koenuma,** *Versuche zur Bestimmung der flüchtigen Bestandteile mit der Stickstoffrohr-Methode.* Bei der Best. der flüchtigen Bestandteile von festen Brennstoffen ist das Zerplatzen der Brennstoffteilchen das schwierigste Problem. Zur Vermeidung dieser Erscheinung wandten Vff. die Stickstoffrohr-Meth. an u. verglichen die Ergebnisse mit jenen der JIS-Meth. (rasche Erhitzung in einem Pt-Tiegel u. Halten auf 950° während 7 Min.). Als Ergebnisse der Vergleichunterss. fanden Vff., daß 1. die flüchtigen Bestandteile im Stickstoffrohr-Ofen mit der Temperaturerhöhung linear ansteigen, falls die Erhitzungsgeschwindigkeit in der Vorwärmungsperiode konstant u. die Haltezeit bei der höchsten Temp. gleich groß ist u. 2., daß die flüchtigen Bestandteile im Stickstoffrohrofen mit denen der JIS-Meth. übereinstimmen, wenn der Ofen so wie bei der Schnellerhitzungsmeth. ohne Vorwärmung verwandt wird. Es scheint, daß sich die Stickstoffrohr-Meth., verbunden mit einem Vorwärmeprozeß, von dem üblichen Tiegelverf., zumindestens bei der Best. der flüchtigen Bestandteile von Braunkohlen unterscheidet. (J. Fuel Soc. Japan **37.** 368—74. Juni 1958. [Orig.: japan.; Auszug: engl.]) H. SCHÖBERL. 8246

Jan Jacek Głogoczowski, *Vergleich der Bestimmung von gasförmigen Kohlenwasserstoffen in Gemischen mit Hilfe der Gaschromatographie und der Tieftemperaturdestillation.* Die gaschromatograph. Meth. übertrifft die destillative Trennung in PODBIELNIAK-*Kolonnen* an Geschwindigkeit, Genauigkeit u. im Anwendungsbereich. (Nafta [Kraków] **14.** 334—37. Dez. 1958. Inst. Naftowy.) F. URBAN. 8250

Yoshio Kawana, Yarushi Kobayashi, Hidemasa Honda und **Kōzō Hirota,** *Massenspektrometrische Analyse der Gase bei der Tieftemperaturverkokung von Steinkohle.* Die Zers. der *Kohle* beginnt im Vakuum bei $< 175°$ mit CO_2 u. CO als Hauptprodukten. Beim Anstieg der Temp. der trocknen Dest. bilden sich Paraffine u. Olefine mit > 3 C, bei 300—500° nimmt der Anteil dieser Substanzen wieder ab, H_2, CH_4, C_2H_6 u. C_2H_4 nehmen zu. Nicht beobachtet werden O_2, N_2, Bzl. u. dessen Abkömmlinge sowie KW-stoffe mit > 6 C. — (J. chem. Soc. Japan, pure Chem. Sect. [Nippon Kagaku Zassi] **76.** 1228—31. Nov. 1955. Osaka Univ. [Orig.: japan.]) L. SCHULER. 8250

D. H. Desty und **B. H. F. Whyman,** *Anwendung der Gas-Flüssig-Chromatographie zur Analyse von flüssiger Petroleumfraktionen-Korrektur.* In Tafel 1 (Originalarbeit C. **1958.** 4666) lauten die richtigen Werte: Nr. 35 118,93 3-Methylheptan 10,58, 1,025, 9,35, 0,971; Nr. 42 138,35 p-Xylol 25,72, 1,410, 55,63, 1,745; Nr. 43 139,10 m-Xylol 26,02, 1,416, 57,78, 1,762. (Analytic. Chem. **30.** 1744. Nov. 1958.)
R. LUCHSINGER. 8252

Guido Zuliani und **Liliana Orlandi,** *Halbautomatischer Apparat zur Bestimmung des Bleitetraäthyls (PTE) in Brennstoffen.* Beschreibung des Apparates. (Ricerca sci. **28.** 1480—84. Juli 1958. Padova, Ist. di Chim. Fis e Centro di studio per la Polarografia; Scuola di Alti Studi sugli Idrocarbin dell'E.N.J.) C. GOTTFRIED. 8254

E. Reinhold Fett und **George Matsuyama,** *Die Bestimmung von Phosphor in Benzin.* Organophosphorverbb. werden in Mengen von 5—50 mg zu 1 Liter Kraftstoff zur Verminderung der Oberflächenverbrennung zugesetzt. Gewöhnlich wird dieser Zusatz durch Kochen einer Probe des Kraftstoffes mit NaOH überwacht. Dabei werden die Organophosphorverbb. hydrolysiert. Die Phosphate werden mit Säure extrahiert, eingedampft u. oxydiert u. durch Molybdänblau nachgewiesen. Vff. haben die Organophosphor-Additive durch zwei Methoden analysiert. Nach Meth. A wird die Probe in der Bombe in Ggw. von Na-Peroxyd verbrannt; nach Lösen in W. u. Ansäuern wird P als Molybdatophosphat gefällt, abgetrennt u. durch Titration ermittelt. Nach Meth. B wird die Probe in Ggw. von ZnO naß verascht unter Verwendung von HNO_3, H_2SO_4 u. Perchlorsäure. Die weitere Arbeitsweise wird ausführlich geschildert. Vgll. der Proben A u. B haben gute Übereinstimmung ergeben. (Chemist-Analyst **47.** 32—34. Juni 1958. Brea, Calif., Union Oil Co. of California.) K. O. MÜLLER. 8254

G. I. Fuks, *Vierkugelapparat für die Untersuchung der Antifriktions- und Antiabnutzungseigenschaften von Schmierölen.* Es wird eine Variante des Vierkugelapp. nach ZIMMERMANN (C. **1955.** 4974) für Laborunterss. bei Reibungen, die den krit. Wert nicht überschreiten, konstruiert u. beschrieben. Durch verschied. Messungen werden die Reibungskoeffizienten an Stählen u. Glas in verschied. Ölen mit der App. bestimmt u. die Arbeitsweise angeführt. Durch Kurven wird eine Beziehung des Durchmessers der Abnützungsflecken zur Reibedauer aufgestellt. Diese Beziehung erlaubt es, eine quantitative Charakteristik der Antiabnutzungseigg. des Öls zu geben, die auf die Eigg. der reibenden Flächen Anwendung finden kann. (Заводская Лаборатория [Betriebs-Lab.] **22.** 594—98. 1956. Wiss. Forschungsinst. der Meßindustrie.)
O. POLLAK V. EMHOFEN. 8258

G. Koenig, *Zur Identifizierung von Paraffinen durch selektive Extraktion.* Das zu untersuchende Paraffingemisch wird nacheinander mit Methanol, A., PAe. (40—45°), n-Hexan u. n-Heptan extrahiert. Von den anfallenden Fraktionen werden Gewicht, n_D^{90}, E. am rotierenden Thermometer u. das Mol.-Gew. nach RAST bestimmt; das Mol.-Gew. wird ferner auch aus dem E. errechnet. Die Auswertung der Ergebnisse erfolgt graph., wobei auf der Abszisse die %-Ausbeute u. auf der Ordinate das Mol.-Gew. eingetragen werden. Die anfallenden Darstellungen können für routinemäßige Unterss. zur Identifizierung der Paraffingemische herangezogen werden. (Fette Seifen einschl. Anstrichmittel **60.** 269—72. April 1958. Gersthofen, Farbwerke Hoechst, Werk Gersthofen, Forschungsabt.) H. P. FIEDLER. 8262

Canadian Patents & Development Ltd., Ottawa, übert. von: **Henry W. Habgood,** Edmonton, Canada, *Abtrennen von Stickstoff aus Naturgas.* Das Gas wird durch ein Molekularsieb geleitet, welches so beschaffen ist, daß der N_2 nicht durch dieses hindurchgehen kann, so daß das durchtretende Gas einen niedrigeren N_2-Geh. als das Ausgangsgas aufweist. — Zeichnungen. (**A. P. 2 843 219** vom 22/1. 1957, ausg. 15/7. 1958.) E. KAHLES. 8187

Esso Research and Engineering Co., Elizabeth, N. J., V. St. A., *Zerlegung von Erdölen* in stärker aromat. u. stärker paraffin. Bestandteile durch Lösungsmittelextraktion bei 10—260° mit 100—300 Vol.-% eines Lactons, z. B. γ-Butyrolacton. — Zeichnung. (**D. A. S. 1 050 945** Kl. 23b vom 27/2. 1956, veröff. 19/2. 1959. A. Priorr. 1/3. u. 22/12. 1955.) P. UNGER. 8193

Gulf Research & Development Co., Pittsburgh, Pa., V. St. A. (Erfinder: **Victor John Anhorn,** San Antonio, Texas), *Katalytische Hydroentschwefelung schwefelhaltiger Kohlenwasserstoffgemische* mit schwer verdampfbaren, unter den Reaktionsbedingungen fl. KW-stoffbestandteilen unter Bldg. tiefer sd. Prodd. durch Kontaktieren der teilweise dampfförmigen KW-stoffmischung mit H_2 u. Teilchen eines Hydrierkatalysators bei erhöhtem Druck u. bei 400—510°. Die Katalysatorteilchen werden unter 50—135 at durch den H_2 u. die KW-stoffdämpfe in einer Wirbelschicht gehalten, von dem unverbrauchten H_2 u. den KW-stoff-Reaktionsprodd. abgetrennt u. anschließend mit weiteren Anteilen der KW-stoffe u. H_2 in Berührung gebracht; dabei wird die Rk. über einen 1. Betriebsabschnitt unter schneller Koksablagerung u. einen 2. Betriebsabschnitt unter konstanter Koksablagerung bis zu einem Zeitpunkt fortgeführt, bei dem die Koksablagerung wieder stark zu steigen beginnt. — Zeichnung. (**D. B. P. 971 303** Kl. 23b vom 25/8. 1954, ausg. 8/1. 1959. Anmeldung bekanntgemacht 27/12. 1956.) P. UNGER. 8195

Phillips Petroleum Co., übert. von: **Paul L. Gomory,** Bethesda, Md., V. St. A., *Verkoken von Kohlenwasserstoffen.* Durch eine Erhitzungszone werden Rohre im Zickzackkurs geführt. Die Heizzone besteht aus einer Konvektions- u. einer Strahlungszone. Die Rohre, in denen das KW-stofföl geführt wird, sind von einem Dampfrohr umgeben, von denen aus Dampf in das ölführende Rohr eintreten kann. Das Rohr, welches vom Dampfrohr umgeben ist, besteht aus einem porösem Material. — Vorr., Zeichnungen. (**A. P. 2 769 772** vom 16/4. 1952, ausg. 6/11. 1956.) E. KAHLES. 8197

Shell Development Co., New York, N. Y., V. St. A., übert. von: **Peter van T. Spijker,** Den Haag, Holland, *Abtrennen von flüssigen Ölen aus Gasströmen,* wobei die Öle in feinsten Tröpfchen im Gasstrom enthalten sind. Das die Fl. enthaltende Gas wird in einen Zentrifugierraum eingeleitet, wobei in diesem ein Wirbel entsteht. Die fl. Tröpfchen werden nach außen an die Wandung geschleudert u. fließen von dort in den unteren Teil des Zentrifugierraumes. Aus dem Innern dieses Raumes wird das Restgas abgezogen. Die abgeschiedene Fl. wird durch Einleiten einer Kühl-Fl. gekühlt u. hierauf zusammen mit der Kühl-Fl. vom Boden des Raumes abgezogen. Das Verf. wird bes. bei der *Behandlung von Erdölströmen* angewendet, die durch flashing mit oder ohne Crackung erhitzt wurden, so daß bestimmte Bestandteile verdampft wurden. — Vorr., Zeichnungen. (**A. P. 2 796 389** vom 6/12. 1955, ausg. 18/6. 1957.) E. KAHLES. 8197

Gulf Oil Corp., Pittsburgh, übert. von: **John R. Guala,** Bridgeville, Pa., V. St. A., *Katalytische Umwandlung von Kohlenwasserstoffen.* KW-stoffe werden mit Kontaktteilchen (**I**) einer Korngröße von 2—12 Maschen in Berührung gebracht. Die entaktivierten **I** werden aus dem Reaktionsbehälter abgezogen, abwärts zu einem Regenerator geleitet, dort regeneriert u. mittels pneumat. Förderung nach oben gebracht. Durch die Gasströmung werden 25—50 Vol.-% des Gesamtvol. vom Katalysator eingenommen, während dieser nach oben geführt wird. In der oberen Zone werden die **I** von den Staubteilchen (**II**) abgetrennt u. zurück zur Reaktionszone geführt. **II** werden zum Fuß der pneumat. Förderungsleitung geführt u. mit dem Fördergas gemischt. Das Gemisch wird, zur Förderung der **I** verwendet. — Vorr., Zeichnungen. (**A. P. 2 767 127** vom 30/10. 1950, ausg. 16/10. 1956.) E. KAHLES. 8197

Esso Research and Engineering Co., übert. von: **Arthur W. Langer jr.** und **Graham G. Wanless**, Westfield, N. J., und **Carl S. Carlson**, Crystal Lake, Ill., V. St.A., *Umwandlung von Rückstandsölen.* Das schwere Öl wird mit 5—100 Vol.-% eines H_2-Donators, der durch teilweises Hydrieren eines aromat.-naphthen. KW-stoffgemisches vom Kp. über 450°F erhalten wurde, gemischt. Als Ausgangsmaterial zur Darst. des H_2-Donators dient Teer u. dergleichen. Das Gemisch wird bei 800—1100°F therm. gecrackt, wobei in fl. Phase solche Crackbedingungen eingehalten werden, daß bei 1000°F ca. 80—98% des Einsatzgutes umgewandelt werden. Kontinuierlich werden gasförmige Crackprodd. abgezogen, die unterhalb des H_2-Donators sieden. — Zeichnungen. (**A. P. 2 843 530** vom 20/8. 1954, ausg. 15/7. 1958.) E. KAHLES. 8197

Sun Oil Co., Philadelphia, übert. von: **Charles L. Thomas**, Swarthmore, Pa., V. St. A., *Katalytisches Cracken von Kohlenwasserstoffen.* Körniger Katalysator wird kontinuierlich durch eine Crackzone u. eine Regenerierzone im Kreislauf geführt. Der Katalysator besteht aus Kieselsäure. Zu diesem im Kreislauf fließenden Katalysator wird γ-Tonerde gegeben, welche durch vorheriges Inkontaktbringen mit einer F-haltigen KW-stoffgemisch F absorptiv gebunden enthält. Dadurch wird die Crackaktivität des Crackkatalysators erhöht. — Zeichnung. (**A. P. 2 848 380** vom 26/1. 1954, ausg. 19/8. 1958.) E. KAHLES. 8197

Gulf Research & Development Co., V. St. A., *Herstellung eines Mischkatalysators aus Nickel und Wolframoxyd* auf einem porösen Trägerstoff. Man geht aus von einer NH_4-Metawolframat-Lsg. (p_H 2—5) u. gibt ein in W. lösl. Ni-Salz, z. B. Nitrat, Chlorid oder Acetat, zu. Der p_H-Wert wird bei 2—5 gehalten. Mit der Lsg. wird der poröse Träger, z. B. ein SiO_2–Al_2O_3-*Crackkatalysator*, getränkt, u. nach dem Trocknen wird bei 372—650° gebrannt. (**F. P. 1 107 530** vom 10/6. 1954, ausg. 3/1. 1956.) M. F. MÜLLER. 8197

Houdry Process Corp., Wilmington, Del., übert. von: **Thomas H. Milliken jr.**, Moylan, Pa., und **Walter L. Weidman**, Woodbury, N. J., V. St. A., *Herstellung von porösen Kaolinkatalysatoren* zum *Cracken* von KW-stoffen, welche eine „Cat-A-Aktivität" >20 haben. Kaolinton wird in Pulverform mit 5—12 Gew.-% Holzmehl gemischt u. das Gemisch gekörnt. Die Körner werden in einer oxydierenden Atmosphäre auf 1500°F erhitzt; dabei wird das Holzmehl verbrannt, ohne daß der Kaolinton sintert. (**A. P. 2 840 530** vom 20/7. 1954, ausg. 24/6. 1958.) E. KAHLES. 8197

Standard Oil Co., Chicago, übert. von: **Edmond L. D'Ouville**, La Grange, und **Robert C. Arnold**, Park Forest, Ill., V. St. A., *Reaktivierung von Tonerde–Platin-Katalysatoren*, welche beim Hydroformieren („Platformieren") von KW-stoffen entaktiviert wurden. Nach dem Beseitigen der C-haltigen Ablagerungen auf dem Katalysator wird dieser in eine $AlCl_3$-Lsg., die keine zusätzliche Säure enthält u. Pt nicht löst, eingebracht, getrocknet u. calciniert. — Klopffeste Benzine. — Zeichnung. (**A. P. 2 842 503** vom 23/3. 1953, ausg. 8/7. 1958.) E. KAHLES. 8201

N. V. de Bataafsche Petroleum Mij., Den Haag, Holland (Erfinder: **Theodore Robert Lusebrink**, Concord, Calif., und **Stanley Leonard Cosgrove**, Columbus, Ohio, V. St. A.), *Treibstoffmischung* für OTTO-Motore oder Flugzeugturbinen auf der Basis eines KW-stoffes oder KW-stoffgemisches im Siedebereich, der Bzn., Leuchtöl u. Gasöl umfaßt, gek. durch einen Geh. von weniger als 0,01 Gew.-%, bezogen auf das Gesamtgemisch eines in der Treibstoffbasis lösl. Mischpolymerisates aus A), einer Vinyl- oder Vinylidenverb., die eine gerade KW-stoffkette von mindestens 6 C-Atomen enthält, u. B) einer Vinyl- oder Vinylidenverb., die mindestens ein bas. Stickstoffatom enthält, wobei das genannte Mischpolymerisat von 0,2—5 Gew.-% bas. Stickstoff enthält, ein Verhältnis zwischen der Zahl der C-Atome u. der Zahl der Stickstoffatome von mindestens 20 : 1 aufweist u. eine innere Viscosität, bestimmt in einer Konz. von 0,1% in Bzl. bei 25°, von mindestens 0,1 besitzt. — Beispiel: Mischpolymerisat aus Decylacrylat u. 4-Dimethylaminomethylstyrol in Mengen 95 : 5. — (**D. A. S. 1 050 111** Kl. 46a vom 29/11. 1956, veröff. 5/2. 1959. A. Prior. 1/12. 1955.) E. DREWS. 8205

Ethyl Corp., New York, N. Y., übert. von: **Sidney M. Blitzer** und **Tillmon H. Pearson**, Baton Rouge, La., V. St. A., *Alkyl- und Arylbleiverbindungen* erhält man durch Rk. von Pb(II)-Halogeniden mit Na- oder K-Alkylen bzw. -Arylen. — In einem Autoklaven wird $PbCl_2$ in n-Hexan (I) mit C_2H_5Na in I bei 80—90° 3½ Std. umgesetzt. Nach Zers. von überschüssigem C_2H_5Na mit Isopropanol, Filtrieren, Waschen mit W. u. Abdest. von I erhält man $Pb(C_2H_5)_4$. (**A. P. 2 859 226** vom 28/3. 1955, ausg. 4/11. 1958.) J. MÜHLEISEN. 8209

Ethyl Corp., New York, N. Y., übert. von: **Sidney M. Blitzer und Tillmon H. Pearson**, Baton Rouge, La., V. St. A., *Alkyl- beziehungsweise Arylbleiverbindungen* erhält man durch Rk. von PbO oder PbS mit einer Komplexverb. eines Alkyls oder Aryls eines Elements der Hauptgruppe des Period. Syst., wie B, Al, Ga u. In, mit einem Alkalimetall, wie Li, K u. Na. Man kann auch eine entsprechende Komplexverb., die an Stelle der organ. Reste H enthält, gleichzeitig mit einem Olefin u. der Pb-Verb. umsetzen. – $LiAlH_4$ wird in einem Autoklav 5½ Std. mit C_2H_4 auf 98–102° erhitzt, worauf nach Abkühlung u. Zusatz von PbS 4½ Std. auf 118–122° erhitzt wird. Überschüssiges $LiAl\cdot(C_2H_5)_4$ wird mit Isopropylalkohol zers., worauf nach Filtrieren, Waschen mit W. u. Abdest. des Lösungsm. aus der organ. Schicht *$Pb(C_2H_5)_4$* in 37,8%ig. Ausbeute erhalten wird. (**A. P. 2 859 227** vom 28/3. 1955, ausg. 4/11. 1958.) J. MÜHLEISEN. 8209

Ethyl Corp., New York, N. Y., übert. von: **Sidney M. Blitzer** und **Tillmon H. Pearson**, Baton Rouge, La., V. St. A., *Alkyl- beziehungsweise Arylbleiverbindungen* erhält man durch Rk. von Pb(II)-Halogenid mit einer Alkyl- bzw. Arylverb. von B, Al oder Ga. – $PbCl_2$ in Toluol wird mit $Al(C_2H_5)_3$ bei 20–25° ½ Std. in einem Autoklaven umgesetzt. Nach Filtrieren, Waschen mit W. u. Abdest. von Toluol erhält man *$Pb(C_2H_5)_4$* in 46%ig. Ausbeute. (**A. P. 2 859 228** vom 28/3. 1955, ausg. 4/11. 1958.) J. MÜHLEISEN. 8209

British Petroleum Co. Ltd. (Erfinder: **R. Turner** und **E. A. White**), *Katalytische Entschwefelung von Kohlenwasserstoffen.* Man verwendet auf SiO_2 oder Al_2O_3 niedergeschlagenes CoO u. MoO_3. Ein aus einer mit $Al(NO_3)_3$ u. $Co(NO_3)_2$ versetzten Na-Silicatlsg. mit NH_4OH gefüllter Nd. wird getrocknet u. mit H_2MoO_4 vermahlen. Nach dem Brennen in mehreren Stufen u. bis 550° enthält das Prod. 12,3 (%) MoO_3, 1,8 CoO u. 4,9 SiO_2. Hiermit kann ein *Gasöl* mit 1,29% S-Geh. entschwefelt werden. (**Aust. P. 208 308** vom 6/8. 1956, ausg. 20/6. 1957. E. Prior. 17/8. 1955.) H. MÖLLERING. 8213

Distillers Co. Ltd., Edinburgh (Erfinder: **Eric Chadwick**), England, *Treibstoff.* Derselbe enthält als Antieismittel einen Ketoalkohol d. allg. Formel R'·CO·CH(R'')·CH(R'')·OH (R' = Alkylrest, R'' = Alkylreste oder H), der 4–9 C-Atome im Mol. enthält. Zusatzmenge 0,05–0,3%. – Beispiele: *3-Oxobutan-1-ol; 2-Methyl-3-oxobutan-1-ol.* (**E. P. 793 563** vom 18/8. 1955, ausg. 16/4. 1958.) E. DREWS. 8213

Esso Research and Engineering Co., Elizabeth, N. J., V. St. A., *Heizöl* aus Erdöl, enthaltend 0,001–0,05, vorzugsweise 0,005–0,02 Gew.-% eines Gemisches aus (a) einem öllösl. Mischpolymerisat eines Acrylsäure- oder α-Alkylacrylsäureesters eines einwertigen aliphat. Alkohols mit mindestens 8 C-Atomen im Mol. u. einer eine bas. Amingruppe enthaltende Verb. mit Äthylenbindung u. (b) einem prim. tert. Alkylamin mit 8–27 C-Atomen im Molekül. Das Mengenverhältnis von Amin zu Mischpolymerisat liegt im Bereich von 1:1 bis 9:1. – Zeichnung. (**D. A. S. 1 052 039** Kl. 23b vom 6/12. 1956, veröff. 5/3. 1959. A. Prior. 13/12. 1955.) P. UNGER. 8217

M. W. Kellogg Co., Jersey City, übert. von: **William P. Burton**, Little Silver, und **Charles E. Slyngstad**, Rutherford, N. J., V. St. A., *Stabilisierung von Brennöl* ohne Veränderung seiner Farbe mit einem Co-Molybdatkatalysator unter geeigneten Bedingungen in Ggw. von H_2 [Temp. nicht $>$700°F., Raumgeschwindigkeit mindestens 5, Druck mindestens 150 lbs./sq.in., H_2-Anteil: 300 standard cu.ft./bbl. Öl]. – Zeichnung. (**A. P. 2 840 512** vom 29/9. 1955, ausg. 24/6. 1958.) P. UNGER. 8217

Midland Silicones Ltd., London, England, *1.1.3.5.5-Pentaphenyl-1.3.5-trimethylsiloxan*, $Kp._{0,5}$ 225°, n_D^{25} 1,5785, $D.^{25}{}_4$ 1,0950, E. –15°, erhält man durch Rk. von mindestens 2 (Mol) Diphenylmethylsilanol mit 1 Phenylmethyldichlorsilan bei $<$100°, bes. 25–35°, in Ggw. eines HCl-Acceptors, wie Pyridin. – *Vakuumpumpenöl.* (**E. P. 808 613** vom 26/7. 1957, ausg. 4/2. 1959. A. Prior. 3/1. 1957.) J. MÜHLEISEN. 8221

Esso Research and Engineering Co., Elizabeth, N. J., V. St. A., *Schmierfett* auf Grundlage eines Schmieröls, dad. gek., daß es als Verdicker ein mit einem Erdalkalihydroxyd neutralisiertes Gemisch einer niedrigmol. Carbonsäure mit 1–3 C-Atomen im Mol. u. einer Mineralsäure sowie 2–10 Gew.-% des Gesamtschmierfettes einer Aluminiumseife einer hochmol. Carbonsäure mit 16–22 KW-stoffatomen enthält. Die Herst. erfolgt durch Dispergieren der Al-Seife im Schmieröl, Zugabe des Erdalkalihydroxyds u. nachfolgendem Einbringen des Gemisches der niedrigmol. Carbonsäure u. der Mineralsäure. – Beispiel: Fett aus 61,3 (Gew.-%) Mineralöl, 14 Eisessig, 6 H_3PO_4 (85%ig.), 15 $Ca(OH)_2$, 3,2 Al-Stearat, 0,5 Phenyl-α-naphthylamin. (**D. A. S. 1 052 041** Kl. 23c vom 24/11. 1956, veröff. 5/3. 1959. **E. P. 797 486** vom 19/11. 1956, ausg. 2/7. 1958. Beide A. Prior. 30/11. 1955.) E. DREWS. 8223

Esso Research and Engineering Co., Del., übert. von: **David W. Young**, Westfield, und **Delmer L. Cottle**, Highland Park, N. J., V. St. A., *Schmierfett* auf mineral. oder synthet. Schmierölbasis. Dasselbe enthält als Verdicker Metallseifen, z. B. Na-Seifen von Rapsöl oder Li-Stearat, u. als Antioxydationsmittel kleinere Mengen, z. B. 0,25–2 Gew.-% einer Verb. der allg.

I

Formel I, in der R ein C_{10-18}-Alkylrest, R' u. R'' C_{4-15}-Alkylreste oder H sind. — Beispiel: Zusatz von 0,05 Lauroyl-p-aminophenol oder 0,5 Stearoyl-p-aminophenol. (**A. P. 2 824 838** vom 4/6. 1954, ausg. 25/2. 1958.) E. DREWS. 8223

Esso Research and Engineering Co., Del., übert. von: **Arnold J. Morway**, Clark Township, Union County, und **John J. Kolfenbach**, North Plainfield, N. J., V. St. A., *Schmiermittel*. Dasselbe enthält in einer Schmierölbasis 0,5—30 Gew.-% eines Seife–Salz-Komplexes einer Erdalkaliseife (I) einer C_{12-30}-Carbonsäure mit Ca-Acetat (II) in mol. Mengen von II:I = 7:1 bis 43:1. Beispiel: Schmiermittel aus 0,8 Eisessig, 2,5 hydriertem Ricinusöl, 12,5 hydrierten Fischölsäuren, 2,75 $Ca(OH)_2$, 0,5 Phenyl-α-naphthylamin, 80,95 naphthen. Mineralöl. Die Herst. erfolgt durch Erhitzen aller Bestandteile (Zugabe des Eisessigs nach Erhitzen des übrigen Gemisches auf 130°F) auf 500°. Abkühlen unter Rühren auf 200°, weiterem Abkühlen unter Scherwirkung. (**E. P. 775 027** vom 20/7. 1954, ausg. 15/5. 1957. **D. A. S. 1 044 328** Kl. 23c vom 4/10. 1954, veröff. 20/11. 1958. **Belg. P. 532 545** vom 14/10. 1954, ausg. 14/2. 1958. Alle A. Prior. 21/10. 1953. **A. P. 2 846 392** vom 21/10. 1953, ausg. 5/8. 1958.) E. DREWS. 8223

California Research Corp., San Francisco, übert. von: **Bruce W. Hotten**, Orinda, Calif., V. St. A., *Schmierfett*. Die Schmierölbasis ist ein mineral. oder synthet. Schmieröl, z. B. ein naphten. oder paraffin. Mineralöl, ein Siloxan oder Silicat, der Verdicker ist ein Metallphthalamat der allg. Formel I oder II, in denen R ein C_{1-22}-Alkylrest, M ein Metall, z. B. Ba, Li, Na, K u. x die Wertigkeit von M ist. Zusatzmenge 7—30 Gew.-%. — Beispiel: Ba-di-(N-octadecyl)-terephthalamat, hergestellt aus 45 (pounds) Dimethylterephthalat, 12,3 KOH in 255 Bzl. zur Verseifung einer CH_3-Gruppe, Zugabe von 10 Gallonen W. u. 3,5 Liter konz. H_2SO_4, Erhitzen von 28 (pounds) der freien Säure mit 20,5 Thionylchlorid in 37 Bzl. u. Erhitzen von 25 des abgetrennten Säurechlorids mit 9,5 Triäthylamin u. 26,6 Octadecylamin. 15 (g) des erhaltenen Octadecylaminoterephthalsäureesters werden mit 1,8 $Ba(OH)_2$ in 200 cm^3 Carbitol (Monoäthyläther des Diäthylenglykols) umgesetzt. F. des Ba-Salzes 930°F, Sulfatasche 27,5%, berechnet 28%. (**E. P. 778 249** vom 24/12. 1954, ausg. 3/7. 1957. A. Priorr. 31/12. 1953 u. 14/12. 1954. **A. P. 2 820 012** vom 14/12. 1954, ausg. 14/1. 1958.) E. DREWS. 8223

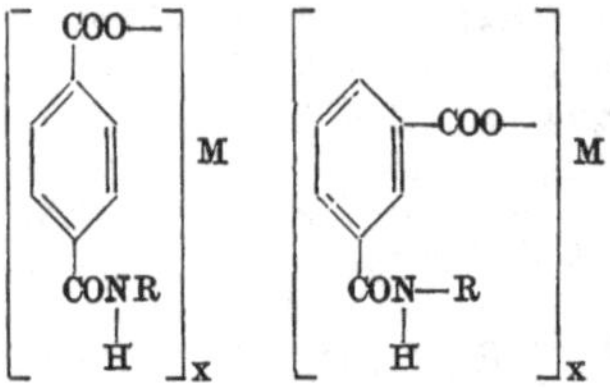

I II

Eastman Kodak Co., Rochester, N. Y., übert. von: **Alan Bell, M. B. Knowles** und **Clarence E. Tholstrup**, Kingsport, Tenn., V. St. A., *Stabilisiertes Paraffin*. Dieses enthält als Antioxydans ca. 0,001—1 Gew.-% 2.4.5-Trihydroxylaurophenon; 2.4.5-Trihydroxyisobutyrophenon; 2.4.5-Trihydroxybutyrophenon; 2.4.5-Trihydroxyphenylcyclohexylketon oder 2.4.5-Trihydroxycaprylophenon. (**A. P. 2 848 345** vom 2/7. 1954, ausg. 19/8. 1958.) P. UNGER. 8227

Esso Research and Engineering Co., übert. von: **William T. Knox jr.**, Cranford, und **Stephen F. Perry**, Westfield, N. J., V. St. A., *Lösungsmittelentparaffinierung*. Eine Mischung aus Paraffin, Öl u. Lösungsm. (z. B. $CH_3COC_2H_5$) wird durch indirekten Wärmeaustausch gekühlt, wobei die Mischung mit einer wärmeaustauschenden Fläche in Berührung ist, die mit einem Phenolformaldehydpolymerisat verkleidet ist. — Zeichnung. (**A. P. 2 848 372** vom 1/9. 1954, ausg. 19/8. 1958.) P. UNGER. 8227

Koninklijke Machinefabriek Gebr. Stork & Co. N. V., Hengelo, Holland, *Kontrollieren des Gehaltes an unverbrannter Kohle in der Asche*. Die zu untersuchende Asche wird kontinuierlich in einer Schicht oder einem Strom längs einer mit einer Vergleichsfarbe versehenen Platte vorbeigeführt u. der Farbunterschied zwischen Asche u. Platte durch ein Colorimeter bestimmt. (**Holl. P. 90 279** vom 22/7. 1957, ausg. 16/2. 1959.) K. DEMMLER. 8243

Je. P. Ssemenski, Die technische Analyse des Torfes. Moskau: Gossenergoisdat. 1959. 4 Rbl. 90 Kop. [russ.]

Donald L. Katz and others, Handbook of natural gas engineering. London: McGraw-H. 1959. (802 S. m. Abb. u. Diagr.) 290 s. 6 d.

XXI. Leder. Gerbstoffe.

E. J. Strandine und **F. G. Connick**, *Verschiedene Faktoren, die die Qualität der Rohhäute für die Gerbereien beeinflussen*. Praxisverss. über den Einfl. der Konservierungsart von Rohhäuten zeigten, daß die Schrumpfung sowie die Lederausbeute bei der Trockensalzung oder Behandlung mit gesätt. NaCl-Lsg. prakt. gleich sind. Infolge der reinigenden Wrkg. der NaCl-Brühen auf die Haut (Haarseite) sind die erhaltenen Häute sauberer. Ferner entfällt die Bldg. von Salzflecken verschied. Art fast völlig u. die Konservierung läßt sich rascher durchführen, vor allem, wenn die Häute zuvor entfleischt wurden. (J. Amer. Leather Chemists Assoc. **53.** 612—26. Nov. 1958. Chicago, Ill., Swift & Comp.) H.-G. FRÖHLICH. 8334

Raymond Hauck, *Einige Bemerkungen zur thermischen Enthaarung.* Gesalzene Kalbs- u. Rindshäute wurden zunächst während 24 Std. mit 0,1n $NaHCO_3$-Lsg. +0,05% eines nichtionogenen Netzmittels u. anschließend weitere 24 Std. mit einem 0,1n Na_2CO_3/$NaHCO_3$ Puffer geweicht. Danach wurde bis zu 20 Min. in 55°, 58° u. 60° warmem dest. W. behandelt. Hierbei wurde gefunden, daß nach einer $^1/_4$std. Behandlung bei 55° oder 6 Min. langem bei 60° die Enthaarung der Versuchsproben möglich war. Bei Häuten frisch geschlachteter Tiere genügte bereits eine Heißwasserbehandlung bei 55° von 15 Min. oder bei 60° von 5 Min. um ein Enthaaren zu ermöglichen. Allerdings ist das Enthaaren geäscherter Proben grundsätzlich leichter als das von mit Heißwasser behandelten Proben. (J. Amer. Leather Chemists Assoc. **53.** 676—82. Dez. 1958. Cincinnati, Ohio, Univ., Tanners' Council Res. Labor.) H.-G. FRÖHLICH. 8334

J. P. Danby, *Quell- und Dehnvermögen von Fellen und Häuten.* 1. Mitt. Kurze allg. verständliche Darst. über das Quell- u. Dehnvermögen von Hautsubstanz im p_H-Bereich von 2—12 unter Heranziehung der Theorien von DONNAN u. PROCTER. (Leather Trades' Rev. **130.** 511—12. 17/12. 1958.) H.-G. FRÖHLICH. 8334

H. Erdmann, *Die Frage der Gerbung mit anionischen Chromverbindungen am Beispiel der Oxalatochrom(III)-verbindungen.* Nach einer Übersicht über den chem. Aufbau anion. Oxalatochromkomplexe wird aus dem Verh. dieser Verbb. gegenüber Kollagen geschlossen, daß anion. Chromkomplexe zunächst salzartige Bindungen zu den bas. Gruppen des Kollagens eingehen u. erst dann langsam sich unter Ligandenaustausch mit den COOH-Gruppen der Haut koordinativ verbinden (echte Chromgerbung). — 22 Literaturzitate. (Leder **9.** 289—98. Dez. 1958. Darmstadt, TH, Inst. für Gerbereichemie.) H.-G. FRÖHLICH. 8336

T. S. Ranganathan und **R. Reed,** *Untersuchungen über die Zirkoniumgerbung: Der Mechanismus der Gerbung.* Die an desaminiertem, methyliertem u. Standardhautpulver durchgeführten Gerbverss. mit Zr-Gerbstoffen (bas. Zr-Sulfat, citratmaskiertes Zr-Sulfat) einerseits sowie Verss. die durch Nachgerbung von Zr-Leder mit Cr-Gerbstoffen bzw. durch Nachgerbung von Cr-Leder mit Zr-Gerbstoffen andererseits erhalten wurden, deuten darauf hin, daß der Chemismus der Zr-Gerbung von dem der Cr-Gerbung weitgehend abweicht. So scheinen bei der Zr-Gerbung die COOH-Gruppen der Hautsubstanz eine völlig untergeordnete Rolle zu spielen. Bei der Fixierung der Zr-Gerbstoffe dürften H-Brücken u. eine Art von Einlagerung der Gerbstoffe in die Haut im Vordergrund stehen. (J. Soc. Leather Trades' Chemists **42.** 351—60. Nov. 1958. Leeds, Univ., Dep. of Leather Ind.) H.-G. FRÖHLICH. 8336

G. Otto, *Ein Beitrag zur Kenntnis der pflanzlichen Nachgerbung von Chromleder.* Bei der Nachgerbung von Chromleder mit vegetabil. Gerbstoffen macht sich die hohe Affinität des Chromleders gegenüber den vegetabil. Gerbstoffen im allg. nachteilig bemerkbar. Diese Affinität, die auf Wechselwrkgg. koordinierter Art beruht, läßt sich durch Vorbehandlung des Chromleders mit maskierenden Salzen (Sulfiten, Phthalaten) weitgehend herabsetzen oder gar völlig ausschalten. Die experimentellen Verss. wurden an frisch gefälltem $Cr(OH)_3$ unter Verwendung vegetabil. u. synthet. Gerbstoffe ausgeführt. (Leder **9.** 299—302. Dez. 1958. Ludwigshafen/Rh.; BASF Ledertechn. Abt.) H.-G. FRÖHLICH. 8336

P. D. Ssokolow, *Zur Untersuchung der gerbenden Eigenschaften von Polygonum divaricatum L.* Die Nutzung des in der BurjatASSR wild wachsenden *Polygonum divaricatum L.* wegen seines Gerbstoffgeh. der Wurzeln ist nicht aussichtsreich, da der Gerbstoffgeh. starken Schwankungen unterworfen ist u. das Ausgraben wegen des steinigen Bodens schwierig ist. Kulturverss. haben ergeben, daß der Gerbstoffgeh. bei der vierjährigen Wurzel am höchsten ist: er erreicht 20%, nimmt dann beim Altern stark ab, da Teile der Wurzeln absterben. Kultivierung auf geeigneten Böden könnte eine Ausnutzung erfolgreich gestalten. Die oberird. Teile der Pflanze sind fast gerbstofflos. (Ботанический Журнал [Bot. J.] **44.** 116—17. Jan. 1959. Leningrad, Botan. Komarow-Inst. der Akad. der Wiss. der UdSSR.) J. v. SCHROEDER. 8336

G. Tóth und **F. Waigand,** *Festigkeit der Treibriemenleder bei dauernder Beanspruchung.* Im Zusammenhang mit Unterss. über die Festigkeit von Treibriemenleder bei dauernder Beanspruchung wurde gefunden, daß beim Reißvorgang die Kollagenfasern nicht gleichzeitig, sondern stufenweise nacheinander reißen. Beim Dehnen werden daher die einzelnen Faserbündel nicht gleichmäßig belastet, so daß zuerst die weniger dehnbaren oder stärker belasteten Faserbündel reißen. Verss. mit einem speziellen Reißapp., in welchem Treibriemen bei Dauerbelastung geprüft werden können, ergaben in einem Falle bei einer Belastung von 32% der Reißfestigkeit eine Laufdauer von 271 Tagen. (Acta techn. Acad. Sci. hung. **21**. 197–206. 1958.) H.-G. Fröhlich. 8340

E. Krzywicki, *Faltiges Oberleder.* Übersicht über die Herst. von Schrumpfleder. (Przegląd Skórzany **13**. 163–68. Juli 1958.) F. Urban. 8340

XXIV. Photographie.

Polaroid Corp., übert. von: **Edwin H. Land,** Cambridge, Mass., V. St. A., *Silbersalzdiffusionsverfahren.* Wenn bei hohen Außentempp. (z. B. in den Tropen) bis 110° F. gearbeitet werden muß, setzt man der Bildübertragungslsg. zur Bildverbesserung in Mengen von 0,2 Gew.-% eine Verb. der allg. Formel I (Y = N oder CH) zu. Hierbei ist X ein H oder Cl-Atom, eine NO_2- oder CH_3-Gruppe. Bevorzugt verwendet werden: Chlor- u. 5-Nitrobenzotriazol, ferner 5-Methyl- u. 6-Nitrobenzimidazol. (**A. P. 2 704 721** vom 22/4. 1954, ausg. 22/3. 1955.) A. Kalix. 8591

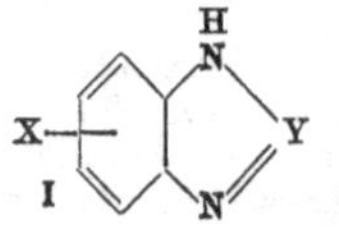

VEB Filmfabrik Agfa Wolfen (Erfinder: **Johannes Brunker** und **Walter Zeh**), Wolfen, Kr. Bitterfeld, *Sensibilisatoren* sind Verbb. der allg. Formel I. Hierin ist R_1 eine

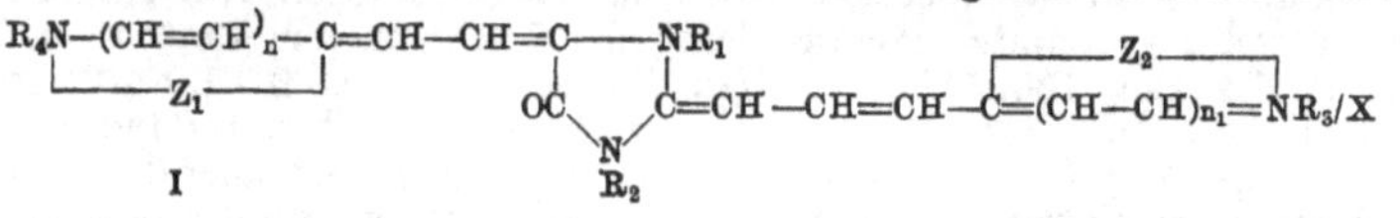

Alkyl-(**II**), Cyclo-**II** oder Arylgruppe, R_3, R_4 u. R_2 sind **II**-, Hydroxy-**II**, Carboxy-**II** oder anderweitig substituierte **II**-Gruppen u. können gleich oder verschieden sein, Z_1 u. Z_2 sind die zur Bldg. eines 5- oder 6gliedrigen Heterocyclus nötigen Atome (gleich oder verschieden), X ist ein Anion u. n u. n_1 sind gleich 0 oder 1. — Beispiel: Verb. der Formel **III**. Sensibilisierungsmaximum: 590 u. 650 mμ; weitere 4, nur durch Formeln gekennzeichnete Beispiele, Herst. nach dem Verf. der DDR-Patentschrift 9740. (**D. A. S. 1 004 041** Kl. 57b vom 22/10. 1955, veröff. 7/3. 1957.) A. Kalix. 8605

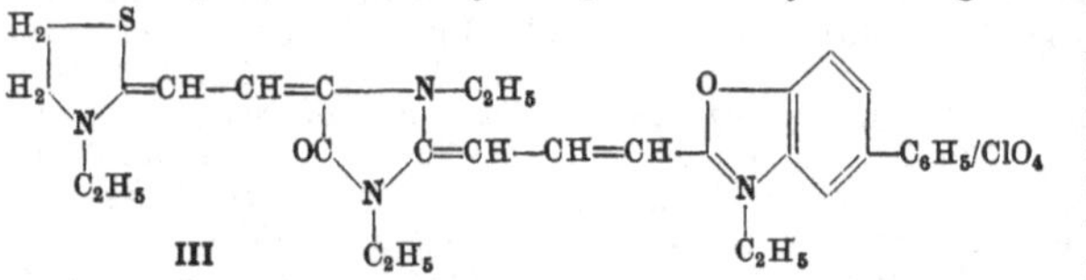

Eastman Kodak Co. (Erfinder: **John Campbell McFall** und **Paul Richard Crookshank**), Rochester, N. Y., V. St. A., *Supersensibilisierung.* Als Grundsensibilisatoren werden Thiodicarbocyaninfarbstoffe der allg. Formel I verwendet, als Supersensibilisatoren Bis-[triazinylamino]-stilbenverbb. der allg. Formel **II**. Hierbei sind R u. R_1 Alkylgruppen, X ist ein Säurerest u. Z u. Z_1 stellen die zur Bldg. eines heterocycl. Restes der Benzothiazolreihe nötigen Atome dar. In **II** sind R_4 u. R_5 H-Atome oder wasserlösl. machende Gruppen (SO_3H, COOH, Alkali- oder Aminsalze hiervon), R_2, R_3, R_6 u. R_7 sind H- oder Halogenatome, OH-, Aryloxy-, p-Sulfophenoxy-, Alkoxy-, Morpholino-, Piperido-, Alkylmercapto-, Arylmercapto-, Heterocyclylmercapto-, NH_2 oder (gegebenenfalls substituierte) Alkyl- oder Arylaminogruppen. — Beispiele für **I**: 3.3′-Diäthylthiadicarbocyaninjodid, 3.3′-Di-(β-hydroxyäthyl)-thiadicarbocyaninbromid u. 3′-Äthyl-3-methyl-8.10-o-phenylenthiadicarbocyaninjodid; Beispiele für **II**: 4.4′-{Bis-4-[3′-sulfoanilino)-6-amino-symm.-triazin-2-ylamino]}-, 4.4′-Bis-[4.6-di-(β-hydroxyäthylamino)-symm.-triazin-2-ylamino]- u. 4.4′-Bis-{4-[4′-(N′-4″-sulfobenzyl-N′-äthylamino)-anilino]-6-hydroxy-symm.-triazin-2-ylamino}-stilben-2.2′-disulfonsäure (23 weitere Beispiele). Die **II**-Verbb. werden der Emulsion in Mengen zugesetzt, bei denen sich ihre opt. Aufhellungswrkg. noch nicht bemerkbar macht (0,03–10g auf 1 Mol Halogensilber), die **I** Farbstoffe in Mengen von 0,01–3 g (auf 1 Mol Halogensilber). — An Stelle von **I** können auch Farbstoffe der allg. Formel

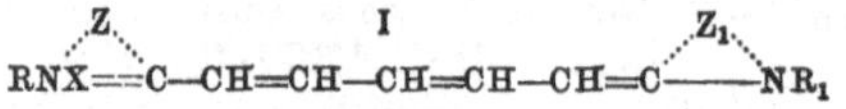

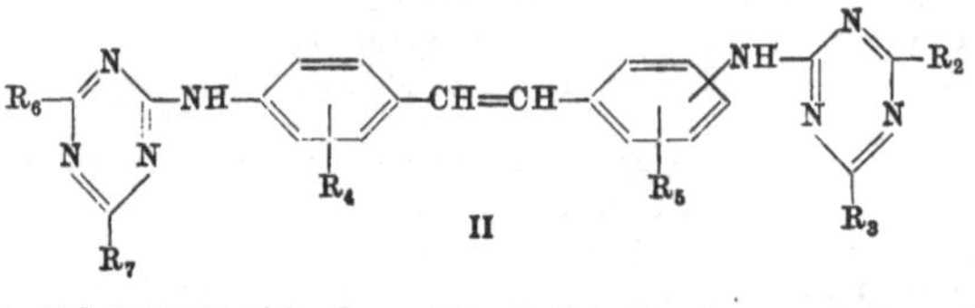

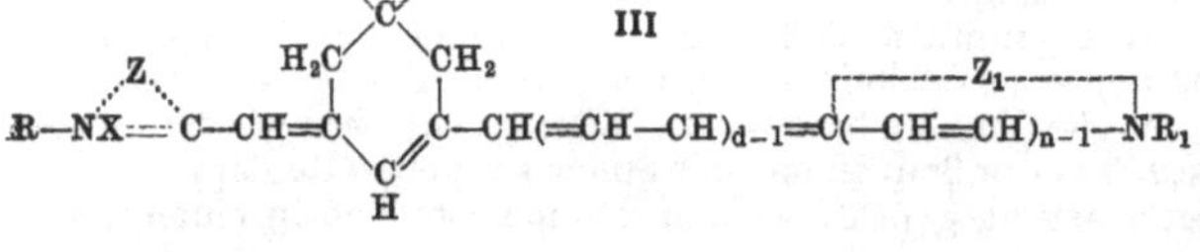

III verwendet werden. Hierin sind R u. R_1 Alkyl-, Hydroxyalkyl- oder Carboxyalkylgruppen, R_2 u. R_3 H-Atome oder Methylgruppen, X ist ein Säurerest, d = 1—3, n = 1 oder 2, Z stellt die zur Bldg. eines (gegebenenfalls substituierten) Benzothiazol- oder Naphthothiazolkernes nötigen Atome dar u. Z_1 = Z oder die zur Bldg. eines Benzoselenazol-, Naphthoselenazol-, Benzoxazol-, Naphthoxazol-, Chinolin-, Benzimidazol- oder Benzochinolinkernes nötigen Atome. — Beispiele für **III** sind folgende Carbocyaninjodide (**IV**): 3.3'-Diäthyl-9.11-neopentylen-6.7; 6'.7'-dibenzothiadi-**IV**, 3.3'-Diäthyl-9.11-neopentylenthiatetra-**IV**, 3.3'-Diäthyl-9.11-neopentylenthiatri-**IV**. (**D. A. SS. 1 038 396** u. **1 038 397** Kl. 57b vom 24/9. 1956, ausg. 4/9. 1958. A. Prior. 12/10. 1955.) A. KALIX. 8605

Eastman Kodak Co. (Erfinder: **Burt Haring Carroll, Jean Elmore Jones** und **John Spence**), Rochester, N. Y., V. St. A., *Supersensibilisierung.* Als Grundsensibilisatoren werden bekannte Dicarbocyanine verwendet, als supersensibilisierende Zusätze Bis-[triazinylamino]-stilbenverbb. der allg. Formel **I**. Hierin sind R_2, R_3, R_6 u. R_7 H- oder Halogenatome oder einwertige organ. Reste wie Alkoxyl-, Aryloxyl-, Alkylmercapto-, Arylmercapto-, Alkylamino-, Arylamino- oder heterocycl. Reste, ferner auch OH- oder NH_2-Gruppen, R_4 u. R_5 sind H-Atome oder wasserlösl.

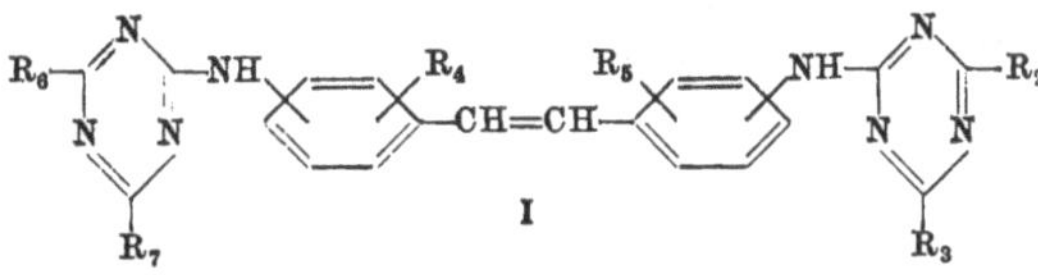

I

machende Gruppen wie COOH u. SO_3H oder Alkalisalze davon, bes. 2.2'-Disulfonsäuren (**I**). — Beispiele: 4.4'-Bis-[4.6-di-(β-hydroxyäthylamino)-symm.-triazin-2-ylamino]-stilben-**I**, 4.4'-Bis-[4-(4'-sulfoanilino)-6-β-hydroxyäthylamino-symm.-triazin-2-ylamino]-stilben-**I**, 4-[4-Äthylamino-6-(di-β-hydroxyläthylamino)-symm.-triazin-2-ylamino]-4'-[4-äthylamino-6-(β-hydroxyäthylamino)-symm.-triazin-2-ylamino]-stilben-**I**, 4-[4-Phenoxy-6-(β-hydroxyäthylamino)-symm.-triazin-2-ylamino]-4'-[4-chlor-6-di-(β-hydroxyäthylamino)-symm.-triazin-2-ylamino]-stilben-**I**, 4.4'-Bis-(4-chlor-6-amino-symm.-triazin-2-ylamino)-stilben-**I**. — Die Dicarbocyanine werden den Emulsionen in Mengen von 0,03—0,01 g, die Supersensibilisatoren (**II**) in Mengen von 0,03—10 g auf 1 Mol Halogensilber zugesetzt, das gegenseitige Mengenverhältnis kann 1:1 bis 1:300 **II** betragen. (**D. A. S. 1 054 325** Kl. 57b vom 2/10. 1956, veröff. 2/4. 1959. A. Prior. 12/10. 1955.) A. KALIX. 8605

Eastman Kodak Co., übert. von: **George A. Reynolds** und **John Sagal jr.**, Rochester, N. Y., V. St. A., *Stabilisatoren für Halogensilberemulsionen, die mit Polyalkylenoxyden sensibilisiert sind,* sind 5-Carboxy- u. 5-Carbäthoxy-4-hydroxy-1.3.3a.7-tetrazaindene, wenn sie in Mengen von 0,01—4,0, bes. 0,2—1,0 g auf 1 g Mol Halogensilber der gießfertigen Emulsion zugesetzt werden. (**A. P. 2 756 147** vom 5/7. 1955, ausg. 24/7. 1956.) A. KALIX. 8611

Norbert Jean-Marie Pierre-François Chassende-Baroz, Fort de Vanves-Malakoff, Frankreich, *Photographisches Material für die Strahlendosimetrie.* Die lichtempfindliche Schicht wird aus einer ammoniakal. Halogensilberemulsion hergestellt, der unmittelbar vor dem Vergießen ein Desensibilisator, wie Eau de Javelle, Alkalipikrat oder $HgCl_2$, zugesetzt wird. (**D. A. S. 1 053 928** Kl. 57b vom 26/6. 1956, veröff. 26/3. 1959. F. Prior. 28/6. 1955.) A. KALIX. 8613

McCorquodale & Co. Ltd., übert. von: **Donald Charles Gresham**, London, *Direktpositivherstellung.* Vom Original wird zunächst eine Aufnahme auf eine sehr hart arbeitende Halogensilberschicht gemacht, die einen Farbkuppler enthält. Dann wird ein Ag- u. ein Farbstoffbild mit einem γ-Wert von 2,5 entwickelt, das Ag ausgebleicht u. die Schicht einer zweiten Belichtung unterworfen, die teils als Allgemeinbelichtung, teils mit dem Original durchgeführt wird, u. zwar nur mit Licht, das vom Farbstoffbild absorbiert wird. Diese Aufnahme wird zu einem γ-Wert = 4 entwickelt, u. zwar mit einem selektiv wirkenden Entwickler, der nur das zweitbelichtete, jedoch nicht das bei der Ausbleichung des Primärbildes entstandene Halogensilber (**I**) reduziert. Schließlich wird das gesamte **I** u. das Farbstoffbild entfernt. (**A. P. 2 711 372** vom 12/5. 1952, ausg. 21/6. 1955. E. Prior. 7/9. 1951.) A. KALIX. 8619

Haloid Xerox, Inc., Rochester, N. Y., übert. von: **Lewis Walkup**, Columbus, Ohio, V. St. A., *Übertragung entwickelter xerographischer Bilder.* Zur Verbesserung der Qualität von Bildübertragungen, die bei hohem Wassergeh. der Luft ausgeführt werden müssen, wird eine Spannung von ca. 6000 V zwischen dem einen Ende der Bildempfangsfolie (**I**) u. der leitenden Unterlage der xerograph. Schicht hergestellt u. **I** nicht, wie bisher üblich, auf die Bildfläche gelegt, sondern unter Anhebung der beiden Enden so darüber „abgerollt“, daß stets nur ein schmaler Streifen von **I** mit dem Pulverbild in Berührung kommt. (**A. P. 2 847 305** vom 16/12. 1954, ausg. 12/8. 1958.) A. KALIX. 8625

General Aniline & Film Corp., New York, übert. von: **Stanley P. Popeck** und **Heinz Schulze**, Binghamton, N. Y., V. St. A., *Farbkuppler für Purpur* mit hoher Durchlässigkeit für Blau bilden 3-(α-Sulfoacylamino)-pyrazolone der allg. Formel I. Hierin ist X ein Benzol- oder Naphthalinrest, der weitgehend substituiert sein kann, R eine Alkylgruppe mit mindestens 9 C-Atomen u. Y ein H- oder Alkalimetallatom oder eine aliphat., aromat. oder heterocycl. NH_2-Gruppe. — Beispiele sind folgende 5-Pyrazolone (I): 3-(α-Sulfostearoylamino)-1-(4′-bromphenyl)-I, 3-(α-Sulfomyristoylamino)-1-phenyl-I, 3-(α-Sulfopalmitoylamino)-1-(2′-methoxphenyl)-I, 3-(α-Sulfolauroylamino)-1-(2′-chlorphenyl)- I u. 3-(α-Sulfostearoylamino)-1-(4′-cyanphenyl)-I. Weitere Beispiele. (**A. P. 2 829 975** vom 26/4. 1956, ausg. 8/4. 1958. **D. A. S. 1 047 621** Kl. 57b vom 16/4. 1957, veröff. 24/12. 1958. A. Prior. 26/4. 1956.) A. Kalix. 8631

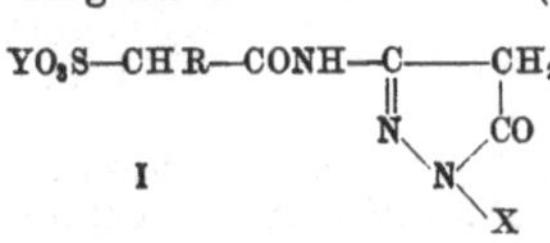

I

Gevaert Photo-Producten N. V. (Erfinder: **Arthur Henri de Cat**, Mortsel, und **Raphael Karel van Poucke**, Mecheln), Belgien, *Farbkuppler* für Purpur mit Absorptionsmaxima bei 510—540 mμ bilden Verbb. der allg. Formel I, in der R einen KW-stoffrest bedeutet. — Beispiele: 3-(p-Tolylsulfonylmethyl)-5-cyanmethyl-1.2.4-oxadiazol, F. 124°; I mit R = β-Naphthyl, F. 122—124°; I mit R = p-Nitrophenyl, F. 205—207°; I mit R = 3-Nitro-4-methylphenyl, F. 149 bis 150°; $CH_3(CH_2)_3 \cdot SO_2 \cdot CH_2CN$, F. 37—39°; I mit R = n-Butyl, F. 102—104°. Herst. durch Rk. von Cyanessigsäurechlorid mit Amidoximen der allg. Formel $RSO_2—CH_2—C(NH_2)=NOH$ nach J. prakt. Chem. **2.** [1905.] 225—48. (**D. A. S. 1 045 230** Kl. 57b vom 19/3. 1957, veröff. 27/11. 1958. E. Prior. 23/3. 1956.) A. Kalix. 8631

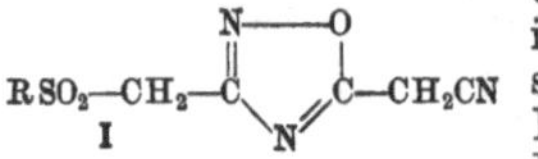

I

Polaroid Corp., übert. von: **Edwin H. Land**, Cambridge, Mass., V. St. A., *Silbersalz-Diffusions-Verfahren für die Herstellung mehrfarbiger Bilder*. Die Aufnahme erfolgt auf eine Halogensilberschicht, die von einem additiven (regelmäßigen oder unregelmäßigen) Farbraster bedeckt ist, der mindestens 2 alkalilösl. Farbstoffe enthält. Entwickelt wird mit einer hochviscosen, stark alkal. Lsg., die außer der Entwicklersubstanz ein Lösungsm. für Halogensilber u. ein Verdickungsmittel enthält. Dadurch wird beim Anpressen an die Bildempfangsschicht die Diffusion des lösl. Halogensilberkomplexes u. der Farbstoffe so geregelt, daß der Farbraster genau in seiner ursprünglichen Anordnung auf das Positiv übertragen wird. (**A. P. 2 707 150** vom 5/8. 1952, ausg. 26/4. 1955.) A. Kalix. 8633

General Aniline & Film Corp., New York, N. Y., übert. von: **Carl Botkin**, Teaneck, N. Y., und **John Sulich jr.**, Endicott, N. Y., V. St. A., *Herstellung von Diazotypiematerial*. Zwecks Farbvertiefung der fertigen Kopien wird der Lsg. zur Herst. der lichtempfindlichen Schicht in Mengen von 10—50, bes. 25—35%, ein Amid zugesetzt. Bevorzugt werden dazu verwendet: Form- u. Acetamid, Harnstoff, Methyl- u. Äthylharnstoff sowie Urethan u. Methylurethan (**A. P. 2 727 820** vom 29/4. 1952, ausg. 20/12. 1955.) A. Kalix. 8647

Redaktionsschluss: 23. Juli 1959.

Herausgeber: Prof. Dr. Heinrich Bertsch, Berlin u. Prof. Dr. Dr. h. c. Wilhelm Klemm, Münster. Chefredakteure und verantwortlich für den Inhalt: Dr. Eugen Klever, Berlin SW 61, Dessauer Straße 28—31, Fernsprecher: 66 5421 u. Dr. Heinz Walter, Berlin N 4, Schiffbauerdamm 19, Fernsprecher: 42 55 71.

©

Verlag: Akademie-Verlag GmbH, Berlin W 1, Leipziger Str. 3-4 (Fernsprecher: 22 04 41, Postscheckkonto Berlin 35021), und Verlag Chemie, GmbH, Weinheim/Bergstr. (Fernsprecher: Weinheim 36 35 [Sammelnummer]; Fernschreiber: 04 65516 chemieverl wnh; Postscheckkonten: Frankfurt/M. 145314 u. Berlin [West] 7430). Bestellnummer: 1007/130. Das Chemische Zentralblatt erscheint wöchentlich. Preis des Jahrganges einschl. Autoren-, Patent-, Sach- u. Formelregister: DM 960,—; einseitig bedruckte Ausgabe: DM 1050,—. Abgabe der Zeitschrift nur mit sämtlichen Registern. Abbestellungen nur bis spätestens 6 Wochen vor Ablauf des Kalenderjahres.
Alle Rechte, auch die der Übersetzung sowie der photomechanischen Wiedergabe, sind vorbehalten. — All rights reserved (including those of translations into foreign languages). No part of this issue may be reproduced in any form, by photoprint, microfilm or any other means, without written permission from the publishers.
Die Wiedergabe von Gebrauchsnamen, Handelsnamen, Warenbezeichnungen usw. in diesem Heft berechtigt auch ohne besondere Kennzeichnung nicht zu der Annahme, daß solche Namen im Sinne der Warenzeichen- und Markenschutz-Gesetzgebung als frei zu betrachten wären und daher von jedermann benutzt werden dürften.
Satz u. Druck: VEB Leipziger Druckhaus, Leipzig, III/18/203. X. 59.
Veröffentlicht unter der Lizenznummer ZLN 5002 des Ministeriums für Kultur, Hauptverwaltung Verlagswesen.
Printed in Germany.
Die Aufgabe von Anzeigen kann sowohl beim Akademie-Verlag, Berlin, als auch beim Verlag Chemie GmbH, Weinheim/Bergstr., erfolgen

- **Seit Anfang 1959**
- **erscheint**
- **die Zeitschrift**

Monatsberichte
der Deutschen Akademie der Wissenschaften zu Berlin

Herausgegeben im Auftrage der Deutschen Akademie der Wissenschaften zu Berlin
von Prof. Dr. Günther Rienäcker

Monatlich ein Heft mit einem Umfang von 64 Seiten im Format 16,7 x 24 cm
Bezugspreis je Heft DM 4,—

Durch die Angliederung naturwissenschaftlicher, technischer und medizinischer Institute seit 1946 und durch die wesentliche Erweiterung der bereits vorher bestehenden gesellschaftswissenschaftlichen Einrichtungen ist der Forschungsbereich der Deutschen Akademie der Wissenschaften zu Berlin außerordentlich groß geworden. Bisher gab es kein Organ, das zusammenfassend das vielfältige wissenschaftliche Leben der Deutschen Akademie der Wissenschaften zu Berlin reflektierte und eine Überschau ermöglichte.

Die neue Zeitschrift hat sich daher die Aufgabe gestellt, durch die Veröffentlichung von kurzen Originalarbeiten und von Kurzberichten über neue Forschungsergebnisse, wissenschaftliche Vorträge und Verhandlungen im Plenum, in den Klassen und in den Sektionen sowie in den Forschungsstätten der Deutschen Akademie der Wissenschaften zu Berlin einen möglichst lebendigen Querschnitt der wissenschaftlichen Arbeit auf allen von der Deutschen Akademie der Wissenschaften zu Berlin geförderten Fachgebieten zu geben.

Die Monatsberichte wenden sich an alle wissenschaftlich tätigen und interessierten Leser, denen es darum zu tun ist, über die schon vorhandenen Einzelschriften der Deutschen Akademie der Wissenschaften zu Berlin und deren Jahrbuch hinaus einen Einblick nicht nur in das eigene Fachgebiet zu gewinnen, sondern ebenso in die so vielseitige und umfassende Tätigkeit der Deutschen Akademie der Wissenschaften zu Berlin im ganzen.

Bestellungen durch eine Buchhandlung erbeten

AKADEMIE-VERLAG · BERLIN

MARTIN ELSAESSER

Der Rechtsschutz berühmter Marken

1959. XII, 176 Seiten. Ganzleinen DM 17,—

Der besondere Rechtsschutz, welchen die Rechtsprechung unter dem Schlagwort „berühmte Marke“ gewährt und den die Markeninhaber fordern, leidet darunter, daß mit unklaren und mißverständlichen Begriffen gearbeitet wird. Das führt zu falschen Vorstellungen nicht nur bei den Markeninhabern.
Aus diesem Grund versucht das vorliegende Buch als erste umfassende Publikation zu dieser speziellen Frage dem Praktiker nützlich zu sein und zur dringend gebotenen Klärung der Begriffe und Vorstellungen beizutragen.
Teilweise mußten die allgemeinen Grundlagen des Wettbewerbs- und Warenzeichenrechts näher untersucht und skizziert werden, so daß über die Frage des Schutzes berühmter Marken hinaus das Buch als interessanter Beitrag zum Zeichenschutz generell anzusehen ist.

Prospekt vorhanden!

VC

VERLAG CHEMIE · GMBH · WEINHEIM/BERGSTR.

FSC
www.fsc.org
MIX
Papier | Fördert
gute Waldnutzung
FSC® C083411

Kolibri 360 GmbH
Ferdinand-Jühlke-Straße 7
99095 Erfurt, Deutschland
produktsicherheit@kolibri360.de